Vom Gewerbe- und Industrie-Kommentar als Gesamtwerk in Einzelbänden brachte der erste Band aus der Feder des Reichsgerichtsrats Dr. h. c. Erich Brodmann das Gesetz, betr. die Gesellschaften mit beschränkter Haftung, der zweite Band das Scheckgesetz von Reichsgerichtsrat Rich. Michaelis, der dritte Band das Warenzeichenrecht von Senatspräsidenten am Reichsgericht Dr. Alfred Hagens, der vierte Band das Aktienrecht von Reichsgerichtsrat Dr. h. c. Erich Brodmann und der fünfte Band das Patentrecht von Reichsgerichtsrat Dr. Eduard Pietzcker. Der hohe Schatz des Wissens und die große praktische Erfahrung, die in den Senaten des höchsten deutschen Gerichtshofes im Laufe der Jahrzehnte zu einem *Κτῆμα ἐς ἀεί* geworden sind, haben sich schon Geltung und Anerkennung in Buchform verschafft, so bei dem BGB.-Kommentar der Reichsgerichtsräte und bei dem Ebermayerschen Strafgesetz-Kommentar. An diese Werke knüpft der GJK. in Idee und Plan an; sein Inhalt geht mehr in die Einzelheiten des wirtschaftlichen Lebens hinein und will also ein Reichsgerichtsräte-Kommentar nicht nur *über* gewerbliches und industrielles Recht, sondern auch *für* das Gewerbe und die Industrie sein.

Die Kommentare der einzelnen in diesem Gesamtwerk erläuterten Gesetze erscheinen insoweit als selbständige Bücher, als sie in sich abgeschlossene Bände bilden und ohne Bezugnahme auf Nachbarbände brauchbar sind. Trotz des Erscheinens in selbständig käuflichen Einzelbänden bleibt aber das ganze Unternehmen ein Werk von enger Zusammengehörigkeit — nicht nur weil sein Verfasserkreis auf Herren vom Reichsgericht beschränkt ist, sondern auch weil die Themata der einzelnen Bände einander ergänzen werden.

Gewerbe- und Industrie-Kommentar
(GIK.)

Unter besonderer Berücksichtigung der Rechtsprechung
des Reichsgerichts
herausgegeben von
Senatspräsidenten und Räten des Reichsgerichts
unter Führung des
Senatspräsidenten Dr. h. c. H. Koenige

Band I.

Gesetz, betreffend
die Gesellschaften mit beschränkter Haftung

Kommentar

von

Dr. jur. Erich Brodmann
Reichsgerichtsrat a. D.

Zweite, verbesserte Auflage

Berlin und Leipzig 1930
Walter de Gruyter & Co.
vormals G. J. Göschen'sche Verlagshandlung — J. Guttentag, Verlagsbuchhandlung — Georg Reimer — Karl J. Trübner — Veit & Comp.

Druck von Walter de Gruyter & Co., Berlin W 10

Inhaltsverzeichnis.

Vorwort.

Mein mit großem Wohlwollen und freundlicher Anerkennung aufgenommener Kommentar erscheint hier in zweiter Auflage und in etwas veränderter Gestalt.

In der Hauptsache handelt es sich um Änderungen an der äußeren Form. Ich habe durchgehend die Anmerkungen in gekennzeichnete Unterabteilungen zerlegt, um Auffinden und Zitieren zu erleichtern. Ferner bin ich davon abgekommen, die Verweisungen auf die Rechtsprechung zu beschränken. Es ist das von vornherein nicht mein eigener Gedanke gewesen. Es handelte sich um eine Übereinkunft zwischen dem Herausgeber und den Mitarbeitern an dem Kommentarwerk. Man meinte sich dem Stil des Kommentars der Reichsgerichtsräte zum BGB. anschließen zu sollen. Schnell genug hat sich das als verfehlt erwiesen, und ich bin schließlich der einzige gewesen, welcher sich daran gehalten hat. So benutze ich die Gelegenheit, um das Versäumte nachzuholen. Auf Vollständigkeit machen diese Verweisungen ebensowenig Anspruch wie die Hinweise auf die Rechtsprechung. Gründliche und so gut wohl wie erschöpfende Verweisungen findet man bei Feine in dem unten erwähnten Werk.

Aber auch an sachlichen Änderungen fehlt es nicht. Seit dem Erscheinen der ersten Auflage (1924) hat die Literatur des Gesetzes wertvolle Bereicherung erfahren. Der Kommentar von Hachenburg ist in 5. Auflage (besorgt von Hachenburg, Fritz Bing und Walter Schmidt), der von Liebmann in 7. Auflage (besorgt von J. Liebmann und A. Saenger) herausgekommen. Neu ist der gründliche und ausführliche Kommentar von F. Scholz. Dazu gesellt sich jetzt eine große systematische Darstellung der Materie in dem Beitrag, welchen Hans Erich Feine zu Ehrenbergs Handbuch des Handelsrechts III, 3 geliefert hat, ein Buch, das sich ganz besonders auch durch die klare Anordnung des Stoffes auszeichnet, so daß man sich in ihm an Hand eines ausführlichen Inhaltsverzeichnisses leicht und schnell zurechtfindet. Zahlreiche, aus guter Feder stammende Aufsätze über einzelne Dinge finden sich namentlich auch in der Rundschau für Gesellschaften m. b. H.

Das alles gab Veranlassung, den gesamten Stoff auch sachlich einer Durchsicht zu unterziehen. An manchen Stellen habe ich mich eines Besseren belehren lassen. In der Mehrzahl der Fälle habe ich aber keine Veranlassung gefunden, von der eigenen Ansicht abzugehen. Hin und wieder habe ich auch zu Polemik gegriffen, wo es mir zur besseren Herausstellung oder Begründung der eigenen Ansicht geboten erschien. Ich bin darauf bedacht gewesen, daß darüber der Umfang des Buches nicht anschwoll.

In „Gewißheit und Wahrheit" sagt Johannes Volkelt am Schluß des Buches:

„Ich stehe als Verfasser stets unter dem Einfluß des Gefühls, als ob ich es den Mitarbeitern auf demselben Gebiete in gewissem Maße schuldig wäre, sie als Mitarbeiter ausdrücklich anzuerkennen und ihnen Rede und Antwort zu stehen; die eigenen Ansichten erwachsen und klären sich in Fühlung und Reibung mit abwechselnden und entgegengesetzten Standpunkten; so möge denn auch aus der Darstellung die Bedeutung, die sie für die Herausbildung der eigenen Denkweise hatten, ersichtlich werden; indem ich beim Niederschreiben meiner Gedanken immer auch die verwandten und gegnerischen Standpunkte berücksichtige, weiß ich mich einer großen Gemeinde mitstrebender Arbeiter angehörig."

Das gilt von der Jurisprudenz so gut wie von der Philosophie und ist mir aus der Seele gesprochen.

Leipzig, den 20. März 1930.

Dr. Erich Brodmann.

Gesetz, betreffend
die Gesellschaften mit beschränkter Haftung.[1][2]

Vom 20. April 1892 (RGBl Nr 24, S. 477—499).

In der auf Grund der Ermächtigung durch Art 13 des Einführungsgesetzes zum Handelsgesetzbuch vom 10. Mai 1897 vom Reichskanzler bekanntgemachten Fassung (RGBl Nr 25 von 1898 S. 846—867).

Erster Abschnitt.
Errichtung der Gesellschaft.

§ 1

Gesellschaften[1] mit beschränkter Haftung[3] können nach Maßgabe der Bestimmungen dieses Gesetzes zu jedem gesetzlich zulässigen Zweck[4][5][6] errichtet werden.

Österr. Gesetz § 1.

1. Offene Handelsgesellschaft, Kommandit-Aktiengesellschaft sind Gebilde des Gewohnheitsrechts, deren sich die Gesetzgebung angenommen hat, um sie in feste Formen zu fügen und ihnen ihre Stellung in und zum Verkehrsleben anzuweisen. Die Gesellschaft m. b. H. ist eine freie Schöpfung positiver Gesetzgebung. Der unter Fühlung mit der Geschäftswelt, namentlich nach Anhörung des Deutschen Handelstages im Reichsjustizamt ausgearbeitete Entwurf ging nach vorgängiger Veröffentlichung am 11. 2. 92 dem Reichstag zu, wurde einer Kommission überwiesen und nach deren Beschlüssen am 19. 3. 92 in zweiter, am 21. 3. 92 in dritter Lesung angenommen. Unter dem 20. 4. 92 ist das Gesetz vollzogen worden. Durch Art 11 EGHGB erfuhr es aus Anlaß der Einführung des BGB mehrfache Änderungen und auf Grund Art 13 das. ist es in der neuen Gestalt, durch den auch die Bezifferung der Paragraphen teilweise geändert wurde, am 20. 5. 98, mit Geltung vom 1. 1. 00 an, veröffentlicht worden. Unverändert geblieben sind die §§ 1—39, durch Fortfall des § 40 alter Fassung rückten §§ 41—59 um eine Ziffer vor, durch Einfügung des neuen § 59 wurde die Übereinstimmung bis § 68 einschließlich wiederhergestellt. Der § 69 ist gestrichen, so daß bei §§ 70—75 die Ziffern wieder um eine vorrücken. Die §§ 75—77 jetziger Fassung sind neu, infolgedessen die Ziffern der alten §§ 76 bis Schluß um zwei Ziffern zurückrücken. — Durch VO v. 8. 8. 14 (RGBl 363) ist die Vorschrift des § 64 Abs 1, wonach im Falle der Zahlungsunfähigkeit seitens der Gesellschaft die Eröffnung des Konkursverfahrens zu beantragen ist, außer Kraft gesetzt. Zeitweilig hat dasselbe unter bestimmten Voraussetzungen von dem Fall der Überschuldung gegolten (VO v. 28. 4. 20 und 24. 12. 22), was durch GBV v. 28. 12. 23 § 14 gegenstandslos geworden ist. — Die VO v. 2. 11. 17 (RGBl 987) machte die Gründung einer Gesellschaft m. b. H. mit mehr als 300 000 M. (und entsprechend die Erhöhung des Stammkapitals einer bestehenden Gesellschaft) von staatlicher Genehmigung abhängig, was vom 5. 11. 17 bis 15. 10. 20 gegolten hat (VO v. 9. 10. 20). — Durch Ges v. 24. 12. 22 sind in §§ 5 Abs 1 und 7 Abs 2 die Mindestzahlen von Stammkapital und Stammeinlage hinaufgesetzt. Das ist durch die Vorschriften der GBV v. 28. 12. 23 überholt worden (vgl. Erl 1b zu § 5). Durch das Ges v. 28. 6. 26 (RGBl I 315) sind die ursprünglichen Ziffern des Gesetzes wiederhergestellt worden.

Die deutsche Gesetzgebung hat Nachfolge gefunden, zuerst in Portugal durch die Ges v. 11. 4. 1901 und 23. 4. 1901 (überseeische Provinzen). Es folgte Österreich (nicht Ungarn, auch nicht Bosnien und Herzegowina) mit dem Ges v. 6. 3. 04, jetzt in der Fassung vom 20. 10. 21 und 4. 7. 24. Nachdem durch das Friedensdiktat von Versailles deutsche Lande an auswärtige Staaten gekommen waren, haben diese die damit überkommene Gesellschaftsform allgemein bei sich eingeführt. Frankreich durch das Ges v. 7. 3. 25 (Überleitungsgesetz für Elsaß-Lothringen v. 10.2.26); in der Tschechoslowakei gilt in Böhmen und Mähren sowie (Ges v. 15. 4. 20) in der Slowakei das österreichische Gesetz, im Hultschiner Land das deutsche; in Polen in dem deutschen Gebiet das deutsche Gesetz, in Galizien das österreichische, in den ehemals russischen Teilen die VO v. 8. 2. 19 und 13. 11. 23; in Bulgarien Ges v. 8. 5. 24; in Italien, Ungarn und der Schweiz ist die Einführung im Werke. — In Danzig ist das deutsche Gesetz in Geltung geblieben mit dem Ergänzungsgesetz v. 13. 10. 21.

Das österreichische Gesetz schließt sich eng an das deutsche an, hat aber doch einige Änderungen vorgezogen, welche zum Teil auch als Verbesserungen anzuerkennen sind. Auch die Anordnung des Stoffes ist wesentlich verschieden. Die wesentlicheren Abweichungen sind folgende: Nach §§ 12, 64 sind auch die Einzahlungen auf Stammeinlage zum Handelsregister anzumelden und bekanntzumachen; nach § 22 Abs 4 ist die Jahresbilanz den einzelnen Gesellschaftern unverzüglich nach Aufstellung zuzusenden, auch hat alsdann der einzelne Anspruch auf Einsicht in die Bücher; auf Antrag einer Minderheit von 10 % des Stammkapitals kann das Handelsgericht unter Umständen Revisoren zur Prüfung der Bilanz ernennen § 45; für die Geschäftsführer gilt kraft Gesetzes Konkurrenzverbot § 24; nach §§ 26, 78 ist bei der Gesellschaft ein Anteilbuch zu führen; beträgt das Stammkapital mehr als 5 Mill. Kronen und die Anzahl der Gesellschafter mehr als 50, so muß ein Aufsichtsrat bestellt werden § 29; die Beschlüsse der Gesellschaft sind in ein Protokollbuch einzutragen und jedem Gesellschafter abschriftlich mitzuteilen; es kann auch ohne Versammlung schriftlich abgestimmt werden, wenn alle einverstanden sind, aber dann wird die Majorität nicht nach der Zahl der abgegebenen Stimmen, sondern nach der Gesamtzahl berechnet; jedem Gesellschafter muß mindestens **eine** Stimme zustehen; eine Versammlung der Gesellschafter muß berufen werden, wenn die Hälfte des Stammkapitals verlorengegangen ist §§ 34 Abs. 2, 36 Abs 2, 39 Abs 2, 40; in §§ 41, 42 ist die Anfechtung von Gesellschafterbeschlüssen ähnlich wie im Aktienrecht gesetzlich geregelt; die Nichtigkeit der eingetragenen Gesellschaft infolge von Nichtigkeit des Gesellschaftsvertrages ist ausdrücklich zur Auflösung durch Beschluß des Handelsgerichts umgestaltet, der auf Antrag der Behörde (Finanzprokurator) ergeht; dabei ist der Gesellschaft ganz allgemein nachgelassen, die Nichtigkeit zu beheben; dasselbe gilt von nichtigen Gesellschafterbeschlüssen §§ 43, 87; § 48 bestimmt ein Minderheitsrecht auf Verfolgung von Ersatzansprüchen gegen Geschäftsführer und gegen Mitglieder des Aufsichtsrats; dagegen besteht ein Minderheitsrecht, überhaupt eine Klage der einzelnen Gesellschafter auf Auflösung der Gesellschaft (deutsches Gesetz § 61) nicht; die Kaduzierung von Geschäftsanteilen muß sich gegen alle Gesellschafter richten, welche nicht zahlen § 66; die Geschäftsanteile sind nicht unveränderlich, ein weiterer Geschäftsanteil, welchen ein Gesellschafter erwirbt, akkresziert seinem bisherigen Anteil § 75 Abs 2; Ausgabe von Dividendenscheinen ist nichtig § 75 Abs 4; ist die Veräußerung eines Geschäftsanteils von der Genehmigung der Gesellschaft abhängig, so kann er in der Zwangsvollstreckung verkauft werden, nachdem der Gesellschaft Gelegenheit gegeben war, einen Übernehmer des Anteils zu stellen § 76 Abs 4; allgemein kann die versagte Genehmigung zur Veräußerung des Geschäftsanteils durch Entscheidung des Handelsgerichts ersetzt werden § 77; die Gesellschaft darf nicht eigene Geschäftsanteile erwerben oder in Pfand nehmen, es sei denn, es geschehe in der Zwangsvollstreckung § 81; was den Schutz des Stammkapitals angeht, so ist das österreichische Gesetz ganz wieder zum System des Aktienrechts zurückgekehrt, die Zurückzahlung auf Stammeinlage ist positiv verboten, und überhaupt haben die Gesellschafter nur Anspruch auf Auszahlung auf Gewinn § 82 (wegen Rückzahlung von Nachschüssen s. § 74); nach § 96 kann die Liquidation auch dann unterbleiben, wenn eine Gesellschaft m. b. H. ihr Vermögen an eine Aktiengesellschaft oder an eine andere Gesellschaft m. b. H. überträgt.

2. Was im allgemeinen die Absicht und den Zweck des Gesetzes angeht, so war bereits in den Motiven zum Aktiengesetz von 1884 die Frage angeregt, ob die bestehenden Gesellschaftsformen für alle Arten von Unternehmungen, welche eine Kapitalvereinigung erfordern, ausreichen oder ob ihnen nicht vielmehr nach dem Vorbilde der bergrechtlichen Gewerkschaften eine neue Form hinzuzufügen sein möchte. Das griff der Abg. Oechelhäuser auf, um ihm aber eine andere Wendung zu geben. Nicht an die Gewerkschaft sei zu denken, sondern von der offenen Handelsgesellschaft sei auszugehen: „Der Zug, der unser ganzes modernes Erwerbsleben beherrscht, der Zug, der von der solidarischen Haftbarkeit der offenen Handelsgesellschaft zur beschränkten Haftung hinführt, muß noch einen bedeutenden Schritt weiter führen; er hat bisher vor den Gesellschaftsformen, die auf individualistischer Grundlage ruhen, stillgehalten; dafür ist nicht der mindeste Grund vorhanden; in einer Gesellschaftsform, die auf der Basis unserer offenen Handelsgesellschaft stünde, aber die solidarische Haftbarkeit auf bestimmte Kapitaleinlagen beschränkte, wären alle Vorzüge der individualistischen offenen Handelsgesellschaft und der Aktiengesellschaft vereinigt, ohne daß die Nachteile und Gefahren der ersteren und die Komplikationen der letzteren in den Kauf genommen zu werden brauchten. Niemand, der das wirtschaftliche Leben kennt, kann in Abrede stellen, wie seit den 60er Jahren, namentlich seitdem in England das Prinzip der Solidarhaft durchbrochen worden ist, unaufhörlich in die Gesellschaftsform mit beschränkter Haftbarkeit in das wirtschaftliche Leben hineinbricht. Die Aktiengesellschaft, die Genossenschaft, die Gewerkschaft sind nur auf große Verhältnisse berechnet; es sind alles Gesellschaften, wo das Kapital von der geistigen Leitung getrennt ist, wo es nicht durch den Besitzer unmittelbar in Tätigkeit tritt, sondern durch Vertreter, Mandatare, Direktoren; es fehlt an Gesellschaftsformen, worin die Persönlichkeiten, welche das Kapital hergeben, auch mit dem Kapital unmittelbar in Verbindung treten und es persönlich fruchtbar machen können, dabei aber doch die Wohltat der beschränkten Haftung genießen." Sieht man das Gesetz, wie es geworden ist, hierauf an, so ist von alledem wenig genug geblieben. Der Gesetzgeber ist bestrebt gewesen, zwischen den streng individualistischen Gesellschaftsformen und der Aktiengesellschaft eine Mittelstellung zu gewinnen. Es sei, sagen die Motive, bei der Konstruktion der Gesellschaft von der allgemeinen Grundlage auszugehen wie bei der Aktiengesellschaft, woraus aber nicht folge, daß auch im übrigen, namentlich in bezug auf das Verhältnis der Mitglieder zur Gesellschaft, das gleiche gelten müßte; wenn auch ein Hervortreten der Persönlichkeit, wie bei der offenen Handelsgesellschaft, mit dem Wesen einer Kapitalgesellschaft mit beschränkter Haftung nicht in Einklang stehe, so bedinge doch auch letztere nicht notwendig eine so weitgehende Gleichgültigkeit gegen die Persönlichkeit wie bei der Aktiengesellschaft; Abstufungen seien möglich, und es stehe nichts im Wege, der neuen Gesellschaft auch rechtlich eine Mittelstellung zwischen den streng individualistischen Gesellschaftsformen und der Aktiengesellschaft anzuweisen. Schwierigkeiten, welche eine solche Gesellschaft vielleicht der juristischen Systematik bieten möge, könnten für den Gesetzgeber nicht maßgebend sein; mit dieser Aufgabe werde sich die Wissenschaft abzufinden wissen. — Die Sachlage ist, daß individualistische und kollektivistische Gesellschaft Gegensätze sind und sich nicht rationell restlos zu einem mittleren Gebilde verschmelzen lassen. Es ist die coincidentia oppositorum. Rein juristisch hat im Gesetz der kollektivistische Gedanke durchaus gesiegt. Die Gesellschaft m. b. H. ist eine kleine Aktiengesellschaft geworden. Nur mittelbar, in Gestalt einer Reihe von Einzelvorschriften, kommen individualistische Momente zur Geltung. Die Gesellschaft m. b. H. ist juristische Person und daher vom Moment ihrer Entstehung durch die Eintragung in das Handelsregister an nicht mehr Gesellschaft, sondern Verein. Die Verwaltung liegt nicht in den Händen der Mitglieder der Gesellschaft, sondern ihrer Organe, vornehmlich ihrer gesetzlichen Vertreter. Die Mitglieder sind abgeschnitten von jeder Rechtsbeziehung zu Dritten. Zwischen sie und die Gläubiger sowie die Schuldner des Unternehmens ist die künstliche Person der Gesellschaft m. b. H. eingeschoben. Die Anzahl der Mitglieder ist unbeschränkt, und jeder von ihnen wie alle zusammen können jeder individuellen Bedeutung entbehren. Als individualistisch tritt hervor, daß der Beteiligung des einzelnen bis zu einem gewissen Grade das Typische abgeht; vermöge weitgehender Vertragsfreiheit kann die Beteiligung der einzelnen an Rechten und Verbindlichkeiten innerhalb der Gesellschaft mannigfach differenziert sein. Die Gesellschafter nicht, wohl aber die Geschäftsanteile sind mehr oder weniger individualisiert. Durch Erschwerung der Übertragungsform ist dem Handel, namentlich dem Börsenhandel, mit Geschäftsanteilen ein kräftiger — freilich, wie sich gezeigt hat (vgl. RG 80, 101), nicht schlechthin unüberwindlicher — Riegel vorgeschoben. Neben der auf die Stammeinlage beschränkten Haftung steht die Ausfallhaftung in Höhe des gesamten Stammkapitals (§ 24), und daneben kann gestellt werden die begrenzte oder gar — nur gemildert durch das Abandonrecht — die unbegrenzte Nachschußpflicht. Der Wechsel in der Person der Gesellschafter ist grundsätzlich frei, kann aber an die Zustimmung der Mehrheit der Gesellschafter oder auch aller geknüpft werden. So kann der Gesellschaft ein mehr oder weniger individualistisches Gepräge verliehen werden, aber das nur in engen Grenzen. Es ist richtig, daß sich die allerverschiedensten Arten von Gesellschaften in allen Abstufungen des Umfangs dieser Gesellschaftsform bedienen. Aber alle Unterschiede verschwinden fast vollständig hinter ihrem Panzerkleide der festgefügten Korporation. Das Ziel, welches dem Verfasser der Motive vorgeschwebt hat, hat das Gesetz nicht erreicht und konnte es auch nicht erreichen, wenn es an der Korporation festhalten wollte. Denn immer bleibt das Gesetz angewiesen auf seine abstrakten Sätze, abstrakten Normen, die niemals heranreichen bis an die letzten Differenzen des wirklichen Lebens. Diesen letzten Schritt muß die Rechtsanwendung tun, und die Methode, welche in dieser bei uns herrscht, ist wenig geneigt, ihn mit innerer Freiheit zu tun. Die juristische Konstruktion ist mit nichten vom Übel. Sehr mit Unrecht wird sie angegriffen. Sie uns versagen wäre ebenso gescheit, wie dem Schmied Hammer und Amboß nehmen. Es gilt vielmehr, sie zu pflegen und immer höher zu treiben. Nur dürfen wir nicht unter ihr leben, sondern über ihr. Mit innerer Freiheit, das heißt nicht gegen das Gesetz, auch nicht schlechthin ohne Gesetz, es heißt vielmehr, bei gründlicher Kenntnis des ganzen Systems und sicherer Beherrschung seiner Technik in eigener Entschließung den Standpunkt einzunehmen, nicht nur in den Satzungen des geschriebenen Rechts, sondern zugleich auch über ihnen. Es muß nicht in der Korporation das gesellschaftliche Moment ganz verschwinden. Im Leben ist es doch da, freilich mannigfach abgestuft, unter Umständen, z. B. bei sehr großer Mitgliederzahl, so abgeschwächt, daß es praktisch verschwindet, aber dann auch wieder gesteigert bis zu dem Grade unmittelbar persönlicher Betätigung jedes einzelnen, getragen von persönlichem Vertrauen in gemeinsamer Arbeit und gegenseitiger Verbundenheit. Jede Abstufung und Tönung trägt ein individuelles Gepräge. Das läßt sich nicht in begriffliche Disjunktionen bringen. Aber darum muß es nicht gleich verschwinden. Jedenfalls gibt es Fälle und Verwicklungen, wo dieses Moment gebieterisch Geltung fordert und dann auch von einer ihrer Aufgabe gewachsenen, im guten Sinn geschmeidigen Rechtsanwendung und Rechtsprechung zur Geltung gebracht werden sollte. Vgl. hierzu u. a. § 2 Erl 6a u. 8; § 3 Erl 8; § 13 Erl 2 a. E.; § 47 Erl 2c u. 6c; § 65 Erl 1c; § 75b Erl 1; § 82 Erl 4.

3. Das Gesetz ist ein Sondergesetz, das auf dem allgemeinen Rechtszustand aufgebaut, ihm eingefügt ist und daher allermaßen die ergänzende Geltung insbesondere des HGB und des BGB voraussetzt. Zweifelhaft könnte erscheinen, ob in dieser Beziehung die Gesellschaft m. b. H. als Gesellschaft oder Verein sich kennzeichnet. Offenbar ist sie ihrem ganzen Wesen nach Gesellschaft, und der Vertrag, durch den sie gegründet wird, der Vertrag, der beispielsweise von zweien oder dreien geschlossen wird, kann nichts anderes sein als ein Gesellschaftsvertrag (LZ 1910, 872). Sie ist denn auch bis zu ihrer Eintragung in das Handelsregister Gesellschaft (RG 58, 55; 82, 289). Aber mit der Eintragung wird sie juristische Person und damit zugleich Verein (Liebmann § 1[1]; Scholz § 1 III 1). Denn — abgesehen von Stiftungen und Verbänden öffentlichen Rechts — kennt das BGB keine anderen juristischen Personen als Vereine. Wenigstens ist es unter dieser Bezeichnung, daß es die Rechtsverhältnisse der juristischen Personen regelt, die Bestimmungen trifft, welche, sei es überhaupt oder ergänzend, für juristische Personen gelten sollen. So zutreffend RJA 3, 25. Vgl. auch RG 57, 93; EGBGB Art 163. Daß die §§ 705 ff. BGB auf die Gesellschaft m. b. H. nicht Anwendung finden können, ist klar und wird ziemlich allgemein anerkannt (anders Wieland, Handels-R. 416 [53]). Dagegen ist merkwürdigerweise die Geltung und ergänzende Geltung der Vorschriften über juristische Personen (§§ 21 ff. BGB) nicht unbestritten. Aber die Gegner widersprechen sich selbst. Denn daß die Gesellschaft m. b. H. für den Schaden verantwortlich ist, den der Geschäftsführer durch eine in Ausführung der ihm zustehenden Verrichtungen begangene Handlung schuldhaft einem Dritten zufügt (§ 31 BGB), bestreitet wiederum niemand. So bestritten der Begriff des Sonderrechts ist, so unbestritten gilt auch von der Gesellschaft m. b. H., daß ein solches Sonderrecht eines Mitgliedes nicht ohne seine Zustimmung durch Beschluß der Mitgliederversammlung beeinträchtigt werden kann. Das steht aber nicht im Gesetz, sondern in § 35 BGB. Unanwendbar ist § 48 BGB, weil die Materie im Sondergesetz erschöpfend geregelt ist (a. A. Hachenburg EinlErl 4; OLG 42, 256). Von Abs 1 u. 2 ist das ohne weiteres ersichtlich; Abs 3 führt zurück auf § 28, wonach der Vorstand nach Stimmenmehrheit beschließt, was von den Liquidatoren nicht gelten soll. Wie das eine, so ist auch das andere hier nicht maßgeblich. Das praktische Interesse knüpft sich an den § 29 BGB: Kann gegebenenfalls ein Beteiligter das Amtsgericht angehen, der Gesellschaft einen Geschäftsführer (oder einen Liquidator) zu bestellen? Einhellig bejaht das der Gerichtsgebrauch unter der Voraussetzung, daß jede Möglichkeit ausgeschlossen ist, auf dem im Sondergesetz gewiesenen Wege zum Ziele zu kommen (KGJ 23, 105; 34 S. 54, 170; RJA 17, 82; GmbHRundsch 27, 54; vgl. auch RG 57, 93). Wegen § 33 Abs 1 2 BGB s. § 53 Erl 1g.

4. Zu jedem gesetzlich zulässigen Zweck. An erster Stelle stehen hier alle Arten von gewerblichen Unternehmungen in Handel, Industrie (Bergbau: § 133 PrAllgBergG), Handwerk, Unternehmungen, welche auf Erzielung von Gewinn angewiesen sind und darauf ausgehen. Aber auch Unternehmungen gewerblicher Art, welche nicht auf Gewinnbezug gerichtet sind, vielmehr nur mittelbar dem wirtschaftlichen Vorteil der Gesellschafter dienen. Vgl. den Fall: JW 1921, 916[2]. Der Zweck kann sich darin erschöpfen, im Auftrag eines andern für diesen Geschäfte zu besorgen (Organgesellschaft) RFH 5, 30 GmbHRundsch 1926, 368 (OLG Frankfurt); Friedländer Konzernrecht 63 ff. Hierher gehören auch die Kartelle und Syndikate, die sich oft der Form der Gesellschaft m. b. H. bedienen, so wenig auch diese ihren Zwecken und ihrem Innenverhältnis entspricht (s. Erl 8 zu § 3). — Der in der Kommission gestellte Antrag, der Gesellschaft m. b. H. das Bankgeschäft zu untersagen, ist abgelehnt worden. Es gilt für sie nur die Sondervorschrift in § 41 Abs 4: Gesellschaften m. b. H., welche das Bankgeschäft betreiben, sind verpflichtet, ihre Jahresbilanzen öffentlich bekanntzumachen. Nur der Betrieb einer Hypothekenbank ist ihnen versagt (Ges v. 13. 7. 99 § 2). In weitem Umfange ist ihnen auch das Versicherungsgeschäft versagt. Für Versicherungen auf Gegenseitigkeit ist überhaupt nur die vom Ges über die privaten Versicherungsunternehmungen v.

12. 5. 01 geschaffene Gesellschaftsform (§§ 15—53 das.) zulässig. Lebensversicherung aller Art (Invaliditäts-, Alters-, Witwen-, Waisen-, Aussteuer-, Militärdienstversicherung auf Kapital oder Renten), Unfall-, Haftpflicht-, Feuer-, Hagelversicherung gegen Prämie ist der Aktiengesellschaft vorbehalten (§ 6 Abs 3, 2 das.). Durch Beschluß des Reichsrats kann für andere Versicherungen (namentlich also Transportversicherung, Diebstahlsversicherung usw.) dasselbe bestimmt werden. Aber Versicherungsgeschäft in diesem Sinne liegt nur unter der Voraussetzung vor, daß den Versicherten ein Rechtsanspruch auf die Leistung zusteht. — Auswanderungsunternehmungen sind unverwehrt (Ges v. 9. 6. 97 § 3). — Vielfach werden Gesellschaften m. b. H. gegründet lediglich zu dem Zwecke, ein oder mehrere bestimmte Grundstücke zu erwerben, verwalten, verwerten. — Aber auch nichtgewerbliche oder -geschäftliche Zwecke können Gegenstand der Vereinigung sein, die Pflege von geselligen, künstlerischen, wissenschaftlichen Interessen, der Wohltätigkeit. — Nach früherem Recht konnten vielfach religiöse Vereine sich nicht der Form der Gesellschaft m. b. H. bedienen, um juristische Persönlichkeit zu erwerben. Vgl. OLG 8, 164; 9, 371; 12, 438; 24, 133; KJA 10, 181; RGZ 30, 129; ZBlFG 9 S. 411, 420. Das hat Art 124 der RVerf v. 11. 8. 19 beseitigt. Der Art 124 zit. umfaßt auch politische Vereine. Jeder Verein dieser Art kann sich die Form einer Gesellschaft m. b. H. geben. Eine andere Frage ist, ob jede Gesellschaft m. b. H. zu politischen Zwecken, z. B. zu dem Zwecke, eine politische Zeitung herauszugeben, deshalb unter das Vereinsgesetz v. 19. 4. 08 fällt, weil sie, als juristische Person, privatrechtlich sich als Verein kennzeichnet. In Frage kämen §§ 3, 17 (Anmeldung des Vorstandes und des Gesellschaftsvertrages bei der Polizei, Ausschluß jugendlicher Personen). Das dürfte zu verneinen sein. Öffentlichrechtlich ist nicht jede Korporation Verein. Übrigens ist wohl anzunehmen, daß diese Vorschriften des Vereinsgesetzes nicht mehr gelten, Anschütz RVerf Art 123 Note 3 und Art 124 Note 2.

5. Handelt es sich um einen gesetzlich unzulässigen Zweck, so ist die Gesellschaft nichtig (§§ 3 Abs 1 Ziff 2, 75). Sie darf nicht in das Handelsregister eingetragen werden. Ist sie eingetragen worden, so kann jeder Gesellschafter, Geschäftsführer oder Mitglied des Aufsichtsrats darauf klagen, daß sie für nichtig erklärt werde. Die Gesellschaft kann dem dadurch begegnen, daß sie durch einstimmigen Beschluß den Gegenstand ihres Unternehmens ändert (§ 76). Sie kann auch von Amts wegen als nichtig gelöscht werden (FGG § 144). — Nicht darauf kommt es an, ob ein an und für sich unverbotener Zweck in gesetzlich unzulässiger Weise verfolgt wird, sondern darauf, ob es sich um einen Zweck handelt, der generell, seiner Art nach, unerlaubt ist, mag auch das betreffende Verbot örtlich oder sachlich beschränkt sein. Daher gehört hierher nicht der Fall, daß das beabsichtigte Gewerbe nur mit staatlicher Genehmigung betrieben werden darf. — Gesetzlich unzulässig ist auch der in sich unsittliche Zweck. — Immer kommt es hierbei auf den wirklichen, von den Gesellschaftern einhellig gewollten, nicht auf den im Gesellschaftsvertrag etwa nur vorgeschobenen Zweck an (OLG 9, 371; 12, 439). Von einem vorgeschobenen Zwecke kann man aber nur sprechen, wenn alle Gesellschafter (Gründer) den in Wahrheit verfolgten Zweck gewollt haben, mit ihm einverstanden sind. Ist das nicht der Fall, sind nur einige im Einverständnis, mag das auch die Mehrheit sein, so kommt der Gesellschaftsvertrag so zustande, wie er lautet, und die Gesellschaft ist unverboten (bestr.). Verfolgt sie gleichwohl den verbotenen Zweck, so kann sie nach §§ 61, 62 zur Auflösung gebracht werden. Sie kann aber aus diesem Grunde nicht nach § 144 FGG von Amts wegen gelöscht werden (ZBlFG 9 S. 411, 420; vgl. auch OLG 4, 254).

6. Die Steuern, welchen Gründung und Geschäftsbetrieb der Gesellschaften m. b. H. unterliegen, sind in kurzer Übersicht die folgenden:

1. Kapitalverkehrssteuergesetz v. 8. 4. 22 in der Fassung des Ges v. 10. 8. 25 (RGBl I 241). Durch § 89 Abs 2 das. sind die Vorschriften des Reichsstempelgesetzes v. 26. 7. 18 und des Ges v. 7. 11. 21, die sich auf die Tarifnummern 1—4 und 9 beziehen, aufgehoben. An ihre Stelle treten die Bestimmungen dieses Gesetzes. Danach wird die Steuer erhoben:

a) für Rechtsvorgänge, die Gesellschaften betreffen (Gesellschaftssteuer),
b) für den ersten Erwerb von Wertpapieren und sonstigen Vermögensrechten des Kapitalverkehrs (Wertpapiersteuer),
c) für Anschaffungsgeschäfte des Börsenverkehrs (Börsenumsatzsteuer).

A. Gesellschaftssteuer. Der Steuer unterliegen bei Kapitalgesellschaften, zu denen die Gesellschaft m. b. H. gehört:

a) Zahlungen und Leistungen, die zum Erwerb von Gesellschaftsrechten (Aktien, Genußscheinen, am Gewinn beteiligten Forderungen) einer inländischen Gesellschaft durch den ersten Erwerber erforderlich sind oder zu deren Bewirkung die Gesellschafter einer inländischen Gesellschaft auf Grund des Gesellschaftsverhältnisses verpflichtet sind (weitere Einzahlungen, Zubußen, Nachschüsse usw.);
b) freiwillige Zahlungen und Leistungen an eine inländische Gesellschaft, die nicht als

Schenkungen im Sinne des Erbschaftssteuergesetzes anzusehen sind, falls das Entgelt in Gewährung erhöhter Gesellschaftsrechte besteht oder falls die Zahlungen oder Leistungen geeignet sind, den Wert der Gesellschaftsrechte zu erhöhen, insbesondere die Umwandlung von Aktien in Vorzugsaktien und Erhöhung der Einlagen der Gesellschafter, die Überlassung von Gegenständen an die Gesellschaft zu einer hinter dem Werte zurückbleibenden Gegenleistung, die Übernahme von Gegenständen der Gesellschaft durch die Gesellschafter zu einer den Wert übersteigenden Gegenleistung und der Verzicht auf Forderungen oder andere Rechte, RFH 15, 194;

c) die Gewährung von Darlehen an eine inländische Gesellschaft, der Erwerb von Forderungen gegen sie, bei denen die Zahlungsfrist hinausgeschoben ist, oder die Stundung von Forderungen gegen sie (vgl. RFH 7, 251), falls Gläubiger der Darlehnsforderungen oder sonstiger Forderungen Gesellschaften sind und:
entweder die Ansprüche aus den Darlehen oder Forderungen nur gleichzeitig mit den Gesellschaftsrechten abgetreten werden können
oder während der Beteiligung an der Gesellschaft die Rückzahlung des Darlehens oder die Erfüllung der Forderungen nicht beansprucht werden kann
oder die Gewährung der Darlehen oder die Hinausschiebung der Zahlungsfrist oder die Stundung der Forderungen eine wesentliche Voraussetzung des Beginns oder der Fortführung der Gesellschaft ist und sich sachlich als Beteiligung an der Gesellschaft darstellt;

d) der Erwerb von Gesellschaftsrechten einer inländischen Gesellschaft durch den ersten Erwerber in den Fällen, in denen eine Zahlung oder Leistung im Sinne der Vorschrift zu a zum Erwerb der Gesellschaftsrechte nicht erforderlich ist;

e) die Zuwendung von Anlage- und Betriebskapital seitens einer ausländischen Gesellschaft an ihre inländische Niederlassung.

Es kommt nicht darauf an, ob die Vereinbarung, auf welche die Zahlung oder Leistung erfolgt, im Statut enthalten ist, überhaupt nicht darauf, ob sie schriftlich niedergelegt ist. Es handelt sich nicht um Urkundenstempel, der vielmehr, soweit das Gesetz reicht, fortgefallen ist. Versteuert wird das Zahlungs-, Leistungsgeschäft usw., und in dieser Beziehung bestimmt § 9, daß die Steuerschuld entsteht, sobald die Zahlungen oder Leistungen fällig werden, spätestens aber, sobald sie bewirkt werden, und binnen einer Woche nach Entstehung der Steuerschuld ist die Steuer zu zahlen (§ 68). Doch kann die Frist verlängert werden. Es wird also nicht immer sofort die ganze Einlage versteuert, sondern nur die angeforderte oder eingezahlte Rate. Fällig wird die Schuld nur, wenn sie gültig begründet worden ist. Aber grundsätzlich entsteht die Steuerschuld durch die Tatsache der Leistung, und in dieser Beziehung bestimmt § 14, daß die entrichtete Steuer auf Antrag zu erstatten ist, wenn die Leistung zurückgewährt wird, weil das ihr zugrunde liegende Geschäft aus tatsächlichen oder rechtlichen Gründen nicht zur Ausführung gebracht werden konnte oder vor der vollständigen Ausführung rückgängig gemacht worden ist. Das ist der Fall, wenn endgültig feststeht, daß es zur Eintragung der Gesellschaft in das Handelsregister nicht kommt. Der Umstand, daß bereits Einzahlungen auf die Einlage gemacht sind, steht nicht entgegen, RFH 7, 255. Hat die Eintragung in das Handelsregister stattgefunden, so kommt die Erstattung der Steuer nicht in Frage; vgl. RFH 4, 431, RFH in JW 1923, 727, 3. — Kann die Leistung nicht zurückgewährt werden, weil das Geld schon verbraucht ist, so wird auch die Steuer nicht ersetzt, RFH 18, 70.

Steuerpflichtig sind nicht nur die auf Statut und überhaupt auf Vertrag beruhenden, sondern auch die freiwilligen Beiträge der Gesellschafter zum Gesellschaftsvermögen, sofern sie nicht reine Schenkungen sind und der Schenkungssteuer unterliegen. Was in dieser Beziehung oben unter b bestimmt wird, ist in der Hauptsache nur eine nähere Ausführung zu Zusatz 4 Tarifstelle I A a b des Reichsstempelgesetzes. Die Abgabe ist auch zu erheben, wenn ein Gesellschafter Gegenstände unentgeltlich auf die Gesellschaft überträgt (wenn er ihr die Gegenstände zwar nicht unentgeltlich überläßt, ihr aber den Kaufpreis stundet, RFH 7, 251; vgl. auch RFH 6, 9), ihr Schulden erläßt oder ihr Gegenstände zu einem hinter ihrem Wert zurückbleibenden Preis veräußert. — Werden einer Gesellschaft eigene Aktien oder eigene Genußscheine, überhaupt eigene Gesellschaftsrechte übertragen, so wird die Steuer erst erhoben, wenn die Gesellschaft sie wieder veräußert, und zwar von dem dabei erzielten Preis abzüglich des Entgelts, welches die Gesellschaft für den Erwerb entrichtet hatte (§§ 9 unter b, 11 Abs 2 c). — Zur Bestimmung unter c hat Veranlassung gegeben, daß häufig der Versuch gemacht worden ist, an der Steuer dadurch zu sparen, daß nur ein kleiner Teil des für das beabsichtigte Unternehmen erforderlichen Betriebskapitals in Form des Grund- oder Stammkapitals, der Rest in anderer, namentlich in Darlehensform, von den Gesellschaftern zusammengebracht worden ist. Aber darum soll nicht schlechthin jedes Darlehen, das ein Gesellschafter der Gesellschaft gewährt, steuerpflichtig sein, Voraussetzung ist vielmehr entweder, daß Gesellschaftsrecht (Aktie, Geschäftsanteil) und Darlehnsforderung bis zu einem gewissen Grade unlöslich miteinander verbunden sind; es muß während der Dauer der Beteiligung die Rückforderung des Geldes ausgeschlossen oder es muß bedungen sein, daß die Darlehensforderung nur zusammen mit den Gesellschaftsrechten übertragen werden kann, oder es muß die Hingabe des Darlehens sich als Beteiligung an der Gesellschaft darstellen (RFH 18, 203; s. auch RFH 14, 202) und zugleich der Betrag so erheblich sein, daß er sich als ein Teil des erforderlichen Betriebskapitals darstellt, ein Betrag, ohne welchen das Unternehmen nicht wohl hätte begonnen oder fortgeführt werden können, RFH 12, 125. Vgl. die Fälle RFH 5, 55 (Stammkapital der G. m. b. H. 20 000 M., Darlehen 110 000 M.), RFH 5, 244 (Stammkapital 20 000 M., Darlehen 55 000 M.), RFH 3, 96 (Stammkapital 20 000 M., Darlehen 265 000 M.). Solchen Zahlen gegenüber hatte sich die Steuerpflicht schon ohne die Grundlage einer positiven Vorschrift durchgesetzt. Vgl. RFH 1, 69; 1, 71; 1, 77. — Ein zur Einleitung eines Kontokorrentverkehrs eröffneter Kredit wird in der Regel nicht hierher gehören, namentlich wenn es sich um einen Bankkredit handelt, während anderseits ein hierher gehörendes Darlehen auch dann steuerpflichtig ist, wenn es in ein Kontokorrent eingestellt wird. Nicht hierher gehören Bürgschaften und andere Sicherheiten (Wechsel), welche ein Gesellschafter für ein der Gesellschaft gewährtes Darlehen leistet. RFH 18, 96. — Partiarische Darlehen sind ohne weiteres steuerpflichtig, wie Gesellschaftseinlagen (§ 5 Abs 1 c). — Gleichgültig ist, ob sich alle Gesellschafter an dem Darlehen beteiligen oder nur einzelne, RFH 5, 46. — Darlehen, welche der Gesellschaft durch Dritte gegeben werden, scheiden hier aus, auch wenn sie wesentlich Voraussetzung des Geschäftsbetriebes sind, RFH in JW 22, 1549, 4. Doch darf der Dritte nicht vorgeschobene Person sein, auch nicht Mitglied einer Gesellschaft, die ihrerseits wieder Mitglied der A.-Gesellschaft ist, RFH 18, 203.

Die Gründungskosten der A.-Gesellschaft gehen nach richtiger, aber keineswegs allgemein geteilter Ansicht die Gesellschaft nichts an, und daher besagt eine Bestimmung im Statut, wonach diese Kosten die Gesellschafter übernehmen, nichts, was nicht ohnehin rechtens wäre. Es kann daher auch darin nicht eine (steuerpflichtige) Leistung gegen die Gewährung der Gesellschaftsrechte liegen, RFH 2, 90; 7, 20; 11, 196; 12, 60. A. A. RG 73, 185; 78, 169; 80, 115; s. aber auch RG 55, 43. Doch ist ein „Eintrittsgeld" zur Bestreitung der Kosten der Gründung nur soweit steuerfrei, als es diese Kosten nicht übersteigt, RFH 9, 198. — Bei einer Erhöhung des Grundkapitals und auf die durch sie verursachten Kosten trifft dieser Gesichtspunkt nicht zu. Hier ist es die Gesellschaft, welche die Kosten angehen, und die Übernahme sowie die Zahlung dieser Kosten ist steuerpflichtig. So RFH in JW 1921, 1115, 12. Anders RFH 7, 20; vgl. auch die Übersicht über die Rechtsprechung das. S. 13. — Auch Vorschußzahlungen für die Gesellschaft sind nicht steuerpflichtig RFH 10, 211. — Über Kosten der Einführung der Aktien an der Börse RFH 11, 236.

Steuerschuldner ist die Gesellschaft; soweit Zahlungen oder Leistungen vor ihrer Entstehung fällig oder bewirkt werden (Zahlung der Einlagen) ist Steuerschuldner, wer Geschäfte für die Gesellschaft führt oder durch einen Beauftragten führen läßt. Daneben haftet, wer durch den steuerpflichtigen Vorgang Rechte oder Pflichten erwirbt.

Der Steuersatz ist 4% vom Werte des Gegenstands. Von der Steuer befreit sind Gesellschaften, deren Erträgnisse ausschließlich dem Reich usw. zufließen, unter bestimmten Voraussetzungen die gemischtwirtschaftlichen Unternehmungen, gemeinnützige Gesellschaften usw. nach näherer Bestimmung des § 4. Bei Fusionen ermäßigt sich die Steuer auf 2% (vorübergehend bis 30. 9. 30 — Ges v. 31. 3. 26 und 11. 12. 29 — auf 1%, was in gleicher Weise von Gründungen und Kapitalerhöhungen aus Anlaß von Zusammenfassungen mehrerer gleichartiger oder wirtschaftlich zusammengehöriger Betriebe gilt). — Ferner ermäßigt sich die Steuer auf 2% (VO v. 14. 9. 24; vorübergehend, bis 30. 9. 29, auf 1%, Ges v. 31. 3. 26 und 28. 11. 28), wenn es sich um Zahlungen oder Leistungen handelt, die zur Deckung einer Überschuldung oder eines Verlustes am Grundkapital erforderlich sind.

Die Eintragung einer Kapitalgesellschaft oder der Erhöhung ihres Kapitals in das Handelsregister ist ohne Genehmigung des Finanzamtes nur zulässig, wenn der Nachweis erbracht ist, daß die vor der Eintragung erfolgten Zahlungen oder Leistungen versteuert sind. § 75 Abs 3. Die Registerbehörden haben dem Finanzamt von allen Eintragungen, die sich auf einen steuerpflichtigen Rechtsvorgang beziehen, Mitteilung zu machen; die Eintragung darf ohne Genehmigung des Finanzamtes nur erfolgen, wenn der Nachweis erbracht ist, daß die Steuer entrichtet ist, § 74 Abs 1, 2.

B. Der Wertpapiersteuer unterliegen verzinsliche Schuldverschreibungen und Rentenverschreibungen, wenn sie auf den Inhaber lauten oder indossabel sind oder in Teilabschnitten ausgefertigt oder endlich, wenn sie mit Zinsscheinen und ähnlichem, welche den Schuldner berechtigen, an den Inhaber zu zahlen, versehen sind; ferner Aktien- und Genußscheine ausländischer Gesellschaften. Versteuert wird die erstmalige Ausgabe, d. h. die erstmalige Verfügung, Übereignung, Verpfändung usw. Der Steuersatz ist gestaffelt und beträgt 5—40 Pfennig für je 10 M. des Nennbetrages oder bei Zwischenscheinen der bescheinigten Einzahlung (KVStGes §§ 25—34).

C. Der **Börsenumsatzsteuer** unterliegen auch Anteile an Gesellschaften m. b H. Sie wird erhoben von jedem Anschaffungsgeschäft, aber nicht von der Zuteilung an den ersten Erwerber. Als Anschaffungsgeschäft ist es nicht anzusehen, wenn verschiedene Abschnitte oder Stücke von Wertpapieren derselben Gattung ohne anderweitige Gegenleistung Zug um Zug ausgetauscht werden, auch wenn die ausgetauschten Wertpapiere verschiedene Zinstermine haben. Der Steuersatz ist gestaffelt und differenziert, je nachdem es sich um ein Händlergeschäft handelt oder nicht. Er beträgt 2—15 Pfennig für je 100 M., mindestens 10 Pfennig (VO v. 29. 4. 26, RGBl I 215, Art I).

Soweit das Kapitalverkehrssteuergesetz Rechtsvorgänge der Versteuerung unterwirft, ist auch die Versteuerung der über sie errichteten Urkunden durch die Länder und Gemeinden ausgeschlossen (§ 84 KVStGes).

2. Den Verkehr in Grundstücken, d. h. den Übergang des Eigentums an inländischen Grundstücken — unter Umständen auch das obligatorische Veräußerungsgeschäft (§ 5 des Ges) —, besteuert das **Grunderwerbssteuergesetz**, das insoweit an die Stelle des Reichsstempelgesetzes getreten ist (§ 37). Die Steuerpflicht wird durch die Eintragung der Rechtsänderung in das Grundbuch oder, wo es deren nicht bedarf, durch den Vorgang der Rechtsänderung begründet. Das obligatorische Veräußerungsgeschäft wird steuerpflichtig, wenn der Übergang des Eigentums nach Ablauf eines Jahres nicht erfolgt ist. Besonderes bestimmt § 3: Werden **alle Anteile** einer Personenvereinigung (Gesellschaft m. b. H. usw.), zu deren Vermögen Grundstücke gehören, in der Hand eines Teilhabers **vereinigt** oder, nachdem sie in der Hand eines Teilhabers vereinigt sind, auf einen anderen übertragen, so wird die Vereinigung oder Übertragung dem Übergange des Eigentums an dem Grundstücke gleichgeachtet. Ehegatten sowie Eltern und Kinder gelten im Sinne dieser Vorschrift als eine Person. — Die Vorschrift gilt namentlich auch den sogenannten Grundstücksgesellschaften, wo durch das Einschieben der juristischen Person erreicht wird, daß das Grundstück statt durch Auflassung durch Übertragung aller Gesellschaftsanteile übereignet werden kann. Der Satz 2 des § 3, wonach Ehegatten u. a. als eine Person gelten, hat nur die Tendenz, die Steuerpflicht zu erweitern, nicht sie einzuengen, und ist nicht anwendbar auf den Fall, daß ein Ehegatte seine Gesellschaftsanteile auf den andern überträgt; auch in diesem Falle ist vielmehr die Steuer, und zwar trotz des § 15, vom ganzen Wert des Grundstücks zu berechnen, RFH 11, 231. Vgl. auch RFH 5, 247. — Nach § 8 Ziff 5 wird die Steuer nicht erhoben beim Einbringen des Grundstücks in eine ausschließlich aus dem Veräußerer und dessen Abkömmlingen oder aus diesen allein bestehenden Vereinigung (Familiengründung); die Steuerpflicht tritt aber ein, wenn nachträglich ein Gesellschafter aufgenommen wird, der nicht zu den Abkömmlingen des Veräußerers gehört. Diese Befreiung tritt auch ein, wenn das Grundstück an eine ausschließlich von den Abkömmlingen des Veräußerers gegründete Gesellschaft veräußert wird, RFH 10, 22. Vgl. auch RFH 17, 40. Sie wird nicht ohne weiteres dadurch ausgeschlossen, daß zu den Mitgründern auch die Ehefrau und der Schwiegersohn des Veräußerers gehören. RFH in DJZ 1925, 1193. — Sind mehrere die Veräußerer, so ist der Fall nur gegeben, wenn diese sämtlich Verwandte aufsteigender Linie der anderen Gesellschafter sind, RFH 8, 115.

Die Steuer wird von dem **vollen** Wert des Grundstücks berechnet. Der § 15, wonach beim Übergang eines Grundstückes aus der gesamten Hand auf einen der Mitberechtigten der rechnungsmäßige Bruchteil des Erwerbes nicht mitgerechnet wird, findet hier nicht Anwendung, RFH 7, 145; 11, 231. — Steuerschuldner ist nicht die Gesellschaft, sondern der Gesellschafter, RFH 11, 233. — Der Steuersatz ist 3%, bei Fusionen und Sanierungen vorübergehend $1^1/_2$% bei Fusionen bis 30. 9. 30, bei Sanierungen bis 30. 9. 29 (Ges v. 31. 3. 26, v. 28. 11. 28, v. 11. 12. 29).

In § 10 werden die Grundstücke im Eigentum von Personenvereinigungen, Anstalten oder Stiftungen aller Art mit einer Abgabe von 2% des Wertes belegt, wenn seit ihrem Erwerbe 20 Jahre verstrichen sind (Besteuerung der toten Hand). Die Steuerpflicht tritt zum ersten Male mit dem 1. Januar 1929 oder nach Ablauf von zehn Jahren nach Erwerb des Grundstücks, wenn dieser Tag später liegt, ein. Die Steuer wird das erstemal in Höhe von 1% erhoben.

3. Eine laufende Steuer, welche die A.-Gesellschaft trifft, ist die **Körperschaftssteuer** (Ges v. 10. 8. 25 RGBl. I 208). Sie ist die Einkommensteuer der juristischen Person und wird, allgemein gesprochen, vom Jahresgewinn erhoben. Welche Einkünfte der Steuer unterliegen, bestimmt sich grundsätzlich nach dem Einkommensteuergesetz (§§ 6—8, 11, 13). Vgl. **Brodmann** in ZBH 4, 45 ff. Keinen Unterschied macht es, ob der Gewinn verteilt wird oder nicht. Mindestens ist als Einkommen zu versteuern, was als Tantieme an die Mitglieder des Aufsichtsrates sowie, was — ohne daß es vertraglich zugesichert ist — als Tantieme an Mitglieder des Vorstandes oder Angestellte in leitender Stelle gewährt wird. — Außer Ansatz bleibt der Gewinn aus der Beteiligung an anderen Erwerbsgesellschaften (**Tochtergesellschaften**), wenn die Beteiligung mindestens 25% des Grund- oder Stammkapitals beträgt (**Schachtelprivileg**). Nach dem Ges v. 31. 3. 26 (RGBl I 185) kann auch bei geringerer Beteiligung das Privi-

leg bewilligt werden (bis 1930). — Abzugsfähig sind satzungsmäßig bestimmte Beiträge zu gemeinnützigen oder mildtätigen Zwecken, Beiträge an Unterstützungs-, Pensions- usw. Kassen, wenn ihre Verwendung für die Zwecke der Kasse dauernd gesichert ist, Tantiemen, welche an geschäftsführende Vorstandsmitglieder, Angestellte und Arbeiter auf Grund des Jahresabschlusses gewährt werden, die zur Beseitigung einer Unterbilanz erforderlichen Beträge, die Kosten der Ausgabe von Geschäftsanteilen, soweit sie nicht aus dem Agio gedeckt werden können. — Nicht abzugsfähig sind Aufwendungen zur Verbesserung und Vermehrung des Vermögens, zur Geschäftsbegründung und zu Geschäftserweiterungen, zu Kapitalanlagen, zur Schuldentilgung, zu Ersatzbeschaffungen, Körperschafts- und andere Personalsteuern, Tantieme des Aufsichtsrats usw. — Im Falle der Auflösung der Gesellschaft gilt als Gewinn der Zeit vom Ende des letzten Geschäftsjahres bis Ende der Liquidation der Überschuß des zur Verteilung kommenden Vermögens über den Stand am Schluß des letzten Geschäftsjahres, unter Abzug der steuerfreien Vermögenszugänge und Hinzurechnung der letzten Dividende. Vgl. RFH 10, 23. Brodmann ZBH 4, 51.

Der Steuerabschnitt ist jeweils das Geschäftsjahr, der Steuersatz je nach Höhe des Stammkapitals 10—20% des Einkommens. Bis zum Empfang eines Steuerbescheides hat der Steuerpflichtige auf die Steuerschuld am 10. jedes 1. Quartalsmonats ein Viertel der zuletzt festgestellten Steuerschuld vorauszuzahlen.

4. Nach § 83 Einkommensteuergesetz wird von den inländischen Kapitalerträgen, insbesondere auch von den zur Verteilung kommenden Dividenden, die Einkommensteuer durch Einbehaltung von 10% erhoben (Steuerabzug vom Kapitalertrag). Das geht die Gesellschaft m. b. H. insofern an, als nach § 85 EStGes dieser Steuerabzug vom Schuldner — also hier von der Gesellschaft — zu bewirken ist, der die Steuer nach § 86 des Gesetzes bei Fälligkeit des Kapitalertrages für Rechnung des Gläubigers einzubehalten und innerhalb einer Woche an das für den Schuldner zuständige Finanzamt abzuführen hat, was auch dann geschehen muß, wenn der Gläubiger das Geld nicht abhebt. Bei Dividenden gilt als Zeitpunkt der Fälligkeit der Tag, für welchen die Ausschüttung ausdrücklich beschlossen wird, und in Ermangelung eines solchen Beschlusses der auf die Generalversammlung folgende Tag (AusfBestimmungen über den Steuerabzug vom Kapitalertrag v. 8. 5. 26 § 7).

5. Der Vermögenssteuer unterliegen auch die Gesellschaften m. b. H., Vermögenssteuergesetz v. 10. 8. 25 (RGBl I 233) in der Fassung gemäß Ges v. 31. 3. 26 (RGBl I 185). Befreit von ihr sind unter gewissen Voraussetzungen die Gesellschaften m. b. H., deren Hauptzweck in der Verwaltung des Vermögens für einen nicht rechtsfähigen Berufsverband ist, der einen wirtschaftlichen Geschäftsbetrieb nicht bezweckt. Die Steuer wird von dem nach den Bestimmungen des Reichsbewertungsgesetzes v. 10. 8. 25 (RGBl I 214) festzustellenden beweglichen und unbeweglichen Vermögen abzüglich der Schulden erhoben. Der Steuersatz ist gestaffelt. Die Steuer wird nicht erhoben, wenn das Vermögen 5000 M. nicht übersteigt. Sie beträgt 1—4‰ bei Vermögen bis 50 000 M., von 50 000 M. bis 250 000 M. 5‰ und sodann wieder progressiv von 5,5 bis 7,5‰ (diese letzteren Erhöhungen sind für 1925 und 1926 nicht zur Anwendung gekommen). Sie ist nach Maßgabe der letzten Veranlagung vierteljährlich vorauszuzahlen, Mitte Februar, Mai, August und November. — Nach RFH JW 1923, 635[2] dauert die Steuerpflicht der Gesellschaft bis zur Beendigung der Liquidation und jedenfalls bis zum Ablauf des Sperrjahres. Die Wertfestsetzung des Vermögens findet in der Regel alljährlich statt. Es kann aber durch Verordnung bei land- und forstwirtschaftlichen Vermögen, Grund- und Betriebsvermögen bestimmt werden, daß die Hauptfeststellungen in größeren als Jahresabständen vorgenommen werden.

§ 2

Der Gesellschaftsvertrag[1]) bedarf des Abschlusses in gerichtlicher oder notarieller Form. Er ist von sämtlichen Gesellschaftern zu unterzeichnen[2]).

Die Unterzeichnung durch Bevollmächtigte[3]) ist nur auf Grund einer gerichtlich oder notariell errichteten oder beglaubigten Vollmacht[4]) zulässig[5])[6])[7])[8]).

Österr. Gesetz § 4 Abs 3.

1. a) Der Gesellschaftsvertrag einer Gesellschaft m. b. H. ist Formalvertrag. Er muß vor dem Gericht oder vor einem Notar errichtet werden. Es genügt nicht die Beglaubigung der Unterschriften (§ 128 BGB, §§ 167—182 FGG). Landesgesetze können die eine oder die andere Form — gerichtlich oder notariell — vorschreiben. In Bayern sind ausschließlich die Notare zuständig. Das heißt aber nicht, daß eine vor einem Gericht vorgenommene Errichtung ungültig wäre. Nur werden in Bayern die Gerichte eine solche Verhandlung ablehnen (s. § 200 Abs 2 FGG). Das sachlich zuständige Gericht ist das Amtsgericht. Über örtliche Zuständigkeit ist nichts vorgeschrieben. Es muß nicht das Gericht sein, wo die Gesellschaft ihren Sitz haben soll. Es steht auch nichts entgegen, daß der eine oder der andere Gesellschafter oder daß alle ihre Erklärung im Ausland abgeben in einer nach dortigem Recht aufzunehmenden Urkunde, die zum Zwecke des Gebrauchs im Inlande legalisiert sein muß (Ges v. 1. 5. 78). Wenn die bei der Aktiengesellschaft zugelassene (§ 189 HGB) sog. Sukzessivgründung hier ausgeschlossen ist, so heißt das nicht, daß die Vertragserklärungen in Gegenwart aller — uno actu — abgegeben werden müssen (anders anscheinend RG 83, 259, der Bericht ist in diesem Punkte nicht deutlich; richtig OLG 3 Nr. 68a a. E.). Das Wesen der Sukzessivgründung liegt nicht in der zeitlichen Ordnung der Vorgänge. Das ist etwas ganz Äußerliches. Es liegt vielmehr darin, daß bei der Aktiengesellschaft die einzelnen Mitglieder bereits gebunden sind, bevor alle Aktien gezeichnet sind. Die korporative Gesellschaft entsteht gewissermaßen sukzessive, in zwei ausgeprägten Etappen. Bei der Gesellschaft m. b. H. tritt die Bindung nicht ein, wenigstens grundsätzlich nicht, bevor auch die letzte Stammeinlage nicht übernommen worden ist. Nach § 128 BGB kann in verschiedenen Verhandlungen zunächst Angebot und sodann Annahme des Vertrags beurkundet werden. Mit der Beurkundung der Erklärung des letzten Gesellschafters ist der Vertrag geschlossen (JW 08, 520). Das wird bestritten, aber ohne Grund. Vgl. den Fall in LZ 1918, 856[22]. Nur muß in jeder Verhandlung der Gesellschaftsvertrag im ganzen Umfange in das Protokoll aufgenommen oder ihm als Anlage beigefügt werden (a. A. Hachenburg § 2 Erl 1, wonach der Notar einen Vertragschluß beurkunden kann, ohne dessen Inhalt zu erfahren). Damit wird dann zugleich der Vorschrift genügt, daß der Gesellschaftsvertrag von allen Gesellschaftern zu unterzeichnen ist (FGG § 177). — Die Formvorschrift gilt auch von der Übernahmeerklärung eines öffentlichen Verbandes (Provinz, Kreis) (KGJ 38, 176). Die vorgeschriebene Beurkundung wird dadurch ersetzt, daß der Gesellschafter auf Grund eines (gültigen s. u.) Vorvertrags rechtskräftig zum Beitritt verurteilt worden ist (§ 894 ZPO). — Innere Angelegenheiten von untergeordneter Bedeutung (Bestimmung einer Zahlstelle für Einzahlungen auf die Stammeinlage) können formlos vereinbart werden (Urt des RG v. 23. 5. 13 II 110 13).

b) An und für sich unterliegt der Gesellschaftsvertrag wie jeder andere Vertrag der Auslegung nach §§ 133, 157 BGB (RG 70, 331). Immer aber müssen die wesentlichen Bestandteile der formbedürftigen Erklärung in der Urkunde selbst zu erkennen sein (RG 79, 418; 101, 246). Auch die Verwertung der Vorverhandlungen ist bei der Auslegung nicht ausgeschlossen (vgl. JW 01, 142[9]). Aber es ist zu beachten, daß der Gesellschaftsvertrag auch für das Rechtsverhältnis der Gesellschaft zu Dritten bedeutsam ist, für die er offen liegt. Ihnen gegenüber ist die Verwertung von Vorgängen, die sie nicht kennen, nicht angebracht, während andererseits die Auslegung des Vertrags immer nur eine einheitliche sein kann (JW 05, 214[23]). S. auch Erl 2b zu § 3.

2. Die Bestimmung sagt nichts, was nicht ohnehin gelten würde. Die vorschriftsmäßige Beurkundung des Vertragsschlusses bringt die Unterzeichnung durch alle Gesellschafter mit sich. Die Unterschriften müssen nicht auf ein und dasselbe Exemplar gesetzt werden. — Kann ein Gesellschafter nicht schreiben, so ist nach § 177 Abs 2 FGG (§ 126 BGB) zu verfahren.

3. a) Vollmachten müssen nicht öffentlich beurkundet (§ 168 FGG), aber mindestens muß die Unterschrift des Vollmachtgebers öffentlich beglaubigt sein (§ 183 FGG). Fehlt es an dem und übersieht es der Notar oder Richter, so hat der Registerrichter die Eintragung der Gesellschaft abzulehnen. Im übrigen ist zu unterscheiden, ob die Vollmacht nicht bestand oder ob es nur an der vorgeschriebenen Form fehlte (sei es, daß die Unterschrift nicht beglaubigt war, sei es, daß gar keine schriftliche Vollmacht vorlag). Letzterenfalls ist kein Grund, der Erklärung des Bevollmächtigten die Wirksamkeit schlechthin zu versagen. Vielmehr ist der Vertretene gebunden und muß die vorgeschriebene Vollmacht nachbringen (OLG 3, 261, a. A. Liebmann § 2[10]). Darin liegt Genehmigung des Geschehenen, deren es aber nicht bedarf zur Wirksamkeit der Erklärung und die auch überflüssig ist, wenn die Eintragung der Gesellschaft in das Handelsregister erfolgt ist. In jeder Beziehung anders liegt es im ersten Falle. Es muß nicht die formelle Beurkundung des Vertragsschlusses wiederholt werden, aber in der nachträglichen Ausstellung der beglaubigten Vollmacht vollzieht sich virtuell erst der Vertragsabschluß. Die Gesellschafter können den Vertretenen auffordern, sich über die Genehmigung des Geschehenen zu erklären, die als abgelehnt gilt, wenn innerhalb zweier Wochen Erklärung nicht erfolgt (§ 177 Abs 2 BGB). Hieran wird auch dadurch nichts geändert, daß die Gesellschaft in das Handelsregister eingetragen worden ist (str., s. Erl 2a zu § 10). War eine dem Gesetz entsprechende Vollmachtsurkunde beigebracht, so werden innere Mängel der Bevollmächtigung durch nachträgliche Genehmigung des Geschehenen geheilt. Das ist selbstverständlich, und mehr sagt auch nicht RG 102, 21. Lag formgerechte Vollmacht vor, war sie aber bereits widerrufen, so ist das unbeachtlich, es sei denn, daß der Widerruf ausnahmslos jedem Gesellschafter gegenüber wirksam geworden war (§§ 168 ff. BGB), RG 69, 235.

b) Der Bevollmächtigte muß sich in den Grenzen seiner Vollmacht halten. Der Umfang seiner Vertretungsmacht richtet sich nach dem Inhalte seiner Vollmacht, worüber im Gesetz nichts vorgeschrieben ist. Das österreichische Gesetz schreibt zweckmäßig Spezialvollmacht vor (§ 4 Abs 3).

Bei uns genügt auch eine Generalvollmacht. Vollends bedarf es nicht der Angabe der Höhe der Stammeinlage, welche übernommen werden soll (KGJ 19, 18). Doch kann — solange die Gesellschaft noch nicht eingetragen ist — der Vertretene sich darauf berufen, daß die anderen (sämtlich) gewußt haben oder haben wissen müssen, daß der Bevollmächtigte gegen seinen Auftrag handelte. Eine andere Frage ist, ob durch die Nichtigkeit des Beitritts eines Gesellschafters die Gültigkeit des ganzen Vertrags in Frage gestellt wird. S. darüber Erl 3a zu § 5.

c) Tritt jemand im eigenen Namen, aber für Rechnung eines Dritten der Gesellschaft bei, so ist in jeder Beziehung nur er und nicht sein Auftraggeber Gesellschafter; RG in GmbH-Rundsch 1928, 290. Zahlt aber letzterer in der irrigen Meinung, selbst Gesellschafter zu sein, die Stammeinlage ein, so kann er nicht das Gezahlte zurückfordern als ungerechtfertigte Bereicherung (RG 50, 42; vgl. auch JW 01, 484[7] a. E.; RGSt 30, 313). Es können auch alle Gründer im Auftrag und für Rechnung eines anderen (eines Verbandes) handeln; nach RG 121. 294 hat der Auftraggeber den klagbaren Anspruch auf statutenmäßiges Verhalten der Gründer (Abgabe der Geschäftsanteile). — Nach KGJ 23, 104 steht der Stellvertreter, der in Wahrheit Vollmacht nicht hatte, gemäß § 179 rechtlich als Gründer da; dabei macht es keinen Unterschied, ob die anderen Gründer den Mangel der Vollmacht kannten JW 1908, 656; a. A. Neukamp in GZ 57, 45. — Der Vertrag, durch den sich ein Gesellschafter einem Dritten verpflichtet, ihn in jeder Beziehung als den Berechtigten zu behandeln und das Stimmrecht lediglich in seinem Interesse und nach seiner Anweisung auszuüben, ist nichtig (RG in DJZ 08, 1171).

d) Der Abs 2 gilt entsprechend bei Übernahme von Geschäftsanteilen gelegentlich einer Erhöhung des Stammkapitals (RJA 10, 197).

4. a) Der Abs 2 handelt nur von der rechtsgeschäftlich ausgestellten Vollmacht. Der Vorstand einer Aktiengesellschaft, einer Genossenschaft, der Geschäftsführer einer Gesellschaft m. b. H., die Vertreter eines Kommunalverbandes, des Fiskus sind nicht Bevollmächtigte, sondern Organe. In ihnen tritt der Vertragschließende selbst auf, und die Form ihrer Legitimation ergibt sich aus den jeweilig einschlägigen Vorschriften (vgl. OLG 3, 259). Die Frage, ob der Testamentsvollstrecker befugt ist, eine Gesellschaft m. b. H. einzugehen, gehört nicht in diesen Zusammenhang. Erachtet man ihn für befugt, so ist er nicht Bevollmächtigter, sondern gesetzlicher Vertreter, gleichviel wessen. Aber wohl mit Recht hat RJA 8, 127 ihm die erforderliche Vertretungsmacht überhaupt abgesprochen, weil er angesichts der beschränkten Haftung der Erben die erforderliche unbeschränkte Haftung für Stammeinlage und Nachschüsse nicht eingehen kann. Ebenso Recht 1920, 1387; RJA 16, 104; OLG 14, 324; a. A. Hachenburg § 2 Erl 10. Das bliebe selbst dann richtig, wenn in dem Falle, daß der Erblasser einen bindenden Vorvertrag über Begründung einer Gesellschaft m. b. H. abgeschlossen hat, der Testamentsvollstrecker nicht umhin könnte, diesen Vertrag zu schließen. Indessen dürfte, wie überhaupt im allgemeinen beim Gesellschaftsvorvertrag, so auch hier ein solcher Vorvertrag mit dem Tode des Gesellschafters hinfällig werden (LZ 1910, 872). Weder ist dem anderen Teile ohne weiteres zuzumuten, mit den Erben die Gesellschaft einzugehen, noch können die Erben gehalten sein, sich auf ein Gesellschaftsverhältnis einzulassen, in dessen Fortführung sie auf beschränkter Erbenhaftung nicht bestehen könnten. Auf die Übernahme eines Geschäftsanteils durch den Testamentsvollstrecker braucht die Gesellschaft sich nur einzulassen, wenn die Stammeinlage voll bezahlt und nach dem Statut jede Nachschußpflicht ausgeschlossen ist. Nach jeder Richtung a. A. RG 66, 116, wo ein Vertrag rechtlich anerkannt wird, in welchem die Testamentsvollstrecker als solche — obendrein mit den Erben — unter Einbringung der Erbschaft eine Gesellschaft m. b. H. eingehen. S. dagegen RJA 8, 127; 16, 102.

b) Desgleichen gehört nicht hierher der Fall, daß eine verheiratete Frau die Gesellschaft mitbegründet. Darin liegt überhaupt nicht eine „Verfügung", also auch nicht eine Verfügung über eingebrachtes Gut (§ 1395 BGB). Sie bedarf also nicht der Zustimmung des Ehemannes (§ 1399 BGB). Immerhin werden wegen der Haftung der Frau mit dem eingebrachten Gut (§ 1399 Abs 2 BGB) die anderen gut tun, sich der Zustimmung des Ehemannes zu vergewissern, die auch formlos erfolgen kann.

c) Von der gesetzlichen Vertretung sind die Fälle zu unterscheiden, wo die auf Rechtsgeschäft beruhende Vollmacht gesetzlich festgelegten Umfang hat, die Vertretungsmacht des offenen Handelsgesellschafters u. ä. Was insbesondere den Prokuristen angeht, so soll er nach herrschender Lehre besonderer Vollmacht nicht bedürfen, weil er uneingeschränkt zu allen Arten von Geschäften befugt ist, welche der Betrieb eines Handelsgewerbes mit sich bringt (RJA 15, 56). Aber diese Wendung paßt offenbar nicht auf die Gründung einer Gesellschaft m. b. H. Es gibt, soviel bekannt, kein Handelsgewerbe, das sich damit befaßt, Gesellschaften m. b. H. zu gründen. Wenn auch im gegebenen Falle die Beteiligung eines Kaufmannes an der Gründung im Betriebe seines Handelsgewerbes — konkret gesprochen — erfolgt, so ist das nicht etwas, was — abstrakt gesprochen — der Betrieb eines Handelsgewerbes mit sich bringt, Liebmann § 2 Erl 10. Soll etwa zugleich das Geschäft in die Gesellschaft eingebracht werden, so ist das zugleich dessen Veräußerung; andernfalls liegt Beteiligung an Gründung eines neuen Unternehmens vor. Zum einen ist der Prokurist so wenig ermächtigt wie zum anderen. Daß, wenn ein Kaufmann einer Gesellschaft m. b. H. (Kartell) beitritt, die hieraus sich ergebenden Verbindlichkeiten im Betriebe seines Handelsgewerbes begründet werden (RG in DJZ 1911, 919), steht mit dem Gesagten nur in Einklang. — Anders ist die Rechtslage beim Erwerb eines Geschäftsanteils einer bestehenden Gesellschaft. Hier kommt es auf das einzelne (kausale) Rechtsgeschäft, das Erwerbsgeschäft an. Handelt es sich beispielsweise um Übertragung eines Geschäftsanteils zwecks Kreditsicherung, um Erwerb an Zahlungs Statt, so ist hierzu der Prokurist ermächtigt.

5. a) Ist die vorgeschriebene Form nicht gewahrt, so ist der Vertrag nichtig (BGB § 125). Es muß jeder Gesellschafter in der vorgeschriebenen Form beigetreten sein, gleichviel wie erheblich seine Beteiligung ist. Der einzelne bleibt, solange das seinerseits nicht geschehen ist, völlig frei. — Der Mangel der vorgeschriebenen Form wird auch durch die Eintragung der Gesellschaft in das Handelsregister nicht geheilt. Die Nichtigkeit kann durch Klage nach § 75 geltend gemacht werden. RG 54, 418 (a. A. OLG 4, 254; s. Erl 1 c zu § 75). Nach §§ 144, 142 FGG kann (nicht muß, s. Erl 2 zu § 10) die Gesellschaft auch von Amts wegen wieder gelöscht werden, was anzuregen jedem Gesellschafter, überhaupt jedem Beteiligten unbenommen ist.

b) Der formlose Vorvertrag entbehrt jeder Rechtswirkung. Man kann aus ihm nicht Klage auf Errichtung in notarieller Form erheben. RG 50, 47; 66, 116; in HoldheimsMSchr 14, 291 (vgl. auch RG 43, 136); JW 03, 248[34]; 1913, 29[17]: „Es gibt keinen Anspruch auf Vollziehung der Form, wenn das Gesetz dem rechtsgeschäftlichen Willen nur in der vorgeschriebenen Form Beachtung schenkt." Anders Hachenburg 22 Erl 14: Es handle sich beim Gesellschaftsvertrage um einen körperschaftlichen Akt, der im Verhältnis zum Vorvertrag Erfüllungsgeschäft sei, ähnlich wie bei der Hypothek und dem Wechsel; wenn man aus formlosem Vertrag auf formgerechte Bestellung der zugesagten Hypothek, auf Ausstellung des versprochenen Wechsels klagen könne, so läge es hier nicht anders. Es wäre übel, wenn dem so wäre. Damit fiele die ganze Vorschrift ins Wasser. Aber es ist nicht so. Bei der Hypothek ist ausschließlich der dingliche Vertrag formbedürftig; der § 873 BGB spricht ganz deutlich; der Verkauf eines Grundstücks ist formbedürftig, weil neben § 873 BGB der § 313 BGB besteht, der Verkauf einer Hypothek ist es nicht, weil hier eine dem § 313 entsprechende Vorschrift nicht besteht; es ist hier wie bei dem Verkauf beweglicher Sachen; nicht dieser, sondern erst die Lieferung, der dingliche Vertrag bedarf der in §§ 930 ff. BGB. vorgeschriebenen Form der Besitzübertragung. Man darf den Gegensatz: obligatorischer und dinglicher Vertrag nicht mit dem Gegensatz verwechseln: Vorvertrag und Hauptvertrag. Beim Wechsel dagegen handelt es sich allerdings um letzteren Gegensatz. Aber hier darf die Verschiedenheit der Funktion nicht übersehen werden, welche der Form obliegt. Beim Wechsel soll die Form den Inhalt zu dem verkehrsfähigen Gegenstand machen, der er sein soll; die vorgeschriebene Form ist Selbstzweck; beim Gesellschaftsvertrag ist ein solcher Selbstzweck ausgeschlossen, es kann die Form nur Mittel zum Zweck, der Zweck nur der sein, die vertragliche Bindung zu bedingen. Es versteht sich doch wohl, daß, wo nicht einmal der Hauptvertrag ohne Form verpflichtet, der Vorvertrag noch weniger dazu imstande ist. RG in LZ 1920, 484, 5; u. JR 1926, 376. — Daher ist mit allen noch so feierlichen und bestimmten Versprechungen, sich an der Gesellschaft zu beteiligen, nichts auszurichten, solange es nicht zum formgerechten Abschluß des Vertrages selbst (oder eines Vorvertrages) gekommen ist. Daran ändert auch die Vereinbarung einer Vertragsstrafe für den Fall der Nichterfüllung nichts (HoldheimsMSchr 13, 257; § 344 BGB), und wer sich auf den Mangel der Form beruft, übt nur sein gutes Recht aus und handelt nicht arglistig (RG in LZ 1912, 310[3]; vgl. RG 58, 218; 72, 343; 82, 304). Wenn im Schrifttum der Rat gegeben wird, das Gesetz auf dem Wege zu umgehen, daß man einem Stellvertreter unwiderrufliche Vollmacht zum Abschluß des Vertrages erteilt (!), so kann davon doch nur abgeraten werden. Nicht sowohl, weil Unwiderruflichkeit einer Vollmacht überhaupt ein Unding ist (ROHG 23, 324; Brodmann in Ehrenberg HH IV, 2, S. 133 ff.). Denn das will die herrschende Lehre allerdings nicht gelten lassen. Wohl aber weil darüber kein Streit besteht, daß es unter allen Umständen nur ganz bestimmte Verhältnisse sind, bei denen eine unwiderrufliche Vollmacht, wenn überhaupt, als zulässig erscheint, wohin, so unsicher und bestritten auch die Abgrenzung wiederum ist, der gegenwärtige Fall jedenfalls nicht gehören würde. Und schließlich würde dieser Weg unter allen Umständen insofern unsicher sein, als wenn auch wirklich der Bevollmächtigte, so doch jedenfalls nicht Dritte, nicht die Mitkontrahenten, die übrigen Gründer ein Recht haben, auf der Unwiderruflichkeit zu bestehen.

c) Vereinigen sich mehrere zu dem Zwecke, eine Gesellschaft m. b. H. ins Leben zu rufen, so liegt darin ein Gesellschaftsvertrag nach bürgerlichem Recht (Konsortialvertrag), der formlos geschlossen werden kann. Aber wie auch immer er geschlossen worden ist, in Beziehung auf das Endergebnis, auf den schließlichen Gesellschaftsvertrag behält auch so ein jeder freie

Hand. Auch im Falle, daß die eine oder die andere Gesellschaftsform zur Wahl gestellt war, besteht eine Verpflichtung zum endgültigen Vertragsabschluß nicht, RG 106, 175. Kommt es nicht zur Gründung, so müssen die Gesellschafter (Konsortialen) sich auseinandersetzen, und wenn es zur Gründung kommt, können Rechtsverhältnisse aus dem Konsortialvertrag bestehen bleiben, ohne in den Gesellschaftsvertrag mit aufgenommen worden zu sein; so wenn der eine sein Geschäft in die Gesellschaft einbringt und sich den anderen verpflichtet, für etwaige Schulden aufzukommen (JW 05, 214[13]).

d) Leicht wird sich der Konsortialvertrag im Verhältnis zum beabsichtigten Gesellschaftsvertrag als Vorvertrag darstellen, und wenn er gerichtlich oder notariell geschlossen ist, entscheidet sich die Frage, wieweit er inhaltlich in das einzelne hineingehen muß, um zum Abschluß des Hauptvertrages zu verpflichten, nach allgemeinen Rechtsgrundsätzen. Es wird soviel, aber auch nicht mehr an Bestimmtheit verlangt, als erforderlich ist, um im Streitfalle richterliche Festsetzung zu treffen (RG 66, 121); es muß namentlich nicht unbedingt alles in § 3 Vorgesehene endgültig feststehen; unter Umständen können Höhe des Stammkapitals, Höhe, Stückelung der Stammeinlagen offen gelassen sein; Namen und Sitz der Gesellschaft kann schließlich auch der Richter bestimmen (LZ 2, 866[5]). Im allgemeinen wird aber doch davon auszugehen sein, daß die wesentlichen Bestandteile des Statuts festgelegt sein müssen (vgl. RG 30, 95), im übrigen keiner sich auf Außergewöhnliches einzulassen braucht. Im Vorvertrag können die Gesellschafter vereinbaren, daß auf dieses ihr Verhältnis Bestimmungen des gegenwärtigen Gesetzes Anwendung finden sollen; es kann sich das auch stillschweigend als gewollt ergeben, so z. B., daß der Konkurs eines Gesellschafters die Auflösung der Gesellschaft nicht zur Folge haben soll (RG 82, 288). Verzögert sich der Abschluß des endgültigen Gesellschaftsvertrages, so kommt schließlich ein Zeitpunkt, wo der einzelne nicht länger (an seine Offerte) gebunden ist. Vgl. RG 87, 165 (in den zitierten Urteilen handelt es sich nicht um Vorvertrag, sondern um die Zeit nach Abschluß des Vertrages bis zur Eintragung der Gesellschaft in das Handelsregister).

e) Auch Ergänzungen des Gesellschaftsvertrages bedürfen der hier vorgeschriebenen Form (RG 82, 299). S. aber auch oben Erl. 1 a a. E.

6. a) Der Abschluß des Gesellschaftsvertrags unterliegt im allgemeinen den Grundsätzen des bürgerlichen Rechts über Rechtsgeschäft, Willenserklärung, Vertragsschluß. Als Vertragschließende kommen nicht nur physische Personen, sondern jede Art von Rechtspersönlichkeiten in Betracht. Auch juristische Personen, Aktiengesellschaften, Gesellschaften m. b. H., Kommunalverbände, der Fiskus können Mitglieder einer Gesellschaft m. b. H. sein, ebenso Gesamtgutsverhältnisse, offene Handels-, Kommanditgesellschaften, familienrechtliches Gesamtgut. Dagegen können Gesellschaften nach BGB zwar Geschäftsanteile einer bestehenden Gesellschaft m. b. H. erwerben. Gründer können aber nur die einzelnen Gesellschafter, ein jeder für sich, sein, sie können sich nicht mit einer gemeinschaftlichen Stammeinlage beteiligen (RJA 2, 130; 8, 127; LZ 2, 476; Scholz 48). Das ist nicht unbestritten, und jedenfalls ist nicht konsequent, wer annimmt, daß mehrere gemeinschaftlich sich mit einer Stammeinlage beteiligen können, und sich doch der Ansicht anschließt, daß die Beteiligung einer Gesellschaft nach BGB ausgeschlossen ist; warum sollen die mehreren ihrem Gemeinschaftsverhältnis (§§ 741 ff. BGB) nicht durch Vertrag nach §§ 705 ff. BGB die Gestalt einer Gesellschaft verleihen können? S. auch § 5 Erl 2 b. — Der Einzelkaufmann kann den Vertrag nicht unter seiner Firma, sondern nur unter seinem persönlichen Namen schließen. A. A. Hachenburg § 2 Erl 28 (5. Aufl.); bringt der Gesellschafter zugleich sein Geschäft ein, so ist er darum nicht gehindert, mit dem Geschäft zugleich die anderslautende Firma auf die Gesellschaft zu übertragen. Jedenfalls ist er in der Liste der Gesellschafter (§ 8 Ziff. 3) mit seinem Namen zu führen (Recht 1916, 1995; vgl. auch KGJ 13, 51). — Ausländer sind nicht ausgeschlossen, also auch nicht ausländische juristische Personen, sofern sie nach internationalem Privatrecht im Inland anzuerkennen sind (vgl. auch Art. 10 EGBGB). — Geschäftsunfähige schließen den Vertrag durch ihren gesetzlichen Vertreter, Minderjährige mit Zustimmung des Vaters oder Vormundes. Ob es nach § 1822 (§ 1643) BGB der Genehmigung des Vormundschaftsgerichts bedarf, ist bestritten, aber offenbar zu bejahen. Denn es handelt sich um einen Gesellschaftsvertrag, der zum Zweck des Betriebes eines Erwerbsgeschäfts eingegangen wird (wenigstens bildet letzteres die Regel); § 1822 Ziff 3 BGB. Auch liegt nach §§ 24, 31 Abs 3 in der Beteiligung die Übernahme fremder Verbindlichkeiten (§ 1822 Ziff. 10 BGB; RJA 12 S. 218, 233; KGJ 34, 89; 44, 142; OLG 13, 315). Folgerecht wird man dann aber auch dasselbe annehmen müssen, wenn es sich um Erwerb oder Veräußerung eines Geschäftsanteils einer bestehenden Gesellschaft m. b. H. handelt. Zum mindesten liegt einer der Fälle vor, wo über der Form nicht die Sache verschwinden darf. Es ist ein Unterschied, ob die Gesellschaft m. b. H. aus 2 oder aus 50 Mitgliedern besteht, der Geschäftsanteil verhältnismäßig klein oder ob er groß ist, ob die Gesellschafter persönlich den Betrieb wahrnehmen oder ihm fernstehen. Die Grenze ist flüssig (zu flüssig, sagt Hachenburg § 2[23]), aber immer wird es Fälle geben, von denen man sicher sagen kann, daß sie unter das fallen oder daß sie nicht darunter fallen, was das Gesetz in § 1822 Ziff 3 im Auge hat. Man nehme den Fall einer zum Zwecke der Verwaltung und Verwertung eines einzelnen Grundstücks gegründeten Gesellschaft m. b. H., an der das Mündel mit 99% des Stammkapitals beteiligt ist (§ 1821 BGB). Wie hier KG in JW 1926, 606 (Veräußerung); JR 26, 2226 (Erwerb). Scholz 188. Dagegen ist der Vormund des minderjährigen Gesellschafters bei Ausübung des Stimmrechts an eine Genehmigung des Vormundschaftsgerichts nicht gebunden. In der Abstimmung über Vornahme eines Rechtsgeschäfts, z. B. über Erteilung einer Prokura (§§ 46 Ziff 7, 1822 Ziff 11 BGB), liegt nicht die Mitwirkung bei Abschluß des Geschäfts (RJA 12, 237). — Wegen Ehefrauen s. Erl 4 b; Liebmann § 2 Erl 7.

b) Auch was Mängel des Vertragschlusses angeht, Nichtigkeit, Anfechtbarkeit wegen Irrtums, Täuschung, Drohung, unterliegt der Gesellschaftsvertrag an und für sich den allgemeinen Rechtsregeln. Das ändert sich aber mit der Eintragung der Gesellschaft in das Handelsregister. Nicht daß durch die Eintragung als solche der Mangel geheilt würde (RG 68, 274; s. Erl 2 a zu § 10). Aber der Gesellschaftsvertrag ist nicht nur schuldrechtlicher Vertrag, sondern auch körperschaftlicher Akt. Durch ihn in Verbindung mit der Eintragung (§ 11) wird die Persönlichkeit der Gesellschaft mit ihrem Vermögen geschaffen, und während das Vermögen zwar aus den schuldrechtlichen Beziehungen der Gesellschafter erwächst, muß es doch auch wiederum von diesen unabhängig sein. Der einzelne, der sich auf den Vertrag eingelassen hat, kann ihn nach Eintragung der Gesellschaft nicht mehr wegen Irrtums, arglistiger Täuschung, Drohung anfechten, mögen auch alle übrigen Gesellschafter an der Unrechtmäßigkeit beteiligt sein. Das ist nicht positiv bestimmt. Die Rechtsprechung hat es in Beziehung auf die Aktiengesellschaft aus dem Wesen der Sache gefolgert (vgl. RG 57, 297) und es dann auch auf die Gesellschaft m. b. H. ausgedehnt (DJZ 1899, 317). Nicht damit ist das zu begründen, daß, wie es in RG in DJZ 1899, 317 lautet, die Übernahme einer Stammeinlage abstrakter Vertrag ist, losgelöst von dem sonstigen Inhalt des Rechtsgeschäfts. Das ist nicht der Grund, sondern, soweit richtig, die Folge der Sache. Eher kann man mit RG 9, 38 sagen, daß die Übernahmeerklärung mit dem Bewußtsein ihrer Bedeutung für Dritte abgegeben wird und daher eine Garantie darstellt. Vgl. auch RG 45, 106; 68, 274, 310; 82, 376; ferner 2, 132; 19, 124; 54, 128; 57, 297; 68, 344; 74, 16; JW 1899, 306[16]; 04, 563[33]; 29, 643 u. a. Das Entscheidende ist aber auch so die Funktion der Erklärung als Bestandteil des Gründungsaktes. Dabei bleibt es, daß sie rechtsgeschäftliche Willenserklärung ist. Niemand kann unversehens zu einem Gründer der Gesellschaft werden. Aber die Erklärung wird abgegeben, um dadurch die neue Persönlichkeit mit ihrem Vermögen zu schaffen. Insofern richtet sie sich „an alle". Sie wird hinausgerufen in die Welt und daher löst sie sich heraus aus den subjektiven Beziehungen der Vertragschließenden zueinander. Es ist derselbe Gedanke, welcher der Festigung der Haftung aus der Skripturobligation zugrunde liegt. Daher ist die Anfechtung nicht ausgeschlossen, wenn eine Übernahmeerklärung überhaupt nicht gewollt war, beispielsweise wenn eine untergeschobene Erklärung in der Meinung, es sei eine Quittung o. dgl., unterschrieben wird (RG 19, 124; 57, 297; JW 1899, 306[16]; HoldheimsMSchr 14, 20). Beruht die Übernahme einer Stammeinlage auf Wucher, dann ist sie nach § 138 Abs 2 BGB nichtig, und dem Übernehmer ist trotz Eintragung der Gesellschaft unbenommen, die Einlage zurückzufordern. Anders RG 123, 103; die Begründung ist gegenüber der positiven Vorschrift des § 138 zit. unhaltbar und zeigt nur in interessanter Weise, wie sehr der Gesetzgeber damit fehlgegriffen hat, daß er das wucherische Geschäft nicht für anfechtbar, sondern für nichtig erklärt hat (Brodmann in Ehrenbergs HH IV, 2, S. 205 ff.). — Soweit die Anfechtung versagt, ist auch jeder Anspruch auf Schadensersatz (gegen die Gesellschaft) ausgeschlossen, gleichviel ob diese in der Lage wäre, den Schaden zu ersetzen, ohne das Stammkapital anzugreifen (§ 30; RG 82, 381; undeutlich JW 29, 645[10]; vgl. auch RG 54, 128; 62, 29). Den Gedanken Moos' GZ 70, 184 und Breits GZ 76, 415, den Ersatzanspruch insoweit zuzulassen, als die Gesellschaft ihn ohne Beeinträchtigung des Stammkapitals erfüllen kann (§ 30 Abs 1), hat RG 88, 187 mit einer Begründung zurückgewiesen, welche nicht überzeugend ist. Der wahre Grund dürfte sein, daß, wenn der Gesellschafter trotz der Täuschung nicht in der Lage sein soll, seine Beteiligung an der Gesellschaft anzufechten, das eben nichts anderes bedeutet, als daß er der Gesellschaft gegenüber die aus der Beteiligung sich ergebenden Nachteile auf sich nehmen muß. Daß bei Nebenleistungsgesellschaften sich aus diesem Nebenverhältnis Schadensersatzansprüche ergeben können (vgl. Flechtheim JW 19, 937), ist richtig, stand aber in dem dort besprochenen Urteil nicht zur Entscheidung, weil ganz allgemein Ersatz des aus der Beteiligung an der Gesellschaft entstandenen Schadens verlangt war; auch bedurfte es keiner Feststellung, daß die Nebenleistungen im Gesellschaftsvertrag vereinbart waren; im anderen Falle wären weder die Mitglieder des Nebenvertrages ohne weiteres für Verschulden des Geschäftsführers haftbar gewesen noch hätte der Ersatzanspruch gegen die Gesellschaft m. b. H. erhoben werden können. — Daher sind Schadensersatzansprüche auch versagt, wenn der Betrug von dem Geschäftsführer der Gesellschaft (gelegentlich einer Erhöhung des Stammkapitals) begangen worden ist (RG 82, 381; LZ 08, 163). — Auch wenn die Anfechtung vor Eintragung der Gesellschaft erklärt worden ist, wird sie ausgeschlossen, wenn es zur Eintragung kommt, RG 82, 376; s. aber dagegen Hachenburg § 2 Erl 34. Der Anfechtende muß sich durch Antrag auf einstweilige Verfügung des Prozeßgerichts schützen.

c) In demselben Umfange wie der Gesellschafter ist auch die Gesellschaft selbst gehindert, ihrerseits den Übernahmevertrag anzufechten, wozu für sie namentlich dadurch Anlaß gegeben sein kann, daß die Gründer in bezug auf den Wert einer Sacheinlage arglistig getäuscht worden sind. Die Gesellschaft kann auch nicht Wandelung beanspruchen. Überhaupt ist hüben wie drüben jeder Anspruch undurchführbar, der darauf hinausläuft, die Sacheinlage rückgängig zu machen (RG 68, 271; vgl. auch Anm 5c zu § 5). Dagegen ist die Gesellschaft nicht gehindert, nach allgemeinen Rechtsgrundsätzen Ersatz eines ihr zugefügten Schadens zu beanspruchen, namentlich kann sie den Überschuß über die Stammeinlage, welchen sie zum Ausgleich des vermeintlichen Mehrwerts gezahlt hat, zurückfordern, wenn sie Anspruch auf Schadensersatz hat (RG das.).

d) Das Rechtsgeschäft, durch welches jemand der Gesellschaft in der Form beitritt, daß er einen bestehenden Geschäftsanteil erwirbt, ist unbeschränkt anfechtbar zwischen Veräußerer und Erwerber; Zuziehung der Gesellschaft zum Prozeß kommt nicht in Frage (RG 77, 128; Recht 1916, 891). — Dabei macht es keinen Unterschied, ob die Stammeinlage voll geleistet worden ist oder nicht. Durch die Anfechtung wird die Rechtslage der Gesellschaft nicht berührt; ihr verbleibt, was sie von Anfang an besaß, der Anspruch gegen den bisherigen Gesellschafter. — Das Gesagte gilt auch, wenn die Gesellschaft selbst einen eigenen Geschäftsanteil veräußert (RG 68, 309; 76, 312; RG in DJZ 1893, 385[72]; vgl. auch RG 87, 339). Bei der Aktiengesellschaft hatte RG 62, 29 auch für diesen Fall die Anfechtung des Erwerbsgeschäfts zurückgewiesen, anders dagegen RG 71, 97. RG 68, 309 betont wiederholt den Umstand, daß im gegebenen Falle die Stammeinlage voll geleistet war, worauf aber nichts ankommen kann. So legen denn auch RG 76, 312; DJZ 1897[72], 385 hierauf mit Recht kein Gewicht. Bedenklich ist dagegen, wenn RG 68, 309 (vgl. auch RG 71, 100) die Zulässigkeit der Anfechtung damit begründet, daß der anfechtende Gesellschafter der Gesellschaft wie ein dritter Gläubiger gegenüberstehe, woraus dann ferner gefolgert wird, daß § 30 hier unanwendbar sei. So auch Becker GmbHRundsch 25, 247. Es ist indessen nicht wohl zu bestreiten, daß der Preis, den der Anfechtende der Gesellschaft gezahlt oder zu zahlen versprochen hat, in erster Linie, wenn nicht ausschließlich, für die Stammeinlage validiert, so daß die Anfechtung gerade auch auf deren Rückgewähr gerichtet ist. Das RG a. a. O. lehnt den Einwand der Gesellschaft aus § 30 ab: wenn mittlerweile Unterbilanz eingetreten sein sollte, so sei das die Folge schlechter Geschäftsführung oder unglücklicher Zufälle, welche die Gesellschaftsgläubiger, zu denen der Käufer gehöre, gemeinsam tragen müßten; gegen solche Verminderungen des Gesellschaftsvermögens gewähre das Gesetz keinen Schutz. Aber gerade tut das Gesetz das. Der § 30 verbietet doch Zahlungen, die eben noch erlaubt waren, von dem Moment an, wo solche unglücklichen Zufälle eintreten. Vgl. Erl 1 a und g zu § 30. Mit anderen Worten: Anfechtung und Anspruch auf Schadensersatz bestehen an sich unbeschränkt; nach §§ 30, 31 ist die Gesellschaft aber nur insoweit verpflichtet zu zahlen, als sie über die dazu nötigen Reserven verfügt. Die Rechtslage ist in diesem Punkte mit der Rechtslage bei der Aktiengesellschaft nicht zu vergleichen, Brodmann A.-R. § 213 Erl 7. Nur tritt die Frage auf, ob nicht, wenn auf den Erwerb eines eigenen Geschäftsanteils §§ 30, 31 nicht anwendbar sind (s. Erl 3 zu § 33), hier, wo es auf die Rückgängigmachung der Veräußerung hinausläuft, dasselbe anzunehmen ist. Ebenso will Hachenburg § 2[34] in diesen Fällen die Anfechtbarkeit nur insoweit versagen, als das Prinzip der Erhaltung des Stammkapitals (also § 30 Abs 1) die Oberhand gewinnt; unzutreffend ist nur, daß er das auf den Fall beschränkt, daß die Gesellschaft (Gesellschafter ist wohl Druckfehler) im Konkurs ist; auch außerhalb des Konkurses kann der Fall eintreten, daß das Reinvermögen das Stammkapital nicht übersteigt. Wie hier Scholz 83.

e) Alles, was im vorstehenden über die Übernahme eines Geschäftsanteils und einer Stammeinlage und deren Anfechtung gesagt ist, gilt in gleicher Weise, mag es sich um die Begründung einer Gesellschaft handeln oder um Erhöhung des Stammkapitals einer bestehenden (RG in DJZ 02, 435[53]; HoldheimsMSchr 05, 210; JW 1908, 464, 35; OLG 4, 469). — Die unter den Gesellschaftern getroffene Vereinbarung, in bestimmter Art das Stammkapital zu erhöhen, ist nicht Vorvertrag im Verhältnis zum Erhöhungsbeschluß und daher formfrei. RG in JW 1927, 2992, 6.

f) Noch weniger als auf Anfechtbarkeit kann ein Gesellschafter sich darauf berufen, daß seine Erklärung nicht ernsthaft gemeint, nur zum Schein abgegeben war. Selbst wenn alle Gründer damit einverstanden waren, kann er der Gesellschaft gegenüber das nicht geltend machen, wenn diese aus der Sache Ernst macht, was sie zudem tun muß (§§ 30, 31). Unrichtig OLG Karlsruhe GmbHRundsch 1925, 273, wonach die Eintragung der Gesellschaft zu versagen sei, wenn sich herausstellt, daß der Wille, eine G. m. b. H. zu gründen, nicht bestehe. — Die Übereignung eines Grundstücks in Gestalt der Übertragung der Geschäftsanteile einer lediglich zu diesem Zweck gegründeten Grundstücks-Gesellschaft m. b. H. ist nicht zu beanstanden, RG 118, 113. – Ernstlich gemeinte, nicht Scheinerklärung liegt vor, wenn jemand in eigenem Namen für Rechnung eines Dritten einen Geschäftsanteil übernimmt. Gesellschafter wird hier in jeder Beziehung der Übernehmende. Es kann auch von fiduziarischem Recht an einem Geschäftsanteil keine Rede sein, sofern man sich unter Fiduzia etwas anderes denkt als rein obligatorische Beziehungen im Verhältnis zwischen Fiduzianten und Fiduziar. Die Gesellschaft ist nicht in der Lage, den Fiduzianten als Gesellschafter in Anspruch zu nehmen, solange dieser es nicht schlechthin geworden ist. Es kann eine Aussonderung im Konkurs des Fiduziars nicht statthaben. Denn selbstverständlich sind und bleiben alle Verpflichtungen auf Stammeinlage und Nachschüsse Konkursforderungen gegen den Gemeinschuldner, der, wollte man Aussonderung zulassen, der Ansprüche auf Gewinn usw. verlustig ginge. Anders RG in LZ 1914, 810[8] und die herrschende Lehre.

g) Etwas ganz anderes ist die Gläubigeranfechtung innerhalb oder außerhalb des Konkurses des Gesellschafters, der durch eine Sacheinlage seine Gläubiger benachteiligt hat. Sie ist unbeschränkt zulässig; auch gegen die eingetragene Gesellschaft, RG 24, 14; 74, 16; JW 1910, 762[35]; a. A. Liebmann § 2 Erl 12 c.

7. Die Übernahme einer Stammeinlage kann an und für sich auch unter einem Vorbehalt oder unter einer Bedingung erfolgen. Nur muß der Vorbehalt erledigt und die Bedingung erfüllt sein, ehe es zur Eintragung der Gesellschaft in das Handelsregister kommen darf (OLG 3, 261). Wird gleichwohl die Gesellschaft eingetragen, so ist die Rechtslage ungeklärt. Nach RG 33, 93 sollen Vorbehalt und Bedingungen, die der Beitrittserklärung beigefügt werden, diese entkräften. Damit wäre denn auch — sofern ein Gesellschaftsvertrag nur entweder mit allen Gesellschaftern zustande kommt oder überhaupt nicht (s. Erl 3a zu § 5) — der Gesellschaft das Urteil gesprochen. In RG 78, 360 ist die Klage des Verwalters im Konkurse der Gesellschaft auf Einzahlung einer bedingungsweise übernommenen Stammeinlage abgewiesen worden mit nicht ganz deutlicher Begründung, aber anscheinend nicht deswegen, weil die Bedingung unzulässig, sondern weil sie ausgefallen war. Andernfalls hätte der Klage stattgegeben werden müssen. Ganz anders RG 83, 256, wonach die Gesellschaft nichtig wäre, der Übernehmer des Geschäftsanteiles aber nach § 77 Abs 3 die Einlage zu zahlen schuldig bliebe und sich auf die Bedingung nicht berufen könnte, ähnlich so, wie der Übernehmer einer Stammeinlage die Übernahme nicht wegen Irrtums anfechten könne. S. hierzu Erl 1 b zu § 77. Jedenfalls wird man annehmen können, daß jederzeit, vor wie nach Eintragung der Gesellschaft, durch Verzicht auf den Vorbehalt usw. der Mangel gehoben wird. Ebenso dann aber auch, wenn eine aufschiebende Bedingung sich erfüllt, Hachenburg § 2[41].

8. a) Über die Anzahl der Gesellschafter ist im Gesetz nichts bestimmt (bei Aktiengesellschaften mindestens fünf Gründer, bei eingetragenen Vereinen anfangs mindestens sieben, später mindestens drei Mitglieder, BGB §§ 56, 73, bei Erwerbsgenossenschaften mindestens sieben, GenG § 4). Aber es liegt in der Natur der Sache, daß mindestens zwei den Vertrag schließen müssen. Schließen zwei den Vertrag als Beauftragte ein und desselben Dritten in dessen Vertretung, so ist der Vertrag nichtig. Wohl aber ist zulässig, daß die zwei Vertragschließenden für Rechnung ein und desselben Dritten handeln, wofern sie nur in eigenem Namen auftreten. Anders OLG 27, 362; anderseits können die mehreren Gründer sich durch einen Bevollmächtigten vertreten lassen. Fraglich ist dagegen, ob es auch nach Entstehung der Gesellschaft bei der Mindestzahl von 2 Gesellschaftern verbleiben muß, ob durch Vereinigung aller Geschäftsanteile in einer Hand die Gesellschaft erlischt oder ob sie als sogenannte Ein-Mann-Gesellschaft bestehen bleibt, woraus sich dann weiter ergeben würde, daß der einzelne eine aus ihm allein bestehende Gesellschaft ins Leben rufen kann, wenn er jemanden findet, welcher sich als Gründer beteiligt, um nach geschehener Gründung seinen Geschäftsanteil an ihn abzugeben. Die Möglichkeit einer solchen Gesellschaft wird nicht ohne Berechtigung bekämpft. Sie ist an sich ein Unding, wird offenbar vielfach mißbraucht und schlägt der Absicht des Gesetzes in das Gesicht. Die Gesellschaft ist verschwunden, die beschränkte Haftung ist geblieben. Das hat das Gesetz nicht gewollt und wenn es die vom Gesetz der Gesellschaft gegebene Struktur mit sich bringt, so tritt doch nicht hervor, daß der Gesetzgeber sich dieser Konsequenz bewußt gewesen wäre und sie hätte hinnehmen wollen. So läßt denn auch z. B. die französische Gesetzgebung nicht einmal die Aktiengesellschaft als Ein-Mann-Gesellschaft zu (ohne daß man etwas davon erfährt, daß dadurch die Entwicklung des Aktienwesens beeinträchtigt würde). Bei uns hat die Rechtsprechung und ihr folgend auch überwiegend die Rechtslehre das Gebilde anerkannt, RG 23, 202 (Kuxe); JW 1897, 191[21] (Aktien); 04, 503; RG 68, 173; 85, 380; 87, 24; 92, 77; 99, 233 u. a. Unbestreitbar liegt in diesem Gedanken einer Gesellschaft, die nur aus einem Mitglied besteht, ein logischer Widersinn, und es ist verständlich, daß die Anerkennung eines auf logischem Widerspruch aufgebauten Rechtsinstituts in der Rechtsanwendung eine Fülle von Unsicherheiten mit sich bringen muß. Zu einer sicheren Stellungnahme gegenüber dem Probleme, dessen Lösung sie sich durch jene Anerkennung zur Aufgabe gemacht hat, ist die Rechtsprechung noch nicht gelangt. Vgl. H. Friedländer, ZBH I,

22 ff., 134 ff. und Konzernrecht 122 ff. F. meint, es sei vom Begriff des Sondervermögens auszugehen, und weist auf Wieland, Handelsrecht I § 41. Aber W. verneint die Möglichkeit der Ein-Mann-Gesellschaft und gelangt damit allerdings auf zwei Vermögen in der Hand eines Subjekts. Die Ein-Mann-Gesellschaft dagegen bedeutet, zwei Rechtssubjekte (in derselben Person) und ein Vermögen; die Analogie paßt also gerade nicht. Nur in den allgemeinsten Umrissen wird sich eine Methode aufstellen lassen, welche den Entscheidungen von Fall zu Fall wenigstens eine Richtschnur an die Hand gibt. Vgl. Brodmann, A.-Recht § 281 [1b]. Die Gesellschaft bleibt bestehen, kann nur heißen, daß mit ihrer selbständigen Persönlichkeit und ihrem eigenen Vermögen voller Ernst zu machen ist und daß der rechtsgeschäftliche Verkehr wie mit Dritten, so auch mit dem Ein-Mann in den dadurch gebotenen Formen stattfinden muß, daß aber für die Entscheidung materieller Rechtsfragen ebenso entschieden zur Geltung kommen muß, daß sachlich Träger des Gesellschaftsvermögens der Ein-Mann persönlich ist (Ernst Fuchs in LZ 1928, 1038; JR 28, 178; 29, 60); nur darf darüber der Beschränkung der Haftung auf dieses Vermögen nicht Abbruch geschehen; in der Anerkennung dieser Gesellschaftsgestaltung liegt, daß diese persönliche Haftungsbeschränkung eines einzelnen auch dann nicht beanstandet werden kann, wenn es von vornherein gerade auf sie abgesehen war. Vgl. RG 84, 20. — Wenn RG 68, 173 in dem Abschluß eines Darlehnsvertrages zwischen dem Ein-Mann-Geschäftsführer und seiner Gesellschaft ein Kontrahieren mit sich selbst erblickt, dann ist das nicht, wie Hachenburg JW 1925, 247 annimmt, ein wirtschaftlich unbrauchbares Ergebnis; es ist vielmehr in diesem Verhältnis gegenüber den in ihm liegenden Versuchungen doppelt streng darauf zu halten, daß sich der Rechtsverkehr zwischen beiden in der deutlichsten Akzentuierung abspielt. Vgl. Brodmann, JW 1925, 596; übrigens war im dortigen Fall die materielle Rechtslage nach diesseitiger Auffassung die, daß der Gesellschafter auch mit dem ihm verbliebenen Anspruch aus ungerechtfertigter Bereicherung hätte hinter die Konkursgläubiger zurücktreten müssen. S. auch Freymuth in ZBH 4, 78. — Daß der Ein-Mann einen Dritten als Geschäftsführer anstellen, diesen abberufen kann, versteht sich. Dagegen kommt man in Schwierigkeit der Konstruktion, wenn der Ein-Mann selbst als Geschäftsführer in Frage kommt. Nach RJA 8, 267 kann der Richter den Ein-Mann nicht durch Ordnungsstrafen anhalten, einen Geschäftsführer zu bestellen; nach RJA 13, 113 nicht, die Auflösung der Gesellschaft anzumelden. Nach diesseitiger Auffassung ist, wo es an einem besonderen Geschäftsführer fehlt oder ein solcher ausscheidet, der Ein-Mann ohne weiteres der geborene Geschäftsführer, solange der Zustand dauert. Er mag sich dann Gehalt zuerkennen und verrechnen (JW 1926, 1967); auf Vertrag beruht das aber nicht, wie denn auch, solange der Zustand dauert, von Entlastung keine Rede sein kann. — Daß ein Gläubiger des Gesellschafters Sachen der Gesellschaft pfänden lassen kann, nimmt RG in R 05, 743 wohl zutreffend an (anders RG 85, 383); nur wird man gegebenenfalls den Gläubigern der Gesellschaft das Recht des Widerspruchs nach § 771 ZPO zusprechen. — Die Ein-Mann-Gesellschaft ist unter allen Umständen terminhandelsfähig (HGB § 6 Abs 1); nicht zu billigen ist aber, daß nach RG 85, 380 die Interzession des Gesellschafters als Interzession eines Dritten wirksam ist. In RG 87, 25 wird der Gedanke des KG.s abgelehnt, daß der geschädigte Ein-Mann Ersatz nicht fordern kann, weil der Schaden wenn nicht ihn, dann seine Gesellschaft getroffen hätte. — Verfehlt dürfte auch der Standpunkt RG St 42, 278 sein, wonach der Ein-Mann an seiner Gesellschaft Diebstahl, Unterschlagung, Untreue begehen kann. Auch RG 92, 82 leuchtet nicht ein, wonach die Bereicherung der Ein-Mann-Gesellschaft sich nicht zugleich als direkte Bereicherung auch des Gesellschafters darstellt; eine andere Frage ist, ob der Anspruch auf Herausgabe der Bereicherung auch dann besteht, wenn das Vermögen der Gesellschaft erschöpft ist, was zu verneinen sein dürfte. So konnte im Fall SeuffArch 68 [63] der Ersatzanspruch — vorausgesetzt, was nicht entschieden worden ist, daß er begründet war — nur daran scheitern, daß die Gesellschaft in Konkurs geraten war. Nicht unbedenklich RG in JW 1922, 1520, 4; man kann die Gesellschaft nicht zu einer Leistung verurteilen, wenn nur der Ein-Mann persönlich sich dazu verpflichtet hatte; nach diesseitiger Auffassung war die Gesellschaft nicht passiv legitimiert. Zutreffend dagegen verurteilt RG 99, 233 den Gesellschafter aus einem für seine Person gegebenen Versprechen zur Vorlegung der Bilanz seiner Gesellschaft und Rechnungslegung über ihren Gewinn (nur in Beziehung auf die Gesellschaft unter e daselbst hätte die Klage wegen mangelnder Passivlegitimation abgewiesen werden müssen). Zutreffend auch RG 119, 126: Die ein Grundstück erwerbende Aktiengesellschaft kann sich nicht gemäß § 892 BGB auf guten Glauben berufen, wenn die beiden Verkäufer in dem nach § 892 Abs 2 maßgeblichen Zeitpunkt die einzigen Aktionäre der Käuferin waren. Strenger wieder RG in JR 1929, 1750: eine vom Alleingesellschafter hinter dem Rücken des Geschäftsführers erteilte Vollmacht existiert für Dritte nicht. — Das Wissen und Wollen des Gesellschafters ist auch Wissen und Wollen der Ein-Mann-Gesellschaft. — Prozeßführung zwischen dem Ein-Mann und seiner Gesellschaft ist wohl ausgeschlossen. Im Prozeß der Gesellschaft mit Dritten kann der Gesellschafter nicht Richter, wohl aber, wenn er nicht Geschäftsführer ist, Zeuge sein. — Zu formalistisch erscheint, daß OLG Frankfurt JW 1925, 654 der Ein-Mann-Gesellschaft den Anspruch auf Armenrecht

versagt. — Wird die Gesellschaft aufgelöst, so findet nicht Anfall des Vermögens statt, vielmehr muß liquidiert, Grundstücke müssen aufgelassen werden usw., KGJ 25, 129 (Gewerkschaft), OLG 19, 338 (A.-Gesellschaft). — Zu beachten ist Grunderwerbsteuergesetz § 3, wonach im Falle, daß alle Anteile einer Personenvereinigung, zu deren Vermögen Grundstücke gehören, in einer Hand vereinigt oder, nachdem sie vereinigt sind, auf einen anderen übertragen werden, die Vereinigung oder Übertragung dem Übergange des Eigentums an dem Grundstücke gleichgeachtet werden (Ehegatten sowie Eltern und Kinder gelten im Sinne dieser Vorschrift als eine Person). Die Steuer wird vom ganzen Wert des Grundstücks erhoben; § 15 GEStG findet auf diesen Fall keine Anwendung; beim Erwerb des letzten oder der letzten Geschäftsanteile ist die Abgabe nach dem vollen Wert des Grundstücks zu entrichten. RFH 7. 145; 11. 232.

Die Stimmrechtsfragen, welche hier auftreten (wirtschaftliche Identität der Gesellschaft und des Gesellschafters) sind nicht spezifisch ein Problem der Ein-Mann-Gesellschaft; sie treten in dem gleichen Gewand auch auf, wo ein Gesellschafter, nicht alle, aber den überwiegenden oder maßgebenden Teil der Geschäftsanteile besitzt. S. § 47 Erl. 6 c. Auch der Zusammenhang zwischen Mantelkauf und Ein-Mann-Gesellschaft ist nur tatsächlicher Natur. S. Brodmann, A.-R. § 180 Erl 1; es kommt nur darauf an, daß der Kauf sich auf alle Geschäftsanteile erstreckt; ob als Käufer nur eine oder mehrere Personen auftreten, ist ohne Bedeutung.

b) Ausgeschlossen ist, daß die Gesellschaft selbst sämtliche Geschäftsanteile erwirbt. A. A. Hachenburg § 33[19] (zustimmend Friedländer, Konzernrecht 124), der sich aber selbst widerspricht, indem er den Unmöglichkeiten des Gedankens dadurch zu begegnen sucht, daß damit aus der Gesellschaft m. b. H. eine Stiftung werde. Denn gleichzeitig kann eine Stiftung ebensowenig eine Gesellschaft m. b. H. wie eine offene Handelsgesellschaft oder eine Kommanditgesellschaft sein. Aber auch die Umwandlung der G. m. b. H. zu einer Stiftung ist auf diesem Wege nicht ausführbar. Zum mindesten müßte dem Erwerb des letzten Geschäftsanteils die in § 80 BGB vorgesehene staatliche Genehmigung zur Seite stehen, was nichts anderes bedeuten würde, als daß sich in dieser Form ein Stiftungsakt vollzieht. Die staatliche Genehmigung wird auch nur erteilt werden, wenn die einer Stiftung entsprechende Organisation vorgesehen ist.

§ 3

Der Gesellschaftsvertrag[1]) muß enthalten[2]):

1. die Firma und den Sitz der Gesellschaft[3]),

2. den Gegenstand des Unternehmens[4]),

3. den Betrag des Stammkapitals[5]),

4. den Betrag der von jedem Gesellschafter auf das Stammkapital zu leistenden Einlage (Stammeinlage)[5]).

Soll das Unternehmen auf eine gewisse Zeit beschränkt sein[6]) oder sollen den Gesellschaftern außer der Leistung von Kapitaleinlagen noch andere Verpflichtungen gegenüber der Gesellschaft[7]) auferlegt werden, so bedürfen auch diese Bestimmungen der Aufnahme in den Gesellschaftsvertrag[8])[9]).

Österr. Gesetz § 4 Abs. 1 u. 2; § 8 Abs. 1.

1. Das Gesetz gebraucht durchgängig den Ausdruck Gesellschaftsvertrag und vermeidet aus Gründen eines in diesem Falle unangebrachten Purismus den Ausdruck Statut, welcher längst zum Bestandteil des deutschen Sprachschatzes geworden ist, um für den Grundvertrag einer Korporation einen kennzeichnenden Ausdruck zu besitzen. Für eine unterscheidende Terminologie besteht entschieden ein Bedürfnis, und für unsere Ohren hat der Ausdruck Statut längst alles Fremde verloren.

2. a) In Abs 1 werden unter vier Ziffern diejenigen Punkte bestimmt, welche unter allen Umständen im Statut geregelt werden müssen, widrigenfalls der Vertrag nichtig ist (§ 75), die Essentialien des Vertrages. Der Abs 2 nennt zwei Arten von Bestimmungen, welche auch fehlen können, aber wenn sie getroffen werden sollen, im Statut getroffen werden müssen (Akzidentalien). Ähnliche Bestimmungen finden sich noch vielfach im Gesetz verstreut (s. Erl 9). Damit wird, soweit die Vorschrift reicht, was sonst nur Rechtsvermutung ist, nämlich daß förmliche Urkunden den Inhalt des Vereinbarten vollständig wiedergeben, zur positiven Gesetzesvorschrift erhoben. Für die Gesellschaft hat die außerhalb des Statuts getroffene Bestimmung keine Bedeutung. Die Bestimmung muß darum aber noch nicht nichtig sein. Die Gründer der Gesellschaft m. b. H. können neben dem Gesellschaftsvertrage und formlos untereinander bindend Vereinbarungen treffen, alle Gründer oder auch nur ein Teil von ihnen, nur stehen diese Vereinbarungen ganz anders da als die Bestimmungen des Statuts. Durch den förmlichen Abschluß des Gesellschaftsvertrages, der nur unter Zustimmung aller zustande kommen kann, unterwirft sich der einzelne für die Zukunft (von Eintragung der Gesellschaft an) dem Willen der Majorität, und zwar nicht nur in Beziehung auf die Art und Weise der Durchführung des Unternehmens, in Beziehung auf die Führung der Geschäfte nach Maßgabe des Statuts, sondern auch in Beziehung auf dieses selbst, das jederzeit — wenn auch nur mit verstärkter Mehrheit und vorbehaltlich aller Sonderrechte — geändert werden kann. Anders dagegen bei jenen formlosen Nebenabreden, welche häufig vorkommen und zulässig sind; RG 112, 275 und die dortigen Zitate. Einerseits sind Gesellschafter, welche nachträglich durch Erwerb von Geschäftsanteilen in die Gesellschaft eintreten, an sie nicht gebunden. Anderseits sind die an sie Gebundenen Mehrheitsbeschlüssen nicht unterworfen. Änderung oder Aufhebung einer solchen Vereinbarung kann nur mit Zustimmung aller erfolgen. — Nach RG 82, 303 ist die formlose Nebenabrede überhaupt nicht gültig, wenn es sich um Umgehung des Gesetzes handelt; namentlich gelten die Vereinbarungen über Sacheinlagen unbedingt nur in der Gestalt, in welcher sie im Statut erscheinen. Wenn das Gericht eine weitere Einschränkung macht und Vereinbarungen ausnimmt, durch welche der Gesellschaft m. b. H. Rechte erworben werden sollen, so ist hierfür ein Grund nicht ersichtlich, wie denn auch RG 83, 216 solche Vereinbarungen ausdrücklich für zulässig erklärt und RG 112, 273 sie nicht beanstandet; in Wahrheit liegt es umgekehrt, so daß auf diesem Wege wohl Rechte für die Gesellschaft (durch Vertrag zugunsten Dritter) bedungen werden können, Verbindlichkeiten dagegen nicht, ohne daß der Geschäftsführer sie übernimmt. S. auch Erl 7. — Folgerungen, welche sich aus solchen Nebenabreden ergeben, dürfen nicht in der Bilanz der Gesellschaft erscheinen (RG 101, 160).

b) Wie jeder förmliche Vertrag, hat auch der Gesellschaftsvertrag der Gesellschaft m. b. H. die Vermutung der Vollständigkeit für sich. Wer sich auf eine Nebenabrede beruft, muß beweisen, daß alle Beteiligten sich darin einig gewesen sind, eine besondere neben dem Statut herlaufende Vereinbarung treffen zu wollen. Es ist auch unzulässig, das Statut aus solchen Nebenabreden geradezu zu ergänzen. Alles Wesentliche muß im Statut erkennbar zum Ausdruck gekommen sein (RG 79, 422). Überhaupt unterliegt die Auslegung des Statuts natürlichen Schranken insofern, als dasselbe nicht nur für die vertragschließenden Parteien, sondern namentlich auch für die Gesellschaft und für Dritte in ihrem Verhältnis zur Gesellschaft von Bedeutung ist. Dabei kann es immer allen gegenüber nur einheitlich ausgelegt werden, so wie ein Dritter es liest. Die Anwendung von §§ 133, 151 BGB ist nicht ausgeschlossen. Die Rechtsprechung hat auch von der Verwertung von Vorverhandlungen nicht Abstand genommen. Streng genommen ist das aber nur zulässig, wenn es sich um Fragen handelt, durch welche Dritte nicht berührt werden (RG 70, 331; 79, 422; 101, 246; JW 01 142[9]; 1919, 313[15]; RG in HoldheimsMSchr 06, 231; 1913, 224; OLG 27, 364; vgl. auch JW 1916, 1413[4]). S. auch § 2 Erl 1 b.

3. a) Über Firma s. § 4. — Der Sitz der Gesellschaft, der juristischen Person, entspricht dem Wohnsitz des natürlichen Menschen (RG 59, 107). Nach ihm bestimmt sich ihr allgemeiner Gerichtsstand (§§ 17 Abs 1, 22 ZPO) und vor allem ihre Staatsangehörigkeit, Mamelok, Die Staatsangehörigkeit der juristischen Person S. 44 ff. Vgl. zum folgenden Brodmann, A.-R. § 182 Erl 9 und § 201 Erl 6. Der Sitz ist der Ort, wo die Verwaltung geführt wird oder wo sich die oberste Leitung der Geschäfte befindet. Das ist eine Begriffsbestimmung, aber — nach der herrschenden Lehre — zugleich doch wiederum nicht. Es ist, wie allgemein angenommen wird, nicht zwingendes Recht. Die Gesellschaft hat freie Hand, ohne Rücksicht auf die tatsächlichen Verhältnisse, einen beliebigen Platz zum „Sitz" zu bestimmen. Es stünde nichts im Wege, daß Ausländer im Auslande eine Gesellschaft m. b. H. errichten, die jeder anderen Beziehung zum Inlande entbehrt als nur der, daß man einen inländischen Ort zu ihrem Sitz bestimmt hat. Es muß bezweifelt werden, ob die herrschende Lehre, so vor die Konsequenz gestellt, an ihrer Auffassung festhalten würde (JW 04, 231). Ferner würde danach durch die Bestimmung des Sitzes im Statut noch gar nichts darüber gesagt sein, wo die Geschäftsführung stattfinden soll, und wenn auch nicht die Gesellschaft schlechthin, so doch die Minderheit der Gesellschafter wäre schutzlos dagegen, daß die Geschäftsführer die Verwaltung nach einem Platze verlegen, der ihnen zweckmäßiger oder angenehmer erscheint. Man wird den § 3 Ziff 1 vielmehr dahin verstehen müssen, daß im Gesellschaftsvertrage in erster Linie festzustellen ist, wo die Geschäfte geführt werden sollen, und so ist denn auch die Bestimmung im Statut zu verstehen, woraus sich dann — sofern nicht ein anderes erhellt — zugleich ergibt, wo die Gesellschaft ihren allgemeinen Gerichtsstand hat. Dieser Sitz, in der doppelten Bedeutung des Wortes, muß im Inlande liegen, im Geltungsbereiche des Gesetzes. Daher hat OLG 16, 121 nicht unrecht, wenn es den Beschluß, die gesamte Betätigung der Gesellschaft nach dem Auslande zu verlegen, dem Beschluß gleichstellt, den Sitz der Gesellschaft zu verlegen. Selbst wenn es möglich wäre, in solchem Falle juristisch den inländischen Sitz beizubehalten (s. unten), müßte das ausdrücklich beschlossen werden. — Ist ein gewillkürter Ort zum Sitz bestimmt, so verliert der Ort der Verwaltung für den allgemeinen Gerichtsstand der Gesellschaft jede Bedeutung (RG in HoldheimsMSchr 23, 103; vgl. RG 59, 107).

b) Die Gesellschaft kann immer nur einen Sitz haben, RG 85, 399. Besitzt sie mehrere

Niederlassungen, so muß eine von ihnen als die Hauptniederlassung hervortreten oder bezeichnet werden, nach der sich dann — im Zweifel — auch der Sitz bestimmt (OLG 27, 395). Beim gewillkürten Sitz gelten nach KGJ 39, 117 alle Niederlassungen als Zweigniederlassungen während am „Sitz" der Gesellschaft eine Hauptniederlassung fingiert wird. Vgl. KGJ 13, 42; Recht 1914, 1828. RG in JW 04, 206 läßt die Bestimmung des Statuts unbeanstandet, daß Sitz der Gesellschaft der jeweilige Wohnort des Geschäftsführers sein soll.

c) Die Verlegung des Sitzes ist Statutenänderung. Die Entschließung darüber kann nicht dem Aufsichtsrat übertragen werden, RG 44, 10. Sie wird wirksam, wenn sie auf Anmeldung in das Handelsregister des bisherigen Sitzes eingetragen worden ist, RJA 17, 84; OLG 41, 211. Wegen des weiteren Verfahrens herrscht Streit. Die Auffassung, daß der Registerrichter den Geschäftsführer durch Ordnungsstrafen anhalten kann, die Gesellschaft am neuen Sitze anzumelden, hat im Gesetz keinen Boden. Der ausreichende Antrieb dazu liegt in der Vorschrift des § 15 HGB; die Verlegung kann die Gesellschaft gutgläubigen Dritten nicht entgegenhalten. Der Registerrichter des neuen Sitzes hat die Gesellschaft einzutragen, wenn die Voraussetzungen der Verlegung und ihre Anmeldung vorliegen. Er braucht den Gesellschaftsvertrag im übrigen der Prüfung nicht zu unterziehen, und wenn er auf Verletzung von Bestimmungen zwingenden Rechts stößt, so hat er gleichwohl zunächst einzutragen und kann dann nach § 144 Abs 1 FGG verfahren, wenn es ihm geboten erscheint, KGJ 44, 152. Ist der Verlegungsbeschluß nichtig, so wird er durch die Eintragung in das Handelsregister nicht geheilt (RG in HoldheimsMSchr 23, 103). — Zu den besonderen Verhältnissen innerhalb der Berliner Gerichtsorganisation s. RG in in BreslauAK 08, 37; KGBl 07, 90; OLG 20, 287; RG 59, 108.

d) Der Beschluß, den Sitz der Gesellschaft nach dem Auslande zu verlegen, hat die Bedeutung des Beschlusses, die Gesellschaft m. b. H. als solche aufzulösen, und nach Vorschrift des Gesetzes muß die Liquidation eintreten (vgl. RG 7, 68). Der Beschluß darf in der Form, wie er lautet, nicht in das Handelsregister eingetragen und kann also gar nicht rechtswirksam werden (OLG 16, 121). Dabei macht es keinen Unterschied, ob in dem Staat des neuen Sitzes eine der deutschen Gesellschaft mehr oder weniger ähnliche Gesellschaftsform gilt. Anders wie die natürliche Person ist die Existenz der Persönlichkeit der korporativen Handelsgesellschaft an den Geltungsbereich des Rechts gebunden, dem es diese Existenz verdankt. Eine deutsche Gesellschaft m. b. H. kann dadurch noch nicht zu einer solchen nach französischem Recht werden, daß sie ihren Sitz nach Frankreich verlegt. Aber ebensowenig kann sie dort als eine Gesellschaft m. b. H. nach deutschem Recht fortbestehen. — Ausländische Gesellschaften m. b. H., welche auf Grund des deutschen Gesetzes, z. B. in Elsaß-Lothringen, entstanden sind, können ihren Sitz nach Deutschland verlegen, auch dann, wenn Eintragung der Verlegung in ein Register ihres bisherigen Sitzes nicht zu erlangen ist RJA 17, 84; JFG 2, 253; 4, 184; RG 107, 94; JW 1926, 1351. Dagegen können nach ausländischem Recht entstandene Gesellschaften m. b. H. wohl in Deutschland zum Rechtsverkehr zugelassen werden, unter bestimmten Voraussetzungen (Gleichartigkeit) auch so, daß sie in Deutschland eine Zweigniederlassung besitzen, aber sie können nicht überhaupt ihren Sitz nach Deulschland verlegen, gleichviel wie ähnlich die ausländische Gesellschaftsform der deutschen sein mag; darin läge notwendig zugleich Wechsel der Nationalität, und eine deutsche Gesellschaft m. b. H. kann nur eine nach deutschem Recht entstandene und lebende Gesellschaft m. b. H. sein. A. A. JFG 4, 184 (eine Entscheidung, welche sich durch die einzigartige Lage rechtfertigt und nicht verallgemeinert werden darf), ferner Scholz S. 26; Quassowski in Gruch 65, 403 ff. Eine deutsche Gesellschaft m. b. H., auf welche das ausländische Gesellschaftsrecht anzuwenden wäre, mag es dem deutschen auch noch so ähnlich sein, wäre ein Unding. — In den Schutzgebieten konnten Gesellschaften m. b. H. errichtet werden, „soweit es nicht an den erforderlichen Einrichtungen und Verhältnissen fehlte" (SchutzgebGes v. 25. 7. 00 § 3 und Konsulargerichtsbarkeitsgesetz v. 7. 4. 00 §§ 19, 20), vorausgesetzt also, daß Handelsregister geführt wurden. Ebenso in den Konsulargerichtsbezirken (vgl. HoldheimsMSchr 1894, 286). — Ob Gesellschaften m. b. H. Zweigniederlassungen im Auslande errichten können, hängt von den Staatsverträgen, insbesondere Handelsverträgen, mit dem betreffenden Lande ab. Wegen Italien, der Schweiz, Frankreich vgl. BauersZ 19, 162. S. § 12 Erl 3 a.

4. a) Der Gegenstand des Unternehmens oder, wie es in § 705 BGB lautet, der gemeinsame Zweck der Gesellschaft muß im Statut mit der erforderlichen Bestimmtheit angegeben werden. Das ist von Bedeutung für das Rechtsverhältnis der Gesellschafter untereinander und zur Geschäftsführung, weniger für das Verhältnis zu Dritten. Die Gesellschaft hat gegen den Geschäftsführer den Anspruch, daß dieser nichts unternimmt, was nicht zum Gegenstande des Unternehmens gehört, jeder Gesellschafter das Recht, daß die Geschäftsführung ohne Statutenänderung nicht über diesen Rahmen ausgedehnt wird. Dagegen ist Dritten gegenüber die Vertretungsmacht des Geschäftsführers nicht auf den Gegenstand des Unternehmens beschränkt, RG 115, 249.

b) Der Gegenstand muß nicht ein eng begrenzter sein; die Gesellschaft kann auch mehrere Zwecke zugleich verfolgen. Aber immer müssen bestimmte und faßbare Angaben gemacht werden, feste Grenzen gezogen sein. Ebenso Scholz 60 f.; Staub-Pinner HGB § 182[18]. Anders Hachenburg § 3[9, 10], dessen unterschiedliche Beurteilung, je nachdem ob es sich um konkrete oder abstrakte Bezeichnung handelt, im Gesetz keinen Boden hat und dessen Auffassung im übrigen dahin führt, daß die gesetzliche Vorschrift nur für die Gesellschaften von Bedeutung wäre, deren Gegenstand ein nicht gewerblicher Zweck ist. Es ist bei dieser Frage zu unterscheiden, ob es sich um die Eintragung der Gesellschaft in das Handelsregister handelt oder um die Beanstandung des Statuts, nachdem die Eintragung erfolgt ist. Hachenburg bestreitet das, und von diesem Standpunkt aus erklärt sich denn auch seine Stellungnahme zu der Frage. Es ist auch richtig, daß im Gesetz von dieser Unterscheidung nichts steht und daß den Eintragungen in das Handelsregister im allgemeinen heilende Wirkung nicht zukommt. Trotzdem kann nicht ausbleiben, daß das Statut dadurch, daß es die Billigung der zuständigen Behörde erfährt, in gewissem Maße verfestet wird. Daß der Richter bei der Eintragung der Gesellschaft einen andern Standpunkt einnimmt, als wenn es gilt, der eingetragenen Gesellschaft die Gültigkeit zu versagen, kann gar nicht ausbleiben und muß nicht nur gebilligt, sondern gefordert werden, auch wenn im Gesetz ausdrücklich davon nichts steht. Übrigens kommt es auch im Gesetz in der Vorschrift § 144 FGG zur Geltung, wonach das Register von Amts wegen eine nichtige Gesellschaft nur aus wichtigem Grunde löschen darf. Zutreffend weist Scholz a. a. O. denn auch darauf hin, daß RG 62, 96 mit KGJ 34, 139 (insbes. 164 f.) insofern nicht in Widerspruch steht, als im ersteren Fall es sich um die Nichtigkeit der eingetragenen Gesellschaft handelt. Ganz allgemein macht die Praxis der Gerichte den Eindruck des Planlosen. JW 1916, 745, 10 hatte über die Nichtigkeit der eingetragenen Gesellschaft zu entscheiden, sagt aber ganz allgemein, das Gesetz fordere nur eine allgemeine Andeutung dessen, was Gegenstand der Gesellschaft sein soll; nach RG 62, 96, wo ebenfalls die Nichtigkeit der eingetragenen Gesellschaft zur Entscheidung stand, soll Betrieb von Handelsgeschäften ausreichen; während KGJ 34, 149 (in einer Registersache) nur unter besonderer Voraussetzung (ländliches Gemischtwarengeschäft) die Bezeichnung Betrieb von Kaufmannsgeschäften für ausreichend erklärt (s. auch KGJ 52, 95), läßt OLG 36, 286 schlechthin „Waren aller Art" (statt bis dahin Haushaltungsgegenstände) bei der Eintragung in das Handelsregister durchgehen; an sich treffend lehnt RJA 15, 308 bei einem Brauereibetrieb die Zweckbestimmung: Geschäfte jeder Art, welche unter § 1 Abs 2 HGB fallen, ab, aber mit der verfehlten Begründung, daß es sehr unwahrscheinlich sei, daß eine Brauerei Geschäfte dieser Art betreiben werde, daß darunter auch genehmigungspflichtige Geschäfte fallen könnten und daß es nur auf den gegenwärtigen Zweck, nicht auf in der Zukunft mögliche Zwecke ankomme. Das sind nicht die richtigen Gesichtspunkte (s. auch unten unter c). Der Registerrichter hat lediglich zu prüfen, ob der Zweck mit der nach allgemeinem Vertragsrecht erforderlichen Bestimmtheit vereinbart worden ist. S. auch KGJ 52, 95. — Die Bestimmung kann die erforderliche Umgrenzung durch den übrigen Inhalt des Statuts erhalten, RG in HoldheimsMSchr 25, 90; auch aus der gewählten Firma, JW 1916, 745, 10. — Anderseits muß die Bezeichnung mit dem übrigen Inhalt des Statuts in Einklang stehen, andernfalls kann die in das Handelsregister eingetragene Bezeichnung (§ 10) von Amts wegen gelöscht werden. HGJ 27, 223.

c) Es kann so liegen, daß der angegebene Zweck nur vorgeschützt ist, um den verbotenen Zweck zu verdecken. Dann ist deshalb das Statut nicht nichtig, vielmehr ist der vorgeschützte Zweck der statutenmäßige, auf dessen Einhaltung jedenfalls diejenigen Gesellschafter bestehen können, welche in gutem Glauben der Gesellschaft beigetreten sind oder den Geschäftsanteil erworben haben. S. aber auch RJA 10, 181; OLG 24, 133; 12, 438; 11, 393; 9, 371.

d) Die Vorschrift der Ziff 2 steht insofern der Mantelgründung einer Gesellschaft m. b. H. hinderlich entgegen, als durch letztere für einen noch unbestimmten oder für einen zukünftigen Zweck vorerst nur die leere Form der Gesellschaft geschaffen werden soll. OLG 43, 296; Recht 23, 1029.

e) Der Ankauf eines Handelsgeschäfts durch die Gesellschaft m. b. H. bedeutet (unter Umständen) eine Erweiterung und Änderung des Gegenstandes und setzt (im Innenverhältnis) Statutenänderung voraus, OLG 27, 395. — Nach Bolze 6[544] wäre es keine Änderung des Gegenstandes der Gesellschaft, wenn diese ihren Fabrikbetrieb unter Übertragung aller Aktiva und Passiva gegen bestimmte Beteiligung am Gewinn einem anderen Fabrikunternehmen überläßt (?).

f) Der Zweck des Unternehmens muß nicht auf Erzielung von Gewinn gerichtet sein. Das gilt nicht nur von gemeinnützigen Gesellschaften. Auch bei einem wirtschaftlichen und kaufmännischen Betrieb kann im Gesellschaftsvertrag jeder Gewinnbezug der Gesellschafter ausgeschlossen werden (vgl. den Fall JW 1921, 916[2]). — Kartelle und Syndikate gehören unter Umständen hierher. — Vgl. Erl 4 zu § 1.

5. a) Das Stammkapital ist ein bestimmter runder (durch 100 teilbarer, § 5) Geldbetrag,

der durch die Stammeinlagen der Gesellschafter zusammengebracht wird, welche letzteren entweder unmittelbar in Geld bestehen oder für welche, wenn es Sacheinlagen sind, ein bestimmter, ihren Wert darstellender Geldbetrag ausgeworfen werden muß. In diesem Sinne stellt das Stammkapital zugleich das von den Gesellschaftern aufgebrachte Gesellschaftsvermögen dar. Aber während dieses letztere ständiger Veränderung unterliegt, die Geldeinlagen verbraucht, die Sacheinlagen verbraucht oder benutzt und abgenutzt werden, das Vermögen als Ganzes sich vermehrt oder vermindert, ständig schwankt, bleibt das Stammkapital als feste Größe unverändert und tritt nur noch als reiner Buchposten in die Erscheinung. Will man das Stammkapital der Gesellschaft m. b. H. mit dem Kapitalkonto des Einzelkaufmanns vergleichen, so paßt dieser Vergleich höchstens für den einen Zeitpunkt des Beginnes des Geschäftsbetriebs. — Wie das Stammkapital sich zum Vermögen der Gesellschaft verhält, so die Stammeinlage des einzelnen Gesellschafters zu seinem Geschäftsanteil, worunter die Quote zu verstehen ist, mit welcher der Gesellschafter — in der Regel im Verhältnis seiner Stammeinlage zum Stammkapital — an der Gesellschaft, vor allem an dem Gesellschaftsvermögen beteiligt ist. So stehen sich auch hier gegenüber die starre Größe der Stammeinlage und der im Werte ständig wechselnde Geschäftsanteil. Auch hier decken sich der Wert der Stammeinlage und des Geschäftsanteils nur in dem einen Zeitpunkt des Geschäftsbeginns. Es ist üblich, aber rein terminologisch, daß man den Geschäftsanteil mit der Stammeinlage als seinem Nennbetrag bezeichnet. Darüber darf und kann ja auch gar nicht übersehen werden, daß Stammeinlage und Geschäftsanteil zwei von Grund auf verschiedene Dinge bezeichnen, dort eine oder mehrere ganz bestimmte Leistungen oder auch deren realen Gegenstand, hier die begriffliche Zusammenfassung der mannigfaltigen Rechtsbeziehungen der Gesellschafter zur Gesellschaft und zueinander. Bezeichnet man aber allgemein den Geschäftsanteil mit der Stammeinlage als seinem Nennbetrag, so entspricht es nur diesem Sprachgebrauch, wenn in § 47 Abs 2 gesagt wird, daß jede 100 M. des Geschäftsanteils, d. h. seines Nennbetrages, eine Stimme gewähren. Mit Unrecht wird daraus dem Gesetzgeber der Vorwurf irriger Ausdrucksweise gemacht. Es hat auch noch niemand mißverstanden.

b) So ist das „Stammkapital" nichts als eine Rechnungsgröße, und deren Zweck ist der Schutz der Gläubiger der Gesellschaft gegen die Gefahren der beschränkten Haftung der Gesellschafter. Das Vermögen, mit welchem die Gesellschaft in das Leben tritt, und wie es sich weiter entwickelt, ist für ihre Gläubiger das einzige Haftungsobjekt und damit zugleich die Grundlage des Kredits der Gesellschaft, eine Grundlage, die sich vermehren, aber auch vermindern und schließlich verschwinden kann, wogegen mit gesetzlichen Bestimmungen nichts auszurichten ist. Wohl aber kann das Gesetz davor schützen und tut es, daß das Vermögen durch Rückzahlungen der Einlagen an die Gesellschafter seiner Zweckbestimmung entzogen wird. Darum muß in den Jahresabschlüssen und Bilanzen das Stammkapital als Passivum eingestellt werden (§ 42 Ziff 4), womit zum Ausdruck kommt, daß Auszahlungen an die Gesellschafter (a conto Gewinn oder wie es bezeichnet werden mag) nur insoweit erfolgen dürfen, als an Vermögen nach Abzug aller Schulden noch mehr vorhanden ist als das Stammkapital, d. h. die Ziffer des Stammkapitals indiziert. Überschuldung der Gesellschaft liegt erst vor, wenn die Aktiva die Passiva nicht mehr decken. Hier zählt der Posten Stammkapital nicht mit. Aber auch wenn keine Überschuldung vorliegt, darf der Jahresgewinn an die Gesellschafter solange nicht gezahlt, muß vielmehr zum Kapital geschlagen werden, als der Überschuß der Aktiva über die Passiva den Betrag des Stammkapitals nicht übersteigt. — Dem Publikum sagt die Ziffer des Stammkapitals nur, wieviel die Gesellschafter zum Vermögen der Gesellschaft zusammengebracht haben, über die jeweilige Finanzlage der Gesellschaft sagt sie ihm gar nichts.

6. a) Die Beschränkung auf eine gewisse Zeit muß im Gesellschaftsvertrag enthalten sein. Die in einem Nebenvertrag aufgenommene Bestimmung ist auch dann unwirksam, wenn im Gesellschaftsvertrag auf sie verwiesen wird (RG 79, 418). — Auf eine gewisse Zeit soll heißen auf eine bestimmte Zeit. Doch braucht die Zeit nicht geradezu kalendermäßig bestimmt zu sein. A. A. Liebmann § 3 Erl 7 („gewisse" Zeit ist nicht dasselbe wie „bestimmte" Zeit in § 60 Ziff 1). Es kann auch ein unbestimmter Endtermin sein, sofern nur feststeht, daß er eintreten wird (dies certus an, incertus quando). Darin, daß allen Gesellschaftern oder einzelnen von ihnen ein Kündigungsrecht eingeräumt wird, kann nicht eine Beschränkung auf eine gewisse Zeit erblickt werden. Anders RG 79, 422. Umgekehrt wird daran, daß die Gesellschaft auf eine bestimmte Zeit läuft, dadurch nichts geändert, daß der einzelne Gesellschafter unter Umständen das Recht hat, schon vor Ablauf der Zeit die Gesellschaft zu kündigen.

b) Streitig ist, ob trotz bestimmter Zeit eine Verlängerung im Wege der Statutenänderung, also durch die Mehrheit, beschlossen werden kann. Der Streit hängt mit der Unklarheit zusammen, welche an dem Begriffe des Sonderrechts haftet (s. Erl 2 zu § 45). Durch die Bestimmung eines Endtermins erwirbt jeder einzelne Gesellschafter das unentziehbare Recht auf die Liquidationsquote, wie sie am Schlusse sich gestaltet haben wird. Davon kann nur mit

Zustimmung aller abgegangen werden. Vgl. RG 81, 69, in welchem Fall allerdings das Gericht keine Veranlassung hatte, auf die Rechtsfrage einzugehen. A. A. Hachenburg § 3[21]; Scholz 68; anders auch, aber inkonsequent OLG 16, 122; wenn schon die Hinausschiebung eines Kündigungsrechts nur mit Zustimmung der Berechtigten beschlossen werden kann, dann muß das doch von der Hinausschiebung des bereits feststehenden Auflösungstages erst recht gelten. Dagegen liegt keine Verletzung eines Sonderrechts darin, daß die statutenmäßig festgesetzte Zeit zu verkürzen (mit der erforderlichen Mehrheit) beschlossen wird. Denn das Gesetz (§ 60 Ziff 2) schreibt positiv vor, daß die Gesellschaft jederzeit (durch qualifizierte Mehrheit) ihre Auflösung beschließen kann, RG 101, 78. Aber das ist nicht zwingendes Recht. Im Gesellschaftsvertrage können auch in dieser Richtung Sonderrechte bedungen werden. Nur muß das deutlich geschehen und darf nicht willkürlich hineingelegt werden. Im Ergebnis übereinstimmend, aber mit zu enger Begründung RG in HoldheimsMSchr 23, 156; 17, 253. Ferner HansGZ 1913 H. 123; OLG 16, 122. — Einer Klage auf vorzeitige Auflösung der Gesellschaft nach § 61 steht auch das Sonderrecht einzelner nicht entgegen, das aber für die Frage, ob ein wichtiger Grund vorliegt, Bedeutung haben kann (RG in HoldheimsMSchr 23, 53; vgl. auch JW 04, 44[14]). S. auch Erl 2 u. 3 zu § 60.

7. a) Die Aktiengesellschaft ist ihrem Wesen nach reine Kapitalvereinigung. Die Beteiligung der Gesellschafter besteht in Geld- oder Sacheinlagen, hinter denen die Persönlichkeit des Aktionärs vollständig zurücktritt. Das Verkehrsbedürfnis drängte in der Zuckerindustrie dazu, daß Zuckerrübenbauer, die sich produktiv-genossenschaftlich zur gemeinschaftlichen Verarbeitung ihrer Rüben zusammenschlossen, hierzu die Form der Aktiengesellschaft wählten. Hier bildet die Rübenlieferung eine unerläßliche Grundlage des Rechtsverhältnisses, was mit dem Wesen der Aktiengesellschaft in Widerspruch stand. Die Rechtsprechung kam entgegen, indem sie künstlich einen neben dem Statut herlaufenden Nebenvertrag konstruierte, dabei aber die ebenso wesenlose Einschränkung machte, daß ein festbestimmter oder bestimmbarer, jedenfalls ein von dem Ertrag der Fabrikation ganz unabhängiger Preis für die gelieferten Rüben vereinbart sein mußte. Es mußte jede gesellschaftsrechtliche Färbung des Lieferungsvertrages vermieden werden (RG 21, 148; 26, 89; 48, 102; Bolze 9, 485; JW 03, 343, 5; RG in HoldheimsMSchr 1914, 204). Diesen Halbheiten hat § 212 HGB ein Ende gemacht, wonach die Aktionäre als solche neben den Kapitaleinlagen Verpflichtungen zu wiederkehrenden, nicht in Geld bestehenden Leistungen übernehmen können, nur müssen die Aktien vinkuliert sein. Bei der G e s e l l s c h a f t m. b. H. ist die V e r e i n b a r u n g v o n a n d e r e n V e r p f l i c h t u n g e n n e b e n d e r Ü b e r n a h m e d e r S t a m m e i n l a g e ganz allgemein zugelassen. Man spricht von Nebenverpflichtungen, die aber darum nicht von verhältnismäßig untergeordneter Bedeutung sein müssen. Verpflichtungen verschiedenster Art kommen vor, sachliche und persönliche Leistungen (Geschäftsführung), einmalige und wiederkehrende. Es kann bedungen werden, daß unter bestimmten Voraussetzungen ein Gesellschafter verpflichtet sein soll, seinen Geschäftsanteil auf einen anderen zu übertragen, ihn — gegen den Nennbetrag oder wie sonst — der Gesellschaft zu überlassen (OLG 22, 29).

b) Auch V e r t r a g s s t r a f e n können vorgesehen werden. Ist im Statut bestimmt, daß wegen einer verhängten Vertragsstrafe der Rechtsweg erst zulässig ist, wenn eine solche nach Anhörung der Gesellschafterversammlung festgestellt worden ist, so ist die Klage der Gesellschaft auf die Strafe abzuweisen, wenn die Versammlung über den Antrag auf Festsetzung der Strafe nicht sachlich entschieden hat (RG in LZ 1913, 704[12]). Streitig ist, ob auch Verlust des Geschäftsanteils als Vertragsstrafe bedungen werden kann. Wohl mit Recht hat OLG 19, 364 es verneint. Es könnte das nur im Wege der Kaduzierung durchgeführt werden, deren Voraussetzungen im Gesetz offenbar erschöpfend haben geregelt werden sollen. A. A. KGJ 35, 178; Hachenburg § 21[41] mit der Einschränkung, daß ein Vollzug der Strafandrohung nur ausführbar ist, wenn die Stammeinlage voll eingezahlt ist; ebenso Scholz 74, 254; ferner Liebmann § 21[2], dessen Behauptung, daß auch bei Sacheinlagen ein solches Strafgeding zulässig sei, unter allen Umständen unrichtig ist; auf die Einlage kann nicht verzichtet werden, und muß der Gesellschafter verpflichtet bleiben, die Sache zu liefern, dann kann ihm unmöglich gleichwohl die Mitgliedschaft genommen werden.

c) Nicht selten sind K o n k u r r e n z v e r b o t e, die unter Umständen auch stillschweigend bedungen sein können (GmbHRundsch 1915, 25; vgl. auch RG in LZ 1911, 787). Wie in allen Fällen diese Nebenverbindlichkeiten mit dem Geschäftsanteil untrennbar verbunden sind, so wird auch — wenn nicht etwas anderes bestimmt worden ist oder den Umständen als offenbar beabsichtigt entnommen werden muß — das Konkurrenzverbot für den Gesellschafter hinfällig, sobald er seinen Geschäftsanteil veräußert (RG in DJZ 1899, 441). Steht die Auflösung der Gesellschaft bevor, so verstößt er nicht dadurch gegen das Verbot, daß er ein Konkurrenzunternehmen vorbereitet (RG 90, 98). Das Verbot endet mit der Auflösung des Vertrags, auch wenn das Unternehmen der Gesellschaft bestehenbleibt (wenn die Gesellschaft m. b. H. in eine Aktiengesellschaft umgewandelt wird). Soll es aufrechterhalten werden, so muß das vereinbart worden sein (RG in Recht 1919, 1671). Ist bestimmt, daß es auch nach Ausscheiden eines Gesellschafters für ihn fortgelten soll, so haftet der Ausscheidende nach Maßgabe des Verbots, wie es zur Zeit seines Ausscheidens bestand. Spätere Änderungen berühren ihn nicht. — An und für sich können Konkurrenzverbote auch in einem Nebenvertrag und formlos vereinbart werden; sollen sie gesellschaftsrechtlich gelten, vor allem also mit dem Geschäftsanteil unlöslich verbunden sein, so muß die Vereinbarung im Gesellschaftsvertrag getroffen werden, RG 79, 332; Scholz' Annahme (S. 72), daß in diesem Fall für den Veräußerer die Verpflichtung notwendig mit Abgabe des Geschäftsanteils endige, erscheint doch nicht begründet. S. den Fall BauersZ 24, 28. — Der Gründer, welcher sein Geschäft in die Gesellschaft einlegt, übernimmt damit zugleich im Zweifel die Verpflichtung, der Gesellschaft nicht Konkurrenz zu machen. So mit Recht BauersZ 22, 205.

d) Auch Geldleistungen können bestimmt werden (RG 83, 218; RG in HoldheimsMSchr 23, 52). So können die Gesellschafter oder einzelne von ihnen sich verpflichten, die Gründungskosten zu tragen oder zu erstatten (vgl. hierzu JW 1922, 1606[4] und Erl 8 zu § 5). Ob neben der Stammeinlage weitere Kapitaleinlagen bedungen werden können, ist mindestens zweifelhaft. Die herrschende Lehre hat keine Bedenken. Geist und Wortlaut des Gesetzes sprechen dagegen. Dem Gesetze sind alle Beiträge, welche im Beginn gezahlt werden, Stammeinlage, alle späteren Nachschüsse. In beiden Richtungen bestehen bestimmte zwingende Vorschriften, welche offenbar auf alle Kapitaleinlagen angewendet werden wollen. Der Abs 2 bestimmt zwar nicht, aber setzt in dem, was er bestimmt, voraus, was zulässig sein soll, und stellt alle anderen Verpflichtungen nicht der Stammeinlage, sondern schlechthin „den", also allen Kapitaleinlagen gegenüber. Das widerspricht allerdings der allgemeinen Auffassung. Aber diese allgemeine Auffassung hängt mit einer Wandlung der Anschauungen zusammen, die eintrat, als der Steuerfiskus anfing, die Gesellschaft m. b. H. um ihrer juristischen Persönlichkeit willen selbständig und unmittelbar zu besteuern. Die steuerbaren Objekte sind das Vermögen der Gesellschaft und ihre Jahresgewinne. Sie, galt es, der Besteuerung zu entziehen, ohne doch an der Sache zu ändern. Die Gewinnverschleierungen interessieren hier nicht. Mit dem Vermögen macht sich das leicht genug. Es war eigentlich nicht mehr nötig als ein Wechsel in der Bezeichnung. Ganz beseitigen läßt sich das Stammkapital nicht, 20 000 M. mußten unter allen Umständen bleiben. Man deklarierte also diese 20 000 M., die restlichen 15 000 und 250 000 M. gaben die Gesellschafter als Darlehen (RFH 3, 96), oder zu 100 000 M. Stammkapital legten die Gesellschafter 400 000 M. Darlehen (RFH 1, 69), zu 30 000 M. 200 000 M. (RG 112, 273), oder man nannte es nicht Darlehen, sondern stille Gesellschaft (RFH 1, 77; 11, 14); traute man sich gegenseitig nicht, so verkoppelte man mehr oder weniger fest und lange das Darlehn usw. mit den Geschäftsanteilen. Oder man bringt auf eine geringe Stammeinlage ein wertvolles Unternehmen ein und stundet der Gesellschaft den Mehrwert, den Juristen überlassend, was sie daraus zu machen vermöchten (RFH 7, 251; vgl. auch RFH 1, 286; 4, 83; 5, 46; 5, 55; 6, 9; vgl. auch RG 97, 197). Dem und ähnlichem tritt im Steuerrecht der § 5 RAO entgegen:

Durch Mißbrauch von Formen und Gestaltungsmöglichkeiten des bürgerlichen Rechts kann die Steuerpflicht nicht umgangen oder gemindert werden.

Ein Mißbrauch im Sinne des Abs 1 liegt vor, wenn

1. in Fällen, wo das Gesetz wirtschaftliche Vorgänge, Tatsachen und Verhältnisse in der ihnen entsprechenden rechtlichen Gestaltung einer Steuer unterwirft, zur Umgehung der Steuer ihnen nicht entsprechende, ungewöhnliche Rechtsformen gewählt oder Rechtsgeschäfte vorgenommen werden, und
2. nach Lage der Verhältnisse und nach der Art, wie verfahren wird oder verfahren werden soll, wirtschaftlich für die Beteiligten im wesentlichen derselbe Erfolg erzielt wird, der erzielt (worden) wäre, wenn eine den wirtschaftlichen Vorgängen, Tatsachen und Verhältnissen entsprechende rechtliche Gestaltung gewählt (worden) wäre, und ferner
3. etwaige Rechtsnachteile, die der gewählte Weg mit sich bringt, tatsächlich keine oder nur geringe Bedeutung haben.

Liegt ein Mißbrauch vor, so sind die getroffenen Maßnahmen für die Besteuerung ohne Bedeutung. Die Steuern sind so zu erheben, wie sie bei einer den wirtschaftlichen Vorgängen, Tatsachen und Verhältnissen angemessenen rechtlichen Gestaltung zu erheben wären....

An diesen Bestimmungen ist nichts positiv als die scharfe Umschreibung des Begriffs des Umgehungsgeschäfts. Der sachliche Gedanke, daß ein solches Geschäft nicht die Kraft haben kann, die Absicht des Gesetzes zu vereiteln, ist ein allgemeiner Rechtsgedanke, der immer schon gegolten hat (vgl. RFH in JW 1922, 1546[3] und darüber, daß in einer solchen Positivierung zugleich eine Verengung liegen kann, RFH in JW 1922, 1520[4]). Die bedeutsame Wirkung der positiven Regelung besteht darin, daß das Umgehungsgeschäft nicht nichtig sein soll, sondern, steuerrechtlich, anders qualifiziert wird. Indessen ist das Interesse an dieser Frage nicht auf das Steuerrecht beschränkt. Sie berührt die Allgemeinheit, und diese zu schützen, ist Sache des Registerrichters. Es ist nicht die Meinung, daß solche Gesellschaften, nachdem es zur Eintragung in das Handelsregister gekommen ist, nichtig sind. Aber es liegt ein Mißbrauch der vom Gesetz geschaffenen Gesellschaftsform vor, und dem zu steuern, ist so recht die Aufgabe des Richters. Das Gesetz hat sich nicht damit begnügt, ein Normalstatut zu bestimmen, durch dessen Annahme die Gesellschaft zur juristischen Person wird. Von Fall zu Fall soll jede einzelne Gründung darauf geprüft werden, ob sie dem Gesetz entspricht. Eine Gesellschaft, die mit 500 000 M., welche die Gesellschafter einschießen, ins Leben tritt und dabei nur 20 000 M. Stammkapital zu besitzen beansprucht, ist keine Gesellschaft im Sinne des Gesetzes. Was die Gründer der Gesellschaft an Geld und Geldeswert zusammenbringen, um sie mit dem für das geplante Unternehmen erforderlichen Betriebskapital auszustatten, ist das Stammkapital der Gesellschaft, ihre so bedeutsame Kreditbasis. So meint und so will es das Gesetz, und der Registerrichter tut nur seine Pflicht, wenn er ein Statut beanstandet, welches dem widersprechende Bestimmungen enthält. Dazu ist er da.

Diese Ausführungen sind auf Widerspruch gestoßen. Aber was namentlich Hachenburg § 3[26] gegen sie sagt, trifft nicht ganz die hier vertretene Meinung. Daß auch Geldzahlungen Gegenstand einer nach Abs II bestimmten Nebenleistung sein können, ist nicht zu bestreiten und am Eingang dieser Ausführungen ausdrücklich gesagt worden. So kommt es z. B. im Betriebe einer als Gesellschaft m. b. H. gestalteten Einkaufsgenossenschaft in ständiger Wiederholung zur Bezahlung der den Gesellschaftern gelieferten Rohstoffe. Aber solche und ähnliche Geldleistungen sind weit entfernt, Beiträge zum Gesellschaftsvermögen zu sein. Nur was zur Aufbringung des Gesellschaftsvermögens und so gegeben wird, daß dafür lediglich die allgemeine Beteiligung an der Gesellschaft gewährt wird, ist Einlage, Kapitaleinlage, und umgekehrt kann Kapitaleinlage nichts anderes sein als das. Es muß dabei verblieben werden, daß nach dem Gesetz die Gesellschaft m. b. H. im Moment ihrer Entstehung als Eigenvermögen nichts anderes besitzen kann als ihr durch die Einlagen zusammengebrachtes Stammkapital. Wenn die Mot. zum Aktiengesetz von 1884 sagen: In dem Augenblick der Errichtung kann die Gesellschaft außer dem Grundkapital, wie es ziffernmäßig durch den Nennbetrag der Aktien zum Ausdruck gelangt, anderes Vermögen überhaupt nicht haben, so gilt das ebenso von der Gesellschaft m. b. H. und ihrem Stammkapital. Später kommt anderes hinzu, Reserven bei beiden Gesellschaften, Nachschußkapital bei der Gesellschaft m. b. H. Aber mit Nachschüssen kann man nicht beginnen, auch dann nicht, wenn man es so nennt. Auch das wäre Stammeinlage und wenn es im Statut anders genannt wird, muß der Registerrichter es beanstanden. S. RG bei Bauer 25, 11. Es kann auch bei der Gründung nicht ein Agio bestimmt werden; wenn es bei einer Erhöhung des Stammkapitals anders ist, so nur deshalb, weil mit Beginn des Geschäftsbetriebes der Nennbetrag der Geschäftsanteile selbständig die Funktion übernimmt, die Beteiligungsziffer darzustellen. Werden hier für den Geschäftsanteil von 10 000 M. 20 000 M. gefordert und gezahlt, so sind die überschießenden 10 000 M. ebensogut Kapitaleinlage wie die ersten 10 000 M. und wenn nur 10 000 M. gezahlt werden sollen, dann muß um jener Funktion willen der Nennbetrag auf 5000 festgesetzt werden. Und Kapitaleinlage — in diesem Fall Nachschuß, freiwilliger Nachschuß — ist, was zur Deckung einer Unterbilanz eingezahlt wird. Wenn auch à fonds perdu gegeben, ist es durchaus nicht Schenkung. Und schließlich die Hauptsache. Natürlich kann ein Gesellschafter seiner Gesellschaft Geld leihen. Aber damit tritt er insofern heraus aus der Reihe der Gesellschafter und wird Dritter. Man kann nicht zugleich Gesellschafter und in dieser Eigenschaft Darlehnsgläubiger der Gesellschaft sein. Der Gedanke eines Darlehensverhältnisses, das gesellschaftsrechtlicher Natur wäre, mit dem auch das Reichsgericht operiert, ist ein Unding. Und wenn man durch allerhand Klauseln doch die organische Verbundenheit des Darlehensverhältnisses mit dem Geschäftsanteil zu erreichen sucht, so ist das einerseits das unwillkürliche Geständnis, daß sich das Rechtsgeschäft nicht unter Abs 2 als Nebenleistung bringen läßt, anderseits das nicht zu verkennende Anzeichen dafür, daß, was man Darlehen nennt, nichts anderes ist als Kapitaleinlage. Es ist wie gesagt nicht richtig, daß diese Frage nur das Steuerrecht angehe und durch den § 5 RAG ihre Lösung gefunden habe. Es besteht ein dringendes Interesse daran, daß der Registerrichter die Eintragung der Gesellschaft ablehnt, wenn er erkennt, daß die Gesellschafter sich verpflichtet haben, neben dem Stammkapital von 20 000 M. ein Leihkapital von 200 000 M. einzubringen. Das würde sich zeigen, wenn eine solche Gesellschaft in Konkurs gerät und die Gesellschafter mit ihrer Konkursforderung von 200 000 M. den größten Teil der Masse für sich in Anspruch nehmen; es könnte dazu führen, daß unausgesetzt die Gesellschafter unter der Bezeichnung Zinsen Erträge aus dem Unternehmen ziehen, auch wenn dieses Erträge gar nicht abwirft, und schließlich auch auf Kosten des Stammkapitals, ohne daß eine Rechtsvorschrift verletzt wäre. Der Gedanke ist, daß die Gesellschafter nicht über den Beitrag zum Gesellschaftsvermögen haften, den zu leisten sie sich verpflichten, mit diesem aber zum vollen Betrage. Es kann die Gesellschaftsform nur in Verruf bringen, wenn man zuläßt, daß die Gesellschafter ein großes Geschäftskapital zusammenbringen, die Haftung aber, d. h. die Gewähr für sie, auf einen geringen Quotienten beschränken. Selbstverständlich kann der Registerrichter die Eintragung nur beanstanden, wenn die Umgehung offen zutage liegt. — Es ist zu platonisch.

wenn solchen Dingen gegenüber Hachenburg sich auf den leisen Tadel beschränkt (§ 3[48]), im Interesse der Solidität und Kreditfähigkeit (richtiger wohl Kreditwürdigkeit) liege dieses System nicht. — S. auch Erl 6e zu § 5, Erl 1b zu § 10.

e) Bei Erhöhung des Stammkapitals steht nichts entgegen, daß ein Agio bezahlt wird. Auch können bei bestehender Gesellschaft, z. B. wenn es gilt, eine Unterbilanz auszugleichen, Gesellschafter freiwillig Geld einschießen. Solche Zahlungen werden in den Büchern dem Zahlenden gutgebracht, woraus aber nicht ohne weiteres geschlossen werden darf, daß es sich um Darlehen handelt (RG in HoldheimsMSchr 27, 61). Anders nur, wenn das Geld regelmäßig verzinst wird. In diesem Verhältnis kann Hingabe von Geld auf Zinsen nicht wohl etwas anderes sein als Darlehen. Sollen also die allgemeinen Bestimmungen über das Darlehen, beispielsweise die Kündbarkeit (§ 609 BGB), nicht gelten, so muß das in diesem Falle vereinbart werden oder als vereinbart erkennbar sein. Über die Vereinbarung eines Kontokorrentverhältnisses (richtiger wohl Krediteröffnung) als Nebenverbindlichkeit dieser Art und über die Bewertung der darin liegenden Leistung an die Gesellschaft s. RFH 6, 156, wo für die Entscheidung ausschlaggebend war, daß in dieser Form der Gesellschaft das unentbehrliche Betriebskapital zugeführt werden sollte; handelsrechtlich handelte es sich um eine Nebenleistung. — Bei Kartellen (s. unten Erl 8) ist die Bestimmung nicht selten, daß eine etwaige Unterbilanz durch Umlagen der Gesellschafter gedeckt werden muß. Das verstößt gegen das Wesen der Gesellschaftsform, damit ist das Charakteristische der Gesellschaft, die beschränkte Haftung der Mitglieder, beseitigt. Anders RG in HoldheimsMSchr 23, 52; vgl. Feine S. 123. — Die Bestimmung im Statut einer Gesellschaft m. b. H. (Kartell), daß die Mitglieder verpflichtet sind, „die Gesellschaft durch Bürgen und sonstige Sicherheiten zu stützen" (Kartellgericht in JW 1924, 724) läßt sich nicht wohl unter § 3 Abs 2 bringen und hätte vom Registerrichter beanstandet werden müssen. Allenfalls ließe sie sich, unbeanstandet geblieben, als Vereinbarung unbeschränkter Nachschußpflicht aufrechterhalten, womit freilich ihrem Zweck am wenigsten gedient wäre. Auch die nicht seltene Bestimmung, daß die Kosten der Geschäftsführung durch jährliche Umlagen aufgebracht werden sollen, sieht der unbeschränkten Nachschußpflicht bedenklich ähnlich. — Darin, daß der Gesellschafter, welcher sein Geschäft in die Gesellschaft einbringt, für die Außenstände Gewähr leistet, liegt nicht die Übernahme einer Verbindlichkeit nach § 3 Abs 2 (RG 79, 272).

f) Die Bestimmung muß vollständig im Statut aufgenommen sein (RG 79, 336; vgl. auch RG 47, 146; aber auch RG 87, 265). Jedenfalls gilt das von allem Wesentlichen. Für ein Schiedsgericht kann eine Geschäftsordnung nebenher aufgestellt werden (RG in LZ 1913, 704[12]). — Steuerrechtlich ist es ohne Bedeutung, ob die Bestimmung im Statut getroffen ist oder nicht (RFH 6, 150). — Sind Bestimmungen dieser Art nicht im Statut, sondern formlos in einem Nebenvertrag getroffen worden, so müssen sie darum noch nicht nichtig sein. Es kann beabsichtigt sein, ein neben der Gesellschaft m. b. H. herlaufendes Rechtsverhältnis, im besonderen ein Gesellschaftsverhältnis nach bürgerlichem Recht, zu begründen (vgl. Erl 2). So kann ein Gesellschafter dem anderen eine bestimmte Verzinsung seiner Einlage gewährleisten, den etwaigen Verlust auf sich nehmen (JW 1915, 335[11] [anders OLG 5, 281]; RG in HoldheimsMSchr 23, 51). Vermöge Vertrags zugunsten Dritter können auf diese Weise sogar der Gesellschaft m. b. H. selbst Rechte bedungen werden (RG 83, 216; JW 1913, 743[13]; a. A. RG 82, 303; HoldheimsMSchr 1917, 152). In dem Urteile des RG v. 15. 4. 13 II 638/12 ist die formlos übernommene Verpflichtung, der künftigen Gesellschaft einen Teil der Geschäftsanteile ohne Gegenleistung zu übertragen, für gültig erklärt. Weitgehend RG 112, 273. — Das Bedungene darf aber nicht geradezu in Widerspruch mit dem Statut stehen. Die Gesellschafter können nicht vereinbaren, untereinander gestellt zu sein wie offene Handelsgesellschafter (RG 101, 56). — Ergibt sich aber, daß es bei der Bestimmung auf eine gesellschaftliche Leistung (gesellschaftlich im Verhältnis der Gesellschaft m. b. H.) abgesehen war, so ist die formlose Vereinbarung nichtig (RG in HoldheimsMSchr 17, 152; OLG 5, 28). Nichtig ist die Bestimmung auch, wenn eine Umgehung der Formvorschrift vorliegt, was praktisch insbesondere für die Vorschriften über die Sacheinlage (§ 5 Abs 4) bedeutsam ist (RG 82, 303).

g) Andererseits ist nicht selten, daß im Statut auch Bestimmungen über Leistungen getroffen werden, welche nicht gesellschaftliche sein sollen. So wenn im Statut Gesellschafter zugleich zu Geschäftsführern bestimmt werden. Das kann als bezahlter Dienst gemeint sein, aber auch als gesellschaftliche Leistung, und letzterenfalls kann wiederum fraglich werden, ob dem Gesellschafter die Geschäftsführung nur als Pflicht oder auch als Recht und namentlich als Sonderrecht obliegen soll. Im Zweifel handelt es sich um gesellschaftliche Leistung, aber nicht um Sonderrecht (RG 44, 96). Jedenfalls ist § 38 Abs 2 (Abberufung aus wichtigem Grunde) zwingendes Recht. Vgl. auch RG 104, 183, wo zweifellos ein Sonderrecht auf Mitgliedschaft am Aufsichtsrat bedungen war, das Gericht aber keine Veranlassung hatte, auf diesen Punkt einzugehen. — Steuerrechtlich erschien die Frage von Bedeutung, ob in der im Statut bestimmten Bestellung eines Gesellschafters zum Geschäftsführer nicht sowohl die

Vereinbarung eines Sonderrechts als vielmehr überhaupt eine statutarische Bestimmung liege oder aber ein neben dem Statut herlaufender Auftrag oder Dienstvertrag. Nach der früheren Rechtsprechung sollte davon abhängen, ob die zugesagte Vergütung verteilten Gesellschaftsgewinn darstelle oder als Geschäftsaufwand den Jahresgewinn schmälere (OVG in Steuersachen 8, 388; in JW 1917, 985). Das war ein mißliches Kriterium, weil nicht nur niemand so leicht wird entscheiden können, ob Rechte und Pflichten des Geschäftsführers als gesellschaftsrechtliche gedacht waren, sondern auch oft genug die Parteien selbst sich hierüber gar keine Gedanken machen. So hat denn auch OVG in Steuersachen 17, 308 mit dieser Praxis gebrochen: Unerheblich ist, ob die Vergütung des Geschäftsführers im Statut bestimmt ist, unerheblich auch, ob ihre Zahlung davon abhängen soll, ob ein Gewinn erzielt wird; hat die Gesellschaft dem Gesellschafter für seine Tätigkeit eine Vergütung zugesagt, so verteilt sie mit dieser Zahlung keinen Gewinn, sondern erfüllt eine Schuld; in der Regel wird eine solche Zahlung zum vollem Betrage abzugsfähig sein, sofern sie nicht in so großem Mißverhältnisse zum Werte der Leistung steht, daß angenommen werden muß, es solle nicht nur die Tätigkeit entlohnt, sondern zugleich Gewinn verteilt werden; es kommt auch nicht darauf an, ob die Gesellschaft sich die Dienste hätte billiger verschaffen können, es muß vielmehr die Gewinnverteilungsabrede klar erkennbar hervortreten. Dem hat sich RFH 2, 183, 266; 6, 266 angeschlossen; s. ferner JW 1920, 124[2]; 1920, 510[3]; 1921, 128[1]; 1921, 916[6].

8. a) Kartelle und Syndikate, Vereinigungen, welche die Produktion ihrer Mitglieder kontingentieren, den Absatz der Produkte zentralisieren usw., kleiden sich gern in die Form der Gesellschaft m. b. H., wozu der § 3 Abs 2 die äußerliche Handhabe bietet. S. die gedrängte Darstellung bei Hachenburg § 3 Exkurs, Feine in Ehrenberg HH III 3, 339 ff., insbes. 352 ff. Der Sache nach handelt es sich um Gesellschaften im Sinne der §§ 705 ff. BGB. Man wählt die Form der Gesellschaft m. b. H., weil man dadurch das Schema einer durch das positive Gesetz wohlgeregelten Organisation gewinnt, und vor allem, weil man dadurch für den Verband ohne weiteres juristische Persönlichkeit erwirbt. Aber damit wird sachlich das Rechtsverhältnis vergewaltigt. Für das, was man beabsichtigt, paßt diese Gesellschaftsform und das auf sie anwendbare — zum Teil zwingende — Recht zwar besser noch als die Aktiengesellschaft, aber immer noch schlecht genug. Auch die Gesellschaft m. b. H. ist kapitalistische Erwerbsgesellschaft, was das Kartell nicht ist und nicht sein will. Dort liegt der Hauptnachdruck auf der Aufbringung und der Erhaltung des Stammkapitals, das hier eine untergeordnete Rolle spielt. Oft genug reicht es nur eben hin, die Unkosten der Geschäftsführung zu erbringen; oft steht der Riesenumsatz eines solchen Syndikats außer allem Verhältnis zu dieser seiner „Kreditbasis", was ungefährlich ist, wenn im Statut die Mitglieder sich verpflichten, etwa auftretende Unterbilanzen zu decken. (Vgl. hierzu das oben in Erl 7e Gesagte.) Wenn daher das Gesetz in der Stammeinlage des Gesellschafters dessen Hauptleistung erblickt und im Abs 2 des § 3 daneben auch andere Verpflichtungen, Nebenverpflichtungen, zu vereinbaren gestattet, so sind hier diese Nebenverpflichtungen die bei weitem überwiegenden Hauptverpflichtungen geworden, während die Aufbringung der Mittel für die Gesellschafter ganz in den Hintergrund tritt. — Die Kartellbestimmungen werden entweder dem Statut einoder formgerecht ihm nachgefügt, oder sie werden gesondert und dann oft formlos vereinbart. Auf diesen Unterschied legt die Rechtsprechung großes Gewicht. Es scheinen im letzteren Falle zwei selbständige Rechtsverhältnisse zu entstehen, das Syndikat als Gesellschaft m. b. H. und die Sondergesellschaft des Kartells. Dann meint man in der Behandlung des letzteren freiere Hand zu haben (RG 74, 33 in HoldheimsMSchr 1914, 104). Es wird dann weiter unterschieden, ob dieser Vertrag nur unter den Gesellschaftern geschlossen ist oder auch mit der Gesellschaft m. b. H., ob das Syndikat mit den einzelnen oder mit ihnen insgesamt in Verbindung steht, so daß ersterenfalls eine Sondergesellschaft überhaupt nicht bestünde. Das alles ist verfehlt. Es wird verkannt, daß nach Absicht der Parteien, welchen gerecht zu werden nichts hindert, über welche hinwegzusehen vielmehr ganz ungerechtfertigt wäre, das Vereinbarte ein einheitliches Ganzes ist, in dem alles mit allem untrennbar zusammenhängt, auch dann, wenn Statut und Kartellvertrag gesondert gehalten sind. Das Statut ohne den Nebenvertrag ist leer, der Nebenvertrag ohne das Statut unvollendet. Immer sind die bedungenen Rechte und Verbindlichkeiten rein gesellschaftsrechtliche. Es handelt sich bei Lieferung der Produkte und Zahlung der Vergütung nicht um Kauf und Verkauf; Wandelung und Preisminderung sind im Verhältnis der Mitglieder zum Syndikat ausgeschlossen. Die Festsetzung der Vergütung kann Organen der Gesellschaft im Statut übertragen sein. Aber § 315 BGB (Festsetzung nach objektiver Schätzung, billigem Ermessen) gilt hier nicht (a. A. RG 87, 265), würde vielmehr unter Umständen gerade weit abführen vom Ziele. An sich sind das Fragen des allgemeinen Kartellrechts. Hier gilt nur hervorzuheben, daß es keinen Unterschied macht, ob das Kartell Gesellschaft m. b. H. ist und ob alles in das Statut einverleibt ist oder ein Teil der Bestimmungen nebenher bedungen. So sagt treffend (in Beziehung auf eine Genossenschaftsmeierei) RG 47, 149: ganz ausgeschlossen ist der Gedanke, daß Milchlieferungen der

Genossen ganz außerhalb der genossenschaftlichen Verpflichtungen liegen und auf Grund eines besonderen Rechtsgeschäfts, wie mit einem fremden Milchlieferanten, beruhen sollten. Das ist freilich von der Erwerbsgenossenschaft gesprochen, aber tatsächlich ist ja das Kartell seinem innersten Wesen nach nichts anderes als eine solche Genossenschaft, wenn auch oft im größten Stil, und der sachliche Zusammenhang ist immer derselbe, mag die gewählte Form Genossenschaft sein oder Gesellschaft m. b. H.

b) Praktisch fühlbar wird dieser innere Widerspruch vor allem an der Art, wie das Gesetz den einzelnen an die Gesellschaft fesselt. Niemand verkennt, daß nach geltendem Recht der Gesellschafter, dem die Zugehörigkeit zum Kartell unbequem wird, einseitig das Verhältnis muß lösen können, wenn die Unbequemlichkeit zur Unerträglichkeit sich steigert; nur darüber kann Streit bestehen, was man als unerträglich anzuerkennen hat. Das ergibt sich aus § 723 BGB und ganz allgemein und zwingend aus §§ 138, 242 BGB. Nicht so bei der Gesellschaft m. b. H. Hier ist dem einzelnen die Aufkündigung schlechthin versagt. Die Klage auf Auflösung (§ 61) ist nur möglich, wenn die erforderliche Anzahl von Gesellschaftern sich zusammengefunden hat. Zudem hat die Klage nicht sofortige Auflösung zur Folge, führt vielmehr erst mit Beendigung des Prozesses zum Ziel. Das GmbH.-Gesetz konnte für die Fälle, die es im Auge hatte, so bestimmen, weil es dem einzelnen den Austritt durch Veräußerung des Geschäftsanteils gestattet. Aber damit ist dem Kartellmitglied nicht gedient, nicht nur weil die Veräußerung an die Genehmigung des Kartells geknüpft zu werden pflegt, sondern vor allem auch, weil gerade in seiner Lage er niemanden finden wird, der ihm den Geschäftsanteil mit seinen Lasten abnimmt. Jedenfalls ist das das Recht der Gesellschaft m. b. H., und dementsprechend hat denn auch das Reichsgericht beim Kartell in Form der Gesellschaft m. b. H. dem Gesellschafter die Kündigung versagt, RG 73, 429; 108, 20; in GmbHRundsch 1925, 415. In einem Falle, wo die eigentlichen Kartellverpflichtungen nicht im Statut, sondern in einem Nebenvertrag bedungen waren, hat RG 74, 33 die Kündigung dieses „Lieferungsvertrages" deshalb für ungültig erklärt, weil der Vertrag ein gesellschaftliches Verhältnis der Mitglieder untereinander nicht begründet habe, also aus diesem Grunde § 723 BGB nicht anwendbar sei. Die gleiche Auffassung findet Ausdruck in RG 79, 333. Hier wird der Anspruch der Gesellschaft m. b. H. auf verwirkte Vertragsstrafe beanstandet, weil das Strafgedinge nicht im Statut stand. Man versteht, daß der Nebenvertrag nicht die Mitglieder der Gesellschaft m. b. H. als solche verpflichtet, also namentlich nicht ohne weiteres neu eintretende Mitglieder, daß der Nebenvertrag nicht, wie das Statut, durch Mehrheitsbeschluß geändert werden kann, es sei denn anders vereinbart (§ 709 Abs 2 BGB) usw. Aber nicht zu ersehen ist, warum das Mitglied, das den Nebenvertrag mitgeschlossen hatte, nicht ohne weiteres auf die tatsächlich verwirkte Strafe haften soll. S. auch RG 73, 432. — Das hat in der Literatur fast einhelligen Widerspruch gefunden, dem man sich nur anschließen kann. Weniger einhellig ist man nach der positiven Seite und in Beziehung auf die Begründung. Verschiedene Konstruktionen sind unternommen, aber überzeugend ist keine. Es liegt das an der Methode. Man tritt mit einer fertigen Ansicht an die Sache heran und sucht nachträglich nach einer Stütze, die sie rechtfertigen könnte. Das kann zu nichts führen. Über die Tatsache ist nicht hinwegzukommen: man verkoppelt bei der Gründung einer solchen Gesellschaft m. b. H. Unvereinbares miteinander. Die Komplikation ist irrational. Daher können Raisonnements überhaupt nicht helfen. Man muß den Dingen ins Gesicht sehen, und dann gilt es, nicht einen Schluß ziehen, sondern einen Entschluß fassen. Soll die Form siegen oder die Sache, ist die Frage. Und da muß bei aller Achtung, welche die gesetzliche Form für sich in Anspruch nehmen kann, doch behauptet werden, daß hier angesichts der äußersten Umkehrung von Hauptsache, für welche die Form da ist, zur Nebensache und der Nebensache, die der Form nicht bedarf, zur Hauptsache, die Form vor der Sache zurücktreten muß. Sie kann nicht ohne weiteres und gänzlich außer acht bleiben. Im Rechtsverhältnis des Kartells zu Dritten, ferner auch bezüglich der Formen, in welchen sich der Geschäfts- und Rechtsverkehr der Gesellschafter untereinander und mit der Gesellschaft bewegt, herrscht die Form nach Maßgabe des Sondergesetzes. Aber wo immer ein materieller Streitpunkt im Verhältnis der Gesellschafter untereinander und zur Gesellschaft auftritt, muß dieser ohne Fesselung durch die Form aus Inhalt und Geist des Kartellvertrages nach den allgemeinen Rechtssätzen von der Gesellschaft und nach allgemeinen Rechtsgrundsätzen entschieden werden können.

c) Was die Kündigung angeht, so ist die Frage durch die VO gegen Mißbrauch wirtschaftlicher Machtstellungen vom 2. 11. 23 (RGBl I S. 1067; Kartellverordnung) auf einen neuen Boden gestellt, aber nicht gelöst. Auf die Einzelheiten ihrer Vorschriften soll hier nicht eingegangen werden (s. hierzu Isay-Tschierschky, Kartellverordnung). Mit Gesetzesbefehl eingreifend bestimmt sie, daß unter gewissen Voraussetzungen der „Kartellvertrag" von dem einzelnen Mitglied gekündigt, ferner daß er für nichtig erklärt werden kann. Dieses Gebiet ist der Zuständigkeit des ordentlichen Gerichtes entzogen und dem Kartellgericht zugewiesen. Nach diesseitiger Auffassung ist damit die Materie der Kündigung aus kartellrechtlichen Gründen erschöpfend geregelt; die Ausführungen Isays, Kartellverordnung § 8[3] dürften auf dasselbe hinauslaufen. A. A. KG in JW 1924, 437. Es kommt dabei nichts darauf an, in welche Gesellschaftsform das Kartell gekleidet ist. Es ist der richtige Standpunkt des Kartellgerichts, wenn es erklärt, daß seine Entscheidungen darüber nichts sagen, welchen Einfluß die Auflösung des Kartells oder die Lösung von ihm für den Bestand der Gesellschaft im übrigen hat. Das Gesetz reißt so den Vertrag, gleichviel wie einheitlich er gestaltet ist, auseinander. Der Standpunkt des RG.s, daß, wie der Gesellschaftsvertrag sich nicht kündigen lasse, so auch die Kartellgebundenheit nicht, ist dadurch überholt, und die Frage ist nicht mehr, kann das Kartell gelöst werden, sondern, welchen Einfluß hat die Lösung des Kartells auf die Gesellschaft, in deren Form es gekleidet war. Wird allgemein die Kartellgebundenheit für nichtig erklärt, dann trifft entsprechend die Gesellschaft m. b. H. das gleiche Schicksal. Nichts ist sicherer, als daß ohne jene diese nicht ins Leben gerufen worden wäre. Es handelt sich nicht, jedenfalls nicht notwendig, um ursprüngliche Nichtigkeit. Es ist möglich, daß die Voraussetzungen erst im Laufe der Zeit sich verwirklichen; aber auch im entgegengesetzten Fall dürfte nicht Nichtigkeit ex tunc vorliegen; erst mit dem Urteil des Kartellgerichts tritt sie in Wirkung. Daher kann denn auch nicht angenommen werden, daß die Gesellschaft m. b. H. in solchem Fall der in § 75 behandelten Nichtigkeit anheimfällt, vielmehr daß sie aufgelöst wird und aus diesem Grunde in Liquidation tritt; es ist durch die VO ein neuer Fall der Auflösung der Gesellschaft (§ 60) geschaffen. Praktisch läuft das auf dasselbe hinaus (s. Erl 1a zu § 77).

Wird durch die Kündigung das Kartell im ganzen betroffen, so hat die Gesellschaft m. b. H. keinen Zweck mehr; wird die Auflösung nicht beschlossen, dann kann nach § 61 auf Auflösung geklagt werden. — Scheidet dagegen durch die Kündigung nur der einzelne aus dem Kartellverhältnis aus, so ist es mit dem Zweck der Gesellschaft unvereinbar, daß er trotzdem in der Gesellschaft m. b. H. bleibt. Zudem hat er kein Interesse, jedenfalls kein rechtlich anzuerkennendes Interesse daran, daß er in der Gesellschaft bleibt, die Gesellschaft dagegen das dringendste daran, seiner gänzlich los zu werden. Die Form dieses Ausscheidens kann aber keine andere sein als die vom Gesetz gebotene der Einziehung, und zwar entgeltlicher; Isay, Kartellverordnung § 8[60, 63]. Es ist das ein vom positiven Gesetz und dessen notwendigen Konsequenzen geschaffener neuer Fall einer zulässigen Amortisation. Hachenburg § 3 Erl[11] lehnt das ab als eine Vergewaltigung des Gesetzes (§ 34), kann aber nicht umhin, an anderen Stellen selbst das Gesetz zu „vergewaltigen". Er lehrt, daß bei der Kartellgesellschaft die Veräußerung eines Geschäftsanteils auch dann nur mit Genehmigung der Gesellschaft erfolgen könne, wenn es im Statut nicht bestimmt sei, daß die Auflösungsklage nach § 61 jedem Mitglied zustehe, gleichviel wie gering seine Beteiligung ist. Läßt sich ersteres unter dem Gesichtspunkt der Auslegung des Vertrages bringen (s. unten unter g), so ist das bei dem letzteren jedenfalls in den sicher die Regel bildenden Fällen unmöglich, wo bei der Gründung der Gesellschaft niemand an den Fall gedacht hat. Wie hier jetzt RG 114, 213, wo auch entschieden ist, daß bereits von der Kündigung an die Kartellrechte und -verbindlichkeiten der Ausscheidenden ruhen. Wie hier ferner Scholz 606 f. S. auch Flechtheim in JW 1927, 123. Die von Lucas, KartRdsch 1927, 18 geltend gemachten Bedenken erscheinen nicht schwerwiegend genug. — Wie in diesen Fällen die Gesellschaft das Recht auf Einziehung des Geschäftsanteiles hat, so hat nach diesseitiger Auffassung der Gesellschafter den Anspruch darauf; kommt es, bevor die Einziehung vollendet ist, zur Auflösung des Kartells im ganzen, dann ist die Einziehung gegenstandslos geworden und muß unterbleiben, es sei denn, daß das Kartellverhältnis während der Liquidation fortgesetzt wird, RG in JW 1929, 1600.

d) Ähnlich wie bei der Kündigung liegt es, wenn der Gesellschafter berechtigt ist, seinen Beitritt wegen Irrtums, Täuschung usw. anzufechten. Als Mitglied einer Gesellschaft m. b. H. kann er das nicht, sobald die Gesellschaft in das Handelsregister eingetragen worden ist. Die Rechtsprechung hat diesen Satz geschaffen als Schutz der Gläubiger, nicht so sehr gegen die Gefahr der beschränkten Haftung, als vielmehr gegen die Gefahr, daß das Gesellschaftsvermögen durch Rückzahlungen an die Gesellschafter zerfließt, und diese Gefahr hat hier keine Bedeutung. Sie verschwindet vollständig, wenn die Mitglieder des Kartells zu Umlagen im Falle einer Unterbilanz verpflichtet sind (restlos gilt das allerdings nur, wenn man auf den Anspruch der Gesellschaft auf die Umlage § 19 Abs 2 entsprechend anwendet, wenn also die Gesellschaft ihren Gläubigern gegenüber verpflichtet ist, die Umlagen zu erheben). Man braucht nur den Blick hinter die Form auf die Sache zu richten, um zu erkennen, daß hier der Ausschluß von Anfechtung und Ersatzanspruch ganz unverständlich ist. Anders RG 88, 187; vgl. auch JW 1916, 937. Nach Feine 347 stünde bei Nebenleistungsgesellschaften der Anfechtung des Nebenverhältnisses nach allgemeinem Recht überhaupt nichts im Wege. So allgemein ist das nicht durchführbar. Wie soll man sich bei einer Aktienzuckerfabrik das Verhältnis zu dem Aktionär denken, der seine Rübenlieferungspflicht wirksam angefochten hat? Aber beim Kartell wird man den Schritt tun können, daß auf Grund der Anfechtung sowohl das Kartellverhältnis gelöst wird als auch durch Einziehung des Geschäftsanteils das Gesellschaftsverhältnis. Vgl. Langen in JW 1928, 1542, Friedländer das.

e) In noch anderer Gestalt tritt die gleiche Schwierigkeit auf, wenn ein Kartellmitglied in

Konkurs gerät. Ist das Kartell eine Gesellschaft bürgerlichen Rechts, so wird es aufgelöst oder wenigstens scheidet der Gemeinschuldner aus (§ 728 BGB; §§ 16, 25 KO). Der § 17 KO findet nicht Anwendung. Aber es steht nichts im Wege, daß im Einverständnis mit dem Kartell der Konkursverwalter für die Masse das Rechtsverhältnis aufrechterhält. Er wird es tun, wenn es für das Werk vorteilhaft ist, dem Kartell anzugehören, auch wenn er nicht in der Lage ist, den Betrieb fortzusetzen. Er kann das Werk vielleicht besser verwerten. Andernfalls wird das Werk kartellfrei. Ganz anders ist die Rechtslage, wenn es sich um eine Gesellschaft m. b. H. handelt und man die für diese geltenden Vorschriften anwendet. Nach § 25 KO findet weder § 16 noch § 17 KO Anwendung. Der Konkursverwalter kann den Geschäftsanteil nur durch Veräußerung verwerten, RG 70, 64; JW 1924, 68[14]. Auch das Werk kann er nur als kartelliertes veräußern, er kann nicht unternehmen, es zu tun, ohne dem Käufer die Bindungen des Kartells aufzuerlegen (s. unten), was eine mehr oder weniger erhebliche Wertverminderung bedeuten kann. Das ist konkursrechtlich unerträglich. Das Kartell, das auch ein Konkursgläubiger ist, gelangt so zu einer Art von Aussonderung. Es erleidet an seinen Rechten keinen Abbruch, und das geht auf Kosten der anderen Konkursgläubiger, woran allerdings RG 108, 20 keinen Anstoß nimmt. Auch hier darf das materielle Recht nicht durch die in ganz anderer Absicht gegebenen Vorschriften vergewaltigt werden, welche sich aus der Form der gewählten Gesellschaftsart ergeben. Die Kartellgebundenheit muß abbrechen. Die formale Lösung aus dem Gesellschaftsverband geschieht dann durch Amortisation. A. A. Hachenburg § 3[39], wonach auch bei der Nebenleistungsgesellschaft durch den Konkurs des Gesellschafters das Verhältnis nicht aufgelöst, vielmehr die Ansprüche der Gesellschaft auf die Nebenleistungen Konkursforderungen würden. Das ist undurchführbar. Im Fall RG 108, 20 z. B. (in dessen Bericht übrigens nichts von einer Statutenbestimmung über den Einfluß des Konkurses steht) wäre der Konkursverwalter in der Lage gewesen, den Teer frei zu verwerten und das Syndikat mit seinem Ersatzanspruch auf die Konkursdividende zu verweisen. Undeutlich, wenn nicht unrichtig auch Scholz 77; wenn § 17 KO überhaupt anwendbar ist und der Konkursverwalter die Leistungen nicht verweigert, dann ist der Anspruch auf sie nicht Konkurs-, sondern Masseforderung. Will man § 17 KO entsprechend anwenden (Hachenburg, § 63[15]), dann kann das nur vom Rechtsverhältnis im ganzen gelten. — Zur Frage, inwiefern der Konkurs eines Gesellschafters für einen anderen Gesellschafter Grund zur Auflösung des Kartells sein kann, RG 82, 292.

f) Sollen die Kartellverbindlichkeiten statutarisch festgelegt werden, so ist nicht erforderlich, daß das bis in das einzelne hinein genau geschieht. Eine gewisse Beweglichkeit, welche den Verhältnissen schnell zu folgen gestattet, ist oft unentbehrlich. Die genaue Bestimmung oder Abänderung kann den Geschäftsführern, der Verwaltung überlassen werden oder einem anderen Organe, dem Aufsichtsrate übertragen oder der Gesellschafterversammlung vorbehalten sein, welche mit einfacher Mehrheit beschließt, wenn nicht anders bestimmt ist. Aber eine bestimmte oder mit Sicherheit bestimmbare Grenze nach Art und Maß muß im Statut gezogen sein (RG 79, 336; s. aber auch RG 87, 265; JW 1916, 126 und Fußnoten von Hachenburg und Flechtheim das.; ferner RG 47, 148; RG in HoldheimsMSchr 23, 152). Die Überschreitung dieser Grenze setzt Statutenänderung voraus, die nur mit Zustimmung aller, welche von ihr betroffen werden, beschlossen werden kann, Hachenburg § 3[25]. S. auch § 53 Erl 4d.

g) Die Kartellverbindlichkeiten sind gesellschaftlicher Natur. Die allgemeinen Vorschriften des BGB über Schuldverhältnisse finden ergänzend Anwendung. Bestritten ist, ob das auch von den Bestimmungen über den gegenseitigen Vertrag (§§ 320 ff. BGB) anzunehmen ist. Von allem, was an diesen Vorschriften rein positiv ist, muß es verneint werden. Sie enthalten aber auch manches, was sich aus der Natur der Sache mit innerer Wahrheit ergibt. Insoweit ist entsprechende Anwendung ebenso unbedenklich wie überflüssig. — Ob das Kartellmitglied das Unternehmen, mit welchem es dem Verband angehört, betreiben muß oder stillegen kann, ob es ohne Vertragsverletzung es verpachten, veräußern kann, sind wieder Fragen des allgemeinen Kartellrechts, die nach Inhalt der getroffenen Vereinbarungen von Fall zu Fall zu entscheiden sind. Allgemein kann man sagen, daß der Veräußerer mangels anderweiter Vereinbarungen sich durch eine solche Veräußerung seiner Verbindlichkeiten nicht entschlagen kann (RG 89, 356). Aber er wird unter Umständen unvermögend, die Leistungen zu beschaffen, und seine Haftung läuft darauf hinaus, daß er für die Leistung des Erwerbers aufzukommen hat. Er erscheint daher verpflichtet, diesem die Verbindlichkeit aufzuerlegen, auch wenn das im Statut nicht bestimmt ist, und wenn es dort bestimmt ist, so ist im Zweifel anzunehmen, daß er von allen weiteren Verpflichtungen frei wird, wenn er das tut (RG 48, 314). Die Rechte und Pflichten aus dem Kartell haften nicht am Werk, sind rein persönlich (RG 70, 286). — Auch hier droht Zerreißung von Zusammengehörigem, wenn es sich um eine Gesellschaft m. b. H. handelt, insbesondere wenn die Kartellverbindlichkeiten in einem Nebenvertrage vereinbart sind. Daß ein Mitglied sich seiner Verbindlichkeiten nicht dadurch entledigen kann, daß es seinen Geschäftsanteil veräußert, sagt RG in HoldheimsMSchr 23, 104; RG 78, 286, während RG 108, 20 Statutenbestimmungen heranzieht, um es aus ihnen zu folgern. Aber hierfür ist nicht entscheidend, daß die Verbindlichkeiten in einem besonderen „Lieferungsvertrage" bestimmt waren. Auch wo ein einheitliches Statut aufgestellt ist, muß das nach dem oben Gesagten gelten, weil es eine materiellrechtliche Frage ist. Auch hier kann der Veräußerer des Geschäftsanteils nur in der Gestalt sich befreien, daß er zugleich das Werk veräußert und dem Erwerber die Verbindlichkeiten aus dem Kartell auferlegt (vgl. RG 48, 305; 70, 286). Zweifelhaft könnte die in obigem Urteile nicht zur Entscheidung gestellte Frage erscheinen, ob durch Veräußerung des Geschäftsanteils der Erwerber Mitglied der Gesellschaft m. b. H. wird, ohne dem Kartell anzugehören. Aber hier täuscht die gewählte Gesellschaftsform die Möglichkeit eines Rechtsgeschäftes vor, das in Wahrheit unausführbar ist. Die Mitgliedschaft an der Gesellschaft m. b. H. hat keinen Sinn ohne die Verbindlichkeiten und Rechte aus dem Kartellverhältnis. Die Übertragung des Geschäftsanteils ohne diese ist ein unvollendetes Rechtsgeschäft oder, wenn es als vollendetes gemeint ist, ein nichtiges. Die Verbundenheit der Kartellbeziehungen mit dem GmbH.-Verhältnis ist unzertrennlich. Nicht nur ist ein Auseinanderreißen ohne Vernichtung nicht möglich, sondern auch der verbundene Übergang ist ohne rechtsgeschäftliche Mitwirkung der Gesellschaft unausführbar. Treffend lehrt daher Hachenburg § 3 Erl[8], daß zur Übertragung des Geschäftsanteiles die Genehmigung der Gesellschaft auch dann erforderlich ist, wenn es im Statut nicht steht; nur ist das nicht aus präsumptivem Willen der Vertragschließenden zu folgern, sondern aus dem ganzen Sachverhalt, wie es auch nicht in dem Fall ohne weiteres gelten kann, daß der Geschäftsanteil zugleich mit dem kartellierten Werk veräußert wird. — Wie hier Flechtheim, Organisation der Kartelle S. 47 ff., s. auch S. 269. — Überträgt der Gesellschafter sein Geschäft auf einen Erwerber, der es unter der bisherigen Firma fortführt, so haftet der Erwerber für die Verbindlichkeiten nach § 25 HGB, RG 76, 8. Bezeichnend ist an dieser Entscheidung, daß sie auf das Kartell das Recht des Sondergesetzes anwendet, aber nicht ohne an ihm zu ändern. Daß der Veräußerer auch für die weitere Zeit die Kartellverbindlichkeiten schuldet, wird mit Recht unterstellt, hätte aber eines Wortes der Rechtfertigung bedurft. Denn nach § 16 gilt bei der Veräußerung des Geschäftsanteils das Gegenteil. Im allgemeinen gehen durch Übertragung des Geschäftsanteils für die Zukunft die nach § 3 Abs 2 übernommenen Verbindlichkeiten restlos auf den Erwerber über. — Geht ein dem Kartell angeschlossenes Werk mit einem kartellfreien Fusion ein, so kommt es darauf an, welches Werk (Persönlichkeit) das aufnehmende ist und bestehenbleibt. Ist es das angeschlossene, so ist es nicht anders, als wenn dieses seinen Betrieb erweitert. Andernfalls gehen die Rechte und Verbindlichkeiten aus dem Kartell so, wie sie zur Zeit der Fusion, nach den in diesem Moment obwaltenden Verhältnissen, sich gestalten, auf den Erwerber über (RG 89, 354; 108, 20). Zustimmend Friedländer, Konzernrecht 99; nach Flechtheim JW 1917, 469 müßte die aufnehmende Gesellschaft mit sämtlichen Werken in das Kartell eingehen, doch kann F. das nicht ausnahmslos durchführen und immer fragt sich auch, ob das Kartell und unter welchen Bedingungen es damit einverstanden ist; nach Kipp, JW 1926, 1809 wäre der vom RG gebilligte Zustand nur so lange gerechtfertigt, wie die in § 306 II HGB vorgeschriebene Trennung der Vermögensverwaltung aufrechterhalten bleibt, was noch weniger einleuchtet. Wie Flechtheim Blum, ZBH II 326, ebenfalls ohne zu fragen, was denn das Kartell dazu sagt, und obendrein behauptend, daß das aufnehmende Werk aus der von ihm beliebten Fusion das Recht herleiten könne, aus wichtigem Grunde nun auch mit dem aufgenommenen Werk auszuscheiden. — Da der Kartellgesellschaft nicht zugemutet werden kann, daß ein Mitglied zugleich Außenseiter ist, muß angenommen werden, daß der Erwerber, solange der Zustand dauert, die allgemeinen Mitgliedsrechte nicht ausüben kann. — Die Rechtsstellung des einzelnen Gesellschafters in Beziehung auf die Kartellrechte und Verbindlichkeiten hat im Zweifel nicht die Natur des Sonderrechts. Im allgemeinen unterwirft sich auch in dieser Beziehung innerhalb der durch das Statut gezogenen Grenzen der Gesellschafter den Mehrheitsbeschlüssen der Gesellschaft. Nur darf die Mehrheit ihre Macht nicht in einer gegen die guten Sitten verstoßenden Weise mißbrauchen (RG 70, 166; 87, 262). — Zur Frage, ob die von der Gesellschaft m. b. H. als Verkaufsstelle aufgegebenen Lieferungen der Mitglieder einen steuerpflichtigen Umsatz vom Mitgliede zur Gesellschaft darstellen, RFH 9, 146; ferner RFH 3, 231; 5, 326 darüber, ob steuerrechtlich die Verkaufsstelle selbständiger Gewerbetreibender oder Angestellter ist.

9. Weitere Bestimmungen, von denen das gleiche gilt, s. §§ 5 Abs 4, 15 Abs 5, 17 Abs 3, 26 Abs 1—3, 27 Abs 4, 28 Abs 2, 29 Abs 1, 2, 34 Abs 1, 2, 38 Abs 2, 46—51, 52 Abs 2, 53 Abs 2, 61 Abs 1, 2, 72.

§ 4

Die Firma[1]) der Gesellschaft muß entweder[2]) von dem Gegenstande des Unternehmens[3]) entlehnt sein, oder die Namen der Gesellschafter oder den Namen wenigstens eines derselben mit einem das Vorhandensein eines Gesellschaftsverhältnisses andeutenden Zusatze[2]) enthalten. Die Namen anderer Personen als der Gesellschafter

dürfen in die Firma nicht aufgenommen werden[4]). Die Beibehaltung der Firma eines auf die Gesellschaft übergegangenen Geschäfts (Handelsgesetzbuch § 22) wird hierdurch nicht ausgeschlossen[5])[6]).

Die Firma der Gesellschaft muß in allen Fällen die zusätzliche Bezeichnung „mit beschränkter Haftung“ enthalten[7]).

Österr. Gesetz § 5.

1. a) Die Gesellschaft m. b. H. hat Kaufmannseigenschaft (§ 13 Abs 3, HGB § 6) und muß eine Firma führen, die der Gesellschaftsvertrag zu bestimmen hat. Auf sie finden §§ 17 ff HGB Anwendung. Besonderes für die Gesellschaft m. b. H. bestimmt § 4. — Die Firma der Gesellschaft m. b. H. ist notwendig zugleich ihr Name. Ist eine dem Gesetz widersprechende Firma angenommen worden, so ist der Gesellschaftsvertrag und also auch die Gesellschaft nichtig (§ 75), woran auch dadurch nichts geändert wird, daß die Gesellschaft in das Handelsregister eingetragen worden ist. Es kann dann die Löschung der Gesellschaft auch von Amts wegen erfolgen (§ 144 FGG). Jedoch soll davon nur Gebrauch gemacht werden, wenn wichtiger Grund dazu vorliegt (OLG 25, 411). Wegen unlauteren Wettbewerbes, der in dem Gebrauche der Firma liegt, kann auf Unterlassung des Gebrauchs, aber nicht auf Löschung der Firma (und also der Gesellschaft) geklagt werden (OLG 27, 314). — Der Grundbuchrichter kann, auch wenn die Eintragung der unzulässigen Firma unbeanstandet besteht, ablehnen, für die Gesellschaft Rechte in das Grundbuch einzutragen. So wenigstens ZBlFG 3, 629. — Die Gesellschaft m. b. H. kann immer nur eine Firma haben (RG 85, 397), auch wenn sie mehrere Niederlassungen besitzt. Eine von diesen muß dann zur Hauptniederlassung bestimmt werden (KGJ 14, 34; OLG 27, 395; RJA 11, 22). Für die Zweigniederlassungen können Zusätze angebracht werden, immer aber nur solche, welche die Zweigniederlassung als solche kennzeichnen (KGJ 12, 30: Mitteldeutsche Kreditbank, Filiale Meiningen; KGJ 40, 64 und die dortigen Zitate; s. aber auch RG 62, 8). Erwirbt die Gesellschaft ein auswärtiges Geschäft, um es (als Zweigniederlassung) fortzuführen, so kann das nicht unter dessen bisheriger Firma geschehen, wohl aber kann zusätzlich diese Firma beibehalten werden, RG 113, 213.

b) Die Gesellschaft m. b. H. kann weder ihr gesamtes Unternehmen noch abgetrennte Teile desselben unter fremdem Namen führen. Sie kann wohl ein bestehendes Geschäft erwerben und unter der bisherigen Firma — mit dem Zusatz Gesellschaft m. b. H. — fortführen, muß dann aber diese Firma überhaupt annehmen (OLG 27, 395). Sie kann sich mit einer Einlage als stiller Gesellschafter an einem fremden Unternehmen beteiligen, wie auch Dritte an ihrem Unternehmen sich in gleicher Weise beteiligen können (JW 1921, 914). Sie kann Aktien und fremde Geschäftsanteile erwerben. Sie kann aber richtiger Ansicht nach mit Dritten weder eine offene Handelsgesellschaft noch eine Kommanditgesellschaft eingehen. Das scheitert schon daran, daß sie damit unter einer ihr nicht zukommenden Firma auftritt. Anders die herrschende Lehre und RG 105, 102.

c) Die Firma kann auch fremdsprachig sein, mit Ausnahme des Zusatzes: Gesellschaft m. b. H. Vgl. KGJ 8, 23.

d) Jede Änderung der Firma bedeutet eine Änderung des Gesellschaftsvertrages (RJA 12, 37).

2. Gesetzlich notwendige Bestandteile der Firma sind der eigentliche Name der Gesellschaft, der Hauptbestandteil, und der Zusatz: mit beschränkter Haftung. Daneben gilt § 18 Abs 2² HGB: Zusätze, die zur Unterscheidung der Person oder des Geschäfts dienen, sind gestattet. Der Hauptbestandteil kann aus Personennamen oder in einer Sachbezeichnung bestehen. Es kann aber auch beides vereint sein (RJA 7, 35). — Für die Namenfirma dürfen in der Regel (Ausnahmen s. unten Erl 4) nur die Namen der Gesellschafter gewählt werden; und werden nicht die Namen aller Gesellschafter in die Firma aufgenommen, so muß das durch einen Zusatz (Co.) gekennzeichnet werden (RJA 7, 35). Es darf also der Zusatz & Co. auch dann nicht fehlen, wenn von drei Gesellschaftern in der Firma zwei genannt sind, JFG 1, 197. Vornamen sind nicht erforderlich (im Gegensatz zu § 18 Abs 1 HGB), auch braucht nicht erkennbar zu sein, ob der Name einen Mann oder eine Frau bezeichnet (KGJ 39, 115). — Die Firma kann von dem Mädchennamen einer Gesellschafterin auch dann genommen werden, wenn diese zur Zeit der Anmeldung durch Verheiratung den Namen gewechselt hat, JW 1924, 1120. — Aus der Aufnahme des Namens eines Gesellschafters in die Firma erwächst für diesen nicht ohne weiteres ein Sonderrecht (RJA 12, 37), und anderseits muß die Firma nicht geändert werden, wenn sein Geschäftsanteil in andere Hände übergeht (vgl. § 24 Abs. 2 HGB, der hier nicht anwendbar ist) — Offenbar hat das Gesetz nur die Namen natürlicher Personen im Auge: eine Aktiengesellschaft usw., welche sich an der Gründung einer Gesellschaft m. b. H. beteiligt, kann ihre Firma nicht auf die Gesellschaft übertragen, es sei denn, daß sie selbst in der neuen Gesellschaft aufgeht. Im anderen Falle würde sie entweder ihre Firma weiterführen, was wegen der Gefahr der Verwechslung nicht anginge, oder eine andere Firma annehmen, wo es dann nicht mehr der Name

des Gesellschafters wäre, der die Firma der Gesellschaft bildet. Es kann aber eine Zweigniederlassung eines Kaufmanns ganz in eine Gesellschaft m. b. H. eingehen, und dann kann die Firma beibehalten werden. Das beruht aber nicht auf § 4, sondern auf § 22 HGB (DJZ 7, 202, anders KGJ 26, 215; RJA 10, 20). — Nach RG in MarkschWettbew 8, 295 ist es nicht zu beanstanden, daß der Träger eines bekannten Namens nur zu dem Zwecke einer Gesellschaft m. b. H. beitritt, ihr die Verwendung seines Namens für die Firma zu ermöglichen.

3. Die **Sachfirma** muß von dem Gegenstand des Unternehmens entlehnt sein (der Entwurf hatte nur diese Form einer Firma zulassen wollen). Sie muß den Gegenstand des Unternehmens erkennen lassen nicht mit der Genauigkeit, mit welcher er im Gesellschaftsvertrage bestimmt worden ist, namentlich auch nicht in vollem Umfange, aber doch verständlich und auch nicht zu allgemein. Abschwächend KG in JW 1925, 639, wonach die Entlehnung auch dann genügt, wenn sie den Gegenstand nicht erkennen läßt, und gegen die Einwendungen Hachenburgs das. 802 wiederum JW 1927, 130 (zustimmend Feine 83); es ist nicht erfindlich, welchen Zweck dann noch das Gebot der Entlehnung hätte. „Aeriola" (Herstellung von elektrischen Apparaten) ist ein reiner Phantasiename. Für Handel mit Lebensmitteln, Molkereiprodukten, Spirituosen ist die Firma „Hollandhandel" unzulässig, GmbHRundsch 27, 131. S. auch das. 25, 274. „Normalzeit" für ein Uhrengeschäft entspricht dem Gesetze (RG 78, 265), ebenso „Kosmopharm" (kosmetische und pharmazeutische Erzeugnisse), GmbHRundsch 27, 109. Dagegen dürfte „Handelsgesellschaft" zu beanstanden sein (anders RJA 8, 114; vgl. auch RG 62, 96), nicht nur, weil damit der Gegenstand zu allgemein bezeichnet wird, sondern auch, weil die Firma ein Name sein soll und der Ausdruck nicht genügend individualisiert. Jedenfalls sollte auf einen kennzeichnenden Zusatz: Berliner Handelsgesellschaft, Vogtländische Maschinenfabrik u. ä. bestanden werden. JR 25, 314; KGBl 24, 62; OLG 43, 278; anders das. 279; vgl. auch JFG 2, 249; ZBlfG 3, 629. Ebenso liegt es mit Bezeichnungen wie Wäscherei, Gasthaus. „Schuhhaus, das muß man sehen" ist keine Firma, kein Name, ist aber von RJA 11, 193 nicht beanstandet worden. Zu fernliegend ist die Bezeichnung „Haus Nazareth" für ein Erholungsheim (ZBlfG 3, 629), „Heimdal" für ein Verlags- und Druckereigeschäft (SeuffA 56, 8). Phantasienamen sind als Sachfirmen nur ausreichend, wenn die darin liegende Kennzeichnung allgemein verstanden wird (Recht 06, 1849) oder wenn aus der Firma die Beziehung hervorgeht (KGJ 19, 15). Anderseits kann in dem individualisierenden Zusatz etwas Unlauteres liegen und zur Beanstandung führen (KGJ 52, 94). Eine an und für sich nicht zu beanstandende Sachfirma darf nicht geführt werden, wenn darin unlauterer Wettbewerb liegt (RG in LZ 1914, 933[25]; vgl. RG 75, 370; 77, 27; 78, 265). — Der Gesellschaft ist unbenommen, ihre Firma so zu führen, daß sie ihr die Personennamen der Gesellschafter beifügt (KGJ 49, 105; bedenklich). — Daß die Sachfirma geändert werden müßte, wenn der Gegenstand des Unternehmens geändert wird, ist nirgends vorgeschrieben. Die Führung der Firma kann aber beanstandet werden, wenn darin eine Täuschung des Publikums liegt.

4. **Fremde Namen** dürfen in die Firma nicht aufgenommen werden. Das gilt von beiden Formen, Namen- und Sachfirma. „Abwässerungsvereinigung System D." ist unzulässig, wenn D. der Gesellschaft nicht angehört (OLG 19, 379). Das gilt auch dann, wenn eine Täuschung des Publikums ausgeschlossen ist (KGJ 35, 167 — Berlitz School). Aber nach § 18 Abs 2 S. 2 HGB sind zum Zwecke der Individualisierung Zusätze gestattet, und als solche können auch historisch gewordene Namen oder Namen, welche eine symbolische Sachbedeutung haben, aufgenommen werden (KGJ 35, 167). — Die individualisierenden Zusätze sind zulässig, auch wenn sie zur Kennzeichnung nicht erforderlich sind. Sie brauchen auch nicht dem Gegenstande des Unternehmens entnommen zu sein. Nur darf der Zusatz nicht danach angetan sein, das Publikum zu täuschen (§ 18 Abs 2 HGB) oder gegen die guten Sitten verstoßen (vgl. Anm. 6).

5. Die Durchführung der besonderen Bestimmungen des § 4 erfährt dadurch eine Schranke, daß die Gesellschaft eine schon bestehende Firma annehmen kann, wenn sie — sei es bei Gründung, sei es später unter Statutenänderung — ein **bestehendes Geschäft mit dessen Firma** übernimmt, und zwar das ganze Geschäft (oder eine Zweigniederlassung als Ganzes), nicht nur einen Teil von ihm (JW 04, 101). In solchem Falle erlischt nicht die bisherige Firma, sondern geht auf die Gesellschaft m. b. H. über. Im Handelsregister ist sie von Amts wegen in der Abt. A (für Personenfirmen) zu löschen und in der Abt. B (für korporative Handelsgesellschaften) einzutragen, KGG 44, 149; OLG 9, 246. Einer Bekanntmachung dessen bedarf es nicht (KGJ 44, 382). Die Firma ist nur insofern zu ändern, als sie hinfort den Zusatz tragen muß: mit beschränkter Haftung oder wenn ein Gesellschaftsverhältnis in ihr nicht zum Ausdruck kommt: **Gesellschaft m. b. H.** Dadurch wird aber die Firma nicht zu einer anderen als der bisherigen im Sinne des § 25 HGB. Die Gesellschaft haftet für alle im Betrieb des Geschäftes begründeten Verbindlichkeiten des früheren Inhabers nach Maßgabe des § 25 zit. (DJZ 7, 202; RG in LZ 1913, 846[1]; KGJ 44, 149; BauersZ 23, 64; anders das. 08, 138). Werden nur einzelne bestimmte Verbindlichkeiten von der Übernahme ausgeschlossen, so müssen diese speziell bezeichnet und entweder unmittelbar oder durch Verweisung in das Handelsregister eingetragen sowie öffentlich bekanntgemacht werden (RG in HoldheimsMSchr 11, 73). — Übernimmt eine bestehende Gesellschaft m. b. H. ein Geschäft mit Firma, so kann sie auch beide Firmen kombinieren (RG in LZ 1912, 316; anders OLG 19, 297; vgl. auch RJA 15, 136, 218; Brodmann in JW 29, 3364). Dagegen kann sie nicht neben ihrer bisherigen die neue Firma führen (OLG 27, 395). — Persönliche Titel des bisherigen Geschäftsinhabers (Hoflieferant) dürfen nicht mit übernommen werden (KGJ 23, 208).

6. a) Die Schranken, welche durch Namen- und Firmenrecht Dritter sowie durch das Verbot unlauteren Wettbewerbs gezogen sind, gelten auch hier, also insbesondere auch §§ 18 Abs 2, 30, 37 HGB. — Die Bezeichnung als Treuhandgesellschaft, Bergwerksgesellschaft, Bank, Landbank sind nach KGJ 42, 155; OLG 24 S. 112, 113 nicht zu beanstanden, auch wenn das Stammkapital nur ganz gering ist; auch nicht die Firma „Internationale Patent- und Handelsgesellschaft“, wenn Ankauf und Ausnutzung von Patenten des In- und Auslandes Gegenstand des Unternehmens ist (RG in HoldheimsMSchr 24, 54). „Haus der Stoffe“ setzt ein wohlgeordnetes Lager und erheblichen Umsatz voraus, OLG 44, 223. Die Bezeichnung Werk deutet auf einen Großbetrieb hin und ist zu beanstanden, wenn die Gesellschaft das Stammkapital von zwei Millionen auf eine halbe herabsetzt. BauersZ 19, 230; KGJ 41, 140. Vgl. auch KG in JW 1923, 998[1] (Werke); ferner OLG 12, 406 (Westdeutsche Eisenindustrie); 27, 314 (Margarinefabriken); Recht 1920, 3481 (Elektro-Industrie Gesellschaft m. b. H. für eine Gesellschaft, die nicht selbst fabriziert). Der Zusatz „Vereinigte“ ist auch in kleinen Verhältnissen nicht zu beanstanden, wenn tatsächlich mehrere Werke vereinigt worden sind, KG in GmbHRundsch 27, 485. Die Bezeichnung Treuhandgesellschaft macht überhaupt den Vertrag nichtig, wenn neben Treuhandgeschäften noch andere Geschäfte Gegenstand der Gesellschaft sind (nicht wenn solche tatsächlich unternommen werden, KG in GmbHRundsch 27, 546). — Darauf, ob die Firma sich von anderen bestehenden Firmen genügend unterscheidet, hat sich die Prüfung des Registerrichters nicht zu erstrecken (Recht 09, 1395). — Ist die Firma zur Eintragung gelangt, so kann sie nicht aus Gründen der hier in Rede stehenden Art von Amts wegen gelöscht werden (KGJ 41, 114; OLG 27, 314). Anders OLG 19, 381, wonach die Löschung der eingetragenen Firma nach § 142 FGG zulässig ist, wenn ein klarer Verstoß gegen § 18 Abs 2 HGB vorliegt. Dagegen kann bei einem Verstoß gegen § 30 HGB nach § 37 Abs 1 das. verfahren werden. — Die Firma kann nicht aus dem Grund beanstandet werden, daß sie auf ein größeres Stammkapital schließen läßt, JW 1924, 1178. — Die Aufnahme des Namens eines Gesellschafters in die Firma kann unzulässig sein, wenn dadurch Verwechslungsgefahr entsteht, RG in MuW 26, 45. — Nach Recht 1920, 3481 kann die Firma auch von Amts wegen gelöscht werden, wenn sie geeignet ist, das Publikum zu täuschen. — Auf Grund § 8 UnlWG kann der Gebrauch der Firma der Gesellschaft ganz allgemein untersagt werden (RG 63, 138). Ist das geschehen, so ist die Firma zu löschen.

b) Ob der Zusatz mit beschränkter Haftung oder Gesellschaft m. b. H. allein die erforderliche Unterscheidungskraft besitzt, ist bestritten. Die Bejahung der Frage stünde schon mit dem allgemein anerkannten Rechtszustand in Widerspruch, daß die Firma im Sinne des § 25 HGB durch den Zusatz nicht zu einer anderen wird. Es muß aber noch mehr aus allgemeinen Gesichtspunkten wegen der dringenden Verwechslungsgefahr die Frage entschieden verneint werden (DJZ 7, 212). Etwas anders liegt die Frage, wenn es sich nicht nur um einen Zusatz, sondern um den Ersatz der Bezeichnung Aktiengesellschaft durch Gesellschaft m. b. H. handelt. Aber auch so verbleibt es bei dringender Verwechslungsgefahr. Anders KGJ 26, 215; 51, 116; RJA 10, 20; 15, 292. Dagegen ist der Zusatz geeignet, andere Abänderungen der Firma in der Unterscheidungskraft zu ergänzen (Recht 09, 1395). So etwa, wenn zugleich der Vorname in der bisherigen Firma gestrichen wird. Nach RG in HoldheimsMSchr 24, 123 sind die Firmen Gebr. S., Holzwarenfabrik zu A., und Holzwarenfabrik A., vorm. Gebr. S., Gesellschaft m. b. H. identisch (im Sinne des § 25 HGB).

c) Die Gesellschaft m. b. H. kann sich ihrer Firma ebensowenig entäußern wie der Mensch seines Namens. Soll (im Konkurs, in der Liquidation) ihr Unternehmen mit der Firma veräußert werden, so muß sie gleichzeitig durch Statutenänderung einen anderen Namen annehmen, wobei aber die herrschende Lehre mit ihrer Auffassung in Konflikt gerät, daß im Liquidationszustand der Gesellschaftsvertrag nicht geändert werden könne (s. hierzu RG 85, 397; Erl 5e zu § 60; Erl 1, 2 zu § 69). OLG Stuttgart (BauersZ 24, 179) hält es für zulässig, daß die Gesellschaft m. b. H. ihr Unternehmen mit der Firma (unter Fortfall des Zusatzes m. b. H.) verpachtet, was aber nicht der Geschäftsführer, sondern nur die Gesellschafter (richtiger wohl jener nur mit Zustimmung dieser) tun könnten; gleichzeitig müsse dann aber die Gesellschaft eine andere Firma annehmen. S. HGB § 22 Abs 2; OLG 10, 228; 14, 370; 27, 300; 41, 193; Becker in GmbHRundsch 27, 712.

7. Der notwendige Zusatz lautet: mit beschränkter Haftung. So bestimmt das Gesetz und hat dabei den Regelfall im Auge, daß aus der Firma ersichtlich ist, daß es sich um eine Gesellschaft handelt. Wenn das (bei einer abgeleiteten Firma) nicht der Fall ist, muß es doch wohl Gesellschaft mit beschränkter Haftung lauten, um verständlich zu sein. „Emil Müller mit beschränkter Haftung" oder „Ewige Schürze mit beschränkter Haftung" geht doch wohl nicht an. A. A. Hachenburg § 4[5], Feine 85. Im Gesellschaftsvertrag, im Antrag auf Eintragung der Gesellschaft in das Handelsregister, in der Eintragung und Bekanntmachung müssen die Worte ausgeschrieben werden. Im Verkehr genügt die Abkürzung m. b. H. (RJA 9, 232; 10, 184; OLG 19, 366; 21, 372; KGJ 39, 302; BauersZ 18 228 [Firmenschild]). A. A. Hachenburg § 4[6]; Liebmann § 4[7]. Sie ist jedenfalls ganz allgemein üblich. Auch eine Wechselunterschrift verträgt die Abkürzung (DJZ 09, 1212; anders OLG 19, 366). Verständigerweise hat das österreichische Gesetz bestimmt, daß nur das Wort Gesellschaft nicht abgekürzt werden darf. — Der Zusatz kann in Klammern gesetzt werden (KGJ 19, 15). Er braucht auch nicht am Schlusse zu stehen (HoldheimsMSchr 7, 60; RJA 16, 82).

§ 5

Das Stammkapital[1]) der Gesellschaft muß mindestens zwanzigtausend Reichsmark, die Stammeinlage[2]) jedes Gesellschafters muß mindestens fünfhundert Reichsmark betragen.

Kein Gesellschafter kann bei Errichtung der Gesellschaft mehrere Stammeinlagen übernehmen.

Der Betrag der Stammeinlage kann für die einzelnen Gesellschafter verschieden bestimmt werden[3]). Er muß in Reichsmark durch hundert teilbar sein. Der Gesamtbetrag der Stammeinlagen muß mit dem Stammkapital übereinstimmen.

Sollen von Gesellschaftern Einlagen, welche nicht in Geld zu leisten sind[4]), auf das Stammkapital gemacht[5]) oder soll die Vergütung für Vermögensgegenstände, welche die Gesellschaft übernimmt, auf Stammeinlagen angerechnet werden[6]), so muß die Person des Gesellschafters, der Gegenstand der Einlage oder Übernahme sowie der Geldwert, für welchen die Einlage angenommen wird, oder die für die übernommenen Gegenstände zu gewährende Vergütung im Gesellschaftsvertrage festgesetzt werden[7])[8]).

Österr. Gesetz § 6.

1. a) Das Stammkapital ist das Vermögen der Gesellschaft, welches durch die einmaligen Beiträge der Gesellschafter, ihre Stammeinlage, zusammengebracht wird. Diese Beiträge können in Geld oder in anderen Gegenständen bestehen, in Sacheinlagen, müssen aber auch in letzterem Falle zugleich in einem Geldwert ausgedrückt werden. Der Betrag muß abgerundet — durch 100 teilbar — sein. Geht der Wert einer Sacheinlage in eine solche Summe nicht auf, so muß nach oben oder unten abgerundet werden, und — sofern man auf genauer Rechnung besteht — muß entweder die Gesellschaft, was unbedenklich ist, den Abstrich heraus- oder der Gesellschafter den Überschuß zuzahlen. — Die Summe aller Einlagen macht den Betrag des Stammkapitals aus, das folgeweise ebenfalls eine durch 100 teilbare Summe ist.

b) In der Inflationszeit haben diese Zahlen gewechselt. Nach dem Ges v. 24. 12. 22 mußte die Stammeinlage mindestens 10 000 M., das Stammkapital mindestens 500 000 M. betragen. Das Gesetz ist am 31. Januar 1923 in Kraft getreten. Es folgte die VO über Goldbilanzen, nach welcher nach Umstellung der Bilanz das Stammkapital mindestens 500 Goldmark, die einzelne Stammeinlage mindestens 50 Goldmark betragen muß. Unter bestimmten Voraussetzungen brauchte für die Stammeinlagen diese Grenze nicht innegehalten zu werden, so daß Geschäftsanteile von 1 M. (und weniger) bis 10 oder einem mehrfachen von 10 M., nicht aber solche zwischen 10, 20, 30 M. usw. vorkommen können. Vgl. die Zusammenstellung Beckers in ZBH II, 15. Durch das Ges v. 28. 6. 26 (RGBl I, 315) sind die ursprünglichen Zahlen wieder eingestellt (20 000 und 500 Reichsmark). Art II Abs 2 des Gesetzes bestimmt:

„Auf Gesellschaften, die vor dem Inkrafttreten dieses Gesetzes (1. Juli 1926) eingetragen oder zur Eintragung in das Handelsregister angemeldet sind, finden die bisherigen Vorschriften Anwendung, sofern vor diesem Zeitpunkt die Voraussetzungen erfüllt sind, an deren Nachweis die bisherigen Vorschriften die Eintragung knüpfen. Ändert jedoch die Gesellschaft ihre Verhältnisse wesentlich, nimmt sie insbesondere eine wesentliche Änderung des Gegenstandes des Unternehmens, ihrer Verfassung, der Zusammensetzung ihrer Organe oder der Art ihres Geschäftsbetriebes vor, so sind diese Veränderungen nur dann einzutragen, wenn die Vorschriften des Art I dieses Gesetzes erfüllt sind oder gleichzeitig erfüllt werden." (Vgl. hierzu Hachenburg I, 523 ff., wegen der entsprechenden Erhöhung des Geschäftsanteils insbes. das. S. 527 Erl 8; Schmidt in JW 26, 2047; Krakenberger GmbHRundsch 26, 722; ferner Becker in ZBH III, 2; KG in GmbHRundsch 27, 185, 485; 28, 177, 413; JW 27, 2433.)

c) Die Gesellschafter oder einzelne von ihnen können außer der Übernahme einer Stammeinlage noch andere Verpflichtungen gegen die Gesellschaft eingehen (§ 3 Abs 2), es kann auch bei Gelegenheit einer Erhöhung des Stammkapitals (§ 55) vereinbart werden, daß auf die neuen Geschäftsanteile mehr einzuzahlen ist, als ihr Nennbetrag, die Stammeinlage, beträgt. Aber bei der Gründung der Gesellschaft kann ein Agio auf die Geschäftsanteile nicht bedungen werden (str.; a. A. RG Urt. v. 9. 12. 19 VII 315/19; s. Erl 7 d zu § 3).

2. a) Der Geschäftsanteil des einzelnen Gesellschafters ist nach Absicht des Gesetzes ein einheitliches Ganzes, ein und dieselbe unveränderliche Quote am Gesamtvermögen der Gesellschaft. Daher denn auch die Stammeinlage, aus so verschiedenem sie auch bestehen mag, immer nur eine ist, und wenn ein Gesellschafter vermöge der Veräußerlichkeit und Vererblichkeit der Geschäftsanteile einen weiteren Geschäftsanteil hinzuerwirbt, findet nicht Akkreszenz statt. Die Geschäftsanteile verharren vielmehr in ihrer gegenseitigen Selbständigkeit. Es soll damit das individuelle Moment der Beteiligung verstärkt, dem Handel mit Geschäftsanteilen vorgebeugt und der Haftung für die Einzahlungen auf Stammeinlage sowie der subsidiären Haftung für die Stammeinlagen der Mitgesellschafter eine klare Grundlage geschaffen werden und erhalten bleiben (RG 82, 119). — Daher kann auch die Übernahme einer Stammeinlage nur entweder im ganzen Umfange nichtig sein oder gar nicht (RG 86, 211). Die Einheitlichkeit der Stammeinlage ergibt sich aus dem Gesetz und braucht, wenn ein Gesellschafter Geld und Sachen oder eine Mehrzahl von Sachen einbringt, im Gesellschaftsvertrag nicht ausdrücklich bedungen zu sein. Nur darf nicht geradezu das Gegenteil gesagt sein. Nach RG 83, 263 soll es nichts ausmachen, wenn ein Gesellschafter sich mit einer Einlage beteiligt, welche als in Anteile von je 500 M. zerlegt bezeichnet wird; erfahrungsgemäß werde von einer solchen Zerlegung der Stammeinlagen häufig Gebrauch gemacht, ohne daß damit eine Mehrheit von Stammeinlagen gebildet werden soll. Vgl. auch RG 47, 181, wo, nach dem Bericht zu schließen, der Beklagte 200 Stammeinlagen zu je 600 M. übernommen hatte (s. dazu KGJ 35, 175). — Über Zerlegung eines bestehenden Geschäftsanteils s. § 17.

b) Wie ein Gesellschafter nicht mehrere Stammeinlagen, so können umgekehrt auch nicht mehrere Gesellschafter gemeinschaftlich ein und dieselbe Stammeinlage übernehmen. In der Regel, und jedenfalls bei Errichtung der Gesellschaft (anders § 18), kann der Gesellschaft gegenüber immer nur eine einzelne — juristische oder physische — Person als Gesellschafter auftreten (RJA 2, 130; 8, 127); a. A. Hachenburg § 2[27], Feine 69, letzterer insofern konsequenter, als er überhaupt der bürgerlichen Gesellschaft das Recht zuspricht, als solche sich bei der Gründung der Gesellschaft zu beteiligen, ebenso Becker in GmbHRundsch 27, 662, der mit Unrecht behauptet, die herrschende Lehre könne sich nur auf den Wortlaut des Gesetzes (§ 3 Abs I Ziff 4) berufen; was sie behauptet, ergibt sich aus dem Wesen des Gesellschaftsvertrages; es gilt von der Gesellschaft m. b. H. in dieser Beziehung nichts anderes als von der A.-Gesellschaft, s. Brodmann A.-R. § 182 Erl 3 d, wie schließlich auch von der bürgerlichen Gesellschaft (Schachtelung kennt man bisher nur bei der korporativen Gesellschaft). Auch mehrere Miterben können sich nicht gemeinschaftlich mit einer Stammeinlage beteiligen (Recht 1920, 1387). Eine Ausnahme machen nur gewisse Gesamthandverhältnisse mit Vermögen, deren Selbständigkeit rechtlich anerkannt ist, eheliche Gütergemeinschaft, offene Handelsgesellschaft usw. Allgemein anerkannt wird, daß neben der offenen Handelsgesellschaft der einzelne Gesellschafter einen Stammanteil übernehmen kann. Ebenso wird dann auch bei Gütergemeinschaft neben dem Ehemanne die Ehefrau für Rechnung ihres Vorbehaltsguts sich selbständig beteiligen können. Im übrigen aber können nicht mehrere gemeinschaftlich, es kann nicht eine Gesellschaft nach bürgerlichem Recht, ein Verein eine Stammeinlage übernehmen (KGJ 22, 22; RJA 8, 127). Das kann nur in der Form geschehen, daß der eine Gesellschafter die anderen an seinem Geschäftsanteil unterbeteiligt oder daß jemand sich in eigenem Namen aber für gemeinsame Rechnung Dritter an der Errichtung einer Gesellschaft m. b. H. beteiligt. — Dagegen kann ein bestehender Geschäftsanteil — namentlich durch Vererbung — auf mehrere zu gemeinschaftlichem Recht übergehen (§ 18). — Soll vor Eintragung der Gesellschaft in das Handelsregister das Stammkapital erhöht werden, so liegt darin eine Ergänzung der Gründung, die nur mit Zustimmung aller Gesellschafter vereinbart werden kann; übernehmen dabei Gesellschafter weitere Stammeinlage, so muß diese mit der ursprünglichen zu einem einheitlichen Geschäftsanteil zusammengefaßt werden (LZ 1918, 856[22]).

3. a) Daß der Betrag der Stammeinlage für die einzelnen Gesellschafter verschieden bestimmt werden kann, ist das Korrelat der Einheitlichkeit der Stammeinlage. — Daß die Summe der Stammeinlagen dem Stammkapital gleichkommt, gilt unbedingt nur vom Beginn der Gesellschaft. Im weiteren Verlaufe kann durch Einziehung von Geschäftsanteilen die Summe nicht der Stammeinlagen, aber der Nennbeträge der Geschäftsanteile hinter dem Betrage des Stammkapitals zurückbleiben. Nach der herrschenden Lehre soll das aber auch bei Beginn der Gesellschaft möglich sein. Allgemein wird angenommen, daß der Gesellschaftsvertrag auch dann unter den übrigen Gesellschaftern zustande kommt, wenn die Beteiligung eines einzelnen — z. B. wegen Geschäftsunfähigkeit — nichtig ist, was anscheinend auch in RG 68, 275 unterstellt wird (OLG 4, 254). Es fiele dann dessen Stammeinlage fort, während es bei der dem Gesellschaftsvertrage entsprechenden Ziffer des Stammkapitals verbleiben müßte. Diese Folgerung wäre unabweislich, wenn der Ausgangspunkt richtig wäre. Das ist aber nicht der Fall. Ein Gesellschaftsvertrag kommt nur zustande, wenn alle Gesellschafter ohne Ausnahme sich rechtsgültig einverstanden erklären. Woher soll kommen, daß ein so anerkannter Rechtssatz hier nicht gelten soll? Es fehlt bisher an jeder Begründung dafür, und es fragt sich doch, ob die herrschende Lehre an ihrer Meinung festhalten würde, wenn sie sich einmal vor den Fall gestellt sähe, daß bei einem Stammkapital von 100 000 M. die Beteiligung von 90 000 M. auf diese Weise ausfallen müßte oder bei vier Gesellschaftern die Beteiligung von zweien oder bei zweien die Beteiligung des einen. Das Gesetz sagt denn auch deutlich genug und positiv das Gegenteil. Der Satz, daß der Gesamtbetrag der Stammeinlagen mit dem Stammkapital übereinstimmen müsse, ist denn doch etwas mehr als ein selbstverständliches Rechenexempel, das obendrein noch nicht einmal zu stimmen brauchte; die Rechnung muß aufgehen, sonst stimmt es auch mit dem Vertrage nicht, sonst ist der Vertrag nichtig. Zuweilen macht sich auch unwillkürlich der richtige Gedanke geltend. In dem Urteil RG 82, 289 beruht die Begründung in ihrem ersten Teil auf der Voraussetzung, daß bei dem Fortfall auch nur eines Gesellschafters der ganze Vertrag nichtig ist; im weiteren Verlaufe wird dann die Wirkung der Eintragung der Gesellschaft in das Handelsregister und der § 75 herangezogen, der aber nur vom Inhalte des Vertrages, nicht von den allgemeinen Voraussetzungen des Vertragsschlusses handelt (s. Erl 1 b zu § 75 und Erl 2 a zu § 10). Die herrschende Lehre wird die in der entgegengesetzten Richtung liegenden extremen Fälle heranziehen und fragen, warum eine Gesellschaft bei 100 000 M. Stammkapital nichtig sein soll, wenn 1000 M. Stammeinlage fortfallen. Will man aber überhaupt die Rechtskonsequenz aufgeben, so steht nichts entgegen, von Fall zu Fall zu entscheiden und je nach der Bedeutung des Ausfalls im Verhältnis zum Ganzen die Nichtigkeit zu bejahen oder zu verneinen. Jedenfalls kann es leicht Fälle geben, wo man auch damit zu keinem befriedigenden Ergebnis gelangt, daß man den einzelnen Gesellschafter auf das Recht verweist, wegen eines wichtigen Grundes nach § 61 auf Auflösung der Gesellschaft Klage zu erheben. Vgl. Hachenburg § 2[48]; Feine S. 213 ff. S. auch Erl 1 zu § 57.

b) Es muß nicht beides — Stammkapital und Stammeinlagen — dem Betrage nach ausdrücklich im Statut genannt sein. Es genügt, daß sich das eine aus dem anderen berechnen läßt (RG 83, 256; vgl. aber auch KGJ 37, 151; RJA 16, 96). Ist nur das Stammkapital beziffert, so ist immer noch die Auslegung wenigstens denkbar, daß die Gesellschafter sich nach Kopfteilen haben beteiligen wollen. Es muß daher die eingetragene Gesellschaft nicht aus diesem Grunde nichtig sein, wohl aber muß die Eintragung beanstandet werden. S. unten Erl 6 e.

4. a) Die Sacheinlage kann aus den verschiedensten Gegenständen bestehen, Sachen sowohl als auch Rechten. Es können mehrere Gesellschafter zusammen, ein jeder zu seinem Teil auf seine Stammeinlage, einen Gegenstand einbringen. Es kann eine Sache, die wertvoller ist als die Stammeinlage, die übernommen werden soll, so eingebracht werden, daß der Überschuß herauszuzahlen ist. — Der Gegenstand muß so genau bezeichnet werden, daß über die Identität kein Zweifel bestehen kann (KGJ 44, 146). „Textilwaren, insbes. Stoffe im Werte von 8000 M.“ ist nicht bestimmt genug, GmbHRundsch 25, 554 (Karlsruhe). — Auch eine nur der Gattung nach bestimmte Sache kann Gegenstand der Einlageschuld sein (RG in Holdheims MSchr 21, 193). Die Sache muß bereits existieren oder doch spätestens bis zur Eintragung der Gesellschaft in das Handelsregister zur Existenz gelangen. Das gilt auch von Rechten, die unter der Bedingung begründet werden können, daß die Gesellschaft zur Entstehung gelangt (OLG 22, 26; KGJ 38, 167). — Die Sache muß nicht im Eigentum des Gesellschafters stehen (OLG 1, 248; RG 118, 113, insbes. 120). Es überträgt dann der Eigentümer die Sache auf die Gesellschaft für Rechnung des Gesellschafters, oder dieser tut es selbst mit Zustimmung des Eigentümers, in welchem Falle die Geschäftsführer die in § 8 Abs 2 vorgesehene Versicherung erst abgeben können, nachdem die Zustimmung erklärt worden ist. Liefert der dritte Eigentümer die Sache unmittelbar an die Gesellschaft, so entsteht deshalb nicht ein Rechtsverhältnis zwischen diesen beiden. Es kann sich aber der Dritte auch zugleich der Gesellschaft unmittelbar verpflichten. Das kann auch geschehen, ohne daß diese hinzugezogen werden müßte, in der Weise, daß der Dritte mit dem Gesellschafter in diesem Sinne den Vertrag zugunsten der Gesellschaft schließt (OLG 1,248). Immer ist aber vorausgesetzt, daß die Sacheinlage im Gesellschaftsvertrage bestimmt ist; ohne das haben Vereinbarungen, welche die Gesellschafter in dieser Richtung treffen, für die Gesellschaft m. b. H. keine Bedeutung (RG 36, 111; SeuffA 66, 167). — Der Registerrichter hat der Frage, ob der Einbringende über die Sache zu verfügen berechtigt ist, nicht nachzugehen, es sei denn, daß ein Dritter Einspruch erhebt (HoldheimsMSchr 22, 136). Anders, wenn Rechte Dritter, welche der Einbringung entgegenstehen, erkennbar hervortreten (KGJ 36, 133).

b) Sachen, die auf die Stammeinlage eingebracht werden sollen, müssen im allgemeinen zu Eigentum übertragen werden. Gebrauchsüberlassung — entgeltliche wie unentgeltliche — kann wohl nach § 3 Abs 2 als Nebenverpflichtung bedungen werden, nicht aber selbständig als Stammeinlage (a. A. OLG 22, 26; KGJ 38, 161; Scholz 110). Das schon darum nicht, weil sie sich bei der Ungewißheit der Dauer auch annähernd nicht bewerten ließe. Von der Gebrauchsüberlassung muß dasselbe wie von Diensten des Gesellschafters gelten (s. unten; anders KGJ 38, 161; vgl. auch RG in HoldheimsMSchr 23, 50). Dagegen ist es nicht selten, daß ein Geschäft, etwa eine Fabrik, so eingebracht wird, daß das Fabrikgrundstück oder die Maschinen nur gebrauchsweise überlassen werden, namentlich auch, wenn dem Einbringenden selbst Grundstück oder Maschinen nur mietweise zur Verfügung stehen.

c) Auch rein obligatorische Rechte des Einbringenden gegen Dritte können eingebracht werden, bei einer Erhöhung des Stammkapitals auch Forderungen gegen die Gesellschaft selbst (vgl. RG 42, 1; LZ 07, 606). Nur müssen solche Rechte übertragbar sein. Ferner persönliche Lizenzen, die der Lizenzträger befugt ist weiterzugeben (RG in HoldheimsMSchr 23, 50), eine Generalvertretung (OLG 24, 163), Inseratenvertretung (KGJ 44, 146; anders HoldheimsMSchr 22, 106). Ferner dingliche Rechte, Servituten, z. B. Wasserkraft (BauersZ 18, 226), sodann Immaterialrechte, besonders häufig Patente (Heymann GewRSch 27, 323), ferner Gebrauchsmuster, Verlagsrechte, auch Warenzeichen, diese nach Warenzeichenrecht nicht selbständig, aber in Verbindung mit dem Geschäft, für welches sie bestehen (JW 00, 857; DJZ 1921, 37). Diese Art von Rechten kann, wenn die Gesellschaft m. b. H. in Konkurs gerät, der Konkursverwalter zwecks Verwertung der Masse veräußern, vorausgesetzt, daß sich aus dem Gesellschaftsvertrage nicht etwas anderes ergibt. RG in HoldheimsMSchr 23, 50, wo ausgesprochen wird, daß auch das rein obligatorische Recht zur Benutzung eines Warenzeichens Gegenstand einer Sacheinlage sein könne, wenigstens in Verbindung mit Patent und Gebrauchsmuster (?). Man müßte danach auch bei eingebrachtem Rechte unterscheiden, ob es gewissermaßen nur leihweise zum Gebrauch eingebracht worden ist oder zu vollem Recht. Auch nichtpatentierte Erfindungen, ein Geheimverfahren können Sacheinlagen bilden (KGJ 45, 175), und wenn ein eingebrachtes Patent sich als nichtig herausstellt, so ist darum noch nicht der Gesellschaftsvertrag oder die einzelne Übernahme der Stammeinlage wegen Unmöglichkeit der Leistung nach § 306 BGB nichtig. Es steht daher auch nichts im Wege, daß der Einbringende die Gewähr für den rechtlichen Bestand des Patentes ausschließt (RG in HoldheimsMSchr 22, 247; OLG 27, 364). Auch wenn die Gewähr nicht ausgeschlossen worden ist, wandelt sich bei Vernichtung des Patentes nicht etwa die Sacheinlage in die entsprechende Geldeinlage um (RG a. a. O.; vgl. auch RG 68, 271; 86, 210). Wohl aber kann in dem Ausfalle des Patents ein wichtiger Grund für die Auflösung der Gesellschaft liegen (§§ 60 Ziff 3, 61). — Immer aber muß es sich um ein Recht handeln, welches ein bilanzfähiges Aktivum sein kann; so unten unter f.

d) Ein besonders häufiger Fall ist die Einbringung eines Handelsgeschäfts mit den Aktiven oder mit Aktiven und Passiven. Hier ist, wie immer im Falle einer solchen Veräußerung, zu unterscheiden die Rechtslage im Verhältnis der Vertragschließenden untereinander und zu Dritten. Was ersteres angeht, so ist die Frage, was im einzelnen eingebracht worden ist oder werden soll, ob die Passiva mit übernommen worden sind oder nicht, ob ersterenfalls sämtliche oder nur die ausdrücklich genannten, immer nur aus dem Gesellschaftsvertrage zu entscheiden (RG in Recht 09, 2528; JW 05, 214; RG in LZ 1916, 742[15]; WarnRspr 11 Nr. 80). Was nebenher die Gründer untereinander besprochen haben, kann der Gesellschaft gegenüber auch dann nicht berücksichtigt werden, wenn im Personenbestande der Gesellschaft keine Änderung eingetreten ist. Wohl aber unterliegt auch in dieser Beziehung der Gesellschaftsvertrag der Auslegung nach §§ 133, 157 BGB. Namentlich aus der Bewertung der Sacheinlage wird sich ein Anhalt für die Entscheidung bieten (vgl. RG in LZ 1916, 742[15]). Im allgemeinen kann die Gesellschaft daraus noch keinen Anspruch gegen den Einbringenden herleiten, daß sich ihr unbekannt gebliebene Gläubiger melden (RG in LZ das.). Ist aber als Betrag der Stammeinlage der Überschuß der Aktiva über die Passiva vereinbart worden und ergeben sich weitere Verbindlichkeiten, für welche die Gesellschaft haftet, so erwächst ihr ein Gewährleistungsanspruch, und nach RG in DJZ 02, 288 gilt in der Höhe des Anspruchs die Stammeinlage, die damit also eine gemischte würde, wenn sie es nicht ohnehin schon ist, als nicht eingezahlt (vgl. indessen dasselbe Urteil im Bericht JW 02, 259). Übernimmt der Einbringende für den Bestand an Aktiven die Gewähr, so ist das eine Modalität des Übernahmevertrages, nicht die Eingehung einer Nebenverpflichtung nach § 3 Abs 2 (RG 79, 271). — Im Verhältnis zu Dritten haftet die Gesellschaft für die Passiva des übernommenen Geschäfts nach Maßgabe des § 25 HGB, wenn sie zugleich die Firma übernimmt. Der Zusatz: mit beschränkter Haftung oder Gesellschaft m. b. H. verschlägt dabei nichts (vgl. Erl 5 zu § 4).

e) Ganz ähnliche Fragen treten auf, wenn die einzubringende Sache mit Rechten Dritter belastet ist, ein Grundstück mit Hypotheken. Auch hier wird man meist aus der Bewertung der Einlage ersehen können, wie es gemeint war. Das ist denn auch für Dritte, für die Gläubiger der Gesellschaft maßgeblich, auch wenn diese keinen Einblick in die Belastung des Grundstücks haben. — Es kann auch so liegen, daß der eine Gesellschafter das Grundstück einbringt, der andere die ihm am Grundstück zustehende Hypothek löschen läßt. Letzteres wäre dann eine Stammeinlage durch Verzicht auf ein Recht. Auch das wäre Sacheinlage. Die Hypothek könnte ebensogut als Eigentümerhypothek auf die Gesellschaft übertragen werden, was sich ohnehin gebietet, wenn weitere Hypotheken folgen. Oder einer der Gründer bringt sein Geschäft ein mit den Passiven, ein anderer seinen gegen den ersteren bestehenden Anspruch. Der in diesen Fällen bereits auftretende Zweifel, ob es sich um Geld- oder Sacheinlage handelt, macht sich noch dringender geltend, wenn die Einlage in dem Verzicht auf eine gegen die Gesellschaft gerichtete Forderung besteht, was wenigstens bei einer Erhöhung des Stammkapitals vorkommen kann (vgl. RG 42, 1). — Es darf nicht eine unzulässige Aufrechnung mit einem Anspruch gegen die Gesellschaft in eine zulässige Sacheinlage durch Verzicht auf den Anspruch umgedeutet werden; bedenklich LZ 07, 605 (Dresden).

f) Ganz allgemein läßt sich sagen, daß alles Gegenstand einer Sacheinlage sein kann, was als Aktivum in die Bilanz eingestellt werden darf (RJA 12, 58; KGJ 44, 146; 45, 175), was sich mehr nach kaufmännisch-technischen Gesichtspunkten entscheidet als nach scharfen juristischen Begriffen. — Ausgeschlossen sind Dienstleistungen, dauernde nicht minder als einmalige (OLG 32, 140), namentlich also auch die Geschäftsführung. Das wird allgemein anerkannt, ist zugleich aber eigentlich auch die einzige Schranke, an welcher Gerichtsgebrauch und Rechtslehre entschlossen haltgemacht haben. Schon die nächste, man sollte meinen zwingende Folgerung, daß, was von Dienstmiete gilt, auch von Sachmiete und Sachleihe gelten müsse, wird nicht gezogen. Diese Unverwendbarkeit kann auch nicht dadurch umgangen werden, daß der Gesellschafter sich Lohn ausbedingt und seine Lohnforderung einlegt (RG in HoldheimsMSchr 24, 224), auch nicht dadurch, daß man sich ausdrückt, in die Gesellschaft werde der Anspruch gegen den Gesellschafter auf Gebrauchsüberlassung eingebracht (so Scholz 109 f.) oder überhaupt auf eine Leistung (KGJ 38, 167); es ist doch ausgeschlossen, daß der Kaufmann, der in bester Geschäftslage einen Laden auf Jahre hinaus fest gemietet hat, dafür ein Aktivum in seine Bilanz einstellt. — Wohl aber kann der Anspruch auf Dienst, welcher dem Gesellschafter gegen Dritte zusteht, als Einlage in Frage kommen. Aber es muß sich hierbei wie auch sonst, wenn eine Forderung eingebracht wird, um einen rechtlich begründeten, bereits entstandenen (oder mit der Eintragung der Gesellschaft in das Handelsregister entstehenden) Anspruch handeln. Ferner ist als Einlage unbedenklich ein Werkvertrag (Bau einer Eisenbahn), auch dann, wenn das Werk auf Grund und Boden der Gesellschaft errichtet werden soll. RG in JW 01, 146. — Ein Vertragsangebot wäre höchstens dann geeignet, wenn es dem Gesellschafter fest an die Hand gegeben war (RJA 12, 58; Recht 1913, 263). So kann denn auch eine „Kundschaft" nicht selbständig Gegenstand einer Sacheinlage sein (RG in FrankfRundsch 1915, 13; GmbHRundsch 1914 S. 179, 349). Wird aber ein Geschäft im ganzen eingebracht, so ist die Kundschaft eingeschlossen (GmbHRundsch 1913, 25), restlos jedenfalls dann, wenn zugleich ein Konkurrenzverbot bedungen wird. Damit stößt man auf eine von Rechtsprechung und Rechtslehre bisher nicht scharf ins Auge gefaßte Schwierigkeit. Ein im Gange befindliches Geschäft hat schon als solches einen Vorsprung vor einem neu entstehenden, pflegt mehr wert zu sein. Die Kundschaft, die erworbenen, bestehenden Beziehungen des Geschäfts, sein Ruf erhöhen den Wert und machen insbesondere auch den Wert der Firma aus. Sie werden daher oft zu einem erheblichen Faktor der Bewertung der Stammeinlage, der nun aber verschwindet, wenn man das Ganze in seine greifbaren Teile zerlegt, wie das geschehen muß, wenn es gilt, die Bilanz, hier die Eröffnungsbilanz, aufzustellen. Auch die Gesellschaft m. b. H. kann dann in diese Bilanz nicht das Geschäft im ganzen als Aktivum, etwa gar nach Maßgabe des § 42 Ziff 1 einstellen. Sie muß das Vorhandene auf die einzelnen Konten verteilen und so bleibt, um die Balance zu erreichen, kein anderer Ausweg, als in diesem Falle Posten wie Firma, Kundschaft, Organisation, Fasson, good will als Aktivum aufzustellen. Nach dem Gesetz müßte in einem solchen Falle das Unternehmen mit einer Unterbilanz beginnen, und bevor diese ausgeglichen ist, dürfte kein Gewinn zur Verteilung kommen. Theorie und Praxis drücken ein Auge zu und lassen einen Aktivposten in der Bilanz zu, der eigentlich ganz unerhört, jedenfalls im regelmäßigen Geschäftsverkehr, wo doch oft genug das Geschäft von Jahr zu Jahr an Wert gewinnt, keinem Kaufmann gestattet ist (RG in FrankfRundsch 1915, 13). Dabei ist die Sache gerade bei der Gesellschaft m. b. H. erst recht bedenklich. Denn der vom Gesetz mit seinen Bestimmungen über die Erhaltung des Stammkapitals den Gläubigern der Gesellschaft zugedachte Schutz versagt im Moment, wo er am nötigsten ist, wenn die den Passivposten des Stammkapitals balancierenden Aktiven in dem Moment verschwinden, wo der Zusammenbruch eintritt oder droht. Wenn vielfach behauptet wird, daß es sich dann um ein bilanzfähiges Aktivum handle, wenn ein Preis dafür gezahlt worden ist (RG in LZ 1915, 231), so wird damit eine erlaubte Art der Buchung unrichtig gerechtfertigt; ein solcher Posten in der Bilanz bedeutet nicht einen Vermögensgegenstand, sondern ist ein reiner Rechnungsposten zum Zweck der Verteilung des für den Erwerb der Kundschaft gemachten Aufwands auf mehrere — nach weitverbreiteter Übung auf 5 — Jahre. Brodmann A.-R. § 261 Erl 5i und Festgabe hamburgischer Juristen an den 24. Anwaltstag, S. 177 ff. Gegenüber einer Bilanz, in welcher Überschuldung der Gesellschaft nur deshalb nicht in die Erscheinung tritt, weil ein solcher Posten auf Aktivseite steht, wären die Geschäftsführer unbedingt gehalten, die Eröffnung des Konkurses zu beantragen (§ 64).

5. a) Die Sacheinlage muß mit einem Geldbetrag eingesetzt werden, in dem sich naturgemäß ihr Wert darstellt, stets als Ganzes mit einer Summe, auch wenn es sich um eine Mehrheit von Sachen handelt. Die Bewertung ist Sache der vertraglichen Abmachung der Gesellschafter untereinander. Im Gegensatz zum Recht der Aktiengesellschaft, wo für die richtige Bewertung der Sacheinlagen durch weitgehende Kautelen vom Gesetz Vorsorge getroffen ist, haben hier die Gesellschafter freie Hand. Maßgeblich ist der vertraglich bestimmte, nicht der wahre Wert (JW 1913, 1040[11]; RG 118, 113). Daher sind auch Einlagen nicht ausgeschlossen, die sich nicht schätzen lassen (KGJ 38, 161). Aber immer ist die im Gesellschaftsvertrag genannte Summe so zu verstehen, daß damit der Wert der Sache gemeint ist. Für den Wert, nach welchem der Gegenstand in die Bilanz einzustellen ist, hat diese Bewertung keine Bedeutung (RG in LZ 1912, 666[48]). — Nach § 202 HGB haften die Gründer einer Aktiengesellschaft auf Schadensersatz, wenn die Gesellschaft durch wertlose oder minderwertige Einlagen böslicherweise geschädigt wird. Eine entsprechende Vorschrift besteht hier nicht. Das hindert aber nicht, auf solche Tatbestände die allgemeinen Rechtssätze anzuwenden. Betrug kommt freilich nicht in Frage. Von Täuschung der Gesellschaft, die noch nicht existiert, kann keine Rede sein, und wenn einzelne Gesellschafter von den anderen getäuscht werden, so mögen sie betrogen sein, nicht aber die Gesellschaft. Und vollends fällt dieser Gesichtspunkt aus, wenn alle Gesellschafter um die Sache wissen. Wohl aber wird der Gesellschaft als solcher Schaden zugefügt, wenn ihr auf einen Geschäftsanteil eine wertlose Einlage gewährt wird, und wenn das vorsätzlich in einer gegen die guten Sitten verstoßenden Weise geschieht, liegt der Tatbestand des § 826 BGB vor (RG 100, 176; KGJ 38, 161; vgl. auch RG in HoldheimsMSchr 10, 142; zu ängstlich OLG 12, 447). Auch Dritte, welche sich an dem unredlichen Verfahren unredlich beteiligen, haften der Gesellschaft (RG 84, 333). Zum Ersatz kommt nicht etwa das negative Vertragsinteresse, sondern unter allen Umständen der Betrag, um welchen der wahre Wert hinter dem eingesetzten zurückbleibt (etwas abw. RG 83, 337). Ist die Gründung so unsolide, daß man von vornherein mit der Möglichkeit des Zusammenbruches rechnen mußte, dann sind auch die unbestimmt vielen Gläubiger, welche die Sache trifft, vorsätzlich geschädigt und können Schadensersatz beanspruchen (RG in HoldheimsMSchr 10, 142). Dagegen dürfte nicht zu billigen sein, daß RGSt 49, 340 die Strafvorschrift in § 82 Ziff 1 hier anwenden will. Die Begründung ist nicht überzeugend. — Es kann bei einer Unterbewertung einer Sacheinlage so liegen, daß mit dem Mehrwert eine Schenkung gemacht wird, ein Fall, der namentlich bei Familiengründungen beobachtet wird. Dann kann steuerrechtlich bedeutsam werden, ob die Schenkung der Gesellschaft oder den einzelnen Gesellschaftern zugedacht ist. In ersterem Falle ist Gegenstand der Schenkung der gesamte Mehrwert, auch diejenige Quote, welche rechnungsmäßig auf den Geschäftsanteil des Schenkers entfällt. RFH 11, 112 betont treffend, daß es gelte festzustellen, was die Parteien gewollt haben, um danach die Steuerpflicht zu bestimmen und nicht umgekehrt als gewollt gelten zu lassen, was steuerrechtlich das günstigste sein würde. Dagegen kann nicht zugegeben werden, daß eine Schenkung an die Gesellschaft vor ihrer Eintragung in das Handelsregister unmöglich wäre (s. Erl 1b zu § 11).

b) Der Registerrichter hat zwar darauf zu achten, ob der Gegenstand sich dazu eignet, als Sacheinlage zu dienen, ob er hinreichend genau bestimmt und bezeichnet ist. Aber er ist nicht verpflichtet und nicht berechtigt, die Wertschätzung zu prüfen (KGJ 44, 146; 45, 175; OLG 24, 163; RJA 12, 58).

c) Die Einbringung der Sacheinlage ist Veräußerung an die Gesellschaft und nach §§ 445, 493 BGB in dem dort bezeichneten Umfange wie ein Verkauf zu beurteilen (RG 86, 213). Der Gesellschafter haftet nicht für den im Vertrag bestimmten Wert der Einlage (JW 1913, 1040[11]). Übersteigt der (wahre) Wert der Einlage den Betrag der Stammeinlage, so kann der Einbringende den Überschuß nur beanspruchen, wenn es im Gesellschaftsvertrage bedungen ist (OLG 32, 135). — Hat die Gesellschaft (der Geschäftsführer) die Einlage unbeanstandet entgegengenommen, so findet § 363 BGB Anwendung. Sie muß den Minderwert beweisen (RG 86, 214). — Der Übernahmevertrag ist nichtig, wenn die Leistung unmöglich ist (§ 306 BGB); steht die Verschaffung eines Rechtes in Frage, so liegt Unmöglichkeit der Leistung nur vor, wenn ein Recht wie das zugesagte überhaupt nicht entstehen kann; andernfalls nur Unvermögen des Schuldners (RG 86, 213). — Ist der Gesellschafter außerstande zu liefern, so tritt nicht ohne weiteres an Stelle der Sache der Geldbetrag der Stammeinlage (RG in HoldheimsMSchr 22, 247). Noch weniger kann davon die Rede sein, daß die Stammeinlage bei einem Minderwerte der Einlage auf den wahren Wert der Sache herabgesetzt wird (JW 1913, 1040[11]). — Dagegen liegt kein Grund vor, der Gesellschaft den Anspruch auf Minderung zu versagen. A. A. Hachenburg § 5[28], dem zuzugeben ist, daß die Gegenleistung in der Gewährung der gesellschaftlichen Rechte liegt und hierin eine quantitative Minderung nicht eintreten kann; aber es handelt sich ja nicht um unmittelbare, sondern nur um entsprechende Anwendung der Rechtssätze vom Kauf; was der Wandlung entgegensteht, ist nicht so sehr § 30 Abs 1, als vielmehr § 19 Abs 2 Satz 1; letzteres verkennt auch Scholz 111 ff. Es hat der Gesellschafter den Ausfall auf seine Stammeinlage draufzuzahlen, die dadurch zu einer gemischten wird. Überhaupt liegt hier die Substitution, so entschieden sie in der Rechtsprechung zuweilen abgelehnt wird, zu nahe und in der Billigkeit begründet, als daß sie sich nicht bis zu einem gewissen Grade durchgesetzt hätte. Wird eine Forderung eingebracht, die in Wahrheit nicht besteht, so hat im Falle des Konkurses der Gesellschaft der Gesellschafter den Betrag der Forderung an die Masse zu zahlen (RG in Recht 06, 1698). Ist ein Geschäft so eingebracht worden, daß die Stammeinlage sich nach dem Überschusse der Aktiven über die Passiven berechnet, so ist nach RG in JW 02, 259[29] insoweit die Stammeinlage nicht eingezahlt, als weitere Schulden sich herausstellen. Das gleiche gilt, wenn ein Grundstück, bevor es zur Übereignung kommt, mit einer Zwangshypothek belastet wird (RG das.). — Dagegen ist das Recht zur Wandlung ausgeschlossen, das nicht ausgeübt werden kann, ohne die Stammeinlage zurückzugewähren (RG 68, 274). Anders anscheinend RG in HoldheimsMSchr 21, 193, wo die Wandlung aus anderem Grunde zurückgewiesen, aber an sich für zulässig erklärt, überhaupt der Tatbestand restlos wie ein selbständiger Sachverkauf behandelt wird. Der Gedanke Hachenburgs a. a. O., die Wandlung unter Einziehung des Geschäftsanteils und entsprechender Herabsetzung des Stammkapitals zuzulassen, wobei dann der Gesellschafter sich wegen des Sperrjahres Jahr und Tag mit Durchführung der Wandlung gedulden müßte, ist abzulehnen, weil Einziehung von Geschäftsanteilen nur unter den Voraussetzungen des § 34 erfolgen kann, d. h. es müßte im Statut vorgesehen sein, daß gerade auch in diesem Fall die Amortisation zulässig sei, und wo wäre wohl ein Statut, in welchem das steht.

Vgl. ferner zur Frage der Wandlung sowie zur Frage der Anfechtung der Übernahme einer Stammeinlage Anm 6b und d zu § 2.

6. a) Es lassen sich die zwei Fälle, die hier nebeneinander genannt werden, begrifflich scharf unterscheiden. Das einemal wäre die Sache unmittelbar der Gegenstand der Einlage, das anderemal läge Geldeinlage vor, zu welcher die Übereignung der Sache gegen Entgelt und als drittes die Vereinbarung der Aufrechnung hinzukäme. Das würde bedeutende Folgen haben. Die Wandlung der fehlerhaften Sache wäre unbeschränkt zulässig, vielleicht auch die Anfechtung des Kaufvertrages; wegen Unmöglichkeit der Leistung brauchte die Übernahme der Stammeinlage nicht nichtig zu sein, einer Kaduzierung der Geschäftsanteile stünde nichts im Wege, auch nicht der subsidiären Mithaftung der Gesellschafter nach § 24 usw. So soll es nun aber gerade nicht sein. Was das Gesetz mit dem in §§ 5 Abs 4, 10 Abs 3, 19 Abs 3 Bestimmten sagen will, ist vielmehr, daß es sich in diesen Fällen der zweiten Alternative ebenfalls durchaus um nichts anderes handelt als um echte Sacheinlagen (LZ 07, 606). In der Tat sind ja auch die beiden Alternativen insofern nicht zu unterscheiden, als auch bei der eigentlichen Sacheinlage der Wert ausgeworfen werden muß, so daß sich mit reinem Gedankenspiel auch in sie restlos dieselbe juristische Struktur hineinlegen läßt. Anders nur, wenn, wie im Falle RG 68, 121, sich im Statut Geldeinlage und Sachverkauf an die Gesellschaft mit aller Schärfe gegeneinander abscheiden. Hier ist die Zahlung der Geldeinlage durch Aufrechnung gegen die Kaufgeldschuld nicht beanstandet worden, obwohl sie im Statut nicht vereinbart war. Anderseits darf man sich die Sache auch wieder nicht zu eng vorstellen. Vornehmlich freilich kommen Übereignungen in Frage, welche mit der Gründung der Gesellschaft zeitlich zusammenfallen. Aber darauf ist die Vorschrift nicht beschränkt. Werden doch auch bei Geldeinlagen meist die Einzahlungen zum größeren Teil auf spätere Zeit verschoben, und wie und wann nun immer an eine Veräußerung zwischen Gesellschafter und Gesellschaft diese die Vereinbarung knüpfen, daß die Leistung auf die Sacheinlage erfolgen, auf die Geldeinlage angerechnet, der Preis mit dieser verrechnet werden solle, kann der Gesellschafter — auch der Gesellschaft gegenüber — sich hierauf nur berufen, wenn es im Statut mit der hier vorgeschriebenen Vollständigkeit bestimmt worden ist (RG 82, 299).

b) Es muß die Person des Gesellschafters genannt sein, der Gegenstand, der eingebracht oder durch Verrechnung mit der Stammeinlage oder einem Teile davon bezahlt werden soll, und der angenommene Wert. Es soll für jedermann, der sich dafür interessiert, vollkommen durchsichtig sein, worin das Stammkapital der Gesellschaft besteht. Hier sind alle Arten von Nebenberedungen außerhalb des Statuts gänzlich unbeachtlich (JW 05, 214[23]). Doch können bei umfangreichem Vertragsinhalte Einzelheiten, namentlich Bestimmungen von vorübergehender Bedeutung, privatschriftlich festgelegt werden.

c) Der Gegenstand der Sacheinlage muß genau bestimmt und auch für Dritte erkennbar bezeichnet sein, und zwar im Statut; eine Ergänzung aus mündlichen oder auch schriftlichen Nebenabreden ist im Verhältnis zur Gesellschaft und ihren Gläubigern ausgeschlossen (JW 05, 214[23]; vgl. auch JW 1916, 1413). Bei einer Mehrheit von gleichartigen Sachen bedarf es der Angabe der Anzahl; anders bei Sachgesamtheiten, wenn sie sich sicher individualisieren lassen; der Aufname eines Inventars bedarf es dann nicht (OLG 22, 25). Daß der Gegenstand im Statut nur der Gattung nach bezeichnet wird, ist nicht ausgeschlossen (RG in HoldheimsMSchr 21, 193). Sollen bei Einbringung eines Geschäfts einzelne Aktiven ausgeschlossen sein oder soll der Mehrwert nicht als Stammeinlage gelten, so muß das deutlich zum Ausdruck gebracht sein (OLG 32, 135). — „Verlag" einer bestimmten Zeitschrift ist nicht zu beanstanden (BayZ 06. 342); mit „Bergwerkgerechtsamkeiten" ist die Sache nicht unrichtig bezeichnet, auch wenn nur erst ein Schürfrecht besteht (RG in HoldheimsMSchr 24, 224).

d) Das in Abs 4 Bestimmte gilt auch, wenn Dritte eine Sache an die Gesellschaft verkaufen, aber für Rechnung des Gesellschafters dergestalt, daß dieser den Kaufpreis mit seiner Stammeinlage verrechnet (RG 41, 124), oder bei einem Verkaufe durch vorgeschobene Zwischenperson. Dabei ist unerheblich, ob die Parteien die gesetzlichen Vorschriften gekannt haben oder nicht (RG in LZ 07, 603[13]).

e) Übrigens ist auch hier (vgl. Erl 7 d zu § 3 und Erl 1 b zu § 10) zu beachten, daß in allen hier wie in Erl 5 besprochenen Fragen der Standpunkt der Betrachtung nicht immer derselbe ist. Es ist ein Unterschied, ob es sich um die Eintragung der Gesellschaft handelt oder um eine schon bestehende. Gegenüber der Anmeldung der Gesellschaft hat der Registerrichter freie Hand, nach den allgemeinen Gesichtspunkten und Rechtsgrundsätzen die Grenze des Zulässigen zu bestimmen. Ist es zur Eintragung der Gesellschaft gekommen, so gilt es immer, zugleich Gewordenes, vielleicht Geordnetes zu vernichten, und es schiebt sich die Erwägung ein, in welchem Verhältnisse gegebenenfalls der Schaden, den es zu beseitigen gilt, zum Schaden steht, den man damit etwa anrichtet. Bei der Eintragung der Gesellschaft ist streng zu verfahren, im übrigen nachgiebig. Daher darf sich der Registerrichter auch seinen Kanon nicht ohne weiteres nach den Aussprüchen der erkennenden Gerichte bilden.

f) Eine Änderung der im Statut vereinbarten Bestimmungen bedarf ebenfalls der gerichtlichen oder notariellen Beurkundung, und auch so ist sie ohne weiteres zulässig nur so lange, wie die Gesellschaft noch nicht eingetragen worden ist; sie kann nur einstimmig beschlossen werden. Soll nach Entstehung der Gesellschaft eine Sacheinlage erlassen werden, so kann das nur im Wege der Herabsetzung des Stammkapitals geschehen (§ 58); soll sie durch Geldeinlage ersetzt werden, so ist dazu zugleich Herabsetzung und Erhöhung des Stammkapitals erforderlich (vgl. RG 87, 303). A. A. Hachenburg § 19[25]; wie hier Scholz 119. Nur im Falle eines ernsthaften Vergleichs bedarf es zu einer Abminderung der Einlageverpflichtung der gesetzlichen Form nicht: ein ernsthafter Vergleich über die Stammeinlage ist nicht deshalb unwirksam, weil er zu einer Ermäßigung der Einlageforderung ohne Herabsetzung des Stammkapitals führt, RG 79, 271; JW 1917, 468[13].

g) Bei einer Neufassung des Statuts dürfen die nach §§ 3 Abs 2, 5 Abs 4 in das Statut aufzunehmenden Bestimmungen unter keinen Umständen fortgelassen werden (RJA 15, 207; vgl. auch KGJ 27, 225; a. A. HoldheimsMSchr 1899, 233).

7. Wie bei der Aktiengesellschaft Vorzugsaktien, so können bei der Gesellschaft m. b. H. Vorzugsgeschäftsanteile geschaffen werden. Es handelt sich dabei nicht um besondere Rechte eines Gesellschafters, welche er sich als Äquivalent für besondere Verpflichtungen bedingt, die er nach § 3 Abs 2 übernimmt, sondern um Bevorzugung in den allgemeinen gesellschaftlichen Mitgliedschaftsrechten nach einer oder mehreren der drei Richtungen: Gewinnbeteiligung, Stimmführung (mehrfaches Stimmrecht), Liquidationsquote. Die Bevorzugung kann sich auf alle oder einzelne dieser Punkte erstrecken. Dahin würde auch der Fall gehören, daß ein Gesellschafter, der eine Sache oder ein Recht, z. B. ein Patent, einbringt, sich die Rückgewähr der Einlage, wenn auch unter Anrechnung auf seine Quote, vorbehält. Daß gleich mit Gründung der Gesellschaft solche Vorzugsrechte bedungen werden können, ist nichts Besonderes, da hier ohnehin alles einstimmig beschlossen werden muß. Durch Mehrheitsbeschluß kann aber auch bei Erhöhung des Stammkapitals den neuen Geschäftsanteilen eine bevorzugte Stellung eingeräumt werden. Das läßt die Parität der bisherigen Gesellschafter im Verhältnis zueinander unberührt. Die Frage, an die sich das praktische Interesse knüpft, ist aber, inwiefern durch (qualifizierten) Mehrheitsbeschluß bestehenden Geschäftsanteilen Vorrechte beigelegt werden können. Die Frage pflegt bei Sanierung des Unternehmens aufzutreten, wo für Dritte wenig Anreiz besteht, sich zu beteiligen. Hier ist es darauf abgesehen, durch Aussicht auf die Vorzugsstellung die Gesellschafter zu weiteren Opfern zu veranlassen. Trotzdem hier zwei Momente zusammenkommen, trotzdem sowohl das Beteiligungsverhältnis verschoben wird als auch die Gesellschafter zu weiteren Zuschüssen wenn nicht verpflichtet, so doch gedrängt werden, hat die Rechtsprechung es für zulässig erklärt, nachdem es für das Recht der Aktiengesellschaft, wenn auch nur indirekt, durch § 262 Ziff 3 des HGB in der neuesten Fassung ausdrücklich zugelassen worden ist (RG 52, 287; 80, 85). Es wird als unerträglich empfunden, daß, während vielleicht die Sanierung im dringendsten Interesse des Ganzen liegt, die Sache am Widerspruche auch nur eines Gesellschafters soll scheitern können (RG 76, 158). Soll es aber in diesem Falle gestattet werden, so muß es überhaupt unverboten sein. Vorausgesetzt ist, daß allen Gesellschaftern gleichmäßig, entsprechend dem Verhältnisse ihrer Beteiligung an der Gesellschaft überhaupt, die Möglichkeit gewährt wird, sich zu beteiligen, sowie ferner, daß die gebotenen Vorteile im richtigen Verhältnisse zu dem geforderten Opfer stehen. Weniger einleuchtend ist die weitere Schranke, welche das Reichsgericht a. a. O. zieht, wonach der Erwerb der Vorzugsrechte für den alten Geschäftsanteil zwar an Zuschüsse in bestimmtem Prozentsatze der Stammeinlage geknüpft werden kann, nicht aber an die prozentuale Beteiligung an der Kapitalerhöhung durch Übernahme eines neuen Geschäftsanteiles. S. § 53 Erl 4c; ferner Brodmann A.-R. § 185 1c. — Nach JW 1917, 468[13] kann der Gesellschafter auf bedungene Sondervorteile (Vorzugsbeteiligung am Gewinn aus bestimmter Art von Geschäften) formlos verzichten.

8. Die Gründungskosten, Kosten, welche die Vorbereitung und der Abschluß des Gesellschaftsvertrages verursacht haben, gehen von Rechts wegen die Gesellschaft nichts an. Es sind Aufwendungen, welche die sich für die Sache Interessierenden in persönlicher Angelegenheit gemacht haben und für die sie ein Äquivalent, wenn aus der Sache nichts wird, überhaupt nicht, im entgegengesetzten Falle in der erstrebten Mitgliedschaft an der Gesellschaft m. b. H. erhalten. Soll die Gesellschaft damit belastet werden, so müssen zwei Voraussetzungen erfüllt sein. Es muß das im Gesellschaftsvertrag bestimmt werden, und es müssen der Gesellschaft die dazu nötigen Gelder, außer dem Stammkapital, zur Verfügung gestellt werden, etwa durch einen entsprechenden Aufschlag auf die Stammeinlagen. Letzteres kann man nicht als ein Agio im üblichen Sinne des Wortes bezeichnen oder, wenn man das doch will, dann ist insofern allerdings ein Agio auch schon bei der Gründung der Gesellschaft zulässig (s. Erl 7d zu § 3). Anders die herrschende Lehre, insbes. Hachenburg § 5[61], während ROHG 20, 220 noch sagen konnte, daß in der deutschen Theorie darüber, daß die Gründungskosten beim Mangel eines Vorbehalts im Statut der Gesellschaft nicht zur Last fallen, völlige Einstimmigkeit herrsche. Es ist ein — allerdings naheliegendes — Vorurteil, daß in der Gründung einer Gesellschaft die Führung eines fremden Geschäfts liege; man kann „Geschäfte besorgen" (§ 677 BGB) nur für jemanden, der existiert und das Geschäft nicht selbst führen will oder kann. Vgl. hierzu Brodmann in EhrenbergsHH IV, 2, S. 34 und A.-R. § 186 Erl 2c. — Übrigens ist die Annahme Scholz' 133, daß, wenn die Gesellschaft die Kosten schuldet, die Erstattung an die Gesellschafter nicht gegen § 30 Abs 2 verstoße, weil mit der Zahlung die Schuld getilgt werde (ebenso Feine 133), in dem Fall nicht zutreffend, daß Unterbilanz besteht, und mit Unterbilanz muß die Gesellschaft ins Leben treten, wenn ihr ohne Zuzahlungen die Gründungskosten auferlegt werden. — Das Gesagte gilt vollends von Gründerprovision, Gründergewinn, RG 113, 244 f. Wegen Stempelkosten und Kapitalverkehrssteuer s. Erl 6 zu § 1.

§ 6

Die Gesellschaft muß einen oder mehrere Geschäftsführer haben¹).

Zu Geschäftsführern können Gesellschafter oder andere Personen bestellt werden. Die Bestellung erfolgt entweder im Gesellschaftsvertrage²) oder nach Maßgabe der Bestimmungen des dritten Abschnitts³).

Ist im Gesellschaftsvertrage bestimmt, daß sämtliche Gesellschafter zur Geschäftsführung berechtigt sein sollen⁴), so gelten nur die der Gesellschaft bei Festsetzung dieser Bestimmungen angehörenden Personen als die bestellten Geschäftsführer⁵).

Österr. Gesetz § 15.

1. a) Der eine oder die mehreren Geschäftsführer der Gesellschaft sind ihre gesetzlichen Vertreter (§ 35). Sie sind nicht bevollmächtigte Stellvertreter, obgleich ihre Bestellung durch Vertrag erfolgt, sondern Organ der Gesellschaft, welche durch sie rechtsgeschäftlich handelt. Dem Geschäftsführer ist unbenommen, sich anders zu nennen, etwa Direktor o. ä. (HoldheimsMSchr 1895, 356), immer aber muß deutlich sein, daß es sich gerade um die im Gesetz bestimmt umschriebene Stellung des „Geschäftsführers" handelt.

b) Geeignet sind nur physische Personen. Eine Aktiengesellschaft z. B. kann Mitglied einer Gesellschaft m. b. H. sein, nicht aber ihr Geschäftsführer, auch nicht durch die Person eines Vorstandsmitgliedes. Wohl aber kann ein Vorstandsmitglied für seine Person oder mehrere in der Gesellschaft m. b. H. als Geschäftsführer bestellt werden, doch nur mit Zustimmung der A.-Gesellschaft, weil er als Geschäftsführer der GmbH. von jener ganz unabhängig ist. Selbstverständlich können auch Frauen die Stellung bekleiden. Die Frage, ob Minderjährige und überhaupt in der Geschäftsfähigkeit Beschränkte Geschäftsführer sein können, ist wohl reine Doktorfrage. S. aber RGSt 58, 304. Zu einer solchen Bestellung wird es nur kommen, wenn man irrtümlich Geschäftsfähigkeit annimmt, während die Bestellung des Minderjährigen wirksam nur mit Einwilligung seines gesetzlichen Vertreters erfolgen könnte.

c) Darüber, ob ein oder mehrere Geschäftsführer sein sollen, bestimmen die Gesellschafter. Es muß das nicht im Statut geschehen. Ist dort aber eine dahingehende Bestimmung getroffen worden, so kann davon ohne Statutenänderung nicht abgewichen werden (RG in LZ 08, 601; s. auch Erl 2 und § 53 Erl 1). — Ist im Statut über die Anzahl nichts bestimmt, so beschließen hierüber die Gesellschafter mit einfacher Stimmenmehrheit.

2. a) Während die Stellung der Geschäftsführer nach außen immer ein und dieselbe, vom Gesetz zwingend bestimmte ist, ist ihr Rechtsverhältnis zur Gesellschaft mannigfach abgestuft und oft nicht mit Sicherheit zu bestimmen. Es fehlt an zuverlässiger Symptomatik, und oft genug sind die Vertragschließenden sich selbst nicht klar über die verschiedenen Möglichkeiten und deren Tragweite. Sie wissen oft selbst nicht, was sie wollen oder gewollt haben. Es kreuzen sich drei Möglichkeiten. Entweder erfolgt die Bestimmung im Statut oder außerhalb desselben durch Beschluß und Vertrag; entweder wird ein Gesellschafter bestimmt oder ein Dritter; entweder ist das Verhältnis gesellschaftsrechtlich gemeint oder als Dienstvertrag. Gesellschaftsrechtlich kann es nur sein, wenn ein Gesellschafter bestimmt ist, und zwar im Statut. Aber auch wenn das zusammentrifft, kann ein Dienstverhältnis gemeint sein (vgl. OLG 16, 118; RG in Recht 05, 237). Wenn RG in HoldheimsMSchr 04, 256 sagt: die Geschäftsführertätigkeit ist als gesellschaftliche Pflicht zu verstehen, wenn die Bestellung im Statut aufgenommen ist und eine wesentliche Grundlage des Vertrages bildet, z. B. wenn der Geschäftsführer seine ganze Tätigkeit den Interessen der Gesellschaft zu widmen hat, wenn lediglich sein Name in die Firma aufgenommen und der andere Gesellschafter hauptsächlich als Kapitalist beteiligt ist, so ist die Entscheidung ganz nur aus den konkreten Umständen des Falles gewonnen und der Versuch, sie an allgemeine Gesichtspunkte anzuknüpfen, offenbar mißglückt. Auch darin liegt kein sicheres Symptom, daß dem Gesellschafter eine besondere Vergütung ausbedungen ist, während freilich eine gesellschaftliche Leistung jedenfalls dann als gewollt anzunehmen sein wird, wenn der Betreffende keine Vergütung beziehen und selbst bei der Gewinnverteilung nicht bevorzugt sein soll.

b) Auch wenn die Bestimmung der Persönlichkeit im Statut erfolgt — gleichviel, ob der Gewählte Gesellschafter ist oder nicht —, ist im Zweifel anzunehmen, daß der Zusammenhang mit dem Gesellschaftsvertrage nur äußerlich ist, so daß die Änderung der Bestimmung nicht eine Statutenänderung bedeutet (RG 44, 96; JW 1917, 165[14]; 1919, 313[15]; RG in LZ 09, 75; 1916, 809[26]; 1919, 702; OLG 42, 223), die Bestellung eines anderen Geschäftsführers keiner Form bedarf (OLG 3, 64). Wird die Bestimmung des Statuts, in welcher zugleich auch die Bestellung zum Geschäftsführer erfolgt war, später aufgehoben, so muß das nicht zugleich bedeuten, daß in der Person des Geschäftsführers eine Änderung eintreten soll (OLG 1, 187). — Eine andere Frage wiederum ist, ob, wenn die Verbindlichkeit zur Geschäftsführung als gesellschaftliche übernommen worden ist, damit zugleich ein Recht, d. h. hier ein Sonderrecht, hat eingeräumt werden sollen. Das muß deutlich erklärt sein, im Zweifel ist das Gegenteil anzunehmen. RG in LZ 3, 75: „Es folgt nicht schon daraus mit Notwendigkeit, daß die Bestellung im Statut erfolgt ist, der Gesellschafter sein ganzes Vermögen in die Gesellschaft eingebracht hat und der einzige Geschäftskundige ist." Wohl aber liegt Sonderrecht vor, wenn ein Gesellschafter sich die Stellung des Geschäftsführers auf Lebenszeit ausbedingt (RG 44, 96) oder auf so lange, wie er den Geschäftsanteil besitzt (Warn 7, 261; HoldheimsMSchr 23, 270). — Gewährt die Gesellschaft das Recht als Sonderrecht, so begibt sie sich damit des Rechts, den Gesellschafter gemäß § 38 Abs 1 nach Willkür abzuberufen, nicht aber des Rechts, es zu tun, wenn ein wichtiger Grund vorliegt (RG 44, 96; RG in LZ 2, 450[15]; JW 1919, 373[32]; vgl. auch Erl 3 zu § 38, Erl 1e zu § 53).

3. Über Bestellung des Geschäftsführers s. Erl 6a—d zu § 46.

4. Ist im Statut bestimmt, daß alle Gesellschafter zur Geschäftsführung berechtigt sein sollen, so heißt das zugleich, daß sie alle zu Geschäftsführern bestellt werden. Daran knüpft das Gesetz die Auslegungsregel, daß das nur auf die Persönlichkeit der gegenwärtigen Gesellschafter abzielt. Weder haftet Recht und Verbindlichkeit zur Geschäftsführung am Geschäftsanteil, der Erwerber eines solchen wird damit nicht zugleich auch ohne weiteres Geschäftsführer, noch ist damit irgend etwas über die notwendige Anzahl von Geschäftsführern gesagt, nicht einmal, daß es mehr als einer sein müßte (KGJ 21, 262). — Überhaupt spricht, wenn ein Gesellschafter, der Geschäftsführer ist, seinen Geschäftsanteil veräußert, eine Vermutung dafür, daß er seine Stellung als Geschäftsführer aufzugeben hat; aber es liegt kein

Grund vor anzunehmen, daß mit der Veräußerung seine Vertretungsmacht erlischt und somit eine Unterbrechung in der Kontinuität der Vertretung der Gesellschaft eintritt.

5. a) Der Geschäftsführer — mag er Gesellschafter sein oder nicht — ist nicht Handlungsgehilfe der Gesellschaft. Er hat vielmehr in dem geschäftlichen Unternehmen der Gesellschaft die Stellung des Prinzipals (RG in HoldheimsMSchr 11, 120; in SeuffA 63, 258; OLG 27, 379). Das ist auch nicht anders, wenn er einem Gesellschafter gegenübersteht, der alle Geschäftsanteile besitzt (BauersZ 1913, 194; vgl. auch ROHG 13, 179; 19, 58, 61). Auf ihn finden nicht §§ 59 ff. HGB Anwendung. Sein Rechtsverhältnis zur Gesellschaft aus der Anstellung richtet sich nächst dem Vertrage nach §§ 611 ff. BGB, welche (neben den gesellschaftsrechtlichen Grundsätzen) auch dann ergänzend Anwendung finden, wenn er zugleich Gesellschafter ist (RG in LZ 1912, 309[2]). Daher sind auch die Vorschriften §§ 74 ff. HGB über Vereinbarung von Konkurrenzklauseln auf sein Anstellungsverhältnis nur anwendbar, wenn es ausdrücklich bedungen wird (HansGZ 1915, Hauptblatt 26). Während des Anstellungsverhältnisses der Gesellschaft Konkurrenz zu machen, ist ihm — wenigstens durch ausdrückliche Gesetzesvorschrift — nicht verboten (anders § 236 HGB betr. den Vorstand einer Aktiengesellschaft). Gleichwohl kann darin, daß er es tut, eine schwere Pflichtverletzung und ein wichtiger Grund zu seiner Entlassung liegen (BauersZ 21, 181; Recht 1917, 481; Freymuth GmbHRundsch 25, 629). Ist die Stellung des Geschäftsführers so zu verstehen, daß er seine ganze Arbeitskraft dem Unternehmen zu widmen hat, so dürfte schon hieraus sich genügend ergeben, daß er überhaupt nicht Handelsgeschäfte und also vollends nicht Konkurrenzgeschäfte nebenher für sich vornehmen darf.

b) Das Gehalt des Geschäftsführers gehört zu den Geschäftsunkosten, zu den Werbungskosten in Beziehung auf die Körperschaftssteuer, während die Tantieme vom Jahresgewinn abzugsfähige Sonderleistung darstellt (KörpStG § 14 Ziff 3). Ist der Geschäftsführer zugleich Mitglied der Gesellschaft, dann verwischt sich leicht die Grenze zwischen dem ihm zufallenden Gewinnanteil und der Vergütung seiner Tätigkeit. Steuerrechtlich macht es keinen Unterschied, ob der Geschäftsführer die Stellung als gesellschaftliche oder auf Grund eines Dienstvertrages übernommen hat. „Vergütungen an den Geschäftsführer, mögen diese gleichzeitig Gesellschafter sein oder nicht, können als versteckte Gewinnverteilung behandelt werden, sofern sie unter Berücksichtigung des Umfanges und der Ertragsaussichten des Unternehmens in so großem Mißverhältnis zu dem Wert der Dienstleistungen stehen, daß angenommen werden muß, es solle nicht nur die Tätigkeit entlohnt, sondern zugleich Gewinn verteilt werden", RFH in JW 1927, 2549 und die dortigen Zitate; RFH 2, 266; 6, 266; 16, 335; 20, 169. Vgl. auch RFH in JW 1928, 251. — Besteht die Vergütung, welche er bezieht, ausschließlich in einem Teile des Jahresgewinnes und ist ein bestimmter Mindestbetrag garantiert, so steht ihm dieser Betrag auch dann zu, wenn Gewinn nicht erzielt worden ist (OLG 27, 378).

c) Der Geschäftsführer ist nicht Kaufmann im Sinne des § 1 HGB, da er nicht Handelsgewerbe für eigene Rechnung betreibt. Er ist daher für seine Person auch nicht börsentermingeschäftsfähig (OLG 27, 375). Das soll nach BauersZ 23, 232 (BankA 15, 324[1]) auch dann gelten, wenn er das Börsengeschäft zwar für die Gesellschaft, aber dieser gegenüber zu Unrecht und unter Mißbrauch seiner Stellung abgeschlossen hat. Anders JW 1917, 43[10], wenn der Geschäftsführer in Ausübung seines Berufs, d. h. eben als Geschäftsführer namens der Gesellschaft gehandelt hat, wenn auch für eigene Rechnung. — Sehr bestritten ist die Frage, ob im Konkurse der Gesellschaft der Geschäftsführer wegen seiner Ansprüche das Vorrecht nach § 61 Ziff 1 KO (Lidlohn) genießt. Die Frage ist hier dieselbe wie im Verhältnis der A.-Gesellschaft zu ihren Vorstandsmitgliedern. Dafür (mit Ausnahme zugesagter Provisionen) OLG 19, 215 (Frankfurt); JW 1926, 1592 (Hamburg); dagegen mit überzeugender Begründung LZ 1912, 718 (Frankfurt) und (mit wenig glücklicher Einschränkung) JW 1926, 2103, 9 (Celle); OLG 32, 381 (KG) und nunmehr auch RG 120, 300; ferner Jaeger KO § 61 Erl 14 a. E. Richtig ist, daß auf das Rechtsverhältnis nicht § 23 Abs 2, sondern § 22 KO anzuwenden ist; aber der innere Grund dieser Vorschrift ist ein ganz anderer, und auch der Wortlaut ist nicht ganz der gleiche. — Das Lohnbeschlagnahmegesetz findet dagegen Anwendung. — In Beziehung auf die Angestelltenversicherung hat sich eine feste Rechtsprechung dahin gebildet, daß der Geschäftsführer Angestellter in leitender Stellung i. S. des Gesetzes ist, wenn er die Geschäftsführung nicht ausschließlich als Gesellschafter und auf Grund einer gesellschaftlichen Verpflichtung übernommen hat oder wenn er als Gesellschafter nicht entscheidenden Einfluß auf die Willensbildung der Gesellschaft hat (wenn er nicht mindestens über 50% der Stimmen verfügt; AVN 1928, 205 Nr. 296). Vgl. Görrig in GmbHRundsch 27, 621. — Nach denselben Grundsätzen ist zu entscheiden, ob auf das Verhältnis das Kündigungsschutzgesetz vom 9. Juli 1926 Anwendung findet. S. hierzu Scholz 365; Görrig a. a. O. — Für Rechtsstreitigkeiten zwischen der Gesellschaft und dem Geschäftsführer sind die ordentlichen Gerichte, nicht das Arbeitsgericht zuständig, JW 1928, 2163. — In den nach § 63 E-StGes. einzureichenden Lohnlisten sind auch die Geschäftsführer und deren Bezüge aufzuführen, RJH 8, 55. — Die Vorschrift des § 15a GewO, wonach Ladeninhaber ihren Familiennamen an der Außenseite des Ladens kundbar machen müssen, findet auf den Geschäftsführer der Gesellschaft m. b. H., die das Ladengeschäft betreibt, keine Anwendung (PVG in GewArch 13, 366). — Der Geschäftsführer einer Brauereigesellschaft hat das Recht, über die Verkaufspreise der Brauerei das Zeugnis zu verweigern (OLG 27, 97). — Der Geschäftsführer einer Gesellschaft m. b. H. kann zum Handelsrichter ernannt werden (GVG § 113 Abs 1).

§ 7

Die Gesellschaft[1]) ist bei dem Gericht, in dessen Bezirke sie ihren Sitz hat, zur Eintragung in das Handelsregister anzumelden[2]).

Die Anmeldung[3]) darf nur erfolgen[4]), nachdem von jeder Stammeinlage, soweit nicht andere als in Geld zu leistende Einlagen auf das Stammkapital gemacht sind, ein Viertel, mindestens aber der Betrag von zweihundertundfünfzig Reichsmark eingezahlt ist.

Österr. Gesetz § 2 Abs 1; § 10 Abs 1. u. 2.

1. Die §§ 7—12 handeln von der Eintragung der Gesellschaft m. b. H. in das Handelsregister. Für das Verfahren gelten die allgemeinen Bestimmungen §§ 8—16 HGB, §§ 125—144, 194, 19 FGG. Die gegenwärtigen besonderen Vorschriften handeln in §§ 7—9 von der Anmeldung, § 10 Abs 1, 2, § 11 von der Eintragung, § 10 Abs 3 von der durch § 10 HGB vorgeschriebenen öffentlichen Bekanntmachung, § 12 von der Eintragung von Zweigniederlassungen.

2. Ist anzumelden. Eine Verpflichtung zur Anmeldung im Sinne des § 14 HGB und folgeweise ein Zwang zur Anmeldung der Gesellschaft besteht nicht, § 79. Erst durch die Eintragung kommt die Gesellschaft m. b. H. als solche zur Entstehung (§ 11) und ob es dazu kommen soll, liegt selbstverständlich in der freien Entschließung der Gesellschafter. Diesen sind die Geschäftsführer verpflichtet, die Anmeldung zu beschaffen, und können, wenn sie sich dessen weigern, im Wege der Klage dazu verurteilt werden. Aber Zwangsvollstreckung aus dem Urteil gemäß § 894 ZPO, § 16 HGB ist ausgeschlossen, weil schon die Anmeldung, aber jedenfalls die nach § 8 Abs 2 unerläßliche Versicherung keine Willenserklärungen sind.

3. Die Anmeldung muß von sämtlichen Geschäftsführern einschließlich — wie RG in LZ 1914, 398[17] in einer Strafsache erkannt hat — ihrer ständigen Stellvertreter ausgehen (§ 78). Sie ist entweder persönlich vor Gericht (zu Protokoll des Urkundsbeamten, § 128 FGG) zu bewirken oder in öffentlich beglaubigter Form (HGB § 12). Eine Anmeldung durch bevollmächtigte Stellvertreter findet nicht statt (wegen der nach § 8 Abs 2 erforderlichen persönlichen Versicherung des Geschäftsführers; RJA 5, 176; a. A. Hachenburg § 7 Erl 7, Feine 145 f., unzutreffend auch Scholz 130 f.; die in § 8 Abs 3 vorgeschriebene Hinterlegung der eigenen Schriftzüge hat für die Anmeldung der Gesellschaft keine Bedeutung). Wohl aber ist der Notar, der die Anmeldung beglaubigt hat, legitimiert, sie bei dem Gericht einzureichen (FGG 129; RJA 15, 37). Damit meldet der Notar nicht die Gesellschaft an, sondern er übermittelt die nach § 12 HGB formgerecht erklärte Anmeldung des Geschäftsführers auf Grund § 129 FGG an ihre Adresse. Letztere Vorschrift spricht von dem „Antrag auf Eintragung". Aber in der Einreichung der Anmeldung liegt doch dieser Antrag, § 8 Erl 1. A. A. Hachenburg § 7[8]; wie hier Liebmann § 7[2]; Feine 146 bei Note 5. — Auf die ordnungsmäßige Anmeldung erfolgt die Eintragung der Gesellschaft, ohne daß es eines Antrages hierauf bedarf. Aus § 78 ergibt sich, daß das Amt und die Funktionen des Geschäftsführers schon vor Eintragung, also vor Entstehung der Gesellschaft m. b. H. ihren Anfang nehmen (JW 04, 123). Das ist nicht auf die Anmeldung der Gesellschaft beschränkt. Er handelt dann aber als rechtsgeschäftlich bestellter Bevollmächtigter der Gründer der Gesellschaft, im Zweifel nach Maßgabe des in dieser Beziehung im Gesellschaftsvertrag Bestimmten. Letzteres gilt namentlich auch von der Form der Vertretung (Kollektivvertretung; vgl. § 35 Erl 2 i; RGBl 11, 25).

4. a) Der Abs 2 handelt nur von Geldeinlagen (vgl. aber auch Erl 4a zu § 8), reinen Geldanlagen sowohl als gemischten, soweit als diese aus Geldeinlagen bestehen (RGSt 48, 153). Der Mindestbetrag muß auf jede Stammeinlage eingezahlt sein. Was an einer Einlage fehlt, kann nicht durch Mehreinzahlungen auf andere ausgeglichen werden (RGSt 26, 66); ebensowenig kann bei gemischter Stammeinlage die Sacheinlage oder ihr Wert auf diese Einzahlung verrechnet werden (RGSt 33, 252; 48, 153; gegen RG in GoltdArch 48, 304, wo die gegenteilige Auffassung nur gelegentlich und ohne Bedeutung für die Entscheidung ausgesprochen worden war; RG in DJZ 07, 1324; RJA 12, 129). — Das bestimmte Minimum ist bei allen Stammeinlagen gleich. Durch Reichsges v. 24. 12. 22 war es von 250 M. auf 5000 M. erhöht und durch die GBVO auf 25 Goldmark bestimmt (vgl. Erl 1b zu § 5). Durch das Ges v. 28. 6. 26 ist die ursprüngliche Zahl wieder eingestellt.

b) Das Geld muß eingezahlt sein. In dem dieser Vorschrift entsprechenden § 195 HGB ist bei der Aktiengesellschaft Barzahlung vorgeschrieben und zugleich bestimmt, daß als Barzahlung nur Zahlung in deutschem Gelde, in Reichskassenscheinen und Banknoten gilt. Davon ist hier mit Recht Abstand genommen. Es war das ein Mißgriff, mit dem man gar nicht getroffen hat, was man hat treffen wollen. Es kommt nicht darauf an, ob bar oder bargeldlos gezahlt wird. Im heutigen Verkehr wird unter regelmäßigen Verhältnissen letzteres die überwiegende Regel bilden. Wichtig ist vielmehr, daß bezahlt wird, daß der (werdenden) Gesellschaft der Geldbetrag zur freien Verfügung zugeführt, d. h. zugeführt wird, ohne daß der Empfang mit einer Verpflichtung der Gesellschaft, wie mit dem Gelde zu verfahren, belastet wird, oder, wie RG 72, 267 den Gedanken ausspricht, die Leistung muß materiell den in Geld anzusetzenden Vermögenswert der Einlage für die Gesellschaft bedeuten. Daher genügt vollkommen die Überweisung auf Postscheck- oder (im regelmäßigen Giroverkehr) auf Girokonto (RG in HoldheimsMSchr 23, 269). Von einem regelmäßigen Giroverkehr kann aber nur gesprochen werden, wo die Gutschrift der Bank vollwertig ist. Dann genügt auch ein Verrechnungsscheck (die Gutschrift als erfolgt vorausgesetzt; RG 41, 120). A. A. Hachenburg § 7[21], der aus der — nur von der Aktiengesellschaft handelnden — VO v. 24. 5. 17 folgert, daß auch hier nur ein auf die Reichsbank gezogener und von ihr bestätigter Scheck oder Gutschrift bei ihr genüge. — Die Zahlung durch Scheck ist als solche erst vollendet, wenn der Betrag dem Empfänger ausgezahlt oder auch gutgeschrieben worden ist (weniger streng RG 41, 123). — Die Hingabe eines Wechsels ist nicht Zahlung, auch nicht, wenn er auf Sicht lautet und vollwertig ist. Mag doch der Empfänger hingehen und den Betrag erheben. Auch bei Hingabe eines Wechsels — Akzept oder Tratte — vollendet sich die Zahlung erst, wenn der Wechsel honoriert worden ist, wobei wiederum Gutschrift nur genügt, wenn sie vollwertig ist; auch muß die Gesellschaft den Betrag ohne Übernahme einer Regreßverbindlichkeit, also beim Diskontieren des Wechsels ohne eigenes Giro, erhoben haben (RGSt 36, 185; JW 1912, 950[44]). Gibt der Gesellschafter eine Sache, z. B. ein Wertpapier, damit die Gesellschaft sich aus dem Erlös bezahlt macht, so ist Zahlung erst erfolgt, wenn und soweit die Gesellschaft durch den Verkauf in den Besitz des Geldes gelangt, wenn die Bank, die mit dem Verkaufe beauftragt wird, ihr den Betrag gutgeschrieben hat. — Ob der Gesellschafter selbst zahlt oder durch einen Dritten in seinem Namen zahlen läßt (RG in Recht 1911, 3366), ob er mit eigenem oder mit geliehenem Gelde zahlt, ist gleichgültig. Verspricht aber der Geschäftsführer, ihm das Geld zurückzugeben, so ist die Zahlung nur Scheingeschäft (vgl. RGSt 24, 287; 30, 316; 43, 186; 53, 150; RG in BauersZ 22, 182). Kein Scheingeschäft mehr, aber ebenfalls unzulänglich ist die Zahlung mit geliehenem Gelde, wenn der Geschäftsführer namens der Gesellschaft oder für ihre Rechnung selbst das Geld hergegeben hat (RG 47, 185), wenn die Gesellschaft dem Gesellschafter das Geld leiht (RG 98, 279) oder wenn der Gesellschafter sich dem Geldgeber verpflichtet, daß ihm das Geld sofort wieder zurückgegeben wird (nicht Darlehn, sondern Leihe des Geldes), und die Gesellschaft (der Geschäftsführer) das weiß und damit einverstanden ist (RG in BauersZ 18, 225; vgl. auch BauersZ 22, 182; RGSt 30, 316) oder wenn die Gesellschaft beim Darlehn die Bürgschaft übernimmt. — Die Umbuchung des Betrages bei dem Bankier, bei welchem Gesellschaft und Gesellschafter zugleich ein Konto haben, kann als Zahlung nur gelten, wenn die Gesellschaft dadurch ein vollwertiges, sofort zur Verfügung stehendes Guthaben erlangt (RG in HoldheimsMSchr 23, 268). — Der Mangel der Zahlung wird auch dadurch nicht gehoben, daß der Geschäftsführer hinreichend Geld besitzt und hätte hergeben können, auch dadurch nicht, daß er das Geld für den Augenblick in eine „Gesellschaftskasse" legt (RGSt 32, 82). — Immer muß die Gesellschaft in ihrem Vermögen um die Summe endgültig bereichert sein.

c) Ganz ausgeschlossen ist Zahlung durch Aufrechnung (vgl. RG in LZ 07, 826[14]; OLG 32, 140). Anders für den Fall der Erhöhung des Stammkapitals (RG 54, 390; in HoldheimsMSchr 13, 255). Bedenklich (zum mindesten unzulänglich im Tatbericht) RG in BauersZ 20, 38. Soll mit dem Anspruch aus entgeltlicher Übereignung von Gegenständen aufgerechnet werden, so liegt ein Fall nach § 5 Abs 4 vor (RG 36, 112; 86, 291; OLG 22, 13), und vorausgesetzt, daß die Aufrechnung im Gesellschaftsvertrage bedungen worden ist, überhaupt nicht Geld-, sondern Sacheinlage (vgl. Erl 6a zu § 5). Das gilt auch, wenn eine dritte Person dazwischen geschoben wird (RG in LZ 07, 603). Ergibt sich aus dem Gesellschaftsvertrage dieser sachliche Zusammenhang, so bedarf es nicht der ausdrücklichen Vereinbarung der Aufrechnung (RG 68, 121). — Die späteren — über die vorgeschriebene erste Einzahlung hinausgehenden — Zahlungen können dagegen nach Maßgabe § 19 Abs 2 durch Aufrechnung erfolgen (RG in LZ 07, 606; vgl. RGSt 53, 153); aber immer ist Bedingung, daß die Gegenforderung an die Gesellschaft vollwertig ist (JW 07, 845; RG 72, 266; 85, 354; vgl. auch JW 01, 755[15]; in HoldheimsMSchr 14, 142). Nach RG 41, 120 soll auch bei der Zahlung der ersten 25% Aufrechnung an sich nicht unzulässig sein. Auch RG 68, 121 setzt es voraus. S. auch Erl 3 zu § 19.

d) Das Geld muß nicht unbedingt unmittelbar an den Geschäftsführer gezahlt werden. Auch die Einzahlung an einen Treuhänder entspricht dem Gesetz. Es kann das formlos bedungen werden (RG in HoldheimsMSchr 22, 243; BauersZ 14, 86). — RG 54, 390 läßt die Einzahlung auch in dem Falle gelten, daß — wider den Willen des Gesellschafters — ein Gläubiger der Gesellschaft dieser seinen Anspruch zwecks Verrechnung mit der Schuld des Gesellschafters zur Verfügung stellt (ob unentgeltlich, wird nicht berichtet).

§ 8

Der Anmeldung müssen beigefügt sein:

1. **der Gesellschaftsvertrag und im Falle des § 2 Absatz 2 die Vollmachten der Vertreter, welche den Gesellschaftsvertrag unterzeichnet haben, oder eine beglaubigte Abschrift dieser Urkunden**[1]),
2. **die Legitimation der Geschäftsführer, sofern dieselben nicht im Gesellschaftsvertrage bestellt sind,**
3. **eine von den Anmeldenden unterschriebene Liste der Gesellschafter, aus welcher Name, Vorname, Stand und Wohnort der letzteren, sowie der Betrag der von einem jeden derselben übernommenen Stammeinlage ersichtlich ist**[2]),
4. **in dem Falle, daß der Gegenstand des Unternehmens der staatlichen Genehmigung bedarf, die Genehmigungsurkunde**[3]).

In der Anmeldung ist die Versicherung abzugeben, daß die im § 7 Absatz 2 bezeichneten Leistungen auf die Stammeinlagen bewirkt sind, und daß der Gegenstand der Leistungen sich in der freien Verfügung der Geschäftsführer befindet[4]).

Die Geschäftsführer haben ihre Unterschrift zur Aufbewahrung bei dem Gerichte zu zeichnen[5]).

Österr. Gesetz § 9.

1. Die Anmeldung bedarf keines weiteren Inhalts, namentlich auch keines Antrags. Alles Erforderliche ergibt sich aus den Anlagen, die — in Urschrift oder Abschrift — zu den Akten genommen werden und von jedermann eingesehen werden können (§ 9 HGB). Öffentlich bekanntgemacht wird nur, was in das Register eingetragen wird und das in § 10 Abs 3 Bestimmte. Einzureichen sind jedesmal der Gesellschaftsvertrag (in Ausfertigung oder beglaubigter Abschrift) und die Liste der Gesellschafter, ferner die Legitimation der Geschäftsführer, sofern sie sich aus dem Statut nicht ergibt, und gegebenenfalls die Konzessionsurkunde, endlich im Falle des § 2 Abs 2 die Vollmachten in Urschrift oder beglaubigter Abschrift. Unter Umständen kommen noch weitere Urkunden in Frage, Genehmigung des Vormundes, Legitimation des gesetzlichen Vertreters u. ä. Wegen Aufsichtsrat vgl. § 52 Erl 2b.

2. Der Einzelkaufmann als Gesellschafter ist mit seinem Namen, nicht mit seiner Firma, jedenfalls nicht nur mit der Firma, in die Liste aufzunehmen, die offene Handelsgesellschaft mit beiden (a. A. Hachenburg § 8 Erl 6; Scholz 137; Liebmann § 8 Erl 3), die Aktiengesellschaft nur mit der Firma. Hat, was nicht ausgeschlossen ist, schon vor der Entstehung der Gesellschaft ein Personalwechsel stattgefunden, so ist nicht der frühere, sondern nur der gegenwärtige Gesellschafter namhaft zu machen (vgl. auch §§ 40, 57 Abs 3 Ziff 2). Anders Liebmann a. a. O. — Ob Sach- oder Geldeinlage, braucht aus der Liste nicht hervorzugehen. Ebensowenig, wieviel auf die Einlage eingezahlt worden ist.

3. In Frage kommen die in § 6 GewO von der allgemeinen Gewerbefreiheit ausgenommenen Unternehmungen. Im übrigen unterscheidet die GewO zwischen Anlagen, welche einer besonderen Genehmigung bedürfen, und Gewerbetreibenden, bei denen das der Fall ist; nur an diese letztere, der Person des Unternehmers zu erteilende Konzession ist hier zu denken (HoldheimsMSchr 06, 263; RJA 17, 107; vgl. auch RG 80, 428). Auch die Fälle gehören nicht hierher, wo das Unternehmen auf Ausnutzung eines vom Staate übertragenen Nutzungsrechts gerichtet ist (OLG 19, 381). — Der Registerrichter hat sein Augenmerk darauf zu richten, ob das Unternehmen der hier erwähnten staatlichen Genehmigung bedarf, wenn die Genehmigungsurkunde nicht vorliegt. Liegt aber die Genehmigung vor oder die Ablehnung oder die Erklärung der zuständigen Behörde, daß es keiner Genehmigung bedarf, dann ist für ihn die Sache erledigt (RJA 9, 181). Solange die erforderliche Genehmigung nicht erteilt ist, darf die Eintragung der Gesellschaft nicht erfolgen. Es genügt aber, daß beispielsweise die zum Schankbetrieb erforderliche Genehmigung dem Geschäftsführer erteilt ist. Denn wenn auch nach neuerer Verwaltungspraxis einer juristischen Person Konzessionen dieser Art erteilt werden können (s. § 13 Erl 1 g), so ist es daneben doch dabei geblieben, daß die dem Vorstand erteilte Genehmigung genügt. — Geht die bestehende Gesellschaft zu einem genehmigungspflichtigen Unternehmen über, so bedarf es der Abänderung des Gesellschaftsvertrages, und es liegt nahe, auf die notwendige Eintragung in das Handelsregister (§ 54 Abs. 3) die gegenwärtige Bestimmung entsprechend anzuwenden. So KGJ 11, 28; anders DJZ 1910, 445, Liebmann § 8[4]. — Erfolgt die Eintragung ohne die erforderliche Genehmigung, so hindert das nicht die Entstehung der Gesellschaft. Es kann dann, wenn die Voraussetzungen der § 61 oder § 62 vorliegen, auf ihre Auflösung geklagt werden. Löschung von Amts wegen (FGG § 144) ist nur zulässig, wenn der Gesellschaftsvertrag nichtig ist.

4. a) Über die Auslegung des Abs 2 herrscht in der Theorie Streit, obwohl an und für sich der Wortlaut der Bestimmung und der Zusammenhang ganz eindeutig sind. Darüber, welche Voraussetzungen in Beziehung auf Beschaffung des Stammkapitals vorliegen müssen, bevor es zur Entstehung der Gesellschaft kommt, wird hier nichts bestimmt. Dafür ist diese Vorschrift nicht sedes materiae. Hier ist nur davon die Rede, was — als formale Voraussetzung der Eintragung — die Geschäftsführer in dieser Beziehung zu versichern haben. An materiellen Vorschriften findet sich aber in dieser Richtung im Gesetz nur der § 7 Abs 2, der offenbar nur in Beziehung auf Geldeinlagen eine Bestimmung trifft. Hier ist keine andere Leistung auf die Stammeinlagen „bezeichnet" als die Zahlung von mindestens 25% der Geldeinlagen. Im Gegensatz dazu hat die Praxis (anders OLG 16, 112), namentlich die ständige Rechtsprechung des Reichsgerichts, insbesondere der Strafsenate, in Anwendung des § 82 Ziff 1 angenommen, daß die Versicherung des Geschäftsführers sich auch auf die Sacheinlagen zu beziehen hat (RGSt 38, 128; 40, 285; 43 S. 250, 430; 48, 153; KGJ 35, 171), eine der Sachlage und dem praktischen Bedürfnis wenig entsprechende Auslegung, welche auch durch die Berufung auf die Motive nicht ausreichend begründet wird; allenfalls ließe sich verwerten, daß nicht statt „Gegenstand der Leistungen" einfach gesagt ist „das Geld". Aber Fälle von papierenem Stil sind in unseren Gesetzen nichts Seltenes. S. Hachenburg § 7 Erl 16, dem darin zu folgen ist, daß im Gesetz in dieser Beziehung von Sacheinlagen nichts bestimmt ist, eine solche daher vor der Eintragung weder voll geleistet sein noch zur freien Verfügung der Geschäftsführer stehen muß. Ebenso Scholz 135; KGJ 35, 359 (Hamburg). — Die Geldeinlage muß bewirkt sein, und das Geld muß sich in der freien Verfügung der Gesellschaft befinden (RGSt 32, 82). Vgl. hierzu Erl 4b zu § 7. Das dort Gesagte kommt hier treffend zum Ausdruck. Das Geld muß erstens bezahlt sein und zweitens so bezahlt, daß damit die Gesellschaft keinerlei Verpflichtung übernimmt, wie mit ihm zu verfahren. Auf Sacheinlagen passen die Worte des Gesetzes gar nicht. Jedenfalls Grundstücke können gar nicht vor der Entstehung der Gesellschaft auf diese umgeschrieben, also auch nicht aufgelassen werden. Höchstens die Auflassungserklärung des Einbringenden könnte in der vorgeschriebenen Form niedergelegt werden (RGSt 48, 153). Anderseits würde bei beweglichen Sachen die Übereignung — die hier jedenfalls ebenso möglich ist wie die Zahlung von Geld — insofern nicht einmal genügen, als Rechte Dritter, namentlich Pfandrechte, an der Sache haften könnten, die es noch abzulösen gilt (RG in LZ 1914, 950[16]). Man wird daher vom Standpunkt des RG aus sagen müssen, die Übereignung zu freiem Recht muß so weit gediehen sein, daß es nur noch der Erklärung der Gesellschaft bedarf, um den Rechtsübergang zu vollenden; stehen der sofortigen Einbringung einer Sacheinlage Hindernisse entgegen, so dürfte dem Gesetz genügt sein, wenn das angegeben wird; die Eintragung der Gesellschaft muß darum nicht beanstandet werden.

b) Was bedeutet die Wendung, das Geld befindet sich in der freien Verfügung des Geschäftsführers? Zu weit dürfte es gehen, wenn RG in LZ 1916, 617[21] und RG 83, 375 aufstellen (vgl. auch RGSt 24, 291; 30, 319), daß das Geld zur Zeit der Anmeldung (der Versicherung des Geschäftsführers) noch ungemindert vorhanden sein muß (vgl. auch RG in BauersZ 20, 27, unzulänglich in der Begründung RG das. S. 38). Es läßt sich oft nicht vermeiden, schon vorher für die Gesellschaft Aufwendungen zu machen (s. hierzu Erl 1a zu § 11). Soweit das in dem durch die Sachlage gerechtfertigten Umfang geschieht, dürfte sich nichts dagegen einwenden lassen, wenn das aus den vorhandenen Mitteln der Gesellschaft geschieht (a. A. RG in Recht 1912, 1868; unklar RG in LZ 1910, 397). Nach diesseitiger Auffassung wird die wahre Meinung, welche der Gesetzgeber hat zum Ausdruck bringen wollen und die er allerdings nicht glücklich ausgedrückt hat, allgemein verkannt. Der Gegensatz, an welchen man zu denken hat, ist nicht, daß das Geld nicht mehr zur Verfügung steht, sondern, daß es nicht zur freien Verfügung gezahlt ist. Es handelt sich um den Kampf gegen die Scheinzahlung. Im Fall JW 1912, 951, 45 ist — soweit der Bericht erkennen läßt — nach diesseitiger Auffassung dem Angeklagten bitter Unrecht geschehen. Vgl. hierzu ausführlicher Brodmann, A.-R. § 195 Erl 6 b und d. Zutreffend Urt v. 23. 9. 05 I 78 u. 93/05: „Zahlten die Gesellschafter vor Errichtung der Gesellschaft Einlagen und wurden diese zum Betriebe verwendet, so stand rechtlich auch nach § 7 Abs 2 nichts im Wege, diese Einzahlungen bei Errichtung der Gesellschaft als Einzahlungen auf das Stammkapital anzusehen und zu behandeln; die Gesellschafter konnten nicht annehmen, daß die zum Zwecke des Betriebes der künftigen Gesellschaft eingezahlten Beträge bis zu dem unsicheren Zeitpunkte der Errichtung aufbewahrt würden." Wenn die Geschäftsführer versichern, daß die eingezahlten x M. zu ihrer freien Verfügung stehen, abzüglich y M. von der Gesellschaft zu tragender und bezahlter Kosten des Notars, hat der Registerrichter keinen Anlaß, die Eintragung zu beanstanden.

c) Die auf die Stammeinlagen gezahlten Beträge müssen für jede Stammeinlage einzeln und ziffernmäßig angegeben werden. Die allgemeine Versicherung, daß die gesetzlichen Mindestbeträge geleistet seien, genügt nicht (KGJ 38, 161). — Die Geschäftsführer müssen „versichern", daß die Einzahlungen bewirkt sind, d. h. sie müssen das aus eigener Wissenschaft erklären. Im übrigen fällt auf den Ausdruck Versicherung kein Nachdruck. Es genügt die einfache Erklärung. Sie begründet im Falle unrichtiger Angaben die zivil- und strafrechtliche Haftung des Geschäftsführers nach §§ 9 u. 82 Ziff 1 (RJA 12, 49).

d) Die Frage, ob in § 8 Abs 2 ein Schutzgesetz im Sinne des § 823 Abs 2 BGB liegt, aus dessen Verletzung Dritte Ersatzansprüche herleiten könnten, war im Falle RG 73, 392 angeregt, ist aber nicht entschieden worden; sie dürfte zu verneinen sein (s. auch RG in Recht 1913, 2639).

e) Durch eine unrichtige Angabe oder Versicherung wird die Wirkung der Eintragung der Gesellschaft nicht in Frage gestellt (RG 54, 390).

5. Die Zeichnung der Unterschrift ist nach § 12 HGB entweder persönlich bei dem Registergericht (auch zu Protokoll des Urkundsbeamten, § 128 FGG) zu bewirken oder in öffentlich beglaubigter Form einzureichen. Nach RJA 10, 124 soll hierzu auch die unter der Anmeldung stehende Unterschrift des Anmeldenden genügen. Mit der Absicht des Gesetzes dürfte das nicht in Einklang stehen (vgl. KGJ 37, 138). Es bedarf nur der Zeichnung des Namens, nicht, wie beim Prokuristen (§ 53 HGB), der Firma mit Namenszug. — Auch beim Handelsregister einer Zweigniederlassung ist die Namensunterschrift einzureichen. — Die Zeichnung ist nicht Voraussetzung der Eintragung der Gesellschaft (vgl. KGJ 37, 138), doch können, sobald es zur Anmeldung der Gesellschaft gekommen ist, die Geschäftsführer auf Grund § 14 zur Einreichung angehalten werden. A. A. Scholz 140.

§ 9

Die Anmeldenden[1]) haften[2]) der Gesellschaft solidarisch für die Richtigkeit ihrer Angaben hinsichtlich der auf die Stammeinlagen gemachten Leistungen (§ 7 Absatz 2).

Verzichtleistungen oder Vergleiche der Gesellschaft in betreff der ihr nach Absatz 1 zustehenden Ersatzansprüche sind unwirksam, soweit der Ersatz zur Befriedigung der Gläubiger der Gesellschaft erforderlich ist. Auf einen Vergleich, welchen der Ersatzpflichtige im Falle der Zahlungsunfähigkeit zur Abwendung oder Beseitigung des Konkursverfahrens mit seinen Gläubigern abschließt, findet diese Bestimmung keine Anwendung[3]).

Die Ansprüche auf Grund der vorstehenden Bestimmungen verjähren in fünf Jahren seit der Eintragung der Gesellschaft in das Handelsregister[4]).

Österr. Gesetz § 10 Abs 4 bis 6.

1. Die Anmeldenden sind die Geschäftsführer (§ 78) und gegebenenfalls ihre (ständigen) Vertreter, falls sie sich an der Anmeldung beteiligt haben (§ 7 Erl 3). Eine Anmeldung durch andere begründet gegen diese nicht die hier bestimmte Haftung (a. A. Hachenburg § 9 Erl 1; Feine 223). Das muß auch gelten, wenn der andere ein Gesellschafter ist, der sich überflüssigerweise an der Anmeldung beteiligt (a. A. Liebmann § 9 Erl 1). Wie hier Scholz 141. S. Erl 1b zu § 82. — Auch wenn alle Gesellschafter zugleich Geschäftsführer sind und Unrichtiges angegeben haben, entsteht der Anspruch der Gesellschaft.

2. a) Nach § 43 haben die Geschäftsführer die Sorgfalt eines ordentlichen Geschäftsmannes anzuwenden und haften, wenn sie ihre Obliegenheiten verletzen, der Gesellschaft für den Schaden. Das ist auch auf Dinge anwendbar, die vor der Entstehung der Gesellschaft geschehen sind. Daneben bestimmt § 9 eine Sonderhaftung in einerseits erweitertem Grade, andererseits begrenztem Umfange. Die Haftung ist unabhängig von Verschulden. Der Geschäftsführer übernimmt, indem er anmeldet, zugleich die Gewähr für die Richtigkeit seiner Angaben. Der Entwurf wollte den Geschäftsführern den Entlastungsbeweis nachlassen, was die Kommission als nicht erforderlich strich, weil bei Anwendung der nötigen Sorgfalt unrichtige Angaben der in Rede stehenden Art nicht vorkommen könnten (!). So ist aus der beabsichtigten Haftung aus Verschulden eine Garantiehaftung geworden. Das ist herrschende Lehre. Anderseits handelt es sich nicht um allgemeine Ersatzpflicht, sondern um ganz bestimmte Werthaftung. Es gilt, die unwahren Angaben wahr machen. Der Geschäftsführer muß den Betrag zahlen, den er als eingezahlt angemeldet hat.

b) Die Ausdrucksweise des Gesetzes und die ausdrückliche Verweisung auf § 7 Abs 2 sagen deutlich genug, daß bei der Bestimmung nur an die Versicherung der auf die Geldeinlagen geschehenen Einzahlungen gedacht ist. Wer, wie Hachenburg und Scholz, die Ausdehnung dieser Pflicht zur Versicherung auf Sacheinlagen ablehnt (vgl. Erl 4 a zu § 8), muß konsequenterweise auch den § 9 auf die Fälle der Geldeinlage beschränken. Es ist nicht zu verkennen, daß mit der speziellen Vorschrift gerade nur die in § 8 Abs 2 bestimmte Verpflichtung zur Wahrheit hat getroffen werden sollen. In dieser Beschränkung allein erscheint auch gerechtfertigt, daß Haftung ohne Verschulden eintreten soll.

c) Über solidarische Haftung s. §§ 421—426 BGB. Zahlt der Geschäftsführer das an der Stammeinlage Fehlende, so tilgt er damit zugleich die Verbindlichkeit des Gesellschafters gegenüber der Gesellschaft und kann diesen auf Grund nützlicher Geschäftsführung in Anspruch nehmen oder, wie Scholz 143 korrigierend bemerkt, aus ungerechtfertigter Bereicherung; indessen steht der Umstand, daß der Geschäftsführende einem Dritten zum Eingreifen verpflichtet ist, dem Begriff der Geschäftsführung nicht entgegen, Oertmann BGB, Vbm vor § 677 Erl 5 d. Aber weder geht der Anspruch der Gesellschaft gegen den Gesellschafter auf ihn über, noch ist die Gesellschaft gehalten, ihm diesen Anspruch zu übertragen. Wohl aber erlischt der Anspruch gegen den Geschäftsführer, soweit der Gesellschafter zahlt. — Die Pfändung des Anspruchs der Gesellschaft gegen den Geschäftsführer erfaßt nicht zugleich ihren Anspruch gegen den Gesellschafter.

d) Die Haftung der Geschäftsführer aus § 9 besteht nur der Gesellschaft gegenüber, nicht gegenüber Dritten, nicht gegenüber den Gläubigern der Gesellschaft, auch nicht gegenüber den einzelnen Gesellschaftern. Über seine Geltendmachung beschließen die Gesellschafter nach § 46 Ziff 8. Sollen alle Geschäftsführer in Anspruch genommen werden, so muß zugleich ein Vertreter für die Prozeßführung bestellt werden, d. h. ein gesetzlicher Vertreter als stellvertretender Geschäftsführer. Man wird der Gesellschaft die Befugnis, einen solchen Vertreter zu bestellen, auch dann zugestehen müssen, wenn von den mehreren haftenden Geschäftsführern vorerst nur der eine oder andere belangt wird. Im Falle des Konkurses der Gesellschaft macht der Konkursverwalter den Anspruch geltend. Außerhalb des Konkurses ist der einzelne Gläubiger der Gesellschaft darauf angewiesen, den Anspruch pfänden zu lassen, wenn die Gesellschaft ihn nicht freiwillig abtritt.

3. a) An und für sich ist die Gesellschaft in der Entschließung über Erhebung des Anspruchs frei. Aber sie kann wirksam nicht auf ihn verzichten — weder im ganzen noch teilweise —, soweit das Geld zur Befriedigung ihrer Gläubiger erforderlich ist. Der Verzicht ist nicht nichtig. Aber im Konkurse der Gesellschaft berührt er den Konkursverwalter nicht. Er berührt auch den Gläubiger der Gesellschaft nicht, der den Anspruch der Gesellschaft hat pfänden lassen. Jedenfalls dann, wenn sein Vollstreckungstitel nicht nur vorläufig vollstreckbar ist, erscheint seine Replik liquide. Er berührt schließlich auch die Gesellschaft selbst nicht, wenn sie nachweist, daß sie des Geldes zur Befriedigung ihrer Gläubiger bedarf. Dabei ist es gleichgültig, ob die Forderung des Gläubigers der Gesellschaft schon bestand, als diese verzichtete. Es ist nicht entscheidend, ob zur Zeit des Verzichts die Gesellschaft zahlungsfähig war. Auch so bleibt, solange die Verjährung nicht vollendet ist, die Rechtslage in der Schwebe. Immer kann der Fall eintreten, wenn er nicht schon eingetreten ist oder wenn er zwar schon eingetreten war, aber wieder beseitigt worden ist, daß der Vergleich sich als unwirksam erweist. Es handelt sich um einen kraft Gesetzes zwingenden Rechts bedingten Verzicht.

b) Auch im Wege des Vergleichs kann die Gesellschaft auf den Anspruch wirksam nicht verzichten oder von ihm etwas nachlassen. Das gilt, wie sehr auch immer ein solcher Vergleich nach Lage der Sache geboten erschien. Anders nur — und zwar schlechthin ohne Prüfung auf die Angemessenheit —, wenn es sich um einen allgemeinen Akkord des Schuldners mit seinen Gläubigern zwecks Abwendung des Konkursverfahrens handelte. Es muß aber ein ernstlich gemeintes einwandfreies Arrangement gewesen sein.

4. Es handelt sich nicht um eine Präklusiv-, sondern um eine Verjährungsfrist. Aber die Frist läuft auch während der Zeit, wo die Gesellschaft imstande ist, ihre Gläubiger zu befriedigen, ohne auf den Ersatzanspruch zurückgreifen zu müssen.

§ 10

Bei der Eintragung in das Handelsregister sind die Firma und der Sitz der Gesellschaft, der Gegenstand des Unternehmens, die Höhe des Stammkapitals, der Tag des Abschlusses des Gesellschaftsvertrages und die Personen der Geschäftsführer anzugeben[1]).

Enthält der Gesellschaftsvertrag besondere Bestimmungen über die Zeitdauer

der Gesellschaft oder über die Befugnis der Geschäftsführer oder der Liquidatoren zur Vertretung der Gesellschaft, so sind auch diese Bestimmungen einzutragen[2]).

In die Veröffentlichung, durch welche die Eintragung bekanntgemacht wird, sind außer dem Inhalte der Eintragung die nach § 5 Absatz 4 getroffenen Festsetzungen und, sofern der Gesellschaftsvertrag besondere Bestimmungen über die Form enthält, in welcher öffentliche Bekanntmachungen der Gesellschaft erlassen werden, auch diese Bestimmungen aufzunehmen[3]).

Österr. Gesetz §§ 11, 12.

1. a) Durch die Eintragung in das Handelsregister kommt die Gesellschaft m. b. H. zur Entstehung. Das Datum der Eintragung (§ 130 FGG) ist entscheidend. Die Eintragung wirkt in diesem Falle rechtserzeugend (konstitutiv), nicht — wie in der Regel — rechtsbekundend (deklarativ). Deshalb erfolgt die Eintragung auf Grund einer Prüfung ihrer rechtlichen Grundlagen. S. Brand, Das Prüfungsrecht und die Prüfungspflicht des Registerrichters in ZBH 3, 97 ff. Dabei ist es aber nicht auf eine Kontrolle des Gründungsvorganges abgesehen, wie bei der Aktiengesellschaft. Es handelt sich darum festzustellen, daß nicht gegen Vorschriften des öffentlichen Rechts und nicht gegen zwingende Vorschriften des Privatrechts verstoßen ist, und es fragt sich, wie weit überhaupt das Prüfungsrecht und die Prüfungspflicht des Registerrichters geht. Es ist das unsicher und bestritten, und jedenfalls hängt es in großem Umfange vom richterlichen Ermessen ab. Feine 148 ff. Es versteht sich, daß die Anmeldung selbst dem Gesetz entsprechen muß. Sie muß in der vorgeschriebenen Form gefaßt und mit den erforderlichen Anlagen (§ 8) versehen sein. Diese selbst müssen formgerecht gefaßt sein (KGJ 31, 160). Was insbesondere den Gesellschaftsvertrag, ferner die Beglaubigungen angeht, so sind die von dem Notar getroffenen Feststellungen ohne weiteres maßgeblich, was namentlich auch bei einem Gesellschafterbeschluß von der Legitimation der Inhaber der Geschäftsanteile gilt (KGJ 39, 123), nur dürfen die Angaben nicht in sich widerspruchsvoll sein. Ist beispielsweise die Annahme eines Beschlusses bekundet, während richtige Rechnung die Ablehnung ergibt, so ist der Richter zwar nicht gehalten nachzurechnen (anders OLG 16, 93 mit verfehlter Begründung, s. Brodmann A.-R. § 259 Erl 2 a); wenn er aber den Fehler sieht, muß er die Eintragung beanstanden. Ebenso wenn sich ergibt, daß Zustimmung aller erforderlich gewesen wäre und nicht vorliegt (KGJ 27, 229). — Überhaupt ist es nicht Sache des Richters, die Richtigkeit der angemeldeten Tatsachen zu prüfen (KGJ 8, 15; RG 54, 393); er ist darum aber nicht gehalten, einen als rechtswidrig erkannten Beschluß einzutragen (KGJ a. a. O. 30, 114; RJA 11, 223). Zur Frage, ob alle Gesellschafter mitstimmen durften, hat er nicht Stellung zu nehmen (RJA 4, 214); er kann die Eintragung nur ablehnen, wenn feststeht, daß von dem Anfechtungsrecht Gebrauch gemacht wird (KGJ 34, 136). Der Verdacht, daß der ernstliche Wille der Gründung einer GmbH. fehlt, ist kein Grund, die Eintragung der Gesellschaft abzulehnen, JFG 2, 241. — Nach § 127 FGG kann er die Eintragung bis zur Erledigung des anhängigen oder anhängig zu machenden Rechtsstreits aussetzen. Hiervon soll er aber nur Gebrauch machen, wenn Aussetzung nach der Sachlage gerechtfertigt ist, und namentlich dann nicht, wenn sofortige Entscheidung geboten erscheint (KGJ 21, 240). Mit seiner Entscheidung greift er dem Prozeßrichter nicht vor.

b) Auch sachlich unterliegt der Inhalt, namentlich des Gesellschaftsvertrages, der Durchsicht (RJA 9, 181), letzterer darauf, ob er dem § 3 entspricht, welcher zwar zwingenden Rechts, aber in mehreren Richtungen inhaltlich nicht so scharf umschrieben ist, daß nicht das richterliche Ermessen oft das letzte Wort hätte, KGJ 44, 146; 45, 176: Zulässigkeit von Sacheinlagen (vgl. Erl. 4 b zu § 3). Hierbei ist zu beachten, daß die Stellung des Richters und der anzulegende Maßstab der Beurteilung verschieden ist, je nachdem, ob es sich darum handelt, die Gesellschaft oder einen Gesellschafterbeschluß einzutragen, oder darum, ihn nach der Eintragung als nichtig zu beanstanden, mag es sich hierbei um die Löschung der Eintragung handeln oder um eine in einem Rechtsstreit zu treffende Entscheidung. Ersterenfalls ist es gerechtfertigt und geboten, einen strengeren Maßstab anzulegen (vgl. RJA 8, 115; KGJ 37, 155; OLG 21, 50; Erl 6e zu § 5). Nur darf das auch wiederum nicht in Kleinlichkeit ausarten. Allgemein RJA 11, 223: bei konstitutiven Eintragungen ist strenger zu verfahren als bei deklarativen. — So weit das Prüfungsrecht des Richters geht, hat er die ihm erforderlich erscheinenden Ermittlungen und Beweiserhebungen von Amts wegen vorzunehmen. Nur das ist in § 12 FGG gesagt, der nicht den Umfang des Prüfungsrechts des Richters bestimmt, vielmehr umgekehrt am Rahmen des Prüfungsrechts seine Grenze hat. Er lehnt Verhandlungsmaxime und Parteibetrieb ab. — Die tatsächlichen Angaben, namentlich die vorgeschriebenen Versicherungen, sind darauf zu prüfen, ob sie inhaltlich dem Gesetz, nicht darauf, ob sie den Tatsachen entsprechen. Vgl. RG 1, 243, ferner KGJ 8, 15; 39, 122; RJA 11, 223; weniger bestimmt (Aktienrecht) RJA 3, 126. Vgl. auch RGSt 18, 179, wo der Gedanke abgelehnt wird, daß in der Anmeldung unrichtiger Tatsachen intellektuelle Urkundenfälschung liege. — Soweit nicht zwingendes Recht in Frage kommt, gehen die Einzelheiten des Gesellschaftsvertrages den Registerrichter nichts an. Namentlich ist es nicht seine Aufgabe, der Bewertung der Sacheinlagen auf den Grund zu gehen (RG 54, 392). Nach KGJ 44, 148; 45, 175 kommt ihm das schlechthin nicht zu. — Wohl aber hat er (auf Beanstandung der Handelskammer hin) zu prüfen, ob in der Tat eine Bargründung, wie angemeldet, vorliegt; er kann aber die Eintragung nicht deshalb ablehnen, weil der Geschäftsführer sich weigert, der Handelskammer Aufschluß zu geben, muß vielmehr selbst nach § 12 FGG verfahren, OLG 43, 297. — Die Eintragung der Gesellschaft kann nicht deshalb abgelehnt werden, weil für den Zweck der Gesellschaft das Stammkapital zu gering ist JW 1924, 1178, 4; wohl aber deshalb, weil der im Statut bestimmte Zweck der Gesellschaft nicht der richtige ist (Mantelkauf), OLG 43, 296; JW 1924, 1535; 1925, 635. Zu weit geht der Richter, wenn er bezüglich der in der Versammlung nicht erschienenen Gesellschafter den urkundlichen Nachweis ihrer Eigenschaft als solcher verlangt, KGJ 39, 122. Entgegenstehende Rechte Dritter sind, auch wenn sie erkennbar hervortreten, im allgemeinen kein Grund, die Eintragung abzulehnen; nur wenn Rechte in Frage stehen, welche durch die Eintragung ersichtlich untergehen, muß dem Rechnung getragen werden. HGG 30, 115.

Der Registerrichter soll, wenn sich Bedenken ergeben, tunlichst nicht sofort die Ablehnung der Eintragung verfügen, sondern die Beteiligten auf das Bedenken hinweisen. KG in JFG 4, 185.

c) Der § 75 Kapitalverkehrsteuer-Gesetz bestimmt:

Die Behörden, die die Errichtung einer Kapitalgesellschaft, die Erhöhung ihres Kapitals oder Beschlüsse über die Einforderung von Zahlungen und Leistungen im Sinne des § 6 beurkundet haben, sind verpflichtet, eine beglaubigte Abschrift der Urkunde binnen einer Woche dem zuständigen Finanzamt zu übersenden.

Die Behörden dürfen den Beteiligten die Urschrift, eine Ausfertigung oder beglaubigte Abschrift der Urkunde erst aushändigen, wenn das zuständige Finanzamt den Eingang der Abschrift der Urkunde bestätigt hat.

Die Eintragung einer Kapitalgesellschaft oder der Erhöhung ihres Kapitals in das Handelsregister ist ohne Genehmigung des zuständigen Finanzamtes nur zulässig, wenn der Nachweis erbracht wird, daß die vor der Eintragung erfolgten Zahlungen oder Leistungen versteuert sind.

2. a) Es fragt sich, ob die Gesellschaft auch dann entsteht, wenn ihre Eintragung nicht hätte erfolgen dürfen. Das führt auf die allgemeine Frage, ob den Eintragungen in das Handelsregister heilende Wirkung zukommt. Die Frage hat nur bei konstitutiven Eintragungen einen Sinn, denjenigen Eintragungen, durch welche die Rechtswirksamkeit des Eingetragenen bedingt ist. Die Publizitätswirkung (§ 15 HGB) geht niemals über den Inhalt der Eintragungen hinaus und bleibt hinter ihm zurück, soweit die Eintragungen mit dem Angemeldeten nicht übereinstimmen (s. unter d). Aber auch bei konstitutiven Eintragungen ist die heilende Wirkung zu verneinen. Ganz allgemein, gegenüber allen Verfügungen in Akten der freiwilligen Gerichtsbarkeit, kommt das im § 18 FGG grundsätzlich zum Ausdruck, wonach der Richter berechtigt ist, eine von ihm erlassene Verfügung zu ändern, wenn er sie nachträglich für ungerechtfertigt erachtet, allerdings nur auf Antrag, wenn die Verfügung nur auf Antrag erlassen werden konnte. Auf Eintragungen in das Handelsregister findet nach feststehender Praxis § 18 nicht Anwendung (KGJ 28, 230; 31, 153; 15, 141; 37, 153). Hier gelten die besonderen und engeren Bestimmungen in §§ 142, 144 FGG, die aber so, wie sie lauten, nur von Löschungen handeln, welche von Amts wegen geschehen. Solche Löschung wird in § 142 auf den Fall beschränkt, daß die Eintragung wegen Mangels einer wesentlichen Voraussetzung unzulässig war, während § 144 insbesondere handelt — soweit er in das Gebiet des gegenwärtigen Gesetzes einschlägt — in Abs 1 von der Löschung der Gesellschaft, in Abs 2 von der Löschung eines Gesellschafterbeschlusses. Die Gesellschaft kann von Amts wegen gelöscht werden, wenn gemäß §§ 75, 76 auf ihre Nichtigkeit geklagt werden kann, ein Gesellschafterbeschluß unter der doppelten Voraussetzung, daß sein Inhalt zwingende Vorschriften des Gesetzes verletzt und daß seine Beseitigung im öffentlichen Interesse erforderlich erscheint. Da hier unter öffentlichem Interesse nicht nur Staatsinteresse oder publizistisches Interesse zu verstehen ist, sondern überhaupt Interesse des Publikums, allgemeines Verkehrsinteresse, dürfte in diesem zweiten Erfordernis nichts liegen, was nicht immer auch gegeben ist, wenn die Löschung der Gesellschaft selbst in Frage steht. — Das Verhältnis des § 144 zit. zum § 142 ist bestritten, kann aber kein anderes sein, als daß er den § 142 einschränkt, KG in GmbHRundsch 27, 546. Man liest ihn richtig, wenn man in beiden Absätzen in das „kann als nichtig gelöscht werden, wenn ..." ein „nur" einschiebt (KGJ 37, 156; nur scheinbar anders KGJ 27, 235, wo es sich um eine Berichtigung, nicht um eine Löschung der Gesellschaft handelt; weitergehend dagegen KGJ 28, 230; abweichend auch OLG 23, 377; BauersZ 19, 112). Das ist indessen nur angängig, wenn man die ganze Vorschrift des § 144 auf Löschungen, die von Amts wegen erfolgen, beschränkt. Denn Gesellschaftsvertrag und Gesellschafterbeschluß können auch aus anderen Gründen als den dort angeführten nichtig sein oder durch Anfechtung nichtig werden und müssen dann selbstverständlich auch gelöscht werden können, aber eben nur auf Antrag, was in den Ausführungen Hachenburgs zu diesem Punkt § 2 Erl 56, § 10 Erl 13 anscheinend übersehen wird. Den Gedanken, auf diese auf Antrag vorzunehmenden Löschungen den § 18 FGG anzuwenden, hat, wie gesagt, die Praxis abgelehnt, die in diesen Fällen nach § 142 FGG verfährt (vgl. RG 85, 206), also hier, wo die Vorschrift ausdrücklich nur von Löschungen von Amts wegen spricht, über dieses Moment hinwegsieht (KGJ 28, 231), um es in § 144, wo seiner nur durch Bezugnahme mittelbar Erwähnung geschieht, zu betonen (KGJ 28, 60 und 230; 31, 153; 33, 141; 37, 53 und 200; 41, 158). Im Ergebnis ist das nur zu billigen, weil so in diesen Fällen das in § 142 Abs 2, 3 geregelte kontradiktorische Verfahren gesichert bleibt. Die ganze Unebenheit hat darin ihren Grund, daß man bei Abfassung des Gesetzes von der irrtümlichen Auffassung ausging, es könne außer den Fällen des § 75 eine Nichtigkeit der Gesellschaft überhaupt nicht mehr nach ihrer Eintragung in Frage kommen. Mot S. 74: „Nur aus den im Gesetz ausdrücklich für wesentlich erklärten Mängeln kann eine Nichtigkeitsklage überhaupt erhoben werden; sonstige Verstöße, die bei der Errichtung der Gesellschaft vorgekommen sind, genügen nicht, um die Gültigkeit der eingetragenen Gesellschaft nachträglich in Frage zu stellen." Das mag auf die Aktiengesellschaft zutreffen, aber gewiß nicht auf die Gesellschaft m. b. H., Scholz 543. S. Erl 1 b zu § 75.

b) Wesentlich ist in beiden Fällen, daß die Löschung einer Eintragung nicht erfolgen darf, ohne daß die Beteiligten benachrichtigt worden sind und ihnen eine angemessene Frist zur Geltendmachung eines Widerspruchs belassen, d. h. bestimmt ist. Ist in einem Verfahren nach § 144 die nach Abs 3 zu bestimmende Frist zu kurz bemessen worden (s. § 142 Abs 2), so ist das unschädlich, wenn innerhalb der kurzen Frist Beschwerde eingelegt worden ist, OLG 31, 287 GmbHRundsch 26, 445. — Das weitere Verfahren richtet sich nach § 141 Abs 3, 4 FGG. — Diese Beschränkungen gegenüber der allgemeinen Vorschrift des § 18 sind rechtspolizeilicher Natur. Sie beruhen nicht auf dem Gedanken, daß die Eintragung eine die rechtlichen Mängel ihrer Unterlagen heilende Wirkung ausübt. Danach ist ja auch die Prüfung des Registerrichters und das ganze Verfahren nicht angetan. Daher fehlt es für die Annahme, daß der Mangel der vorgeschriebenen Form und die daraus folgende Nichtigkeit des Gesellschaftsvertrages oder eines Gesellschafterbeschlusses durch die Eintragung geheilt werde, an jeder Rechtsgrundlage. So auch RG 54, 418; RG in LZ 1911, 779[31]; vgl. auch RG 1, 242 (GenG); anders (Aktienrecht) RG 26, 68; RJA 1, 116; Scholz 56 und die dortigen Nachweise. Vollends kann von der Heilung der Nichtigkeit der Übernahme einer Stammeinlage — sei es bei Gründung der Gesellschaft, sei es bei einer Erhöhung des Stammkapitals — auch abgesehen davon keine Rede sein, daß die Übernahme durch den einzelnen Gesellschafter gar nicht in das Handelsregister eingetragen wird (RJA 3, 126). Über die Frage, welche Bedeutung diese Nichtigkeit der Beteiligung eines einzelnen Gesellschafters hat, s. Erl 3a zu § 5; mit ihr hat die Eintragung in das Handelsregister nichts zu tun (anders, aber bedenklich RG 82, 291). — Nur in einer ganz bestimmten Richtung hat die Eintragung — sowohl wenn es sich um die Gründung der Gesellschaft handelt als auch bei einer Erhöhung des Stammkapitals — einschneidende materiell-rechtliche Wirkung. Während an und für sich die Übernahme einer Stammeinlage schuldrechtlicher Vertrag ist, wie andere auch, und insbesondere nach den allgemeinen Rechtsgrundsätzen wegen Irrtums, Arglist, Drohung angefochten werden kann, ist diese Anfechtung ausgeschlossen, sobald die Eintragung der Gesellschaft oder die Erhöhung des Stammkapitals erfolgt ist. Aber auch das ist nicht eigentlich Wirkung der Eintragung, sondern Wirkung der an die Eintragung geknüpften Entstehung der Korporation. Dagegen liegt eine ausgesprochene Heilwirkung allerdings in dem, was §§ 75, 77 bestimmen, RG 85, 314. Denn wenn es auch nicht unmittelbar gesagt wird, so läuft das dort Gesagte doch darauf hinaus, daß jede Nichtigkeit der Gesellschaft von der in § 75 Abs 1 bestimmten Art durch die Eintragung der Gesellschaft in das Handelsregister zwar nicht geradezu aus der Welt geschafft, aber zum Auflösungsgrund abgeschwächt wird (vgl. Erl 1 a zu § 77).

c) Gleichviel aber, ob es sich um Löschung auf Antrag oder von Amts wegen handelt, erfordert § 142 FGG, daß die Eintragung wegen Mangels einer *wesentlichen* Voraussetzung unzulässig war (vgl. RJA 1, 116.) So, wenn sich ergibt, daß der eingetragene Beschluß von Gesellschaftern gefaßt worden ist, deren Erwerb ihrer Geschäftsanteile nichtig ist, KG in GmbHRundsch 25, 634; anders im Fall DJZ 03, 33 (Zeichnungsschein nichtig). — Es kommt nicht darauf an, ob der Richter mit der Eintragung ein Versehen beging. Die objektive Rechtslage zur Zeit der Eintragung ist maßgeblich (OLG 14, 158). Später eingetretene Ereignisse berechtigen nicht, von Amts wegen vorzugehen, stehen dagegen der Löschung entgegen, wenn sie geeignet sind, die Eintragung nunmehr zu rechtfertigen (KGJ 28, 42 und 239; OLG 25, 413). — Unter wesentlichen Voraussetzungen sind nicht nur solche materiellen Rechts zu verstehen. Auch Verstöße im Verfahren können nach Lage der Sache Bedeutung des Wesentlichen haben (KGJ 28, 229). Aber Verstöße gegen Formvorschriften, die sich nur als Ordnungswidrigkeiten kennzeichnen, rechtfertigen die Löschung nicht, auch nicht, wenn sie beantragt wird (KGJ 30, 243). — Dasselbe gilt, wenn eine erforderliche Vollmacht nicht beglaubigt war oder überhaupt nicht vorgelegen hat; anders aber, wenn die Vertretungsmacht nicht bestanden hat oder Stellvertretung unzulässig war (KGJ 28, 229). — Die Gültigkeit des Gesellschaftsvertrages ist nicht davon abhängig, ob die in § 7 Abs 2 vorgeschriebenen oder im Gesellschaftsvertrag darüber hinaus bedungenen Einzahlungen erfolgt sind (RG 82, 382); die Wirksamkeit der Eintragung der Gesellschaft nicht davon, ob die in § 8 Abs 2 vorgeschriebene Versicherung abgegeben worden, ob die abgegebene Versicherung richtig gewesen ist (RJA 3, 126; vgl. auch RJA 11, 224); vorsichtig und zu eng spricht RG 54, 391 das nur von dem Falle aus, daß die Versicherung unrichtig gewesen ist. — Wenn die Voraussetzungen vorliegen, hat der Richter erster Instanz die Löschung der Eintragung auch dann anzuordnen, wenn diese durch die höhere Instanz veranlaßt worden ist (OLG 31, 287). — Von Amts wegen löschen kann der Richter, aber er muß es nicht. Wegen Mängel in den formalen Voraussetzungen soll er überhaupt nicht löschen, wenn die Eintragung der materiellen Rechtslage entspricht (vgl. KGJ 27, 69). Er hat nach pflichtmäßigem Ermessen sich zu entscheiden und muß von der Löschung von Amts wegen absehen, wenn unverhältnismäßig erhebliche Nachteile daraus zu erwarten sind (OLG 25, 411). Ist eine Gesellschaft mit unzulässiger Firma eingetragen, so ist gegebenenfalls nicht nach § 142 FGG die Firma, sondern nach § 144 FGG die Gesellschaft zu löschen, JR 26, 2252. — Ist ein Beschluß eingetragen worden, der nicht von den wahren Gesellschaftern gefaßt worden ist, ein Scheinbeschluß, so ist sie nicht nach § 144, sondern nach § 142 FGG zu löschen (KG in JW 1926, 600).

d) Unbedenklich ist es, ein bei der Eintragung unterlaufenes Versehen aus dem Inhalte des Gesellschaftsvertrages und überhaupt aus den Grundlagen der Anmeldung gutzumachen. So lag es in dem Falle KGJ 27, 233; ferner im Fall RG 85, 206, wo die Eintragung zwar mit der Anmeldung, aber nicht mit dem angemeldeten Beschluß im Einklang stand. — Eine andere Frage ist, inwiefern durch ein Versehen die Rechtswirkung der Eintragung beeinträchtigt wird. Soweit diese mehr enthält als die Anmeldung des Gesellschaftsvertrages oder den Statutenänderungsbeschluß, entbehrt die Eintragung sowohl der Publizitätswirkung (§ 15 HGB) als auch der rechtschaffenden Kraft. Soweit die Eintragung Auslassungen aufweist, tritt jedenfalls nicht Publizitätswirkung ein (OLG 19, 293; RG 78, 361). Ob die Gesellschaft zur Entstehung gelangt, die Satzungsänderung wirksam wird, kann in allen Fällen nur nach der ganzen Sachlage entschieden werden und hängt davon ab, ob die Abweichung so beschaffen ist, daß man von Identität des Angemeldeten mit dem Eingetragenen nicht mehr sprechen kann. Ist der Beschluß eingetragen, daß das Stammkapital um 130 000 M. erhöht worden ist, während der Beschluß auf 100 000 M. lautete, so ist die Erhöhung überhaupt noch nicht zustande gekommen (RG 85, 206; vgl. auch RG 55, 68).

e) Gegen die Verfügungen des Registerrichters findet das Rechtsmittel der Beschwerde statt. Sie steht jedem zu, dessen Recht durch die Verfügung beeinträchtigt wird; soweit aber eine Verfügung nur auf Antrag erlassen und der Antrag zurückgewiesen wird, nur dem Antragsteller (§§ 19, 20 FGG). Es genügt nicht, daß der Beschwerdeführer ein Interesse an der Änderung der Verfügung hat, er muß in seinem Rechte verletzt sein, im Recht auf richtige Besorgung seiner Angelegenheiten, auf gerechte und sachgemäße Abgrenzung seines Rechtskreises. Die Folgerung Scholz' 147, daß, weil die Anmeldung der Gesellschaft von allen Geschäftsführern erfolgen müsse, auch die Beschwerde von allen eingelegt werden müsse, erscheint nicht schlüssig; die Behauptung, daß das herrschende Lehre sei, hätte belegt werden müssen. — Über die Beschwerde entscheidet das Landgericht, und zwar in Angelegenheiten des Handelsregisters die Kammer für Handelssachen, wenn am zuständigen Landgericht eine solche besteht (§ 30 FGG; RJA 15, 44). Gegen Entscheidungen des Landgerichts ist das Rechtsmittel der weiteren Beschwerde gegeben, aber nur, wenn die Entscheidung auf einer Verletzung des Gesetzes, d. h. überhaupt einer Rechtsnorm beruht (§ 27 FGG). Für die Entscheidung auf die weitere Beschwerde sind im allgemeinen die Oberlandesgerichte, in Preußen und Bayern ausschließlich das Kammergericht bzw. das Oberste Landesgericht in München zuständig (§ 199 FGG). Will das zur Entscheidung über die weitere Beschwerde berufene Gericht bei der Auslegung einer reichsgesetzlichen Vorschrift über Angelegenheiten der freiwilligen Gerichtsbarkeit (§ 1 FGG) von der auf weitere Beschwerde ergangenen Entscheidung eines anderen Oberlandesgerichts abweichen, so hat es die Beschwerde dem Reichsgericht vorzulegen, welches, wenn der Fall des Konflikts vorliegt, über die Beschwerde zu entscheiden hat (§ 28 FGG).

f) Die Beschwerde gegen Verfügungen, durch welche das Recht der Gesellschaft m. b. H.

beeinträchtigt wird, steht nicht den einzelnen Gesellschaftern, sondern nur der Gesellschaft zu (KGJ 34, 166; RJA 4, 147; 10, 202 [mit der Einschränkung, daß es regelmäßig so sei]; 11, 30; ZBlFG 11, 109; GmbHRundsch 26, 444). Doch wird hieran nicht streng festgehalten. Gegen die Bestellung eines Geschäftsführers auf Grund § 29 BGB (vgl. Erl 6d zu § 46) kann jeder Gesellschafter Beschwerde einlegen (KGJ 23, 105) sowie gegen die Ablehnung des Antrags auf die Bestellung (KGJ 34, 170; vgl. auch Erl 2d zu § 66). KGJ 28, 228 läßt die Beschwerde eines Aktionärs gegen die Eintragung der Erhöhung des Grundkapitals zu. OLG 8, 260 desgleichen gegen die Eintragung einer Statutenänderung; nach KGJ 37, 153 ist die Beschwerde des einzelnen Aktionärs zulässig, wenn es sich um Beeinträchtigung eines Individualrechts handelt (Beschluß der Fusion mit einer anderen Aktiengesellschaft); nach KGJ 34, 166, wenn ein Sonderrecht des Gesellschafters in Frage steht (vgl. auch KGJ 41, 158). Dagegen hat ZBlFG 11, 109 die Beschwerde des Gesellschafters, welcher die neue Stammeinlage übernommen hatte, gegen die Ablehnung der Eintragung der Stammkapitalerhöhung als unzulässig zurückgewiesen.

g) Überhaupt ist Beschwerde nur gegeben gegen Verfügungen des Richters, also auch gegen die Ablehnung einer beantragten Eintragung, nicht aber gegen die Eintragungen in das Handelsregister. Das sind nicht Verfügungen (KGJ 33, 315; 41, 102; RJA 5, 172; 13, 42; 15, 39; OLG 25, 410; vgl. auch RJA 13, 119, 220). Das wird bestritten, dürfte aber doch als zutreffend anzuerkennen sein, weil nur so die Gewähr geboten ist, daß die Löschung nicht erfolgt, ohne daß gemäß § 142 FGG den Beteiligten Gelegenheit gegeben ist, Widerspruch zu erheben. Ist es zur Eintragung gekommen, so kann nur in dem in § 142 bestimmten besonderen Verfahren zur Löschung des Eingetragenen geschritten werden. Der Registerrichter kann die Eintragung von Amts wegen löschen, wenn sie wegen Mangels einer wesentlichen Voraussetzung unzulässig gewesen ist (vgl. § 18). Den Betroffenen steht nur der Weg offen, die Einleitung dieses Verfahrens anzuregen (GmbHRundsch 25, 503). Das Gericht hat den Beteiligten von der beabsichtigten Löschung zu benachrichtigen und ihm zugleich eine angemessene Frist zur Geltendmachung eines Widerspruchs zu bestimmen. Über den Widerspruch hat er zu entscheiden und gegen diese Entscheidung findet, wenn der Widerspruch zurückgewiesen wird, die sofortige, d. h. innerhalb einer Frist von zwei Wochen einzulegende Beschwerde statt. Die Löschung darf nur erfolgen, wenn ein Widerspruch nicht erhoben oder der erhobene rechtskräftig zurückgewiesen worden ist (RJA 16, 84).

h) Nach § 143 FGG kann auch das übergeordnete Landgericht gemäß § 142 die Löschung von Amts wegen verfügen. So wenn es durch eine an und für sich unzulässige Beschwerde gegen Versagung der Löschung oder durch die Anregung eines Beteiligten dazu veranlaßt wird (RJA 5, 175). Es entscheidet dann als Gericht erster Instanz, und gegen seine Enscheidung findet nur die sofortige Beschwerde statt. Weitere Beschwerde ist ausgeschlossen.

i) Übrigens schwankt in diesen Fragen, namentlich in der Frage, ob gegen die Eintragung einer Statutenänderung, insbesondere der Erhöhung des Grund- oder Stammkapitals, Beschwerde zulässig ist, der Gerichtsgebrauch. Vgl. einerseits KGJ 28, 288; 37, 153; OLG 8, 260; RJA 5, 173; anderseits RJA 7, 245; 15, 39 (mit der unzutreffenden Begründung, daß durch die Eintragung der Gesellschafter nicht in seinem Rechte beschwert werde, s. unten). Im Grunde läuft die Frage auf eine reine Formfrage hinaus. Beschwerde gegen eine erfolgte Eintragung ist nicht zulässig. Wohl aber ist niemandem, der durch die Eintragung in seinem Rechte beeinträchtigt wird, und das wird bei einer Statutenänderung, jedenfalls aber bei einer Erhöhung des Stammkapitals, immer auch der einzelne Gesellschafter sein, benommen, beim Registerrichter das Verfahren nach § 142 (oder 144) anzuregen; und wie auch immer hierauf der Richter eingeht oder nicht eingeht, steht ihm nunmehr entweder die sofortige oder die einfache Beschwerde zu Gebote. Daß es so gemeint ist, hat schon die Denkschrift zum Entwurf ausdrücklich gesagt: Die Vorschriften des § 132 (142 des Gesetzes) kommen übrigens auch zur Anwendung, wenn ein Dritter, der durch die Eintragung in seinen Rechten beeinträchtigt ist, oder das zur Vertretung des Handelsstandes berufene Organ die Löschung einer zu Unrecht erfolgten Eintragung beantragt; weigert sich der Richter, einem solchen Antrage stattzugeben, und wird hiergegen Beschwerde erhoben, so ist dem Landgerichte, falls es den Antrag für begründet erachtet, freie Hand gelassen, entweder selbst die Sache zu erledigen oder sie an das Amtsgericht zurückzuverweisen; wählt es den ersteren Weg, so muß es dem Betreffenden eine angemessene Frist zur Geltendmachung eines Widerspruchs bestimmen (Denkschrift zu §§ 132—134 S. 42). Das ist denn auch, soweit ersichtlich, von keiner Seite beanstandet worden. Vgl. RJA 5, 173; 9, 254; 15, 39; OLG 25, 410; KGJ 37, 152. Die Beschwerde setzt nach § 20 FGG voraus, daß der Beschwerdeführer durch die Eintragung in seinem Rechte beeinträchtigt wird. Unrichtig ist, wenn RJA 15, 39 das gegenüber der angeblich unzulässigen Eintragung einer Kapitalerhöhung verneint, weil die Eintragung an der Nichtigkeit des Beschlusses, wenn sie bestehen sollte, nichts ändere. Das ist schon in sich nicht richtig und auch wenn es richtig wäre, würde schon in den Wirkungen der Eintragung als solchen eine Beeinträchtigung liegen (vgl. RG in HoldheimsMSchr

10, 182). — Unrichtig ist, wenn RJA 7, 241 die Löschung einer Statutenänderung (Verlängerung des Gesellschaftsvertrages) mit der Begründung ablehnt, daß über Gültigkeit oder Ungültigkeit des Beschlusses nur im Prozeßwege entschieden werden kann. Der Registerrichter kommt oft genug in die Lage, zu materiellen Streitpunkten Stellung nehmen zu müssen, um über Eintragung oder Löschung zu entscheiden. Er greift damit dem Prozeßgericht nicht vor. Wohl kann er die Löschung ablehnen, weil über die Streitfrage das Prozeßgericht entscheiden soll, die Löschung von Amts wegen steht aber in seiner diskretionären Macht (s. auch § 127 FGG). Dagegen ist er, was allerdings nicht unbestritten ist, an rechtskräftige Entscheidungen des Prozeßgerichts gebunden. — Das Prozeßgericht kann dem Registerrichter nicht durch einstweilige Verfügung eine Eintragung aufgeben oder untersagen (SächsOLG 29, 184; anders auch nicht RG 82, 379, wo nur von einem gegen die Gesellschaft gerichteten richterlichen Verbot gesprochen wird). — Wird in das Handelsregister eingetragen, daß ein Geschäftsanteil in andere Hände übergegangen ist, was gar nicht in das Register hineingehört, so kann der betroffene Gesellschafter die Löschung betreiben, nötigenfalls durch Einlegung der Beschwerde (RG in HoldheimsMSchr 01, 128).

k) Nicht nur um eine Eintragung, sondern zugleich um die der Eintragung zugrunde liegende Verfügung des Registerrichters handelt es sich, wenn dieser angegangen worden ist, einen Geschäftsführer oder einen Liquidator, namentlich einen Liquidator unter Wiedereröffnung der Liquidation (s. Erl 3 zu § 1; Erl 6d zu § 46), zu bestellen. Hier steht dem Betroffenen, d. h. dem früheren und dem neubestellten Geschäftsführer oder Liquidator, die Beschwerde zu. Ist die Eintragung erfolgt, so kann auch hier die Löschung nur in dem in § 142 FGG bestimmten Verfahren erfolgen (KGJ 30, 141; RJA 13, 220; 14, 59; 15, 212). Auch dem einzelnen Gesellschafter ist nicht unbedingt die Beschwerde versagt (KGJ 34, 170; vgl. aber auch RJA 11, 30; 13, 42; s. auch oben und § 74 Erl 4c).

3. a) In Abs 1 und 2 wird Punkt für Punkt bestimmt, was in das Handelsregister einzutragen, in Abs 3, was öffentlich bekanntzumachen ist. Einzutragen sind nach Inhalt des Gesellschaftsvertrages Firma, Sitz, Gegenstand des Unternehmens, Höhe des Stammkapitals (§ 3 Abs 1 Ziff 1—3), Tag des Vertragsabschlusses, die Personen der Geschäftsführer. Endlich natürlich auch das Datum der Eintragung (§ 130 FGG). Alles das in jedem Falle, ferner eventuell die Bestimmungen über die Dauer der Gesellschaft (wozu auch der Fall gehört, daß den Gesellschaftern oder einzelnen von ihnen ein Kündigungsrecht bedungen ist, RG 79, 421) und die Bestimmungen über die Vertretungsbefugnis der Geschäftsführer oder Liquidatoren (§ 35 Abs 2). Die Personen der Gesellschafter, die einzelnen Stammeinlagen werden nicht eingetragen (JW 1911, 779). Wohnort und Wohnung der Geschäftsführer sind nicht einzutragen. Es kann geschehen (Recht 1910, 1830), aber es ist zu beachten, daß auf diese wie auf jede überflüssige Eintragung die Vorschriften des § 15 HGB keine Anwendung finden (vgl. RG 78, 361). Daher darf auch, streng genommen, nur eingetragen werden, was nach gesetzlicher Vorschrift eingetragen werden muß (KGJ 29, 213; 35, 152; RJA 12, 118). Die Eintragung ist zu datieren und von zuständigen Beamten zu unterschreiben, ferner den Anmeldern bekanntzumachen; auf letzteres kann verzichtet werden (§ 130 FGG). — Die Eintragung sowie die vorgeschriebenen Anlagen zur Anmeldung, also vor allem auch der Gesellschaftsvertrag, stehen jedermann zur Einsicht offen. Wer ein berechtigtes Interesse glaubhaft macht, kann sich einfache oder beglaubigte Abschriften von diesen Urkunden erteilen lassen (§ 9 HGB).

b) Nach § 10 HGB ist die Eintragung in das Handelsregister durch den Deutschen Reichsanzeiger und durch mindestens ein anderes Blatt bekanntzumachen, und zwar seinem ganzen Inhalte nach. Zusätzlich bestimmt Abs 3 die öffentliche Bekanntmachung der Sacheinlagen samt den in bezug auf sie getroffenen Festsetzungen (§ 5 Abs 4) und etwaiger Bestimmungen des Gesellschaftsvertrages über die Form der öffentlichen Bekanntmachungen der Gesellschaft (§§ 30 Abs 2, 41 Abs 4). — Die Bekanntmachung gilt erfolgt mit dem Ablauf des Tages der letzten dieser mehreren Bekanntmachungen. Die Entstehung der Gesellschaft hängt aber nicht von der Bekanntmachung, sondern lediglich von der Eintragung ab.

§ 11

Vor der Eintragung in das Handelsregister des Sitzes der Gesellschaft besteht die Gesellschaft mit beschränkter Haftung als solche nicht[1]).

Ist vor der Eintragung im Namen der Gesellschaft gehandelt worden[2]), so haften die Handelnden persönlich und solidarisch[3]).

Österr. Gesetz § 2 Abs 2.

1. a) Die Entstehung einer Gesellschaft m. b. H. verläuft in drei Stadien: es treten die Gründer mit der Absicht der Errichtung zusammen; sie schließen vor Gericht oder Notar den Gesellschaftsvertrag; die Gesellschaft wird in das Handelsregister eingetragen. So kann man unterscheiden: Konsortium, Vorgesellschaft, Gesellschaft m. b. H. Schon der Konsortialvertrag erzeugt ein Gesellschaftsverhältnis, jedenfalls kann er mehr als ein „Projekt", er kann ein ausgesprochener Vertrag sein, aus welchem sich Rechte und Pflichten ergeben. Die Konsortialen sind einander verpflichtet, das ihrige zum Zustandekommen der Sache zu tun (OLG 10, 245). Aber eine Verpflichtung, nun auch schließlich beizutreten, ergibt sich aus dem formlosen Vertrage selbst dann nicht, wenn der Gesellschaftsvertrag ganz so geschlossen werden soll, wie von Anfang an beabsichtigt war (vgl. Erl 5b zu § 2). Durch den formellen Vertrag wird das unmittelbar auf den beabsichtigten Zweck gerichtete Gesellschaftsverhältnis begründet, aber vorerst als rein schuldrechtliches. In Verbindung endlich mit der Eintragung in das Handelsregister wird der Vertrag zum körperschaftlichen Akt. — Das Verhältnis dieser drei Stadien zueinander, insbesondere der Vorgesellschaft zur Gesellschaft m. b. H., bedarf der näheren Bestimmung. „Der § 11 Abs 1" — lautet es in RG 58, 55 — „bestimmt nur, daß vor der Eintragung die Gesellschaft m. b. H. als solche nicht besteht, er bestimmt nicht, daß in der Zwischenzeit bis zur Eintragung eine Gesellschaft überhaupt nicht besteht und Beschlüsse mit Kraft für die einzutragende Gesellschaft nicht gefaßt werden können; das Gesetz erkennt vielmehr an, daß in gewissen Grenzen und mit gewissen Wirkungen für die Gesellschaft gehandelt werden könne und müsse, wenn es in den §§ 6, 7, 8, 78 vorschreibt, daß Geschäftsführer bestellt werden müssen, welche die Gesellschaft unter Abgabe der vorgeschriebenen Erklärungen anzumelden haben; es besteht somit eine Gesellschaft bürgerlichen Rechts, welche eine Gesellschaft m. b. H. werden soll." Mehr in das einzelne und weiter geht RG 82, 290 (und mit ihm die herrschende Lehre): „Bei der Vorgesellschaft und der eingetragenen handelt es sich nicht um verschiedene Vereinigungen, sondern um dieselbe Vergesellschaftung in verschiedenen Entwicklungsabschnitten, unterschieden nur im Punkte der Rechtsfähigkeit (Persönlichkeit); die werdende Gesellschaft ist im übrigen mit der eingetragenen das gleiche Rechtsgebilde, was sich namentlich daraus ergibt, daß die für die Vorgesellschaft im Zwischenstadium entstandenen Rechte und Pflichten ohne weiteres, ohne besonderen Übertragungsakt auf die eingetragene Gesellschaft übergehen." S. auch Recht 1915, 362. Das ist doch wohl nicht annehmbar. Richtiger schon ROHG 20, 217: ein Rechtssatz, daß die A.-Gesellschaft der Rechtsnachfolger des Gründungskomitees wäre und daß alle von diesem erworbenen Rechte und eingegangenen Verbindlichkeiten auf die A.-Gesellschaft übergingen, kann nicht aufgestellt werden. Dieser Gedanke von einem der Substanz nach identischen, nur in der Gestaltung wechselnden Träger von Rechten und Verbindlichkeiten beruht auf einer unangebrachten, dabei unfruchtbaren Metaphysik. Bedenklich, dabei unfruchtbar ist auch, wenn RG 105, 228 die Stellung der Vorgesellschaft zur Gesellschaft m. b. H. nach Analogie des nasciturus beurteilen will. Richtig ist, daß die Verträge des Geschäftsführers nach Eintragung der Gesellschaft nicht erneut abgeschlossen werden müssen. Es genügt ihre Genehmigung durch die eingetragene Gesellschaft. Mit dem Gedanken aber, daß die Gesellschaft m. b. H. durch die Verträge des Geschäftsführers aus der Vorzeit soweit berechtigt und verpflichtet wird, als deren Vertretungsmacht reicht, darüber hinaus nur, wenn sie das Geschehene genehmigt, ist nichts gewonnen. Denn das ist gerade die Frage, ob und welche Vertretungsmacht der Geschäftsführer in jener kritischen Zeit besitzt. Vorgesellschaft und Gesellschaft m. b. H. sind vielmehr zwei verschiedene Rechtsverhältnisse, die sich in der Regel allerdings gegenseitig ablösen, oft aber auch, erstere freilich nur in Rudimenten (s. unten), zugleich nebeneinander herlaufend Bestand haben. Offenbar ist es nicht richtig, daß ohne weiteres die Verpflichtungen der Vorgesellschaft auf die Gesellschaft m. b. H. übergehen. Dafür muß immer ein besonderer Rechtsgrund vorliegen (vgl. Brodmann A.-R. § 200 Erl 1 b). Wer der Vorgesellschaft ein Darlehn gegeben hat, wird im Konkurs der Gesellschaft m. b. H. als Konkursgläubiger höchstens dann auftreten können, wenn (und soweit als) das Geld an die Gesellschaft m. b. H. gelangt ist. Und das wird der Gläubiger beweisen müssen (anders — von seinem Standpunkte aus folgerecht — RG 87, 249). Verpflichtungen, welche die Vorgesellschaft — etwa ihr Bevollmächtigter und zugleich schon zum Geschäftsführer Bestellter — für die Vorgesellschaft eingeht, muß die Gesellschaft m. b. H. nur nach den Grundsätzen der Geschäftsführung ohne Auftrag gelten lassen. Grundsätzlich ablehnend Hachenburg 5. Aufl. § 11 Erl 1, der durchaus treffend bemerkt, daß diese Frage nichts mit Metaphysik zu tun habe. Gerade darum — das ist der Sinn der obigen Ausführungen — darf auch in der Antwort keine Metaphysik stecken. Es kommt darauf an, rein rational die Zusammenhänge bis auf den Grund, sei es nun zu analysieren, sei es — was wohl richtiger ist — zu synthetisieren, d. h. zu konstruieren. Anders als hier Feine 196, dessen Theorie freilich frei von Metaphysik ist, aber ohne Erkenntniswert. Deutlicher noch als hier tritt im Aktienrecht das Mißtrauen in die Erscheinung, welches der Gesetzgeber im Interesse der künftigen Gesellschaft ihren Gründern, der Gründergesellschaft, entgegenbringt. Aber die Rechtslage ist die gleiche. Dort wie hier ist darauf gesehen, daß die Gesellschaft nur mit Verpflichtungen in das Leben tritt, die für jedermann, der sich beteiligen will, offen zutage liegen. Weit entfernt, daß die Gesellschaft mit dem Vermögen der Vorgesellschaft als dem ihrigen in das Leben tritt, ist das Gegenteil die Regel, von der es nur Ausnahmen gibt, wo ein besonderer Rechtsgrund dafür vorliegt.

Die herrschende Lehre sucht gegen das Uferlose ihrer „Identitätstheorie" nach einem Damm, ohne darüber mit sich ins reine zu kommen. Nach RG 83, 370 (ebenso JW 05, 31; RG in Recht 1915, 362; Warn 5, 357, 319; BadRpr 15, 174[79]; KGJ 40, 67) soll der Geschäftsführer mit verpflichtender Wirkung für die Gesellschaft m. b. H. nur solche Geschäfte vorzunehmen legitimiert sein, welche notwendig sind, um die Entstehung der Gesellschaft, d. h. ihre Eintragung, zu erreichen, vor allem also Entgegennahme der in § 7 Abs 2 vorgeschriebenen 25% der Einzahlungen auf die Stammeinlagen (so RG a. a. O.) oder auch der darüber hinaus im Statut etwa bedungenen Quote (in JW 1922, 94[7]). In diesem Umfange soll Geschehenes für die Gesellschaft m. b. H. verbindlich sein. Man sucht, wenn man die Rechtsnachfolge gelten lassen soll, vergebens nach einer positiven Grundlage für diese Begrenzung, die Behauptung in ihrer Allgemeinheit ist eine vorschnelle Abstraktion von diesem besonderen Falle, an dem sie einigermaßen einleuchtend erscheinen mag. Denn allerdings die Zahlungen, welche das Gesetz selbst positiv vorschreibt, müssen wohl für die Gesellschaft m. b. H. verbindlich sein, und daran schließt sich dann leicht der Gedanke, daß es dabei dann aber auch sein Bewenden haben müsse. Aber das ist eben nicht begründet. Es besteht kein ernsthafter Streit, daß in die Gesellschaft m. b. H. ein Handelsgeschäft nach dem Stande eines vor der Anmeldung und Eintragung liegenden Tages eingebracht werden kann. Das bringt zahllose Geschäfte mit sich, die zur Eintragung der Gesellschaft m. b. H. schlechthin unnötig sind und ebenso sicher für sie verbindlich. Allerdings sagt RG 58, 55, daß die Einforderung weiterer Zahlungen auf die Stammeinlage „notwendig" sei, wenn kein Geld mehr da ist. Das ist aber eine ganz andere „Notwendigkeit". Immerhin mag es zweckmäßig und daher annehmbar sein, daß vor der Eintragung die Geschäftsführer auf die Stammeinlagen nicht mehr in Empfang nehmen können, als Gesetz oder das Statut bestimmen. Aber dann ist das eine Besonderheit in Beziehung auf eine Forderung der Gesellschaft, von der auch sonst mehrfach Besonderes gilt. Und wieder eine andere Frage ist, wieviel von dem auf die Stammeinlagen eingezahlten Betrage zur Zeit der Anmeldung noch vorhanden sein muß, damit die Geschäftsführer die in § 8 Abs 2 vorgeschriebene Versicherung mit gutem Gewissen abgeben können. Diese verschiedenen Gesichtspunkte müssen säuberlich auseinandergehalten werden. Denn immer sind sie in Gefahr, bei Beurteilung der Rechtslage ineinander zu laufen. Im Falle RG 83, 370 war das meiste Geld, bevor es zur Eintragung der Gesellschaft gekommen war, für Inventar und Reklame ausgegeben worden. Es handelte sich nicht um die Eintragung der Gesellschaft. Die war geschehen und konnte und sollte nicht rückgängig gemacht werden, scheint überhaupt in Ordnung gewesen zu sein. Es handelte sich darum, ob der Gesellschafter noch einmal bezahlen mußte, und da vermißt man die Erwägung, ob denn nicht der Gesellschaft in dem angeschafften Inventare der Wert zugeflossen ist, ob nicht nach Lage der Sache die Ausgaben für Reklame angemessen und gerechtfertigt waren. Ganz am Schlusse der Begründung taucht dieser Gedanke auf und wird mit unrichtigen Gründen abgelehnt (ganz anders und richtig: Urt v. 23. 9. 05 I 78 u. 93/05). S. auch Erl 4 b zu § 8; ferner ROHG 20, 212, wo nur gesagt wird, daß die Gesellschaft nicht mit Kosten der Gründung belastet werden darf. — Geldeinlagen werden nicht dadurch zu Sacheinlagen, daß der Geschäftsführer mit dem Gelde Sachen anschafft. Dazu erhält er das Geld, er muß nur nicht gerade von dem Gesellschafter kaufen (vgl. RG 36, 110).

b) Rechte kann die Gesellschaft m. b. H. erwerben, indem die Vorgesellschaft sich durch Vertrag zugunsten Dritter versprechen läßt (RG 112, 273), und die Auslegung des Vertrages als eines solchen zugunsten der Gesellschaft m. b. H. als Dritten wird oft auch da geboten sein, wo es nicht ausdrücklich gesagt worden ist (vgl. JW 1913, 743[13]; Recht 09, 147). Es ist ferner nicht einzusehen, weshalb nicht der Geschäftsführer im voraus unmittelbar für die Gesellschaft sollte Rechte erwerben können, wenn es unter der Bedingung geschieht, daß die Gesellschaft zustande kommt (RG 85, 401; Recht 09, 147; vgl. JW 00, 414[12]; 06, 773[43]; OLG 1, 248), oder wenn er das vor seiner Zeit Geschehene genehmigt (RG 105, 228). Auch die Auflassung eines Grundstücks kann nach heutigem Rechte in dieser Weise erfolgen, wo nicht mehr vorgeschrieben ist, daß die Auflassung erst erklärt werden darf, wenn die Umschreibung im Grundbuch sich unmittelbar anschließen kann (ZBlFG 2, 730; OLG 6, 486; RheinNotZ 59, 247). — Werden aber Rechte ausgesprochenermaßen der Vorgesellschaft (§ 718 BGB) erworben, dann muß eine Übertragung auf die Gesellschaft m. b. H. stattfinden. Beim Eigentum an beweglichen Sachen, bei Forderungsrechten wird sich das oft vollziehen, ohne daß es in die Sinne fällt (RG 36, 108; 84, 336; 85, 401; Recht 1914, 247[8]), aber Grundstücke müssen aufgelassen werden. — Erwerben die Gründer der Gesellschaft vor ihrer Errichtung ein Grundstück ausdrücklich zum Zwecke der Einbringung in die Gesellschaft, so ist, wenn es dazu kommt, die Grunderwerbssteuer nur einmal zu entrichten (RFH 7, 74). — Ohne Grund nimmt RFH 11, 112 an, daß Schenkung an die Gesellschaft vor ihrer Entstehung nicht wirksam erfolgen könne. — Eine andere Frage ist, ob der Geschäftsführer vor Eintragung der Gesellschaft über für sie erworbene Rechte verfügen kann. Dazu ist er offenbar nur befugt, wenn das Recht noch zur freien Verfügung der Vorgesellschaft steht, nicht, wenn es zugunsten der Gesellschaft erworben worden ist (§ 328 BGB; RG 101, 155). Nach KGJ 40, 67 soll der Geschäftsführer vor Eintragung der Gesellschaft nicht befugt sein, eine Vollmacht zur Führung von Geschäften für die künftige Gesellschaft zu erteilen. Das erscheint grundlos. Richtig ist, daß er vor der Eintragung eine unbeschränkte, unwiderrufliche Vollmacht nicht erteilen kann. Das kann er überhaupt nicht. — Daß die Gesellschaft m. b. H. aus unerlaubten Handlungen, die vor ihrer Entstehung begangen worden sind, Ansprüche herleiten kann, ist in RG 100, 176 anerkannt.

c) Die Vorgesellschaft wandelt sich nicht um in eine Gesellschaft m. b. H., sondern sie wird aufgelöst, und wenn sie nicht ihr gesamtes Vermögen auf diese überträgt, muß Auseinandersetzung nach §§ 730 ff. BGB stattfinden. Sie kann aber als Gesellschaft nach bürgerlichem Recht fortdauern, wenn die Gesellschafter neben dem Statut untereinander zulässige Nebenabreden getroffen haben (vgl. Erl 7f zu § 3). Man muß sogar die Frage aufwerfen, ob nicht auch im Verbande der Gesellschaft m. b. H. ein schuldrechtliches Band die Mitglieder miteinander verknüpft, das sie zu bestimmtem Verhalten schuldrechtlich verpflichten kann. Die herrschende Lehre lehnt das ab. So auch RG in LZ 1911, 219 gegenüber dem Vorwurfe arglistiger Abstimmung. Vgl. auch RG in DJZ 1916, 725. S. hierzu Erl 2 zu § 1, Erl 2a zu § 13.

2. Es liegt in der Natur der Sache und entspricht, wenn nichts anderes erhellt, dem Willen der Parteien, daß für die Innenverhältnisse der Gesellschaft die Bestimmungen des gegenwärtigen Gesetzes auch auf die Vorgesellschaft Anwendung finden, soweit sie nicht körperschaftsrechtlicher Natur sind (JW 1899, 344[30]). Im Innenverhältnisse funktionieren die bestellten Organe, Geschäftsführer, Aufsichtsrat, Gesellschafterversammlung, RG 58, 55; 82, 290; JW 04, 123; 1912, 1706, und zwar ganz nach Maßgabe des Statuts, KGBl 11, 25 (Kollektivvertretung); OLG 27, 383 (Aufsichtsrat); KGJ 51, 131 (Übertragung von Geschäftsanteilen). Die Gesellschafter können aber Beschlüsse im Zweifel (§ 709 BGB) nur einstimmig fassen (RG 58, 55; OLG 27, 383; KGJ 51, 131). Es kann ganz unbeschränkt der Gesellschaftsvertrag abgeändert werden — natürlich auch wiederum nur gerichtlich oder notariell (RG in GmbHRundsch 10, 446; in LZ 1914, 1369[4]) und nur einstimmig; die Gesellschaft ist gegen den Wechsel ihrer Mitglieder gefeit, die Geschäftsanteile sind vererblich, übertragbar, teilbar (§ 17) (RG 74, 358; JW 04, 123; aber auch LZ 1910, 872, 1: stirbt einer der Kontrahenten, bevor es zur Eintragung der Gesellschaft gekommen ist, so sind die Erben nicht verpflichtet, in den Vertrag einzutreten); nach RJA 16, 96 wäre die Übertragung eines Geschäftsanteiles vor Eintragung der Gesellschaft nur wirksam, wenn alle Gesellschafter eingewilligt haben; die Geschäftsanteile können gegebenenfalls (§ 34) eingezogen werden (unter entsprechender Minderung des Stammkapitals); der Konkurs eines Gesellschafters hat nicht ohne weiteres die Auflösung der Gesellschaft zur Folge, kann aber ein wichtiger Grund sein, sie nach § 61 aufzulösen (RG 82, 290). Ebenso liegt es beim Ableben eines Gesellschafters. Die Kaduzierung eines Geschäftsanteils soll nach RG 58, 55 zwar durch Mahnung des Gesellschafters eingeleitet, nicht aber vor Eintragung der Gesellschaft durchgeführt werden können (s. auch RG 54, 390). Das leuchtet insofern ein, als der Schlußakt, der Rechtsverlust zugunsten der Gesellschaft (§ 21 Abs 2), deren Rechtspersönlichkeit voraussetzt. Weshalb aber die Androhung des Rechtsverlustes (§ 21 Abs 1) nicht soll ergehen können, ist nicht erfindlich. Und warum sollten die Gesellschafter nicht unter entsprechender Minderung des Stammkapitals mit der Kaduzierung zugleich die Einziehung vornehmen können, da sie einstweilen noch ganz freie Hand haben, soweit Einstimmigkeit (gegen den Zahlungsunfähigen) herrscht. Andernfalls könnte kommen, daß die Gründung an der Zahlungsunfähigkeit eines Gesellschafters scheitert. A. A. Hachenburg § 11 Erl 8; Scholz 151; Feine 207. Darüber, daß auch die Anfechtung des Vertrages wegen Irrtums usw. einstweilen keine Einschränkung erleidet, s. Erl 6b zu § 2.

Es steht nichts im Wege, daß die Gesellschafter — ausdrücklich oder stillschweigend — miteinander übereinkommen, daß auch schon vor der Eintragung der Gesellschaft in das Handelsregister gewisse Fragen, namentlich Fragen der laufenden Verwaltung, nach Stimmenmehrheit entschieden werden sollen. Das wird anzunehmen sein, wenn mit Zustimmung aller zur Abstimmung, insbesondere zu einer Wahl, geschritten wird.

3. a) Die Vorgesellschaft, d. h. die Mitglieder der Gesellschaft nach BGB, können unter bestimmten Voraussetzungen zum Gesellschaftsvermögen Rechte erwerben und Verbindlichkeiten eingehen. Sie können das durch einen gemeinschaftlichen Bevollmächtigten, und oft wird der für die Gesellschaft m. b. H. bereits bestellte Geschäftsführer zugleich Vertretungsmacht für die Gesellschafter besitzen und diese verpflichten können, wobei er dann selbst von aller Verpflichtung frei bleibt (vgl. RG 39, 31). Das ist nicht der Fall des Abs 2, der vielmehr voraussetzt, daß namens der Gesellschaft m. b. H. gehandelt wird. Die Bestimmung will nicht die Grundsätze vom falsus procurator (§ 179 BGB) für dieses Sondergebiet aussprechen. Es handelt sich auch nicht um Garantieleistung oder Bürgschaft, KG in LZ 1924, 466. Eher ist auf den § 54 BGB zu verweisen. Es kommt nicht darauf an, daß der Gegner wußte, daß die Eintragung noch nicht erfolgt sei (RG 70, 296; 117, 193; vgl. auch RG 47, 1; 55, 305). Dagegen fällt die Haftung fort, wenn die Genehmigung der künftigen Gesellschaft vorbehalten bleibt (vgl. RG 32, 99), und es ist auch da, wo das nicht ausdrücklich gesagt worden ist, Frage der Auslegung, ob nicht der Vertrag von beiden Teilen so gemeint war (RG 72, 403; Recht 07, 3212; vgl. RG 47, 3). Es kommt ferner nicht darauf an, ob es auch nur bis zum förmlichen Abschlusse des Gesellschaftsvertrages gediehen war, RG 122, 172. Vgl. über diese lebhaft umstrittene Frage die Zitate das. Die Gründe der Gegner sind nicht überzeugend. Man will natürlich den Vertragsgegner auch in diesem Fall nicht schutzlos lassen und verweist ihn auf § 179 BGB. Aber auch neben dieser Vorschrift hat die gegenwärtige einen guten Sinn und Zweck; es ist durchaus nicht ausgemacht, daß § 179 auch für den Fall gilt, wo der angebliche Vertretene überhaupt nicht existiert. Das praktische Ergebnis, für welches gekämpft wird, besteht darin, daß der Geschäftsführer nicht haftet, wenn der Gegner wußte, daß der Gesellschaftsvertrag noch nicht geschlossen war (§ 179 Abs 3 BGB). Ist das richtiger? Oder muß nicht vielmehr der gesunde Gedanke durchschlagen, daß, wenn der Geschäftsführer wegen voreiligen Handelns nach Abschluß des Gesellschaftsvertrages haften soll, das um so mehr gelten muß, wenn er es tut, als es noch nicht einmal so weit gekommen war? Und warum soll der nicht unterrichtete Gegner besser oder schlechter gestellt sein, je nachdem, ob es schon zum Vertragsschluß gekommen war oder nicht, ein Vorgang, der sich gemeinhin seiner Kenntnis entzieht. Die Meinung der Gegner hätte höchstens einen Sinn, wenn sie verlangten, sowohl, daß die Gesellschaft schon errichtet war, als auch, daß der Gegner es wußte. Übrigens ist die Entscheidung des RG in der Begründung zu eng; auch darauf kann nichts ankommen, ob die korporative Gesellschaft schon im Keime vorhanden war. — Es ist auch ohne Bedeutung, daß die Gesellschaft m. b. H. sich bereit erklärt, in den Vertrag einzutreten, und das tut oder daß sie aus einem anderen Grunde ebenfalls haftet (RG 72, 401; JW 1925, 650; in Recht 02, 270; 07, 96). Sie und der Handelnde haften dann als Gesamtschuldner. Die beiden Schuldverhältnisse bestehen selbständig nebeneinander. Alles das wäre nach Ansicht der Gegner anders, wenn die Handlung vor dem Abschluß der Gesellschaften erfolgt ist (§ 179 BGB)! — Der Gläubiger kann sich dem einen Schuldner gegenüber nicht auf das berufen, was in Realisierung des Vertrages dem anderen zur Last fällt oder ihm gegenüber geschehen ist (Verzug, Rücktritt vom Vertrage, Mängelrüge usw., RG 72, 405). Wohl aber unterliegt z. B. der Anspruch aus Kaufgeschäft gegen den Handelnden nicht der kurzen Verjährung nach § 196 BGB, wenn die Leistung für den Gewerbebetrieb der Gesellschaft m. b. H. bestimmt war (RG 75, 203). Dagegen haben sich die Kaufmannsgerichte für solche Klagen Angestellter für unzuständig erklärt. Darin, daß die Gesellschaft nach ihrer Entstehung das eingeleitete Verhältnis fortsetzt (Sukzessivlieferung, Kontokorrent, Kommissionsware), liegt nicht ohne weiteres die Genehmigung des Geschehenen, während anderseits der Handelnde nicht mehr nach § 11 Abs 2 für das, was nach der Eintragung der Gesellschaft geschieht, aufzukommen hat. RG 75, 203; 116, 72; 117, 192. — Wenn der Gegner, nachdem die Gesellschaft in den Vertrag eingetreten ist, das Vertragsverhältnis auflöst, dann kann er sich wegen der Folgen nur noch an die Gesellschaft halten, RG in JR 27, 1546. — Anderseits kann der Handelnde nicht ohne weiteres die Rechte aus dem Vertrag für sich in Anspruch nehmen, JFG 2, 340. — Aber nach DJZ 1912, 1132 (RPA) erwirbt das Recht an einem für die Gesellschaft m. b. H. angemeldeten Patente der Anmeldende für seine Person, wenn die Gründung der Gesellschaft nicht zustande kommt. — Der Abs 2 hat nur Rechtsgeschäfte im Auge, welche namens der Gesellschaft mit Dritten geschlossen werden, nicht Rechtsgeschäfte der Gesellschaft mit einem ihrer Mitglieder oder dessen Rechtsnachfolger (RG 105, 152).

b) Handelnder im Sinne dieser Bestimmung ist nicht nur derjenige, welcher unmittelbar tätig wird, sondern auch sein Auftraggeber, mit dessen Wissen und Willen, mit dessen Zustimmung die Handlung vorgenommen wird. Vgl. KG in JW 1926, 2100; unter Umständen auch sein Geldgeber, KG in GmbHRundsch 28, 514. Dagegen begründet nachträgliche Genehmigung die Haftung nicht (RG 70, 296, insbesondere 301; vgl. auch RG 55, 302; OLG 14, 362; ferner aber auch RG in LZ 1911, 550). Ebensowenig schon eine allgemeine Bevollmächtigung (JW 01, 253).

§ 12

Auf die Anmeldung der Gesellschaft zur Eintragung in das Handelsregister eines Gerichts, in dessen Bezirke sie eine Zweigniederlassung besitzt, finden die Bestimmungen im § 8 Absatz 1 und 2 keine Anwendung. Der Anmeldung ist eine von dem Gerichte der Hauptniederlassung beglaubigte Abschrift des Gesellschaftsvertrages und der Liste der Gesellschafter beizufügen[1]).

Die Eintragung hat die im § 10 Absatz 1 und 2 bezeichneten Angaben zu enthalten[2]). In die Veröffentlichung, durch welche die Eintragung bekanntgemacht wird, sind

auch die im § 10 Absatz 3 bezeichneten Bestimmungen aufzunehmen, die nach § 5 Absatz 4 getroffenen Festsetzungen jedoch nur dann, wenn die Eintragung innerhalb der ersten zwei Jahre nach der Eintragung in das Handelsregister des Sitzes der Gesellschaft erfolgt[3]).

Österr. Gesetz §§ 59, 60.

1. a) Hat die Gesellschaft m. b. H. Zweigniederlassungen an Orten, welche außerhalb des Registerbezirks ihrer Hauptniederlassung liegen, so ist sie auch zu dem dortigen Handelsregister anzumelden (§ 13 HGB); echte Zweigniederlassung im Gegensatz zur unechten, die in demselben Gerichtsbezirk wie die Hauptniederlassung liegt und lediglich beim Registergericht anzuzeigen ist (KGJ 39, 119; anders RG in JR 1929, 1244; s. unten Erl 2). Diese Anmeldung ist obligatorisch, die Geschäftsführer können durch Androhung von Ordnungsstrafen zu ihr angehalten werden (§ 14 HGB). Die Eintragung wirkt nicht konstitutiv, setzt vielmehr die Eintragung in das Handelsregister des Sitzes der Gesellschaft und damit die Entstehung der Gesellschaft voraus. Unter mehreren Niederlassungen kann die Gesellschaft nach freier Wahl bestimmen, welche die Hauptniederlassung sein soll. Aber immer kann sie nur eine Hauptniederlassung haben; und wählt sie einen Platz zum Sitz (§ 3 Ziff 1), in dessen Registerbezirk sie überhaupt keine gewerbliche Niederlassung besitzt, so finden auf ihre sämtlichen Niederlassungen die Vorschriften über Zweigniederlassungen Anwendung (KGJ 39, 117; s. auch Erl 3b zu § 3). Daß die Gesellschaft nur eine Firma haben und führen kann, gilt auch für ihre Zweigniederlassung. Sind hier Zusätze unumgänglich, um der Gefahr der Verwechslung mit einer ähnlichen Firma am gleichen Platze zu begegnen (§ 30 HGB), so dürfen diese doch nicht danach angetan sein, die Identität der Firma in Frage zu stellen (RJA 11, 22; vgl. Erl 1a zu § 4).

b) Nach § 13 HGB müssen, wofern das Gesetz nichts anderes vorschreibt, die Anmeldungen zum Handelsregister der Zweigniederlassung in derselben Weise wie die Anmeldung zum Register der Hauptniederlassung geschehen. Hierin schafft der gegenwärtige § 12 Abs 1 die Erleichterung, daß die in § 8 Abs 1, 2 genannten, zum Hauptregister bereits eingereichten Urkunden hier nicht noch einmal beigebracht werden müssen. Es ist statt dessen eine vom Registergericht (dem Urkundsbeamten, OLG 8, 258) der Hauptniederlassung beglaubigte Abschrift einmal des Gesellschaftsvertrages (in neuester Fassung; vgl. KGJ 26, 225), sodann der Liste der Gesellschafter einzureichen. (Zur Beglaubigung eines Statuts in Gestalt eines Druckexemplars s. KGJ 26, 226.) Diese Liste kann in der beglaubigten Abschrift nicht anders lauten als das Original, das beim Registergericht liegt. Hat in der Zwischenzeit eine Veränderung stattgefunden, so kommt das, wie beim Hauptregister, so auch beim Zweigregister mit der nächsten Jahresliste (§ 40) zeitig genug zur Anmeldung, Scholz 159; anders Hachenburg 12[20].

c) Die Anmeldung der Zweigniederlassung muß ebenso wie die der Hauptniederlassung durch sämtliche Geschäftsführer erfolgen (§ 78). Daß diese ihre Legitimation beizubringen hätten (§ 8 Abs 1 Ziff 2), ist im Gesetz nicht vorgeschrieben. In der Regel wird sich die Legitimation aus dem Gesellschaftsvertrag oder aus dem beigebrachten Auszug aus dem Register der Hauptniederlassung (Abschrift der Eintragungen, § 9 Abs 2 HGB) ergeben.

d) Nach § 13 Abs 2 HGB findet eine Eintragung bei dem Gerichte der Zweigniederlassung nicht statt, bevor nachgewiesen ist, daß die Eintragung der Gesellschaft beim Gerichte der Hauptniederlassung geschehen ist, ein Nachweis, der wohl nicht anders als durch einen neuesten Auszug aus dem Register der Hauptniederlassung erbracht werden kann. Aus § 13 HGB ist zu entnehmen, daß Prüfungsrecht und Prüfungspflicht des Registerrichters hier dieselben sind wie bei der Anmeldung der Hauptniederlassung. Naturgemäß gilt das aber insoweit nicht, als die Eintragung in das Handelsregister konstitutiv wirkt. Insoweit hat die Anmeldung der Zweigniederlassung ihre vollgültige Grundlage in der Eintragung der Hauptniederlassung (vgl. KGJ 23, 89; 27 S. 210, 212; 33, 118; RJA 6, 198; 8, 109). Anders die neuere Rechtsprechung des Kammergerichts, OLG 43, 301 und 292, wonach der Registerrichter der Zweigniederlassung zwar nicht die Voraussetzungen der an sich zulässigen Eintragung, wohl aber die inhaltliche Zulässigkeit der Eintragung der Gesellschaft oder der Statutenänderung zu prüfen hat; HansGZ 1920 HBl 700 folgert dasselbe daraus, daß es zur Eintragung in das Zweigregister einer vollständigen Anmeldung bedarf, was aber nichts beweist. — Ähnlich ist die Stellung des Richters, wenn die Gesellschaft ihren Sitz nach einem anderen Bezirk verlegt (RJA 12, 136). Leicht kann zweifelhaft sein, ob ein auswärtiger Betrieb der Gesellschaft als Zweigniederlassung rechtlich zu kennzeichnen ist. Ist er aber als Zweigniederlassung eingetragen, dann ist schon dadurch gegen die Gesellschaft ein Gerichtsstand nach § 21 ZPO begründet (RG 50, 428).

e) Am Orte der Zweigniederlassung ist nicht ein allgemeiner Gerichtsstand der Gesellschaft m. b. H. nach § 17 ZPO begründet, wohl aber der Gerichtsstand nach § 21 ZPO (und zwar gleichviel, ob die Zweigniederlassung in das Handelsregister eingetragen ist oder nicht) Dasselbe muß von Zweigniederlassungen ausländischer Gesellschaften m. b. H. im Inlande (s. Erl 3 a) gelten. Analoge Anwendung des § 16 ZPO verbietet sich wohl.

f) Beim Gericht der Hauptniederlassung ist die Zweigniederlassung nicht anzumelden. Nach § 131 FGG ist die Eintragung der Zweigniederlassung dem Registergericht der Hauptniederlassung von Amts wegen mitzuteilen, das sie im Register zu vermerken hat. Das gleiche gilt, wenn eine Zweigniederlassung aufgehoben wird (RJA 14, 153).

g) Auch alle weiteren im Gesetz vorgeschriebenen Eintragungen in das Handelsregister, wie Veränderung in der Person oder Vertretungsbefugnis der Geschäftsführer, Statutenänderungen, Auflösung und Liquidation, sind in gleicher Weise wie zum Register der Hauptniederlassung, nachdem es hier zur Eintragung gekommen ist (§ 13 Abs 2 HGB), zum Register der Zweigniederlassung anzumelden (§ 13 Abs 1 HGB). Erleichterungen hierin s. in §§ 39 Abs 2, 59, 67 Abs 2.

2. Beim Register der Zweigniederlassung wird nicht etwa diese, sondern die Gesellschaft eingetragen. Das ist der von KR in JR 1929, 1244 nicht erwogene Grund, weshalb die „Anmeldung" und Eintragung einer in demselben Gerichtsbezirk befindlichen Zweigniederlassung nichts wäre als eine überflüssige Verdoppelung. Es ist das an sich nur eine Formfrage, die aber rechtliche Bedeutung gewinnt, wenn man mit dem KG folgern wollte, daß eine Gesellschaft m. b. H. für zwei Niederlassungen in demselben Bezirk unterschiedene Firmen führen dürfe. — Der Inhalt der Eintragung deckt sich vollständig mit dem der Eintragung am Orte der Hauptniederlassung. Ebenso auch im allgemeinen der Inhalt der öffentlichen Bekanntmachung der Eintragung. Nur ist die Bekanntmachung der im Gesellschaftsvertrage vorgesehenen Sacheinlagen nicht erforderlich, wenn zur Zeit der Eintragung der Zweigniederlassung die Gesellschaft zwei Jahre bestanden hatte. — Im Innenverhältnis kann einer von mehreren Geschäftsführern mit der Leitung der Zweigniederlassung beauftragt werden; eine entsprechende Beschränkung seiner Vertretungsmacht ist aber unwirksam (HoldheimsMSchr 1, 285; vgl. RG 22, 74).

3. a) Nach § 13 Abs 3 HGB kommen die Vorschriften über die Eintragung von Zweigniederlassungen auch dann zur Anwendung, wenn die Hauptniederlassung sich im Auslande befindet. Die vorgeschriebenen Anmeldungen, Zeichnungen, Eintragungen haben in gleicher Weise zu erfolgen, wie wenn die Hauptniederlassung sich im Inlande befände, soweit nicht das ausländische Recht eine Abweichung erforderlich macht. Fraglich ist, wieweit das auf ausländische Gesellschaften m. b. H. anwendbar ist. Die Rechtslage ist einfach, wenn die Gesellschaft ihren Sitz in einem Gebiete hat, welches bis 1919 zum Deutschen Reich gehörte, in einer der Kolonien, in Elsaß-Lothringen usw. Ferner ist denkbar, daß eine Gesellschaft m. b. H. in einem Konsulargerichtsbezirk gültig errichtet worden ist (vgl. Erl 3 d zu § 3). Im übrigen muß zunächst die Frage allgemeiner gestellt werden. Eine ausländische Gesellschaft kann im Inlande eine Ware kaufen oder verkaufen, eine Sache mieten, einen Auftrag erteilen usw. Kommt ein solcher Fall vor ein deutsches Gericht, so sind alle aus der Form der Gesellschaft zu ziehenden Folgerungen nach dem ausländischen Rechte auch dann zu beurteilen, wenn im übrigen das Rechtsverhältnis seinen Sitz im Inlande hat und dem deutschen Recht untersteht. Das am Sitz der Gesellschaft geltende Recht ist ihr Personalstatut (RG 73, 368; 83, 367). Die Gesellschaft kann derartige Rechtsgeschäfte von ihrem Sitz aus auch wiederholt, in ständiger Wiederholung schließen. Begibt sie sich zu diesem Zweck aber in das Inland, mit anderen Worten: verlegt sie ihren Sitz nach Deutschland, dann kann sie das nicht tun, ohne sich nach deutschem Recht zu gestalten. Nach deutschem Rechte ist die Anzahl der Gesellschaftsformen geschlossen, und wenn zweifellos Deutsche in Deutschland mit Wirkung nach außen eine spezifisch englische Gesellschaft nicht begründen können, so gilt das ebensogut von Ausländern. Will eine englische Gesellschaft ihren Sitz nach Deutschland verlegen, dann muß sie sich in eine der deutschen Gesellschaftsformen kleiden. Was aber von der Verlegung einer englischen Gesellschaft nach Deutschland gilt, das muß gelten, gleichviel ob die Gesellschaft zugleich ihre Niederlassung in England aufgibt oder beibehält, muß mit anderen Worten auch gelten, wenn sie in Deutschland eine Zweigniederlassung begründen will. Streng genommen müßten die Gesellschafter dann zwei Gesellschaften, neben der englischen eine deutsche, begründen. Das ist nun freilich nicht der Rechtszustand. Aber es ist wichtig, darauf hinzuweisen, daß dieser Rechtszustand nur auf einer aus praktischen Gründen geübten Konnivenz beruht. Es steht nichts entgegen, die ausländische Gesellschaft zuzulassen und ihre Zweigniederlassung einzutragen, wenn in Beziehung auf das Rechtsverhältnis der Gesellschaft zu Dritten kein Unterschied besteht, mag das eine oder das andere Recht zur Anwendung kommen. Wenn z. B. ausländischen Aktiengesellschaften Zweigniederlassungen in Deutschland unbenommen sind, so kommt es doch darauf an, ob eine solche Gesellschaft das ist, was man in Deutschland eine Aktiengesellschaft nennt. Der Name ist nicht entscheidend,

und die innere Struktur ist jedenfalls nicht die Hauptsache. Entscheidend ist oder sollte sein, ob die Rechtsstellung Dritter zur Gesellschaft durch Anwendung des ausländischen Personalstatuts keine Beeinträchtigung erfährt. Tritt man von diesem Standpunkt aus an unsere Frage heran, so muß schon gegenüber der Gesellschaft m. b. H. nach österreichischem Recht die Zulassung versagt sein. Denn so ähnlich sich die beiderseitigen Gesetze sind, so besteht doch gerade in dem hier entscheidenden Punkte eine Verschiedenheit, welche sachliche Tragweite haben kann. Für den Schutz der Gläubiger ist verschieden gesorgt. In Österreich darf, wie bei uns im Aktienrecht, an die Gesellschafter nichts ausgezahlt werden als der jährliche Reingewinn; aber was in gutem Glauben entgegengenommen ist, kann nicht zurückgefordert werden. Das deutsche Gesetz kennt die Beschränkung auf den Jahresgewinn nicht. Es zieht die Schranke anders (vgl. § 30 und Erl 1 dazu), und wenn die Schranke nicht eingehalten worden ist, schützt gegenüber Gläubigern der Gesellschaft den Empfänger sein guter Glaube nicht. Anders läge es nur, wenn durch Staatsvertrag mit Gesetzeskraft die Zulassung von Zweigniederlassungen vereinbart worden wäre. Aber der in Frage kommende Art 19 Abs 5 des Handelsvertrages v. 25. 1. 05 (RGBl 06, 143) bestimmt nichts Derartiges (a. A. Neukamp-Becker § 1 Erl 5). Zwar sollen die Gesellschaften des einen Staates befugt sein, im Gebiete des anderen alle ihre Rechte, namentlich auch vor Gericht, geltend zu machen; aber ausdrücklich wird betont, daß wegen Zulassung zum Betriebe im dortigen Staatsgebiet die dort geltenden Bestimmungen Anwendung finden sollen. — Die herrschende Lehre begnügt sich in vager Weise bei allgemeiner Ähnlichkeit der Gesellschaftsform und kommt so in der vorliegenden Frage zum entgegengesetzten Ergebnis. So KG in JW 1929, 1665; ferner Hachenburg § 12 Erl 27; schärfer Scholz 28. Vgl. dagegen Brodmann A.-R. § 201 Erl 6c. Wie hier Liebmann § 12 Erl 4.

b) Ob eine deutsche Gesellschaft m. b. H. im Auslande eine Zweigniederlassung begründen kann, hängt von den Gesetzen des betreffenden Staates ab. Nach dem österreichischen Gesetz über die Gesellschaften m. b. H. können ausländische Gesellschaften im Inlande eine Niederlassung begründen, wenn der Nachweis erbracht wird, daß die Gesellschaft sich nach ihrer gesetzlichen Grundlage als eine Gesellschaft der im Gesetz bezeichneten Art darstellt und die Beobachtung der Gegenseitigkeit gewährleistet wird (§§ 107 ff.). In Italien ist durch Art 230 des HGB die Eintragung einer ausländischen Gesellschaft unter bestimmten Bedingungen auch dann, wenn die Gesellschaftsform mit einer italienischen nicht völlig übereinstimmt, mit der Wirkung zugelassen, daß die Vorsteher der Zweigniederlassung für deren Verbindlichkeiten persönlich haften (vgl. BauersZ 19, 162). In der Schweiz hat der Bundesrat durch Beschluß v. 10. 6. 02 die Eintragung für zulässig erklärt. Auch von Frankreich wird berichtet, daß die Eintragung von Zweigniederlassungen einer Gesellschaft m. b. H. nicht beanstandet wird (BauersZ a. a. O.; vgl. auch DJZ 02, 475).

Zweiter Abschnitt.

Rechtsverhältnisse der Gesellschaft und der Gesellschafter.

§ 13

Die Gesellschaft mit beschränkter Haftung als solche hat selbständig ihre Rechte und Pflichten; sie kann Eigentum und andere dingliche Rechte an Grundstücken erwerben, vor Gericht klagen und verklagt werden[1]).

Für die Verbindlichkeiten der Gesellschaft haftet den Gläubigern derselben nur das Gesellschaftsvermögen[2])[3]).

Die Gesellschaft gilt als Handelsgesellschaft im Sinne des Handelsgesetzbuchs[4]).

Österr. Gesetz § 61.

1. a) Die Gesellschaft m. b. H. ist juristische Person. Das ist in der Rechtsprechung allgemein, in der Rechtslehre so gut wie allgemein anerkannt (Brodmann A.-R. § 210 Erl 1). Auch das preußische Oberverwaltungsgericht steht auf keinem anderen Standpunkte, wenn es auch gegenüber Bestimmungen des öffentlichen Rechts, wo juristischen Personen Wahlrecht zugesprochen wird, die Frage aufwirft und verneint, ob nach Entstehungsgeschichte und Absicht des Gesetzes darunter ohne weiteres auch Gesellschaften m. b. H. zu verstehen sind (PrOVG 54, 5 und die dortigen Zitate; ferner das. 56, 69). — Rechte und Verbindlichkeiten der Gesellschaft kommen ihr zu und berühren rechtlich die Gesellschafter in keiner Weise. Sie kann Vermögensrechte aller Art haben. So vor allem Eigentum an Grundstücken, unterliegt aber natürlich in letzterer Beziehung den Beschränkungen, welchen im allgemeinen juristische Personen im Erwerb von Grundstücken unterworfen sind (Art 86 EGBGB. Auch innerhalb des Deutschen

Reichs können in den einzelnen Ländern auswärtige juristische Personen Beschränkungen unterworfen sein; das. Art 88.) Der Gesellschaft kann ein Nießbrauch bestellt werden (§ 1061 BGB), überhaupt alle Art dinglicher Rechte (§§ 1090 ff. BGB). Sie kann naturgemäß nicht in ihrer Person Urheberrechte erwerben oder Erfindungen machen, letzteres indessen doch in Gestalt der Auftrags-, namentlich der Etablissementserfindung. Aber unbeschränkt kann sie diese Rechte, wenn sie entstanden sind, erwerben, namentlich Erfindungen und Gebrauchsmuster aus eigenem Rechte zum Patent usw. anmelden. Sie kann zum Erben eingesetzt und mit Vermächtnissen bedacht werden (§ 2101 Abs 2 BGB). Sie kann im allgemeinen auch alle Arten von Gesellschaftsverträgen mit Dritten abschließen. Ob sie eine offene Handelsgesellschaft oder eine Kommanditgesellschaft mit Dritten eingehen kann, ist bestritten. Dagegen SeuffA 55, 85; Brodmann JW 1922, 1656; 1923, 683; Liebmann § 13 Erl 8 (und ausführlichen Literaturnachweisen). Dafür RJA 12, 28; LZ 1914, 1919[9]; RJA 16, 82; KGJ 51, 123; RG 105, 102. Die Frage liegt hier nicht wesentlich anders als bei der Aktiengesellschaft. Kurz und treffend sind in Beziehung auf diese in SeuffA 55, 85 die Punkte zusammengestellt, in welchen ein solcher Vertrag gegen die zwingenden Vorschriften des Gesetzes verstößt. Ohne auch nur eines dieser Bedenken zu widerlegen, hat die Rechtsprechung sich überwiegend und schließlich auch das RG a. a. O. entgegengesetzt entschieden. Gegenüber der ängstlichen Methode, mit der man sich sonst an den Wortlaut des Gesetzes, oft zu unfrei, bindet, fällt die Leichtherzigkeit doppelt auf, mit welcher man hier sich über wichtigste Bestimmungen des Gesetzes hinwegsetzt, nur um einer Gesellschaftsform zum Dasein zu verhelfen, deren Künstelei jedem unbefangenen und natürlichen Empfinden widerstrebt. Nachdem das Reichsgericht für zulässig erklärt hat, daß eine Gesellschaft m. b. H. Komplementar einer Kommanditgesellschaft sein kann, ist die Frage auch in Beziehung auf die offene Handelsgesellschaft im gleichen Sinne entschieden, und hat denn auch JW 1925, 2017 (Karlsruhe) alsbald den zweiten Schritt auf der schiefen Bahn getan, indem es aus § 146 HGB schloß, daß die G. m. b. H. auch Liquidator der Gesellschaft muß sein können. Im wesentlichen, wenn nicht ausschließlich, wird diese Gesellschaftsform gewählt, um Steuern zu sparen (vgl. hierzu Erl 7d zu § 3). Der Fiskus läßt sich aber darauf nicht ein; die Einlage der Kommanditisten unterliegt der Gesellschaftssteuer. Vgl. GmbHRundsch 25, 406 (RFH).

b) Unbeschränkt kann einer Gesellschaft m. b. H. rechtsgeschäftliche Vollmacht erteilt werden. (Über den Begriff der Organgesellschaft s. RFH 22, 187.) Nicht der Geschäftsführer ist der Bevollmächtigte, sondern die Gesellschaft, die sie durch ihren jeweiligen Geschäftsführer wahrzunehmen hat. Dagegen kann sie nicht gesetzlicher Vertreter sein (bestr., s. hierzu Brodmann A.-R. § 295 Erl 3), weder als Geschäftsführer einer anderen Gesellschaft m. b. H. noch überhaupt, daher auch nicht Konkursverwalter (LZ 08, 245). In Widerspruch damit wird allgemein angenommen, daß sie Testamentsvollstrecker sein kann. Aus gleichem Grunde kann die Gesellschaft auch nicht Vormund sein. Die Ansichten sind in diesen Fragen sehr geteilt, die Rechtslehre völlig steuerlos. Vgl. z. B. Scholz 161 f.

c) Auch den strafrechtlichen Schutz genießt die Gesellschaft m. b. H. in Ansehung ihres Vermögens wegen Beleidigung aus dem Gesichtspunkte der Kreditgefährdung (§ 187 StGB; § 824 BGB), nicht dagegen nach §§ 185, 186 StGB, § 823 Abs 2 BGB (RG 60, 4 und die dortigen Zitate; in Recht 1912, 519). In diesem Umfange kann sie als Privatkläger, Nebenkläger auftreten, Anspruch auf Buße verfolgen, Strafantrag stellen. Der Gesellschafter ist hierzu nicht berechtigt, auch nicht, wenn er alle Geschäftsanteile besitzt (Urt v. 24. 2. 16 VI 463/15; vgl. ferner RG 91, 354).

d) Ferner können der Gesellschaft m. b. H. Rechte öffentlichen Rechts zustehen, das aktive Wahlrecht in Kommunalverbänden (vgl. PrOVG 30, 1; 50, 1; 54, 5; 56, 69; 66, 64), zur Handelskammer (PrOVG 23, 287). Vgl. Erlaß des PrHM in HoldheimsMSchr 2, 130. Sie können als juristische Person nicht zur Zwangsinnung herangezogen werden, Landmann GewO §§ 100 ff. Erl 2 (wenigstens in Preußen nicht, GmbHRundsch 24, 422).

e) Anderseits ist die Gesellschaft m. b. H. zivilrechtlich deliktsfähig nach Maßgabe § 31 BGB (RG in LZ 1915, 1602[5]). Wegen Haftung auf Schadensersatz auf Grund eines Gewerbeunfalls vgl. RG in DJZ 06, 823. Über die Haftung der Gesellschaft für Angestellte, welche eine Zweigniederlassung leiten, RG 117, 64. Die Gesellschaft kann sich nicht damit verteidigen, daß sie in der Auswahl der Persönlichkeit des Geschäftsführers sorgfältig verfahren sei; § 831 findet auf den Fall nicht Anwendung. — Für Verschulden des einzelnen Geschäftsführers hat die Gesellschaft nach § 31 BGB auch dann aufzukommen, wenn Kollektivvertretung bestimmt ist (JW 04, 167[5]). — Neben der Gesellschaft haftet dem Verletzten auch der Geschäftsführer persönlich, wenn ihn ein Verschulden trifft; Geschäftsführer sowie auch die Mitglieder des Aufsichtsrates können als Anstifter oder Gehilfen haftbar sein (Bolze Pr 10, 151; BauersZ 19 S. 73, 74).

f) Strafrechtlich ist nur die natürliche Persönlichkeit, hier also der Geschäftsführer in seiner Person, verantwortlich. — Auch bei Vergehen gegen Steuergesetze trifft die Strafe nur den Täter persönlich (vgl. RAO § 84), und zwar, wenn mehrere Geschäftsführer vorhanden sind, nur diejenigen, welchen ein Verschulden zur Last fällt (DJZ 08, 141). So in Beziehung auf Wechselstempelsteuer RGSt 24, 226. Dagegen trifft die Verpflichtung zur Zahlung des hinterzogenen Betrages nicht den Geschäftsführer, sondern die Gesellschaft (RG 66, 32). — Bei Vergehen gegen Stempelgesetze sind alle Geschäftsführer strafbar, aber die Strafe ist im ganzen nur einmal zu erlegen. Die mehreren haften solidarisch (Ges v. 3. 6. 06 § 72; RGSt 42, 307; JW 07, 396[19]). Diese Haftung aller tritt auch dann ein, wenn der im Gesetz nachgelassene Nachweis, daß eine Hinterziehung nicht beabsichtigt war, auch nur bei einem der Geschäftsführer nicht zu erbringen ist (RGSt 44, 122). Vgl. jetzt RAO §§ 84, 92, 357, 359, 366 Abs 2. Zu beachten § 91 RAO., wonach das Erlöschen der Vertretungsmacht des Geschäftsführers seine Pflichten unberührt läßt, soweit es sich um die vergangene Zeit handelt. — Bei steuerrechtlichen Vergehen kann die Frage auftreten, ob die Gesellschaft verpflichtet ist, dem Geschäftsführer eine ihm auferlegte Geldstrafe zu ersetzen, oder ob sie, wenn sie sich freiwillig dazu verpflichtet, die so entstandene Schuld als Passivum in die Bilanz einstellen kann, was nach RFH 9, 322 unter Umständen anzuerkennen ist. — Auch bei Gewerbepolizeivergehen trifft die Strafe den Geschäftsführer persönlich (GewArch 12, 466). Der § 151 Abs 1 Satz 1 GewO handelt nicht von dem Falle gesetzlicher Vertretung, sondern von Angestellten, wohl aber Satz 2 das. Sind die Geschäfte unter mehreren Geschäftsführern mit bestimmter Abgrenzung sachlich verteilt, so ist jeder nur für das verantwortlich, was in seinem Geschäftsbereich geschieht, der andere nur, wenn auch ihn ein Verschulden trifft, wenn beispielsweise der kaufmännische Leiter, was geschehen ist, gewußt und geduldet hat (RGSt 29, 28).

g) Unternehmen, die einer persönlichen Approbation, Ablegung einer Prüfung usw. bedürfen (GewO §§ 29, 30, 30 a, 31), sind der Gesellschaft m. b. H. unzugänglich, dagegen nicht die konzessionspflichtigen Gewerbe nach §§ 32—34. So die neuere Rechtsprechung des PrOVG 56, 378 gegen OVG 9, 286. Ebenso RG 80 S. 111, 427. Es kann daher gegebenenfalls der Gesellschaft die Konzession entzogen werden, wobei in Beziehung auf die Frage der Unzuverlässigkeit die Person des Gesellschafters in Betracht zu ziehen ist (HoldheimsMSchr 16, 21 [OVG]; GewArch 8, 425), aber auch des Geschäftsführers, GewArch 10, 591, undeutlich 13, 256. Auch kann nach § 62 auf Auflösung der Gesellschaft geklagt werden. — Im allgemeinen aber muß der Tatbestand des Vergehens in der Person des Geschäftsführers vorliegen. Der § 288 StGB (Vereitelung der Zwangsvollstreckung) ist nicht anwendbar, wenn die Tat des Geschäftsführers sich auf das Vermögen der Gesellschaft bezieht. Vgl. RGSt 16, 123; RG in Recht 1911, 2683; RGSt 49, 348; JW 1918, 98[22] in Beziehung auf § 5 des Ges über Bauforderungen v. 1. 6. 09. Unklar RGSt 36, 124 (Veranstaltung einer Lotterie). Vgl. hierzu RGSt 34, 446; ferner RG in Recht 1910, 3115 (Aufstellung von Spielautomaten). — Zur Frage, inwiefern der Geschäftsführer sich durch unrichtige Buchung einer Urkundenfälschung schuldig machen kann: RG in BauersZ 23, 202 (Urt v. 10. 12. 15 II 609/15).

2. a) Die Gesellschaft m. b. H. beruht auf dem Gesellschaftsvertrag, welcher die Mitglieder gegenseitig vertraglich berechtigt und verpflichtet. Mit der Eintragung der Gesellschaft in das Handelsregister entsteht eine neue Rechtspersönlichkeit, welche nicht nur Außenstehenden, sondern auch ihren Mitgliedern gegenübersteht, nur daß die Beziehungen zu den eigenen Mitgliedern gesellschaftsrechtliche sind und von den Beziehungen unterschieden, welche ein Gesellschafter wie ein Unbeteiligter mit der Gesellschaft eingeht, z. B. dadurch, daß er an sie Waren verkauft, ihr ein Darlehn gibt usw. Es ist kein Grund anzunehmen, daß die schuldrechtlichen Beziehungen der Gesellschafter untereinander mit der Entstehung der Gesellschaft erlöschen. A. A. allerdings RG in LZ 1911, 219, Urt v. 2. 1. 11 I 360/10. Dagegen aber RG in HoldheimsMSchr 23, 267; RG 88, 124. S. auch Erl 2 a. E. zu § 1. — Jedenfalls bleibt das schuldrechtliche Verhältnis insoweit bestehen, als die Gesellschafter oder einzelne von ihnen außerhalb des Gesellschaftsvertrages (Statuts) besondere Vereinbarungen getroffen haben. Richtig ist, daß der einzelne durch das Rechtsverhältnis zu den übrigen in der freien Betätigung seiner Gesellschaftsrechte (Abstimmung) nicht gehindert werden kann, aber nicht weil ein schuldrechtliches Verhältnis überhaupt nicht besteht, sondern weil es diesen Inhalt nicht hat. — Verurteilung und Zwangsvollstreckung zu einem bestimmten Verhalten sind ausgeschlossen (JW 1911, 463[44]); nur Anspruch auf Schadensersatz kann in Frage kommen (RG in DJZ 06, 710); das gilt auch im Verhältnis der einzelnen Gesellschafter zu Dritten; dagegen kann ein Gesellschafter sich auf den Mangel der erforderlichen Genehmigung der Gesellschaft einem Dritten gegenüber nicht berufen, wenn er in der Lage ist (und dem Dritten verpflichtet erscheint), ohne weiteres die Genehmigung herbeizuführen (RG 88, 323).

b) Im Prozeß der Gesellschaft ist diese, nicht die Gesellschafter, die Partei. Sie hat keinen Anspruch auf Armenrecht (vgl. RG 33, 366); Parteieide sind von den Geschäftsführern zu leisten, während die Gesellschafter als Zeugen vernommen werden können, und zwar nach § 393 Ziff 4 ZPO uneidlich. Die Entsch RG in SeuffA 55, 119; JW 02, 394[15]; LZ 1910, 218 sind durch die Prozeßnovelle von 1910 überholt (Hachenburg § 13[11]; s. auch § 35 Erl 1 b). Auch die Konsequenz ist gezogen worden, daß im Prozeß der Gesellschaft der einzelne Gesellschafter gesetzlich vom Richteramt nicht ausgeschlossen ist (§ 241 Ziff 1 ZPO). So wenigstens RG in Recht 09, 1640 in Beziehung auf § 22 Ziff 1 StPO. Dagegen ist er nach Maßgabe des in RG 7, 311 Gesagten unter allen Umständen befangen.

c) Einbringung von Sachen in die Gesellschaft ist Veräußerung auch dann, wenn alle Gründer ihr Miteigentum einbringen (PrOVG 32, 76). Bringt ein Gesellschafter eine Hypothek ein, an welcher ihm persönlich die Antichrese zusteht, so erlischt diese (DJZ 02, 546), ein bestehender Nießbrauch kann höchstens nur der Ausübung nach eingebracht werden usw. usw.

d) Alles Gesagte gilt grundsätzlich auch, wenn sämtliche Geschäftsanteile in einer Hand vereinigt sind (s. Erl 8a zu § 2). Der Inhaber wird dadurch nicht zum Kaufmann (RG 85, 380).

3. In Abs 2 kommt besonders zum Ausdruck, daß die Gesellschaft m. b. H. selbständiges Rechtssubjekt ist. Zu den Gläubigern der Gesellschaft stehen die Gesellschafter in keinem Rechtsverhältnis. Nur mittelbar und wenn ein Gesellschafter der Gesellschaft etwas schuldet, können ihre Gläubiger sich dadurch Befriedigung verschaffen, daß sie den Anspruch der Gesellschaft pfänden und sich überweisen lassen (JW 1911, 825[44]). Das gilt von allen Arten von Ansprüchen, auch den aus § 31 Abs 1, vom Anspruch auf Einzahlung eines Nachschusses aber erst, wenn die Gesellschafter die Einforderung eines solchen beschlossen haben. Darüber, ob wenigstens auf diesem Umwege für die Gläubiger auch der Anspruch der Gesellschaft gegen die Gesellschafter auf Einzahlung der Stammeinlage (sowie der Anspruch aus § 24) greifbar ist, s. § 19 Erl 6. — Im Konkurse der Gesellschaft macht der Konkursverwalter diese Rechte ohne weiteres geltend. Aber auch ihm gegenüber sind die Gesellschafter zur Einforderung eines Nachschusses nicht verpflichtet. — Ein unmittelbares Verhältnis zu den Gläubigern der Gesellschaft kann dadurch entstehen, daß die Gesellschafter (oder einzelne von ihnen) die Bürgschaft übernehmen. Untereinander sind sie dann im Verhältnis ihrer Stammeinlage ausgleichspflichtig (RG in HoldheimsMSchr 23, 267). — Hat die Gesellschaft sich einer Konkurrenzklausel unterworfen, so trifft die Verpflichtung die Gesellschafter persönlich nur, wenn der Vertrag nach Treu und Glauben so auszulegen ist (MarkschWettbew 17, 155), und im Zweifel auch dann nur so lange, wie der einzelne der Gesellschaft angehört. — Der Anspruch aus § 824 BGB (Kreditgefährdung) steht nicht dem einzelnen Gesellschafter, sondern nur der Gesellschaft selbst zu (RG 91, 353).

4. Die Gesellschaft m. b. H. hat rechtlich die Stellung einer Handelsgesellschaft, auch wenn ihr Gegenstand nicht der Betrieb eines Handelsgewerbes ist. Es finden daher auf sie die in betreff der Kaufleute im HGB gegebenen Vorschriften Anwendung, und zwar gilt sie stets als Vollkaufmann (§ 6 HGB), namentlich gelten also auch die §§ 348—350 HGB (bestr. für den Fall, daß die Gesellschaft überhaupt keinen Gewerbebetrieb zum Gegenstand hat). Hachenburg § 13[26], Scholz 166; in § 343 und § 348 HGB heißt es nicht im Betrieb eines Handelsgewerbes, sondern im Betrieb seines Handelsgewerbes; m. a. W., es sollen die Privatgeschäfte des Kaufmanns ausgeschlossen sein, ein Gebiet, das es für die G. m. b. H. auch dann nicht gibt, wenn ihr Betrieb kein gewerblicher ist; wie könnte eine solche Gesellschaft Kaufmann sein, wenn sie überhaupt keine Handelsgeschäfte tätigte? Wie hier Liebmann § 13[3], Feine 232 f. — Alles Gesagte gilt aber nur im Bereich der Vorschriften des HGB. In anderer Beziehung, namentlich in Beziehung auf die Anwendung der gewerbepolizeilichen Vorschriften, entscheidet die Art des Betriebes. — Auch für Bemessung der Verjährungsfrist nach §§ 196 Ziff 1, 197 BGB kommt es darauf an, ob die Leistung für den Gewerbebetrieb der Gesellschaft (RG in DJZ 1913, 233) oder ob sie überhaupt für einen „Gewerbebetrieb" (OLG 28, 42) erfolgt ist. — Die Gesellschaft kann aus diesem Gesichtspunkte auch zu einer besonderen Art von Buchführung verpflichtet sein (BauersZ 23, 39; SächsOLG 34, 37; s. ferner BauersZ 22, 89).

§ 14

Der Geschäftsanteil[1]) jedes Gesellschafters[2]) bestimmt sich nach dem Betrage der von ihm übernommenen Stammeinlage[3])[4]).

Österr. Gesetz § 75 Abs 1.

1. a) Über die Bedeutung des § 14 wird ein Streit geführt, der praktisch wenig Bedeutung hat und mehr nur ein Streit um Worte ist. Geschäftsanteil und Stammeinlage sind zwei ganz verschiedene Dinge. Diese ist ein bestimmter, an die Gesellschaft abzuführender Gegenstand, Sache oder Geld, der von der Gesellschaft gebraucht oder verbraucht wird, jedenfalls nur einmal — wenn oft auch in Raten — zu leisten ist und dann im Betriebskapital der Gesellschaft aufgeht, so daß die Stammeinlage als solche verschwindet. Was von ihr bleibt, ist nur eine Funktion der Ziffer. Der Geschäftsanteil ist das im Begriff zusammengefaßte Ganze der gesellschaftlichen Rechte und Pflichten des einzelnen Gesellschafters, das Ganze seiner Beteiligung (RG 82, 169). In Hinsicht der Berechtigungen erstreckt er sich nach drei Richtungen: Beteiligung an der Verwaltung, namentlich also an der Gesellschafterversammlung und den Abstimmungen, Beteiligung am Gewinn bei bestehender Gesellschaft, Beteiligung an der Liquidationsmasse nach ihrer Beendigung. Auf passiver Seite steht die Beteiligung an der Aufbringung der Gesellschaftsmittel, in erster Linie und schlechthin notwendig die Beteiligung an der Aufbringung des Stammkapitals, die Stammeinlage. Es ist unrichtig zu sagen, daß die Stammeinlage das Äquivalent für den Geschäftsanteil ist. Das ist rein wirtschaftlich gedacht und auch so nicht einmal schlechthin richtig. Der Gesellschaftsvertrag ist nicht synallagmatisch, geht nicht auf Leistung gegen Leistung. Er geht auf Vereinigung der Leistungen zwecks gemeinsamer Verwertung. Es liegt im Wesen der Beteiligung, daß sie in einem Bruchteil dergestalt zum Ausdruck kommt, daß die Summe aller Brüche das Ganze ausmacht. Diese Beteiligungsziffer ist der eine der Faktoren, welche den Wert des Geschäftsanteils ausmachen, der andere Faktor ist der Wert des Gesellschaftsunternehmens, das Reinvermögen der Gesellschaft. Zu diesen allgemeinen Faktoren gesellen sich konkrete. Es können mit einem Geschäftsanteil besondere Vorrechte oder umgekehrt besondere Verpflichtungen verbunden sein; unter sonst gleichen Umständen ist ein Geschäftsanteil bei volleingezahlter Stammeinlage wertvoller, als wenn Raten noch ausstehen u. ä. Soviel aber ergibt sich ohne weiteres, daß zu keinem Zeitpunkt, auch nicht im Beginn der Gesellschaft, der Wert der Geschäftsanteile sich mit dem Wert der Stammeinlage deckt. Was nun der § 14 bestimmt, ist dieses, daß die Beteiligung des einzelnen am Ganzen sich nach dem Verhältnis bestimmt, in welchem er sich an der Aufbringung des Stammkapitals beteiligt. Das ist nicht das Verhältnis der einzelnen Stammeinlage zum Stammkapital. So kann es sein und so ist es in der Regel. Aber es ist nicht immer so. Ein einzelner Gesellschafter kann ganz fortfallen, ohne daß zugleich das Stammkapital sich verändert, und dann stimmt die Rechnung nicht mehr. Für alle Fälle maßgeblich ist vielmehr das Verhältnis der Stammeinlagen zueinander. Sind bei einem Stammkapital von 40 000 M. A, B und C mit 20 000, 10 000, 10 000 M. Einlagen beteiligt, so stimmen beide Rechnungen. A ist zur Hälfte, B und C je zu einem Viertel berechtigt und verpflichtet. Ist aber Cs Geschäftsanteil eingezogen, dann stimmt nur noch die letzte Rechnung. A ist mit zwei Drittel, B mit einem Drittel beteiligt. — Daher besagt der Ausdruck: Geschäftsanteil von 20 000 M. über den Wert noch gar nichts. Es ist reine — wenn auch natürliche und nicht zu beanstandende — Konvention, wenn ganz allgemein der Verkehr so spricht, wenn er den Geschäftsanteil mit der Stammeinlage als seinem Nennbetrag bezeichnet. Anders liegt es bei der Aktiengesellschaft. Nach § 180 HGB müssen die Aktien auf einen bestimmten Geldbetrag lauten. Im gegenwärtigen Gesetz findet sich eine solche Bestimmung nicht, namentlich auch im § 14 liegt sie nicht. Das Gesetz scheint vielmehr diesen Sprachgebrauch gerade zu vermeiden. In §§ 29 Abs 2, 47 Abs 2, 72 spricht es von Geschäftsanteil und meint nicht sowohl diesen als vielmehr seinen Nennbetrag. Dabei ist § 14 nicht zwingendes Recht. In jeder einzelnen Richtung der Berechtigung kann das Verhältnis anders geordnet werden, Stimmrecht, Gewinn, Liquidationsquote (§ 47 Abs 2 und § 45 Abs 2, § 29 Abs 2 Satz 2 und § 72 Satz 2). Daher auch nach allen drei Richtungen zugleich. Nur soviel ist richtig, daß, wenn nach einer dieser Richtungen und selbst nach allen drei Richtungen etwas anderes bestimmt ist, im Zweifel es im übrigen, z. B. bei Heranziehung zu Nachschüssen, bei dem gesetzlichen Verhältnis verbleibt. Das Beispiel Neukamps § 14[4], daß A mit 16 000, B, C, D, E mit je 1000 M. Stammeinlage, dagegen an Stimmrecht, Gewinn und Liquidationsquote A mit $^{10}/_{20}$, B mit $^{7}/_{20}$, C, D, E mit je $^{1}/_{20}$ beteiligt sind und dann also auch die Nachschußpflicht in letzterem Verhältnis zu verteilen sei, macht sich die Sache zu leicht, indem es nach allen drei Richtungen gleichmäßige Abweichungen unterstellt. Aber auch abgesehen hiervon, ist nicht einzusehen, weshalb die Nachschußpflicht nicht vielmehr das Verhältnis der Stammeinlagepflicht beibehalten soll. Sie muß doch im Statut ausdrücklich vorgesehen und gleichwohl nicht abweichend von der gesetzlichen Vorschrift geregelt worden sein. Aber allerdings kann auch das Verhältnis der Nachschußpflicht abweichend bedungen werden (trotz gegenteiliger Behauptung der Motive zu § 26).

b) Ein Geschäftsanteil kann nicht anders entstehen als auf Grund einer Stammeinlage. Die Frage, ob es Stammeinlagen ohne Geschäftsanteil gibt, ist schief gestellt. Wenn ein Geschäftsanteil eingezogen wird, pflegt die Stammeinlage im Sinne eines realen Gegenstandes längst verbraucht zu sein. Jetzt hört auch die Ziffer auf zu funktionieren, sie hat gar keinen Zweck mehr. Dagegen wird die Ziffer des Stammkapitals nicht ohne weiteres reduziert. Es herrscht kein Streit darüber, daß die Gesellschaft Geschäftsanteile amortisieren kann, ohne deshalb das Stammkapital herabsetzen zu müssen. Unentgeltlich kann sie es unbeschränkt tun, wenn im übrigen die Voraussetzungen vorliegen (§ 34), entgeltlich, wenn die zur Auszahlung des Geschäftsanteils erforderlichen Überschüsse vorhanden sind (§ 30). Die Frage endlich, ob bei einer Herabsetzung des Stammkapitals zugleich eine entsprechende Herabsetzung der „Stammeinlagen" zu erfolgen hat, um die in § 5 Abs 3 vorgeschriebene Rechnung herzustellen, ist eine reine Zweckmäßigkeitsfrage. Werden die Ziffern der Stammeinlage beibehalten, dann wird die Sach- und Rechtslage undurchsichtiger, aber unzulässig ist es nicht. Entscheidend ist ja nicht die absolute Ziffer der Stammeinlage, auch nicht das Verhältnis zum Stammkapital, sondern das Verhältnis der Stammeinlagen zueinander, das durch die Reduktion keine Änderung erfährt. S. auch § 58 Erl 5.

2. Der Geschäftsanteil ist ein zusammengefaßtes, immer in Fluß befindliches Ganzes verschiedener Rechtsverhältnisse und Gebundenheiten, kommender und gehender konkreter Ansprüche und Verbindlichkeiten. Nicht nur die begrifflich wesentlichen Rechte und Pflichten, Stimmrecht, Anspruch auf Gewinnbeteiligung, auf die Liquidationsquote, Verpflichtung zur Leistung der Stammeinlage, gegebenenfalls des Nachschusses, gehören hierher. Auch die nach § 3 Abs 2 übernommenen Verpflichtungen, besondere Rechte, sofern sie als gesellschaftliche bedungen werden, gehören zum Geschäftsanteil, der als dieses Ganze Gegenstand von Rechtsgeschäften ist (vgl. Erl 1 a und e zu § 15). Gekennzeichnet aber wird er durch den Betrag der übernommenen Stammeinlage als seinen Nennbetrag. Gleichgültig ist dabei, wieviel auf die Stammeinlage etwa noch nicht eingezahlt worden ist. Wird ein Geschäftsanteil unter dieser Bezeichnung nach der Stammeinlage gepfändet, so ist das Ganze gepfändet, auch der den Nennbetrag übersteigende Wert. In dem Falle GmbHRundsch 1916 S. 65, 270 lag nur eine ungeschickte Fassung des Pfändungsbeschlusses vor, auf die der Instanzrichter mit Unrecht das entscheidende Gewicht gelegt hatte. — Über die Schätzung des Wertes eines Geschäftsanteils vgl. RFH in JW 1921, 527[10].

3. Individualrechte. Sonderrechte. Minderheitsrechte. Über die Bestimmung dieses Begriffs herrscht ein anscheinend hoffnungsloser Streit, den man nicht selten mit der Wendung zu erledigen meint, daß er ein Streit über Terminologie sei. Er ist aber weit entfernt, das zu sein, weil das, worüber gestritten wird, nicht die Bezeichnungen, sondern die Begriffe selbst sind. Dabei handelt es sich um praktisch wichtige Begriffe, und die Resignation, die in RG 104, 253 zum Ausdruck kommt, ist nicht angebracht. Sonderrecht und Individualrecht sind nicht Gegensätze und nicht Arten einer übergeordneten Gattung. Dagegen ist, was man im allgemeinen als Minderheitsrecht bezeichnet, eine bestimmte Art von Individualrecht. Den Gegensatz von Individualrecht kann man als Samtrecht bezeichnen. Es handelt sich bei beiden um die Befugnisse der Gesellschafter, an der Geschäftsführung und überhaupt an der Behandlung der Angelegenheiten der Gesellschaft mitzuwirken, in sie einzugreifen. Der Kreis dieser Befugnisse ist der Anzahl nach ziemlich bescheiden und die Regel ist, daß die Entschließungen durch die Gesellschafter insgesamt nach Mehrheit der abgegebenen Stimmen erfolgen. Es steht dem einzelnen nur diese Mitwirkung, dieses Samtrecht zu. Dagegen hat er als einzelner den Anspruch darauf, daß er zu der Beschlußfassung hinzugezogen wird, er hat das Recht, rechtswidrige Beschlüsse der Gesellschafterversammlung anzufechten. Das und ähnliches sind Rechte des Individuums und wenn man diese Rechte als Individualrechte bezeichnet, und zwar nur dann, bedeutet das Wort einen klaren Begriff. Es gibt Fälle dieser Art, wo ebenfalls nicht die Mehrheit entscheidet, aber auch der einzelne nicht, wenn er für sich allein zu schwach, d. h. an der Gesellschaft nicht ausreichend beteiligt ist, und sich daher mit andern zusammentun muß. Das ist der Fall des § 50 (Verlangen der Einberufung einer Gesellschafterversammlung), des § 61 (Klage auf Auflösung der Gesellschaft), des § 66 Abs 2 (Antrag auf Bestellung von Liquidatoren durch das Gericht; in allen Fällen mindestens 10 % des Stammkapitals). Bei diesen sogenannten Minderheitsrechten kann von Sonderrecht nicht die Rede sein (RG 68, 212). Die Einschränkung hat für jeden Gesellschafter zwei Seiten. Sie dient zum Schutze der Gesellschafter gegen Eigenbrötelei und Querköpfigkeit des einzelnen. Genau in dem Maße, wie durch Änderung der Quote die Rechte des einzelnen beeinträchtigt erscheinen könnten, wird der ihm gewährte Schutz verstärkt und umgekehrt. Daher wird, allgemein betrachtet, die Rechtsstellung des einzelnen durch die Veränderung nicht beeinträchtigt. Der Umstand, daß in einem bestimmten Falle ein einzelner wegen seiner besonderen Lage anders getroffen wird als die anderen, ist ohne Bedeutung. So wenn die Quote so erhöht wird, daß er nicht mehr allein das Recht ausüben kann (s. Erl 5 zu § 50). — Ein ganz anderer Gesichtspunkt bestimmt den Begriff des Sonderrechts. Es sind das die Rechte des Gesellschafters, welche ohne seine Zustimmung durch Beschluß der Gesellschafterversammlung nicht beeinträchtigt werden können (BGB § 35.) Hier ist schwierig und unsicher zu bestimmen, was dahin gehört. Näher hierüber Brodmann A.-R. § 250 Erl 2 b.

4. a) Über die Geschäftsanteile können Anteilscheine ausgestellt werden. Damit wird aber kein Wertpapier, geschweige denn ein negoziables Wertpapier geschaffen. Ein solcher Schein ist nicht mehr als Beweisurkunde (RG 53, 107; JW 01, 522; 03 Beil 74, 171; RG in Recht 03, 1774; undeutlich OLG 16, 115). Er ist auch nach keiner Richtung Schuldschein. Die Pfändung eines Geschäftsanteils erfolgt unter völliger Beiseitelassung des Anteilscheins nach § 857 ZPO. Die Verpfändung des Anteilscheins würde kein Pfandrecht am Geschäftsanteil und höchstens ein persönliches Zurückbehaltungsrecht am Papier begründen, das einem Rechtsnachfolger im Recht auf den Geschäftsanteil gegenüber nicht standhalten würde. Denn wenn auch das in ihm beurkundete Recht kein Forderungsrecht ist, so findet doch § 402 BGB nach § 413 das. entsprechende Anwendung, RG in GmbHRundsch 28,

689; ebenso § 952 BGB, RG das. Dagegen erscheint eine entsprechende Anwendung bei § 808 BGB (oder § 793 das.) ausgeschlossen, und es muß daher bestritten werden, daß im Gesellschaftsvertrage die Ausübung der gesellschaftlichen Rechte an den Besitz des Anteilscheins geknüpft werden kann (s. Erl 6 zu § 15). In Beziehung auf das Recht, den Geschäftsanteil zu veräußern, bietet § 15 Abs 5 die Handhabe, die Genehmigung zur Veräußerung von der Vorlegung des Anteilscheins abhängig zu machen (RG in HoldheimsMSchr 10, 287; Recht 1911, 2474; RG 98, 276). — Ist im Gesellschaftsvertrage die Ausgabe von Anteilscheinen vorgesehen, so kann doch der Gesellschafter nicht gegenüber dem Anspruche auf die Stammeinlage daraus ein Zurückbehaltungsrecht geltend machen (DJZ 07, 246). Bei der Natur des Anteilscheins steht auch nichts entgegen, über ein und denselben Geschäftsanteil mehrere Exemplare von Anteilscheinen auszustellen. Noch etwas anderes ist es, wenn Teilanteilscheine über den einen in gleiche Teile als zerlegt gedachten Geschäftsanteil ausgestellt werden. Diesen Scheinen kommt, weil der Geschäftsanteil unteilbar ist, gar keine rechtliche Bedeutung zu (RG 71, 400; GmbHRundsch 1914, 212; Scholz 174). Sie können nicht einmal als Beweisurkunden anerkannt werden, weil, was sie zu beweisen scheinen, unrichtig ist, Liebmann § 14[7] sowie in GoldschmidtsZ 73, 10; BauersZ 34, 44.

b) Auch Dividendenscheine können ausgegeben und auch — ausdrücklich oder stillschweigend — auf den Inhaber gestellt werden. Die rechtliche Natur solcher Inhaberscheine ist unsicher. Zwar ist in ihnen der Gläubiger nicht ausdrücklich, aber doch durch den deutlichen Hinweis auf den Inhaber des Geschäftsanteils ausreichend bezeichnet und im Zweifel ist anzunehmen, daß es sich um ein Inhaberpapier nach § 808 BGB handelt.

§ 15

Die Geschäftsanteile sind veräußerlich[1])[2]) und vererblich[7]).

Erwirbt ein Gesellschafter zu seinem ursprünglichen Geschäftsanteile weitere Geschäftsanteile, so behalten dieselben ihre Selbständigkeit.

Zur Abtretung von Geschäftsanteilen durch Gesellschafter bedarf es eines in gerichtlicher oder notarieller Form geschlossenen Vertrages.

Der gerichtlichen oder notariellen Form bedarf auch eine Vereinbarung, durch welche die Verpflichtung eines Gesellschafters zur Abtretung eines Geschäftsanteils begründet wird[3])[6]). Eine ohne diese Form getroffene Vereinbarung wird jedoch durch den nach Maßgabe des vorigen Absatzes geschlossenen Abtretungsvertrag gültig[4]).

Durch den Gesellschaftsvertrag kann die Abtretung der Geschäftsanteile an weitere Voraussetzungen geknüpft, insbesondere von der Genehmigung der Gesellschaft abhängig gemacht werden[5]).

Österr. Gesetz § 75 Abs 2; §§ 76, 77; § 8 Abs 2.

1. a) Die Geschäftsanteile sind veräußerlich. D. h., die Gesellschaft m. b. H. ist eine Gesellschaft von wechselndem Personenstand. Der Vertrag fesselt das Kapital, nicht die Person. Die Person des einzelnen Gesellschafters kann nicht oder doch nur ausnahmsweise (§§ 34, 21) verschwinden, aber sie kann wechseln, ohne daß an dem Bestande der Gesellschaft gerührt wird. Der Kauf eines Geschäftsanteils ist Kauf eines Gegenstandes, nämlich einer Gesamtheit von Rechten und Verbindlichkeiten, aber die Lieferung des Gegenstandes ist Aus- und Eintritt in die Gesellschaft (aber nicht Aus- und Eintritt in das Unternehmen der Gesellschaft m. b. H.); der Kauf durch einen Minderjährigen unterliegt der Genehmigung des Vormundschaftsgerichts, wenn nicht nach § 1822[3] (JW 1926, 600 KG), so doch wegen §§ 24 und 31 Abs 3 und 4, nach § 1822[10] (OLG 27, 367); s. § 2 Erl 6a. Vorbehaltlich des in Abs 5 Bestimmten ist diese Art des Austrittes dem Gesellschafter jederzeit frei. Im Statut kann bestimmt werden, daß die Gesellschafter unter gewissen Voraussetzungen verpflichtet sind, ihren Geschäftsanteil abzugeben (auszutreten), RG 121, 294. — Mit dem Erwerb des Geschäftsanteils tritt der neue Gesellschafter nach richtiger Auffassung (s. Erl 2a zu § 13 und Erl 1c zu § 11) zugleich nach Maßgabe des Gesellschaftsvertrages in das schuldrechtliche Verhältnis zu den übrigen Gesellschaftern ein, während Sondervereinbarungen, welche der bisherige Gesellschafter mit anderen getroffen hatte — mögen sie auch im Gesellschaftsvertrage bedungen worden sein, wo sie dann freilich als solche Sonderabmachungen deutlich hervortreten müssen —, ihn nicht berühren. Über den Umfang, in welchem die gesellschaftlichen Rechte und Verbindlichkeiten auf ihn übergehen, s. § 16. — Auch nach Eröffnung des Konkurses über das Vermögen der Gesellschaft können Geschäftsanteile wirksam abgetreten werden (RG

64, 153). — Die Übertragung eines Geschäftsanteils sowie die Genehmigung können schon vor Eintragung der Gesellschaft in das Handelsregister erklärt werden; auch das muß in der vorgeschriebenen Form geschehen (JW 04, 123[3]).

b) Der Kauf eines Geschäftsanteils ist Kauf eines Rechts nach § 433 Abs 1 Ziff 2 BGB. Der Verkäufer hat ihn dem Käufer zu verschaffen und haftet für den Bestand des Rechts (§§ 434, 437 BGB). Er ist unter Umständen verpflichtet, dem Erwerber über das Gesellschaftsvermögen Auskunft zu erteilen (RG in LZ 27, 460). Die §§ 459 ff. BGB finden keine Anwendung. Ergibt sich, daß die Stammeinlage nicht voll eingezahlt war, so findet nicht § 434, sondern § 437 Abs 1 BGB Anwendung (Urt v. 16. 2. 15 II 553/14). Gegenüber dem Anspruch auf den Kaufpreis hat der Käufer das Zurückbehaltungsrecht nach § 273 BGB. Das gilt auch, wenn unbezahlte Rückstände bestehen. Der Käufer „kennt" den Mangel des Rechts, wenn er den Tatbestand kennt (§ 439 Abs 1 BGB); daß er die gesetzlichen Vorschriften nicht kennt, macht nichts aus (RG 98, 229; RG in LZ 08, 950; JW 06, 10). — Dagegen ist Anfechtung wegen Irrtums nach § 119 BGB wegen Mängel dieser Art ausgeschlossen (RG in HoldheimsMSchr 23, 268; 24, 224; RG 94, 277, Konkurrenzverbot). — Der Verkauf **aller Geschäftsanteile** der Gesellschaft an ein und denselben Käufer bedeutet nicht zugleich Verkauf des geschäftlichen Unternehmens der Gesellschaft und damit den Verkauf einer Sache (§§ 459 ff. BGB; RG 86, 146, Urt v. 2. 11. 20 II 162/20). Es kann aber der Vertrag so gemeint sein, wenn der oder die Verkäufer Besitzer aller Geschäftsanteile sind, RG 86, 146; 98, 289; 100, 201; RG 120, 283 verbessert gegenüber dem Urteil 98, 289 die Begründung, indem gesagt wird, daß es der Verkehrsauffassung entspricht, daß das Rechtsgeschäft wie ein Sachkauf behandelt wird, auf welchen §§ 434, 439 Abs 2 BGB Anwendung finden; ebenso ganz allgemein Urteil vom 10. 10. 28 V 114/28 sowie die im RG 124, 166 zitierten Urteile. S. auch RG 104, 42 (Grundstücksgesellschaft m. b. H. und Vorkaufsrecht); SeuffA 68, 63 (Haftung aus § 25 HGB). Vgl. auch § 2 Erl 6a. — Dagegen kommt Schutz des guten Glaubens nicht in Frage; daß der Erwerber weiß, daß ein Dritter Anspruch auf Übertragung des Geschäftsanteils hat, hindert den Erwerb nicht, JR 26, 587. Anderseits GmbHRundsch 28, 416 (Hamburg): veräußert der Inhaber aller Geschäftsanteile das Geschäft mit der Firma in der Absicht, daß damit die Gesellschaft m. b. H. aufhören soll, so handelt es sich in Wahrheit um Veräußerung der Geschäftsanteile, und der Vertrag ist — formlos geschlossen — nichtig. — Steuerrechtlich muß nicht unter allen Umständen in der Übertragung aller Geschäftsanteile einer sog. Grundstücksgesellschaft m. b. H. die Übereignung der Grundstücke liegen. Es hängt das davon ab, ob die Gesellschaft im wesentlichen zur Mobilisierung des Grundstückseigentums gegründet worden ist, ob die Absicht dahin ging, statt der bezweckten Veräußerung der Grundstücke selbst aus steuerrechtlichen oder anderen Gründen nur die Geschäftsanteile zu übertragen, diese Übertragung dann nicht die dem gewollten wirtschaftlichen Erfolg entsprechende Gestaltung ist. (S. jetzt GEStG § 3 [§ 1 Erl 6]; RAO § 5; RFH 5, 247, 551; 11, 310.)

c) Der Geschäftsanteil ist ein in sich geschlossenes **Ganzes**. Auch wenn der Erwerber bereits Mitglied der Gesellschaft ist, wächst er dessen Geschäftsanteil nicht an. Es kann eine Teilung des Geschäftsanteils stattfinden zum Zwecke der Veräußerung eines Teiles, aber niemals eine Zusammenlegung, auch nicht, wenn die Teile ursprünglich ein Ganzes gewesen sind. Auch durch Statutenänderung läßt sich das nicht erreichen (Recht 07, 3374). Es soll immer volle Klarheit darüber bestehen, wer für Stammeinlage und Regreßhaftung (§ 24) aufzukommen hat und in welcher Höhe. A. A. **Liebmann** § 15 Erl 2. Die Frage wurde akut und lebhaft erörtert anläßlich der Umstellung auf Goldbilanz; RG in JW 1925, 2337 läßt in diesem Fall die Verschmelzung mehrerer Geschäftsanteile zu, wenn sie erforderlich ist, um den gesetzlichen Mindestnennbetrag einzuhalten. Weitergehend München JW 25, 1614. S. **Scholz** 583; **Becker** GmbHRundsch 25, 447; JFG 3, 248. — Es kann auch nicht der eine Geschäftsanteil unter entsprechender Minderung eines anderen erhöht werden (RJA 13, 218).

d) Die Abtretung des Geschäftsanteils muß **gerichtlich oder notariell beurkundet** werden, widrigenfalls sie nichtig ist. Beide Erklärungen, Offerte und Annahme, bedürfen der Form. Zweck der Bestimmung ist, den Warenhandel mit Geschäftsanteilen auszuschließen (JW 03, 11[28]; Warn 7, 268; RG in LZ 1912, 760[57]). Beglaubigung der Unterschriften genügt nicht (JW 01, 521; RG 65, 38; RG in LZ 1912, 760[37]). Es genügt auch nicht, daß der Erwerber in der Gesellschaftsversammlung als Gesellschafter auftritt und als Mitglied anerkannt wird (HoldheimsMSchr 09, 251; JW 01, 521). Dagegen genügt es, wenn die Parteien in einer formgerechten Urkunde die Abtretung als erfolgt anerkennen (RG 68, 395; vgl. aber auch OLG 14, 363). — Die beiderseitigen Erklärungen müssen nicht gleichzeitig (uno actu) abgegeben werden. Es kann sogar beträchtliche Zeit über der Annahme verlaufen, vorausgesetzt, daß die Offerte noch offen ist (NaumbAK 1912, 57[IV]). Die Beurkundung in einem **gerichtlich abgeschlossenen Vergleiche** genügt (vgl. RG 48, 183 ff.; 68, 395). Es genügt auch, daß die Abtretung im Zusammenhange mit einer anderen geschäftlichen (notariellen) Abmachung unmißverständlich erklärt wird (RG 68, 394). Dagegen genügt nicht, daß die

Übertragung in dem notariellen Protokoll einer Gesellschafterversammlung beurkundet wird, wenn dieses nicht zugleich von den Parteien unterschrieben wird (RG in LZ 1910, 398). — Die Erklärungen können auch durch Bevollmächtigte abgegeben werden, wobei Vorschriften über die Form der Vollmacht nicht gegeben sind (§ 167 Abs 2 BGB). Aber die Formvorschrift darf nicht in der Weise umgangen werden, daß der Erwerber auf Grund formloser Ermächtigung des Veräußerers mit sich selbst notariell kontrahiert (RG 87, 246; JW 1916, 575[3]; vgl. auch Recht 1914, 248). — Die Form einer öffentlichen Beurkundung muß auch bei Abtretungen gewahrt werden, welche im Auslande erklärt werden (OLG 3, 263).

e) Die Formvorschrift gilt für alle Arten von Abtretungen, gleichviel ob die Abtretung Handelsgeschäft ist oder nicht. Auch künftige oder künftig zu erwerbende Geschäftsanteile, überhaupt Geschäftsanteile eines Dritten können abgetreten werden (RG 43, 136; 74, 357; 76, 309; 87, 248; JW 1911, 111; RG in LZ 1912, 841[2]; in HoldheimsMSchr 06, 114), wobei die erforderliche Genehmigung eines Dritten formlos erfolgen kann (RG in Recht 06, 1007; in LZ 1912, 326[5]; 841[2]). Schon vor Eintragung der Gesellschaft in das Handelsregister ist Übertragung von Geschäftsanteilen zulässig. Nach RJA 16, 36 soll sie nur wirksam sein, wenn alle Gesellschafter einverstanden sind. Näher begründet wird es nicht. — Die Abtretung kann auch unter einer Bedingung, unter Vorbehalt des Rechts, als Legitimationszession, ferner fiduziarisch erfolgen (RG 79, 182; RG in LZ 1914, 1809[9]; in Recht 1913, 1814; JW 06, 401), wobei ebenfalls die Form gewahrt werden muß.

f) Das führt zur Frage, ob Leihe, Miete, Pacht eines Geschäftsanteils denkbar sind. Die Formvorschrift würde den Vertrag nicht treffen. Aber erstere beide sind nicht möglich, weil der Geschäftsanteil keine Sache ist. Von der Pacht ist es bestritten, muß aber verneint werden, weil allenfalls die Gewinne als fructus civiles angesprochen werden könnten, im Gewinnbezug aber die Rechte aus dem Geschäftsanteile sich nicht erschöpfen. Im Grunde ebenso Hachenburg § 15 Erl II[13] und Scholz 197; Abtretung der Ansprüche auf die Dividende und Verpachtung sind nicht dasselbe; Friedländer, Konzernrecht 197, läßt Verpachtung mitgehen, wenn der Geschäftsanteil zu den Aktiven eines verpachteten Unternehmens gehört. — Die einzelnen für den Gesellschafter sich ergebenden Ansprüche aus dem Gesellschaftsverhältnis, namentlich auch der Anspruch auf künftige Gewinne, auf die Liquidationsquote können abgetreten werden (RG 98, 318; 99, 233); hierfür gilt die Formvorschrift nicht (RG 82, 167), Scholz in GmbHRundsch 29. 479. Hierher gehört denn auch der Vertrag, durch welchen der Gesellschafter einen Dritten an seinem Geschäftsanteil unterbeteiligt (RG in SeuffBl 07, 339; Urt v. 5. 3. 15 II 565/14). Was es heißt, wenn ein Gesellschafter seine gesamten Ansprüche an die Gesellschaft einem Dritten abtritt, ist Frage der Auslegung (RG in LZ 07, 749).

g) Wenn die Gesellschaft selbst es ist, die einen ihrer Geschäftsanteile veräußert, so ist zu unterscheiden, ob es sich um Veräußerung nach §§ 23, 27 Abs 2 handelt oder nicht. Letzterenfalls ist die hier vorgeschriebene Form einzuhalten (RG in DJZ 09, 828; in LZ 1916, 809[25]; JW 07, 370[21]; 1913, 743[13]; 1913, 1041; KGBl 1910, 21). — Die Form muß auch eingehalten werden, wenn ein Teil eines Geschäftsanteils abgetreten wird, § 17 (RG 43, 136; 87, 248).

h) Die Formvorschrift wird gegenstandslos, wenn der Gesellschafter zur Abtretung des Geschäftsanteils verurteilt worden ist. Die Abtretung ist erfolgt, sobald das Urteil rechtskräftig geworden ist (§ 894 ZPO). Anders, aber nicht überzeugend, KGBl 23, 131.

i) Keine Abtretung im Sinne des § 15 ist es, wenn der Geschäftsanteil zu einem Gesamthandsverhältnis gehört, in welchem Personalveränderungen stattfinden. So wenn der Geschäftsanteil einer offenen Handelsgesellschaft gehört und ein Gesellschafter aus- oder ein neuer eintritt (vgl. RG 82, 160), ersterenfalls übrigens auch dann nicht, wenn nur ein Gesellschafter verbleibt (vgl. RG 65, 237; 68, 415). Dasselbe gilt bei Umwandlung einer solchen Gesellschaft in eine Kommanditgesellschaft und umgekehrt (vgl. RG 55, 126) oder bei Fusion zweier Gesellschaften dieser Art (RG 84, 245; Recht 07, 371), in den Fällen nach §§ 304—306 HGB. — Anders dagegen, wenn ein Geschäftsanteil in ein (anderes) Gesamthandsverhältnis eingebracht wird, bei der Umwandlung einer offenen Handelsgesellschaft in eine Aktiengesellschaft (nicht dagegen bei der Umwandlung einer Aktiengesellschaft in eine Aktienkommanditgesellschaft); ferner im Falle, daß zwei eine offene Handelsgesellschaft begründen, in die sie einen ihnen gehörenden Geschäftsanteil einbringen (vgl. RG 56, 96), es sei denn, daß sie in Beziehung auf diesen in einem Gesellschaftsverhältnisse nach dem BGB (§ 738 das.) standen und der Geschäftsanteil zum Gesellschaftsvermögen gehört. Der Übergang in eine eheliche Gütergemeinschaft vollzieht sich kraft Gesetzes (§ 1438 Abs 2 BGB), und weiterer Form bedarf es nicht. Letzteres gilt auch, wenn Erben den Geschäftsanteil nach Verhältnis ihres Erbrechts aufteilen (§ 17), nicht aber, wenn einer von ihnen den ganzen übernimmt. Bei der Auflösung und Liquidation der offenen Handelsgesellschaft muß die Form gewahrt werden, auch wenn jeder einen Teil des Geschäftsanteils erhält (BauersZ 12, 67). — Der Übergang in den Fällen der cessio legis vollzieht sich durch das Gesetz, so daß für Wahrung einer Form gar kein Raum bleibt.

k) Im Gegensatz zur ursprünglichen Übernahme eines Geschäftsanteils kann Erwerb und Veräußerung eines bestehenden wegen Irrtum usw. unbeschränkt angefochten werden (s. hierzu Erl 6 b zu § 2). Hier stellt die Anfechtung nicht das Recht der Gesellschaft an der oder auf die Stammeinlage in Frage, die, wenn nicht der Erwerber, der Veräußerer schuldet. Die Anfechtungsklage berührt die Gesellschaft nicht (RG 77, 128). — Auf Grund arglistiger Täuschung kann nicht das Erfüllungsinteresse, sondern nur das negative Vertragsinteresse Gegenstand des Ersatzanspruchs sein (Warn 5, 371, 333). — In dem Fall, daß die Gesellschaft selbst der Veräußerer ist, s. § 2 Erl 6 d. Es macht keinen Unterschied, ob die Gesellschaft unmittelbar einen eigenen Geschäftsanteil liefert oder die Lieferung durch eines ihrer Mitglieder auf sich nimmt (RG 68, 309; 76, 312; 79, 182; JW 1897, 476[49]); auch nach Eröffnung des Konkurses über das Vermögen der Gesellschaft kann dem Konkursverwalter gegenüber die Anfechtung durchgeführt werden (RG in HoldheimsMSchr 14, 20; JW 1915, 588[22]). — Ist der Kaufvertrag wirksam angefochten, so erfordert Neuerwerb des Geschäftsanteils Wiederholung der Form (RG 77, 128).

l) Die Zustimmung eines Gesellschafters zur Einziehung seines Geschäftsanteils fällt nicht unter § 15 Abs 3 (RG in Recht 1913, 2640). — Der Mangel der vorgeschriebenen Form ist im Prozeß von Amts wegen zu berücksichtigen und kommt auch dann zur Geltung, wenn beide Parteien übereinstimmend erklären, daß sie hierüber nicht streiten und daraus keinen Einwand herleiten wollen. So wenigstens RG in DJZ 05, 1122.

2. a) Die rechtsgeschäftliche Bestellung eines Nießbrauchs am Geschäftsanteile unterliegt der gleichen Formvorschrift (§ 1069 BGB; RG 87, 383 und überhaupt über den Nießbrauch an einem Geschäftsanteil Becker in GmbHRundsch 28 S. 46, 115, 467, 507). Ebenso die Verpfändung. Es liegt Verpfändung eines Rechts vor, die nach § 1274 BGB in derselben Form erfolgen muß wie die Übertragung des Rechts (RG 53, 107; 100, 274). Die in § 1280 BGB bei der Verpfändung einer Forderung vorgeschriebene Anzeige an den Schuldner kommt hier nicht in Frage (RG 57, 414). Auch künftige Geschäftsanteile können, wie veräußert, so verpfändet werden. Das Pfandrecht entsteht dann in dem Moment, wo der Geschäftsanteil entsteht (Eintragung der Gesellschaft in das Handelsregister) oder auf den Verpfänder übergeht. Bedarf die Veräußerung des Geschäftsanteils der Genehmigung der Gesellschaft (Abs 5), so gilt von der Verpfändung (wie auch von der rechtsgeschäftlichen Bestellung eines Nießbrauchs) dasselbe (OLG 3, 263). — Der Geschäftsanteil kann nur immer als Ganzes Gegenstand eines Pfandrechts sein. Verpfändung einer Quote ist ausgeschlossen. A. A. Hachenburg § 17[30], Scholz 199, Feine 406. Es ist nicht anders als beim Sachpfandrecht; der Alleineigentümer kann das Pfandrecht nicht auf eine Quote seines Eigentums beschränken. Dem, daß ein Miteigentümer sein Miteigentum verpfändet, stünde vielleicht nichts entgegen, wenn auch darin ebenfalls eine veräußernde Verfügung liegt; aber dann doch nur so, daß die Realisierung des Pfandrechts nur zum Verkauf der Mitberechtigung am ungeteilten Geschäftsanteil führen könnte, nicht zum Verkauf eines Trennstückes vom Ganzen. Wie hier Becker in GmbH-Rundsch 28, 48 ff. in Anwendung auf Bestellung eines Nießbrauchs. — Der Pfandgläubiger erwirbt nicht die allgemeinen Mitgliedsrechte (RJA 13, 232), die vielmehr — auch der Ausübung nach — dem Verpfänder verbleiben, nach richtiger Ansicht zur allseitig ungehinderten freien Betätigung in der Gesellschaft. Nur kann sein Verhalten eine Verletzung seines mit dem Pfandgläubiger geschlossenen Vertrages einschließen. A. A. Hachenburg § 15 Exk I[4]. Die Wendung, daß der Geschäftsanteil mit dem Stimmrecht verpfändet werde, hat wörtlich genommen keinen Sinn und kann nur in dem Sinn aufrechterhalten werden, daß der Pfandgläubiger zur Stimmabgabe bevollmächtigt werde (was also der Gesellschaft gegenüber jederzeit widerrufen werden kann). Scholz 199; anders Hachenburg § 15 Exk I Erl 4; wohin die Gedanken geraten, zeigt RJA 15, 49, wonach die Gesellschaft verpflichtet wäre, den Pfandgläubiger zu ihren Gesellschafterversammlungen zuzuziehen; richtig RJA 13, 332, wo dem Pfandgläubiger das Recht zur Betätigung von Minderheitsrechten abgesprochen wird; anders auch hier Hachenburg a. a. O.; aber seit wann ist es Rechtens, daß die Gesellschaft oder der Gesellschafter sich darauf einlassen müssen, daß einer von ihnen die Ausübung seiner Rechte einem Dritten überträgt? Das richterliche Verfügungsverbot aus Anlaß einer Pfändung hat eine andere Wirkung als die rechtsgeschäftliche Verfügung einer Verpfändung und wenn man auch einen Gesellschaftsanteil verpfänden kann, so gibt es doch kein dingliches Recht an einem solchen. — Ob die einzelnen sich aus dem Laufe der Dinge ergebenden Ansprüche dem Pfandgläubiger verfangen sind, muß der Vertrag ergeben (RG in Recht 03, 1774). Von Kapitalauszahlungen (Liquidationsquote, rückzuzahlenden Nachschüssen usw.) wird es im Zweifel anzunehmen sein, umgekehrt dagegen bei den Gewinnbezügen. Eine freilich entfernte Analogie bietet hier das Pfandrecht des Hypothekengläubigers gegenüber den Erträgnissen des Grundstücks. Selbstverständlich können auch alle diese Ansprüche für sich verpfändet werden, und zwar dann durch formlosen Vertrag. — Scholz 198 will auf die Verpfändung den § 16 Abs 1 anwenden; richtig ist, daß, wenn der Anspruch auf die Dividende, die Liquidationsquote u. ä. mitverpfändet ist, die Gesellschaft so lange an den Verpfänder wirksam zahlt, wie sie von der Verpfändung keine Kenntnis hat; das ergibt sich aus der Analogie mit der Verpfändung einer Forderung, nicht aus § 16. — Es steht auch nichts im Wege, nach §§ 1273, 1213 Abs 1 BGB am Geschäftsanteil ein Nutzungspfandrecht zu bestellen; Scholz 200.

b) Der Pfandgläubiger kann seine Befriedigung nur auf Grund eines vollstreckbaren Titels in der Form der Zwangsvollstreckung suchen. Doch können die Parteien ein anderes vereinbaren (§ 1277 BGB); aber auf die Form der öffentlichen Versteigerung kann vor dem Eintritt der Pfandreife nicht verzichtet werden (RG 100, 275). Wenn die Abtretung der Geschäftsanteile nur mit Genehmigung der Gesellschaft erfolgen kann, so liegt in der Genehmigung der Verpfändung zugleich die Genehmigung der Abtretung. Die öffentliche Versteigerung des verpfändeten Geschäftsanteils ist nicht als Abtretung durch den Gesellschafter im Sinne des Abs 3 anzusehen; Hachenburg § 15 Erl I[12]. — Ist die Verpfändung nichtig, so erstreckt sich die Nichtigkeit auch auf die Inhaberdividendenscheine, die gleichzeitig mit dem Geschäftsanteile, nicht selbständig, verpfändet worden sind (RG in Recht 03, 1774).

c) Der obligatorische Vertrag, durch welchen der Gesellschafter sich verpflichtet, seinen Geschäftsanteil zu verpfänden, bedarf nicht der in Abs 4 vorgeschriebenen Form, RG 58, 224.

d) Die Pfändung eines Geschäftsanteils erfolgt nach § 857 ZPO. Sie ist in dem Zeitpunkte bewirkt, in welchem dem Gesellschafter das Verfügungsverbot zugestellt ist (RG 57, 414). Anzeige oder Zustellung an die Gesellschaft ist nicht erforderlich; erstere immerhin ratsam, Becker in GmbHRundsch 28, 175. Über die Art der Verwertung des Pfandobjekts beschließt das Vollstreckungsgericht (§§ 844, 857 ZPO). Am nächsten liegt die öffentliche Versteigerung. Überweisung an Zahlungs Statt oder zur Einziehung kommt nicht in Frage. — Die Pfändung ist materiell wirkungslos, wenn der Geschäftsanteil dem Pfandschuldner nicht gehört, und auch der gutgläubige Käufer in der öffentlichen Versteigerung erwirbt kein Recht an ihm. A. A. Liebmann § 15[21]; Becker in GmbHRundsch 28, 227. Vgl. DJZ 05, 1122; RG 100, 274 (nicht unbedenklich in einzelnen Wendungen; auf das Pfandrecht an einem Wechsel [RG 61, 331] findet § 1274 Abs 1 Ziff 2 Anwendung). Beschränkungen, an welche gemäß Abs 5 die Abtretung eines Geschäftsanteils geknüpft ist, haben der Pfändung gegenüber keine Wirkung (RG 70, 64; in SeuffA 64, 145). Es bedarf daher nicht des Notbehelfs in OLG 16, 312. Auch der Konkursverwalter im Konkurse der Gesellschaft ist an diese Beschränkungen nicht gebunden (RG 70, 64). Insbesondere gilt das Gesagte auch von etwa ausgegebenen Anteilscheinen (Recht 1911, 2474). Sie bedeuten für die Pfändung nichts, auch nicht, wenn im Statut bestimmt ist, daß zur Übertragung des Geschäftsanteils die Übergabe des Anteilscheines erforderlich ist. RG in GmbHRundsch 28, 689. A. A. Hachenburg § 15 Erl I[15]. Vgl. oben § 14 Erl 4 a und unten Erl 6. — Nichtig wäre eine Statutenbestimmung, daß der Geschäftsanteil, wenn er gepfändet wird, unentgeltlich eingezogen werden kann. — Insofern ist die Gesellschaft gegen das Eindringen eines unliebsamen Mitglieds wehrlos, höchstens kann dann in der Pfändung des Geschäftsanteils unter Umständen ein wichtiger Grund zur Auflösung der Gesellschaft liegen. — Im Gegensatz zur Verpfändung muß bei der Pfändung, wo es gilt, einen fälligen Anspruch zu befriedigen, angenommen werden, daß sie im Zweifel sich auf alle Ansprüche aus dem Gesellschaftsverhältnis, namentlich also auch auf den Anspruch auf den Gewinn erstreckt, soweit sie nach der Pfändung fällig werden; Ansprüche, dieser Art, die bereits fällig sind, werden von der Pfändung auch dann nicht ergriffen, wenn sie dem Gesellschafter noch zustehen, Hachenburg § 15 Erl I[11] (RG in SeuffA 74, 6). Es stünde auch nichts im Wege, mit Zustimmung des Pfandgläubigers eine Sequestration nach Art einer Zwangsverwaltung anzuordnen. A. A. Liebmann § 15[21], weil darin nicht eine Verwertung (§ 844 ZPO) liege; undeutlich Scholz 204. Das Gericht ist auch nicht gehindert, den freihändigen Verkauf anzuordnen, nur muß dieser wiederum gerichtlich oder notariell beurkundet werden; DJZ 1921, 500. A. A. Scholz 205. Die allgemeinen Mitgliedsrechte, im wesentlichen also das Stimmrecht des Gesellschafters, werden durch die Pfändung nicht berührt, wie denn auch die Gesellschaft selbst in der Freiheit ihrer Entschließungen durch sie nicht behindert wird. Vgl. RG 95, 231. Von der Ausübung des Stimmrechts sind unmittelbar rechtsgeschäftliche Verfügungen zu unterscheiden, z. B. freiwillige Einwilligung des Gesellschafters in die Einziehung des Geschäftsanteils. Sie verstoßen gegen das Verfügungsgebot und sind nichtig. — Der Käufer des Geschäftsanteils tritt in die Rechtsstellung des früheren Gesellschafters nach Maßgabe des § 16 ein mit allen Rechten, aber auch mit allen Verpflichtungen, die in ihm liegen, gleichviel ob er sie gekannt hat. Der verkaufende Pfandgläubiger bleibt außer allen Rechtsbeziehungen zu der Gesellschaft.

3. a) Von der Abtretung eines Geschäftsanteils, dem Verfügungsgeschäft, ist der Vertrag zu unterscheiden, durch welchen nur erst die Verpflichtung übernommen wird, den Geschäftsanteil abzutreten. Auch dieser Vertrag muß gerichtlich oder notariell geschlossen werden, widrigenfalls er nichtig ist (OLG 2, 204; RG in HoldheimsMSchr 15, 17). Das schreibt das Gesetz hier (anders füglich als in § 2, wo überhaupt nicht von einem Verfügungsgeschäft gehandelt wird, s. Erl 5 b zu § 2) ausdrücklich vor, müßte aber auch ohne das angenommen werden, weil sonst die ganze Formvorschrift ein Schlag ins Wasser wäre. Vgl. E. Fuchs in LZ 1926, 409. Hierher gehören Verträge aller Art, auch betagte, bedingte Einräumung eines Vorkaufs-, eines Rückkaufsrechts (RG 72, 385; 76, 310; JW 1915, 1041; 1916, 575[3]), der Vertrag, durch welchen der Übernehmer eines Geschäftsanteils sich anheischig macht, ihn später der Gesellschaft oder einem Dritten zur Verfügung zu stellen (RG 49, 149, Urt v. 5. 11. 02 I 336/02; JW 06, 401; OLG 22, 29), ferner alternative Verpflichtung (Warn 6, 142[102]), die Einräumung einer facultas alternativa (Urt v. 23. 3. 10 VI 121/109), die Einräumung einer Option (OLG 32, 138), Gesellschaftsverträge (JW 06, 401; vgl. aber auch RG in HoldheimsMSchr 24, 222). Auch Verträge über künftige Geschäftsanteile unterliegen der Formvorschrift (JW 07, 487), auch wenn die Gesellschaft noch nicht eingetragen oder nur erst in Aussicht genommen ist (RG 74, 357; in HoldheimsMSchr 12, 43). Das Recht auf einen solchen Geschäftsanteil ist vor der Eintragung der Gesellschaft kein pfändbares Recht im Sinne des § 857 Abs 1 ZPO (RGSt 49, 317). Es macht auch an sich keinen Unterschied, daß der Geschäftsanteil dem Veräußerer nicht oder noch nicht gehört. — Auch verstärkende Nebenverträge, Vereinbarung eines Reugeldes usw. werden von der Nichtigkeit des formlosen Vertrages getroffen, gleichviel ob im Zusammenhange mit dem Hauptvertrage geschlossen oder in besonderer Verhandlung (RG 105, 382). Die Rechtsprechung hat ohne Bedenken auch solche Vereinbarungen hierhergestellt, durch welche nicht dem Gesellschafter die Verpflichtung, den Geschäftsanteil zu liefern, sondern dem Gegner die Verpflichtung, ihn auf Verlangen abzunehmen, auferlegt wird, z. B. wenn der Veräußerer des Geschäftsanteils sich verpflichtet, ihn auf Verlangen — zum Nennwerte oder wie auch immer — zurückzunehmen, oder wenn ein Gläubiger seinem Schuldner das Recht einräumt, an Zahlungs Statt den Geschäftsanteil zu liefern (JW 05, 92[43]; 07, 370[21]; 09, 431[39]; RG 43, 136; 57, 60; 76, 310; 102, 64; 120, 54; RG in Recht 1910, 2084). A. A. Hachenburg § 15[15], ferner E. Fuchs in LZ 1926, 409, der indessen zu sehr am Wortlaut des Gesetzes haftet; angenommen, der Abs 4 stünde überhaupt nicht im Gesetz — Fuchs steht auf dem hier vertretenen Standpunkt, daß er überflüssig sei —, dann wäre doch jeder, auch der einseitig verpflichtende kausale Vertrag formbedürftig; offenbar hat der Gesetzgeber sich nur im Ausdruck vergriffen und ist ihm nur darauf angekommen hervorzuheben, daß nicht etwa nur das Verfügungsgeschäft formbedürftig sei. Das RG ist nur darin nicht folgerichtig, daß es den Vertrag für formfrei erklärt, wo der Veräußerer sich „primär" nur zur Rückzahlung der Einlage verpflichtet, RG 82, 351 und das dortige Zitat; HoldheimsMSchr 24, 222; JW 1918, 266. (S. unten unter b.) — Vereinbarungen, welche nach gültiger Übertragung des Geschäftsanteils ergänzend oder ändernd getroffen werden, sind nicht formbedürftig, RG 88, 65. — Ist ein Geschäftsanteil eines Dritten Gegenstand des Vertrages, so bedarf die erforderliche Genehmigung des Dritten keiner Form (RG in Recht 06, 1007). — Ein befristetes, in notarieller Form gemachtes Angebot erlischt mit Ablauf der Frist und muß, um gültig angenommen zu werden, in der vorgeschriebenen Form wiederholt werden, RG in GmbHRundsch 28, 230. — Wird die Gegenleistung im Vertrag unrichtig angegeben, so ist der kausale Vertrag nichtig, RG 65, 39; der dingliche Abtretungsvertrag wird dadurch nicht in Frage gestellt, RG 112, 236; gegen letzteres Liebmann § 15[9]. S. unter e. Auch dann ist der Formvorschrift nicht genügt, wenn wesentliche Bestimmungen des Vertrages nur privatschriftlich niedergelegt sind, RG in LZ 1920, 652. Dagegen ist der Formvorschrift genügt, wenn die Verpflichtung zur Übernahme des Geschäftsanteiles, sei es auch nur als bedingte, im Gesellschaftsvertrag bedungen ist, RG 113, 147, wo aber nicht, wie Scholz 607 behauptet, gesagt ist, daß in solchem Fall auch das Verfügungsgeschäft formfrei sei, und ebensowenig läßt sich das aus RG 95, 40 herauslesen.

b) Anderseits gilt die Formvorschrift Verträgen nicht, welche nicht unmittelbar die Begründung einer solchen Verpflichtung zum Gegenstande haben. So ist der Auftrag, für den Auftraggeber einen Geschäftsanteil zu erwerben, nicht deshalb formbedürftig, weil durch den Erwerb der Beauftragte verpflichtet wird, den Geschäftsanteil auf den Auftraggeber zu übertragen (RG 50, 43; 82, 354; 89, 195; in LZ 1912, 917[22]; in HoldheimsMSchr 1914, 156; vgl. aber JW 06, 401; 07, 487; OLG 6, 504). Die Frage liegt hier ähnlich wie bei der Übertragung von Grundstücken (§ 313 BGB; vgl. hierzu RG 54, 75; 77, 130). Somit entfällt die Einkaufs- und Verkaufskommission, auch dann, wenn dem Kommissionär das Recht zum Selbsteintritt eingeräumt ist (RG 80, 99). In solchen Fällen einer gesetzlichen Folgewirkung macht es denn auch nichts aus, wenn diese Wirkung zum Überfluß ausdrücklich bedungen wird (RG 82, 354; 89, 195). Nach KGBl 00, 22 ist formfrei der Vertrag auf Verschaffung eines bestimmten Geschäftsanteils einer bestimmten Gesellschaft. Ebenso RG 120, 54. Danach wäre beim Verkauf durch einen Nicht- oder Nochnichtberechtigten zu unterscheiden, ob der Vertrag auf „Lieferung" oder auf „Verschaffung" gerichtet ist, und letzterenfalls wäre der Vertrag auch dann formfrei, wenn der Veräußerer auf Grund eines ihm zustehenden Anspruchs auf den Geschäftsanteil den Verkauf vorgenommen hat (RG 80, 99). Das grenzt dann an die ebenfalls formfreie Abtretung eines Anspruchs auf den Geschäftsanteil (Urt v. 26. 1. 17 II 451/16). — Nach einer anderen Richtung erweitert das Gebiet der Formfreiheit RG 89, 195: Das Reichsgericht hat in fester Rechtsprechung die Formvorschrift auf die Fälle beschränkt, in denen die Verpflichtung zur Abtretung den wesentlichen Inhalt des Vertrages ausmacht; liegt das Hauptziel des Vertrages in anderer Richtung und (oder?) stellt — damit mündet der Gedankengang allerdings wieder in das oben Gesagte ein — jene Verpflichtung nur eine gesetzliche Nebenwirkung des Vertrages dar, so greift der Formzwang nicht Platz. Ebenso RG 102, 63 a. E. Den wesentlichen Inhalt des Vertrages würde die Veräußerung eines Geschäftsanteils z. B. nicht ausmachen, wenn er zu dem Vermögen eines Geschäfts gehört, das mit allen Aktiven veräußert wird. Es ist aber zweifelhaft, ob es in obigen Urteilen so gemeint ist. Die Fälle selbst gaben zu einer solchen Erweiterung keinen Anlaß. — Nach RG 82, 350 ist der Vertrag formfrei, in welchem „primär" die Vereinbarung auf Erstattung der Stammeinlage gerichtet ist, woraus sich dann erst „sekundär" die Verpflichtung des anderen Teiles auf Herausgabe des Geschäftsanteils ergibt. — Nach neuerer Rechtsprechung des RG sind auch solche Verträge formfrei, in denen die Verpflichtung zur Abnahme des Geschäftsanteils sich als Garantie der Stammeinlage darstellt. S. oben unter a.

c) Die Formvorschrift gilt auch dann, wenn der Vertrag nicht den ganzen Geschäftsanteil, sondern einen abzutrennenden Teil von ihm (§ 17) betrifft (RG 43, 136; 87, 246; JW 06, 40). Die rein schuldrechtlich gehaltene Unterbeteiligung kann dagegen formlos vereinbart werden. Ebenso die Veräußerung bestimmter einzelner Ansprüche aus dem Gesellschaftsverhältnisse (RG in HoldheimsMSchr 24, 222).

d) Ist die Übertragung eines Geschäftsanteils formgerecht erfolgt, so unterliegen nachträgliche Vereinbarungen der Parteien über ihr Rechtsverhältnis, mögen sie auch auf völlige Neuordnung hinauslaufen, der hier gegebenen Formvorschrift nicht (RG 88, 61; JW 1916, 492[9]; anders im Grundstücksverkehr: RG in LZ 08, 854[11]; vgl. auch RG in HoldheimsMSchr 17, 153). — Keiner Form bedarf die Erklärung der Übernahme eines Geschäftsanteils auf Grund einer im Gesellschaftsvertrag getroffenen Vereinbarung (Option), RG 113, 147.

e) Die Frage, ob der formelle Vertrag alle Punkte, über welche die Parteien sich einigen wollten oder geeinigt haben, enthalten muß, ob Nebenberedungen gültig sind, ob im Falle ihrer Nichtigkeit der ganze Vertrag nichtig ist, sind Fragen des allgemeinen Vertragsrechts. — Das Verfügungsgeschäft ist nicht deshalb nichtig, weil das Kausalgeschäft wegen unrichtiger Angabe des Preises nichtig ist, RG 112, 236; nach RG in JW 1925, 1109, 7 wäre auch das Kausalgeschäft in solchem Fall nicht nichtig. S. aber RG 65. 39 und oben unter a. Nach dem Urt. v. 6. 7. 15 II 136/15 sollen Nebenabreden, welche den Inhalt des Vertrags abschwächen, seine Wirkung nur einschränken wollen, auch ohne die hier vorgeschriebene Form gültig sein; vgl. RG 71, 415; indessen erscheint doch bedenklich, das, was von der einseitigen Bürgschaftsschuld gilt und ihr gegenüber einen klaren Gedanken abgibt, auf gegenseitige Verträge anzuwenden. In gegenseitigen Verträgen pflegt eine Abschwächung für die Gegenseite Verstärkung zu bedeuten. Wie hier Liebmann § 15[9].

4. a) Der Mangel der Form des Vertrags wird durch den formgerechten Vollzug der Abtretung des Geschäftsanteils geheilt (vgl. §§ 313 Abs 2, 518 Abs 2, 766 BGB). Der ganze Vertrag mit allen Nebenabreden wird gültig (RG 65, 39; JW 07, 152[33]; 1913, 743[13]; vgl. auch RG 68, 397; 88, 65). Ist der Vertrag schriftlich geschlossen worden, so hat er die Vermutung der Vollständigkeit für sich. Sind aber nachgewiesenermaßen bindende Nebenabreden mündlich getroffen worden, so werden auch diese gültig (sehr weitgehend RG 79, 185). Das gleiche muß dann auch von mündlichen oder einfach-schriftlichen Nebenberedungen des formgerechten Vertrags gelten. Auch sie sind nur wegen Mangels der Form ungültig, und das wird geheilt. — Ist bei dem Verkaufe des Geschäftsanteils zugleich ein Rückkaufsrecht bedungen, so erstreckt sich die Heilung des Verkaufs durch die formgerechte Abtretung auch auf das Rückkaufsrecht (RG 76, 311; vgl. aber auch JW 04, 169[9]). Das gilt auch von dem Versprechen, unter Umständen den Geschäftsanteil wieder zurückzunehmen (JW 09, 505). Sind aber in einem Vertrage mehrere Geschäftsanteile veräußert worden, so heilt die formgerechte Abtretung des einen nicht zugleich die Veräußerung des anderen (RG in LZ 1920, 652). Das Urteil RG 112, 241, wonach in solchem Fall das Verfügungsgeschäft umgekehrt überhaupt heilende Wirkung nicht hat, beruht auf den besonderen Umständen des Falles (Grundstücksgesellschaft). Vgl. aber auch RG 56, 386; 61, 265; ferner JW 1924, 1179. — Immer ist vorausgesetzt, daß zur Zeit der Abtretung des Geschäftsanteils unter den Parteien noch Willensübereinstimmung in dem betreffenden Punkte bestand (RG 52, 1).

b) Es macht keinen Unterschied, ob der Vertrag einen eigenen Geschäftsanteil des Veräußerers zum Gegenstande hat oder die Lieferung eines fremden, ob der Veräußerer sich verpflichtet, den Geschäftsanteil dem Vertragsgegner zu liefern oder einem Dritten. Vgl. RG 76, 313. Nur muß die Abtretung gerade auch in Erfüllung und auf Grund des betreffenden formlosen Vertrages erfolgt sein. Nur wenn der Geschäftsanteil vor der Abtretung weiterveräußert wird, werden durch die Abtretung seitens des ersten Veräußerers an den letzten Erwerber zugleich alle Zwischenverträge gültig. Ebenso überhaupt, wenn die Abtretung an einen Dritten auf Anweisung des Erwerbers erfolgt (RG 71, 399; 76, 309; JW 04, 169[10]; RG in Recht 1911, 2764). — Es macht auch nichts aus, daß zur Zeit der Veräußerung der Geschäftsanteil noch nicht bestand, der Gesellschaftsvertrag noch nicht geschlossen war.

c) Die Heilung hat nicht rückwirkende Kraft. Eine in der Zwischenzeit gegen den Erwerber ausgebrachte Pfändung des Geschäftsanteils, eine Verpfändung durch den Erwerber begründen kein Pfandrecht, auch nicht, wenn die förmliche Abtretung nachfolgt. Die für den Erwerber von einem Dritten übernommene Bürgschaft (vgl. Warn 6, 368, 308) ist und bleibt ungültig. Dagegen sind — nach § 141 Abs 2 BGB — die Vertragsparteien gehalten, einander zu gewähren, was sie haben würden, wenn der Vertrag von Anfang an gültig gewesen wäre.

d) Die Vorschrift des Abs 4 Satz 2 hat nur den Mangel der Form zum Gegenstand. Ob andere Mängel des Vertrages durch die in der Abtretung liegende (formlose) Bestätigung des Vertrages geheilt werden, kann nur nach den Umständen des Falles entschieden werden. Dagegen hat das Reichsgericht ausgesprochen, daß Formmängel des Vertrages auch insoweit durch die Abtretung geheilt werden, als andere Formvorschriften in Frage kommen. So wenn von zwei Käufern eines Geschäftsanteils der eine für die Leistung des anderen mündlich Bürgschaft leistet, wenn der Verkäufer des Geschäftsanteils Garantien leistet usw. (Warn 6, 368). Doch kann das nur von Vereinbarungen zwischen dem Veräußerer und dem Erwerber gelten. Sie allein sind es, die die Übertragung vornehmen und damit den Vertrag bestätigen.

5. a) Daran, daß die Geschäftsanteile veräußerlich sind, kann der Gesellschaftsvertrag nichts ändern. Es gehört das zum Wesen dieser Gesellschaftsform, die die Vertragsparteien nur entweder wählen oder verschmähen können. Wohl aber können sie die Abtretung Beschränkungen unterwerfen und damit der Gesellschaft ein individuelleres Gepräge verleihen. So kann der Gesellschaft oder den Gesellschaftern ein Vorkaufsrecht bedungen sein, was aber in ersterem Falle versagt, solange die Stammeinlage nicht voll gezahlt ist oder die Gesellschaft nicht die erforderlichen Reserven besitzt (§ 33), während letzteres noch näherer Bestimmung bedürftig wäre. Es kann auch einem einzelnen Gesellschafter das Vorkaufsrecht bedungen, es kann das Vorrecht so gestellt sein, daß zugleich ein bestimmter Preis, etwa der Nennwert, festgesetzt wird (RG 49, 149). Als Schutz gegen unerwünschte Mitglieder versagt das Vorkaufsrecht, wenn der Geschäftsanteil verschenkt, wohl auch, wenn er als Aktivum eines Handelsgeschäfts in eine offene Handelsgesellschaft eingebracht wird, wenn der Besitzer eine gütergemeinschaftliche Ehe eingeht u. ä. — Es können allgemein gewisse Voraussetzungen in der Person des Erwerbers aufgestellt werden, Zugehörigkeit zu einer bestimmten Religion, Profession, Staatsangehörigkeit, Wohnsitz. Entsprechend kann bestimmt werden, daß der Gesellschafter, welcher aus dem Verhältnis ausscheidet, verpflichtet ist, seinen Geschäftsanteil durch Übertragung auf einen Dritten abzugeben, RG 121, 299.

b) Es kann vor allem bestimmt werden, daß in jedem einzelnen Falle die Veräußerung der Zustimmung der Gesellschaft bedarf. Das Gesetz spricht von Genehmigung, meint damit aber das, was das BGB Zustimmung nennt (§§ 182 ff.; JW 06, 777[45]). Die Genehmigung kann auch im voraus erteilt werden (JW 04, 123; RG 64, 151); aber immer nur in Beziehung auf ein bestimmtes in Aussicht genommenes Rechtsgeschäft (OLG 3, 66; BauersZ 24, 174); auch eine auf einen umschriebenen Kreis von Personen gerichtete Zustimmung ist zu allgemein. Unrichtig HoldheimsMSchr 22, 136, undeutlich RG 64, 152. — Über die Genehmigung beschließen die Gesellschafter mit einfacher Mehrheit (§ 47), der Veräußerer ist von der Abstimmung nicht ausgeschlossen; GbmHRundsch 26, 649 (Karlsruhe). Die Gesellschafter sind in ihrer Entschließung völlig frei, auch der Veräußerer selbst, der aber dem Erwerber gegenüber in der Regel gegen den Veräußerungsvertrag verstoßen und sich schadensersatzpflichtig machen wird, wenn er die Genehmigung vereitelt (DJZ 06, 710; vgl. Erl 2a zu § 13). Trifft ihn daran ein Verschulden, daß die Genehmigung, d. h. die Entschließung der Gesellschaft und ihre Erklärung, sich verzögert, so gerät er in Verzug, und der Erwerber kann nach § 326 BGB verfahren und vom Vertrage zurücktreten (RG in Recht 09, 1282). — Undeutlich RG in Recht 09, 1263: „Durch die Veräußerung übernimmt der Veräußerer die Verpflichtung, die Genehmigung der Gesellschaft zu verschaffen." Durch den Vertrag übernimmt der Veräußerer nicht ohne weiteres schon die Gewähr, daß die Gesellschaft genehmigt; man kann daher auch nicht sagen, daß er die Genehmigung verschaffen muß, er kann nichts weiter tun, als den Geschäftsführer angehen, daß er die Sache betreibt, und das kann der Erwerber auch tun. Unter besonderen Umständen kann es allerdings auch anders liegen (vgl. RG 88, 323 und Erl 2a zu § 13). — Es kann auch Lagen geben, wo die Versagung der Genehmigung gegen die guten Sitten und damit gegen § 826 BGB verstößt oder sich als ein Akt von Schikane (§ 226 BGB) darstellt.

c) Die Genehmigung ist rechtsgeschäftliche Willenserklärung, welche für die Gesellschaft abzugeben im Geschäftsbereich des Geschäftsführers liegt (RG 85, 47; in HoldheimsMSchr 15, 202; in Recht 1914, 2127). Im Konkurse der Gesellschaft liegt die Entscheidung und Erklärung beim Konkursverwalter (Urt v. 22. 1. 18 VII 389/17; a. A. SächsOLG 31, 132; BauersZ 18, 133; unentschieden RG 64, 149). Nach GmbHRundsch 1915, 142 (ObLG München) wäre zu unterscheiden, ob die Veräußerung vor oder nach Konkurseröffnung stattgefunden hat, was gar nicht einleuchtet. In der Entschließung liegt (zugleich) eine Verfügung über gesellschaftliche Rechte und Ansprüche, die nach Konkurseröffnung nur dem Konkursverwalter zusteht; a. A. Hachenburg §§ 15[52], 63[13]. — Es steht nichts im Wege, im Gesellschaftsvertrage die Entschließung über die Genehmigung einem anderen Organ, dem Geschäftsführer, namentlich auch dem Aufsichtsrat, zu übertragen (RG 69, 134; a. A. OLG 28, 359). Aber das ändert nichts an der gegenseitigen Stellung der Organe, so daß, wo Meinungsverschiedenheit auftritt, die letzte Entscheidung immer bei der Gesellschafterversammlung liegt (RG 88, 324). Vgl. § 37 Erl 1a. Die Bestimmung, daß neben der Gesellschaft auch der Aufsichtsrat genehmigen müsse, kann nur als Vorschrift zum Schutze der Minderheit aufgefaßt werden und muß einem einstimmigen Beschluß der Gesellschafter weichen. — Dagegen kann einem einzelnen Gesellschafter als Sonderrecht bedungen werden, daß es seiner Zustimmung stets bedarf. Daß die Entschließung auch einem außerhalb der Gesellschaft stehenden Dritten übertragen werden kann, wird behauptet, muß aber bestritten werden. Die Gesellschaft kann sich wohl einem Dritten verpflichten, ohne seine Einwilligung keinen Personenwechsel vorzunehmen oder zuzulassen; wenn sie es aber doch tut, ist das darum nicht nichtig.

d) Die Genehmigung kann formlos erfolgen, sowohl dem Erwerber wie dem Veräußerer gegenüber. Ist im Gesellschaftsvertrag bestimmt, daß es schriftlich geschehen müsse, so hat das hier (anders im Falle § 17) im Zweifel nicht mehr zu bedeuten als eine Ordnungsvorschrift, und mündlich erklärte Genehmigung ist darum nicht schlechthin wirkungslos. Auch Genehmigung durch konkludente Handlung ist denkbar. Die Aufnahme des Erwerbers in die alljährlich dem Gericht einzureichende Liste (§ 40) genügt nicht (RG 64, 149; 85, 48; JW 1910, 843; JW 04, 123[23] ist durch RG 85, 51 überholt), wohl aber unter Umständen die Zulassung des Erwerbers zur Gesellschafterversammlung (s. unten), auch wenn der Geschäftsführer hieran nicht beteiligt ist. Ist der Geschäftsführer selbst der Veräußerer, so ist er dadurch nicht gehindert, dem Erwerber die Genehmigung zu erklären. Darin liegt kein Kontrahieren mit sich selbst nach § 181 BGB (JW 04, 123[23]; vgl. auch RG 85, 51). Die herrschende Lehre, wonach die Erklärung des Geschäftsführers wirksam ist, auch wenn die Gesellschaft sie nicht beschlossen oder abgelehnt hat (s. unter g), wird in diesem Falle annehmen müssen, daß schon mit dem Vertragsschluß die Genehmigungserklärung abgegeben wird, wenigstens dann, wenn diese nicht ausdrücklich vorbehalten bleibt; anders indessen Liebmann S. 112 f. Einer weiteren Erklärung bedarf es überhaupt nicht, wenn der veräußernde oder erwerbende Geschäftsführer der Gesellschafterversammlung beiwohnt, in welcher die Genehmigung beschlossen wird, oder wenn anderenfalls ihm der Beschluß (rechtsgeschäftlich) mitgeteilt wird. Wenn von zwei Gesellschaftern der eine seinen Geschäftsanteil auf den andern überträgt, liegt darin die Genehmigung der Gesellschafter, und es ist selbstverständlich, daß der Geschäftsführer nicht noch gefragt zu werden braucht, RFH in JW 1929, 2205. S. § 36 Erl 2c; § 47 Erl 2c. Eine andere Frage ist, ob darin schon die (stillschweigende) Genehmigung der Gesellschafter liegt, daß sie den Erwerber fortgesetzt als Gesellschafter gelten lassen. In RG 104, 413 ist das keineswegs schlechthin im entgegengesetzten Sinn entschieden. Man wird es im Zweifel zu bejahen haben.

e) Solange die Genehmigung aussteht, ist das Rechtsverhältnis in der Schwebe gemäß §§ 182—184 BGB (RG 64, 152). Die Genehmigung hat rückwirkende Kraft, wie das der § 184 BGB vorschreibt. Sie kann wirksam noch erteilt werden, nachdem der Erwerber sich auf ihren Mangel berufen und Feststellungsklage erhoben hat (RG 64, 153), nachdem die Gesellschaft in Konkurs geraten ist (RG das.). Die Gesellschaft kann den Genehmigungsbeschluß wieder umstoßen, solange er noch nicht erklärt worden ist (RG 64, 149). Die Erklärung ist unwiderruflich. Ebenso die Verweigerung der Genehmigung; hier wäre nachträgliche Genehmigung nur wirksam, wenn die Vertragsparteien noch am Vertrage festhalten (vgl. RG a. a. O.; in Recht 1910, 1003; s. aber auch RG 88, 325). — Ist die Genehmigung verweigert, so ist die Abtretung unmögliche Leistung, und es kann nicht auf sie geklagt werden (JW 1896, 323). — Die Genehmigung kann auch schon vor der Eintragung der Gesellschaft in das Handelsregister erteilt werden (RG in HoldheimsMSchr 20, 187).

f) Das Gesetz spricht von Genehmigung der Gesellschaft. Es fragt sich, ob es einen Unterschied bedeutet, wenn in einem Statut die Übertragung der Geschäftsanteile von der Genehmigung der Gesellschafter abhängig gemacht ist. Es wird behauptet, daß in letzterem Falle nicht ein Mehrheitsbeschluß genügt, daß vielmehr jeder Gesellschafter in die Übertragung einwilligen müsse. Das ist doch wohl nur richtig, wenn Momente dafür vorliegen, daß die Gesellschafter, des Unterschiedes sich bewußt, es so gemeint haben, GmbHRundsch 26, 298 (KG); zustimmend Liebmann § 15[17], S. 112. Die Änderung des Statuts, daß zur Veräußerung von Geschäftsanteilen die Genehmigung nicht wie bisher der Gesellschafter, sondern der Gesellschafterversammlung erforderlich sein soll, bedarf nicht der Zustimmung aller Gesellschafter (OLG 27, 388). Völlig zutreffend, denn das Sonderrecht der Gesellschafter auf die Mitgliedschaft (vgl. Erl 2 zu § 45) wird durch die Änderung, wenn überhaupt eine sachliche Änderung darin liegt, nicht beeinträchtigt, sondern erweitert. Anders, wenn nach dem Statut die Genehmigung sämtlicher Gesellschafter erforderlich ist, KGJ 53, 101.

g) Erteilt der Geschäftsführer die Genehmigung, ohne dementsprechenden Beschluß der Gesellschaft hinter sich zu haben, so ist das wirkungslos. Das Reichsgericht nimmt auf Grund § 36 das Gegenteil an, und das ist herrschende Lehre. RG in HoldheimsMSchr 15, 202; RG 64, 151; in HoldheimsMSchr 24, 157; Warn 1915, 179; in Recht 1918, 1582; RG 104, 414; OLG 14, 363; 16, 115. Offen gelassen in RG 85, 46 (der hier aufgeworfene Zweifel im Falle, daß die Genehmigung dem Aufsichtsrat übertragen ist, ist nur zu berechtigt, ist aber bei der Stellung, welche das Reichsgericht im allgemeinen in dieser Frage einnimmt, nicht verständlich). Aber Entlassung und Aufnahme von Mitgliedern ist durchaus innere Angelegenheit der Gesellschaft, während der § 36 nur von Rechtsgeschäften der Gesellschaft mit Dritten handelt. Freilich ist zweifelhaft, ob der Erwerber des Geschäftsanteils im Moment der Genehmigung schon als Gesellschafter oder noch als Dritter anzusehen ist. Aber es handelt sich nicht nur um den Eintritt des neuen, sondern auch um das Ausscheiden des bisherigen Gesellschafters, die eine Seite der Sache, die in der gesamten Judikatur beharrlich übersehen wird. Es handelt sich darum, ob die Gesellschaft nicht nur das neue Mitglied aufnehmen, sondern auch ihre Rechte gegenüber dem Veräußerer aufgeben will. Das ist unbestreitbar rein innere Angelegenheit der Gesellschaft und die Entscheidung darüber kann ihr der Geschäftsführer durch keine wie auch und an wen gerichtete Willenserklärung überm Kopf wegnehmen. Wie hier Hachenburg § 15[52]; Feine 489. S. auch § 17 Erl 2 a. E. Daß der Geschäftsführer nicht wirksam einem Dritten erklären kann, daß er auf erhöhtes Stammkapital mit einer Stammeinlage aufgenommen sei, wenn ein Kapitalerhöhungsbeschluß nicht gefaßt war, nimmt auch das Reichsgericht an (RG in HoldheimsMSchr 19, 278).

h) Ist im Gesellschaftsvertrage bestimmt, daß der Geschäftsanteil nur mit Genehmigung der Gesellschaft verkauft werden könne, so fallen andere Arten von Veräußerung, namentlich Schenkung, nicht ohne weiteres darunter (RG 101, 246). Ist die Genehmigung verweigert, so verstößt es gegen die guten Sitten, wenn der Veräußerer sich dem Erwerber verpflichtet, die gesellschaftlichen Rechte für dessen Rechnung und nach seiner Weisung auszuüben (RG 69, 136; bekämpft von Hachenburg § 15[57]). Ist die Veräußerung an einen anderen Gesellschafter frei, sonst aber von der Genehmigung der Gesellschafter abhängig, so kann letzteres nicht dadurch umgangen werden, daß ein Gesellschafter für den wahren Erwerber als Strohmann erwirbt (RG 103, 195). Eine Umgehung ist es auch, wenn der Veräußerer dem Erwerber allgemein Vollmacht erteilt, ihn in Wahrnehmung der Rechte in der Gesellschaft und gegen sie zu vertreten.

i) Das Erfordernis der Genehmigung der Gesellschaft muß im Gesellschaftsvertrag vereinbart werden. Nachträgliche Einführung der Bestimmung kann nur mit Zustimmung aller Gesellschafter geschehen (RG 68, 211; vgl. auch RG in HoldheimsMSchr 24, 124). Dagegen kann die Beseitigung der Bestimmung durch Statutenänderung mit der für diese erforderlichen Stimmenmehrheit beschlossen werden; s. oben unter f a. E.

6. Allgemein wird angenommen, daß die Abtretung von Geschäftsanteilen, für welche Anteilscheine ausgegeben werden, an die weitere Voraussetzung der Übergabe der Scheine geknüpft werden könne. Das ist in dieser Allgemeinheit nicht deutlich und überhaupt nicht richtig. Soll damit gemeint sein, daß der Rechtserwerb sich nur vollzieht, wenn der Veräußerer dem Erwerber den Schein übergibt, so wäre das nicht die Bestimmung einer weiteren Voraussetzung der Veräußerung, sondern eine Vorschrift über die Form der Abtretung, worüber zu bestimmen allein dem Gesetze zukommt, die aber auch sachlich zu beanstanden wäre, weil damit die Ausübung zwar nicht aller Rechte aus dem Gesellschaftsverhältnis, wohl aber des Rechts zur Veräußerung und Abtretung des Geschäftsanteils an den Besitz des Papiers geknüpft wäre, dieses also zu einem Wertpapiere würde, was der Absicht des Gesetzes schnurstracks zuwiderliefe, auch die größten Unzuträglichkeiten zur Folge hätte, wenn das Papier verlorengeht. Aufgebot findet nicht statt und mit der Ausgabe eines neuen Ersatzscheines kann nicht geholfen werden. Anerkanntermaßen kann über ein und denselben Geschäftsanteil der Anteilschein nicht in mehreren Exemplaren ausgestellt werden (was allerdings nur richtig ist, wenn der Schein eben mehr sein soll als reine Beweisurkunde). Zudem würde der neue Schein der Schein gerade nicht sein, welchen die Bestimmung des Gesellschaftsvertrages im Auge hat und meint, dessen

Übertragung Voraussetzung für den Übergang des Geschäftsanteils sein soll. Das wäre vielmehr der verlorene Schein, von dem man nur nicht weiß, wo er sich befindet. Oder wenn doch der neue Schein das sein soll und nicht der verlorene, dann führt man das Aufgebot des Scheines, für welches es an der gesetzlichen Grundlage fehlt, in Wahrheit doch ein, obendrein nach einem ungeregelten, tumultuarischen Verfahren. — Alles, was der Gesellschaftsvertrag in dieser Richtung etwa tun kann, ist zu bestimmen, daß ohne Vorlegung des Scheines die Genehmigung der Übertragung nicht erteilt werden soll, wobei dann im einzelnen Falle die Gesellschaft sich frei (mit einfacher Stimmenmehrheit) entschließen kann, von dem Erfordernis abzusehen (vgl. RG 60, 411). Anders — ohne auf das hier Gesagte einzugehen — Hachenburg § 15[60], § 14 Erl I[8], Feine 385, Scholz 191 mit der unzutreffenden Behauptung, daß hinsichtlich der Übereignung des Anteilscheines §§ 929 ff. BGB gelten, während vielmehr §§ 402, 952 BGB entsprechend gelten. Das Urteil RG 98, 277 erkennt an, daß für eine öffentliche Versteigerung des Geschäftsanteils eine solche Statutenbestimmung keine Bedeutung habe, glaubt aber, es durch Auslegung des Statuts rechtfertigen zu müssen. — Die Verpfändung des Anteilscheins ist rechtsunwirksam (Urt v. 28. 10. 21 VII 78/21, RG in GmbHRundsch 28, 689).

7. Die Vererblichkeit des Geschäftsanteils ergibt sich begrifflich aus seiner Veräußerlichkeit. Jedenfalls ist sie im Gesetz ausdrücklich anerkannt und damit dem rechtsgeschäftlichen Belieben der Parteien entzogen. Sie kann auch nicht nach Abs 5 an „weitere" Voraussetzungen geknüpft werden, da in den voraufgehenden Absätzen von Voraussetzungen der Vererblichkeit überhaupt nicht und in Abs 5 nur von der Abtretung die Rede ist. Das wird allgemein mit Worten bestritten, in der Sache zugegeben; denn wenn ebenso allgemein anerkannt wird, daß — wie RG 80, 179 sagt — bei Ausschließung der Vererblichkeit „notwendigerweise" bestimmt werden muß, was im Fall des Todes des Gesellschafters aus dem Geschäftsanteil werden soll, dann kann keine Dialektik aus der Welt schaffen, daß der Gesellschafter, der auf eine solche Vertragsbestimmung eingeht, damit eine Verfügung über seinen Geschäftsanteil trifft. Auch das Bild, daß der Geschäftsanteil sterblich sei, kann das nicht. Mit dem Hinweis auf die Möglichkeit der Einziehung des Geschäftsanteiles ist nichts erreicht; denn diese erfolgt entweder entgeltlich, dann gebührt der auszuzahlende Betrag den gesetzlichen Erben oder wem er sonst zugedacht sein mag, oder sie erfolgt unentgeltlich, dann erbt ihn die Gesellschaft. Im Fall RG 80, 179 war durchaus nicht im Statut die Vererblichkeit des Geschäftsanteiles ausgeschlossen, der auch nichts weniger als sterblich sein sollte. Der andere Gesellschafter hatte ihn käuflich erworben und besaß ihn zweifellos als einen vererblichen. Es war nur für den einmaligen Fall des Ablebens des gegenwärtigen Gesellschafters über den Verbleib des ebenso vererblichen wie veräußerlichen Geschäftsanteils eine Verfügung getroffen, der das Reichsgericht nur mit der mehr als gewagten Analogie des Lebensversicherungsvertrages den Charakter einer letztwilligen Verfügung absprechen konnte. Die Vererblichkeit war auf keinen Fall ausgeschlossen. Aber auch nicht die Vererbung. Auch Hachenburg § 15[3] beanstandet die Begründung des Urteils des RG, ohne selbst deutlich zu sagen, was er sich unter einem unvererblichen Geschäftsanteil denkt. Spurlos verschwinden kann er nicht und wo immer er hinfällt, kommt er aus Anlaß des Todesfalls seines Eigentümers aus dessen Vermögen, während bei der Lebensversicherung die Versicherungssumme eben von dritter Seite kommt. — So läßt sich denn auch die Bestimmung, daß mit dem Tode eines Gesellschafters dessen Geschäftsanteil unentgeltlich eingezogen werden soll (vgl. SchlHolstAnz 1910, 20), nur als Schenkung auf den Todesfall kennzeichnen. Anders nur, wenn das ganze Unternehmen etwa als gemeinnütziges o. ä. gedacht ist und die Gesellschafter sich von vornherein nur sozusagen à fonds perdu beteiligen. In solchem Fall ist die Analogie mit dem Verein angebracht, BGB § 38.

§ 16

Der Gesellschaft gegenüber[1]) gilt im Falle der Veräußerung[2]) des Geschäftsanteils nur derjenige als Erwerber, dessen Erwerb unter Nachweis des Übergangs bei der Gesellschaft angemeldet ist[3]).

Die vor der Anmeldung von der Gesellschaft gegenüber dem Veräußerer oder von dem letzteren gegenüber der Gesellschaft in bezug auf das Gesellschaftsverhältnis vorgenommenen Rechtshandlungen muß der Erwerber gegen sich gelten lassen[4]).

Für die zur Zeit der Anmeldung auf den Geschäftsanteil rückständigen Leistungen ist der Erwerber neben dem Veräußerer verhaftet[5]).

Österr. Gesetz § 7 Abs 10.

1. a) Der Übergang der Mitgliedschaft (des Geschäftsanteils) ist an weitere als die in § 15 bestimmte Formen nicht geknüpft. Auch vor der hier vorgeschriebenen Anmeldung bei der Gesellschaft ist der Erwerber zu vollem Recht Inhaber des Geschäftsanteils. Nur kann er das

der Gesellschaft gegenüber wie auch die Gesellschaft ihm gegenüber nicht geltend machen, solange es nicht zur Anmeldung gekommen ist. Solange bleibt es zwischen Gesellschaft einerseits, Veräußerer und Erwerber anderseits bei dem bisherigen Zustand. Es kann auch nicht im Statut wirksam bestimmt werden, daß der Rechtsübergang erst mit der Anmeldung der Abtretung wirksam werde. Anders die herrschende Lehre, welche darin eine weitere Voraussetzung der Abtretung im Sinne des § 15 Abs. 5 erblickt. Indessen läge darin vielmehr eine Vorschrift über die Form der Übertragung, die durch Rechtsgeschäft nicht geschaffen werden kann. Nach § 399 BGB können Gläubiger und Schuldner vereinbaren, daß Abtretung ausgeschlossen sein soll. Sie können aber wirksam nicht vereinbaren, daß etwaige Abtretung erst wirksam sein soll, nachdem sie dem Schuldner angezeigt worden ist. — Die Gesellschaft ist nicht nur berechtigt, sondern auch gehalten, den bisherigen Inhaber als solchen gelten zu lassen, mag sie auch anderweit von der Abtretung erfahren haben. Das ist nicht eine gesetzliche Vermutung, auch keine Fiktion. Vielmehr stellt damit das Gesetz eine eigenartige Rechtsfigur auf, indem es von dem materiellen Recht die Legitimation zu ihm abspaltet und dem Veräußerer beilegt, das fremde Recht im eigenen Namen und für eigene Rechnung geltend zu machen, für die fremde Verpflichtung in gleicher Weise einzutreten. Ähnliches — in Beschränkung auf das Verfahren — bestimmt das PatG § 19 Abs 2 Ziff 2. Auch die freilich sehr bedenkliche, aber von der Praxis zugelassene sog. Legitimationszession ließe sich zum Vergleich heranziehen. In der juristischen Struktur dasselbe, in der sachlichen Gestaltung aber verschieden ist dagegen, was §§ 222, 223 HGB in Beziehung auf Namenaktien vorschreiben, wonach für die Aktiengesellschaft als Aktionär nur gilt, wer im Aktienbuch verzeichnet ist, wo sonach eine für jeden Aktionär unerläßliche Legitimationsform geschaffen ist. Vgl. JW 1915, 588[22], wo aber der Unterschied in einem untergeordneten und kaum entscheidenden Punkt erblickt wird, der sich vielmehr daraus ergibt, daß in der durch §§ 222, 223 HGB eingeführten Eintragung des Überganges in das Aktienbuch und die hieran geknüpfte Wirkung (§ 223 Abs 3) ein Formelakt geschaffen ist, so daß nicht die passive Empfangnahme der Anmeldung, sondern die daraufhin erfolgende Entschließung der Gesellschaft, die Eintragung vorzunehmen, den auf Rechtsgeschäft beruhenden Erwerb der in § 223 Abs 3 bestimmten Rechtsposition des Eingetragenen begründet. — Scholz GmbHRundsch 27, S. 43, 127, 181, 242. Vgl. Brodmann A.-R. § 223 Erl 2.

b) Der § 16 setzt eine rechtswirksame Abtretung des Geschäftsanteils voraus. Trotz der Anmeldung kann die Gesellschaft dem Erwerber einwenden, daß er das Recht am Geschäftsanteil in Wahrheit nicht erworben habe. Anmeldung oder Nichtanmeldung haben nur für das Verhältnis der Vertragsparteien, nicht für dritte Prätendenten Bedeutung. Ebensowenig sind Veräußerer oder Erwerber durch die Anmeldung gehindert, die Abtretung des Geschäftsanteils anzufechten (vgl. RG 86, 160). War der Verkauf nichtig, so ist auch die Abtretung zum mindesten anfechtbar. Darauf können die Parteien sich auch der Gesellschaft gegenüber berufen; (JW 1915, 588[22], wo aber die Abweichung von der Rechtsprechung zu § 223 Abs 3 HGB unrichtig begründet wird; s. oben unter a). Abw. RG in HoldheimsMSchr 1918, 61, dem nur darin zugestimmt werden kann, daß die Rechtskraft der Entscheidung über die Anfechtung die Gesellschaft nicht bindet. Veräußert der Inhaber den Geschäftsanteil, den er veräußert hat, nach seiner Abtretung noch einmal an einen anderen, so erwirbt dieser keine Rechte, auch wenn er den Erwerb anmeldet und dem anderen darin zuvorkommt, die Gesellschaft ihn annimmt. Auf die Rangordnung mehrerer Pfandrechte am Geschäftsanteil ist die Anmeldung vollends ohne jeden Einfluß.

2. a) Veräußerung bedeutet nicht jeden Rechtsübergang, sondern die rechtsgeschäftliche Abtretung des Geschäftsanteils, das Verfügungsgeschäft und damit dasselbe, wofür § 15 Abs 3 die Form vorschreibt. Darüber, in welchem Umfange das der Fall ist, s. Erl 1 zu § 15. Doch ergeben sich aus der Natur der Sache einerseits Erweiterungen, anderseits Einschränkungen. Die öffentliche Pfandversteigerung, innerhalb wie außerhalb der Zwangsvollstreckung, ist eine für Rechnung des Inhabers des Geschäftsanteils vorgenommene rechtsgeschäftliche Veräußerung, bei welcher die für diese vorgeschriebene Form die Form nach § 15 ersetzt, nicht aber zugleich die Anmeldung nach § 16. Ebenso liegt es bei der Verurteilung zur Lieferung des Geschäftsanteils, endlich auch beim gerichtlichen Vergleich, wo ja in Wahrheit die Form des § 15 gewahrt wird. Anderseits ist die Verpfändung eines Geschäftsanteils zwar formbedürftig, fällt aber nicht unter § 16, weil sie weder schon Veräußerung des Geschäftsanteils ist noch der Pfandgläubiger Erwerber. Anders bei der rechtsgeschäftlichen Bestellung eines Nießbrauchs und anders wohl auch, wenn man die Mitverpfändung der Ausübung des Stimmrechts für zulässig hält (s. § 15 Erl 2 a), bei dieser. Sodann bedarf es keiner weiteren Anmeldung mehr, wenn die Gesellschaft selbst es ist, welche den Geschäftsanteil erwirbt oder veräußert.

b) Die herrschende Lehre geht weiter und ist bestrebt, dem Anwendungsgebiet des § 16 Abs 1, 2 größtmögliche Ausdehnung zu geben, wozu weder ein Anlaß noch eine Berechtigung vorliegt, Scholz 215 f. Wird ein Geschäft mit den Aktiven verkauft, zu denen auch der Geschäftsanteil einer Gesellschaft m. b. H. gehört, so bedarf vielleicht nicht der Kaufvertrag (s. Erl 1 i und 3 b zu § 15), wohl aber die Abtretung des Geschäftsanteils der Form sowie der Anmeldung. Akkreszenz (z. B. bei Umgestaltungen innerhalb eines Gesamthandsverhältnisses; s. Erl 1 i zu § 15), cessio legis sind keine „Veräußerungen". Wenn ein Ehemann mit Mitteln seiner Frau einen Geschäftsanteil erwirbt, so muß natürlich der Erwerber angemeldet werden, entweder der Mann oder die Frau, je nachdem wer nach der notariellen Urkunde Erwerber ist. Unter § 1381 BGB dürfte der Fall kaum gehören.

c) Der Gesellschaftsvertrag kann für die Wahrnehmung der Mitgliederrechte, für Ausübung des Stimmrechts besondere Formen der Legitimation vorsehen. Aber das ist nicht dasselbe, was § 16 Abs 1, 2 bestimmen. Daß letzteres rechtsgeschäftlich auf andere Fälle sollte ausgedehnt werden können, als das Gesetz vorschreibt, muß bezweifelt werden; von dem in Abs 2 Bestimmten ist es ganz sicher nicht richtig; und was bleibt dann noch vom Abs 1 übrig?

d) Gegen die Gefahr, daß in anderen Fällen der Gesellschaft ein Übergang des Geschäftsanteils unbekannt geblieben ist, ist sie nach Maßgabe der §§ 413, 404 ff. neben § 407 BGB ausreichend geschützt.

3. a) Die Anmeldung ist ein geschäftlicher Akt, eine Rechtshandlung; aber nicht eigentlich, wie die herrschende Lehre annimmt, ein Rechtsgeschäft, sie ist Mitteilung, nicht Willenserklärung. Auf sie finden die §§ 116—144 BGB nur entsprechende, nicht unmittelbare und daher nur teilweis Anwendung. Indem die herrschende Lehre die Anmeldung für eine Willenserklärung hält, läuft sie Gefahr, auf falsche Bahn zu geraten. Der Eintritt des neuen Gesellschafters beruht nicht auf einem mit der Gesellschaft abgeschlossenen oder abzuschließenden Vertrage, sondern ausschließlich auf dem mit dem Veräußerer geschlossenen; ob der Erwerber Gesellschafter geworden ist, hängt davon ab, ob der mit dem Veräußerer geschlossene Vertrag mangelfrei zustande gekommen ist. Bestehen Mängel, so können diese durch kein Anerkenntnis usw. der Gesellschaft gehoben werden. — Eine Form ist für die Anmeldung nicht vorgeschrieben, sie kann auch mündlich geschehen; erfolgt sie schriftlich, so muß sie der Gesellschaft im Sinne des § 130 BGB zugegangen sein. Wirksam anmelden kann sowohl der Veräußerer als auch der Erwerber. Auch Anmeldung durch Bevollmächtigte ist zulässig. Die Streitfrage, ob im Falle der öffentlichen Versteigerung durch die Gesellschaft im Verlauf der Kaduzierung eines Geschäftsanteils (§ 23) der Gerichtsvollzieher zur Anmeldung legitimiert ist, erscheint gegenstandslos. Selbstverständlich ist er verpflichtet, der Gesellschaft von der Ausführung des Auftrags Mitteilung zu machen, und einer Mitteilung nach § 16 bedarf es überhaupt nicht (s. oben Erl 2 a). — Die Anmeldung kann auch unbeschränkt unter Nachweis ihrer Unrichtigkeit widerrufen werden. Eine Anfechtung nach § 119 BGB kommt nicht in Frage, die nur bei Willenserklärungen erforderlich ist und einen Sinn hat. Die andernfalls bestehende Möglichkeit, daß bei verspäteter Anfechtung die nachgewiesenermaßen unrichtige Anmeldung in Kraft bleibt, wäre ja auch schlechthin unannehmbar.

b) Einer besonderen Anmeldung bedarf es nicht, wenn einer der Beteiligten nach der Abtretung um deren Genehmigung bei der Gesellschaft nachsucht, wohl aber, wenn die Gesellschaft im voraus die Einwilligung erteilt hatte. Anmeldung ist ferner als geschehen anzusehen, wenn der Geschäftsführer selbst es ist, der — für seine Person — einen Geschäftsanteil kauft oder verkauft (a. A. Hachenburg 16[4]; OLG 32, 139; dagegen aber dasselbe Gericht MecklZ 32, 56; ferner OLG 36, 288). Noch weniger natürlich, wenn er für die Gesellschaft handelt.

c) Die Anmeldung muß in beweisender Form erfolgen. Ob der Nachweis genügt, muß nach verständigem Ermessen, aber unter Anlegung eines objektiven Maßstabes entschieden werden. Es liegt nicht im Ermessen der Gesellschaft, d. h. des Geschäftsführers, es damit mehr oder weniger leicht zu nehmen. Auf eine unbefugte oder mangelhaft belegte Anmeldung hin kann keiner der Beteiligten die in Abs. 1 u. 2 bestimmte Rechtsposition in Anspruch nehmen. Zum Nachweis gehört, wenn der Veräußerer der Gesellschaft als Mitglied nicht authentisch bekannt ist, auch der Nachweis seiner Berechtigung. Unbedingt wird auf der Beibringung der gerichtlichen oder notariellen Abtretungsurkunde zu bestehen sein, auch dann, wenn beide Parteien gemeinschaftlich oder übereinstimmend anmelden. — Solange die mit Recht verlangten Nachweise nicht beigebracht worden sind, bleibt der bisherige Gesellschafter der Gesellschaft gegenüber als solcher legitimiert. Der Gesellschaftsvertrag kann bestimmen, daß, wenn ein Anteilschein über den Geschäftsanteil ausgegeben ist, zum Nachweis der Abtretung der Anteilschein beigelegt werden muß. Die Gültigkeit der Abtretung oder der Verpfändung kann davon nicht abhängig gemacht werden (s. Erl 6 zu § 15). — Die Vereinbarung, daß der Erwerber bei der Gesellschaft nicht angemeldet werden soll, ist geeignet, den ganzen Vertrag nichtig zu machen (RG in HoldheimsMSchr 00, 36). A. A. Hachenburg § 16[11]; undeutlich Scholz 211: nach außen bleibe der Veräußerer Gesellschafter, nach innen sei aber der Erwerber aktiv und passiv so zu stellen, als habe er die Rechte und Pflichten des Gesellschafters; das kann doch nur heißen, daß der Veräußerer dem Erwerber schuldrechtlich verpflichtet ist (und der Erwerber dem Veräußerer), was weiter nur heißen kann, daß der Erwerber den Geschäftsanteil behält, daß also die Übertragung als solche wirkungslos, also nichtig ist.

4. a) Es ist zu beachten, daß der Abs 1 nichts weiter sagt, als daß der Erwerber des Geschäftsanteils trotz seines Rechtserwerbs die Rechte daraus nicht eher ausüben, zu den Verpflichtungen nicht eher angehalten werden kann, als bis er angemeldet worden ist. Über die entsprechende Aktiv- und Passivlegitimation des Veräußerers sagt die Vorschrift direkt gar nichts, indirekt folgt aus ihr, daß sie so, wie sie besteht, einstweilen fortdauert. Ob sie überhaupt besteht, d. h. ob der Veräußerer Inhaber des Geschäftsanteils ist, ist eine Frage für sich. Auch er muß, wenn er den Geschäftsanteil gekauft hat, sich auf eine Anmeldung berufen können, im Falle des Erwerbes kraft Gesetzes dagegen nicht. Und wenn sein Recht überhaupt nicht bestand, so wird auch der Erwerber durch die Anmeldung nicht irgendwie berechtigt und verpflichtet. Hierin liegt der wesentliche Unterschied von der Legitimation des Inhabers einer Namensaktie durch das Aktienbuch (JW 1915, 588[22]).

b) Nur im Verhältnis zur Gesellschaft kann der Erwerber das zwischen dieser und dem Veräußerer Geschehene nicht deshalb beanstanden, weil es ihm gegenüber hätte geschehen müssen. Übrigens ist die Vorschrift nicht vollständig. Nicht nur er muß das Geschehene gegen sich gelten lassen, sondern auch die Gesellschaft. Ist bei unbeschränkter Nachschußpflicht nach Abtretung und vor Anmeldung ein Nachschuß eingefordert worden und daraufhin vom Veräußerer der Geschäftsanteil der Gesellschaft zur Verfügung gestellt, so muß das der Erwerber gelten lassen, aber ebenso auch die Gesellschaft, die vom Erwerber nicht den Nachschuß einfordern kann, weil er der Inhaber gewesen sei und in Wahrheit allein berechtigt, sich der Verpflichtung durch die Preisgabe des Geschäftsanteils zu entschlagen. — Dagegen haben Dritte nicht einen Anspruch darauf, daß die Gesellschaft sich gegenüber dem Gesellschafter und seinem Rechtsnachfolger an die Vorschrift des § 16 hält; daher kann diese sich dem angemeldeten Erwerber gegenüber auf Rechtsgeschäfte mit dessen Rechtsvorgänger aus der Zeit vor der Anmeldung auch dann berufen, wenn dieser nicht angemeldet war. Anders Scholz 210.

5. a) Der Wechsel der Mitgliedschaft tritt mit der Abtretung des Geschäftsanteils, d. h. nicht mit dem Veräußerungs-, sondern mit dem Verfügungsgeschäft, der Gesellschaft gegenüber mit der Anmeldung der Abtretung ein (RG in Recht 1916 S. 1379, 1380). Die allgemeine Mitgliedschaft mit allen aus ihr sich ergebenden Rechten und Pflichten steht bis zum Stichtag dem Veräußerer, vom Stichtag an dem Erwerber zu. Darüber kann kein Streit bestehen. Wenig durchsichtig hat dagegen das Gesetz die Frage geregelt, wie es in dieser Beziehung mit den einzelnen konkreten Verpflichtungen steht, die von Zeit zu Zeit aus dem Gesellschaftsverhältnis erwachsen. Die Unsicherheit ist darin begründet, daß der Gesetzgeber den Grundgedanken nicht ausgesprochen, sich vielmehr damit begnügt hat, dessen Modifikationen aufzustellen. Aber durch die Art, wie er das getan hat, kommt deutlich genug der Grundgedanke zum Ausdruck, von welchem er dabei ausgegangen ist. Der Abs 3 sagt nicht, wie manche ihn lesen, daß für die rückständigen Leistungen der Veräußerer neben dem Erwerber hafte, sondern umgekehrt, neben dem Veräußerer der Erwerber. Mit anderen Worten, auch hier bei diesen Einzelansprüchen und Verpflichtungen ist davon auszugehen, daß für alle Ansprüche, die vor dem Stichtag fällig geworden sind, der Veräußerer, für die später fällig werdenden der Erwerber haftet. Das wird aber nach beiden Richtungen, gegen den Veräußerer wie gegen den Erwerber, erweitert. Für alle Leistungen, welche am Stichtag noch nicht erfüllt waren, welche somit „rückständig" waren, haftet neben dem Veräußerer der Erwerber, und zwar nicht subsidiär, sondern an erster und gleicher Stelle mit dem Veräußerer, beide also als Gesamtschuldner. So bestimmt Abs 3. Der Ausdruck rückständig setzt nicht Verzug oder auch nur eine Verzögerung der Leistung voraus. Einzahlungen auf die Stammeinlage sind rückständig, wenn entweder von vornherein, namentlich im Statut, ein bestimmter Termin festgesetzt war oder wenn eine beschlossene Zahlung eingefordert worden ist. Der Beschluß der Einforderung genügt nicht, sofern nicht zugleich der Termin festgesetzt wird. Anders Urt v. 20. 12. 12 II 473/12; s. aber auch RG in HoldheimsMSchr 24, 55. Ist die Einforderung völlig dem Geschäftsführer überlassen, so tritt Fälligkeit erst ein, wenn dieser die Einforderung ergehen läßt (RG in LZ 1915, 91[14]). Unrichtig GmbHRundsch 1913, 94, wonach die gesamte Stammeinlage von vornherein rückständig sein soll, wenn im Statut Termine nicht bestimmt sind; das ist nur dann der Fall, wenn die statutarische Bestimmung dahin zu verstehen ist, daß das gesamte Stammkapital sofort eingezahlt werden soll.

b) Mit Nachschüssen verhält es sich im allgemeinen nicht anders als mit der Stammeinlage. Sie sind rückständig vom Zeitpunkt an, wo sie eingefordert werden, oder von dem bestimmten Tage an, auf welchen etwa ihre Erhebung beschlossen worden ist. Die gegnerische Meinung, daß der Zeitpunkt des Gesellschafterbeschlusses maßgeblich sei, will davor schützen, daß Gesellschafter sich durch Veräußerung des Geschäftsanteils der Verpflichtung entziehen. Aber zum Ziel kommt man damit auch nicht, weil unter allen Umständen Zeit verstreichen muß von der Ankündigung des Antrages bis zur Beschlußfassung. — Steht Rückzahlung von Nachschüssen in Frage, so ist ohne Rücksicht darauf, was hierüber zwischen Veräußerer und Erwerber vereinbart worden ist, entsprechend derjenige der Forderungsberechtigte, welcher am Tage, wo die Zahlung fällig wird, der Gesellschaft gegenüber als der Inhaber des Geschäftsanteils gilt.

c) Von Konkurrenzverboten, welchen statutenmäßig die Gesellschafter als solche sich zu unterwerfen haben, wird der Veräußerer durch die Übertragung seines Geschäftsanteils frei, wenn nicht das Gegenteil deutlich bestimmt worden ist (JW 1899, 444).

d) Schwierigkeit machen hier Leistungen, welche sich über eine Zeitdauer erstrecken, wenn die Abtretung in diese Zeit fällt und die Leistung nicht (nach Verhältnis der Zeitstrecken) teilbar ist. In einem Falle, wo ein Gesellschafter, der sich zum Anbau und zur Lieferung von Zuckerrüben verpflichtet hatte, im Laufe des Jahresabschnittes seinen Geschäftsanteil abgetreten hatte, hat RG 84, 75 die Haftung des Veräußerers für die Lieferung der Rüben angenommen. Zur Frage der Mithaftung des Erwerbers hatte das Gericht keine Veranlassung, Stellung zu nehmen. Man wird aber anerkennen müssen, daß bei der Abtretung die Verpflichtung nicht nur noch nicht erfüllt, sondern auch die Leistung bereits in Angriff genommen war und in Angriff hatte genommen werden müssen, insofern auch fällig und damit im Sinne des Abs 3 rückständig war, so daß also auch der Erwerber haftet, nicht zwar unmittelbar auf Lieferung der Rüben, was außer seinem Vermögen stehen kann und im gegebenen Falle außer einem Vermögen gestanden hat, wohl aber auf Einstehen für die Leistung des Veräußerers. Ebenso wird man die Fälle zu behandeln haben, wo die Leistung nur dem äußeren Tatbestande nach beschafft, aber die Verpflichtung des Schuldners noch nicht erloschen ist. So wenn vor dem Stichtag eine mangelhafte Sache geliefert worden ist, durch welche nach dem Stichtag die Gesellschaft Schaden erleidet (eine rein gesellschaftliche Schuld immer vorausgesetzt). Hier ist nicht nur die Frage nach dem Verschulden gar nicht anders als aus der Person des Veräußerers zu entscheiden, sondern es wäre auch seine Befreiung von der Schuld um so unbefriedigender, als ein Regreßanspruch des belangten Erwerbers sich nur unter weiteren besonderen Voraussetzungen einmal würde begründen lassen. Der Erwerber hätte auch in solchen Fällen für das einzustehen, was der Veräußerer schuldig ist. In gleicher Weise entscheidet sich die Haftung des Erwerbers für Vertragsstrafen, für Verzugszinsen aus dem Verzug des Veräußerers. Eintritt des Erwerbers in den Verzug des Veräußerers kann man das nennen. Aber damit kann man das Gesagte nicht begründen, Scholz 77.

e) War die Stammeinlage zur Zeit der Veräußerung voll eingezahlt worden, so hat der Erwerber dafür, daß das Geld an den Veräußerer rechtswidrig zurückgezahlt worden war, nicht nach Abs 3, sondern nur mit den übrigen Gesellschaftern nach § 31 Abs 3 aufzukommen (Warn 7, 168). — Auf Grund § 119 BGB kann der Gesellschaft gegenüber das Veräußerungsgeschäft nicht deshalb angefochten werden, weil dem Erwerber unbekannt war, daß der Veräußerer die Stammeinlage noch nicht voll eingezahlt hatte.

f) Nach der anderen Seite, zum Nachteil des Veräußerers, wird von dem Grundsätzlichen insofern abgewichen, als dieser auf die Stammeinlage sowie bei begrenzter Nachschußpflicht auf die Nachschüsse haftbar bleibt, auch wenn am Stichtag noch nichts rückständig, die Einforderung von Nachschüssen noch nicht einmal beschlossen war. Das wird in §§ 22, 28 Abs 1 bestimmt. Diese Haftung ist nur subsidiär. — Wegen der Haftung aus § 24 s. Erl 3a dort.

g) Darüber, wie es sich mit bestimmten Einzelansprüchen gegen die Gesellschaft verhält, welche zu der Zeit der Abtretung entstanden und rückständig waren, bestimmt das Gesetz nichts. Von ihnen, namentlich also auch von dem Anspruch auf den Jahresgewinn, muß das von den Verpflichtungen Gesagte entsprechend gelten. Im Verhältnis der Vertragsparteien entscheidet ihr Vertrag. Im Verhältnis zur Gesellschaft kann nicht angenommen werden, daß die entstandenen und rückständigen Ansprüche auf den Erwerber übergehen. A. A. Hachenburg § 16[13], Scholz 218; wie hier Feine 394. Der Anspruch auf den Gewinn wird fällig, sobald die Jahresbilanz nebst dem Verteilungsbeschluß genehmigt worden ist. Liegt das vor dem Stichtag (Abtretung, genauer Anmeldung der Abtretung), so ist kein Grund, den Anspruch auf den Gewinn dem Erwerber zuzusprechen. Auf alle Fälle muß das anerkennen, wer den Anspruch auf den Jahresgewinn für ein Drittgläubigerrecht erklärt (s. Erl 1b zu § 29). Auch eine Darlehns- oder Kaufpreisforderung des Veräußerers gegen die Gesellschaft verbleibt diesem. Aber überhaupt muß es gelten. Ginge der Anspruch auf die Dividende auf den Erwerber über, so stünde das auch im unverständlichen Widerspruch mit der Art, wie das Gesetz die Verbindlichkeiten des Gesellschafters zwischen Erwerber und Veräußerer aufteilt. Davon kann keine Rede sein, daß, wenn die Abtretung während des Geschäftsjahres erfolgt, eine Verteilung des Gewinns auf Veräußerer und Erwerber nach Verhältnis der Zeitstrecke erfolgt. Zwischen Veräußerer und Erwerber mag es so sein. Gläubiger der Gesellschaft kann immer nur der eine oder der andere sein. — Mit dem Geschäftsanteil kann eine dauernde Verpflichtung zu entgeltlichen Leistungen verbunden sein, z. B. die Rübenlieferungspflicht. Auch hier muß jedenfalls das von dem Veräußerer Gelieferte auch an den Veräußerer bezahlt werden, wenigstens immer dann, wenn zur Zeit der Abtretung die Zahlung fällig war. A. A. die herrschende Lehre. Von deren Standpunkt aus hat RG in HoldheimsMSchr 15, 114 aber doch ausgesprochen, daß die Gesellschaft gegen den Anspruch des Erwerbers mit Ansprüchen gegen den Veräußerer aufrechnen kann.

§ 17

Die Veräußerung von Teilen eines Geschäftsanteils kann nur mit Genehmigung der Gesellschaft stattfinden[1]).

Die Genehmigung bedarf der schriftlichen Form; sie muß die Person des Erwerbers und den Betrag bezeichnen, welcher von der Stammeinlage des ungeteilten Geschäftsanteils auf jeden der durch die Teilung entstehenden Geschäftsanteile entfällt[2]).

Im Gesellschaftsvertrage kann bestimmt werden, daß für die Veräußerung von Teilen eines Geschäftsanteils an andere Gesellschafter, sowie für die Teilung von Geschäftsanteilen verstorbener Gesellschafter unter deren Erben[3]) eine Genehmigung der Gesellschaft nicht erforderlich ist.

Die Bestimmungen im § 5 Absatz 1 und 3 über den Betrag der Stammeinlagen finden bei der Teilung von Geschäftsanteilen entsprechende Anwendung[4]).

Eine gleichzeitige Übertragung mehrerer Teile von Geschäftsanteilen eines Gesellschafters an denselben Erwerber ist unzulässig[5]).

Außer dem Falle der Veräußerung und Vererbung findet eine Teilung von Geschäftsanteilen nicht statt. Sie kann im Gesellschaftsvertrage auch für diese Fälle ausgeschlossen werden.

Österr. Gesetz § 79.

1. Der Geschäftsanteil ist nach Absicht des Gesetzes ein einheitliches, unteilbares Ganzes. Eine Aufteilung in mehrere selbständige Geschäftsanteile ist nur in bestimmten Fällen zulässig und auch da wesentlich erschwert. Zulässig ist sie nur im Falle der Vererbung und im Falle der Veräußerung eines oder mehrerer oder aller Teile eines Geschäftsanteils an ebensoviele verschiedene Erwerber. Aber auch das kann im Gesellschaftsvertrag ausgeschlossen werden für beide Fälle oder für den einen oder den anderen Fall. Soweit die Teilung zulässig ist, kann sie doch nur mit Genehmigung der Gesellschaft vorgenommen werden, doch kann wiederum im Gesellschaftsvertrag bestimmt werden, daß die Genehmigung nicht nötig ist im Falle der Vererbung und der Veräußerung innerhalb der Gesellschaft. Eine Statutenbestimmung der letzteren Art kann auch nachträglich durch Statutenänderung mit der hierfür erforderlichen Mehrheit eingeführt werden. Dagegen bedarf nachträgliche Beseitigung einer solchen Bestimmung der Zustimmung aller Gesellschafter (vgl. Erl 2 zu § 45). — Zum Zwecke der Verpfändung kann ein Geschäftsanteil nicht geteilt werden, wohl aber wiederum bei Gelegenheit der Zwangsversteigerung, ebenso bei der fiduziarischen Veräußerung (RG in HoldheimsMSchr 13, 109). Auch die Pfändung erfaßt immer den ganzen Geschäftsanteil (s. Erl 2a zu § 15). — Aufteilung eines Geschäftsanteils unter mehrere Mitberechtigte (§ 18) ist nicht Veräußerung des Teiles, wäre also nach dem Wortlaut des Gesetzes überhaupt nicht ausführbar; die herrschende Lehre nimmt wohl mit Recht das Gesetz hier nicht beim Wort, das überhaupt nicht einwandfrei gefaßt ist; auch die Aufteilung des Geschäftsanteils unter Miterben ist nach richtiger Ansicht nicht Veräußerung, und doch setzt Abs 3 voraus, daß auch dieser Fall von Abs 1 getroffen wird. — Die Unzulässigkeit einer Teilung ist durch die GoldbilanzVO nicht beseitigt, RG in JW 1926, 2902. — Die Veräußerung von Teilen des Geschäftsanteils bedarf der in § 15 bestimmten Form (RG 43, 136; RG in JW 1926, 1153). Es genügt nicht, daß der Erwerber in einer notariellen Urkunde erklärt, daß er für seine Forderung den vereinbarten Teil des Geschäftsanteils in Zahlung genommen habe (OLG 14, 363). — Auch § 16 findet Anwendung. Eine (weitere) Anmeldung nach § 16 dürfte überflüssig sein, wenn die Genehmigung der Gesellschaft nach erfolgter Abtretung nachgesucht wird oder wenn der Geschäftsführer Erwerber oder Veräußerer ist (a. A. OLG 32, 139). — Enthält der Gesellschaftsvertrag die unzulässige Bestimmung, daß es zur Teilung einer Genehmigung der Gesellschaft nicht bedürfe, so ist das nichtig, stellt aber den Gesellschaftsvertrag im übrigen nicht in Frage (RG in DJZ 08, 594). — Wenn auch durch die Teilung die Anzahl der Geschäftsanteile über die im Statut bestimmte Anzahl hinaus vermehrt wird, so liegt darin doch keine Statutenänderung, und Eintragung in das Handelsregister findet nicht statt (HoldheimsMSchr 01, 129).

2. a) Über Genehmigung vgl. Erl 5 zu § 15. Hier gilt das Besondere, daß die Genehmigung schriftlich erklärt werden muß, widrigenfalls sie wirkungslos ist. Das Gesetz verlangt die Bezeichnung des Erwerbers und des Betrages, der von der Stammeinlage des ungeteilten Geschäftsanteils entfällt, in schriftlicher Form; innerhalb dieses Rahmens genügt jede, gleichviel in welcher Weise, wenn nur deutlich erklärte Kundgebung des Einverständnisses mit der Abtretung: JW 04, 123 (die weiteren Ausführungen der Entscheidung, wonach auch die Einreichung der Liste der Gesellschafter beim Registergericht — § 40 — genügen soll, ist durch RG 85, 46 überholt); JW 06, 777[46]; nach RG 105, 152 ist ausdrückliche Erklärung erforderlich, ebenso RG in GmbHRundsch 26, 547; vgl. aber auch RG 85, 52 (s. unten). — Selbstverständlich muß aber auch der Geschäftsanteil selbst, der geteilt werden soll, individuell gekennzeichnet werden, wozu in der Regel die Persönlichkeit des Veräußerers anzugeben sein wird. Nach Urt v. 1. 2. 07 II 316/06 genügt es, wenn die Urkunde den Abtretungsvertrag als integrierenden Bestandteil bezeichnet und aus diesem sich die nötigen Ergänzungen ergeben. Vgl. auch RG in HoldheimsMSchr 24, 157. — Dagegen genügen nicht Urkunden, in welchen die Veräußerung als geschehen unterstellt wird (OLG 14, 363). — Die Urkunde muß den neuen Geschäftsanteil (sowie den verbleibenden) nach seinem Nennbetrag mit Sicherheit erkennen lassen; es genügt nicht, daß der Erklärungsempfänger den Sachverhalt kennt. Zu weitgehend Recht 06, 1008; 07, 97. Dagegen RG 85, 48; RG in HoldheimsMSchr 23, 156; in LZ 1916, 60; Warn 8, 462. Vgl. auch OLG 27, 370. — Einer besonderen Urkunde bedarf es nicht, wenn am notariellen Akt, in welchem die Teilung geschieht, alle Gesellschafter (einschließlich des Geschäftsführers) teilnehmen (RG 85, 52). Dagegen kann, wenn der Geschäftsführer einen Teil seines Geschäftsanteils veräußert, daraus noch nicht entnommen werden, daß er zugleich die Genehmigung namens der Gesellschaft erklären will. Auch kann der veräußernde oder erwerbende Geschäftsführer zwar gegenüber dem Vertragsgegner die Genehmigung der Gesellschaft erklären, aber nicht sich selbst gegenüber (RG 85, 50; in HoldheimsMSchr 24, 157). — Tritt der eine von zwei Gesellschaftern, der zugleich Geschäftsführer ist, dem anderen seinen Geschäftsanteil (oder einen Teil davon) formgerecht ab, so ist damit auch die Genehmigung erteilt (JW 04, 123[2]).

b) Immer muß es sich aber um ein Schriftstück handeln, das bestimmt ist zur Kundgebung an die Parteien oder das — den erforderlichen Inhalt vorausgesetzt — der einen oder anderen Partei zur Kundgebung mitgeteilt worden ist (RG 64, 152; Warn 8, 462). So genügt nicht die Einreichung der den neuen Bestand aufweisenden Liste der Gesellschafter bei dem Gericht, wohl aber genügt es, wenn der Geschäftsführer dem neuen Gesellschafter die Liste zugehen läßt (RG 85, 50; in Recht 1910, 3097; bedenklich JW 1910, 843[85]). — Es genügt auch nicht, daß die Gesellschaft vom Erwerber Zahlungen auf die Stammeinlage annimmt oder den Anspruch auf die Stammeinlage abtritt (BauersZ 18, 133), auch nicht Einladung zu den Gesellschafterversammlungen, RG 105, 152. Die Bedeutung konkludenter Erklärungen wird hier durch das Formerfordernis auf ein enges Gebiet eingeschränkt (vgl. Recht 06, 1008; 1910, 367: Übergabe der Anteilscheine; OLG 28, 359).

c) Die Teilung muß von der Gesellschaft genehmigt werden (vgl. auch § 46 Ziff 4). Die herrschende Lehre nimmt an, daß die vom Geschäftsführer erklärte Genehmigung auch dann rechtswirksam ist, wenn die Gesellschafter nicht gefragt worden sind oder die Genehmigung verweigert haben. So, ohne Begründung, RG 64, 151; mit Begründung, aber nicht überzeugend, OLG 14, 363; 16, 115. Im Falle RG in HoldheimsMSchr 24, 151 waren von einem Geschäftsanteil von 150000 M. 20000 M. abgetrennt und veräußert; zugestanden wird, daß im Innenverhältnis der Gesellschafterbeschluß (§ 46 Ziff 4) erforderlich ist, während aber im Rechtsverhältnis zu Dritten die Vertretungsmacht des Geschäftsführers unbeschränkt sei. Indessen war doch die Änderung des Geschäftsanteils von 150000 M. auf 130000 M. einerseits unerläßlich für die Übertragung, anderseits zweifellos innere Angelegenheit zwischen der Gesellschaft und einem ihrer Mitglieder (vgl. RG 85, 48). Übrigens liegt es hier nicht anders als bei der Genehmigung der Veräußerung eines ungeteilten Geschäftsanteils (s. hierzu Erl 5g zu § 15; § 36 Erl 2a).

d) An und für sich kann die Genehmigung auch im Prozeß, in der Klagschrift erklärt werden; doch liegt das nicht vor, wenn die Klage die Veräußerung lediglich als geschehen bezeichnet und gelten läßt (RG in LZ 1915, 356[9]; vgl. das. 1916, 60).

e) Die Vereinbarung, daß die Teilveräußerung der Gesellschaft nicht angemeldet werden soll, macht den Abtretungsvertrag undurchführbar und nichtig (JW 00, 161).

3. Der Ausdruck Erbe ist hier nicht im engsten Sinne zu verstehen. Es sind darunter auch Vermächtnisnehmer, und zwar nicht nur im Verhältnis zueinander, sondern auch im Verhältnis zum Erben zu verstehen. A. A. Hachenburg § 17[14]; wie hier Liebmann § 17 Erl 2a; Scholz 229f. Dagegen ist es ungerechtfertigt, wenn manche die Vorschrift über Teilung unter Erben auch auf Teilung von Gesamthandverhältnissen anwenden wollen.

4. a) Die Teilung kann nur auf Grund des Nennbetrages des Geschäftsanteils, d. h.

auf Grund der Stammeinlage, erfolgen und muß durch das Ganze im gleichen Teilungsverhältnis hindurchgehen, namentlich also auch die bereits geschehenen Einzahlungen in diesem Verhältnis ergreifen, so daß der Veräußerer nicht etwa seine Einzahlungen ausschließlich auf den ihm verbleibenden Geschäftsanteil verrechnen kann. Dasselbe muß denn auch vom Anspruch auf Rückzahlung von Nachschüssen gelten (im Verhältnis zur Gesellschaft). Bei unteilbaren Nebenleistungen (§ 3 Abs 2) wird es besonderer Vereinbarung, und diese unter allen Umständen der Genehmigung der Gesellschaft bedürfen. Bei teilbaren Leistungen wird die Vereinbarung nach abweichendem Teilungsverhältnisse ebenfalls der Genehmigung der Gesellschaft bedürfen.

b) Für die Teilung von Geschäftsanteilen, welche aus der Zeit stammen, wo andere als die in § 5 wieder eingesetzten ursprünglichen Mindestzahlen galten, bleibt es bei jener früheren Grenze. Liebmann § 17[6]; Scholz 226.

c) Im Gesellschaftsvertrag kann ein höherer Mindestbetrag bestimmt werden, durch Statutenänderung nur mit Zustimmung aller Gesellschafter (OLG 9, 267).

5. Wenn auch unvermeidlich ist, daß durch den Lauf der Dinge mehrere Geschäftsanteile einer Gesellschaft m. b. H. sich in einer Hand vereinigen, so hält doch das Gesetz daran fest, daß ebenso wie bei der anfänglichen Beteiligung der Gesellschafter (§ 5 Abs 2) und wie bei der Übernahme von Stammeinlagen bei einer Kapitalerhöhung (§ 55 Abs 4), so auch bei der Neubildung von Geschäftsanteilen durch Teilung die Beteiligung jedes einzelnen nur in Gestalt eines einheitlichen Geschäftsanteils erfolgen kann. Niemand kann gleichzeitig mehrere der neu entstehenden Geschäftsanteile erwerben. Der Vertrag wäre im ganzen nichtig (OLG 16, 115). Gleichzeitigkeit erscheint nicht dadurch ausgeschlossen, daß der eine Erwerb nach dem anderen erfolgt, oder gar schon dadurch, daß er in zwei besonderen Akten beurkundet wird. Vielmehr ist der spätere Erwerb „gleichzeitig", wenn die Parteien ihn schon beschlossen hatten, als der erste Erwerb erfolgte. — Auch ist jede Teilung ausgeschlossen, die ohne Änderung des Besitzstandes stattfinden soll (RJA 9, 165). — Nicht ausgeschlossen ist, daß jemand, der mehrere selbständige Geschäftsanteile besitzt, diese in einem Akt an ein und denselben Erwerber abtritt. Unrichtig ist, wenn KG in OLG 27, 371[2] die Vorschrift des Abs 5 einfach dahin umdeutet, daß die Übertragung mehrerer Teile eines Geschäftsanteils auf einen Erwerber zulässig sei, wenn sie in ebensoviel selbständigen Urkunden erfolge. Welchen Sinn sollte, so verstanden, die Bestimmung haben? Gleichwohl ebenso Hachenburg § 17[9]; Scholz 226. — Anderseits ist es zu eng, wenn dort bei einer Übertragung mehrerer Anteile eines in eine Vielheit gleicher Teile (Anteilscheine) zerlegten Geschäftsanteils die Auslegung abgelehnt wird, daß damit ein Geschäftsanteil in Höhe der Summe habe übertragen werden sollen. Vgl. RG 83, 256, insbes. 263. — Alles Gesagte gilt auch, wenn über den Geschäftsanteil Teilanteilscheine ausgefertigt worden sind. Die Veräußerung von solchen ist wirkungslos, wenn nicht zugleich in zulässiger Weise die entsprechende Abtrennung vom Geschäftsanteil und Teilabtretung erfolgt (s. hierzu Recht 06, 1008; 1910, 3098).

§ 18

Steht ein Geschäftsanteil mehreren Mitberechtigten ungeteilt zu[1]), so können sie die Rechte aus demselben nur gemeinschaftlich ausüben[2]).

Für die auf den Geschäftsanteil zu bewirkenden Leistungen haften sie der Gesellschaft solidarisch[3]).

Rechtshandlungen, welche die Gesellschaft gegenüber dem Inhaber des Anteils vorzunehmen hat, sind, sofern nicht ein gemeinsamer Vertreter der Mitberechtigten vorhanden ist, wirksam, wenn sie auch nur gegenüber einem Mitberechtigten vorgenommen werden[4]). Gegenüber mehreren Erben eines Gesellschafters findet diese Bestimmung nur in bezug auf Rechtshandlungen Anwendung, welche nach Ablauf eines Monats seit dem Anfalle der Erbschaft vorgenommen werden[5]).

Österr. Gesetz § 80.

1. Der § 18 hat das Rechtsverhältnis zum Gegenstand, daß ein Geschäftsanteil mehreren dergestalt zusteht, daß jeder von ihnen unmittelbar mit der Gesellschaft als ihr Mitglied im Rechtsverhältnis steht. Davon ist der Fall zu unterscheiden, wo ein Gesellschafter mit einem Dritten vereinbart, daß dieser an den aus dem Gesellschaftsverhältnis sich ergebenden Ansprüchen und Verbindlichkeiten zu einer Quote oder auch ausschließlich beteiligt sein soll, ein Verhältnis, das die Gesellschaft nicht berührt (Unterbeteiligung). Unter den mehreren Mitgesellschaftern besteht entweder vertragslose Gemeinschaft nach §§ 741 ff. BGB oder eine Gesellschaft nach bürgerlichem Recht (§§ 705 ff. BGB). Dagegen fallen die Formen organisierter Gesellschaften mit gesetzlich geregelter Vertretung, offene Handelsgesellschaft, Kommanditgesellschaft, ferner die familienrechtliche Gütergemeinschaft nicht unter § 18 (Hachenburg § 18[6]; Scholz 234), vollends nicht die Gesellschaften mit juristischer Persönlichkeit. — Geht man mit der herrschenden Lehre füglich davon aus, daß wie bei der Gründung einer Gesellschaft m. b. H. jeder Gesellschafter nur einen Geschäftsanteil übernehmen kann, so auch jeden Geschäftsanteil nur ein Gesellschafter (s. Erl 2 zu § 5), so kann das in § 18 behandelte Rechtsverhältnis als ursprüngliches nicht vorkommen, vielmehr kann es erst in der Folgezeit dazu kommen. Man wird dann aber annehmen müssen, daß das Rechtsverhältnis auch dadurch nicht geschaffen werden kann, daß ein Gesellschafter nach Entstehung der Gesellschaft eine Quote seines Anteils (ohne Teilung des Geschäftsanteils) auf einen anderen überträgt, da andernfalls jener Rechtssatz so gut wie gegenstandslos wäre. Dagegen besteht kein Grund, dem Gesellschafter, soweit er überhaupt den Geschäftsanteil veräußern kann, das Recht zu versagen, ihn an mehrere zugleich ungeteilt abzutreten. Wenn in dem Falle RG 83, 256 die Gründer sich verpflichtet hatten, den nicht unterzubringenden Teil des Stammkapitals „gemeinschaftlich" zu übernehmen, so war das nur wirtschaftlich gedacht und gesprochen und ist denn auch dahin ausgelegt worden (a. a. O. S. 263), daß in Durchführung des Vereinbarten jeder Gesellschafter alles auf ihn Entfallende als einen einheitlichen Geschäftsanteil erhalten soll; die im Urteil anerkannte Gesamthaftung beruhte nicht auf § 18. — Der Zusatz ungeteilt im Gesetz ist überflüssig und irreführend. Der Geschäftsanteil kann mehreren zugleich nicht anders zustehen als ungeteilt. Jede Teilung schafft neue selbständige Geschäftsanteile. — Im ganzen wird das Rechtsverhältnis dieser Gemeinschaft nur selten vorkommen. Der Hauptfall wird immer der der Erbengemeinschaft bleiben.

2. Das unter den Mitberechtigten bestehende Rechtsverhältnis berührt die Gesellschaft nicht. Die Rechte aus dem Geschäftsanteil können sie nur gemeinschaftlich — entweder alle in Person oder durch einen gemeinschaftlichen Bevollmächtigten — wahrnehmen. Namentlich müssen erstenfalls Gewinn und Liquidationsquote an sie alle zusammen gezahlt werden; nur gemeinschaftlich und zugleich einheitlich können sie abstimmen, so daß ihre Stimme überhaupt als nicht abgegeben gilt, wenn sie sich nicht einigen können; nur gemeinschaftlich können sie wirksam Anträge stellen, Protest erheben, Beschlüsse anfechten. Steht ein mit dem Geschäftsanteil verbundenes Sonderrecht in Frage, so muß die erforderliche Zustimmung von allen Mitberechtigten erklärt werden.

3. Für die Ansprüche der Gesellschaft haftet jeder Mitberechtigte auf das Ganze nach §§ 421 ff. BGB mit Ausnahme des § 425, an dessen Stelle die Vorschrift des § 18 Abs 3 tritt. Auch mehrere Miterben als Inhaber eines Geschäftsanteils haften als Gesamtschuldner, selbstverständlich unbeschadet des Rechts, wie überhaupt so auch hier die Haftung auf den Nachlaß zu beschränken.

4. Unverkennbar betrachtet das Gesetz den Fall dieser Mitberechtigung mehrerer an einem Geschäftsanteil als einen regelwidrigen, wenn auch nicht schlechthin zu vermeidenden Ausnahmefall und sorgt dafür, daß die Lage der Gesellschaft nicht dadurch erschwert wird. Diese braucht, wenn es gilt, gegenüber dem Gesellschafter zu handeln, nicht allen gegenüber zu handeln. Die Rechtshandlung, auch nur einem gegenüber vorgenommen, ist allen gegenüber voll wirksam. Bleibt auch nur einer von ihnen auf Mahnung mit der Stammeinlage in Verzug, so sind alle in Verzug, und das Kaduzierungsverfahren kann ohne Zuziehung der übrigen durchgeführt werden; es kann sogar während des Verfahrens mit der Person des hinzugezogenen Gesellschafters gewechselt werden. (Doch wird man hier die Einschränkung machen müssen, daß dabei nicht gegen Treu und Glauben verstoßen werden darf.) — Anders liegt es, wenn die Mitberechtigten und von dem Augenblick an, wo sie einen gemeinschaftlichen Bevollmächtigten bestellt haben und die Gesellschaft das weiß oder wissen muß; die Behauptung, daß die Bevollmächtigung erst wirksam wird, wenn sie der Gesellschaft rechtsgeschäftlich erklärt worden ist (so Hachenburg § 18[23], Scholz 236), erscheint grundlos. Alsdann kann die Gesellschaft wirksam nur handeln entweder dem Vertreter oder allen gegenüber. — Dem gemeinsamen Vertreter liegt auch die Ausübung der Rechte aus dem Geschäftsanteil ob, und zwar ihm ausschließlich. Zur Teilnahme an einer Abstimmung bedarf er einer schriftlichen Vollmacht (§ 47 Abs 3), im übrigen bestehen für seine Bestellung keine Formvorschriften. — Der Testamentsvollstrecker ist als solcher gemeinsamer Vertreter der Erben, es sei denn, daß ihm die Verwaltung des Nachlasses nicht obliegt.

5. Für die Erben soll die Frist laufen, damit sie Zeit haben, einen gemeinsamen Vertreter zu bestellen. — Die Annahme Scholz' 237, daß die Frist stets mit dem Ableben des Erblassers zu laufen beginnt, ist in dieser Allgemeinheit wohl nicht richtig; unter Umständen kann der Monat schon verstrichen sein, ehe es zum Anfall der Erbschaft kommt, der dann allerdings in Gedanken zurückverlegt wird, BGB §§ 1953^{II}, 1944^{I}; auch auf die Nacherbfolge trifft die Behauptung nicht zu.

§ 19

Die Einzahlungen auf die Stammeinlagen sind nach Verhältnis der letzteren zu leisten[1]).

Die Stammeinlagen können den Gesellschaftern außer dem Falle einer Herabsetzung des Stammkapitals weder erlassen noch gestundet werden[2]). Eine Aufrechnung können die Gesellschafter nicht geltend machen[3]); ebensowenig findet an dem Gegenstande einer nicht in Geld zu leistenden Einlage wegen Forderungen, welche sich nicht auf den Gegenstand beziehen, ein Zurückbehaltungsrecht statt[4]).

Eine Leistung auf die Stammeinlage, welche nicht in Geld besteht oder welche durch Aufrechnung einer für die Überlassung von Vermögensgegenständen zu gewährenden Vergütung bewirkt wird, befreit den Gesellschafter von seiner Verpflichtung nur, soweit sie in Ausführung einer nach § 5 Absatz 4 getroffenen Bestimmung erfolgt[5])[6]).

Österr. Gesetz §§ 63, 64.

1. a) In den Stammeinlagen kommt das Verhältnis zum Ausdruck, in welchem die Gesellschafter sich an der Aufbringung des Stammkapitals beteiligen. In diesem Verhältnis sind dann auch die einzelnen Einzahlungen auf die Stammeinlagen zu leisten. Das heißt gesellschaftsrechtlich gleichmäßig. Die Vorschrift bezieht sich nur auf Geldeinlagen, wie sie auch nur auf sie anwendbar ist. Sacheinlagen sind sofort im ganzen Umfange zu leisten, es sei denn, daß es bei der Natur der Einlage unausführbar ist. Bei gemischten Einlagen trifft die Vorschrift den in Geld bestehenden Teil der Einlage dergestalt, daß nicht die gesamte Stammeinlage, sondern der Geldbetrag die Beteiligungsziffer darstellt.

b) Der Grundsatz der gleichmäßigen Heranziehung gilt nicht nur dem Betrage, sondern auch der Zeit nach, mit anderen Worten: jeder Gesellschafter hat den Anspruch darauf, daß er nur zugleich mit den anderen Gesellschaftern herangezogen wird. Die Einforderung der Einzahlung braucht nicht erkennen zu lassen, daß auch an die übrigen Gesellschafter die gleiche Aufforderung ergangen ist. Die verschiedenen Einforderungen müssen auch nicht schlechthin gleichzeitig ergehen. Eine frühere Einforderung wird wirksam, wenn die übrigen Einforderungen ergehen oder die übrigen Gesellschafter ohne solche gezahlt haben. Aber der Gesellschafter kann darüber Auskunft fordern, wie es mit den anderen Einforderungen steht, und braucht vor Erteilung der Auskunft nicht zu zahlen (RG 65, 432; RG in Recht 08, 3181; in LZ 08, 875[25]; vgl. auch RG 79, 175).

c) Der Abs 1 ist zwingendes Recht, BauersZ 17, 157, offen gelassen in RG 65, 432; anders Scholz 238 mit nicht überzeugender Begründung, Liebmann § 19[1]. Schon die Stellung der Bestimmung im Zusammenhange des Gesetzes deutet darauf hin. Sodann wird unmittelbar in Anschluß an sie vorgeschrieben, daß den Gesellschaftern die Stammeinlagen nicht gestundet werden können, was zweifellos zwingendes Recht ist. Eine Bestimmung des Statuts, daß zunächst nur einer oder einzelne Gesellschafter herangezogen werden können, würde sachlich nichts anderes sein als eine im voraus bedungene Stundung der übrigen Stammeinlagen. Der Registerrichter müßte eine solche Bestimmung nicht minder beanstanden wie die Bestimmung ungleichmäßiger Heranziehung überhaupt. Es ließe sich einwenden, daß die Stundung eine fällige Forderung voraussetzt und daß vor ihrer Einforderung die Stammeinlage nicht fällig wird. Aber in diesem Verhältnis darf der Begriff der Fälligkeit so eng nicht verstanden werden. So sehr es auch der allgemeinen Auffassung widerspricht, muß doch behauptet werden, daß auch da, wo im Statut wegen der weiteren Raten der Stammeinlage feste Termine bestimmt worden sind, das nur bedingte Bedeutung hat. Diese Befristung muß an einem unabweislichen Geldbedürfnis der Gesellschaft scheitern. Es ist ein Unding, daß die Gesellschaft m. b. H. die Eröffnung des Konkursverfahrens soll über sich ergehen lassen müssen, wenn erhellt, daß die Durchführung des Verfahrens bis zu einem Zeitpunkt aufgeschoben werden muß, wo zum Konkursverfahren kein Anlaß und keine Berechtigung mehr vorliegt, weil dann die Stammeinlagen eingehen. Vgl. Scholz 626. Man braucht sich auch nur auf den Begriff der Stammeinlage zu besinnen: sie ist der Betrag, mit welchem der Gesellschafter proklamiert, daß er hafte, nicht nach zehn Jahren hafte, sondern heute und immer, solange es dauert. — Dagegen steht selbstverständlich nichts im Wege, daß der eine oder der andere Gesellschafter freiwillig mehr oder früher leistet als die anderen.

d) Die Vorschriften des Paragraphen gelten auch von den Stammeinlagen, welche aus Anlaß einer Erhöhung des Stammkapitals übernommen werden (RG 62, 425). Zweifelhaft ist die Rechtslage, wenn Geschäftsanteile verschiedener Emissionen in Frage stehen. Sind bei einer Erhöhung des Stammkapitals auf die alte Stammeinlage 50% eingezahlt, während auf die neueren nur erst 25% zur Einzahlung gelangen, und ist im Erhöhungsbeschluß über die weiteren Einzahlungen nicht das Erforderliche bestimmt, so ergibt sich bei einem weiteren Kapitalbedürfnis des Unternehmens aus dem das Gesellschaftsrecht durchziehenden Grundsatz gleichmäßiger Heranziehung (RG 65, 432) als das Nächstliegende, daß zunächst die Geschäftsanteile auf den gleichen Fuß gebracht werden. Ebenso Scholz 239 f. Ebenso dürfte die Rechtslage zu beurteilen sein, wenn von vornherein ein Gesellschafter sich zu einer größeren Einzahlung verpflichtet hat als die übrigen. An sich ist eine solche Bestimmung mit § 19 Abs 1 in Widerspruch und muß den Registerrichter veranlassen, die Eintragung der Gesellschaft in das Handelsregister zu beanstanden. S. oben unter c. Aber ist die Eintragung geschehen, so ist darum die Gesellschaft nicht nichtig.

e) Ganz ausgeschlossen ist, daß ohne Veränderung des Stammkapitals einzelne Stammeinlagen gemindert werden unter entsprechender gleichzeitiger Erhöhung anderer Stammeinlagen. Auch unter Änderung des Statuts kann das nicht anders als im Wege gleichzeitiger Herab- und Hinaufsetzung des Stammkapitals geschehen (RJA 13, 218). — Ebensowenig kann eine Geldeinlage durch eine Sacheinlage ersetzt werden und umgekehrt. A. A. Hachenburg § 19[25], § 5[25]. Wie hier RJA 14, 161.

2. a) Das Statut kann für die Einzahlungen feste Termine bestimmen. Wo das nicht geschehen ist, erfolgt die Einforderung auf Beschluß der Gesellschaft (§ 46 Ziff 2) durch die Geschäftsführer (RG in HoldheimsMSchr 1918, 154), und zwar letzteres auch dann, wenn im Statut bestimmt ist, daß der Aufsichtsrat weitere Einzahlungen einfordern soll, was dahin zu verstehen ist, daß die Entschließung gemäß § 46 Ziff 2 dem Aufsichtsrat übertragen sein soll (OLG 19, 369). Nach OLG 36, 287 muß bei Kollektivvertretung die Einforderung durch die mehreren Geschäftsführer geschehen. Richtiger ist wohl, daß, nachdem die Gesellschafter die Einforderung beschlossen haben, jeder Geschäftsführer die Aufforderung an die Gesellschafter richten kann, die aber unterbleiben muß und unwirksam ist, wenn auch nur einer von ihnen widerspricht. Übrigens kann im Statut bestimmt werden, daß es eines Beschlusses der Gesellschafter nicht bedarf (RG 65, 432). Dann entscheidet der Geschäftsführer, mehrere Geschäftsführer nach Majorität. — Durch die Einforderung (nicht schon durch den Beschluß) wird die Schuld — sofort oder an dem bestimmten Termin — fällig.

b) Auf den Anspruch — hier gleichviel, ob es sich um Geld- oder Sacheinlage handelt — kann die Gesellschaft wirksam nicht verzichten, weder ganz noch teilweise, weder unmittelbar noch mittelbar (vgl. § 221 HGB; § 22 GenG). Das gilt nicht nur zugunsten der Gläubiger der Gesellschaft. Sie selbst wird, ohne daß ihr die Einrede der Arglist entgegenstünde, durch den Verzicht nicht gehindert, die Einzahlung zu fordern; auch kann demgegenüber der Gesellschafter sich nicht darauf berufen, daß er das gesetzliche Verbot nicht gekannt habe (RG in LZ 07, 603). Doch gilt alles das nur von der Stammeinlage selbst, Geld- und Sacheinlage, nicht von dem Anspruch aus Nebenforderungen, Zinsen, Vertragsstrafe, Schadensersatz (s. unten), auch selbstverständlich nicht von den hier gar nicht behandelten Ansprüchen auf Nebenleistungen nach § 3 Abs 2 (RG 79, 271); schließlich auch nicht von Nachschüssen (RG 87, 179); wohl aber wiederum von dem Anspruch auf Grund der Regreßhaftung nach § 21 Abs 3 und — allerdings nicht auf Grund gegenwärtiger Bestimmung, sondern auf Grund § 25 (s. Erl dort) — von dem Anspruch aus § 24. S. Erl zu § 25. — Ansprüche der Gesellschaft auf Schadensersatz gehören im allgemeinen ebenfalls nicht hierher, es sei denn, daß es sich um Ausgleich für Sacheinlagen handelt, welche überhaupt nicht oder mangelhaft beschafft worden sind, oder wenn bei einem eingebrachten Geschäft die Passiva sich höher erweisen oder die Aktiva geringer, als der Vereinbarung entspricht, wenn ein einzubringendes Grundstück, bevor es zur Auflassung kommt, mit einer Hypothek belastet wird u. ä. (JW 02, 259[29]).

c) Es kann, obwohl man hier eine den § 9 Abs 2 entsprechende Bestimmung vermißt, kein Zweifel daran bestehen, daß der Gesellschaft unbenommen ist, auf den Anspruch teilweise oder auch ganz zu verzichten, wenn es im Wege eines durch zweifelhafte Rechtslage veranlaßten, nach Lage der Sache auch inhaltlich gerechtfertigten Vergleichs geschieht (RG 79, 271). Beim Zwangsvergleich im Konkurs des Gesellschafters ist die Gesellschaft als Konkursgläubiger nicht gehindert, dem Vorschlag zuzustimmen.

d) Endlich ist ein Erlaß der Stammeinlage zulässig, wenn und soweit als durch Herabsetzung des Stammkapitals der Geschäftsanteil verschwindet.

e) Wie der Erlaß der Einlageschuld, so ist auch jede Stundung nichtig. Es muß aber weiter behauptet werden, daß feste Termine, an welchen zu zahlen ist, oder Fristen, vor deren Ablauf weitere Einzahlungen nicht eingefordert werden sollen, nur unter der Voraussetzung die Gesellschaft binden, daß sie das Geld entbehren kann. Entfällt diese Voraussetzung, so können die Gesellschafter frühere Zahlung nicht weigern, vorausgesetzt, daß alle gleichmäßig herangezogen werden. So dürfte es namentlich auch liegen, wenn die Gesellschaft in Konkurs gerät (s. Erl 1 c). A. A. Recht 09, 3657.

3. a) Die Einlageschuld ist eine Schuld besonderer Art. Im allgemeinen gilt das in

Erl 4 zu § 7 von der ersten Einzahlung Gesagte auch von den späteren Zahlungen. Nur ist bei diesen für die in § 8 Abs 2 vorgeschriebene Versicherung der Geschäftsführer, daß gezahlt sei und das Geld sich zu ihrer freien Verfügung befände, keine Stelle und, da die Gesellschaft nunmehr bereits besteht und das Unternehmen mehr oder weniger lange Zeit bereits im Gange und in mannigfache Rechtsverhältnisse zu Dritten wie zu den einzelnen Gesellschaftern eingetreten ist, tut sich die Frage auf, inwiefern die Stammeinlage durch Verrechnung mit Verbindlichkeiten der Gesellschaft bezahlt werden kann. Grundsätzlich ist es der Gesellschaft unbenommen, ihre Schuld durch Aufrechnung gegen eine Einlageforderung zu tilgen, und daher kann auch umgekehrt der Gesellschafter aufrechnen, wenn die Gesellschaft einwilligt. Dagegen hat der Gesellschafter ein Recht, seinerseits aufzurechnen, nicht. Auch mit einem Anspruch auf Schadensersatz kann er nicht aufrechnen (RG 93, 330). Der Gesellschafter kann auch nicht mit der Forderung eines Dritten gegen die Gesellschaft, welche ihm abgetreten ist, aufrechnen (Urt v. 7. 11. 16 II 246/16). Und ebensowenig hat er ein Zurückbehaltungsrecht (RG 83, 267; OLG 27, 137; SeuffA 66, 74), selbst nicht wegen des Anspruchs auf den Anteilschein, auch wenn nach dem Gesellschaftsvertrag solche ausgegeben werden sollen (DJZ 07, 246). Er muß zahlen, wenn die Gesellschaft trotz ihrer Verbindlichkeit auf der Zahlung besteht, gleichviel ob die Gesellschaft des Geldes zur Befriedigung ihrer Gläubiger bedürftig ist oder nicht. Aber auch die Aufrechnung durch die Gesellschaft oder mit ihrer Einwilligung durch den Gesellschafter bewirkt Tilgung der Einlageschuld nur, wenn sie im gegebenen Falle tatsächlich weiter nichts ist als Vermeidung eines unnützen Hin und Her des Geldes (RG 72, 266; in HoldheimsMSchr 13, 255; 23, 252, 269), mit anderen Worten: wenn die Gesellschaft im Zeitpunkte, wo die Aufrechnung erklärt wird, über das zur Zahlung ihrer Schuld erforderliche Geld verfügt. Ihre Schuld muß vollwertig, übrigens aber auch fällig und liquide sein, RG in JW 1926, 1153. S. auch JW 1914, 983, 9.

b) Aber auch so erleidet diese Aufrechnungsmöglichkeit noch eine bedeutende Einschränkung durch das in Abs 3 Bestimmte. Auch die Gesellschaft kann wirksam nicht aufrechnen oder Aufrechnung zulassen, wenn ihre Schuld, mit der aufgerechnet werden soll, Vergütung für Überlassung von Vermögensgegenständen ist, es sei denn, daß diese Transaktion im Gesellschaftsvertrage verlautbart ist. S. Erl 5.

c) Daß die erste in § 7 vorgeschriebene Einzahlung überhaupt nicht durch Aufrechnung geleistet werden kann, nimmt die herrschende Lehre nicht an. Aber das Gesetz verlangt, daß die Geldeinlagen zu diesem Betrage bei Entstehung der Gesellschaft vorhanden sind (in natura oder in Ersatzwerten), eine der wichtigsten Kautelen des Gesetzes, mit der voller Ernst gemacht werden muß. Eine Aufrechnungsmöglichkeit wäre nur denkbar, wenn und soweit als die Gesellschaft sofort mit Reserven in das Leben tritt; aber auch dann scheitert die Aufrechnung daran, daß die Geschäftsführer gerade von der Stammeinlage versichern müssen, daß die vorgeschriebenen Einzahlungen bewirkt sind (s. Erl 4 b zu § 8). — Auch die Voraussetzung, daß die Gegenforderung vollwertig sein muß, schließt in allen Fällen, wo keine Reserven vorhanden sind, die Aufrechnung aus, weil bei der Prüfung der Vollwertigkeit die Einzahlungen der Gesellschafter nicht in Ansatz kommen dürfen (vgl. RG 72, 266), außerdem aber für Zahlung der Schuld nichts zur Verfügung steht. Ausschließlich im Falle, daß ein eingebrachter Gegenstand die damit zu beschaffende Sacheinlage, d. h. ihren Nennwert, an Wert übersteigt und dieser Mehrwert aus Geldeinlagen anderer Gesellschafter bezahlt werden soll, wäre eine Verrechnung oder, wenn man will, Aufrechnung denkbar und nicht zu beanstanden, nur muß das im Gesellschaftsvertrag völlig durchsichtig bestimmt werden. Schon an letzterem pflegt die Aufrechnung zu scheitern (RG 36, 109; 41, 120; 54, 390; 62, 425; 68, 121; vgl. auch RG 98, 276). — In LZ 07, 606 wird (bei Erhöhung des Stammkapitals) eine Aufrechnung als zulässig unterstellt, obwohl die Schuld der Gesellschaft nicht vollwertig war. — Da man eine Schuld auch dadurch unmittelbar erfüllt, daß man das Geld mit Zustimmung oder auf Ersuchen des Gläubigers an einen Dritten zahlt, so ist zu unterscheiden, ob der Gesellschafter in dieser Weise gezahlt hat oder ob nicht vielmehr ein Zahlungsauftrag ausgeführt worden ist und der Gesellschafter mit seinem Anspruch auf Ersatz des Gezahlten aufrechnen will (RG in HoldheimsMSchr 23, 252). Aber auch im ersten Falle ist jedenfalls dann, wenn es sich um die Zahlung an einen Gläubiger der Gesellschaft handelt, die Einlageschuld nur getilgt, wenn dessen Forderung fällig, liquide und vollwertig war (RG in HoldheimsMSchr 15, 19); namentlich gilt das, wenn der betreffende Gesellschafter zugleich der Geschäftsführer ist (JW 07, 845). — Nach RG in HoldheimsMSchr 14, 142 kann der ständige Bankier der Gesellschaft unter der gleichen Voraussetzung seine Einlageschuld dadurch decken, daß er sich im Kontokorrent damit belastet, vorausgesetzt, daß dieses nicht zugunsten der Gesellschaft abschließt. — Aufrechnung steht überhaupt nicht in Frage, wenn das Geld mit der Vereinbarung an die Gesellschaft gezahlt wird, daß es als Darlehn gelten solle, falls es zu dem Erwerb des Geschäftsanteils nicht kommen sollte. Unerheblich ist, ob bei Eintritt der Bedingung das Geld noch vorhanden ist (Recht 09, 2529/30).

d) Die Frage, ob die Voraussetzungen — Fälligkeit, Liquidität (RG 85, 354), Vollwertigkeit — vorgelegen haben, ist nach dem Zeitpunkte zu beurteilen, wo die Aufrechnung vollzogen, nicht, wo sie in Aussicht genommen oder zugesagt worden ist (RG 72, 266; in HoldheimsMSchr 23, 252). Die Gesellschaft muß solvent sein (JW 07, 845); nach RG 94, 61 liegt Vollwertigkeit nicht vor, wenn die (Aktien-) Gesellschaft überschuldet gewesen und bis zur Konkurseröffnung geblieben ist; der Umstand allein, daß die Passiven die Aktiven übersteigen, genügt nicht; eine Überschuldung ist unschädlich, wenn sie sich in der Folgezeit als vorübergehend erwiesen hat (RG in BauersZ 23, 64). — Den Beweis, daß die Schuld der Gesellschaft vollwertig (fällig, liquide) gewesen ist, muß der Gesellschafter führen, der sich auf Tilgung seiner Einlageschuld beruft.

e) Schießt ein Gesellschafter Geld in die Gesellschaftskasse ein, so muß den Umständen entnommen werden, wie das gemeint ist. Eine Vermutung spricht weder dafür, daß es ein Darlehn sein soll, noch dafür, daß es für Rechnung noch ausstehender Stammeinlage geschieht (Recht 1914, 252). Hat aber ein Gesellschafter in der Meinung, daß die Stammeinlage getilgt sei, freiwillig weitere Zuschüsse hergegeben, so sind diese, wenn jene Meinung sich als irrig erweist, auf die Stammeinlage zu verrechnen (RG 105, 299). S. auch § 26 Erl 2.

f) Die Natur der Einlageschuld schließt es aus, daß sie, wenn die Gesellschaft mit dem Gesellschafter in einem Kontokorrentverhältnis steht, in dieses eingestellt wird. Das heißt nicht, daß die Beteiligten gehindert wären, die Schuld so zu verbuchen, einseitig oder in gegenseitigem Einverständnis, es erscheint auch nicht ausgeschlossen, daß nach allgemeinen Rechtsgrundsätzen in einer solchen Buchung ein Anerkenntnis zu befinden ist. Aber die speziellen Wirkungen des Kontokorrents, die Gebundenheit des Anspruchs der Gesellschaft, seine Verbundenheit mit den übrigen Rechtsverhältnissen der Beteiligten ist es gerade, was der § 19 zwingend versagt. So mit Recht OLG 14, 364, auch RG in HoldheimsMSchr 14, 142, in BauersZ 23, 64 nicht dagegen. Vgl. Hachenburg § 19 Erl 26 ff.; nach ihm wäre die Aufnahme der Einlageschuld in den Kontokorrentsaldo insofern nicht völlig unwirksam, als auch dieser Schuldgrund bestehe; vielleicht ist damit gemeint, was Scholz 244 vertritt, daß trotz Einstellung einer Einlageschuld der Saldo eingeklagt werden könne, was aber z. B. nicht richtig ist, wenn sämtliche Gegenforderungen auf Warenlieferung beruhen; erst in der Anerkennung der Abrechnung läge die der Gesellschaft unbenommene Aufrechnung. Die nicht gerade leicht verständliche Anweisung zur Verrechnung bei Hachenburg § 19[30] läuft auf den — freilich auch nicht immer zutreffenden — Satz hinaus, daß die Aufnahme in den Kontokorrent insoweit zu keinem unrichtigen Ergebnis führt, als der Gesellschafter in der Lage ist, die Gesellschaft mit Barzahlungen (oder auch mit Wechseln, wenn sie eingelöst sind) u. ä. zu belasten. Auch Liebmanns Ausführungen § 19 Erl 7 besagen im Grunde nur, daß die Einstellung in den Kontokorrent zulässig ist, wenn man nicht die Folgerungen daraus zieht. Kommt es zum Abschluß der Rechnung, so ist die Frage, ob in diesem Zeitpunkt die Gesellschaft gewillt und imstande ist, aufzurechnen, wobei es dann keinen Unterschied macht, ob die Einlageschuld in das Kontokorrent aufgenommen oder selbständig verbucht worden ist.

g) Auf eine Zahlung der Einlageschuld unter Vorbehalt braucht die Gesellschaft sich nicht einzulassen. Tut sie es, so nimmt der Vorbehalt der Zahlung die Bedeutung der Anerkennung der Schuld, nicht aber die tilgende Wirkung im Falle, daß die Zahlung in Wahrheit geschuldet wurde.

4. Nach § 273 BGB würde der Gesellschafter, welcher die Sacheinlage schuldet, ein Zurückbehaltungsrecht haben, wenn ihm eine fällige Forderung gegen die Gesellschaft aus dem Gesellschaftsverhältnis zusteht. Aber der § 273 macht die Einschränkung „sofern nicht aus dem Schuldverhältnis sich ein anderes ergibt“, und ein anderes ergibt sich, was Geldeinlagen angeht, aus dem Verbot der Aufrechnung (wer zahlen muß, obwohl er die gleiche Summe fordern kann, muß erst recht zahlen, wenn er sie noch nicht fordern kann oder wenn er nicht Geld, sondern Sachen zu fordern hat RG 83, 267; SeuffA 66[74]) und, was Sacheinlagen angeht, aus § 19 Abs 2, wonach das Zurückbehaltungsrecht auf Forderungen beschränkt ist, welche sich auf den einzubringenden Gegenstand beziehen. Vollends ist das weitergehende kaufmännische Zurückbehaltungsrecht ausgeschlossen (§§ 369 ff. HGB). Hierbei ist nicht nur an die Forderungen auf Ersatz von Verwendungen auf die Sache zu denken. Auch der Anspruch z. B. würde sich auf die Sache beziehen, daß die Gesellschaft die auf dem Grundstück lastende Hypothek übernimmt oder eine Hypothek an ihm bestellt.

5. Der Abs 3 steht in engstem Zusammenhange mit § 5 Abs 4 und soll offenbar nur das dort Gesagte ergänzen und vervollständigen. Der erste Fall, Leistung auf die Stammeinlage, welche nicht in Geld besteht, schließt die unmittelbare Hingabe an Zahlungs Statt aus, der zweite Fall die mittelbare, die entgeltliche Überlassung von Gegenständen unter Aufrechnung der Gegenleistung mit der Stammeinlage. In dieser Beziehung wählt das Gesetz den ganz farblosen Ausdruck „Überlassung“ von Gegenständen, um jegliche Art von Transaktien, wie sie auch juristisch gestaltet sein mag, zu erfassen. Aber nach einer anderen Richtung muß eine Einschränkung gemacht werden. Es ist hier nur von Überlassungen die Rede, wie § 5 Abs 4 sie im Auge hat. Daß die Aufrechnung mit dem Anspruch auf Dienstlohn hier nicht hergehört, ergibt der Wortlaut. Dienste sind keine Vermögensgegenstände, die dem Dienstherrn überlassen werden (anders RG in HoldheimsMSchr 24, 224). Wohl aber würde der Wortlaut auch die Verträge treffen, welche die Gesellschaft ständig zur laufenden Beschaffung ihres Bedarfs an Kohlen, Kontorutensilien, Rohstoffen usw. abschließt. Ist der Lieferant zugleich Gesellschafter, so liegt doch nicht der Fall des Abs 3, sondern des Abs 2 vor. Es ist kein Grund ersichtlich, weshalb der Anspruch eines Gesellschafters für geleistete Dienste vor dem Anspruch für gelieferte Kohlen einen Vorzug haben sollte oder weshalb Ansprüche letztgenannter Art um deswillen eine Sonderstellung einnehmen sollen, weil der Lieferungsvertrag nicht im Gesellschaftsvertrag, wo er absolut nicht hineingehört, nicht verlautbart worden ist. — Soweit aber die Bestimmung reicht, soweit ist jede Aufrechnung ausgeschlossen. Hier kann auch die Gesellschaft nicht aufrechnen, wie sie denn auch mit einer Hingabe an Zahlungs Statt sich nicht für befriedigt erklären kann. So RG 86, 291, wo die Entscheidung gerade damit nachdrücklich begründet wird, daß es sich im gegebenen Fall um eine Vereinbarung gehandelt hat, welche nach § 5 Abs 4 in dem Gesellschaftsvertrage hätte getroffen werden müssen. Anders Hachenburg § 19[15], der in Verkennung des Unterschiedes behauptet, daß wie im Fall des Abs 2 auch in dem des Abs 3 nur dem Gesellschafter, nicht der Gesellschaft die Verrechnung und Aufrechnung versagt sei. Ebenso Feine 298. Nur in den Fällen erstgenannter Art wäre es widersinnig, der Gesellschaft die Aufrechnung schlechthin, also auch dann zu versagen, wenn der Gesellschafter ein unsicherer Zahler ist. Dagegen hat es einen guten Sinn, daß die Gesellschaft in den Fällen nach § 5 Abs 4 des Einlageanspruchs auch dann nicht verlustig gehen soll, wenn ihr Geschäftsführer aufrechnet, ohne daß ihn das Statut dazu ermächtigt. Wie hier ferner JW 1913, 48[38]; RG in HoldheimsMSchr 24, 224; Scholz 246. — Um die Aufrechnung zuzulassen, ist nicht erforderlich, daß sie im Gesellschaftsvertrag vorgesehen ist, es genügt, daß die Übernahme des Gegenstandes (von einem Gesellschafter) zum Ausdruck gekommen ist (RG 68, 121). Anders — aber nur dem Ausdruck nach, nicht in der Sache — RG 86, 292. — Hat ein Gesellschafter in unwirksamer Weise auf seine Geldeinlage Gegenstände geliefert, so steht ihm der Bereicherungsanspruch auf deren Rückgabe zu, nicht aber gegenüber dem Anspruch auf die Geldeinlage ein Zurückbehaltungsrecht (OLG 22, 13).

6. a) Kann der Anspruch der Gesellschaft auf die Stammeinlage abgetreten werden? Das Reichsgericht hat das schlechthin bejaht, zunächst RG 36, 113 ohne Angabe von Gründen, mit ausführlicher Begründung RG 76, 434; ferner RG 85, 351, und dem hat sich die übrige Rechtsprechung widerspruchslos angeschlossen: OLG 24, 151; 27, 137; LZ 1914, 1401[4]; SeuffA 69, 221. Daraus ergibt sich dann weiter, daß der Anspruch auch von der Gesellschaft verpfändet, gegen sie gepfändet werden kann. Aber weder ist die Begründung überzeugend noch das Ergebnis auch nur wünschenswert. Allerdings findet § 717 BGB nicht Anwendung. Aber der Vorschrift liegt ein allgemeiner, mit dem Gesellschaftsverhältnis gegebener Gedanke von sachlicher Bedeutung zugrunde, und es ist formalistisch, wenn dieser Gedanke unter dem Umstande verkümmern soll, daß die Gesellschaft m. b. H. juristische Persönlichkeit besitzt. Das natürliche Empfinden sträubt sich — und zwar ohne Unterschied, welche Form man für die Gesellschaft gewählt hat — gegen dieses Herausreißen des Anspruchs aus seinem gesellschaftlichen Zusammenhange, und die juristische Deduktion widerlegt nicht dieses Gefühl, sondern bestätigt es. Es ist der § 399 BGB, der positiv der Abtretbarkeit entgegensteht: eine Forderung kann nicht abgetreten werden, wenn die Leistung an den Zessionar nur unter Veränderung ihres Inhalts erfolgen kann. Das Reichsgericht bestreitet das, aber mit Unrecht. Es ist doch ein Unterschied, ob ich einem Unternehmer ein kleines Kapital gebe oder — mit andern zusammen — ein großes, vor allem aber, ob ich es einem Dritten gebe oder einer Gesellschaft, an der ich selbst beteiligt bin. Ferner begibt sich durch die Abtretung die Gesellschaft des Rechts, über die Einforderung zu beschließen, ein Beschluß, auf den der Schuldner mehr oder weniger Einfluß hat, also eine offenbare Beeinträchtigung seiner Rechtslage, über die man nicht damit hinwegkommt, daß der Beschluß ein Entschluß nicht der einzelnen Gesellschafter, sondern der Gesellschaft ist. Auch der Anspruch des Schuldners, nur mit den übrigen Gesellschaftern herangezogen zu werden, wird ausgeschaltet. Zwar kann selbstverständlich auch der Zessionar den Gesellschafter nur mit dem Betrag in Anspruch nehmen, der auf diesen entfällt. Aber — und darauf geht das Reichsgericht gar nicht ein — dieser hat keinen Schutz dagegen, daß er allein herangezogen wird. Und weiter, zieht die Gesellschaft das Geld ein und bezahlt sie damit einen Gläubiger, dann ist alles klar. Tritt sie statt dessen ihren Anspruch ab, was wird dann aus demj Rechte der Gesellschaft, im Falle der Nichtzahlung das Kaduzierungsverfahren einzuleiten und die subsidiäre Haftung der anderen Gesellschafter nach § 24 in Anspruch zu nehmen? Der Zessionar kann das nicht tun (vgl. RG 86, 419; BauersZ 22, 10; SeuffA 69, 221), und sie selbst ist nicht mehr Gläubiger. Man sieht, wie untrennbar der Zusammenhang der Ansprüche der Gesellschaft gegen die einzelnen Gesellschafter ist. Man wendet vielleicht ein, daß die Gesellschaft jenes Rechtsbehelfes nicht bedarf, weil sie durch den Zessionar wegen ihres Anspruchs auf die Stammeinlage befriedigt sei. Aber damit käme man nur auf den Punkt, der vielleicht der allerbedenklichste ist und den noch niemand gesehen zu haben scheint. Die Zession ist abstrakte Verfügung, die, an sich farblos, in den verschiedensten Funktionen auftreten kann, entgeltlich und unentgeltlich, wenn entgeltlich solvendi causa oder credendi causa oder was nicht. Mit einem Schlage wird die ganze Skala dieser Möglichkeiten der Gesellschaft zugänglich gemacht, eine Freiheit ohne Grenzen, über eine Forderung zu verfügen, über welche nach Absicht des Gesetzes die Gesellschaft gerade nicht soll frei verfügen können. Zum mindesten müßte also doch darauf bestanden werden, daß Zession nur gegen vollwertige Valuta zulässig wäre, während aus diesem Gesichtspunkte die Pfändung unter allen Umständen ausgeschlossen ist. Denn wenn auch die Zwangsvollstreckung schließlich zur Tilgung der Schuld der Gesellschaft führt, so ist in diesem Falle ihre Schuld sicher nicht vollwertig. Sonst hätte die Gesellschaft es nicht zur Zwangsvollstreckung kommen lassen. Der einzige Beweisgrund des Reichsgerichts, der nicht ohne weiteres hinfällig ist, besteht in dem Hinweis auf § 1 KO. Kann die Forderung nicht abgetreten werden, so kann sie auch nicht gepfändet werden und so würde sie dann auch nicht zur Konkursmasse gehören. Das ist natürlich unannehmbar. Aber über diese Schlüssigkeit braucht man nicht zu stolpern. Alle Bedenken gegen die Abtretbarkeit haben ihren Grund darin, daß der einzelne Gesellschafter herausgegriffen und herangezogen wird, und fallen fort, wo das vermieden ist. Es steht nichts entgegen, daß eine Gesellschaft m. b. H. im Falle der Fusion mit ihrem ganzen Vermögen auch die Ansprüche auf ausstehende Stammeinlage überträgt. Auch der Konkursverwalter ist ohne weiteres in der Lage, alle Gesellschafter heranzuziehen, und kann nur so verfahren. Und so wird man auch zugeben können, daß der Pfändung durch einen Gläubiger der Gesellschaft nichts entgegensteht, wenn er die Ansprüche gegen alle Gesellschafter zugleich pfänden läßt. Damit wäre denn auch für den Fall Abhilfe geschaffen, daß aus irgendeinem Grunde die Eröffnung des Konkurses der Gesellschaft sich verbietet, und damit wäre dann aber auch allem anzuerkennenden Bedürfnis Genüge getan, während es da, wo die Gesellschaft ihre Schulden überhaupt nicht mehr bezahlt oder anfängt, sie durch Abtretung ihrer Ansprüche zu bezahlen, nichts weniger als wünschenswert ist, daß von ihren Gläubigern am besten fährt, wer am schnellsten zugreift. Wie hier Feine 300.

b) Auch gegen den Zessionar (wenn man die Zession zuläßt) und gegen den Pfändungsgläubiger kann der Gesellschafter mit Ansprüchen gegen die Gesellschaft nicht aufrechnen, wohl aber mit Ansprüchen gegen den Zessionar oder Pfandgläubiger, RG 85, 381.

c) Der Konkursverwalter im Konkurse der Gesellschaft ist zur Einforderung der Stammeinlage befugt, ohne auf einen Einforderungsbeschluß der Gesellschafter angewiesen zu sein. Darüber, ob mit der Konkurseröffnung der Anspruch auf den ganzen Rest der Stammeinlagen auch dann fällig wird, wenn im Statut bestimmte spätere Termine festgesetzt sind, hat das Reichsgericht noch nicht Veranlassung gehabt, sich auszusprechen, aber die Ausführungen RG 76, 438 sprechen dafür, wie es denn auch in der Natur der Sache liegen dürfte (s. oben Erl 1 c, 2 c). Wie hier Scholz 626, Feine 670. — Der Konkursverwalter muß gleichmäßig gegen alle Gesellschafter vorgehen und kann nicht mehr einfordern, als zur Befriedigung der Gläubiger und zur Durchführung des Verfahrens erforderlich ist (ZAktW 26, 68). Der Konkursverwalter darf nicht Kapitalien anhäufen, deren er zur Tilgung der Schulden nicht bedarf (JW 1899, 305[15]). Zweifelhaft ist die Entscheidung, welche Partei in dieser Beziehung die Beweislast trifft. Völlig verfehlt — lautet es in JW a. a. O. — ist der Standpunkt des Beklagten, der Konkursverwalter müsse zur Begründung der Klage Angaben über den Stand der Masse machen und darlegen, inwieweit er der rückständigen Einlage zur Tilgung der Konkursforderungen bedürfe; auszugehen ist vielmehr davon, daß die Klage durch die unstreitige Tatsache liquide gestellt ist, daß schon vor Eröffnung des Konkursverfahrens die Einlagen eingefordert waren; es kann sich immer nur um eine Einrede handeln, die durch bestimmte Behauptungen begründet werden muß, durch Behauptungen, denen zu entnehmen ist, daß bei sachgemäßer Abschätzung der Masse auf die rückständige Einlage nicht zurückgegriffen werden braucht. Daran ist gewiß richtig, daß zur Begründung der Klage eine ausführliche Darlegung des Standes der Masse nicht erforderlich ist, vielleicht auch, daß dieser Punkt überhaupt nicht erwähnt zu werden braucht, ehe die Einrede vorgebracht wird. Auch wo es gilt, die Masse „abzuschätzen“, kann die Schätzung ganz allgemein gehalten sein, als eine ganz vorläufige und tunlichst geringe. Im übrigen ist zu beachten, daß das Urteil den Sonderfall vor sich hatte, wo schon vor Eröffnung des Konkurses die Stammeinlage eingefordert worden war. Wollte man das Gesagte verallgemeinern, so käme man zu einem sehr unbilligen Ergebnis. Während der Konkursverwalter alles Material beisammen hat und über den Stand der Dinge genau unterrichtet ist, kraft seines Amtes verpflichtet ist, genau unterrichtet zu sein, sollte er damit hinter dem Berge halten dürfen, um über den Gegner obzusiegen, weil dieser über Dinge nichts behauptet, von denen er der Natur der Sache nach in der Regel gar nichts wissen kann! (S. ferner RG 45 Nr 37 a. E.; OLG 13, 25; vgl. auch RG 51, 38.) Rein tatsächlich liegt schon darin ein starkes Moment gegen die Einrede, daß es überhaupt zum Konkurse gekommen ist. Aber dieselbe Rechtslage tritt auch in der Liquidation der Gesellschaft ein, und es ist kaum anzunehmen, daß in diesem Falle das Reichsgericht ohne weiteres obigen Standpunkt einnehmen würde.

d) Wenn man mit der herrschenden Lehre die Zession des Anspruchs der Gesellschaft und weiter dann auch die Verpfändung und Pfändung für zulässig erklärt, so ist verständlich, daß auch der pfändende Gläubiger der Gesellschaft auf einen Einforderungsbeschluß der Gesellschafter nicht angewiesen sein soll. Die Rechtsprechung geht aber noch weiter und nimmt von dem Vertragspfandgläubiger und Zessionar dasselbe an, so daß sich auf diesem Wege der Geschäftsführer über die Notwendigkeit eines Gesellschafterbeschlusses (§ 46 Ziff 2) hinwegsetzen kann, RG 76, 434; OLG 24, 151; 27, 137. Vgl. § 46 Erl 3. Nach Hachenburg § 19[33] (ebenso Scholz 247) wäre der Zessionar darauf angewiesen, daß die Gesellschaft die Einforderung der Einlage beschließt. Wenn nun aber die Gesellschaft nur die Einlagen einzufordern beschließt, die ihr noch zur Verfügung stehen, so können sich dagegen wohl die von der Einforderung betroffenen Gesellschafter wehren, nicht aber der mit ihr verschonte, auf den es für den Zessionar ankäme.

e) Der Liquidator bedarf zur Einforderung der Stammeinlage ebenfalls keines Gesellschafterbeschlusses. Dagegen ist er an die im Statut usw. bestimmten Termine gebunden; auch er kann nur alle Gesellschafter gleichmäßig heranziehen; und zur Klagebegründung gehört die Behauptung, daß, und die Darlegung, inwieweit er zur Durchführung der Liquidation des Geldes bedarf (s. oben unter c). In letzterer Beziehung a. A. OLG 13, 25.

§ 20

Ein Gesellschafter, welcher den auf die Stammeinlage[1]) eingeforderten[2]) Betrag nicht zur rechten Zeit einzahlt[3]), ist zur Entrichtung von Verzugszinsen von Rechts wegen verpflichtet[4]).

Österr. Gesetz § 65.

1. Die Vorschrift handelt ausschließlich von den Geldeinlagen. Sacheinlagen kommen auch dann nicht in Frage, wenn aus irgendeinem Grunde an die Stelle der Sachschuld eine Geldschuld getreten ist. Noch weniger gehören hierher Verpflichtungen zu irgendwelchen Nebenleistungen, insbesondere auch nicht die aus verschiedenen Gründen eintretenden Verpflichtungen zu Zahlungen auf die Stammeinlage eines anderen Gesellschafters, Regreßhaftungen aus §§ 16 Abs 3, 22, 24.

2. Für die Einzahlungen auf die Stammeinlage sind entweder von vornherein — sei es im Statut, sei es in einem nach § 46 Abs 2 gefaßten Einforderungsbeschluß der Gesellschafter — kalendermäßig feste Termine bestimmt, oder es fehlt an einer solchen Zeitbestimmung, und es bleibt dem Geschäftsführer überlassen, die beschlossene Einforderung entweder schlechthin, das heißt dann auf sofort, oder auf einen bestimmten Tag (innerhalb bestimmter Frist) ergehen zu lassen. Bestritten ist, ob, wenn im Statut oder im Gesellschaftsbeschlusse ein bestimmter Tag bezeichnet ist, es noch einer Einforderung durch den Geschäftsführer bedarf. Das ist insofern nicht der Fall, als die Verbindlichkeit mit dem Eintritt des Tages auch ohne Einforderung im Sinne des § 16 Abs 3 „rückständig" wird. Im übrigen muß auch in solchen Fällen die Einforderung durch den Geschäftsführer ergehen, eben deshalb, weil die Gesellschafter den Anspruch auf gleichmäßige Heranziehung haben und keiner von ihnen verpflichtet ist zu zahlen, sofern nicht auch von den anderen die Zahlung begehrt wird; ferner aber ist nicht ausgeschlossen, daß die Geschäftsführer von der Einforderung abzusehen sich entschließen, weil sich das Kapitalbedürfnis des Unternehmens anders gestaltet, als bei Gründung der Gesellschaft angenommen wurde; die Statutenbestimmung ist, wofern nicht etwas anderes deutlich als gewollt erhellt, immer dahin zu verstehen, daß die Gesellschafter nicht gehalten sein wollen, vor Eintritt des Termins weitere Einzahlung zu machen. Daher ist denn auch § 284 Abs 2 BGB hier nicht anwendbar. A. A. Neukamp § 20[1]; Liebmann § 20[2]; im wesentlichen wie hier Hachenburg § 20[2]; Scholz 249. Nicht anders liegt es, wenn nach dem Statut die gesamte Stammeinlage sofort einzuzahlen ist. Immer setzt § 20, wie er es ja auch ausdrücklich sagt, voraus, daß der Betrag „eingefordert" worden ist. — Solange die Gesellschaft in Annahmeverzug ist, werden Zinsen nicht geschuldet.

3. Die Einforderung ist rechtsgeschäftliche Willenserklärung in demselben Sinne, wie die Mahnung eine solche ist. Sie erfolgt — auch da, wo nach § 46 Anm 2 ein Beschluß der Gesellschafter erforderlich ist — durch den oder die Geschäftsführer (s. Erl 2a zu § 19). Dasselbe gilt, wenn nach dem Statut nicht die Gesellschaftsversammlung, sondern der Aufsichtsrat über die Einforderung zu beschließen hat. Die Aufforderung des Geschäftsführers ist nur wirksam, wenn der erforderliche Beschluß ergangen ist. Einer besonderen Form bedarf sie nicht, kann daher auch mündlich erfolgen. Nur muß eine mündliche Aufforderung sich deutlich als rechtsgeschäftliche Erklärung geben. Durch öffentliche Bekanntmachung kann die Aufforderung wirksam nur erfolgen, wenn es im Statut vorgesehen ist. S. aber auch § 21 Erl 3a.

4. a) Verzugszinsen von Rechts wegen kann nur heißen, daß Verzinsung auch geschuldet wird, wenn den Verpflichteten kein Verschulden trifft. Hachenburg § 20[5]. A. A. Liebmann § 5[2], Scholz 249; die Wendung „zur rechten Zeit" ist nicht Pleonasmus; die Einforderung kann und sie wird meist einen nahe aber doch in der Zukunft liegenden Termin setzen.

b) Der Zinsfuß ist 4, nicht 5% (anders im Aktienrecht nach §§ 218 Abs 1, 352 Abs 2 HGB). Das gilt auch, wenn die Übernahme der Stammeinlage auf seiten des Gesellschafters ein Handelsgeschäft ist. Im Statut kann ein höherer Zinsfuß vereinbart werden.

c) Es kann auch im Statut auf nicht rechtzeitige Einzahlung eine Vertragsstrafe gesetzt werden. Darauf finden §§ 339, 341 BGB Anwendung. Vertragsstrafe für den Fall der Nichterfüllung (§ 340 Abs 1 BGB) ist ausgeschlossen; im Falle der Nichterfüllung tritt das Kaduzierungsverfahren ein. Im allgemeinen ist auch § 343 BGB anwendbar. Die Strafe kann, wenn die dort bestimmten Voraussetzungen vorliegen, herabgesetzt werden. Ausgeschlossen ist das aber, wenn die Übernahme der Stammeinlage oder der Erwerb des Geschäftsanteils durch einen Vollkaufmann im Betriebe seines Handelsgewerbes erfolgt (§ 348 HGB). Dabei kommt es immer auf die Persönlichkeit des jeweiligen Inhabers des Geschäftsanteils an. Ob ein Vorbesitzer des Geschäftsanteils eine Herabsetzung hätte fordern können, ist ohne Bedeutung. A. A. Liebmann § 20[4]. — Neben der Vertragsstrafe können die Verzugszinsen nur insoweit gefordert werden, als sie den Betrag der Strafe übersteigen (vgl. RG 9, 44).

§ 21[1])

Im Falle verzögerter Einzahlung[2]) kann an den säumigen Gesellschafter eine erneute Aufforderung zur Zahlung binnen einer zu bestimmenden Nachfrist unter Androhung seines Ausschlusses mit dem Geschäftsanteil, auf welchen die Zahlung zu erfolgen hat, erlassen werden[3]). Die Aufforderung erfolgt mittels eingeschriebenen Briefes. Die Nachfrist muß mindestens einen Monat betragen.

Nach fruchtlosem Ablauf der Frist ist der säumige Gesellschafter seines Geschäftsanteils und der geleisteten Teilzahlungen zugunsten der Gesellschaft verlustig zu erklären[4])[5]). Die Erklärung erfolgt mittels eingeschriebenen Briefes[3]).

Wegen des Ausfalls, welchen die Gesellschaft an dem rückständigen Betrage oder den später auf den Geschäftsanteil eingeforderten Beträgen der Stammeinlage erleidet, bleibt ihr der ausgeschlossene Gesellschafter verhaftet[6])[7])[8]).

Österr. Gesetz §§ 65 Abs 2, 66, 69.

1. a) Der Geschäftsanteil kann unter bestimmten Voraussetzungen dem Gesellschafter entzogen werden (Kaduzierung, §§ 21—23), anderseits kann unter bestimmten Voraussetzungen der Gesellschafter sich seines Geschäftsanteiles entschlagen (§ 27), der Geschäftsanteil kann endlich auch eingezogen werden (Amortisation, § 34). In den beiden ersteren Fällen bleibt der Geschäftsanteil bestehen, in letzterem Falle verschwindet er. Das Stammkapital bleibt in allen drei Fällen unverändert. Soll es herabgesetzt werden, so bedarf es hierzu des besonderen in § 58 geregelten Verfahrens.

b) Die Kaduzierung droht dem Gesellschafter, der die Stammeinlage nicht einzahlt. Sie findet ausschließlich bei Geldeinlagen statt, nicht bei Sacheinlagen, bei diesen auch dann nicht, wenn sich aus irgendeinem Grunde der Anspruch auf den einzubringenden Gegenstand in einen Geldanspruch umgewandelt hat (RG 68, 271), endlich auch nicht bei gemischten Einlagen, weil eine Teilung der Geschäftsanteile und also auch die Kaduzierung eines Teiles nicht ausführbar ist. Nach Scholz 255, Liebmann § 21[2], Feine 302[1] wäre auch hier die Kaduzierung zulässig; aber damit würde der Gesellschafter seiner Sachleistung verlustig gehen, während das Gesetz das nur von den geleisteten Teilzahlungen bestimmt, wodurch nicht etwas Selbstverständliches ausdrücklich hervorgehoben (Scholz 201, 263), sondern die Natur dieser Verwirkung bestimmt wird; wie hier offenbar auch Hachenburg § 21[1]. Kaduzierung findet ferner statt nur wegen Einzahlungen auf die Stammeinlage des Gesellschafters, nicht wegen anderweiter Verbindlichkeiten desselben an die Gesellschaft, Verzugszinsen, Vertragsstrafen, Nebenverpflichtungen nach § 3 Abs 2, Regreßverpflichtungen nach § 24, Rückzahlungsverpflichtungen nach § 31. — Während die Gesellschaft in der Einforderung der Stammeinlagen allen Mitgliedern gegenüber gleichmäßig verfahren muß, gilt das gleiche nicht von der Kaduzierung. Im Gegensatz zu § 219 HGB, der für die Aktiengesellschaft vorschreibt, daß das Kaduzierungsverfahren gegen alle säumigen Aktionäre und zugleich durchgeführt werden muß, hat die Gesellschaft m. b. H. hierin freie Hand. Auch Geschäftsanteile, die in einer Hand vereinigt sind, kann sie unterschiedlich behandeln. — Auch wenn eine Gesellschaft nur aus zwei Mitgliedern besteht, kann Ausschließung eines von ihnen erfolgen (RG in GoltdA 61, 115).

2. a) Die Einzahlung ist „verzögert", und der Gesellschafter ist „säumig", wenn er zur gebotenen Zeit nicht zahlt. Verzug ist nicht Voraussetzung. Es müssen die Voraussetzungen vorliegen, unter welchen nach § 20 die Verpflichtung eintritt, von der Einlage Zinsen zu bezahlen (s. Erl 2 zu § 20). Streitig ist auch hier, ob es unter allen Umständen einer (ersten) Einforderung bedarf, was in Übereinstimmung mit dem in Erl 2 zu § 20 Gesagten zu bejahen ist. Das bestätigt denn auch der § 21 insofern, als er als Erfordernis eine „erneute" Aufforderung zur Zahlung aufstellt. Eine mit einer ersten Aufforderung verbundene Nachfristsetzung und Androhung des Ausschlusses ist unwirksam, und wenn es bei ihr verbleibt, ist das ganze Verfahren nichtig (OLG 19, 370).

b) Diese erneute Aufforderung muß schriftlich erfolgen. Sie muß zugleich die Bestimmung einer Nachfrist von mindestens einem Monat enthalten sowie die Androhung der Kaduzierung. Fehlt das eine oder das andere, so kann auf sie hin eine wirksame Kaduzierung nicht erfolgen. Das gilt namentlich auch, wenn die gesetzte Frist zu kurz ist. Die Frist muß genannt sein. Die Aufforderung, prompt zu zahlen (OLG 19, 369) oder „innerhalb der vorgeschriebenen Frist", genügt nicht. Die Frist muß „angemessen" sein, so daß unter Umständen ein Monat nicht genügt. Eine Frist von vier Wochen ist zu kurz, und dem Mangel kann auch dadurch nicht abgeholfen werden, daß die Gesellschaft den vollen Monat verstreichen läßt, ehe sie zur Kaduzierung schreitet (OLG 19, 369). Anders OLG 22, 15. Unschädlich ist, daß die Erklärung der Ausschließung bereits am letzten Tage der Frist abgesandt ist, wenn sie nur nach Ablauf der Frist eintrifft, wofern der Gesellschafter nicht inzwischen gezahlt hat (OLG 37, 3). — Die Gesellschaft hat freie Wahl, ob sie auf Bezahlung der Stammeinlage bestehen oder zur Kaduzierung schreiten will. Sie kann auch den Rechtsvorgänger des Gesellschafters belangen, ohne zur Kaduzierung greifen zu müssen, wenn die Stammeinlage oder die betreffende Rate zur Zeit der Veräußerung des Geschäftsanteils bereits rückständig war (§ 16 Abs 3). Darüber hinaus kann sie Rechtsvorgänger des Gesellschafters nur nach § 22, also nachdem sie den Gesellschafter seines Geschäftsanteils für verlustig erklärt hat, in Anspruch nehmen. — Die Entschließung über die Einleitung des Verfahrens und seine Durchführung ist eine Angelegenheit der laufenden Verwaltung und liegt in den Händen des Geschäftsführers (JW 1915, 195), der darüber nach pflichtmäßigem Ermessen zu entscheiden hat, sofern nicht die Gesellschafter bestimmen.

c) Ein Gläubiger der Gesellschaft, welcher den Anspruch auf die Stammeinlage hat pfänden lassen (was nach der herrschenden Lehre zulässig ist, Erl 6a zu § 19), ist darum nicht in der Lage, die Kaduzierung zu betreiben, auch nicht, falls die Gesellschaft sie betreibt, die Haftung der Vorbesitzer in Anspruch zu nehmen (RG in Warn 7, 168). Anderseits wird die Gesellschaft durch die Pfändung gehindert, zur Kaduzierung zu schreiten. Gerät dagegen die Gesellschaft in Konkurs, so steht Entscheidung über Einforderung der Stammeinlage und Kaduzierung sowie Durchführung des Verfahrens dem Konkursverwalter zu (RG 86, 421). Gerät der Gesellschafter in Konkurs, so muß die Gesellschaft, falls nicht der Konkursverwalter die Zahlung des vollen Einlagebetrages anbietet, zur Kaduzierung schreiten; sie kann nicht hiervon absehen, um sich auf Geltendmachung der Einlageforderung als Konkursforderung zu beschränken; darin läge eingeschlossen das Angebot der Fortsetzung des Vertragsverhältnisses unter unzulässigem Verzicht auf den im Konkurs ausfallenden Teil der Einlage. Vgl. hierzu Brodmann A.-R. § 218 Erl 6c. Anders RG 79, 178; undeutlich Hachenburg § 21[40]; die Frage ist, ob im Fall des Zwangsvergleichs der Gemeinschuldner zu vollem Recht Mitglied der Gesellschaft bleibt, was — wohl mit Unrecht — Scholz 267 bejaht.

d) Die Aufforderung ist inhaltlich eine Mahnung und muß den Anforderungen einer solchen entsprechen. Sie muß erkennen lassen, worum es sich handelt, namentlich auch — wenn ein Gesellschafter mehrere Anteile besitzt — um welchen von ihnen. Auch muß der Betrag genannt sein, der gefordert wird, wofern er nicht schon durch die voraufgegangene Einforderung bekannt ist. Wird mehr verlangt, als der Gesellschafter schuldet, so ist die Aufforderung und alles Weitere wirkungslos, sofern nicht anzunehmen ist, daß auch auf die Einforderung des richtigen Betrages nicht gezahlt worden wäre und daß die Gesellschaft ein Angebot des richtigen Betrages angenommen haben würde. Ist weniger gefordert, so genügt der Gesellschafter der Aufforderung, wenn er das Geforderte bezahlt, und Ausschließung kann nicht stattfinden. — Zwischen der ersten und der erneuten Aufforderung muß die Gesellschaft eine wenn auch nur kurze, aber jedenfalls angemessene Zeit verstreichen lassen.

3. a) Die Aufforderung erfolgt mittels eingeschriebenen Briefes. Das ist nicht in dem Sinne zwingend, daß nicht eine noch mehr Sicherheit bietende Art der Erklärung, also namentlich förmliche Zustellung, ebenso wirksam wäre. Vgl. Scholz 258. Übrigens dürfte auch ein einfacher Brief genügen, wenn feststeht, daß und wann ihn der Gesellschafter erhalten hat. Aufforderung durch öffentliche Bekanntmachung, wie sie bei der Aktiengesellschaft vorgeschrieben ist (§ 219 Abs 2 HGB), genügt hier nicht, wohl aber Aufforderung durch öffentliche Zustellung, wenn die Voraussetzungen des § 132 Abs 2 BGB vorliegen. Die Aufforderung mit den anzuschließenden Erklärungen ist rechtsgeschäftliche Willenserklärung und vollendet sich als solche dadurch, daß sie dem Gegner zugeht. Die Rechtsprechung läßt das nicht gelten. Von dieser Aufforderung sowohl als auch von der in Abs 2 behandelten, ebenfalls mittels eingeschriebenen Briefes zuzustellenden Ausschlußerklärung nimmt sie an, daß sich die Erklärung mit der Aufgabe zur Post vollendet. Sie lehnt sich an RG 60, 144 an, wonach die in § 51 bei der Einberufung zur Gesellschafterversammlung vorgeschriebene Frist von einer Woche mit dem Tage der Aufgabe des Briefes zur Post beginnt (JW 05, 443; RG in Recht 08, 3181). Die Begründung ist unzulänglich und unrichtig. Im Falle des § 51 handelt es sich nicht um eine Willenserklärung, so daß § 130 BGB höchstens entsprechende Anwendung finden könnte, die aber dort aus durchschlagenden Gründen der Zweckmäßigkeit mit Recht abgelehnt worden ist. Auf die erneute Zahlungsaufforderung, von der hier die Rede ist, trifft trotz entgegenstehender Behauptung des Reichsgerichts keiner der dort maßgeblichen Gesichtspunkte zu. Das einzige Moment der Analogie ist der eingeschriebene Brief! Vollends bei der Ausschließungserklärung nach Abs 2 kann gerade das Aufgeben zur Post unter keinen Umständen der entscheidende Augenblick sein. Denn entweder vollzieht sich die Ausschließung durch den ganz einseitigen Willensentschluß der Gesellschaft, dann ist der Augenblick entscheidend, in welchem dieser Willensakt sich äußerlich kundtut, also spätestens, wenn der Geschäftsführer den Brief unterschreibt, oder es bedarf einer eigentlichen Willenserklärung, was bestritten, aber offenbar das einzig Richtige ist, und dann ist schlechterdings nicht um den § 130 BGB herumzukommen. Wie hier Hachenburg § 21[15], Scholz 258. — Bisher war nur von dem Zeitpunkt des Wirksamwerdens die Rede. Auf alle Fälle muß sowohl die Aufforderung nach Abs 1 wie die Erklärung nach Abs 2 dem Gesellschafter schließlich auch zugegangen sein. Auch das ist streitig und in der Rechtsprechung noch nicht zum Austrag gekommen. Ob und wann der Brief zugegangen ist, entscheidet sich nach allgemeinen Rechtsgrundsätzen. Kommt der Brief als unbestellbar zurück, so ist die Willenserklärung mißlungen. Anders nur, wenn der Gesellschafter die Annahme verweigert oder überhaupt die Bestellung des Briefes verhindert, um die Erklärung zu vereiteln. Freilich ist auch das nichts weniger als allgemein anerkannt. Jedenfalls aber dürfte die Behauptung zu weit gehen, daß bei jedem der Gesellschaft nicht mitgeteilten Wohnungswechsel die mißglückte Briefbestellung als Zugang der Erklärung zu gelten hätte. Vgl. Brodmann in EhrenbergsHH IV, 2 S. 20ff.

b) Die Aufforderung wird wirksam an denjenigen gerichtet, der als gegenwärtiger Inhaber des Geschäftsanteils der Gesellschaft gegenüber gilt (§ 16). Kommt während des Verfahrens ein anderer Inhaber zur Anmeldung, so behält das Geschehene seine Gültigkeit, und das Verfahren geht gegen den neuen Gesellschafter weiter.

c) Sind mehrere Inhaber des Geschäftsanteils, so genügt auch hier (§ 18 Abs 3), wenn ein gemeinschaftlicher Vertreter nicht bestellt ist, daß die Aufforderung an einen von ihnen ergeht. Sind es mehrere Erben, so muß innerhalb des ersten Monats nach Anfall der Erbschaft die Aufforderung an alle Erben ergehen. Nach § 2014 BGB ist der Erbe berechtigt, innerhalb der ersten drei Monate nach Annahme der Erbschaft Zahlung zu verweigern. Das dient dem Schutze der beschränkten Haftung des Erben, hindert aber nicht, daß der Gläubiger gegen ihn mit Klage vorgeht (§ 305 ZPO). So dürfte denn auch das Kaduzierungsverfahren (erneute Aufforderung und Androhung) nicht ausgeschlossen ein. Die Kaduzierung kann dagegen nicht vor Ablauf der drei Monate stattfinden und auch wohl nicht, bevor nach Ablauf dieser Zeit ein weiterer Monat (oder welche längere Frist bestimmt worden ist) verstrichen ist.

d) Während die erste Einforderung einer Zahlung auf die Stammeinlage schon vor der Eintragung der Gesellschaft ergehen kann, setzt die erneute Aufforderung und das weitere Verfahren die Eintragung in das Handelsregister voraus (RG 58, 55; vgl. § 11 Erl 2). Das gilt entsprechend bei Stammeinlagen, welche bei Erhöhung des Stammkapitals übernommen worden sind (vgl. RG 54, 389).

4. Der Ausschluß des Gesellschafters tritt nicht mit Ablauf der Frist kraft Gesetzes ein, es bedarf vielmehr der Ausschlußerklärung, einer dem Gesellschafter gegenüber abzugebenden Willenserklärung. Solange diese nicht abgegeben ist, besteht das Gesellschaftsverhältnis fort, der Gesellschafter bleibt zur Einzahlung verpflichtet. Die Gesellschaft kann trotz Aufforderung und Nachfristsetzung von der Kaduzierung einstweilen Abstand nehmen, auf Zahlung Klage erheben und, wenn sie damit nicht zum Ziele kommt, auf die Kaduzierung zurückgreifen, ohne das Verfahren erneuern zu müssen. Sie ist überhaupt nicht gehalten, die angedrohte Kaduzierung durchzuführen. Daran darf der Wortlaut des Gesetzes nicht irremachen (RG 51, 416; OLG 22, 15). Nur wenn sie auf einen Rechtsvorgänger des Gesellschafters zurückgreifen will — daraus erklärt sich wohl die mißglückte Fassung des Gesetzes —, setzt das die Kaduzierung voraus, weil dieser nur zu zahlen braucht, wenn ihm dadurch der Geschäftsanteil zufällt. Die Gesellschaft kann sich auch nicht verpflichten, von der Kaduzierung abzusehen (OLG 6, 191). — Eine ganz andere Frage ist, ob der Geschäftsführer der Gesellschaft gegenüber im gegebenen Falle verpflichtet erscheint, die Kaduzierung einzuleiten oder die eingeleitete durchzuführen. Darüber bestimmt nicht § 21, sondern § 43. — Der Gesellschafter kann auch nach Ablauf der Frist, solange ihm die Ausschließung noch nicht erklärt worden ist, diese durch Zahlung des eingeforderten Betrages abwenden. Maßgeblich ist der Zeitpunkt, in welchem dem Gesellschafter der Brief zugeht (str.; s. oben Erl 3 a). Ist nur vorher das Geld bei der Gesellschaft eingegangen, so ist die Ausschließung unwirksam (RG in HoldheimsMSchr 12, 155). Anders, aber unrichtig, BauersZ 18, 207; GmbHRundsch 1914, 380. Ist die Ausschließung erklärt worden, (kurz) bevor die Frist ablief, so ist sie wirksam, wenn das Geld nicht noch innerhalb der Frist eintrifft (GmbHRundsch 1915, 295). — Durch Teilzahlung kann die Kaduzierung nicht abgewendet werden, mag auch nur ein geringer Rest noch ausstehen. Der Geschäftsführer kann den Rest nicht stunden, wohl aber kann er entgegenkommend die Ausschließung aufschieben, und unter Umständen handelt er wider Treu und Glauben, wenn er es nicht tut. Die Ausschließung, wenn sie geschehen ist, wird dadurch aber nicht in Frage gestellt.

5. a) Der Gesellschafter ist seines Geschäftsanteiles für verlustig zu erklären. Er hört von jetzt an auf, Gesellschafter zu sein. Alle Rechte aus dem Gesellschaftsverhältnisse erlöschen im Verhältnis zum Ausgeschlossenen, ebenso auch alle Verpflichtungen, soweit nicht das Gesetz etwas anderes bestimmt (Abs 3). Das gilt auch von Nebenverpflichtungen nach § 3 Abs 2. Der Anspruch des Gesellschafters auf den Gewinn des laufenden Jahres geht selbstverständlich für ihn verloren. Ebenso aber auch der Gewinn des abgeschlossenen Jahres, wenn die Gewinnverteilung noch nicht beschlossen war. Ob auch dann, wenn das Gegenteil der Fall ist, hängt davon ab, ob man den Anspruch des Gesellschafters auf den deklarierten Gewinn für ein Drittgläubigerrecht ansieht, was nach diesseitiger Auffassung (vgl. Erl 1 b zu § 29) zu verneinen ist. Ebenso Hachenburg § 21[24]; undeutlich Scholz 261. Selbständige, neben dem Gesellschaftsverhältnis hergehende Rechtsverhältnisse (Kauf, Lieferung, Miete, Darlehn, auch Anspruch auf Schadensersatz) werden durch die Kaduzierung nicht betroffen, können aber je nach Lage des Falles Modifizierungen erfahren. Es kann der Rücktritt, Kündigung usw. berechtigt erscheinen. Das muß im Zweifel auch gelten, wenn es sich dabei um gesellschaftlich gemeinte Rechtsverhältnisse handelt. Steht dem Gesellschafter ein Geldanspruch dieser Art zu, dann kann die Gesellschaft (wenn der Anspruch vollwertig ist) aufrechnen (OLG 27, 137), und daran wird sie auch dadurch nicht gehindert sein, daß nach Kaduzierung der Gesellschafter die Stammeinlage nur noch subsidiär schuldet. — Rechte Dritter am Geschäftsanteil, also namentlich vertragsmäßige oder Pfändungspfandrechte, gehen durch die Kaduzierung unter, nicht weil der dem Pfandrecht unterliegende Geschäftsanteil vernichtet wird, der vielmehr bestehenbleibt, sondern weil das Recht der Gesellschaft auf die Stammeinlage und das daraus fließende Recht, über den Geschäftsanteil zu verfügen, seine Grundlage in dem Anspruche der Gesellschaft auf die Stammeinlage hat und daher immer älter ist als das Pfandrecht, daher vorgeht. Das Ergebnis ist über allen Zweifel erhaben, die Begründung macht nur scheinbar Schwierigkeit, weil man vergißt, daß die Verpfändung eines Geschäftsanteiles nicht Verpfändung einer Sache, sondern eines Rechtsverhältnisses ist. Mit der Natur des in der Kaduzierung liegenden Rechtsverlustes hängt die Sache nicht zusammen.

b) Die Ausschließung des Gesellschafters von seinem Geschäftsanteile erfolgt „zugunsten der Gesellschaft". Die juristische Konstruktion des Rechtsverhältnisses macht Schwierigkeit. Vgl. Feine 306 ff. Die Annahme Hachenburgs § 21[26], daß mit der Kaduzierung der Geschäftsanteil aufgehoben und, wenn die Gesellschaft nach § 23 zum Verkauf schreitet, ein Geschäftsanteil von neuem geschaffen wird, ist abzulehnen. Das ist ernstlich nicht durchzuführen. Es müßte z. B., wenn zwischen Kaduzierung und Verkauf der Jahresabschluß oder die Genehmigung der Bilanz fällt, der Gewinn, und zwar auch der auf den kaduzierten Anteil entfallende, auf die verbleibenden Gesellschafter nach dem veränderten Verhältnis verteilt werden, was sachlich ganz grundlos wäre. Unannehmbar ist auch der Gedanke, daß im Falle, wo der Ausgeschlossene den Geschäftsanteil aus zweiter Hand besitzt und der Vorbesitzer ihn nach § 22 Abs 4 erwirbt, der Zwischenbesitz des Ausgeschlossenen, gegebenenfalls auch der Zwischenbesitz des oder der mehreren unmittelbaren Rechtsvorgänger des Ausgeschlossenen, vernichtet wird, so daß es so anzusehen wäre, als hätte der zahlende Vorbesitzer den Besitz niemals aufgegeben. Das ist eine reine Fiktion, die obendrein mit dem, was gilt, z. B. mit der fortdauernden Haftung des Ausgeschlossenen, in Widerspruch steht, und läßt gerade den typischen Fall seitwärts liegen. Vielmehr geht tatsächlich, ganz wie das Gesetz es sagt, der Geschäftsanteil auf die Gesellschaft über. Nur ist das Recht, das damit die Gesellschaft an ihm erwirbt, besonderer Art. Es ist nicht an dem, daß, wie es in Recht 1914, 684 lautet (ebenso Scholz 264; anders 265), nur die passive Seite des Rechtsverhältnisses fortdauert (s. das Erl 7 b zu § 22 wegen des Gewinnes Gesagte). Aber der Geschäftsanteil führt allerdings nur ein Dasein aus Bedürfnis der Konstruktion, durchaus unterschieden vom Rechtserwerb nach § 33. Im Grunde ebenso Scholz 265; seine Treuhänderschaft ist ebenfalls reine Konstruktion. Die Gesellschaft kann den Geschäftsanteil weder als Aktivum buchen noch aus ihm Gewinn ziehen, solange noch ein Übergang auf Dritte nach §§ 22, 23 in Frage kommt. Die mit dem Geschäftsanteil verbundenen Rechte und Pflichten gehen auf den Erwerber über, wie wenn er unmittelbar im Anschluß an den Ausgeschlossenen Gesellschafter geworden wäre. Namentlich ist der Erwerber an den Geschäftsergebnissen des verflossenen Jahres genau so weit beteiligt, wie der Vorbesitzer durch die Kaduzierung davon ausgeschlossen ist. Daran kann durch die Versteigerungsbedingungen nichts geändert werden. Die Gesellschaft kann sich nicht den Jahresgewinn vorbehalten, weil damit zum Nachteil der Haftenden der Verkaufserlös beeinträchtigt würde und insoweit auch ein Verzicht auf die Stammeinlage darin läge.

6. a) Während im allgemeinen mit der Ausschließung des Gesellschafters dessen Rechte und Pflichten gegenüber der Gesellschaft erlöschen (s. oben Erl 5 a), bleibt seine Haftung auf die Stammeinlage bestehen. Doch wandelt sich diese Haftung um zur subsidiären (§ 219 Abs 4 HGB), so daß also, wenn er, um die Ausschließung noch abzuwenden, aber zu spät zahlt, ihm das Gezahlte zurückgegeben werden muß. Seine Haftung erstreckt sich nur auf den Ausfall, welchen die Gesellschaft an der Stammeinlage erleidet. Sie tritt, wenn er den Geschäftsanteil aus erster Hand besaß, ein, wenn die Versteigerung erfolgt ist, ohne die ganze Stammeinlage erbracht zu haben. Sind Rechtsvorgänger vorhanden, so haftet der letzte unmittelbare Rechtsvorgänger, soweit die Stammeinlage bei der Übertragung des Geschäftsanteils an den Ausgeschlossenen bereits eingefordert war, nach § 16, im übrigen haften die Rechtsvorgänger, aber nur sukzessive, einer nach dem anderen, nach § 22. Erst wenn diese Haftung nicht zum Ziele führt, d. h. nicht zum Ziele führt hinsichtlich des eingeforderten oft nur erst einen Teil der Stammeinlage ausmachenden Betrages, ist zur Versteigerung des Geschäftsanteils nach § 23 zu schreiten, und erst nach dieser oder erst, wenn diese als aussichtslos unterbleiben darf (s. Erl 2 zu § 23), kann der Ausgeschlossene in Anspruch genommen werden (RG 85, 237). Die in § 22 Abs 2 bestimmte Beweiserleichterung gilt hier nicht; SeuffA 72, 198; RG 85, 241; a. A. Hachenburg § 22[8], Scholz 273, Feine 309. — Der Einwand, daß ein Rechtsvorgänger zahlungsfähig sei, kann bis zur letzten mündlichen Verhandlung erhoben werden (OLG 37, 3).

b) Begibt sich die Gesellschaft ihres Rechts gegen die Rechtsvorgänger dadurch, daß sie den Geschäftsanteil versteigert, bevor sie diese in der vorgeschriebenen Weise herangezogen und ihnen so die Gelegenheit geboten hat, den Geschäftsanteil zu erwerben, so ist sie auch des Rechts gegen den Ausgeschlossenen verlustig. Zwar hat dieser keinen Anspruch darauf, daß ihm gegen Zahlung der Stammeinlage der Geschäftsanteil wieder übertragen werde, aber er haftet erst nach fruchtloser Heranziehung seiner Rechtsvorgänger, und diese hat die Gesellschaft verpaßt. Der § 25 hat nur rechtsgeschäftliche Verfügungen im Auge. Zum mindesten muß ihr Anspruch davon abhängig sein, daß sie den Nachweis führt, daß die Rechtsvorgänger außerstande waren, zu zahlen. Anders im Fall des § 24.

c) Die Schuld des Gesellschafters behält den Charakter der Schuld auf Stammeinlage, so daß dieser auch gegen sie weder aufrechnen noch eine Zurückbehaltung geltend machen kann (§ 19 Abs 2; RG 98, 276; GmbHRundsch 1914, 172). Nur auf die Stammeinlage im eigentlichen Sinne, auf diese aber im ganzen Umfange, einschließlich des etwa noch nicht eingeforderten Teiles bezieht sich diese Haftung, namentlich also auch nicht auf Nachschüsse, gleichviel ob diese bei der Ausschließung bereits beschlossen und eingefordert waren oder nicht. Etwas anderes ist es, daß unter bestimmten Voraussetzungen das Kaduzierungsverfahren entsprechende Anwendung auch auf Nachschüsse finden kann, wobei dann insofern die Nachschußschuld an Stelle der Einlageschuld tritt, aber § 19 Abs 2 nicht Anwendung findet (§ 28).

d) Tritt der Fall ein, daß wegen einer späteren Rate abermals Kaduzierung stattfindet, so hat wegen dieser Rate die Gesellschaft nunmehr zwei Schuldner nach § 21 Abs 3. Wohl mit Recht nimmt Scholz 263 an, daß der zuerst Kaduzierte dem später Kaduzierten gegenüber nur subsidiär haftet; ebenso Liebmann § 21[9].

e) Die Haftung der Gesellschafter aus § 24 steht an allerletzter Stelle, tritt also erst ein, wenn auch von dem Ausgeschlossenen der Betrag nicht eingezogen werden kann. Die Gesellschafter können sich darauf nicht berufen, daß die Gesellschaft in der Heranziehung des letzten oder der früheren Inhaber des Geschäftsanteils etwas versäumt und den Ausfall verschuldet habe.

f) Ergibt die Versteigerung einen Überschuß über die rückständige Stammeinlage, so gebührt dieser nicht dem Ausgeschlossenen oder seinem Rechtsvorgänger, sondern der Gesellschaft. Der Käufer hat auch keinen Anspruch darauf, daß der Überschuß auf einen etwa noch ausstehenden Rest der Stammeinlage verrechnet wird. Doch steht wohl nichts im Wege, es in den Versteigerungsbedingungen zu bestimmen.

7. Findet, ohne daß die Voraussetzungen der Ausschließung der Gesellschafter vorgelegen haben, die öffentliche Versteigerung des Geschäftsanteils statt, so hat das den Verlust des Geschäftsanteils für den Gesellschafter nicht zur Folge. Er bleibt der wahre Gesellschafter. Der Ersteigerer wird selbstverständlich auch nicht etwa dadurch wegen guten Glaubens geschützt, daß er den Geschäftsanteil in öffentlicher Versteigerung erworben hat. Die §§ 933 ff. BGB finden nur auf Sachen Anwendung. Über die zum Aktienrecht ergangene Entscheidung RG 27, 53 s. Brodmann A.-R. § 220[7]. Es bedarf daher auch keiner Anfechtung der Ausschließungserklärung. Sie ist nichtig. Die Anfechtungsklage hat auch dann, wenn sie vom Gericht zugelassen wird, die Natur einer — nach Lage der Sache in der Regel wohl auch zulässigen — Feststellungsklage (RG in Recht 02, 79). Auch die Gesellschaft kann sich auf die Nichtigkeit der Kaduzierung berufen, auch dann, wenn diese auf Mängel ihres eigenen Verfahrens beruht (vgl. RG 9, 41). Ein nichtiger Geschäftsanteil wird nicht dadurch gültig, daß er kaduziert und in öffentlicher Versteigerung von einem Dritten erworben wird (RG 54, 394).

8. Die Frage, ob im Gesellschaftsvertrage die Ausschließung des Gesellschafters als Vertragsstrafe für Vertragsverletzungen anderer Art bedungen werden kann, ist bestritten, muß aber verneint werden. Es widerstrebt das dem Geiste des Instituts, das durchweg aus zwingendem Recht besteht. Die eigentümlichen Rechte der Gesellschaft an dem Geschäftsanteil nach Ausschließung des Gesellschafters und vor Eintritt des neuen Gesellschafters lassen sich weder durch Parteiwillkür beseitigen noch auch für einen Fall, der nicht im Gesetz vorgesehen ist, einführen. Ganz unzugänglich der Parteiwillkür ist ferner, was § 22 bestimmt, während es doch auch nicht fortfallen kann, jedenfalls nicht, solange nicht die Stammeinlage voll gezahlt ist. Denn wenn die Haftung des Rechtsvorgängers ausfällt, dann fällt damit auch die nur subsidiäre Haftung des Ausgeschlossenen. Eher ließe sich die Einziehung des Geschäftsanteils als Vertragsstrafe bedingen, doch auch nur so, daß es nicht zum Erlaß des Anspruchs der Gesellschaft auf die Stammeinlage oder zur Rückzahlung der Stammeinlage auf Kosten des Stammkapitals führen darf. Wie hier OLG 19, 364; SchlHolstAnz 08, 24; a. A. KJA 9, 150; Feine 302 f.; Scholz 254 meint, es könne ein gleiches oder ähnliches (?) Kaduzierungsverfahren vereinbart werden, falls dadurch die Aufbringung des Stammkapitals nicht gefährdet werde. Das muß entschieden bestritten werden. Das Rigorose der Maßregel erscheint allein dadurch gerechtfertigt, daß es sich um die typische Hauptverpflichtung des an der Gründung sich beteiligenden Gesellschafters, um die Aufbringung des Stammkapitals, handelt.

§ 22

Wegen des von dem ausgeschlossenen Gesellschafter nicht bezahlten Betrages der Stammeinlage[1]) ist der Gesellschaft der letzte und jeder frühere, bei der Gesellschaft angemeldete Rechtsvorgänger[2]) des Ausgeschlossenen verhaftet.

Ein früherer Rechtsvorgänger[3]) haftet nur, soweit die Zahlung von dessen Rechtsnachfolger nicht zu erlangen ist; dies ist bis zum Beweise des Gegenteils anzunehmen, wenn der letztere die Zahlung nicht bis zum Ablauf eines Monats geleistet hat, nachdem an ihn die Zahlungsaufforderung und an den Rechtsvorgänger die Benachrichtigung von derselben erfolgt ist[4]).

Die Haftpflicht des Rechtsvorgängers ist auf die innerhalb der Frist von fünf Jahren auf die Stammeinlage eingeforderten Einzahlungen beschränkt. Die Frist beginnt mit dem Tage, an welchem der Übergang des Geschäftsanteils auf den Rechtsnachfolger ordnungsmäßig angemeldet ist[6])[8]).

Der Rechtsvorgänger erwirbt gegen Zahlung des rückständigen Betrages[5]) den Geschäftsanteil des ausgeschlossenen Gesellschafters[7]).

Österr. Gesetz §§ 67, 78 Abs 3.

1. Ist ein Geschäftsanteil nacheinander durch mehrere Hände gegangen, so haftet für die Stammeinlage, soweit sie noch nicht eingezahlt ist, der Gesellschaft nicht nur der gegenwärtige Inhaber, sondern in gewissem Umfange und unter bestimmten Voraussetzungen auch der oder die Rechtsvorgänger. Der Veräußerer des Gesellschaftsanteils oder auch die mehreren

welche nacheinander veräußert haben, haften mit dem Inhaber solidarisch für die Rate der Stammeinlage, welche bereits eingefordert (rückständig) war, als die Übertragung des Geschäftsanteils stattfand. Das bestimmt § 16 Abs 3 (vgl. Erl 5 a zu § 16). Nach § 22 dagegen haften, wenn der Geschäftsanteil kaduziert wird, die Rechtsvorgänger des Ausgeschlossenen, nun aber nicht solidarisch, sondern subsidiär und immer der eine erst nach dem anderen, und zwar auf die eingeforderte Rate. (Über den Fall, daß das nicht die letzte Rate ist, s. unten Erl 8.) — Ob diese beiden Arten der Haftung — nach § 16 Abs 3 und § 22 — nebeneinander herlaufen, ist zweifelhaft und kann nur in ganz bestimmtem Sinne bejaht werden. Die Gesellschaft hat gegebenenfalls die Wahl, ob sie, statt zur Kaduzierung zu schreiten, den Rechtsvorgänger auf Grund § 16 Abs 3 in Anspruch nehmen will, und sie kann auf die Kaduzierung zurückgreifen, wenn sie damit nichts erreicht. Greift sie aber zur Kaduzierung, so gibt sie damit den Anspruch nach § 16 Abs 3 auf. Denn nunmehr ist, wer auch immer als Rechtsvorgänger in Anspruch genommen wird, zur Zahlung nur verpflichtet, wenn er dadurch zugleich den Geschäftsanteil erwirbt. Ebenso Hachenburg § 22[10]; a. A. Scholz 271. — Nach RG in Warn 7, 168 kann die Gesellschaft nicht nur den Anspruch auf die Stammeinlage, sondern auch den Regreßanspruch gegen den Rechtsvorgänger abtreten und verpfänden, anscheinend auch schon, ehe es zu einem Kaduzierungsverfahren gekommen ist (s. dagegen Erl 6 a zu § 19).

Der § 22 handelt nur von dem **Kapitalbetrag** der Stammeinlage, nicht von Verzugszinsen und ähnlichen Nebenleistungen; auch nicht von dem Falle, daß die Stammeinlage schon gezahlt, das Gezahlte dem Gesellschafter aber rechtswidrig zurückgewährt worden ist (RG in Warn 7, 168).

2. Die Gesellschaft kann nicht jeden Rechtsvorgänger des Ausgeschlossenen, sondern nur diejenigen in Anspruch nehmen, welche auch ihr gegenüber in die Rechtsstellung eines Gesellschafters eingetreten sind. Das ist, was mit einer mißglückten Breviloquenz das Gesetz hat sagen wollen, wenn es die Haftung auf die bei der Gesellschaft **angemeldeten Rechtsvorgänger** beschränkt. Es haben die Rechtsvorgänger ausgeschlossen bleiben sollen, die hätten angemeldet werden müssen, aber nicht angemeldet worden sind. Und das gilt denn auch — auch hierin geht der Wortlaut des Gesetzes fehl — von dem unmittelbaren, nicht nur von dem früheren Rechtsvorgänger. — Im Falle des Überganges eines Geschäftsanteils durch **Erbschaft** ist der unmittelbare Rechtsvorgänger der Erblasser, nicht die Miterben. Eine Frage für sich ist, ob und wie die Miterben für die Schuld ihres Erblassers haften. Anders Scholz 270; im Ergebnis wie hier Hachenburg § 22[2]. — Hat eine Übertragung im Wege des Pfandverkaufs stattgefunden, so ist Rechtsvorgänger nicht der verkaufende Pfandgläubiger, sondern der Pfandschuldner.

3. Der Abs 2 handelt nicht von dem **unmittelbaren Rechtsvorgänger** des Ausgeschlossenen, sondern nur von den weiteren Vormännern. Ganz natürlich. Was er bestimmt, wäre, auf jenen angewendet, nichts, was nicht sachlich ohnehin gilt. Auch er haftet nach §§ 21, 22 Abs 2 gegenüber dem Inhaber des Geschäftsanteils nur subsidiär, und auch ihm gegenüber bedarf es keiner weiteren Feststellung, daß der Inhaber zahlungsunfähig ist, als daß dieser auf die vorgeschriebenen Aufforderungen nicht zahlt. Bedeutsam bleibt dagegen, daß die Beweisvermutung gegen den ersten Rechtsvorgänger auch dann nicht besteht, wenn der Kaduzierte auf Grund § 21 Abs 3 subsidiär in Anspruch genommen wird, SeuffA 72, 198. — Die in Abs 2 bestimmte Vermutung kann durch Gegenbeweis widerlegt, der Einwand bis zum Schluß der Verhandlung erhoben werden. Voraussetzung der Haftung ist, daß der Rechtsnachfolger zur Zahlung aufgefordert und alsdann (oder gleichzeitig) sein Rechtsvorgänger hiervon benachrichtigt worden ist. Die ihm gelassene **Frist** beträgt mindestens einen Monat. Sie braucht dem Schuldner nicht ausdrücklich gesetzt zu werden. Sie beginnt, sobald sowohl dem Rechtsnachfolger die Zahlungsaufforderung als auch dem Rechtsvorgänger die Benachrichtigung erklärt worden ist. Für diese Erklärungen ist keine Form vorgeschrieben. Es genügt also auch mündliche Erklärung. Die schriftliche muß dem Empfänger **zugegangen** sein. Die Behauptung, daß bei brieflicher Erklärung der Tag maßgeblich sei, an welchem der Brief zur Post kommt, ist grundlos (vgl. Erl 3 a zu § 21).

4. Der **Rückgriff** auf die Rechtsvorgänger nach § 22 setzt schlechthin die gültige **Kaduzierung** des Geschäftsanteils voraus (RG 85, 237; 86, 419). Auch muß unbedingt die Reihenfolge der Regreßpflichtigen eingehalten werden, **Sprungregreß** ist ausgeschlossen, weil der zahlende Rechtsvorgänger das Recht darauf hat, daß ihm der Geschäftsanteil zufällt, was nicht eintritt, wenn sein Rechtsnachfolger, der das gleiche Recht hat, übergangen worden ist. Doch wird man der Gesellschaft, wenn sie die Zahlung angenommen hat, den Beweis nachlassen, daß der Rechtsnachfolger nicht hätte zahlen können. — Wer als Erwerber des Geschäftsanteils nicht bei der Gesellschaft zur Anmeldung gekommen ist und daher nach § 16 ihr gegenüber als Inhaber niemals gegolten hat, kommt für diese Haftung nicht in Frage. Das gilt auch von demjenigen, welcher den Geschäftsanteil von einem Nichtangemeldeten durch

Erbschaft erworben hat, mag auch, als er den Geschäftsanteil weiterveräußerte, zwecks Nachweises der Legitimation der Sachverhalt der Gesellschaft gegenüber zur Sprache gekommen sein.

5. Alle diese Zahlungen sind Zahlungen auf Stammeinlage, auf welche § 19 Abs 2, 3 Anwendung findet, trotzdem der Zahlende nicht mehr Gesellschafter ist (RG 98, 277). Dasselbe gilt von der Ausfallhaftung des Ausgeschlossenen (RG das.). Der Schuldner kann weder Aufrechnung noch ein Zurückbehaltungsrecht geltend machen, und Hingabe an Zahlungs Statt ist ausgeschlossen. — Für Klagen gegen den Rechtsvorgänger ist (auch) das Gericht am Sitze der Gesellschaft zuständig (§ 22 ZPO).

6. Der Regreßhaftung des Rechtsvorgängers ist eine zeitliche Schranke gezogen. Sie erlischt, so ist der allgemeine Gedanke, wenn nach seinem Ausscheiden aus der Gesellschaft fünf Jahre verstrichen sind, ohne daß es zu der Einforderung auf Stammeinlage gekommen ist. Die Frist beginnt zu laufen nicht mit der Veräußerung des Geschäftsanteils. Entscheidend ist vielmehr der Tag der Anmeldung der Veräußerung gemäß § 16 Abs 1. Es muß also der unmittelbare oder, wenn nicht dieser, ein späterer Rechtsnachfolger der Gesellschaft angemeldet sein, damit der Lauf der Frist in Gang kommt. Im übrigen läuft gegen den Anspruch der Gesellschaft die ordentliche Verjährung von 30 Jahren. Innerhalb jener fünf Jahre muß die Stammeinlage eingefordert sein, d. h. es genügt nicht der Einforderungsbeschluß der Gesellschafter, auch nicht die etwa im Statut enthaltene Bestimmung eines festen Termins. Es kommt vielmehr auf die Einforderung durch die Geschäftsführer an.

7. a) Der Erwerb des Geschäftsanteils durch die Zahlung oder gegen die Zahlung der rückständigen Einlage tritt kraft Gesetzes ein und kann auch durch Vereinbarung zwischen der Gesellschaft und dem Zahlenden nicht ausgeschlossen werden. Es muß daher der Inhaber des Geschäftsanteils von ihm ausgeschlossen sein, ehe der Rechtsnachfolger auf Zahlung in Anspruch genommen werden kann. Das gilt auch in dem Falle, wo der Erwerb des Geschäftsanteils kein Vorteil, sondern — wegen der darauf ruhenden Lasten, wie weitere Stammeinlage, Nachschüsse usw. — eine Last ist. Der in Anspruch Genommene kann auch daraus keinen Einwand herleiten, daß inzwischen eine Statutenänderung beschlossen worden ist. Hatte sich aber der Ausgeschlossene zu besonderen Leistungen verpflichtet, so braucht diese der Zahlende nicht zu übernehmen. Von allgemeinen nach § 3 Abs 2 im Statut bestimmten Leistungen gilt das indessen nicht. — Der Erwerb des Geschäftsanteils setzt restlose Zahlung des geschuldeten Betrags voraus. Ist von einem der Schuldner nur ein Teil zu erlangen gewesen, so erwirbt dessen Rechtsvorgänger durch Zahlung des Restes den Geschäftsanteil, ohne daß seinem Rechtsnachfolger Anspruch auf Erstattung des Gezahlten zusteht. Ebenso, wenn es schließlich zur Versteigerung des Geschäftsanteils nach § 23 kommt.

b) Der Zahlende erwirbt nicht einen neuen Geschäftsanteil, sondern den bestehenden mit allen Rechten und Verbindlichkeiten gegen die Gesellschaft, die in ihm liegen, namentlich also auch mit dem Anspruch auf den Jahresgewinn so, wie wenn sich sein Erwerb unmittelbar angeschlossen hätte an den Rechtsverlust des Ausgeschlossenen (s. Erl 5 a zu § 21). Ist durch die Kaduzierung ein am Geschäftsanteil bestehendes Pfandrecht untergegangen, so lebt es auch dann nicht wieder auf, wenn der ursprüngliche Verpfänder der Erwerber ist. Daß für das Gegenteil die Billigkeit spricht, wie behauptet wird, kann nicht zugegeben werden. Naturgemäß hatte seinerzeit das bestehende und mitübernommene Pfandrecht den Gegenwert gemindert. Wie hier Scholz 278; jetzt auch Liebmann § 22[5]; a. A. Hachenburg § 22[19]. — Ob der zahlende Vormann gegen seinen Rechtsnachfolger Anspruch auf Ersatz des Gezahlten hat, hängt von dem zwischen ihnen bestehenden Rechtsverhältnis ab. Besteht ein solcher nicht, dann auch nicht in dem Falle, daß sein Rechtsnachfolger, wenn er gezahlt hätte, von seinem Nachmanne Erstattung fordern könnte.

8. Hatte die Gesellschaft nur einen Teilbetrag der Stammeinlage eingefordert, so bleibt der Ausgeschlossene auch wegen des Restes haftbar, sobald dieser eingefordert wird. Das ist positiv bestimmt in § 21 Abs 3. Es haftet alsdann sowohl dieser als auch der Erwerber des kaduzierten Geschäftsanteils oder, wenn dieser ihn weiterveräußert hat, der jetzige Inhaber und nach ihm subsidiär jener. Der Ausgeschlossene haftet nur wegen des Ausfalls, also subsidiär und an letzter Stelle (vor den übrigen Gesellschaftern, bevor diese nach § 24 herangezogen werden können). Die Haftung seiner Rechtsvorgänger erlischt dagegen. Das ist nicht unbestritten. Unannehmbar ist jedenfalls die Meinung, daß zu unterscheiden sei, ob im Kaduzierungsverfahren ein Dritter den Geschäftsanteil ersteigert oder ob einer der Rechtsvorgänger des Ausgeschlossenen zahlt und dadurch den Geschäftsanteil erwirbt. Es soll, wird gelehrt (Hachenburg § 22[20]; Liebmann § 22[5]; Scholz 278), wenn A, B, C, D nacheinander den Geschäftsanteil besessen haben und wegen der ersten Rate D ausgeschlossen worden ist, B bezahlt hat, wegen der späteren Raten zwar die Haftung des C ausgeschlossen sein, dagegen A subsidiär haften, wenn B es zur Kaduzierung kommen läßt. Denn: der Rechtsvorgänger, der den Geschäftsanteil durch seine Zahlung wiedererwirbt, bleibt der Nachfolger seiner Rechtsvorfahren. Das ist richtig, aber beweist noch nicht. Denn B hatte den Geschäftsanteil an C veräußert und seine Haftung als Rechtsvorgänger des C und Rechtsnachfolger des A kommt erst in Frage, wenn C nicht zahlt oder überhaupt nicht haftet. Nimmt man letzteres an, so setzt man als bewiesen voraus, was noch nicht bewiesen ist. Worauf es ankommt, ist vielmehr, ob B durch seine Zahlung Rechtsnachfolger des D geworden ist (also Rechtsnachfolger seines Rechtsnachfolgers) oder Rechtsnachfolger der Gesellschaft. Ersterenfalls haftet im Zuge des Regresses nach B zunächst C und erst nach ihm nunmehr A. Andernfalls dagegen ist es die Gesellschaft selbst, welche in dem Zuge des Regresses an erster Stelle steht und sich damit von vornherein jeden Rückgriff verbaut. Das letztere ist nun aber in der Tat der Fall. Entscheidend ist dafür nicht, daß B die Rechte aus der Beteiligung so erwirbt, die Verbindlichkeiten so übernimmt, wie wenn sich sein Rechtserwerb unmittelbar an den Rechtsverlust des Kaduzierten angeschlossen hätte (s. § 21 Erl 5 b). Denn abgesehen noch von anderem bedeutet Zeitfolge noch nicht Rechtsnachfolge. Entscheidend ist vielmehr, daß die Gesellschaft, wenn sie den Geschäftsanteil versteigert, nicht im Namen des Ausgeschlossenen handelnd dessen Geschäftsanteil überträgt, sondern im eigenen Namen und nur ihr Eigentum verkauft. Ist also der Ersteigerer Rechtsnachfolger der Gesellschaft, so muß das auch vom Rechtsvorgänger des Ausgeschlossenen gelten, der durch Zahlung an die Gesellschaft den Geschäftsanteil erwirbt (s. aber auch Erl 1 b zu § 28 und die dort zitierte Stelle in den Motiven). Jedenfalls bleibt es bei der Alternative, daß entweder alle Rechtsvorgänger auch wegen der späteren Raten haften (immer vorausgesetzt natürlich, daß seit dem Ausscheiden des einzelnen noch nicht fünf Jahre verflossen waren — so Feine 310 f.) oder keiner. Für eine unterschiedliche Behandlung liegt kein Grund vor. Noch weniger darf man sagen, daß die Rechtsnachfolger des Zahlenden dem Kaduzierten gleichstünden. Wenn dem so wäre, würden sie ohne weiteres haften (§ 21 Abs 3). Wenn die um die Struktur der Vorgänge unbekümmerte und nur von dem Gedanken der Sicherung des Stammkapitals eingegebene Auffassung der Gegner die Auffassung des Gesetzes wäre, müßten im Fall, daß der Verkauf des Geschäftsanteils einen Ausfall ergibt, auch wegen dieses Ausfalls die Rechtsvorgänger haftbar bleiben, was niemand behauptet. Es wäre auch nicht zu verstehen, weshalb in § 21 Abs 3 nur von dem Kaduzierten selbst bestimmt wird, daß er für die späteren Raten haftbar bleibt (also nur subsidiär haftbar nach seinen Rechtsvorgängern!). Oder sollten etwa, wenn diese Bestimmung nicht wäre, nur die Rechtsvorgänger haften und er nicht? Vgl. Brodmann A.-R. § 220[6b]. — Die Geschäftsführung muß sich vergegenwärtigen, daß (sowohl nach der hier vertretenen Auffassung als auch nach der herrschenden Lehre) in einem Falle der vorliegenden Art die Kaduzierung nicht ohne Gefahr für die Gesellschaft ist. C wird seiner ferneren Verpflichtung ledig, ohne daß ein ernstlicher Versuch gemacht worden ist, ihn zur Zahlung heranzuziehen, und gleichviel, ob er wirklich zahlungsunfähig gewesen ist, und vollends von A gilt dasselbe, ohne daß er auch nur aufgefordert war zu zahlen.

§ 23

Ist die Zahlung des rückständigen Betrages von Rechtsvorgängern nicht zu erlangen, so kann[2]) die Gesellschaft[3]) den Geschäftsanteil im Wege öffentlicher Versteigerung verkaufen lassen[1]). Eine andere Art des Verkaufs ist nur mit Zustimmung des ausgeschlossenen Gesellschafters[5]) zulässig[4]).

Österr. Gesetz § 68.

1. Mit der Versteigerung des kaduzierten Geschäftsanteils gibt die Gesellschaft den Rückgriff auf die Rechtsvorgänger des Ausgeschlossenen, nicht aber den Rückgriff gegen den Ausgeschlossenen selbst (§ 21 Abs 3) und gegen die übrigen Gesellschafter (§ 24) auf, für welchen vielmehr in einem wie dem anderen Falle die Versteigerung die Voraussetzung ist. Ist der beizutreibende Betrag nicht die letzte Rate der Stammeinlage, erwirbt mit anderen Worten der Käufer einen nicht voll eingeforderten Geschäftsanteil, so geht nach richtiger Ansicht (s. Erl 8 zu § 22) die Gesellschaft schon durch die Ausschließung des Gesellschafters überhaupt aller Ansprüche gegen den Rechtsvorgänger in Beziehung auf die späteren Raten verlustig. — Naturgemäß erfolgt die Versteigerung erst nach der Ausschließung des Gesellschafters. Aber unter Umständen kann auch die versäumte Ausschließung nach stattgehabter Versteigerung nachgeholt werden (RG 85, 238). — Die Wendung „ist Zahlung nicht zu erlangen" ist hier ebenso zu verstehen wie in § 22 Abs 2, so daß die dort bestimmte Vermutung auch hier gilt.

2. Der Gesetzgeber hat sich merkwürdig im Ausdruck vergriffen. In § 21 Abs 2 sagt er, nach Ablauf der Frist ist der Gesellschafter seines Anteils für verlustig zu erklären, während gemeint ist, daß das geschehen kann. Hier lautet es, die Gesellschaft kann den Geschäftsanteil verkaufen lassen, während es so liegt, daß bei Unbeitreiblichkeit der Stammeinlage die

Versteigerung stattfinden muß. Sie ist der gebotene Abschluß des Verfahrens in Beziehung auf den Geschäftsanteil. Solange der Verkauf nicht stattgefunden hat (und die Stammeinlage unbezahlt geblieben ist), besteht ein Schwebezustand, der auf Beendigung drängt. Erwerb durch die Gesellschaft zu endgültigem Recht ist nach § 23 ausgeschlossen (RG 98, 278). Die Unterlassung des Verkaufs hieße auf die Stammeinlage verzichten, wozu die Gesellschaft gar nicht in der Lage ist. Sie **kann** sich gar nicht des Rechts auf den Verkauf begeben. Es ist wohl nicht unzulässig, daß sie den Verkauf aufschiebt. Das mag ihr zweckmäßig erscheinen. Nur insofern ist der herrschenden Lehre beizupflichten (Hachenburg § 23[3]; Scholz 231; Feine 311). Aber darüber wird sie Rechenschaft ablegen müssen, wenn der Ausgeschlossene, auf den Ausfall in Anspruch genommen, einwendet, daß sie in unverantwortlicher Weise den günstigen Zeitpunkt des Verkaufs habe verstreichen lassen. Daß der Geschäftsführer **der Gesellschaft gegenüber** gehalten ist, in Beziehung sowohl auf den Zeitpunkt des Verkaufs sowie überhaupt in Beziehung auf die Entschließung zum Verkauf mit der gebotenen Sorgfalt zu verfahren, wird allgemein anerkannt. — Dem Regreßpflichtigen gegenüber (§ 24) kann der Verkauf gänzlich unterbleiben nur, wenn er vergeblich versucht worden oder wenn die Versteigerung von vornherein aussichtslos ist (vgl. RG 98, 276 a. E.).

3. Die **Gesellschaft** ist es, die den Geschäftsanteil **verkauft**. Sie handelt im eigenen Namen und für eigene Rechnung. Der Erlös gebührt ihr. Verkauft sie einen in Wahrheit nicht kaduzierten oder einen zwar kaduzierten, aber nichtigen Geschäftsanteil, so haftet sie nach § 437 BGB. Anders Hachenburg § 23 Einl auf Grund seiner allgemein abgelehnten Theorie (s. oben § 21 Erl 5 b), Scholz mit unschlüssiger Begründung; auch wer ein Recht in der Lage verkauft, in welcher es sich befindet, haftet nach § 437 BGB für deren Bestand, es sei denn, daß nach den Umständen des Falles diese Wendung im Sinne einer ausdrücklichen Ausschließung der Haftung auszulegen wäre. — Davon, daß der Ersteigerer durch guten Glauben geschützt wäre, kann keine Rede sein (OLG 22, 15). — Der Erlös validiert auf den rückständigen Betrag der Stammeinlage. Übersteigt er diesen, so fließt der Überschuß der Gesellschaft zu und ist auch nicht etwa auf einen noch nicht eingeforderten Teil der Stammeinlage zu verrechnen, noch auch dem Ausgeschlossenen gutzubringen. Bleibt der Erlös hinter dem rückständigen Betrage zurück, so gilt gleichwohl in Höhe des rückständigen Betrags die Stammeinlage als eingezahlt, und der Nennbetrag des Geschäftsanteils bleibt unverändert. Die Regreßhaftung der Rechtsvorgänger ist erloschen (JW 1914, 984[10]). Die Gesellschaft trifft der Verlust, wofern ihr nicht die Regreßhaftung des Kaduzierten und der Mitgesellschafter nach § 24 zu ihrem Gelde verhilft. Sie kann dem nicht dadurch vorbeugen, daß sie mitbietet. Da sie den Geschäftsanteil nach § 33 Abs 1 zu endgültigem Rechte nicht erwerben kann, kann sie überhaupt nicht mitbieten (RG 98, 278). Aber wenn sie es tut und den Zuschlag erhält, kann daraus der Ausgeschlossene, auf den Ausfall in Anspruch genommen, keinen Einwand herleiten (RG das., wo nach Lage der Sache eine anderweite Versteigerung offenbar keinen Erfolg versprach, Scholz 282). — Wohl aber kann die Gesellschaft versuchen, den Geschäftsanteil mit der Bedingung zu verkaufen, daß der Ersteher den Rückstand restlos zahlt. Gelingt ein solcher Verkauf aber nicht, so muß sie die Versteigerung ohne die Bedingung wiederholen. — Es kann auch bestimmt werden, daß der Zuschlag nur mit **Genehmigung** der Gesellschaft erfolgen kann. Der nach § 15 Abs 4 etwa erforderlichen Genehmigung der Gesellschaft bedarf die Versteigerung nicht. Auch die Bestimmung des Gesellschaftsvertrages, daß Veräußerung und Verpfändung eines Geschäftsanteils der Übergabe des darüber ausgestellten **Anteilscheins** bedarf, ist für den Verkauf nach § 23 gegenstandslos (RG 98, 277). — Der Käufer erwirbt den Geschäftsanteil nach Maßgabe des Gesellschaftsvertrages. Er überkommt namentlich auch die besonderen Verbindlichkeiten, welche gemäß § 3 Abs 2 im Gesellschaftsvertrag bedungen worden sind. Jedoch hat hier die Gesellschaft freie Hand, von ihren Rechten Abstand zu nehmen oder Abänderungen zu vereinbaren, wozu es unter Umständen einer Statutenänderung bedarf. — Der Verkauf muß **gegen bare Zahlung** erfolgen. Ebenso Scholz 282. Gibt die Gesellschaft **Kredit**, so tut sie das nicht nur auf ihre, sondern auch auf Gefahr des Ausgeschlossenen und der Mitgesellschafter. Auch von der Zahlung des Kaufpreises wird man annehmen müssen, daß sie Zahlung auf Stammeinlage ist, so daß der Ersteigerer nicht durch Aufrechnung zahlen kann, überhaupt § 19 Abs 2 Anwendung findet. A. A. Liebmann § 23[5].

4. Die Versteigerung muß eine **öffentliche** sein, d. h. sie muß durch einen für den Versteigerungsort bestellten Gerichtsvollzieher oder anderen zu Versteigerungen befugten Beamten oder öffentlich angestellten Versteigerer erfolgen, und zwar öffentlich, wozu vor allem auch gehört, daß sie öffentlich angekündigt worden ist (§§ 383 Abs 3, 156 BGB). Näheres ist in dieser Beziehung nicht bestimmt und richtet sich nach den jeweiligen Umständen. — Durch den Zuschlag erwirbt der Ersteigerer den Geschäftsanteil, vorausgesetzt, daß dieser zu Recht besteht und der bisherige Inhaber wirksam ausgeschlossen ist, wozu namentlich auch gehört, daß der Gesellschafter gemäß § 21 unter Fristsetzung zur Zahlung erneut aufgefordert worden ist (OLG 19, 371). Dagegen ist die Wirkung des Zuschlags nicht davon abhängig, ob die Zahlung von Rechtsvorgängern nicht zu erlangen war, ob überhaupt gegen diese vorgegangen ist. Auch Ordnungswidrigkeiten im Verfahren stellen den Verkauf selbst nicht in Frage, wofern dieser nur öffentliche Versteigerung gewesen ist (vgl § 1243 BGB, der eine gewisse Analogie bietet). Anders und zu weitgehend Hachenburg § 23[20].

5. Nur Zustimmung des ausgeschlossenen Gesellschafters ist erforderlich, Rechtsvorgänger und die Mitgesellschafter, welche subsidiär haften, werden nicht gefragt. Aber selbstverständlich ist ein Widerspruch „der Gesellschaft" maßgeblich. — Ein ohne die erforderliche Zustimmung abgeschlossener freihändiger Verkauf ist nichtig. Offenbar will das Gesetz mit seiner Bestimmung die Möglichkeit gewähren, da, wo es nach Lage des Falles geboten oder zweckmäßig erscheint, von der starren Vorschrift des Gesetzes abzuweichen, und es muß bezweifelt werden, daß schon im Gesellschaftsvertrag und also im voraus allgemein eine andere Art des Verkaufs vereinbart werden kann. A. A. Hachenburg § 23[13]; Scholz 283; Neukamp § 23[4]. Der freihändige Verkauf unterliegt der Formvorschrift des § 15 Abs 3. In RG 50, 47 ist die Frage offen gelassen, es ist aber nicht erfindlich, aus welchem Grunde sie sollte verneint werden können. — Liegt Unverkäuflichkeit offen zutage, so braucht der Verkauf gar nicht erst eingeleitet zu werden. Unverkäuflich ist der Geschäftsanteil auch dann, wenn nur mit einem Erlös gerechnet werden kann, der bestenfalls die Kosten der Versteigerung deckt. Dagegen kommt es darauf nicht an, ob Aussicht besteht, den ganzen rückständigen Betrag zu erzielen.

§ 24

Soweit eine Stammeinlage weder von den Zahlungspflichtigen eingezogen, noch durch Verkauf des Geschäftsanteils gedeckt werden kann[1]), haben die übrigen Gesellschafter[3]) den Fehlbetrag nach Verhältnis ihrer Geschäftsanteile aufzubringen[2]). Beiträge, welche von einzelnen Gesellschaftern nicht zu erlangen sind, werden nach dem bezeichneten Verhältnis auf die übrigen verteilt[4]).

Österr. Gesetz § 70.

1. a) Auf die Stammeinlagen müssen je 25 % des Betrages eingezahlt werden, bevor es zur Entstehung der Gesellschaft kommt. Im übrigen kann die Stammeinlage den Gesellschaftern kreditiert werden, aber das geschieht auf gemeinsame Gefahr aller Gesellschafter. Soweit der auf die Stammeinlage eingeforderte Betrag vom Schuldner oder von den mehreren in Frage kommenden Schuldnern nicht zu erlangen ist, haften an letzter Stelle die übrigen Gesellschafter, welche den Fehlbetrag nach Verhältnis ihrer Geschäftsanteile aufzubringen haben. So bestimmt § 24. Die Vorschrift ist etwas kurz ausgefallen. Oder vielmehr, der Gesetzgeber hat sich darauf beschränkt, den allgemeinen Gedanken zu statuieren; er stellt eigentlich nur das Prinzip auf, die Durchführung im einzelnen der Praxis und der Rechtsprechung überlassend. Im einzelnen gehen daher die Meinungen vielfach auseinander. Der Grundgedanke ist, daß für den Eingang der Stammeinlagen alle Gesellschafter zwar subsidiarisch, aber kollektiv der Gesellschaft aufzukommen haben. Das Risiko, was der einzelne durch die Beteiligung an der Gesellschaft eingeht, ist daher durchaus nicht auf den Betrag der von ihm übernommenen Stammeinlage beschränkt, kann vielmehr sich unter Umständen darüber hinaus — für jeden einzelnen bis zum Betrage des gesamten Stammkapitals (soweit dieses aus Geldeinlagen besteht) — erhöhen. Das ist zwingendes Recht. Die Gefahr dieser Haftung muß jeder auf sich nehmen, der sich — sei es durch Übernahme eines neuen, sei es durch Erwerb eines bestehenden Geschäftsanteils — an einer Gesellschaft m. b. H. beteiligt. — Hinzu kommt schließlich die Möglichkeit, wegen der unerlaubten Auszahlung von Gesellschaftsgeld an einen der anderen Gesellschafter in Anspruch genommen zu werden (§ 31 Abs 3).

b) Die Haftung aus § 24 bezieht sich nur auf Ausfälle an Geldeinlagen, aber sie trifft jeden Gesellschafter, auch diejenigen, welche sich nur mit Sacheinlagen beteiligt haben. Bei gemischten Einlagen ist, wenn der Geldbetrag nicht zu erlangen ist, die eine der gesetzlichen Voraussetzungen der Haftung, die Kaduzierung der Geschäftsanteile, überhaupt nicht angängig (Erl 1b zu § 21). Aber darum muß die Garantiehaftung nicht entfallen, weder die Haftung der Rechtsvorgänger nach § 22 noch schließlich gegenwärtige Kollektivhaftung der übrigen Gesellschafter. Nur wird hier die Gesellschaft den Nachweis, daß das Geld von dem oder von den Schuldnern nicht zu erlangen ist, auf die gewöhnliche Weise erbringen müssen. — Die Haftung gilt nur dem Kapitalbetrag, sie erstreckt sich nicht auf Zinsen und andere Nebenforderungen.

c) Die Haftung ist eine subsidiäre, d. h. sie setzt voraus, nicht nur daß vom Schuldner der Betrag nicht zu erlangen ist, sondern vor allem auch, daß ein Schuldner existiert. Ist ein Geschäftsanteil nichtig — was nach herrschender Lehre nicht bedingt, daß der ganze Gesellschaftsvertrag ungültig ist (s. Erl 3a zu § 5) —, so fällt die entsprechende Stammeinlage ganz aus, und es tritt eine subsidiäre Haftung der anderen Gesellschafter aus § 24 nicht ein. Das wird bestritten. Es wird behauptet, es handle sich bei der Haftung aus § 24 nicht um eine Art Bürgschaft, als welche allerdings das Bestehen einer Hauptschuld voraussetze, sondern um eine absolute Garantie des proklamierten Stammkapitals. Dagegen Hachenburg § 2[49]. Es ist das petitio principii. An und für sich verpflichtet sich der einzelne durch die Übernahme des Geschäftsanteils nur zu seiner Stammeinlage. Wie weit sich seine Haftung darüber hinaus erstreckt, hängt eben davon ab, wie man den § 24 zu verstehen hat. Er ist in dem Zusammenhange der Bestimmungen in den §§ 21 bis 24 das Schlußstück, und das Ganze handelt sicherlich nur von Stammeinlagen, welche wirklich bestehen.

2. Die Haftung aus § 24 ist subsidiär, d. h. es müssen alle anderen Mittel, zu dem Gelde zu kommen, erschöpft sein, was im Falle der Klage die Gesellschaft darlegen und beweisen muß (OLG 19, 368). RG 86, 419 läßt dahingestellt, ob die in §§ 22, 23 angeordneten Schritte zur Einziehung der Stammeinlage unter allen Umständen getan sein müssen, jedenfalls müsse der bisherige Gesellschafter ausgeschlossen worden sein. Es muß in der Regel auch die Versteigerung des Geschäftsanteils zum mindesten versucht worden sein. Es kann das aber unterbleiben, wenn sie aussichtslos ist (OLG 13, 25; 37, 5; KGBl 27, 42; SeuffA 69, 221), namentlich auch, wenn die Gesellschaft im Konkurs ist; dem Konkursverwalter kann die Abwehr zweifelhafter Interventionsansprüche nicht zugemutet werden (KGBl 09, 58). Die Entscheidung, ob vom Gesellschafter Zahlung nicht zu erlangen ist, ist Sache der Feststellung nach freier richterlicher Beweiswürdigung (OLG 37, 5). Die Haftung etwaiger Rechtsvorgänger des Ausgeschlossenen ist mit der Versteigerung erledigt. Dagegen ist die Ausfallhaftung des Ausgeschlossenen nicht erledigt und für dessen Zahlungsunfähigkeit besteht keine gesetzliche Vermutung. Konnte die Versteigerung unterbleiben (§ 23 Erl 2 und 5), dann ist auch die Haftung der Rechtsvorgänger des Ausgeschlossenen nicht erledigt, und in diesem Zusammenhang besteht ebenfalls keine Vermutung für ihre Zahlungsunfähigkeit; Hachenburg § 24[5]; in letzterem Punkt abw. Scholz 286. — Die Ansicht, daß auch die Ausschließung des Gesellschafters unterbleiben könne, wenn sie zwecklos wäre (OLG 19, 368), ist vom RG 86, 419 abgelehnt worden. — Dadurch, daß die Gesellschaft im Konkurs des Ausgeschlossenen oder eines seiner Rechtsvorgänger einem Zwangsvergleich zustimmt, vergibt sie ihrem Anspruch gegen die übrigen Gesellschafter aus § 24 nichts (KGBl 27, 42; OLG 32, 141).

3. a) Die „übrigen" Gesellschafter sind alle, welche im Augenblick, wo nach Durchführung des Verfahrens nach §§ 21—23 der Ausfall feststeht, einen Geschäftsanteil besitzen oder (§ 16 Abs 3) später erwerben. Bestritten ist, inwieweit auch Rechtsvorgänger eines solchen Gesellschafters zur solidarischen Haftung mit diesem herangezogen werden können. Nach § 16 Abs 3 hängt das davon ab, ob die geschuldete Leistung „rückständig" war, als die Übertragung des Geschäftsanteils erfolgt ist. Das war sie, wenn der Zeitpunkt, wo sie fällig wurde, in die Besitzzeit des Rechtsvorgängers fällt (vgl. Erl 5a zu § 16). Denn wenn sie fällig wurde, wurde sie das fristlos. Wann also wird sie fällig? Geht man (wie Scholz 280) an diese Frage mit dem doktrinären Begriff der Fälligkeit heran, dann entzieht sich der entscheidende Zeitpunkt jeder brauchbaren Feststellung. Selbst der späteste etwa denkbare Termin, der Moment, wo der Geschäftsführer den Betrag auf die übrigen Gesellschafter umgelegt hat und von ihnen fordert, wäre jedenfalls insofern noch nicht spät genug, als einzelne Gesellschafter sich vielleicht als zahlungsunfähig erweisen und eine Nachforderung an die übrigen nötig wird. Aber überhaupt kann es darauf nicht ankommen, ob der Geschäftsführer bereits mit einer bestimmten Forderung an den Gesellschafter herangetreten ist. Eine Meinung erklärt den Zeitpunkt für maßgeblich, wo feststeht, daß alle Mittel im Sinne der §§ 22, 23 erschöpft sind. Aber einmal läßt sich das gar nicht bestimmt fixieren und sodann sprechen schwerwiegende Gründe dagegen, weil lange Zeit darüber hingehen kann und die Sachlage geradezu herausfordert, sich des Geschäftsanteils durch unredliche Veräußerung und damit sich der Haftung zu entschlagen. Es gilt ein Moment, das zugleich zeitlich deutlich hervortritt und jener Gefahr vorbeugt. Verfolgt man den Fluß des kontinuierlichen Geschehens rückwärts, so wäre das erste Moment dieser Art, auf das man stößt, etwa die Ausschließung des Gesellschafters. Aber auch darüber vergeht Zeit, die ausgenutzt werden kann zur Fahnenflucht, und ist nur überhaupt diese ganze Überlegung am Platze, so gelangt man zu dem Optimum erst, wenn man zurückkehrt bis auf die Einforderung der Stammeinlage, was auch nicht anders ist als recht und billig. Denn mit dieser Einforderung wird der Anspruch der Gesellschaft auf das Stammkapital, auf die gesamten eingeforderten Stammeinlagen fällig und zugleich geltend gemacht. Ausdrücklich richtet sich ja die an den einzelnen Gesellschafter gerichtete Einforderung seiner Stammeinlage nur auf seinen Anteil, aber kraft des Gesetzes wird damit zugleich der Anspruch auf die möglicherweise nötige Ergänzungszahlung erhoben. Wie hier Hachenburg § 24[12]; Liebmann § 24[3]; Feine 333 f.; anders Scholz a. a. O.; Neukamp § 24[3].

b) Streitig ist ferner, ob auch derjenige Gesellschafter, welcher den kaduzierten Geschäftsanteil erworben hat, nach § 24 haftet. Daß er, wenn die Versteigerung einen Ausfall erbracht hat, nicht mit herangezogen werden kann, ist klar. Nicht deshalb, weil ihm gegenüber der eingeforderte Betrag als voll gezahlt gilt, sondern weil es selbstverständlich ist. Soweit der Ersteigerer selbst zahlen muß, soweit ist die Stammeinlage überhaupt gedeckt, soweit kommt eine Haftung aus § 24 überhaupt nicht in Frage. Außerdem steht es ausdrücklich im Gesetz. Nur die „übrigen" Gesellschafter, d. h. die Inhaber der übrigen Geschäftsanteile, haften nach § 24. Dagegen ist kein Grund, ihn verschont zu lassen, wenn außer seinem Geschäftsanteil auch noch ein anderer Geschäftsanteil kaduziert wird. Möglicherweise steht das schon fest. Dann wird sich der Preis danach richten, den er zahlt. Vielleicht stellt es sich erst später heraus. Dann ist kein Grund gegeben, ihn anders zu stellen als die übrigen Gesellschafter. Mit der Gefahr dieser Haftung muß jeder rechnen, der den Geschäftsanteil einer Gesellschaft m. b. H. erwirbt. Auf alle Fälle liegen bei ihm die Voraussetzungen der Haftung vor. Entweder war die Leistung rückständig, als er den Geschäftsanteil erwarb. Dann haftet er nach § 16 Abs 3. Daran ändert auch nichts, daß er von der Gesellschaft gekauft hat. Denn bei dieser Art von Kauf steht der Erwerber zur Gesellschaft so, als schlösse sich sein Besitzstand unmittelbar an den des Ausgeschlossenen an. Oder aber es ist die Leistung überhaupt erst fällig geworden, als er schon Gesellschafter war. Ebenso Hachenburg § 24[13] im Fall, daß ein Rechtsvorgänger den Geschäftsanteil gemäß § 22 Abs 4 wiedererwirbt, während der Käufer nach § 23 überhaupt nicht in Anspruch genommen werden könne. Nach Scholz 290 käme es darauf an, ob der Erwerber den Geschäftsanteil noch besaß, als der Anspruch aus § 24 fällig wurde.

c) Zweifelhaft ist, ob die Gesellschaft, die einen eigenen Geschäftsanteil besitzt, zur Haftung mit herangezogen wird. Man kann das bejahen, darf aber nicht zugleich annehmen, daß der Anspruch durch Konfusion erlischt. Damit ginge die Gesellschaft unzulässigerweise dieses Teiles des Stammkapitals verlustig. Vielmehr ist zu fragen, ob die Gesellschaft im Besitze der zur Zahlung erforderlichen freien Reserven sich befindet. Dann wird von diesen Reserven der Betrag abgeschrieben. Andernfalls ist er unbeibringlich und muß auf die übrigen Gesellschafter verteilt werden. Wie hier Feine 334. Nach Hachenburg § 24[15]; Scholz 287 ginge die Gesellschaft der auf ihren Anteil entfallenden Quote schlechthin verlustig. Wenn man darauf besteht, daß die Gesellschaft sich selbst nichts schulden kann, dann ist ebenso richtig, daß die Gesellschaft nicht ihr eigenes Mitglied sein kann. M. a. W.: Läßt man den eigenen Geschäftsanteil überhaupt gelten, dann muß man auch in gewissem Umfang daraus sich ergebende irrationale Gestaltungen in den Kauf nehmen. Vgl. § 33 Erl 2 c.

d) Wichtig ist die Frage, wie sich die Haftung nach § 24 gestaltet, wenn infolge einer Erhöhung des Stammkapitals zu den alten Gesellschaftern neue hinzugetreten sind. Haften dann alle Gesellschafter, alte wie neue, ununterschieden für alle Stammeinlagen, gleichviel welcher Emission, oder muß eine Sonderung eintreten; haften die alten Gesellschafter nur für die ursprünglichen Stammeinlagen; die neuen nur für die neuen? Dem RG 82, 116 hat die Frage in Beziehung auf die neuen Gesellschafter, dem Urt RG 93, 251 in Beziehung auf die alten vorgelegen. In beiden Fällen ist die Entscheidung gegen die Sonderung ausgefallen (ebenso KGBl 09, 58; OLG 14, 365; 40, 196; LZ 1918, 227[8]; anders, aber mit unrichtiger Begründung, Recht 1912, 3149). Richtig ist, daß die Entscheidung nur in beiden Fällen die gleiche sein kann. Nur muß sie im entgegengesetzten Sinne ausfallen. Die Gründe in RG 93, 25 sind nicht überzeugend. Muß ein bisheriger Gesellschafter die Haftung für die neuen Stammeinlagen mittragen, so läßt sich nicht bestreiten, daß die Erhöhung des Stammkapitals für ihn eine Mehrbelastung und obendrein eine sehr erhebliche, bedenkliche Mehrbelastung einschließt. Daß das mehr oder weniger noch in weiter Ferne liegt, ist ganz gleichgültig. Die Entscheidung darüber fällt jetzt, und eine Kapitalerhöhung könnte überhaupt nicht beschlossen werden ohne Zustimmung aller Gesellschafter. Daß das der Standpunkt des Gesetzes nicht ist, wird von niemandem bestritten. Unannehmbar ist aber auch der Gedanke, daß wenigstens die alten Gesellschafter haften, welche dem Beschlusse zugestimmt haben (KGBl 09, 58). Darin liegt eine Verkennung des Wesens eines Mehrheitsbeschlusses, hinter welchem, wenn er zustande kommt, die Gesamtheit steht. Man braucht sich auch nur die Frage vorzulegen, wie denn bei einer Veräußerung des Geschäftsanteils eines Zustimmenden sich die Haftung des Erwerbers gestaltet, dem das Recht doch wohl nicht zumuten kann, daß er, bevor er den Geschäftsanteil erwirbt, die alten Protokollbücher durchmustert, aus denen er obendrein oft genug das Gesuchte gar nicht würde feststellen können. — Was die Stellung der neuen Gesellschafter angeht, mit der das Urt RG 82, 116 befaßt war, so ist gegen die logische Schlüssigkeit der Begründung nichts zu sagen. Auf eine positive Bestimmung des Gesetzes kann man sich hier nicht berufen. Aber über die sachlichen Bedenken wird zu leicht hinweggegangen. Man muß sich einmal in die Lage des hinzugetretenen Gesellschafters versetzen, der sich wider Erwarten vor eine vielleicht unerschwingliche Schuld gestellt sieht, die er mit Fug und Recht für längst getilgt angesehen hatte. Selbst den bisherigen Gesellschaftern wird es oft nicht leicht sein festzustellen, wie es mit den Einzahlungen auf die einzelnen Geschäftsanteile bestellt sei. Der Hinzutretende ist in der Regel auf Erklärungen der Geschäftsführer, auf Mitteilungen von Gesellschaftern angewiesen, und selbst bei nachgewiesenem Betrug würde er gegenüber der Gesellschaft schutzlos sein. Und anderseits, welchen berechtigten Anspruch hat denn die Gesellschaft oder vielmehr — denn darauf kommt es an — haben denn die Gläubiger der Gesellschaft, daß durch den Kapitalerhöhungsbeschluß eine erhöhte Garantie geschaffen wird für das alte Stammkapital. Das ist nicht der Zweck und auch nicht der Sinn einer Kapitalerhöhung. Wenn im Falle des § 31 Abs 3 eine Sonderung nach den verschiedenen Emissionen ausgeschlossen ist (RG 93, 251), was jedenfalls für den Fall zugegeben werden muß, daß die rechtswidrige Zahlung nach Erhöhung des Stammkapitals erfolgt ist (anders KG in Recht 1912, 3150), so ist das kein Grund, die Sonderung auch da für unzulässig zu erklären, wo sie nach der einen Seite als geboten, nach der anderen zum wenigsten als nicht unbillig erscheint. Wie hier Hachenburg § 24[16] ff.; Flechtheim DJZ 1914, 90; Feine 334 ff.; wie das RG, widerstrebend, Scholz 290.

4. a) Die übrigen Gesellschafter haften nach Verhältnis ihres Geschäftsanteils, d. h. nach Verhältnis der Nennbeträge, der Stammeinlagen. Gleichgültig ist, wieviel auf die einzelnen Stammeinlagen eingezahlt worden ist. Die Haftung ist nicht solidarisch, aber kollektiv. Für den Ausfall, welchen die Gesellschaft an einem mithaftenden Gesellschafter erleidet, müssen wiederum die anderen nach Verhältnis ihrer Geschäftsanteile aufkommen. Das durchzuführen ist Aufgabe der Geschäftsführung, d. h. der Geschäftsführer. Es bedarf keines Gesellschafterbeschlusses. Die Einforderung ist auch nicht dadurch bedingt, daß die Gesellschaft des Geldes bedarf, um ihre Gläubiger zu befriedigen. Der Gesellschafter kann dem Anspruch aus der kollektiven Haftung auch nicht damit begegnen, daß der andere Gesellschafter gezahlt haben würde, wenn die Gesellschaft ohne Säumnis gegen denselben vorgegangen wäre. Auch gegen den Geschäftsführer kann er daraus nicht Anspruch auf Schadensersatz erheben, mit dem er in keinem Vertragsverhältnis steht. Gegen den Anspruch läuft die 30jährige Verjährung. Im Konkurs der Gesellschaft macht der Konkursverwalter alle diese Ansprüche geltend (SeuffA 69, 221). Er kann aber nicht mehr einfordern, als zur Bezahlung der Konkursgläubiger und zur Durchführung des Verfahrens erforderlich ist (vgl. Erl 6c zu § 19). Ebenso liegt es bei der Liquidation. Anders OLG 13, 25. — Wegen Nichtzahlung der Schuld aus § 24 kann ein Gesellschafter mit seinem Geschäftsanteil nicht ausgeschlossen werden. Wohl aber kann die Gesellschaft den Geschäftsanteil pfänden lassen. — Haften neben dem Gesellschafter dessen Rechtsvorgänger (§ 16 Abs 3), so haften diese beiden solidarisch miteinander, und die Gesellschaft kann wegen eines Ausfalls die übrigen Gesellschafter aus der Kollektivhaftung nur in Anspruch nehmen, wenn von keinem von beiden der Betrag zu erlangen ist. — Die Zahlenden erwerben durch die Zahlung nicht den kaduzierten Geschäftsanteil, auch nicht, wenn es zu seiner Versteigerung nicht gekommen ist. Gegen den Ausgeschlossenen haben sie Anspruch auf Ersatz des Gezahlten, wenn nicht aus dem Gesellschaftsverhältnis (s. Erl 2a zu § 13), so wegen ungerechtfertigter Bereicherung.

b) Zweifelhaft ist, ob die Gesellschaft den Anspruch aus § 24 gegen einzelne Gesellschafter oder gegen alle zusammen abtreten kann. Dagegen sprechen dieselben Bedenken wie gegen die Zulässigkeit der Abtretung des Anspruchs auf die Stammeinlage (vgl. Erl 6a zu § 10). Namentlich besteht gar kein Grund zu bestreiten, daß auch diesem Anspruche gegenüber der einzelne Gesellschafter das Recht darauf hat, nur zusammen mit den übrigen zu den Beitragspflichten, welche alle Gesellschafter nach Verhältnis ihrer Beteiligung treffen, herangezogen zu werden. A.A. Scholz 291; Hachenburg § 24[25]; Liebmann § 24[4]; undeutlich Neukamp § 24[1b]; SeuffA 69, 221; die Gegenmeinung kann zu sehr unbilligem Ergebnis führen. Jedenfalls aber ergreift die Zession (oder Verpfändung oder Pfändung) der Stammeinlageforderung gegen einen Gesellschafter nicht ohne weiteres auch die Forderung der Gesellschaft gegen die anderen Gesellschafter nach § 24; a. A. anscheinend SeuffA 69, 221; KGBl 09, 58 (in RG 36, 113, worauf dort verwiesen wird, steht es nicht). Der Zessionar usw. kann auch nicht ohne weiteres den Anspruch gegen einen Rechtsvorgänger des gegenwärtigen Gesellschafters nach § 16 Abs. 3 geltend machen. Dazu bedarf es besonderer Pfändung. Zutreffend führt SeuffA 69, 221 aus, daß der Zessionar usw. überhaupt nicht in der Lage ist, irgendwie gemäß der §§ 21—24 gegen den oder die Gesellschafter zu verfahren, auch nicht gemäß § 24 Satz 2 einen Ausfall auf die übrigen Gesellschafter verteilen kann (vgl. auch RG 86, 421).

§ 25

Von den in den §§ 21 bis 24 bezeichneten Rechtsfolgen können die Gesellschafter nicht befreit werden[1]).

Österr. Gesetz § 71.

1. Daraus ergibt sich, wenn es dessen noch bedürfte, daß die §§ 21—24 zwingenden Rechts sind. Die Gesellschafter und ihre Rechtsvorgänger können von den in §§ 21—24 bezeichneten Rechtsfolgen weder im voraus befreit werden, noch kann das geschehen, nachdem der Haftungsfall eingetreten ist. Es versteht sich von selbst, daß neben dem § 25 auch die weitergehenden Vorschriften des § 19 Abs 2 Anwendung finden, daß also auch Stundung, einseitige Aufrechnung, überhaupt Aufrechnung mit nicht vollwertigen Ansprüchen, Zurückbehaltungsrecht unzulässig sind, soweit der Tatbestand des § 19 vorliegt, soweit es sich darum handelt, daß ein Gesellschafter oder dessen Rechtsvorgänger wegen seiner Stammeinlage in Anspruch genommen wird. Dagegen handelt § 19 nicht von der Haftung eines Gesellschafters wegen der Stammeinlage eines anderen Gesellschafters nach § 24. Anders OLG 13, 20; RG 92, 366, wo richtig entschieden ist, weil die Schuld der Gesellschaft, gegen welche aufgerechnet werden sollte, offenbar nicht vollwertig war, die Begründung aber zu beanstanden ist; der durchschlagende Einwand, daß die Heranziehung des § 24 im § 25 gegenstandslos wäre, wenn auf die in § 24 bestimmte Rechtsfolge § 19 Abs 2 anwendbar wäre, kann nicht damit beseitigt werden, daß der § 25 wegen der in §§ 21—23 bestimmten Rechtsfolgen bedeutsam bleibt; anders ferner RG 123, 8; in JW 1929, 650, wo auch die Entscheidung selbst zu beanstanden ist (vgl. JW 1929, 1744). Wie hier Hachenburg § 25[2]; Neukamp § 24[6]; Feine 337. A. A. Scholz 292 (in RG 98, 376, worauf verwiesen wird, steht nichts davon); Liebmann § 25. — Anderseits wird man allerdings auch im Falle des § 24 annehmen müssen, daß ein ernsthafter, durch die Sachlage gerechtfertigter Vergleich zulässig ist, so daß auch die übrigen Gesellschafter sich gegen die Haftung für den dadurch bedingten Ausfall nicht sträuben können. — Das Recht der Gesellschaft, ein Mitglied durch Kaduzierung seines Geschäftsanteiles auszuschließen, ist auf den Fall beschränkt, daß dieser die Stammeinlage schuldig bleibt. Auf andere Fälle kann das im Statut nicht ausgedehnt werden. Namentlich der ganz eigenartige Anfall des Geschäftsanteils an die Gesellschaft (§ 21 Abs 2 und Erl 5b und 8 das.) läßt sich nicht rechtsgeschäftlich vereinbaren.

§ 26

Im Gesellschaftsvertrage[3]) kann bestimmt werden, daß die Gesellschafter über den Betrag der Stammeinlagen hinaus die Einforderung von weiteren Einzahlungen (Nachschüssen) beschließen können[1])[2]).

Die Einzahlung der Nachschüsse hat nach Verhältnis der Geschäftsanteile zu erfolgen[4])[5]).

Die Nachschußpflicht kann im Gesellschaftsvertrage auf einen bestimmten, nach Verhältnis der Geschäftsanteile festzusetzenden Betrag beschränkt werden.

Österr. Gesetz § 72.

1. Nachschüsse sind Geldeinlagen, welche die Gesellschafter nach Entstehung der Gesellschaft als Beitrag zum Gesellschaftsvermögen über ihre Stammeinlage hinaus zur Gesellschaftskasse leisten. Eine Verpflichtung der Gesellschafter, im Falle des Bedarfs solche Nachschüsse zu zahlen, besteht an und für sich nicht. Aber im Statut können die Gesellschafter die Verpflichtung eingehen, es zu tun, wenn die Gesellschaft es (mit einfacher Stimmenmehrheit) beschließt. Tatsächlich wird im Leben von dieser Möglichkeit verhältnismäßig selten Gebrauch gemacht. S. Feine 316. — Die Bestimmung kann getroffen sein, entweder:

1. so, daß eine Grenze festgesetzt ist, bis zu welcher insgesamt Nachschüsse eingefordert werden können. Der einzelne hat den dem Verhältnis seiner Stammeinlage entsprechenden Betrag zu zahlen. Maßgeblich ist das Verhältnis der im Statut festgesetzten Stammeinlagen zueinander, und zwar auch dann, wenn ein einzelner Geschäftsanteil ausfällt. Die Beitragslast erfährt dadurch keine Erhöhung, vielmehr mindert sich der Gesamtbetrag der Nachschüsse (§ 28 Abs 1 Satz 1); oder

2. so, daß eine Höchstgrenze nicht gezogen ist; auch in diesem Falle hat der einzelne nach Verhältnis seiner Stammeinlage zu zahlen; er kann sich dieser Verpflichtung aber dadurch entziehen, daß er in vorgeschriebener Weise seinen Geschäftsanteil der Gesellschaft zur Verfügung stellt (§ 27). Dieses Recht, den Geschäftsanteil zu abandonnieren, muß dem Gesellschafter gewahrt sein; andernfalls würde die Gesellschaft den Charakter einer Gesellschaft m. b. H. ganz verlieren. Es kann

3. beides kombiniert werden, unbegrenzte Nachschußpflicht, zugleich Bestimmung einer Grenze, innerhalb welcher dem Gesellschafter das Abandonrecht nicht zusteht (§§ 27 Abs 4, 28 Abs 1 Satz 2).

Die begrenzte Nachschußpflicht hat wiederum — und zwar sowohl wenn sie allein steht als auch in Kombination mit unbegrenzter Nachschußpflicht — ein doppeltes Aussehen:

a) entweder — das ist der Regelfall, der gilt, wenn im Statut nichts anderes bestimmt ist — es ist, wenn der Gesellschafter seiner Zahlungsverpflichtung nicht nachkommt, die Kaduzierung seines Geschäftsanteils zulässig, wie wenn es sich um die Stammeinlage handelte (§ 28 Abs 1 Satz 1);

b) im Statut kann das aber auch anders bestimmt werden (§ 28 Abs 1 Satz 1).

Die Bedeutung dieser letzteren Unterscheidung liegt darin, daß nur im Regelfall (unter a) die Einforderung eines Nachschusses (innerhalb der Grenze) auch dann schon zulässig ist, wenn das Stammkapital noch nicht vollständig eingefordert worden ist (§ 28 Abs 2).

Mit dem Stammkapital bilden die beschlossenen Nachschüsse Kapitalvermögen der Gesellschaft. Auch sie erscheinen in der Bilanz als Passivposten, bilden hier aber, im Gegensatz zum Stammkapital, keine unveränderliche Größe. Sie haben den Zweck, der Verwaltung freiere Hand in dem Finanzierungsgebaren zu verschaffen, im Falle des Bedarfs Kapital heranzuziehen, welches beim eintretendem Überfluß ohne umständliches Verfahren wieder abgestoßen werden kann. Sobald das Stammkapital voll eingezahlt worden ist, können die Nachschüsse unter gewissen Kautelen an die Gesellschafter zurückgezahlt werden, vorausgesetzt, daß dadurch nicht das Stammkapital angegriffen wird (§ 30 Abs 2).

2. Das Gesetz behandelt nur den Fall der allgemeinen Nachschußpflicht. Es ist aber nicht ausgeschlossen, daß abweichend davon nur ein oder einzelne Gesellschafter sich zu Nachschüssen verpflichteten oder daß einer oder mehrere freiwillig Nachschüsse beitragen. Hachenburg § 26[4]. Zahlungen der Gesellschafter zur Gesellschaftskasse können auch als ein der Gesellschaft gegebenes Darlehn gemeint sein. Es wäre das aber ein ganz anderes Rechtsgeschäft, und es ist nicht richtig, derartige Zahlungen ohne weiteres als Darlehn zu betrachten, RG in LZ 1917, 927. Vgl. hierzu OLG 41, 210 (wenn dort gesagt wird, daß durch einstimmigen Beschluß freiwillig gegebene Zuschüsse in Darlehn umgewandelt werden können, so vermißt man die Einschränkung: unbeschadet der Erhaltung des Stammkapitals, ein Gesichtspunkt, der überhaupt Bedenken gegen den Satz begründet). Es besteht kein Recht der Kündigung (§ 609 BGB), die Gesellschaft darf das Geld und kann es wirksam nicht zurückzahlen, wenn das nur auf Kosten des Stammkapitals geschehen könnte (§ 30 Abs 1), im Konkurse der Gesellschaft ist der Gesellschafter nicht Konkursgläubiger. Ob der § 30 Abs 2 Anwendung findet, kann zweifelhaft sein (dagegen Hachenburg a. a. O.; Scholz 331). RG in HoldheimsMSchr 27, 61 verneint es in beiläufiger Bemerkung, verneint es aber auch von § 30 Abs 1, was sicherlich nicht richtig ist. Alles das ist anders, wenn es sich um ein Darlehn handelt, welches die Gesellschaft bei ihrem Gesellschafter aufnimmt. — Hat ein Gesellschafter in der irrigen Meinung, daß die Stammeinlage voll bezahlt sei, freiwillig weitere Gelder eingelegt, so validieren diese Zahlungen auf die Stammeinlage, und im Konkurse der Gesellschaft kann er nicht zu nochmaliger Zahlung angehalten werden (RG 105, 299). — Mit dem Gesagten steht nicht in Widerspruch, wenn RG 81, 368 unter Nachschüssen nur solche Zahlungen versteht, welche in der vom Gesetz behandelten typischen Weise von allen Gesellschaftern gleichmäßig eingefordert werden. Das ist allerdings der Begriff des Nachschusses, aber nicht so sehr im Sinne des gegenwärtigen Gesetzes als vielmehr im Sinne der dort erörterten Tarifstelle des preußischen Stempelsteuergesetzes (vgl. auch Urt v. 27. 9. 20 VII 316/19). Anderseits sind Zahlungen, welche die Gesellschafter zu einstimmig beschlossenen Unternehmungen zu leisten sich verpflichtet haben, Nachschüsse auch dann, wenn sie nicht so genannt sind, RFH 12, 217. — Eingezahlte Nachschüsse erhöhen nicht die Stammeinlage des Gesellschafters, nicht den Nennbetrag der Geschäftsanteile, wohl aber und darin unterscheiden sie sich von Leistungen gemäß § 3 Abs 2 (s. § 3 Erl 7 d) — die Geldeinlage des Gesellschafters und kommen daher in der Liquidation bei der Verteilung des Gesellschaftsvermögens unter die Gesellschafter — wenn ungleichmäßige Heranziehung stattgefunden hat — vorweg zum Zuge. S. zu diesen Fragen Hachenburg § 26[4]; Scholz 294 f.

3. a) Die Verbindlichkeit, auf Einforderung der Gesellschaft Nachschüsse zu leisten, kann nur im Gesellschaftsvertrage, bei Abänderung des Gesellschaftsvertrages nur mit Zustimmung aller Gesellschafter begründet werden. Beschließt die Gesellschaft, ohne auf einer Bestimmung des Gesellschaftsvertrages fußen zu können, die Einforderung eines bestimmten Nachschusses, so ist das, wenn es einstimmig geschieht, gleichwohl gültig, RG 81, 368, mit Unrecht von Feine 320[22] beanstandet; das Gericht spricht von Satzungsänderung überhaupt nicht, auch nicht von Einführung einer beschränkten Nachschußpflicht, sondern stellt die Gültigkeit und allgemeine Verbindlichkeit des Beschlusses fest; wie hier Scholz 296, dem aber darin nicht zugestimmt werden kann, daß es sich nicht um eine gesellschaftsrechtliche Verpflichtung handle und § 16 Abs 3 z. B. nicht auf sie anwendbar wäre. — Einstimmigkeit ist auch erforderlich, wenn die beschränkte Nachschußpflicht in unbeschränkte umgewandelt werden soll und umgekehrt. Letzteres wird von Hachenburg § 26[13] bestritten. Es ist aber nicht wohl denkbar, daß an Stelle der fakultativen Verpflichtung die schlichte Verpflichtung ohne Zustimmung jedes einzelnen gesetzt werden kann. Es läge darin nicht nur eine Verschärfung der übernommenen Verbindlichkeiten (§ 53 Abs 3), sondern auch eine Beschränkung des Rechts zum Austritt aus der Gesellschaft, was ein Sonderrecht ist (vgl. Erl 2 zu § 45). Scholz 296. — Die im Gesellschaftsvertrage bestimmte Möglichkeit, Nachschüsse einzufordern, bildet noch kein greifbares Vermögensrecht der Gesellschaft, deren freier Entschließung unterliegt, ob sie von dieser Möglichkeit Gebrauch machen will. Hierüber beschließt die Gesellschaft mit einfacher Mehrheit. Die Gesellschafter können sich dabei rein von

Gesichtspunkten der Zweckmäßigkeit leiten lassen. Gläubiger der Gesellschaft können, solange die Einforderung nicht beschlossen ist, nicht wirksam eine Nachschußforderung pfänden. Auch der Verwalter im Konkurse der Gesellschaft kann weder Nachschüsse einfordern noch von der Gesellschaft fordern, daß sie es tut.

b) Ein Beschluß der Gesellschafter ist, was die allgemeine Nachschußpflicht angeht, unerläßlich. Die Entschließung darüber kann nicht einem anderen Organe, dem Geschäftsführer oder dem Aufsichtsrat, übertragen werden. Geschieht das im Gesellschaftsvertrage, so ist jedenfalls diese Bestimmung wirkungslos. RG 70, 326 sagt, § 26 Abs 1 enthalte zwingendes Recht, und es gehöre zum Wesen der Nachschußpflicht, daß sie nur in der in § 26 vorgesehenen Weise zur Entstehung gebracht werden könne, und folgert daraus, daß nicht nur die Delegation an das betreffende Organ, sondern die ganze Bestimmung über die Nachschußpflicht nichtig sei; jedenfalls ist weder ein Gesellschafter verpflichtet, auf Beschluß des Aufsichtsrates etwas zu zahlen, noch können Gläubiger der Gesellschaft oder ihr Konkursverwalter Rechte daraus herleiten. Übrigens hat das Reichsgericht unverkennbar die Bestimmung des Statuts in dem Sinne verstanden, daß sich die Gesellschafter mit ihr der Entscheidung vollständig haben begeben wollen, was allerdings nicht zulässig ist. Faßt man die Bestimmung lediglich als eine Delegation auf, so ist nicht einzusehen, was gegen sie sprechen sollte. S. aber auch Hachenburg § 26[9]. — Ist im Statut bestimmt, daß zur Einforderung von Nachschüssen die Zustimmung des Aufsichtsrates erforderlich ist, so ist das im Zweifel als eine zum Schutze der Minderheit gemeinte Vorschrift aufzufassen, die einem mit Zustimmung aller Gesellschafter gefaßten Beschlusse zu weichen hat. Ebenso Scholz 296. Stempelansprüchen des Fiskus gegenüber kann sich die Gesellschaft bei ausgeführtem Beschluß nicht darauf berufen, daß der Aufsichtsrat nicht zugestimmt habe (Urt v. 27. 2. 20 VII 316/19). — Dagegen ist die Einziehung des beschlossenen Nachschusses Sache der laufenden Verwaltung und liegt in den Händen des Geschäftsführers.

4. a) Wie bei der Stammeinlage hat auch hier der einzelne Gesellschafter den Anspruch auf gleichmäßige Heranziehung aller und kann das einredeweise geltend machen. Das in Erl 6 c zu § 19 Gesagte muß auch hier entsprechend gelten. In diesem, aber auch nur in diesem Sinne ist Abs 2 zwingendes Recht. Überwiegend wird im Anschluß an die Motive der Abs 2 schlechthin für zwingend erklärt. Aber es ist nicht einzusehen, weshalb, wenn es im Gesellschaftsvertrage oder sonstwo einstimmig geschieht, für die Nachschußpflicht nicht ein anderes, ganz anderes Verhältnis sollte bedungen werden können. Wie hier Hachenburg § 26[12]; Scholz 298.

b) Die beschränkenden Bestimmungen in § 19 Abs 2, 3 finden auf die Nachschußverbindlichkeit keine Anwendung. Die Gesellschaft kann wirksam auf den Anspruch gegen den einzelnen verzichten. Aber sie gefährdet damit ihren Anspruch gegen die übrigen, die jedenfalls da, wo ohne sachliche Berechtigung verzichtet wird, auf Grund ihrer Rechte auf gleichmäßige Beteiligung die Zahlung verweigern, das Gezahlte kondizieren können.

c) Einen Anspruch auf Rückzahlung des eingezahlten Nachschusses hat der Gesellschafter nicht, auch dann nicht, wenn der Zweck der Einforderung erreicht ist und die Gesellschaft das Geld entbehren könnte. Die Gesellschafter können mit einfacher Stimmenmehrheit die Rückzahlung beschließen. Aber ausgeführt darf der Beschluß nur werden, wenn es geschehen kann ohne Beeinträchtigung des Stammkapitals (§ 30 Abs 1) und unter Beobachtung der in § 30 Abs 2 getroffenen Bestimmungen. Alles das gilt auch von freiwilligen oder freiwillig zugesagten Nachschüssen einzelner (nur kann hier von einem Anspruch auf gleichmäßige Behandlung natürlich keine Rede sein). Auf alle Fälle ist § 30 Abs 1 anzuwenden; wird Rückzahlung innerhalb bestimmter Zeit oder unter der Voraussetzung, daß die erforderlichen Mittel dafür zur Verfügung stehen, bedungen, so nähert sich das Rechtsverhältnis dem Darlehn und dürfte im Zweifel auch als solches anzusprechen sein. Jedenfalls steht einer derartigen Vereinbarung nichts entgegen als höchstens immer wieder der § 30 Abs 1, so daß, wenn es sich wirklich um eine Einlage handelt und nicht deutlich um Darlehn, der Gesellschafter auch auf Grund einer solchen Vereinbarung im Konkurse der Gesellschaft seinen Anspruch nicht als Konkursforderung geltend machen kann.

5. a) Es steht nichts im Wege, daß die Gesellschaft ihren Beschluß, einen Nachschuß zu erheben, mit einfacher Stimmenmehrheit wieder umstößt, aber nur, solange sie noch freie Hand hat, nicht mehr, wenn einzelne Gesellschafter schon Einzahlungen geleistet haben, welche die Gesellschaft wegen ihrer Vermögenslage nicht zurückzahlen darf (§ 30), auch nicht mehr, wenn einer der Ansprüche der Gesellschaft gegen die Gesellschafter gepfändet worden oder die Gesellschaft in Konkurs geraten ist.

b) Über die Nachschüsse in der Bilanz vgl. § 42 Ziff 3 und 4, über Rückzahlung von Nachschüssen § 30 Abs 2.

§ 27

Ist die Nachschußpflicht nicht auf einen bestimmten Betrag beschränkt[1]), so hat jeder Gesellschafter, falls er die Stammeinlage vollständig eingezahlt hat[2]), das

Recht, sich von der Zahlung des auf den Geschäftsanteil eingeforderten Nachschusses dadurch zu befreien, daß er innerhalb eines Monats nach der Aufforderung zur Einzahlung[3]) den Geschäftsanteil der Gesellschaft zur Befriedigung aus demselben zur Verfügung stellt[4]). Ebenso kann die Gesellschaft, wenn der Gesellschafter binnen der angegebenen Frist weder von der bezeichneten Befugnis Gebrauch macht, noch die Einzahlung leistet, demselben mittels eingeschriebenen Briefes erklären, daß sie den Geschäftsanteil als zur Verfügung gestellt betrachte[5]).

Die Gesellschaft hat den Geschäftsanteil innerhalb eines Monats nach der Erklärung des Gesellschafters oder der Gesellschaft im Wege öffentlicher Versteigerung verkaufen zu lassen[6]). Eine andere Art des Verkaufs ist nur mit Zustimmung des Gesellschafters zulässig. Ein nach Deckung der Verkaufskosten und des rückständigen Nachschusses verbleibender Überschuß gebührt dem Gesellschafter[7]).

Ist die Befriedigung der Gesellschaft durch den Verkauf nicht zu erlangen, so fällt der Geschäftsanteil der Gesellschaft zu[8]). Dieselbe ist befugt, den Anteil für eigene Rechnung zu veräußern.

Im Gesellschaftsvertrage kann die Anwendung der vorstehenden Bestimmungen auf den Fall beschränkt werden, daß die auf den Geschäftsanteil eingeforderten Nachschüsse einen bestimmten Betrag überschreiten[9]).

Österr. Gesetz § 72.

1. a) Der § 27 handelt von der unbeschränkten Nachschußpflicht. An und für sich steht diese mit dem Grundgedanken der Gesellschaftsform in Widerspruch und kann daher kraft zwingenden Rechts nur so vereinbart werden, daß der Gesellschafter das Recht hat, sich der Zahlung dadurch zu entziehen, daß er seinen Geschäftsanteil preisgibt. Bei begrenzter Nachschußpflicht besteht dieses Recht zum Abandon nicht, kann aber ebenfalls durch den Gesellschaftsvertrag bestimmt werden. Dagegen kann es bei der unbeschränkten Nachschußpflicht nicht fehlen. Im Verkehr scheint sie wenig Aufnahme gefunden zu haben. Jedenfalls hat sie die oberstrichterliche Rechtsprechung wenig oder gar nicht beschäftigt.

b) Durch den Beschluß der Gesellschaft, Nachschüsse einzufordern, entsteht der Anspruch gegen den Gesellschafter. Von ihm befreit sich dieser durch die der Gesellschaft rechtzeitig abgegebene Erklärung, daß er seinen Geschäftsanteil der Gesellschaft zur Befriedigung aus demselben zur Verfügung stellt. Er hört damit nicht auf, den Nachschuß zu schulden, aber seine Haftung ist beschränkt auf den Geschäftsanteil. Er hört dadurch auch nicht auf, Gesellschafter, Besitzer des Geschäftsanteils zu sein, Rechte und Pflichten aus dem Gesellschaftsverhältnis dauern fort, so daß, wenn vor der Versteigerung der Jahresgewinn festgestellt wird, dieser dem Gesellschafter zukommt, ohne daß die Gesellschaft wegen ihres Anspruchs auf den Nachschuß aufrechnen kann. Die Gesellschaft, wenn sie zur Versteigerung schreitet, verkauft den fremden Geschäftsanteil zwar in eigenem Namen — entsprechend dem das Pfand verkaufenden Pfandgläubiger —, aber für fremde Rechnung. Durch den Zuschlag wird der Erwerber unmittelbarer Rechtsnachfolger des Vorbesitzers im Gesellschaftsverhältnisse, nicht der Gesellschaft. — Für ältere Nachschüsse, für Leistungen, welche nach § 3 Abs 2 bis zu diesem Zeitpunkte fällig geworden sind, bleibt der bisherige Gesellschafter haftbar (§ 16 Abs 3). Auf den Erwerber dürfte § 16 Abs 3 nicht ohne weiteres anwendbar sein. Es sind die Versteigerungsbedingungen maßgebend. A. A. Hachenburg § 27[24]; aber wenn die Gesellschaft in dem Verkaufsangebot und den Verkaufsbedingungen verschweigt, daß Rückstände bestehen, dann geht sie nach Kaufrecht des Anspruchs auf sie verlustig. Wie H. auch Scholz 308. — Anmeldung nach § 16 kommt nicht in Frage.

2. Vor vollständiger Einforderung der Stammeinlagen kann die Einforderung von Nachschüssen wirksam nicht beschlossen werden. Das ist nur — unter bestimmter Voraussetzung (§ 28 Abs 2) — bei begrenzter Nachschußpflicht zulässig. Dagegen setzt der Einforderungsbeschluß nicht voraus, daß alle Stammeinlagen vollständig eingezahlt worden sind. Aber ein Gesellschafter, der seine Stammeinlage noch nicht vollständig eingezahlt hat, kann sich durch Abandon von der Nachschußpflicht nur befreien, wenn er — vorher oder auch nachher, aber innerhalb der Monatsfrist — das an der Stammeinlage Fehlende zahlt. Nur von der Stammeinlage selbst gilt das, nicht von Zinsen und anderen Nebenforderungen, auch nicht von Verpflichtungen aus § 24. Dagegen ist es gleichgültig, ob die Stammeinlage, die der Gesellschafter noch schuldet, erst eingefordert worden ist, als er bereits den Geschäftsanteil besaß, oder ob er nach § 16 Abs 3 neben dem Veräußerer haftet. Nimmt die Gesellschaft in der irrigen Meinung, die Stammeinlage sei gezahlt, den Abandon an und versteigert sie den Geschäftsanteil, so wird der Gesellschafter von der Nachschußpflicht frei, nicht aber zugleich von der Verpflichtung, die Stammeinlage zu bezahlen. Er bleibt haftbar, nicht nach § 16 Abs 3, wie Scholz 308 annimmt, sondern überhaupt, § 19 Abs 2. Es ist zu beachten, daß abandonnieren nur kann, wer nach § 16 Abs 1 als Gesellschafter gilt. Dagegen fällt die Haftung etwaiger Rechtsvorgänger aus § 22 fort, weil die Gesellschaft ihnen den Geschäftsanteil nicht mehr gewähren kann und sie nur zu zahlen brauchen, wenn ihnen dadurch der Geschäftsanteil anfällt (vgl. Erl 1 zu § 22). Die Gültigkeit der Versteigerung wird durch jenen Irrtum nicht in Frage gestellt.

3. Der Abandon muß innerhalb einer Frist erfolgen, welche das Gesetz auf einen Monat bestimmt, d. h. sie muß mindestens einen Monat betragen. Im Gesellschaftsvertrage oder auch im einzelnen Falle durch den Geschäftsführer kann eine längere Frist bestimmt werden, wie denn auch die Gesellschaft nicht gehindert ist, eine nach Ablauf der Frist abgegebene Erklärung gelten zu lassen. A. A. Liebmann § 27[2b]. Die Frist beginnt für jeden einzelnen Gesellschafter mit dem Zeitpunkte, wo er zur Zahlung des Nachschusses aufgefordert wird. Eine Form ist für diese Aufforderung nicht vorgeschrieben. Jede Art von rechtsgeschäftlicher Erklärung genügt. In der Zahlungsaufforderung braucht die Frist nicht erwähnt zu werden. Aber eine mit der Aufforderung für die Zahlung bestimmte Frist gilt, wenn sie die Monatsfrist überschreitet, zugleich als für die Ausübung des Abandons bewilligt. Anders anscheinend Scholz 303. — Anderseits kann der Gesellschafter schon vor der Zahlungsaufforderung wirksam abandonnieren.

4. Auch für diese Erklärung ist keine Form vorgeschrieben. Es handelt sich um eine der Gesellschaft gegenüber abzugebende (empfangsbedürftige) Willenserklärung. Sie muß innerhalb der laufenden Frist abgegeben, also bei brieflicher Erklärung der Gesellschaft zugegangen sein. Ist das geschehen, so kann die Gesellschaft wegen der Nachschußforderung Befriedigung nur noch aus dem Geschäftsanteile suchen. Dagegen kann der Gesellschafter, solange es noch nicht zur Versteigerung gekommen oder der Geschäftsanteil der Gesellschaft noch nicht zugefallen (Abs 3) ist, immer noch durch Bezahlung des Nachschusses (nebst Verzugszinsen u. ä.) das weitere abwenden und sich den Geschäftsanteil erhalten; Hachenburg § 27[13]; Scholz 305. — Im Falle des § 18 (mehrere Mitberechtigte) müssen innerhalb eines Monats, nachdem allererst ein Mitberechtigter zur Einzahlung aufgefordert ist, alle die Erklärung abgeben. — Besitzt ein Gesellschafter mehrere Geschäftsanteile, so muß er deutlich erklären, ob er alle oder nur den einen oder den anderen Geschäftsanteil zur Verfügung stellt. — Machen alle Gesellschafter von dem Rechte des Abandons Gebrauch, so ist, wenn sich kein Erwerber findet, die Gesellschaft beendet, und es muß Liquidation eintreten.

5. a) Läßt der Gesellschafter die Frist verstreichen, indem er weder zahlt noch den Abandon erklärt, so haftet er unbeschränkt auf den Nachschuß. Die Gesellschaft ist aber nicht darauf angewiesen, ihn zu verklagen, sie kann nunmehr ihrerseits erklären, daß sie in dem Schweigen des Gesellschafters dessen Abandonerklärung erblicke, und sich ohne gerichtliches Verfahren an den Geschäftsanteil halten, so, wie wenn der Gesellschafter ihn abandonniert hätte. Auch wenn sie letzteres wählt, kann der Gesellschafter sich dadurch den Geschäftsanteil erhalten, daß er zahlt, was er schuldet. Erst mit dem Verkaufe des Geschäftsanteils oder mit seinem Anfall an die Gesellschaft hört das auf. Vgl. die trotz des vielleicht zu beanstandenden Ausdrucks Konfiskation (Scholz 304) zutreffende Darstellung des Rechtsverhältnisses bei Hachenburg § 27[13] (beschränkte Haftung). — Voraussetzung ist auch hier, daß die Stammeinlage voll eingezahlt worden ist. Andernfalls kommt die Gesellschaft durch Kaduzierung schneller und vorteilhafter zum Ziele. Hatten die Beteiligten irrtümlich angenommen, daß die Stammeinlage bezahlt sei, so wird dadurch die Versteigerung nicht wirkungslos und ebensowenig der Anfall des Geschäftsanteils an die Gesellschaft nach Abs 3, so daß ein freihändiger Verkauf des angefallenen Geschäftsanteils gültig ist.

b) Die Erklärung der Gesellschaft, daß sie den Geschäftsanteil als ihr zur Verfügung gestellt betrachte, muß mittels eingeschriebenen Briefes erfolgen. Weitere Formvorschriften bestehen nicht, jede in dieser Form abgegebene Erklärung genügt, wofern sie nur deutlich erkennen läßt, was gemeint ist. Die vorgeschriebene Form kann überboten werden durch förmliche Zustellung, gegebenenfalls auch durch öffentliche Zustellung (vgl. Erl 3 zu § 21). An irgendeine Frist ist die Erklärung nicht gebunden. Sie kann wirksam erst nach Ablauf der für die Erklärung des Gesellschafters laufenden Frist abgegeben werden. Sie ist unwiderruflich. Mit ihrer Wahl hat die Gesellschaft auf die unbeschränkte Haftung des Gesellschafters verzichtet, was durch einseitigen Widerruf nicht rückgängig gemacht werden kann. Ebenso Feine 324[38]; a. A. Neukamp § 27[5]; Liebmann § 27[4].

6. a) Die öffentliche Versteigerung muß geschehen, weil sie für Rechnung des Gesellschafters geht. Sie bedarf keines weiteren Beschlusses der Gesellschaft. Es ist das Sache der Geschäftsführung. Auch wenn im allgemeinen die Veräußerung von Geschäftsanteilen der Genehmigung der Gesellschaft bedarf, ist hier eine solche nicht nötig. Über öffentliche Versteigerung s. Erl 4 zu § 23. Die Versteigerung muß innerhalb eines Monats nach der Erklärung des Gesellschafters oder der Gesellschaft erfolgen. Bei schriftlicher Erklärung ist daher der Zeitpunkt maßgeblich, wo der Brief dem Gegner zugeht, was nicht unbestritten ist (vgl. § 21 Erl 3 a). Während also die Gesellschaft mit ihrer Erklärung an keine Frist gebunden ist, muß sie, wenn sie die

Erklärung abgegeben hat, mit dem Verkaufe innerhalb der Frist vorgehen. Doch ist ein späterer Verkauf darum nicht nichtig, begründet vielmehr nur Anspruch auf Schadensersatz. — Verkäufer ist die Gesellschaft, und sie ist es, die gegebenenfalls dem Käufer aus dem Kaufvertrage haftet. Es steht nichts im Wege, daß sie mitbietet (anders im Falle des § 28 Abs 2, wenn die Stammeinlage nicht voll eingezahlt ist, § 33 Abs 1).

b) Hat der Gesellschafter seinen Geschäftsanteil der Gesellschaft zur Verfügung gestellt, so ist der Verkauf gültig, auch wenn die materiellen Voraussetzungen für jene Erklärung nicht vorgelegen haben. Dasselbe muß angenommen werden, wenn der Gesellschafter seine Erklärung wegen Irrtums wirksam angefochten hat. Anders dagegen, wenn die Gesellschaft die Erklärung ohne rechtlichen Grund abgegeben (und nicht etwa der Gesellschafter sich mit dem Verkauf einverstanden erklärt) hat. Dann wird auch der gutgläubige Käufer nicht Gesellschafter. — Mit Zustimmung des Gesellschafters kann der Geschäftsanteil — vor oder nach Ablauf der Monatsfrist — freihändig verkauft werden.

c) Der Abs 2 ist nicht zwingendes Recht. Im Gesellschaftsvertrage oder später einstimmig können die Bestimmungen anders getroffen werden.

7. Ein bei dem Verkaufe etwa erzielter Überschuß (Überschuß über Nachschußpflicht, Nebenforderungen und Kosten) gebührt dem Gesellschafter. Ein an dem Geschäftsanteile etwa bestehendes Pfandrecht erlischt (auch in dem Falle, daß die Nachschußpflicht erst nach der Verpfändung eingeführt worden ist). Das ist bestritten, aber die Gegner verkennen die eigentümliche Natur des Pfandrechts an einem Geschäftsanteile, das nicht ein Recht an einem fest gegebenen konkreten Anspruch ist, sondern an einem in Fluß befindlichen Rechtsverhältnis (vergl. § 21 Erl 5 a). Wer gegen seinen Schuldner dessen Kaufpreisforderung pfändet, muß die Einreden des Käufers auch dann gegen sich gelten lassen, wenn sie auf Vorgängen beruhen, welche zeitlich nach der Pfändung (oder Verpfändung) liegen. Zwar der Käufer kann über seinen Anspruch nicht mehr frei verfügen, aber der Pfandgläubiger kann ihn nicht hindern, den Kaufvertrag mangelhaft oder gar nicht zu erfüllen. Was so naturgemäß vom Pfandrecht in einem Anspruche aus gegenseitigem Vertrage gilt, kommt vollends zur Geltung, wenn das Rechtsverhältnis eines Gesellschafters zur Gesellschaft Gegenstand des Pfandrechts ist. Die Verpfändung eines Geschäftsanteils läßt das innere Leben der Gesellschaft und dessen Betätigung nach außen ganz unberührt und wie der Gesellschafter, so bekommt entsprechend der Pfandgläubiger mit und an dem Geschäftsanteile nur das in die Hand, was jeweilig die Geschäftsführung der Gesellschaft aus ihm zu machen versteht oder auch nicht versteht. Nach diesseitiger Auffassung ist in der Abgabe seiner Stimme beim Gesellschafterbeschluß der Gesellschafter, welcher seinen Geschäftsanteil verpfändet hat, völlig frei (mag er auch dem Pfandgläubiger gegenüber sich deswegen zu verantworten haben). Aber jedenfalls sind und bleiben die übrigen Gesellschafter frei, können insbesondere auch die Einforderung von Nachschüssen wirksam beschließen. Schutzlos, wie gegenüber schlechter Führung der Geschäfte, ist der Pfandgläubiger auch gegenüber den Anforderungen, welche die Gesellschaft an ihre Mitglieder rechtlich stellen kann und tatsächlich stellt. Nur darum auch kann ja unbedenklich der Geschäftsanteil für übertragbar (und verpfändbar) erklärt werden. Den Anteil an einer Gesellschaft nach bürgerlichem Recht kann man nicht abtreten und nicht verpfänden. Daß er gepfändet werden kann, ist positiv bestimmt worden (§§ 719, 725 BGB). Aber dort steht dann auch, wenn ein Gläubiger zur Pfändung schreitet, die Maschine still, die Gesellschaft hat ein Ende und nur noch eine kurze Lebensfrist. Wie der Käufer eines Geschäftsanteils einer Gesellschaft m. b. H. Nachschüsse über sich ergehen lassen muß, so auch der Pfandgläubiger. Mag er doch den Nachschuß zahlen, wenn ihm sein Pfandrecht das wert ist (§ 267 BGB; vgl. auch § 268 das.). Der Verpfänder ist ihm gegenüber nicht dazu verpflichtet. Verfehlt ist auch der Hinweis darauf, daß der Gesellschafter mit dem Abandon über den Geschäftsanteil verfügen würde und daher durch das Pfandrecht hieran gehindert sei. Zunächst wird damit der Fall nicht getroffen, daß der Gesellschafter nicht zahlt und nunmehr die Gesellschaft den Geschäftsanteil an sich zieht. Ferner aber ist es gar nicht richtig, daß das Pfandrecht den Eigentümer hindert, über die verpfändete Sache zu verfügen. Er kann sie einem anderen übereignen, sie sogar derelinquieren. Das alles geschieht wirksam. Unter Umständen wird er sich dadurch dem Pfandgläubiger zu Schadensersatz verpflichten, aber die Verfügung ist darum nicht wirkungslos. — Es liegt auch dann nicht anders, wenn die Zulässigkeit der Einforderung von Nachschüssen in das Statut erst aufgenommen worden ist, als der Geschäftsanteil bereits verpfändet war. Die übrigen Gesellschafter waren überhaupt durch nichts behindert, und in der unerläßlichen Zustimmung des Gesellschafters, der seinen Geschäftsanteil verpfändet hatte, mag wiederum eine Vertragsverletzung gegenüber seinem Pfandgläubiger liegen. Aber was geht das die Gesellschaft an. Daß es bei dem Pfandrecht an Kuxen anders ist (vgl. die Entscheidung RG 3, 274, welche zeigt, daß auch dort die Frage zum mindesten zweifelhaft ist), beweist nichts. Die Gewerkschaft nach preußischem Recht ist keine Gesellschaft, sondern Miteigentum. — Das Pfandrecht am Geschäftsanteile erlischt, und es besteht auch nicht etwa an dem Verkaufserlös oder an dessen Überschuß über den Nachschuß. Woher sollte diese Subrogation kommen? Der Anspruch des Ausgeschiedenen auf den Überschuß ist nicht Anspruch aus dem Gesellschaftsverhältnis, sondern aus der Geschäftsbesorgung. Wenn ein Pfandschuldner Gelegenheit findet, die verpfändete Sache so zu verkaufen, daß der Käufer freies Eigentum erwirbt (§ 936 BGB), so entsteht damit kein Pfandrecht an der Kaufpreisforderung. Die Gesellschaft weiß ja auch nicht, muß jedenfalls nicht von der Verpfändung wissen, und unter allen Umständen kann sie ganz nach der Regel (§§ 460, 1275 BGB) mit Ansprüchen aller Art gegen den Gesellschafter aufrechnen. Der Pfandgläubiger hat höchstens den Anspruch, daß der Pfandschuldner ihm seine Forderung auf den Überschuß verpfändet. Anders Neukamp § 27[6]. Wie hier Scholz 309; im wesentlichen auch Hachenburg § 27[20,21]; nur soll nach ihm der Anspruch auf den Überschuß dem Pfandrecht kraft Subrogation unterliegen, und es soll das Pfandrecht bestehenbleiben, wenn zur Zeit seiner Bestellung das Statut Einforderung von Nachschüssen noch nicht vorsah; ebenso Liebmann § 27[6], Feine 325.

8. Der Geschäftsanteil fällt kraft Gesetzes, wenn durch die Versteigerung die Befriedigung der Gesellschaft nicht zu erlangen ist, an die Gesellschaft, die ihn nunmehr zu freiem Eigentum besitzt und ihn nach freiem Belieben, auch durch freihändigen Verkauf, jetzt ganz für eigene Rechnung verwerten kann (vgl. RG 50, 49: Wer gegen die Gesellschaft Anspruch auf Beteiligung an ihr, auf einen Geschäftsanteil hat, braucht sich auf Lieferung eines abandonnierten Geschäftsanteils nicht einzulassen). Der Fall tritt ein, wenn das Höchstgebot den Anspruch zuzüglich der Versteigerungskosten nicht deckt. Dann kann die Gesellschaft den Zuschlag versagen. Wenn behauptet wird, daß sie ihn dann auch versagen müßte, so haftet das wohl zu sehr am Wortlaut des Gesetzes. Warum soll die Gesellschaft, die sofort nach dem Anfall den Geschäftsanteil frei veräußern könnte, nicht für ein nach Lage der Sache annehmbares Gebot in der Versteigerung verkaufen dürfen? Scholz 306; a. A. Hachenburg § 27[35] mit nicht durchschlagender Begründung. Das Gebot kann für die Gesellschaft wertvoller sein als der Eigenbesitz des Geschäftsanteils. Ist die Gesellschaft mit dem Gesellschafter über eine andere Art des Verkaufs übereingekommen und mißglückt dieser, so wird — wenigstens im Zweifel — nunmehr mit einem Versuche der Versteigerung vorzugehen sein. Man wird schließlich aber auch annehmen dürfen, daß jeder Versuch eines Verkaufs unterbleiben kann, wenn Gesellschaft und Gesellschafter darin einig sind, daß er von vornherein als aussichtslos erscheint. A. A. Liebmann § 27[5]; gegen ihn Scholz 307. — Ein am Geschäftsanteile bestehendes Pfandrecht erlischt mit dem Anfall an die Gesellschaft (Erl 7). Die Veräußerung für Rechnung der Gesellschaft bedarf der in § 15 Abs 3 bestimmten Form, auch wenn sie den Geschäftsanteil versteigert. — Mit dem Anfall des Geschäftsanteils erlischt die Nachschußforderung, während für andere Ansprüche, welche bis zu diesem Zeitpunkte fällig werden, der Gesellschafter nach § 16 Abs 3 haftbar bleibt.

9. S. § 26 Erl 1.

§ 28

Ist die Nachschußpflicht auf einen bestimmten Betrag beschränkt[1]), so finden, wenn im Gesellschaftsvertrage nicht ein anderes festgesetzt ist, im Falle verzögerter Einzahlung von Nachschüssen die auf die Einzahlung der Stammeinlagen bezüglichen Vorschriften der §§ 21 bis 23 entsprechende Anwendung. Das gleiche gilt im Falle des § 27 Absatz 4 auch bei unbeschränkter Nachschußpflicht, soweit die Nachschüsse den im Gesellschaftsvertrage festgesetzten Betrag nicht überschreiten[2]).

Im Gesellschaftsvertrage kann bestimmt werden, daß die Einforderung von Nachschüssen, auf deren Zahlung die Vorschriften der §§ 21 bis 23 Anwendung finden, schon vor vollständiger Einforderung der Stammeinlagen zulässig ist[3]).

Österr. Gesetz § 73.

1. a) Ist im Gesellschaftsvertrage Nachschußpflicht bestimmt, aber zugleich auch eine Grenze, über welche hinaus Einforderung von Nachschüssen nicht stattfinden kann, so hat der Gesellschafter nicht das Recht, sich von der Zahlungsverpflichtung dadurch zu befreien, daß er der Gesellschaft seinen Geschäftsanteil zur Verfügung stellt, haftet vielmehr ebenso, wie wenn es sich um Einforderung auf die Stammeinlage handelte. Doch kann im Statut etwas anderes bestimmt werden; es kann — was Liebmann § 28[2] ohne Grund bestreitet — einfach bestimmt werden, daß die §§ 21—23 nicht Anwendung finden sollen. Die Höchstgrenze kann auf verschiedene Art bestimmt werden, doch muß es so geschehen, daß jeder einzelne ziffernmäßig berechnen kann, bis zu welchem Betrage er in Anspruch genommen werden kann. Das ist und bleibt der starre Betrag, der eine Erhöhung auch dann nicht erfährt, wenn der eine oder der andere Geschäftsanteil aus irgendeinem Grunde fortfällt. In solchem Falle geht der Betrag, der auf den ausgeschiedenen Geschäftsanteil hätte eingefordert werden können, der Gesellschaft verloren. Ebensowenig mindert sich anderseits dieser Betrag, wenn das Stammkapital herabgesetzt wird, es sei denn ausdrücklich der Gesellschafterbeschluß in diesem Sinne gefaßt worden. Sind Nachschüsse in zulässiger Weise zurückgezahlt worden, so zählen sie bei Berechnung, ob die Höchstgrenze überschritten ist, nicht mit (§ 30 Abs 2 Satz 4).

b) Vorausgesetzt, daß der eingeforderte Betrag sich in der bestimmten Grenze hält, kann die Gesellschaft, wie wenn es sich um Stammeinlage handelt, gemäß § 21 zur Kaduzierung schreiten, wenn der Gesellschafter vorgeschriebener Aufforderung ungeachtet nicht zahlt; der Ausgeschlossene bleibt wegen des Ausfalls an Stammeinlage, gegenwärtigen und künftigen Nachschüssen (innerhalb der Höchstgrenze) der Gesellschaft verhaftet (§ 21); etwaige Rechtsvorgänger haften wegen des eingeforderten Nachschusses, wenn die Einforderung noch zur Zeit ihres Besitzes erfolgt ist, nach § 16 Abs 3, daneben aber auch und unabhängig von letztgenannter Voraussetzung nach § 22. Zweifelhaft ist auch hier, ob diese Haftung der Rechtsvorgänger sich auch auf Nachschüsse erstreckt, die erst später eingefordert werden, und auf die noch ausstehende Stammeinlage (vgl. Erl 8 zu § 22; ferner Mot S. 62, wo als selbstverständlich vorausgesetzt wird, daß die Rechtsvorgänger des Ausgeschlossenen für die Stammeinlage weiter haftbar bleiben). Aber jedenfalls haften die Rechtsvorgänger nur bis zu der Grenze, die galt, als sie noch Gesellschafter waren, spätere, durch Änderung des Gesellschaftsvertrages (einstimmig) eingeführte Erhöhung des zulässigen Betrages kann ihnen gegenüber nicht geltend gemacht werden.

c) Der Geschäftsanteil wird für Rechnung der Gesellschaft versteigert, wenn von keinem der Haftenden Zahlung zu erhalten ist (§ 23). Die subsidiäre Kollektivhaftung der anderen Gesellschafter (§ 24) besteht hier nicht. Überhaupt beschränkt sich die Übereinstimmung der Nachschußschuld mit der Stammeinlageschuld auf das, was sich aus der Anwendbarkeit der §§ 21—23 ergibt. Die in § 19 Abs 2, 3 bestimmten Beschränkungen gelten hier nicht. Aufrechnung und Retention sind dem Gesellschafter unbenommen, der Hingabe an Zahlungs Statt steht nichts im Wege, an und für sich auch nichts der Stundung und dem Erlaß. Wohl aber hat auch hier der einzelne, sofern nicht im Gesellschaftsvertrage, also mit seiner oder seines Rechtsvorgängers Zustimmung, etwas anderes bestimmt worden ist, das unentziehbare Recht auf gleichmäßige Heranziehung, das durch willkürlichen und unberechtigten Verzicht auf den Anspruch gegen andere Gesellschafter verletzt wird.

2. Die beschränkte und die unbeschränkte Nachschußverbindlichkeit lassen sich gewissermaßen kombinieren. Das Gesetz sieht ausdrücklich den Fall vor, daß bei unbeschränkter Nachschußpflicht zugleich bestimmt wird, daß das Recht, den Geschäftsanteil zu abandonnieren, erst eintreten soll, wenn eine bestimmte Höchstgrenze überschritten wird (§ 27 Abs 4). Auch in diesem Falle gelten, was die Nachschüsse angeht, welche sich in der gezogenen Grenze halten, kraft Gesetzes, aber nicht zwingend, die §§ 21—23. Es kann also namentlich das Recht, den Geschäftsanteil zu abandonnieren, auch auf die Haftung aus begrenzter Nachschußpflicht ausgedehnt werden. Dagegen ist mit unbegrenzter Nachschußpflicht das Abandonrecht stets notwendig verbunden.

3. a) Im allgemeinen können Nachschüsse erst eingefordert werden, nachdem das ganze Stammkapital eingefordert worden ist. Darauf kommt es an, ob das Stammkapital eingefordert, nicht darauf, ob es der Einforderung entsprechend eingezahlt worden ist (RG 87, 179). Das Gesetz erkennt aber als ein berechtigtes Bedürfnis an, daß unter Umständen Nachschüsse schon vorher erhoben werden können. Es ist dabei namentlich an Fälle zu denken, wo gleich anfangs erhebliche Aufwendungen nötig werden, welche nicht unmittelbar in greifbaren Gegenwerten, sondern in der Aussicht auf künftige Erträgnisse ihren Ausgleich finden; man erhebt hierzu zweckmäßig Nachschüsse, um aus ihnen, d. h. unter Abschreiben vom Nachschußkonto, diese Ausgaben zu decken; bei beginnender Rentabilität kann dann alsbald mit Verteilung von Gewinn vorgegangen werden, was mit einer soliden Geschäftsführung nicht notwendig in Widerspruch steht (vgl. Mot 35). — Die Einforderung von Nachschüssen vor Einforderung des ganzen Stammkapitals ist aber an zwei Voraussetzungen geknüpft. Es muß die Zulässigkeit im Gesellschaftsvertrage vereinbart worden sein, und es muß nicht nur das Abandonrecht ausgeschlossen (die Nachschußpflicht muß also notwendig eine beschränkte) sein, sondern es darf auch die gesetzliche Haftung des Gesellschafters und seines Rechtsvorgängers, wie sie in §§ 28 Abs 1, 21—23 bestimmt ist, in keiner Weise abgeschwächt sein. — Wird im Gesellschaftsvertrage gegen diese Vorschriften verstoßen, so hat der Registerrichter die Eintragung zu beanstanden. Geschieht das nicht und wird die Gesellschaft eingetragen, so sind die Gesellschafter nicht verpflichtet, vor Einforderung der ganzen Stammeinlage Nachschüsse zu zahlen. Tun sie es freiwillig, so können sie nicht Rückzahlung des Gezahlten fordern, aber es steht nichts im Wege, das Gezahlte auf die Stammeinlage zu verrechnen (vgl. § 30 Abs 2 Ziff 3). Ebenso Scholz 314°.

b) Bleibt bei nicht voll eingezahlter Stammeinlage der Gesellschafter in einem Fall nach Abs 3 mit dem Nachschuß im Rückstand, dann führt die entsprechende Anwendung der §§ 21—23 dahin, daß trotzdem der Geschäftsanteil kaduziert werden kann und daß er, wenn das geschieht, gemäß § 21 Abs 2 an die Gesellschaft fällt, die ihn öffentlich zu versteigern hat und, wenn der Verkauf so nicht gelingt, ihn in freier Weise verwerten kann. Der Erwerber des Geschäftsanteiles übernimmt die Einlageverpflichtung, auch wenn es in den Versteigerungsbedingungen nicht ausgemacht ist. Der Kaduzierte haftet wegen eines Ausfalls an der Stammeinlage gemäß § 21 Abs 3. Die herrschende Lehre (vgl. § 21 Erl 8) wird das auch von seinen Rechtsvorgängern annehmen. Scholz 311 f.

§ 29

Die Gesellschafter[2]) haben Anspruch[1]) auf den nach der jährlichen Bilanz sich ergebenden Reingewinn[3]), soweit nicht im Gesellschaftsvertrage ein anderes bestimmt ist[4])[5])[6]).

Die Verteilung erfolgt nach Verhältnis der Geschäftsanteile. Im Gesellschaftsvertrage kann ein anderer Maßstab der Verteilung festgesetzt werden[7]).

Österr. Gesetz § 82.

1. a) Es ist zu unterscheiden zwischen dem allgemeinen Recht des Gesellschafters auf Beteiligung am Gewinn des Unternehmens und dem alljährlich erwachsenden Anspruch auf die Gewinnquote des jeweiligen Geschäftsjahres. Dieser Anspruch ist Ausfluß jener allgemeinen Berechtigung. Beides kommt dem Gesellschafter zu, soweit nicht im Gesellschaftsvertrage ein anderes bestimmt ist, d. h. es gibt Gesellschaften, welche den Gewinn nicht an die Gesellschafter abführen. Es gibt Gesellschaften, die überhaupt nicht darauf abzielen, Gewinn zu machen. Die Regel aber ist, daß die Gesellschaft m. b. H. eine Erwerbsgesellschaft ist, und dann haben die Gesellschafter das in Abs 1 bestimmte Recht. Von dem Verteilungsschlüssel handelt Abs 2. — Das allgemeine Recht auf Beteiligung am Gewinn ist mit dem Geschäftsanteil unlöslich verbunden. Der einzelne Gewinnanspruch kann abgetreten werden, auch schon im voraus als künftig entstehender, und die Abtretung künftiger Gewinnansprüche kann bestimmt bezeichnete Jahresgewinne zum Gegenstand haben, kann aber auch so gemeint sein, daß bis auf weiteres die Ansprüche abgetreten sein sollen.

b) Der Anspruch auf den einzelnen Jahresgewinn löst sich mit seiner Entstehung heraus aus dem allgemeinen Recht auf Gewinnbeteiligung und wird damit zu einem selbständigen Gläubigerrecht. Das ist in Rechtslehre und Rechtsprechung ziemlich allgemein anerkannt, wie für die Aktiengesellschaft so denn auch für die Gesellschaft m. b. H. (ROH 18, 153; 22, 19; RG 22, 113; 37, 62; 87, 386; 98, 320; vgl. auch RG 91, 321). Der Widerspruch, der sich dagegen erhoben hat, beruht auf Mißverständnis. Es ist nicht die Meinung, daß der Gewinnanspruch Drittgläubigerrecht wird. Drittgläubigerrecht des Gesellschafters gegen die Gesellschaft kann immer nur ein Recht sein, das auf einem anderen Rechtsgrund beruht als dem Gesellschaftsvertrag, dem Statut, und es ist klar, daß der Anspruch auf den Jahresgewinn auf keinem anderen Rechtsgrunde beruht als eben auf dem Statut. Was man darunter zu verstehen hat, daß der Anspruch ein selbständiges Gläubigerrecht geworden sei, ist etwas ganz anderes. Der Geschäftsbetrieb der Gesellschaft setzt sich aus einer großen Zahl von mannigfaltigen, bald erheblichen, bald unerheblichen oder minder erheblichen Einzelunternehmungen und Geschäften zusammen, nebeneinander und nacheinander, welche jedes für sich oder auch wieder in Zusammenhang mit anderen entweder Kosten und Verlust verursachen oder Ersatz schaffen und Gewinn bringen. Ob das Ganze Gewinn bringt und wieviel oder ob und welchen Verlust, läßt sich eigentlich erst sagen, wenn die Sache überhaupt zu Ende ist. Darauf will und kann man nicht warten und deshalb werden — eigentlich gegen die Natur der Sache, jedenfalls aber willkürlich, konventionell und nur rechnungsgemäß — Einschnitte gemacht, Perioden eingeführt, an deren Ende jedesmal in Gedanken haltgemacht wird. Regelmäßig nach Ablauf eines Jahres wird der Status aufgenommen, die Bilanz gezogen. Es werden, soweit die Einzelgeschäfte zu einem Abschluß gekommen sind und je nachdem Gewinn oder Verlust gebracht haben, das eine gegen das andere verrechnet und so ein Jahresergebnis festgestellt, indem das Unerledigte dem folgenden Jahre überlassen bleibt. Für den Einzelkaufmann hat das keine materielle Bedeutung. Er erfährt gleichermaßen Gewinn und Verlust, gleichviel wann und ob er einen Abschluß macht. Desto bedeutsamer, auch in materieller Beziehung, ist es für Gesellschaften, namentlich für solche mit juristischer Persönlichkeit. Hier erwirbt mit dem Jahresabschluß der einzelne Gesellschafter das unentziehbare Recht auf das in der geschilderten Weise festzustellende Ergebnis des Jahres, das durch die Ergebnisse im folgenden Jahre in keiner Weise mehr berührt wird. Mit dem Ablauf des Jahres und mit der anschließenden Feststellung jenes Ergebnisses, mit der Genehmigung der Jahresbilanz wird der erzielte Gewinn gefeit gegen spätere Verluste, und der Anspruch auf ihn trennt sich vom weiteren Schicksal der Gesellschaft. Er ist ein selbständiges Gläubigerrecht.

c) Daher hat es eine wesentlich sachliche Bedeutung, daß nach allgemeiner Übung, nach Gewohnheits- und mannigfaltig niedergelegtem Gesetzesrecht diese Periode ein Jahr, das Geschäftsjahr ist. Auszahlungen von Abschlagsdividenden nach Ablauf des ersten Semesters des Jahres auf Grund summarischer Aufstellung oder Schätzung kommen vor, können immer aber nur als vorläufige Zahlungen gelten, welche unter Umständen ganz oder teilweise rückgängig gemacht werden müssen (RG 85, 43). Auf guten Glauben des Empfängers (§ 32) kommt hierbei nichts an. Im Beginn des Unternehmens kann die Periode einmal verkürzt werden, um auf das Kalenderjahr oder welches sonst das Geschäftsjahr werden soll, zu kommen und dabei mit dem in

§ 39 Abs 2 HGB Bestimmten in Einklang zu bleiben. Aber auch dann ist vor Ablauf von mindestens einem Jahre ein Abschluß zum Zwecke der Gewinnverteilung oder jedenfalls Feststellung eines endgültigen Gewinnes gesetzlich unzulässig (a. A. RG in Recht 09, 3283; Hachenburg § 29[14]; Scholz 316; Liebmann § 29[3]; Neukamp § 29[1]; wie hier Staub G. m. b. H. § 29[14]); ebenso liegt es bei Umlegung des Geschäftsjahres. Nur eine scheinbare Ausnahme ist es, wenn die Gesellschaft, indem sie ins Leben tritt, ein im Gange befindliches Geschäft übernimmt und dessen Geschäftsjahr beibehält. Denn auch hier ist das Ergebnis ihres ersten Abschlusses, wenn auch seit der Gründung der Gesellschaft noch kein volles Jahr verstrichen ist, das Ergebnis eines vollen — von der Gesellschaft für ihre Rechnung übernommenen und zu Ende geführten — Jahresbetriebes. Soll der bis zur Übernahme des Geschäfts zu errechnende Gewinn als Teil der Stammeinlage gelten, dann muß — wenn nicht überhaupt, so doch jedenfalls aus diesem Grunde — auf den Tag der Übernahme die Eröffnungsbilanz aufgestellt werden (RG in HoldheimsMSchr 2, 319) und dann darf wiederum Gewinn vor Ablauf eines vollen Jahres nicht zur Verteilung kommen (vgl. hierzu Erl 3a zu § 41). — Kommt es im Laufe des Geschäftsjahres zur Auflösung der Gesellschaft, so findet eine Gewinnberechnung für das abgebrochene Jahr nicht statt (RG 85, 43).

d) Hauptsächlich ist die herrschende Lehre darin zu beanstanden, daß im Konkurse der Gesellschaft der Anspruch der Gesellschafter auf die proklamierte Jahresdividende Konkursforderung sei. Wenn ROHG 18, 153 das in Beziehung auf die Aktiengesellschaft angenommen hat, so braucht darauf hier nicht eingegangen zu werden. Bei der Gesellschaft m. b. H. liegt die Frage anders als bei der Aktiengesellschaft. Denn mag der Anspruch des Gesellschafters selbständiges Gläubigerrecht sein oder nicht, Drittgläubigerrecht ist er auf keinen Fall, und die Auszahlung des Gewinnes ist eine Zahlung, auf welche das Verbot des § 30 Abs 1 Anwendung findet. Gerät die Gesellschaft in Konkurs, so ist jede Auszahlung auf Gewinn ausgeschlossen, ehe nicht alle Drittgläubiger der Gesellschaft befriedigt worden sind. Die Gesellschafter kommen nicht zum Zuge, ehe nicht alle in § 61 Ziff 1—6 aufgezählten Gläubiger befriedigt worden sind. Mit anderen Worten: sie sind überhaupt nicht Konkursgläubiger. Jedenfalls haben sie kein Stimmrecht, wenn die Konkursgläubiger einen Beschluß zu fassen, eine Wahl vorzunehmen haben, sie kommen namentlich nicht bei einem Zwangsvergleich in Betracht; sie können ihre Ansprüche nicht zur Konkurstabelle anmelden, und wenn diese dort etwa eingetragen und festgestellt werden, so hat das im Verhältnis der Gesellschafter zur Gesellschaft keine Bedeutung. Bleibt nach Befriedigung aller Konkursgläubiger noch verwertbares Vermögen nach, so ist es Aufgabe der anschließenden Liquidation, aus diesem die Gewinnansprüche der Gesellschafter vorweg zu befriedigen. Scholz 316, 624 bekämpft das mit dem zutreffenden Hinweis darauf, daß die Gewinnansprüche bei der Frage nach der Überschuldung in die Rechnung zu stellen seien: also müßten die Gesellschafter mit ihnen Konkursgläubiger sein. Wenn das mehr sein soll als ein Streit um Terminologie, dann müßten diese Konkursgläubiger mit allen anderen Konkursgläubigern gleichberechtigt sein. Und doch weist ihnen auch Scholz in der Reihenfolge der Befriedigung einen Rang ein, den die Konkursordnung gar nicht kennt! Das ist doch wohl das Entscheidende. Brodmann A.-R. in 213 Erl 5b. Wie hier Neukamp § 64[3]; vgl. auch das § 73[2b]. — Die Rechtsprechung scheint noch keine Gelegenheit gehabt zu haben, zu dieser Frage Stellung zu nehmen. Wenn Gewinn, dessen Verteilung beschlossen worden ist, namentlich Tantieme, vereinbarungsgemäß nicht abgehoben wird, so ist im Zweifel anzunehmen, daß ein Drittgläubigerrecht entsteht (Urt v. 18. 12. 14 II 459/14).

e) Der Gewinnanspruch unterliegt der ordentlichen Verjährung (§ 195 BGB). Der § 197 BGB ist nicht anwendbar (JW 1916, 576[4]).

2. Die Gesellschafter haben Anspruch auf Beteiligung am Gewinn. Das heißt ausnahmslos jeder Gesellschafter. Das ist bestritten. Es wird behauptet, daß nicht nur — was zutreffend ist — alle Gesellschafter vom Gewinnbezug ausgeschlossen sein können, sondern auch, daß, während im allgemeinen das Unternehmen auf Erzielung von Gewinn abgestellt ist, einzelne Gesellschafter im Gegensatz zu den übrigen von der Beteiligung am Gewinn ausgeschlossen sein können. Das steht mit dem Wesen der Gesellschaft in Widerspruch. Durch den Gesellschaftsvertrag — das ist die generelle Definition — verpflichten sich die Gesellschafter, die Erreichung eines gemeinsamen Zweckes zu fördern; der Zweck jeder Erwerbsgesellschaft ist Erzielung von Gewinn für die Gesellschafter und wer an diesem Zweck nicht beteiligt, wer von dieser Gemeinsamkeit des Zweckes ausgeschlossen ist, bei wem der Zweck ein fremder und also nicht gemeinsamer ist, der ist eben nicht Gesellschafter. Es muß begriffsnotwendig jeder Gesellschafter (oder keiner) am Gewinn beteiligt sein. Wer in eine Kapitalerwerbsgesellschaft ohne Anspruch auf Beteiligung am Gewinn Geld gibt, leiht es ihr oder schenkt es oder was sonst. Gesellschafter ist er aber nicht. — Wenn in Abs 1 die Einschränkung gemacht wird: soweit nicht im Gesellschaftsvertrage etwas anderes bestimmt ist, so ist damit nicht gesagt, daß im Statut etwas bestimmt werden könne, was dem Begriff der Gesellschaft widerspricht. Darüber, was die Einschränkung besagt, s. Erl 1 a. Dagegen ist nicht nötig, daß sich die Gewinnbeteiligung auf die Gesellschafter beschränkt. Im Statut kann bestimmt sein, daß Dritte am Gewinne beteiligt sein sollen (RG bei Soergel

1910, 747). Hierzu gehört nicht der Fall, daß jemand sich als stiller Gesellschafter am Unternehmen der Gesellschaft m. b. H. beteiligt. Er ist am Gewinn des Unternehmens, nicht am Gewinn der Gesellschaft m. b. H. beteiligt. Nicht anders wird man den Fall beurteilen, daß die Gesellschaft m. b. H. ein Darlehn aufnimmt gegen Zusage der Beteiligung am Gewinn. Ebenso liegt es oder kann es liegen, wenn die Gesellschaft m. b. H. Genußscheine ausgibt (OLG 40, 193). Ausgeschlossen ist, unter Genußscheinen Geschäftsanteile zu verstehen; anders RG 97, 197 und Scholz 317. Beides steht in begrifflichem Gegensatz zueinander (Brodmann A.-R. § 179 Erl 9), und vollends ist ein Geschäftsanteilschein nur eine Beweisurkunde. Die Wendungen in RG 97, 197 sind steuerrechtlich gemeint, und die Entscheidung selbst ist durch die Gesetzgebung überholt. — Im Fall RFH 3, 59, wo ein Gesellschafter, indem er der Gesellschaft das erforderliche Kapital zur Verfügung stellt, dieser einen Gewinn von 5% des Stammkapitals garantiert gegen deren Verpflichtung, ihm den überschießenden Betrag des Gewinns auszukehren, lag ein Umgehungsgeschäft vor; gegenüber der Entscheidung des Gerichts ist darauf hinzuweisen, daß eine solche Vereinbarung, wenn sie nicht zugleich im Statut niedergelegt ist, nicht zum Ziele führen kann; der gesamte Gewinn des Jahres hört dadurch nicht auf, Gewinn der Gesellschaft zu sein, daß diese sich verpflichtet, ihn an einen Dritten abzuführen. — Auch die von der Gesellschaft zu entrichtenden Steuern gehören nicht hierher. Steuerrechtlich mag das unter Umständen anders liegen. Handelsrechtlich sind alle von der Gesellschaft zu zahlenden Steuern als Unkosten vom Betriebsgewinn abzusetzen, bevor von „Gewinn" die Rede sein kann (RG 101, 384). — Dagegen liegt in dem Anspruch auf Tantieme ein Anspruch auf Beteiligung am Gewinn. Wenigstens kann es so sein und im Zweifel ist anzunehmen, daß es so sein soll. Daher wird, wenn nach mehreren Seiten hin Tantiemen zu zahlen sind, die einzelne Tantieme von dem vollen Reingewinn, nicht von diesem nach Abzug der übrigen berechnet, auch die einzelne Tantieme nicht nach Abzug ihrer selbst vom Gewinn (JW 02, 255; RG 91, 316).

3. Der ziffernmäßige Betrag des Gewinnanspruchs ergibt sich aus dem Ergebnis des Geschäftsjahres, und dieses kommt zur Darstellung in der Jahresbilanz. Ist danach auch der Stand der Dinge am Jahresschluß entscheidendes Moment, so kommt doch nicht schon damit, sondern erst dadurch der Gewinnanspruch als selbständiges unbedingtes Gläubigerrecht zur Entstehung, daß die Gesellschafter gemäß § 46 Ziff 1 die aufgestellte Bilanz genehmigen und beschließen, daß und welcher Gewinn zur Verteilung kommen soll (a. A. Hachenburg § 29[4]). Bis dahin besteht, wie allgemein anerkannt wird (a. A. Neukamp § 29 Erl 2 a), der Anspruch so sehr nur als bedingter, daß die Gesellschaft auch nach Ablauf des Geschäftsjahres durch Statutenänderung, also durch qualifizierten Mehrheitsbeschluß, besondere Grundsätze für Aufstellung der Bilanz maßgeblich beschließen kann (RG 22, 113). Nicht schon die Genehmigung der Bilanz, sondern erst der Gewinnverteilungsbeschluß ist entscheidend (RG 87, 383; 98, 320). Es ist aber zu beachten, daß, wenn die vorgelegte Bilanz bereits hinreichend deutlich erkennen läßt, wie die Verteilung des Gewinnes gedacht ist, also insofern ausdrücklich oder stillschweigend einen Vorschlag enthält, im Zweifel mit der Bilanz auch dieser Vorschlag genehmigt wird (RG 15, 100). Weitergehend Hachenburg 29[3] IV. — Auch als künftiger und bedingter kann der Gewinnanspruch übertragen, verpfändet, gepfändet werden (RG 98, 319). Es kann das auch in der Weise geschehen, daß der Gesellschafter unter Vorbehalt des Gewinnanspruchs den Geschäftsanteil überträgt (GmbHRundsch 1914, 377); doch muß hierbei selbstverständlich die Form nach § 15 Abs 3 gewahrt werden, während die Abtretung des Gewinnanspruchs keiner Form bedarf. Das Reichsgericht sieht in dem Vertrage Zession des Geschäftsanteils mit anschließender Rückzession des Gewinnanspruchs. — Auch teilweise, z. B. im Verhältnis bestimmter Zeitstrecken des Geschäftsjahres, kann die Abtretung erfolgen (GmbHRundsch 1914, 377). Der Erwerber eines solchen Teilanspruchs kann dem Veräußerer nicht daraus einen Vorwurf machen, daß dieser sich bei der Abstimmung über die maßgebliche Bilanz ganz nur von den Interessen der Gesellschaft leiten läßt; der Veräußerer ist auch nicht gehalten, seine eigenen Interessen hintanzustellen und bei Genehmigung der Bilanz die Schranken einzuhalten, welche das Gesetz zum Schutze des einzelnen Gesellschafters der Willkür der Mehrheit gezogen hat (RG 98, 321). — Kann der Geschäftsanteil nur mit Genehmigung der Gesellschafter veräußert werden, so gilt das nicht auch von der Abtretung des Gewinnanspruchs. Überhaupt bleiben die Gesellschaftsrechte in jeder Beziehung trotz Abtretung des Gewinnanspruchs beim Gesellschafter (RG 98, 318; vgl. auch RG 14, 170; 15, 99), namentlich fehlt dem Zessionar jede Möglichkeit, die Bilanz und deren Genehmigung anzufechten (OLG 30, 379; vgl. auch RG 15, 95). Alles das gilt auch vom Pfand- und vom Pfändungsgläubiger (§ 15 Erl 2). — Auch der Nießbraucher eines Geschäftsanteils erwirbt den Gewinnanspruch nicht schon mit Ablauf des Geschäftsjahres (RG 87, 383). Er muß die Genehmigung der Bilanz nebst Verteilungsbeschluß erleben. Andernfalls ist der Gesellschaft gegenüber der Eigentümer des Geschäftsanteils der Gläubiger. Im Verhältnis des Eigentümers zum Nießbraucher und dessen Erben dagegen gebührt letzterem nicht nur der volle Gewinn des abgelaufenen Jahres, sondern auch — nach Verhältnis der Zeitstrecken — ein Teil des laufenden Jahresgewinnes (§ 101 Ziff 2 BGB).

4. a) Verstößt die Bilanz oder der Verteilungsbeschluß gegen das Gesetz oder gegen den Gesellschaftsvertrag, so wird das Recht des einzelnen auf den Gewinn verletzt. Der Beschluß ist nichtig oder anfechtbar, je nachdem ob ein Verstoß gegen das Gesetz vorliegt oder gegen das Statut. Denn was ersteres angeht, so sind die in Frage kommenden Vorschriften — § 42 und § 40 HGB — durchweg zwingenden Rechts. S. auch § 30 Erl 1 g a. E. Aber doch ist hier der Gegensatz zwischen Nichtigkeit und Anfechtbarkeit nicht scharf ausgeprägt, weil jene Gesetzesvorschriften, an sich zwingend, inhaltlich in gewissem Umfange dem kaufmännischen Ermessen Spielraum lassen. Die Warenvorräte müssen geschätzt werden (nach ihrem Wert beim Jahresschluß); die Aktiva des stehenden Betriebskapitals dürfen zwar nicht über den Anschaffungspreis angesetzt werden, aber auch zu diesem nicht, wenn und insoweit als sie abgenutzt sind, und so läuft auch das auf Schätzung hinaus (RG 72, 33); Unterbewertung von Aktiven ist im Gesetz jedenfalls nicht verboten; wenn nach § 41 Ziff 2 die Kosten der Organisation und Verwaltung nicht als Aktiva eingestellt werden dürfen, so klingt das bestimmt genug, und doch gibt es Ausgaben, sozusagen Ausgaben von Zukunftswert, produktive Ausgaben, von denen man behaupten kann, daß sie doch als (formale) Aktiva einzustellen sind (s. Erl 3 zu § 42); Ziff 3 des § 42 ist eindeutig und bestimmt, ebenso Ziff 4 erster Satz. Dagegen ist über Bildung von Reservefonds hier — im Gegensatz zum Aktienrecht — gar nichts bestimmt. So gibt es überhaupt keine Bilanz, die nicht auch anders aussehen könnte, ohne deshalb gegen das Gesetz zu verstoßen. — Indessen tritt die Bedeutung der Unterscheidung zwischen nichtigen und anfechtbaren Beschlüssen praktisch erheblich zurück, wenn man gelten läßt, daß immer die Anfechtungsklage die Feststellungsklage auf Nichtigkeit einschließt für den Fall, daß diese vorliegt. S. auch Feine 553; Scholz 319. Das Interesse an alsbaldiger Feststellung der Nichtigkeit wird kaum jemals fehlen, und an eine Frist ist hier keine der beiden Klagen gebunden.

b) Die Anfechtungsklage wird im Gesetz nicht erwähnt. Doch kann sie nicht fehlen. Das verletzte Recht der Gesellschafter kann nicht schutzlos bleiben, und eine andere Klage, eine Klage auf bestimmte Leistung, ist nur ausnahmsweise möglich, würde übrigens aber auch sachlich auf die Anfechtung hinauslaufen. Die Rechtsprechung hat denn auch ohne weiteres die Anfechtungsklage aufgenommen (RG 49, 145; 85, 311; 101, 160). Vgl. Hachenburg § 45[16]. Dabei fehlt nun aber die positive Ausgestaltung, welche der Anfechtungsklage im Aktienrecht die §§ 271—275 HGB gegeben haben. Vor allem ist es ein Übelstand, daß es hier an jeder Präklusionsfrist fehlt. Das österreichische Gesetz (§ 41) hat diesen Fehler vermieden. Es hat auch der Unterscheidung zwischen Nichtigkeit und Anfechtbarkeit in diesem Punkte mit glücklicher Hand die Spitze abgebogen und für die eine „Nichtigkeitsklage" die Präklusionsfrist von einem Monat übernommen. Bei uns sollte die Rechtsprechung von sich aus zur Annahme einer nach den konkreten Umständen zu bemessenden Präklusionswirkung des Zeitablaufs gelangen. Allgemein aber meist ohne Begründung wird behauptet, daß im Statut eine Präklusionsfrist bestimmt werden könne, nach Hachenburg § 45[31] deshalb, weil es sich bei der Anfechtung stets um Verstöße gegen verzichtbare Bestimmungen im Gesetz und Statut handle; aber dann müßte im Statut die Anfechtungsklage überhaupt ausgeschlossen werden können; daraus, daß man nach geschehenem Verstoß die Folgen hinnehmen kann, folgt nicht, daß man sich im voraus und allgemein dazu verpflichten kann. — Daß niemand einen Beschluß anfechten kann, dem er zugestimmt hat (§ 271 Abs. 3 HGB), liegt zu sehr in der Natur der Sache, als daß es nicht auch hier zu gelten hätte, ausgenommen vielleicht den Fall, daß er sich in einem Irrtum befunden hat. Ebenso Hachenburg § 45[30]; Scholz 319. Dagegen ist positiv und hier nicht anwendbar, daß der in der Versammlung der Gesellschafter Nichterschienene nur anfechten kann, wenn die Berufung zur Versammlung nicht ordnungsmäßig erfolgt war oder er nicht zu ihr zugelassen worden ist. Auch ist die Anfechtung von Abschreibungen und Rücklagen in der Bilanz jedem Gesellschafter zugänglich, gleichviel wie groß sein Geschäftsanteil ist (§ 271 Abs 3 HGB). Die in § 272 HGB angeordnete ausschließliche Zuständigkeit des Landgerichts im Bezirke der Gesellschaft besteht hier nicht. Die Klage ist gegen die Gesellschaft zu richten, die hier — auch wenn ein Aufsichtsrat besteht — wie gewöhnlich durch die Geschäftsführer vertreten wird, nicht durch Geschäftsführer und Aufsichtsrat.

c) Nur ein Gesellschafter kann die Klage erheben, nicht derjenige, dem der einzelne Gewinnanspruch oder allgemein die Gewinnansprüche abgetreten worden sind (RG 98, 319; vgl. zu dem Falle, daß Dividendenscheine ausgegeben worden sind, ROHG 9, 273; 11, 119; 14, 359; RG 4, 103; 15, 98; 22, 113). Wird der Anfechtungsklage stattgegeben, so wirkt die Aufhebung des Beschlusses für und gegen alle Gesellschafter. Das liegt in der Natur der Sache und bedarf keiner positiven Bestätigung (§ 273 Abs 1 HGB; RG 85, 312; 93, 32). Die Wirkung ist, daß die Bilanz in entsprechender Weise abgeändert oder von neuem aufgestellt werden muß. Ist es bei der Dauer des Prozesses inzwischen zur Feststellung der nächsten Jahresbilanz gekommen, so fällt auch diese in sich insoweit zusammen und muß berichtigt werden, als der Fehler der beanstandeten Bilanz auch in ihr noch, in ihrem ziffernmäßigen Ergebnis steckt. Der Anfechtende ist nicht genötigt, zu diesem Zwecke auch die späteren Bilanzen anzufechten (RG 64, 258). Selbst dadurch vergibt er seinem Rechte noch nicht unbedingt etwas, daß er bei Abstimmung über die spätere Bilanz für ihre Genehmigung gestimmt hat. Es ist Frage der Auslegung, ob er damit seine Anfechtung hat aufgeben wollen (RG 98, 112). — Kann nach Lage der Sache der Kläger seinen Anspruch ziffernmäßig aufstellen, so steht nichts im Wege, daß er dementsprechend ohne weiteres auf Leistung klagt (vgl. RG 64, 260; 76, 248; 80, 335; SeuffA 69, 86). Die Klage sowohl als auch das Urteil schließen dann die Vernichtung des Genehmigungsbeschlusses ein. In solchem Falle kann dann auch der Beschluß im Wege der Einrede (Aufrechnung) angefochten werden. So liegt es namentlich, wenn eine bestimmte Rücklage ausschließlich Gegenstand der Beanstandung bildet. Es fehlt dann nicht etwa an dem entsprechenden Verteilungsbeschlusse, vielmehr ist beschlossen, nämlich insoweit den Gewinn nicht zu verteilen. An dem Falle RG 87, 383 (JW 1916, 409) ist nur unverständlich, weshalb der Kläger erklärt hat, daß er keine Anfechtungsklage erhebe. Die Klage war (nach dem Bericht zu schließen) Anfechtungsklage und hätte wohl auch trotz jener Erklärung so behandelt werden können oder müssen.

d) Ein Dritter, welcher Anspruch auf Tantieme o. ä. hat, kann den Genehmigungsbeschluß nicht anfechten, aber braucht es auch nicht. Seinem Rechte kann ein Beschluß der Gesellschafter, eine einseitige Entschließung des Gegners, wirklichen Abbruch nicht tun. Er kann beanspruchen, das zu erhalten, was sich bei einer dem Gesetz und dem Vertrage entsprechenden Aufstellung der Bilanz ergeben hätte (JW 01, 658[12]). Ob er Anspruch darauf hat, daß nach dem Statut verfahren wird, hängt von dem Inhalte und der Auslegung des Vertrages ab, den er mit der Gesellschaft geschlossen hat. — Auch für den Tantiemeanspruch ist maßgeblich nicht eine Bestands-, sondern die Gewinnverteilungsbilanz (vgl. RG 11, 160).

S. auch Erl 1 a zu § 42.

5. Ist schon der Anspruch des Gesellschafters auf den Gewinn ein Sonderrecht und insofern dem Mehrheitsbeschluß der Gesellschafter nicht unterworfen, so gilt das doch nicht von der Höhe des Betrages, die vielmehr in weitem Spielraum davon abhängt, wie die Mehrheit sich entschließt. Die Grenze, wo dabei das freie Ermessen umschlägt in Verletzung von Gesetz oder Statut, ist nicht immer leicht zu ziehen. — Aktiva und Passiva, die in Wahrheit nicht bestehen, dürfen nicht in die Bilanz eingestellt werden (RG 101, 160); dagegen ist unrichtige Bezeichnung unschädlich (RG 83, 172). — Bei allen Posten, wo eine Abschätzung stattfinden muß, namentlich also bei der Bewertung der Aktiva — Sachen und Forderungen, Rechte — kann der Gesellschafter nicht schon deshalb anfechten, weil die Schätzung unrichtig gewesen ist. Es muß vielmehr eine bewußte und willkürliche — eine nicht zu rechtfertigende — Minderbewertung (oder auch Mehrbewertung, RG 72, 33) vorliegen (RG 43, 128; 94, 214; BauersZ 24, 139; RG in HoldheimsMSchr 1917, 394). Einzelne Entscheidungen sprechen von arglistiger und böswilliger Handlungsweise, was natürlich vollends die Anfechtung begründet, aber nicht unerläßlich ist (RG 40, 36; 72, 34; s. aber auch das. S. 38). Bei einer Minderbewertung (übertriebene Abschreibung) kann es auf stille Reserven abgesehen sein, dem sich der einzelne nicht schlechthin widersetzen kann (vgl. RG 98, 322). Auch in der Rückstellung von Gewinn zwecks Ansammlung oder Auffüllung von Reservefonds ist die Gesellschaft nicht deshalb gehindert, weil das Gesetz — im Gegensatz zum Aktienrecht (§ 262 HGB) — Bildung von Reservefonds nicht vorschreibt. Aber der Gesellschafter ist in seinem Rechte verletzt, wenn zu diesem Zwecke der Jahresgewinn in einem Maße in Anspruch genommen wird, welches das kaufmännisch Gebotene und Zurechtfertigende handgreiflich überschreitet (OLG 10, 240; 38, 189; dazu RG 94, 213; vgl. hierzu die Kritik in JW 1919, 312[14]). — Es spielt hier die Frage nach der Bilanzkontinuität hinein. Es fragt sich, ob die Mehrheit der Gesellschafter irgendwie an die Einschätzungen, Rückstellungen der voraufgegangenen Jahresabschlüsse gebunden ist oder ob sie beispielsweise in einem Jahre einen seit langem aufgesammelten Reservefonds als Jahresgewinn unter die Gesellschafter aufzuteilen beschließen kann, ob der einzelne darauf bestehen kann, daß mit Rücksicht auf voraufgegangene übermäßige Abschreibungen für das abgelaufene Jahr die Abschreibung unterbleibt u. dgl. Gesetzliche Vorschriften bestehen nicht, und die herrschende Lehre nimmt an, daß auch gewohnheitsrechtlich ein Grundsatz der Bilanzkontinuität sich nicht gebildet hat. Aber aus der Natur der Sache ergibt sich, daß der einzelne Gesellschafter gegen die Gesellschaft den Anspruch hat, daß die Kontinuität nur unterbrochen wird, wenn in der Geschäftslage des Unternehmens oder in den allgemeinen Verkehrsverhältnissen oder in besonderen Umständen gerechter Anlaß dazu gegeben erscheint (RG 4, 103; s. Erl 1 a zu § 42). — Auch die Übertragung eines Teiles des Gewinnes auf Rechnung des folgenden Jahres erfordert, wenn sie nicht lediglich der Abrundung dient oder der Betrag unerheblich ist, besondere Veranlassung (OLG 10, 245; RG in HoldheimsMSchr 1898, 143; anders, aber bedenklich, derselbe Senat: JW 05, 345[22]). Der übertragene Betrag vermehrt den Gewinn des nächsten Jahres, trägt aber auch dessen Risiko (s. den Fall HessRspr 7, 33); daher steht einer solchen Übertragung der Gesellschafter noch anders gegenüber, als wer Anspruch auf Tantieme hat, der trotz der Übertragung des Gewinns unter Umständen wird beanspruchen können, die Tantieme auch von diesem Betrage zu erhalten. S. auch § 42 Erl 6. — Auch Zuwendungen von Beträgen aus dem Gewinn an Dritte sind nicht gänzlich ausgeschlossen. Zwar sind reine Schenkungen nicht zu rechtfertigen. Ebensowenig das Eintreten für eine fremde Schuld (RG 3, 134), Gutschriften zugunsten eines Gesellschafters auf Ansprüche, welche die Gesellschaft nichts angehen (RG 101, 160). Aber wenn RG 40, 33 anläßlich einer beanstandeten Zuweisung von noch nicht 4% des Reingewinnes an einen Unterstützungsfonds der Beamten sagt, „die ethischen und wirtschaftlichen Gründe hierfür seien durchaus anzuerkennen, dadurch würde aber nicht zulässig, was statuten- und gesetzwidrig (?) sei", so dürften sich in dieser Beziehung inzwischen die Anschauungen noch wesentlich gewandelt haben.

S. auch § 42 Erl 5 und 6 und Brodmann A.-R. § 213 Erl 7 b und c; in ZBH 4, 45.

6. a) Die Genehmigung der Bilanz und der Verteilungsbeschluß sind in sich vollendet, wenn abgestimmt und das Ergebnis der Abstimmung festgestellt worden ist. Es bedarf keiner Mitteilung an die einzelnen Gesellschafter, keiner Willenserklärung mehr (RG 22, 115). Damit sind die Ansprüche der Gesellschafter als unbedingte erwachsen. Damit wird auch die im voraus geschehene Zession des Gewinnanspruchs wirksam (RG 98, 318; vgl. RG 55, 334; 58, 72; 67, 176). Der einzelne Gesellschafter kann die Gesellschaft nicht zwingen, daß sie die Bilanz zum Abschluß bringt und über die Verteilung des Gewinnes Beschluß faßt. Äußerstenfalls bleibt ihm nichts, als auf Auflösung der Gesellschaft aus wichtigem Grunde zu drängen (RG 49, 145). Ist der Genehmigungs- und Verteilungsbeschluß nichtig, so ist der Geschäftsführer berechtigt und verpflichtet, die Auszahlung des Gewinnes zu verweigern. Ist er anfechtbar, so hat er auf Abstellung des Mangels zu drängen und kann einstweilen die Auszahlung weigern.

b) Der Beschluß der Gesellschafter ist kein Rechtsgeschäft, das zwischen Gesellschaft und Gesellschafter abgeschlossen wird. Er ist nicht rechtsgeschäftliches Anerkenntnis. Die Gesellschaft hat freie Hand, einen Fehler, der gemacht worden ist, wieder gutzumachen. Darin liegt keine Anfechtung und ob der Beschluß auf einem Irrtum beruht oder nicht, ist gleichgültig. Selbst einstimmig gefaßte Beschlüsse können mit einfacher Stimmenmehrheit umgestoßen oder abgeändert werden. Immer vorausgesetzt, daß es sich um eine Rechtsverletzung, um einen Fehler handelt, welcher die Anfechtung begründet; Hachenburg § 29²; Feine 363; vgl. auch Neukamp § 29¹ a.E. Ganz unbedenklich ist es, Rechenfehler zu korrigieren und ähnliche Unrichtigkeiten zu beseitigen (vgl. RG 32, 50). Der Gesellschafter ist aber durch § 32 geschützt. Was er in gutem Glauben auf seinen Gewinnanteil erhalten hat, braucht er nicht zurückzuzahlen. — Stößt aber die Gesellschaft einen rechtsgültigen Verteilungsbeschluß um, so werden dadurch die Ansprüche der Gesellschafter nicht berührt (vgl. RG 22, 114). Es wäre, als beschlösse die Gesellschaft, eine Schuld nicht zu erfüllen, was dem Rechte des Gläubigers keinen Abbruch tun kann. Der Gesellschafter ist nicht genötigt, einen solchen Beschluß erst noch anzufechten, kann vielmehr auf Auszahlung seiner Gewinnquote Klage erheben (RG 37, 64; 87, 386).

c) Ergibt sich, daß — infolge von Verlusten und Ereignissen, welche nach Ende des Geschäftsjahres eingetreten sind (vgl. RG 4, 102; 11, 161; 40, 36; österr. GmbH § 82 Abs 5) — die Gesellschaft den Gewinn nicht auszahlen kann, ohne das Stammkapital anzugreifen (§ 30), so kann sie insoweit auch die Verteilung von Gewinn nicht gültig beschließen, darf der Geschäftsführer die beschlossene Verteilung nicht vornehmen. Dagegen bildet der Umstand dem Beschluß kein Hindernis, daß die zur Auszahlung erforderlichen flüssigen Mittel nicht zur Hand sind. Die Gesellschaft kann unter Umständen auch beschließen, die Auszahlung des Gewinnes vorläufig zu unterlassen (RG 11, 160; BauersZ 18, 106). — Eine andere Frage ist, welchen Einfluß die seit Ende des Geschäftsjahres bis zur Aufstellung der Bilanz eingetretenen Ereignisse auf den Inhalt der Bilanz ausüben dürfen und ausüben müssen. Wenn auch bei den Schätzungen grundsätzlich der Zeitpunkt der Jahreswende maßgeblich ist, so dürfen und müssen dabei die inzwischen gemachten Erfahrungen verwertet werden. Dagegen berechtigen Dinge, welche sich nach der Genehmigung der Bilanz und nach dem Verteilungsbeschluß ereignet haben, nicht, die Bilanz zu ändern (vgl. RG in HoldheimsMSchr 17, 152). Vgl. Brodmann A.-R. § 261²ᵇ.

7. a) Es ist das Natürliche und Nächstliegende, daß der Gewinn nach Verhältnis des Geschäftsanteils, d. h. nach Verhältnis ihres Nennbetrages, der Stammeinlage, verteilt wird. Die übernommene Stammeinlage, gleichviel ob Geld- oder Sacheinlage, ist maßgeblich, nicht wieviel darauf eingefordert oder, wenn eingefordert, wieviel darauf eingezahlt worden ist (anders im Aktienrecht: § 214 Abs 2 HGB). Doch ist dieses Verhältnis nicht zwingend bestimmt. Im Statut kann ein anderes vereinbart werden, unter Zustimmung aller Gesellschafter auch nachträglich durch Statutenänderung. Zustimmung aller ist aber nur dann unbedingtes Erfordernis, wenn der Beschluß unmittelbar die Veränderung des Verteilungsschlüssels zum Inhalt hat. Vgl. Brodmann A.-R. § 250²ᵉ. — Es gibt Unternehmungen in Form der Gesellschaft m. b. H., welche überhaupt keine Dividende verteilen, und zwar gilt das nicht nur von Gesellschaften zu gemeinnützigen Zwecken (vgl. JW 1921, 916²); auch manche Kartelle gehören hierher. — Im Satz 2 des zweiten Absatzes wird bestimmt, daß ein anderer Maßstab der Verteilung bedungen werden kann. Die Beteiligungsziffern können geändert werden. Daß eine von ihnen auch auf Null sinken kann, was keine Ziffer ist, ist damit nicht gesagt (s. Erl 2). — Über Beteiligung Dritter am Gewinn s. oben Erl 2. — Es können einzelne oder Gruppen von Gesellschaftern vor den anderen Gesellschaftern bevorzugt sein (Vorrechtsgeschäftsanteile, s. Erl 7 zu § 5).

b) Feste Verzinsung der Stammeinlage, d. h. Zinsen, welche auch dann bezahlt werden sollen, wenn ein dazu ausreichender Gewinn oder überhaupt Gewinn nicht gemacht worden ist, kann nicht bedungen werden. Das ist herrschende Lehre, die aber nur darum im Recht ist, weil es aus dem Wesen der Sache, aus der Natur der Stammeinlage zu folgern ist, ein Argument, gegen welches die herrschende Doktrin im wichtigeren Fragen sich ablehnend verhält. Denn ohne das ist nicht einzusehen, weshalb die Gesellschaft sich nicht sollte verpflichten können, die betreffenden Beträge unter der ohnehin stillschweigend geltenden Voraussetzung zu zahlen, daß die dazu nötigen Reserven vorhanden sind. Unter dieser Voraussetzung stände nichts im Wege, die Beträge auch für ein Jahr auszuzahlen, wo kein Gewinn erzielt worden ist. So in der Tat Scholz 321; wie hier Hachenburg § 29[11], aber mit einer Begründung, welche folgerecht zu dem Standpunkt Scholz' führt; danach könnten feste Zinsen bedungen und nur, wenn das Stammkapital angegriffen würde, nicht ausgezahlt werden. Der Steuerfiskus würde schon wissen, was er unter solchen Zinsen zu verstehen hätte. Aber auch handels- und bilanzrechtlich ist es verfehlt. — Auch sogenannte Bauzinsen (§ 215 Abs 2 HGB) sind ausgeschlossen. Die herrschende Lehre erkennt das an, aber mehr nur aus dem Gefühl des richtigen; es folgt daraus, daß die Gesellschaft nicht von vornherein mit freien Reserven ins Leben treten kann (§ 3 Erl 7 d), und das erkennt die herrschende Lehre nicht an; daher folgerecht von seinem Standpunkt Scholz 321. — Wohl aber können „aus dem Gewinn", d. h. unter der Bedingung, daß der erforderliche Gewinn gemacht wird, einem Gesellschafter feste laufende Bezüge ausbedungen werden (Urt v. 5. 6. 16 II 518/16), und es ist auch nicht ausgeschlossen, daß die Zahlung schon vor Feststellung der Bilanz erfolgt (KGBl 04, 58). Bei solchen und ähnlichen Vereinbarungen, so wenn ein Gesellschafter für das Patent, was er einlegt, sich laufende Bezüge (Lizenzgelder) bedingt (Urt des RG vom 12. 1. 17 II 295/16), wenn einem Kunden, der zugleich Gesellschafter ist, übermäßiger Rabatt bewilligt wird (RFH in GmbHRundsch 26, 167), einem Gesellschafter-Geschäftsführer übertrieben hohes Gehalt gezahlt wird (§ 3 Erl 7 f), fragt sich, ob nicht verschleierter Gewinn vorliegt. — Es steht auch nichts im Wege, Vorschüsse auf den Gewinn zu zahlen. Es kann z. B. bestimmt werden, daß jedesmal nach Ablauf des ersten Semesters eine Abschlagsdividende zur Auszahlung kommt. Es muß aber nicht nur selbstverständlich die Auszahlung unterbleiben, wenn die erforderlichen Mittel (§ 30 Abs 1) nicht zur Verfügung stehen, sondern es finden auf diese Zahlungen auch § 31 Abs 2 sowie § 32 keine Anwendung. Das Gezahlte muß zurückgezahlt werden, wenn der erwartete Gewinn schließlich nicht gemacht wird, im Falle der Liquidation unabhängig davon, ob der Liquidator zur Durchführung der Liquidation des Geldes bedarf oder nicht, RG 85, 43, zustimmend RFH in GmbHRundsch 28, 545, wo aber zu weitgehend und mißverständlich gesagt wird, daß eine Statutenbestimmung, es solle der Gewinn monatlich ausgerechnet und ausgezahlt werden, nicht zu beanstanden sei.

c) Es steht nichts im Wege, daß die Gesellschafter oder einzelne von ihnen unter sich über die Verteilung des Gewinns Abweichendes von dem vereinbaren, was das Statut bestimmt. Es kann das auch im Kontext des Statuts geschehen, muß sich hier dann aber deutlich abheben. Der eine kann dem anderen einen Gewinn bestimmter Höhe gewährleisten, auf Kosten und bis zum Betrage des eigenen Gewinnes oder auch schlechthin. Die Gesellschaft kann sich auch — mit Zustimmung aller Gesellschafter — durch formlosen Vertrag verpflichten, aus dem Jahresgewinne an Dritte Zahlungen zu leisten (BauersZ 13, 130; vgl. auch RG in HoldheimsMSchr 1913, 245; RFH 3, 59). Solche Vereinbarungen können auch formlos geändert werden (RG in HoldheimsMSchr 1917, 153).

d) Der § 29 handelt nur von Verteilung des Gewinns. Vom Verlust werden die Gesellschafter nur mittelbar betroffen. Die Verluste am Stammkapital treffen die Gesellschafter erst, wenn es zur Liquidation und Verteilung des Gesellschaftsvermögens kommt. Nach der Regel des Gesetzes erfolgt auch diese Verteilung nach Verhältnis der Geschäftsanteile. Es kann aber im Statut auch anders bestimmt werden, z. B. daß jedem der beiden Gesellschafter die Hälfte einer etwaigen Unterbilanz ohne Rücksicht auf Größe der Geschäftsanteile zur Last zu schreiben sei, so daß möglicherweise der eine von ihnen leer ausgeht. Wenn aber darüber hinaus einer dem anderen schlechthin seine Stammeinlage garantiert, so ist zwar auch das möglich und kann auch im Statut gesagt sein. Aber begrifflich gehört es nicht zur Satzung; es begründet nicht Rechte und Pflichten zwischen Gesellschafter und Gesellschaft, sondern nur ein rein schuldrechtliches Verhältnis der Gesellschafter untereinander (JW 1915, 335[11]; RG 101, 161). — Solche Vereinbarungen können formlos abgeschlossen werden (OLG 24, 153). Aber wenn sie im Statut verlautbart sind, muß doch im Zweifel angenommen werden, daß bei der Veräußerung eines solchen Geschäftsanteils der Erwerber in die Stellung seines Rechtsvorgängers einzutreten sich verpflichtet, ohne daß deshalb schon sein Rechtsvorgänger aus seiner Haftung entlassen wäre.

§ 30

Das zur Erhaltung des Stammkapitals erforderliche Vermögen der Gesellschaft darf an die Gesellschafter nicht ausgezahlt werden[1]).

Eingezahlte Nachschüsse können, soweit sie nicht zur Deckung eines Verlustes am Stammkapital erforderlich sind, an die Gesellschafter zurückgezahlt werden. Die Zurückzahlung darf nicht vor Ablauf von drei Monaten erfolgen, nachdem der Rückzahlungsbeschluß durch die im Gesellschaftsvertrage für die Bekanntmachungen der Gesellschaft bestimmten öffentlichen Blätter und in Ermangelung solcher durch die für die Bekanntmachungen aus dem Handelsregister bestimmten öffentlichen Blätter bekanntgemacht ist[2]). Im Falle des § 28 Absatz 2 ist die Zurückzahlung von Nachschüssen vor der Volleinzahlung des Stammkapitals unzulässig[3]). Zurückgezahlte Nachschüsse gelten als nicht eingezogen[4]).

Österr. Gesetz §§ 74, 82.

1. a) Der § 30 ist einer der Grundpfeiler der Haftungsbeschränkung im System des Gesetzes. Soll die Haftung der Gesellschafter sich auf ihre Stammeinlage beschränken, so muß dafür gesorgt sein, daß, solange die Gesellschaft besteht, von diesen Einlagen nichts an die Gesellschafter zurückfließt und damit dem Zugriff der Gläubiger entzogen wird. Es gilt ein Stauwehr aufzurichten, welches das Gesellschaftsvermögen auf dem Stande des Stammkapitals erhält, ein Becken — um in dem Bilde zu bleiben —, das zwar durch schlechte, unglückliche Geschäftsführung ausgeschöpft werden kann, aber das nicht soll ausfließen dürfen. Das zur Erhaltung des Stammkapitals erforderliche Vermögen der Gesellschaft darf nicht an die Gesellschafter ausgezahlt werden, heißt in die Sprache der Buchführungstechnik übersetzt: es ist in der Bilanz auf der Passivseite außer den übrigen Posten die Summe des Stammkapitals einzustellen, § 42 Ziff 4. Auf dieser Vorschrift, nicht auf § 30 beruht es, daß es für die Frage, ob ein verteilbarer Gewinn vorhanden ist, nicht auf den Betriebsgewinn des Jahres, sondern eben auf den Bilanzgewinn ankommt. Nur soweit, als sich dann noch ein Passivsaldo ergibt, dürfen Auszahlungen an die Gesellschafter erfolgen. Das ist — in wirklicher Ausführung oder nur in Gedanken — auf den Zeitpunkt abzustellen, in welchem die Zahlung geschehen soll oder geschehen ist. Dieses ganz allgemeine, durchgehende Verbot, nicht mehr und nicht weniger, enthält der Abs 1. Im Rechte der Aktiengesellschaft gilt der gleiche allgemeine Gedanke. Doch ist die Art, wie er gesetzlich gestaltet ist, dort grundverschieden (anders anscheinend RG in Recht 1916, 1012). Das HGB bestimmt für die Aktiengesellschaft positiv, was ausgezahlt werden darf (§ 213 HGB), nämlich nur der Reingewinn. Hier dagegen ist grundsätzlich keine Auszahlung verboten, aber eine jede an die Bedingung geknüpft, daß die dazu erforderlichen Reserven im Gesellschaftsvermögen liegen.

b) Das gilt von jeder Zahlung, welche die Gesellschaft (Geschäftsführer) — gleichviel unter welchem Titel — an einen Gesellschafter als solchen leistet. Es gilt nicht von Zahlungen an einen Gesellschafter auf Grund eines außergesellschaftlichen Rechtsverhältnisses, auf Verbindlichkeiten usw., in welchen dieser der Gesellschaft wie ein Dritter gegenübersteht (RG in DJZ 1912, 1136). — Zahlungen steht die Abtretung von Geldforderungen sowie die Hingabe an Zahlungs Statt gleich, RG 80, 118. Als Zahlungen der Gesellschaft an einen Gesellschafter als solchen können, wenn sie offen — d. h. nicht verschleiert — geschehen, drei Arten in Frage kommen: Rückzahlung der Stammeinlage, Rückzahlung eines Nachschusses, Auszahlung auf Gewinn (auch die Auszahlung des Jahresgewinns unterliegt dem Verbot der §§ 30, 31 — RG 91, 408 —; im übrigen kommt § 32 zur Geltung). — In Beziehung auf Tantieme muß unterschieden werden, ob der Berechtigte Gesellschafter ist oder nicht. Auch die Mitglieder des Aufsichtsrats müssen nicht Gesellschafter sein. Der Anspruch des Nichtgesellschafters ist zweifellos Drittgläubigerrecht. Ist bei bestehender Unterbilanz ein Jahresgewinn gemacht worden, so steht der Auszahlung der Tantieme nichts entgegen, wenn das Mitglied nicht Gesellschafter ist. Die Mitglieder, die auch Gesellschafter sind, können den Anspruch bis auf weiteres nicht geltend machen; der Anspruch des Geschäftsführers auf Tantieme, der zugleich Gesellschafter ist, ist im Zweifel gesellschaftlicher Natur (s. Erl 1 b zu § 38). — Auch Zahlungen gehören hierher, welche zum Ausgleich des Mehrwerts einer Sacheinlage geleistet werden, ferner Zahlungen, welche nur scheinbar für eine vom Gesellschafter der Gesellschaft verkaufte Sache geleistet werden, in Wahrheit einen Gründergewinn darstellen (RG 88, 428).

Sind alle Gesellschafter zugleich Geschäftsführer, so ist die Bestimmung eines Gehalts ohne Rücksicht auf das Jahresergebnis und auf Kosten des Stammkapitals unzulässig und daher die Eintragung der Gesellschaft abzulehnen, JFG 1, 237. S. auch unten unter g.

c) Zurückzahlung der Stammeinlage ist nicht ausdrücklich verboten. Von einem solchen Verbot enthält § 30 Abs 1 nichts. Wenn sie allerdings nur so geschehen darf, daß zugleich der Geschäftsanteil verschwindet (§ 34; RG i. JR 1929, 1749), so beruht das darauf, daß die Stammeinlage begriffsnotwendige Grundlage des Geschäftsanteils ist und bleibt. Kein Geschäftsanteil ist denkbar ohne (ungeminderte) Stammeinlage, Hachenburg § 30[3] (bedenklich, wenigstens im Ausdruck: RG in Recht 08, 860; RG 68, 311). — Ist durch unrichtige, aber rechtskräftig gewordene

Entscheidung die Gesellschaft zur Rückzahlung von Stammeinlage verurteilt worden, so dürfte gleichwohl dem Erstattungsanspruch der Gesellschaft nach § 31 Abs 1, 2 nichts entgegenstehen, wenn die Erstattung zur Befriedigung der Gesellschaftsgläubiger erforderlich ist (vgl. RG in DJZ 1915, 423); auf diesen Anspruch kann die Gesellschaft nicht verzichten (§ 31 Abs 4), also auch dadurch nicht, daß sie den Einwand im Prozeß nicht vorbringt. Das ist nicht unbedenklich, und das Reichsgericht deutet an, daß in einem solchen Falle nichts übrigbleibt, als den Geschäftsanteil zu amortisieren. Übrigens dürfte es sich in dem dort entschiedenen Falle um eine Sacheinlage gehandelt haben, und die Rückgabe der eingebrachten Sache ist an sich durch § 30 Abs 1 nicht verboten, ebenso wie auch ein Verkauf derselben nicht unter § 30 fällt. — Wenn eine Zahlung aus Reserven, also eine nach § 30 Abs 1 unverbotene Zahlung, als Zahlung auf die Stammeinlage bezeichnet wird, ist sie deshalb nicht ungültig, kann aber nicht auf Stammeinlage verrechnet werden (RG in HoldheimsMSchr 17, 315; Warn 8, 352).

d) Die Rückzahlung von **Nachschüssen** hängt (abgesehen von den besonderen Voraussetzungen des Abs 2), ebenso wie die Auszahlung von Gewinn, lediglich von der finanziellen Lage der Gesellschaft ab (RG 85, 44), dergestalt, daß, wer in der Abhebung seines Nachschusses, nachdem die Rückzahlung beschlossen worden ist, säumig ist, Gefahr läuft, das Nachsehen zu haben, wenn die Gesellschaft inzwischen Verluste erleidet.

e) Aber nicht nur diese Fälle **offener Auszahlung** gehören hierher, sondern jedes gleichviel wie geartetes oder genanntes Rechtsgeschäft fällt unter § 30, das objektiv eine Auszahlung von Gesellschaftsvermögen an den Gesellschafter einschließt. So Schenkung (eine solche läge auch in dem Verzicht der Gesellschaft auf einen Anspruch gegen den Gesellschafter außerhalb des Gesellschaftsverhältnisses), überhaupt unentgeltliche Verfügung, jede Art von Interzession für einen Gesellschafter (RG in Recht 09, 3011; in LZ 1919, 109; GmbHRundsch 29, 125 [Nürnberg]), Gewährleistung; dann der Fall, daß einem Gesellschafter für Leistungen, die er nach § 3 Abs 2 übernommen und zu beschaffen hat, unverhältnismäßig hohe Entlohnung gezahlt wird, während bei äquivalenter Vergütung nichts im Wege steht, auch im Falle einer Unterbilanz die Gebührnisse fortzuzahlen (DJZ 1912, 1135; OLG 28, 361; s. auch RG 88, 428). Nach **Scholz** 326 wäre die Gewährung einer übermäßigen Gegenleistung kein Verstoß gegen § 30 Abs 1, wenn sie vereinbart (im Statut bestimmt?) sei, weil dann durch die Zahlung nur das entsprechende Passivum ausgeglichen werde; das ist doch wohl nicht richtig; schon das ist rechtswidrig, daß eine übermäßige Vergütung bestimmt und daß die Gesellschaft wegen einer Leistung des Gesellschafters mit einem Betrage belastet wird, der den Wert der Leistung nicht nur übersteigt, sondern auch übersteigen soll; **Hachenburg** § 30[6]; **Feine** 249; vgl. auch das Beispiel **Hachenburgs** § 30[5]. — Ferner gehört hierher Zahlung von Zinsen, Bauzinsen (vgl. § 29 Erl 7 b). — Dabei ist gleichgültig, ob unmittelbar an den Gesellschafter gezahlt wird oder für seine Rechnung an einen Dritten, ob die Gesellschaft für eigene Rechnung zahlt oder für Rechnung eines Dritten, eines anderen Gesellschafters (RG 80, 148); eine Verschleierung ist es, wenn die Gesellschaft dem Gesellschafter ein Darlehn gibt, damit dieser mit dem Gelde die Stammeinlage einzahlt; hierbei macht es keinen Unterschied, ob die Gesellschaft das Geld aus Reserven aufbringt, RG 96, 228; auch eine Sachleistung kann verschleierte Auszahlung sein, nämlich Hingabe an Zahlungs Statt.

f) Dagegen fällt die Zahlung nicht unter § 30, wenn sie erfolgt, weil sich herausstellt, daß der Zahlende nicht Gesellschafter gewesen ist; so wenn ein Geschäftsunfähiger einen Geschäftsanteil übernommen hat (und gleichwohl die Gesellschaft zustande gekommen ist, s. § 5 Erl 3 a) oder wenn die Abtretung des Geschäftsanteils nichtig war. Dasselbe gilt nach der herrschenden Lehre bei der Anfechtung wegen Irrtums, Betruges usw., RG 68, 311. Vgl. hierzu **Brodmann** A.-R. § 213 Erl 3 g.

g) Ist die im vorstehenden entwickelte Auslegung des Abs 1 richtig, so ergibt sich, daß der Vertrag, durch welchen sich die Gesellschaft einem Gesellschafter zu Auszahlungen aus dem Gesellschaftsvermögen verpflichtet, nicht, wie behauptet wird, nichtig ist (RG 113, 241; in HoldheimsMSchr 22, 248; undeutlich RG in Recht 08, 1889). Nichtig, weil in sich widerspruchsvoll, wäre freilich der Vertrag, in welchem die Gesellschaft sich zur Auszahlung der Stammeinlage unter **Aufrechterhaltung des Geschäftsanteils** verpflichtet (KGBl 10, 21). Im übrigen aber hängt die Zulässigkeit der in solchen Verträgen übernommenen Leistung nur von der Vermögenslage der Gesellschaft im Zeitpunkte ab, wo die Zahlung erfolgt oder erfolgen soll. Darüber wird man zur Zeit des Vertragsschlusses oft oder meist noch gar nichts wissen können. Selbst wenn das zu einer Zeit geschieht, wo eine Unterbilanz besteht, stünde dem Abschluß des Vertrages unter der Bedingung einer Besserung der Vermögensverhältnisse nichts entgegen (§ 308 BGB; vgl. RG in DJZ 1913, 867). Das Gesetz schafft hier in der Tat den Fall einer **exceptio Caesarea**, die folgerichtig denn auch fortfallen muß, wenn die Gesellschaft das erforderliche Vermögen wiedererwirbt. Anders aber, wenn die Meinung der Parteien dahin geht, daß der Betrag unter allen Umständen gezahlt werden soll, sei es auch auf Kosten des Stammkapitals; wohl mit Recht nimmt **Hachenburg** JW 1926, 1967 an, daß ein solcher Vertrag nichtig ist. So ist auch der **Gewinnverteilungsbeschluß** nichtig, wenn er auf einer gesetzwidrig gezogenen Bilanz beruht und der Gewinn in Wahrheit aus dem Stammkapital gezahlt würde (vgl. RG 91, 408).

h) Unverkennbar spricht Abs 1 nur von Geldeinlagen (a. A. Hachenburg § 30[10]). Die Rückgewähr von Sacheinlagen als solche ist — abgesehen höchstens von dem Falle der Einziehung des betreffenden Geschäftsanteils — ausgeschlossen, weil der Geschäftsanteil mit der Stammeinlage steht und fällt. Dagegen steht nichts im Wege, daß die Gesellschaft eine eingebrachte Sache veräußert, und kann dann auch ein Gesellschafter der Erwerber sein. Hiervon handelt der § 30 jedenfalls nicht ausdrücklich. Gegen entsprechende Anwendung würde sich aber auch der § 31 sträuben, der sicher nur auf Geldzahlungen paßt. Hier sind die Gläubiger auf die Anfechtung der Veräußerung wegen Gläubigerbenachteiligung angewiesen. Die Lücke, welche Feine 249[9] hier sieht, besteht gar nicht. S. oben unter c. Anderseits kann auch in dem Einbringen einer Sache in die Gesellschaft eine die Gläubiger des Einbringenden treffende Benachteiligung liegen, die die Anfechtung rechtfertigt. Gegenüber diesem Anspruch auf Rückgewähr der Sache kann die Gesellschaft sich auf § 30 natürlich nicht berufen (RG 74, 16; JW 1910, 762; RG in LZ 1915, 300[11]; vgl. auch RG 24, 14).

i) Für die Frage, ob die Zahlung aus dem Stammkapital erfolgt ist, ist nicht unbedingt die Jahresbilanz und deren Genehmigung durch die Gesellschafter maßgeblich. Unzulängliche Abschreibungen und übermäßige Bewertung von Aktiven müssen vielmehr richtiggestellt werden, mag auch die Bilanz als Jahresabschluß unbeanstandet bleiben (RG 91, 408).

k) In der Liquidation findet § 30 nicht Anwendung, § 69 Erl 2 (zu §§ 30, 31) und § 73 Erl 2b, und so erscheint denn auch entsprechende Anwendung des § 31 auf Auszahlungen während der Liquidation nicht gerechtfertigt. Anders RG 92, 81; RG in HoldheimsMSchr 25, 43 sowie die herrschende Lehre.

2. a) Der Abs 2 sagt im ersten Satze nichts Neues. Solange und insoweit als Unterbilanz besteht, darf nichts an die Gesellschafter abfließen, auch nicht unter dem Titel von Rückzahlung von Nachschüssen. Reicht das Vermögen nur zur Rückzahlung eines Teiles der Nachschüsse, so muß das Verfügbare nach Verhältnis der Geschäftsanteile verteilt werden, es sei denn, daß die Benachteiligten mit einer anderen Rückzahlung einverstanden sind. Auch auf eine in dieser Richtung ungerechtfertigte Rückzahlung wird man erforderlichenfalls den § 31 Abs 1 anzuwenden haben. Die Auszahlung muß eingestellt werden, wenn die nach § 30 gezogene Grenze erreicht ist. Man wird aber den Gesellschaftern, welche leer ausgehen, gegenüber den anderen auf Grund des Gesellschaftsverhältnisses den Anspruch auf Ausgleichung zusprechen müssen (s. Erl 1 c a. E. zu § 11). Ebenso Scholz 329. Der Satz 1 leitet nur die weiteren Bestimmungen des Absatzes ein, wonach auch das Nachschußkapital immerhin einer gewissen Bindung zum Schutze der Gläubiger der Gesellschaft unterliegt. Auszahlung aus dem freien Vermögen, den Reserven darf, gleichviel wie günstig die Vermögenslage ist, nicht erfolgen, ohne daß einmal zunächst die Gesellschafter die Rückzahlung förmlich beschlossen haben (§ 46 Ziff 3), sodann aber auch den Interessenten eine ausreichende Frist gelassen ist, ihre Rechte zu wahren. Macht ein Gläubiger einen streitigen Anspruch geltend, der, wenn er begründet ist, Unterbilanz bedingt, so wird der Geschäftsführer sich nach pflichtmäßigem Ermessen entschließen müssen, ob er den Nachschuß zurückzahlen darf. Sicher geht der Gläubiger nur, wenn er Klage erhebt und eine einstweilige Verfügung erreicht, durch welche die Auszahlung untersagt wird.

b) Zunächst ist die Rückzahlung davon abhängig, daß die Gesellschafter sie beschließen (§ 46 Ziff 3). Der Geschäftsführer hat den Beschluß auszuführen, kann aber selbständig nicht eine Zurückzahlung vornehmen. Der Gesellschafter, welche eine solche unberechtigte Zahlung entgegennähme, kann sich nicht auf die Vertretungsmacht des Geschäftsführers berufen, die im Innenverhältnis der Gesellschafter nicht das Maßgebende ist, mögen nun die Gesellschafter viele sein oder wenige. Aber in Beziehung auf den Mangel des erforderlichen Beschlusses der Gesellschafter kann unter Umständen der einzelne wohl in gutem Glauben sein und sich alsdann auf § 31 Abs 2 berufen. A. A. Hachenburg § 30[19].

c) Der Rückzahlungsbeschluß muß, wo im Gesellschaftsvertrage Gesellschaftsblätter bestimmt sind, in diesen, sonst in den Publikationsorganen des Registergerichts öffentlich bekanntgemacht werden, in jeder der in Betracht kommenden Zeitungen einmal. Da allen Beteiligten die Frist zur Wahrnehmung ihrer Interessen dienen soll, die Veröffentlichung in mehreren Zeitungen sich entsprechend an die mehreren Leserkreise wendet, muß die Frist nicht, wie (an Hand des Kommissionsberichts) allgemein angenommen wird, von der ersten, sondern von der spätesten Veröffentlichung an laufen. Nach Scholz 130 wäre entscheidend die erste Veröffentlichung, bei mehreren Zeitungen die zuletzt erschienene erste Veröffentlichung. Aber dagegen schlägt derselbe Gedanke durch. Wozu eine zweite Bekanntmachung in derselben Zeitung, wenn nicht für diejenigen, welche die erste übersehen haben (und obendrein nicht erkennen können, wann die erste erschienen ist)?

d) Allgemein wird anerkannt, daß Nachschüsse auch in der Form zurückgezahlt werden können, daß sie als verteilbarer Gewinn in der Bilanz erscheinen. Das wäre aber, wenn überhaupt zulässig, sehr unpraktisch. Denn es müßte, soll anders korrekt verfahren werden, die Bilanz veröffentlicht und die Auskehrung des Gewinnes auf drei Monate verschoben werden.

3. a) Solange die Stammeinlagen nicht voll eingezahlt sind (und zwar nicht nur im genannten Falle des § 28 Abs 2 — Einforderung von Nachschüssen vor vollständiger Einforderung des Stammkapitals —, sondern auch dann, wenn nach Einforderung des ganzen Stammkapitals, aber vor dessen voller Einzahlung, Nachschüsse erhoben worden sind: RG 87, 182), können Nachschüsse unter Umständen zwar eingefordert, aber unter keinen Umständen zurückgezahlt werden. Es kommt darauf an, ob das Stammkapital voll eingezahlt ist. Einforderung genügt nicht. Auf eigene Geschäftsanteile der Gesellschaft kann nicht eingezahlt werden und braucht daher auch nicht eingezahlt zu sein. Darum dürfen sie aber auch bei der Frage, ob wegen Abs 1 die Auszahlung von Nachschüssen statthaft ist, nicht als Aktivum gerechnet werden (vgl. Erl 2 h zu § 33). — Während also vor Einzahlung des ganzen Stammkapitals einem vorübergehenden Kapitalbedürfnis durch Nachschüsse abgeholfen werden kann (bei dauerndem Bedürfnis soll man die Stammeinlagen einfordern), muß es bei dem auf diese Weise erhöhten Kapitalbestand dauernd bleiben, auch wenn kein Bedürfnis dafür mehr vorliegt. Wie die Zurückzahlung von Nachschüssen, so ist auch der Erlaß von eingeforderten, aber noch nicht gezahlten Nachschüssen unzulässig. A. A. Hachenburg § 30[12]; Scholz 331; der § 19 Abs 2 findet allerdings nicht Anwendung, aber es wird übersehen, daß das Verbot der Rückzahlung dem Schutz der Gläubiger dient; anerkanntermaßen entsteht mit dem Einforderungsbeschluß ein der Pfändung unterworfener Anspruch der Gesellschaft, der den Gläubigern ebenso verfangen sein muß wie das eingezahlte Geld. Zweifellos kann die Gesellschaft, solange sie noch freie Hand hat, beschließen, von der beschlossenen Einforderung abzusehen. Sie kann aber nicht beschließen, bei einem Gesellschafter von der Einforderung Abstand zu nehmen, bei dem anderen nicht; a. A. Scholz 297. Unzutreffend dürfte auch die Behauptung sein, daß der Geschäftsführer die Macht hat, einem oder allen Gesellschaftern die Nachschußschuld zu erlassen, ohne den betreffenden Gesellschafterbeschluß hinter sich zu haben (Hachenburg a. a. O.; Scholz 299). — Aufrechnung ist zulässig, aber nur, wenn die Schuld der Gesellschaft vollwertig ist (oder durch den Eingang des gesamten Nachschusses vollwertig wird). — Deckt sich der ausstehende Rest der Stammeinlage mit dem Betrage des Nachschusses, so steht nichts im Wege, beide Beschlüsse, Einforderung der Stammeinlage und Zurückzahlung des Nachschusses, gleichzeitig zu fassen und (nach Ablauf der drei Monate) auszuführen. Nur muß es auch dann noch die Finanzlage gestatten. Es muß das Stammkapital voll gedeckt sein.

b) Werden Nachschüsse zurückgezahlt, ohne daß alle gesetzlichen Voraussetzungen dafür vorliegen, so hat der Empfänger der Gesellschaft den Betrag nach § 31 zu erstatten. — Das muß von jeder Zahlung gelten und gleichviel, an welcher der Voraussetzungen es gemangelt hat. Es muß gelten sowohl, wenn der Geschäftsführer einen Nachschuß zurückgezahlt hat, ohne daß ein Beschluß der Gesellschafter vorlag, als auch wenn das Stammkapital noch nicht voll eingezahlt war, sowohl wenn die Bekanntmachung des Beschlusses nicht erfolgt ist, als auch wenn die Auszahlung vor Ablauf der Frist geschehen ist. Den Empfänger schützt aber nach § 31 Ziff 2 guter Glaube. Vgl. hierzu Hachenburg § 30 Erl 18 ff. Seine Korrektur des Gesetzes in Erl 19 ist nach diesseitiger Auffassung weder geboten noch im Ergebnis wünschenswert und muß jedenfalls abgelehnt werden. Was in Erl 18 gesagt wird, hat viel für sich, aber doch nur, wenn man dabei an extreme Fälle wie den angeführten denkt, und in solchen Fällen ist die Konsequenz des Gesetzes bei Rückzahlung von Nachschüssen kaum unbefriedigender als bei Rückzahlung von Stammeinlage. Wie H. Feine 328; wie hier Liebmann § 31 Erl 2; Scholz 333. Der Anspruch der Gesellschaft ist nicht davon abhängig, daß sie des Geldes zur Zahlung ihrer Schulden bedarf. Nur muß in diesem Falle das Geld zurückgezahlt werden, gleichviel ob der Empfänger in gutem Glauben war oder nicht.

c) Die Zurückzahlung des Nachschusses erfolgt an denjenigen, der zur Zeit der Zahlung Inhaber des Geschäftsanteils ist (§ 16).

4. Der Satz will sagen, daß, wenn bei begrenzter Nachschußpflicht ein Nachschuß zurückgezahlt worden ist, bei Erhebung eines weiteren Nachschusses jene erstere Erhebung bei Bestimmung der Grenze nicht mitzählt.

§ 31

Zahlungen, welche den Vorschriften des § 30 zuwider geleistet sind, müssen der Gesellschaft erstattet werden[1]).

War der Empfänger in gutem Glauben, so kann die Erstattung nur insoweit verlangt werden, als sie zur Befriedigung der Gesellschaftsgläubiger erforderlich ist[2]).

Ist die Erstattung von dem Empfänger nicht zu erlangen, so haften für den zu erstattenden Betrag, soweit er zur Befriedigung der Gesellschaftsgläubiger erforderlich ist, die übrigen Gesellschafter nach Verhältnis ihrer Geschäftsanteile. Beiträge, welche von einzelnen Gesellschaftern nicht zu erlangen sind, werden nach dem bezeichneten Verhältnis auf die übrigen verteilt[3]).

Zahlungen, welche auf Grund der vorstehenden Bestimmungen zu leisten sind, können den Verpflichteten nicht erlassen werden[4]).

Die Ansprüche der Gesellschaft verjähren in fünf Jahren; die Verjährung beginnt mit dem Ablauf des Tages, an welchem die Zahlung, deren Erstattung beansprucht wird, geleistet ist[5]). Fällt dem Verpflichteten eine bösliche Handlungsweise zur Last, so findet die Bestimmung keine Anwendung[6]).

Für die in den Fällen des Absatz 3 geleistete Erstattung einer Zahlung sind den Gesellschaftern die Geschäftsführer, welchen in betreff der geleisteten Zahlung ein Verschulden zur Last fällt, solidarisch zum Ersatze verpflichtet[7]).

Österr. Gesetz § 83.

1. a) Seinen in § 30 enthaltenen Verboten bestimmter Zahlungen an die Gesellschafter fügt das Gesetz in § 31 die Bestimmung hinzu, daß die gegen das Verbot erfolgte Zahlung der Gesellschaft erstattet werden muß. Es ist das nicht ein Anspruch der Gesellschaft auf Herausgabe ungerechtfertigter Bereicherung; RG 80, 152. Ein solcher Anspruch, wenn er im einzelnen Falle nach der Sachlage besteht, wird durch den § 31 und was er bestimmt, nicht berührt. Vielmehr schafft das Gesetz positiv einen besonderen selbständigen schuldrechtlichen Anspruch in Höhe des gezahlten Geldes, nach gemeinrechtlicher Terminologie einen Anspruch aus Quasidelikt oder auch (§ 30 Abs 2) aus Quasikontrakt. Es muß sich um eine Zahlung an den Gesellschafter als solchen im Gegensatz zu Zahlungen an den Gesellschafter als Drittgläubiger handeln. Auf welchem Rechtsgrunde im übrigen die Zahlung beruht, ist hier gleichgültig. Fehlt es an dem Rechtsgrunde, so hat die Gesellschaft gemäß §§ 812 ff. BGB Anspruch auf Herausgabe der Bereicherung, entweder nur diesen, wenn ein Verstoß gegen § 30 nicht vorliegt, sonst diesen zugleich mit dem hier bestimmten Anspruch auf Erstattung des Gezahlten, der nicht auf die Bereicherung beschränkt ist. Sind einem Gesellschafter im Laufe des Geschäftsjahres Vorschüsse auf den Jahresgewinn gezahlt worden, so muß dieser, wenn sich herausstellt, daß ein Jahresgewinn nicht erzielt worden ist, was auch der Fall ist, wenn die Gesellschaft vor Ablauf des Jahres in Liquidation tritt, das Gezahlte auch dann nach § 812 herausgegeben, wenn kein Verstoß gegen § 30 begangen worden ist (RG 85, 43; s. auch RG 92, 81). Ebenso beispielsweise, wenn ohne Verstoß gegen § 30 ein Nachschuß irrtümlich an einen Gesellschafter zurückgezahlt wird, welcher in Wahrheit den Nachschuß gar nicht eingezahlt hatte, oder wenn irrtümlich einen bestimmten Reservefonds durch Auszahlung aufzulösen beschlossen war, der gar nicht mehr existierte. — Es ist bei Rückzahlungen „auf Stammeinlage", von eingezahlten Nachschüssen, welche gegen das Verbot verstoßen, nicht so, als ob der Anspruch der Gesellschaft auf die Stammeinlage oder den Nachschuß wieder auflebte. Kaduzierung des Geschäftsanteils auf Grund dieses Anspruchs ist ausgeschlossen. Die Stammeinlage war bezahlt und bleibt es; die Verpflichtung zur Verzinsung nach § 20 tritt nicht ein; die subsidiäre Haftung der Mitgesellschafter richtet sich nicht nach § 24, sondern nach § 31 Abs 3 (Warn 7, 120).

Unter Umständen trifft das Verbot des § 30 nur einen Teil der Leistung. Dann ist auch nur dieser Teilbetrag zu erstatten.

b) Gläubiger des Anspruchs ist die Gesellschaft, der er kraft Gesetzes erwächst, auch wenn sie ihn nicht erwerben will. Gläubiger der Gesellschaft können nur dadurch an ihn herankommen, daß sie ihn pfänden lassen (oder daß die Gesellschaft ihn verpfändet oder abtritt). Anders § 217 HGB. Auch aus ungerechtfertigter Bereicherung können Dritte den Empfänger des Geldes nicht in Anspruch nehmen, der, wenn überhaupt, auf Kosten der Gesellschaft und nicht ihrer Gläubiger bereichert erscheint (RG 92, 82). Gegen die Übertragbarkeit (Verpfändung, Pfändung) des Anspruchs der Gesellschaft bestehen hier nicht die Bedenken wie bezüglich des Anspruchs auf die Stammeinlage usw. (vgl. Erl 6a zu § 19), wenn auch in Beziehung auf den Regreßanspruch nach Abs 3 hier ähnliche Schwierigkeiten auftreten können wie in jenem Falle. Gegenüber einer gegen das Verbot verstoßenden allgemeinen Zurückzahlung von Nachschüssen wird behauptet, daß die Gesellschaft auch bei der Zurückforderung gemäß § 31 gegen alle Gesellschafter gleichmäßig vorgehen müsse. Das erscheint aber grundlos. — Den Anspruch der Gesellschaft geltend zu machen, ist Aufgabe des Geschäftsführers. Erscheint er nach Lage der Sache hierzu verpflichtet, so kann er sich zu seiner Entlastung nicht auf einen sein Verhalten deckenden Gesellschafterbeschluß berufen, mag dieser auch einstimmig gefaßt worden sein.

c) Wer der Schuldner im Anspruch ist, wird im Gesetz ausdrücklich nicht gesagt. Der grundlegende Abs 1 ist in dieser Beziehung neutral gefaßt. Aber in Abs 2 u. 3 ist vom „Empfänger" des Geldes die Rede, und daraus folgert Hachenburg § 31[3], daß nicht immer der Gesellschafter, sondern stets nur derjenige oder jedenfalls auch derjenige das Geld zu erstatten verpflichtet ist, der es in Empfang genommen hat, vorausgesetzt selbstverständlich, daß er in eigenem Namen und nicht als Stellvertreter des Gesellschafters gehandelt hat. Indessen erscheint das als ein Haften am Wortlaute der Bestimmungen. Der § 30 handelt überhaupt nur von Zahlungen an Gesellschafter auf Grund und aus Anlaß des Gesellschaftsverhältnisses. Wenn gleichwohl für das Verbot des § 30 und die Verbindlichkeit aus § 31 Zahlungen an Dritte in Frage kommen können, so sind zwei Arten von Fällen zu unterscheiden. Da sind einmal die in Erl 1 zu § 30 erörterten Fälle, in denen mit der Zahlung an Dritte, wenn auch nur mittelbar, zugleich an den Gesellschafter gezahlt wird, wie beispielsweise bei der Zahlung auf Anweisung des Gesellschafters. Daß hier der Gesellschafter und nicht der Dritte derjenige ist, der das Gezahlte erstatten muß, wird niemand beanstanden. Zweifel erwecken nur die Fälle, wo auf einen Anspruch des Gesellschafters gezahlt wird, der in irgendeiner Form, Zession, Verpfändung, Pfändung, auf den Dritten übergegangen ist. Hier findet sich ein eigentümliches Wechselspiel. Nach § 217 HGB, der dem § 31 einigermaßen entspricht, ist der Aktionär verpflichtet zurückzuzahlen, was er dem Gesetz zuwider als Gewinnanteil oder als Zinsen empfangen hat, wofern er nicht in gutem Glauben gewesen ist. Dort wird behauptet — entschieden scheint es noch nicht zu sein —, daß nicht der Aktionär zur Rückzahlung verpflichtet sei, sondern derjenige, welcher die Zahlung empfangen hat. Hier dagegen spricht das Gesetz vom Empfänger des Geldes, und gemeint ist damit der Gesellschafter. Auch im Falle der Zession usw. ist der Gesellschafter der Schuldner, nicht der Zessionar, der das Geld erhalten hat. Das Gesetz beschäftigt sich in den §§ 30—39 nur mit dem Innenverhältnis der Gesellschaft und der Gesellschafter. Es ist verständlich, daß dem Gesellschafter die Verpflichtung zur Erstattung des Erhaltenen auferlegt wird. Es wäre eine bedeutsame, der näheren Erwägung wohl bedürftige Erweiterung gewesen, sollte diese Verpflichtung, die durchaus nur auf den inneren Verhältnissen der Gesellschaft beruht, auch auf gänzlich Unbeteiligte ausgedehnt werden, und es hätte, wäre das die Meinung gewesen, deutlicher gesagt werden müssen und wäre dann auch, kann man behaupten, deutlicher gesagt worden. Es ist auch angesichts des Umstandes, daß das Gesetz unter Umständen dem guten Glauben des Empfängers entscheidende Bedeutung beimißt, nicht einzusehen, wie dem guten Glauben eines Dritten, ganz Fernstehenden irgendwelcher Wert beigemessen werden könnte. Anderseits konnte, dem Gesellschafter auch in solchem Falle die Verpflichtung aufzuerlegen, keinem ernstlichen Bedenken unterliegen, da dieser in Erwartung, daß gezahlt werden wird, zediert und wenn er auch nicht den geschuldeten Betrag von der Gesellschaft erhält, so doch in der Regel durch die Zession (oder Verpfändung usw.) die Forderung verwertet haben wird. Wenn es richtig ist, daß nach § 217 HGB nicht der Aktionär als solcher, sondern der Empfänger des Geldes das Gezahlte zurückzuzahlen verpflichtet ist, so hängt das einfach damit zusammen, daß dort überhaupt nicht an den Aktionär als solchen, sondern an den Inhaber des Papiers, Aktie oder Dividendenschein, gezahlt wird. Der Inhaber des Papiers, gleichviel welches sein Recht an ihm ist, macht der Gesellschaft gegenüber aus eigenem Rechte die Forderung geltend. Der Fall, der hier in Frage steht, liegt dort gar nicht vor, Zahlung an einen Dritten, einen Außenseiter. Käme es einmal vor, daß die Aktiengesellschaft nicht an den „Aktionär" zahlt, sondern ausgesprochenermaßen an seinen Zessionar, so stünde man dort vor derselben Schwierigkeit wie hier. Nach Liebmann haften sowohl der Gesellschafter als auch dessen Zessionar, wenn er das Geld empfangen hat; wie hier Neukamp § 31[1b]; Scholz 333. — Nur ein Punkt muß hierbei noch erledigt werden. Was in diesem Verhältnis guter Glaube des Empfängers bedeutet, ist eine Frage für sich (s. Erl 2 a). Aber was er auch bedeuten mag, klar ist, daß der gute Glaube in der Zeit bestanden haben muß, als der Gesellschafter die Zahlung entgegennahm, und im gegenwärtigen Falle tritt nun ein solcher Moment nicht ein. Nur zufällig wird der Zedent einmal erfahren, ob und wann die Gesellschaft an den Zessionar zahlt. Aber er muß doch damit rechnen, daß ein solcher Moment kommt, daß er bevorsteht, und er ist nicht in gutem Glauben, wenn er die Tatsachen kennt, welche die Auszahlung verbieten, und gleichwohl keine Schritte tut, um sie zu verhindern.

Die Schuld trifft die Persönlichkeit des Empfängers. Sie haftet nicht am Geschäftsanteil. Veräußert der Empfänger nach Empfang des Geldes seinen Geschäftsanteil, so tritt nicht die Mithaftung des Erwerbers nach § 16 Abs 3 ein. Die geschuldete Leistung mag rückständig sein, aber sie ist nicht auf den Geschäftsanteil rückständig (RG in Warn 7, 120). — Ist ein Geschäftsanteil im Besitze mehrerer, so trifft die Verpflichtung doch nur denjenigen, der Zahlungen erhalten hat, es sei denn, daß dieser zugleich in Vollmacht und Vertretung der anderen gehandelt hat. Zwar bestimmt § 18 Abs 2, daß die mehreren Berechtigten für die auf den Geschäftsanteil zu bewirkenden Leistungen der Gesellschaft solidarisch haften. Aber es handelt sich hier nicht um etwas, was auf den Gesellschaftsanteil zu leisten wäre. Hachenburg § 31[4]; Scholz 334.

2. a) Von der Regel des Abs 1 macht Abs 2 die Ausnahme für den Fall, daß der Empfänger in gutem Glauben war, und von dieser Ausnahme wird wieder eine Ausnahme gemacht, die Regel gilt wieder, wenn die Gesellschaft des Geldes zur Befriedigung ihrer Gläubiger bedarf. — Die Frage nach dem guten Glauben ist hier lediglich auf die Momente abzustellen, welche nach § 30 die Zahlung zu einer verbotenen machen. Im Falle des § 30 Abs 1 ist der Empfänger des Geldes nicht in gutem Glauben, wenn er die Verhältnisse der Gesellschaft genau genug kannte, um darüber in Zweifel zu sein, ob ihre finanzielle Lage die Auszahlung gestattet. Darüber muß bei der Mannigfaltigkeit der denkbaren Fälle je nach den Umständen entschieden werden. Das Gesetz gibt dem einzelnen so gut wie keine Handhabe, eine laufende Kontrolle auszuüben. Es wird ganz darauf ankommen, wie nahe er tatsächlich der Geschäftsführung gestanden hat. Darauf, ob er weiß, daß die Auszahlung gesetzlich verboten ist, kommt es nicht an. Bei der Zurückzahlung von Nachschüssen kommen weitere Voraussetzungen, teils materielle teils formale, hinzu. Die Stammeinlagen müssen voll eingezahlt sein, es muß die Bekanntmachung erfolgt, die Sperrfrist abgelaufen sein. Auch die Verstöße gegen die formalen Vorschriften machen die Auszahlung zu einer verbotenen. Das wird von Hachenburg § 30[18] bestritten. Aber das Gesetz unterscheidet nicht. Nur wird man annehmen können, daß hier guter Glaube des Empfängers darin begründet sein kann, daß er von den gesetzlichen Vorschriften nichts weiß.

b) Auch der gutgläubige Empfänger der Zahlung muß den Betrag erstatten, wenn die Gesellschaft das Geld zur Befriedigung ihrer Gläubiger nötig hat. Dazu muß sie nicht überschuldet sein. Auch Zahlungsschwierigkeit infolge von Mangel flüssiger Mittel genügt. Entscheidend ist der Zeitpunkt, in welchem der Erstattungsanspruch geltend gemacht wird (genauer: die letzte mündliche Verhandlung vor dem Urteil, wenn es zur Klage kommt, KGJ 25, 102). Der Schuldner kann nicht einwenden, daß in der Zwischenzeit seit der Auszahlung die finanzielle Lage der Gesellschaft besser gewesen ist. Er ist daher auch nicht davor geschützt, daß die Klage, wenn sie abgewiesen wird, wiederholt zur Erhebung kommt. Denn es ist gleichgültig, ob die Schuld der Gesellschaft, wegen deren sie des Geldes bedarf, schon bestand, als das Geld ausgezahlt wurde.

c) Kommt es auf den guten Glauben des Empfängers an, so muß dieser seine Gutgläubigkeit darlegen und beweisen, während wiederum die Gesellschaft beweisen muß, daß sie des Geldes bedarf, um ihre Gläubiger zu befriedigen, wenn sie sich darauf beruft (KGBl 25, 102). Macht der Verwalter im Konkurs der Gesellschaft den Anspruch geltend oder ein Gläubiger der Gesellschaft, der ihn hat pfänden lassen, dann liegt schon in der Sacheinlage ausreichender Beweis dafür, daß die Gesellschaft des Geldes bedarf (vgl. Erl 6 c zu § 19). Den Anspruch des Pfandgläubigers gegen die Gesellschaft kann der auf die Rückzahlung in Anspruch genommene Gesellschafter bestreiten, solange der Titel, auf welchem die Pfändung beruht, nur erst vorläufig vollstreckbar ist. Mit Rechtskraft des Urteils steht fest, daß die Gesellschaft das Geld schuldet, und darauf kommt es für den Anspruch gegen den gutgläubigen Empfänger des Geldes an.

3. a) Der Abs 3 bestimmt die subsidiarische Haftung der übrigen Gesellschafter in Gestalt der Kollektivhaftung, wie diese nach § 24 in Beziehung auf die Einzahlungen auf Stammeinlage besteht. Sie ist hier noch gefährlicher als dort, nicht nur, weil außer der Stammeinlage auch Nachschüsse in Frage kommen können, sondern auch, weil im Grunde die Auszahlung von Geld an Gesellschafter und damit die Höhe möglicher Ansprüche auf Erstattung gar keine Grenzen hat. Nur wo die Auszahlung geradezu umschlägt in strafbare Untreue oder Unterschlagung usw., wird man subsidiarische Haftung der übrigen Gesellschafter nicht annehmen können. Das würde nicht unter § 30 fallen. Ebenso Scholz 336. — Voraussetzung ist, daß die Gesellschaft des Geldes bedarf, um Schulden zu bezahlen, und daß der Zahlungsempfänger zur Zurückzahlung verpflichtet ist, was hier übrigens immer der Fall ist, auch wenn der Empfänger des Geldes in gutem Glauben war; a. A. Hachenburg § 31[7]. Es handelt sich um Einstehen für die Zahlungsunfähigkeit des Empfängers. Die Gesellschaft muß die Zahlungsunfähigkeit behaupten und beweisen. Darauf, daß sie in Verfolgung ihres Anspruchs lässig gewesen sei, kann sich der Gegner nicht berufen. Es folgt das aus dem in Abs 4 Bestimmten.

b) Die übrigen Gesellschafter sind diejenigen Persönlichkeiten, welche in dem Zeitpunkte der verbotenen Zahlung die Geschäftsanteile besitzen. So zutreffend gegen 1. Aufl. hier Hachenburg § 31[8]. Entgegen dem Wortlaut des Gesetzes muß angenommen werden, daß das auch der Zeitpunkt ist, mit welchem im Sinne des § 16 Abs 3 die Ersatzpflicht rückständige Leistung wird, der Zeitpunkt also, von welchem an der Gesellschafter sich der Regreßhaftung nicht durch Veräußerung des Geschäftsanteils entschlagen kann. Es ist dieselbe Frage wie die in Erl 2a zu § 24 erörterte. Im gegenwärtigen Fall erscheint diese „entsprechende" Anordnung des § 16 Abs 3 noch dadurch gerechtfertigt, daß das der Zeitpunkt ist, mit welchem die Verjährung des Anspruches beginnt.

c) Die Haftung trifft alle Gesellschafter, naturgemäß mit Ausnahme des Zahlungsempfängers und Erstschuldners. Ist der Zahlungsempfänger einer von mehreren Besitzern eines gemeinschaftlichen Geschäftsanteils, die ihrerseits nichts ausgezahlt erhalten haben und daher auch nichts zurückzahlen müssen, so ist doch kein Grund, sie auch von der subsidiarischen Haftung nach Verhältnis des Geschäftsanteils auszunehmen. Ebenso Scholz 336. — Zwischen Geschäftsanteilen verschiedener Emissionen kann hier kein Unterschied gemacht werden (vgl. Erl 3d zu § 24). Es gilt hier nicht, bestimmte Kapitalkonten auf den normalen Fuß zu bringen, sondern eine ganz allgemeine Vermögensbeschädigung wieder gutzumachen, von der ohne Unterschied alle Gesellschafter lediglich nach dem Verhältnis ihrer Geschäftsanteile betroffen erscheinen. Das Moment, das dort zu unterschiedlicher Behandlung drängt, fehlt hier.

4. Der Anspruch auf Erstattung des Gezahlten ist vom Gesetz der Gesellschaft gegeben, nicht nur in ihrem eigenen Interesse, sondern vor allem auch im Interesse ihrer Gläubiger. Sie erwirbt ihn, auch wenn sie ihn nicht erwerben will und trotzdem sie mit der Auszahlung des Geldes einverstanden gewesen ist. Daher muß sie auch nicht auf ihn nachträglich verzichten können. Auch das ist eine Vorschrift zum Schutze gegen die Gefahren der beschränkten Haftung. — Das Gesetz bestimmt, daß die Gesellschaft den Verpflichteten ihre Verbindlichkeit nicht erlassen kann. Es liegt nahe anzunehmen, daß hier nur kurz das hat gesagt werden sollen, was in § 19 Abs 2 ausführlicher zum Ausdruck gekommen ist. Aber allgemein hält man sich auch hier an den Wortlaut des Gesetzes. Danach stünde nichts im Wege, daß die Gesellschaft ihren Schuldnern Stundung gewähren kann, was dann auch der Konkursverwalter und ein pfändender Gläubiger der Gesellschaft gegen sich wird gelten lassen müssen. Nicht nur die Gesellschaft, sondern auch der und die Gesellschafter können danach Gegenforderungen aufrechnen. Dann wird man aber jedenfalls darauf bestehen müssen, daß beiderseits nur mit einer vollwertigen Schuld der Gesellschaft aufgerechnet werden kann, was wohl ausnahmslos dann nicht der Fall sein wird, wenn der Konkursverwalter oder ein Gläubiger der Gesellschaft die Forderung geltend macht. Hingabe an Zahlungs Statt dürfte aber unzulässig sein (a. A. Hachenburg § 31[10]; Scholz, 337; aber liegt darin nicht Erlaß der Zahlung?) und auch ein vergleichsweiser Nachlaß oder Erlaß der Schuld nur dann zulässig, wenn es sich um einen ernstlich gemeinten und nach Lage der Sache gerechtfertigten Vergleich handelt.

5. Die kurze — fünfjährige — Verjährungsfrist läuft einheitlich gegen alle aus einer Auszahlung nach § 30 sich ergebenden Ansprüche, Hauptanspruch sowohl als auch Regreßansprüche aus der subsidiären Haftung und kollektiven Nachhaftung der übrigen Gesellschafter. Dabei wird der Lauf der Verjährung nicht gehemmt durch den Einwand der Vorausklage (§ 202 Abs 2 BGB). Beweiserleichterungen, wie sie in § 22 Abs 2 bestimmt sind, bestehen hier nicht. Die Klage gegen einen der Schuldner unterbricht nicht die Verjährung der Forderung gegen die anderen. Die Gesellschaft wird sich dadurch helfen können, daß sie von ihren Regreßschuldnern verlangt, daß sie ihre Verbindlichkeit (als bedingte) anerkennen, und auf Feststellung klagt, wenn das verweigert wird (§ 209 Abs 1 BGB).

6. Mehrfach findet sich in gesetzlichen Bestimmungen bösliche Handlungsweise des Schuldners als Tatbestandsmoment, insbesondere als Moment, bei welchem wie hier die kurze Verjährungsfrist ausgeschaltet wird, um der ordentlichen dreißigjährigen Verjährung Platz zu machen (§§ 202, 267 Abs 3, 269 Abs 5 HGB). Darüber, was unter böslicher Handlungsweise zu verstehen ist, herrscht Meinungsverschiedenheit. Mit Definitionen, wie Mutwillen, der zwar die Beschädigung nicht beabsichtigt, sein Handeln darum aber trotz Bewußtseins der damit verbundenen Gefahr nicht ändert, oder frevelhafter Mutwillen, der zwar die Beschädigung nicht beabsichtigt, sich aber doch der mit dem Handeln verbundenen Gefahr bewußt ist, u. ä., ist, abgesehen davon, daß sie nicht einmal richtig sind, wenig gewonnen. Gerade auf die vorliegenden Fälle würden sie gar nicht passen. Es gibt wohl überhaupt keinen einheitlichen Begriff. Es wird immer darauf ankommen, um welche Art von Fällen es sich jeweilig handelt. Hier liegt bösliche Handlungsweise des Empfängers der Zahlung vor, wenn es zugleich darauf abgesehen ist, die Gesellschaft oder ihre Gläubiger durch Beiseiteschaffung des Geldes zu schädigen. Weiter und wohl zu weitgehend, obendrein unscharf sagt Hachenburg § 31[11], es genüge die bewußte Mitwirkung bei der Auszahlung von Stammkapital. Wie hier Scholz 337.

7. a) Das Gesetz gibt den Gesellschaftern, welche auf Grund Abs 3 haben zahlen müssen, einen Regreßanspruch gegen den schuldigen Geschäftsführer. Auch diejenigen der mehreren Geschäftsführer, welche nicht die Auszahlung des Geldes vorgenommen haben, kann ein Verschulden treffen, so wenn sie es geduldet oder wenn sie nicht aufgepaßt haben. Auch diesem Anspruch gegenüber wird sich in der Regel der Geschäftsführer nicht darauf berufen können, daß er nur einen Beschluß der Gesellschafter zur Ausführung gebracht hat. Indessen wird derjenige Gesellschafter von ihm Ersatz nicht beanspruchen können, welcher in Kenntnis der Sachlage für den Beschluß gestimmt hatte. Ebenso Scholz 338. Dem Empfänger der Zahlung steht dieser Ersatzanspruch gegen die Geschäftsführer nicht zu, und daher wird denn auch in dem Falle, daß Stammeinlage oder Nachschüsse verbotswidrig an alle Gesellschafter zurückgezahlt worden sind, niemand von ihnen diesen Ersatzanspruch geltend machen können, auch nicht wegen derjenigen Beträge, welche im Regreßwege haben gezahlt werden müssen.

b) Für den Anspruch gegen den Geschäftsführer ist eine kurze Verjährungsfrist nicht vorgesehen. Die Vermutung liegt nahe, daß das nur übersehen worden ist. Entsprechende Anwendung des § 43 Abs 4 (fünfjährige Verjährung) — so Liebmann § 31[11]; Scholz 338 — läßt sich trotzdem nicht rechtfertigen. Bis zu einem gewissen Grade schützt den Geschäftsführer zugleich die kurze Verjährung nach Abs 5. Ist innerhalb dieser Frist weder von der Gesellschaft selbst noch in ihrem Namen durch einen Gläubiger ein Ersatzanspruch erhoben, dann kann ein solcher auch gegen den Geschäftsführer nicht mehr erhoben werden. Andernfalls ist dieser gewahrschaut und kann für seine Verteidigung Vorsorge treffen.

c) Die Geschäftsführer haften nach § 43 Abs 2, 3 der Gesellschaft unmittelbar auf Ersatz des ausgezahlten Geldes, wenn sie pflichtwidrig gehandelt haben. Ihr gegenüber können sie sich unter Umständen darauf berufen, daß sie die Zahlung in Ausübung eines darauf gerichteten Gesellschafterbeschlusses geleistet haben, es sei denn, daß der Ersatz des Geldes zur Befriedigung von Gesellschaftsgläubigern erforderlich ist. — Somit haften der Gesellschaft Zahlungsempfänger und Geschäftsführer als Gesamtschuldner. Die Gesellschaft hat freie Wahl, wen sie zuerst in Anspruch nehmen will. Ob im Verhältnis der Gesamtschuldner, Geschäftsführer und Zahlungsempfänger, der eine vor dem anderen haftet, läßt sich allgemein nicht bestimmen. Im Gesetz ist darüber nichts gesagt. Wollte man darum in Anwendung von § 426 Abs 1 BGB annehmen, daß jeder Teil zur Hälfte haftet (so KGBl 25, 102), so würde das in der Mehrzahl der Fälle vermutlich nicht befriedigen. In ziemlich freier Gesetzesanwendung kommt Scholz 339 zu dem Ergebnis, daß der Geschäftsführer stets gegen den Empfänger des Geldes Rückgriff habe. Aus Abs 6 ergibt sich, daß die übrigen Gesellschafter, in Anspruch genommen, nicht verlangen können, daß zunächst die Geschäftsführer in Anspruch genommen werden.

§ 32

Liegt die im § 31 Absatz 1 bezeichnete Voraussetzung nicht vor, so sind die Gesellschafter in keinem Falle verpflichtet, Beträge, welche sie in gutem Glauben als Gewinnanteile bezogen haben, zurückzuzahlen[1]).

Österr. Gesetz § 83.

1. a) Auf die Auszahlung des Gewinnes an die Gesellschafter finden, wie auf jede Auszahlung an sie, die §§ 30, 31 Anwendung. Was der Gesellschafter als Gewinn auf Kosten des Stammkapitals erhält, hat er nach Maßgabe des dort Bestimmten zurückzuzahlen. Anders als im Aktienrecht (§ 217 HGB) muß er, auch wenn er in gutem Glauben gewesen ist, das Gezahlte erstatten insoweit, als es zur Befriedigung der Gläubiger der Gesellschaft erforderlich ist. Das Zahlungsgeschäft kann aber auch an einem anderen Mangel leiden. Inwiefern das der Gesellschaft einen Anspruch auf Erstattung des Gezahlten gibt, ist nach allgemeinem Recht zu entscheiden. Davon sagt der § 32 nichts, der vielmehr nur bestimmt, daß, wenn an und für sich der Anspruch auf Erstattung begründet ist (und nicht zugleich — ganz oder zu einem Teil — die Zahlung auf Kosten des Stammkapitals stattgefunden hat), der Gesellschafter gleichwohl das Gezahlte nicht zu erstatten braucht, wenn er in gutem Glauben gewesen ist. Die Vorschrift bezieht sich ausschließlich auf Auszahlungen, die unter dem Rechtstitel der Gewinnauszahlung erfolgen. Der typische Fall wird sein, daß die Bilanz oder ihre Genehmigung oder der Verteilungsbeschluß gegen das Gesetz oder den Gesellschaftsvertrag verstoßen. „Es ist an den Fall zu denken, daß die im Vertrage vorgesehene Dotierung eines Reservefonds unterblieben ist oder daß bei richtiger Bilanzaufstellung zwar eine Unterbilanz, aber mit Rücksicht auf Reserven die Auszahlung keinen Verlust am Stammkapital ergibt" (Mot). Es kann aber behauptet werden, daß dieser typische Fall auch allein der ist, den das Gesetz im Auge hat. War die Abtretung eines Geschäftsanteils nichtig, so geht der Zedent seines Gewinnanspruchs nicht dadurch verlustig, daß die Gesellschaft den Gewinn dem Zessionar auszahlt, und dieser hat der Gesellschaft, und zwar nur ihr, nicht dem Zedenten, das Gezahlte zu erstatten, mag er auch in gutem Glauben gewesen sein. Vgl. hierzu Scholz 341. Auch auf den sehr wohl denkbaren Fall kann § 32 nicht Anwendung finden, daß einem Gesellschafter aus Versehen der Gewinn zweimal ausgezahlt wird und dieser gutgläubig gewesen ist. Dagegen würde der Anspruch auf Erstattung wieder ausgeschlossen sein, wenn die Gesellschaft, welche einen eigenen Geschäftsanteil besitzt, den auf diesen entfallenen Gewinn sogleich auf die Gesellschafter verteilt, statt ihn auf das laufende Jahr zu übertragen (vgl. Erl 2c zu § 33).

b) Der Empfänger ist nicht gutgläubig, wenn er weiß, daß er den Betrag nicht zu fordern hat. Er ist nicht gutgläubig, wenn der Bilanzbeschluß nichtig ist und er den Mangel kennt. Liegt nur Anfechtbarkeit des Beschlusses vor, so kommt es darauf an, ob der Beschluß von einem Beteiligten beanstandet worden ist und er das weiß. Daß einzelne gegen den Beschluß gestimmt haben, genügt nicht. Er kann auch selbst dagegen gestimmt haben.

c) Die Gesellschaft, welche Erstattung des gezahlten Geldes beansprucht, muß darlegen und beweisen, daß der Empfänger nicht in gutem Glauben gewesen ist. Dafür, daß sie und nicht den Gegner die Beweislast trifft, spricht nicht nur die Prozeßlage an und für sich, nicht nur der Grundsatz quisquis praesumitur bonus, sondern hinzukommt noch die Formulierung des Gedankens im Gesetz, die hier bemerkenswert anders ausgefallen ist als in § 31 Abs 2. Es ist auch schwer zu sagen, wie — von Zufälligkeiten abgesehen — hier der Empfänger den Beweis seines guten Glaubens sollte erbringen können, wenigstens dann, wenn man es mit dem Beweis ernst nimmt. Wie hier Feine 368; anders Hachenburg § 32[5]; Scholz 341. — Ist der Gewinn in Übereinstimmung mit der Bilanz und dem Verteilungsbeschluß ausgezahlt worden, so setzt die Rückforderung voraus, daß zunächst jener Beschluß aus der Welt geschafft ist; a. A. Liebmann § 32[3].

d) Die Gesellschaft kann die Erstattung nur von demjenigen verlangen, der das Geld (in eigenem Namen) erhalten hat oder für dessen Rechnung es an einen Dritten gezahlt worden ist, also, wenn der Gesellschafter seinen Gewinnanspruch abgetreten hatte, nur vom Zessionar, an den gezahlt worden ist. Aber ist schon der Zessionar zur Erstattung verpflichtet, so kann er es doch nicht sein, auf dessen guten oder schlechten Glauben es ankammt. Es steht den Verhältnissen fern. Sein guter Glaube hat sachlich keine Bedeutung und kann nicht entscheidendes Moment sein. Es kann auch in diesem Falle immer nur darauf ankommen, ob der Gesellschafter in gutem Glauben gewesen ist oder nicht. Darüber, wie das zu verstehen ist, s. Erl c zu § 31. Scholz 340; a. A. Hachenburg § 32[5].

e) Auffällig ist, daß das Gesetz nicht ebenso wie im Falle des § 31 hier eine kürzere Verjährungsfrist bestimmt hat. Was dort zur Rechtfertigung der fünfjährigen Verjährung gesagt worden ist, daß die Beteiligten dem Erstattungsanspruch nicht ins Ungemessene ausgesetzt bleiben können und daß nach Verlauf längerer Zeit die nötigen Feststellungen über die frühere Vermögenslage der Gesellschaft mit der erforderlichen Sicherheit nicht mehr zu treffen sind, trifft entsprechend und vielleicht sogar noch in höherem Maß auch hier zu.

f) Auf die Auszahlung von Tantiemen ist § 32 nicht anwendbar. Auch nicht auf den Fall, daß auf den Jahresgewinn Vorschüsse, Abschlagsdividenden gezahlt werden (vgl. RG 85, 44); nicht auf den Fall, daß ein Gesellschafter sich auf seine Stammeinlage Verzinsung ausbedungen und Zinsen ausbezahlt erhalten hat (KGBl 25, 102), endlich auch nicht — was unbefriedigend ist, aber gegenüber dem Wortlaut des Gesetzes wohl hingenommen werden muß — auf die Auszahlung der Dividende an Inhaber von Genußscheinen. Ebenso Scholz 342, demgegenüber nur betont werden muß, daß der Inhaber eines Genußscheins als solcher nicht Gesellschafter ein kann. S. Erl 2 zu § 29.

§ 33

Die Gesellschaft darf eigene Geschäftsanteile, auf welche die Stammeinlage noch nicht vollständig eingezahlt ist, nicht erwerben[1]).

Sie soll auch eigene Geschäftsanteile, auf welche die Stammeinlage vollständig eingezahlt ist[2]), nicht erwerben, sofern nicht der Erwerb aus dem über den Betrag des Stammkapitals hinaus vorhandenen Vermögen geschehen kann[3]).

Österr. Gesetz § 81.

1. Daß die Gesellschaft m. b. H. eigene Geschäftsanteile erwerben kann, beruht auf zwei Momenten. Sie ist als Gesellschaft unempfindlich gegen Wechsel in der Person der Gesellschafter, und sie ist juristische Person. Der einzelne Gesellschafter kann ausscheiden entweder so, daß ein anderer an seine Stelle tritt (§ 15), oder so, daß er ersatzlos fortfällt, und dieses wiederum entweder so, daß zugleich der Geschäftsanteil verschwindet (Amortisation, § 34), oder so, daß dieser dadurch erhalten bleibt, daß die Gesellschaft selbst ihn erwirbt. Eine Zwischenbildung endlich tritt ein, wenn die Gesellschaft im Laufe des Kaduzierungsverfahrens den Geschäftsanteil erwirbt, wo dann bis zum Eintritt des neuen Gesellschafters notwendig Zeit verstreicht und während dieser die Gesellschaft rein konstruktiv den Geschäftsanteil besitzt (vgl. das remanet propter pignus obligatio). Im übrigen ist das Recht der Gesellschaft am eigenen Geschäftsanteil nicht konstruktives, sondern materielles Recht. Aber dieses doch auch wieder nicht bis in die letzten Folgerungen. Es läuft eine Grenze, wo die Form mit der materiellen Rechtslage in Widerspruch tritt und vor ihr zurückstehen muß. Wie die Grenze im einzelnen zu ziehen ist, darüber herrscht Streit.

b) Schlechthin versagt ist der Gesellschaft im allgemeinen der Erwerb von Geschäftsanteilen, die noch nicht voll eingezahlt worden sind. Das gilt von jedem Erwerb, auch dem unentgeltlichen. Es gilt nicht vom Erwerb von Pfandrechten am Geschäftsanteil, vertragsmäßigen wie Pfändungspfandrechten. Aber zu eigen kann die Gesellschaft den Geschäftsanteil auch auf diesem Wege nicht erwerben, namentlich auch nicht durch Mitbieten in der öffentlichen Versteigerung (RG 98, 278). Der verbotene Erwerb ist nichtig, und zwar nicht nur das Verfügungsgeschäft, sondern auch das Kausalgeschäft (§ 134 BGB). Nicht untersagt ist der Erwerb unter der Bedingung, daß der ausstehende Rest der Stammeinlage eingezahlt wird (RG in DJZ 1913, 867). Die irrtümliche Annahme, daß die Stammeinlage voll eingezahlt sei, schützt nicht vor der Nichtigkeit. Die Stammeinlage hört aber dadurch nicht auf, voll eingezahlt zu sein, daß sie — ganz oder zu einem Teil — rechtswidrig zurückgezahlt worden ist. — Die Nichtigkeit wird dadurch nicht geheilt, daß die Gesellschaft den Geschäftsanteil wieder veräußert und der Erwerber die Stammeinlage voll einzahlt (BadRpr 1912, 63[20]). Auch nicht darum ist der Erwerb gültig, weil mit demselben Erfolg der Geschäftsanteil statt an die Gesellschaft an den einzigen verbleibenden Gesellschafter hätte verkauft werden können (BadRpr das.). Dagegen läßt sich der Eigenerwerb dadurch ermöglichen, daß die übrigen Gesellschafter durch Nachschüsse die Stammeinlage aufbringen (RG 93, 329) oder daß die Gesellschaft über die hierzu erforderliche Reserve verfügt und diese hierzu verwendet, was der Zustimmung der Gesellschafterversammlung bedarf. Das bedingt auch nicht, daß von den übrigen Gesellschaftern auf ihre Stammeinlage die entsprechende Rate eingezahlt wird. Daher wird sich auch gegen die Vereinbarung nichts einwenden lassen, daß der Anspruch auf die Stammeinlage durch Aufrechnung gegen die Kaufpreisschuld getilgt werden solle. So auch Scholz 344. Nur muß man auch hier darauf bestehen, daß die Kaufpreisschuld vollwertig ist. Geteilte Geschäftsanteile (§ 17) sind selbständig (RG in DJZ 1913, 867). Aber die Vereinbarung, daß das auf den ganzen Geschäftsanteil Gezahlte als auf den zu übertragenden Teil gezahlt verrechnet werden solle, beseitigt den Mangel nur, wenn zugleich das dem verbleibenden Teil dadurch Entgehende eingezahlt wird. — Ob Leistungen anderer Art noch ausstehen, Nachschüsse, Nebenverpflichtungen, Zinsen, Vertragsstrafen, ist gleichgültig.

Ausgenommen ist der vom Gesetz selbst bestimmte Erwerb im Falle der §§ 21 Abs 2, 27 Abs 3.

2. a) Voll eingezahlte Geschäftsanteile kann die Gesellschaft erwerben. Nur legt das Gesetz der Gesellschaft, insbesondere also auch dem Geschäftsführer, die Verpflichtung auf, es zu unterlassen, wenn sie den Preis nur auf Kosten des zur Erhaltung des Stammkapitals erforderlichen Vermögens zahlen kann. Der Geschäftsführer macht sich schadensersatzpflichtig, aber der Vertrag ist gültig (RG 71, 403; in HoldheimsMSchr 22, 248). — Der Erwerb durch Abtretung bedarf der gerichtlichen oder notariellen Beurkundung (§ 15 Abs 3, 4; JW 07, 370[21]; RG 76, 310), gegebenenfalls — nach richtiger Ansicht (vgl. Erl 5 g zu § 15) — der Genehmigung der Gesellschaft, dagegen nicht der Anmeldung nach § 16. Mit der Abtretung erlöschen die Rechte und Pflichten des bisherigen Gesellschafters ebenso wie bei der Abtretung an einen Dritten. Ob der Veräußerer für rückständige Verbindlichkeiten haftbar bleibt, hängt von dem Inhalte des Vertrages ab. Im Zweifel werden diese als durch entsprechende Bemessung des Kaufpreises erledigt anzusehen sein, auch dann, wenn man sich hinsichtlich ihrer geirrt hatte. Der Jahresgewinn umgekehrt verbleibt im Zweifel dem Veräußerer, wenn er beim Vertragsschlusse schon feststand, aber noch nicht abgehoben war.

b) Auf seiten der Gesellschaft ruht die Ausübung der Rechte und Pflichten. Das gilt jedenfalls vom Stimmrecht. Das ist bestritten. Aber die Gegenmeinung läuft auf inneren Widerspruch hinaus. In ihren Beschlüssen betätigen die Gesellschafter den Willen der Gesellschaft als ihr Organ. Wo immer die Gesellschafter berufen sind, ihre Stimme abzugeben, geschieht das, um einen Entschluß der Gesellschaft zu fassen. Was jeweilig die einfache Mehrheit oder Dreiviertelmehrheit oder alle wollen, das ist der Wille der Gesellschaft. Um mitzustimmen, müßte im gegebenen Falle die Gesellschaft erklären, was sie will. Das weiß sie selbst aber erst, wenn die Abstimmung geschehen ist, und durch sie. Auch der Geschäftsführer ist in weitestem Umfange Willensorgan der Gesellschaft, aber gerade nur da nicht, wo die Gesellschafterversammlung selbst beschließen muß oder will (so RG 103, 64; zweifelnd RG in Recht 1914, 1169). Und zwar fallen die Stimmen der Gesellschaft in jeder Beziehung aus. Was einfache, qualifizierte Mehrheit, was Einstimmigkeit bedeutet, ist lediglich nach den Ziffern der übrigen Geschäftsanteile zu beurteilen. Eine Bevorzugung der Minorität, wie man behauptet, liegt darin gerade nicht. Die Minorität, an welche man dabei denkt, ist gar keine Minorität, ist vielmehr die Majorität aller vorhandenen Gesellschafter. Wie hier Scholz 349; Feine 420, überhaupt die herrschende Lehre.

c) Von dem Anspruch auf den Jahresgewinn kann man dagegen nicht sagen, daß er ruht; noch weniger freilich, daß er untergeht (oder nicht entsteht). Wer (wie Hachenburg § 33[15]; Scholz 346; Feine 416 ff.) von dem Satz als unverbrüchlichem ausgeht, daß die Rechte und Pflichten durch Konfusio untergehen, müßte das gerade vom Gewinnanspruch vor allem gelten lassen. Indessen wenn allgemein anerkannt wird, daß der Gesellschaftsanteil dadurch nicht untergeht, daß die Gesellschaft selbst ihn erwirbt, so kann das nichts anderes heißen, als daß eben die Rechtsbeziehungen, aus denen er besteht und in denen allein er besteht, nicht untergehen; mit dem unanfechtbaren Syllogismus darf man hier nicht kommen, mit ihm ist schon im Obersatz, in der Anerkennung, daß die Gesellschaft Mitglied ihrer selbst sein kann, gebrochen. Trotz Konfusio bleiben vielmehr grundsätzlich die Rechte und Pflichten bestehen. Nur, wo zu ihrer Ausübung unerläßlich ist, daß zwei selbständige Personen sich gegenüberstehen, muß diese ruhen, d. h. bis auf weiteres unterbleiben. Letzteres läßt sich nun vom Gewinnanspruch nicht sagen. Es hindert nichts, daß der Geschäftsführer die beschlossene Dividende zwar nicht, wie den übrigen Gesellschaftern, auszahlt, denn das Geld liegt schon in der Kasse der Gesellschaft, wohl aber auf Konto entsprechend verbucht, d. h. den Betrag umbucht. Damit geschieht nur etwas, was auch sonst gang und gäbe ist. Es ist der gleiche Vorgang, wie wenn der Jahresgewinn oder ein Teil davon insofern der Gesellschaft verbleibt, als er auf neue Rechnung vorgetragen wird. Es darf z. B. der Betrag, obwohl er der Gesellschaft verbleibt, steuerrechtlich nicht dem Stamm des Vermögens zugerechnet werden, mit welchem sie in das neue Geschäftsjahr eintritt. Bei der Dividende der übrigen Gesellschafter wird das dadurch erreicht, daß der Betrag ihnen gutgeschrieben wird und damit unter den Kreditoren erscheint. Entsprechend wird diese Dividende allerdings nicht auf dem allgemeinen Dividendenkonto, aber auch nicht auf einem Kapitalkonto verbucht, sondern auf dem Gewinn- und Verlustkonto vorgetragen, wo er dann zur Versteuerung kommt, wie jeder Gewinnvortrag auf neue Rechnung. Das ist dasselbe, nur etwas ausführlicher, was schon in der 1. Aufl. hier gesagt worden ist. Darin liegt durchaus nicht Aufspeicherung der Gewinne (Scholz 347). Vielmehr wiederholt sich nur gegebenenfalls der Vorgang von Jahr zu Jahr. Daß es nicht anders sein kann, sieht man, wenn man sich den Fall denkt, daß Dividendenscheine ausgestellt und vor dem Erwerb des Geschäftsanteils durch die Gesellschaft von dem Inhaber begeben worden sind. Scholz wird erwidern, daß dann eben Gläubiger und Schuldner nicht identisch sind. Aber es muß auch gelten, wenn die Gesellschaft selbst nach dem Erwerb die Scheine begibt. Und überhaupt kann nicht wohl die Höhe der Dividende, welche den übrigen Gesellschaftern zukommt, sich danach richten, ob ein Gesellschafter seinen Gewinnanspruch an Dritte abgetreten hat oder nicht. Im Ergebnis (mit anderer Begründung) wie hier Hachenburg § 33[15]; Feine 418.

d) Ebenso verhält es sich mit der Rückzahlung von Nachschüssen. Auszahlung braucht nicht zu geschehen und kann es nicht, weil die Gesellschaft nur ein Vermögen haben kann und das Geld schon in ihrer Kasse liegt. Wohl aber muß Umbuchung erfolgen, Abbuchung vom Nachschußkapitalkonto, die, wie die Auszahlung der Gelder, erst nach Ablauf der in § 30 Abs 2 bestimmten Frist geschehen darf. Damit entsteht dann freie Reserve. Ebenso Hachenburg § 33[15]. Veräußert die Gesellschaft den Anteil wieder, so kommt es auf den Inhalt des Vertrages an, ob der Erwerber den Anspruch auf den Nachschußbetrag mit erworben hat. Wird die Rückzahlung nach der Veräußerung beschlossen, so gebührt der Betrag dem Erwerber.

War, als die Gesellschaft den Geschäftsanteil erwarb, ein Nachschuß eingefordert, so kommt es darauf an, ob ausdrücklich oder stillschweigend die Übernahme der Nachlaßschuld vereinbart worden ist. Im Zweifel ist es anzunehmen. Ist es zu verneinen, dann bleibt der Veräußerer den Betrag schuldig, und trotz § 16 Abs 3 kann die Gesellschaft ihn einfordern.

e) Wegen der Regreßhaftung aus § 24 und § 31 Abs 3 s. Erl 3c zu § 24.

f) Der Anspruch auf die Liquidationsquote kommt bei der Auseinandersetzung der Gesellschafter nach Auflösung der Gesellschaft nur als Rechnungsfaktor in Betracht. Der Geschäftsanteil der Gesellschaft kann in dieser Beziehung mit einem Vorzugsrecht ausgestattet sein. Aber das ändert nichts am Ergebnis. Bezugsberechtigt sind ausschließlich und unmittelbar die übrigen Gesellschafter. A. A. Hachenburg § 33[15], dessen Entgegenhaltung zu kurz gefaßt ist, um einzuleuchten. Wenn unter den übrigen Gesellschaftern bevorzugte sich befinden, so nehmen sie mit ihrem Vorzug auch an der ausfallenden Quote der Gesellschaft teil. Die Gegner, die zunächst auch die Gesellschaft beteiligen und dann deren Quote wieder verteilen wollen, wobei sie doch wiederum die Gesellschaft selbst nicht auslassen dürfen, würden damit schließlich auf kleine und kleinste Beträge, aber niemals zu Ende kommen. Das läßt sich allerdings, wie Hachenburg a. a. O. sagt, dadurch vermeiden, daß man bei der Ergänzungsverteilung den Geschäftsanteil der Gesellschaft fortläßt. Das Argument besteht aber gerade darin, daß, wenn man bei der Hauptverteilung die Gesellschaft selbst beteiligt, das auch bei der Ergänzungsverteilung geschehen muß oder — anders herum — daß, wenn man bei letzterer die Gesellschaft einfach fortläßt, das ebensogut und besser gleich bei der ersten geschieht. Überhaupt aber steht der Gedanke mit dem Zweck des Instituts, der Liquidation, im Widerspruch, der darauf geht, das Vermögen der Gesellschaft restlos aufzuteilen. Es hätte der Gedanke, hieran doch wieder die Gesellschaft teilnehmen zu lassen, von Anfang an keinen Sinn.

g) Es steht nichts im Wege, daß die Gesellschaft alle Geschäftsanteile erwirbt bis auf den letzten. Diesen kann sie nicht erwerben. A. A. Hachenburg § 33[19], wo ausgeführt wird, es lasse sich auf diese Weise eine Stiftung (§§ 80ff. BGB) in Gestalt einer Gesellschaft m. b. H. ins Leben rufen! Ebenso Crüger-Crecelius GmbH § 15[1], wo behauptet wird, eine solche Gesellschaft könne eine Statutenänderung beschließen, aber nicht zugleich gesagt wird, wer berechtigt sein soll, einen solchen Beschluß zu fassen. Es gäbe ja keine Gesellschafter mehr. Ebenso anscheinend auch Liebmann § 33 Erl 6 a. E. Wenn eine aufgelöste Gesellschaft m. b. H. ihr Vermögen gegen ihre Geschäftsanteile „veräußert" (RFH 12, 16), dann erwirbt sie nicht eigene Geschäftsanteile, sondern schüttet die Liquidationsmasse aus und erlischt. — Hat die Gesellschaft die mehreren letzten Geschäftsanteile zugleich erworben, so ist keine der Erwerbungen gültig.

h) Allgemein wird behauptet, daß der eigene Geschäftsanteil der Gesellschaft in die Bilanz als Aktivum einzustellen sei, zu seinem wahren Wert (RG in LZ 1910, 688[30]). So uneingeschränkt ist das nicht richtig. Genau genommen liegt darin ein Zirkel. Der Geschäftsanteil kann nur mit seinem wahren Wert eingestellt werden, nicht ohne weiteres mit dem Anschaffungspreis. Der Wert ergibt sich aber erst aus der fertigen Bilanz, wobei die Aktiva eine ausschlaggebende Bedeutung haben. Stellt man zu diesen Aktiven den Geschäftsanteil, so macht man also insoweit das Bedingte zur Bedingung. Indessen mag dieser Fehler praktisch unerheblich sein, um so unerheblicher, je kleiner der Geschäftsanteil im Verhältnis zu den übrigen Geschäftsanteilen ist. Wichtiger ist, daß der Geschäftsanteil einen selbständigen Wert, d. h. einen Wert, der nicht bereits in den übrigen Aktiven steckt, gar nicht besitzt. Einzelne Werte können der Gesellschaft unter mehrfachem rechtlichem Gesichtspunkte gehören, z. B. ein Grundstück und eine auf ihm liegende Eigentümergrundschuld oder gegen einen Dritten derselbe Anspruch sowohl aus Vertrag wie aus unerlaubter Handlung. Gleichwohl dürfen diese Werte immer nur einmal eingestellt werden. Bringen mehrere ein Gesellschaftsvermögen zusammen, so werden dadurch keine neuen Werte geschaffen, auch nicht dadurch, daß die Gesellschaft juristische Person ist und also nunmehr zu ihren Vermögensrechten die rechtliche Beziehung der einzelnen Mitglieder zu der Gesellschaft hinzutritt. Daran wird nichts dadurch geändert, daß die Gesellschaft selbst einen Anteil erwirbt. Dadurch kommt nichts in das Vermögen der Gesellschaft, was nicht schon in den übrigen Aktiven steckt. Man stellt also mit dem Geschäftsanteil entweder Aktiven doppelt ein, oder man bucht die gesetzlich vorgeschriebene Buchung des Stammkapitals als Passivposten insoweit unzulässigerweise wieder fort.

Richtig ist freilich, daß die Gesellschaft in der Lage ist, den Geschäftsanteil durch Veräußerung zu verwerten, was so aussieht, als habe sie mit ihm ein Aktivum in der Hand. Der offenbare Widerspruch beruht auch hier darauf, daß der eigene Geschäftsanteil eine irrationale Gestaltung ist. Was in solchem Fall die Gesellschaft für den Kaufpreis als Gegenleistung gewährt, gibt sie nicht aus eigenem Vermögen, sondern ausschließlich auf Kosten ihrer Mitglieder. Wenn ferner allerdings zuzugeben ist, daß der eigene Geschäftsanteil in die **Jahresbilanz** aufzunehmen ist, so beruht das auf dem Zweck dieser Bilanz, den Jahresgewinn darzustellen. Hier ist die Aufnahme nötig, weil anderenfalls der Preis, den die Gesellschaft für den Geschäftsanteil gezahlt hat, als Verlust des Jahres erscheinen würde, was er nicht ist, wenn auch der **Nutzen** des Erwerbes ausschließlich den Gesellschaftern zugute kommt. Folgerichtig unterliegt der **unentgeltliche** Erwerb der Gesellschaftssteuer nicht, wohl aber die Wiederverwertung, weil darin ein Zuwachs zum Gesellschaftsvermögen auf Kosten der Gesellschafter liegt, ein, wenn man so will, steuerpflichtiger Beitrag zum Gesellschaftsvermögen; wenn anderseits allgemein angenommen wird, daß steuerrechtlich der eigene Geschäftsanteil in die Vermögensbilanz aufzunehmen ist, so ist das eben nicht richtig. — In die Jahresbilanz ist er mit dem Verkehrswert einzustellen, auch dann, wenn die Gesellschaft beabsichtigt, ihn zu behalten. Er ist kein Teil des stehenden Kapitals, und § 42 Ziff 1 findet auf ihn nicht Anwendung (in diesem Punkt zustimmend **Scholz** 350). Aber schon dann, wenn es gilt, die Jahresbilanz darauf anzusehen, ob Überschuldung vorliegt (§ 64), muß dieser Posten auf der Aktivseite wieder verschwinden. Ferner vor allem muß er fortbleiben, wenn es gilt festzustellen, ob für eine Auszahlung an die Gesellschafter der notwendige Vermögensstand noch vorhanden ist (§ 30 Abs. 1). Nicht nur selbstverständlich der erst noch zu erwerbende Geschäftsanteil, sondern jeder eigene Geschäftsanteil der Gesellschaft ist außerstande, ihrem faßbaren Vermögensbestand etwas hinzuzufügen. Die Gläubiger der Gesellschaft genieren die Rechte der Gesellschafter am Gesellschaftsvermögen nicht im geringsten, aber sie gewähren ihnen auch nichts, mögen die Geschäftsanteile in Händen Dritter oder der Gesellschaft selbst sein. Das ist für die Sicherheit ihrer Forderung ganz gleichgültig. — Auch in die **Liquidationsbilanz** gehören die eigenen Geschäftsanteile nicht, wenn sie hier auch unschädlich sind.

Vgl. hiergegen **Hachenburg** § 33 Erl 18a, der nur von der Liquidationsbilanz annimmt, daß in sie der eigene Geschäftsanteil nicht hineingehört, dabei aber mit sich in Widerspruch gerät; nach diesseitiger Auffassung hat der Liquidator einen eigenen Geschäftsanteil der Gesellschaft überhaupt nicht zu verwerten und kann ihn nicht wirksam veräußern; da H. das Gegenteil annimmt, müßte er von seinem Standpunkt aus darauf bestehen, daß der eigene Geschäftsanteil als Aktivum in die Bilanz der Liquidation einzustellen ist. Doch das nur nebenbei. In dem Beispiel, an welchem Hachenburg seine Auffassung erhärtet, steckt ein Fehler. Wenn das Stammkapital 10 000 M., die Schulden 20 000 M., die vorhandenen Aktiven 30 000 M. (sagen wir Gebäude und Maschinen 20 000, Kasse 10 000 M.) betragen, dann — sagt H. — ist der Wert der Geschäftsanteile ihrem Nennbetrag gleich, und dann wird, wenn der Gesellschaft ein Geschäftsanteil von 2000 M. geschenkt wird, ein Betrag von 2000 M. zur Verteilung an die Gesellschafter frei; den Passiven von 30 000 M. stünden dann Aktiven von 20 000 + 10 000 + 2000 M. gegenüber. Das wäre nicht anders, wenn nicht ein Geschäftsanteil von 2000, sondern ein solcher von 9000 M. der Gesellschaft geschenkt würde; man hätte dann an Aktiven 20 000 + 10 000 + 9000 M. und könnte 9000 M. an die Gesellschafter verteilen. Geschieht das, dann bleiben als Aktiva:

Gebäude und Maschinen	20 000 M.
Kasse	1 000 „

und ein eigener Geschäftsanteil von 9000 M., für welchen die Gesellschaft schwerlich einen Abnehmer finden wird, den man schematisch mit 900 M. zu berechnen hätte, den man praktisch vielleicht noch mit 1000, höchstens etwa mit 2000 M. einstellen könnte. Denn den 10 000 M. Geschäftsanteilen und Stammkapital steht im übrigen ein Reinvermögen von 1000 M. gegenüber. Es ergibt sich, daß von den 9000 M., welche an die Gesellschafter ausgezahlt worden sind, mindestens 7000 M. aus dem Stammkapital kommen. Man sieht den springenden Punkt. Während jede denkbare Kalkulation davon ausgeht, daß eine Auszahlung an die Gesellschafter die vorhandenen Aktiven gerade nur um den ausgezahlten Betrag mindert, würde, wenn unter den Aktiven ein eigner Geschäftsanteil sich befinden darf und befindet, nicht nur das gezahlte Geld aus dem Vermögen herausgehen, sondern obendrein ein weiterer Vermögensgegenstand um einen Betrag entwertet werden, der in genauem, nach dem jeweiligen Vermögensstand der Gesellschaft sich richtenden Verhältnis zu dem ausgezahlten Geldbetrag steht, und zwar im umgekehrten Verhältnis; je schlechter die Vermögenslage, um so erheblicher jene Entwertung. In Wahrheit sind in obigem Beispiel nicht 7000, auch nicht 8000, sondern die ganzen 9000 M. auf Kosten des Stammkapitals gezahlt worden. Und wenn auch nur ein Geschäftsanteil von 2000 M. geschenkt ist und 2000 M. ausgezahlt worden sind, ist es nicht anders. So sehr es auch anders aussieht, ist es doch so, daß durch die Schenkung die Gesellschaft zunächst gar nichts gewonnen hat; das kommt erst, wenn sie den Geschäftsanteil verwertet. — S. zu allen diesen Fragen Becker in LZ 1925, 834 ff.

i) Zur Abschätzung des Wertes von Geschäftsanteilen s. RFH in JW 1921, 597[10], vgl. auch Erl 2 e zu § 34.

3. Es ist nicht ohne weiteres deutlich, in welchem Verhältnis die Bestimmung in Abs 2 zu den Vorschriften in §§ 30 Abs 1 und 31 steht. Es handelt der § 33 von drei Fällen:

1. Die Stammeinlage ist noch nicht voll eingezahlt.
   Der Erwerb des Geschäftsanteils ist nichtig, gleichviel ob er entgeltlich erfolgt ist oder unentgeltlich, gleichviel auch ersterenfalls, ob das Geld aus Reserven gezahlt worden ist oder auf Kosten des Stammkapitals.
2. Die Stammeinlage ist voll gezahlt, der Erwerb ist unentgeltlich erfolgt oder entgeltlich und der Entgelt ist aus Reserven gezahlt worden.
   Das Geschäft ist einwandfrei.
3. Die Stammeinlage ist voll gezahlt, den Preis hat die Gesellschaft ganz oder teilweise aus dem Stammkapital gezahlt.

Zu letzterem Fall sagen die Mot (S. 66): „In dem in § 33 Abs 2 untersagten Falle könne der Erwerb nicht als zulässig angesehen werden, da bei der ungewissen Aussicht auf angemessene Wiederveräußerung des Anteils sein Erwerb häufig nichts anderes als teilweise Zurückzahlung des Stammkapitals darstellen würde; die Frage, ob zulässig oder nicht, hänge von der Vermögenslage der Gesellschaft ab, die der Gesellschafter nicht unter allen Umständen mit Sicherheit übersehen könne, und es könne daher die Rechtsfolge einer unzulässigen Übernahme hier nicht in der Ungültigkeit des Erwerbsgeschäfts bestehen. Dieselbe müsse sich vielmehr auf die eventuelle Schadensersatzpflicht des Geschäftsführers beschränken." Hier ist übersehen, daß dem entgeltlichen Erwerb eines eigenen Geschäftsanteiles durch die Gesellschaft nicht nur das bedingte Verbot des § 30 Abs 1, sondern auch die unbedingte Unzulässigkeit der Rückzahlung der Stammeinlage entgegensteht. Vergeblich bestreitet die herrschende Lehre und mit ihr die neuere Rechtsprechung des Reichsgerichts, daß der Gesellschafter, welcher seine Geschäftsanteile an die Gesellschaft verkauft, mit dem Kaufpreis seine Stammeinlage zurückerhält oder daß — wie Hachenburg § 73[11] sich ausdrückt — die Zahlung des Kaufpreises an den Gesellschafter Ausschüttung des Gesellschaftsvermögens bedeutet. Es hat auch eine Zeit gegeben, wo das Reichsgericht das anerkannt hat. Es liegt hier nicht anders als bei der Aktiengesellschaft, welche eigene Aktien erwirbt. Daß der erste Nehmer einer Aktie oder eines Geschäftsanteils der Gesellschaft gegenüber die Übernahme nicht anfechten kann, hat noch seinen besonderen Grund. Zutreffend hat aber das Reichsgericht bereits in RG 2, 41, dann wieder in RG 54, 128 und in RG 62, 29 entschieden, daß überhaupt der Gesellschafter der Gesellschaft gegenüber seine Beteiligung an ihr nicht anfechten kann, weil das darauf ausgehe, daß ihm von der Gesellschaft die Einlage zurückgezahlt werde. Ganz ebenso aber verpflichtet sich die Gesellschaft, wenn sie einen eigenen Geschäftsanteil kauft, damit dem Verkäufer die Stammeinlage zurückzuzahlen (vgl. RG 79, 73; offen gelassen RG 80, 151; wie hier Hachenburg in der Festschrift f. Cohn 82); dieselbe Verpflichtung als bedingte übernimmt die Gesellschaft, wenn sie bei einem Verkauf des Geschäftsanteiles unter Dritten dem Verkäufer den Eingang des Kaufpreises garantiert (RG in Recht 09, 3011; in HoldheimsMSchr 1919, 10); nichts anderes ist die Zusage der einen eigenen Geschäftsanteil verkaufenden Gesellschaft, dem Käufer unter Umständen den Anteil zum Nennbetrag oder wofür sonst wieder abzunehmen (RG 77, 73; JW 1912, 876); auch kann die verkaufende Gesellschaft nach Realisierung des Kaufs nicht vom Vertrag zurücktreten, ohne damit sich zur Rückzahlung der Stammeinlage zu verpflichten; RG in DJZ 1915, 423. (Vgl. hierzu und zu der Wendung der Rechtsprechung Brodmann A.-R. § 213 Erl 3.) Anderseits steht durch positive Gesetzgebung fest, daß unter gewissen Voraussetzungen, ebenso wie die Aktiengesellschaft eigene Aktien, die Gesellschaft m. b. H. eigene Geschäftsanteile entgeltlich erwerben kann, dort durch § 226 HGB, hier durch § 33 Abs 2. Wie im Aktienrecht über das dadurch geschaffene Dilemma hinwegzukommen sei, steht hier nicht zur Erörterung (s. Brodmann a. a. O. Erl 3 zu § 226). Hier ergibt sich aus § 33 erstens: daß die Rückzahlung der Stammeinlage gestattet ist, wenn sie bereits voll eingezahlt war und die Gesellschaft gegen die Zahlung den Geschäftsanteil erwirbt, zweitens, daß der Gesellschafter, welchem die Gesellschaft auf Kosten des Stammkapitals Geld auszahlt, entgegen den §§ 30 Abs 1, 31 Abs 1 nicht verpflichtet ist, das Gezahlte zurückzugeben, wenn er es als Gegenwert für die

Übertragung eines voll eingezahlten Geschäftsanteils erhalten hat. Ganz anders wird der Zusammenhang bestimmt von Neukamp § 43[6]. — Bedenklich ist, wenn RG 71, 403 weder § 30 noch § 33 anwenden will auf die Verträge, in welchen die Gesellschaft sich nur verpflichtet, den Anteil eines ihrer Mitglieder einem Dritten zu verschaffen. Das wäre doch nur richtig, wenn der Vertrag so zu verstehen wäre, daß die Gesellschaft zu weiterem nicht verpflichtet sein soll, als sich um die Sache zu bemühen. Muß sie für den Erfolg einstehen, so übernimmt sie die Verpflichtung, nötigenfalls selbst den Geschäftsanteil zu kaufen und zu verkaufen (vgl. auch KGBl 10, 21). Ebenso liegt es mit der Zusage, dem Inhaber eines Geschäftsanteils einen Abnehmer zu verschaffen (MecklZ 32, 64).

§ 34

Die Einziehung (Amortisation) von Geschäftsanteilen[1]) darf nur erfolgen, soweit sie im Gesellschaftsvertrage zugelassen ist[2]).

Ohne die Zustimmung des Anteilsberechtigten findet die Einziehung[3]) nur statt, wenn die Voraussetzungen derselben vor dem Zeitpunkt, in welchem der Berechtigte den Geschäftsanteil erworben hat, im Gesellschaftsvertrage festgesetzt waren[4]).

Die Bestimmung im § 30 Absatz 1 bleibt unberührt[5]).

Österr. Gesetz §§ 54 Abs 2, 56, 58.

1. Im Gegensatz zum Wechsel der Persönlichkeit eines Gesellschafters (§§ 15, 33) steht der Austritt oder die Ausschließung eines Gesellschafters, was das Gesetz als Einziehung (Amortisation) seines Geschäftsanteils bezeichnet, völlig mit Recht, weil es die Mitgliedschaft nach Geschäftsanteilen individualisiert, nicht die Personen, sondern die Geschäftsanteile zählt. Wer mehrere Geschäftsanteile besitzt, kann mit einem von ihnen ausscheiden, mit dem anderen verbleiben, und die Einziehung kann sich auf einen Teil eines Geschäftsanteils beschränken. Die mit dem betroffenen Geschäftsanteil verbundenen Rechte und Pflichten, soweit sie nicht untrennbar an der Person haften und untergehen, wachsen den übrigen Geschäftsanteilen nach ihrem Verhältnis zueinander an, welch letzteres die entsprechende Verschiebung erfährt; was bei drei gleichberechtigten Gesellschaftern ein Drittel war, wird nach Einziehung eines der Geschäftsanteile zur Hälfte, so daß die Einziehung auch nur eines Geschäftsanteils eine Angelegenheit ist, die alle Gesellschafter angeht. Durch diese innere Strukturverschiebung erfährt das Gesellschaftsvermögen keine Veränderung. Der Vermögensstand der Gesellschaft, ihre Kreditwürdigkeit wird durch Amortisation des Geschäftsanteils als solche in keiner Weise berührt, und es liegt weder ein Anlaß noch die Berechtigung vor, um der Amortisation willen an der Ziffer des Stammkapitals zu ändern, letzteres um so weniger, als die Amortisation nicht selten gegen Entgelt erfolgen muß und das nur geschehen kann, wenn die zur Zahlung des Entgelts erforderlichen Reserven vorhanden sind (RG in Recht 1912, 2994; RJA 12, 131). Wer sich daran stößt, daß dann die Ziffer des Stammkapitals nicht mehr mit der Summe der Stammeinlagen übereinstimmt, beachtet nicht, daß jene Ziffer von Anfang an ihre ursprüngliche Beziehung auf ihre reale Unterlage zu verlieren bestimmt ist. Sie ist nicht mehr und soll nicht mehr sein als eine abstrakte Zahl. Dieselbe Erscheinung kann von Anfang an eintreten, wenn man mit der herrschenden Lehre annimmt, daß die Gesellschaft auch dann entsteht, wenn die Beteiligung eines der Gesellschafter nichtig ist. Dieser letztere Fall ist nur noch regelwidriger, weil hier nicht nur die Ziffer des Stammkapitals nicht stimmt, sondern auch das Gesellschaftsvermögen selbst nicht das proklamierte Stammkapital ausmacht. Vgl. Brodmann A.-R. § 227 Erl 3c. Soll mit der Einziehung von Geschäftsanteilen zugleich das Stammkapital reduziert werden, dann muß zugleich nach § 58 verfahren werden. Anderseits kann nicht unter Beibehaltung der Stammkapitalziffer der eingezogene Geschäftsanteil durch einen anderen ersetzt werden; das kann nur unter Kombinierung von Herab- und Heraufsetzung des Stammkapitals gemacht werden (RJA 12, 131). — Die Amortisation von Geschäftsanteilen wird in das Handelsregister nicht eingetragen (HoldheimsMSchr 21, 268).

2. Voraussetzung der Einziehung eines Geschäftsanteils ist:

a) Der Gesellschaftsvertrag muß die Einziehung von Geschäftsanteilen für zulässig erklärt haben. Ist das nicht der Fall, dann kann auch mit Zustimmung des Betroffenen die Einziehung wirksam nicht geschehen. Auf die Art der Stammeinlage kommt es nicht an. Auch bei Sacheinlagen ist Amortisation zulässig, und wenn sie entgeltlich geschieht, muß darum nicht die eingebrachte Sache zurückgegeben werden.

b) Enthält der Gesellschaftsvertrag eine solche (allgemeine) Bestimmung, so kann doch ohne besondere Einwilligung des Inhabers des Geschäftsanteils die Einziehung nur erfolgen, wenn nach dem ausdrücklichen Inhalte des Gesellschaftsvertrages der Inhaber im gegebenen Falle verpflichtet ist, die Entziehung über sich ergehen zu lassen. Es müssen im Gesellschaftsvertrage die Voraussetzungen, unter denen die Einziehung erfolgen muß oder erfolgen darf, so bestimmt aufgestellt sein, daß im gegebenen Falle sich ergibt, ob und zu welchen Bedingungen zur Einziehung geschritten werden kann. Es muß sich jeder Gesellschafter in freiem Entschluß diesen Voraussetzungen vertragsmäßig unterworfen haben, sei es bei der Gründung der Gesellschaft, sei es beim Erwerb eines Geschäftsanteils nach Maßgabe des Gesellschaftsvertrages, wie er zur Zeit des Erwerbes lautet. — Ungültig wäre die Bestimmung, daß die Gesellschafter nach freiem Belieben die Amortisation eines Geschäftsanteils beschließen können (vgl. RG 57, 155). Das wäre keine Voraussetzung, wie Abs 2 sie im Auge hat. Die Bestimmung kann auch durch Statutenänderung nachgefügt werden, aber nur mit Zustimmung aller Gesellschafter (vgl. RG in HoldheimsMSchr 24, 124; ferner RJA 3, 234; OLG 32, 136). Denn einmal hat ein solcher Beschluß das Recht der einzelnen auf die Mitgliedschaft zum Gegenstand, also ein Sonderrecht jedes Gesellschafters (vgl. Erl 2 zu § 45), und sodann ist mit der Einziehung eines Geschäftsanteils eine Veränderung in den Rechtsbeziehungen der übrigen Gesellschafter untereinander und zur Gesellschaft, namentlich eine anteilmäßige Vermehrung ihrer Verpflichtungen, notwendig verbunden, die auch nur der Möglichkeit nach keinem von ihnen ohne seine Zustimmung auferlegt werden kann.

c) Unausgesprochene Voraussetzung ist, daß die Stammeinlage voll eingezahlt worden ist. Das ergibt sich daraus, daß mit der Einziehung der Anspruch auf den Rest der Stammeinlage erlischt, diese Wirkung aber nach § 19 Abs 2 durch Rechtsgeschäft der Gesellschaft nicht hervorgebracht werden kann. Sollen Geschäftsanteile, auf welche die Stammeinlage noch nicht voll eingezahlt ist, eingezogen werden, so bedarf es einer entsprechenden vorgängigen oder spätestens gleichzeitig zur Vollendung kommenden Herabsetzung des Stammkapitals. Nach RG 93, 329 kann in diesem Falle die Einziehung auch so durchgeführt werden, daß die übrigen Gesellschafter durch Nachschüsse die Stammeinlage aufbringen, aber dann doch wohl auch so, daß die Gesellschaft freie Reserve hierzu verwendet.

e) Eigene Geschäftsanteile zu amortisieren, ist die Gesellschaft stets in der Lage, vorausgesetzt nur, daß im Statut Amortisation von Geschäftsanteilen überhaupt für zulässig erklärt worden ist. Das gilt auch von Geschäftsanteilen, welche auf Kosten des Stammkapitalvermögens erworben worden sind. Letzteres soll zwar nach § 33 Abs 2 nicht geschehen. Aber wenn es geschieht, ist doch der Erwerb gültig und endgültig (vgl. Erl 3 zu § 33). Die Amortisation läßt die Ziffer des Stammkapitals unverändert und mit dem realen Gesellschaftsvermögen geschieht durch sie rein nichts. Aus der Bilanz verschwindet der Geschäftsanteil, in der er ohnehin nur mit halber Berechtigung steht (Erl 2 h zu § 33). Das hat möglicherweise eine Unterbilanz zur Folge, und daran kann sich weiter anschließen, daß einstweilen Gewinn nicht verteilt werden kann. Das hat die Gesellschaft mit sich abzumachen. Der einzelne Gesellschafter ist dagegen machtlos. — Liegen die Voraussetzungen der Amortisation vor (statutarische Zulässigkeit und Einwilligung des Berechtigten, d. h. hier der Gesellschaft), so muß der einzelne sie über sich ergehen lassen, und Interessen Dritter könnten durch die Amortisation höchstens nur gefördert werden. Vgl. hierzu Hachenburg § 34[8], der aber mit Unrecht unterscheiden will, ob der Geschäftsanteil entgeltlich oder unentgeltlich erworben war (aus freier Reserve bezahlt). Schon für die Frage, ob der eigene Geschäftsanteil als Aktivum einzustellen ist oder nicht, macht es nach richtiger Ansicht keinen Unterschied, ob er entgeltlich erworben war oder nicht. Für die Verbuchung der Amortisation kommt es ausschließlich darauf an, wie er in den Büchern tatsächlich steht. Wenn das Stammkapital von 100 000 M. nur dadurch gedeckt erscheint, daß unter den Aktiven sich ein eigener Geschäftsanteil von 20 000 M. befindet, dann ist das Stammkapital, wie § 30 Abs 1 es meint, überhaupt nicht gedeckt, gleichviel ob der Geschäftsanteil amortisiert wird oder nicht, und gleichviel auch, ob er geschenkt war oder gekauft. Vgl. § 33 Erl 2 h. Es ist daher auch nicht verständlich, inwiefern die Einziehung eines eigenen Geschäftsanteiles einen Verlust am Stammkapital — wie H. sich ausdrückt — soll bedeuten können. War der Geschäftsanteil auf Kosten des Stammkapitals erworben, so ist schon dadurch die Benachteiligung der Gläubigerrechte verwirklicht. Die Einziehung hat darauf keinen Einfluß. In diesem Punkt wie H. auch Scholz 355; Feine 461.

Die Gesellschafter beschließen über die Einziehung mit einfacher Stimmenmehrheit, wobei grundsätzlich auch die Inhaber der betroffenen Geschäftsanteile von der Ausübung des Stimmrechts nicht ausgeschlossen sind, es sei denn, daß es sich um eine gegen den Inhaber gerichtete Maßregelung handelt. S. unten Erl 5 b.

3. a) Abs 2 ist Zusatz der Kommission, die ihn ohne weitere Begründung beschlossen hat. Nach dem Entwurf sollte Einziehung eines Geschäftsanteils ohne den Willen des Anteilberechtigten überhaupt nicht statthaft sein, aber auch mit seinem Willen nur, wenn die Zulässigkeit im Statut vorgesehen war (oder, darf man hinzusetzen, wenn der nach § 46 Ziff 4 erforderliche Beschluß einstimmig gefaßt wurde); weiter ergab sich, daß die Zulässigkeit der Einziehung auch durch Statutenänderung hätte bestimmt werden können, aber nur mit Zustimmung aller. Die Kommission (und entsprechend das Gesetz) hat den Satz, daß Einwilligung des Berechtigten unerläßlich sei, gestrichen und dafür den Abs 2 eingefügt. Ob das wohlüberlegt war, läßt sich bezweifeln. Danach ist der Rechtszustand dieser. Im Statut ist entweder nur mehr oder weniger allgemein ausgesprochen, daß Geschäftsanteile eingezogen werden können. Dann bedarf es eines mit einfacher Stimmenmehrheit zu fassenden Beschlusses der Gesellschafter und der Zustimmung des Anteilberechtigten. Oder aber es ist zugleich bestimmt, unter welchen Voraussetzungen, zu welchen Bedingungen, welcher Geschäftsanteil eingezogen werden kann. In letzterer Beziehung wäre Bestimmung durch Auslosung ausreichend. Ob es dann eintretendenfalls noch eines Gesellschafterbeschlusses bedarf oder nicht, hängt davon ab, wie das Statut zu verstehen ist. Der Zustimmung des Anteilberechtigten bedarf es ganz allgemein nicht, wenn die Bestimmung von Anfang an im Statut gestanden hat. Nach dem Abs 2 kann die Bestimmung aber auch durch Statutenänderung, d. h. also doch wohl mit qualifizierter Mehrheit, nachgefügt werden. Nur bindet die so eingeführte Bestimmung die gegenwärtigen Gesellschafter nicht, sondern erst ihre Rechtsnachfolger, falls solche eintreten. Denn diese Voraussetzungen sind im Statut festgesetzt worden, nicht vor dem, sondern nach dem, daß die gegenwärtigen Gesellschafter ihren Geschäftsanteil erworben hatten. Ob nicht wenigstens diejenigen Gesellschafter gebunden sind, welche für die Einführung der Bestimmung gestimmt haben, ist jedenfalls zweifelhaft. Denn Zustimmung ist Rechtsgeschäft, und die Abstimmung ist es nicht und überdies liegt nahe, daß die Stimme nur in der Meinung abgegeben worden ist, daß alle Gesellschafter gleichmäßig getroffen werden. Daher wird man allenfalls dann, aber auch nur dann, allgemeine sofortige Bindung annehmen können, wenn alle Gesellschafter der Statutenänderung zugestimmt haben. Im wesentlichen ebenso Scholz 352; s. auch Hachenburg § 34[10 11]; Neukamp § 34[2].

Es ist nicht unwahrscheinlich, daß man mit dem Abs 2 in Wahrheit ganz etwas anderes beabsichtigt hat. Wahrscheinlich hat man in erster Linie sagen wollen, daß bereits im Statut die Voraussetzungen der Einziehbarkeit von Geschäftsanteilen so bestimmt im voraus festgesetzt werden können, daß es einer weiteren Zustimmung des Gesellschafters nicht mehr bedarf, wenn der Fall eintritt. In diesen einfachen und klaren Gedanken, welcher herauskommt, wenn man die Worte: vor dem Zeitpunkt — erworben hat, streicht, ist der Gedanke hineingefahren, ob denn eine solche Bestimmung nicht auch nachträglich durch Statutenänderung eingeführt werden könne und wie sie dann wirke; und indem man beides zugleich in dem einen Zwischensatz hat aussprechen wollen, ist die ganze Vorschrift mißglückt. Läßt man diese Korrektur gelten, dann bliebe es dabei, daß die Bestimmung auch dem Statut mit qualifizierter Mehrheit nachgefügt werden kann, und zwar mit Wirkung auch für die gegenwärtigen Mitglieder. Anders KGJ 25, 258 und die herrschende Lehre.

b) Die Einziehung ist Rechtsgeschäft, einseitige, dem Gesellschafter gegenüber abzugebende Willenserklärung. Sie zu beschließen, ist Sache der Gesellschafterversammlung (§ 46 Ziff 4), sie abzugeben Sache des Geschäftsführers, dessen Erklärung wirkungslos ist, wenn der erforderliche Beschluß der Gesellschaft nicht ergangen ist. Einer besonderen Erklärung des Geschäftsführers bedarf es aber nicht, wenn der Gesellschafterbeschluß in Gegenwart des Betroffenen gefaßt und in diesem Sinne zu verstehen ist. Die Einziehungserklärung sowie die etwa erforderliche Zustimmung des Gesellschafters können formlos abgegeben werden. Erstere kann als Verfügungsgeschäft erst abgegeben werden, wenn alle Voraussetzungen der Einziehung vorliegen; a. A. Hachenburg § 34[22]; Scholz 353. — Die Einziehung ist niemals Vertrag, auch da nicht, wo sie nur mit Zustimmung des Gesellschafters geschehen kann. Aber anderseits ist sie auch nicht ein tatsächlicher, sondern ein rechtsgeschäftlicher Vernichtungsakt, mit anderen Worten: sie ist eine dem Gesellschafter gegenüber abzugebende Willenserklärung. A. A. Liebmann § 34[1]; Feine 463.

c) Mit der Einziehung, die sich in dem Zeitpunkte vollendet, wo sie dem Gesellschafter erklärt wird, geht der Geschäftsanteil mit allen aus ihm fließenden Rechten und Pflichten unter. Rückstände, d. h. Verbindlichkeiten, die bereits fällig waren, als die Einziehung erklärt wurde, werden aber im Zweifel durch diese nicht berührt. Ebenso ist anderseits im Zweifel anzunehmen, daß der Anspruch auf den Jahresgewinn dem Gesellschafter verbleibt, wenn das Jahr abgelaufen war, ohne Unterschied, ob die Bilanz und der Gewinnverteilungsbeschluß noch ausstand; ebenso, der Anspruch auf einen zurückzuzahlenden Nachschuß, wenn die Zurückzahlung beschlossen war, als die Einziehung erfolgte. Anders Feine 464 und (mit unverständlicher Begründung) Scholz 356

d) Ein am Geschäftsanteil bestehendes Pfandrecht geht durch die Einziehung unter. Bedarf es aber zur Einziehung der Zustimmung des Gesellschafters, so muß auch der Pfandgläubiger zustimmen. Jedenfalls kann ohne das die Gesellschaft die Einziehung wirksam nicht erklären, wenn ihr von der Verpfändung Mitteilung gemacht worden ist. Beim Nießbrauch am Geschäftsanteil müssen Nießbraucher und Eigentümer zustimmen. Sind solche Rechte Dritter der Gesellschaft nicht angemeldet worden, so wird man § 16 Abs 1 entsprechend anzuwenden haben. Hat der Gesellschafter den Anspruch auf künftige Dividende abgetreten, so ist das, wo die Einziehung ohne Zustimmung der Gesellschafter erklärt werden kann, ohne Bedeutung. A. A. Scholz 357. Dagegen hat sich der Gesellschafter des Rechts, mit dem Geschäftsanteil seine Gewinnansprüche aufzugeben, durch die Abtretung begeben. Vorausgesetzt ist immer, daß die Gesellschaft von der Abtretung Kenntnis erhalten hat.

e) Die Einziehung kann sich auf einen Bruchteil des Geschäftsanteils beschränken. Nur ist dabei, was den verbleibenden Geschäftsanteil angeht, die Vorschrift in § 5 Abs 1, 3 zu beachten.

Gehört der Geschäftsanteil mehreren, so kann er im Zweifel eingezogen werden, auch wenn die Voraussetzungen nur in der Person eines der Mitberechtigten gegeben sind.

4. Die Einziehung erfolgt entweder entgeltlich oder unentgeltlich. Darüber, ob das eine oder andere der Fall ist, wie hoch das Entgelt zu bemessen ist, muß der Gesellschaftsvertrag Bestimmung treffen. Ist dort nur allgemein die Einziehung für zulässig erklärt, so kommt alles auf die zwischen Gesellschaft und Gesellschafter erzielte Einigung an. Die Einziehung des Geschäftsanteils gegen Entgelt sieht aus wie ein Ankauf des Geschäftsanteils durch die Gesellschaft, ist aber nichts weniger als das (RG in Recht 1913, 2640). Die Gesellschaft kann unter den gegebenen Voraussetzungen einen Geschäftsanteil einziehen, der ihr selbst gehört. Sie kann Geschäftsanteile ankaufen und sie dann gegebenenfalls einziehen. Aber auch wenn das unmittelbar im Anschluß an den Kauf geschieht, ist das etwas wesentlich anderes als die Einziehung des fremden Geschäftsanteils, was sich schon äußerlich unverkennbar daran zeigen muß, daß der Ankauf nur in gerichtlicher oder notarieller Form geschehen kann (§ 15). Über den angekauften Geschäftsanteil kann die Gesellschaft frei verfügen, sie kann die Einziehung unterlassen, auch wenn sie erklärt hatte, daß der Ankauf zu diesem Zwecke erfolge. Hat anderseits der Gesellschafter gegen Zahlung des Entgelts die erforderliche Zustimmung erteilt, so verbleibt er gleichwohl Inhaber des Geschäftsanteils, bis die Einziehung beschlossen und erklärt worden ist. Die Behauptung Hachenburgs § 34[25], daß die Zustimmung zu unentgeltlicher Einziehung unentgeltliche Zuwendung sei und daher der für Schenkungen vorgeschriebenen Form bedürfe, geht in dieser Form wohl zu weit. Steuerrechtlich kann in dem Vorgang eine verschleierte Schenkung liegen; auch dann liegt Schenkung vor, wenn nach dem Statut nur entgeltliche Amortisation zulässig ist und der Gesellschafter auf den ihm erwachsenen Anspruch auf Entgelt verzichtet.

5. a) Mit der Bestimmung, daß Geschäftsanteile eingezogen werden können, ist zugleich vom Gesetz zugelassen worden, daß in solchem Falle dem Gesellschafter die Stammeinlage zurückgezahlt werden darf. Jede entgeltliche Einziehung schließt diese Zurückzahlung der Stammeinlage — der ganzen oder eines Teiles — ein. Anderseits ist in jedem Falle entgeltlicher Einziehung die Zahlung des Entgelts Auszahlung aus Gesellschaftsvermögen an einen Gesellschafter und steht — worauf das Gesetz ausdrücklich hinzuweisen für nötig befunden hat — unter dem Verbotsgesetz des § 30 Abs 1. Auch hier wird man anzunehmen haben, daß die Gültigkeit des Einziehungsbeschlusses im allgemeinen nicht von der jeweiligen Vermögenslage abhängt (s. § 30, Erl 1 g). Verboten ist, das Entgelt auszuzahlen, wenn es nicht geschehen kann, ohne die Mittel aus dem Stammkapital zu nehmen. Ob das der Fall ist, läßt sich im allgemeinen nur im Moment oder von dem Moment sagen, wo die Auszahlung geschieht oder geschehen soll. Die Auszahlung muß unterbleiben, auch wenn im Moment der Einziehung niemand eine so ungünstige Gestaltung der Vermögensverhältnisse der Gesellschaft voraussehen oder erkennen konnte. Immerhin wird man annehmen müssen, daß die Gesellschaft die Einziehung nicht wirksam beschließen kann, wenn sie nach ihrer Vermögenslage auf absehbare Zeit außerstande ist, das Entgelt aus freiem Vermögen zu zahlen. Anderseits wird mit Scholz 354 anzunehmen sein, daß bei entgeltlicher Einziehung der Einziehungsbeschluß unter der gesetzlichen Bedingung steht, daß die Zahlung gemäß § 30 Abs 1 erfolgen darf. Im Ergebnis ebenso Hachenburg § 34[14].

b) Im Gesellschaftsvertrage kann vereinbart werden, daß im Falle, wo ein Gesellschafter seinen Verpflichtungen aus dem Vertrage nicht nachkommt, sein Geschäftsanteil — entgeltlich oder unentgeltlich — eingezogen werden kann (OLG 27, 371; GmbHRundsch 1915, 91; 1928, 690). Von der Verpflichtung zur Einzahlung der Stammeinlage kann das aber insofern nicht gelten, als mit der Einziehung die Gesellschaft des Anspruchs auf einen (weiteren) Rest der Stammeinlage verlustig ginge. Wenn RG in DJZ 1919, 757 sagt, daß bei dem Antrag, einen Geschäftsanteil einzuziehen, der Inhaber desselben von der Ausübung des Stimmrechts nicht ausgeschlossen ist, so kann das von diesem Falle nicht wohl gelten. Es liegt hier ebenso wie bei der Abberufung eines Gesellschafters als Geschäftsführer aus wichtigem Grunde (s. Erl 2 b zu § 38. Vgl. Hachenburg § 47[25]). — Immer aber muß der Einziehung des Geschäftsanteils eine Bestimmung des Gesellschaftsvertrages zur Seite stehen; Hachenburg § 34[18]. Einziehung (Ausschließung des Gesellschafters) aus wichtigem Grunde ist ohne eine solche nicht zulässig. Daran kann nur durch das Gesetz geändert werden. Daß nach RG 114, 213 der Geschäftsanteil eines durch Kündigung aus einer Kartellgesellschaft m. b. H. ausscheidenden Gesellschafters auch dann amortisiert werden kann, wenn das Statut die Möglichkeit einer Einziehung nicht bestimmt, beruht darauf, daß die Kartellverordnung in das GmbH.-Gesetz eingreift und Fälle bestimmt, welche die Notwendigkeit der Einziehung zur Folge haben. Daher unzutreffend Manzer in HessRpr 27, 255. S. § 3 Erl 8 c.

Dritter Abschnitt.

Vertretung und Geschäftsführung.

§ 35

Die Gesellschaft wird durch die Geschäftsführer gerichtlich und außergerichtlich vertreten[1]).

Dieselben haben in der durch den Gesellschaftsvertrag bestimmten Form ihre Willenserklärungen kundzugeben und für die Gesellschaft zu zeichnen[2]). Ist nichts darüber bestimmt, so muß die Erklärung und Zeichnung durch sämtliche Geschäftsführer erfolgen. Ist der Gesellschaft gegenüber eine Willenserklärung abzugeben, so genügt es, wenn dieselbe an einen der Geschäftsführer erfolgt[3]).

Die Zeichnung geschieht in der Weise, daß die Zeichnenden zu der Firma der Gesellschaft ihre Namensunterschrift beifügen[4]).

Österr. Gesetz §§ 78, 21.

1. a) Die Gesellschaft m. b. H. ist juristische Person. Daher kann und muß sie einen gesetzlichen Vertreter haben. Der § 6 bestimmt, daß die Gesellschaft einen oder mehrere Geschäftsführer haben muß. Nach § 35 wird die Gesellschaft durch den Geschäftsführer gerichtlich und außergerichtlich vertreten. Der Geschäftsführer ist, obwohl rechtsgeschäftlich — durch Gesellschafts- oder Dienstvertrag — bestellt, nicht bevollmächtigter Stellvertreter. Auf dem Vertrage beruht die Bestimmung der Persönlichkeit, seine Vertretungsmacht beruht — nach Umfang und Inhalt — auf dem Gesetz. Er ist eines der Willensorgane der Gesellschaft. Er ist berufen, einmal die Gesellschaft nach außen zu vertreten, sodann an der leitenden Stelle die Geschäfte des Unternehmens zu führen. Ersteres wird im Gesetz gesagt, letzteres in Einzelbestimmungen (§ 6 Abs 3, §§ 40, 41, 43) als selbstverständlich vorausgesetzt. Seine Handlungen und Unterlassungen sind rechtlich gleichsam Handlungen und Unterlassungen der Gesellschaft, durch welche rechtsgeschäftlich die Gesellschaft die entsprechenden Rechte und Pflichten erwirbt und auf sich nimmt, die sie nach § 278 BGB in schuldrechtlichen Verhältnissen zu vertreten hat, für die sie, wenn sie unerlaubte Handlungen sind, nach § 31 BGB verantwortlich ist (RG in LZ 1915, 1302[4]). Strafrechtliche Verantwortung trifft hier im allgemeinen nur die physische Person, den Geschäftsführer. Dagegen haftet zivilrechtlich für die Folgen unerlaubter Handlungen neben der Gesellschaft und mit ihr solidarisch der Geschäftsführer, wenn ihn ein Verschulden trifft.

b) Im Prozeß der Gesellschaft stehen die Geschäftsführer an der Stelle der Partei, und zwar alle, auch wenn die Prozeßvollmacht nur von einem oder einigen von ihnen ausgestellt worden ist (NaumbAK 1911, 75). Sie können nicht als Zeuge vernommen werden. Eide sind dem Geschäftsführer, wenn mehrere Geschäftsführer vorhanden sind, in der Regel allen zuzuschieben (ZPO §§ 474, 472, 471). Auch die Prozeßvollmacht muß von dem Geschäftsführer ausgestellt werden, namentlich können Aufsichtsrat und Gesellschafterversammlung das nicht über den Kopf des Geschäftsführers hinweg tun (OLG 24, 153). Eide sind demjenigen Geschäftsführer zuzuschieben und aufzuerlegen, welcher zur Zeit der Zuschiebung oder der Urteilsfällung sich in dieser Stellung befindet. Daher muß der Schwurpflichtige im Urteil namentlich bezeichnet werden (JW 09, 465). Bei einem späteren Wechsel findet ZPO § 471 Anwendung. Dabei gelten Handlungen und Wahrnehmungen anderer Geschäftsführer oder des Aufsichtsrats, wohl auch der Gesellschafterversammlung als Handlungen und Wahrnehmungen der Partei (ZPO § 445). In welcher Form in solchen Fällen der Eid zu leisten ist, ist eine andere, nach § 459 das. zu beurteilende Frage (Warn 5, 506). Anderseits ist der Geschäftsführer nach Zustellung der Klage gegen die Gesellschaft nicht gehindert (unter Niederlegung seines Amtes), dem Kläger als Nebenintervenient beizutreten. Die Zustellung der Klage ist in solchem Falle nicht deshalb wirkungslos, weil der Geschäftsführer das bereits mit dem Kläger vereinbart hatte (RG in LZ 09, 394[35]). Der Geschäftsführer kann, wenn er (in einem Prozeß zwischen Dritten) als Zeuge vernommen wird, auf Grund § 384 Ziff 3 ZPO das Zeugnis verweigern, wenn es sich um ein Gewerbegeheimnis der Gesellschaft handelt (OLG 27, 97). — Nach Eröffnung des Konkurses über das Vermögen der Gesellschaft steht der Vernehmung des Geschäftsführers als Zeugen nichts im Wege (RG in LZ 1914, 775[19]). — Der Offenbarungseid ist für die Gesellschaft von demjenigen Geschäftsführer zu leisten, der es am Tage der Eidesleistung ist (SeuffA 58, 25), auch wenn der frühere Geschäftsführer noch im Handelsregister eingetragen ist (OLG 24, 157). Anderseits kann der Geschäftsführer sich der Verpflichtung zur Leistung des Offenbarungseides nicht durch Niederlegung des Amtes entziehen, JW 1926, 2114 (Frankfurt).

c) Wegen Vertretung der Gesellschaft in dem Prozeß, den sie mit ihrem Geschäftsführer führt, s. §§ 46 Ziff 8, 52, wegen Bestellung des Geschäftsführers s. §§ 6 und 46 Anm 5, wegen Abberufung desselben § 38, Eintragung in das Handelsregister §§ 10, 39, wegen Umfanges seiner Vertretungsmacht § 36, seiner Vertretungsbefugnis § 37, wegen seiner strafrechtlichen Verantwortlichkeit Erl 1 f zu § 13.

2. a) In Satz 1 des Abs 2 ist nicht von der Form der vom Geschäftsführer abzugebenden Willenserklärungen die Rede. Darüber bestimmt erst Abs 3 etwas. Hier handelt es sich um die im Gesellschaftsvertrage bestimmte Form der Vertretung, d. h. darum, ob ein Geschäftsführer oder mehrere (§ 6), ob letzterenfalls jeder allein oder nur mehrere zusammen oder nur alle zusammen die Gesellschaft rechtsgeschäftlich verpflichten können, ferner, wenn daneben Handlungsbevollmächtigte, namentlich Prokuristen bestellt sind, ob diese allein oder nur in Verbindung miteinander oder in Verbindung mit einem Geschäftsführer oder ob umgekehrt einzelne der mehreren Geschäftsführer nur in Verbindung mit einem Prokuristen die Vertretungsmacht besitzen. Die Bestimmung hierüber muß im Gesellschaftsvertrage getroffen werden (OLG 38, 189 f.). Eine andere Stelle kann nicht damit betraut werden, JFG 2, 262. Die verschiedensten Kombinationen sind denkbar und sind im Gebrauch. Aber nicht alles ist zulässig (RJA 11, 32; OLG 11, 36; 27, 375 [bedenklich]; KGJ 52, 98). Die Schranke läßt sich dahin zusammenfassen, daß einerseits die Vertretungsmacht des einzigen Geschäftsführers und bei Kollektivvertretung die der mehreren an eine weitere Mitwirkung nicht gebunden werden kann, daß anderseits — was freilich bestritten ist (vgl. RG 40, 17; RJA 11, 213; 13, 222, wo der durchschlagende Gedanke mit nichtssagenden Wendungen abgetan wird) —, wer selbständig zur Vertretung befugt ist, nicht zugleich die Vertretungsmacht eines anderen komplettieren kann, dessen Mitwirkung damit notwendig überflüssig wird. Auch die Verbindung von Geschäftsführer und Prokurist zu kollektiver Vertretung wird nach dem Vorbild von § 232 Abs 2 HGB zugelassen, aber nur, wenn mehrere Geschäftsführer vorhanden sind und der einzelne die Gesellschaft nicht allein vertreten kann. Ausgeschlossen ist, daß dem oder den Prokuristen insgesamt die gesetzliche Vertretung der Gesellschaft übertragen wird. Wohl aber kann dem Prokuristen unter Kollektivvertretung mit einem Geschäftsführer Gesamtprokura übertragen werden, KG in GmbHRundsch 28, 179. — S. zu diesen Fragen auch Brodmann A.-R. § 232 Erl 2 b. — Unterschiedliche Form der Vertretung, je nachdem der Geschäftsführer zugleich Gesellschafter ist oder nicht, ist unzulässig, RJA 9, 112. — Unzulässig ist die Beschränkung der Vertretung auf einen bestimmten Geschäftsbetrieb, auf den Betrieb z. B. einer Zweigniederlassung, vgl. OLG 1, 188; KGJ 20, 71, oder die Beschränkung der Kollektivvertretung auf bestimmte Gegenstände, z. B. auf den Grundstücksverkehr, auf Wechseltransaktionen (RJA 12, 32; s. aber auch RG 24, 27). Es ist hier nur von der gesetzlichen Vertretung der Gesellschaft die Rede, wohl zu unterscheiden von der auf Vollmacht bestehenden Stellvertretung. Auch diese Stellvertretung kann als kollektive bestimmt werden; das Gesetz (HGB § 48 Abs 2) sagt das ausdrücklich allerdings nur von dem Prokuristen.

b) Die Bestimmung des Gesellschaftsvertrages muß deutlich und unmißverständlich sein (Recht 01, 473; RJA 9, 112). Eine Bestimmung, daß die Geschäftsführer die Firma nur gemeinschaftlich zeichnen können, ist jedenfalls bei der Eintragung in das Handelsregister zu beanstanden (vgl. RG 24, 27). — Entscheidend ist immer das im Gesellschaftsvertrage Bestimmte, nicht was — möglicherweise irrig — in das Handelsregister eingetragen worden ist (ROHG 19, 293). — Es ist aber nicht unzulässig, die statutarische Bestimmung einzuschränken und mit der Einschränkung zum Handelsregister anzumelden. So wenn nach dem Statut zwei Prokuristen Kollektivprokura haben und eingetragen wird, daß je ein Geschäftsführer und ein Prokurist die Gesellschaft vertreten können (BayerZ 19, 130), richtiger wohl KGJ 52, 98, wonach es überhaupt unzulässig ist, allgemein im Statut zu bestimmen, daß zwei Prokuristen zusammen sollen die Gesellschaft (als gesetzliche Vertreter) vertreten können.

c) Die Kollektivvertretung ist eine ziemlich üble Einrichtung. Sie dient dem Schutze des Vertretenen gegen ungeschickte und vor allem gegen unehrliche Vertretung. Aber sie kann diesem die Gefahr nicht abnehmen, ohne sie, ziemlich ungemindert, auf den Gegner abzuwälzen. In Wahrheit läßt sich die Vertretung, die meist zugleich Geschäftsführung ist, im praktischen Leben in dieser Weise restlos bei weitem nicht durchführen. Unter Umständen kann sie voll berechtigt sein. Wenn öffentliche Kassen, Sparkassen usw. zur Gültigkeit ihres Empfangsbekenntnisses zwei Unterschriften vorschreiben, so ist zugleich dafür gesorgt, daß im regelmäßigen Verkehr niemand eine Zahlung auch nur anbringen kann, ohne die vorgeschriebene doppelt bescheinigte Quittung zu bekommen. In jedem hiervon abweichenden Falle liegt immer in dieser Abweichung ein mehr oder weniger wiegendes Moment des Mißtrauens, das den Schutz der Regel rechtfertigt. Anders dagegen im allgemeinen Verkehrs- und Geschäftsleben. Hier schützt das Gesetz das Publikum gegen jede sachliche Beschränkung der Vertretungsmacht, um es, das die theoretisch mögliche Vorsicht praktisch einfach nicht üben kann, dem Einwande der mangelnden Kollektivvertretung desto gründlicher schutzlos preiszugeben. Auf der anderen Seite ist zuzugeben, daß von vornherein die Last ungleich verteilt ist. Für den Vertretenen steht das ganze Vermögen, seine Existenz auf dem Spiele, während es sich für den Gegner immer nur um einen einzelnen Fall unter vielen nicht betroffenen Vorkommnissen handelt. Das macht das Institut unentbehrlich, aber drängt zugleich dahin, es nach Maß seiner inneren Berechtigung zu handhaben, statt, wozu nicht selten die Rechtsprechung neigt, ihm wohlwollend entgegenzukommen. In vorstehendem wird nicht, wie Hachenburg § 35[16] einwendet, gesagt, daß die Kollektivvertretung „grundsätzlich" undurchführbar und ihre Einführung durch das Gesetz ein Fehler sei. Praktisch läßt sich die Kollektivvertretung nicht restlos durchführen, und nicht bei der Gesetzgebung, sondern bei der früheren Rechtsprechung liegt der gerügte Fehler.

d) In einem Punkt versieht es schon das Gesetz, wenn es die Kollektivvertretung als die Regel hinstellt, welche gilt, wenn im Gesellschaftsvertrage (so muß der Satz gelesen werden; Recht 01, 473; PosMSchr 09, 13) nicht etwas anderes bestimmt ist, also gilt, ohne daß der Leser darauf gestoßen wird. Obendrein gilt es auch da, wo im Gesellschaftsvertrage über die Zahl der Geschäftsführer nichts bestimmt ist (RG in LZ 08, 601), also wenn die Gesellschaft dazu übergeht, statt wie bisher einen, mehrere Geschäftsführer zu haben, was dann die Folge hat, daß mit dem Fortfall des zweiten die Alleinvertretungsmacht des verbleibenden nicht ohne weiteres wiederauflebt, RG 103, 417; s. aber auch Scholz 367, wodurch dann ein Zustand der Vertretungslosigkeit eintritt, den man aus dem Handelsregister unmittelbar überhaupt nicht erkennen kann und mittelbar nur, wenn man gelöschte Eintragungen mitbeachtet. Nach RG in DJZ 1922, 697 soll das nur gelten, wenn im Statut Kollektivvertretung ausdrücklich bestimmt ist.

e) In der Rechtsprechung hat sich der richtige Gesichtspunkt nur allmählich zur Geltung gebracht. Von Anfang an wurde freilich anerkannt, daß gleichzeitiges Handeln beider Vertreter wie nicht durchführbar, so auch nicht erforderlich sei. Es genügt, daß der eine handelt, der andere zustimmt (einwilligt oder genehmigt — vgl. §§ 183, 184 BGB); aber man verlangte, daß diese Zustimmung, weil — was an sich ganz richtig ist — ein Fall des § 182 nicht vorlag, dem Geschäftsgegner erklärt werden müsse; eine dem handelnden Vertreter abgegebene Erklärung sei ein interner und bedeutungsloser Vorgang (RG 61, 223; vgl. auch RG 40, 18; JW 1887, 191; 1898, 164); man half sich, indem man mit dem Begriffe der stillschweigend abgegebenen Erklärung möglichst weit ging (RG 75, 419; Recht 1913, 1571; JW 1911, 491; 1887 S. 115, 191; 1897, 245[62]); obendrein geriet man auf den ganz verfehlten Gedanken, daß es sich bei dieser Genehmigung um eine von dem Vertretenen — von der Gesellschaft — abzugebende Erklärung handle, zu der wiederum der einzelne allein nicht ermächtigt war, und meinte dann auch, daß § 181 BGB der Wirksamkeit einer dem Mitvertreter erklärten Zustimmung entgegenstehe. Erst die neue Fassung des HGB (§§ 125 Abs 2 Satz 2, 232 Abs 1 Satz 2) hat die Bresche gelegt, die der Entscheidung RG 81, 325 die Wege bahnte (s. auch RG 101, 343). Die Kollektivvertretung will und kann nur Schutz gewähren gegen das einseitige Vorgehen des einen Vertreters, der hinter dem Rücken des oder der anderen handelt. Sind sich (oder werden sich) die mehreren einig, so hat der Schutz, der Anlaß zum Schutz, sein Ende, und es kommen die Interessen des Gegners zur Geltung. „Das Gesetz will," — RG 81, 329 — „daß bei Kollektivvertretung der eine Vertreter dem anderen durch eine an ihn gerichtete formlose Erklärung Vollmacht verschaffen kann; auch von der Genehmigung muß das gleiche gelten; damit ist der Gedanke der Teilwillenserklärung abgelehnt; der Satz, daß die Zustimmung des Gesamtvertreters nicht innere Angelegenheit der Vertreter bleiben dürfe, hat seine Berechtigung verloren." In Wahrheit hat er sie nie besessen. Zutreffend macht aber auch das Reichsgericht zwei Einschränkungen. Die interne Genehmigung hat keine Bedeutung, wenn inzwischen der handelnde Vertreter seine Ansicht und Absicht geändert hat, und sie setzt voraus, daß sich die Erklärung des Handelnden nach außen als fertige Vertragserklärung darstellt. Nimmt der Gegner eine in diesem Sinne unfertige Willenserklärung entgegen, so finden §§ 177, 178 BGB entsprechende Anwendung, ebenso § 180 BGB. Die Entscheidung JW 1898, 164 wäre nur richtig, wenn der Gekündigte die Kündigung durch einen Vertreter beanstandet hätte, wovon nichts verlautet.

f) Bei der Allgemeingültigkeit des Prinzips liegt kein Grund vor, hier formbedürftige Willenserklärungen anders als formlose zu beurteilen. Aber der Gegner hat den Anspruch, daß auch, was die Vertretung angeht, die korrekte Form gewahrt wird, und die Erklärung wird, wenn das geltend gemacht wird, anders nicht wirksam. — In Akten der freiwilligen Gerichtsbarkeit hat der Richter auf korrekter Form der Erklärung zu bestehen. Die Entscheidung KGJ 20, 75 ist in diesem Punkte sicherlich zutreffend. Bedenklich ist nur die sachliche Entscheidung. In den Verhältnissen einer auf Bergbau gerichteten Gesellschaft geht die Vollmacht, Abbaurechte im Betrage von 50000 M. zu erwerben, nicht über den Umfang einer sachlich beschränkten Vollmacht hinaus (vgl. JW 00, 663). — Unbegründet erscheint auch die Ansicht KGJ 21, 108, wonach, wenn von drei Vorstandsmitgliedern je zwei Vertretungsmacht haben, die einem von ihnen erteilte Vollmacht nur gültig ist, wenn sie von den beiden anderen ausgestellt wird.

g) Danach bedarf die Genehmigung des Kollektivvertreters nicht der für das Rechtsgeschäft selbst vorgeschriebenen Form (trotz anfänglichen Widerspruchs schließlich ebenso Hachenburg § 35[18]; vgl. JW 01, 519[9]; 08, 151). Auch formbedürftige und formgerechte Erklärungen des einen Kollektivvertreters werden durch formlose Genehmigung des anderen wirksam (vgl. RG 85, 261; 118, 168; RJA 2, 85). Dieser Zusammenhang wird verkannt in RG 89 S. 368—384.

Wenn die zwei Kollektivvertreter einer Gesellschaft m. b. H. A und B einem C an einem Grundstücke der Gesellschaft eine Hypothek bestellen wollen, genügt, daß die formgerechten Erklärungen zwischen A und C gewechselt werden und B vorher, gleichzeitig oder nachträglich formlos zustimmt. Nichts anderes gilt, wenn nicht einem C, sondern dem B die Hypothek bestellt werden soll (den Fall der Kollusion ausgenommen); auf keinen Fall findet hier § 181 BGB Anwendung. B schließt für sich persönlich den notariellen Vertrag mit A als dem einen Vertreter der Gesellschaft und stimmt zugleich als Vertreter der Gesellschaft dem zu, was A tut (s. RG 103, 418; vgl. auch RG 80, 180). Das ist der Tatbestand, subjektiv und objektiv, mögen A und B sich den juristischen Zusammenhang auch anders vorgestellt oder überhaupt nicht klargemacht haben. Der Satz in dem mehr als langen Urteil auf S. 373 am Ende des Absatzes — es steht auch in diesem Falle dieselbe Person (B) als Vertreter (B hatte nicht für sich persönlich, sondern als Vertreter einer anderen Gesellschaft m. b. H. gehandelt) auf beiden Seiten, auf der einen allein, auf der anderen als eine der mehreren Personen, deren Mitwirkung zum Zustandekommen einer für die Gesellschaft rechtsverbindlichen Willenserklärung erforderlich ist — geht fehl. Gewiß mußte B beiderseits beim Rechtsgeschäft mitwirken, aber nicht notwendig beiderseits beim Vertragsschluß selbst, sein Mitwirken (mit A) konnte auch in der formlosen Zustimmung liegen und hat vorgelegen. An sich war das Rechtsgeschäft in Ordnung, und es konnte nur noch in Frage kommen, ob nicht Kollusion vorgelegen hatte. In dem Falle RG 103, 418 hatten die beiden Kollektivvertreter A und B nicht allein verhandelt. Sie hatten einen Dritten C hinzugezogen, welcher das die Gesellschaft verpflichtende Anerkenntnis „in Vertretung" mit A zusammen unterschrieben hatte. Hier lautet es treffend in den Gründen: Ein Rechtsgeschäft des B mit sich selbst lag weder in der Erteilung der Vollmacht, denn das war ein Geschäft, das er mit C vornahm, noch in der Annahme des Schuldanerkenntnisses, denn dadurch gab er der Gesellschaft gegenüber eine Erklärung ab; nur das kann sich fragen, ob nicht andere Gründe (Kollusion: § 826 BGB) als § 181 BGB dazu nötigen, die Bevollmächtigung des C für unwirksam zu erachten.

h) Die dem Dritten gegenüber erklärte Genehmigung ist rechtsgeschäftliche **Willenserklärung** und muß und kann, wenn irrtümlich abgegeben, auf Grund § 119 BGB angefochten werden. Anfechtender ist nicht der Vertreter, sondern die Gesellschaft. Von der internen Mitwirkung, Genehmigung, Einwilligung gilt das nicht. Diese Erklärung wirkt immer nur so, wie sie gemeint ist. Es ist aber nicht Voraussetzung, daß der Erklärende genau weiß, was geschehen ist oder geschehen soll. Man kann auch mit Eventualvorsatz handeln und Genehmigungen in blanco erteilen. In dieser Richtung gilt dasselbe wie von der rechtsgeschäftlichen Willenserklärung (Recht 1913, 1571; RG 101, 342). — Erteilt der eine Kollektivvertreter dem anderen allgemeine Vollmacht, so ist das ungehörig und verpflichtet zum Schadensersatz (§ 43), auch wird der Dritte, wenn es auf seinen guten Glauben ankommt, sich auf eine solche Vollmacht leicht vergebens berufen, im übrigen ist kein Grund, die in der Vollmachterklärung liegende Zustimmung für wirkungslos zu erklären (b.; vgl. §§ 125 Abs 2, 232 Abs 1 HGB). A. A. RG 86, 265; JW 1897, 245; 1912, 527[3]; RJA 14, 177; BadRpr 05, 89; PosMSchr 09, 13; OLG 5, 47; anders und richtig RGSt 47, 35; vgl. auch RG 48, 58. An und für sich steht nichts entgegen, daß der eine Kollektivvertreter dem anderen eine Vollmacht erteilt (OLG 27, 375; vgl. auch RG 103, 418). Es ist auch überflüssig, daß diese Vollmacht von beiden ausgestellt wird (vgl. RG 80, 180; ferner die oben zitierte Entscheidung KGJ 20, 75 und die obige Bemerkung dazu). Es ist nicht unbedingt erforderlich, daß der genehmigende Geschäftsführer in dieser Stellung schon war, als der andere das Geschäft vornahm (JW 08, 151); vgl auch Erl 3 zu § 36.

i) Ist nach vorstehendem gemeinschaftliches Handeln oder überhaupt auch nur ein Handeln eines jeden der Kollektivvertreter nicht erforderlich, so kann doch — namentlich bei schriftlichen und anderen förmlichen Erklärungen (vgl. JW 07, 518[9]; RG 63, 97; RJA 14, 177) — der Dritte darauf bestehen, daß sie von allen abgegeben und ausgestellt wird. Handelt der Kollektivvertreter allein, so findet § 179 BGB Anwendung. Er ist, falls er nicht die Zustimmung des anderen nachweist, zur Erfüllung oder zu Schadensersatz persönlich verpflichtet. Auf die Eintragung im Handelsregister und auf § 15 HGB könnte sich nur die Gesellschaft berufen, nicht der Geschäftsführer. — Die Bestimmung über die Form der Vertretung gilt auch schon vor der Eintragung der Gesellschaft in das Handelsregister (KGBl 1911, 25). — Fällt einer der beiden Kollektivvertreter fort, soll z. B. gerade mit ihm ein Rechtsgeschäft geschlossen werden, so erhält dadurch nicht der andere das Recht zur Alleinvertretung, vielmehr muß für Ersatz gesorgt werden (RG 103, 417). Wohl aber können beide gemeinschaftlich einen Vertreter bevollmächtigen und mit diesem abschließen; nur darf das nicht auf Kollusion hinauslaufen (RG das). — Es kann auch nicht der eine Kollektivvertreter gegen den anderen eine Forderung der Gesellschaft einklagen (OLG 7, 151 mit dem unbestimmten Vorbehalt: wenigstens nicht, wenn eine andere Regelung möglich und vom Gesetz vorgesehen ist). Es ist nach § 46 Ziff 8 zu verfahren. Der Punkt, ob Kollektivvertretung der mehreren Geschäftsführer besteht oder nicht, ist im Prozeß von Amts wegen zu beachten (RG in LZ 1912, 846[22]).

k) Der § 232 HGB bestimmt auch für den Vorstand der Aktiengesellschaft die Kollektivvertretung als die Regel, fährt dann aber fort: der Vorstand kann jedoch einzelne Mitglieder zur Vornahme bestimmter Geschäfte oder bestimmter Arten von Geschäften ermächtigen. In unserem Gesetz ist das nicht gesagt, aber das ist kein Grund anzunehmen, daß es hier nicht gelte (vgl. RG 80, 182). So auch die herrschende Lehre. Von dem hier vertretenen Standpunkt aus ist das um so mehr anzuerkennen, als danach sogar eine allgemeine Vollmacht weit entfernt ist, bedeutungslos zu sein (s. oben). Die herrschende Lehre selbst wird noch einen Schritt weiter gehen müssen. Ist es richtig, daß von zwei Kollektivvertretern der eine dem anderen zur Vornahme eines bestimmten Geschäfts, also überhaupt eine Vollmacht für die Gesellschaft erteilen kann, so muß die Gesellschaft es auch gelten lassen, wenn der eine fortgesetzt geschehen läßt, daß der andere im Verkehr allein handelnd auftritt und so den Schein erweckt, als sei er zur Alleinvertretung ermächtigt. So mit Recht RGSt 47, 35; vgl. auch JW 1897, 245.

3. Der Geschäftsführer ist das zur Vertretung der Gesellschaft nach außen berufene Organ der juristischen Person, das nur ausnahmsweise aus bestimmter Veranlassung durch ein anderes Organ oder durch einen von den Gesellschaftern unmittelbar bevollmächtigten Stellvertreter ersetzt werden kann (§ 46 Ziff 8). Was er weiß, weiß die Gesellschaft, was er nicht weiß, weiß die Gesellschaft nicht. Nur unter besonderen Umständen kann Wissen der oder eines der Gesellschafter der Gesellschaft zugerechnet werden. Vgl. den Fall im Urt v. 27. 2. 20 VII 316/19, wo zwei Gewerkschaften sich zu einer Gesellschaft m. b. H. zusammengeschlossen und als ein besonderes Organ die Vollversammlung der beiderseitigen Gewerken bestimmt hatten, von der dann eine Revisionskommission eingesetzt worden war; die Frage, ob Kenntnis dieser Kommission der Gesellschaft zuzurechnen war, hat das Reichsgericht bejaht (vgl. ROHG 22, 277). — Bei der Kollektivvertretung ist daher zwischen aktiver und passiver Vertretung zu unterscheiden. Sie gilt als kollektiv nur bei ersterer. Das beruht keineswegs auf positiver Vorschrift, sondern liegt im Wesen der Sache. Es gibt zwar ein gemeinschaftliches Wissen mehrerer, eine gemeinschaftliche Arglist usw., aber es gibt kein Wissen des einzelnen, das erst dadurch ein Wissen wird, daß auch ein anderer weiß. Soll überhaupt das Wissen von Vertretern und Stellvertretern ein Tatbestandsmoment sein, so kann das nur das Wissen jedes einzelnen von ihnen sein. Das Gegenteil müßte schon durch — zudem mehr als seltsame — positive Vorschrift bestimmt sein. Willenserklärungen, Mitteilungen, welche an die Gesellschaft gerichtet werden, sind wirksam und vollendet, wenn auch nur an einen der Vertreter gerichtet (gleichviel ob Geschäftsführer oder Prokurist, gleichviel auch, ob dabei das Vertretungsverhältnis zum Ausdruck kommt — OLG 5, 141). Das Schweigen auf eine solche Erklärung kann auch dann als Zustimmung der Gesellschaft gewertet werden, wenn der Empfänger die Erklärung sie absichtlich unterdrückt, RG in JW 1927, 1675. — Das Gesagte gilt auch von inneren Bewußtseinstatsachen, wenn solche als Tatbestandsmomente in Frage kommen, von Wissen, Wissenmüssen, Irrtum, Arglist, Drohung. Es genügt, daß der Tatbestand im Bewußtsein auch nur eines — aktiv oder durch Zustimmung beteiligten — Vertreters gegeben ist (vgl. RG 53, 230; 57, 93; 59, 407; JW 1899, 46; 1914, 399; Warn 6, 49; RG in LZ 1913, 140[5]). Nach RGSt 43, 338 soll das nur im Privatrecht gelten, nicht im öffentlichen Recht, z. B. nicht in bezug auf den Lauf der für einen Strafantrag bestimmten Frist. Anders DJZ 08, 432. Nach RG 81, 433 kann Arglist vorliegen, wenn der handelnde Vertreter gutgläubig die Unwahrheit sagt, während der Vertretene in der Person des anderen Vertreters die Wahrheit kennt; in dem Falle war aber der wissende Vertreter zugleich der das Geschäft betreibende Teil. S. auch — mit zutreffender Einschränkung — Scholz 372.

Der Kollektivvertreter ist Bevollmächtigter im Sinne des § 266 Ziff 2 StGB (BauersZ 19, 36).

4. a) Abs 3 handelt, im Gegensatz zu Abs 2, nicht von der Form der Vertretung, sondern von der Form der Erklärung, von der Form der Zeichnung, d. h. von der Form, in welcher schriftliche Erklärungen der Gesellschaft zu unterzeichnen sind. Er ist (entsprechend dem § 233 HGB) lediglich Ordnungsvorschrift, die Gültigkeit und Wirksamkeit der Erklärung hängt nicht davon ab, ob sie eingehalten worden ist (RG 75, 1; 83, 124; vgl. auch 50, 60; OLG 20, 244). Das gilt auch, wenn schriftliche Form gesetzlich vorgeschrieben ist, z. B. bei der Bürgschaftsverpflichtung. Für Wechselunterschriften will die herrschende Lehre das nicht gelten lassen (ROHG 12, 172), aber es ist unerfindlich, weshalb nicht; es muß nur aus der Urkunde hervorgehen, wer der Aussteller ist und daß er für die Gesellschaft hat erklären wollen — vorausgesetzt selbstverständlich, daß er die erforderliche Vertretungsmacht hatte. Wohl aber hat in allen Fällen der Gegner, wenn er schriftliche Erklärung verlangen kann, auch den Anspruch darauf, daß sie in der vorgeschriebenen Form abgegeben wird, ebenso die Behörde, vor der eine Erklärung abzugeben ist. Überhaupt wird der Empfänger einer mangelhaften Erklärung beanspruchen können, daß sie ihm in der vorgeschriebenen Form bestätigt wird. — Unrichtigkeiten in der Firmenbezeichnung sind bedeutungslos, wenn sie die Identität der bezeichneten Firmen nicht in Frage stellen, ROHG 16, 206.

b) Handschriftlich braucht nur der Name des Ausstellenden vollzogen zu werden, die Firma kann vorgedruckt, auch von anderer Hand geschrieben sein (ROHG 14, 317; OLG 10, 244). Das gilt auch von Wechselunterschriften. So gegen die herrschende Lehre RG 47, 165 (allerdings unter Beschränkung auf eine Firma, die zugleich auch Sachfirma war); ROHG 14, 317. — Eine andere Frage ist, ob der die Urkunde ausstellende Geschäftsführer den Namen eigenhändig schreiben muß oder ob er ihn auch durch einen anderen schreiben lassen kann. Jeder Unbefangene wird ersteres für selbstverständlich halten; außerdem ist es in § 126 BGB ausdrücklich gesagt. Trotzdem ist es von RG 74, 69 (Plenarentscheidung!) verneint worden, auch im Falle, wo schriftliche Form vorgeschrieben ist. Wohl aber kann die Unterzeichnung mit falschem Namen wie (formlose) Genehmigung wirken, JW 1927, 2993. S. Brodmann, Die Urkunde, S. 19 f., 35 ff., 56. — Die Unterschrift des Namens ist unerläßlich. A. A. Scholz 373 unter Berufung auf obige Plenarentscheidung RG 74, 69, wo aber davon nichts steht. Wenn RG 83, 121 das Gegenteil angenommen hat, so doch nur in Beziehung auf die Frage nach der Stempelpflicht, welcher eine Urkunde, sofern sie nur als fertige Urkunde gemeint war, schon wegen ihres Beweiswertes unterliegt.

c) Ob eine Urkunde, in welcher zugleich die Gesellschaft und der die Urkunde ausstellende Geschäftsführer Verpflichtungen übernehmen, von diesem zweimal mit seinem Namen unterschrieben werden muß, ist tatsächlich und mehr als einmal streitig geworden. Das Reichsgericht hat sie natürlich verneinend entschieden (RG 75, 1; JW 1914, 32[1]; SeuffA 62, 92).

d) Ganz außerhalb dieses Zusammenhanges liegt die Frage, ob und inwiefern der unterschreibende oder unterschriebene Geschäftsführer sich als solcher auszuweisen hat, was von den Umständen des einzelnen Falles abhängt (OLG 10, 244).

e) Enthält der Gesellschaftsvertrag über die Form der abzugebenden Erklärungen besondere Bestimmungen, so kann das nur für den Rechtsverkehr der Gesellschaft mit den Gesellschaftern Geltung beanspruchen, die sich, wie überhaupt, so auch dann in diesem Punkte, vertraglich gebunden haben. Dritte kann das nicht berühren, es sei denn, daß ein besonderer Rechtsgrund dafür vorliege (ROHG 16, 35; RG bei BolzePr 8, 548; anders ROHG 12, 32).

§ 36

Die Gesellschaft wird durch die in ihrem Namen von den Geschäftsführern vorgenommenen Rechtsgeschäfte berechtigt[1]) und verpflichtet[2]); es ist gleichgültig, ob das Geschäft ausdrücklich im Namen der Gesellschaft vorgenommen worden ist, oder ob die Umstände ergeben, daß es nach dem Willen der Beteiligten für die Gesellschaft vorgenommen werden sollte[3])[4])[5]).

Österr. Gesetz § 19.

1. a) Der § 36 handelt nur von dem rechtsgeschäftlichen Handeln — Tun oder Unterlassen — des Geschäftsführers. Was er bestimmt, gilt aber auch vom rein tatsächlichen Verhalten des Geschäftsführers, soweit es auf Ausübung der Rechte der Gesellschaft und Erfüllung ihrer Verbindlichkeiten gerichtet ist (vgl. § 278 BGB). Eine persönliche Haftung des Geschäftsführers neben der Haftung der Gesellschaft kommt nur in Frage, wenn zugleich der Tatbestand einer unerlaubten Handlung gegeben ist. Wegen der Haftung der Gesellschaft für unerlaubte Handlungen s. Erl 1 e und f zu § 13.

b) Der Geschäftsführer ist duplex persona. Er vereinigt in sich die eigene Persönlichkeit und — im Umfange seiner Vertretungsmacht — die Persönlichkeit der Gesellschaft, und je nachdem er in der einen oder in der anderen Eigenschaft rechtsgeschäftlich handelt, wird ausschließlich entweder er berechtigt und verpflichtet oder die Gesellschaft. Ob das eine oder das andere gemeint ist, muß nicht ausdrücklich gesagt werden, es kann auch stillschweigend erklärt, es braucht auch gar nicht erklärt zu werden, kann sich vielmehr auch ohne das aus den Umständen ergeben. Auch in dieser Beziehung gilt, wie bei der Willenserklärung selbst, das, was nach objektiver Beurteilung des Tatbestandes der Gegner als die Meinung des Geschäftsführers verstehen mußte, verstehen durfte. Auch aus dem Inhalt des Rechtsgeschäfts kann sich ergeben, daß es für die Gesellschaft geschlossen werden soll, selbst wenn der Gegner über die Persönlichkeit, mit welcher er abschließt, sich nicht klar ist (JW 1912, 794[13]). Doch müssen, soll das Geschehene auf Rechnung der Gesellschaft kommen, immer genügende Momente dafür vorliegen, daß das die Meinung des Geschäftsführers gewesen ist. Denn im Zweifel gilt, was der natürliche Mensch tut, als für seine Persönlichkeit gemeint und getan. — Der § 164 BGB handelt wie überhaupt so auch im Abs 2 unmittelbar nur von der Stellvertretung, nicht von der gesetzlichen Vertretung. Ob man der Abs 2 entsprechend anzuwenden hat, hängt davon ab, wie man ihn versteht. Die herrschende Lehre nimmt an, daß, wenn der Stellvertreter irrtümlich die Erklärung wie eine für seine Person gemeinte abgegeben hat, durch Abs 2 die Anfechtung wegen Irrtums nach § 119 BGB ausgeschlossen ist. So ungeheuerlich das sachlich ist, so scheint es doch wirklich die Meinung des Gesetzgebers gewesen zu sein. Aber zwingend ist diese Auslegung der geschrobenen Wendung keineswegs, und macht man sich von ihr frei, so unterliegt auch die entsprechende Anwendung auf den gesetzlichen Vertreter keinem Bedenken. Andernfalls handelt es sich um eine ausgeprägte Sonderbestimmung, deren analoge Anwendung nicht zu rechtfertigen wäre.

2. a) Der Umfang der Vertretungsmacht ist gesetzlich festgelegt. Sie umfaßt das gesamte Vermögen der Gesellschaft unbeschränkt. Die Gesellschaft kann dem Geschäftsführer Weisungen erteilen, und ihr gegenüber ist dieser verpflichtet, ihnen nachzukommen. Aber dem Dritten gegenüber ist das mit ihm abgeschlossene Rechtsgeschäft auch dann gültig, wenn es jenen Weisungen zuwiderläuft. „Die Gesellschaft wird durch die in ihrem Namen von den Geschäftsführern vorgenommenen Rechtsgeschäfte berechtigt und verpflichtet." Das ist zwingendes Recht. Die Gesellschaft kann daran nichts ändern, kann die Vertretungsmacht nicht einschränken; auch nicht im Statut. Auch Rechtsgeschäfte, welche aus dem Rahmen des statutarischen Zweckes der Gesellschaft herausfallen, nimmt der Geschäftsführer wirksam vor, RG 115, 246. Aber es fragt sich, ob nicht aus dem Gesetz sich Einschränkungen ergeben (vgl. §§ 207, 303 HGB). Im wesentlichen handelt es sich um die Frage, in welchem Verhältnis die in § 46 gegebenen Vorschriften zu § 36 stehen. Um dieses Verhältnis, nicht um das des § 46 zu § 37 Abs 2 handelt es sich, wie vielfach angenommen wird. Der § 37 Abs 2 hat offenbar nur statutarische oder auf Gesellschaftsbeschluß beruhende Weisungen und Beschränkungen im Auge. Hier ist die Frage, ob im Gesetz sich Vorschriften finden, welche die gesetzlich umschriebene Vertretungsmacht einengen. Ist das zu bejahen, dann kann unmöglich dasselbe Gesetz in § 37 Abs 2 haben bestimmen wollen, daß diese Beschränkung keine rechtliche Wirkung haben soll. Im anderen Fall ist außer für rechtsgeschäftliche Einschränkungen § 37 Abs 2 einfach gegenstandslos (RG 75, 164).

Während im allgemeinen die Geschäftsführung vollständig in den Händen des Geschäftsführers liegt, sind in § 46 bestimmte Dinge dem Beschlusse der Gesellschafter vorbehalten. Daß der Geschäftsführer der Gesellschaft gegenüber verpflichtet ist, sich hieran zu halten, ist selbstverständlich. Die Frage ist, ob er, wenn er im Rechtsverkehr mit Dritten, im Rechtsverkehr nach außen sich nicht daran hält, damit seine Vertretungsmacht überschreitet, das Rechtsgeschäft also unwirksam ist. Ausdrücklich sagt das Gesetz darüber nichts, und es kommt darauf an, was es sagt, nach sachlichen Gesichtspunkten auszulegen. Unter Ziff 1—3 § 46 werden nur Dinge genannt, welche sich innerhalb der Gesellschaft abspielen. Das gleiche gilt von der Einziehung von Geschäftsanteilen in Ziff 4. Zweifelhaft ist die Rechtslage bei der Teilung von Geschäftsanteilen, wenn dazu die Genehmigung der Gesellschaft erforderlich ist. Die herrschende Lehre nimmt an, daß das ein mit dem Erwerber des neuen Geschäftsanteils als einem Dritten vorzunehmendes Rechtsgeschäft sei, und glaubt damit erwiesen zu haben, daß die vom Geschäftsführer eigenmächtig erklärte Genehmigung gültig sei. Man sieht hier, daß damit der Beweis noch keineswegs erbracht ist. Und selbst wenn man sich in dem Ausgangspunkte der herrschenden Lehre anschließen wollte, bliebe immer noch der Fall ungeklärt, wo der Geschäftsführer die Genehmigung nicht dem Erwerber, sondern dem Veräußerer erklärt; denn in diesem Augenblicke ist der Veräußerer bestimmt noch Gesellschafter, und die Erklärung ist kein Rechtsgeschäft mit einem „Dritten". Aber überhaupt drängt die unlösliche Verbindung, in welche hier innere und äußere Seite der Sache ineinander verschlungen sind, dazu, das Gesetz dahin auszulegen, daß der Gesellschafterbeschluß unerläßlich ist (s. Erl 5 g zu § 15). — Zweifellos dagegen liegt eine Beschränkung der Vertretungsmacht des Geschäftsführers in der Ziff 5: die Bestellung und Abberufung von Geschäftsführern sowie die Entlastung derselben. Die Bestellung des ersten Geschäftsführers kann nur durch die Gesellschafter selbst erfolgen. Aber daß der so Bestellte nun von sich aus, über die Köpfe der Gesellschafter hinweg, sogar gegen ihren ausgesprochenen Willen Geschäftsführer sollte wirksam bestellen können, ist ausgeschlossen. Seine Sache ist es allerdings, da, wo es zur Anstellung eines Vertrages bedarf, diesen Vertrag mit dem Gewählten zu schließen, und es mag auch zuzugeben sein, daß ein solcher Vertrag, wenn er ohne die erforderliche Entschließung der Gesellschaft geschlossen wird, nicht schlechthin nichtig ist und z. B. Schadensersatzforderungen, auch gegen die Gesellschaft, begründen kann — obwohl zweifelhaft ist, ob nicht auch das durch die Gesetzesbestimmung ausgeschlossen ist —; den Anspruch auf die Stellung erwirbt der Betreffende nicht und noch weniger ohne weiteres die Stellung selbst. Man darf diese Frage auch nicht etwa auf die leichte Schulter nehmen, indem man darauf hinweist, daß die Gesellschaft den Angestellten jederzeit wieder abberufen kann. Denn erstens ist das nicht immer der Fall (§ 38 Abs 2), und vor allem können inzwischen schon wichtigste Dinge sich ereignet haben. — Es ist auch nicht denkbar, daß ohne Gesellschafterbeschluß der eine Geschäftsführer den anderen abberuft, daß beide das gegenseitig tun, wobei dann entweder derjenige Geschäftsführer das bliebe, der dem anderen zuvorgekommen ist, oder aber die Gesellschaft, man weiß nicht, ob gar keinen Geschäftsführer mehr oder nach wie vor die beiden noch hätte. — Mit der Entlastung haben aktiv die Geschäftsführer überhaupt nichts zu tun. Ziff 6: Prüfung und Überwachung der Geschäftsführung ist wiederum rein innere Angelegenheit. Streitig ist Ziff 7: Bestellung von Prokuristen und Handlungsbevollmächtigten zum gesamten Geschäftsbetriebe. Man wird aber mit RG 75, 164 annehmen müssen, daß hierin eine Beschränkung der Vertretungsmacht nicht liegt. Der Hauptgrund jener Entscheidung ist freilich hinfällig. Er beweist zuviel und darum nichts. Aus der Stellung des § 46 in der

Anordnung des Gesetzes wird gefolgert, daß der § 46 überhaupt nicht die Bedeutung hat, die Vertretungsmacht zu beschränken, vielmehr nur die, die Geschäftsführer zur Beachtung des Bestimmten zu verpflichten, was unbestreitbar auf einzelne der aufgezählten Gegenstände nicht zutrifft. Aber sehr beachtenswert zum mindesten ist, daß der Gesetzgeber selbst in den Motiven ausdrücklich gesagt hat, daß es so gemeint sei; und wenn hinzukommt, daß es auch sachlich gerechtfertigt erscheint und befriedigend, so ist das doch wohl entscheidend (JW 1923, 121[5]). Vom Standpunkte der Gesellschaft aus ist es erheblich, ob der Geschäftsführer die Befugnisse der gesamten Geschäftsführung zugleich oder ausschließlich in die Hände eines Dritten legt. Dagegen trägt für den jeweiligen Geschäftsgegner mit seiner einzelnen Angelegenheit dieses Moment nichts in sich, was geeignet wäre, ihn zu besonderer Vorsicht zu bestimmen (s. auch Recht 05, 1070; RJA 2, 74; KGJ 41, 131). — Mit der in Ziff 8 genannten Geltendmachung von Ersatzansprüchen gegen und Führung von Prozessen mit den Geschäftsführern steht es, jedenfalls was Klagen der Gesellschaft gegen einen oder mehrere Geschäftsführer angeht, ebenso wie mit der Bestellung und Abberufung von solchen. Man kann zugeben, daß nicht unbedingt zur Klagebegründung die Behauptung unerläßlich ist, daß die Gesellschaft die Klagerhebung beschlossen hat, aber wenn der Beklagte auf diesen Punkt hinweist, muß der Beschluß nachgewiesen werden. Man wird sogar annehmen müssen, daß das Gericht es von Amts wegen zu beachten hat.

b) Eine vom Gesetz überhaupt nicht genannte, aber aus dem Zusammenhange zu entnehmende Einschränkung der Vertretungsmacht liegt insofern vor, als der Geschäftsführer, ohne den entsprechenden Stammkapitalerhöhungsbeschluß hinter sich zu haben, den Beitritt eines neuen Gesellschafters, die Übernahme einer Stammeinlage wirksam nicht entgegennehmen kann, während das im Falle der beschlossenen Kapitalerhöhung durchaus seine Sache ist. Ein solcher Vertrag wäre nicht etwa nur tatsächlich unausführbar und daher angetan, für den Vertragsgegner immerhin doch Anspruch gegen die Gesellschaft auf Schadensersatz zu begründen, sondern er wäre nichtig (Urt v. 10. 5. 10 II 508/09).

c) Etwas anderes ist es, daß sich der Vertragsgegner auf die Vertretungsmacht des Geschäftsführers nicht berufen kann, wenn er zu Unehrlichkeiten mit ihm zusammenwirkt (Kollusion), wozu schon genügt, daß der Geschäftsführer bei einer wichtigen Transaktion die Gesellschafter nicht fragt, weil sie die Genehmigung verweigern würden, und der andere Teil das erkennt. Vgl. Brodmann A.-R. § 235 Erl 3. Abgesehen aber hiervon berühren diesen innere Beschränkungen der Vertretungsmacht auch dann nicht, wenn er sie kennt (ROHG 6, 132; 19, 335; JW 1898, 13[34]; Recht 09, 2360; OLG 32, 142; vgl. RG 6, 17; 9, 148; 22, 75; 43, 165; JW 04, 482[3]).

d) Eine weitere notwendige Schranke der Vertretungsmacht des Geschäftsführers liegt darin, daß er keine Rechtsmacht über die Sonderrechte der Gesellschafter besitzt. Es muß als ausgeschlossen gelten, daß der Geschäftsführer namens der Gesellschaft einem Dritten sollte wirksam zusagen können, daß ihm der gesamte Jahresgewinn oder gar überhaupt der Gewinn der Gesellschaft zufallen solle (vgl. die Entscheidung RFH 3, 59 und Erl 2 zu § 29). Es ist das aber nicht so sehr eine Schranke der Vertretungsmacht des Vertreters, als vielmehr eine solche des Rechts des Vertretenen.

e) Anderseits ist nicht schlechthin ausgeschlossen, daß die Gesellschafter ohne Mitwirkung des Geschäftsführers unmittelbar namens der Gesellschaft rechtsgeschäftlich tätig werden. Notwendig muß das geschehen, wenn die Gesellschaft keinen Geschäftsführer hat und einen solchen bestellen will. Ferner gilt z. B. alles, was die Gesellschafterversammlung in Gegenwart des Geschäftsführers beschließt, zugleich auch diesem rechtsgeschäftlich erklärt. Wenigstens kann es immer so gemeint sein, und im Zweifel ist anzunehmen, daß es so gemeint ist; RG 68, 178 f. Es gilt das aber auch von Dritten, nicht nur vom Geschäftsführer. Ist der Dritte nur in der Gesellschafterversammlung gegenwärtig, so kann auch mit ihm auf diese unmittelbare Weise rechtsgeschäftlich verhandelt und gehandelt werden. Nur kann man hier nicht sagen, daß es im Zweifel so angesehen werden müsse (RG in BauersZ 13, 130). S. auch Erl 2 c zu § 47; Erl 2 a zu § 38.

3. Der Geschäftsführer ist befugt, einem Dritten Vollmacht zu erteilen, ihn in seiner Eigenschaft als Geschäftsführer oder auch unmittelbar die Gesellschaft zu vertreten (§§ 164 ff. BGB). Es kann auch von mehreren Kollektivvertretern der eine dem anderen Vollmacht erteilen (s. Erl 2 e zu § 35). Fraglich ist nur, in welchem Umfange das alles geschehen kann. Nach der herrschenden Lehre (KGJ 48, 130; RJA 12, 237; BadRpr 05, 89; PosMSchr 109, 13) soll die Erteilung einer uneingeschränkten, also einer Generalvollmacht, nicht nur pflichtwidrig, sondern auch unwirksam sein (JW 1912, 526[3]; RG 86, 265). Wenn in letztgenannter Entscheidung ausgeführt wird, es handle im gegebenen Falle sich nicht um eine Handlungsvollmacht, sondern anscheinend um eine Übertragung der gesamten Geschäftsführung, eine solche Generalvollmacht würde als völlig unzulässig auch Dritten gegenüber für unwirksam zu erachten sein, so sind es doch zwei verschiedene Dinge, ob der Geschäftsführer einem Dritten eine unbeschränkte Vollmacht erteilt oder ob er und in welchem Umfange er diesem Dritten die Geschäftsführung überträgt und überläßt. Von letzterem erfährt der Geschäftsgegner aus der Vollmachtserklärung jedenfalls nichts, und anderseits wird allgemein, auch vom Reichsgericht (a. a. O.), übrigens auch vom Gesetz selbst (§ 46 Ziff 7) anerkannt, daß der Geschäftsführer unbedenklich Handlungsvollmacht nach Maßgabe § 54 HGB, also Vollmacht zum Betriebe des gesamten Handelsgewerbes, ausstellen kann (vgl. JW 1897, 245; 00, 663), also eine Vollmacht, die in zahlreichen Fällen völlig ausreichend ist, unter ihr restlos das gesamte Geschäft der Gesellschaft in die Hand zu nehmen. Vgl. Friedländer Konzernrecht 194, wo die Rechtslage nicht scharf gefaßt wird; wer ein Unternehmen pachtet, führt den Betrieb für eigene Rechnung und in eigenem Namen; Vollmacht kommt nicht in Frage; dagegen bedarf es einer Vollmacht des Verpächters, wenn der „Betrieb" übernommen wird (für eigene Rechnung in fremdem Namen). Überhaupt ist ja auch der Gegensatz zwischen allgemeiner und besonderer Vollmacht zu wenig ausgeprägt, um an die Unterscheidung so einschneidende Folgen zu knüpfen. So mit Recht, im übrigen aber gleichermaßen fehlgehend KGJ 32, 188: „Nach dem geltenden Recht besteht zwischen einer Vollmacht für einzelne Angelegenheiten und einer Generalvollmacht hinsichtlich der Voraussetzungen und Rechtswirkungen überhaupt kein Unterschied mehr; allerdings darf für eine juristische Person — wie auch für eine physische — ein Generalbevollmächtigter nur so bestellt werden, daß er von der Entschließung der durch den Vorstand vertretenen juristischen Person als der Machtgeberin abhängig bleibt" (ein ganz nichtssagender Satz, wenn man nicht etwa an eine unwiderrufliche Vollmacht denkt, die damit abgelehnt werden soll, die aber gar nicht in Frage stand); „unzulässig ist es, die Vertretungsrechte des Vorstandes insgesamt auf einen anderen dergestalt zu übertragen, daß der Vorstand vollständig als Vertretungsorgan ausscheidet." Das ist nicht so sehr unzulässig als vielmehr einfach unausführbar. Die Bestellung eines Bevollmächtigten seitens des Vorstandes enthält, auch wenn es sich um eine Generalvollmacht handelt, nicht die Übertragung der Vorstandsrechte insgesamt, vielmehr bleibt der Vorstand nach wie vor Vertretungsorgan der juristischen Person, der Bevollmächtigte ist von ihm abhängig usw. Die Bedeutung der Generalvollmacht wird ganz richtig eingeschätzt, aber doch in Widerspruch mit der herrschenden Lehre; und um hierüber hinwegzukommen, wird diese in einem Sinne ausgelegt, den sie gar nicht hat und niemals gehabt hat. Um eine rechtliche Übertragung der gesamten Rechtsstellung des Vorstandes kann es sich selbstverständlich nicht handeln, sondern nur um die tatsächliche Überlassung der ganzen Geschäftsführung. Es liegt also so: Wenn es dem Geschäftsführer unverboten ist, sich der Hilfe von Stellvertretern zu bedienen, so darf er doch nicht die Geschäftsführung in irgendeinem Umfange ganz aus der Hand geben. Tut er letzteres, so hat er das der Gesellschaft gegenüber zu verantworten, und wenn der Dritte darum weiß, so mag das unter Umständen ein Moment dafür sein, ihm die Berufung auf die Vertretungsmacht zu versagen. Aus dem Wortlaute der Vollmacht kann in dieser Beziehung nichts gefolgert werden, und einer uneingeschränkten Vollmacht die Geltung abzusprechen, weil vielleicht jene vollständige Überlassung der Geschäftsführung dahinter liegt, erscheint um so weniger angängig, als die von dem Geschäftsführer einer Handelsgesellschaft als solchem uneingeschränkt ausgestellte Vollmacht sich ohne weiteres als eine Handlungsvollmacht im Sinne des § 54 HGB erweist, als Handlungsvollmacht im weitesten, aber — wie die herrschende Lehre zugibt — noch zulässigen Umfange, RG in OLG 44, 232. Etwas anderes und nur zu billigen ist es, wenn KGJ 48, 130 die Zurückweisung einer Anmeldung zum Handelsregister, weil sie von einem Generalbevollmächtigten erfolgt war, bestätigt hat. — Wiederholt ist erkannt, daß selbst da, wo der Geschäftsführer die Geschäfte in unzulässiger Weise aus der Hand gibt, die Gesellschaft gerade deshalb, weil sie mit ansieht und duldet, was geschieht, gelten lassen muß, was der Bevollmächtigte vereinbart hat (vgl. JW 1897, 245).

Nach KGJ 40, 67 müßte eine Vollmacht, welche der Geschäftsführer vor Eintragung der Gesellschaft in das Handelsregister ausgestellt hat, nach der Eintragung von neuem ausgestellt werden, also durch Entstehung der Gesellschaft erlöschen. Näher begründet wird das dort nicht. — Daß ein Geschäftsführer keine unwiderrufliche Vollmacht ausstellen kann (KGJ 40, 67), ist selbstverständlich; Brodmann in Ehrenbergs HH IV, 3 S. 133.

4. Man kann oder vielleicht muß man die feine Unterscheidung machen, ob der Geschäftsführer die Vollmacht für die Gesellschaft ausstellt oder für seine Person, die Unterscheidung zwischen unmittelbarer Stellvertretung oder mittelbarer Untervollmacht. Namentlich gilt das auch von dem Falle, daß von zwei Kollektivvertretern der eine von ihnen der Vollmachtträger ist, was nicht unzulässig ist (vgl. § 232 Abs 1 Satz 2 HGB; Erl 2e zu § 35). Das ist nun freilich eine mißliche Sache. Im allgemeinen ist diese Unterscheidung dem Publikum nicht bewußt. Es fehlt daher an jeder brauchbaren Symptomatik, und man steht vor einer unlöslichen Aufgabe, wenn es zu entscheiden gilt, was die Beteiligten gewollt haben, die das selbst nicht zu sagen wüßten und denen auch das eine so dienlich ist wie das andere. Denn was Inhalt und Tragweite der Vollmacht angeht, so besteht gar kein Unterschied. Praktisch macht es sich nur in Beziehung auf Beendigung der Vertretungsmacht geltend. Durch Ausscheiden eines Kollektivvertreters erlischt darum noch nicht die unmittelbare Vertretungsmacht, wohl aber die mittelbare, wenn der Aussteller der Vollmacht der Ausscheidende ist (vgl. KGJ 32, 190). Nach allgemeiner Ansicht besteht ferner der Unterschied, daß bei Kollektivvertretung die kollektiv erteilte unmittelbare Vollmacht nur kollektiv widerrufen werden könne. Doch dürfte dies mit dem Wesen der Vollmacht nicht in Einklang stehen, welche nur so lange dauert, wie sie noch von dem Willen des Vertretenen getragen ist, m. a. W. welche erlischt, wenn der Vertretene erklärt, daß er es wolle (eine Sache für sich ist, daß Dritte sich auf die Vollmacht unter Umständen auch dann noch verlassen können, wenn sie erloschen ist). Erklärt beim Vorhandensein mehrerer gesetzlicher Vertreter auch nur einer, daß die Vollmacht ein Ende haben soll, so ist sie nicht mehr von dem Willen des Vertretenen getragen und erlischt. Dritte können sich nach § 173 BGB auf die Vollmacht nicht berufen, wenn sie jenen Widerruf kennen. — Die Feststellung, ob unmittelbare Bevollmächtigung gemeint ist oder Untervollmacht, ist gegeben, wenn die für A bestimmte Vollmacht nicht nur von B, sondern auch von A mitunterzeichnet ist. Die auffällige Form zeigt deutlich, daß man sich des Unterschiedes bewußt gewesen ist und für die Gesellschaft die Erklärung hat abgeben wollen. Aber nicht so deutlich gilt vom umgekehrten Falle das Entgegengesetzte. Die als von der Gesellschaft ausgestellt gemeinte Vollmacht muß nicht von beiden ausgestellt werden. Es genügt, daß B sie unterzeichnet und A sich einverstanden erklärt, was er damit tut, daß er sie entgegennimmt und von ihr Gebrauch macht. Das ist ja überhaupt der innere Zusammenhang, welcher auch im erstgenannten Falle die Sache rechtfertigt. Denn die Wirksamkeit der Erklärung, welche A durch Mitausstellung der Urkunde gegen sich selbst abgibt, scheitert an der Vorschrift des § 181 BGB. An diesem inneren Zusammenhange tritt auch hervor, daß es nicht richtig ist, wenn KGJ 21, 108 annimmt, daß, wo von drei Vorstandsmitgliedern je zwei Kollektivvollmacht besitzen, die für einen von ihnen bestimmte Vollmacht von den beiden anderen unterzeichnet werden müsse. Nach allem darf angenommen werden, daß im Zweifel auch da, wo die Vollmacht nur eine Unterschrift trägt, die unmittelbare Vertretung der Gesellschaft gewollt ist. Schließlich wäre aber auch nicht ausgeschlossen, daß die Parteien beides zugleich und nebeneinander gewollt haben. — Die Frage, ob die Vollmacht eine Generalvollmacht sein kann, bietet im Falle der Kollektivvertretung grundsätzlich nichts Besonderes gegenüber dem, was oben im allgemeinen darüber gesagt worden ist. Der Gesellschaft gegenüber ist schlechthin unerlaubt, daß der eine dem anderen allgemeine Vollmacht erteilt, was die Kollektivvertretung illusorisch machen würde. Was das Verhältnis nach außen angeht, so drängt sich der Gedanke auf, daß, wer sich auf eine solche Vollmacht des einen Geschäftsführers auf den anderen einläßt, geradezu auf die Kollektivvertretung aufmerksam gemacht ist und weniger Schutz als derjenige verdient, der sich unbefangen mit dem einzelnen Geschäftsführer eingelassen hat. Immer hängt natürlich die Entscheidung von den Umständen des Falles ab. Aber im Zweifel wird man hier der Gesellschaft den Einwand der mangelnden Vertretungsmacht nicht versagen.

5. a) Bei der Doppelstellung des Geschäftsführers tritt die Frage auf, ob er in seinen beiden Eigenschaften mit sich selbst einen Vertrag schließen und überhaupt ein Rechtsgeschäft vornehmen kann. Es gelten die allgemeinen Rechtsgrundsätze und insbesondere § 181 BGB (RG in LZ 09, 394). Der Entschluß, der im Inneren verbleibt, bedeutet nichts. Aber auch der sinnfällig betätigte Entschluß — wobei nicht erforderlich ist, daß ein gegenwärtiger Dritter die Betätigung wahrnimmt; es genügt, wenn das nicht der Fall ist, dauernde Wahrnehmbarkeit — führt zu einem wirksamen Rechtsgeschäft nur in den zwei Ausnahmefällen, wenn es gilt, eine Verbindlichkeit, sei es der Gesellschaft an den Geschäftsführer, sei es umgekehrt, zu erfüllen, oder wenn die Gesellschaft das Selbstkontrahieren im allgemeinen oder im besonderen Falle gestattet hat. In allen anderen Fällen ist das Rechtsgeschäft wirkungslos, aber nicht nichtig; es kann durch Genehmigung der Gesellschaft wirksam werden, die in diesem Falle aber nicht der Geschäftsführer selbst erklären kann, RG 109, 79 (vgl. hierzu Hachenburg § 36[13a] und in JW 1925, 247; Brodmann das 596; Freymuth ZBH 4, 75), auch dann nicht, wenn er zugleich der einzige Gesellschafter ist; RG 68, 177; 85, 383. Der Geschäftsführer kann nicht (unmittelbar) auf die Gesellschaft einen Wechsel indossieren, auch nicht, wenn er ihr die Wechselsumme schuldet (RG in LZ 09, 850[5]; vgl. auch RG in LZ 07, 218[1]; 1913, 542[12], Scheck); anders, wenn er gerade auch die Hingabe eines Wechsels schuldet; in der Ausstellung eines Schecks namens der Gesellschaft zur Begleichung einer persönlichen Schuld kann strafbare Handlung liegen, RG in DJZ 09, 660. — Er kann die Gesellschaft nicht dadurch verpflichten, daß er seine persönliche Verbindlichkeit gegen einen Dritten namens der Gesellschaft übernimmt (RG in HoldheimsMSchr 18, 267), jedenfalls nicht, wenn es sich um privative Schuldübernahme handelt (RG 51, 423; vgl. auch RG in Recht 09, 2360; BauersZ 18, 4); der Geschäftsführer einer Gesellschaft m. b. H., der zugleich Geschäftsführer einer anderen gleichen Gesellschaft ist, kann nicht der einen Gesellschaft am Grundstücke der anderen eine Hypothek bestellen (RG 89, 369; vgl. zu diesem Urteile Erl 2 g zu § 35; SeuffBl 09, 640; anders, aber aus hier nicht interessierendem Grunde, SeuffA 56, 44). Daran, daß der Geschäftsführer, um ein solches Rechtsgeschäft vorzunehmen, einen Dritten bevollmächtigt, mit dem er dann kontrahiert, nimmt die herrschende Lehre keinen Anstoß, obwohl es der Vereitelung der Gesetzesabsicht Tür und Tor öffnet (KGJ 26, 100; 30, 158; OLG 12, 23; DJZ 03, 204; 09, 1336; BauersZ 18, 181; vgl. aber auch JW 1916, 575[5] a. E.; ferner Feine 491. Im Bereiche des § 15 [Übertragung eines Geschäftsanteils] ist ein Kontrahieren mit sich selbst ganz ausgeschlossen; RG 87, 248). — Wohl aber kann der eine Geschäftsführer mit dem anderen, der Geschäftsführer gegebenenfalls auch mit einem stellvertretenden Geschäftsführer (§ 44), mit einem Prokuristen der Gesellschaft abschließen (OLG 11, 395).

b) Das Selbstkontrahieren ist wirksam, wenn die Gesellschaft es gestattet oder nachträglich genehmigt. Die Erklärung ist an keine Form gebunden, sie kann im Gesellschaftsvertrage und durch Gesellschaftsbeschluß mit einfacher Stimmenmehrheit geschehen. Sie kann auch stillschweigend erfolgen. Läßt man letzteres gelten, dann muß es genügen, wenn die Gesellschafter oder die Mehrheit erkennbar mit dem Verfahren des Geschäftsführers einverstanden sind. Daher bedenklich RG 68, 177. Liegt die Erlaubnis nicht vor, so kann sich ein Dritter — bei der Schuldübernahme der Schuldner, dessen Befreiung es gilt — nicht darauf berufen, daß er gutgläubig das Gegenteil angenommen habe (RG 51, 424). Nach RG in LZ 1912, 470 soll die Erlaubnis zum Selbstkontrahieren anzunehmen sein, wenn nach der Sachlage, objektiv betrachtet, für den Vollmachtgeber kein Grund vorlag, es zu untersagen. Vgl. Dernburg I § 170, II, 2.

§ 37

Die Geschäftsführer[1]) sind der Gesellschaft gegenüber verpflichtet, die Beschränkungen einzuhalten, welche für den Umfang ihrer Befugnis, die Gesellschaft zu vertreten, durch den Gesellschaftsvertrag oder, soweit dieser nicht ein anderes bestimmt, durch die Beschlüsse der Gesellschafter festgesetzt sind[2]).

Gegen dritte Personen hat eine Beschränkung der Befugnis der Geschäftsführer, die Gesellschaft zu vertreten, keine rechtliche Wirkung[3]). Dies gilt insbesondere für den Fall, daß die Vertretung sich nur auf gewisse Geschäfte oder Arten von Geschäften erstrecken oder nur unter gewissen Umständen oder für eine gewisse Zeit oder an einzelnen Orten stattfinden soll, oder daß die Zustimmung der Gesellschafter oder eines Organs der Gesellschaft für einzelne Geschäfte erfordert ist.

Österr. Gesetz § 20.

1. a) Die Stellung des Geschäftsführers ist eigenartig. Er steht an der Spitze des Unternehmens und wieder auch nicht. Das Gesetz sagt es zwar nicht ausdrücklich, aber meint es und drückt das durch die Bezeichnung Geschäftsführer aus, daß er es ist, in dessen Händen und unter dessen Leitung der gesamte Geschäftsbetrieb der Gesellschaft vor sich geht. Das ist im weitesten Umfange und notwendig mit Vornahme von Rechtsgeschäften Dritten gegenüber verknüpft, in welcher Beziehung ihm zugleich die Vertretungsmacht beiwohnt (§ 36). Vertretung der Gesellschaft und Führung ihrer Geschäfte sind aber verschiedene Dinge. Allerdings ist mit Vertretung (insoweit) Geschäftsführung untrennbar verbunden, nicht aber Geschäftsführung mit Vertretungsmacht. Während bei Anstellung mehrerer Geschäftsführer nach dem Gesetze Kollektivvertretung die Regel bildet, ist Kollektivgeschäftsführung ein ganz unmöglicher Gedanke, praktisch noch viel weniger durchführbar als jene, während anderseits zwar nicht die Vertretungsmacht, wohl aber die Geschäftsführung eine Aufteilung unter den mehreren Geschäftsführern sehr wohl zuläßt, in großen Verhältnissen oft praktisch geradezu fordert. — Liegt dem Geschäftsführer die Ausführung und Leitung des Geschäftsbetriebes ob, so ist er doch nicht das oberste Willensorgan der Gesellschaft, welches vielmehr die Gesamtheit der Gesellschafter, die Generalversammlung, ist. Sie ist in jeder Beziehung die oberste Instanz, bei der überall, wo das Bedürfnis nach einer Entscheidung auftritt, diese liegt. Daran kann auch keine Bestimmung des Gesellschaftsvertrages, wonach gewisse Entscheidungen einem anderen Organe, einem Aufsichtsrat oder gar einem Dritten zugewiesen werden, etwas ändern (vgl. Recht 09, 1404, wo das ganz zutreffend im Prinzip anerkannt wird). Derartige Bestimmungen können immer nur die Tragweite von Delegationen haben. Daher ist nicht überzeugend, wenn im Recht 04, 1404 im Falle der unmittelbaren Entscheidung unter Umgehung des Aufsichtsrats vorgängige Satzungsänderung für erforderlich erklärt wird. Wohl aber kann es so liegen, daß der Beschluß nur mit Zustimmung aller gefaßt werden kann. Wie der einzelne sich nicht durch Rechtsgeschäft — sei es auch nur partiell — entmündigen kann, so kann sich auch die Gesellschaft m. b. H. nicht in dieser Weise allgemein und im voraus der freien eigenen Entschließung begeben. Ob einfacher Mehrheitsbeschluß genügt, ob qualifizierte Mehrheit oder Einstimmigkeit erforderlich ist, hängt davon ab, um was es sich handelt. Aber ein über einstimmigem Gesellschaftsbeschluß stehender Wille kann in das Gefüge der Gesellschaft organisatorisch nicht eingereiht werden. Vgl. Scholz 443. S. auch Erl 1 zu § 45.

b) Ist somit der Geschäftsführer im Geschäftsbetriebe der sachlich Führende, der Prinzipal (s. Erl 5a zu § 6), so ist er doch der Gesellschaft gegenüber deren Angestellter, der in ihren Beschlüssen, Weisungen — sei es in allgemeinerer Form, im Gesellschaftsvertrage oder in einer Instruktion, sei es in Einzelvorkommnissen — die maßgeblich höhere Instanz anzuerkennen hat. Doch hat das eine Grenze, die durch die persönliche Verantwortlichkeit des Geschäftsführers bestimmt wird (s. Erl 1 f zu § 13 und § 43 Abs 3). Die Verantwortung für Verstöße gegen Vorschriften zwingenden Rechts kann der Geschäftsführer nicht mit dem Hinweise ablehnen, daß er auf Gesellschafterbeschluß oder gemäß dem Statute gehandelt habe. Er ist berechtigt und verpflichtet, solchen Weisungen nicht nachzukommen. Rechtsgeschäfte, die gegen ein gesetzliches Verbot, gegen die guten Sitten verstoßen, wucherisch sind, darf und muß er ablehnen. Ihn trifft die volle selbständige Verantwortung, auch wenn ein Gesellschafterbeschluß dahintersteht. Abgesehen aber von solchen Fällen deckt den Geschäftsführer der Gesellschaft gegenüber der Gesellschafterbeschluß, sofern er gültig ergangen ist (vgl. RG 46, 63; in SeuffA 61, 89). — Eine andere Frage ist, ob die Gesellschaft nachträglich auf den erwachsenen Anspruch auf Schadloshaltung verzichten kann. — Zu weit geht Feine 496 mit der Behauptung, der Geschäftsführer könne so gestellt werden, daß er nur tun dürfe, was ihm ausdrücklich gestattet würde. Wer so gestellt ist, ist nicht Geschäftsführer im Sinne des Gesetzes; gegenüber einer solchen Bestimmung im Statut muß der Richter die Eintragung der Gesellschaft ablehnen. Nach der anderen Richtung geht Feine a. a. O. (im Anschluß an Hachenburg § 37[3b] und Scholz 382) zu weit mit der Behauptung, es könne im Statut den Gesellschaftern untersagt sein, sich überhaupt in die Geschäftsführung einzumischen; der Hauptgesellschafter (warum nur dieser?) könne als Geschäftsführer von jeder Kontrolle und Anweisung befreit werden. Eine solche Bestimmung wäre nach diesseitiger Auffassung unwirksam. — S. auch RG 82, 313: die Organe der Gesellschaft müssen in Tat und Wahrheit ihre Organe sein, sie müssen die Gesellschaftsinteressen wahrnehmen und dürfen nicht in solcher Abhängigkeit von außenstehenden Personen gebracht werden, daß der Wille der Fremden statt des Gesellschafterwillens für sie maßgebend ist.

2. a) Dem Geschäftsführer können allgemein Anweisungen gegeben, Beschränkungen auferlegt werden. Ist das im Gesellschaftsvertrage zum Ausdruck gekommen, so ist es für den Geschäftsführer, der nicht zugleich Gesellschafter ist, nicht ohne weiteres maßgebend. A. A. Hachenburg § 37[3a] mit der Begründung, der Anzustellende müsse wissen, was im Statut steht. Das heißt die Rollen unbillig verteilen. Der Anzustellende ist Dritter und wenn die Gesellschaft ihn auf das Statut binden will, ist es ihre Sache, das dem Vertragsgegner erkennbar zum Ausdruck zu bringen. — Die Freiheit der Stellung, welche einem Geschäftsführer einmal vertraglich eingeräumt worden ist, darf ohne rechtfertigenden Anlaß durch allgemeine Anordnungen nicht wesentlich beschränkt werden. Für den Geschäftsführer kann darin ein wichtiger Grund zur Kündigung liegen (RG in HoldheimsMSchr 11, 118; OLG 16, 118).

b) Im einzelnen bestimmt sich positiv der Inhalt der Verpflichtungen des Geschäftsführers nach der Aufgabe, die ihm durch die Übertragung der Leitung eines solchen Unternehmens gestellt wird, gemäß §§ 675, 663 BGB. Zu unentgeltlichen Verfügungen ist er nicht berechtigt (JW 1898, 13[34]; vgl. jedoch § 534 BGB). Die mehreren Geschäftsführer können die Geschäfte untereinander teilen, bis zu einem gewissen Grade müssen sie es tun; nichtsdestoweniger hat jeder einzelne die Verpflichtung, bis zu einem gewissen Grade das Ganze und somit denn auch — soweit das ausführbar ist — das Tun der anderen im Auge zu behalten (vgl. RG 12, 76; 98, 100). Daß das, was einer will, unterbleiben muß, weil der andere widerspricht, läßt sich allgemein nicht behaupten. Jeder handelt auf seine Verantwortung. (Etwas anderes ist, daß in der rechtsgeschäftlichen Vertretung die Vertretungsmacht des einen durch den Widerspruch des anderen paralysiert wird.) Auf jeden Fall ist eine entsprechende Anwendung von § 28 BGB (Mehrheitsbeschluß des Vorstandes) hier ausgeschlossen. Scholz 380. — Noch weniger hängt — trotzdem es allgemein behauptet wird — diese Frage davon ab, ob und wie Kollektivvertretung bestimmt ist.

3. Über den Gegensatz von Vertretungsmacht und Vertretungsbefugnis, über den vom Gesetz zwingend vorgeschriebenen Umfang der Vertretungsmacht sowie über das Verhältnis des Abs 2 zu § 46 s. Erl 2 a zu § 36. — „Dritte Person" ist allerdings auch der Gesellschafter, sofern er mit seiner Gesellschaft in ein außergesellschaftliches Rechtsverhältnis tritt. Gleichwohl hat gegenwärtige Bestimmung für ihn keine Bedeutung, sofern er die im Gesellschaftsvertrage oder anders bestimmten Beschränkungen kennt oder kennen muß (ORHG 19, 335; Bolze 5, 761; anders im Verhältnis des Aktionärs zur Aktiengesellschaft Bolze 10, 297).

§ 38

Die Bestellung der Geschäftsführer[1]) ist zu jeder Zeit widerruflich[2]), unbeschadet der Entschädigungsansprüche aus bestehenden Verträgen.

Im Gesellschaftsvertrage kann die Zulässigkeit des Widerrufs auf den Fall beschränkt werden, daß wichtige Gründe[4]) denselben notwendig machen[3]). Als solche Gründe sind insbesondere grobe Pflichtverletzung oder Unfähigkeit zur ordnungsmäßigen Geschäftsführung anzusehen[5]).

Österr. Gesetz § 16.

1. a) Über das Rechtsverhältnis zwischen Geschäftsführer und Gesellschaft auf Grund des Anstellungsvertrages s. auch Erl 2 zu § 6. — Man unterscheidet entgeltliche und unentgeltliche Geschäftsführung. Im Grunde liegt entgeltliche Geschäftsführung auch in dem Falle vor, wo der Geschäftsführer zugleich Gesellschafter ist und eine besondere Vergütung nicht bezieht. Sein Entgelt liegt in seiner Beteiligung am Gewinn. Gleichwohl ist es berechtigt, diesen Fall den übrigen gegenüberzustellen und dann zu den entgeltlichen auch den Fall zu rechnen, wo der Geschäftsführer-Gesellschafter um der Geschäftsführung willen mit einer höheren Quote am Gewinn beteiligt ist. — Das Rechtsverhältnis ist entweder selbständig oder, wie das auch sonst nicht selten vorkommt, eingebettet in ein allgemeines Rechtsverhältnis — hier in das Gesellschaftsverhältnis — Dienstvertrag, der eine Geschäftsbesorgung zum Gegenstande hat (§ 675 BGB; JW 01, 542[11]; 1915, 653[5]; OLG 16, 118). Danach läge es im allgemeinen so, daß der Geschäftsführer das Recht hat auf die bedungene Gegenleistung, verpflichtet ist, die Geschäfte zu führen und die Gesellschaft zu vertreten. Ein Recht auf die Geschäftsführung hat der Bedienstete nicht, sofern er sich das nicht ausbedungen hat, und die Gesellschaft wäre in der Lage, einerseits die rechtsgeschäftlich erteilte Vertretungsmacht — ganz wie eine Vollmacht — jederzeit zurückzunehmen, anderseits auf die Dienstleistung zu verzichten; ihre Verpflichtung, das Gehalt usw. fortzuzahlen, bliebe bestehen. So faßt in der Tat JW 1915, 653[5] das Rechtsverhältnis auf, indem zwischen Widerruf der Bestellung und Kündigung des Dienstverhältnisses unterschieden wird (vgl. JW 01, 542[11]). Wäre das richtig, dann wäre § 38 Abs 1 überflüssig. Er würde nichts sagen, was nicht ohnehin gilt. (Darüber, daß Abs 1 überhaupt nicht gilt, wenn die Geschäftsführung als ein Recht bedungen ist, s. unten.) Offenbar ist aber unterschiedliche Behandlung der Stellung des Geschäftsführers als gesetzlichen Vertreters und seiner Dienste, also die Scheidung der Vertretungsmacht von der Geschäftsführung, tatsächlich und juristisch unausführbar (so OLG 27, 380, wo aber aus dem richtigen Satze, daß eine Amtsniederlegung des Geschäftsführers ohne gleichzeitige Kündigung des Dienstvertrages dem Gesetze unbekannt ist, unrichtig gefolgert wird; die ausdrückliche Amtsniederlegung kann gerade deshalb nichts anderes sein als Kündigung). Eine solche Scheidung ist bei der offenen Handelsgesellschaft möglich, aber nicht bei dem gesetzlichen Vertreter einer juristischen Person. Er kann die Vertretungsmacht gar nicht wahrnehmen, ohne zugleich im gleichen Umfange die Geschäfte der Gesellschaft zu führen. Auch bei der offenen Handelsgesellschaft ist zwar Geschäftsführung ohne Vertretung, aber nicht Vertretung ohne Geschäftsführung denkbar. Und wenn man umgekehrt auch — als offener Handelsgesellschafter oder als Angestellter und Handlungsgehilfe — eine Geschäftsführung ohne Vertretungsmacht ausüben kann, so ist doch das eben nicht die Tätigkeit, zu welcher der Geschäftsführer der Gesellschaft m. b. H. sich verpflichtet, nämlich an der Spitze des Unternehmens es zu führen. Man kann ihm die Vertretungsmacht nicht nehmen, ohne seiner ganzen Leistung einen anderen Inhalt zu verleihen. Es wäre das nicht nur eine — sehr erhebliche — quantitative Herabminderung, weil alle mit Dritten abzuschließenden Rechtsgeschäfte ausfallen müßten, sondern auch eine qualitative Veränderung, auf welche der Geschäftsführer nicht verpflichtet wäre einzugehen (bedenklich daher RG in Recht 08, 864). Und um zu einem so unmöglichen Ergebnis zu gelangen, müßte man obendrein den Abs 1 gegen seinen Wortlaut auslegen. Denn er sagt seinem ersten Wortsinn nach ganz deutlich, daß die Gesellschaft jederzeit die Bestellung widerrufen, also das Vertragsverhältnis aufheben könne, und fügt obendrein hinzu: unbeschadet nicht des Anspruchs des Geschäftsführers auf die Gegenleistung, sondern unbeschadet seiner Entschädigungsansprüche. Anders, ohne Vorstehendes zu widerlegen und ohne die eigene Auffassung zu begründen, Hachenburg § 38[4], Scholz 386, überhaupt die herrschende Lehre, die das Gesetz liest, als stünde dort: die Vertretungsmacht kann dem Geschäftsführer jederzeit entzogen werden. Der § 38 ist insofern nicht dispositives Recht, als in dem Widerruf der Bestellung notwendig die Aufkündigung des ganzen Rechtsverhältnisses liegt. Dagegen ist Abs 1 insofern dispositiv, als die Gesellschaft sich überhaupt dieses Rechtes der Aufkündigung (bis zu einem gewissen Grade) begeben kann. Davon handelt Abs 2.

b) Die Bestellung zum Geschäftsführer erfolgt entweder im Gesellschafts- oder in einem besonderen Dienstvertrage. Der Geschäftsführer ist entweder zugleich Gesellschafter oder ein Dritter (vgl. Erl 2 zu § 6). Man wird, wenn ein Gesellschafter Geschäftsführer ist, im Zweifel das Verhältnis nicht als ein besonderes Dienstverhältnis zu betrachten haben, sondern als einen Bestandteil des gesellschaftlichen Verhältnisses (§ 3 Abs 2). Für den Inhalt des Rechtsverhältnisses haben diese Umstände an und für sich keine Bedeutung (vgl. Erl 1e zu § 53). Namentlich bleibt es dabei, daß, auch wenn die Bestellung im Gesellschaftsvertrage vereinbart worden ist, jederzeit der Widerruf beschlossen werden kann, es sei denn, daß auch das wegbedungen worden ist. Auf jeden Fall gehört im Zweifel die Bestellung der Geschäftsführer und was damit zusammenhängt nicht zu demjenigen Inhalte des Statutes, der nur mit der vorgeschriebenen qualifizierten Mehrheit abgeändert werden kann (RG 44, 95; JW 00, 417; 01, 410; in LZ 1916, 809[26]; JW 1919, 313 und § 53 Erl 1d). Eine andere Frage ist, ob die Bestimmung des Statutes, daß der Widerruf nur bei Vorliegen wichtiger Gründe zulässig sein soll, abgeändert werden kann ohne Zustimmung des Geschäftsführers. Ist dieser nicht zugleich Gesellschafter, so kann er der Statutenänderung kein Hindernis in den Weg legen; aber wenn seinem Dienstvertrage das Statut zugrunde gelegt ist, so kann er vertragsmäßig nur aus wichtigem Grunde gekündigt werden, und daran ändert auch die Statutenänderung nichts. Ist der Geschäftsführer zugleich Gesellschafter, so kann die Änderung nur mit seiner Zustimmung beschlossen werden. Dagegen liegt die Bestimmung, daß das Vorliegen eines wichtigen Grundes und damit die Kündigung nur mit qualifizierter Mehrheit festgestellt und beschlossen werden kann, ganz im Gebiete der inneren Organisation der Gesellschaft. Ihrer Abänderung stehen die geschlossenen Verträge um so weniger im Wege, als die letzte Entscheidung im Falle der Kündigung nicht bei der Gesellschaft, sondern beim Gerichte liegt. Noch weitergehend RG in Recht 1919, 661.

2. a) Über den Widerruf beschließt die Gesellschaft (§ 46 Ziff 5), und zwar mit einfacher Stimmenmehrheit. Letzteres auch, wenn die Bestellung im Gesellschaftsvertrage erfolgt ist (JW 01, 410). Es steht nichts im Wege, im Statut zu bestimmen, daß die Abberufung von der Stellung nur mit qualifizierter Mehrheit beschlossen werden kann; vgl. HGB § 243[Ic], RG 104, 186. Durch die Abstimmung ist aber nicht immer schon die Abberufung vollzogen. Sie ist Rechtsgeschäft und muß, um wirksam zu sein, dem Geschäftsführer erklärt werden (RG 68, 385; RG in Recht 08, 864; 1914 2751; LZ 2, 701[35]; Urt v. 21. 7. 20 II 486/19). Es bedarf dazu aber nicht eines besonderen Organes. Ist ein zweiter Geschäftsführer vorhanden (gleichviel ob Kollektivvertretung oder nicht; die Gesellschafter könnten den Widerruf auch selbst erklären, und sie sind mit dem einverstanden, was der Vertreter erklärt, wodurch jeder Mangel an Vertretungsmacht bedeutungslos wird) oder besteht ein Aufsichtsrat, so liegt diesen die Erklärung ob (§ 52, HGB § 247). Anderenfalls müssen die Gesellschafter in Person oder durch einen gemeinschaftlichen Bevollmächtigten erklären. Erfolgt die Abstimmung in Gegenwart des Geschäftsführers, so ist die Erklärung mit der Feststellung des Ergebnisses abgegeben. Vgl. § 36 Erl 2 e. — Von der Eintragung in das Handelsregister (§ 39) ist die Wirksamkeit des Widerrufs nicht abhängig. Nur kann sich einstweilen die Gesellschaft Dritten gegenüber auf den Widerruf nur gemäß § 15 HGB berufen.

b) Wenn es gilt, einen der Gesellschafter zum Geschäftsführer zu bestellen, tritt die Frage auf, ob der zur Wahl Gestellte mitstimmen kann oder, allgemeiner ausgedrückt — denn es muß nicht ein bestimmter Gesellschafter zur Wahl stehen —, ob ein Gesellschafter gültig sich selbst seine Stimme geben kann. In ständiger Rechtsprechung ist das stets bejaht worden (RG 74, 276; 104, 485; JW 1915, 195[7]; 1919, 313[15]; LZ 2, 633; BauerZ 18, 25; OLG 28, 362; vgl. das. 22, 19; KGJ 40, 74 und im Aktienrecht RG 60, 172; 75, 236; 81, 37; anders RJA 3, 190). Es ist nicht zu bezweifeln, daß ein gesundes Rechtsgefühl zur Bejahung drängt. Es handelt sich um eine wichtige Entscheidung, an welcher in seinem Sinne mitzuwirken keinem der Gesellschafter versagt sein kann, und zwar gerade um so weniger, je erheblicher seine Beteiligung an der Gesellschaft, damit aber freilich auch der Einfluß seiner Stimme auf das Ergebnis ist. Aber anderseits läßt sich nicht bestreiten, daß die Bestellung des Gesellschafters zum Geschäftsführer die Vornahme eines Rechtsgeschäftes der Gesellschaft mit ihm darstellt, so daß er nach der positiven Vorschrift des § 47 Abs 4 vom Stimmrecht allerdings ausgeschlossen wäre. Nicht so sehr die herrschende Lehre; wohl aber eine von vielen Autoren vertretene Theorie geht dahin, daß die Bestellung des Geschäftsführers nicht ein Vertrag, sondern als körperschaftlicher Akt ein einseitiges Rechtsgeschäft der Gesellschaft sei (Feine 470 und die dortigen Zitate). Indessen sind körperschaftlicher Akt und Vertrag gar keine Gegensätze. Es gibt solche Akte, welche nichts von einem Vertrag enthalten, und wiederum solche, welche nur aus Vertrag bestehen, und schließlich solche, zu deren Tatbestand auch Vertrag gehört, und ein Akt letzterer Art ist die Bestellung eines Geschäftsführers (vgl. hierzu Brodmann A.-R. § 182 Erl 2). Die Behauptung, daß schon mit der Wahl die Bestellung vollendet sei, läuft auf ein Spiel mit Worten hinaus. Wenn Oertmann BGB § 26 Erl 5 b β sagt: Aber Voraussetzung dieses Wirksamwerdens ist, daß der Gewählte die Wahl annimmt, oder wenn Staudinger BGB § 27 Abs 1, 5 den Vorbehalt macht, praktisch könne die Bestellung erst werden durch Zustimmung des Gewählten zur Wahl, so ist das genau so richtig oder unrichtig, wie wenn man sagte, der Vertrag sei einseitiger Akt des Offerenten, nur könne er erst wirksam oder praktisch werden, wenn der andere zustimmt. Es liegt doch auf der Hand, daß das Velleitäten sind. Eins ist die Bestimmung der Persönlichkeit, ein zweites das Angebot der Stellung und das dritte die Annahme des Angebots. Mit letzterem erst ist der körperschaftliche Akt vollendet, ist die Stelle besetzt. Die Wahl liegt außerhalb des Vertrages und kein Gesellschafter ist durch § 47 Abs 4 gehindert, sich selbst die Stimme zu geben. Kommt die Bestellung durch Annahme der Wahl zustande, so bestimmt sich der Inhalt des Vertrages nach den allgemeinen Rechtssätzen. Soll Besonderes vereinbart werden, z. B. darüber, wie hoch die Vergütung sein soll, dann ist nicht nur erwünscht und natürlich, sondern auch durch § 47 Abs 4 geboten, daß hierbei der Gewählte selbst nicht die ausschlaggebende Stimme hat. Das Bedenken, daß damit der Gewählte der Willkür der übrigen Gesellschafter preisgegeben werde, ist nicht begründet. Durch die Annahme der Wahl ist die Bestellung perfekt geworden und wenn man sich über Einzelheiten des Vertrages nicht verständigen kann, so entscheidet der Richter nach §§ 316, 315 BGB. — Bei der Abberufung eines Gesellschafter-Geschäftsführers, die gewissermaßen, nur in entgegengesetzter Richtung, auch eine Wahl ist, liegt es grundsätzlich ebenso. Denn weil der Geschäftsführer jederzeit wieder abberufen werden kann, würde andernfalls das Recht zur Beteiligung an der Wahl zum Geschäftsführer wertlos, in Wahrheit kein Recht zur Beteiligung sein (RG 81, 18; KGJ 40, 74; OLG 22, 17; 28, 362). Daher kann es dann aber auch nicht gelten, wenn jenes Recht zur willkürlichen Abberufung nicht besteht, wenn der Gesellschafter ein Recht auf seine Stelung hat und nur aus wichtigem Grunde entfernt werden kann. Nicht weil, wie Scholz 394 das her Gesagte versteht, das Mitstimmen mißbräuchlich wäre (so Hachenburg § 38[3]), sondern weil sich hier Geschäftsführer und Gesellschaft wiederum unmittelbar als die Parteien gegenüberstehen und es ausgeschlossen ist, daß bei der Entschließung der einen Partei die andere Partei soll entscheidend mitsprechen dürfen. Brodmann in Gruch 70, 122. Hier ist aber auch zugleich die Ausschließung vom Stimmrecht insofern ungefährlich und unbedenklich, als die letzte Entscheidung nicht beim Ergebnis der Abstimmung liegt, sondern beim Gericht, das auf Anrufen zu entscheden hat, ob ein wichtiger Grund vorliegt oder nicht. So (nur zu eng in der Begründung) RG 75, 236; BauersZ 18, 25. Anders (freilich nur nebenbei, aber ausdrücklich) RG 81, 39. Auch Scholz a. a. O. weist darauf hin, daß die Frage, ob ein wichtiger Grund vorliegt, immer nur das Gericht zu entscheiden habe, scheint aber zu übersehen, daß, wenn der Geschäftsführer durch seine Stimme die Abberufung vereitelt, höchstens einmal unter besonderen Umständen ein Weg zur Klage gegeben sein wird. — Wenn RG 124, 380 vom Fall der Entlassung aus wichtigem Grunde, Hachenburg folgend, sagt, der Geschäftsführer sei berechtigt mitzustimmen, aber seine Stimme werde nicht mitgezählt, dann läuft allerdings die Sache auf einen Wortstreit hinaus. Es bleibt aber, daß in der hier vertretenen Auffassung kein Denkfehler steckt; § 47 Erl 2 b. — Nach JW 1926, 2107 haben die Gesellschafter, welche über 10 % des Stammkapitals verfügen, die Möglichkeit, durch Erwirkung einer einstweiligen Verfügung in die mißliebige Geschäftsführung einzugreifen. Nach JW 1924, 1185 steht das Recht auch dem einzelnen Gesellschafter zu; s. Friedländer Fußnote das.

c) Im Gesellschaftsvertrage kann, wie mit der Bestellung der Geschäftsführer, so auch mit der Entschließung über den Widerruf, ein anderes Organ — namentlich also der Aufsichtsrat — oder auch ein Dritter betraut werden. Aber immer handelt es sich dabei um Delegation (vgl. Erl 1 a zu § 37). Die letzte Entscheidung liegt auch dann nötigenfalls bei der Gesellschafterversammlung, und der Geschäftsführer hat keinen Anspruch darauf, daß nur unter Einhaltung dieses Instanzenweges oder gar nur unter Zustimmung des Aufsichtsrats oder des Dritten die Entlassung erfolgt (OLG 28, 362; bedenklich OLG 24, 155; Recht 09, 1404); wie hier Feine 476. Ist der Aufsichtsrat mit Auswahl und Bestellung der Geschäftsführer betraut, so gilt das im Zweifel wohl auch vom Widerruf (a. A. OLG 24, 157; Recht 09, 1404); es ist das eine Frage der Auslegung (KGJ 30, 133).

d) Durch Eröffnung des Konkurses über das Vermögen der Gesellschaft kann der Konkursverwalter das Dienstverhältnis nach § 22 KO kündigen. Das geschieht aber nur namens der Konkursmasse. Dadurch erlischt nicht die Stellung des Geschäftsführers in der Gesellschaft, für den ein Feld der Betätigung verbleibt (KGJ 48, 134; OLG 27, 380).

e) Daß ein Geschäftsführer den anderen nicht ohne Gesellschafterbeschluß abberufen kann, wird allgemein anerkannt. Aber darum wird man ihm nicht die Legitimation absprechen, eine einstweilige Verfügung zu erwirken (a. A. OLG 28, 362). Auch ein Gesellschafter, der den Beschluß, den Geschäftsführer durch einen anderen zu ersetzen, anficht, kann das (RG 102, 198; s. auch JW 1924, 1185; a. A. OLG 24, 154; 28, 362; OLG Frankfurt in JW 1923, 87[11]). Was der durch eine solche einstweilige Verfügung eingesetzte Geschäftsführer tut, wird nicht dadurch unwirksam, daß die einstweilige Verfügung wieder aufgehoben wird (RG a. a. O.).

f) Kein Widerruf der Bestellung (und in der Regel auch keine Änderung des Gesellschaftsvertrages) ist es, wenn ein weiterer Geschäftsführer angestellt wird (OLG 3, 64) oder wenn die bisherige Einzelvertretung in Kollektivvertretung umgewandelt wird. Eine andere Frage ist, ob darin ein Mißtrauen gegen den bisherigen Geschäftsführer zum Ausdruck kommt, das ihn berechtigt, zu kündigen.

3. a) Es kann so liegen, daß der Geschäftsführer nicht nur die Verpflichtung zu seiner Tätigkeit übernimmt, sondern sich die Geschäftsführung auch als ein Recht bedingt. Namentlich kann der Gesellschafter, wenn er die Geschäftsführung übernimmt, daran mehr oder weniger erhebliches Interesse haben. Doch kann das nur geschehen, wenn es im Gesellschaftsvertrage vorgesehen ist (RJA 12, 37), was, wenn es dort geschehen ist, darum noch nicht für das Rechtsverhältnis maßgeblich ist, aber für die Auslegung des Dienstvertrages bedeutsam sein kann (SächsArch 3, 294). In solchem Falle ist das freie Recht der Gesellschaft zum Widerruf ausgeschlossen, wie umgekehrt daraus, daß dieses Recht wegbedungen wird, sich ergibt, daß der Geschäftsführer ein Recht auf seine Stellung und deren Betätigung haben soll. Man spricht, wenn es sich dabei um einen Gesellschafter handelt, mit einem nicht einwandfreien Sprachgebrauch von einem Sonderrecht des Gesellschafters (RG 44, 95; RG in HoldheimsMSchr 23, 270; in LZ 2, 450[32]; 09, 75; 1917, 350; JW 1919, 313[15]; Warn 7, 261; vgl. auch Recht 1911, 2991). Es handelt sich für ihn nicht um Schutz vor Majorisierung im Innern der Gesellschaft. In dieser

Beziehung bietet der Fall nichts Besonderes. Der Geschäftsführer ist, wie jedermann, geschützt durch seinen Vertrag, von dem der Gegner nicht einseitig abgehen kann. Wird bedungen, daß die Gesellschaft im Falle des Widerrufs eine Vertragsstrafe zahlen soll, so ist das, nur in abgeschwächtem Maße, dieselbe Sache (RG in Recht 08, 862; LZ 2, 166[44]). Denn weder in diesem noch in jenem Falle wird durch die Vereinbarung der Gesellschaft das Recht genommen, die Bestellung zu widerrufen, wenn dazu ein wichtiger Grund vorliegt. Das ist zwingendes Recht. Mit anderen Worten: die Vereinbarung der Vertragsstrafe hat nur für den Fall der willkürlichen Abberufung Bedeutung. Erfolgt die Abberufung aus wichtigem Grunde, dann wird die Vertragsstrafe nicht geschuldet (JW 1911, 408[28]), indessen doch wohl nur, wenn dem Geschäftsführer ein Verschulden trifft. — Dieses Rechts kann sich die Gesellschaft im voraus durch Rechtsgeschäft nicht begeben. Daran ändert auch die Anstellung auf feste Zeit nichts. Die vertragsmäßige Ausschließung des Widerrufs ist nur mit dieser Einschränkung zu verstehen (OLG 8, 259; RG in Recht 08, 862). Der Geschäftsführer hat Anspruch, zur Vertretung und Geschäftsführung zugelassen zu werden, und kann darauf klagen (RG 44, 98; RG in HoldheimsMSchr 23, 270). A. A. Hachenburg § 38[5], wonach die Beschränkung des Rechts zum Widerruf nur für den Geschäftsführer Bedeutung hätte, der zugleich Gesellschafter ist. Ebenso Feine 476; Scholz 391; woraus sich das ergeben soll, wird nicht gesagt. Vgl. Neukamp § 38[5]. Als Gesellschafter kann er den Gesellschafterbeschluß anfechten (BauersZ 16, 11).

b) Für die Rechtslage des Geschäftsführers, der nicht zugleich Gesellschafter ist, kommt nur der Vertrag so, wie er auszulegen ist, in Betracht, nicht im übrigen der Gesellschaftsvertrag. S. § 37 Erl 2a. Sind aber dessen Bestimmungen als zugleich zum Inhalt seines Vertrages gemacht anzusehen, so kann auch er sich auf sie berufen. Nach JW 1919, 313[15] soll das gelten, wenn im Gesellschaftsvertrage der freie Widerruf ausgeschlossen ist, nicht aber, wenn der Widerruf nur mit Dreiviertelmehrheit beschlossen werden kann. Man sollte eher das Gegenteil meinen; wenn mehr als ein Viertel Stimmen gegen den Widerruf sind, ist er gar nicht beschlossen worden. Eine andere Frage ist, ob eine solche Bestimmung über das Stimmverhältnis mit Wirkung gegen ihn geändert werden kann, was zu bejahen sein dürfte (s. oben Erl 1 b).

c) Ist bedungen, daß die Bestellung auf so lange erfolgt, wie der Bestellte den Geschäftsanteil besitzt, so liegt darin zugleich, daß die Bestellung so lange unwiderruflich sein soll (RG in HoldheimsMSchr 23, 270). Zu dem Falle, daß dem Geschäftsführer die Anstellung als Lebensstellung zugesagt worden ist, RG in BauersZ 15, 153. Auch damit ist Unwiderruflichkeit vereinbart, daß die zwei ungleich beteiligten Gesellschafter sich gegenseitig zur Geschäftsführung verpflichten, solange sie die alleinigen Gesellschafter bleiben (RG in HoldheimsMSchr 10, 193). — Dagegen ist der Schluß auf Unwiderruflichkeit nicht schon dadurch begründet, daß der Geschäftsführer der einzige Geschäftskundige unter den Gesellschaftern ist und sein ganzes Vermögen einbringt (RG in LZ 09, 75).

4. a) Ob ein wichtiger Grund für die Abberufung vorliegt, ist eine Frage tatsächlicher Beurteilung, die als solche der Nachprüfung in der Revisionsinstanz nicht unterliegt (RG in LZ 1913, 617[36]). Die Entscheidung ist nicht aus §§ 70 ff. HGB, sondern nach wesentlich davon verschiedenen Gesichtspunkten aus § 626 BGB zu finden; es ist zu beachten, daß der Geschäftsführer nicht Handlungsgehilfe, sondern Prinzipal ist. Es müssen für seine Entlassung sehr triftige Gründe vorliegen, so daß sie als eine im Interesse der Gesellschaft notwendige Maßregel erscheint (RG in LZ 1912, 309[2]; HoldheimsMSchr 20, 118; OLG 8, 259; GmbHRundsch 1914, 85). — Es kommt darauf an, ob ein wichtiger Grund vorgelegen hat, mag auch dem Entlassenen ein anderer Grund angegeben worden sein (JW 1915, 654; RG in LZ 1912, 220). Wegen Berücksichtigung nachträglicher Vorkommnisse s. OLG 32, 142. — Gewährung eines unverhältnismäßig hohen Kredits an einen einzelnen kann entschuldbar sein, wenn sie erfolgt, um den Schuldner hochzuhalten und die Forderung zu retten. — Wichtiger Grund kann darin liegen, daß der Geschäftsführer zur Deckung eigener Schulden für die Gesellschaft Wechsel akzeptiert (RG in HoldheimsMSchr 06, 18), in übermäßigen Entnahmen zu persönlichen Zwecken; in übermäßig hohen Vertrauensspesen, RG in GmbHRundsch 28, 632; darin, daß er verschuldet ist (vgl. JW 05, 365[11]); darin, daß der Geschäftsführer unberechtigterweise sein Amt niederlegt (Urt v. 17. 3. 00 I 7/00). Bedenklich ist es, wenn RG 53, 266 die Erhebung des Differenzeinwandes für einen durchschlagenden Grund erklärt. In dem Börsenspiel, daß der Geschäftsführer treibt, mag ein wichtiger Grund gegeben sein. Ist das aber nicht der Fall, so kann die Benutzung eines Behelfs, den das Gesetz selbst dem Schuldner an die Hand gibt, nicht wohl die Entlassung rechtfertigen. Die Begründung zieht denn auch den erstgenannten Gesichtspunkt zur Entscheidung mit heran. — Der Grund muß nicht immer in der Person des Geschäftsführers liegen und muß auch nicht immer auf Verschulden beruhen (Urt v. 26. 5. 08 II 573/07); RG in LZ 09, 75 (Reduktion der Zahl der Geschäftsführer; bedenklich); Urt v. 23. 12. 09 II 353/19 (Einberufung zum Heeresdienst); BauersZ 18, 111; 34, 66, 67 (Auflösung der Gesellschaft; vgl. RG in JW 1927, 916). — Die Gesellschaft, wenn sie auf Schadensersatz in Anspruch genommen wird, kann nicht einwenden, daß der Kläger unterlassen habe, durch anderweite Verwendung seiner Dienste Erwerb zu suchen

(RG in BauerѕZ 22, 105; eine Entscheidung, der ein allgemeiner Grundsatz doch wohl nicht entnommen werden darf). Sie kann anderseits ihm nicht zum Vorwurf machen, daß er sich seit der Entlassung an einem Konkurrenzunternehmen beteiligt (GmbHRundsch 1914, 218), oder überhaupt, daß er feindliche und schädliche Handlungen gegen die Gesellschaft vorgenommen hat (OLG 32, 142). Vgl. auch Bolze 2, 1125 (unrichtige Buchführung); 18, 407 (Verwendung der Arbeitskräfte für eigene Zwecke; Vorbereitung künftiger Konkurrenz); ROHG 13, 179 (Annahme von Schmiergeld, von nachträglich gezahlten Provisionen); 21, 375 (Vertrauensmißbrauch); Verschweigen eines Kassenüberschusses BauersZ 31, 27; s. ferner das 33, 11, 27, 40. Nach Urt v. 17. 11. 06 I 178/06 soll der Umstand, daß von dem unrechtmäßigen Verhalten eines der Geschäftsführer die anderen Kenntnis gehabt haben, zwar nicht einen Verzicht der Gesellschaft auf das Abrufsrecht einschließen, wohl aber die Annahme rechtfertigen können, daß der Sache keine Bedeutung beigemessen worden sei, und so das Recht zum Widerruf nehmen. Aber auch in dieser Beschränkung ist der Gedanke bedenklich. Das Gesetz will der Gesellschaft gegenüber allen Geschäftsführern Schutz gewähren, und dieser Schutz gegen einen kann ihr nicht durch das Gebaren der anderen beeinträchtigt werden. Daher sind auch, wenn es sich um die Abberufung mehrerer Geschäftsführer wegen deren schuldhaften Verhaltens handelt, alle von der Abstimmung auszuschließen, mag auch getrennt abgestimmt werden. — Nicht gerechtfertigt erscheint, wenn LZ 10, 166 dem entlassenen Geschäftsführer wegen seiner Ersatzansprüche das Zurückbehaltungsrecht an den in seinen Händen befindlichen Geschäftsbüchern, Skripturen, Patenturkunden, Modellen, Schlüsseln (!) der Gesellschaft zuerkennt. Diese Dinge befinden sich während seiner Geschäftsführung nicht in seinem Besitz, weder mittelbaren noch unmittelbaren, sondern im unmittelbaren Besitz der Gesellschaft, den für diese stellvertretend der Geschäftsführer ausübt. Er begeht, wenn er sie bei seiner Entlassung nicht herausgibt, verbotene Eigenmacht; nach § 273 Abs 2 BGB steht ihm kein Zurückbehaltungsrecht an den Sachen zu, die er vielmehr nach § 861 BGB unter Ausschluß aller petitorischen Einreden herausgeben muß. Ebenso Scholz 387, Planck BGB § 54 Erl 5.

b) Es können im Gesellschaftsvertrage auch Bestimmungen darüber getroffen werden, was außer den im Gesetz genannten beiden Gründen als wichtiger Grund gelten soll. Es kann beispielsweise auch bestimmt werden, daß Krankheit erst einen Grund abgeben soll, wenn sie eine bestimmte Zeit überdauert. Aber alles das kann nicht die Bedeutung und auf keinen Fall die Wirkung erschöpfender Aufzählung haben. So können in dem genannten Beispiele doch wieder Umstände eintreten, welche die Abberufung vor der bestimmten Zeit rechtfertigen.

c) Der Registerrichter, dem der Widerruf der Bestellung vorschriftsmäßig nachgewiesen ist, hat ihn einzutragen, auch wenn streitig ist, ob der Widerruf zulässig war (GmbHRundsch 1914, 185).

5. a) Die Frage, ob und wie auf der anderen Seite der Geschäftsführer die Anstellung aufkündigen kann, ist im Gesetze nicht berührt und muß nach dem allgemeinen bürgerlichen Recht entschieden werden, JW 1927, 1703. Es wird zu unterscheiden sein, ob der Geschäftsführer zugleich Gesellschafter ist oder nicht. Letzterenfalls kommen unmittelbar die Vorschriften über den Dienstvertrag zu Raum, die freilich, wenn im Gesellschaftsvertrage nicht Vereinbarungen getroffen sind, zu einem dem Rechtsverhältnisse wenig entsprechenden Ergebnis führen. Aus wichtigem Grunde kann jederzeit gekündigt werden, ohne ihn muß die vereinbarte Zeit ausgehalten werden (§ 620); ist eine feste Zeit nicht vereinbart oder ist das Verhältnis über die festgesetzte Zeit hinaus fortgesetzt worden, so kann jederzeit unter Einhaltung einer Kündigungsfrist von sechs Wochen auf den Schluß des laufenden oder eines späteren Kalendervierteljahres gekündigt werden (§ 621 Abs 4, § 622 BGB). Nur im Falle des § 624 (über fünfjährige Dauer des Verhältnisses) ist die Kündigungsfrist sechs Monate. Leistet der Geschäftsführer die Dienste unentgeltlich, so kann er jederzeit kündigen, aber nur so, daß die Gesellschaft wegen anderweiter Besorgung der Geschäfte Fürsorge treffen kann (§ 671 Abs 2 BGB). — Ist der Geschäftsführer zugleich Gesellschafter, so fehlt es an positiver gesetzlicher Vorschrift. Der Geschäftsführer ist an den Gesellschaftsvertrag gebunden, solange das Verhältnis besteht, solange er den Geschäftsanteil besitzt. Aber das Recht, auch unabhängig hiervon die Geschäftsführung aus wichtigen Gründen niederzulegen, kann ihm nicht abgesprochen werden. In § 712 Abs 2 BGB kommt ein allgemein gesellschaftsrechtlicher Gedanke zum Ausdruck, was seine entsprechende Anwendung rechtfertigt. Das dürfte in gleicher Weise gelten, mag der Gesellschafter seine Dienste entgeltlich leisten oder unentgeltlich. In beiden Fällen darf er — es sei denn, daß auch hierfür ein besonderer Grund vorliegt — nicht zur Unzeit seine Tätigkeit einstellen (§§ 712 Abs 2, 671 Abs 2 BGB). Dieses Recht zu kündigen steht ihm auch dann zu, wenn er im voraus darauf verzichtet hat (§ 671 Abs 3 BGB).

b) Wichtiger Grund zur Kündigung kann für den Geschäftsführer insbesondere darin liegen, daß ihm die Gesellschafter nicht die dem Leiter des Unternehmens, dem Prinzipal, gebührende Stellung einräumen, ihm mit entwürdigendem Mißtrauen begegnen u. ä. (Urt v. 17. 3. 00 I 7/00; RG in HoldheimsMSchr 20, 318; OLG 16, 118). — Auf eine Verlegung des Sitzes der Gesellschaft braucht der Geschäftsführer sich nicht einzulassen, wenn für ihn damit Mehraufwand verbunden ist (RG in BauersZ 22, 104).

c) Die Kündigung muß der Geschäftsführer, wenn mehrere Geschäftsführer vorhanden sind, dem anderen oder einem von ihnen erklären, was wirksam ist, auch wenn Kollektivvertretung besteht (§ 35 Abs 2), andernfalls dem Aufsichtsrate (der nach § 247 HGB überdies auch dann zur Entgegennahme der Kündigung legitimiert ist, wenn Geschäftsführer vorhanden sind). Besteht ein solcher nicht, so ist der Kündigende nicht darauf angewiesen, nach § 29 BGB beim Amtsgerichte die Bestellung eines Vertreters zu betreiben (KGJ 45, 178 S. 329); er braucht auch nicht eine Gesellschafterversammlung zu berufen, es genügt, daß er allen Gesellschaftern die Erklärung abgibt. (A. A. Liebmann § 38[8]; Scholz 365.) Es ist der natürliche Gegenfall zu den Falle, daß die Gesellschafter unmittelbar den Geschäftsführer, namentlich also den ersten Geschäftsführer bestellen; s. § 36 Erl 2e. — Durch Erklärung vor dem Registergericht kann der Geschäftsführer sein Amt nicht wirksam niederlegen, KG in JW 1927, 1703; anders, mit abzulehnender Begründung, OLG Hamm in GmbHRundsch 1917, 345. Hat ein Geschäftsführer dem anderen die Kündigung erklärt, so kann er das nicht ohne weiteres durch Übereinkommen mit diesem wieder rückgängig machen. So wenigstens OLG 14, 366. — Wird die Kündigung wieder rückgängig gemacht, so bedarf das keiner Eintragung in das Handelsregister, wenn die Abberufung noch nicht eingetragen war (RG 68, 381).

d) Wer alle Geschäftsanteile besitzt, kann ohne weiteres sich selbst als Geschäftsführer anstellen und entlassen, KGJ 40, 73; 45, 181; in DNotZ 25, 55 und mit nicht schlüssiger Begründung RG 68, 179. Es läßt sich nicht bestreiten, daß damit ein „Kontrahieren mit sich selbst" zugelassen wird, für welches die Voraussetzungen des § 181 BGB meist nicht vorliegen werden. Läßt man die Ein-Mann-Gesellschaft gelten, so liegt darin notwendig eingeschlossen nicht nur selbstverständlich, daß Rechtsbeziehungen zwischen der Gesellschaft und dem Gesellschafter bestehen können, sondern auch, daß ein rechtsgeschäftlicher Verkehr zwischen beiden und damit also ein Kontrahieren mit sich selbst schlechthin ausführbar sein muß. Nur muß er sich in entsprechenden, sinnlich wahrnehmbaren Vorgängen vollziehen.

§ 39

Jede Änderung in den Personen der Geschäftsführer sowie die Beendigung der Vertretungsbefugnis eines Geschäftsführers ist zur Eintragung in das Handelsregister anzumelden[1]).

Der Anmeldung ist eine Abschrift der Urkunden über die Bestellung der Geschäftsführer oder über die Beendigung der Vertretungsbefugnis beizufügen[2]). Diese Bestimmung findet auf die Anmeldung zum Handelsregister einer Zweigniederlassung keine Anwendung.

Die Geschäftsführer haben ihre Unterschrift zur Aufbewahrung bei dem Gerichte zu zeichnen[3])[4]).

Österr. Gesetz § 17.

1. a) Die Geschäftsführer sollen jederzeit aus dem Handelsregister zu ersehen sein. Die ersten Geschäftsführer werden zugleich mit der Gesellschaft selbst eingetragen (§ 10 Abs 1). Hier ist vorgeschrieben, daß die Beendigung der Vertretungsmacht eines Geschäftsführers sowie überhaupt jede Änderung in den Personen der Geschäftsführer zum Handelsregister angemeldet wird. Die Anmeldung muß von so viel Geschäftsführern unterzeichnet und eingereicht werden, wie zur Vertretung der Gesellschaft erforderlich sind (Kollektivvertretung, RJA 10, 262). Sie muß persönlich vor Gericht erfolgen oder in öffentlich beglaubigter Form eingereicht werden (§ 12 HGB). Besteht eine Zweigniederlassung, so muß auch dort in gleicher Weise angemeldet werden (§ 13 HGB).

b) Die Anmeldung und Eintragung in das Handelsregister hat nicht konstitutive Wirkung. Die Änderung tritt unabhängig von ihr in Wirksamkeit. Daher kann ein neu angestellter Geschäftsführer sich selbst anmelden, während der abgerufene Geschäftsführer die Anmeldung nicht beschaffen kann (KGJ 45, 329). Vgl. JW 1927, 1703; GmbHRundsch 28, 120. Aber er hat den Anspruch darauf, daß sie geschieht. Er kann beim Registerrichter anregen, daß er den gegenwärtigen Geschäftsführer zur Anmeldung anhält (§ 14 HGB). Er kann auch gegen die Gesellschaft darauf klagen, daß die Anmeldung seines Ausscheidens erfolgt, und hat er eine rechtskräftige Verurteilung der Gesellschaft erzielt, so erfolgt auf Grund dieser die Eintragung (RJA 10, 253). Er kann auch, wenn kein Geschäftsführer vorhanden ist, nach § 29 BGB in dringendem Falle beim Amtsgericht die Bestellung eines gesetzlichen Vertreters beantragen (RJA 12, 233).

c) Als Änderung in der Personen der Geschäftsführer muß auch die Veränderung in der Form der Vertretung (Einzelvertretung, Kollektivvertretung, Art der Kollektivvertretung) angemeldet und eingetragen werden (vgl. § 234 HGB). Erfolgt die Veränderung in Gestalt einer Abänderung des Gesellschaftsvertrages, die angemeldet werden muß, so bedarf es weiterer Anmeldung nicht. Im übrigen haben sich Anmeldung und Eintragung auf das zu beschränken, was im Gesetze vorgeschrieben ist, weil auch nur soweit der öffentliche Glauben der Eintragung (§ 15 HGB) gilt. Es ist daher nicht unbedenklich, wenn (wie in Preußen und Bayern, KGJ 29, 273; Recht 1910, 1830) angeordnet wird, daß außer dem Namen des Geschäftsführers die näheren Angaben über seine Persönlichkeit, Stand, Wohnort, Wohnung eingetragen werden, um so bedenklicher, wenn, wie das der Fall ist, die Gerichte die Eintragung von Änderungen ablehnen (KGJ 29, 273). Tritt eine Namensveränderung ein, verheiratet sich z. B. die Geschäftsführerin, so wird wohl unbedenklich das Handelsregister entsprechend berichtigt werden können und — nach Verlangen des Registerrichters — berichtigt werden müssen. — Titel, wie Generaldirektor, sind nicht eintragungsfähig (KGJ 20, 269). — Ist eine Veränderung richtig angemeldet, aber unrichtig eingetragen worden, so kann sich ein Dritter der Gesellschaft gegenüber auf die Eintragung nicht berufen (OLG 19, 293).

d) Ist ein Geschäftsführer auf bestimmte Zeit angestellt, so endet, weil die Vertretungsmacht Dritten gegenüber nicht eingeschränkt werden kann, mit dem Ablauf der Zeit zwar das Vertragsverhältnis, aber nicht von selbst auch die Vertretungsmacht. Daher ist die zeitliche Beschränkung auch nicht in das Handelsregister einzutragen, und wenn es geschehen ist, gilt das in § 15 HGB Bestimmte auch über die bestimmte Zeit hinaus. Die Beendigung des Rechtsverhältnisses muß auch in diesem Falle nach § 39 angemeldet werden. Daher bedarf es, wenn die Eintragung der Veränderung nicht erfolgt ist, keiner erneuten Eintragung, wenn nach Beendigung des Verhältnisses der Geschäftsführer von neuem angestellt wird, wenn die Abberufung wieder rückgängig gemacht wird (RG 68, 384; OLG 14, 366).

e) Nach § 14 HGB ist, wenn eine Anmeldung zum Handelsregister gesetzlich vorgeschrieben ist, der Verpflichtete vom Registergericht gegebenenfalls hierzu durch Ordnungsstrafen anzuhalten. Das muß auch von dem Falle gelten, daß in der Form der Vertretung (Kollektivvertretung) eine Änderung eintritt. Das Verfahren richtet sich hier gegen die Geschäftsführer, nicht gegen die einzelnen Gesellschafter, gegen diesen auch nicht, wenn er sämtliche Geschäftsanteile besitzt (KGJ 45, 178).

f) Die Eintragung wird öffentlich bekanntgemacht (§ 10 HGB).

2. a) Die Urkunden über die Bestellung und Abberufung usw. des Geschäftsführers können in einfacher Abschrift beigebracht werden. Da Geschäftsführer nicht in der Lage sind, ohne Gesellschafterbeschluß Geschäftsführer anzustellen oder abzuberufen, genügt nicht die Beibringung des mit dem neuen Geschäftsführer abgeschlossenen Vertrages oder des von einem Geschäftsführer ausgehenden Abberufungsschreibens. Es muß der Gesellschafterbeschluß nachgewiesen werden. Im Gesetze war ursprünglich das Beibringen des urkundlichen Nachweises nicht vorgeschrieben. Das ist erst durch die Novelle vom 20. Mai 1898 geschehen. Damit ist dem Registerrichter zur Pflicht gemacht worden, die angemeldete Veränderung auf ihre rechtlichen Grundlagen zu prüfen, z. B. auch daraufhin, ob ein Mitstimmender wirklich Gesellschafter gewesen ist, ob er bei der Gesellschaft als solcher angemeldet war, ob er berechtigt war mitzustimmen (RJA 3, 190; 10, 262; 16, 84; ZBlFG 6, 709). S. aber auch KG in JR 26, 48 und § 10 Erl 1a. Jedenfalls muß er, wenn ihm Bedenken aufstoßen, dem nachgehen. Dagegen berühren Bedenken gegen die Persönlichkeit des Geschäftsführers den Registerrichter nicht (JW 1916, 1593). — Der Umstand, daß die Abberufung eines Geschäftsführers sich durchweg auf mündlichem Wege vollziehen kann, ist kein Grund, von der Vorschrift des Abs 2 Abstand zu nehmen. Es handelt sich nur um Beweisurkunden, und die lassen sich immer beschaffen (SächsArch 39, 38; anders KGJ 16, 23, aber auf Grund des Gesetzes in der ursprünglichen Fassung). — Bei der Zweigniederlassung findet weitere Prüfung nicht statt; die Eintragung erfolgt hier auf Grund der beim Gerichte der Hauptniederlassung geschehenen Eintragung (§ 13 Abs 2 HGB). Daher bedarf es hier denn auch der erwähnten Urkunden nicht.

b) Ist die Bestellung des Geschäftsführers eingetragen worden, ohne daß der erforderliche Beschluß vorgelegen hat, hätte also die Eintragung abgelehnt werden müssen, so können Dritte sich der Gesellschaft gegenüber auf diese nicht berufen. Die Eintragung ist zwar von dem gesetzlichen Vertreter der Gesellschaft durch dessen Anmeldung veranlaßt worden, aber darum doch nicht von der Gesellschaft selbst, weil der Geschäftsführer ohne die erforderliche Vertretungsmacht gehandelt hat (vgl. Erl 2a zu § 36).

3. Vgl. Erl 5 zu § 8. Der neue Geschäftsführer muß seine Unterschrift auch dann zeichnen, wenn er sie bereits in seiner Eigenschaft als Prokurist dem Gerichte eingereicht hatte (KGJ 37, 138). Von der Einreichung der Unterschrift darf die Eintragung der Anmeldung nicht abhängig gemacht werden (RJA 9, 244; KGJ 37, 138).

4. Der § 39 gilt auch für das Stadium der Liquidation und des Konkurses der Gesellschaft (OLG 37, 9).

§ 40

Alljährlich im Monat Januar haben die Geschäftsführer eine von ihnen unterschriebene Liste der Gesellschafter, aus welcher Name, Vorname, Stand und Wohnort

der letzteren sowie ihre Stammeinlagen zu entnehmen sind, zum Handelsregister einzureichen. Sind seit Einreichung der letzten Liste Veränderungen hinsichtlich der Person der Gesellschafter und des Umfangs ihrer Beteiligung nicht eingetreten, so genügt die Einreichung einer entsprechenden Erklärung[1]).

Österr. Gesetz § 26.

1. a) Das Gesetz hat davon abgesehen, der Gesellschaft die Führung eines Anteilbuches aufzuerlegen. Es soll genügen, daß Dritte sich durch Einsicht in die Akten des Registergerichts über den Personalbestand der Gesellschaft nach Geschäftsanteilen unterrichten können (§ 9 Abs 2 HGB). Zu diesem Zweck ist eine Liste der Gesellschafter dem Registergericht einzureichen und jedes Jahr im Januar entweder dem Gerichte schriftlich zu erklären, daß Veränderungen nicht eingetreten sind oder, falls das geschehen ist, eine neue Liste einzureichen. Der Übersichtlichkeit wegen muß auch bei der kleinsten Veränderung die Liste neu aufgestellt werden. Vgl. § 8 Erl 2. — Es ist nicht nötig, daß alle Geschäftsführer die Liste unterzeichnen oder einreichen (OLG 11, 396). Es genügen so viele, wie zur Vertretung der Gesellschaft berechtigt sind. Unterzeichnung eines Prokuristen genügt nicht. Die Liste muß sämtliche einzelnen Geschäftsanteile und deren Inhaber aufweisen, also auch die Gesellschaft, sofern sie eigene Geschäftsanteile besitzt (auch im Falle des § 21 Abs 2). — Änderungen sind eingetreten nicht nur, wenn Gesellschafter fortgefallen, wenn neue eingetreten sind, sondern auch, wenn in einer der im Gesetze genannten Beziehungen Name, Vorname, Stand, Wohnort, ferner Verteilung der Geschäftsanteile auf die einzelnen eine Veränderung stattgefunden hat. Weiteres ist nicht vorgeschrieben, also namentlich auch nicht eine Angabe des Standes der Einzahlungen auf das Stammkapital. — Wird die Liste verspätet eingereicht, muß sie doch den Bestand von Ende Januar aufweisen. — Die Einreichung geschieht ganz formlos.

b) Der Registerrichter hat zu prüfen, ob die Liste inhaltlich den hier gegebenen Bestimmungen entspricht, den Nachweis der Richtigkeit des Inhaltes kann er nicht verlangen (OLG 21, 50). Die Geschäftsführer (nicht die Gesellschaft) sind durch Androhung von Ordnungsstrafen zur Befolgung des § 40 anzuhalten (§ 14 HGB). Die Liste muß, wenn eine Zweigniederlassung besteht, auch dem dortigen Registergericht eingereicht werden (§ 13 HGB).

c) Alles Gesagte gilt entsprechend auch im Stadium der Liquidation und des Konkurses. Letzterenfalls ist nicht der Konkursverwalter, sondern der Geschäftsführer zur Einreichung der Liste verpflichtet (KGJ 48, 134).

d) Die Einsicht in die Liste steht jedermann frei. Eine Abschrift kann fordern, wer ein berechtigtes Interesse glaubhaft macht. Eintragung in das Handelsregister und Veröffentlichung der Liste findet nicht statt. Überhaupt sind materielle rechtliche Wirkungen mit der Einreichung nicht verbunden. Es kann daher auch wohl keine Rede davon sein, daß der § 40 ein Schutzgesetz wäre, aus dessen Verletzung Dritte nach § 823 Abs 2 BGB Ersatzansprüche herleiten könnten, zumal die Liste, eigentlich schon von Anfang an, niemandem Gewähr bietet, daß sie noch auf dem laufenden ist.

e) Die Frage, ob in der Einreichung einer veränderten Liste die nach dem Gesellschaftsvertrage bei der Veräußerung eines Geschäftsanteiles erforderliche Genehmigung liegen könne, hat RG 85, 46 nicht schlechthin verneint. Es ist aber schon deshalb ausgeschlossen, weil in der Einreichung keine rechtsgeschäftliche Erklärung liegt. Übrigens wäre auch der Registerrichter nicht der richtige Empfänger der Erklärung; Scholz 399; Hachenburg § 40[4] (vgl. auch Erl 5 d zu § 15).

§ 41.

Die Geschäftsführer[1]) sind verpflichtet, für die ordnungsmäßige Buchführung der Gesellschaft zu sorgen[2]).

Sie müssen in den ersten drei Monaten des Geschäftsjahres die Bilanz für das verflossene Geschäftsjahr nebst einer Gewinn- und Verlustrechnung aufstellen[3]).

Durch den Gesellschaftsvertrag kann die bezeichnete Frist bis auf sechs Monate, bei Gesellschaften, deren Unternehmen den Betrieb von Geschäften in überseeischen Gebieten zum Gegenstande hat, bis auf neun Monate erstreckt werden[4]).

Für Gesellschaften, bei welchen der Gegenstand des Unternehmens im Betriebe von Bankgeschäften besteht, ist die Bilanz innerhalb der vorbezeichneten Fristen in den im § 30 Absatz 2 bestimmten öffentlichen Blättern durch die Geschäftsführer bekanntzumachen. Die Bekanntmachung ist zum Handelsregister einzureichen[5]) [6]).

Österr. Gesetz § 22.

1. Aus § 13 Abs 3 in Verbindung mit §§ 6, 38 ff. HGB ergibt sich, daß jede Gesellschaft m. b. H., wie auch immer ihr Geschäftsbetrieb gestaltet sein mag, verpflichtet ist, in einer den kaufmännischen

Anforderungen entsprechenden Weise Buch zu führen. Daß das unbedingt die doppelte Buchführung sein muß, wird behauptet, aber ohne Grund. In der Regel wird sich das durch die Verhältnisse allerdings gebieten. Gesetzlich vorgeschrieben ist es nirgends, vorgeschrieben ist nur, daß die Bücher so ordentlich geführt werden, daß sie die Übersicht über das Vermögen jederzeit, also fortlaufend, gewähren (RGSt 47, 311; BauersZ 18, 12). Auch die Vorschrift, daß der jährlichen Bilanz eine Gewinn- und Verlustrechnung beizufügen ist, würde jene Annahme selbst dann nicht rechtfertigen, wenn die Aufstellung einer solchen Rechnung doppelte Buchführung voraussetzte. Man müßte dann das Gesetz so verstehen, daß es bei dieser Erwähnung der Gewinn- und Verlustrechnung an die Regelfälle denkt, wo die Voraussetzungen für eine solche vorliegen. Es ist aber auch nicht einzusehen, weshalb in kleinen und einfachen Verhältnissen, namentlich in nicht kaufmännischen, nicht auch ohne doppelte Buchführung sollte im einzelnen festgestellt werden können, woran und wieviel im Jahre gewonnen oder verloren worden ist. Bei Aktiengesellschaften liegt es anders. Sie ist ausschließlich für Unternehmen gedacht, die nach Art und Umfang doppelte Buchführung erfordern. Das ist bei der Gesellschaft m. b. H. eben nicht der Fall. Wie hier Neukamp § 41[2]; Liebmann § 41[4]; Scholz 401. Zum Wesen der Buchführung überhaupt s. Brodmann in Festgabe Hanseatischer Juristen zum 24. Anwaltstag S. 171 ff.

2. a) Für die Buchführung zu sorgen ist Pflicht der Geschäftsführer, d. h. sie müssen nicht die Bücher führen, aber sie sind es, die dafür verantwortlich sind, daß und wie es geschieht. Welche Bücher und Konten geführt werden müssen, richtet sich nach der Art des Betriebes und ist Frage der kaufmännischen Technik. Das müssen die Geschäftsführer verstehen, und wenn sie es nicht verstehen, sind sie dafür verantwortlich (RG in Recht 1911, 3889). Auch wenn unter den mehreren die Geschäfte verteilt werden und einem insbesondere die Buchführung oder die Aufsicht über die Buchführung obliegt, sind die anderen nicht jeder Verantwortlichkeit überhoben. (Vgl. RGSt 13, 354: „Sind auch alle Mitglieder des Vorstandes [einer Aktiengesellschaft] verpflichtet, für die erforderliche Buchführung Sorge zu tragen, so ist doch die Möglichkeit vorhanden, daß der unordentliche Zustand der Bücher lediglich auf dem Verschulden eines einzelnen beruht, bei den anderen jede schuldhafte Vernachlässigung ihrer Pflichten ausgeschlossen ist." Vgl. auch RGSt 12, 81.) Alle sind verpflichtet, ein Auge auf die Buchführung zu halten, und bei Mängeln, die hervortreten, auf Abstellung zu bestehen (JW 08, 604; RG in Recht 1911, 3589); s. aber auch RG in JR 1929, 750. — Auch den stellvertretenden Geschäftsführer (§ 44) trifft diese Verantwortlichkeit, aber auch ihn doch nur, soweit ihm ein Verschulden zur Last fällt (vgl. RGSt 12, 83; 13, 236), also nur, sofern er überhaupt zu einer Geschäftstätigkeit hat eintreten müssen; Scholz 402.

b) Die Grundbuchungen müssen stets auf dem laufenden sein, die Übertragungen sich entsprechend anschließen. Nachfügungen sind nicht ausgeschlossen. Von solchen unterscheidet sich aber die nachträgliche Anfertigung einer unterlassenen Buchführung (RGSt 39, 217). — Auch durch Unterlassung der rechtzeitigen Übertragungen kann die Buchführung zu einer im Sinne des Strafgesetzes unordentlichen werden (RGSt 47, 311).

c) Aus Verfehlungen gegen die ihnen hier auferlegten Pflichten haften die Geschäftsführer nach § 43. Die Haftung besteht nur gegenüber der Gesellschaft. Der § 41 bezweckt nicht oder jedenfalls nicht unmittelbar den Schutz Dritter. Er ist kein Schutzgesetz, aus dessen Verletzung Dritte Ersatzansprüche nach § 826 Abs 2 BGB herleiten könnten (RG 73, 30; vgl. auch RG das. 392). — Auch strafrechtlich können die Geschäftsführer verantwortlich gemacht werden, doch ist das dadurch bedingt, daß die Gesellschaft in Konkurs gerät oder ihre Zahlungen einstellt (s. § 83). — Urkundenfälschung kann darin liegen, daß der Geschäftsführer eine vom Aufsichtsrate geprüfte Buchung nachträglich ändert (RG in BauersZ 23, 202).

3. a) Nach § 39 HGB hat, wie jeder Kaufmann, die Gesellschaft m. b. H. bei Beginn des Handelsgewerbes ihr Vermögen, Aktiva und Passiva, unter Wertangabe genau zu verzeichnen und einen ihr Verhältnis darstellenden Abschluß zu machen, und sie hat demnächst am Schluß eines jeden Geschäftsjahres in gleicher Weise Inventar und Bilanz aufzustellen. Das alles ist Teil der Buchführung, und auch hierfür zu sorgen ist nach Abs 1 Pflicht der Geschäftsführer. Abs 2—4 ergänzen die allgemeinen Bestimmungen des HGB. Es ist aber selbstverständlich, daß auch die Aufstellung der Eröffnungsbilanz geschehen muß und Sache des Geschäftsführers ist (RGSt 13, 236; 29, 222). Sie muß nicht schon fertig vorliegen, wenn der Betrieb beginnt (RGSt 27, 227; RG in Recht 1913, 2540). Aber sie muß auf diesen Tag des Betriebsbeginnes aufgestellt sein, und der Betrieb der Gesellschaft als solcher kann nicht beginnen, bevor sie zur Existenz gelangt ist. Hat ein Betrieb schon vorher begonnen, bringt ein Gesellschafter ein im Gang befindliches Geschäft dergestalt ein, daß der Betrieb schon von einem zurückliegenden Zeitpunkt an für Rechnung der Gesellschaft gehen soll, erwirbt die Gesellschaft in dieser Weise von einem Dritten das Geschäft, verzögert sich nach Anmeldung der Gesellschaft wider Erwarten die Eintragung, während der Geschäftsbetrieb auf diese nicht warten kann, so ist doch in allen diesen Fällen — wenn auch unter Verwertung der voraufgegangenen Jahresbilanz — eine auf den Zeitpunkt der Entstehung der Gesellschaft abgestellte Eröffnungsbilanz vorgeschrieben und unerläßlich (RGSt

29, 222; vgl. auch RGSt 28, 428: Eröffnungsbilanz auch geboten, wenn ein im Gange befindliches Geschäft auf den Erben des Inhabers übergeht; RFH 1, 205). Ob es hierzu einer erneuten Inventur bedarf, läßt sich nur nach Lage des einzelnen Falles beurteilen; § 29 Erl 1 c; BauersZ 16, 28 zu dem Beschluß des Verbandes deutscher Bücherrevisoren. — Die Eröffnungsbilanz unterliegt nicht der Genehmigung der Gesellschafter.

b) Jeder Kaufmann ist verpflichtet, am Schlusse des Geschäftsjahres Bilanz zu ziehen. Nach OLG 22, 17 wäre das Fehlen der Gewinn- und Verlustrechnung kein Grund, die Genehmigung der Bilanz anzufechten. Ein schriftlicher Geschäftsbericht der Geschäftsführer an die Gesellschaft ist nicht vorgeschrieben (vgl. § 260 Abs 2 HGB). — Was die Verpflichtung zur Auskunfterteilung angeht, so würde, den § 666 (675) BGB buchstäblich angewendet, nicht der einzelne Gesellschafter, sondern nur die Gesellschaft, also doch wohl die Gesellschafterversammlung den Anspruch haben, daß ihr Auskunft erteilt wird, wenn sie es verlangt. Von der A.-Gesellschaft hat das Reichsgericht und ihm folgend die Praxis dann auch entschieden, daß dem einzelnen Aktionär der Anspruch nicht zusteht. Ist das schon für das Aktienrecht zu beanstanden (s. Brodmann A.-R. § 259 Erl 2d), so kann es vollends von der Gesellschaft m. b. H. nicht gelten. Grundsätzlich ist der Anspruch auf Auskunft ein Individualrecht des Gesellschafters (§ 45 Erl 2 und Brodmann A.-R. § 250 Erl 2a). Nur darf es nicht ohne ausreichende Veranlassung und nicht in ungebührlich belästigender Weise ausgeübt werden, worüber die Entscheidung nur von Fall zu Fall getroffen werden kann. S. auch § 46 Erl 2 c. In BadRpr 26, 103 ist ausgesprochen, daß bei einer Gesellschaft von geringer Mitgliedszahl der einzelne Gesellschafter sehr wohl Einsicht in die Bücher fordern kann.

c) Die Bilanz ist nach § 41 HGB von dem Kaufmann, bei einer Handelsgesellschaft von allen persönlich haftenden Gesellschaftern zu unterzeichnen. Die herrschende Lehre überträgt das auf die Gesellschaft m. b. H. dahin, daß alle Geschäftsführer unterzeichnen müssen. So auch — freilich ohne Nachdruck — RGSt 29, 223. Der Fall ist aber nicht derselbe. Während dort mit der Unterschreibung der Bilanz die Sache endgültig abgeschlossen wird, ist hier die Bilanzaufstellung erst mit der Genehmigung der Gesellschafter vollendet. Hier hat die Unterschrift der Geschäftsführer nur die Bedeutung, daß sie sich zu der Aufstellung bekennen, daß ihre Arbeit abgeschlossen ist. Das könnte aber auch in anderer Weise zum Ausdruck kommen. A. A. Wassertrüdinger zu ZBH 2, 405, der aber übersieht, daß nach § 41 HGB nicht der Bilanzvorschlag, sondern die Bilanz zu unterzeichnen ist.

d) Die in § 39 Abs 2 HGB vorgeschriebene und hier vorausgesetzte Periode des Geschäftsjahres ist von erheblicher materiellrechtlicher Bedeutung und zwingenden Rechts. Sie kann nicht verlängert und nur ausnahmsweise einmal bei Beginn des Unternehmens verkürzt werden, um das Geschäftsjahr in gewünschter Weise dem Kalender anzupassen (s. Erl 1 b und c zu § 29).

e) Über die jährliche Bilanzaufstellung im Stadium der Liquidation s. § 71 Abs 2.

4. Innerhalb der Frist muß die Bilanz von den Geschäftsführern aufgestellt worden sein. Die Genehmigung der Gesellschafter muß nicht innerhalb der Frist liegen. Die Geschäftsführer sind aber verpflichtet, ohne Verzug nach Aufstellung der Bilanz durch Berufung einer Gesellschafterversammlung oder wie sonst die Genehmigung zu betreiben (§§ 43, 49). — Unter überseeischen Gebieten sind alle Länder außerhalb Europas zu verstehen. — Die Verlängerung der Frist muß statutarisch angeordnet sein. Einfacher Gesellschafterbeschluß genügt nicht. — S. auch VO v. 23. 12. 23 (RGBl S. 1248):

> Läßt sich bei einer ... Gesellschaft m. b. H., deren Vermögen sich zum erheblichen Teile im besetzten Gebiete befindet, nach Lage des Falles der Stand des Vermögens und der Schulden, auch mit Hilfe von Schätzungen, nicht darstellen, so kann im Falle eines dringenden Bedürfnisses auf Antrag der Gesellschaft die oberste Landesbehörde, in deren Bezirk die Gesellschaft ihren Sitz hat, die Frist, innerhalb deren nach dem Gesetz oder dem Gesellschaftsvertrage die Bilanz, die Gewinn- und Verlustrechnung und der Geschäftsbericht aufzustellen, sowie dem Aufsichtsrat, der ... Gesellschafterversammlung vorzulegen sind, verlängern. Die oberste Landesbehörde kann auf Antrag auch für die Abhaltung der im Gesellschaftsvertrage vorgesehenen ... Gesellschafterversammlung Fristverlängerung gewähren.

5. a) Die Aktiengesellschaft ist verpflichtet, ihre Jahresbilanzen öffentlich bekanntzumachen (§ 265 HGB). Von der Gesellschaft m. b. H. gilt das nur, wenn der Gegenstand ihres Unternehmens im Betriebe von Bankgeschäften besteht. Was darunter zu verstehen ist, läßt sich nicht begrifflich scharf bestimmen. Bank, Banken, Bankgeschäft sind Typen des Geschäftslebens, keine Begriffe. Über die Abgrenzung muß der Registerrichter an Hand der Verkehrsanschauung entscheiden. Im Gegensatz zum Warenhandel ist es der Handel mit Geld und Wertpapieren, sodann gehört aber dahin auch die Gewährung von gedeckten und ungedeckten Krediten, Bevorschussung, Lombardierung von Waren usw., ferner der Giroverkehr, das Depotgeschäft usw. (RJA 2, 175). Übrigens kann die Frage, was ein Bankgeschäft ist, von verschiedenen rechtlichen Gesichtspunkten aus gestellt werden und verschieden zu beantworten sein (vgl. GoltdArch 60, 75;

JW 1914, 714[83]). Hier ist maßgeblich die allgemeine Verkehrsauffassung. Es kommt nicht darauf an, ob und in welchem Verhältnis nebenbei noch andere Geschäfte betrieben werden (KGJ 22, 286). Entscheidend ist zunächst, was im Gesellschaftsvertrage als Gegenstand des Unternehmens vereinbart worden ist, sodann aber auch, was tatsächlich geschieht, Hachenburg § 41[36]. — Die Vorschrift gilt auch dann, wenn nach dem Gesellschaftsvertrage der Gewinn nicht an die Gesellschafter verteilt, sondern zu gemeinnützigen Zwecken verwendet wird (OLG 3, 415). — Auch im Zustande der Liquidation müssen die jährlichen Bekanntmachungen erfolgen. So wenigstens RJA 13, 33; vgl. aber Erl 2 zu § 69. — Soweit die Veröffentlichung der Bilanz vorgeschrieben ist, muß sie oder muß sie auch in deutscher Sprache abgefaßt sein (vgl. HGB § 43; RJA 2, 175). — Zur Bilanz gehört unzertrennlich die Gewinn- und Verlustrechnung. Sie muß veröffentlicht werden. Daß das in § 265 Abs 1 HGB bei der Aktiengesellschaft ausdrücklich gesagt ist, hier dagegen nicht, reicht nicht aus, um hier das Gegenteil anzunehmen. Anders die herrschende Lehre.

b) Die Vorschrift, daß die Bilanz veröffentlicht werden soll, kann sich nur auf die fertige, die gültige, d. h. also die von den Gesellschaftern genehmigte Bilanz beziehen. Das gilt von der Gesellschaft m. b. H. nicht anders als von der Aktiengesellschaft. Daher muß hier innerhalb der in Abs 2 oder Abs 3 bestimmten Frist die Bilanz nicht nur aufgestellt, sondern auch von den Gesellschaftern genehmigt werden. Das wird bestritten. Man meint, die Bilanz müsse unter allen Umständen, auch wenn sie noch nicht genehmigt worden ist, innerhalb der Frist bekanntgemacht werden. Aber der Öffentlichkeit ist mit der Veröffentlichung einer Bilanz nicht gedient, die noch nicht endgültig feststeht. Jedenfalls müßte, wenn sie abgeändert wird, eine zweite Veröffentlichung nachfolgen. Nach Scholz 408 f. soll die Veröffentlichung des Bilanzvorschlages auch dann ihren Zweck erfüllen, wenn die Gesellschafter Abänderungen beschlossen haben. Daß eine Bilanz nicht öffentlich bekanntgemacht werden kann, solange sie noch nicht aufgemacht ist, versteht sich, ebenso aber auch, daß die Geschäftsführer das Versäumnis nicht zu vertreten haben, wenn sie getan haben, was in ihren Kräften stand. Darum kann man die hier vertretene Ansicht nicht als undurchführbar bezeichnen. Wie hier Neukamp § 41[7]; Liebmann § 41[10]. A. A. Feine 575 mit der Begründung, der Öffentlichkeit könne es genügen, wenn sie die Ansicht der Geschäftsführung über die Lage des Unternehmens kennt; ebenso Hachenburg § 41[39].

c) Die Geschäftsführer sind nach § 14 HGB vom Registerrichter zur Einreichung der Bekanntmachung zum Handelsregister und somit mittelbar zur öffentlichen Bekanntmachung der Bilanz durch Ordnungsstrafen anzuhalten. — Vergleicht man § 41 Abs 4 Satz 2 mit § 265 Abs 2 Satz 2 HGB und wiederum mit § 13 Abs 1 HGB, so wird man zugeben müssen, daß die Bekanntmachung auch zum Handelsregister jeder Zweigniederlassung eingereicht werden muß. — Der Registerrichter hat nicht die Aufgabe, den Inhalt der Bilanz und der Gewinn- und Verlustrechnung auf ihre Gesetzmäßigkeit zu prüfen (vgl. HoldheimsMSchr 1898, 193; 01, 151; RJA 2, 235; KGJ 20, 60; 24, 202); wohl aber hat er Widersprüche mit Registereintragungen (Höhe des Stammkapitals) zu beanstanden (RJA 13, 116); auch kann er, wenn sie eine gesetzliche Bilanz im gesetzlichen Sinne gar nicht ist (JMBl 00, 632), die Bekanntmachung beanstanden.

6. S. § 72 Reichsbetriebsrätegesetz v. 4. 2. 20 (RGBl 1920, 147):

In Betrieben, deren Unternehmer zur Führung von Handelsbüchern verpflichtet sind und die in der Regel mindestens 300 Arbeitnehmer oder 50 Angestellte im Betriebe beschäftigen, können die Betriebsräte verlangen, daß den Betriebsausschüssen oder, wo solche nicht bestehen, den Betriebsräten alljährlich vom 1. Januar 1921 ab nach Maßgabe eines hierüber zu erlassenden Gesetzes eine Betriebsbilanz und eine Betriebs-Gewinn-und-Verlustrechnung für das verflossene Geschäftsjahr spätestens sechs Monate nach Ablauf des Geschäftsjahrs zur Einsichtnahme vorgelegt und erläutert wird.

Die Mitglieder des Betriebsausschusses oder des Betriebsrats sind verpflichtet, über die ihnen vom Arbeitgeber gemachten vertraulichen Angaben Stillschweigen zu bewahren.

§ 73: Die §§ 70 und 72 finden auf die im § 67 genannten Betriebe (Betriebe, die politischen, gewerkschaftlichen, militärischen, wissenschaftlichen, künstlerischen und ähnlichen Bestrebungen dienen) keine Anwendung, soweit die Eigenart des Betriebs es bedingt.

Von der Verpflichtung der §§ 70, 72 können Unternehmungen oder Betriebe auf ihren Antrag durch die Reichsregierung befreit werden, wenn wichtige Staatsinteressen dies erfordern.

Vgl. hierzu Reichsges über die Betriebsbilanz und Betriebsgewinn-und-Verlustrechnung v. 5. 2. 21 (RGBl 1921, 159). Scholz 407.

§ 42

Für die Aufstellung der Bilanz[1]) kommen die Vorschriften des § 40 des Handelsgesetzbuchs mit folgenden Maßgaben zur Anwendung:

1. Anlagen und sonstige Vermögensgegenstände, welche nicht zur Weiterveräußerung, sondern dauernd zum Betriebe des Unternehmens bestimmt sind, dürfen höchstens zu dem Anschaffungs- oder Herstellungspreise angesetzt werden; sie können ohne Rücksicht auf einen geringeren Wert zu diesem Preise angesetzt werden, sofern ein der Abnutzung gleichkommender Betrag in Abzug oder ein derselben entsprechender Erneuerungsfonds in Ansatz gebracht wird[2]);

2. die Kosten der Organisation und Verwaltung dürfen nicht als Aktiva in die Bilanz eingesetzt werden[3]);

3. das Recht der Gesellschaft zur Einziehung von Nachschüssen der Gesellschafter ist als Aktivum in die Bilanz nur insoweit einzustellen, als die Einziehung bereits beschlossen ist und den Gesellschaftern ein Recht, durch Verweisung auf den Geschäftsanteil sich von der Zahlung der Nachschüsse zu befreien, nicht zusteht; den in die Aktiva der Bilanz aufgenommenen Nachschußansprüchen muß ein gleicher Kapitalbetrag in den Passiven gegenübergestellt werden[4]);

4. der Betrag des im Gesellschaftsvertrage bestimmten Stammkapitals ist unter die Passiva aufzunehmen. Das gleiche gilt von dem Betrage eines jeden Reserve- und Erneuerungsfonds, sowie von dem Gesamtbetrage der eingezahlten Nachschüsse, soweit nicht die Verwendung eine Abschreibung der betreffenden Passivposten begründet[5]);

5. der aus der Vergleichung sämtlicher Aktiva und Passiva sich ergebende Gewinn oder Verlust muß am Schlusse der Bilanz besonders angegeben werden[1]).

Österr. Gesetz § 23.

1. a) Die Bilanz stellt in geordneter Weise, nach den gruppenweise zusammengefaßten Bestandteilen, den Vermögensstand der Gesellschaft dar, wie dieser zu einem gewissen — auf einen ganz bestimmten Tag festgelegten — Zeitpunkte gewesen ist. Es gibt verschiedene Arten von Bilanzen, je nach dem Zweck, für welchen sie aufgestellt werden. Man unterscheidet von der reinen Vermögens- (Bestands-, Status-) Bilanz die Gewinnverteilungs- (Ertrags-) Bilanz (andere, aber bedenkliche Terminologie RG 28, 55), und die Bestandsbilanz wiederum fällt anders aus, je nachdem ob der Geschäftsbetrieb über den Stichtag hinaus, auf welchen die Bilanz aufgemacht wird, fortdauert oder mit ihm ein Ende nimmt. Ein Fall von Bestandsbilanz ersterer Art ist die Eröffnungsbilanz. Ferner gehört die Bilanz hierher, wenn ein im Gange befindliches Geschäft als Ganzes auf Grund des Bilanzwertes in andere Hände übergeht. Den anderen Fall bildet die Liquidationsbilanz. Im wesentlichen bestehen diese Unterschiede darin, daß naturgemäß in den verschiedenen Fällen die Aktiven des Vermögens, insbesondere die Betriebsgegenstände des Unternehmens, verschieden bewertet werden müssen und denn auch verschieden bewertet werden dürfen. In dem einen Falle bleiben diese Betriebsmittel ihrem produktiven Zwecke erhalten und es kommt auf diesen ihren Gebrauchswert an, während im Falle der Liquidation der unter Umständen davon ganz verschiedene Verkaufswert maßgeblich ist (RG 80, 104; sog. Schmelzwert). — Die Gewinnverteilungsbilanz setzt den Fortbestand des Unternehmens voraus und nähert sich so der Bestandsbilanz ersterer Art. Aber während diese ganz selbständig aufzustellen ist, steht jene in Beziehung zu der Abschlußbilanz des voraufgegangenen Jahres. Um den Gewinn des abgelaufenen Jahres festzustellen, muß von dem vorigen Jahresabschluß ausgegangen werden. Grundlage der Rechnung ist, daß das durch die vorjährige Bilanz aufgewiesene Vermögen das Anfangsvermögen gewesen ist, das von dem nunmehr festzustellenden Vermögen abzuziehen ist, um auf den Jahresgewinn zu kommen. Das ist aber nur eine Beschreibung. Die Berechnung des Gewinnes erfolgt — bei der doppelten Buchführung — auf andere Weise (s. Brodmann in ZBH 4, 45). — Auf diese Gewinnverteilungsbilanz zielen die Sonderbestimmungen sowohl des HGB für die Aktiengesellschaften wie der gegenwärtige § 42 für die Gesellschaft m. b. H. ab. — Nach § 299 Abs 2 HGB gelten die §§ 261, 262 HGB nicht für die Liquidationsbilanz. Gegenwärtiges Gesetz enthält diese ausdrückliche Bestimmung nicht. Gleichwohl gilt hier entsprechend, daß § 42 auf die Liquidationsbilanz nicht anwendbar ist (RG 80, 107).

b) Die §§ 261, 262 HGB und § 42 hier sind Vorschriften zwingenden Rechts, welche die richtige Gewinnberechnung gewährleisten wollen. Soll nach dem unter a Gesagten der Gewinn des abgelaufenen Jahres sich ergeben, wenn man das Reinvermögen, wie es sich aus der Bilanz des voraufgegangenen Jahres ergibt, vom Reinvermögen am Schluß des abgelaufenen Jahres abzieht, so ist es — sollte man meinen — selbstverständlich, daß die Rechnung nur stimmt, wenn man dabei an den Ansätzen der früheren Bilanz, namentlich an der Bewertung der Gegenstände des stehenden Kapitals festhält (abgesehen von den Veränderungen, welche das abgelaufene Geschäftsjahr mit sich gebracht hat). Es ist das der vielbesprochene und umstrittene Grundsatz der Bilanzkontinuität. Wenn Rechtsprechung (RG 80, 332; vgl. aber auch 28, 55) und überwiegend auch Rechtslehre (Hachenburg § 42[12—12b]; Liebmann § 42[2 a. E.]; Feine 582) diesen Grundsatz nicht gelten lassen, so beruht das darauf, daß sie nicht genügend unterscheiden, je nachdem, ob es sich um die Bilanz eines Einzelkaufmanns handelt oder um die einer Handelsgesellschaft. Handelsrechtlich (nicht auch steuerrechtlich) hat der Kaufmann freie Hand, wie er den Jahresgewinn berechnen will, und für ihn kommt insofern Bilanzkontinuität allerdings nicht in Frage. Ganz anders dagegen gesellschaftsrechtlich. Auch die Gesellschafter haben wie der Einzelkaufmann freie Hand, wenn sie untereinander einig sind. Aber gegeneinander haben sie den Anspruch auf Bilanzkontinuität, die gewahrt werden muß, wenn auch nur einer von ihnen es verlangt. War ein Aktivum zu hoch bewertet, so ist das rechtswidrig gewesen und muß rückgängig gemacht werden. War es aus Versehen erheblich unterwertet worden, so kann kein Gesellschafter widersprechen, wenn die anderen (die Mehrheit) das wieder gutmachen wollen. War es aber vorsätzlich geschehen oder waren offene Reserven eingestellt, so hat jeder einzelne den Anspruch darauf, daß daran nur aus kaufmännisch triftigen Gründen geändert wird. Die Mehrheit kann Rückzahlung von Nachschüssen, Auskehrung von Reserven beschließen. Aber der einzelne kann darauf bestehen, daß Derartiges nur geschieht, wenn die Lage des Unternehmens es nach kaufmännischen Grundsätzen gerechtfertigt erscheinen läßt. In diesem Sinne kann er also auch darauf bestehen, daß an den früheren Abschreibungen festgehalten wird. Ein dagegen verstoßender Beschluß verletzt das Gesetz und kann angefochten werden. Das Gesagte ergibt sich an Hand handels- und gesellschaftsrechtlicher Sätze aus dem Begriff Jahresgewinn. Es ist eine Verkennung des Zusammenhangs, wenn man meint, hier ein Gewohnheitsrecht oder eine Usance heranziehen zu sollen. Wenn Feine a. a. O. sagt: ein willkürliches, im kaufmännischen Sinn grundloses Abweichen von Schätzungen für frühere Bilanzen ist jedoch unstatthaft; anders, wenn ein Irrtum entdeckt wird usw., so ist das eine sprechende Bestätigung der Behauptung, daß in diesem Punkt die herrschende Lehre blind ist. Der Satz ist beides, falsch und richtig zugleich. Den Gesellschaftern, wenn sie untereinander einig sind, ist keineswegs verwehrt, an früheren Schätzungen willkürlich zu ändern. Hachenburg a. a. O. erkennt wohl, daß die Frage auch eine gesellschaftsrechtliche Seite hat. Aber er verwertet nach diesseitiger Auffassung diesen Gesichtspunkt nicht zutreffend. Anscheinend denkt er nur an den Fall, daß im Statut einschlägige Bestimmungen getroffen sind. Selbstverständlich können solche Bestimmungen maßgeblich eingreifen. Aber durchsichtig wird der rechtliche Zusammenhang nur, wenn man sich zunächst klargemacht, was gilt, wenn das Statut nichts bestimmt. Vgl. Brodmann A.-R. § 213 Erl 7 b und c.

c) Grundlegend, auch für die Bilanzen der Gesellschaft m. b. H., sind die allgemeinen Vorschriften des § 40 HGB: die Bilanz ist in Reichswährung aufzustellen; in Inventar und Bilanz sind sämtliche Vermögensgegenstände und Schulden nach dem Werte anzusetzen, den sie am Stichtag hatten; zweifelhafte Forderungen nach ihrem wahrscheinlichen Werte, uneinbringliche gar nicht. — Die Bilanz ist eine zu Papier gebrachte geordnete Gegenüberstellung der Aktiva und Passiva. Eine weitere Form ist gesetzlich im allgemeinen nicht vorgeschrieben, sie ergibt sich aus Art und Umfang des Unternehmens. Wohl aber enthalten die Sondervorschriften für die Aktiengesellschaft und Gesellschaft m. b. H. manches, was auch die Gestaltung der Bilanz bedingt. — Die einzelnen Posten müssen nach ihrem Werte in bestimmten Geldbeträgen zum Ausdruck kommen (RGSt 44, 50; RG in Recht 1913, 3213). — Eine Bilanz, in welche willkürlich erdichtete Ziffern eingestellt werden, ist rechtlich als solche nicht anzuerkennen (RG in BayZ 1911, 138). — Die Abschätzung muß nach kaufmännischen Grundsätzen und vernünftigem Ermessen erfolgen (RG 72, 37; OLG 10, 240). — Grundsätzlich ist maßgeblich der Wert zur Zeit des Jahresabschlusses (ROHG 12, 15; RFH 1, 274; 8, 314). Es steht aber nichts im Wege, ist vielmehr geboten, daß seitdem gemachte Erfahrungen verwertet werden; das Gesetz mutet den Bilanzierenden nicht zu, sich künstlich unter Außerachtlassung der vorhandenen Nachrichten in einen früheren Erkenntniszustand zurückzuversetzen (JW 1912, 305[26]). — Über Anfechtung des die Bilanz genehmigenden Beschlusses wegen unrichtiger Bewertung s. Erl 4 zu § 29. — Gesellschafter und Dritte können Schadensersatzansprüche wegen unrichtiger Bilanz nicht aus § 823 Abs 2 BGB ableiten; der § 42 ist kein Schutzgesetz im Sinne jener Vorschrift (RG 73, 30).

2. a) Ziff 1 enthält eine Sondervorschrift für die Schätzung von Aktiven. Sie handelt von den Gegenständen, welche die Bestandteile des stehenden Betriebskapitals sind, Grundstücke, Gebäude, Anlagen, bewegliche Sachen, Rechte. Es gehört alles dahin, was dauernd dem Betriebe des Unternehmens dient, was insbesondere nicht zur Weiterveräußerung bestimmt ist, also insbesondere nicht die Warenvorräte; ferner nicht die Vorräte an Rohstoffen, Brennmaterialien u. ä. Als Rechte, die dauernd dem Betriebe dienen, kommen namentlich Patente, Lizenzen, ferner Beteiligungsrechte vor. — Ob Wertpapiere hierher gerechnet werden können, ist mehr als zweifelhaft. Die Worte des Gesetzes passen auf sie ebensowenig wie auf andere Arten,

Geld anzulegen, z. B. auf Darlehnsforderungen. Die herrschende Lehre rechnet sie indessen gleichfalls zu den Geschäftsanlagen und Betriebsgegenständen, nicht nur, wenn es sich um die gesamten Aktien einer A.-Gesellschaft oder doch um Aktienpakete handelt, durch welche die A.-Gesellschaft „kontrolliert" wird, sondern überhaupt, wenn es auf dauernden Besitz gleichviel wievieler Aktien abgesehen ist. Wenn man zugibt, was eigentlich nicht bestritten werden kann, aber doch bestritten wird, daß auf Wertpapiere das mathematische Abschreibungsverfahren der Ziff 1, Halbsatz 2 nicht anwendbar ist, dann hat für Aktiengesellschaften der Streit keine Bedeutung, weil, wenn nicht § 261 Abs 3, jedenfalls § 261 Abs 1 HGB auf sie anzuwenden ist. Dagegen ist die Frage für Gesellschaften m. b. H. von großer Bedeutung, wenn man gelten lassen muß, daß der § 40 HGB Anwendung auf sie findet und danach die Papiere wechselnd zu dem jeweiligen Kurs am Bilanzstichtag einzustellen sind. S. unten unter b und f, ferner Brodmann A.-R. § 261 Erl 5c.

b) Die Gegenstände des stehenden Betriebskapitals dürfen nur zum Anschaffungs- oder bei Selbstherstellung zum Herstellungspreise eingestellt werden. Das ist die eine Höchstgrenze. Sie müssen geringer eingestellt werden, wenn sie am Bilanzstichtage weniger wert sind. — Es muß, wie der technische Ausdruck lautet, abgeschrieben werden. Hier gestattet das Gesetz die Erleichterung des sogenannten mathematischen Verfahrens, abzuschreiben. Statt von Jahr zu Jahr den Wert von neuem oder, anders gesehen, die Abnutzung des Jahres abzuschätzen, wobei obendrein die ersten Jahre zu gut, die späteren zu schlecht wegkämen, schreibt man gleichmäßig jährlich so viel ab, daß nach Ablauf der vorausgesetzten Lebensdauer der Anlage der ganze Anschaffungspreis abgeschrieben ist. Das ist gemeint, so wenig auch die Worte des Gesetzes dem Gedanken entsprechen. Der tatsächlichen Abnutzung braucht der Betrag der Abschreibung und soll er auch gar nicht gleichkommen. Und nicht nur die Abnutzung, sondern auch andere Gründe der Entwertung, Veraltung, Konjunktur werden durch die Abschreibung gedeckt. Nur macht völlige plötzliche Vernichtung dem Verfahren ein Ende. Und das letztere wird man von ähnlichen katastrophalen Entwertungen annehmen müssen. Auch können besondere Verhältnisse rechtfertigen, die Abschreibungsquote zu erhöhen (RG 91, 408) oder herabzusetzen. Unter Umständen kann es gerechtfertigt erscheinen, von dem einen Verfahren zu dem anderen überzugehen. (S. hierzu ausführlicher Brodmann A.-R. § 261 Erl 6.) Wie hier Hachenburg § 42[30]; RFH 9, 109; a. A. Scholz 423.

c) Die vom Gesetz vorgeschriebene Grenze ist Höchstgrenze. Sind die Gegenstände weniger wert, so ist ihr wahrer Wert einzustellen, was selbstverständlich dann insbesondere gilt, wenn der gezahlte Preis ein Scheinpreis ist und beispielsweise eine Gründerprovision einschließt (RG 88, 428). Willkürliche Unterbewertung, übermäßige Abschreibung ist vom Gesetze nicht untersagt. Doch hat auch das seine Grenze. Es wird dadurch der Jahresgewinn verringert und insofern der einzelne in seinem Rechte beeinträchtigt. Er kann die Genehmigung der Bilanz anfechten, nach RG 49, 145 dann, wenn die Bilanz offensichtlich gegen Gesetz oder Vertrag verstößt. Aber da hier alles von freiester Schätzung nach kaufmännischer Erfahrung abhängt, ist jene Voraussetzung nur gegeben, wenn die Unterbewertung auf bösem Willen oder reiner Willkür beruht. Es muß, wie das Reichsgericht sagt, wofern nicht geradezu Arglist vorliegt, die Bilanz als eine willkürliche, nach kaufmännischen Grundsätzen offenbar irrtümliche (richtiger wohl unrichtige) erscheinen (RG 72, 37 und die dortigen Zitate). Auch für Dritte, welche am Reingewinn rechtlich beteiligt sind (Tantieme), ist die Jahresbilanz, nicht die Bestandsbilanz maßgeblich (RG 11, 160), und auch sie brauchen sich auf solche willkürliche Abschreibungen nicht einzulassen (JW 01, 653[13]).

d) Unter Anschaffungspreis ist nicht nur der gezahlte Preis zu verstehen. Es gehören dazu auch die angemessenerweise aufgewendeten Nebenausgaben, Steuern, Zölle, Provisionen, bei Maschinen Kosten der Montage und anderes, JW 88, 245[11]; dagegen nicht die unersetzt gebliebenen Kosten eines Prozesses, der wegen des Aufkaufs hat geführt werden müssen. Erwirbt die Gesellschaft ein Grundstück in der Zwangsvollstreckung, indem sie in ihre Hypothek bietet, so ist der Anschaffungspreis nicht ohne weiteres der gebotene Betrag, auch nicht dieser Betrag unter Hinzurechnung des Ausfalles; vielmehr ist der Betrag, von welchem der Verkehrswert des Grundstücks hinter letzterer Summe zurückbleibt, für sie Verlust. — Eingebrachte Sachen dürfen nicht mit dem Nennwert des dafür gewährten Geschäftsanteils bewertet werden, wenn sie weniger wert sind, OVGSt 17, 286. Das gilt auch, trotz des Wortlautes des Ganzen, wenn die Gesellschaft die mathematische Methode der Abschreibung wählt. Steckt in dem für ein eingebrachtes Grundstück bedungenen Entgelt Gründergewinn, so darf dieses nur mit dem entsprechend geminderten Betrag in der Bilanz erscheinen, RG 88, 428. — Über Feststellung des Anschaffungspreises bei Mengen, welche zu verschiedenen Preisen zusammengekauft sind, s. Lion, Bilanzsteuerrecht § 89.

e) Über Herstellungskosten vgl. JW 1888, 245, 11. In Rechnung zu stellen sind die Selbstkosten einschließlich etwaiger Bauzinsen, soweit diese nicht aus dem Betriebsgewinn gezahlt werden können, im übrigen ohne Zinsen. Kosten der Finanzierung können eingerechnet werden, soweit sie sich in angemessenen Grenzen halten, Bolze 6, 643. — Die zur Herstellung verwendeten Rohstoffe sind mit dem einzurechnen, was sie gekostet haben; der Buchwert hat für diese Rechnung keine Bedeutung; doch wird das allgemein nicht angenommen; vgl. Simons, Bilanzen 290; jedenfalls können übermäßige Abschreibungen rückgängig gemacht werden. Eher kommt in Frage, ob nicht vielmehr bei langer Lagerung in Fällen, wo das Material durch Lagerung wertvoller wird, z. B. bei wertvollen Nutzhölzern, Zinsen entsprechend zuzuschlagen sind, was zu bejahen sein dürfte. — Zu der viel erörterten Frage, ob Generalunkosten in die Rechnung einzustellen sind, was nach diesseitiger Auffassung ohne Zweifel zu bejahen ist, s. Brodmann A.-R. § 261 Erl 4 f.

f) Alle übrigen Vermögensgegenstände, also namentlich auch die Warenvorräte, Rohmaterialien, Kohlen usw. (unter Umständen auch Grundstücke, RGSt 46, 79), dürfen von Aktiengesellschaften nach § 261 Abs 1 Ziff 2 HGB nur mit dem Anschaffungs- oder Herstellungspreise (und nur mit dem Marktpreise, wenn dieser niedriger ist) eingestellt werden. Auffälligerweise soll nach dem Gesetz das für die Gesellschaft m. b. H. nicht gelten. Hier gilt § 40 HGB: Wert am Stichtag. Die Mot (S. 71) sagen dazu: „Die Vorschriften des HGB haben den Zweck, der Verteilung bloß möglicher Gewinne vorzubeugen, wozu bei der Aktiengesellschaft die Versuchung wegen des Einflusses der Dividende auf den Aktienkurs besonders naheliegt; hier kommt ein derartiges Motiv nicht in Betracht, und die weitgehende Erstattungspflicht, welche nach § 31 bei Beeinträchtigung des Stammkapitals durch Auszahlung fiktiver Gewinne eintritt, wird von selbst einen wirksamen Beweggrund zu vorsichtiger Bewertung der Aktiven bilden; es kann daher auch in dieser Beziehung bei dem allgemeinen Grundsatze des § 40 HGB bewenden." Aber das setzt eine Ehrlichkeit voraus, die nicht immer besteht, und eine Einsicht und einen Einfluß des einzelnen Gesellschafters, die nicht immer vorhanden sind. Seltsam verfehlt ist der Hinweis auf die Erstattungspflicht nach § 31. Gerade darum handelt es sich hier, wie die Grenze gezogen sein soll, bis zu welcher Auszahlungen an die Gesellschaft gestattet sind. Vor allem aber trifft es gar nicht den Kern der Sache. Das Verlangen, den Aktienkurs zu halten, ist bei weitem nicht das einzige Motiv, das in Frage kommt. Der wesentliche Gesichtspunkt ist ein anderer. Die Waren, auch wenn sie bereits verkauft, aber noch nicht abgeliefert sind, stehen mit dem Einkaufs- oder Herstellungspreise im Soll des Warenkontos (ebenso wie entsprechend gekaufte Waren erst nach Lieferung in die Bilanz kommen; der Anspruch auf Lieferung ist nicht bilanzfähig; s. Brodmann in Festgabe Hanseatischer Juristen an den 24. Anwaltstag). Erst im folgenden Jahre, nachdem sie abgeliefert sind, verschwinden sie dort, und der Verkaufspreis erscheint nun in den Büchern. Kommen sie mit dem Verkaufspreise in die Bilanz, so nimmt man einen Gewinn des laufenden Jahres in den Gewinn des verflossenen. Gilt das schon von bereits verkauften Waren, so muß es vollends von den unverkauften Waren und deren Marktpreis gelten, der im einzelnen Falle wohl auch einmal gerade dadurch gehalten wird, daß man die Ware zurückhält. Hier wird ein obendrein imaginärer Gewinn in das falsche Jahr gebucht. Das ist so klar, daß man vielmehr fragen muß, ob nicht auch der § 40 HGB, der ja sehr allgemein spricht, in den Fällen so verstanden werden muß, wo es auf die genaue Feststellung der Jahresgewinne ankommt, was beim Einzelkaufmann und der offenen Gesellschaft im allgemeinen nicht der Fall ist. So RJH 10, 114, der sich auch auf RG 43, 127 berufen kann. S. auch Fischer in Ehrenbergs HH II 511. Die herrschende Lehre steht auf einem anderen Standpunkte (JW 1910, 328; SeuffA 69, 86; anders RGSt 38, 1; vorsichtiger auch RG in Recht 08, 2074). RG 80, 330 beschränkt sich in einem Falle, wo verkaufte Waren zum Verkaufspreise eingesetzt werden sollten, nicht darauf, das zu billigen, sondern spricht ausdrücklich aus, entscheidend sei die Absetzbarkeit an feste und sichere Kunden (also doch wenigstens das); der im geordneten Betriebe zu erzielende und auch erzielte Verkaufswert sei in die Bilanz aufzunehmen gewesen. Unter allen Umständen ist das aber insofern verfehlt, als bei dem Wert, welcher der Ware am Bilanzstichtage beizulegen ist, keineswegs an den Verkaufs-, sondern an den (am Bilanzstichtag herrschenden) Einkaufspreis zu denken ist. Übrigens besteht heute kaum noch Streit darüber, daß, auch so verstanden, der § 40 sachlich verfehlt ist. Vgl. Fischer a. a. O. 504 ff. — Soll der Verkaufspreis gelten, so müssen jedenfalls die Spesen der Ablieferung abgerechnet werden (OLG 19, 299).

3. Die Vorschrift erklärt sich daraus, daß es dem Gesetzgeber darauf ankommt, Mißbräuchen ausdrücklich entgegenzutreten, zu welchen der Verkehr neigt. Sie ist übrigens auch nicht so selbstverständlich, wie es auf den ersten Blick scheint. Verwaltungskosten allerdings sind Handlungsunkosten. Sie erscheinen überhaupt nicht in der Bilanz und gehören in die Gewinn- und Verlustrechnung. Was die Organisationskosten angeht, so verursacht oft die erste Einrichtung oder auch örtliche oder sachliche Ausdehnung des Unternehmens unverhältnismäßig hohe Kosten, die sich nur langsam, unter Umständen erst über Jahre hinaus als produktiv erweisen, so z. B. Reklamekosten, bei einem Versicherungsunternehmen die weitverzweigte Einrichtung von Agenturen u. ä. Hier liegt es nahe, auch die Kosten dementsprechend dadurch rechnungsmäßig auf die Jahre zu verteilen, daß man einen Aktivposten einstellt. Manche Gesetzgebungen lassen das zu, um zugleich die Vorschrift anzuknüpfen, daß der Posten binnen weniger bestimmter Jahre abgeschrieben wird. Nach unserem Recht ist diese Aktivierung der Gesellschaft m. b. H. schlechthin

untersagt. Darüber, daß das ein Mißgriff der Gesetzgebung ist, s. Brodmann A.-R. § 261[3]. — Kosten, durch welche dauernde und zugleich greifbare Werte geschaffen werden, wie Einrichtung der Fabrik, Aufstellung von Maschinen, erhöhen den Anschaffungs- oder Herstellungspreis und kommen in dieser Gestalt als Aktivum zur Geltung. Das muß auch zulässig sein, wenn der Gegenstand, auf welchen der Aufwand gemacht wird, der Gesellschaft nicht gehört, z. B. wenn sie einen kostspieligen Umbau an ihrem Geschäftshause ausführt, in dem sie auf Grund langjährigen Mietvertrages sitzt. Nur ist dann schneller abzuschreiben.

4. Der Anspruch der Gesellschaft auf Zahlung des Nachschusses bildet, wie jede Forderung der Gesellschaft, wie namentlich auch der Anspruch auf die Einzahlungen auf die Stammeinlage, ein Aktivum der Gesellschaft, aber erst, wenn er als unbedingt beitreibbarer entstanden ist, d. h. wenn die Einforderung des Nachschusses beschlossen worden ist und dem Gesellschafter nicht oder nicht mehr das Recht zusteht, sich durch Preisgabe des Geschäftsanteiles von der Zahlung zu befreien (§§ 26—28). Vorher ist der Anspruch überhaupt nicht bilanzfähig. Ohne Bedeutung ist, daß der Gesellschafter das Abandonrecht nicht ausüben kann, weil er die Stammeinlage noch nicht voll eingezahlt hat. Das könnte nachgeholt werden. Daß das Abandonrecht am Jahresschlusse noch bestand, ist ohne Bedeutung, wenn es zur Zeit der Aufstellung der Bilanz nicht mehr ausgeübt werden kann. Übrigens darf auch dieser Anspruch wie jede Forderung, wenn der Gesellschafter ein unsicherer Schuldner (und der Regreß nicht gesichert) ist, nur zum geschätzten Werte eingestellt werden. Und ebenso wie bei jeder anderen Forderung verschwindet das Aktivum, sobald der Nachschuß gezahlt ist. — Die Gegenbuchung auf der Passivseite ist geboten, weil andernfalls der Nachschuß als Jahresgewinn herauskommen würde, was er nicht sein soll, und weil auch das Nachschußkapital, solange die Nachschüsse nicht in zulässiger Weise (§ 30 Abs 2) zurückgezahlt sind, den Gesellschaftsgläubigern haftet. Das gilt vom ganzen Nachschußkapital, ob eingezahlt oder nicht (vgl. Ziff 4 Satz 2).

5. a) Als Passiva kommen in erster Linie die Schulden der Gesellschaft in Betracht, und zwar diejenigen Verbindlichkeiten, welche beim Jahresschluß verbucht sein müssen. So kommt die Verbindlichkeit, den Preis für gekaufte Waren zu zahlen, erst zur Verbuchung, wenn die Waren geliefert worden sind, also überhaupt nicht, wenn vorausgezahlt wird. — Regreßverbindlichkeiten — Wechselregreßverbindlichkeiten, Bürgschaften u. ä. — müssen nicht in die Bilanz eingestellt werden, wenn vollwertiges Rückgriffsrecht besteht. Auch schwebende Verbindlichkeiten aus beiderseits unerfüllten gegenseitigen Verträgen bleiben, ebenso wie auf der Seite der Aktiven der Gegenanspruch, ungebucht. Das ist nicht nur eine Frage der Buchführungstechnik, es stecken auch juristische Momente darin. Dabei ist gleichgültig, ob Forderung und Gegenforderung gleichwertig sind, Gewinn oder Verlust aus dem Geschäfte fallen in das folgende Jahr. Das ist allerdings bestritten und soll der kaufmännischen Übung nicht entsprechen. Für das Aktienrecht ergibt es sich aber aus § 261 Abs 1 HGB, nach welchem z. B. verkaufte, aber noch nicht abgelieferte Waren zum Herstellungs- oder Marktpreis einzustellen sind, nicht zum Verkaufspreise, mag dieser nun höher sein oder niedriger. S. oben Erl 2 f. Allgemein durchschlagend ist aber der Grund, daß aus dem einzelnen geschäftlichen Unternehmen Gewinn nicht erzielt, Verlust nicht erlitten ist, bevor es durchgeführt ist. — An und für sich sind alle Verpflichtungen der Gesellschaft als Passiva einzustellen, gleichviel auf welchem Rechtsgrunde sie beruhen, auch Verbindlichkeiten aus Liberalität, vorausgesetzt, daß sie gültig entstanden sind. Vgl. im einzelnen Brodmann A.-R. § 261 Erl 7. — Über die Frage, inwiefern die Verpflichtung der Gesellschaft m. b. H., ihrem Geschäftsführer eine ihm auferlegte Geldstrafe zu ersetzen, den Bilanzgewinn schmälern kann, s. RFH 9, 323.

b) Das Stammkapital auf der Passivseite ist eine reine Rechnungsziffer. Die Einzahlungen auf das Stammkapital sind in dem Betriebsvermögen der Gesellschaft investiert und erscheinen in dieser Gestalt auf der Seite der Aktiven. Letzteres gilt auch von dem Anspruch der Gesellschaft auf die noch ausstehenden Raten der Stammeinlagen. Dementsprechend gehört der ganze Stammkapitalbetrag, auch wenn teilweise noch nicht eingezahlt, als Passivposten in die Bilanz. Erst durch Einstellung dieses Postens ergibt der Saldo der Rechnung den Jahresgewinn oder Jahresverlust. Die Ziffer des Stammkapitals ist unveränderlich, gleichviel ob einzelne Geschäftsanteile fortgefallen, etwa kaduziert, amortisiert worden sind von Anfang an nichtig waren. Eine Abänderung des Postens ist nur dadurch zu erreichen, daß in den vom Gesetz vorgeschriebenen Formen (§§ 55, 58) das Stammkapital erhöht oder herabgesetzt wird. Herabsetzung des Stammkapitals ist gar nichts anderes als diese Herabsetzung seiner Ziffer. S. Erl 1 zu § 58. Solange die Erhöhung des Stammkapitals noch nicht in das Handelsregister eingetragen worden ist, darf die erhöhte Ziffer nicht in die Bilanz eingestellt werden, RJA 13, 116. — Es kann einen guten Sinn haben und kommt vor, daß gleichzeitig Erhöhung und Herabsetzung des Stammkapitals durchgeführt wird. Dann muß, wenn der Abschluß in das Sperrjahr fällt, das ungekürzte Stammkapital plus Erhöhung in die Bilanz eingestellt werden, HessRspr 1913, 106. — Es kann sich das Vermögen der Gesellschaft, ihr Betriebskapital, gegenüber dem Stammkapital vermehren, namentlich dadurch, daß nicht der volle Ertrag als Jahresgewinn zur Auszahlung kommt oder daß neue Geschäftsanteile mit einem Aufschlag auf dessen Nennbetrag (Stammeinlage) ausgegeben werden u. ä. So entstehen Reserven. Das kommt in der Bilanz in der Gestalt von Reservefonds zum Ausdruck, echter Reservefonds zum Unterschied von unechten uneigentlichen, welche letzteren nur Gegenbuchungen zur Korrektur bestimmter Aktivposten sind (insbesondere werden oft Abschreibungen auf diese Weise nicht unmittelbar, sondern durch Gegenbuchung zum Ausdruck gebracht; s. Ziff 1 Halbsatz 2). In letzterem Falle dienen die Reservefonds der Befolgung zwingender Rechtsvorschriften und soweit sie das tun, hat die Gesellschaft in ihrer Bilanzbehandlung nicht freie Hand. Anders bei den echten Reservefonds. Einen Zwang, solche zu sammeln, kennt das Gesetz nur bei der Aktiengesellschaft. Die Gesellschaft m. b. H. hat hierin freie Hand, soweit einem Mehrheitsbeschluß nicht der dem einzelnen Gesellschafter nach § 29 zukommende Anspruch auf den Jahresgewinn entgegensteht (vgl. oben unter 1 a und b, Erl 5 zu § 29). Ein in der voraufgegangenen Bilanz bereits enthaltener echter Reservefonds kann durch Mehrheitsbeschluß wieder aufgegeben werden (vgl. RG 103, 369), auch für einen anderen Zweck als den ursprünglichen bestimmt werden (OLG 10, 242; vgl. auch RG 28, 46). Es fragt sich nur, ob nicht der Gesellschaftsvertrag entgegensteht (RG in HoldheimsMSchr 14, 240), und ferner, inwieweit hier dem einzelnen der Anspruch auf Bilanzkontinuität zusteht (s. oben Erl 1 a und b). Wird an einzelnen Konten auf Aktivseite übermäßig abgeschrieben, so entstehen in der Höhe des Übermaßes stille Reserven, echte Reserven. — Der unechte Reservefonds kann abgeschrieben werden, wenn sein Anlaß fortgefallen ist, wenn z. B. statt der alten Maschinen neue angeschafft worden sind, wenn ein befürchteter Ausfall an einem der Debitoren nicht eingetreten ist usw.

c) Daß das Nachschußkapital — und zwar das ganze, gleichviel ob eingezahlt oder nicht (Ziff 3) — auf der Passivseite erscheint, beruht darauf, daß die Nachschüsse Beiträge der Gesellschafter zum Gesellschaftsvermögen, dem Betriebskapital, sind und ihr Betrag ebenfalls von der Summe der Aktiven abgezogen werden muß, ehe man auf den Jahresgewinn kommt. Das Gesetz unterscheidet die zwei Fälle, ob die Gesellschafter unbedingt verpflichtet sind, den eingeforderten Betrag zu zahlen, oder ob sie sich durch Preisgabe ihres Geschäftsanteiles von der Zahlungspflicht befreien können (§ 27). Im ersteren Falle erscheint der gesamte eingeforderte Nachschußbetrag auf der Passivseite, gleichgültig wieviel darauf eingezahlt worden ist (Ziff 3 u. 4); andernfalls nur der eingezahlte (oder durch Erlöschen des Abandonrechts unbedingt geschuldete) Betrag (Ziff 4). — Dieser Posten der Bilanz ist nicht so unveränderlich wie der des Stammkapitals, weil einmal die Nachschüsse — unter Wahrung der Vorschriften in § 30 Abs 2 — zurückgezahlt werden können und dann auch auf der Passivseite verschwinden müssen und weil sie ferner à fonds perdu, nämlich zur Deckung eines Verlustes, eingefordert oder verwendet werden können und damit ebenfalls endgültig verschwinden.

d) Das Gesetz gestattet, den Betrag der Nachschüsse fortzulassen, „soweit die Verwendung eine Abschreibung der betreffenden Passivposten begründet". Der Satz bezieht sich sowohl auf die Reservefonds wie auf die Nachschüsse. Es ist streitig, was er bedeutet. Die Wendung leidet an einer heillosen Unklarheit, weil sich in ihr zwei Vorstellungsweisen verquicken, die gerade getrennt gehalten werden müssen. Man kann einen Reservefonds so gestalten, daß man den Betrag — in Geld, Wertpapieren usw. — hinlegt und ihn bei einem eintretenden Verluste usw. „verwendet", indem man daraus bezahlt. So wird aber in der Regel nicht verfahren. In der Regel ist der Reservefonds nichts als eine Rechnungsgröße. Sein realer Wert steckt dann ebenso wie der des Stammkapitals ununterschieden im gesamten Betriebsvermögen. Will man ihn zur Deckung einer außerordentlichen Ausgabe, zum Ausgleich eines Verlustes „verwenden", so geschieht das gar nicht anders als dadurch, daß man ihn eben (in Höhe des betreffenden Betrages) in den Büchern fortläßt, abschreibt. Die Verwendung ist die Abschreibung und kann diese nicht wohl begründen. So ist mit der Bestimmung eigentlich gar nichts gesagt. Sie ist rein tautologisch: eine Abschreibung ist zulässig, soweit sie begründet ist. Man muß die Entscheidung hierüber aus anderem Zusammenhang suchen. Die Abschreibung unechter Reserven findet ihre Schranke in § 40 HGB, § 42 Abs 1, solche echter Reserven an den Grundsätzen solider Geschäftsführung, beide auch an dem Satz von der Bilanzkontinuität (s. oben Erl 1 a und b). Die Abschreibung des Nachschußkapitals ist zulässig entweder auf Grund der Rückzahlung des einzelnen Nachschusses, wo § 30 Abs 2 die Grenze und das Verfahren bestimmt, oder bei Verwendung des Nachschußkapitals zur Abdeckung von Verlusten. Hier ist Streit, ob die Abschreibung ohne weiteres zur Deckung von Einzelverlusten zulässig ist oder nur zur Deckung eines Bilanzverlustes. Offenbar ist letzteres der Fall. Man kann nicht mitten im Geschäftsjahr einen Verlust abdecken, um sich die Ergebnisse der günstig verlaufenden Transaktionen nicht verkümmern zu lassen, es sei denn, daß gerade hierzu der Nachschuß erhoben wird, s. Erl 1 b und c zu § 29 (letzteres wäre nach Hachenburg § 42[64] überhaupt nicht zulässig). Erst wenn am Jahresschlusse sich statt Gewinnes Verlust ergibt, kann das durch Abschreibung am Nachschußkapital bis zur Balance ausgeglichen werden. Hält man nicht hieran fest, dann erhöht die Abschreibung den Jahresgewinn oder täuscht überhaupt erst einen solchen vor, was dazu führt daß insoweit die Nachschüsse zur Zurückzahlung kommen, ohne daß die Vorschriften des § 30 Abs 2 Satz 2 eingehalten werden; Liebmann § 42[6e]. (Am wenigsten darf man unter „Verwendung" des Nachschusses den Vorgang verstehen, daß die Gesellschaft das eingegangene Geld „verwendet", um sich damit etwas zu kaufen, z. B. einen eigenen Geschäftsanteil.) Wird ein Bilanzverlust durch Abschreibung von einem Reservefonds oder vom Nachschußkapital ausgeglichen, so ist er endgültig beseitigt, und der Gewinn des folgenden Jahres kommt ungekürzt zur Auszahlung. — Auch Satz 2 in Ziff 4 gilt nur von der Gewinnberechnungsbilanz.

6. Sind die Bücher richtig geführt und ist die Bilanz richtig aufgestellt, so weist der Unterschied der Schlußsummen auf der Seite der Aktiven und auf der Seite der Passiven das Jahresergebnis auf. Überwiegt die Summe der Aktiven die der Passiven, so ist die Differenz der Jahresgewinn und erscheint als Saldo auf Passivseite, im umgekehrten Fall ist Jahresverlust. Zur Kontrolle des Ganzen dient, daß diese Schlußzahl mit dem entsprechenden Saldo des Gewinn- und Verlustkontos übereinstimmen muß. Der Aktivsaldo des letzteren Kontos muß somit dem Passivsaldo der Bilanz gleich sein oder umgekehrt der Passivsaldo dort dem Aktivsaldo hier. Was das Gesetz vorschreibt, nämlich, daß dieser Gewinn oder Verlust am Schluß der Bilanz besonders angegeben werden muß, ist, was in der doppelten Buchführung bei richtiger Handhabung der Buchungsregeln sich schon hieraus ergibt. Aber diese Regeln werden nicht immer richtig gehandhabt und nicht selten ist, vielleicht aus einwandfreien Gründen, vielleicht aber auch aus nicht einwandfreien, das Bestreben, den Gewinn oder Verlust nicht voll und deutlich in die Erscheinung treten zu lassen, wofür mannigfache Buchungspraktiken zur Verfügung stehen. Das will die anscheinend nur selbstverständliche Vorschrift der Ziff 5 verbieten. — Der danach ausgewiesene Gewinn ist nicht der Betrag, welcher zur Verteilung unter die Gesellschafter nach § 29 gelangt, ist nicht die Dividende. Es gehen davon ab die etwa nach Statut oder Vertrag an Dritte abzuführende Quote des Gewinnes, namentlich also die Tantiemen der Geschäftsführer und gegebenenfalls der Mitglieder des Aufsichtsrats. Auch Dritten, z. B. Inhabern von Genußscheinen, kann Anspruch auf Beteiligung am Jahresgewinn zustehen. — Es gehen ferner ab alle Rückstellungen. A.-Gesellschaften sind gesetzlich verpflichtet, bis zu bestimmter Höhe solche Rückstellungen aus dem Gewinn vorzunehmen. Bei Gesellschaften m. b. H. ist es nicht selten im Statut bestimmt. Die Gesellschafter können auch ohne das unbeschränkt Rückstellung beschließen, wenn keiner von ihnen widerspricht. Unsicher ist dagegen, inwiefern die Mehrheit wider den Willen der Minderheit oder einzelner es beschließen kann. Aus der wenig glücklichen Fassung der Gesetze (§ 29 Abs 1, vgl. HGB § 213) schließt die herrschende Lehre, daß jeder einzelne Gesellschafter den Anspruch darauf hat, daß Rückstellungen nur insoweit beschlossen werden, als es im Statut bestimmt ist. Darüber, daß die Vorschrift, so verstanden, gesetzgeberisch verfehlt wäre und praktisch sich nicht einhalten läßt, wie sie denn auch nicht eingehalten wird, ist man sich wohl allgemein einig, nicht so sehr dagegen darin, daß man vielmehr anerkennen muß, daß die Mehrheit, die eine Rückstellung beschließt, die Rechte der Minderheit nicht verletzt, wenn die Rückstellung nach kaufmännischen Grundsätzen geboten oder auch nur gerechtfertigt ist; s. **Brodmann** A.-R. § 213 Erl 7c, RG 116, 119. — Eine Rückstellung ist es auch, wenn der Jahresgewinn ganz oder teilweise „auf neue Rechnung vorgetragen" wird. Die Frage ist lebhaft erörtert und umstritten. Der Streit wird gegenstandslos, wenn man erkennt und anerkennt, daß es eine Rückstellung besonderer Art ist. Während sonst die zurückgestellten Beträge als echte Reserven dem Stamm des Vermögens zuwachsen, bleibt vorgetragener Gewinn Ertrag, was praktisch die Bedeutung hat, daß, während in dem folgenden Jahresabschluß über die Verwendung von echten Reserven nur nach Maßgabe der dafür geltenden Regeln beschlossen werden kann, über den Gewinnvortrag von vornherein schon entschieden ist, daß er, sei es den Gewinn des folgenden Jahres vermehrt, sei es den Verlust mindert. S. **Brodmann** A.-R. § 262 Erl 3c. — Der Gewinnübertrag ist tantiemefrei, unterliegt aber der Körperschaftssteuer für das abgelaufene Jahr. — Zweifelhaft ist, wieweit die Mehrheit einen Gewinnvortrag gegenüber dem nach § 29 dem einzelnen zustehenden Anspruch auf den Jahresgewinn beschließen kann. Nach OLG 10, 241 müßte der einzelne sich gefallen lassen, daß mit dem ganzen Gewinn so verfahren wird. Vorsichtiger RG in HoldheimsMSchr 7, 143: Der Beschluß ist zulässig, wenn er sich in den Grenzen vorsichtiger und verständiger Finanzgebarung hält. Immerhin hat JW 05, 345[22] ohne weiteres für bindend erklärt, wenn bei einem Gewinn von 48860 M. 7559,60 M. auf neue Rechnung vorgetragen werden, was doch wohl einer besonderen Rechtfertigung bedurft hätte. — Etwas anderes ist es, wenn die Gesellschafter den verteilbaren Gewinn festsetzen, zugleich aber beschließen, ihn (einstweilen) nicht auszuzahlen. Das ist nicht Rücklage, vielmehr erscheint der Betrag fortan unter den Kreditoren. Es kann das nur mit Zustimmung aller beschlossen werden. — Tantiemefreie Rücklage liegt auch dann vor, wenn der Betrag einem Unterstützungsfonds mit selbständiger Rechtspersönlichkeit zugewiesen wird, RG 91, 314, während es steuerrechtlich darauf ankommt, ob der Betrag endgültig der Verfügung der Gesellschaft entzogen wird. — Nach RG 40, 33 sollen auch wohlbegründete ethische oder Wohlfahrtszwecke die Einstellung eines Reservefonds durch Mehrheitsbeschluß nicht rechtfertigen, was wiederum nach der anderen Seite zu weit gehen dürfte. — In steuerrechtlicher Beziehung ist hervorzuheben, daß, wenn sich ein Dritter mit einer Einlage am Unternehmen der Gesellschaft m. b. H. als stiller Gesellschafter beteiligt, sein Gewinnanteil ebensowenig Gewinn der Gesellschaft bedeutet wie die Tantieme des Aufsichtsrates, Geschäftsführers, Prokuristen usw. (RFH in JW 1921, 914; RFH 2, 179[56]; 3, 16[5]). — Rechtlich und rechnerisch kommen alle diese aus dem Bilanzgewinn erfolgenden Entnahmen erst zu Raum, nachdem dieser festgestellt worden ist. Sachlich gehört das nicht in die Bilanz. Es steht aber nichts im Wege und ist tatsächlich üblich, diese Verteilung des Reingewinns in der Bilanz — zweckmäßig vor der Linie — zur Darstellung zu bringen. Vgl. auch Brodmann A.-R. § 261 Erl 10 und 11.

§ 43

Die Geschäftsführer haben in den Angelegenheiten der Gesellschaft die Sorgfalt eines ordentlichen Geschäftsmannes anzuwenden[1]).

Geschäftsführer, welche ihre Obliegenheiten verletzen, haften der Gesellschaft solidarisch[3]) für den entstandenen Schaden[2]).

Insbesondere sind sie zum Ersatze verpflichtet, wenn den Bestimmungen des § 30 zuwider Zahlungen aus dem zur Erhaltung des Stammkapitals erforderlichen Vermögen der Gesellschaft gemacht oder den Bestimmungen des § 33 zuwider eigene Geschäftsanteile der Gesellschaft erworben worden sind. Auf den Ersatzanspruch finden die Bestimmungen im § 9 Absatz 2 entsprechende Anwendung. Soweit der Ersatz zur Befriedigung der Gläubiger der Gesellschaft erforderlich ist, wird die Verpflichtung der Geschäftsführer dadurch nicht aufgehoben, daß dieselben in Befolgung eines Beschlusses der Gesellschafter gehandelt haben[4]).

Die Ansprüche auf Grund der vorstehenden Bestimmungen verjähren in fünf Jahren[5]).

Österr. Gesetz §§ 25, 10 Abs 4, 56 Abs 3, 64 Abs 2.

1. a) Das Rechtsverhältnis zwischen dem Geschäftsführer und der Gesellschaft beruht entweder auf dem Gesellschaftsvertrag oder auf einem Dienstvertrag, welcher Geschäftsbesorgung zum Gegenstande hat (§ 675 BGB). (Über die Theorie vom einseitigen körperschaftlichen Akt s. § 38 Erl 2b.) In beiden Fällen hat der Geschäftsführer nach § 276 Abs 1 Vorsatz und Fahrlässigkeit zu vertreten und fahrlässig handelt, wer die im Verkehr erforderliche Sorgfalt außer acht läßt. Die Vorschrift des § 708 BGB, wonach ein Gesellschafter nur für diejenige Sorgfalt einzustehen hat, welche er bei eigenen Angelegenheiten anzuwenden pflegt, ist mit der Sonderbestimmung des § 43 Abs 1 ausgeschaltet, würde aber ohnehin nicht anwendbar sein, weil der Geschäftsführer, auch wenn er Gesellschafter ist, nicht den Mitgesellschaftern, sondern der Gesellschaft gegenübersteht (RG in Recht 08, 1891). Maßstab ist die Sorgfalt eines ordentlichen Geschäftsmannes. Das ist kein einheitlicher absoluter Maßstab. Die Anforderungen sind verschieden, je nach der Art des Betriebes, um welchen es sich handelt. Die Regel ist aber kaufmännischer Betrieb, und daher haftet der Geschäftsführer in der Regel für die Sorgfalt eines ordentlichen Kaufmannes. Wie jeweilig die Anforderungen sind, muß er ihnen gewachsen sein. Sonst darf er die Stellung nicht übernehmen (Recht 1913, 18). — Die Haftung besteht nur gegenüber der Gesellschaft, nicht gegenüber den einzelnen Gesellschaftern (vgl. RG BauersZ 19, 27; Ausnahme s. in § 81 Abs 3 Satz 3) und nicht gegenüber den Gläubigern der Gesellschaft, die aber den Anspruch der Gesellschaft durch Abtretung und durch Pfändung gegen die Gesellschaft erwerben oder geltend machen können. Die Haftung erstreckt sich auch auf das, was vor der Eintragung, also vor der Entstehung der Gesellschaft hätte geschehen müssen (RG in Recht 1915, 362). — Dritte können gegen den Geschäftsführer vorgehen, wenn in seiner Handlung eine sie verletzende unerlaubte Handlung liegt (RG in Recht 07, 2241; vgl. RG 115, 293). Der § 43 Abs 1 selbst ist kein Schutzgesetz im Sinne des § 823 Abs 2, jedenfalls aber ist es bei ihm nicht auf den Schutz der Interessen Dritter abgesehen (RG 73, 30). — Im Konkurse der Gesellschaft gehört der Anspruch aus § 43 zur Konkursmasse und kann nur noch vom Konkursverwalter geltend gemacht werden (vgl. JW 06, 433[24]).

b) Nach § 276 BGB kann im Vertrage dem Schuldner die Haftung wegen Fahrlässigkeit im voraus erlassen werden. Allgemein wird behauptet, daß das hier nicht zulässig sei (zaghaft OLG 9, 266). Es wird so leicht der Fall nicht vorkommen, daß eine Gesellschaft ihrem Geschäftsführer einräumt, daß er nur für Vorsatz aufkommen soll, aber unpraktisch ist die Frage darum doch nicht. Im Vertrage können unter mehreren Geschäftsführern die Geschäfte unter ausgesprochener Trennung der Zuständigkeiten verteilt sein, die Gesellschaft kann, um den Geschäftsführer zu entlasten, besondere Kontrollinstanzen bestellen, der Geschäftsführer erklärt, er fühle sich der Stellung nicht gewachsen, und die Gesellschaft stellt ihn doch an. Das sind an sich nur Momente für die Frage, ob den Geschäftsführer ein Verschulden trifft. Aber es fragt sich, ob damit nicht auch die Ausschließung für die Haftung wegen Verschuldung verbunden werden kann. Es ist unerfindlich, nachwelcher Vorschrift des Gesetzes das nicht zulässig sein sollte. Daß der § 43 Abs 1 zwingendes Recht enthält, müßte begründet werden. In ganz bestimmter Richtung hat das Gesetz für nötig befunden, der Gesellschaft das Recht zu nehmen, auf entstandene Ansprüche gegen den Geschäftsführer zu verzichten (Abs 3 Satz 2). Daraus folgt, daß sie insofern auch im voraus nicht auf Entstehung des Anspruchs verzichten kann. Die Ausschließung der Haftung für Fahrlässigkeit finde hieran ihre Grenze. Aber mehr folgt daraus nicht. Auch daraus nicht, daß der Geschäftsführer gesetzlicher Vertreter ist. Dritten gegenüber kann sich die Gesellschaft nicht darauf berufen, daß ihr der Geschäftsführer nur wegen Vorsatz haftet, aber Gläubiger, welche mit Pfändung gegen die Gesellschaft vorgehen, haben keinen Anspruch darauf, daß ihr Schuldner pfändbare Rechte besitzt, sondern nur darauf, daß er erworbene Rechte nicht aufgibt; Hachenburg § 43².

c) Nach allgemeinen Grundsätzen kann die Gesellschaft den Geschäftsführer nicht für Dinge in Anspruch nehmen, die mit ihrer Zustimmung geschehen sind. In diesem Sinne ist es richtig, daß der Geschäftsführer, der nur einen Beschluß der Gesellschaft zur Ausführung gebracht hat, durch diesen Beschluß gedeckt wird. Das muß im allgemeinen auch gelten, wenn es sich um einen gegen das Gesetz verstoßenden Beschluß gehandelt hat. Der Geschäftsführer mag berechtigt und verpflichtet gewesen sein, den Beschluß nicht auszuführen. Aber auch dann bleibt bestehen, daß die Gesellschaft nicht Schadensersatz aus einer Handlung fordern kann, die sie selbst angeordnet hat (vgl. RG 46, 61). Aber den Geschäftsführer kann aus anderen Gründen hier ein Verschulden treffen. Er kann, unter Umständen muß er besser unterrichtet sein, mehr verstehen als die Gesellschafter, und er verletzt seine Obliegenheiten, wenn er nicht auf Dinge aufmerksam macht, die er hätte sehen müssen, auf die Bestimmungen des Gesetzes, welche den Beschluß verbieten, usw. — Die Zustimmung des Aufsichtsrates nimmt der Gesellschaft den Anspruch nicht (JW 00, 186[15]).

d) Auch wer nur tatsächlich — ohne durch Vertrag gebunden zu sein — als Geschäftsführer der Gesellschaft tätig wird, haftet nach § 43 (RG in Recht 09, 2938).

2. Ist dadurch, daß der Geschäftsführer vorsätzlich oder fahrlässig seine Obliegenheiten verletzt, der Gesellschaft ein Schaden entstanden, so haftet der Geschäftsführer auf Ersatz. Die Gesellschaft, welche klagt, muß behaupten und beweisen, daß und welcher Schaden entstanden ist. In Beziehung auf Vorsatz oder Verschulden des Geschäftsführers trifft die Gesellschaft die Beweislast nicht. Vielmehr muß dieser sich rechtfertigen und für den Schaden aufkommen, wenn er es nicht vermag. Es geht zu weit, war auch zur Begründung der sachlich auf obigem Standpunkt stehenden Entscheidung nicht geboten, wenn RG 98, 100 sagt: Der Gesellschaft (dem Liquidator) darf eine vorgängige Beweis- oder Darlegungspflicht überhaupt nicht angesonnen werden; da der Geschäftsführer kraft seines Dienstvertrages der Gesellschaft Auskunft zu erteilen und Rechnung zu legen hat, liegt die Beweislast in vollem Umfange ihm selbst ob. Der entlassene und auf Ersatz in Anspruch genommene Geschäftsführer kann verlangen, daß ihm, nötigenfalls unter Zuziehung eines Sachverständigen, Einsicht in die Bücher der Gesellschaft gewährt wird, wenn er zu seiner Verteidigung daran Interesse hat (RG in HoldheimsMSchr 17, 251).

3. a) Haften mehrere Geschäftsführer für einen entstandenen Schaden, so haften sie der Gesellschaft als Gesamtschuldner, ein jeder auf das Ganze. Es kommt nicht darauf an, ob sie gemeinschaftlich gehandelt haben oder ob sie den Schaden in gleichartiger Weise verschuldet haben, ob das Verschulden des einen mehr oder weniger überwiegt. Mögen die mehreren Geschäftsführer die Geschäfte unter sich verteilt haben oder nicht, immer bleibt jeder von ihnen verpflichtet, die Geschäftsführung im ganzen im Auge zu behalten. Aber er kann nicht alles sehen, und wenn er etwas nicht gesehen hat, so muß ihn deswegen ein Vorwurf treffen, wenn er haften soll, RG in SeuffA 80, 306; § 37 Erl 2 b. So sagt RG 91, 77 in Beziehung auf eine gesetzwidrige Verwendung von Baugeldern: „Die Geschäftsführer sind nebeneinander für die Beachtung des Gesetzes verantwortlich; keiner kann sich damit entlasten, daß er sich darum nicht gekümmert und dem anderen diese Geschäfte überlassen habe; gerade das ist ihm schon als Fahrlässigkeit anzurechnen; freilich ist es zulässig, daß sie eine Arbeitsteilung vereinbaren, und ein Geschäftsführer ist von der Verantwortung frei, wenn er der Überlassung der Verwaltung der Baugelder an den anderen ohne Verschulden zustimmen konnte, d. h. wenn er den anderen für eine vertrauenswürdige Person hielt und halten durfte." — Das gilt nicht nur von diesem Falle, sondern hat allgemeine Bedeutung. Hat in zulässiger Weise eine Teilung der Geschäfte stattgefunden, so kann und braucht sich der eine nicht um die Einzelheiten im Geschäftsbereich der anderen zu kümmern. Was er sieht, muß er natürlich beachten. Aber bei weitem nicht alles muß er sehen. Fraglich ist nur, ob die Geschäftsführer ohne Wissen der Gesellschaft eine solche Teilung der Geschäfte vereinbaren dürfen, was in der Regel zu verneinen sein wird. Zu weit aber dürfte RG 98, 99 gehen, wenn es hierzu einen förmlichen Gesellschafterbeschluß verlangt. So denn auch RG in JR 1929, 750, wonach formlose Einverständnis aller Gesellschafter genügt.

b) Als Gesamtschuldner sind die mehreren Geschäftsführer im Verhältnis zueinander zu gleichen Anteilen verpflichtet, so daß der zahlende Geschäftsführer von anderen Ersatz der Hälfte fordern kann. Nimmt man das Gesetz — § 426 BGB — beim Wort, so wäre dieses Verhältnis unabänderlich. Denn es findet sich nicht, daß irgendwo im Gesetz etwas anderes bestimmt wäre.

Es müßte der Geschäftsführer, der es an der Aufsicht hat fehlen lassen, dem anderen, der entwendetes Geld hat ersetzen müssen, die Hälfte erstatten. Das erscheint ausgeschlossen. Es muß vielmehr hier, wie auch sonst in ähnlichen Fällen, angenommen werden, daß der in § 254 BGB positiv zum Ausdruck gekommene Gedanke allgemeine Bedeutung hat und daher auch hier anzuwenden ist. Der gegenseitige Ausgleich richtet sich nach dem Maß der Beteiligung des einzelnen an der Verursachung des Schadens. Scholz 436.

4. a) Abs 3 verschärft die Haftung des Geschäftsführers in drei Fällen:

a) wenn Auszahlungen an die Gesellschafter auf Kosten des Stammkapitals erfolgen (§ 30),

b) wenn die Gesellschaft Geschäftsanteile, die nicht voll eingezahlt sind, erwirbt (§ 33 Abs 1),

c) wenn ein voll eingezahlter Geschäftsanteil auf Kosten des Stammkapitals erworben wird (§ 33 Abs 2).

Die Verschärfung besteht in zweierlei:

a) die Gesellschaft kann auf den Anspruch nicht wirksam verzichten, auch nicht im Wege eines Vergleichs (es sei denn zur Abwendung oder Beseitigung des Konkurses des Schuldners),

b) der Geschäftsführer wird auch durch einen entsprechenden Beschluß der Gesellschafter nicht gedeckt.

Beides gilt aber nur, sofern der Ersatz zur Befriedigung der Gläubiger der Gesellschaft erforderlich ist. Vgl. § 9 Erl 3a. In dem Prozeß auf Klage der Gesellschaft oder eines ihrer Gläubiger, der den Anspruch hat pfänden lassen, ist das letztere Replik und vom Kläger zu behaupten und zu beweisen. Es kommt nicht darauf an, ob die Unzulänglichkeit des Gesellschaftsvermögens zur Bezahlung des oder der Gläubiger schon bestand, als die verbotene Auszahlung oder Aufwendung von Gesellschaftsgeldern oder als der Verzicht erfolgte. Es handelt sich in allen drei Fällen um Verstöße gegen zwingende Gesetzesvorschriften. Wenn gleichwohl der Gesetzgeber für nötig gehalten hat, dem Geschäftsführer zu versagen, sich in diesen Fällen auf einen Beschluß der Gesellschafter zu berufen, so widerlegt das die Behauptung Scholz' 434, daß überhaupt bei Verstößen gegen zwingende Rechtsvorschriften der Geschäftsführer sich auf einen Gesellschafterbeschluß nicht berufen könne. — Der § 241 Abs 4 HGB gibt bei der A.-Gesellschaft in der entsprechenden Rechtslage den Gläubigern das Recht, den Anspruch der Gesellschaft unmittelbar gegen den Schuldner geltend zu machen. Hier kann nur die Gesellschaft selbst (oder der Konkursverwalter) den Anspruch geltend machen, ein Gläubiger dagegen nur auf Grund einer Zession oder einer gegen die Gesellschaft ausgebrachten Pfändung.

b) In den Fällen des Abs 3 handelt es sich immer um die Weggabe bestimmter Geldsummen zum Nachteil der Gesellschaft. Daher wird man, was allerdings allgemein nicht anerkannt wird, den Abs 3 dahin zu verstehen haben, daß er auch nur den Ersatz der betreffenden Geldsumme im Auge hat, JW 1904, 43; a. A. Hachenburg § 43 Erl 19, Neukamp § 43 Erl 6, Scholz 438. Hat die Gesellschaft nachweisbar weitergehenden Schaden erlitten, so wird sie auf Grund Abs 2 den Anspruch haben, daß ihr auch dieses Mehr ersetzt wird. Aber diesen Anspruch kann der Geschäftsführer durch Berufung auf einen Gesellschafterbeschluß abwehren; auf ihn kann die Gesellschaft voll wirksam verzichten; vor allem ist bedeutsam, daß, wenn es sich in Abs 3 um Schadensersatzansprüche handelte, der Geschäftsführer nur subsidiär haften würde, nur dann, wenn von dem Empfänger des Geldes Erstattung nicht zu erlangen wäre (anders, aber von seinem Standpunkt aus nicht folgerichtig, Neukamp § 31 Erl 1c). — Es braucht also die Gesellschaft nicht geltend zu machen, daß sie einen Schaden erlitten hat, aber selbstverständlich kann sie das Geld nicht noch einmal fordern, wenn der Empfänger es ihr zurückgegeben hat. Vgl. Brodmann A.-R. § 241 Erl 3b. — In anderer Richtung aber sind die Fälle des Abs 3 Unterfälle des Abs 2, mit anderen Worten: auch hier ist jeder Ersatzanspruch durch ein vertretbares Verschulden des in Anspruch genommenen Geschäftsführers bedingt. A. A. Liebmann § 43 Erl 6 (aber nicht Neukamp § 43 Erl 6, auf den Liebmann verweist). — Wenn auch der Empfänger des Geldes nach § 31 zur Rückzahlung des Empfangenen verpflichtet ist, haften er und die Geschäftsführer solidarisch, letztere nicht etwa nur subsidiär (KGBl 25, 102). — Das Gesagte gilt auch im Falle des § 33 Abs 1; da es sich nicht so sehr um Schadensersatz handelt als vielmehr um Summenersatz, haftet auch hier der Geschäftsführer nicht subsidiär, sondern solidarisch mit dem Veräußerer des Geschäftsanteils. Im Fall des § 33 Abs 2 haftet nur der Geschäftsführer. Aber nicht deshalb haftet der Lieferant des Geschäftsanteiles nicht, weil — wie Neukamp § 43[6] ausführt — die Gesellschaft für den gezahlten Preis ein Äquivalent in Gestalt ihres Geschäftsanteiles erhält (s. hierzu § 33 Erl 1h), sondern weil der § 33 Abs 2 eine positive Ausnahme von dem Verbot des § 30 Abs 1 statuiert. S. § 33 Erl 3. Wie im Verhältnis zueinander die mehreren Schuldner haften, wird auch hier ganz nach Lage des einzelnen Falles zu entscheiden sein (s. oben Erl 3b). — Gemäß § 43 Abs 3, 4 haftet auch der Geschäftsführer, welcher nach eingetretener Zahlungsunfähigkeit oder Überschuldung der Gesellschaft überhaupt noch Zahlungen leistet (§ 64 Abs 2).

5. a) Die kurze Verjährung nach Abs 4 gilt gegenüber allen Ansprüchen nach Abs 2 und 3. Sie gilt auch bei „böswilliger Handlungsweise" des Geschäftsführers (vgl. § 31 Abs 5; RG in HoldheimsMSchr 25, 43). Bestritten ist die Frage, wann der Lauf der Verjährungsfrist beginnt.

Jedenfalls nicht erst im Zeitpunkt, wo die Gesellschaft Kenntnis von der Handlung oder dem Schaden erhält (RG a. a. O.), aber auch nicht immer schon mit der schädigenden Handlung. Nach § 198 BGB ist entscheidend die Entstehung des Anspruchs. Das ist der Zeitpunkt, wo der Schaden entsteht, also in den Fällen des Abs 3 allerdings der Zeitpunkt, wo das Geld fortgegeben wird. — Daß sich in dem entscheidenden Moment der ganze Schaden noch nicht übersehen läßt, hindert an sich den Lauf der Verjährung nicht. Anders nur, wenn aus neuen, nicht zu erwartenden Momenten weiterer Schaden erwächst (vgl. RG 83, 354). Daß anfangs ein bezifferter Anspruch noch nicht erhoben werden kann, ist nicht von ausschlaggebender Bedeutung. Der Lauf der Verjährung kann durch Feststellungsklage unterbrochen werden. Hachenburg § 43 [21]; Liebmann § 43 [9]; Scholz 439. — Ob die Verjährungsfrist vertragsmäßig noch mehr abgekürzt werden kann, ist streitig. In den Fällen, wo nach Abs 3 der Gesellschaft die Hände gebunden sind, wird sich der Schuldner auf eine solche Abkürzung nicht berufen können. Im übrigen ist nicht ersichtlich, warum § 225 BGB hier nicht anwendbar sein sollte. Ebenso Hachenburg a. a. O.

b) In dem Verstoß, welcher dem Geschäftsführer vorgeworfen wird, kann zugleich der Tatbestand einer unerlaubten Handlung liegen. Ansprüche aus solcher verjähren nach § 852 BGB einerseits schon nach drei Jahren, anderseits erst von dem Zeitpunkt an, wo der Verletzte von dem Schaden und von der Person des Ersatzpflichtigen Kenntnis erhält. Bei Konkurrenz des Anspruchs aus Vertrag und aus unerlaubter Handlung laufen beide Verjährungen nebeneinander. Anspruch des Vertragsgegners, also hier der Gesellschaft, aus unerlaubter Handlung besteht neben dem Vertragsanspruch aber nur, wenn die betreffende Handlung unerlaubte Handlung auch dann sein würde, wenn sie von einem nicht durch Vertrag Verpflichteten begangen wäre; in der Regel stets, wenn die Handlung zugleich eine strafbare ist (JW 1916 129 [13]; vgl. auch RG 30, 45; RG in DJZ 09, 660).

§ 44

Die für die Geschäftsführer gegebenen Vorschriften gelten auch für Stellvertreter von Geschäftsführern[1]).

Österr. Gesetz § 27.

1. a) Für den Geschäftsführer kann ein Stellvertreter bestellt werden, für mehrere Geschäftsführer auch einer dergestalt, daß er für jeden der mehreren im Bedarfsfalle eintreten kann. Er ist nicht minder wie der Geschäftsführer selbst Organ der Gesellschaft. Er vertritt nicht den Geschäftsführer und so die Gesellschaft nur mittelbar, ist vielmehr gesetzlicher Vertreter der Gesellschaft, so daß man genauer statt Stellvertreter des Geschäftsführers sagen sollte stellvertretender Geschäftsführer, OLG 11, 395. (So schon die 1. Aufl., wie gegen Hachenburg § 44 [5] hervorgehoben sei.) Daher wird man darin der herrschenden Lehre beizutreten haben, daß unter „sämtliche Geschäftsführer" auch die Stellvertreter zu rechnen sind (RG in LZ 1914, 398 [17]). Für den Stellvertreter gelten dieselben Bestimmungen wie für den Geschäftsführer selbst. Die Bestellung kann im Gesellschaftsvertrage vorgesehen sein, auch erfolgen, muß das aber nicht. Sie kann auch, wo ein Aufsichtsrat besteht, im Gesellschaftsvertrage diesem überlassen werden. Auch kann in diesen Fällen ein Mitglied des Aufsichtsrates zum stellvertretenden Geschäftsführer bestimmt werden (vgl. §§ 52, 248 HGB); auch wenn dadurch der Aufsichtsrat beschlußunfähig wird, KG in JR 30, 306. Nur dürfte der Natur der Sache nach ausgeschlossen sein, daß ein solcher Stellvertreter zu gleicher Zeit als Geschäftsführer und als Aufsichtsratsmitglied tätig ist (RJA 1, 5). — Der Geschäftsführer selbst kann sich einen Stellvertreter im Sinne des gegenwärtigen Paragraphen nicht bestellen. — Die Bestellung und jede spätere Änderung ist zum Handelsregister anzumelden und dort einzutragen und zu veröffentlichen.

b) Der Stellvertreter tritt in Funktion in den im Gesellschaftsvertrage oder bei der Bestellung bestimmten Fällen, im Zweifel immer dann, wenn der ordentliche Geschäftsführer aus irgendeinem Grunde an der Wahrnehmung seiner Geschäftstätigkeit gehindert ist, insbesondere dann, wenn es sich um ein mit ihm vorzunehmendes Rechtsgeschäft der Gesellschaft oder um Erhebung einer Klage der Gesellschaft gegen ihn handelt (OLG 11, 395). Der Stellvertreter tritt ganz an die Stelle des verhinderten Geschäftsführers. Er hat je nachdem wie dieser Kollektivvertretungs- oder Einzelvertretungsmacht.

c) Ganz deutlich ist die Rechtsstellung der Stellvertreter von Geschäftsführern nicht. Der Auffassung Hachenburgs § 44 Erl 1, daß der Stellvertreter dem ordentlichen Geschäftsführer untergeordnet sei und dessen Weisungen zu folgen habe, der auch zu bestimmen habe, wann dieser in Tätigkeit zu treten habe, muß widersprochen werden. So ist es gerade nicht. Im allgemeinen wird man sagen können, daß der Stellvertreter, wenn er einzutreten hat, die Geschäfte in dem Sinne fortführen soll, wie der ordentliche Geschäftsführer sie eingeleitet und überhaupt geführt hat. Abgesehen hiervon soll er aber und darf er nur da tätig werden, wo der Geschäftsführer selbst nicht in der Lage ist, Weisungen zu erteilen; und keinesfalls dürfen ihn Weisungen hindern, das zu unterlassen, was er für rechtswidrig hält. — Man wird davor ausgehen müssen, daß die Eigenschaft der Stellvertreter als Organ der Gesellschaft, ihre Rechte und Pflichten nur soweit zur Geltung kommen, als sie in Tätigkeit zu treten haben. Im Prozeß der Gesellschaft sind sie zum Parteieid berufen in dem Fall, wo sie selbst im Namen der Gesellschaft den Prozeß führen sowie wenn es sich um Angelegenheiten handelt, die in die Zeit fallen, wo sie tätig waren; im übrigen können sie als Zeugen vernommen werden. A. A. Hachenburg § 44[5]; Scholz 442. Sie können nicht für Verfehlungen, auch nicht für Verfehlungen in der Buchführung verantwortlich gemacht werden, die außer der Zeit fallen, in der sie eingetreten waren oder hätten eintreten müssen, was aber nicht bedeutet, daß sie nicht verpflichtet wären einzuschreiten, wenn ihnen während ihrer Tätigkeit zurückliegende Dinge zur Kenntnis kommen oder hätten zur Kenntnis kommen müssen, die ein Einschreiten erfordern. Auch der § 37 findet auf sie Anwendung. — Der Gesellschaft gegenüber ist der Stellvertreter nur verpflichtet und berechtigt einzutreten, wenn der Vertretungsfall vorliegt. Hat er aber rechtsgeschäftlich gehandelt, so kann die Gesellschaft dem Dritten nicht einwenden, daß der Vertretungsfall nicht vorgelegen habe, auch dann nicht, wenn im Gesellschaftsvertrage der Vertretungsfall genau bestimmt ist. Daran wird auch dadurch nichts geändert, daß der Dritte den Gesellschaftsvertrag kennt (vgl. RG 24, 84). Daher kann und darf denn auch irgendeine sachliche oder zeitliche Beschränkung der Vertretungsmacht nicht in das Handelsregister eingetragen werden, und wenn es doch geschieht, ist es ohne Bedeutung. Soll daher nur für die bestimmte Gelegenheit ein Stellvertreter eintreten, so muß die Anmeldung zum Handelsregister gleichwohl ohne Einschränkung lauten und nach Beendigung seiner Obliegenheiten diese Änderung angemeldet werden.

§ 45

Die Rechte, welche den Gesellschaftern in den Angelegenheiten der Gesellschaft, insbesondere in bezug auf die Führung der Geschäfte zustehen, sowie die Ausübung derselben bestimmen sich, soweit nicht gesetzliche Vorschriften entgegenstehen, nach dem Gesellschaftsvertrage[1])[2]).

In Ermangelung besonderer Bestimmungen des Gesellschaftsvertrages finden die Vorschriften der §§ 46 bis 51 Anwendung.

Österr. Gesetz § 34.

1. a) Die §§ 45—51 handeln von den Rechten und ihrer Ausübung, welche den Gesellschaftern in Beziehung auf die Geschäftsführung zustehen, und § 45 sagt, daß darüber bestimmen in erster Linie die Vorschriften des Gesetzes, soweit sie zwingenden Rechtes sind, sodann das Statut, endlich, soweit dieses keine Bestimmung enthält, ergänzend die §§ 46—51. Wenn damit gesagt wird, daß die Vorschriften in den letztgenannten Paragraphen dispositives Recht sind, so ist das ungenau. Unter ihnen befinden sich zweifellos auch zwingende Rechtsvorvorschriften; von einzelnen anderen ist bestritten, ob zwingend oder nicht. — Der § 46 nennt die einzelnen Gegenstände, welche der Bestimmung der Gesellschafter unterliegen, die folgenden Paragraphen handeln davon, wie diese Bestimmung zustande kommt. Während so das Gesetz sofort auf das einzelne eingeht, bleibt der oberste und leitende Gedanke unausgesprochen. Er ist dem Gesetzgeber selbstverständlich. Die Gesellschaft m. b. H. ist juristische Person, bestehend aus ihren Mitgliedern, den Gesellschaftern. Ihr Willensorgan ist der Geschäftsführer, der nicht nur ausschließlich sie nach außen vertritt, sondern auch im allgemeinen nach eigener selbständiger Entschließung ihre Geschäfte führt. Letzteres aber nur im allgemeinen. Der Geschäftsführer ist nicht ihr einziges Willensorgan. Die Gesellschaft hat ihren eigenen Willen, der hinter und über dem Willen ihres gesetzlichen Vertreters steht. Und dieser Wille ist der Wille der einzelnen Gesellschafter, nicht die Summe der gleichgerichteten Willen, sondern die Komponente aller, gleichviel wie gerichteter Willen. Mit seinen Vorschriften darüber, wie dieser eine Wille der vielen zustande kommt, schafft das Gesetz in der Gesamtheit der Gesellschafter ein weiteres Organ der Gesellschaft, das nach außen im allgemeinen mundtot, im Innenverhältnis, wie gesagt, über dem Geschäftsführer steht und die schlechthin oberste Instanz in allen inneren Gesellschaftsangelegenheiten ist. Im Statut kann die Entscheidung bestimmter Dinge einem anderen Organe, dem Geschäftsführer, dem Aufsichtsrat, auch wohl bestimmten einzelnen Persönlichkeiten übertragen werden, z. B. die zur Veräußerung von Geschäftsanteilen erforderliche Genehmigung der Gesellschaft (RG 65, 434; vgl. auch RG 49, 146), aber doch nicht mit der Wirkung, daß sich die Gesellschaft damit der letzten, obersten Entscheidung in bindender Weise entschlägt (vgl. RG 3, 129; 68, 178; 89, 375; im Grunde nicht anders OLG 2, 462; a. A. OLG 24, 157). Die Versammlung der Gesellschafter kann mit ihren Beschlüssen immer eingreifen und in der Regel auch ohne vorgängige Entscheidung der delegierten Stelle die Entscheidung an sich ziehen. Selbst wenn im Statut steht, daß die Entscheidung der dort berufenen Stelle endgültig sein soll, beruht das auf Delegation und kann immer durch Statutenänderung, vielleicht auch ohne das mit der für Statutenänderung erforderlichen Mehrheit beseitigt werden (Recht 09, 1404; s. § 46 Erl 6b).

b) Dabei ist nur eins zu beachten. Wenn beispielsweise hinsichtlich bestimmter Entscheidungen die Genehmigung des Aufsichtsrates vorgeschrieben ist, so hat das nicht notwendig nur die Bedeutung einer Delegation, über welche die Gesellschaft im einzelnen Falle jederzeit hinweggehen kann. Es kann das auch als eine Bestimmung zum Schutze der Minorität gemeint sein, und es darf dann im Verhältnis der Gesellschafter untereinander diese Instanz nicht übergangen werden (BauersZ 17, 10), so daß an ihr der einfache Majoritätsbeschluß scheitern muß, wenn der Aufsichtsrat entgegengesetzt entscheidet. Gegen einen einstimmig gefaßten Beschluß würde aber auch so der Aufsichtsrat nichts ausrichten können. Entschieden unrichtig ist, wenn RG 80, 387 in einer freilich nur beiläufigen Bemerkung sagt, durch den Gesellschaftsvertrag könne nach § 45 Abs 2 die Gesellschafterversammlung als Beschlußorgan völlig beseitigt und ihre Funktion einem anderen Organ der Gesellschaft übertragen werden. Wie auch immer ein solches Organ mag bestellt worden sein, seine Stellung kann auf nichts anderem beruhen als auf dem Willen der Gesellschaft, der im Statut zum Ausdruck kommt und der sich jederzeit — unter den betreffenden erschwerenden Bedingungen — ändern kann. Die Gesellschaft kann ihren Willen immer nur in dem Maße und der Art binden, wie überhaupt die Persönlichkeit sich rechtsgeschäftlich binden kann. Eine Anomalie ist es schon — freilich eine sachlich unverfängliche —, wenn im Statut bestimmt wird, daß bei Stimmengleichheit ein Nichtgesellschafter (Justitiar der Gesellschaft) entscheiden soll (RG 49, 141). Dagegen würde die Übertragung dieser Funktion auf den nur aus Gesellschaftern bestehenden Aufsichtsrat nichts Besonderes an sich haben und im Gebiete der Bestimmungen darüber liegen, ob beispielsweise einfache oder qualifizierte Mehrheit oder Einstimmigkeit erforderlich ist. Es kann sich ein Gesellschafter das Recht bedungen haben, den Geschäftsführer zu bestimmen. Darin dürfte immer auch das Recht eingeschlossen liegen, auch über die Abberufung zu bestimmen, weil andernfalls das Recht der Bestellung ein allzu zerbrechliches wäre. Gegenüber diesem Rechte wird das Recht der Gesellschaft, den Geschäftsführer nach Willkür abzurufen (§ 38 Abs 1), allerdings zurücktreten müssen (anders KGJ 30, 133). Dagegen kann sich des Rechtes, den Geschäftsführer aus wichtigem Grunde abzuberufen, auch durch das einem einzelnen eingeräumte Sonderrecht die Gesellschaft nicht begeben, Scholz 125. S. auch §§ 37 Erl 1 a, 38 Erl 3 a.

2. Nach vorstehendem begibt sich der einzelne Gesellschafter durch die Beteiligung an der Gesellschaft der freien Entschließung und unterwirft sich und seine Rechte, seine Rechtslage in der Gesellschaft den Beschlüssen der Mehrheit. Aber das hat doch seine Grenze. Der auch für die Gesellschaft m. b. H. maßgebliche § 35 BGB sagt: Sonderrechte eines Mitgliedes können nicht ohne dessen Zustimmung durch Beschluß der Mitgliederversammlung beeinträchtigt werden. Die Bestimmung dessen, was Sonderrecht ist, hat das Gesetz der Wissenschaft überlassen, und darüber herrscht Streit. Schon die Terminologie ist unsicher. Manche unterscheiden, indem sie damit die Erörterung über das Gebiet hinaus erstrecken, um welches es sich handelt, zwischen den Minderheitsrechten (§§ 50, 61 Abs. 2, 66 Abs. 2), den Individualrechten, d. h. solchen unentziehbaren Rechten, welche allen Gesellschaftern zukommen (Recht auf den Gewinn und die Liquidationsquote, auf Teilnahme bei den Beschlüssen der Gesellschaft usw.), und Vorzugsrechten, den eigentlichen Sonderrechten. Das ist an sich noch nicht mehr als Systematik. Mehr auf den sachlichen Gehalt geht die Unterscheidung zwischen gemeinnützigen und selbstnützigen Rechten, wobei dann unter ersteren, wenn nicht ausschließlich, so doch vorwiegend, die Individual- oder Vertretungsrechte, die Rechte, sich in den Angelegenheiten der Gesellschaft als Mitglied ihres Organes zu betätigen, zu verstehen wären. So RG 68, 211, während RG 49, 151 gerade umgekehrt die Individualrechte zwar als Sonderrechte bezeichnet, aber vorausgesetzt, daß es ein Individualrecht ist, welches sich von den Rechten der übrigen Gesellschafter unterscheidet. Ähnlich in der Ausdrucksweise RG 80, 389 (wenig ergiebig in dieser Beziehung RG 73, 191). So hat denn auch nicht ohne Berechtigung RG 104, 253 die Unterscheidung von Sonderrecht und Individualrecht, von eigentlichen und uneigentlichen Individualrechten als unfruchtbar gänzlich abgelehnt. Läßt man aber diese Ausdrücke fallen und unterscheidet man — sich an die Sache haltend — zwischen gemeinnützigen und selbstnützigen Rechten, so ist auch damit noch nichts gewonnen. Denn vorerst sind auch das nur Worte, der schärferen Bestimmung noch gewärtig und höchst bedürftig. Vorwiegend wird denn auch diese Unterscheidung abgelehnt und daran festgehalten, daß das Wesen des Sonderrechts darin besteht, daß es Vorrecht ist (vgl. ALR II 6 § 86). Aber auch das ist erst nur die halbe Wahrheit. Es gibt Sonderrechte, welche an und für sich inhaltlich gar keine Vorrechte sind. So können die beiden Gründer einer Gesellschaft m. b. H. zugleich auch sich zu Geschäftsführern bestellen und dabei der mit der geringeren Stammeinlage Beteiligte sich diese Stellung als Sonderrecht bedingen. Wollte man das als ein Vorrecht bezeichnen, ein Vorrecht vor dem nur tatsächlich in seiner Stellung Gesicherten, so könnte man das doch nur tun, weil es als Sonderrecht konstituiert worden ist. Das Sonderrecht ist oft, aber nicht immer ein Vorrecht, und nicht jedes Vorrecht muß ein Sonderrecht sein. Was zunächst die

Terminologie angeht, so erscheint es angesichts der bisherigen vergeblichen Versuche ausgeschlossen, aus einem einheitlichen, sachlichen Prinzip heraus einen Begriff des Sonderrechts zu bestimmen. Es gibt Sonderrechte verschiedener Provenienz, aus verschiedenen Motiven heraus. Was alles unter dieser Bezeichnung Vorkommende zu einer einheitlichen Klasse oder Gattung zusammenschließt, ist zugleich dasjenige, woran sich das praktische Interesse am Begriff knüpft. Die einzige, immer wiederkehrende Frage ist, ob sich der einzelne dem Gesellschafterbeschluß fügen muß oder nicht. So gelangt man zu der Begriffsbestimmung: Sonderrecht ist jedes Recht des Gesellschafters, das durch den Beschluß der Gesellschafter ohne seine Zustimmung nicht beeinträchtigt werden kann. Damit macht man allerdings den § 35 BGB zu einer reinen Worterklärung. Aber damit gibt man nichts preis, was man schon hätte. In § 35 wird der Begriff als bekannt oder von der Wissenschaft zu bestimmen vorausgesetzt. Gelingt die Bestimmung, so schadet es nichts, daß die Vorschrift in reine Tautologie ausläuft. — Auszugehen ist von der herrschenden Lehre. Jedes einem einzelnen Gesellschafter bedungene Vorrecht muß im Zweifel als Sonderrecht gemeint gelten. (Über den etwa auftretenden Zweifel muß die Auslegung des Vertrages entscheiden, RG 104, 256.) Dabei muß man aber die dem Begriff immanente Voraussetzung im Auge behalten. Es ist das der das gesamte Gesellschaftsrecht durchziehende Gedanke, daß an den aus dem Gesellschaftsverhältnis fließenden Rechten und Pflichten die Gesellschafter gleichmäßig beteiligt sind, gleichmäßig nach Verhältnis dessen, was jeder zum Gesellschaftsvermögen beiträgt. Das Verhältnis kann im Gesellschaftsvertrage auch anders bestimmt sein. Aber wie es bestimmt ist, so steht es fest und bildet den unbedingt einzuhaltenden Maßstab. Hier liegt die eine große Schwierigkeit, die aber noch ganz außerhalb der Fragen um das Sonderrecht liegt. Die in diesem Sinne gleichmäßige Beteiligung kann bei einer Abänderung des Statuts die einzelnen wegen ihrer persönlichen Verhältnisse ungleich, sehr ungleich treffen. Der Beschluß, daß künftig kein Gesellschafter mehr der Gesellschaft Konkurrenz soll machen dürfen, trifft vielleicht nur einen von ihnen fühlbar, berührt die anderen gar nicht (RG 80, 385). Die Ausgabe von Vorzugsgeschäftsanteilen kann allgemein an Bedingungen geknüpft sein, welche für einzelne unerschwinglich sind (RG 76, 155; vgl. auch den Fall KGJ 25, 258, der ganz richtig entschieden sein dürfte; ferner RG in LZ 1908, 445, 7; in DJZ 1914, 630; RG 104, 253). Aber grundsätzlich ist auch so immer daran festzuhalten, daß die individuellen Verhältnisse des einzelnen ohne Bedeutung sind, nur daß nach ganz allgemeinem Rechtsgrundsatz der Mehrheitsbeschluß, um gültig zu sein, nicht wegen offenbarer Unbilligkeit oder aus anderem Grunde gegen die guten Sitten verstoßen darf (RG 88, 220; vgl. RG 80, 390; RJA 3, 324 — Einschränkung des Gesellschafters in der Auswahl seines Stellvertreters). Auch die besonderen Minderheitsrechte nach §§ 50, 61, 66 gehören in diesen Zusammenhang. Sie unterliegen der Abänderung durch Statutenänderung, gleichviel wie das den einzelnen trifft.

Das alles hat mit der Frage nach dem Sonderrecht noch nichts zu tun. Erst aus dieser allgemeinen Gleichberechtigung und Gleichunterworfenheit der Gesellschafter hebt sich das Vorrecht einzelner heraus, von dem man, wenn es deutlich als Bevorzugung konstituiert ist, im Zweifel anzunehmen hat, daß es auch Sonderrecht, d. h. dem Mehrheitsbeschluß entzogen sein soll. Das ist der Standpunkt der herrschenden Lehre, die nun aber noch einer wichtigen Ergänzung bedarf, weil es ganz offenbar auch Sonderrechte gibt, welche nicht Vorrechte sind, vielmehr ohne Ausnahme allen Gesellschaftern, jedem nach seinem Verhältnis, zustehen. Das hängt damit zusammen, daß im Gesellschaftsverhältnis soziale und individuelle Momente ineinander verschlungen sind. Hier kommt der in dem Begriffe der selbstnützigen Rechte liegende Gedanke zur Geltung. Man geht eine Gesellschaft ein mit anderen, um für sich daraus Vorteile zu gewinnen. Das gilt von der Gesellschaft m. b. H. nicht darum weniger, weil sie juristische Person mit eigenem Vermögen ist und den Gewinn zunächst für sich erzielt. Die individuellen Interessen der Gesellschafter stehen unmittelbar dahinter, sie sind es, die das Ganze in Wahrheit bewegen, ihm das Leben geben und selbst in ihm leben. Wirtschaftlich ist das gar nicht zu trennen. Juristisch muß es getrennt werden und darf doch auch wieder den Zusammenhang nicht verlieren. Es läuft denn auch ganz deutlich die Grenze, wo eins in das andere übergeht und an der dementsprechend zugleich die Macht der Majorität ein Ende hat. Die Übergänge bilden der Anspruch auf die Beteiligung am Jahresgewinn, der Anspruch auf die Liquidationsquote und vor allem — Grund und Quelle alles übrigen — das Recht der Mitgliedschaft selbst, überall Sonderrechte und doch durchaus nicht Vorrechte. Hat, was die Beteiligung am Gewinn angeht, die Gesellschaft auch in Beziehung auf die Gestaltung der Bilanz weitgehende Machtbefugnis gegenüber dem einzelnen, so hat das doch seine Schranken, theoretisch bestimmt gezogen und praktisch fühlbar und wertvoll. Daß das Recht des einzelnen auf die Liquidationsquote auch durch Statutenänderung nicht beeinträchtigt werden kann ohne seine Zustimmung, mögen auch alle übrigen Gesellschafter mit der sie im entsprechenden Verhältnis treffenden Beeinträchtigung sich abfinden wollen, leuchtet ohne weiteres ein. Sonderrecht ist aber schließlich auch die Mitgliedschaft selbst, RG 73, 191; 81, 69; KGJ 25, 259 (Amortisation, s. hierzu § 34 Erl 3 a); zu eng OLG 27, 386; ferner OLG 8, 260 (Dresden); 33, 363 (KG); durchweg mit anderer Begründung;

das Urteil RG 49, 151 spricht dem Rechte auf die Mitgliedschaft die Bezeichnung Sonderrecht ab; aber es drückt nur zu allgemein aus, was im gegebenen Falle richtig war; im Statut des Vereins war die Möglichkeit vorgesehen, aus bestimmten Gründen Mitglieder auszuschließen; das war nicht Einengung, sondern Erweiterung der Macht des Vereins, Einschränkung des Sonderrechts, wie sie im ursprünglichen Statut oder mit Zustimmung aller durch Statutenänderung bedungen werden kann und im zur Entscheidung gestellten Fall bedungen war. Will man mit dem Reichsgericht daran festhalten, daß nur ein Vorrecht Sonderrecht sein kann (vgl. aber RG 104, 255), so ist das lediglich eine Frage der Terminologie. Es kann niemandem wider seinen Willen auf Grund eines Mehrheitsbeschlusses das Ausscheiden aus der Gesellschaft vor der Zeit, das Verbleiben in ihr über die Zeit hinaus aufgedrängt werden. Es greift nicht in das Vorrecht eines einzelnen Gesellschafters, wohl aber in das Sonderrecht eines jeden von ihnen ein, wenn beschlossen wird, die vertragsmäßige Dauer der Gesellschaft abzukürzen oder zu verlängern, wenn das Statut dahin geändert wird, daß hinfort Geschäftsanteile nur mit Zustimmung der Gesellschaft sollen veräußert werden können. Nicht deshalb ist es so, weil durch solche Beschlüsse die den Gesellschaftern obliegenden Leistungen vermehrt werden, was nach § 53 Abs 3 nur mit Zustimmung aller Gesellschafter geschehen könnte. Eine Vermehrung von Leistungen liegt in den Fällen dieser Art gar nicht oder höchstens unter besonderen Umständen einmal vor. So sehr es auch üblich ist, den § 53 Abs 3 mit der Lehre vom Sonderrecht in Zusammenhang zu bringen, so handelt es sich doch um ganz verschiedene Dinge. Der § 53 Abs 3 ist lediglich ein Ausfluß der beschränkten Haftung der Gesellschafter. Mit dem Schutz ihrer Sonderrechte hat er nichts zu tun. — Zum Recht der Mitgliedschaft gehört an sich auch das Stimmrecht. So wie es im Statut bestimmt ist, ist es gegen jeden Gesellschafterbeschluß geschützt. Aber ein wesentliches Moment des Stimmrechts liegt in seiner aus dem Verhältnis zu dem Stimmrecht aller anderen Gesellschafter sich ergebenden Bedeutung, liegt in dem Gewicht der Stimme. Dieses Verhältnis unterliegt dem Einfluß von Ereignissen und Eingriffen, welche den Geschäftsanteil unmittelbar nicht berühren, unmittelbar gegen ihn nicht gerichtet sind. Es kann ein anderer Geschäftsanteil kaduziert oder amortisiert werden, in den Besitz der Gesellschaft übergehen, es können neue Geschäftsanteile geschaffen werden, mit oder ohne bevorzugtes Stimmrecht. Alles das verschiebt die Machtverhältnisse innerhalb der Gesellschaft, und hiergegen ist das Sonderrecht wehrlos, auch gegenüber Beschlüssen der Gesellschaft. Nicht ebenso, aber ähnlich wie das Sonderrecht auf den Gewinn ist auch dieses Recht inhaltlich variabel und in gewissem Umfange bestimmbar gerade auch durch Mehrheitsbeschlüsse der Gesellschaft.

S. auch Brodmann A.-R. § 250 Erl 2.

§ 46

Der Bestimmung der Gesellschafter[1]) unterliegen:

1. **die Feststellung der Jahresbilanz und die Verteilung des aus derselben sich ergebenden Reingewinns[2]);**
2. **die Einforderung von Einzahlungen auf die Stammeinlagen[3]);**
3. **die Rückzahlung von Nachschüssen[4]);**
4. **die Teilung sowie die Einziehung von Geschäftsanteilen[5]);**
5. **die Bestellung und die Abberufung von Geschäftsführern sowie die Entlastung derselben[6]);**
6. **die Maßregeln zur Prüfung und Überwachung der Geschäftsführung[7]);**
7. **die Bestellung von Prokuristen und von Handlungsbevollmächtigten zum gesamten Geschäftsbetriebe[8]);**
8. **die Geltendmachung von Ersatzansprüchen, welche der Gesellschaft aus der Gründung oder Geschäftsführung gegen Geschäftsführer oder Gesellschafter zustehen, sowie die Vertretung der Gesellschaft in Prozessen, welche sie gegen die Geschäftsführer zu führen hat[9]).**

Österr. Gesetz § 35.

1. a) Im allgemeinen hat der Geschäftsführer die Angelegenheiten der Gesellschaft und den Betrieb des Unternehmens nach den gesetzlichen Vorschriften und den Bestimmungen des Gesellschaftsvertrages, im übrigen nach eigener freier Entschließung zu verwalten. In § 46 werden die Materien zusammengefaßt, welche der Beschlußfassung durch die Gesellschafter vorbehalten sind. Diese Vorschriften sind nicht oder jedenfalls nicht durchweg zwingenden Rechts (§ 45 Abs 2). Es können nicht nur weitere Vorbehalte gemacht werden, sondern es können auch im Gesellschaftsvertrage andere Organe der Gesellschaft mit der Erledigung einzelner Materien allgemein betraut werden. Aber immer handelt es sich dabei nur um eine Delegation. Des Rechtes der eigenen letzten Entscheidung kann die Gesellschaft sich nicht begeben (vgl. Erl 1 zu § 45). Des Rechtes der Persönlichkeit, d. h. der eigenen freien Entschließung in eigener Angelegenheit kann sich die juristische Person ebensowenig entäußern wie der natürliche Mensch. — Die Wahrnehmung dieses Rechtes fällt in letzter Instanz der Gesamtheit der Gesellschafter zu und darum gerade sind diese ein Organ der juristischen Person, und zwar ein unentbehrliches und unveräußerliches. Anders und in Übereinstimmung mit der herrschenden Lehre OLG 24, 155, während RG 70, 326 unter bedenklicher Berufung auf unangreifbare Vertragsauslegung der Entscheidung der Frage aus dem Wege geht. — Daher kann im Gesellschaftsvertrage auch nicht bestimmt werden, daß die Gesamtheit der (übrigen) Gesellschafter Schiedsrichter sein soll in Streitigkeiten zwischen der Gesellschaft und einem ihrer Mitglieder (RG 55, 326; vgl. auch RG 80, 190). Man wird aber noch weiter gehen und jede Bestimmung beanstanden müssen, wonach im voraus und allgemein einzelne Gesellschafter als Schiedsrichter in solcher Sache ausersehen sind. A. A. in letzterem Punkt Scholz 445; Hachenburg § 46², der folgerichtig behauptet, es läge in solcher Bestimmung gleich auch schon die Vereinbarung, daß die Ablehnung wegen Besorgnis der Befangenheit (ZPO §§ 1032, 42) ausgeschlossen sein soll.

b) Außer den hier zusammengestellten Fällen finden sich im Gesetz verstreut noch die folgenden: § 26 Einforderung von Nachschüssen, § 53 Änderung des Gesellschaftsvertrages, § 60 Ziff 2 Auflösung der Gesellschaft, § 66 Ernennung und Abberufung von Liquidatoren. In diesen Fällen ist die Vorschrift zwingenden Rechtes, so daß auch keine Delegation stattfinden kann. Ferner § 74 Aufbewahrung der Bücher. Vgl. endlich noch § 52 in Verbindung mit §§ 243 Abs 1, 3, 4, 245 Abs 2, 3 HGB (Aufsichtsrat).

c) Über Anfechtung von Gesellschaftsbeschlüssen s. Erl 4 zu § 29, Erl 4 zu § 47.

2. a) Die Aufstellung der Jahresbilanz ist Sache des Geschäftsführers (§ 41). Ihre endgültige Feststellung muß durch Beschluß der Gesellschafter erfolgen, welche mit einfacher Stimmenmehrheit darüber entscheiden, wobei der Geschäftsführer, wenn er zugleich Gesellschafter ist, von der Ausübung des Stimmrechts nicht ausgeschlossen ist (RG in DJZ 02, 77). Es kann bei dieser Beschlußfassung ganz formlos verfahren werden (anders §§ 260, 263 HGB). Mot 70: „Die Feststellung erfolgt im Zweifel durch Mehrheitsbeschluß, der jedoch durch die Unterzeichnung der Bilanz seitens sämtlicher Gesellschafter ersetzt wird; im Gesellschaftsvertrage kann aber auch eine andere Art des Verfahrens vorgesehen werden, z. B. in der Weise, daß die den einzelnen Gesellschaftern mitzuteilende Bilanz als genehmigt gilt, wenn nicht binnen bestimmter Frist Widerspruch erhoben wird; ferner kann auch das Prinzip der Mehrheitsbeschlüsse ausgeschlossen werden; dann wird die Bilanz für den einzelnen Gesellschafter nur dadurch bindend, daß sie von ihm selbst ausdrücklich oder stillschweigend anerkannt wird." Das ist alles richtig und ändert daran nichts, daß die Vorschrift insofern zwingendes Recht enthält, als einem anderen Organe als den Gesellschaftern selbst die endgültige Feststellung der Bilanz nicht übertragen werden kann; a. A. Hachenburg § 46¹³; Scholz 462. Wie ungereimt eine solche Bestimmung wäre, ergibt sich deutlich, wenn man den Fall setzt, daß dieses Organ, etwa der Aufsichtsrat, bei der Feststellung gegen das Gesetz verstößt. Gegen ihn ließe sich die Anfechtungsklage nicht erheben, der in der Sache überhaupt nicht Prozeßstandschaft hätte; es müßte schon die Gesellschaft den Beschluß verteidigen, den sie selbst vielleicht verwirft, über den sie aber doch nicht soll richten und den sie daher auch durch Anerkennung des Anfechtungsanspruchs nicht würde beseitigen können. Oder etwa doch? (auf welche Frage weder Hachenburg noch Scholz eine Antwort geben.) Wie hier Feine 509. — Die Gesellschaft, also der Geschäftsführer für sie, kann Verpflichtungen eingehen, und wenn die Gesellschafter bei der Genehmigung der Bilanz sich hieran nicht halten, kann das zu Vertragsverletzungen führen. Das ändert aber nichts daran, daß letzten Endes immer die Gesellschafter zu bestimmen haben, wie die Bilanz lautet, vertragsmäßig oder nicht. (Anders, aber kraft öffentlichen Rechts RG 14, 128.)

b) Das den Gesellschaftern vorbehaltene Recht, die Bilanz festzustellen, schließt das Recht der Gesellschafter ein, daß diese ihnen vor der Beschlußfassung in geeigneter Weise zur Prüfung zugänglich gemacht wird, daß ihnen auf Verlangen Einsicht in die Bücher gewährt und auf Verlangen Auskunft erteilt wird. Wie — nach richtiger Ansicht (vgl. Brodmann A.-R. § 250 Erl 2d) — bei der Aktiengesellschaft, so ist auch bei der Gesellschaft m. b. H. dieser Anspruch ein Individualrecht des einzelnen Gesellschafters. (Anders RG in Recht 1911 1643, wonach der Anspruch nur der Gesellschaft zustünde; richtiger, aber im ganzen wohl auch noch zu eng JW 1898, 15, 37 und vor allem — dieselbe Sache — SächsArch 11, 720.) Im übrigen ist aber die Rechtslage bei der mehr individualistisch gedachten und meist auch mehr individualistisch gestalteten Gesellschaft m. b. H. wesentlich verschieden von der Rechtslage dort. Der Aktionär hat nur in der Generalversammlung Gelegenheit, den Anspruch zu erheben und die dabei obwaltenden Umstände setzen der rückhaltlosen Aufklärung über innere Geschäftsverhältnisse oft ein gebieterisches Halt. Bei der Gesellschaft m. b. H. hängt alles von der jeweiligen Gestalt der Gesellschaft ab. Eine Verweisung auf die Gesellschafterversammlung ist hier, wo nach dem Recht eine Gesellschafterversammlung überhaupt ganz unterbleiben kann, ausgeschlossen. Man wird daher die Grenze nicht anders ziehen können, als daß der Anspruch nicht in beschwerlicher Weise und nicht ohne gegebene Veranlassung geltend gemacht werden darf (RG 49, 148), während die Frage nach den Grenzen der Auskunftspflicht aus Gründen der Wahrung von Geschäftsgeheimnissen sich danach entscheidet, wie groß die Anzahl der Gesellschafter ist und inwiefern auf Verschwiegenheit gerechnet werden muß und bei der Persönlichkeit des Fragenden gerechnet werden kann. Hachenburg § 45[56]; Scholz 406, 461. S. auch § 41 Erl 3 b. — Streitig ist, ob der einzelne Gesellschafter eine Abschrift der Bilanz fordern kann. Es ist aber nicht einzusehen, weshalb das nicht der Fall sein soll, wenn er die Kosten bezahlt; OLG 14, 369; ebenso Scholz 461. — Hat ein Gesellschafter einen Dritten an seinem Gewinn beteiligt, so kann dieser die Vorlegung der Bilanz nicht verlangen (RG 98, 318). Der Gesellschafter kann aber verurteilt werden, die Bilanz vorzulegen, wenn er imstande ist, die Einwilligung der Gesellschaft zu erlangen (RG 99, 233).

c) Die Feststellung der Bilanz ist eine innere Angelegenheit der Gesellschaft. Eine Verpflichtung der Gesellschaft gegenüber dem Geschäftsführer, über die von ihm vorgelegte Bilanz zu beschließen, besteht nicht. Es gibt daher auch keine Klage auf Genehmigung der vorgelegten Bilanz. Ebensowenig ist unter den Gesellschaftern eine derartige Klage denkbar. Streitigkeiten über die Gestaltung der Bilanz lassen sich auf diese Weise nicht zum Austrag bringen (RG 49, 144). Kommen die Gesellschafter zu keinem Beschluß, so bleibt schließlich nichts als die Auflösung der Gesellschaft. Der Geschäftsführer hat seiner Pflicht (vgl. § 83 und KO § 240 Abs 1 Anm 4) durch die Aufstellung der Bilanz genügt.

d) Die Feststellung der Jahresbilanz und der Gewinnverteilungsbeschluß sind zwei verschiedene Dinge. Oft tritt das äußerlich nicht in die Erscheinung, weil es üblich ist, den Verteilungsvorschlag in der Bilanz erscheinen zu lassen. Aber die Einheitlichkeit des Aktes darf darüber nicht täuschen, daß in dem einen Beschluß die zwei verschiedenen Dinge sich vollenden. Nicht schon die Genehmigung der Bilanz begründet das Gläubigerrecht des Gesellschafters auf die Dividende (vgl. Erl 3 zu § 29), sondern erst der Verteilungsbeschluß. Die entgegengesetzte Behauptung Hachenburgs § 46[5] (ebenso Liebmann § 46[5]) beruht auf einem offenbaren Mißverständnis. Der Gewinnverteilungsbeschluß verhält sich nicht nur über das, was an die Gesellschafter als Dividende ausgezahlt werden soll und sein Inhalt besteht nicht in dem — eines Beschlusses allerdings nicht bedürfenden — Divisionsexempel der einzelnen Geschäftsanteile in das Ganze. Es werden aus dem Gewinn Rückstellungen (echte Reserven), zuweilen vielleicht in anfechtbarer Weise, nicht selten aber auch durchaus unanfechtbar beschlossen, es können Tantiemen beschlossen werden, ohne daß auf sie ein Rechtsanspruch besteht, und auch die vertraglich feststehenden Tantiemen werden meist aus dem Jahresgewinn verteilt, wohl immer wird ein, wenn oft auch unerheblicher Bruchteil auf neue Rechnung vorgetragen. Es kann die Meinung nicht sein, daß das alles die Gesellschafter nicht berühre und daß, wer damit nicht zufrieden sei, nur zu klagen brauche, um seinerseits die 100% Dividende zu erzielen. Staub HGB 6./7. Aufl. § 260[3] hat unverkennbar die Fälle im Auge, wo die Rückstellungen usw. schon in der Bilanz ausgewiesen sind und ein ausdrücklicher Verteilungsbeschluß neben der Genehmigung der Bilanz reine Formsache wäre. Gegen Hachenburg RG 87, 386. — Dabei macht es denn auch keinen Unterschied, wenn nach dem Statut die Gesellschaft Freiheit hat, den Gewinn gar nicht oder nur zu einem Teile zu verteilen. Das stellt nur den Gewinnanspruch des Gesellschafters ins Prekäre, unterwirft ihn dem Mehrheitsbeschluß. Aber auch wo das nicht bestimmt ist, entbehrt der Verteilungsbeschluß nicht der selbständigen sachlichen Bedeutung. — Vgl. auch § 48 GenG und dazu RG 37, 18.

e) Hierzu und überhaupt zur Anfechtung der Bilanzgenehmigung s. Erl 4 zu § 29 und Erl 4 zu § 47.

f) Die Ziff 1 handelt nicht von der Eröffnungsbilanz, auch nicht von den Liquidationsbilanzen.

3. a) Die Stammeinlage muß im Betrage von mindestens 25% sofort eingezahlt werden (§ 7 Abs 2). Im übrigen richtet sich die Einzahlung nach dem Gesellschaftsvertrag. In ihm können im voraus die Termine für den Rest im ganzen oder in Raten fest bestimmt sein. Dann bedarf es keines weiteren Gesellschafterbeschlusses (JW 1915, 195[7]). Ebenso, wenn im Gesellschaftsvertrage von vornherein Vollzahlung der Stammeinlage bedungen worden ist (Urt 21. 1. 15 II 434/14 und v. 4. 5. 18 II 496/19). Einforderung ist aber auch in diesem Falle geboten (s. Erl 2 zu § 20). Es ist Sache des Geschäftsführers, bei Eintritt des Termins das Geld einzufordern. Dagegen bedarf es eines Gesellschafterbeschlusses, wenn im Gesellschaftsvertrage Termine nicht festgesetzt sind, und die Einforderung des Geschäftsführers ist wirkungslos, wenn die Gesellschaft sie nicht beschlossen hat. Der Gesellschafter, welcher auf die Stammeinlage in Anspruch genommen wird, kann der Gesellschaft gegenüber den Mangel des Beschlusses rügen (Urt v. 7. 11. 16 II 246/16). In diesem Erfordernis eines Gesellschafterbeschlusses liegt keine Bedingung, sondern nur eine Befristung des Anspruchs der Gesellschaft (RG 76, 438). Daher ist, wenn die Gesellschaft in Konkurs gerät, der Konkursverwalter in der Lage, die Stammeinlagen einzuziehen, ohne an einen Gesellschafterbeschluß gebunden zu sein (Recht 09, 3657; vgl. Erl 2e und 6c zu § 19). — Dasselbe gilt vom Liquidator; Konkursverwalter und Liquidator sind nicht berechtigt, mehr einzufordern als zur Durchführung der Liquidation erforderlich ist (Warn 7, 108, 120; OLG 13, 25; vgl. RG 45, 155). Hält man mit der herrschenden Lehre die Übertragung des Anspruchs der Gesellschaft auf die Stammeinlage für zulässig, so ist es nur folgerecht, wenn RG 76, 437 annimmt, daß auch der Zessionar sowie der Gläubiger der Gesellschaft, der den Anspruch hat pfänden lassen, die Forderung ohne Rücksicht darauf einziehen kann, ob die Gesellschaft die Einforderung beschlossen hat (RG in LZ 1918, 857; DJZ 1911, 708; OLG 27, 137; vgl. auch RG 83, 267). Vgl. hierzu Erl 6 a zu § 19.

b) Es steht nichts im Wege, im Gesellschaftsvertrage die Entschließung über die Einforderung der Stammeinlage an ein anderes Organ, den Geschäftsführer oder den Aufsichtsrat zu delegieren (RG 65, 432). Auch in solchen Fällen wird die Leistung erst fällig (rückständig § 16), wenn sie eingefordert wird (RG in LZ 1915, 910). Ist die Einforderung dem Aufsichtsrat übertragen, so ist das im Zweifel so zu verstehen, daß dieser zu beschließen hat und die Ausführung auch hier in den Händen des Geschäftsführers verbleibt (OLG 19, 369).

c) Bei der Beschlußfassung ist jeder Gesellschafter stimmberechtigt (RG in SeuffA 74, 16). Das gilt auch, wenn einzelne Gesellschafter im voraus gezahlt haben und der Beschluß nur noch die übrigen trifft (RG in LZ 1915, 636[20]). Etwas anderes ist es, wenn die Einlageschuld durch Aufrechnungsvertrag getilgt werden soll. Hat hier der Gesellschafter mitgestimmt, so brauchen die Gläubiger der Gesellschaft den Vertrag nicht gelten zu lassen (RG in Recht 1914, 253).

4. Über Einforderung von Nachschüssen s. § 26; über die weiteren Erfordernisse der Rückzahlung § 30 Abs 2. — Nimmt man an, daß der Beschluß im Gesellschaftsvertrage auch einem anderen Organ der Gesellschaft übertragen werden kann, was unbedenklich ist, wenn es im Sinne einer Delegation gemeint ist (s. § 45 Erl 1a), so bedarf es nicht etwa deswegen eines Gesellschafterbeschlusses, weil in § 30 Abs 2 der Rückzahlungsbeschluß und dessen öffentliche Bekanntmachung zur Vorbedingung der Rückzahlung gemacht sind. Das hieße ungebührlich am Wortlaut des Gesetzes haften. — Nachschüsse können unabhängig von dem Jahresabschluß und der Bilanzfeststellung im Laufe des Geschäftsjahres zurückgezahlt werden. — Die Rückzahlung kann auch in der Form erfolgen, daß der Betrag in der Bilanz als zur Verteilung stehender Gewinn in die Erscheinung tritt. Dann liegt in der Genehmigung der Bilanz usw. der erforderliche Gesellschaftsbeschluß. Läßt man gelten, daß die endgültige Entschließung über Rückzahlung des Nachschusses einem anderen Organ übertragen werden kann, so müßte einer solchen Bilanz auch dieses Organ zustimmen. Ein solches Verfahren wäre aber sehr unpraktisch. Es müßte dann nach § 30 Abs 2 die Bilanz öffentlich bekanntgemacht werden und mit Auszahlung des Gewinnes drei Monate gewartet werden.

5. a) Über Teilung von Geschäftsanteilen s. § 17. Sie bedarf der Genehmigung der Gesellschaft. Also nicht die Teilung, sondern die Genehmigung der Teilung ist es, was hier der Bestimmung der Gesellschafter zugewiesen wird. Der Gesellschafter, um dessen Geschäftsanteil es sich handelt, hat Stimmrecht. Die Genehmigung den Beteiligten zu erklären, wodurch sie erst wirksam wird, ist Sache des Geschäftsführers. Es kann das dem Aufsichtsrat nicht übertragen werden (RG 85, 47). Darüber, ob die Erklärung des Geschäftsführers auch dann rechtswirksam ist, wenn ein Beschluß der Gesellschafter nicht vorliegt, s. Erl 2 c zu § 17. — Es steht nichts im Wege, die Teilung oder auch nur die Teilung in Verbindung mit einer Veräußerung noch weiter zu erschweren, namentlich die fernere Zustimmung des Aufsichtsrats oder auch eines Dritten für erforderlich zu erklären. Dagegen dürfte eine Erleichterung die Absicht des Gesetzes vereiteln, welches will, daß die Gesellschafter selbst in jedem Falle gefragt werden (vgl. § 17 Abs 3). Die Übertragung an ein anderes Organ im Sinne einer Delegation erscheint zulässig. Auf alle Fälle dürfte es aber zu weit gehen, wenn RG in Recht 07, 662 die Bestimmung im Gesellschaftsvertrage gelten läßt, daß der Geschäftsführer der Zustimmung der Gesellschafter überhaupt nicht bedarf. S. auch § 45 Erl 1.

b) Über Einziehung von Geschäftsanteilen s. § 34. — Eines besonderen Beschlusses der Gesellschafter bedarf es nicht, wenn im Gesellschaftsvertrage im voraus der Fall genau vorgesehen ist, für welchen die Amortisation eintreten soll. Es kann alsdann der Geschäftsführer ohne weiteres zur Ausführung schreiten. — Übertragung der Entschließung an ein anderes Organ der Gesellschaft im Sinne einer Delegation ist unbedenklich. Daß die Einziehungserklärung des Geschäftsführers wirkungslos ist, wenn sie ohne den erforderlichen Gesellschafterbeschluß abgegeben worden ist, dürfte nicht zu bestreiten sein.

6. a) Über Bestellung und Abberufung des Geschäftsführers vgl. §§ 35, 38. — Beides ist einem Gesellschafterbeschluß vorbehalten. Gemeint ist damit nicht das mit dem Geschäftsführer abzuschließende Rechtsgeschäft der Anstellung und Kündigung, sondern die Entschließung der Gesellschafter über das vorzunehmende Rechtsgeschäft. Indessen kann sich das eine zugleich mit dem anderen vollziehen. Der zur Wahl stehende Gesellschafter ist von der Ausübung seines Stimmrechts nicht ausgeschlossen (s. Erl 2 b zu § 38). Findet die Wahl des Vorgeschlagenen oder die Abstimmung über die Abberufung in seiner Gegenwart statt, gleichviel ob er zugleich Gesellschafter ist oder nicht, so kann die Feststellung des Ergebnisses der Abstimmung sehr wohl so gemeint und zu verstehen sein, daß damit zugleich gegenüber dem Anwesenden die entsprechende Willenserklärung hat abgegeben werden sollen. Überhaupt ist Anstellung und Abberufung des Geschäftsführers eines derjenigen Rechtsgeschäfte der Gesellschaft mit Dritten, die sie vornehmen kann, ohne auf das Tätigwerden ihres gesetzlichen Vertreters angewiesen zu sein (§ 47 Erl 2 c). Daher wird man zugeben müssen, daß, wo die Wahl oder die Abberufung in der oben geschilderten Weise zustande kommt, es auch dann, wenn ein vertretungsberechtigter Geschäftsführer bereits oder noch vorhanden ist, einer weiteren Erklärung desselben nicht bedarf, während andernfalls, also wenn der Beschluß in Abwesenheit des Betroffenen gefaßt wird, die Anstellung oder die Abberufung nicht eher zur Tatsache wird, als bis entweder durch den anderen Geschäftsführer, wenn ein solcher vorhanden ist, oder durch die Gesellschafter — entweder durch alle gemeinschaftlich oder durch einen gemeinsamen Bevollmächtigten — die Willenserklärung abgegeben worden ist; Scholz 465. Auch wer überstimmt ist, ist gesellschaftsrechtlich verpflichtet, sich zu fügen und diese Vollmacht zu erteilen (vgl. KGJ 31, 197 und dazu Erl 2 c § 52). Dabei ist gleichgültig, ob nach dem Gesellschaftsvertrag eine Kollektivvertretung bestand. Die Erklärung des einen Geschäftsführers ist in diesem Falle wirksam, weil die Zustimmung der Gesellschafter hinter ihr steht. — Befinden sich alle Geschäftsanteile in einer Hand, so kann der Gesellschafter ohne weiteres den Geschäftsführer bestellen und ihn abberufen. Er kann sich selbst zum Geschäftsführer bestellen. Der § 181 BGB steht dem nicht entgegen, RG 68, 179; s. § 38 Erl 5 c. Es gilt das auch dann, wenn eine Handelsgesellschaft der alleinige Gesellschafter der Gesellschaft m. b. H. ist. Nicht jene, sondern die Gesellschaft m. b. H. ist gegenüber der Klage des Geschäftsführers auf Gehalt passiv legitimiert (RG in Holdheims MSchr 11, 118).

b) Im Gesellschaftsvertrage (und nur dort) kann die Ernennung und Abberufung des Geschäftsführers einem anderen Organ, dem Aufsichtsrat oder auch einem einzelnen Gesellschafter übertragen werden (nicht durch einfachen Beschluß, OLG 34, 359). Doch hat das immer nur die Bedeutung einer Delegation (vgl. Erl 1 a oben und § 38 Erl 2 c), was sich praktisch darin geltend machen würde, daß bei Verhinderung des Aufsichtsrats (Beschlußunfähigkeit) oder des Gesellschafters, die Gesellschafterversammlung die Bestellung beschließen und daß sie jederzeit den angestellten Geschäftsführer, gleichviel von wem er bestellt ist, abberufen kann. Die allgemein geteilte Meinung, daß auch einem Außenseiter das Recht der Bestellung eingeräumt werden könne, erscheint mehr als bedenklich (Bondi, Festgabe für Liebmann 285; OLG Karlsruhe in GmbHRundsch 27, 435). Die Frage ist praktisch nicht so erheblich, wenn man, wie z. B. Hachenburg § 35[42a] zugibt, daß die Gesellschafter auch in diesem Falle das Recht haben, den Geschäftsführer jederzeit abzuberufen. — Die Gesellschafterversammlung kann mangels statutarischer Bestimmung einen Dritten auch nicht zu vorübergehender Bestellung eines Geschäftsführers ermächtigen, OLG 34, 359. — Eine Bestimmung dieser Art im Gesellschaftsvertrag hat auch für die Zeit vor der Eintragung der Gesellschaft in das Handelsregister Wirksamkeit (OLG 27, 382). — In der Delegation des Rechts, den Geschäftsführer zu bestimmen, liegt im Zweifel zugleich die des Rechts eingeschlossen, ihn abzurufen (vgl. Erl 2 c zu § 38).

c) Der Konkursverwalter im Konkurse der Gesellschaft kann Geschäftsführer weder bestellen noch abberufen. Er sowohl wie der Geschäftsführer können nach § 22 KO den etwa bestehenden Dienstvertrag kündigen. Mit der Kündigung des Konkursverwalters entfällt noch nicht die Vertretungsmacht des Geschäftsführers, wohl aber dessen Verbindlichkeit, sie wahrzunehmen sowie auch die Geschäfte zu führen. Das gilt auch, wenn der Geschäftsführer Gesellschafter ist. — Der Zwangsverwalter eines feindlichen Unternehmens kann den Geschäftsführer als solchen abberufen und zum Prokuristen bestellen (VO v. 26. 11. 14; RJA 14, 176).

d) Fehlt es an einem Geschäftsführer und läßt sich ein Beschluß auf Bestellung eines solchen auf keinem anderen der im Gesetz gewiesenen Wege erreichen, so kann das Gericht angegangen werden, in Anwendung des § 29 BGB einen gesetzlichen Vertreter zu bestellen (vgl. Erl 3 zu § 1). Als Beteiligter im Sinne des § 29 zit. gilt jeder Gesellschafter und nicht minder der bisherige Geschäftsführer (OLG 14, 366; RJA 12, 233). Das Gericht ist völlig frei in der Auswahl der Persönlichkeit, es kann auch einen Gesellschafter bestellen und gerade auch den, für den sich keine Mehrheit in der Gesellschafterversammlung gefunden hatte (RJA 12, 39).

e) Bei der Frage, ob der mit dem Gewählten geschlossene Anstellungsvertrag wegen Irrtums über wesentliche Eigenschaften seiner Person angefochten werden kann, ist zu unterscheiden, ob der Vertrag mit ihm durch einen gesetzlichen Vertreter, einen anderen Geschäftsführer, geschlossen worden ist oder nicht. Ersterenfalls kommt es darauf an, ob der Geschäftsführer sich in dem Irrtum befunden hat. Im anderen Falle kann nicht wohl rein mechanisch danach entschieden werden, ob die Mehrheit der Gesellschafter im Irrtum befangen war (die Mehrheit der Geschäftsanteile?). Hier sind alle Gesellschafter persönlich am Geschäftsabschluß beteiligt, und es muß genügen, wenn der Irrtum auch nur bei einem von ihnen obgewaltet hat. Anfechtender ist aber die Gesellschaft, nicht der einzelne Gesellschafter, und daher ist Anfechtung ausgeschlossen, wenn die Mehrheit sie nicht will. Hatte der im Irrtum Befindliche gegen die Wahl gestimmt, so ist er in seiner Mitwirkung bei dem Anstellungsvertrage nicht durch seinen Irrtum, sondern durch die Tatsache seiner Überstimmung motiviert worden. Er hätte sich auch fügen müssen, wenn er sich über die Persönlichkeit des Gewählten nicht geirrt hätte. — Wird der Wahlbeschluß der Gesellschaft wirksam angefochten, so wird dadurch die Bestellung nicht ohne weiteres hinfällig, und folgerecht ist auch das bis zur Abberufung vom Geschäftsführer Getane nicht deshalb schon wirkungslos. Weniger klar ist die Rechtslage, wenn die Bestellung durch einen Geschäftsführer getätigt ist und der Gesellschafterbeschluß nichtig war. Es herrscht kein Streit darüber, daß der Geschäftsführer ohne Gesellschafterbeschluß eine gültige Bestellung nicht vornehmen kann. Liegt es so, daß ein Beschluß überhaupt nicht gefaßt worden war oder daß nur ein Schein eines solchen besteht (vgl. RG 75, 242), dann wird man auch die Bestellung für schlechthin wirkungslos erklären müssen.

f) Streit über die Rechtsgültigkeit einer Bestellung oder Abberufung eines Geschäftsführers kann nicht unter den Gesellschaftern persönlich zum Austrage gebracht werden; die Klage ist immer gegen die Gesellschaft zu richten (OLG 24, 154 f.). — Sind nur zwei Gesellschafter mit gleichen Geschäftsanteilen vorhanden und zugleich zu Geschäftsführern bestellt, so kann keiner den anderen abberufen oder mit Klage gegen ihn vorgehen, OLG 24, 154; 28, 362.

g) Aus dem Gesagten ergibt sich, daß die Bestellung eines Geschäftsführers ein körperschaftlicher Akt ist (vgl. RG 68, 179), ein körperschaftlicher Akt auch dann, wenn der Geschäftsführer nicht zugleich Gesellschafter ist. S. § 38 Erl 2 b. Wenn darin zugleich ein Rechtsgeschäft der Gesellschaft mit einem Dritten liegt, so ist das doch ein solches eigener Art, von dem nicht unbedingt alles gelten muß, was im allgemeinen von den Rechtsgeschäften der Gesellschaft gilt. Stellt ein Geschäftsführer, der allein zur Vertretung befugt ist, einen anderen Geschäftsführer an, ohne daß ein gleichviel wie zustande gekommener Beschluß der Gesellschafter gefaßt worden ist, so kann nicht wohl § 36 zur Anwendung kommen (vgl. Erl 2 a zu § 36). Der Registerrichter, dem eine solche Bestellung zum Geschäftsführer angemeldet wird, muß daher prüfen, ob die Gesellschafter die Bestellung beschlossen haben (vgl. Erl 2 a zu § 39).

h) Die Entlastung des Geschäftsführers erfolgt in der Regel in Verbindung mit der Genehmigung der Bilanz, ist aber von dieser verschieden. Unter Umständen wird sie im Laufe eines Geschäftsjahres zu erteilen sein, z. B. wenn der Geschäftsführer ausscheidet. Auch bedeutet die Genehmigung der Bilanz nicht ohne weiteres Entlastung, und auch wenn die Bilanz nicht genehmigt wird, kann sehr wohl Entlastung erfolgen (RG 49, 146; vgl. RG 44, 67). Dagegen ist mit der Entlastung der Anspruch auf Rechnungslegung erledigt. Nachträgliche Abrechnung über einzelne Konten kann nur gemäß § 812 BGB gefordert werden (Urt v. 5. 2. 15 II 421/14). — Die Entlastung erfolgt auf Grund der vorgelegten Bilanz, die auf Verlangen von dem Geschäftsführer erläutert werden muß. Wird sachgemäß von einem einzelnen Gesellschafter weitere Aufklärung verlangt, so darf die Mehrheit der Gesellschafter sich dem nicht verschließen (vgl. RG 34, 57), darf namentlich auch nicht ohne weiteres über einen Antrag auf Vertagung der Beschlußfassung hinweggehen (vgl. RG 44, 66); und wenn auch die Gesellschafter an und für sich in der Beurteilung der Geschäftsführung, in der Entschließung über Verfolgung von Regreßansprüchen (mit einfacher Mehrheit) zu beschließen haben, so hat das doch daran seine Grenze, daß die Mehrheit nicht in einer gegen die guten Sitten verstoßenden Weise vorsätzlich zum Nachteile der Gesellschaft oder der Minderheit handeln darf (vgl. RG 68, 314). Ein solcher Beschluß wäre anfechtbar und die Erklärung der Entlastung, vorausgesetzt, daß die Anfechtung Erfolg hat, wirkungslos. S. auch oben Erl 2 b. — Daß der Geschäftsführer-Gesellschafter bei der Abstimmung vom Stimmrecht ausgeschlossen ist, wenn es sich um seine Entlastung handelt, ist klar. Sind mehrere Geschäftsführer dieser Art vorhanden, so sind der Regel nach alle von der Abstimmung ausgeschlossen. Es kann aber die Entlastung dem einen vorenthalten und den übrigen erteilt werden. Auch dann kann regelmäßig keiner sich an der Abstimmung beteiligen. Liegt es dagegen so, daß ein Geschäftsführer für einen Vorgang verantwortlich gemacht werden soll, an welchem die anderen gänzlich unbeteiligt sind, dann ist kein Anlaß, diese vom Stimmrecht auszuschließen. Im wesentlichen hängt also die Entscheidung von den Umständen des einzelnen Falles ab. RG 55, 76; 62, 241; 65, 241; JW 1898, 609, 40; RG in HoldheimsMSchr 03, 279. — Nach Scholz 466 hinge die Frage, ob einzelne mitstimmen können oder nicht, davon ab, ob getrennt abgestimmt wird oder über alle insgesamt. Es dürfte aber umgekehrt die Frage, wie abzustimmen ist, davon abhängen, ob Anlaß vorliegt, in Beziehung auf das Stimmverbot zu differenzieren. Ferner noch als bei der Entlastung der Geschäftsführer liegt Zulässigkeit getrennter Abstimmung beim Aufsichtsrat JW 1925, 1893 (Stuttgart). — Teilt sich im Besitz des Geschäftsanteiles der Geschäftsführer mit einem anderen (offene Handelsgesellschaft), so ist das kein Grund, den anderen von der Ausübung des Stimmrechts auszuschließen (RG 64, 14; in GmbHRundsch 28, 516).

i) Die Entlastung hat nur das zum Gegenstande, was durch die Bilanz nebst etwaigen Beilagen, aus den dazu angegebenen Erläuterungen, für die Gesellschafter erkennbar hervortritt. Dabei ist es Pflicht der Geschäftsführer, besonders wichtige oder außergewöhnliche Ereignisse, Vorkommnisse von besonderer Tragweite mitzuteilen (RG 70, 132). Es ist aber nicht Aufgabe der Gesellschafterversammlung, die Unterlagen der Bilanz, etwa gar die ganze Buchführung zu prüfen (RG 12, 77; GenG). In der Entlastung liegt nicht mehr als die Erklärung, daß die Generalversammlung den ihr gemachten Vorlagen keine Veranlassung zu einer Monitur entnimmt, mithin den Vorstand für seine Geschäftsführung, soweit sie aus jenen Vorlagen erkennbar ist, entlastet. Zweifelnd RG 18, 63; entschiedener wieder RG 70, 133; JW 04, 43[13]; RG in HoldheimsMSchr 14, 140; 17, 148; vgl. ferner RG in HoldheimsMSchr 17, 130. — In der Entlastung liegt ein Anerkenntnis, das, wenn es auf Irrtum beruht, als ohne rechtlichen Grund gegeben, nach § 812 Abs 2 BGB angefochten werden kann. Die Entscheidung RG 70, 133, daß sich die Entlastung nicht auf Verfehlungen erstreckt, welche zwar allen Aktionären bekannt gewesen, aber nicht der Versammlung unterbreitet worden sind (ebenso JW 04, 43[13]), läßt sich nicht ohne weiteres auf das Verhältnis einer Gesellschaft m. b. H. anwenden. — Ist Entlastung erteilt, so setzt der Anspruch auf Rückzahlung übermäßiger Tantieme in der Regel die Anfechtung des Beschlusses voraus, RG in JW 26, 2904.

k) Der Geschäftsführer hat Anspruch auf Entlastung und kann darauf Klage gegen die Gesellschaft erheben (JW 1917, 657). Einer an und für sich einwandfreien Rechnungslegung gegenüber ist es Sache der Gesellschaft, Beanstandungen vorzubringen und tatsächlich zu begründen, demgegenüber wiederum der Geschäftsführer sein Verhalten rechtfertigen muß. Die Verurteilung zur Entlastung schließt jede Monitur aus, die im Verfahren hätte geltend gemacht werden können (RG 89, 396; ausführlicher JW 1917, 657; in LZ 1911, 305; Scholz 468). — Die Entlastung ist Abgabe einer Willenserklärung. Ist die Gesellschaft zu ihr verurteilt, so gilt sie mit der Rechtskraft des Urteils als erteilt (§ 894 ZPO). Ohne Grund wird letzteres bestritten. Allerdings ist die Entlastung eine derjenigen Willenserklärungen, wegen deren Abgabe die Gesellschaft nicht auf den Geschäftsführer als ihren gesetzlichen Vertreter angewiesen ist. Kommt es zum Prozeß, so kann die Gesellschaft, unter Umständen muß sie nach § 46 Anm 8 einen besonderen Vertreter bestellen, dessen Erklärungen vor Gericht dann allerdings für sie maßgebend sind. Das ist eine Unstimmigkeit, die in der Sache selbst liegt und dort überwunden werden muß. Deshalb kann man nicht den § 894 ZPO außer Kraft setzen wollen, der den Fall trifft und ohne den nicht weiterzukommen ist; Scholz 468; Feine 502. S. auch Brodmann A.-R. § 260 Erl 5c. — Die Entlastung kann nicht einem anderen Organe übertragen werden. A. A. Hachenburg § 46[30]; Scholz 467. Nach Scholz kann bestimmt werden, daß die Geschäftsführer sich gegenseitig endgültig Entlastung erteilen (die freilich wohl am besten wissen, was getan und unterlassen ist), nach Hachenburg sogar, daß der einzige Geschäftsführer sich selbst entlastet; alles das nur wegen der Wendung in § 45 Abs. 2 „in Ermangelung besonderer Bestimmungen des Statuts". Die Entlastung ist überhaupt kein gesellschaftsrechtlicher Akt und muß von den Gesellschaftern selbst ausgehen. Die Gesellschafter können aber einen von ihnen oder einen Dritten beauftragen zu prüfen und bevollmächtigen, die Entlastung zu erteilen (s. oben Erl 1 a).

7. Den Gesellschaftern steht das Recht zu, die Geschäftsführung zu prüfen und zu überwachen. Es kann namentlich im Statut die Bestellung eines Aufsichtsrates vorgesehen sein. Seine Aufgabe ist, die Geschäftsführung in allen Zweigen der Verwaltung zu überwachen und sich zu dem Zwecke von dem Gange der Gesellschaftsangelegenheiten zu unterrichten; er kann jederzeit hierüber Berichterstattung von den Geschäftsführern verlangen, die Bücher und Schriften der Gesellschaft einsehen und die Bestände an Geld, Wertpapieren, Waren untersuchen; er hat die Bilanzen zu prüfen und darüber den Gesellschaftern Bericht zu erstatten (§§ 52, 246 Abs 1 HGB). — Aber auch ohne daß es im Statut vorgesehen ist, können die Gesellschafter für den einzelnen Fall oder auch zum Zwecke laufender Beaufsichtigung Kontrollinstanzen anderer Art beschließen. Das geschieht mit einfacher Stimmenmehrheit, wobei der Geschäftsführer-Gesellschafter vom Stimmrecht nicht ausgeschlossen ist. Der Gesellschafterbeschluß kann sich auf die Anstellung eines Rechnungsrevisors beschränken, diesem die Anordnung erforderlicher Maßregeln überlassend. Die Gesellschafter können bestimmte Anordnungen über die Art der Einziehung von Forderungen treffen (Recht 1911, 2992). — Es steht nichts im Wege, daß sich der Geschäftsführer vertragsmäßig eine gewisse Unabhängigkeit seiner Stellung nach der einen oder der anderen Richtung ausbedingt, noch weniger sind die Gesellschafter gehindert, im Statut Bestimmungen in dieser Richtung zu treffen. Aber es erscheint ausgeschlossen, daß sie sich irgendeiner Instanz gegenüber dieses Rechtes der obersten Aufsicht gänzlich begeben. Vgl. oben Erl 1 a. A. A. auch hier die herrschende Lehre, Scholz 469 nicht wegen § 45 Abs 2, sondern weil den Gesellschaftern nirgends die Kontrolle zur Pflicht gemacht sei. Es handelt sich allerdings um ein Recht, auf das aber der Gesellschafter ebensowenig wirksam verzichten kann, wie z. B. der Auftraggeber sich nicht im voraus wirksam verpflichten kann, alles und jedes gelten zu lassen, was der Beauftragte und wie er es tut. — Hat sich der Geschäftsführer-Gesellschafter im Statut in bestimmt umschriebener Weise größere Unabhängigkeit in seiner Stellung bedungen, so muß darin im Zweifel ein Sonderrecht erblickt werden. — Auf vertragswidrige Zumutungen braucht sich der Geschäftsführer nicht einzulassen. Anderseits kann in Maßregeln, welche an und für sich zulässig sind, für ihn ein kränkendes Mißtrauen zum Ausdruck kommen, das ihm unter Umständen Grund zur Kündigung geben kann.

8. a) Die Gesellschaft m. b. H. ist nicht ausschließlich auf die Vertretung durch ihre Geschäftsführer, ihre gesetzlichen Vertreter, angewiesen. Sie kann sich auch durch rechtsgeschäftlich bestellte (bevollmächtigte) Stellvertreter vertreten lassen. Die Erteilung einer solchen Vollmacht ist Sache des Geschäftsführers, welcher in der Hand hat, ob er der Gesellschaft unmittelbar einen Stellvertreter bestellen will oder sich selbst einen Untervertreter (vgl. Erl 4 zu § 36). Nach Ziff 7 bedarf es aber zur Bestellung von Prokuristen und Handlungsbevollmächtigten zum gesamten Geschäftsbetrieb eines Beschlusses der Gesellschafter (vgl. §§ 116 Abs 3, 238 HGB). Über die Tragweite dieser Vorschrift herrscht Streit. Vgl. hierüber Erl 2 a zu § 36, wo ausgeführt ist, daß nach richtiger Ansicht der Geschäftsführer der Gesellschaft gegenüber nicht befugt ist, diese weitgehende Vollmacht ohne einen darauf gerichteten Beschluß der Gesellschafter zu erteilen, der allgemein gehalten oder auf eine bestimmte Persönlichkeit gerichtet sein kann, daß aber die von ihm vorgenommene Bestellung Dritten gegenüber Geltung hat, mag auch ein Beschluß der Gesellschafter nicht vorliegen oder der gefaßte Beschluß ungültig sein. A. A. Hachenburg § 46[30]; Feine 439. Dessenungeachtet ist der Registerrichter gegenüber der nach §§ 6, 53 Abs 1 HGB und § 13 Abs 3 gegenwärtigen Ges. gebotenen Anmeldung der Erteilung der Prokura berechtigt und verpflichtet, zu prüfen, ob der erforderliche Beschluß der Gesellschaft ergangen ist. So die frühere Rechtsprechung des Kammergerichts RJA 2, 74; KGJ 22, 111; 41, 131; in ausgesprochener Abwendung hiervon KG in JW 1925, 268, 4. S. auch das. 1745. Vgl. auch Erl 2 a zu § 39.

b) Zum Prokuristen oder Handlungsbevollmächtigten kann auch ein Gesellschafter bestellt werden. Die Frage, ob und wiefern er von der Teilnahme an der Beschlußfassung darüber ausgeschlossen ist, dürfte hier nicht anders liegen wie bei der Bestellung eines Gesellschafters zum Geschäftsführer (vgl. hierzu Erl 2 b zu § 38). Dem dort Gesagten wird die herrschende Lehre für den gegenwärtigen Fall zustimmen müssen, die bei der Bestellung zum Geschäftsführer um den § 47 Abs 4 durch den Hinweis darauf herumzukommen meint, daß das zwar ein Rechtsgeschäft sei, aber ein solches von nicht gewöhnlicher Art, die Schaffung eines Gesellschaftsorganes, die Abstimmung also ein Akt der Mitverwaltung, ein gesellschaftlicher, körperschaftsrechtlicher Akt (RG 74, 278). Nichts von allem trifft auf die Bestellung (und Abberufung) eines Prokuristen oder Handlungsbevollmächtigten zu. — Ein minderjähriger Gesellschafter bedarf zur Teilnahme an der Abstimmung nicht der Genehmigung des Gerichts (§§ 1643, 1822[11] BGB; RJA 12, 327), also auch nicht seines Vormundes, wofern er selbst und nicht richtiger dieser zur Abstimmung hinzugezogen ist.

c) Vertretungsmacht und Rechtsstellung des Prokuristen und Handlungsbevollmächtigten richten sich nach §§ 49 ff., 54 HGB oder auch nach §§ 164 ff. BGB. Die Vertretungsmacht hat nur Bedeutung für den Rechtsverkehr der Gesellschaft mit Dritten, einschließlich der Gesellschafter, wenn sie der Gesellschaft in nichtgesellschaftlichem Rechtsverhältnis als Dritte gegenüberstehen, nicht dagegen im inneren Geschäftsverkehr; Hachenburg § 46[36]; a. A. Scholz 470. — Prokura setzt begrifflich ein Handelsgeschäft voraus, auf das sie sich bezieht. Eine Gesellschaft m. b. H., welche kein Handelsgeschäft betreibt, gilt zwar als Kaufmann, kann aber aus jenem objektiven Grund Prokuristen nicht haben. Was sie so nennt, ist Generalbevollmächtigter in dem für die Prokura gesetzlich gezogenen Umfang. So wohl auch Hachenburg § 46[35]. Die Frage ist nur insofern praktisch, als die Anmeldung zum Handelsregister fortfällt. Prokura und Handlungsvollmacht können kombiniert werden. Nach RG in HoldheimsMSchr 00, 272 steht nichts im Wege, daß ein Kollektivprokurist zugleich Vollmacht hat, allein zu handeln.

d) Beschränktere Handlungsvollmacht kann der Geschäftsführer erteilen, der sich überhaupt durch Bevollmächtigte vertreten lassen kann, soweit nicht das Gesetz persönliches Handeln der Geschäftsführer vorschreibt (§§ 7, 40, 49, 78). Nach dem Urt v. 21. 4. 22 VII 545/21 kann er auch Generalvollmacht erteilen (vgl. hierzu Erl 3 zu § 36).

e) Die Vollmacht des Prokuristen oder Handlungsbevollmächtigten zu widerrufen, ist der Geschäftsführer auch ohne darauf gerichteten Beschluß befugt. Scheidet der Geschäftsführer, welcher die Vollmacht erteilt hat, aus, so kann auch vom gleichen Moment an ein Bevollmächtigter nicht mehr mit Wirkung für oder gegen die Gesellschaft handeln, wenn er lediglich zum Stellvertreter des Geschäftsführers bestellt war. War er dagegen zum unmittelbaren Stellvertreter der Gesellschaft bestellt worden, so hängt das Erlöschen und Außerkrafttreten der Vollmacht noch von anderen Umständen (§§ 168 ff. BGB) ab (s. hierzu Erl 4 zu § 36).

9. a) Ziff 8 bestimmt:

1. Ersatzansprüche der Gesellschaft aus der Gründung oder der Geschäftsführung gegen Geschäftsführer oder Gesellschafter können nur auf Beschluß der Gesellschafter erhoben werden.

2. Will die Gesellschaft oder muß sie gegen einen oder mehrere Geschäftsführer einen Prozeß führen, so haben die Gesellschafter einen Vertreter zur Führung des Prozesses zu bestellen.

Ziff 1 bedeutet wiederum eine auf Gesetz beruhende Beschränkung der Vertretungsmacht des Geschäftsführers (vgl. Erl 2 a zu § 36). A. A. Scholz 474. Die Gesellschafter beschließen in beiden Fällen mit einfacher Stimmenmehrheit. Ein Minderheitsrecht, wie § 268 HGB es bei der

Aktiengesellschaft vorgesehen hat, besteht hier nicht. Der Gesellschafter und der Geschäftsführer-Gesellschafter, gegen welchen sich der Beschluß richtet, sind von der Ausübung ihres Stimmrechts ausgeschlossen. — Die Bestimmung unter 1 hat nur den Fall im Auge, daß der in Anspruch Genommene zur Zeit der Klageerhebung noch Geschäftsführer oder Gesellschafter ist. A. A. Liebmann § 46[17]. Sie zeigt zugleich, daß auch nach Ansicht des Gesetzgebers gegen die Gesellschafter, welche die Gesellschaft gegründet haben, sehr wohl ein Anspruch der Gesellschaft aus der Gründung bestehen kann (RG 100, 177; s. hierzu Scholz 472). Ansprüche der Gesellschaft gegen Gesellschafter aus Geschäftsführung können kaum in Frage kommen. Jedenfalls gehören Ansprüche auf Erstattung unrechtmäßig empfangener Zahlungen (§ 31) nicht hierher.

b) Im Fall unter 2 ist nicht nur an den Fall zu denken, wo die Gesellschaft als Kläger auftritt. Auch wenn der Geschäftsführer klagt, handelt es sich um einen Prozeß, den die Gesellschaft „gegen den Geschäftsführer zu führen hat"; Hachenburg § 46[50]. Es kommt auch darauf nicht an, ob durch das Ausscheiden des Geschäftsführers, welcher klagt oder verklagt wird, die Gesellschaft ohne gesetzliche Vertretung oder im Falle der Kollektivvertretung ohne genügende gesetzliche Vertretung ist. (Von zwei Kollektivvertretern der Gesellschaft kann nicht der eine namens dieser den anderen verklagen OLG 7, 151.) Auch im entgegengesetzten Falle hat die Gesellschaft sich darüber zu entschließen, wen sie mit der Prozeßführung betrauen will. — Besteht ein Aufsichtsrat, so findet nach § 52 der § 247 HGB entsprechende Anwendung, d. h. in diesem Falle ist der Aufsichtsrat „befugt", die von der Gesellschaft beschlossenen Rechtsstreitigkeiten gegen den Geschäftsführer zu führen; auch in diesem Falle ist der Gesellschaft aber unbenommen, einen besonderen Vertreter zu bestellen. — Der Bestellte ist nicht bevollmächtigter Stellvertreter der Gesellschaft, hat vielmehr vollständig die Rechtsstellung eines gesetzlichen Vertreters mit der auf die Durchführung des Prozesses beschränkten Vertretungsmacht (RG in Recht 1916, 317). Die Vertretungsmacht dauert so lange wie die Angelegenheit, auf welche sie sich bezieht, und wird durch Veränderung in der gewöhnlichen gesetzlichen Vertretung der Gesellschaft nicht berührt (RG in Recht 1916, 316). — Parteieide z. B. sind von diesem Vertreter zu leisten. Es ist das eine Singularität, welche nur in einem Prozesse der Gesellschaft mit einem ihrer Geschäftsführer vorkommt (BauersZ 19, 159, hier aber, gleichviel welcher Art der geltend gemachte Anspruch ist; OLG 14, 366; HoldheimsMSchr 21, 269).

c) Fehlt es an einem gesetzlichen Vertreter und ist kein Gesellschafterbeschluß zustande zu bringen, so kann auf Antrag eines Beteiligten das Amtsgericht auf Grund § 29 BGB der Gesellschaft einen Vertreter bestellen (OLG 14, 366; HoldheimsMSchr 21, 269). S. § 1 Erl 3 a. E. Als Beteiligter ist jeder Gesellschafter anzusehen. — Ein Gläubiger der Gesellschaft, welcher den Ersatzanspruch hat pfänden lassen, ist zur Geltendmachung des Anspruchs auf einen Gesellschafterbeschluß nicht angewiesen (RG in LZ 1918, 857; DJZ 1911, 708). — Will der Geschäftsführer die Gesellschaft verklagen, so kann auf seinen Antrag, wenn Gefahr im Verzuge ist, **der Vorsitzende des Prozeßgerichtes** der Gesellschaft bis zum Eintritt des gesetzlichen Vertreters einen besonderen Vertreter bestellen (§ 57 ZPO), wenn sie nach Ausscheiden des Klägers ohne gesetzlichen Vertreter ist. Ist noch ein anderer Geschäftsführer vorhanden oder ein Aufsichtsrat, oder ist überhaupt nur der Gesellschaft die Klage wirksam zugestellt, so muß der für die beklagte Gesellschaft auftretende Vertreter sich gemäß § 46 Ziff 8 oder gemäß § 52 ausweisen.

d) Die Bestimmungen unter Ziff 8 sind nicht zwingenden Rechtes, können vielmehr im Statut ergänzt und abgeändert werden. Nur muß wiederum behauptet werden (vgl. oben Erl 1; § 45 Erl 1), daß die Gesellschafter sich nicht der letzten Entscheidung über Geltendmachung ihrer Rechte in Angriff und Verteidigung entschlagen können.

§ 47

Die von den Gesellschaftern in den Angelegenheiten der Gesellschaft zu treffenden Bestimmungen erfolgen durch Beschlußfassung[2])[3])[4]) nach der Mehrheit der abgegebenen Stimmen[1]).

Jede hundert Reichsmark eines Geschäftsanteils gewähren eine Stimme[7]).

Ges v. 28. 6. 26, RGBl I 316.

Vollmachten bedürfen zu ihrer Gültigkeit der schriftlichen Form[5]).

Ein Gesellschafter, welcher durch die Beschlußfassung entlastet oder von einer Verbindlichkeit befreit werden soll, hat hierbei kein Stimmrecht und darf ein solches auch nicht für andere ausüben. Dasselbe gilt von einer Beschlußfassung, welche die Vornahme eines Rechtsgeschäfts oder die Einleitung oder Erledigung eines Rechtsstreites gegenüber einem Gesellschafter betrifft[6]).

Österr. Gesetz § 39.

1. a) Der § 47 handelt von dem Stimmrecht des Gesellschafters und dessen Ausübung. Das Stimmrecht steht jedem Gesellschafter nach Verhältnis seiner Stammeinlage zu. Auf je 100 M. der Stammeinlage entfällt eine Stimme. Das ist die Regel. Es kann aber im Statut etwas anderes vereinbart werden. Einzelnen Gesellschaftern kann — für ihre Person oder für ihren Geschäftsanteil — erhöhtes Stimmrecht bedungen werden. Es können Vorzugsgeschäftsanteile mit mehrfachem Stimmrecht geschaffen werden. Dagegen kann nicht einem einzelnen Gesellschafter allgemein Stimmrecht versagt sein. Allgemein wird das Gegenteil behauptet (OLG 3, 66 und beiläufig RJA 13, 232). Und nicht nur das. Auch von der Teilnahme an den Gesellschafterversammlungen sollen einzelne Gesellschafter allgemein ausgeschlossen sein können, und zwar nicht nur durch das ursprüngliche Statut, sondern auch gegen den Widerspruch des Betroffenen durch Statutenänderung! (BauersZ 1919, 276.) Mit dem Wesen der juristischen Person würde freilich nicht in Widerspruch stehen, daß einzelne Mitglieder von jeder Mitwirkung an der Verwaltung ausgeschlossen sind. Es wären vielleicht Fälle denkbar, wo sie sämtlich davon ausgeschlossen sind. Aber die Gesellschaft m. b. H. ist und bleibt in ihrem Grundgefüge zugleich Gesellschaft und mit dem Wesen der Gesellschaft stünde eine solche Bestimmung allerdings in Widerspruch. Was von einem Gesellschafter gelten soll, müßte von allen oder doch wenigstens von allen bis auf einen gelten. Es liegt in dieser Beziehung mit dem Stimmrecht nicht anders als mit dem Recht auf Beteiligung am Gewinn. Es gibt Gesellschaften m. b. H., die überhaupt nicht auf Gewinn abzielen. Daß aber, wo es auf Gewinnbezug abgesehen ist, ein einzelner Gesellschafter von der Beteiligung am Gewinn gänzlich ausgeschlossen wird, stünde mit dem Wesen der Gesellschaft in Widerspruch (§ 29 Erl 2). Die herrschende Lehre wäre nicht imstande, gegen die Kumulierung beider Bestimmungen, Ausschluß vom Stimmrecht und von der Beteiligung am Gewinn, etwas einzuwenden, was nicht ebenso entschieden gegen jede einzelne sprechen würde. Und von ihrem Standpunkte aus könnte sie auch dagegen nichts einwenden, daß ein Gesellschafter keinen Anspruch auf eine Liquidationsquote haben soll. Also ein Gesellschafter, der kein Stimmrecht hat, vom Gewinn nichts abbekommt, solange die Gesellschaft dauert, und leer ausgeht, wenn sie zu Ende ist, der nur Stammeinlage und Nachschüsse usw. zu zahlen hat! Es mag sein, daß sich das aus dem Gesetz herauslesen läßt, wenn man es nur recht wörtlich versteht. Alles ist ja dispositives Recht. Daß sich niemand auf so etwas einlassen wird, ist klar. Aber darum handelt es sich nicht. Die Frage ist, ob einer, wenn er das tut, einen Gesellschaftsvertrag abschließt. Das bestimmt das Gesetz nicht und zweifellos muß es verneint werden. — Daher muß auch eine Bestimmung, wonach erst von einem Mindestbetrag der Stammeinlage an mit dem Geschäftsanteil Stimmrecht verbunden sein soll, beanstandet werden. A. A. RJA 13, 232; anders natürlich, wenn ein Gesetz (Goldbilanzverordnung) es positiv bestimmt. Will man auf diese Weise die Abstimmungen vereinfachen, so muß man nicht so kleine Geschäftsanteile schaffen. Darin gibt das Gesetz freie Hand. Dagegen ist gegen eine Bestimmung des Statuts grundsätzlich nichts einzuwenden, daß unter bestimmten Umständen das Stimmrecht ruht. — Es kann bestimmt werden, daß nicht nach Größe der Stammeinlagen, sondern nach Köpfen abgestimmt wird, was im Zweifel bedeutet nach Geschäftsanteilen, gleichviel wie groß, so daß, wenn ein Geschäftsanteil auf mehrere übergeht, diese zusammen eine Stimme haben, und wenn ein Gesellschafter zu seinem Geschäftsanteil einen zweiten hinzuerwirbt, er damit auch eine weitere Stimme erhält. Nur eine Abschwächung, nicht Entziehung des Stimmrechtes ist es, wenn ein Gesellschafter nur nach Verhältnis eines Bruchteiles seines Geschäftsanteiles Stimmrecht haben soll. Dann kann bei einer Teilung des Geschäftsanteiles nur so verfahren werden, daß das Stimmrecht, d. h. die Stimmen, ebenfalls im gleichen Verhältnis geteilt werden.

b) Das Stimmrecht ist mit dem Geschäftsanteil untrennbar verbunden und steht dem zu, welcher der Gesellschaft gegenüber als der Inhaber gilt (§ 16). Es geht namentlich auch nicht auf den Pfandgläubiger über, dem der Geschäftsanteil verpfändet ist, auch dann nicht, wenn vereinbart wird, daß das Pfandrecht sämtliche mit dem Geschäftsanteil verbundene Rechte umfassen soll, § 15 Erl 2 a (RJA 13, 232, wo anerkannt wird, daß der Gesellschafter trotz Verpfändung seines Geschäftsanteiles nach § 66 die Bestellung und Abberufung des Liquidators beantragen kann). Bedenklich RJA 15, 47, wo der Verpfändung eines Geschäftsanteiles „mit Stimmrecht" die Tragweite beigelegt wird, daß der Pfandgläubiger zwar nicht in jeder Beziehung das Stimmrecht auszuüben habe, wohl aber, soweit es zur Wahrung und Durchführung des Pfandrechtes notwendig ist. Was mag wohl hierunter fallen und was nicht? Scholz 199; ferner Hachenburg § 15 Erk. I Erl 4; Feine 406; wie hier auch Liebmann § 15 Erl 20 k, dem aber darin widersprochen werden muß, daß dem Pfandgläubiger eine unwiderrufliche Vollmacht zur Ausübung des Steuerrechts erteilt werden könne. Eine solche unwiderrufliche Vollmacht wird durch Widerruf ebenso hinfällig wie jede andere Vollmacht, Brodmann in Ehrenbergs HH IV 2 S. 133 ff. Dagegen geht bei fiduziarischer Übereignung im allgemeinen das Stimmrecht auf den Fiduziar über. Erwirbt jemand in eigenem Namen für Rechnung eines Dritten einen Geschäftsanteil, so kann er das Stimmrecht nicht ausüben, wenn der Dritte von ihm ausgeschlossen sein würde und der Erwerb vorgenommen worden ist, um der gesetzlichen Vorschrift zu begegnen (vgl. RG

30, 51; 40, 82; 69, 134; 103, 198). Dasselbe muß denn auch bei seiner fiduziarischen Übereignung angenommen werden.

c) Unsicher und bestritten ist die Frage, wem die Ausübung des Stimmrechts zukommt, wenn an dem Geschäftsanteil ein Nießbrauch besteht. S. hierzu Brodmann A.-R. § 252 Erl 1 g und Planck BGB § 1081 Erl 2. Aus den dort angeführten Gründen kann die hier in der 1. Auflage vertretene Meinung, daß das Stimmrecht dem Nießbraucher zustehe, nicht aufrechterhalten werden. In der Ausübung dieses Rechts liegt weder das Ziehen einer Nutzung aus dem Geschäftsanteil (§ 1030 BGB) noch ein Akt der Verwaltung in dem Sinn, wie diese dem Nießbraucher darum obliegt und zukommt, weil er sich im Besitz der belasteten Sache befindet, § 1036 BGB. Wie hier Scholz 201; Feine 410; Becker in GmbHRundsch 28 S. 46, 462, 507. Rechtsgeschäftliche Übertragung des Stimmrechts auf den Nießbraucher ist wohl nicht möglich; es könnte sich immer nur um Vollmacht zur Ausübung des Stimmrechts handeln. Dagegen übt das Stimmrecht am Geschäftsanteil der Ehefrau kraft seiner ehelichen Nutznießung der Ehemann aus. Brodmann A.-R. § 252 Erl 1 h.

d) Mehrheit der Stimmen ist in der Regel die einfache Mehrheit. Qualifizierte Mehrheit schreibt das Gesetz vor bei Abänderung des Gesellschaftsvertrages (namentlich Erhöhung und Herabsetzung des Stammkapitals), § 53, und beim Beschluß der Auflösung der Gesellschaft, § 60 Abs 1 Ziff 2. Im Gesellschaftsvertrage können weitere Fälle vorgesehen werden. Die Mehrheit der abgegebenen Stimmen entscheidet. In §§ 32, 33 BGB heißt es die Mehrheit der erschienenen Mitglieder, in § 275 HGB die Mehrheit des vertretenen Grundkapitals. Ob darin nur lässige Ausdrucksweise liegt, die sachlich nichts besagen will, wie die herrschende Lehre annimmt, ist zweifelhaft (vgl. RG 20, 140; aber auch RG 80, 193; 82, 386). Hier ist die Frage durch die Fassung des Gesetzes außer Zweifel gestellt. Die Stimmen der Gesellschafter, welche sich der Abstimmung enthalten haben (ebenso wie diejenigen, die nicht mit abstimmen durften), werden bei Berechnung der Mehrheit nicht mitgezählt, noch weniger die Stimmen der Nichterschienenen. — Im Gesellschaftsvertrage kann bestimmt werden, daß bei Stimmengleichheit ein Dritter (der Rechtsbeistand der Gesellschaft) entscheiden soll (RG 49, 147). — Ob eine unter Vorbehalt abgegebene Stimme gültig ist, muß nach Lage des Falles entschieden werden. Die Behauptung, daß die Abstimmung überhaupt keine Bedingung verträgt, geht in dieser Allgemeinheit zu weit. Warum soll eine unter dem deutlich erklärten Vorbehalt der Genehmigung eines Dritten abgegebene Stimme nicht gültig sein, wenn diese Genehmigung alsbald erfolgt? — Jeder Gesellschafter kann, auch wenn er mehrere Geschäftsanteile besitzt, seine sämtlichen Stimmen immer nur einheitlich abgeben. Die Frage ist in Anwendung auf den Eigentümer mehrerer Aktien in neuerer Zeit lebhaft erörtert worden, und der Eigentümer von 100 Aktien steht in dieser Beziehung nicht anders da als der Eigentümer eines Geschäftsanteils von 10 000 M. mit seinen 100 Stimmen. Man möchte erreichen, daß eine Kommune als Aktionär nicht genötigt ist, die zur Entscheidung stehende Frage, d. h. ihre Stellungnahme zu ihr innerhalb ihrer selbst, verfassungsmäßig zum Austrag zu bringen, sondern ihren Aktienbesitz oder vielmehr die Stimmen aus ihm auf die Parteien des Stadtparlaments verteilen und sie die eigene Entschließung abschieben kann. Das zu erreichen ist indessen weder erwünscht noch auch möglich. Die Abstimmung ist eines der Momente im Leben der juristischen Person, des Vereins, in welchem ihr juristisch-konstruktives Dasein Fühlung hält mit den Wirklichkeiten des Lebens. Nicht die abstrakte Aktie (oder Geschäftsanteil) stimmt ab, sondern die Person des Gesellschafters, während die Zahl der Aktien, die Größe des Geschäftsanteiles nur das Gewicht seiner Stimme bestimmt. Der Aktionär kann das Gewicht abschwächen, indem er einen Teil seines Aktienbesitzes verschweigt (oder auch erklärt, nicht vertreten zu wollen). Der Eigentümer eines Geschäftsanteils kann das nicht, und es muß behauptet werden, daß es auch der Eigentümer mehrerer Geschäftsanteile nicht kann. RG 118, 67 hat denn auch den ungesunden Gedanken abgelehnt. Die Behauptung Scholz, 479, der Gesellschafter könne sich mit seinen Stimmen beschränken, er brauche nicht alle abzugeben, soll wohl nur von dem Inhaber mehrerer Geschäftsanteile gelten, sonst ist sie jedenfalls nicht richtig. Ebenfalls nicht deutlich Hachenburg 247[6]. — Die mehreren Inhaber eines Geschäftsanteiles müssen sich darüber einigen, in welchem Sinne sie ihre sämtlichen Stimmen einheitlich abgeben wollen. Andernfalls zählen ihre Stimmen gar nicht. Oder sollen sie sich in die Stimmen teilen dürfen, welche der Geschäftsanteil gewährt? — Dagegen kann, wer zugleich einen anderen Gesellschafter vertritt, für diesen anders abstimmen als für sich selbst.

e) Das Verhältnis, in welchem die einzelnen Gesellschafter stimmberechtigt sind (Anzahl der Stimmen), beruht entweder auf dem Gesetz oder auf dem Statut. Es ist aber nicht schlechthin unabänderlich. Es gibt Fälle, in denen das so bestimmte Verhältnis nachträglich geändert wird, ohne Rücksicht darauf, ob die nachteilig davon betroffenen Gesellschafter zustimmen oder nicht. So, wenn Geschäftsanteile kaduziert, eingezogen werden, wenn die Gesellschaft eigene Geschäftsanteile erwirbt, wenn durch Erhöhung des Stammkapitals neue Geschäftsanteile geschaffen werden. Dagegen kann ein unmittelbar auf Veränderung des Verhältnisses der Stimmberechtigung gerichteter Beschluß nicht ohne die Zustimmung aller nachteilig davon betroffenen Gesellschafter gültig gefaßt werden. S. § 45 Erl 2 a. E.

2. a) Die Abstimmung des Gesellschafters setzt den entsprechenden Entschluß voraus und ist Erklärung dieses Entschlusses. Aber sie ist nicht rechtsgeschäftliche Willenserklärung, auf welche §§ 116 ff. BGB anzuwenden wären. S. hierüber Brodmann A.=R. § 252 Erl 1 d. Es trifft nicht zu, wenn Feine 516 den Beschluß als Willenserklärung und Rechtsgeschäft kennzeichnet. Er ist Entschluß und dessen Erklärung, aber nicht Willenserklärung, wie der Jurist diesen Ausdruck zu verstehen hat. Nur in den Fällen, wo die Gesellschafterversammlung unmittelbar namens der Gesellschaft mit Dritten in Rechtsverkehr treten kann (s. unten unter c), kann in der Beschlußfassung zugleich die entsprechende Willenserklärung sich vollziehen. — Hat man sich bei der Abstimmung in einem diese beeinflussenden Irrtum befunden, so ist doch für eine Anfechtung nach § 119 BGB und damit für rückwirkende Vernichtung des Beschlusses kein Raum. So auch — von anderen Voraussetzungen aus — Feine 517. Wohl kann der Gesellschafter, der sich geirrt hat, solange es noch Zeit dazu ist, seine Abstimmung widerrufen. Aber das kann er auch, wenn er sich nicht geirrt, sondern anders besonnen hat. Und Zeit dazu ist — wofern sich die Gesellschafter nicht auf eine nochmalige Abstimmung oder auf den Widerruf einlassen, solange das Ergebnis der Abstimmung noch nicht festgestellt ist. Zu vergleichen der Fall RG 115, 382, wo die Anfechtung wegen Arglist richtiger a limine wäre abgewiesen worden. Auch die Gesellschaft ist jederzeit in der Lage, den Beschluß als auf Irrtum beruhend zu widerrufen, wenn sie das will, d. h. wenn jetzt eine Mehrheit dafür vorhanden ist, wobei es dann ohne Bedeutung ist, wer und wieviel sich im Irrtum befunden haben, ob überhaupt ein solcher obgewaltet hat. — Eine andere Frage ist, ob der im Irrtum befangene Gesellschafter den ergangenen Beschluß anfechten kann (s. hierzu unten Erl 4). Und wieder eine andere Frage ist, unter welchen Voraussetzungen die Gesellschaft das Rechtsgeschäft anfechten kann, welches etwa der Geschäftsführer auf Grund des Beschlusses vorgenommen hat. Der Beschluß der Gesellschaft ist ein innerer Vorgang. Ihn auszuführen und gegebenenfalls hierzu rechtsgeschäftlich tätig zu werden, ist Sache des Geschäftsführers. Soll ein solches Geschäft wegen Irrtums angefochten werden, dann kommt es allein auf die Person des Geschäftsführers an. Die herrschende Lehre will den § 166 BGB anwenden und nimmt im Falle des § 166 Abs 2 zit. an, daß die Gesellschaft als Vertretene im Irrtum gewesen ist, wenn die Mehrheit — ob Mehrheit nach Köpfen oder nach Geschäftsanteilen, wird nicht gesagt — geirrt habe. Aber das entbehrt jeder Begründung. Vertretener kann nur entweder die Gesamtheit der Gesellschafter sein oder alle einzeln, also jeder. Es müßten also entweder alle geirrt haben oder es müßte genügen, wenn das auch nur bei einem zutrifft (vgl. auch RG 69, 235). Überhaupt aber findet § 166 nur auf den bevollmächtigten Stellvertreter, nicht auf den gesetzlichen Vertreter Anwendung. So liegt es grundsätzlich, und es kann nur in Frage kommen, ob man daran bis in die letzten Folgerungen festhalten muß. Die Fälle können sehr verschieden liegen. Man nehme — um gleich auf das äußerste zu kommen — an, daß alle Geschäftsanteile in einer Hand vereinigt sind. Hier wird man bei Anwendung des § 119 und vor allem auch des § 123 BGB die Persönlichkeit des Gesellschafters nicht außer acht lassen können und § 166 entsprechend anwenden dürfen.

b) Die Gesellschaft kann jederzeit einen gefaßten Beschluß mit einfacher Stimmenmehrheit wieder zurücknehmen. Das gilt auch von Beschlüssen, welche eine Statutenänderung enthalten, solange diese nicht in das Handelsregister eingetragen worden ist. So lange hat der Beschluß keine rechtliche Wirkung (§ 54 Abs 3). Es handelt sich also bei dem Widerruf nicht um eine Statutenänderung, sondern um den Beschluß vielmehr, das Statut nicht zu ändern. Anders Hachenburg § 53[23]; anscheinend auch Scholz 538. — Selbstverständlich werden aber durch den Widerruf eines Beschlusses durch die Gesellschaft Rechte, namentlich auch Sonderrechte, nicht berührt, welche durch den Beschluß oder auf Grund desselben begründet worden sind. Dagegen begründet der Gesellschafterbeschluß als solcher kein Recht des einzelnen Gesellschafters, daß es bei dem gefaßten Beschluß verbleibe.

c) Übrigens ist die Gesellschaft, d. h. hier die Gesamtheit der Gesellschafter, nicht so völlig mundtot, daß sie nicht auch unabhängig vom Geschäftsführer Erklärungen abgeben, in begrenztem Umfange auch Rechtsgeschäfte für die Gesellschaft abschließen könnte. Erfolgt die Beschlußfassung in Gegenwart des Geschäftsführers, dann ist mit Feststellung des Ergebnisses auch schon dem Geschäftsführer der Entschluß der Gesellschaft erklärt. Andernfalls muß ihm der Beschluß mitgeteilt werden, entweder durch alle Gesellschafter oder durch einen von ihnen, den die anderen bevollmächtigt haben. Und zu rechtsgeschäftlichen Verhandlungen und Vertragsschluß auf diese Weise kommt es, wenn die Gesellschaft, die keinen Geschäftsführer hat, einen solchen anstellen will und anstellt (RG 68, 381, insbesondere S. 385; vgl. auch RG 66, 374; KGJ 31, 197). — Auch die Entlassung des Geschäftsführers wird oft nur auf diesem Wege erfolgen können. Daran hat bisher niemand Anstoß genommen, und es fragt sich, ob nicht überhaupt unter besonderen Umständen — man denke wieder an den Fall, daß nur ein Gesellschafter vorhanden ist — eine unmittelbare rechtsgeschäftliche Tätigkeit des oder der Gesellschafter selbst Dritten gegenüber als zulässig anzunehmen ist oder ob nicht wenigstens die Gesellschaft gegen sich unter Umständen gelten lassen muß, was auf diese Weise geschieht. S. auch Erl 2e zu § 36.

3. a) In der Ausübung des Stimmrechts ist der einzelne grundsätzlich ganz frei. Er kann sich darin völlig durch seine persönlichen Interessen leiten lassen, der Gesellschaft oder den übrigen Gesellschaftern braucht er in dieser Beziehung Rechenschaft nicht abzulegen (RG 80, 391). — Verfährt er arglistig, um einen Gesellschafter zu schädigen, so kann darin unerlaubte Handlung liegen, die ihn diesem gegenüber haftbar macht (Urt v. 18. 11. 07 I 611/06; RG in Recht 08, 863; vgl. auch Recht 1911, 1218; JW 1911, 463: es steht mit dem Wesen der Gesellschaft m. b. H. grundsätzlich in Widerspruch, daß die einzelnen Gesellschafter wegen vor der Entstehung der Gesellschaft begangener unerlaubter Handlungen Dritten gegebenüber zu einem gewissen Tun innerhalb der Gesellschaft verpflichtet sein sollten, insbesondere gehalten sein sollten, als Gesellschafter auf eine Abänderung des Gesellschaftsvertrages hinzuwirken). — Wohl aber kann in Frage kommen, ob der Gesellschafter durch seine Abstimmung Vertragspflichten verletzt, welche er gegenüber Dritten eingegangen ist, z. B. wenn er seinen Geschäftsanteil veräußert hat und dann gegen die erforderliche Genehmigung der Gesellschaft stimmt (JW 06, 401 a. E.) oder sich der Abstimmung enthält (RG in DJZ 06, 710; vgl. aber auch RG 88, 319 und Erl 2a zu § 13). — Durch die Abtretung des Anspruchs auf den Gewinn verpflichtet sich der Gesellschafter nicht, bei der Abstimmung über die Bilanz seine eigenen Interessen den Interessen des Zessionars hintanzusetzen oder anzupassen (RG 98, 321). — Es ist an und für sich nichts einzuwenden, daß mehrere darüber Vereinbarungen treffen, wie sie stimmen wollen. Der Gesellschaft gegenüber behält jeder von ihnen auch so die volle Freiheit (DJZ 1914, 630; JR 27, 214; RG 124, 380). Aber solche Vereinbarungen können wegen der damit verfolgten Zwecke unsittlich sein (RG 69, 134). So, wenn sie darauf ausgehen, die Gesellschaft einseitig im eigenen Interesse auszunutzen (JW 1916, 575[3]; DJZ 1914, 630; RG in ZAktW 26, 69). In solchem Falle ist der Beschluß anfechtbar, wenn im Sinne der Vereinbarung abgestimmt und dadurch der Beschluß angenommen worden ist. — Unter derselben Voraussetzung muß auch der Beschluß für anfechtbar erklärt werden, wenn der Gesellschafter sich für seine Abstimmung bezahlen läßt. Eine Strafbestimmung wie § 317 HGB besteht hier nicht; eine Frage für sich ist, ob der Vertrag Verbindlichkeiten begründet (OLG 6, 503; vgl. auch RG in DJZ 08, 1171; 1914, 630). — Die Vereinbarung von Gesellschaftern, bei der Wahl zu einem Vertrauensposten (Aufsichtsrat) in bestimmtem Sinne zu stimmen, ist der Gesellschaft gegenüber unverbindlich. Vgl. RG 57, 205.

b) Klage und Verurteilung dahin, daß ein Gesellschafter überhaupt abstimmt, ist nicht denkbar. Der § 894 ZPO wäre schon deshalb nicht anwendbar, weil die Abstimmung nicht Willenserklärung ist. So zutreffend RG 112, 279 in JW 1927, 2992; RG 119, 389. Die Urteile haben Widerspruch erfahren, der nicht begründet ist, s. Brodmann in JW 1929, 615.

c) Nach RG 80, 385 (s. auch RG 88, 220) wäre eine Bestimmung im Gesellschaftsvertrage zulässig, daß Gesellschafter, welche Konkurrenten der Gesellschaft sind, in der Versammlung der Gesellschaft sich durch einen Bevollmächtigten vertreten lassen müssen, der der Geschäftsführung oder dem Aufsichtsrat angehört. Offenbar sollte damit erreicht werden, daß den betreffenden Gesellschaftern Mitteilungen und Aufklärungen vorenthalten werden, auf welche sie nach dem Gesetz Anspruch haben, und im Ergebnis ihnen die Möglichkeit genommen werden, ihre Stimme nach eigener Entschließung abzugeben. Das war im gegebenen Falle um so bedenklicher, als die Bestimmung durch Statutenänderung eingeführt war. Die Begründung verweist auf § 114 Abs 2 HGB. Aber die Ausschließung eines offenen Handelsgesellschafters von der Geschäftsführung nach § 114 Abs 2 kann nur mit seiner Zustimmung erfolgen, während hier diese Zustimmung gerade fehlte. Will man das Recht des Gesellschafters, nach eigener Entschließung abzustimmen, nicht überhaupt für unentziehbar halten, dann ist es jedenfalls ein Sonderrecht. Der Hinweis auf den offenen Handelsgesellschafter paßt auch deshalb nicht, weil diesem Schutzmittel zur Seite stehen (§§ 117, 118 HGB), die hier gänzlich fehlen. RG 88, 220 ist denn auch auf diesem Wege nicht gefolgt. Der Fall lag freilich anders. Aber das, worin sich die Fälle unterscheiden, trifft gar nicht das durchschlagende Bedenken.

4. a) Die Gesellschafter müssen sich bei ihren Beschlüssen im Rahmen des Gesetzes und des Gesellschaftsvertrages halten. Verstößt ein Beschluß gegen eine Norm zwingenden Rechts, so ist er nichtig. Dagegen ist er nur anfechtbar, wenn er gegen den Gesellschaftsvertrag verstößt, seien das nun ausdrücklich Bestimmungen des Vertrages oder Folgerungen, die sich aus ihm nach dem Gesetz ergeben. Der Verstoß kann in dem Verfahren liegen oder in dem Inhalte des Beschlusses, es kann sich um einen formalen oder materiellen Mangel handeln. Vgl. zu folgendem Brodmann A.-R. § 271 Erl 1.

b) Von Nichtigkeit aus formalem Recht kann man sprechen, wenn die Verstöße so gröblich sind, daß nur der Schein eines Beschlusses vorliegt (vgl. RG 60, 415; 75, 242; 89, 379; 92, 412; OLG 27, 380; Brodmann A.-R. § 259 Erl 6a). Im übrigen begründen Mängel des Verfahrens nur Anfechtbarkeit. Die betreffenden Bestimmungen sind jedenfalls insofern nicht zwingendes Recht, als sie immer unbefolgt bleiben können, wenn alle Gesellschafter damit einverstanden sind. — Es genügt für einen Gesellschafterbeschluß nicht, daß nur ein Teil der Gesellschafter sich verständigt, der über die Mehrheit der Geschäftsanteile verfügt. Ein Beschluß der Mehrheit ist etwas anderes als ein Mehrheitsbeschluß des Ganzen (RG 66, 371). Daher ist der Beschluß anfechtbar, unter Umständen geradezu nichtig, wenn einzelne Gesellschafter vorsätzlich und willkürlich nicht zugezogen waren (RG 92, 409). — Beschwerden gegen den Gang oder die Leitung der Verhandlungen, gegen die Art der Abstimmung usw. begründen unter Umständen die Anfechtung des ergangenen Beschlusses und können nur auf diesem Wege zur Geltung gebracht werden. Wenn in der Versammlung die Redefreiheit ungebührlich beschränkt worden ist (RG 36, 24), wenn gegen Widerspruch einzelner ohne Rechnungslegung Entlastung erteilt wird (vgl. RG 34, 57), wenn rechtswidrig ein Bevollmächtigter von der Abstimmung zurückgewiesen worden ist (vgl. RG 40, 81), ist Anfechtung am Platze. — Mängel des Verfahrens, welche an und für sich die Anfechtbarkeit des Beschlusses begründen könnten, sind unschädlich, wenn erhellt, daß sie keinen Einfluß auf das Ergebnis gehabt haben, z. B. wenn ein Gesellschafter zu Unrecht mitgestimmt hat, die erforderliche Mehrheit aber trotz Ausfalls dieser Summe noch vorhanden ist (Bolze 17, 531; 23, 583; RG in HoldheimsMSchr 6, 121; RG 65, 242; 104, 128; 110, 197; s. aber auch 115, 350), wenn die Versammlung nicht ordnungsmäßig einberufen war (JW 1897, 12[32]; s. aber auch RG 92, 411). Beweispflichtig ist in dieser Beziehung der Anfechtungsgegner, und mit dem Beweis muß es streng genommen werden (RG 36, 26; 90, 208; 103, 6). Anders ist wohl auch das Urt v. 20. 12. 02 I 253/02 (HoldheimsMSchr 12, 99) nicht gemeint, wonach selbst einstimmig gefaßte Beschlüsse der Anfechtung unterliegen, wenn einem Gesellschafter das Stimmrecht zu Unrecht entzogen war (weil, wenn er mitgestimmt hätte, andere vielleicht anders gestimmt hätten).

c) Wird irrigerweise angenommen, daß die erforderliche Mehrheit zugestimmt hat, so liegt streng genommen nicht ungültige Annahme, sondern gültige Ablehnung des Antrages vor. Vgl. RG 104, 185; ferner KJG 37, 155, wenn es sich um die Anmeldung des Beschlusses zur Eintragung in das Handelsregister handelt. Aber wenn Annahme des Antrages festgestellt und erklärt worden ist, dann ist, wenn der Streit auftritt, Anfechtung geboten (vgl. RG 60, 413; anders RG 104, 185). So, wenn Streit entsteht, ob der Beschluß Statutenänderung bedeutet oder ob ein Gesellschafter mitstimmen darf oder mitstimmen durfte usw. (RG 75, 241 — gegen OLG 16, 93 —; 89, 379; JW 1915, 195[7]). S. hierzu Brodmann A.-R. § 259 Erl 2a. Auch die Gesellschaft kann in solchen Fällen Feststellungsklage gegen einzelne Gesellschafter erheben (RG in Recht 1914, 1172). — Ist umgekehrt — in gleicher Weise fälschlich — angenommen worden, daß der Antrag abgelehnt worden sei, so ist ebenfalls Anfechtung geboten, die dazu führt, daß der Antrag als angenommen zu gelten hat. S. Brodmann A.-R. § 259 Erl 6e; GmbHRundsch 26, 226 (Karlsruhe). — Der einzelne Gesellschafter kann unter Umständen den Beschluß anfechten, wenn er in der Abstimmung durch Täuschung oder Drohungen beeinflußt war. Es handelt sich dann nicht um Anfechtung seiner Abstimmung nach §§ 119 ff. (s. Erl 2 a). Ist dem Umstande überhaupt Bedeutung beizumessen, so ist der Beschluß mangelhaft zustande gekommen, und dann ist es auch gleichgültig, ob einzelne oder auch ob die Mehrzahl der Gesellschafter an der Täuschung usw. unbeteiligt sind.

d) Auch der Inhalt des Beschlusses kann gegen zwingendes Recht verstoßen und macht alsdann den Beschluß nichtig. In Frage kommen nicht nur Vorschriften des gegenwärtigen Gesetzes. Der Beschluß ist nichtig, wenn er inhaltlich gegen das Gesetz oder die guten Sitten verstößt (§§ 134, 138 BGB; RG 68, 243; OLG 27, 380). Nur anfechtbar ist der Beschluß, wenn er die aus dem Gesellschaftsvertrage oder allgemeinen Rechtsgrundsätzen sich ergebenden allgemeinen gesellschaftlichen Rechte von Mitgliedern verletzt. Dagegen bedarf es keiner Anfechtung, vielmehr ist der Beschluß wirkungslos, soweit er einzelne bestimmte, aus dem allgemeinen Rechtsverhältnis heraus erwachsene Rechte eines Gesellschafters verletzt (RG 37, 63; 87, 386). Mißachtung ausdrücklicher Vertragsbestimmungen wird nicht häufig sein. Mehr Zweifel und Anlaß zu Streit bietet die Frage, ob der Beschluß in ein Sonderrecht von Gesellschaftern eingreift und nur mit deren Zustimmung hätte gefaßt werden können (s. hierüber Erl 2 zu § 45). Wegen Verletzung des Rechts des Gesellschafters auf den Jahresgewinn in gesetzlicher Höhe und Anfechtung der Bilanzgenehmigung s. Erl 4, 5 zu § 29.

e) Aber auch im Gebiete der allgemeinen gesellschaftlichen Rechte des einzelnen hat die Herrschaft der Mehrheit eine Grenze. Es kommt hier derselbe Gedanke zur Geltung, welcher in § 826 BGB positiven Ausdruck gefunden hat. Wird durch den Beschluß der Mehrheit der Minderheit oder einzelnen Gesellschaftern in einer gegen die guten Sitten verstoßenden Weise vorsätzlich Nachteil zugefügt, so ist das ein Mißbrauch der Gewalt der Mehrheit und rechtswidrig. Anders RG 68, 236 (Hibernia-Prozeß), doch hat das Reichsgericht an den dort ausgesprochenen Sätzen (S. 245 f.) seither nicht festgehalten. — Solche Beschlüsse sind nur anfechtbar, nicht nichtig. Vielfach wird das Gegenteil behauptet. Auch die Rechtsprechung ist unsicher. Aber wie ein Verstoß gegen § 826 BGB nur Anspruch auf Schadensersatz begründet, dagegen von Nichtigkeit des Vertrages da, wo im Tatbestand ein Vertragsabschluß liegt, nicht die Rede ist, so ist auch hier kein Grund, solche Beschlüsse schlechthin für nichtig zu erklären. Es handelt sich um Vergewaltigung der Minderheit, die, wenn sie sich dareinfügt, keines Schutzes bedarf. Brodmann A.-R. § 271 Erl 1, II b, 3. — In RG 68, 314 stand zur Entscheidung, ob die Entlastung des Vorstandes einer Aktiengesellschaft gemäß § 826 BGB anfechtbar sei, und das Reichsgericht erkannte die Anfechtbarkeit an und für sich an, vermißte aber die Feststellung, daß die Mehrheit der Aktionäre, d. h. nicht die Mehrheit, welche der Entlastung zugestimmt hatte, auch nicht etwa von dieser Gesamtheit eine Mehrheit, sondern so viel Aktionäre, wie für die Annahme des Antrages erforderlich war, der Vorwurf der Unsittlichkeit trifft. Überzeugend ist das weder in den Einzelheiten noch überhaupt dem Grundgedanken nach. Wie könnte wohl die sittliche Qualität eines solchen Beschlusses durch Auszählung sich entscheiden und je nachdem entweder den Makel verdienen oder gerechtfertigt dastehen. Gerade bei Aktiengesellschaften ist es nicht selten, daß ein Bevollmächtigter zahllose Aktionäre vertritt, die sachlich ganz ununterrichtet sind, und deren Indifferenz sollte entscheidend sein! Es kann immer nur darauf ankommen, ob bei objektiver Beurteilung in dem Beschlusse nach Lage der Dinge die Rechte und Interessen der Minderheit in einer gegen das sittliche Gefühl normaler Menschen gröblich verletzenden Weise vergewaltigt werden.

f) Es handelt sich hier nicht eigentlich um einen Fall nach § 826 BGB, nicht um Schadensersatzansprüche, nicht um Verletzung eines konkreten Rechtsgutes, sondern um entsprechende Anwendung jener Vorschrift. Zur unmittelbaren Anwendung des § 826 kommt es, wenn das auf Grund des Beschlusses vorgenommene Rechtsgeschäft der Vorwurf des § 826 zit. trifft und nunmehr der Geschäftsgegner den Vorwurf erhebt. Das ist eine ganz andere Frage. Dann kommt es ausschließlich auf das Tun, die Motive und die Absicht des Geschäftsführers an. Die Gesellschafter bleiben hier ganz aus dem Spiel. Wenigstens ist das grundsätzlich so. Man wird aber auch hier (s. oben Erl 2 c und § 1 Erl 2) der ungeheuren Verschiedenheit der Fälle Rechnung tragen dürfen und müssen. Um wieder gleich auf den äußersten Fall zu kommen, daß alle Geschäftsanteile in einer Hand vereinigt sind, so wäre es unerträglich, wenn das anstößige Gebaren des Gesellschafters durch den unbefangenen und gutgläubigen Geschäftsführer gedeckt sein sollte. — Die Anfechtungsklage ist gegenstandslos und muß abgewiesen werden, wenn der angefochtene Beschluß überflüssig war und jeder rechtlichen Bedeutung entbehrt (a. A. JW 1915, 195[7]); jedenfalls muß das von der Klage auf Feststellung der Nichtigkeit des Beschlusses gelten.

g) Ist der Beschluß nichtig, so hat der Geschäftsführer die Pflicht und das Recht, seine Ausführung abzulehnen. Seine persönliche Verantwortlichkeit wird nicht oder jedenfalls nicht ohne weiteres durch den Beschluß gedeckt. Dagegen sind anfechtbare Beschlüsse vorerst voll wirksam und müssen zur Ausführung gebracht werden (vgl. RG 72, 8). Das schließt aber nicht aus, daß unter Umständen die Sorgfalt eines ordentlichen Geschäftsführers den Aufschub der Ausführung gebietet, wofern nicht die Gesellschaft auf dieser besteht. Rechtshandlungen, welche der Geschäftsführer auf Grund des Beschlusses Dritten gegenüber vornimmt, liegen im Bereich seiner Vertretungsmacht und werden in der Gültigkeit durch den Mangel des Beschlusses nicht berührt. Das gilt nicht nur von anfechtbaren, sondern — wenigstens der Regel nach und an und für sich — auch von nichtigen Beschlüssen. Die Gesellschafter selbst sind als solche nicht Dritte, wohl aber sind sie es bei Entgegennahme des zur Auszahlung kommenden Jahresgewinnes (s. Erl 1 b zu § 29), und in dieser Beziehung sind sie durch § 32 geschützt. Auch wenn die Bilanzgenehmigung wirksam angefochten wird, sind sie nicht verpflichtet zu erstatten, was sie nach der richtiggestellten Bilanz zuviel erhalten haben, wenn sie im guten Glauben gewesen sind. Sie sind das nicht gewesen, wenn sie den Anfechtungsgrund gekannt haben, aber in der Regel auch dann schon nicht, wenn sie von der Tatsache der erhobenen Anfechtung Kenntnis gehabt haben. — Unter besonderen Umständen können die Gesellschafter in die Lage kommen, das zur Ausführung des Beschlusses erforderliche Rechtsgeschäft selbst vorzunehmen (s. Erl 2 e zu § 36). So, wenn die Gesellschaft ohne Geschäftsführer ist und einen solchen wählt und anstellen will. Dann müssen alle Gesellschafter zusammenwirken oder einen gemeinschaftlichen Stellvertreter bevollmächtigen. Bei der Wahl, die auch ein Beschluß ist, können alle oder die Mehrheit oder die Minderheit in einem Irrtum über die Person des Gewählten befangen gewesen sein, wie er nach § 119 BGB die Anfechtung einer Willenserklärung begründet. Auch hier (vgl. oben) wäre der Gedanke, daß es darauf ankomme, ob die Zahl oder die Geschäftsanteile der Irrenden in der Mehrheit gewesen ist, logisch und psychologisch gleich verfehlt. Die Rechtslage ist vielmehr dieselbe, wie wenn mehrere, die eine Gesellschaft nach bürgerlichem Recht bilden, selbst oder durch einen Bevollmächtigten ein Rechtsgeschäft abschließen, das keine Teilbarkeit verträgt (vgl. RG 69, 235). Die Frage hat insofern kein erhebliches Interesse, als ohne weiteres oder aus wichtigem Grunde der Geschäftsführer jederzeit wieder abberufen werden kann. RG in SeuffA 61, 42 spricht sich zu dieser Frage nicht aus.

h) Im Gegensatz zum HGB, wo die Anfechtung von Beschlüssen der Generalversammlung durch Klage geregelt ist (§§ 271 ff.), erwähnt unser Gesetz die Anfechtungsklage nicht. Sie ist durch die Rechtslage gegeben und von der Rechtsprechung anerkannt (RG 49, 145; 85, 311;

101, 160 u. a.). Vgl. hierzu und zum folgenden auch Erl 4 b zu § 29. Die Folge ist, daß hier das Verfahren der förmlichen Ausgestaltung entbehrt. Namentlich ist vom Übel, daß hier keine Ausschlußfrist für Erhebung der Klage läuft. Deshalb muß aber noch nicht die dreißigjährige Verjährung eintreten. Hat ein Beschluß mehrere Jahre lang, man könnte etwa im Anschluß an andere Vorschriften des Gesetzes als angemessene Zeitfrist die Dauer von fünf Jahren gelten lassen, unangefochten bestanden und sich ausgewirkt, dann sollte Anfechtung nicht mehr zugelassen werden; Scholz 456; vgl. auch Hachenburg § 45[31]; Feine 552. — Im Gesellschaftsvertrage kann eine Ausschlußfrist bestimmt werden. — Ferner wird man annehmen müssen, daß nicht anfechten kann, wer dem Beschlusse zugestimmt hat. (Ob darin Zustimmung liegt, daß der Gesellschafter das Protokoll über die Gesellschafterversammlung unterschreibt, hängt von den Umständen ab, RG in Recht 1913, 2641.) Dagegen gilt das gleiche nicht von dem Gesellschafter, der nicht erschienen war. Auch braucht, wer gegen den Beschluß gestimmt hat, nicht auch noch ausdrücklich Widerspruch gegen den Beschluß, nachdem er zustande gekommen ist, erhoben zu haben. Ebensowenig ist hier die Zuständigkeit des Landgerichts ohne Rücksicht auf den Wert des Streitgegenstandes begründet. Die Klage ist nicht gegen die Gesellschafter zu richten, sondern ausschließlich gegen die Gesellschaft, welche der Geschäftsführer (nicht Geschäftsführer und Aufsichtsrat: § 272 Abs 1 HGB) vertritt. — Klage erheben kann nur, wer zur Zeit der Klagerhebung Gesellschafter ist. Er muß der Gesellschaft gegenüber als solcher gelten (§ 16). Doch läßt sich die fehlende Anmeldung nachholen. — In der Regel kann ein Gesellschafter, der rechtsgeschäftlich den Geschäftsanteil erworben hat, Beschlüsse aus der Zeit vor seinem Eintritt in die Gesellschaft nicht anfechten. Anders, wenn durch den Beschluß konkrete Ansprüche des Gesellschafters beeinträchtigt werden. In solchem Falle wird es nicht oder doch nicht unbedingt der ausdrücklichen Vereinbarung zwischen Veräußerer und Erwerber bedürfen, daß mit dem Geschäftsanteil zugleich das Anfechtungsrecht übertragen werden soll, von welchem möglicherweise die Parteien gar nichts wissen. Handelt es sich um Beeinträchtigung der allgemeinen Rechtsstellung des Gesellschafters, so ist zwar die Übertragung des Anfechtungsanspruchs mit dem Geschäftsanteil — wenigstens grundsätzlich — zulässig, muß aber ausdrücklich geschehen. Ist die Anfechtungsklage erhoben, so ist die Veräußerung des Geschäftsanteiles an und für sich ohne Einfluß auf das Verfahren. — Das Recht zur Anfechtung wird dem Gesellschafter nicht dadurch genommen, daß einem Dritten der Nießbrauch an seinem Geschäftsanteil zusteht (vgl. oben Erl 1 c; unentschieden gelassen in RG 87, 385). Aber man wird da, wo der Einfluß des Beschlusses auf den Geschäftsanteil das Recht des Nießbrauchers berührt, auch diesem das Recht zur Anfechtung beilegen müssen, Brodmann A.-R. § 252 Erl 1 g a. E. — Mehrere Gesellschafter können gemeinschaftlich die Klage erheben. In den von einem Gesellschafter erhobenen Prozeß können andere Gesellschafter als Nebenintervenienten eintreten, OLG 3, 262. Im ersteren Falle handelt es sich um notwendige Streitgenossenschaft (§ 262 ZPO), im letzteren um Nebenintervention nach § 69 ZPO, RG 85, 311; 93, 31. — Die Klage ist nicht davon abhängig, daß der Kläger ein Interesse an der Beseitigung des Beschlusses nachweist; vgl. RG 77, 253; 40, 83. Erscheint aber jegliches Interesse des Klägers ausgeschlossen oder geht das vorhandene Interesse, wie das bei der Veräußerung des Geschäftsanteiles der Fall sein kann, völlig verloren, so kann die Klage nur den Zweck haben, der Gesellschaft Schaden zuzufügen und muß abgewiesen werden (§ 226 BGB). Ohne Einfluß ist es, daß der Gesellschafter den Anspruch auf den Gewinn oder die Liquidationsquote abtritt, RG 82, 167. — Nach § 271 Abs 3 HGB kann bei der Aktiengesellschaft auch der Vorstand und unter Umständen jedes Mitglied des Vorstandes und des Aufsichtsrates die Klage erheben. Eine solche Vorschrift besteht hier nicht und daher denn auch nicht ein solches Recht (RG in HoldheimsMSchr 1914, 211). Der Geschäftsführer kann eine Anfechtungsklage nicht erheben, wohl aber unter Umständen nach den allgemeinen Grundsätzen Feststellungsklage (RG in Recht 1914, 1172). Es hätte auch gar keinen Sinn, im Gesellschaftsvertrage dem Geschäftsführer oder dem Aufsichtsrat das Recht hierzu beizulegen. Dem einzelnen Gesellschafter würde dadurch das Recht nicht genommen und die Klage des Geschäftsführers usw. entbehrte der erforderlichen Grundlage, wenn alle Gesellschafter mit dem Beschlusse einverstanden sind.

i) Auch im Stadium der Liquidation und im Konkurse der Gesellschaft sind Beschlüsse der Gesellschafter denkbar, und kann ihre Anfechtung in Frage kommen. — Den Konkursverwalter berühren solche Beschlüsse nicht (OLG 21, 389), und ihre Ausführung zum Nachteil der Konkursmasse ist konkursrechtlich ausgeschlossen (Brodmann A.-R. § 272 Erl 1 g). Gegen Rechtshandlungen gegenüber Dritten, soweit sie noch vor Eröffnung des Konkurses geschehen sind, steht dem Konkursverwalter die konkursrechtliche Anfechtung zu Gebote (vgl. RG 76, 244). — Über die Frage, ob gegen die Eintragung anfechtbarer Beschlüsse dem einzelnen Gesellschafter das Recht der Beschwerde zusteht, s. Erl 2 f zu § 10.

k) Die Klage ist auf Aufhebung des Beschlusses gerichtet. Wird ihr stattgegeben, so ist mit der Rechtskraft des Urteils dieses Ziel erreicht. Der Beschluß ist beseitigt, wie wenn er nicht zustande gekommen wäre. Der Antrag und das Urteil pflegen darauf gerichtet zu sein, den Beschluß für unzültig zu erklären oder auch festzustellen, daß er ungültig ist. Es besteht Streit, ob das Urteil konstitutiv ist, ob durch das Urteil der Beschluß aufgehoben wird, oder deklarativ, ob erklärt wird, daß der Beschluß ungültig ist. Gibt man im ersteren Falle zu, daß die Aufhebung mit rückwirkender Kraft erfolgt (§ 142 Abs 1 BGB), so hat die Frage keine praktische Bedeutung. Auf Rechtsgeschäfte mit Dritten, welche gemäß dem Beschlusse vorgenommen sind, hat die Aufhebung keinen oder doch nur mittelbaren Einfluß. Namentlich gilt das, wie überhaupt von Anstellungsverträgen, so auch von dem mit dem Geschäftsführer geschlossenen. Nicht zwischen Bestellung und Anstellungsvertrag ist zu unterscheiden (so Scholz 457), sondern innerhalb der Bestellung zwischen Wahl und Anstellung, und auch da, wo ohne Ausdrücklichkeit durch sofortige Annahme der Wahl die Bestellung perfekt geworden ist, beseitigt die erfolgreiche Anfechtung der Wahl noch nicht den Anstellungsvertrag. (S. § 38 Erl 2 b.) — Die Verfügungen des Geschäftsführers werden dadurch, daß der Beschluß, auf Grund oder aus Veranlassung dessen sie getroffen worden sind, aufgehoben wird, nicht berührt, und was aus Anlaß der Aufhebung des Beschlusses geschehen muß und noch geschehen kann, hängt gänzlich von der konkreten Lage des einzelnen Falles ab. Geschehene Dinge lassen sich nicht ungeschehen machen. Das gilt namentlich auch von Unterlassungen. Beschließt kurz vor Ablauf der Verjährungsfrist die Gesellschaft in anfechtbarer Weise, einen Anspruch nicht geltend zu machen oder einem unter der Resolutivbedingung der Verweigerung der Gesellschaftergenehmigung abgeschlossenen Rechtsgeschäft nicht zu widersprechen, so hindert die Anfechtung nicht den Ablauf der Verjährungsfrist und den Ausfall der Resolutivbedingung. Aber deshalb muß die Anfechtungsklage nicht gegenstandslos sein. — Auch im Wege der Einrede kann die Anfechtung geltend gemacht werden, RG in HoldheimsMSchr 23, 103. — Die Rechtskraft des Urteils wirkt, wenn die Anfechtung zurückgewiesen wird, nur zwischen den Prozeßparteien. Wird dagegen der Beschluß für ungültig erklärt, so wirkt das im Verhältnis zu allen Gesellschaftern (RG 85, 312; 93, 32).

l) Unter besonderen Umständen können Klagantrag und Urteil weiter durchgreifen. Ist der Gesellschafter in der Lage nachzuweisen, daß sich für ihn aus der Aufhebung des Beschlusses, soweit er am geltend gemachten Mangel leidet, ein nach Inhalt und Umfang bestimmter Anspruch, vor allem also ein genau beziffeter Geldanspruch ergibt, so kann er unmittelbar auf diese Leistung klagen (RG 64, 260; 76, 248; 80, 337; SeuffA 69, 86; Hachenburg § 45[35a]). In solchen Fällen wird die Konsequenz, daß die Aufhebung des Beschlusses nicht unmittelbar Gegenstand des Klagantrages ist, vielmehr nur Voraussetzung des Klaganspruchs, und somit sich die Rechtskraftwirkung auf die Ungültigkeit des Beschlusses — namentlich anderen Gesellschaftern gegenüber — nicht erstreckt, nicht zu bestreiten sein. — Verschieden hiervon ist der Fall, daß durch den ohne Zustimmung des Gesellschafters gefaßten Beschluß in ein Sonderrecht desselben eingegriffen wird, vermöge dessen ihm ein konkreter Anspruch zukommt. Hier hat der Beschluß gar nicht die Tragweite, den Anspruch zu berühren. Es ist nicht anders, als wollte die Gesellschaft beschließen, eine von ihr eingegangene Verbindlichkeit nicht zu erfüllen. Es bedarf daher einer Anfechtung gar nicht. Aber doch ist die Anfechtungsklage oder doch wenigstens eine Feststellungsklage auch hier nicht ausgeschlossen (s. Erl 6 b zu § 29).

m) Wird ein Beschluß wirksam angefochten, so können dadurch spätere Beschlüsse, welche auf jenem angefochtenen Beschlusse beruhen, in Mitleidenschaft gezogen werden. So kann es kommen, daß über die Anfechtung einer Bilanzgenehmigung erst endgültig entschieden wird, nachdem inzwischen weitere Jahresbilanzen haben aufgestellt werden müssen, was nur auf Grund und in Anschluß an die angefochtene Bilanz geschehen kann. Die Richtigstellung der angefochtenen Bilanz hat die entsprechende Korrektur der anschließenden zur notwendigen Folge. In Fällen dieser Art ist der Gesellschafter nicht genötigt, bei jedem folgenden Beschluß die Anfechtung zu wiederholen. Er vergäbe seinem Rechte auch dadurch nichts, daß er in obigem Beispiel der Genehmigung der späteren Bilanz, gegen die er an und für sich nichts einzuwenden haben mag, nicht widerspricht (RG 64, 258; 98, 112; Brodmann A.-R. § 271 Erl 4 d). — Wohl aber geht des Anfechtungsrechts verlustig, wer nachträglich dem Beschlusse zustimmt. Das muß nicht unbedingt ausdrücklich geschehen. Es liegt aber nicht darin, daß der Gesellschafter bei den folgenden, durch die Annahme bedingten Anträgen sich an der Abstimmung beteiligt (OLG 27, 387), noch weniger darin, daß er sich zu der nicht ordnungsmäßig berufenen Versammlung einfindet (RG in HoldheimsMSchr 7, 231). Es kann darin liegen, daß der Gesellschafter sich auf die Ausführung des Beschlusses einläßt, die Vorteile, die er ihm bietet, hinnimmt. Das ist Frage der Auslegung. Es kann auch so liegen, daß der Gesellschafter auf den Fall hin, daß er mit der Anfechtung unterliegt, die Vorteile hat wahrnehmen wollen, deren er andernfalls ohne das verlustig gegangen wäre. Es muß das auch nicht unbedingt ausdrücklich erklärt worden sein. Anders, aber in der Begründung nicht überzeugend, RG 33, 91. — Alles das gilt aber nur von der Anfechtung. Die Nichtigkeit eines Beschlusses kann jederzeit auch von dem Gesellschafter geltend gemacht werden, der dem Antrage zugestimmt hat.

5. a) Das Gesetz setzt voraus, daß sich der Gesellschafter in der Versammlung der Gesellschafter bei der Beratung sowie bei Abstimmung in und außerhalb der Versammlung (§ 48 Abs 2) durch Bevollmächtigte vertreten lassen kann. Es steht nichts im Wege, im Gesellschaftsvertrage eine solche Stellvertretung auszuschließen. Das gilt aber nicht von der gesetzlichen Vertretung, z. B. der Vertretung eines Minderjährigen.

b) Schriftliche, nicht beglaubigte Vollmacht ist gesetzlich vorgeschrieben (anders § 2 Abs 2). Auch in dieser Beziehung kann der Gesellschaftsvertrag mehr oder auch weniger vorschreiben (vgl. RG 40, 81). Telegraphische Vollmachterteilung genügt der gesetzlichen Vorschrift nicht (§§ 126, 127 BGB). Die Vorschrift gilt nur von der rechtsgeschäftlich erteilten Vollmacht, nicht von der gesetzlichen Vertretung, nicht von der Vertretung juristischer Personen, Minderjähriger, vom Testamentsvollstrecker, Konkursverwalter, auch nicht vom Komplementär einer Kommanditgesellschaft, vom offenen Handelsgesellschafter. Der Ehemann stimmt für den Geschäftsanteil seiner Ehefrau, der zum eingebrachten Gut gehört, kraft eigenen Rechts. Wird seine Berechtigung bestritten, so muß er sie, wie unter Umständen überhaupt der Gesellschafter, nachweisen. Die gegenwärtige Bestimmung handelt hiervon nicht. Ein Prokurist muß sich durch schriftliche Vollmacht ausweisen, wofern nicht klar zutage liegt, daß der Geschäftsanteil zum Geschäftsvermögen des Firmeninhabers gehört. — Die Vollmacht kann Generalvollmacht sein, auf jeden Fall muß aus ihr hervorgehen, daß sie sich oder daß sie sich auch auf die Teilnahme an der Versammlung (und dann also auch an der Abstimmung) bezieht. Sie braucht nicht auf die bestimmte Sitzung oder auf eine bestimmte Tagesordnung zu lauten (OLG 3, 66). Aber die für eine bestimmte Sitzung erteilte Vollmacht geht in ihrem Umfange im Zweifel nicht über die Tagesordnung hinaus.

c) Die Bestimmung bedeutet nicht, daß die nur mündlich erteilte Vollmacht ungültig sei. (A. A. anscheinend Scholz 482.) Sie sagt nur, daß der Bevollmächtigte in der Lage sein müsse, sich durch schriftliche Vollmacht auszuweisen. Bestand Vollmacht nicht, so ist die Beteiligung des Vertreters wirkungslos, die ergangenen Beschlüsse sind mangelhaft und unter Umständen anfechtbar. War nur mündlich Vollmacht erteilt oder ist, was dem gleichsteht, die Abstimmung des Stellvertreters — schriftlich oder mündlich — nachträglich genehmigt worden, so kann der Beschluß nur angefochten werden, wenn die Zulassung des Stellvertreters beanstandet und gleichwohl der Vertreter zugelassen worden ist (§ 180 BGB). Die Abstimmung ist allerdings nicht Rechtsgeschäft, nicht „Willenserklärung", aber sie ist doch die den Gesellschaftern oder einem von ihnen, dem Geschäftsführer abzugebende Erklärung eines Entschlusses, auf welche § 180 zit. entsprechende Anwendung findet. Vgl. RG 106, 258 und dazu Brodmann A.-R. § 252 Erl 3 c. — Bestehen Bedenken gegen die Echtheit oder Gültigkeit der Vollmacht, so geschieht die Zurückweisung des Bevollmächtigten auf die Gefahr hin, daß der Beschluß anfechtbar ist (RG 40, 84). — Die schriftliche Vollmacht kann mündlich widerrufen werden, durch einen Bevollmächtigten aber nur, wenn dieser schriftliche Vollmacht besitzt (OLG 3, 66).

d) Im Gesellschaftsvertrage können die Gesellschafter in der Auswahl der Persönlichkeit eines Stellvertreters beschränkt werden. Es kann bestimmt werden, daß nur Gesellschafter bevollmächtigt werden können (RJA 3, 234). Es kann aber nicht bestimmt werden, daß Gesellschafter sich vertreten lassen müssen (also von der Versammlung und Verhandlung ausgeschlossen sein sollen); a. A. BauersZ 19, 276; RG 80, 385; vgl. hierzu oben Erl 3 c; dagegen RG 88, 220, wo aber unnötiger- und unzutreffenderweise zur Begründung der Gesichtspunkt des Verstoßes gegen die guten Sitten herangezogen wird; es handelt sich um den ganz allgemeinen Rechtssatz, daß niemand sich durch Rechtsgeschäft entmündigen kann. — Zur Vertretung durch zwei oder noch mehr Bevollmächtigte besteht kein anzuerkennendes Bedürfnis, wohl aber ein naheliegendes Bedenken dagegen; die Gesellschafterversammlung braucht sich nicht darauf einzulassen, es sei denn, daß das Statut es bestimmt; Becker in GmbHRundsch 1925, 267. Ausgeschlossen ist, daß der Inhaber von zwei Geschäftsanteilen für jeden einen besonderen Bevollmächtigten bestellt; jedenfalls können sie nur einheitlich abstimmen. — Auf Zuziehung eines Beistandes müssen die übrigen Gesellschafter sich einlassen, wenn sie aus besonderen Gründen gerechtfertigt erscheint; RG in LZ 25, 1166.

6. a) In vier vom Gesetz bestimmt bezeichneten Fällen ist ein Gesellschafter von der Ausübung des Stimmrechts ausgeschlossen, Fälle, in denen er als Dritter oder gleichsam wie ein Dritter der Gesellschaft gegenübersteht. Die Fälle sind, wenn es sich in dem zur Entscheidung stehenden Antrag handelt:

1. um Entlastung des Gesellschafters,
2. um seine Befreiung von seiner Verbindlichkeit,
3. um Eingehung eines Rechtsgeschäfts mit ihm,
4. um Einleitung oder Erledigung eines Rechtsstreits mit ihm.

Die Fälle scheiden sich nicht scharf voneinander. Die Entlastung ist immer ein, die Befreiung von einer Verbindlichkeit ist nur ausnahmsweise kein mit dem Gesellschafter vorzunehmendes oder vorgenommenes Rechtsgeschäft. Bei Ziff 3 ist daher vornehmlich, aber nicht ausschließlich an die Fälle zu denken, wo der Gesellschafter außerhalb des Gesellschaftsverhältnisses mit der Gesellschaft in Geschäftsverbindung tritt, Aufnahme eines Darlehens, Übernahme von Diensten, Übernahme einer Agentur, Beförderung von Gütern, Vermietung von Räumen usw. Unter

Rechtsstreit gegenüber einem Gesellschafter sind Rechtsstreitigkeiten jeder Art zwischen diesem und der Gesellschaft zu verstehen. — Der § 47 Abs 3 deckt sich sachlich vollkommen mit den Stimmverboten des § 252 Abs 3 HGB, die in neuerer Zeit Gegenstand allgemeiner abfälliger Kritik geworden sind. Sehr mit Unrecht. Was hier in einzelnen Formulierungen bestimmt wird, ist Ausfluß aus dem Wesen der Sache. Es würde gelten, auch wenn die positive Vorschrift nicht bestände, und es wird nicht aufhören zu gelten, wenn der Gesetzgeber dazu übergehen sollte, den § 252 Abs 3 HGB und dann wohl auch den § 47 Abs 4 hier zu streichen. S. Brodmann in Gruch 70, 120.

b) Sind die aufgezählten Fälle gegeneinander nicht streng geschieden, so ist doch die Abgrenzung nach außen völlig bestimmt. Der § 47 Abs 4 regelt die Frage, in welchen Fällen ein Gesellschafter von der Ausübung seines Stimmrechts ausgeschlossen ist, erschöpfend. Ausdehnende Auslegung erscheint unzulässig. Den Gedanken, aus allgemeinem Rechtsgrundsatz dem Gesellschafter im einzelnen Falle die Ausübung des Stimmrechts zu versagen, wenn in dieser Ausübung ein Mißbrauch des Stimmrechts zu befinden sei, wenn sie darauf abziele, ein Recht der Gesellschaft unausführbar zu machen oder sich auf Kosten der Gesellschaft unzulässige Vorteile zu verschaffen, hat RG 81, 39 abgelehnt, und auch die Rechtslehre hat ganz überwiegend an dieser Ablehnung festgehalten; schon deshalb mit Recht, weil es unlogisch ist; ob der Gesellschafter sein Stimmrecht mißbraucht oder wie die Wendung lauten mag, weiß man erst, wenn man sieht, wie er das Stimmrecht ausübt. Vgl. § 38 Erl 2 b. Daher hätte auch RG 119, 387 nicht die Konzession machen sollen, daß die Ausübung des Stimmrechts verwehrt sei, wo sie nur den Zweck haben kann, einem anderen Schaden zuzufügen (BGB § 226). Auch das hängt doch davon ab, wie das Stimmrecht ausgeübt worden ist. Vielleicht ist der Denkfehler der, daß man vom Verbot der Ausübung des Stimmrechts spricht, während man meint, es solle im gegebenen Fall die abgegebene Stimme nicht mitgezählt werden. Aber wer soll darüber entscheiden? Doch niemand anders kann das sein als schließlich der Richter. Also nicht Ausschließung von der Beteiligung am Beschluß, sondern nach Beteiligung an der Abstimmung Anfechtung des Beschlossenen ist es, worauf man hinaus will. Nicht an Stelle der Stimmverbote, sondern nur neben ihnen kann der Gesichtspunkt zur Geltung kommen, daß ein Beschluß anfechtbar ist, wenn er auf eine gegen die guten Sitten verstoßende Vergewaltigung der Minderheit durch die Mehrheit hinausläuft, RG 122, 163.

c) Was die Vornahme von Rechtsgeschäften gegenüber einem Gesellschafter angeht, so ist die Rechtslage klar, wenn der Antrag, über welchen Beschluß gefaßt werden soll, unmittelbar das mit dem Gesellschafter einzugehende Rechtsgeschäft zum Gegenstande hat. Nicht anders liegt es aber auch in dem Falle, wo nur erst allgemein das betreffende Rechtsgeschäft vorzunehmen beantragt wird, dem Gesellschafter aber bereits fest zugesagt worden ist, daß ihm das Geschäft zugeführt werden solle. Zweifelhaft wird dagegen die Rechtslage und muß von Fall zu Fall entschieden werden, wenn eine verbindliche Zusage nicht vorliegt, der Gesellschafter aber mit mehr oder minder großer Sicherheit darauf rechnen kann, daß ihm das Geschäft zufallen wird. RG 68, 241 hat gegen die Ausübung des Stimmrechts nichts einzuwenden gehabt, wo dem betreffenden Gesellschafter bereits bestimmte Zusicherungen gemacht sein sollten, mit der Begründung, daß solche Zusicherungen für die Gesellschaft nicht bindend seien, was im gegebenen Falle zutreffend gewesen sein mag, allgemein gesprochen aber nicht richtig wäre, vor allem aber die Frage außer acht läßt, ob es nicht auch ohne rechtliche Bindung Zusicherungen gibt, auf welche man sich mit voller Sicherheit verlassen kann.

Dagegen kann es keinen Unterschied machen, ob nach dem Beschluß der Geschäftsführer beauftragt werden soll, das Rechtsgeschäft vorzunehmen, oder nur dazu ermächtigt. Unmöglich läßt sich von letzterem Fall behaupten, daß der Beschluß „das Rechtsgeschäft nicht beträfe", und sachlich ist nicht zu verstehen, wieso die Beteiligung der Gesellschafter an der Abstimmung in dem einen Fall bedenklicher oder unbedenklicher sein sollte als in dem anderen. Über die Legende, daß das Reichsgericht in den Hibernia-Urteilen so entschieden habe, s. Brodmann A.-R. § 252 Erl 5 b.

Der herrschenden Lehre muß auch darin widersprochen werden, daß beim Verbot des Gesetzes nur an Rechtsgeschäfte gedacht sei, welche die Gesellschaft mit einem Gesellschafter als Dritten tätigt, nur — wie man sich ausdrückt — an individualrechtliche, nicht dagegen an sozialrechtliche, an Rechtsgeschäfte mit dem Gesellschafter als solchem. Richtig ist, daß bei Wahlen kein Gesellschafter gehindert ist, sich selbst die Stimme zu geben. Und das gilt natürlich auch von dem Gesellschafter, der als Kandidat nominiert sein mag. Aber das ist nicht deshalb so, weil die Bestellung zum Geschäftsführer usw. ein sozialrechtliches Rechtsgeschäft ist, sondern weil eine Wahl überhaupt kein Rechtsgeschäft ist, das mit den Gewählten getätigt wird. Brodmann A.-R. § 252 Erl 5 c. An dieser ganzen Unterscheidung zwischen Individual- und Sozialrechtlichem ist an dieser Stelle nur richtig, daß innerhalb der Gesellschaft vielfach Rechtsgeschäfte in Frage kommen, welche gleichmäßig alle Gesellschafter angehen, Einforderung von Stammeinlage, Erhebung von Nachschüssen, bei Kartellen Preisfestsetzungen u. ä., und ein Stimmverbot, das ausnahmslos alle

Gesellschafter treffen müßte, ist natürlich ein Unding. Betrifft dagegen das Rechtsgeschäft nur den einzelnen Gesellschafter, soll z. B. der Geschäftsanteil des Kartellmitgliedes, welches das Kartellverhältnis gekündigt hat, eingezogen werden, soll gegen ein Kartellmitglied die Einforderung einer Vertragsstrafe beschlossen werden, soll mit einem in Vermögensverfall geratenen Gesellschafter wegen der Stammeinlage ein Akkord geschlossen werden und sollen darüber die Gesellschafter beschließen, soll wegen eines Anspruches auf die ausstehende Stammeinlage ein Aufrechnungsvertrag beschlossen werden (§ 19 Abs 2; OLG 27, 138), lauter sozialrechtliche Dinge — dann ist sicherlich ausgeschlossen, daß die Entscheidung darüber bei dem betreffenden Gesellschafter selbst liegen sollte. Denn darauf läuft es hinaus. Wenn seine Stimme doch nicht den Ausschlag gibt, kann er gern mitstimmen.

Ferner darf man nicht am Wortlaute des Gesetzes haften, wenn der Gesellschafter vorgeschobene Person ist. Wenn jemand in eigenem Namen, aber für Rechnung eines Dritten an der Gründung einer Gesellschaft m. b. H. sich beteiligt oder einen Geschäftsanteil der bestehenden Gesellschaft erwirbt, so kann das auf verschiedenen Gründen beruhen, einwandfrei sein oder auch nicht. Geschieht es aber, um in Beziehung auf in Aussicht stehende Rechtsgeschäfte mit dem Dritten die Stimme zu retten, oder geschieht es auch nur mit zu diesem Zwecke, so wäre es übel, wenn das Gesetz einer solchen Umgehung hilflos gegenüberstände. — Ebenso kann der Geschäftsgegner vorgeschobene Person sein, hinter der ein Gesellschafter als der materiell Beteiligte steht. — Über Scheinverkauf des Geschäftsanteils zum Zwecke der Umgehung der Versagung der Stimme s. RG 85, 170.

Die in dem Falle klare Abgrenzung, daß der Gesellschafter, mit dem das Rechtsgeschäft geschlossen werden soll, eine einzelne physische Person ist, wird unsicher, wenn an dieser Stelle — der einen oder der anderen — nicht eine, sondern mehrere Personen stehen. Besitzen einen Geschäftsanteil mehrere — in Gemeinschaft oder in Gesellschaft nach bürgerlichem Recht —, so sind sie sämtlich vom Stimmrecht ausgeschlossen, wenn das Rechtsgeschäft mit einem von ihnen geschlossen werden soll, und dasselbe gilt wie von der offenen Handelsgesellschaft so auch von der gewöhnlichen Kommanditgesellschaft. Soll das Rechtsgeschäft mit der Firma abgeschlossen werden, so ist der Mitinhaber vom Stimmrecht auch dann ausgeschlossen, wenn er persönlich Besitzer des Geschäftsanteils ist und umgekehrt; soll mit ihm abgeschlossen werden, so kann die Firma, wenn sie den Geschäftsanteil besitzt, nicht mitstimmen. Anders dagegen bei der Aktiengesellschaft. Der Aktionär ist als Besitzer eines Geschäftsanteils vom Stimmrecht nicht darum ausgeschlossen, weil das Rechtsgeschäft mit der Aktiengesellschaft geschlossen werden soll. Und ebenso kann die Aktiengesellschaft, wenn sie den Geschäftsanteil besitzt, mitstimmen bei einem Geschäft mit dem Aktionär. Bei der Gesellschaft m. b. H. liegt es grundsätzlich ebenso. Auch hier drängen sich Bedenken auf. Soll das auch gelten, wenn alle Geschäftsanteile jener Gesellschaft in einer Hand vereinigt sind? Es ist wieder einer der Fälle, wo die juristische Form droht, die materielle Rechtslage zu erdrücken (s. § 1 Erl 2 a. E.). Hier und nicht minder auch in dem Falle ist das Stimmrecht zu versagen, wo nicht alle, aber der größte Teil der Geschäftsanteile der fremden Gesellschaft dem betreffenden Gesellschafter gehören. Auch die Fälle wird man hierher stellen, wo jene Gesellschaft aus wenigen, im wesentlichen gleichbeteiligten Mitgliedern besteht und sich mehr oder weniger der offenen Handelsgesellschaft nähert. Auch bei der Aktiengesellschaft, insbesondere in Verbindung mit der nicht seltenen Verschachtelung von Gesellschaften, kann es vorkommen, daß alle oder die meisten Aktien sich in einer Hand vereinigt befinden. Auch hier darf die Form nicht zu einer Vergewaltigung des materiellen Rechts führen (anders RG 122, 159). — Ist das richtig, so kann schließlich auch der Fall der Kommanditgesellschaft auf Aktien, des Vereins keine prinzipiellen Schwierigkeiten bieten. Unsicher und zweifelhaft bleibt nur die Abgrenzung im einzelnen Falle.

d) Die Ausübung des Stimmrechts ruht, solange der Geschäftsanteil der Gesellschaft selbst gehört (s. Erl 2 b zu § 33). — Über die Frage, ob der Gesellschafter das Stimmrecht ausüben kann, wenn es sich um seine Bestellung zum Geschäftsführer oder um seine Abberufung von dieser Stelle handelt, s. Erl 2 b zu § 38. — Von der Abstimmung über die Genehmigung der Bilanz ist der Gesellschafter-Geschäftsführer nicht ausgeschlossen, wohl aber von der Entschließung über seine Entlastung. RG 49, 144; s. auch Erl 6 h zu § 46. — Ist eine offene Handelsgesellschaft Mitglied der Gesellschaft m. b. H., dann ist der eine Gesellschafter von der Ausübung des Stimmrechtes bei der Frage der Entlastung nicht deshalb ausgeschlossen, weil der Geschäftsführer, um dessen Entlastung es sich handelt, der andere offene Handelsgesellschafter ist, RG 64, 14. — Sind an den Rechtsgeschäften, welche zur Entscheidung stehen, mehrere Gesellschafter in gleichartiger und innerlich zusammenhängender Weise beteiligt, so darf nur einheitlich abgestimmt werden oder jedenfalls nur unter Ausschließung aller so beteiligten Gesellschafter von jeglicher Abstimmung (RG 55, 75; anderseits RG in DJZ 1919, 757).

e) Über die Bedeutung und Tragweite eines unter Verletzung des § 47 Abs 4 zustande gekommenen Beschlusses vgl. oben Erl 4. Ist der Beschluß für zustande gekommen erklärt, so ist er nicht nichtig, aber anfechtbar (RG 89, 383; in Recht 1913, 2641), anfechtbar jedenfalls dann, wenn durch das berechtigte Stimmverhältnis die Mehrheit zur Minderheit wird (RG 65, 242; 92, 411; RG in HoldheimsMSchr 6, 121). Aber auch, wenn das nicht der Fall ist, läßt sich nicht immer unbedingt behaupten, daß die unberechtigte Zulassung zur Ausübung des Stimmrechts oder die unberechtigte Zurückweisung der Ausübung einflußlos gewesen ist. Es ist zu bedenken, ob nicht bei richtigem Verfahren andere Gesellschafter vielleicht anders gestimmt hätten. — Nicht begründet scheint die Annahme Scholz' 487, 447, daß der Beschluß nichtig sei, wenn sich herausstellt, daß eine Stimme nichtig war, die für die Annahme des Antrages entscheidend ist, oder wenn sie wirksam angefochten wird (§ 119 BGB). Korrekter müßte angenommen werden, daß in solchem Fall nicht der Beschluß nichtig, sondern durch gültigen Beschluß der Antrag abgelehnt sei. Überhaupt aber ist kein Grund, es nicht auch in solchem Fall dabei zu belassen, daß das, was die Gesellschaft als ihren Beschluß proklamiert hat, als solcher bestehenbleibt, wenn er nicht angefochten wird. S. hierzu Brodmann A.-R. § 252 Erl 5 h, § 259 Erl 6 d. — Einen unter Verletzung des § 47 Abs 4 beschlossenen Aufrechnungsvertrag zwischen der Gesellschaft und einem Gesellschafter brauchen die Gläubiger der Gesellschaft nicht gelten zu lassen (RG in Recht 1914, 253).

7. Daß jede 100 M. eines Geschäftsanteiles eine Stimme gewähren, ist jetzt wieder die Regel und gilt für alle Gesellschaften, welche nach dem 1. Juli 1926 entstanden sind (Ges v. 28. Juni 1926 Art. 1 Nr. 4); für die auf Grund der Goldbilanzverordnung umgestellten Gesellschaften ist die Regel, daß je 10 M. eine Stimme gewähren (2. DVO zur GBVO v. 28. 3. 24 § 37), für Neugründungen endlich (im Sinn der 2. DVO zur GBVO § 43) aus der Zeit der Goldbilanzverordnung bis zum 1. Juli 1926 ist die Regel je 50 M. eine Stimme.

§ 48

Die Beschlüsse der Gesellschafter werden in Versammlungen gefaßt[1]).

Der Abhaltung einer Versammlung bedarf es nicht, wenn sämtliche Gesellschafter schriftlich mit der zu treffenden Bestimmung oder mit der schriftlichen Abgabe der Stimmen sich einverstanden erklären[2]).

Österr. Gesetz § 34.

1. a) In der Regel sollen Gesellschaftsbeschlüsse in Versammlungen gefaßt werden, zu welchen alle Gesellschafter gemäß §§ 49, 51 zu berufen sind. Es entscheidet dann die Mehrheit der abgegebenen Stimmen, nicht die Mehrheit der erschienenen (vgl. Erl 1 d zu § 47). Wer sich der Stimmabgabe enthält und ebenso — selbstverständlich — wer zum betreffenden Antrage nicht berechtigt ist, wird nicht mitgezählt. Das gilt auch bei Anträgen, welche nur mit qualifizierter Stimmenmehrheit angenommen werden können. Anders nur bei Anträgen, welche der Zustimmung aller Gesellschafter bedürfen. Aber auch hier müssen nicht alle zusammenkommen. Es genügt, wenn ein Ausgebliebener nachträglich oder auch im voraus seine Zustimmung erklärt.

b) Förmlichkeiten sind außer dem, was § 51 bestimmt, nicht vorgeschrieben; namentlich — abgesehen von dem Falle § 53 Abs 2 — nicht die Aufnahme eines Protokolls (anders bei der Aktiengesellschaft, § 259 HGB: gerichtliches oder notarielles Protokoll). Ist im Gesellschaftsvertrage Aufnahme eines Protokolls bestimmt, so bedeutet das zugleich, daß die Beschlüsse, welche gefaßt werden, schriftlich darin niederzulegen sind, nicht aber, daß nur in einer Versammlung und nicht auch gemäß Abs 2 Beschlüsse gefaßt werden können. Unsicher ist die Tragweite einer solchen Statutenbestimmung. Darin, daß die Führung eines Protokollbuches bestimmt wird, liegt noch nicht ausgesprochen, daß die Gültigkeit des Beschlusses von der Aufnahme in das Protokoll abhängen soll. Aber auch die Vorschrift, daß die gefaßten Beschlüsse beurkundet werden sollen, wird im Zweifel nur als Ordnungsvorschrift aufzufassen sein. RG 104, 45; vgl. auch RG 65, 92 a. E.; Scholz 493. Anders, wenn im Statut gerichtliche oder notarielle Beurkundung bestimmt ist, RG 122, 367. Ob darin, daß ein Gesellschafter das Protokoll unterschreibt, Zustimmung zu den gefaßten Beschlüssen liegt, ist eine Frage der Auslegung und hängt von den Umständen ab (RG in LZ 1913, 857[34]).

c) Ob ein Vorsitzender die Versammlung leiten und wer das sein soll, haben die Gesellschafter selbst nach Stimmenmehrheit zu entscheiden. Der Geschäftsführer ist als solcher nicht dazu berufen. Auch ein Dritter kann zum Vorsitzenden bestimmt werden. Es liegt in der Natur der Sache, daß der Vorsitzende die Beratung und Abstimmung leitet, das Ergebnis feststellt und — wie beispielsweise bei einer Wahl — dem Betroffenen, wenn er gegenwärtig ist, namens der Gesellschaft erklärt. Weitere Machtbefugnisse hat er nicht. Auf Verlangen entscheiden immer die Gesellschafter nach Stimmenmehrheit (vgl. RG 36, 26). Entsteht Meinungsverschiedenheit über das Ergebnis der Abstimmung, so können Gesellschafter gegen die Gesellschaft oder umgekehrt Feststellungsklage erheben (RG in HoldheimsMSchr 23, 185).

d) Wieviel Gesellschafter erscheinen, ist gleichgültig, sofern nicht der Gesellschaftsvertrag etwas anderes vorschreibt. Einer muß kommen, und wenn nur einer kommt, entscheidet er über Annahme oder Ablehnung der in der Tagesordnung angekündigten (vgl. § 51 Abs 4) Anträge

(RG 82, 388; KGJ 40, 73). Ist im Gesellschaftsvertrage eine Mindestzahl vorgeschrieben, so können, wenn weniger erscheinen, gültige Beschlüsse nicht gefaßt werden. Daher die übliche Einschränkung, daß bei wiederholter Einberufung der Versammlung Beschlüsse gefaßt werden können, gleichviel wieviel Stimmen vertreten sind. Das versteht sich nicht von selbst. Es darf in solchem Falle die zweite Versammlung, welche unter allen Umständen zu beschließen hat, nicht von vornherein und anschließend an die erste berufen werden. KG in GmbHRundsch 28, 53.

e) Ist über die Form des Verfahrens im Gesetz auch nichts gesagt, so heißt das doch nicht, daß alles schlechthin von dem Willen der Mehrheit abhängt. In der Teilnahme an der Versammlung und also an der Beratung, in Rede und Gegenrede, in dem Recht, Vorschläge zu machen, Anträge zu stellen und zu begründen oder zu bekämpfen, tritt das Recht des einzelnen Gesellschafters auf Teilnahme an der Führung der Geschäfte der Gesellschaft in die Erscheinung. Erhebliche Beeinträchtigung dieses Rechtes kann die Gültigkeit der gefaßten Beschlüsse in Frage stellen (vgl. Erl 4 b zu § 47). — Unzulässig und nichtig ist die Bestimmung im Statut, daß einzelne Gesellschafter in der Versammlung überhaupt nicht oder nur durch bevollmächtigte Stellvertreter erscheinen dürfen (anders RG 80, 386; dagegen aber RG 88, 221; vgl. auch Erl 1 a zu § 47). — Über Abstimmung durch Bevollmächtigte s. Erl 5 zu § 47.

f) Auch darüber, wo die Versammlung stattzufinden hat, sagt das Gesetz nichts. Am nächsten liegt, daß es am Sitz der Gesellschaft geschieht. Aber ein Recht hierauf hat der einzelne Gesellschafter nicht. Wohl aber hat er ein Recht darauf, daß die Versammlung nicht arglistigerweise nach einem Ort berufen wird, an dem zu erscheinen für ihn untunlich ist (RG 88, 223; vgl. RG 44, 8; bei der Aktiengesellschaft liegt es anders). Man wird aber noch weitergehen und annehmen müssen, daß die Bestimmung eines unzweckmäßig gewählten Ortes zurückgenommen werden muß, wenn berechtigte Einwendungen dagegen erhoben werden.

g) Die Verhandlung muß nicht ununterbrochen durchgeführt werden. Sie kann abgebrochen werden, um am folgenden Tage (oder einem der nächsten Tage) fortgesetzt zu werden. Findet aber eine Vertagung statt, so genügt nicht die mündliche Mitteilung an die Anwesenden, wenn einzelne fehlen. Auch diese müssen vielmehr wiederum geladen werden (vgl. RG 81, 333). Scholz 492; vgl. auch Hachenburg § 48[12].

2. Wollen die Gesellschafter Beschlüsse fassen, ohne zusammenzukommen, so muß die Abstimmung schriftlich erfolgen, und überhaupt können auf diesem Wege gültige Beschlüsse nur zustande kommen, wenn entweder alle Gesellschafter dem zur Abstimmung gestellten Antrage zustimmen oder zwar einige nicht zustimmen, alle aber mit dieser Form der Beschlußfassung sich einverstanden erklären. Letzteres muß nicht ausdrücklich geschehen. A. A. Hachenburg § 48[13, 14]; Scholz 494; aber darin, daß der Gesellschafter ohne Widerspruch schriftlich abstimmt, liegt unverkennbar die Einwilligung in diese Form der Abstimmung auch dann, wenn er — nicht gegen die Abstimmung, sondern — gegen den Antrag stimmt. Letzteres muß freilich deutlich hervortreten, BauersZ 17, 252. Wenn ein solcher Gesellschafter nach § 47 Abs 4 von der Ausübung des Stimmrechts ausgeschlossen ist, wird seine Stimme nicht mitgezählt, seine Abstimmung bedeutet aber, daß auch er mit diesem Modus bei Abstimmung einverstanden ist. Es müssen in diese Form der Abstimmung auch diejenigen eingewilligt haben, welche kein Stimmrecht in der Sache haben. — Telegraphische Erklärung ist auch schriftliche Erklärung. Der § 126 BGB ist nicht anwendbar, weil die Abstimmung keine rechtsgeschäftliche Erklärung ist (vgl. RG 101, 79 a. E.). Abstimmung durch einen Bevollmächtigten setzt die Beilegung einer schriftlichen Vollmacht voraus (§ 47 Abs 3). — Der Beschluß gilt als gefaßt, wenn der Geschäftsführer oder wer die Sache in Händen hat das Ergebnis der Abstimmung festgestellt hat (RG 101, 78). Er hat hiervon den Gesellschaftern Mitteilung zu machen und wenn für die Anfechtung im Gesellschaftsvertrage eine Frist bestimmt ist, läuft diese für jeden Gesellschafter von dem Zeitpunkt an, wo er die Mitteilung erhält. Widerruf seiner Abstimmung steht dem einzelnen Gesellschafter so lange zu, wie der Geschäftsführer usw. nicht im Besitz aller Erklärungen ist. Anders Scholz 494, welcher § 130 BGB entsprechend anwenden will, der eine ausschließlich im Interesse des Erklärenden gegebene rechtspolizeiliche Vorschrift ist und auf den gegenwärtigen Fall gerade nicht paßt. Nach Hachenburg § 48[17] wäre Widerruf zulässig, solange die Erklärung nicht bei der Gesellschaft eingetroffen ist. Dabei ist die Erklärung gar nicht an die Gesellschaft gerichtet, nicht einmal notwendig an den Geschäftsführer. Darüber, ob auch bei mündlicher Abstimmung jeder Widerruf ausgeschlossen sein soll, nachdem das Ja oder Nein gefallen ist, sprechen beide Autoren sich nicht aus. Vgl. § 47 Erl 2 a.

Nur unter Einhaltung dieser Formen kann ein gültiger Beschluß zustande kommen. Ob das allen Verhältnissen, so verschieden sie sein mögen, gerecht wird, läßt sich bezweifeln. Bei geringer Anzahl von Mitgliedern kann es nicht ausbleiben, daß der Verkehr sich über die Vorschriften als Formalitäten hinwegsetzt. Sind alle Geschäftsanteile in einer Hand und ist obendrein der Gesellschafter zugleich der Geschäftsführer, so verbietet sich die Einhaltung von selbst.

Statutenänderung kann auf diesem formlosen Wege nicht beschlossen werden (§ 53 Abs 2).

§ 49

Die Versammlung der Gesellschafter wird durch die Geschäftsführer berufen[1]).

Sie ist außer den ausdrücklich bestimmten Fällen zu berufen, wenn es im Interesse der Gesellschaft erforderlich erscheint[2]).

Insbesondere muß die Versammlung unverzüglich berufen werden, wenn aus der Jahresbilanz oder aus einer im Laufe des Geschäftsjahres aufgestellten Bilanz sich ergibt, daß die Hälfte des Stammkapitals verloren ist[3])[4]).

Österr. Gesetz § 36.

1. Die Berufung der Gesellschafterversammlung liegt nach dem Gesetz in der Regel dem Geschäftsführer ob (aber nicht der Vorsitz in der Versammlung). Wo mehrere Geschäftsführer vorhanden sind, kann der einzelne die Versammlung auch dann berufen, wenn Kollektivvertretung besteht. Diese bezieht sich nur auf die Vertretung der Gesellschaft nach außen, nicht auf die Funktion des Organes innerhalb der Gesellschaft. A. A. Hachenburg § 49². Im Gesellschaftsvertrage kann auch anderen Organen das Recht zur Berufung eingeräumt werden, und wenn ein Aufsichtsrat bestellt ist, ist dieser ohne weiteres nach § 52, § 246 Abs 2 HGB zur Berufung nicht nur berechtigt, sondern auch, wenn es im Interesse der Gesellschaft erforderlich ist, verpflichtet. Gesellschafter können gemäß § 50 die Berufung betreiben. Es kann aber auch einem Gesellschafter das Recht, eine Versammlung zu berufen, im Gesellschaftsvertrage bedungen werden. Der Registerrichter ist nicht befugt, dem Geschäftsführer durch Androhung von Ordnungsstrafen aufzugeben, eine Versammlung der Gesellschafter einzuberufen; tut er es, so ist hiergegen trotz § 132 Abs 2 FGG Beschwerde zulässig (RJA 12, 35). — Ob dem Geschäftsführer das Recht zur Einberufung ganz genommen werden kann, ist streitig, muß aber verneint werden. Bei seiner Stellung und Verantwortlichkeit kann immer einmal der Fall eintreten, wo er nicht nur berechtigt, sondern auch verpflichtet ist, mit der Gesellschaft, nicht mit den einzelnen Gesellschaftern Fühlung zu nehmen, Mitteilungen zu machen, zu verhandeln. A. A. Hachenburg § 49³; Scholz 496; wie hier Neukamp § 49¹. — Der Prokurist ist zur Berufung nicht berechtigt (OLG 24, 158). — Das Recht des Geschäftsführers (oder Liquidators) erleidet dadurch keine Änderung, daß die Gesellschaft in Konkurs gerät (KGJ 48, 134). Der Konkursverwalter kann die Gesellschafter nicht zu einer Versammlung einberufen. — Die durch einen hierzu nicht Berechtigten berufenen Gesellschafter können gültige Beschlüsse fassen, wenn alle Gesellschafter erschienen und mit Abhaltung der Versammlung einverstanden sind (RG 92, 412; vgl. auch in beiläufiger Bemerkung RG 75, 242). — Die Berufung durch denjenigen, welcher tatsächlich als Geschäftsführer fungiert, ist nicht schon deshalb wirkungslos, weil seine Anstellung rechtlich zu beanstanden ist (vgl. JW 1911, 330³⁰).

2. a) Ausdrücklich bestimmt sind die Fälle entweder im Gesetz oder im Gesellschaftsvertrag. Nach dem Gesetz sind Versammlungen zu berufen unbedingt im Falle des § 53 (Statutenänderung einschließlich Erhöhung und Herabsetzung des Stammkapitals) und im Falle § 49 Abs 3, vorbehaltlich der Bestimmung in § 48 Abs 2 in den Fällen der §§ 26, 46, 60 Ziff 2, 66.

b) Ob im Interesse der Gesellschaft die Einberufung einer Versammlung erforderlich erscheint, muß der Geschäftsführer oder wer an seiner Stelle dazu berufen ist nach pflichtmäßigem Ermessen entscheiden. Näheres zu bestimmen hat der Gesetzgeber vermieden. RG 35, 87 hat den Schadensersatzanspruch einer Aktiengesellschaft gegen den Vorstand und Aufsichtsrat für begründet erklärt, die, ohne eine Generalversammlung zu berufen, über einen wesentlichen Teil des Unternehmens einen Veräußerungsvertrag geschlossen hatten, vorausgesetzt, daß die Beklagten nicht beweisen, daß die Generalversammlung zugestimmt haben würde. Weiter geht RG in HoldheimsMSchr 12, 197, wonach der Vorstand einer Aktiengesellschaft verpflichtet wäre, der Zustimmung der Generalversammlung sich zu vergewissern, bevor er sich auf wichtige und kostspielige, dabei riskante und deshalb die Interessen der Gesellschaft in besonderem Maße berührende Unternehmungen einläßt. Das hat ziemlich allgemeinen Widerspruch erfahren und geht wohl auch jedenfalls für die Verhältnisse der Aktiengesellschaft zu weit. Annehmbarer wäre es für die Gesellschaft m. b. H. wenigstens dann, wenn die Gesellschaft nur aus wenigen Gesellschaftern besteht, die auch tatsächlich ständig mit der Führung der Geschäfte in Fühlung bleiben. Jedenfalls aber wird man annehmen müssen, daß die Gesellschafter zu befragen sind, wenn es sich um ein bedeutsames Geschäft handelt, welches aus dem Rahmen des bisherigen Betriebes herausfällt, ferner bei einer gänzlichen Umstellung des Betriebes, beim Anschluß an ein Syndikat u. ä.

c) Es besteht ein seltsamer Streit, ob Abs 2 zwingenden Rechtes ist. Selbstverständlich kann im Gesellschaftsvertrage oder auch anders dem Geschäftsführer ausdrücklich seine Machtbefugnis umschrieben werden und dadurch zugleich mittelbar das Gebiet eingeschränkt oder erweitert werden, wo die Berufung einer Versammlung der Gesellschafter erforderlich erscheint. Aber eine Bestimmung im Gesellschaftsvertrage, daß der Geschäftsführer die Versammlung auch dann nicht einzuberufen brauche, wenn es erforderlich ist, wäre unsinnig und nichtig. Hachenburg § 49[17]; Scholz 497; wie hier Feine 535.

3. Ist die Hälfte des Stammkapitals verloren, so ist die Gesellschaft weder überschuldet, noch muß sie deshalb zahlungsunfähig sein (§ 63). Aber ihre Lage erweist sich als unproduktiv, vielleicht gefährdet, und die Gesellschafter sollen einberufen werden, um über die Sach- und Geschäftslage unterrichtet zu werden und Gelegenheit zu haben, geeignete Maßregeln zu beraten und zu beschließen. — Unter Bilanz ist auch hier die Jahres- oder eine nach ihren Grundsätzen aufgestellte Zwischenbilanz zu verstehen. Es kommt aber nicht darauf an, ob formal die Bilanz den entsprechenden Verlust am Stammkapital aufweist oder nicht aufweist. Von einem Verlust am Stammkapital kann überhaupt erst die Rede sein, wenn alle (echten) Reserven, offenen und stillen, erschöpft sind, während anderseits die Gesellschaft nicht gehindert ist, in ihren Bilanzen die Reserven auch dann stehen zu lassen, wenn dadurch eine Unterbilanz nachgewiesen wird, Scholz 498. Regelmäßig werden Zwischenbilanzen meist nicht aufgestellt. Aber darum ist nicht die Meinung des Gesetzes, daß hier alles einem Zufall überlassen bleiben soll. Der Geschäftsführer muß im großen und ganzen auch während des Geschäftsjahres die finanzielle Gesamtlage im Auge haben und muß wissen, wann der Augenblick gekommen ist, zum Zweck ziffernmäßiger Feststellung eine Zwischenbilanz aufzustellen (vgl. Erl 3 a zu § 64). Im wesentlichen wie hier Scholz 498. Die Meinung, daß im Gesellschaftsvertrage das in Abs 3 Bestimmte wegbedungen werden könne, ist unannehmbar. Die Vorschrift will verhüten, daß hinter dem Rücken der Gesellschafter, vielleicht sogar unter dem Schein einer vermeintlichen Prosperität, das gesamte Stammkapital verwirtschaftet wird. Die Grenze hätte ja auch anders gezogen werden können. Aber das Gesetz will, daß, wenn die vorgeschriebene Grenze erreicht ist, die Gesellschafter gewahrschaut werden sollen. Es ist das eines der ohnehin schwachen Kautelen gegen unsolide Geschäftsführung, und es erscheint von vornherein unsolide, daß die Gesellschafter auf diesen Schutz verzichten. Auch dient die Vorschrift zum Schutz nicht nur der Gesellschafter, sondern auch der Gläubiger der Gesellschaft. Wenn es erst zur Überschuldung oder Zahlungsunfähigkeit gekommen ist, haben sie Schaden bereits erlitten. — Ergibt sich der Verlust des halben Stammkapitals aus der Jahresbilanz, so genügt es, daß unverzüglich die ordentliche Jahresversammlung einberufen wird. Der Gegenstand muß aber ausdrücklich auf die Tagesordnung gesetzt werden. — Unter öffentliche Strafe ist die Unterlassung der Einberufung nicht gestellt (vgl. § 84). — Abs 3 gilt aus verständlichen Gründen nicht im Stadium der Liquidation (§ 71), a. A. Hachenburg § 69[35]; Neukamp § 69 Erl 2 a. E.; ferner nicht, solange ein Kapitalentwertungskonto zu Recht besteht.

4. Das Verhältnis zwischen den Vorschriften in § 49 Abs 2 und 3 zu der Bestimmung in § 48 Abs 2 ist nach diesseitiger Auffassung deutlich und ganz eindeutig. In § 48 ist von Gesellschafterbeschlüssen die Rede und von der Regel, daß solche in der Gesellschafterversammlung zu fassen sind, wird in Abs 2 die Ausnahme bestimmt. In § 49 ist dagegen von Gesellschafterbeschlüssen überhaupt nicht die Rede, vielmehr wird hier nur von Gesellschafterversammlungen gehandelt, und in Abs 2 und 3 werden Fälle bestimmt, in welchen eine Versammlung einberufen werden muß. Daran kann doch die Bestimmung, daß Beschlüsse auch gefaßt werden können, ohne daß die Gesellschafter zusammenkommen, nichts ändern. Von Beschlüssen ist vorerst noch keine Rede. Vielleicht kommt es zu solchen überhaupt nicht. Aber jedenfalls und unter allen Umständen soll eine Versammlung einberufen werden. Trotzdem ist das durchaus bestritten. Nach Hachenburg § 49[19] braucht der Geschäftsführer die Versammlung nicht zu berufen, er braucht den Gesellschaftern nur Mitteilung von der Tatsache zu machen, Liebmann § 49[2] meint, es könne das wenigstens im Statut bestimmt werden, nach Scholz 499 sei ein solches Verfahren, weil nach dem Gesetz „unverzüglich" vorzugehen sei, zwar erlaubt, aber nur ausnahmsweise. Dagegen gibt Feine 534 wenigstens im Fall nach Abs 3 zu, daß die Einberufung einer Versammlung unerläßlich ist. — Gegen Scholz und Liebmann a. a. O. muß behauptet werden, daß Abs 3 eine rechtspolizeiliche Vorschrift ist und durch Statutenbestimmung nicht ausgeschaltet werden kann.

§ 50

Gesellschafter, deren Geschäftsanteile zusammen mindestens dem zehnten Teile des Stammkapitals entsprechen, sind berechtigt, unter Angabe des Zwecks und der Gründe die Berufung der Versammlung zu verlangen[1]).

In gleicher Weise haben die Gesellschafter das Recht zu verlangen, daß Gegenstände zur Beschlußfassung der Versammlung angekündigt werden[2]).

Wird dem Verlangen nicht entsprochen oder sind Personen, an welche dasselbe zu richten wäre, nicht vorhanden, so können die im Absatz 1 bezeichneten Gesellschafter

unter Mitteilung des Sachverhältnisses[3]) die Berufung oder Ankündigung selbst bewirken. Die Versammlung beschließt, ob die entstandenen Kosten von der Gesellschaft zu tragen sind[4])[5]).

Österr. Gesetz § 37.

1. a) Der § 50 bestimmt sog. (s. unten Erl 5) Minderheitsrechte (vgl. auch §§ 61, 66 Abs 2). Legislativ liegt die Frage hier so: Nach § 49 ist es Sache des Geschäftsführers, darüber zu befinden, ob eine Gesellschafterversammlung stattfinden soll oder nicht. Soll es dabei bleiben oder sollen auch die Gesellschafter das Recht dazu haben? Dringende Gründe sprechen dafür, erhebliche Bedenken eines möglichen Mißbrauches dagegen. Das Gesetz bestimmt daher das Kompromiß: nicht jeder Gesellschafter als solcher hat das Recht, wohl aber der einzelne Gesellschafter oder mehrere Gesellschafter zusammen, wenn er allein oder die mehreren zusammen 10% des Stammkapitals oder darüber vertreten. Unter dieser Voraussetzung können sie das in § 50 näher umschriebene Recht ausüben. Gleichgültig ist, ob die Stammeinlagen voll eingezahlt sind oder nicht, gleichgültig auch, ob Raten auf sie rückständig sind. Aber nur diejenigen Inhaber von Geschäftsanteilen kommen in Betracht, welche der Gesellschaft gegenüber als Gesellschafter legitimiert sind (§ 16 Abs 1). Veräußert der Gesellschafter, nachdem das Verlangen gestellt worden ist, seinen Geschäftsanteil, so ist das ohne Bedeutung. Zur Versammlung wird sein Rechtsnachfolger einberufen, wenn er bei der Gesellschaft zur Anmeldung gekommen ist, wie auch nur dieser es ist, der im weiteren Verlauf das Recht aus Abs 3 geltend machen kann. — Zweifelhaft ist, wie zu rechnen ist, wenn ohne Herabminderung des Stammkapitals einzelne Geschäftsanteile fortgefallen, kaduziert, eingezogen worden, von Anfang an nichtig gewesen sind. Wie bei einem derartigen Sachverhalt das Stimmrechtsverhältnis, so dürfte auch das gegenwärtige Minderheitsrecht der eingetretenen Veränderung anzupassen sein. Denn das Machtverhältnis der vorhandenen Gesellschafter untereinander ist es doch wohl, was der Gesetzgeber im Auge gehabt hat. Nicht 10% des Stammkapitals, sondern 10% der Summe aller vorhandenen Geschäftsanteile nach Nennbetrag ist das Erfordernis. Ebenso muß dann aber auch gerechnet werden, wenn ein Geschäftsanteil in der Hand der Gesellschaft selbst sich befindet (s. Erl 2 b zu § 33). Hachenburg § 50[2]; Scholz 501.

b) Das Verlangen muß an den Geschäftsführer oder wer sonst nach dem Gesellschaftsvertrage zur Einladung der Gesellschafter berufen ist gerichtet werden. Den einzelnen Gesellschafter geht die Sache nichts an. Sind mehrere Geschäftsführer vorhanden, so genügt das Verlangen an einen von ihnen, auch wenn eine Kollektivvertretung besteht (vgl. § 35 Abs 2 Satz 3).

c) Es müssen Zweck und Grund der Berufung der Versammlung angegeben werden, im übrigen kann das Verlangen ganz formlos erfolgen, auch mündlich. Der Geschäftsführer dürfte aber in seinem Rechte sein, wenn er verlangt, daß man ihm das schriftlich gebe. Es muß der Gegenstand angegeben werden, über welchen die Versammlung verhandeln, beraten, beschließen soll, und die Gründe, weshalb die Gesellschafterversammlung zu diesem Zweck zusammen-, alsbald zusammentreten soll. In eine sachliche Prüfung des Zweckes und der Gründe hat der Geschäftsführer nicht einzutreten. Aber völlig unsinnige oder ungereimte Anträge kann er unbeachtet lassen.

2. Auch das Recht, bestimmte Gegenstände auf die Tagesordnung einer einberufenen oder bevorstehenden Gesellschafterversammlung zu bringen, soll nicht dem einzelnen Gesellschafter als solchem zustehen, sondern nur unter der gleichen Voraussetzung, daß er oder die mehreren mindestens 10% des Stammkapitals vertreten. Sie haben sich damit an den Geschäftsführer zu wenden, der das weitere besorgt. Von den Gegenständen gilt das in § 51 Abs 4 Bestimmte. Sie sind, soll anders über sie Beschluß gefaßt werden müssen, wenigstens drei Tage vor der Versammlung mittels eingeschriebenen Briefes den Gesellschaftern mitzuteilen. Das Verlangen der Minderheit muß also frühzeitig genug angebracht werden, um dem nachkommen zu können, widrigenfalls es unbeachtlich ist. Wird der Gegenstand auf diese Weise auf die Tagesordnung gebracht, so kommt nichts darauf an, ob die Voraussetzungen des Abs 1 vorgelegen haben (vgl. RG 104, 183).

3. Beides, Berufung der Gesellschafter und Ankündigung von Gegenständen zur Tagesordnung einer bevorstehenden Gesellschafterversammlung, können die Berechtigten selbst in die Hand nehmen, wenn ihrem Verlangen nicht entsprochen wird oder wenn niemand, d. h. kein gesetzlicher Vertreter der Gesellschaft, vorhanden ist, an den es gerichtet werden könnte. Ist ein Geschäftsführer nicht vorhanden, so ist, sofern nicht aus dem Statut sich etwas anderes ergibt, der Aufsichtsrat nicht berufen, in dieser Beziehung die Gesellschaft zu vertreten. Der § 254 HGB ist in § 52 nicht genannt. Die Gesellschafter sind aber auch nicht genötigt, vorerst die Bestellung eines Vertreters gemäß § 29 BGB zu betreiben. — Der Umstand, daß der Geschäftsführer sich an einem entfernten Ort aufhält (zum Heeresdienst eingezogen ist), rechtfertigt nicht, ihn zu umgehen (RG 92, 409). — Die Berufung der Versammlung und die Ankündigung von Gegenständen zur Tagesordnung müssen gemäß §§ 51, 50 Abs 1 sowie ferner unter Mitteilung des Sachverhaltes erfolgen.

Den Gesellschaftern muß ersichtlich gemacht werden, von wem das Verlangen ausgeht und was zu dem Schritt Veranlassung gibt. Was allgemein unter den Gesellschaftern bekannt ist, braucht nicht erwähnt zu werden (OLG 24, 158). Die Minderheit hat das Recht, so vorzugehen, sowohl wenn der Geschäftsführer sich weigert, ihrem Verlangen zu entsprechen, als auch wenn er sich passiv verhält. In letzterem Falle muß die Minderheit eine angemessene Frist verstreichen lassen (RG 92, 410), die aber, wo Eile nottut, auf das kürzeste bemessen sein kann. — Ist die Einberufung durch die Minderheit in Ordnung, so müssen sich die übrigen Gesellschafter auf sie einlassen, da die Versammlung gültige Beschlüsse fassen kann, auch wenn nur ein Gesellschafter erscheint. Im andern Falle sind die Beschlüsse, welche gefaßt werden, ungültig, es sei denn, daß sämtliche Gesellschafter erschienen und mit Verhandlung und Abstimmung einverstanden sind. In der Regel wird es sich um Anfechtbarkeit handeln, um Nichtigkeit aber, wenn es den Einberufenden an jeder Legitimation entbricht, sei es, daß sie in Wahrheit nicht Gesellschafter sind, sei es, daß sie nicht die 10% des Stammkapitals hinter sich haben, RG 92, 409.

4. Wird auf das Verlangen vom Geschäftsführer eingegangen und die Versammlung von ihm einberufen, so fallen die Kosten derselben in der üblichen Weise der Gesellschaft zur Last. Satz 2 in Abs 3 bezieht sich nicht auf Abs 1 und 2 (BauersZ 18, 161). — Die von der Minderheit selbst einberufene Versammlung muß wegen der Kosten Beschluß fassen. Von der Abstimmung sind die Antragsteller selbst nicht ausgeschlossen. Zwar kann der Beschluß, daß die Gesellschaft die Kosten tragen soll, für diese allerlei Rechtsgeschäfte zur Folge haben (§ 47 Abs 4), aber es sind das nicht oder nicht notwendig Rechtsgeschäfte mit den Antragstellern.

5. Allgemein wird angenommen, daß § 50 dispositives Recht sei, daß im Statut dieses Recht in Beziehung auf Einberufung der Gesellschafterversammlung wegbedungen werden könne. Aber das bedarf doch wohl noch einer näheren Überlegung und Richtigstellung. Der Ausdruck Minderheitsrecht ist schlecht gewählt. Er ist schief und verleitet daher zu einer falschen Vorstellung. Es handelt sich hier nicht darum, daß ausnahmsweise eine Minderheit eine Übermacht haben soll über die Mehrheit. Nicht Vermehrung der Rechte einer Minderheit, sondern eine Abschwächung der Rechte des einzelnen ist Inhalt der Bestimmung. Nicht der einzelne schlechthin soll das Recht haben, sondern nur, wenn er allein oder in Verbindung mit denen, die sich ihm anschließen, über ein gewisses Maß von Kräften verfügt. Dieses Maß hat das Gesetz auf 10% des Stammkapitals festgesetzt. Das für zwingend zu erklären liegt genügender Anlaß allerdings nicht vor. Aber ganz genommen kann das Recht den Gesellschaftern nicht werden. Man streiche den § 50, so bleibt nichts als § 49, d. h. vom Standpunkt der herrschenden Lehre aus (Hachenburg § 51[17]), der Geschäftsführer allein hätte darüber zu befinden, ob eine Versammlung einberufen werden soll oder nicht. Nicht nur der einzelne nicht und auch nicht nur eine Minderheit nicht, sondern auch die Mehrheit und selbst alle zusammen hätten ihm gegenüber kein Recht. Allerdings können, auch ohne berufen zu sein, die Gesellschafter zusammentreten und gültige Beschlüsse fassen. Aber darum handelt es sich nicht; dann müssen ausnahmslos alle zugegen sein, damit ein gültiger Beschluß gefaßt werden kann. Hier kommt es dagegen darauf an, eine Versammlung zustande zu bringen, welche gültige Beschlüsse fassen kann, wenn auch nur einer erscheint. Man beeinträchtigt die grundsätzliche und unveräußerliche Rechtsstellung der Gesellschafter zum Geschäftsführer, wenn man in diesem Punkt diesem ausschließlich das Bestimmungsrecht in die Hand gibt. In den Vorschriften des § 50 ist ein doppeltes gesagt: auch die Gesellschafter sollten die Möglichkeit in Händen haben, die Berufung einer Versammlung zu veranlassen, aber — zweitens — nur derjenige oder zusammengenommen diejenigen, welche 10% des Stammkapitals hinter sich haben. Letzteres ist dispositiv, ersteres nicht, und daher hat die weitere Abschwächung dieser Minderheitsrechte im Statut eine Grenze. Wenn man den Quotienten bis zur Hälfte und darüber hinaus erhöht, dann wird das Minderheitsrecht zu einem Mehrheitsrecht oder richtiger, das ganze Recht wäre für den einzelnen entwertet, der hier ganz ebenso wie im allgemeinen der Mehrheit hilflos gegenüberstände. — Die Frage, ob durch Statutenänderung die geltende Mindestziffer gegen den Widerspruch des einzelnen abgeändert werden kann, ist von RG 68, 212 bejaht worden, aber mit einer Begründung, die nicht ausreichend erscheint. Das Reichsgericht behauptet, wie oben ausgeführt wurde, zuviel, wenn es sagt, daß durch Statutenänderung das Recht des § 50 Abs 1 ganz entzogen werden könne, und es beweist zu wenig mit dem Hinweis, daß es sich hier um eine sog. Individualrecht, ein „Vertretungsrecht", ein Recht, in den Angelegenheiten der Gesellschaft sich als deren Organ zu betätigen, handle. Denn ein solches Individualrecht kann auch als Sonderrecht bestimmt werden oder gedacht sein. Aber allerdings spricht alles dagegen, daß das hier der Fall wäre. Denn es handelt sich hier um das Verhältnis der Machtsphären der einzelnen zueinander, und das ist von vornherein kein unabänderliches, kann es nicht sein. Nicht nur Ereignisse, die vom Willen der Beteiligten unabhängig sind, wie der Ausfall einzelner Gesellschafter, verändern es, sondern auch willkürliche Maßregeln, Kaduzierung, Amortisation, Erhöhung des Stammkapitals haben dieselbe Wirkung und sind zweifellos an die Zustimmung aller nicht gebunden. Schon deshalb fehlt diesem Rechte die Bestimmtheit und Festigkeit, die man für ein Sonderrecht in Anspruch

nehmen muß. Sodann wirkt aber auch die Abänderung der Mindestzahl niemals eindeutig in der Richtung einer Rechtsminderung. Die ganze Vorschrift, indem sie das Recht des einzelnen einschränkt, verleiht ihm zugleich Schutz gegen Belästigung durch die anderen. Daher hat hier jede Veränderung der Ziffer, des Quotienten den Charakter des Neutralen, und man kann nicht behaupten, daß sie den Überstimmten beschwert. (Dieses „nicht" muß Hachenburg § 50[17] übersehen haben.) Was den — auch vom Reichsgericht a. a. O. zutreffend gewürdigten — Umstand angeht, daß durch eine solche Abänderung die einzelnen ungleich getroffen werden können, so hat man hier einen Fall der Art vor sich, von welcher oben in Erl 2 zu § 45 gehandelt worden ist, einen der Fälle, wo die gesellschaftsrechtlich gleichmäßige Veränderung die einzelnen aus individuellen Gründen ungleichmäßig trifft.

§ 51

Die Berufung der Versammlung erfolgt durch Einladung der Gesellschafter mittels eingeschriebener Briefe[1]). Sie ist mit einer Frist von mindestens einer Woche zu bewirken[2]).

Der Zweck der Versammlung soll jederzeit bei der Berufung angekündigt werden[3]).

Ist die Versammlung nicht ordnungsmäßig berufen, so können Beschlüsse nur gefaßt werden, wenn sämtliche Gesellschafter anwesend sind.

Das gleiche gilt in bezug auf Beschlüsse über Gegenstände, welche nicht wenigstens drei Tage vor der Versammlung in der für die Berufung vorgeschriebenen Weise angekündigt worden sind[4])[5]).

Österr. Gesetz § 38.

1. Die Einberufung zur Gesellschafterversammlung erfolgt nicht wie in der Regel bei der Aktiengesellschaft durch öffentliche Bekanntmachung, sondern durch Einladung der einzelnen Gesellschafter, und zwar durch Einladung mittels eingeschriebenen Briefes, also schriftlich. — Weitere Förmlichkeiten sind nicht vorgeschrieben. Geht sie von dem Geschäftsführer oder einem anderen hierzu berufenen Gesellschaftsorgan aus, so genügt die Unterzeichnung oder Unterstempelung der Firma (vgl. RG in Recht 09, 1713). Im Fall des § 50 Abs 3 muß erkennbar sein, wer die Einberufenden sind. Der Lauf der einwöchigen Frist, welche zwischen der Einladung und dem Tage der Versammlung liegen muß, beginnt, wie RG 60, 144 zweckmäßigerweise entschieden hat und die herrschende Lehre anerkennt, mit dem Tage, an welchem der Brief zur Post gegeben ist. Daraus folgt aber nicht, daß es darauf, ob der Brief dem Empfänger zugegangen ist, nicht ankommt. Wem die Einladung bis zum Tage der Versammlung nicht zugegangen ist, ist nicht eingeladen worden; anders, aber nicht überzeugend, RG 60, 144 (in beiläufiger Erwägung), Liebmann § 51², Neukamp § 51², Scholz 507. Insbesondere muß das auch gelten, wenn der eingeschriebene Brief als unbestellbar zurückgekommen ist. Ob gleichwohl die Versammlung abgehalten und gültige Beschlüsse gefaßt werden können, ist von den Umständen des Falles abhängig zu machen. Fehlt ein einzelner von zahlreichen Gesellschaftern, so wird sich leicht ergeben, daß sein Nichterscheinen auf die Sache und — worauf es namentlich mit ankommt — auf sein persönliches Interesse offenbar ohne Einfluß gewesen ist. Erscheint der Gesellschafter und beteiligt er sich ohne Vorbehalt an der Versammlung, so ist es ohne Bedeutung, daß die Einladung ihn nicht erreicht hat, hier auch, ob überhaupt an ihn eine Einladung ergangen ist. Wenn er sich der Abstimmung enthält, liegt darin allein noch nicht ein Widerspruch gegen die Beschlußfassung (OLG 16, 120). Ein Gesellschafter, der eingeladen worden ist, kann daraus, daß ein anderer keine Einladung erhalten hat, keinen Anfechtungsgrund herleiten (OLG 21, 50). Anders wohl, wenn er an dem Erscheinen des Betreffenden interessiert ist und gegen die Beschlußfassung Widerspruch erhebt.

2. Wegen Berechnung der Fristen s. §§ 187, 188 BGB. Der § 193 BGB kommt nicht in Frage. Die Versammlung kann auch auf einen Festtag einberufen werden. Die Einladung kommt am Sonnabend rechtzeitig zur Post, wenn die Versammlung am übernächsten Sonntag stattfinden soll, und die Ankündigung nachträglicher Gegenstände muß am Donnerstag spätestens zur Post kommen, wenn die Versammlung auf den nächsten Montag anberaumt worden ist. Es handelt sich nicht um eine Willenserklärung oder eine Leistung. — Handelt es sich um einen Beschluß, der in das Handelsregister einzutragen ist, so braucht der Richter die Rechtzeitigkeit der Einladungen nicht zu prüfen. Ist aber gegen die Beschlußfassung aus diesem Grunde Verwahrung eingelegt worden, so kann er Ermittlungen anstellen und nach dem Ergebnis entscheiden (RJA 14, 298).

3. Der Zweck der Versammlung soll bei der Berufung angekündigt werden. Dahin gehört vor allem die Angabe der Gegenstände, über welche Beschluß gefaßt werden soll. Das kann in Kürze, muß aber so genau geschehen, daß die Gesellschafter erkennen können, um was es sich handelt. Erforderlich und genügend ist jede Angabe, die erkennen läßt, worüber verhandelt und Beschluß gefaßt werden soll; es muß das so deutlich geschehen, daß die Beteiligten sich entsprechend vorbereiten können (JW 08, 674[2]; RG 86, 22). Was als allgemein bekannt vorausgesetzt werden kann, braucht nicht hervorgehoben zu werden (OLG 24, 159). Ausreichend ist „Bewilligung von Betriebsmitteln" (RG 17, 172). „Interne Angelegenheit" genügt, wenn gleichzeitiger Hinweis auf eine Bestimmung des Statuts ersichtlich macht, daß es sich um Ausschließung eines Mitgliedes handelt (JW 08, 674[2]). Nicht ausreichend „Genehmigung der Geschäftsführung", wenn ungewöhnliche Geschäfte abgeschlossen worden sind (RG 89, 377), „Wahl des Direktors", wenn es sich um Enthebung des bisherigen vom Amt handelt (JW 01, 659), Erhöhung des Grundkapitals um 1 Million, wenn Erhöhung um 5 Millionen beschlossen wird (RG 87, 155); nicht ausreichend ferner „Verschiedenes" (RJA 14, 289). — Gegenüber dem Antrag auf Eintragung des Beschlusses in das Handelsregister hat der Registerrichter nicht zu prüfen, ob die Ankündigung dem Gesetz entsprochen hat (RJA aaO.).

Abänderungs- und Ergänzungsanträge sind unbeschränkt zulässig (JW 1897, 246[43]; RG 67, 109).

4. Auch nachdem die Einberufung zu einer Gesellschafterversammlung ergangen ist, können noch nachträglich weitere Gegenstände zur Tagesordnung angekündigt werden, und zwar sowohl von der Geschäftsführung aus als auch — gemäß § 50 Abs 2 — von einem oder mehreren Gesellschaftern. Hier beträgt die Frist drei Tage, im übrigen muß es auf dieselbe Weise den Gesellschaftern angekündigt werden wie die Einberufung und ursprüngliche Tagesordnung.

5. a) Wird bei der Einberufung nicht nach den hier gegebenen Vorschriften verfahren, so können die Beschlüsse, welche gefaßt werden, infolgedessen nichtig oder anfechtbar sein. Sie sind nichtig, wenn dem Einberufenden jede Legitimation zur Einberufung fehlte und überhaupt, wenn in einem Maße gegen die Vorschriften verstoßen worden ist, daß man von einer Gesellschafterversammlung nicht sprechen kann (RG 75, 242; 89, 379; 92, 412). — Was Beschlüsse angeht, welche über Gegenstände ergehen, welche nicht auf der Tagesordnung gestanden haben, so darf der Ausdruck „soll" in Abs 2 nicht zu der Annahme verleiten, daß die Vorschrift nur instruktionell gemeint, eine reine Ordnungsvorschrift sei (RG 89, 380). Wie Abs 3 lehrt, können außer den dort bestimmten Ausnahmen Beschlüsse über solche Gegenstände überhaupt nicht ergehen (es sei denn, daß sämtliche Gesellschafter anwesend und mit der Beschlußfassung einverstanden sind). Danach wäre anzunehmen, daß solche Beschlüsse nichtig sind. Das Reichsgericht aber und die herrschende Lehre nehmen an, daß sie anfechtbar sind, so daß sich namentlich auch Dritte nicht ohne weiteres auf den Verstoß berufen können (RG 92, 412; 89, 377; vgl. auch 75, 242; OLG 14, 352; KGJ 34, 136). Daraus würde sich dann weiter ergeben, daß bei einem solchen Verstoß wie auch bei anderen Ordnungswidrigkeiten (KGJ 39, 125) die Anfechtung keinen Erfolg hat, wenn der Gegner nachweisen kann, daß der Verstoß auf das Ergebnis keinen Einfluß gehabt hat (RG in Recht 09, 1713; vgl. Erl 4 b zu § 47).

b) Die Vorschriften des § 51 können durch den Gesellschaftsvertrag ergänzt und abgeändert werden, z. B. kann bestimmt werden, daß die Einladung durch öffentliche Bekanntmachung erfolgt. Das hat aber aus sachlichen Gründen seine Grenze. Es kann nicht im Statut allgemein bestimmt werden, daß nicht alle Gesellschafter eingeladen werden müssen. — Auch diejenigen Gesellschafter müssen eingeladen werden, welche von der Ausübung des Stimmrechtes ausgeschlossen sind und gegen welche sich der auf der Tagesordnung stehende Antrag richtet. Dagegen wird man — abgesehen von besonderen Sachlagen — anerkennen müssen, daß die eine oder andere Einladung unterbleiben kann, wenn sie untunlich ist.

c) Alle Mängel der Einberufung werden dadurch geheilt, daß sämtliche Gesellschafter erscheinen und an der Versammlung teilnehmen. Anwesend bedeutet anwesend zur Teilnahme an der Versammlung und Einverständnis mit der Beschlußfassung. Darin, daß ein Widersprechender sich gleichwohl an der Abstimmung beteiligt, kann liegen, daß er seinen Widerspruch aufgegeben hat, muß es aber nicht (RG 92, 410; KGJ 48, 132; OLG 16, 120).

§ 52

Ist nach dem Gesellschaftsvertrage ein Aufsichtsrat zu bestellen, so finden auf denselben, soweit nicht im Gesellschaftsvertrage ein anderes bestimmt ist, die für den Aufsichtsrat einer Aktiengesellschaft nach § 243 Absatz 1, 2, 4, §§ 244 bis 248 und § 249 Absatz 1, 2 des Handelsgesetzbuchs geltenden Vorschriften[1]) entsprechende Anwendung[2]).

Schadensersatzansprüche[3]) gegen die Mitglieder des Aufsichtsrats wegen Verletzung ihrer Obliegenheiten verjähren in fünf Jahren[4])[5]).

Österr. Gesetz §§ 29 bis 33.

1. Die angezogenen Bestimmungen des Handelsgesetzbuches lauten:

§ 243. Der Aufsichtsrat besteht, sofern nicht der Gesellschaftsvertrag eine höhere Zahl festsetzt, aus drei von der Generalversammlung zu wählenden Mitgliedern.

Die Wahl des ersten Aufsichtsrats gilt für die Zeit bis zur Beendigung der ersten Generalversammlung, welche nach dem Ablauf eines Jahres seit der Eintragung der Gesellschaft in das Handelsregister zur Beschlußfassung über die Jahresbilanz abgehalten wird ...

Abs 3 (Beschränkung der Wahl auf 4 Jahre) gilt hier nicht.

Die Bestellung zum Mitgliede des Aufsichtsrats kann auch vor dem Ablaufe des Zeitraums, für den das Mitglied gewählt ist, durch die Generalversammlung widerrufen werden. Sofern nicht der Gesellschaftsvertrag ein anderes bestimmt, bedarf der Beschluß einer Mehrheit, die mindestens drei Vierteile des bei der Beschlußfassung vertretenen Grundkapitals umfaßt.

§ 244. Jede Änderung in den Personen der Mitglieder des Aufsichtsrats ist von dem Vorstand unverzüglich in den Gesellschaftsblättern bekanntzumachen. Der Vorstand hat die Bekanntmachung zum Handelsregister einzureichen.

§ 245. Erhalten die Mitglieder des Aufsichtsrats für ihre Tätigkeit eine Vergütung, die in einem Anteil am Jahresgewinne besteht, so ist der Anteil von dem Reingewinne zu berechnen, welcher nach Vornahme sämtlicher Abschreibungen und Rücklagen sowie nach Abzug eines für die Aktionäre bestimmten Betrags von mindestens vier vom Hundert des eingezahlten Grundkapitals verbleibt.

Ist die den Mitgliedern des Aufsichtsrats zukommende Vergütung im Gesellschaftsvertrage festgesetzt, so kann eine Abänderung des Gesellschaftsvertrags, durch welche die Vergütung herabgesetzt wird, von der Generalversammlung mit einfacher Stimmenmehrheit beschlossen werden.

Den Mitgliedern des ersten Aufsichtsrats kann eine Vergütung für ihre Tätigkeit nur durch einen Beschluß der Generalversammlung bewilligt werden. Der Beschluß kann nicht früher als in derjenigen Generalversammlung gefaßt werden, mit deren Beendigung die Zeit, für welche der erste Aufsichtsrat gewählt ist, abläuft.

§ 246. Der Aufsichtsrat hat die Geschäftsführung der Gesellschaft in allen Zweigen der Verwaltung zu überwachen und sich zu dem Zwecke von dem Gange der Angelegenheiten der Gesellschaft zu unterrichten. Er kann jederzeit über diese Angelegenheiten Berichterstattung von dem Vorstande verlangen und selbst oder durch einzelne von ihm zu bestimmende Mitglieder die Bücher und Schriften der Gesellschaft einsehen sowie den Bestand der Gesellschaftskasse und die Bestände an Wertpapieren und Waren untersuchen. Er hat die Jahresrechnungen, die Bilanzen und die Vorschläge zur Gewinnverteilung zu prüfen und darüber der Generalversammlung Bericht zu erstatten.

Er hat eine Generalversammlung zu berufen, wenn dies im Interesse der Gesellschaft erforderlich ist.

Weitere Obliegenheiten des Aufsichtsrats werden durch den Gesellschaftsvertrag bestimmt.

Die Mitglieder des Aufsichtsrats können die Ausübung ihrer Obliegenheiten nicht anderen übertragen.

§ 247. Der Aufsichtsrat ist befugt, die Gesellschaft bei der Vornahme von Rechtsgeschäften mit den Vorstandsmitgliedern zu vertreten und gegen die letzteren die von der Generalversammlung beschlossenen Rechtsstreitigkeiten zu führen.

Handelt es sich um die Verantwortlichkeit der Mitglieder des Aufsichtsrats, so kann dieser ohne und selbst gegen den Beschluß der Generalversammlung gegen die Mitglieder des Vorstandes klagen.

§ 248. Die Mitglieder des Aufsichtsrats können nicht zugleich Mitglieder des Vorstandes oder dauernd Stellvertreter von Vorstandsmitgliedern sein, auch nicht als Beamte die Geschäfte der Gesellschaft führen.

Nur für einen im voraus begrenzten Zeitraum kann der Aufsichtsrat einzelne seiner Mitglieder zu Stellvertretern von behinderten Mitgliedern des Vorstandes bestellen; während dieses Zeitraums und bis zur Entlastung des Vertreters darf der letztere eine Tätigkeit als Mitglied des Aufsichtsrats nicht ausüben. Auf die in solcher Weise bestellten Vertreter finden die Vorschriften des § 236 keine Anwendung. (Eigenhandel- und Konkurrenzverbot, das hier ohnehin nicht gilt.)

Scheiden aus dem Vorstande Mitglieder aus, so können sie nicht vor der Entlastung in den Aufsichtsrat gewählt werden.

§ 249. Die Mitglieder des Aufsichtsrats haben bei der Erfüllung ihrer Obliegenheiten die Sorgfalt eines ordentlichen Geschäftsmanns anzuwenden.

Mitglieder, die ihre Obliegenheiten verletzen, haften der Gesellschaft mit den Vorstandsmitgliedern als Gesamtschuldner für den daraus entstehenden Schaden.

S. hierzu Brodmann A.-R. S. 273—302.

2. a) Die Aktiengesellschaft muß einen A u f s i c h t s r a t haben. Für die Gesellschaft m. b. H. ist das im Gesetz nicht bestimmt. Aber sie kann einen Aufsichtsrat haben, wenn ein solcher im Statut vorgesehen ist, und wenn das geschehen ist, muß sie ihn haben. Auch durch Statutenänderung kann das nachträglich eingeführt und ebenso auch wieder beseitigt werden. Einstimmiger Beschluß ist auch zu letzterem nicht erforderlich (a. A. OLG 16, 120, wonach nur bei Vorliegen eines besonders wichtigen Grundes Mehrheitsbeschluß genügen soll). Nur wenn etwa einem Gesellschafter ein Sonderrecht darauf, Mitglied des Aufsichtsrats zu sein, bedungen worden ist, bedarf die Beseitigung der Einrichtung seiner Zustimmung. — Die Aufgabe des Aufsichtsrats, auch wohl Verwaltungsrat oder wie sonst genannt, ist, die Geschäftsführung der Gesellschaft zu überwachen und sich von dem Gange der Angelegenheiten der Gesellschaft zu unterrichten; außerdem kommt er bei Rechtsgeschäften und Prozessen der Gesellschaft mit ihrem Geschäftsführer oder einzelnen oder mehreren in die Lage, die Gesellschaft nach außen zu vertreten, alles, wie es für den Aufsichtsrat einer Aktiengesellschaft in §§ 243—249 Abs 1, 2 HGB bestimmt ist. (Die Vorschrift in § 243 Abs 3 gilt nicht, wonach der Aufsichtsrat immer nur auf höchstens vier Jahre gewählt werden kann.) Nur sind hier — im Gegensatz zum Aktienrecht — diese Vorschriften nicht zwingenden Rechts. Abweichende Vereinbarungen sind zulässig, müssen aber im Statut oder durch Statutenänderung getroffen werden. — Wie im Recht der Aktiengesellschaft, so besteht auch hier die Haftung nach § 249 Abs 2 nur gegenüber der Gesellschaft. Die Vorschrift ist kein Schutzgesetz im Sinne von § 823 Abs 2 BGB, aus dessen Verletzung Dritte Rechte herleiten könnten (RG 73, 392; vgl. auch RG 35, 332). — Der Aufsichtsrat kann auch schon vor der Eintragung der Gesellschaft in das Handelsregister bestellt werden; unter Umständen muß es geschehen (OLG 27, 382).

b) Ist nichts anderes bestimmt, so besteht der Aufsichtsrat aus drei Mitgliedern. Es können aber sowohl mehr vorgesehen sein als auch weniger, als auch nur eins (RG 82, 388; a. A. Hachenburg § 52[4]). Mitglieder können Gesellschafter sein und Dritte, aber nicht die Geschäftsführer. Letzteres liegt im Begriff und Wesen des Aufsichtsrats, dessen Aufgabe darin besteht, den oder die Geschäftsführer zu überwachen, woran die Wendung: soweit im Gesellschaftsvertrag nicht ein anderes bestimmt ist, nichts ändern kann und auch nichts ändern will, OLG 42, 224. Wohl aber können Mitglieder des Aufsichtsrats zeitweilig den Geschäftsführer vertreten. Der § 248 HGB gilt entsprechend, aber nicht als zwingendes Recht, so daß hier die Stellvertretung freier gestaltet werden kann, wenn es im Statut vorgesehen ist (RJA 1, 5). Nur dabei muß es wohl unter allen Umständen verbleiben, daß das Mitglied während der Stellvertretung die Aufsichtsratstätigkeit nicht ausüben kann. Die Mitglieder des Aufsichtsrats können auch ständige stellvertretende Geschäftsführer sein (KGJ 20, 49).

c) Unsicher ist, wie die entsprechende Anwendung der §§ 243 Abs 2, 244 HGB zu denken ist. Man wird, wenn von Anfang an die Einsetzung eines Aufsichtsrats bestimmt ist, die §§ 195 Abs 2 Ziff 4 und 199 Abs 1 Ziff 4 HGB zur entsprechenden Anwendung mit heranziehen dürfen. Die erste Wahl erfolgt auf ein Jahr, die spätere auf beliebig lange Zeit; der Anmeldung der Gesellschaft sind die Urkunden über die Bestellung des Aufsichtsrats beizufügen (OLG 27, 384), und in der Bekanntmachung des Gerichts sind die Mitglieder des Aufsichtsrats namhaft zu machen. Änderungen werden nach Maßgabe des § 244 bekanntgemacht, wie auch bei nachträglicher Einführung eines Aufsichtsrats durchweg nach § 244 zu verfahren ist. Übrigens ist auch hier alles dispositives Recht. So wohl mit Recht Scholz 514; RJA 11, 270. — Es handelt sich um die Auswahl zu einem Vertrauensposten, und vertragliche Bindung eines Gesellschafters, hierbei in bestimmter Weise zu stimmen oder nicht zu stimmen, ist nach RG 57, 208 nichtig. — Auch ein einzelner Gesellschafter kann sich das Recht ausbedingen, den Aufsichtsrat zu bestimmen (HoldheimsMSchr 1895, 356). Aber am nächsten liegt doch die Wahl durch alle Gesellschafter, deren Vertrauensmänner die Aufsichtsratsmitglieder sein sollen, und daher können alle Delegationen nur gelten unbeschadet des Rechts der Gesellschafter, den Aufsichtsrat oder einzelne Mitglieder aus wichtigem Grunde abzurufen, dem auch das Sonderrecht eines Gesellschafters weichen muß. — Kooptation findet nicht statt, beim Fortfall eines Mitgliedes muß, wenn es an der vorgesehenen Mindestzahl fehlt, zu einer neuen Wahl geschritten werden. Bis dahin können förmliche Beschlüsse nicht gefaßt werden (vgl. RG 82, 389). Aber Recht und Pflicht der übrigen Mitglieder, die Geschäftsführung zu überwachen, dauern unverändert fort (alles immer vorbehaltlich abweichender Bestimmung im Statut).

d) Der Aufsichtsrat, wenn er aus mehreren besteht, funktioniert als Kollegium. Seine Befugnisse stehen nicht so sehr den einzelnen zu als vielmehr allen in ihrer Gesamtheit. Die Mitglieder können sich auch nicht ohne weiteres gegenseitig vertreten (JW 04, 100[30]). Das gilt namentlich auch von dem Recht der Überwachung der Geschäftsführung und der Einsichtnahme in die Geschäftsbücher und Schriften der Gesellschaft (OLG 4, 469). Aber bei der Natur dieser Aufgabe liegt es nahe, daß der Aufsichtsrat einem einzelnen Mitglied — im einzelnen Falle oder laufend — Auftrag und Vollmacht erteilt. Freilich, ohne sich damit der eigenen Verantwortlichkeit zu entledigen. In gewissem Umfange dürfte das insbesondere darin zu befinden sein, daß der Aufsichtsrat ein Mitglied zum Vorsitzenden bestimmt. Jedenfalls können diesem alle an den Aufsichtsrat gerichteten Erklärungen abgegeben werden (KGJ 40, 84). A. A. JW 01, 482[1], wonach die Zustellung der Nichtigkeitsklage nach § 75 an den Vorsitzenden des Aufsichtsrats nicht genügt, wobei aber zugleich erklärt wird, daß der Mangel dadurch geheilt wird, daß die Mitglieder die Prozeßführung des Vorsitzenden genehmigen. — Beschlüsse kann der Aufsichtsrat ganz formlos fassen. Aber darum darf es nicht ordnungswidrig hergehen. Auch wenn im Statut bestimmt ist, daß der Aufsichtsrat beschlußfähig ist bei Anwesenheit von drei Mitgliedern, muß doch allen die Möglichkeit zur Mitwirkung gegeben werden, und es darf darauf kein Gewicht gelegt werden, daß nur einer oder wenige übergangen worden sind sowie daß die Übergehung keinen Einfluß auf das Ergebnis hat haben können; auch dann ist ein Beschluß des Kollegiums nicht zustande gekommen (RG 66, 369). Aber man wird das auch wiederum nicht mit aller Strenge durchführen wollen. Der Beschluß wird gültig, aber nicht mit rückwirkender Kraft, wenn das fehlende Mitglied nachträglich zustimmt. Die Zuziehung kann unterbleiben, wenn sie untunlich ist. — Sind alle Mitglieder eingeladen, so können gültige Beschlüsse gefaßt werden, wenn auch nur eins erscheint; wer erscheint, aber nicht mitstimmt, zählt nicht mit (RG 82, 388 und die dortigen Zitate). Ungültige Beschlüsse sind wirkungslos; Anfechtungsklage ist weder erforderlich noch überhaupt gegeben; unter Umständen kann Feststellungsklage gegeben sein; auf die Ungültigkeit des Beschlusses können auch Dritte sich berufen (RG 66, 372). Die Behauptung Hachenburgs § 52 Erl 42, der Aufsichtsrat stünde bei seinen Beschlüssen an Stelle der Generalversammlung und seine Beschlüsse seien entsprechend anfechtbar, ist, wenn nicht überhaupt, jedenfalls in dieser Allgemeinheit offenbar nicht richtig. Scholz 518 behauptet dasselbe von Fällen wie Ernennung und Abberufung von Geschäftsführern. Aber hier handelt es sich nicht um Anfechtung eines Beschlusses, sondern um Anfechtung des Vertrages. Es dürfte doch wohl ausgeschlossen sein, daß die Anstellung des Geschäftsführers hinfällig wird, weil bei der Einberufung des Aufsichtsrats etwas versehen worden ist. Wer sollte auch der Anfechtungsgegner sein? — Die Gesellschaft nach außen zu vertreten kann der Aufsichtsrat nur in den vom Gesetz bestimmten Fällen in die Lage kommen: Rechtsgeschäft und Prozeß mit dem Geschäftsführer (RG 85, 48; str. Scholz 520). Er hat hier die Stellung des gesetzlichen Vertreters der Gesellschaft. Nach OLdZ 09, 96 wäre er bevollmächtigter Stellvertreter der Gesellschaft und nur im Umfange der ihm erteilten Vollmacht. Daß das nicht richtig ist, ergibt sich, wenn man fragt, wer im Prozeß für die Gesellschaft in Frage kommende Eide zu leisten hat (Warn 5, 506[464]). — Wohl aber ist seine gesetzliche Vertretungsmacht auf das Geschäft beschränkt, für welches er als Vertreter einzutreten hat. — Über Rechtsgeschäfte der Gesellschaft, Erhebung von Klagen zu beschließen ist der Aufsichtsrat in der Regel nicht berufen; ist Derartiges im Statut bestimmt, so findet § 47 Abs 4 entsprechende Anwendung, was freilich hier ebenso bestritten ist wie dort. S. § 47 Erl 6 c. Dagegen kommt im Innenverhältnis der Aufsichtsrat oft in die Lage, geschäftliche und rechtsgeschäftliche Erklärungen abzugeben. Hat er nach dem Statut über die Genehmigung der Veräußerung eines Geschäftsanteils zu beschließen, so muß er seine Entschließung dem Geschäftsführer erklären, dessen Sache es ist, die rechtsgeschäftliche Genehmigungserklärung dem Erwerber oder Veräußerer des Geschäftsanteils abzugeben. Daher ungenau im Ausdruck Warn 5, 506[464]. Die Vertragsstrafe gegen den Gesellschafter beschließt gegebenenfalls der Aufsichtsrat, den Beschluß dem Gesellschafter zu erklären, liegt dem Geschäftsführer ob. Ebenso, wenn der Aufsichtsrat berufen ist, einen (weiteren) Geschäftsführer zu bestellen (OLG 27, 382). — In diesen Erklärungen des Aufsichtsrats ist der Vorsitzende der geborene Stellvertreter des Kollegiums, der von allen, auch von denen, welche überstimmt worden sind, Vollmacht hat, die beschlossene Erklärung abzugeben (KGJ 40, 86; in diesem Punkte nicht unbedenklich RG 66, 375). Vgl. KGJ 31, 197: „Im inneren Verhältnis sind die Mitglieder, die bei dem Beschluß nicht mitgewirkt haben oder überstimmt worden sind, für verpflichtet zu erachten, bei der Ausführung des Beschlusses nach außen hin mitzuwirken; die Gesellschaft kann, wenn sie sich dessen weigern, gegen sie klagen, um sie zu zwingen, ihrer Verpflichtung nachzukommen" (HansGZ 09, 80). Ob die Klage überflüssig ist, wenn die Mehrheit ein Mitglied zur Abgabe der beschlossenen Erklärung bevollmächtigt, läßt das Kammergericht (a. a. O.) offen, ist aber unbedenklich zu bejahen. — Beschlüsse der Gesellschafter anzufechten ist der Aufsichtsrat nicht berufen (OLG 28, 359). — Er kann auch nicht Schiedsrichter in einem Streite zwischen Gesellschaft und Gesellschafter sein. BadRpr 07, 98 sagt das für den Fall, daß der Aufsichtsrat nur aus Gesellschaftern besteht. Es muß aber allgemein angenommen werden.

3. Die Mitglieder des Aufsichtsrats stehen mit der Gesellschaft, nicht mit den einzelnen Gesellschaftern in Vertragsverhältnis. Es ist, wenn sie Vergütung beziehen, Dienstverhältnis, welches eine Geschäftsbesorgung zum Gegenstande hat (§ 675 BGB), sonst Auftragsverhältnis (§§ 662 ff. BGB; KGJ 29, 98; RG 81, 335). Aber es handelt sich um ein Verhältnis besonderer Art, das nicht durchweg streng nach den Vorschriften über das Dienstverhältnis eines Angestellten beurteilt werden darf (RG das 339). Daß sie Vergütung beziehen, ist nicht selbstverständlich, muß vielmehr, wenn auch nicht im Gesellschaftsvertrag, ausdrücklich oder stillschweigend bedungen werden, Liebmann § 52[7]. Anders Hachenburg § 52[21] mit Berufung auf die Vorschrift zu § 612 BGB, der man ebensogut das Gegenteil entnehmen kann; anders auch Scholz 515; wie hier Feine 561: Ist im Statut Vergütung bestimmt, so gilt das im Zweifel auch als bedungen. Der

Anspruch auf die Vergütung steht nicht dem Aufsichtsrat als solchem zu, sondern den einzelnen Mitgliedern unmittelbar gegen die Gesellschaft (RG 75, 308; OLG 22, 2; vgl. auch BauersZ 18, 196). — Über den Einwand der Gesellschaft, daß das Mitglied sich um nichts gekümmert habe, RG 75, 310. — Die Mitglieder haben bei der Erfüllung ihrer Obliegenheiten die Sorgfalt eines ordentlichen Geschäftsmannes anzuwenden und haften — bei Mitverschulden solidarisch, gegebenenfalls auch solidarisch mit dem Geschäftsführer — der Gesellschaft für Verschulden (§ 249 Abs 1, 2 HGB). Den einzelnen Gesellschaftern und Dritten haften sie nur, wenn der Tatbestand einer gegen sie begangenen unerlaubten Handlung gegeben ist (RG 73, 392; OLG 24, 159), also namentlich auch im Falle des § 82 Ziff 3. — Die Frage, ob der einzelne Gesellschafter, wenn es sich um seine Wahl in den Aufsichtsrat oder um seine Abberufung handelt, mitstimmen kann, muß hier ebenso beantwortet werden wie beim Geschäftsführer (RG 60, 172; s. Erl 2b zu § 38). — Das Recht der Mitglieder, ihr Amt niederzulegen, richtet sich nach den Bestimmungen des bürgerlichen Rechts über die Kündigung (KGJ 29, 100; RJA 12, 40). Vgl. hierzu Erl 5 zu § 38. Nach KGJ 29, 100 kann die wirksam erklärte Kündigung nicht rückgängig gemacht werden; es müsse Wiederwahl stattfinden. — Von seiten der Gesellschaft kann das Mitglied jederzeit abberufen werden, doch muß das — soll es vor der Zeit geschehen — von der Gesellschafterversammlung mit einer Mehrheit von drei Vierteln der vertretenen Stimmen beschlossen werden (§ 243 Abs 4 HGB). Damit endet das ganze Vertragsverhältnis, Anspruch auf Schadensersatz steht dem Gekündigten nicht zu, gleichviel ob ein wichtiger Grund vorlag oder nicht. Feine 561; a. A. Scholz 514. Ebensowenig kann das Mitglied, das gekündigt hat, daraus Ersatzansprüche herleiten, daß die Gesellschaft ihm Anlaß zur Kündigung gegeben hat. — Dem einzelnen Gesellschafter kann das Recht, Mitglied oder Vorsitzender des Aufsichtsrats zu sein, bedungen werden, welches Recht alsdann Sonderrecht ist. Das kann aber daran nichts ändern, daß beim Vorliegen eines wichtigen Grundes gleichwohl die Gesellschaft ihn abberufen kann (vgl. Erl 3a zu § 38). — Ob die Mitglieder Anspruch auf Entlastung haben (vgl. § 260 HGB), ist bestritten. Ein Recht darauf, daß ihnen regelmäßig alljährlich Entlastung erteilt wird, haben sie nicht. Aber es ist nicht zu ersehen, warum ihnen nicht unter besonderen Umständen ein solcher Anspruch sollte zuerkannt werden können (vgl. im übrigen Erl 5k zu § 46). A. A. Liebmann § 52[7]. Die Entlastung der Mitglieder des Aufsichtsrats ist um so bedeutsamer, als die Gesellschaft durch keine Vorschrift des Gesetzes gehindert ist, auf ihre Ansprüche gegen den Aufsichtsrat zu verzichten. Vgl. die nur vom Geschäftsführer handelnden § 43 Abs 3, § 9 Abs 2 (vgl. hierzu RG 68, 316). Nach Scholz 511 wäre § 260 Abs 1 HGB entsprechend anzuwenden, ebenso Feine 567. — Gerät die Gesellschaft in Konkurs, so erlischt damit nicht das Amt des Aufsichtsrats. Der § 23 Abs 2 KO findet nicht Anwendung. Aber jeder Anspruch auf Vergütung fällt fort (RG 81, 333). Soweit ein solcher Anspruch zur Zeit der Konkurseröffnung bereits entstanden war, kommt ihm das Recht nach § 61 Ziff 1 KO nicht zu. S. hierzu § 6 Erl 5c.

4. Vgl. Erl 5 zu § 43.

5. Nach dem Betriebsrätegesetz v. 4. 2. 20 (RGBl 147) sind die Gesellschaften m. b. H. nicht verpflichtet, einen Aufsichtsrat zu bestellen. Wo aber ein solcher bestellt wird, kommt § 70 des Gesetzes zur Geltung: In Unternehmungen, für die ein Aufsichtsrat besteht, werden nach Maßgabe eines besonderen hierüber zu erlassenden Gesetzes ein oder zwei Betriebsratsmitglieder in den Aufsichtsrat entsandt, um die Interessen und Forderungen der Arbeitnehmer sowie deren Ansichten und Wünsche hinsichtlich der Organisation des Betriebes zu vertreten. Die Vertreter haben in allen Sitzungen des Aufsichtsrats Sitz und Stimme, erhalten jedoch keine andere Vergütung als eine Aufwandsentschädigung. Sie sind verpflichtet, über die ihnen gemachten vertraulichen Angaben Stillschweigen zu bewahren (bei Vermeidung öffentlicher Strafe: § 100). S. hierzu Reichsgesetz v. 15. 2. 22 (RGBl 1922, 209) über die Entsendung von Betriebsratsmitgliedern in den Aufsichtsrat. — Die in den Aufsichtsrat entsandten Mitglieder des Betriebsrats sind im ganzen Umfange der Aufgaben des Aufsichtsrats stimmberechtigt. Es ist wohl selbstverständlich, daß im Aufsichtsrat nach Köpfen abgestimmt wird und daß eine Abstufung des Stimmrechts gesetzlich ausgeschlossen ist. Auf jeden einzelnen fällt die volle Verantwortlichkeit der Aufgabe, und es ist unerfindlich, was eine Abstufung des Stimmrechts rechtfertigen sollte. — Es ist das Recht nicht nur, sondern geradezu Pflicht der Mitglieder des Aufsichtsrats, den Gesellschafterversammlungen beizuwohnen. Jedenfalls kann nicht, wenn einzelne Mitglieder hinzugezogen werden, anderen die Teilnahme versagt werden. S. hierüber Brodmann A.-R. § 243 Erl 8.

Vierter Abschnitt.

Abänderungen des Gesellschaftsvertrages.

§ 53

Eine Abänderung des Gesellschaftsvertrages kann nur durch Beschluß der Gesellschafter erfolgen[1]).

Der Beschluß muß gerichtlich oder notariell beurkundet werden[2]), derselbe bedarf einer Mehrheit von drei Vierteilen der abgegebenen Stimmen. Der Gesellschaftsvertrag kann noch andere Erfordernisse aufstellen[3]).

Eine Vermehrung der den Gesellschaftern nach dem Gesellschaftsvertrage obliegenden Leistungen kann nur mit Zustimmung sämtlicher beteiligter Gesellschafter beschlossen werden[4]).

Österr. Gesetz §§ 49, 50.

1. a) Während der Gesellschaftsvertrag in seiner ursprünglichen Fassung nur durch Übereinstimmung aller Gesellschafter zustande kommen kann, was auch von einer Abänderung des ursprünglichen Vertrages gilt, die vor Eintragung der Gesellschaft in das Handelsregister beschlossen werden soll, unterwirft sich durch den Abschluß des Vertrages der einzelne auch denjenigen Abänderungen, welche nach Entstehung der Gesellschaft mit (qualifizierter) Stimmenmehrheit beschlossen werden (vgl. § 275 HGB; § 16 GenG).

b) Eine solche Statutenänderung liegt nicht nur vor, wenn ausdrückliche Bestimmungen des Vertrages aufgehoben oder geändert werden, sondern auch bei jeder Art von Ergänzung (RG 79, 336; 82, 299; OLG 32, 140). Selbst wenn es sich um etwas handelt, was nach dem Gesetz auf Grund des abgeschlossenen Gesellschaftsvertrages ohnehin gelten würde, bedarf es, um es zu einer ausdrücklichen Vertragsbestimmung zu machen, der Erfordernisse der Statutenänderung. — Auch Änderungen rein redaktioneller Art können nur durch formale Statutenänderung vorgenommen werden, wenigstens fehlt es an einer ausdrücklichen Bestimmung wie § 274 Abs 1 Satz 2 HGB. — Daß die beschlossene Änderung in den Gesellschaftsvertrag eingefügt wird, ist nicht erforderlich, LZ 07, 843. Wird eine Bestimmung durch eine andere ersetzt, so bedarf es nicht der ausdrücklichen Aufhebung der ersteren. Immerhin ist es Sache des Registerrichters, Unklarheiten, welche durch Zusätze entstehen, zu beanstanden. — Bei einer Neufassung der Statuten dürfen die wesentlichen Bestimmungen des ursprünglichen Gesellschaftsvertrages auch dann nicht fortgelassen werden, wenn sie aktuelle Bedeutung nicht mehr haben, RJA 15, 206; 17, 99; KG in GmbHRundsch 26, 298; bedenklich KG in BankArch 22, 74 (KGJ 27, 225), wonach genügt, daß wegen der Sacheinlagen auf das ursprüngliche Statut verwiesen wird; ebenso JFG 2, 257; unrichtig HoldheimsMSchr 1899, 233.

Auch grundlegende Bestimmungen, wie die in § 5 Abs 4 bezeichneten, unterliegen nachträglicher Abänderung, RG 82, 303. Hierher gehört auch Erhöhung und Herabsetzung des Stammkapitals, wovon im einzelnen die §§ 55—58 handeln. — Die Verlegung des Geschäftsjahres ist Statutenänderung, wenn das Geschäftsjahr im Statut bestimmt worden ist, KG zu JW 1926, 539.

Darin, daß ein Gesellschafter auf eine ihm im Statut bedungene Sondervergütung verzichtet, liegt nicht Statutenänderung. Es kann das formlos geschehen (JW 1917, 468[13]).

c) Wird eine einzelne Maßregel (z. B. Einforderung eines Nachschusses) in Widerspruch mit dem Gesellschaftsvertrag beschlossen, so bedarf es in der Regel nicht vorgängiger Abänderung des Statuts, wenn der Beschluß mit der für Statutenänderungen erforderlichen Mehrheit gefaßt worden ist, gleichviel ob die Gesellschafter sich des Widerspruchs mit dem Statut bewußt gewesen sind, RG 81, 368 (die Entscheidung selbst war richtig, nach diesseitiger Auffassung auch steuerrechtlich, nur die Begründung nicht ohne Widerspruch; a. A. Scholz 528).

d) Auf der anderen Seite muß nicht alles, was in den Gesellschaftsvertrag aufgenommen ist, in dem Sinne Bestandteil desselben sein, daß es unter dem Schutze dieser erschwerten Änderungsmöglichkeit stünde. Das gilt im Zweifel namentlich dann, wenn im Gesellschaftsvertrage zugleich Vereinbarungen mit Dritten getroffen werden. Ob das mit einfacher Stimmenmehrheit und auch im übrigen formlos geändert werden kann, muß danach entschieden werden, ob nicht nur die Gesellschaft sich dem Dritten gegenüber, sondern ob sich auch die einzelnen Gesellschafter im Verhältnis zueinander haben binden wollen. Den Dritten berührt diese Frage überhaupt nicht. Kommt er mit der Gesellschaft, d. h. mit ihrem Geschäftsführer, zu einer Übereinkunft, welche mit dem Statut nicht im Einklang steht, so ist das selbst dann gültig, wenn ein Gesellschafterbeschluß überhaupt nicht ergangen ist, mag die Bestimmung im Gesellschaftsvertrage statutarisch gemeint gewesen sein oder nicht (vorausgesetzt, daß das Geschäft im Rahmen der Vertretungsmacht des Geschäftsführers gelegen hat; s. hierzu Erl 2 a und b zu § 36).

e) Ein besonders häufiger und praktisch wichtiger Fall ist, daß im Gesellschaftsvertrage der Geschäftsführer bestellt wird. Auch das ist im Zweifel nur äußerliche Verbindung (OLG 3, 64), auch dann, wenn der Bestellte zugleich Gesellschafter ist (RG 44, 96 in LZ 09, 75). Das gilt insbesondere, wenn in dem Gesellschaftsvertrage zugleich Bestimmungen über die Höhe des Gehaltes getroffen worden sind (a. A. Hachenburg § 53[1]), dagegen nicht von Bestimmungen, wie, daß die Abberufung des Geschäftsführers nur mit qualifizierter Stimmenmehrheit beschlossen werden kann, u. ä., JW 1919, 313[15]. — JW 1917, 983 II, III (PrOVG) will danach unterscheiden, ob im Fall, daß der Geschäftsführer Gesellschafter ist, die Geschäftsführung als gesellschaftliche Leistung nach § 3 Abs 2 übernommen wird oder als dienstvertragliche (ebenso RG in HoldheimsMSchr 04, 256). Aber das ist ja gerade die Frage, keine Antwort. Woran soll man erkennen, wie diese Bestimmung im Statut gemeint ist, ob gesellschaftlich oder dienstrechtlich? Inhaltlich pflegt in dem einen Falle die Leistung genau so auszusehen wie im anderen und vielmehr muß man gerade umgekehrt schließen. Ist man aus zureichendem Grunde zu dem Ergebnis gelangt, daß ein gesellschaftsrechtliches Verhältnis hat begründet werden sollen, dann mag man — wenn es noch ein Interesse hat — weiter folgern, daß es sich um eine Leistung nach § 3 Abs 2 handelt. — Jedenfalls aber ist die Abberufung des im Statut bestellten Geschäftsführers als solche niemals Statutenänderung (RG in HoldheimsMSchr 01, 193; OLG 3, 64; JW 00, 417[19]; 01, 410[33]). — Eine andere Frage ist, ob die Geschäftsführung ein Recht, ein Sonderrecht des Geschäftsführers sein soll. Dort handelt es sich darum, ob das Bestimmte nur durch förmlichen Beschluß nach § 53 geändert werden kann, hier darum, ob die Änderung, gleichviel wie sie beschlossen werden muß, der Zustimmung des Gesellschafter-Geschäftsführers bedarf. Auch das muß im Zweifel verneint werden (vgl. hierzu Erl 2a und b zu § 6 und Erl 3a zu § 38). Und vollends gilt dasselbe von den Festsetzungen wegen des Gehaltes des Geschäftsführers (JW 1919, 313[15]). — In RG in ZAktW 23, 150 wird daraus, daß der Geschäftsführer über die Mehrheit der Stimmen verfügt, geschlossen, daß eine Erhöhung des Gehaltes nur mit Dreiviertelmehrheit beschlossen werden kann. — Darin, daß im Statut ein oder mehrere Geschäftsführer bestellt werden, liegt nicht zugleich eine statutarische Bestimmung über die erforderliche Zahl von Geschäftsführern (OLG 38, 190; undeutlich RG in LZ 08, 601). Sind zwei bestellt worden, so haben sie, wenn weiter nichts gesagt ist, Kollektivvertretungsmacht, und wenn einer von ihnen fortfällt, wird der andere dadurch nicht berechtigt, die Gesellschaft allein zu vertreten. Wohl aber kann diese ihm ohne weiteres durch einfachen Mehrheitsbeschluß die Alleinvertretung übertragen. A. A. Scholz 528. Das muß selbst dann gelten, wenn ausdrücklich gesagt ist, daß Kollektivvertretung sein soll. Anders dagegen, wenn im Statut bestimmt ist, daß die Gesellschaft zwei (oder mehr) Geschäftsführer haben soll (RG 44, 96; vgl. auch PosMSchr 06, 13). S. § 6 Erl 2b, § 35 Erl 2d, **§ 38 Erl 1b.**

f) Änderung der Firma ist unter allen Umständen Änderung des Gesellschaftsvertrages. Der Gesellschafter, dessen Namen in die Firma aufgenommen worden ist, erwirbt damit noch nicht ein Sonderrecht auf Beibehaltung der Firma (RJA 12, 37). Auch die Veräußerung der Firma bedingt Statutenänderung, RG in JW 1926, 605. — Ebenso kann der Sitz der Gesellschaft nur durch Abänderung des Gesellschaftsvertrages verlegt werden (RG in HoldheimsMSchr 23, 103; PosMSchr 06, 175). Über Verlegung des Sitzes nach dem Ausland und aus dem Ausland nach Deutschland s. § 3 Erl 3d. — Die Änderung von Sitz und Firma läßt die Identität der Gesellschaft unberührt, auch dann, wenn zugleich alle Geschäftsanteile in andere Hände übergehen (KGJ 52, 157).

g) Der Gegenstand des Unternehmens (§ 3 Ziff 2) unterliegt ebenfalls der Abänderung durch Änderung des Gesellschaftsvertrages. Der einzelne Gesellschafter hat keinen weiteren Schutz dagegen, daß das Unternehmen, an dem er sich beteiligt hat, von Grund aus umgestaltet wird. Nur in äußersten Fällen, z. B. etwa, wenn ein gewerbliches Unternehmen in ein gemeinnütziges umgewandelt werden sollte, wird man entweder Einstimmigkeit fordern oder einen wichtigen Grund zur Auflösung der Gesellschaft anerkennen müssen. Alles das, wofern man nicht als ergänzendes Recht den § 33 Abs 1 Satz 2 BGB hier anwenden will. Warum soll von dieser Bestimmung nicht dasselbe gelten wie vom § 29 BGB? — Ob der Erwerb eines Geschäfts zwecks Fortführung eine Abänderung des Gegenstandes des Unternehmens bedeutet, kann nur nach Lage des Falles beurteilt werden (vgl. OLG 27, 395). Der Beschluß, das bisher betriebene Unternehmen zu verpachten, bedeutet eine Abänderung des Gegenstandes, was — zu eng — in BauersZ 18, 150 nur für den Fall anerkannt wird, daß dem Pächter das Recht eingeräumt worden ist, den Betrieb einzustellen. Der Beschluß, die Gesellschaft aufzulösen, geht nicht auf die Abänderung des Gesellschaftsvertrages, es sein denn, daß der Gesellschaftsvertrag auf bestimmte Zeit vereinbart ist. S. auch RG 101, 78 (§ 60 Ziff 2; OLG 27, 389); anders aber, wenn die Auflösung von einer Bedingung abhängig sein soll oder erst in einem bestimmten späteren Zeitpunkte eintreten soll (RG 65, 266). — Ist ein Aufsichtsrat bestellt worden, was nur durch den Gesellschaftsvertrag geschehen kann, so ist die Beseitigung der Einrichtung Statutenänderung. Die Ansicht des Kammergerichts (BauersZ 14, 214), daß das nur einstimmig geschehen könne, wird allgemein abgelehnt.

h) Bestritten ist, ob nach Eintritt der Liquidation (nach Eröffnung des Konkurses) der Gesellschaftsvertrag noch geändert werden kann, was die herrschende Lehre, auch RG 77, 155, mit Unrecht verneint (s. Erl 2 a. E. zu § 69). Eine andere Frage ist, ob eine vor der Auflösung der Gesellschaft (vor der Eröffnung des Konkurses) beschlossene Erhöhung des Stammkapitals nach der Auflösung durchzuführen noch im Sinne des Beschlusses und namentlich auch im Sinne der betreffenden Übernahmeerklärungen der neuen Gesellschafter liegt, was im Zweifel sicherlich zu verneinen ist. So RG in LZ 1914, 776[19], aber mit der die Frage nicht allseitig erledigenden Begründung, daß nach Eröffnung des Konkurses der Beschluß nicht mehr mit Rechtswirkung in das Handelsregister hätte eingetragen werden können (vgl. auch ROHG 21, 337; RG 4, 67); a. A. Scholz 550; wie hier Hachenburg § 63[13].

2. Der Beschluß muß gerichtlich oder notariell beurkundet werden, d. h. die Gesellschafter müssen vor dem Gericht oder in Gegenwart des hinzugezogenen Notars zusammenkommen, um Beschluß zu fassen. Beglaubigte Unterschrift der Gesellschafter genügt nicht (OLG 1, 289). Die erleichterte Form schriftlicher Abstimmung nach § 48 Abs 2 ist hier ausgeschlossen, wird namentlich auch dadurch nicht ersetzt, daß getrennt die schriftliche Abstimmung, sei es eines, sei es mehrerer oder aller Gesellschafter notariell beurkundet wird. Anders Liebmann § 53[4]. Aber ein Beschluß ist mehr als die Summe der abgegebenen Stimmen; es gehört dazu auch die Feststellung der Ergebnisse der Abstimmung; auch sie muß in der vorgeschriebenen Form beurkundet werden. Es liegt hier anders als bei Begründung der Gesellschaft (Erl 1 a zu § 2), die Vertrag ist und daher Einheitlichkeit des Aktes nicht erforderte, BGB § 152. — Es handelt sich nicht um Beurkundung eines Rechtsgeschäfts, und daher finden auf das Verfahren nicht §§ 168 ff. FGG, sondern die Bestimmungen des Landesrechts, in Preußen Art 53 ff. PrFGG, Anwendung. Über den Vorgang ist ein Protokoll aufzunehmen. Die einzelnen Gesellschafter gelten nicht als mitwirkende Personen (Art 55 Abs 1 PrFGG), sondern als Beteiligte (Art 55 Abs 2 das.), Bevollmächtigte nicht erschienener Gesellschafter dürfen zur Abstimmung nur zugelassen werden, wenn sie sich durch schriftliche Vollmacht ausweisen. — Daß der Notar die Formalien der Einberufung der Versammlung prüft und ihre Einhaltung feststellt, ist nicht vorgeschrieben, aber zweckmäßig. Der Beweis kann auch auf andere Weise geführt werden. — Entscheidend ist die vorgeschriebene Mehrheit der abgegebenen Stimmen. Es wird also nur gezählt, wer erschienen und sich an der Abstimmung beteiligt hat (s. Erl 1 d zu § 47).

Auch wenn nur ein Gesellschafter existiert, muß die vorgeschriebene Form der Beurkundung gewahrt werden (LZ 07, 606; PosMSchr 09, 13).

3. Der Gesellschaftsvertrag kann noch andere Erfordernisse aufstellen. Das heißt die Abänderung des Gesellschaftsvertrages kann noch mehr erschwert, sie kann aber nicht erleichtert werden. Notarielle oder gerichtliche Beurkundung des Vorganges und eine Stimmenmehrheit von mindestens drei Viertel der abgegebenen Stimmen ist unerläßlich. Den Gesellschaftern ist es unbenommen, untereinander formlos Abmachungen zu treffen, welche neben dem Gesellschaftsvertrage herlaufen oder auch ihm widersprechen. Das bindet aber die Gesellschafter nur persönlich und berührt weder Dritte noch auch ohne weiteres ihre Rechtsnachfolger, wenn sie ihren Geschäftsanteil veräußern (vgl. RG 83, 216). — Dagegen können im Statut erschwerende Erfordernisse aufgestellt werden. Es könnten statt drei Viertel vier Fünftel der abgegebenen Stimmen für erforderlich erklärt werden oder statt der Mehrheit der abgegebenen die Mehrheit aller existierenden Stimmen oder mehrmalige Abstimmung. Es könnte von einzelnen Bestimmungen und darum denn auch von allen bestimmt werden, daß sie nur einstimmig abgeändert werden können oder daß sie unabänderlich sein sollen, was bedeutet, daß sie nur mit Zustimmung aller Gesellschafter geändert werden können. Solche Erschwerungen müssen nicht notwendig ausdrücklich bestimmt sein; sie können sich aus dem Zusammenhang ergeben (RG in GmbHRundsch 1911, 95). Von der Zustimmung eines Dritten kann die Abänderung des Gesellschaftsvertrages nicht abhängig gemacht werden (str.; etwas anderes ist staatliche Genehmigung aus Gründen öffentlichen Rechts, RG 14, 127), OLG 42, 225; JR 1929, 1355; der schlechthin entscheidende Grund dürfte darin liegen, daß dem Dritten gegenüber die Gesellschaft keine Gewähr übernehmen kann, weil sie nicht Herr ist über die Entschließungen der Gesellschafter, während diese (nicht im Statut, aber in Sonderverträgen) sich wohl einem Dritten verpflichten könnten, aber der Gesellschaft gegenüber trotzdem freie Hand behielten. A. A. Liebmann § 53 Erl 2. Auch nicht von der Zustimmung des Aufsichtsrats oder gar des Geschäftsführers. Wohl aber können einzelne Gesellschafter sich als Sonderrecht bedingen, daß ohne ihre Zustimmung keine Änderung beschlossen werden kann, OLG 44, 237. — Anderseits können Abänderungsbeschlüsse der Gesellschafter, wie ihre Beschlüsse überhaupt, begründete Rechte Dritter wie auch Sonderrechte der Gesellschafter nicht berühren. Ihnen gegenüber sind sie einfach wirkungslos.

4. a) Der Abs 3 bestimmt etwas Selbstverständliches. Darin liegt gerade das Wesen der Gesellschaft m. b. H., daß die Gesellschafter ihre Beiträge zum Gesellschaftsvermögen von vornherein fest begrenzen und über diese Grenze hinaus nicht in Anspruch genommen werden können. Darin sind sie dann selbstverständlich auch gegen Mehrheitsbeschlüsse der Gesellschafter und gegen Statutenänderung geschützt. Freilich ist Abs 3 nicht die einzige Grenze, welche der Macht der Mehrheit gezogen ist. Aus allgemeinen Rechtsgrundsätzen ergibt sich, daß die einzelnen den Anspruch auf gleichmäßige Behandlung aller nach Verhältnis ihrer allgemeinen Beteiligung an der Gesellschaft haben sowie daß niemand in seinen Individual- und Sonderrechten durch Mehrheitsbeschlüsse verletzt werden kann. Aber davon steht nichts in Abs 3, und es ist ein weitverbreiteter methodischer Fehler, der nur zur Verwirrung der Lehre vom Sonderrecht beiträgt, wenn man die zu dieser auftretenden Fragen aus dem Gesichtspunkte zu entscheiden sucht, ob in dem Beschlossenen eine Vermehrung der dem Gesellschafter obliegenden Leistungen liegt (vgl. Erl 2 zu § 45 und Brodmann A.-R. § 250 Erl 2 h).

b) Die Erhöhung des Stammkapitals berührt unmittelbar die Leistungspflicht der Gesellschafter nicht, weil sie durch Übernahme neuer Geschäftsanteile durchgeführt wird. Wohl aber mittelbar, wenn man mit dem Reichsgericht annimmt, daß für den Ausfall an diesen neuen Stammeinlagen nach § 24 auch die bisherigen Gesellschafter haften (s. Erl 3 d zu § 24). Wenn trotzdem kein Zweifel daran bestehen kann, daß die Erhöhung des Stammkapitals von der Mehrheit beschlossen werden kann — der § 55 sagt es allerdings nicht ausdrücklich —, so ist das nur ein Argument gegen jene Rechtsprechung.

c) Nachschußverpflichtungen, die nicht im Gesellschaftsvertrage vorgesehen sind, können nur mit Zustimmung aller Gesellschafter begründet werden (vgl. RG 81, 368). Das gilt auch von der Umwandlung der im Gesellschaftsvertrage bestimmten begrenzten Nachschußpflicht in unbegrenzte. Die damit etwa verbundene Erleichterung, daß der einzelne nunmehr sich der Zahlung durch Preisgabe des Geschäftsanteils entziehen kann, kommt nicht dagegen in Gegenrechnung, weil beides inkommensurabel ist. Das gleiche gilt, aber aus einem anderen Grunde, wenn bei unbegrenzter Nachschußpflicht nachträglich eine Höchstgrenze gezogen werden soll. Damit geht dem einzelnen das Recht verloren, gegebenenfalls aus der Gesellschaft auszuscheiden, was ein Sonderrecht ist. — Erhöhung des Zinssatzes für Verzugszinsen ist Vermehrung der dem Gesellschafter nach dem Gesellschaftsvertrage obliegenden Leistung. — Dagegen dürfte der im Bedarfsfalle gefaßte Beschluß, die Stammeinlage verfrüht einzufordern, Statutenänderung auch dann nicht sein, wenn die Termine im Gesellschaftsvertrage festgelegt sind (vgl. Erl 1 c u. 6 c zu § 19).

d) Auch auf Nebenverpflichtungen nach § 3 Abs 2 findet an und für sich Abs 3 Anwendung (RG 47, 181; RJA 4, 97). Das ist einfach, wenn es sich um festbegrenzte Leistungen handelt. Aber oft ist das nicht der Fall, oft handelt es sich um Leistungen gegen Gegenleistung oder andere Verbindlichkeiten mannigfaltigster Art, welche ihrer Natur nach oder nach dem mit ihnen verbundenen Zwecke den Zeitumständen, namentlich den Konjunkturverhältnissen entsprechen müssen. Namentlich bei Kartellen in Form der Gesellschaft m. b. H. tritt die Erscheinung auf. Da kann nicht durch jede Konjunkturveränderung der Bestand der Gesellschaft in Frage gestellt werden. Vielmehr muß, auch wo es nicht ausdrücklich gesagt ist, als die Meinung unterstellt werden, daß sich den Beschlüssen der qualifizierten Mehrheit die Minderheit fügen muß (RG 104, 253; vgl. auch Erl 8 f zu § 3). Aber die Änderung muß alle Gesellschafter (objektiv) gleichmäßig treffen. Die Rücksicht auf die Verschiedenheit der Verhältnisse der einzelnen Gesellschafter und die dadurch bedingte ungleichmäßige Auswirkung der gleichmäßigen Änderung kommt nur darin zur Geltung, daß nicht gegen die guten Sitten verstoßen werden darf (s. auch § 45 Erl 2). — Es ist nicht erforderlich, daß alle Einzelheiten der oft komplizierten Bestimmungen in den Gesellschaftsvertrag selbst aufgenommen werden. Es genügt eine hinreichend bestimmte, d. h. die Grenze der Machtbefugnis der Mehrheit sicher umschreibende Blankettbestimmung, die auf Gesellschafterbeschlüsse verweist, wodurch zugleich erreicht wird, daß nicht jede Abänderung zugleich Statutenänderung ist. RG 87, 265: Es kann sehr wohl im Gesellschaftsvertrage ein fester Rahmen für die Art der übernommenen Verpflichtung aufgestellt werden, innerhalb dessen dann die im einzelnen genauere Ausgestaltung der Verpflichtung in einer bestimmt vorgeschriebenen Weise stattfinden soll und stattfinden kann (RG 47, 148; 79, 418; RG in HoldheimsMSchr 23, 152). — Anders liegt es, wenn neben dem Gesellschaftsvertrage mit den einzelnen Gesellschaftern selbständige Lieferungsverträge abgeschlossen werden (RG 79, 333). Auf diese haben Mehrheitsbeschlüsse überhaupt keinen Einfluß.

e) Auch solche Beschlüsse können unter Abs 3 fallen, durch welche nicht ausgesprochenermaßen, aber mittelbar die dem Gesellschafter obliegenden Leistungen vermehrt werden (anders, aber ganz vereinzelt, RG 93, 253). So, wenn Nichterfüllung unter Vertragsstrafe gestellt oder die Strafe erhöht werden soll (RG 47, 182; s. aber auch OLG 42, 225) oder wenn den Gesellschaftern weitere Leistungen zwar freigestellt bleiben, für den Fall aber Rechtsverluste angedroht werden, daß sie sich nicht zur Leistung entschließen (RG 41, 97; vgl. auch RG in HoldheimsMSchr 24, 124). — Ein mittelbarer Zwang gleicher Art liegt in dem Beschlusse, die Geschäftsanteile von Gesellschaftern, welche weitere Zahlungen leisten, mit Vorrechten vor den übrigen auszustatten. Das verstößt nicht gegen den Grundsatz gleichmäßiger Beteiligung der Gesellschafter. Dieser Gesichtspunkt kommt hier nicht in Frage. Aber es zielt auf die Vermehrung der gesellschaftlichen Leistungen ab. Das ist hier um so handgreiflicher, als es sich dabei um eine Sanierung zu handeln pflegt und der Zweck der Sache um so mehr erreicht wird, je mehr Gesellschafter sich zur Zahlung entschließen, am vollkommensten, wenn alle es tun und damit dann die Vorrechte hinfällig werden, nämlich in Wahrheit Vorrechte gar nicht mehr sind, also gar nicht das Ziel, sondern nur ein Mittel zum Zwecke haben sein sollen. Gleichwohl hat — aus Gründen der Opportunität — im Aktienrecht die Rechtsprechung sich für die Zulässigkeit entschieden, und schließlich hat auch die Gesetzgebung (§ 262 Ziff 3 HGB und dazu RG 52, 291) es anerkannt. Von vornherein ist aber das Reichsgericht auch bemüht gewesen, diesen Bruch der Konsequenz eng einzuschränken. Das einzelne interessiert hier nicht (vgl. RG a. a. O. und dazu RG 80, 85). Die dortigen Grundsätze lassen sich nicht ohne weiteres auf die Gesellschaft m. b. H. übertragen (RG 76, 158). Aber weitgehende Analogie besteht. — Es ist nicht unzulässig, neue Geschäftsanteile (also unter Erhöhung des Stammkapitals) als Vorrechtsanteile auszugeben und den bisherigen Gesellschaftern Bezugsrechte zu verleihen. Es ist ferner nicht unzulässig, ohne Erhöhung des Stammkapitals die Geschäftsanteile derjenigen Gesellschafter, welche Zuzahlung leisten, mit Vorrechten auszustatten. Dagegen ist unzulässig, bei Erhöhung des Stammkapitals die Geschäftsanteile der bisherigen Gesellschafter dafür mit den gleichen Vorrechten zu versehen, daß sie neue Vorrechtsanteile übernehmen (RG 76, 155). Die Begründung leuchtet nicht ein. S. auch Scholz 533. Wenigstens innerhalb bestimmter Grenzen tritt doch das Bedenkliche der Transaktion um so mehr gerade zurück, je schwerer die Bedingungen sind, das Vorrecht zu erwerben. S. auch § 5 Erl 7 und Brodmann A.-R. § 185 Erl 1c.

f) Jede Veränderung im Verhältnis der Beteiligung der einzelnen an dem Jahresgewinn, im Stimmrechtsverhältnis (vgl. Erl 2 zu § 45) greift in das Sonderrecht der einzelnen ein. Aber die mittelbare Veränderung, die in der Erhöhung des Stammkapitals und in der Schaffung von Vorrechtsgeschäftsanteilen usw. liegt, muß der einzelne über sich ergehen lassen. Auch die Minderheitsrechte nach § 50 unterliegen der Abänderung durch Statutenänderung (RG 68, 212; vgl. Erl 5 zu § 50). — Sonderrecht in den eben bezeichneten Grenzen ist auch der Anspruch auf die Liquidationsquote. — Sind die Geschäftsanteile frei veräußerlich, so kann eine Änderung des Gesellschaftsvertrages, wonach hinfort die Genehmigung der Gesellschafter erforderlich sein soll, nur mit Zustimmung aller Gesellschafter beschlossen werden (RG 68, 211 und in der Begründung wie hier RG in HoldheimsMSchr 24, 124; OLG 32, 136; 53, 101). Dagegen kann umgekehrt das im Gesellschaftsvertrage bestimmte Erfordernis der Genehmigung durch Statutenänderung beseitigt werden. Anders nur, wenn die Veräußerung von der Genehmigung eines jeden Gesellschafters abhängen soll. Ob das schon darin liegt, daß im Statut gesagt ist Genehmigung der Gesellschafter statt Genehmigung der Gesellschaft, ist Auslegungsfrage, muß aber wohl im Zweifel verneint werden (vgl. OLG 27, 388). S. § 15 Erl 5i. — Die Voraussetzungen der Amortisation von Geschäftsanteilen können nach KGJ 25, 258 nur mit Zustimmung aller neu gestaltet oder abgeändert werden; vgl. hierzu aber Erl 3a zu § 34.

g) Denknotwendiges und wesentliches Attribut des Rechts auf die Mitgliedschaft ist seine zeitliche Dauer, die darum teilhat an der Natur des Rechts als Sonderrecht. Das findet eine positive Grenze in § 60 Ziff 2. Die Gesellschafter können jederzeit, aber nur mit qualifizierter Mehrheit, im übrigen formlos (OLG 27, 389; KGJ 45, 198), die Auflösung beschließen, was in gleicher Weise gilt, mag der Vertrag auf bestimmte oder unbestimmte Zeit geschlossen sein. Nur darf die Auflösung nicht auf einen künftigen Zeitpunkt verlegt, auch nicht unter einer Bedingung beschlossen werden. Beides wäre Statutenänderung (RG 65, 264). — Dagegen kann bei festbestimmter Dauer eine Verlängerung nur mit Zustimmung aller Gesellschafter beschlossen werden (OLG 8, 260 [mit Begründung aus unrichtigem Gesichtspunkt]; 27, 385; 34, 363; HansGZ Hptbl 1913, 261; KGJ 50, 115; zu eng RG in Recht 08, 2498). Daher ist es auch ausgeschlossen, daß die Gesellschaft nach Ablauf der bestimmten Zeit als gültige Gesellschaft (§ 77 Abs 2) stillschweigend fortgesetzt wird. Wird auf Grund ungültigen Beschlusses die Gesellschaft fortgesetzt, so können die Widersprechenden ihren Anspruch auf die Liquidationsquote dergestalt geltend machen, daß ihnen diejenige Verteilungsquote zukommt, welche sie bei einer Liquidation zur Zeit der Auflösung der Gesellschaft erhalten haben würden (RG 81, 69). — Nicht ausgeschlossen ist, daß einem der Gesellschafter als Sonderrecht eine bestimmte Mindestdauer bedungen wird (RG in LZ 1914, 571). — In allen diesen Fragen sind Rechtsprechung und Rechtslehre unsicher, was daher kommt, daß man sie unter dem unrichtigen Gesichtspunkte behandelt, ob in dem Beschlusse eine Vermehrung der den Gesellschaftern obliegenden Leistungen liegt. Scholz 535; Liebmann § 53 Erl 8m; anders wieder Hachenburg § 53[22].

h) Ganz allgemein gilt auch hier die Einschränkung, daß die Ausübung der Macht der Mehrheit nicht zu einer Vergewaltigung der Minderheit mißbraucht werden darf; ein solcher Mißbrauch ist aber nur gegeben, wenn der Beschluß in einer den Tatbestand der §§ 138 Abs 1, 826 BGB erfüllenden Weise gegen die guten Sitten verstößt (RG 80, 390).

i) Formlose Beschlüsse, welche eine Änderung des Gesellschaftsvertrages zum Inhalt haben, sind als solche rechtlich ohne Wirkung. Sie können aber die Bedeutung haben, daß sich die Gesellschafter persönlich untereinander im Sinne des Beschlusses verbindlich machen wollen. Das setzt voraus, daß der Beschluß einstimmig und von allen Gesellschaftern gefaßt wird (RG 83, 216; vgl. aber auch RG 82, 299).

§ 54

Die Abänderung des Gesellschaftsvertrages ist zur Eintragung in das Handelsregister anzumelden[1]).

Bei der Eintragung genügt, sofern nicht die Abänderung die im § 10 Absatz 1 und 2 bezeichneten Angaben betrifft, die Bezugnahme auf die bei dem Gerichte eingereichten Urkunden über die Abänderung. Die öffentliche Bekanntmachung findet in betreff aller Bestimmungen statt, auf welche sich die im § 10 Absatz 3 und im § 12 vorgeschriebenen Veröffentlichungen beziehen[2]).

Die Abänderung hat keine rechtliche Wirkung, bevor sie in das Handelsregister des Sitzes der Gesellschaft eingetragen ist[3]).

Österr. Gesetz § 51.

1. a) Wie der Gesellschaftsvertrag seinem wesentlichen Inhalte nach (§ 10 Abs 1, 2) in das Handelsregister einzutragen und in diesem Umfange — gegebenenfalls noch darüber hinaus (§ 10 Abs 3) — öffentlich bekanntzumachen ist, wie er im Original oder in einer beglaubigten Abschrift dem Gerichte einzureichen ist und von jedermann dort eingesehen werden kann, so gilt entsprechend das gleiche von jeder Abänderung des Gesellschaftsvertrages und von dem Abänderungsbeschluß. Die Anmeldung ist Sache des Geschäftsführers oder der mehreren Geschäftsführer, soviel ihrer zur Vertretung der Gesellschaft erforderlich sind (s. § 78). Sie muß durch den Geschäftsführer persönlich oder in öffentlich beglaubigter Form eingereicht werden, kann aber auch durch Bevollmächtigte geschehen, deren Vollmacht öffentlich beglaubigt sein muß (§ 12 HGB). — Wird durch Änderung des Gesellschaftszweckes das Unternehmen konzessionspflichtig, so wird § 8 Ziff 4 entsprechend anzuwenden sein. S. § 8 Erl 3.

b) Verpflichtung zur Anmeldung besteht nicht. Das Gericht ist weder befugt noch veranlaßt, die Geschäftsführer zur Eintragung anzuhalten. Der Antrieb dazu liegt für die Gesellschaft darin, daß die Abänderung erst durch die Eintragung wirksam wird. Wohl aber ist der Geschäftsführer der Gesellschaft gegenüber verpflichtet, die Anmeldung vorzunehmen (§ 43), und nötigenfalls kann die Gesellschaft gegen ihn Klage hierauf erheben. Ist die Abänderung in das Handelsregister der Hauptniederlassung eingetragen, dann muß die Anmeldung auch zum Register der Zweigniederlassung bei Vermeidung des Ordnungsstrafverfahrens erfolgen, HGB § 13.

c) Wegen des Verfahrens, Prüfungsrecht des Richters, Rechtsmittel der Beschwerde s. das zu § 10 Gesagte, das hier entsprechend gilt. Insbesondere kann nicht urkundlicher Nachweis darüber verlangt werden, daß die im Protokoll bezeichneten Gesellschafter den Geschäftsanteil ordnungsmäßig erworben haben (OLG 21, 50). Was dort von der Löschung der Gesellschaft gesagt ist, gilt auch, wenn Löschung einer Erhöhung des Stammkapitals in Frage steht (OLG 1, 289). — Gegen die Eintragung des Beschlusses steht den überstimmten Gesellschaftern nicht die Beschwerde zu (KGJ 33, 315). Hierzu und über die Frage, inwiefern Mängel des Beschlusses durch die Eintragung geheilt werden, s. Erl 2 a und f zu § 10.

2. Bezieht sich die Abänderung auf die Firma oder den Sitz der Gesellschaft oder auf den Gegenstand ihres Unternehmens, auf die Höhe des Stammkapitals, auf die Person des oder der Geschäftsführer, auf ihre Vertretungsmacht, auf die Vertretungsmacht der Liquidatoren, auf die Dauer der Gesellschaft, so ist sie in das Handelsregister einzutragen, im übrigen genügt, daß dort auf die zu den Akten eingereichte Ausfertigung oder beglaubigte Abschrift des Beschlusses verwiesen wird. Die Eintragung, d. h. alles, was hiernach in das Register eingetragen werden soll, ist öffentlich bekanntzumachen. Außerdem ist bekanntzumachen, wie (bei Kapitalerhöhung) die Stammeinlagen zu beschaffen sind (ob Geld- oder Sacheinlagen, § 56), sowie jede Änderung in der Art der öffentlichen Bekanntmachungen der Gesellschaft (§ 10 Abs 3, § 5 Abs 4). — Bezieht sich die Statutenänderung auf keinen der genannten Gegenstände, so ist gleichwohl öffentlich bekanntzumachen, daß eine Änderung beschlossen worden ist (KGJ 46, 292). — Immer muß auch das Datum des Beschlusses eingetragen werden (vgl. § 10: Tag des Abschlusses des Gesellschaftsvertrages). Zugleich muß aber auch das Datum der Eintragung des Beschlusses in das Handelsregister aus der Bekanntmachung hervorgehen (§ 130 FGG). Denn von diesem Tage an (nicht erst von dem Tage der Bekanntmachung an) ist der Beschluß wirksam.

3. a) In Abs 3 kommt der Gedanke entsprechend zum Ausdruck, welchen in Beziehung auf den ursprünglichen Gesellschaftsvertrag und die Gründung der Gesellschaft der § 11 Abs 1 ausspricht. Maßgeblich ist der Gesellschaftsvertrag immer in der Gestalt, in welcher er jedem Dritten erscheinen muß, der das Handelsregister und die bei den Gerichtsakten liegenden Urkunden einsieht. Die Abänderung hat keine rechtliche Wirkung heißt, daß, solange die Abänderung nicht eingetragen worden ist, die Gesellschaft — und zwar nach innen sowohl wie nach außen — weiterlebt wie bisher nach dem Gesellschaftsvertrage in der alten Gestalt (RG 24, 59). Dagegen sind die Gesellschafter auch schon vor der Eintragung an den Beschluß gebunden, wie ja auch bei

Gründung der Gesellschaft die Gesellschafter schon vor der Eintragung gebunden sind. In diese Bindung tritt auch ein, wer nach der Beschlußfassung, aber vor der Eintragung des Beschlusses einen Geschäftsanteil erwirbt, gleichviel ob er von dem Beschlusse Kenntnis gehabt hat oder nicht, was auch die herrschende Lehre annimmt, aber von ihrem Standpunkte aus insofern nicht folgerecht, als sie den Erwerber als einen der Gesellschaft gegenüberstehenden Dritten auffaßt (vgl. Erl 5 g zu § 15). Die Gesellschaft selbst ist nicht gehindert, von dem Beschluß, solange er noch nicht in das Handelsregister eingetragen worden ist, wieder abzugehen, worüber nach richtiger Ansicht mit einfacher Mehrheit zu beschließen ist; es handelt sich nicht um Statutenänderung, sondern um den Entschluß, das Statut nicht zu ändern. S. Brodmann A.-R. § 275 Erl 1 e. — Es steht nichts im Wege, in Aussicht der Eintragung und daraufhin, daß sie erfolgt, Verträge abzuschließen. Aber das steht dann unter der Bedingung der Eintragung (RG 77, 155; 82, 378). — Die Eintragung kann auch schon vor dem Zeitpunkte geschehen, in welchem die Änderung des Gesellschaftsvertrages in Kraft treten soll (vgl. KGJ 19, 1).

b) Aus Abs 3 folgt, daß, wenn eine Gesellschaft m. b. H. über den festgesetzten Termin hinaus verlängert werden soll, nicht nur der Beschluß gefaßt, sondern auch die Eintragung in das Handelsregister geschehen sein muß, bevor der Endtermin herangekommen ist (RJA 8, 199; s. aber auch § 60 Erl 2 d), daß, wenn es zur Bestellung eines bestimmten Geschäftsführers einer Satzungsänderung bedurfte, dieser rechtswirksam vor Eintragung des Beschlusses für die Gesellschaft nicht handeln kann (OLG 27, 370; ElsLothZ 05, 455); es konvaleszieren auch seine Handlungen nicht durch die Eintragung; so wenigstens RG 24, 58.

c) Zweifelhaft ist und nur von Fall zu Fall entscheiden läßt sich die Frage, ob und inwiefern ein gültiger Beschluß wirksam wird, wenn er unrichtig angemeldet und eingetragen oder wenn er zwar richtig angemeldet, aber unrichtig eingetragen wird. Jedenfalls wird der Beschluß höchstens insoweit wirksam, als sich die Eintragung mit ihm deckt. Das Abweichende kann aber so beschaffen sein, daß das Übereinstimmende allein nicht bestehen kann (s. hierzu RG 85, 205). Nimmt man mit der herrschenden Lehre an, daß nach Eintritt der Liquidation eine Statutenänderung nicht mehr beschlossen werden kann (vgl. Erl 1 zu § 69), so muß gefolgert werden, daß ein vor Eintritt der Liquidation (des Konkurses) gefaßter Beschluß nach Eintritt der Liquidation nicht mehr eingetragen werden kann. RG 77, 152 erkennt so im Falle des Konkurses, aber nur in Anwendung gerade auf eine Kapitalerhöhung und mit einer Begründung aus dem Wesen des Konkurses, die nur auf diesen Fall paßt; s. § 53 Erl 1 h (s. auch RG in LZ 1914, 776[19]).

§ 55

Wird eine Erhöhung des Stammkapitals beschlossen[1]), so bedarf es zur Übernahme jeder auf das erhöhte Kapital zu leistenden Stammeinlage einer gerichtlich oder notariell aufgenommenen oder beglaubigten Erklärung des Übernehmers[2]).

Zur Übernahme einer Stammeinlage können von der Gesellschaft die bisherigen Gesellschafter oder andere Personen, welche durch die Übernahme ihren Beitritt zu der Gesellschaft erklären, zugelassen werden. Im letzteren Falle sind außer dem Betrage der Stammeinlage auch sonstige Leistungen, zu welchen der Beitretende nach dem Gesellschaftsvertrage verpflichtet sein soll, in der im Absatz 1 bezeichneten Urkunde ersichtlich zu machen[3]).

Wird von einem der Gesellschaft bereits angehörenden Gesellschafter eine Stammeinlage auf das erhöhte Kapital übernommen, so erwirbt derselbe einen weiteren Geschäftsanteil.

Die Bestimmungen im § 5 Absatz 1 und 3 über den Betrag der Stammeinlagen sowie die Bestimmung im § 5 Absatz 2 über die Unzulässigkeit der Übernahme mehrerer Stammeinlagen finden auch hinsichtlich der auf das erhöhte Kapital zu leistenden Stammeinlagen Anwendung [4]).

Österr. Gesetz §§ 52, 53.

1. a) Der Beschluß, das Stammkapital zu erhöhen, enthält eine Abänderung des Gesellschaftsvertrages. Auf ihn finden, wie auf jede Statutenänderung, die §§ 53, 54 Anwendung. Das Besondere, das von ihm gilt, bestimmen die §§ 55 bis 57. Der § 55 handelt von der Übernahme der neuen Stammeinlage, der § 56 von den Sacheinlagen, der § 57 von der in § 54 vorgeschriebenen Eintragung in das Handelsregister.

b) Eine Erhöhung des Stammkapitals kann nur auf dem Wege erfolgen, daß neue Geschäftsanteile gebildet werden, also neue Stammeinlagen übernommen werden. Erhöhung durch Erhöhung der alten Stammeinlagen ist ausgeschlossen (OLG 19, 372). Will ein bisheriger Gesellschafter sich beteiligen, so muß er einen weiteren Geschäftsanteil erwerben. Ausgeschlossen ist auch, daß ohne Veränderung des Stammkapitals eine Stammeinlage unter entsprechender Minderung einer anderen erhöht wird, RJA 13, 218.

c) Der Erhöhungsbeschluß wird in der Regel auf einen bestimmten Betrag lauten, um welchen das Stammkapital erhöht werden soll (KGJ 29, 266). Das hat, wenn nicht bereits alle Stammeinlagen übernommen worden sind, den Übelstand zur Folge, daß der Beschluß überhaupt nicht durchgeführt werden kann, wenn es nicht gelingt, für den ganzen Betrag Übernehmer von Stammeinlagen zu finden (OLG 10, 243; RFH 3, 47). Der einzelne Übernehmer will sich an der Aufbringung neuen Kapitals eben nur in Höhe des gesamten Betrages mit seiner Stammeinlage beteiligen (RG 85, 206; vgl. auch 55, 68; KGJ 14, 20). Anderseits kann der Betrag im Beschluß nicht schlechthin davon abhängig gemacht werden, für wieviel Beträge sich Übernehmer finden werden. Wohl aber kann unter Bestimmung eines Höchstbetrages von vornherein der Beschluß auf denjenigen etwaigen geringeren Betrag gerichtet sein, für welchen sich Übernehmer finden werden (KGJ 29, 102). Die Eintragung des Beschlusses in das Handelsregister kann aber erst erfolgen, wenn der Betrag der Erhöhung feststeht (RJA 5, 245; OLG 10, 243). — Wie der Gesellschafterversammlung die Entscheidung über die Kapitalerhöhung im ganzen vorbehalten ist, so auch die Stückelung (nach Stammeinlagen und neuen Geschäftsanteilen). Sie kann aber von Fall zu Fall mit der Ausführung des Erhöhungsbeschlusses zugleich die Entscheidung hierüber der Verwaltung übertragen.

d) Der Beschluß bedarf, wenn nicht im Gesellschaftsvertrage noch weitere Erschwerung bestimmt ist, der Annahme durch drei Viertel der abgegebenen Stimmen. Nimmt man mit der herrschenden Lehre an, daß die bisherigen Gesellschafter nach § 24 auch für den Ausfall an der neuen Stammeinlage aufkommen müssen (vgl. Erl 3 d zu § 24), so würde der Beschluß nach § 53 Abs 3 nur mit Zustimmung aller Gesellschafter gefaßt werden können, jedenfalls dann, wenn nicht zugleich Volleinzahlung der ganzen Stammeinlage bestimmt wird und erfolgt. Das erscheint praktisch unannehmbar und ist auch von RG 93, 253 — freilich mit nicht überzeugender Begründung — abgelehnt worden. Ganz verfehlt erscheint jedenfalls die Annahme, daß nach § 24 diejenigen alten Gesellschafter nicht haften, welche dem Beschlusse nicht zugestimmt haben.

e) Die Ausführung des Beschlusses kann dem Aufsichtsrat übertragen werden. Aber es kann die Kapitalerhöhung nicht unbestimmt in dem Sinne im voraus beschlossen werden, daß dem Aufsichtsrat überlassen bleibt, wann er zur Ausführung schreiten will (KGJ 14, 20). Auch durch die Eintragung in das Handelsregister wird der Beschluß nicht wirksam (KGJ das.).

f) Ein Kapitalerhöhungsbeschluß kann erst in Frage kommen, nachdem die Gesellschaft in das Handelsregister eingetragen worden ist. Wird vorher an dem Betrage des Stammkapitals geändert, so kann das nur in Abänderung des Gründungsvertrages selbst, also nur einstimmig geschehen, und es muß in diesem Falle dabei bleiben, daß jeder Gesellschafter nur mit einem Geschäftsanteil beteiligt sein kann, in den alles zusammenfällt, was er, wenn auch in verschiedenen Abmachungen, zu leisten übernommen hat (RG in LZ 1918, 856). — Dagegen ist nicht Voraussetzung, daß das bisherige Stammkapital voll eingezahlt worden ist. Anders im Aktienrecht (§ 278 HGB). Den sehr berechtigten Gedanken, daß in diesem Falle die neuen Gesellschafter nicht nach § 24 für den Ausfall an den Stammeinlagen der bisherigen Gesellschafter aufzukommen haben, hat RG 82, 116 abgelehnt (vgl. hiergegen Recht 1912, 3150 und Erl 3 d zu § 24). — Nach der herrschenden Lehre ist Erhöhung des Stammkapitals ausgeschlossen, wenn die Gesellschaft in Liquidation getreten oder in Konkurs geraten ist (s. aber Erl 2 a. E. zu § 69 und Erl 1 h zu § 53). Rücklagen sind keine Erhöhung des Stammkapitals (RG in Recht 05, 2356).

2. a) Die Erhöhung des Stammkapitals wird durch Übernahme neuer Stammeinlagen erzielt. Übernehmer können die bisherigen Gesellschafter oder Dritte sein. Ein Dritter kann sich als stiller Gesellschafter am Unternehmen der Gesellschaft m. b. H. mit einer Einlage gegen Beteiligung am Betriebsgewinn beteiligen, als Mitglied der Gesellschaft m. b. H. dagegen nur im Wege der Erhöhung des Stammkapitals (vgl. RG 50, 47). In allen Fällen ist die Übernahme ein mit der Gesellschaft abzuschließender Vertrag. Er ist Gesellschaftsvertrag (RG 82, 121; OLG 23, 311), die Übernahmeerklärung ist nicht Schuldverschreibung (RG 98, 349; anders RG 46, 256; 92, 244). Alles unbeschadet dessen, daß es sich um einen körperschaftsrechtlichen Akt handelt; die Theorie des einseitigen Aktes (Feine 608, § 38 Erl 2 b) ist auch hier abzulehnen. — Auch hier ist nicht ausgeschlossen, daß der Übernehmer den Vertrag nicht mit dem Geschäftsführer, sondern unmittelbar mit der Gesamtheit der Gesellschafter abschließt, mag der Übernehmer ein Gesellschafter sein oder ein Dritter. Es geschieht das, wenn unter Zuziehung des Übernehmenden in gemeinsamer Verhandlung die Erhöhung des Stammkapitals beschlossen und die Stammeinlage übernommen wird. (S. § 36 Erl 2 e.) Wenn Scholz 552 die Frage stellt, ob dazu nicht einstimmiger Beschluß erforderlich wäre, so verkennt er die Bedeutung der Abstimmung; ist es zur Annahme des Beschlusses gekommen, so stehen alle Gesellschafter hinter ihm, auch die überstimmten; das ist das Mehrheitsprinzip. S. § 46 Erl 6 a; KGJ 31, 197.

b) Der Vertrag muß in der hier vorgeschriebenen Form geschlossen werden. Die Vorschrift entspricht dem § 15 Abs 3 (Veräußerung des Geschäftsanteils). Aber sie ist hier abgeschwächt. Nicht der Vertrag, sondern nur die Vertragserklärung des Übernehmenden ist an die Form gebunden. Angebot oder Annahme seitens der Gesellschaft kann formlos erfolgen. Und ferner, die Erklärung selbst muß nicht beurkundet werden. Es genügt schriftliche Erklärung, wenn die Unterschrift gerichtlich oder notariell beglaubigt ist. — Es muß also, wenn in der oben hervorgehobenen Weise die Übernahme des Geschäftsanteils in die notarielle oder gerichtliche Verhandlung über den Erhöhungsbeschluß aufgenommen wird, in dem Protokoll der Übernehmende als Vertragspartei erscheinen und das Protokoll unterzeichnen (§§ 168, 177 FGG; RG 73, 44). — Die formgerechte Erklärung eines Bevollmächtigten genügt nur, wenn er beglaubigte Vollmacht beibringt. Das ist zwar im Gesetz nicht gesagt (§ 47 Abs 3), muß aber in entsprechender Anwendung des § 2 Abs 2 angenommen werden (OLG 22, 20; Liebmann § 53[4], Scholz 554). Auch ein Gesellschafter kann bevollmächtigt werden; der Vertrag wird nicht mit den Gesellschaftern, ihn selbst eingeschlossen, sondern mit der Gesellschaft geschlossen (RJA 10, 197). — Die hier vorgeschriebene Form muß auch eingehalten werden, wenn der Übernehmer eine öffentliche Behörde ist (KGJ 38, 175).

c) Fehlt es an der vorgeschriebenen Form, so ist der Vertrag ohne Wirkung. Das Gesetz hat nicht nur das Verfügungs-, sondern auch das Verpflichtungsgeschäft im Auge. Nicht nur der Erwerb des Geschäftsanteils, sondern auch der Vertrag, durch welchen man sich verpflichtet, eine Stammeinlage zu übernehmen, ist, formlos geschlossen, wirkungslos und unverbindlich (RG 50, 47; RG in HoldheimsMSchr 12, 182; 13, 257; OLG 22, 19; 5, 283; 34, 363; a. A. Hachenburg § 55[31]). Auch die Verpflichtung zu einer Vertragsstrafe für den Fall, daß der Übernahmevertrag nicht erfüllt wird, ist, formlos eingegangen, nichtig (RG in HoldheimsMSchr 13, 257). Es gilt hier das zu § 15 Erl 3 Gesagte entsprechend. — Der Mangel der Form wird nicht dadurch geheilt, daß die Stammeinlage eingezahlt wird (RG in Recht 09, 3012; OLG 5, 283; 22, 19). Die Analogie mit §§ 313, 518, 766 BGB ist nicht vollständig. Dort wird die übernommene Verpflichtung durch die Leistung restlos erfüllt, hier nicht. Auch die Eintragung des Kapitalerhöhungsbeschlusses in das Handelsregister heilt den Mangel der Form nicht, zumal die Übernahme der Stammeinlagen durch die einzelnen Übernehmer nicht in das Register eingetragen wird. Liebmann § 55[3]. Anders Hachenburg § 55[17]. Anders auch Scholz 555, wonach der Mangel durch die Eintragung des Erhöhungsbeschlusses in das Handelsregister geheilt wird. Damit würde die Absicht der Vorschrift so gut wie vereitelt. Nur in Beziehung auf die Verpflichtung zur Einzahlung der übernommenen Stammeinlage erscheint entsprechende Anwendung des § 77 Abs 3 gerechtfertigt.

d) Die Annahme der Übernahmeerklärung durch die Gesellschaft kann formlos, also auch stillschweigend erfolgen. Meist wird es zur Abgabe der förmlichen Übernahmeerklärung erst kommen, nachdem man darüber verhandelt und sich verständigt hat, und im Zweifel wird dann in der Abgabe der förmlichen Erklärung die Annahme der seitens der Gesellschaft gemachten Offerte liegen, oder es ist zwar die Übernahmeerklärung Offerte, aber es bedarf keiner ausdrücklichen Annahmeerklärung, weil eine solche nach der Verkehrssitte nicht zu erwarten ist (§ 151 BGB). Es kommt hier alles auf die Umstände des Falles an. — Die Annahmeerklärung abzugeben ist in der Regel (s. oben unter a) Sache des Geschäftsführers. In diesem Falle erkennt RG in HoldheimsMSchr 10, 278 an, daß die Vertretungsmacht des Geschäftsführers nicht über den Rahmen des Gesellschafterbeschlusses hinausgeht (vgl. Erl 2 b zu § 36). — Der Geschäftsführer, welcher eine Stammeinlage übernimmt, kann durch Kontrahieren mit sich selbst (§ 184 BGB) den Vertrag nicht abschließen, so daß, wenn nur ein Gesellschafter existiert und dieser auch den neuen Geschäftsanteil übernehmen will, eine Erhöhung des Stammkapitals so lange unausführbar ist, als er zugleich als Geschäftsführer fungiert (OLG 23, 377).

3. a) Vertragsparteien sind einerseits die Gesellschaft, anderseits entweder Gesellschafter oder Dritte. Die Frage, wer fähig ist, durch Übernahme einer Stammeinlage der Gesellschaft beizutreten, ist hier ebenso zu beurteilen wie bei der Errichtung der Gesellschaft; s. § 2 Erl 6 a. Ausgeschlossen ist, daß die Gesellschaft selbst Stammeinlagen übernimmt (so Hachenburg für den Fall, daß die Gesellschaft die Stammeinlagen aus Reserven nehmen kann; s. auch OLG 42, 225). Es läge darin eine reine Buchoperation ohne reale Unterlage und zum Schaden jedes einzelnen Gesellschafters. Wie hier Liebmann § 55[1], Scholz 553. Ähnlich so liegt es, wenn bei einer Kapitalerhöhung der Tochtergesellschaft die Muttergesellschaft, welche alle oder fast alle Geschäftsanteile jener besitzt, Stammeinlagen übernimmt; damit fließt der Gesellschaft neues Kapital nicht zu. Vgl. RG 108, 41 und dagegen Friedländer, Konzernrecht 146; Flechtheim JW 1924, 679, 13, dessen Kritik aber mehr nur die Begründung des Urteils trifft als die Entscheidung. Ein gesetzliches Bezugsrecht, wie im Aktienrecht (§ 282 HGB), besteht hier nicht. Wohl aber kann im Statut den Gesellschaftern oder einzelnen von ihnen ein Bezugsrecht bedungen werden. Dagegen ist der Geschäftsführer nicht in der Lage, Dritten rechtsgeschäftlich im voraus ein Bezugsrecht einzuräumen. Wie er dem Beschluß der Gesellschafterversammlung in Beziehung auf die Kapitalerhöhung überhaupt nicht vorgreifen kann, so auch nicht in diesem Punkt. HoldheimsMSchr

1910, 273. Anders Hachenburg § 55[34]: etwas zaghafter Scholz 553. Hachenburg sagt: Liegt der Erhöhungsbeschluß vor, dann kann der Berechtigte klagen. Aber zu welchem Ergebnis soll die Klage des X führen, wenn die Gesellschafter beschlossen haben, unter Gewährung eines neuen Geschäftsanteils von 10000 M. an Y das Stammkapital um diese 10000 M. zu erhöhen? — Die Gesellschafterversammlung, d. h. also die qualifizierte Mehrheit, kann einen neuen Geschäftsanteil so gut wie einem Dritten auch einem der Gesellschafter zuteilen. Etwas anderes ist es, daß, wenn den Gesellschaftern das Bezugsrecht eingeräumt wird, das nach Gesellschaftsrecht so gestaltet sein muß, daß tunlichst alle Gesellschafter sich nach Verhältnis ihres Geschäftsanteils beteiligen können. Hachenburg § 55[14], Liebmann § 55[8], RG in DJZ 1914, 630.

b) Die Übernahmeerklärung muß die bestimmte Angabe der Stammeinlage enthalten, welche übernommen werden soll. Wie jeder formelle Vertrag, muß ebenso diese Erklärung ihren vollen Inhalt wiedergeben, den Übernahmepreis insbesondere, wenn er den Nennbetrag übersteigt. Anders Hachenburg § 55[23]; Scholz 556 (nicht ohne Widerspruch: ob eine Agio zu zahlen ist, braucht nicht angegeben zu werden [556], und das Agio ist eine Sonderleistung nach § 3 Abs 2 [557], die aber doch bei der Gründung im Statut,, bei der Kapitalerhöhung im Kapitalerhöhungsbeschluß bedungen werden muß!). Wie hier Feine 608. Sind nach dem Gesellschaftsvertrage — dem ursprünglichen oder geänderten, im Erhöhungsbeschluß geänderten — die Gesellschafter zu Leistungen gemäß § 3 Abs 2 verpflichtet, so muß auch das mit der erforderlichen Bestimmtheit in die Erklärung aufgenommen werden, es sei denn, daß Übernehmender ein bisheriger Gesellschafter ist, der den Gesellschaftsvertrag kennen muß. Es muß das nicht durchaus in voller Ausführlichkeit geschehen, es genügt ein deutlicher Hinweis auf das in dieser Beziehung im Statut Bestimmte sowie auf etwaige ergänzende Beschlüsse, JW 1912, 920, 13; Hachenburg § 55[18]. Fehlt es aber an allem, dann ist der Übernehmende jedenfalls in der betreffenden Richtung zu nichts verpflichtet. Welche Bedeutung das für den Vertrag im ganzen hat, muß nach Lage des einzelnen Falles entschieden werden. Daß der Mangel dadurch geheilt wird, daß der Gesellschafter sein Mitgliedsrecht ausübt, läßt sich höchstens behaupten, wenn das in Kenntnis der Verpflichtung geschieht. S. auch oben Erl 2 c. — Bei der Vorschrift ist nur an Leistungen gemäß § 3 Abs 2 zu denken. Verbindlichkeiten, die sich nach dem Gesetz aus der Übernahme einer Stammeinlage ergeben, wie Nachschußverpflichtungen, Haftung aus § 24 usw., gehören nicht hierher, RG 82, 121 (wo — nebenbei — die Nachschußpflicht, die eine Verpflichtung zur Kapitaleinlage ist, irrtümlich als Nebenleistungspflicht nach § 3 Abs 2 bezeichnet wird). Ganz anders schließlich Scholz 558, welcher der Formvorschrift jede zivilrechtliche Bedeutung abspricht, um die Frage frei nach allgemeinen Rechtsgrundsätzen zu entscheiden. — Zur Übernahme einer Stammeinlage kann man sich auch unter einer Bedingung oder unter einem Vorbehalt verpflichten. Aber das muß in die Erklärung aufgenommen werden, und dann kann diese nicht als Grundlage für die Eintragung der Kapitalerhöhung in das Handelsregister dienen (§ 57 Abs 3 Ziff 1), es sei denn, daß dem Registerrichter der Eintritt der Bedingung, die Erledigung des Vorbehalts nachgewiesen werden kann.

c) Ganz allgemein kommt der Übernahmevertrag unter der gesetzlichen Bedingung zustande, daß die beschlossene Erhöhung des Stammkapitals in das Handelsregister eingetragen wird (§ 54 Abs 3; RG 77, 154; 82, 379). Bis dahin sind beide Teile gebunden, aber der Übernehmer nicht eine ungemessene Zeit (vgl. § 281 Abs 1 Ziff 4 HGB; RG 87, 165; GmbHRundsch 1913, 469). — Gegenüber der Verpflichtung, das gesetzliche Viertel der Stammeinlage vor der Eintragung in das Handelsregister einzuzahlen, erscheint die conditio legis als Resolutivbedingung (vgl. auch RGSt 49, 317). — Gerät vor der Eintragung die Gesellschaft in Konkurs, so ist die Bedingung ausgefallen, der Übernehmer ist zu Leistungen auf die Stammeinlage nicht verpflichtet und kann die geleisteten Zahlungen als Konkursgläubiger zurückfordern (RG 77, 152; RG in LZ 1912, 153[36]; 1914, 776[19]; vgl. Erl 1 h zu § 53).

d) Die Anfechtung des Übernahmevertrages durch den Übernehmer ist bis zur Eintragung der Kapitalerhöhung in das Handelsregister unbeschränkt zulässig. Von der Eintragung an unterliegt sie denselben Beschränkungen wie die Übernahme der ursprünglichen Stammeinlage durch die Gründer (vgl. Erl 6 b und d zu § 2), RG 82, 375; RG in HoldheimsMSchr 14, 20; KGBl 10, 21; HansGZ Hptbl 1911, 285 (anders bei der eingetragenen Genossenschaft: RG 36, 105). Die Anfechtungsklage ist abzuweisen, auch wenn sie schon vor der Eintragung rechtshängig geworden ist. Es können auch nicht aus den Anfechtungsgründen Schadensersatzforderungen gegen die Gesellschaft selbst hergeleitet werden (RG a. a. O.; KGBl 10, 21). Von der Nichtigkeit der Übernahme gilt das zu § 5 Erl 3 a Gesagte hier entsprechend.

4. Von der neuen Stammeinlage und Geschäftsanteilen gilt das in § 5 für die Geschäftsanteile überhaupt Bestimmte. Jeder kann sich nur mit einer Stammeinlage beteiligen, die Stammeinlagen können verschieden hoch sein; ihre Summe muß den Betrag ausmachen, um welchen sich das Stammkapital erhöhen soll. Für diesen letzteren Betrag bestehen keine Grenzen (zeitweilig hat Beschränkung bestanden, s. Erl 1 zu § 1). Übernimmt ein bisheriger Gesellschafter eine Stammeinlage, so erwirbt er zu seinem Geschäftsanteil einen neuen selbständigen Geschäftsanteil. Hält man daran fest, daß bei der Gründung nicht mehrere zusammen einen Geschäftsanteil erwerben können, so muß das auch hier gelten und auch im Falle, daß ein alter Geschäftsanteil in den Gesamtbesitz von mehreren gekommen ist. Vgl. Erl 2 b zu § 5.

§ 56

Soll auf das erhöhte Stammkapital eine Einlage gemacht werden, welche nicht in Geld zu leisten ist, oder soll eine Vergütung für Vermögensgegenstände, welche die Gesellschaft übernimmt, auf eine Einlage angerechnet werden, so muß die Person desjenigen, welcher die Einlage zu leisten oder die Vermögensgegenstände zu überlassen hat, sowie der Gegenstand der Einlage oder Überlassung und der Geldwert, für welchen die Einlage angenommen wird, oder die für den überlassenen Gegenstand zu gewährende Vergütung in dem Beschlusse auf Erhöhung des Stammkapitals festgesetzt und in der im § 55 Absatz 1 bezeichneten Erklärung angegeben werden [1] [3]).

Die Bestimmung im § 19 Absatz 3 findet entsprechende Anwendung [2]).

Österr. Gesetz §§ 52, 53.

1. a) Wie bei der Gründung einer Gesellschaft m. b. H., so können auch bei einer Erhöhung des Stammkapitals, die man überhaupt als eine Zusatz- oder Erweiterungsgründung bezeichnen kann und das Gesetz als solche gestaltet hat (RG 85, 314), Übernehmer von Geschäftsanteilen sich statt mit Geld mit Sacheinlagen beteiligen. Nicht selten ist der Erwerb des einzubringenden Gegenstandes Zweck und Anlaß der Kapitalerhöhung. Von diesen Sacheinlagen handelt der § 56, indem er bestimmt, daß hier dasselbe gilt, was in Beziehung auf die Gründung der Gesellschaft § 5 Abs 4 vorschreibt, und nur hinzufügt, daß die auf die Sacheinlage bezüglichen Vereinbarungen ebenso deutlich und erschöpfend wie im Gesellschafterbeschluß in der Übernahmeerklärung zum Ausdruck kommen müssen. Nicht hierher gehört der Fall, daß die Gesellschaft mit dem auf die Stammeinlage einkommenden Gelde Sachen kauft. Dagegen ist nach §§ 55, 56 zu verfahren, wenn Gesellschafter ein Grundstück erwerben und in die Gesellschaft einbringen wollen. — Soll nur ein Teil des Wertes der Sache auf die Stammeinlage verrechnet, die Sache im übrigen bar bezahlt werden, so muß auch das aus dem Erhöhungsbeschluß und der Übernahmeerklärung hervorgehen.

b) Die Frage, was Gegenstand einer Sacheinlage sein kann, beantwortet sich hier ebenso wie bei der Gründung der Gesellschaft (vgl. Erl 4 zu § 5). Auch Forderungen gegen die Gesellschaft können Gegenstand der Einlage sein. Es kann zweifelhaft sein, ob das noch Sacheinlage und nicht vielmehr Geldeinlage unter Aufrechnung ist. Auf alle Fälle muß das Verhältnis im Erhöhungsbeschluß und in der Übernahmeerklärung deutlich zum Ausdruck kommen (RG 62, 426). Die Gesellschaft kann auch in dieser Form den Jahresgewinn in Gestalt von neuen Geschäftsanteilen zur Verteilung bringen, aber nur mit Zustimmung aller oder doch der betreffenden Gesellschafter. Sie kann auf diesem Wege Reserven auskehren. Aber es müssen echte (freie) Reserven sein, nicht Gegenposten, in welchen die gesetzlichen Abschreibungen zum Ausdruck kommen (RG 96, 228). (Wenn dort gesagt wird, daß die Verwendung des Gegenpostens zur Deckung der Stammeinlagen schlechthin eine nach §§ 30, 31 verbotene Auszahlung darstelle, so läßt der Tatbericht die hierzu erforderliche Grundlage nicht erkennen. Gegen § 30 Abs 1 wird nicht schon bei jeder Überbewertung eines Aktivums verstoßen; es kommt hierfür vielmehr die gesamte finanzielle Lage der Gesellschaft in Frage.) Übrigens tritt in diesem Falle der Unterschied zwischen Einlage einer Forderung gegen die Gesellschaft und einer Geldeinlage, die durch Aufrechnung getilgt wird, klar heraus. Wenn den Gesellschaftern ihr Anteil an dem Auszuschüttenden lediglich zu diesem Zwecke der Verrechnung auf den neuen Geschäftsanteil zur Verfügung gestellt wird, handelt es sich um Sacheinlagen. Hatten sie freie Hand, so handelt es sich um Geldeinlagen und deren Einzahlung durch Aufrechnung. — Soll in gleicher Weise Nachschußkapital verwendet werden, so ist § 30 Abs 2 zu beachten, mit anderen Worten: auf keinen Fall können auf diese Weise die ersten 25% als eingezahlt verrechnet werden (§ 57 Abs 2, § 7 Abs 2). Der Geschäftsführer, welcher die in § 8 Abs 2 vorgeschriebene Erklärung abgäbe, würde sich unter allen Umständen strafbar machen. — Scholz 564 (ebenso anscheinend Hachenburg § 56²; Neukamp § 56²) behauptet, daß in allen Fällen dieser Art die Entscheidung bei der (qualifizierten) Mehrheit der Gesellschafter liege. Aber der einzelne Gesellschafter hat das unentziehbare Gläubigerrecht, daß der nach allen Abschreibungen und Rückstellungen verfügbare Reingewinn nach dem seiner Beteiligung entsprechenden Verhältnis an ihn ausgezahlt wird. Es trifft daher den Nagel auf den Kopf, wenn das Reichsgericht a. a. O. sagt, daß die Gesellschafterversammlung die Gewährung eines sogenannten Gratis-Geschäftsanteiles wirksam nur beschließen kann, wenn den Gesellschaftern die Wahl bleibt: Anteil oder Dividende. Etwas anders liegt es bei der Verwendung freier Reserven zu gleichem Zweck. Hier ist zwischen Bilanzrecht und Gesellschaftsrecht zu unterscheiden. Eine unmittelbare Umbuchung von Reservekonto auf Stammkapitalkonto ist natürlich ausgeschlossen. Es gibt auch hier nur den Umweg über Auskehrung der Reserve und Verwendung des Geldes (oder der Schuld) zur Kapitalerhöhung (was nach diesseitiger Auffassung ebenfalls nur in Zusammenhang mit dem Jahresabschluß in Gestalt einer entsprechend erhöhten Dividende geschehen kann — ein Punkt, der namentlich auch steuerrechtlich bedeutsam ist). Bilanzrechtlich steht einem dahingehenden Beschluß nichts entgegen. Dagegen ist gesellschaftsrechtlich eine solche Verwendung von Reserven das genaue Gegenstück zur freiwilligen Rückstellung, welche nach herrschender Lehre unterbleiben muß, wenn auch nur ein Gesellschafter (nach Aktienrecht 5% des Grundkapitals) widerspricht, während nach diesseitiger Auffassung der Widerspruch des Einen allerdings doch scheitern muß, wenn die Rückstellung (hier also die Verteilung) nach kaufmännischen Grundsätzen geboten oder doch gerechtfertigt erscheint. (S. § 29 Erl 5.) — Und endlich gibt es auch bei Nachschußkapital nur von zweien eins: behalten oder zurückzahlen, und wenn Zurückzahlung beschlossen werden kann und beschlossen wird, kann kein Gesellschafter durch Mehrheitsbeschluß genötigt werden, statt des Geldes einen Geschäftsanteil hinzunehmen. Daher handelt es sich auch in diesem Fall stets um Bareinlage, und es muß auch in diesem Punkt trotz Widerspruchs von Scholz 565 bei dem Gesagten verblieben werden.

Alles das setzt voraus, daß die Forderung gegen die Gesellschaft vollwertig ist.

c) Wie selbstverständlich Aktien, so können auch Geschäftsanteile einer anderen Gesellschaft m. b. H. eingebracht werden. Nicht aber eigene Geschäftsanteile der Gesellschaft selbst. A. A. Hachenburg § 56²; Scholz 565. Aber durch eine solche Sacheinlage erhielte die Gesellschaft nichts, was sie nicht schon besitzt (s. § 55 Erl 3a, § 33 Erl 2h). Man braucht ja nur an die Möglichkeit zu denken, daß eine Gesellschaft von 20 000 M. Stammkapital, deren Passiva durch die Aktiva gerade gedeckt werden, ihr Stammkapital dadurch auf 40 000 M. bringt, daß sie ihre bisherigen Geschäftsanteile hereinnimmt, eine Operation, die sich dann beliebig auf 60 000, 80 000 M. usw. usw. wiederholen ließe; jedenfalls bei dem erstenmal wären die Geschäftsanteile noch ihren Nennbetrag wert (s. aber auch § 34 Erl 2 c), aber überhaupt hat die Gesellschaft in der Bewertung von Sacheinlagen freie Hand, nur bei ihrer Aktivierung ist sie auf den wahren Wert angewiesen. Anders liegt es mit Genußscheinen, welche die Gesellschaft ausgegeben hat und welche nunmehr aber erlöschen. Als Aktiva könnten sie höchstens nur in der Weise wie eigene Geschäftsanteile in den Büchern und Bilanzen der Gesellschaft erscheinen (vgl. Erl 2 h zu § 33; ferner über Genußscheine s. Erl 2 zu § 29).

2. Die Vereinbarung muß nicht nur im Gesellschafterbeschlusse, sondern auch in der Übernahmeerklärung enthalten sein, letzteres gleichviel, ob der Übernehmer einer der Gesellschafter ist oder ein Dritter. Daraus, daß in Abs 2 nur der Abs 3 des § 19 für entsprechend anwendbar erklärt wird, darf nicht gefolgert werden, daß § 19 Abs 1, 2 auf die neuen Stammeinlagen nicht Anwendung fänden. Diese finden vielmehr nicht wie bei Abs 3 entsprechende, sondern direkte Anwendung (RG 62, 426).

3. Sind bei der Übernahme der Stammeinlage die Vereinbarungen entgegen dem § 56 in den Erhöhungsbeschluß nicht aufgenommen, dann liegt nach diesem der Tatbestand einer Bareinlage vor, und der Gesellschafter befreit sich durch Sacheinlage nicht von der Verpflichtung, die Einlage bar zu zahlen. Zweifelhaft ist dagegen die Rechtsfolge, wenn die Vereinbarungen in dem Beschlusse stehen, aber in der formgerechten Übernahmeerklärung fehlen. Nach Scholz 565 wäre die Folge dieselbe, während Hachenburg lehrt, daß der Registerrichter in diesem Falle zwar die Eintragung der Kapitalerhöhung beanstanden müsse, daß aber, wenn die Eintragung gleichwohl erfolgt, die Gültigkeit der formalen Vereinbarung nach allgemeinen Rechtsgrundsätzen zu beurteilen sei. Nach diesseitiger Auffassung ist zu unterscheiden: Dem Schutz und dem Interesse der Gesellschaft und Dritter (Gläubiger) dient ausschließlich die Verlautbarung im Erhöhungsbeschluß und also im Statut. Die Vorschrift wegen der Übernahmeerklärung dient nur dem Schutz des Übernehmenden. Daher wird nur er der Gesellschaft gegenüber, nicht aber die Gesellschaft ihm gegenüber sich auf den Mangel der Form berufen können, woraus sich weiter ergibt, daß der Übernehmende ausdrücklich und stillschweigend auf die Geltendmachung des Mangels wirksam verzichten kann.

§ 57

Die beschlossene Erhöhung des Stammkapitals ist zur Eintragung in das Handelsregister anzumelden, nachdem das erhöhte Kapital durch Übernahme von Stammeinlagen gedeckt ist[1]).

Die Bestimmung im § 7 Absatz 2 über die vor der Anmeldung des Gesellschaftsvertrages zu leistende Einzahlung, sowie die Bestimmung im § 8 Absatz 2 über die in der Anmeldung abzugebende Versicherung finden entsprechende Anwendung[2]).

Der Anmeldung sind beizufügen:

1. die im § 55 Absatz 1 bezeichneten Erklärungen oder eine beglaubigte Abschrift derselben;

2. eine von den Anmeldenden unterschriebene Liste der Personen, welche die neuen Stammeinlagen übernommen haben; aus der Liste muß der Betrag der von jedem übernommenen Einlage ersichtlich sein[3]).

In bezug auf die Verantwortlichkeit der Anmeldenden für die Richtigkeit ihrer Angaben finden die Bestimmungen im § 9 entsprechende Anwendung[4]).

Österr. Gesetz §§ 52, 53.

1. Daß der Stammkapitalerhöhungsbeschluß, um rechtswirksam zu werden, in das Handelsregister eingetragen werden muß, ergibt sich aus § 54 Abs 3. Hier wird vorgeschrieben, daß die Anmeldung zur Eintragung erst erfolgen kann, nachdem sämtliche zur Deckung des erhöhten Kapitals erforderlichen Stammeinlagen übernommen worden sind. Anders als im Aktienrecht, wo zunächst der Erhöhungsbeschluß und nach Zeichnung der Aktien die erfolgte Erhöhung anzumelden ist (übrigens aber auch beides miteinander verbunden sein kann), §§ 280, 284, 285 HGB, findet hier Anmeldung und Eintragung in das Handelsregister nur einmal statt, nachdem im übrigen die ganze Transaktion, insbesondere also die Übernahme aller neuen Stammeinlagen, zur Perfektion gekommen ist. Lautet der Erhöhungsbeschluß auf einen bestimmten Betrag, so ist die Erhöhung mißglückt, wenn dieser Betrag nicht voll übernommen wird (RG 85, 206). Lautet er auf einen Höchstbetrag (vgl. Erl 1 c zu § 55), so kann auch in diesem Falle nur einmal der erreichte Betrag zur Anmeldung kommen, womit die Transaktion abgeschlossen ist (OLG 10, 243). — Ist die eine oder andere Übernahme einer Stammeinlage mangelhaft, so wird Anfechtbarkeit wegen Irrtums, Arglist, Drohung durch die Eintragung des Gesellschafterbeschlusses abgeschnitten, Nichtigkeit der Erklärung dagegen nicht geheilt (vgl. Erl 2 a zu § 10). Die Frage, welchen Einfluß die Nichtigkeit auf Gültigkeit der Kapitalerhöhung hat, muß hier ebenso beurteilt werden wie bei der Gründung der Gesellschaft der Einfluß der Nichtigkeit des Beitritts eines der Gründer. Die herrschende Lehre nimmt an, daß die Gültigkeit des Vertrages dadurch nicht in Frage gestellt wird (vgl. Erl 3 a zu § 5). Dann müßte sie aber auch in dem Falle, daß der alleinige Geschäftsführer der Gesellschaft den ganzen Betrag übernimmt, die Übernahme für nichtig, den Kapitalerhöhungsbeschluß dagegen für gültig erklären. Dagegen hat das Kammergericht den Registerrichter in diesem Falle für befugt erklärt, die Kapitalerhöhung von Amts wegen zu löschen (OLG 23, 377). Es dürfte auch hier danach zu entscheiden sein, in welchem Verhältnis nichtige und gültige Übernahmen zueinander stehen. Jedenfalls kann die Kapitalerhöhung nur entweder in der vollen Höhe, wie beschlossen, zustande kommen oder gar nicht. Ersterenfalls muß in die Bilanz auf der Passivseite die Summe in voller Höhe eingestellt werden. — Der Übernehmer einer Stammeinlage ist schon vor der Eintragung der Erhöhung des Stammkapitals gebunden, aber nur unter der Bedingung, daß die Erhöhung zustande kommt. Er ist verpflichtet, die im Gesetz vorgeschriebenen 25% der Stammeinlage einzuzahlen (oder wieviel mehr im Erhöhungsbeschlusse und bei der Übernahme vorgesehen ist). Das muß nicht ausdrücklich bedungen werden. Es ergibt sich ohne weiteres aus dem, was das Gesetz von diesem Übernahmevertrage bestimmt. — Das so Gezahlte kann er zurückfordern, wenn die Kapitalerhöhung nicht zustande kommt, wenn z. B. die Gesellschaft vor der Eintragung des Beschlusses in Konkurs gerät (RG 77, 152; RG in HoldheimsMSchr 23, 130), aber nicht als Masseschuld. — Zahlt er nicht, so ist die Gesellschaft auf Klage angewiesen. Das Kaduzierungsverfahren nach § 21 ist vor der Eintragung der Kapitalerhöhung nicht durchführbar (RG 58, 55; ebenso RG 54, 390; s. aber auch Erl 2 zu § 11).

2. Die Anmeldung muß durch alle Geschäftsführer erfolgen, einschließlich der ständigen Stellvertreter (RG in LZ 1914, 398[17]). Lehnen sie die Anmeldung ab oder verweigert einer von ihnen seine Mitwirkung, so bleibt nur der Weg, den Betreffenden zu verklagen. Über den Umfang des Prüfungsrechts des Registerrichters, über Beschwerde gegen die Eintragung oder gegen die Ablehnung der Eintragung, über Löschung der erfolgten Eintragung gilt das in § 10 Erl 2 e und f Gesagte. Gegen die Ablehnung der Eintragung steht den Gesellschaftern Beschwerde nicht zu, den bisherigen so wenig wie den neuen (OLG 19, 389), während nach KGJ 28, 230 gegen die Eintragung der Kapitalerhöhung einer Aktiengesellschaft (richtiger — s. Erl 2 g zu § 10 — gegen Ablehnung der Löschung der geschehenen Eintragung) der einzelne Aktionär Beschwerde einlegen kann, vorausgesetzt, daß er dem Beschlusse der Generalversammlung widersprochen hat; ebenso KGJ 37, 153, während KGJ 33, 315 die Entscheidung davon abhängig macht, ob es sich um einen Verstoß gegen Vorschriften handelt, auf deren Befolgung nicht verzichtet werden kann, oder nicht; ersterenfalls liege die Entscheidung bei dem Prozeßgericht und Beschwerde sei unzulässig. (Die Entscheidung dürfte ziemlich allein stehen.) — Der Vorgang der Kapitalerhöhung ist gewissermaßen eine Zusatzgründung, und das von der

Begründung der Gesellschaft Bestimmte ist in weitgehendem Maße hier entsprechend anzuwenden (RG 85, 314). Auch hier darf die Anmeldung zum Handelsregister erst erfolgen, nachdem mindestens 25% jeder neuen Stammeinlage eingezahlt worden sind, und sämtliche Geschäftsführer und ihre Stellvertreter haben zu versichern, daß die Einzahlungen geschehen sind und daß die etwaigen Sacheinlagen sich in der freien Verfügung der Geschäftsführer befinden (s. Erl zu §§ 7 und 8).

3. Der Anmeldung beizufügen ist in erster Linie der Kapitalerhöhungsbeschluß in Urschrift oder in beglaubigter Abschrift (§ 54 Abs 2), ferner, ebenfalls in Urschrift oder beglaubigter Abschrift, die sämtlichen Übernahmeerklärungen und eine Liste der Übernehmer nach dem in § 8 Abs 1 Ziff 3 bestimmten Muster. Sämtliche Anlagen werden zu den Gerichtsakten gelegt, wo sie von jedermann eingesehen werden können (§ 9 Abs 1 HGB). Die Legitimation der anmeldenden Geschäftsführer ergibt sich in der Regel aus dem Handelsregister, andernfalls muß auch sie urkundlich nachgewiesen werden.

Zwang zur Anmeldung des Erhöhungsbeschlusses findet nicht statt, wohl aber zur Anmeldung des Beschlusses zu dem Handelsregister der Zweigniederlassung, wenn er in das der Hauptniederlassung eingetragen worden ist (vgl. hierzu § 59). — Einzutragen und öffentlich bekanntzumachen (§ 10 HGB) ist der Betrag, um welchen das Stammkapital erhöht worden ist, sowie, wenn Sacheinlagen gemacht worden sind, die in bezug hierauf getroffene Vereinbarung (§ 54 Abs 3, § 10 Abs 3).

4. Die Anmeldenden, das heißt also hier die Geschäftsführer und ihre ständigen Stellvertreter, haften der Gesellschaft solidarisch für die Richtigkeit ihrer Versicherungen wegen der auf die Stammeinlagen gemachten Leistungen. Die Gesellschaft kann auf diese Haftung nicht verzichten, insofern sie des Geldes zur Befriedigung ihrer Gläubiger bedarf. Die Ansprüche verjähren in fünf Jahren seit der Eintragung der Kapitalerhöhung in das Handelsregister. Vgl hierzu das zu § 9 Gesagte. — Strafbestimmung s. § 82 Abs 1 Ziff 1.

§ 58

Eine Herabsetzung des Stammkapitals[1]) kann nur unter Beobachtung der nachstehenden Bestimmungen erfolgen:

1. **der Beschluß auf Herabsetzung des Stammkapitals muß von den Geschäftsführern zu drei verschiedenen Malen durch die im § 30 Absatz 2 bezeichneten Blätter bekanntgemacht werden; in diesen Bekanntmachungen sind zugleich die Gläubiger der Gesellschaft aufzufordern, sich bei derselben zu melden; die aus den Handelsbüchern der Gesellschaft ersichtlichen oder in anderer Weise bekannten Gläubiger sind durch besondere Mitteilung zur Anmeldung aufzufordern;**
2. **die Gläubiger, welche sich bei der Gesellschaft melden und der Herabsetzung nicht zustimmen, sind wegen der erhobenen Ansprüche zu befriedigen oder sicherzustellen[2]);**
3. **die Anmeldung des Herabsetzungsbeschlusses zur Eintragung in das Handelsregister erfolgt nicht vor Ablauf eines Jahres seit dem Tage, an welchem die Aufforderung der Gläubiger in den öffentlichen Blättern zum dritten Male stattgefunden hat[3]);**
4. **mit der Anmeldung sind die Bekanntmachungen des Beschlusses einzureichen; zugleich haben die Geschäftsführer die Versicherung abzugeben, daß die Gläubiger, welche sich bei der Gesellschaft gemeldet und der Herabsetzung nicht zugestimmt haben, befriedigt oder sichergestellt sind[4]).**

Die Bestimmung im § 5 Absatz 1 über den Mindestbetrag des Stammkapitals bleibt unberührt. Erfolgt die Herabsetzung zum Zweck der Zurückzahlung von Stammeinlagen oder zum Zweck des Erlasses der auf diese geschuldeten Einzahlungen, so darf der verbleibende Betrag der Stammeinlagen nicht unter den im § 5 Absatz 1 und 3 bezeichneten Betrag herabgehen[5]).

Österr. Gesetz §§ 54 bis 58.

1. Während die Erhöhung des Stammkapitals der Gesellschaft neue Mittel zuführt und somit — wenigstens in der Regel — zugleich einen realen Vorgang im Gesellschaftsvermögen bedeutet, besteht seine Herabsetzung an und für sich nur in einer Buchoperation. Es wird in der Bilanz fortan der Passivposten Stammkapital mit dem geminderten Betrage eingestellt (§ 42 Ziff 4), was dann freilich des weiteren die hieraus sich ergebenden Rechtsfolgen nach sich zieht. Indem die auf die Stammeinlagen eingehenden Gelder verschwinden, d. h. in andere Werte umgesetzt werden, jedenfalls aber im Gesellschaftsvermögen aufgehen, wird das „Stammkapital" zu einem reinen Rechnungsposten, im Gegensatz zum Betriebskapital des Unternehmens, zu einer abstrakten Wertziffer. Es wird ein Bilanzposten, der — um das Bild zu wiederholen (s. § 30 Erl 1 a) — wie ein Stauwehr funktioniert, bestimmt, den Abfluß von Gesellschaftsvermögen in die Taschen der Gesellschafter zu regulieren. Will man aus irgendeinem Grund diesen Abfluß verstärken, so muß das Wehr gesenkt werden, und nichts anderes bleibt übrig, wenn der Wasserstand gesunken ist und man, ohne über Zufluß zu verfügen, wieder zu einem normalen, wenn auch bescheideneren Zustande, zu einem normalen Abfluß gelangen will. Mit anderen Worten: entweder ist es darauf abgesehen, Geld freizubekommen, um es — sofort oder gelegentlich — an die Gesellschafter — alle oder einzelne — abführen zu können, oder darauf, eine Unterbilanz zu beseitigen, um demnächst wieder die Verteilung des Betriebsgewinnes an die Gesellschafter vornehmen zu können. Das sind im großen und ganzen die beiden Fälle, welche man unterscheiden muß, nicht ohne daß der erste Fall noch mehrere Unterarten aufweist: Zurückzahlung auf Stammeinlage, Erlaß ausstehender Stammeinlagen, entgeltliche Einziehung von Geschäftsanteilen oder Bildung einer freien Reserve. Im erstgenannten Falle — Beseitigung einer Unterbilanz — ist alles erledigt und die Rechtslage klar, sobald die Herabsetzung in das Handelsregister eingetragen worden ist (vgl. RG 107, 200). In letzterem Falle sind die Wirkungen verschieden, je nachdem, zu welchem Zweck das Geld freigemacht werden soll. Handelt es sich um Rückzahlung auf Stammeinlage, so entsteht mit der Eintragung des Beschlusses in das Handelsregister der entsprechende Anspruch der Gesellschafter als festbegründetes Gläubigerrecht. Eines weiteren Rechtsgeschäftes bedarf es hierzu nicht (vgl. Erl 1b zu § 29). Im gleichen Moment ist der Anspruch der Gesellschaft auf die Stammeinlage erloschen, wenn es auf den Erlaß von Stammeinlagen abgesehen war. Anders, wenn Bildung freier, in der Hand der Gesellschaft verbleibender Reserven Zweck der Sache ist, und anders wiederum, wenn es auf Amortisation einzelner Geschäftsanteile abgesehen ist. Es ergibt sich, daß „Herabsetzung des Stammkapitals" an sich ein leeres Rechtsgeschäft ist, das erst, ähnlich wie der abstrakte Vertrag aus seiner causa, aus seinem besonderen Zweck verständlich wird und daher die juristisch erforderliche Bestimmtheit nur besitzt, wenn aus dem Beschluß zugleich dieser Zweck ersichtlich ist. Es ist daher nicht angängig, daß die Gesellschaft lediglich Herabsetzung des Stammkapitals — gewissermaßen in das Leere hinein — beschließt. Der Beschluß muß seine causa in sich tragen; vgl. § 288 Abs 2 HGB und RG 26, 133. Man kann nicht sagen, daß andernfalls der Beschluß darum schon nichtig wäre. Aber der Registerrichter hat hierauf sein Augenmerk zu richten und die Eintragung des Beschlusses, wenn er den Mangel aufweist, abzulehnen. S. § 10 Erl 1b. — Wie hier Neukamp § 58[2a]. Anders Hachenburg § 58[18]; Scholz 581; Feine 622, wobei aber die Gegner unter sich nicht einig sind. Nach Hachenburg kann der Beschluß der Gesellschafter stets ganz abstrakt lauten und alles Übrige der Verwaltung anheimgestellt bleiben; Scholz gibt zu, daß, wenn es auf Zurückzahlung oder Erlaß von Stammeinlagen abgesehen sei, das „aus dem Herabsetzungsbeschluß ersichtlich gemacht werden" müsse; nach Feine bedarf es umgekehrt der Aufnahme des Zweckes in den Beschluß nur, wenn es auf Beseitigung einer Unterbilanz abgesehen sei. Gegenüber der Fassung des Gedankens bei Scholz ist darauf hinzuweisen, daß es nicht so sehr darauf ankommt, was aus dem Beschluß zu ersehen sein muß; die Frage ist vielmehr, ob auch über den Zweck der Herabsetzung nur die Generalversammlung, und zwar diese nur mit qualifizierter Stimmenmehrheit, entscheiden kann. Der nach diesseitiger Auffassung mit Entschiedenheit festzuhaltende Standpunkt ist, daß nicht der abstrakte, sondern stets nur der kausale — der in seiner ganzen Tragweite aus sich erkennbare und nur so sachlich verständliche — Herabsetzungsbeschluß Inhalt der Statutenänderung sein kann. Wenn Hachenburg § 58[33] selbst hervorhebt, daß der Herabsetzungsbeschluß zum Zweck der Einziehung von Geschäftsanteilen nicht eher eingetragen werden darf, als die Einziehung geschehen (richtiger wohl beschlossen) ist, so muß man fragen, woher muß der Registerrichter wissen, daß es sich um Einziehung von Geschäftsanteilen handelt, wenn es nicht aus dem Gesellschafterbeschluß hervorzugehen braucht?

2. a) Wie die Ziffer des Stammkapitals innerhalb der Bestimmungen des Gesetzes, welche dem Schutz der Gläubiger der Gesellschaft dienen, der wesentliche Faktor ist, so darf auch die Minderung dieses Faktors nicht eintreten, ohne daß den Gläubigern Gelegenheit geboten wird, ihr Recht auf Grund des bisherigen Zustandes zu wahren: der Gesellschafterbeschluß muß, wie unter Ziff 1 vorgeschrieben ist, ihnen mitgeteilt und außerdem öffentlich bekanntgemacht werden; auf Verlangen sind sie zu befriedigen oder sicherzustellen, und erst wenn das geschehen und seit der letzten öffentlichen Bekanntmachung ein Jahr (das Sperrjahr) verstrichen ist, kann der Beschluß zum Handelsregister angemeldet werden, um alsdann mit der Eintragung wirksam zu werden. Es findet also nur die einmalige Anmeldung und Eintragung in das Handelsregister am Schluß der Operation statt, anders als im Aktienrecht, wo zunächst der

Herabsetzungsbeschluß sofort in das Handelsregister eingetragen wird und die Herabsetzung selbst erst, wenn sie erfolgt ist.

b) Der Beschluß enthält eine Änderung des Gesellschaftsvertrages, auf ihn finden §§ 53, 54 Anwendung. Darüber, daß aus ihm zugleich der Zweck der Kapitalherabsetzung hervorgehen muß, s. Erl 1. Dieser Zweck muß unzweideutig erkennbar, braucht aber nicht immer ausdrücklich genannt zu sein. Wenn eine Unterbilanz vorliegt und weiter nichts gesagt wird, so dürfte das gleichwohl deutlich genug sein. — Es muß ferner der Betrag, um welchen das Stammkapital herabgesetzt werden soll, genannt sein. Wie bei der Erhöhung des Stammkapitals ist es auch hier zulässig, daß zunächst nur eine Maximalgrenze genannt und die endgültige Bestimmung innerhalb dieser Grenze vorbehalten bleibt. Man wird sogar zugeben müssen, daß auch der festbestimmte Betrag zwar nicht überschritten werden darf, aber nicht unbedingt eingehalten werden muß. Wie die Gesellschaft auch nach öffentlicher Bekanntmachung nach außen niemandem verpflichtet ist, den Beschluß zum Handelsregister anzumelden, so verletzt sie auch niemandes Recht, wenn sie teilweise auf die Herabsetzung verzichtet. Bei Herabsetzungen zum Zweck der Beseitigung einer Unterbilanz wird ohnehin die Rechnung niemals glatt aufgehen. Erst nach Ablauf des Sperrjahres usw. wird sich zeigen, ob man hoch genug oder zu hoch gegriffen hat; vgl. RG 101, 199. S. auch unten Erl 4 b. Anders nur, wenn innerhalb der Gesellschaft Rechte der Gesellschafter entgegenstehen.

c) Der Beschluß muß so, wie er lautet, dreimal in jedem der Blätter, welche nach § 30 Abs 2 in Frage kommen, bekanntgemacht werden. (Nach Hachenburg § 58[23] genügt Bekanntmachung des wesentlichen Inhalts des Beschlusses, nach Scholz 583 die der Ziffer der Herabsetzung.) — Die aus den Handelsbüchern ersichtlichen oder sonst bekannten (den Geschäftsführern bekannten) Gläubiger sind durch besondere Mitteilung aufzufordern, sich zu melden. Besondere Form ist nicht vorgeschrieben. Auch mündliche Mitteilung würde genügen, doch muß es eine rechtsgeschäftliche Mitteilung sein, die zugleich eine Aufforderung zur Meldung enthält. Als bekannt gelten auch die Inhaber von Teilschuldverschreibungen, welche die Gesellschaft ausgegeben hat, wenn für sie ein gemeinsamer Vertreter bestellt worden ist (Ges v. 4. 12. 99/14. 5. 14). — Hinzutritt die dreimalige öffentliche Bekanntmachung des Beschlusses mit der Aufforderung, sich zu melden. Dreimalig bedeutet, wenn die Bekanntmachung in mehreren Blättern erfolgen muß, in jedem von ihnen dreimal. Die Aufforderung kann sich naturgemäß nur an diejenigen richten, welche Gläubiger sind zur Zeit, wo sie nach Beschlußfassung ergeht. Daß später hinzutretenden Gläubigern Mitteilung gemacht wird, ist nicht vorgeschrieben. Doch wird man jedenfalls bei größeren Geschäftsabschlüssen auf Kredit die Gesellschaft für verpflichtet erklären, den Gegner von der Sachlage zu unterrichten; auch wird ein zur Vorleistung verpflichteter Gläubiger sich wegen der bevorstehenden „Vermögensverschlechterung" der Gesellschaft auf § 321 BGB berufen können (§ 610 BGB). Es ist leeres Theorem, den hinzutretenden Gläubiger auf die öffentliche Bekanntmachung zu verweisen. Aus dem Handelsregister ergibt sich nichts, und den letzten Jahrgang aller in Betracht kommenden Blätter darauf durchzuforschen, ob eine Bekanntmachung ergangen ist, wird im Leben niemandem einfallen, ist auch niemandem zuzumuten. Dann tut er, wenn er überhaupt daran denkt, schon besser, die Geschäftsführer zu fragen. Aber das alles ändert daran nichts, daß für die Entschließung des Registerrichters die späteren Gläubiger nicht in Frage kommen (KGJ 37, 162). Vgl. Feine 623; Scholz 584.

d) Alle Gläubiger, welche sich melden, sind zu berücksichtigen, die Meldung genügt, auf ihre Zustimmung können die Geschäftsführer sich nur berufen, wenn diese ausdrücklich erklärt worden ist. Die Inhaber fälliger Forderungen sind zu befriedigen. Ist die Forderung betagt, so muß sie entweder — und zwar ohne Diskontabzug (§ 272 BGB) — bezahlt oder aber sichergestellt werden (§§ 232 ff. BGB). Die Gesellschaft hat die Wahl, der Gläubiger kann, wenn es sich beispielsweise um ein verzinsliches Darlehn handelt, um stille Gesellschaft u. ä., nicht darauf bestehen, daß das Verhältnis unter Sicherstellung fortgesetzt werde, wenn er der Herabsetzung des Stammkapitals nicht zustimmt. Er muß sich in diesem Falle auf die Auszahlung des Geldes einlassen.

e) Bedingte Forderungen sind sicherzustellen. Zweifelhaft ist die Behandlung bestrittener Forderungen. Auf alle Fälle werden sie zu berücksichtigen sein, und zwar durch Sicherstellung, wenn der Gläubiger mit seinem Anspruch soweit Ernst macht, daß er bereits Klage erhoben hat. Der Registerrichter ist nicht berufen, über den materiellen Rechtsstreit eine Entscheidung zu treffen, was er mit der Eintragung allerdings auch nicht tut. Im übrigen muß es dem pflichtmäßigen Ermessen des Geschäftsführers anheimgestellt bleiben, ob er von dem Ungrund der Forderung hinreichend überzeugt ist, um die in Ziff 4 vorgeschriebene Versicherung, auch ohne daß Sicherstellung erfolgt ist, abgeben zu können. Grundsätzlich ist es indes Sache des Registerrichters, in dieser Entschließung den Geschäftsführer zu kontrollieren. Wenn er nach KG in RJA 9, 37 sich nicht bei der Versicherung des Geschäftsführers beruhigen, sondern die Parteien auf den Klageweg verweisen soll oder wenn KG in JR 1928, 2202 billigt, daß der Richter der Gesellschaft aufgibt, binnen Monatsfrist nachzuweisen, daß sie Feststellungsklage erhoben habe (um alsdann die Herabsetzung des Stammkapitals einzutragen?), so kann man das höchstens von dem Fall gelten lassen, daß die Leichtfertigkeit der Versicherung des Geschäftsführers zutage liegt (ähnlich Feine 624) oder wo Klage bereits erhoben ist, Brodmann A.-R. 289 Erl 3. Wie KG Liebmann § 58 Erl 8b, Neukamp § 58 Erl 2d; auf ziemlich dasselbe kommt Scholz 588 hinaus: die Eintragung sei abzulehnen, es sei denn, daß der Richter erkennt, daß die Forderung nicht begründet sein „kann"; wie hier Hachenburg § 58 Erl 26a, dem darin beizupflichten ist, daß in solchem Fall der Geschäftsführer in der Anmeldung den Sachverhalt nicht verschweigen darf. — Gläubiger, welche sich gemeldet haben bzw. sich innerhalb des Sperrjahres und bis zur Eintragung der Herabsetzung in das Handelsregister melden, können, wenn sie nicht befriedigt oder sichergestellt werden, der Eintragung widersprechen. (Scholz 585 sagt, nicht die Eintragung, sondern die Anmeldung sei der entscheidende Zeitpunkt, kommt aber auf S. 589 auf dasselbe Ergebnis hinaus wie hier.) Der Registerrichter muß ihrem Widerspruch Rechnung tragen. Im Wege der Klage und einstweiligen Verfügung können sie nichts erreichen. Wenigstens wäre nicht leicht zu sagen, worauf der Klagantrag gerichtet sein sollte. Wohl aber können sie nach geschehener Eintragung auf (sofortige) Befriedigung oder Sicherstellung Klage erheben, aber nicht auf Löschung der Eintragung. A. A. Hachenburg § 58[50]; dagegen aber Scholz 591. Das Besondere ist, daß nunmehr der Gläubiger, dessen Forderung noch nicht fällig ist, den klagbaren Anspruch auf Sicherstellung hat. S. Brodmann A.-R. § 289 Erl 3. Dagegen stehen den während des Sperrjahres erst hinzutretenden Gläubigern diese Rechte nicht zu (OLG 19, 375). Entscheidend ist der Zeitpunkt der letzten der vorgeschriebenen Bekanntmachungen.

3. a) Die Anmeldung des Herabsetzungsbeschlusses zur Eintragung in das Handelsregister erfolgt nicht vor Ablauf eines Jahres seit der letzten öffentlichen Bekanntmachung, d. h. die Anmeldung ist zurückzuweisen und muß wiederholt werden, wenn sie früher erfolgt. Jedenfalls darf es nicht so liegen, daß die Versicherung richtig gewesen sein und gleichwohl innerhalb des Sperrjahres noch ein Gläubiger sich gemeldet haben kann. — Alle Geschäftsführer einschließlich der ständigen Stellvertreter müssen anmelden und die in Ziff 4 vorgeschriebene Versicherung abgeben. Daher ist hier Anmeldung durch bevollmächtigte Stellvertreter ausgeschlossen (vgl. Erl 3 zu § 7). — Die Anmeldung erfolgt nach den allgemeinen Vorschriften in § 54, hinzukommt hier, daß bezüglich der öffentlichen Bekanntmachungen die Belegblätter beizufügen sind. Hinzukommt ferner vor allem die Versicherung der Geschäftsführer, daß die Gläubiger, welche sich gemeldet und der Herabsetzung nicht zugestimmt haben, befriedigt oder sichergestellt sind. Die Geschäftsführer müssen das „versichern", d. h. erklären, daß sie sich persönlich von der Richtigkeit überzeugt haben. Die Versicherung kann aber in der Form ganz allgemein gehalten sein. Strafvorschrift s. § 82 Ziff 2 und Erl 2 zu § 82. — Handelt es sich um Herabsetzung des Stammkapitals in Verbindung mit Einziehung von Geschäftsanteilen, so müssen die betreffenden Beschlüsse gefaßt sein und beigebracht werden, wobei dann die Einziehung zugleich mit der Herabsetzung des Stammkapitals zur Vollendung kommt. Hachenburg § 58[23]; dagegen — nicht überzeugend — Scholz 587 f., der verkennt, daß in dem hier zur Rede stehenden Fall der Einziehungsbeschluß stets unter der gesetzlichen Bedingung der Eintragung des Herabsetzungsbeschlusses steht, nicht nur dann, wenn das Verbot des § 30 Abs 1 in Frage käme, und daß sich die Einziehung nicht schon durch den Beschluß vollendet, sondern erst mit der Perfektion der Kapitalherabsetzung, während diese wiederum gerade nur darin perfekt wird, daß der entsprechende Geschäftsanteil verschwindet.

b) Über Prüfungsrecht und Prüfungspflicht des Registerrichters, über Mängel der Anmeldung und Eintragung und deren Bedeutung s. Erl 1 zu § 10. — Ist das Sperrjahr nicht eingehalten worden und hat der Registerrichter gleichwohl eingetragen, dann fehlte es an einer wesentlichen Voraussetzung, und er kann nach § 142 FGG die Eintragung löschen. Dagegen Hachenburg § 58[48] ohne Gründe, Scholz 592 mit der unzutreffenden Begründung, daß nach § 142 FGG nur die Eintragung nichtiger Beschlüsse wieder gelöscht werden könne. Ähnlich hat das hier Gesagte mißverstanden Feine 625 Anm. 45. Unannehmbar ist die Auffassung Liebmanns § 58[8c], daß die Wirkung der vorzeitigen Eintragung bis zum Ablauf des Sperrjahrs ausgesetzt bleibt. In § 142 FGG kommt, wie allgemein in § 18 FGG, das Prinzip zum Ausdruck, daß die Verfügungen des Richters der freiwilligen Gerichtsbarkeit nicht der Rechtskraft fähig sind. Es ist ähnlich wie beim anfechtbaren Rechtsgeschäft, das durch Anfechtung ganz hinfällig, bei ausbleibender Anfechtung von Anfang an gültig ist, ähnlich, aber nicht ebenso. Daß schwerlich jemals genügend Anlaß vorliegen wird, aus diesem Grunde die Eintragung wieder zu löschen, ändert nichts daran, daß es nach dem Gesetz so ist.

c) Unter den für die Gründung der Gesellschaft vorgeschriebenen Mindestbetrag des Stammkapitals kann auch im Wege einer Herabsetzung des Stammkapitals nicht heruntergegangen werden. Dagegen ist mit der Herabsetzung des Stammkapitals eine entsprechende Herabsetzung der Stammeinlagen nicht notwendig verbunden. Zwar soll bei Gründung der Gesellschaft das Stammkapital mit der Summe der Stammeinlagen übereinstimmen. Aber dieses Verhältnis läßt sich nicht unbedingt aufrechterhalten. Das Stammkapital übersteigt notwendig die Summe der Stammeinlagen, wenn Geschäftsanteile ohne die entsprechende Herabsetzung des Stammkapitals eingezogen werden oder aus einem anderen Grunde fortfallen (s. Erl 5). — Während die Aktiengesellschaft die Herabsetzung des Grundkapitals durch Zusammenlegung von Aktien durchführen kann, ist eine entsprechende Maßregel bei der Gesellschaft m. b. H. nicht ausführbar, weil die Geschäftsanteile nicht wie die Aktien fungibel, sondern individuell charakterisiert und gegeneinander spröde sind.

d) Es ist unter Umständen wünschenswert, das Stammkapital zugleich herunter- und heraufzusetzen. So, wenn Dritte bereit sind, sich mit Einlagen zu beteiligen und so der Gesellschaft neue Mittel zuzuführen, aber nur unter der Bedingung, daß vorher eine bestehende Unterbilanz beseitigt wird, was nichts anderes bedeutet, als daß den in der Unterbilanz zum Ausdruck kommenden Verlust die bisherigen Gesellschafter als endgültig, nicht wieder einbringbar, auf sich nehmen. Das ist insofern unausführbar, als die Herabsetzung nicht vor Ablauf des Sperrjahres wirksam werden kann, während das neue Geld sofort hereinkommen soll. Wird es gleichwohl beschlossen, was an sich nicht unzulässig ist (OLG 9, 267), so beläuft sich während des Sperrjahres das Stammkapital auf die Summe des neuen und des ungeminderten bisherigen Kapitals.

4. a) Die Herabsetzung des Stammkapitals ist vollendet, wenn sie in das Handelsregister eingetragen worden ist. Wird im Januar 1929 die Herabsetzung beschlossen, so tritt das in die Erscheinung in der Bilanz nicht per 31. Dezember 1929, sondern per 31. Dezember 1930. Denn frühestens im Januar 1930 kann es zur Eintragung des Beschlusses in das Handelsregister und damit zu seiner Wirksamkeit kommen. Hier hat das ganze Jahr 1929 mit der höheren Kapitalziffer gearbeitet. Dagegen wäre die herabgesetzte Ziffer in die Bilanz per 31. Dezember 1929 einzustellen gewesen, wenn der Beschluß im Dezember oder November 1928 gefaßt und noch im Dezember 1929 in das Handelsregister eingetragen worden wäre. Hier hätte das Jahr 1929 mit dem geringeren Kapital gearbeitet. Es kann auf diese Weise so kommen, daß das Jahr Betriebsverlust gebracht hat und doch die Jahresbilanz einen Gewinn aufweist. Vgl. RG 101, 199. — Für die Frage dagegen, ob eine Auszahlung an Gesellschafter nach § 30 Abs 1 zulässig ist oder zulässig war, kann die geminderte Stammkapitalziffer immer nur dann, dann aber auch sofort, in Rechnung gestellt werden, wenn zur Zeit der Zahlung die Herabsetzung bereits eingetragen ist oder eingetragen war. Darüber, daß und warum es bei der Aktiengesellschaft sich anders verhält, s. Brodmann A.-G. § 291 Erl 1. Der Unterschied ist in der Verschiedenheit begründet, wie der Schutz gegen rechtswidrige Auskehrung von Gesellschaftsvermögen an Gesellschafter in dem Gesetze gestaltet ist, darin, daß bei der Aktiengesellschaft die Grundkapitalziffer nur stoßweise funktioniert, jeweils bei Abschluß der Bücher, in der Regel also nur beim Jahresabschluß, bei der Gesellschaft m. b. H. dagegen die Ziffer des Stammkapitals kontinuierlich in Wirksamkeit ist. In dem Moment, wo der Beschluß in das Handelsregister eingetragen worden ist, ist der Normalpunkt des Pegels herabgesetzt (Erl 1). Das Wehr kann gesenkt, das Wasser zum Abfluß gebracht werden. Die Gesellschaft kann zu Auszahlungen schreiten, ohne das Ende des Geschäftsjahres abwarten zu müssen, vorausgesetzt allerdings, daß die Ziffer des Stammkapitals erheblich genug herabgesetzt ist (daß das nunmehrige Stammkapital intakt bleibt); s. auch unten unter b.

b) Handelt es sich bei der Herabsetzung des Stammkapitals um Rückzahlung auf Stammeinlagen, so ist nunmehr der Anspruch des Gesellschafters entstanden. Handelt es sich um Erlaß einer noch ausstehenden Rate, so ist der Anspruch auf sie erloschen. Weiterer rechtsgeschäftlicher Erklärungen bedarf es nicht. Der Rechtsgrund liegt in dem Gesellschafterbeschluß. — Hierbei ist aber eins zu beachten. Soll Herabsetzung des Stammkapitals erfolgen, so verläuft notwendig mehr als ein Jahr, bis es zur Eintragung der Herabsetzung kommen kann, und niemand weiß, wie alsdann die Dinge liegen werden. Eine Unterbilanz kann inzwischen sich mehr oder weniger gemindert haben oder ganz verschwunden sein. Es muß den Gesellschaftern in solchen Fällen freistehen zu beschließen, daß die Herabsetzung fortfallen, aber auch daß sie dem geminderten Bedürfnis entsprechend gestaltet werden soll. Erhöht kann der Betrag der Minderung nicht werden, wohl aber ermäßigt. Der Beschluß, überflüssiges Kapital an die Gesellschafter zurückzuzahlen, kann nach Ablauf des Jahres auf mehr oder weniger veränderte Verhältnisse stoßen, und auch hier kann unmöglich der Gesellschaft verwehrt sein, dem Rechnung zu tragen. Mit anderen Worten, man wird entgegen der herrschenden Lehre annehmen müssen, daß der Anspruch des Gesellschafters auf die Zahlung und ebenso der Erlaß der ausstehenden Stammeinlage oder ein Anspruch darauf mit der Eintragung der Herabsetzung in das Handelsregister überhaupt erst entsteht und vorher auch als bedingter nicht bestanden hat, in welchem Falle der abändernde Beschluß nur mit Zustimmung aller Gesellschafter gefaßt werden könnte. — Ganz unabhängig hiervon kommt gegenüber diesen Auszahlungen an die Gesellschafter die Vorschrift des § 30 Abs 1 zur Geltung. Weist die Bilanz auch gegenüber dem herabgesetzten Stammkapital Unterbilanz auf, so verbietet sich aus diesem Grunde jede Auszahlung oder jede weitere Auszahlung. Es liegt mit diesen Ansprüchen der Gesellschafter nicht anders als mit ihrem Anspruch auf den Jahresgewinn nach Genehmigung der Bilanz und Verteilungsbeschluß. Der Anspruch ist selbständiges Gläubigerrecht geworden, aber nicht Drittgläubigerrecht (bestr., s. § 29 Erl 1 b).

5. Unter den gesetzlichen Mindestbetrag des Stammkapitals darf die Herabsetzung nicht hinuntergehen (vgl. hierzu Erl 1 zu § 5). Der zweite Satz des Absatzes zieht für bestimmte Fälle noch eine zweite Schranke. Nicht so sehr das, was er sagt, als vielmehr das, was der Gesetzgeber, als er sich so ausdrückte, stillschweigend voraussetzte, hat viel Kopfzerbrechen verursacht, zumal in den Motiven die Rechtfertigung der Bestimmung zu kurz und undeutlich in den stillschweigenden Voraussetzungen ausgefallen ist. Doch dürfte die Sache jetzt wenigstens im Grundgedanken klargestellt sein. S. Hachenburg § 58⁷,⁸; Neukamp 338 ff.; Scholz 577; Feine 616; Liebmann § 58³,⁴. Die Herabsetzung des Stammkapitals bedingt in keiner Weise die entsprechende Herabsetzung der Stammeinlagen, d. h. des Nennbetrages der Geschäftsanteile. Freilich bestimmt § 5 Abs 3, daß der Gesamtbetrag der Stammeinlage mit dem Stammkapital übereinstimmen müsse. Aber das gilt nur vom Anfangsstadium der Gesellschaft, und wenn man der herrschenden Lehre folgt, wenn es richtig ist, daß die Gültigkeit des Gesellschaftsvertrages und der Gesellschaft dadurch keinen Abbruch erleidet, daß die Beteiligung eines einzelnen Gesellschafters nichtig ist (vgl. Erl 3 a zu § 5), gilt es nicht einmal in diesem Stadium ausnahmslos. Dann stimmt die Rechnung schon von vornherein nicht. Sie stimmt nicht mehr, wenn ohne Herabsetzung des Stammkapitals, was zulässig ist, ein oder mehrere Geschäftsanteile amortisiert werden. Wie in diesen Fällen die Summe der Geschäftsanteile hinter dem Betrag des Stammkapitals zurückbleibt, so ist es unschädlich und unbedenklich, daß sie im Falle einer Herabsetzung des Stammkapitals darüber hinausgeht. Die Ziffern der Stammeinlagen brauchen deshalb nicht geändert zu werden. Das ist höchstens ein Schönheitsfehler (s. § 14 Erl 1 a). Die Ziffer der Stammeinlage hat reale Bedeutung, wenn es gilt, den Beitrag des Gesellschafters zu bestimmen und zu beschaffen. Ist das geschehen — sei es in bar, sei es in Verpflichtung zu künftiger Leistung —, so wird die Ziffer zu einem reinen Index und Exponenten. Als Nennbetrag indiziert sie die Beitragsleistung des Gesellschafters, ohne das Geringste auszusagen über den Wert des Geschäftsanteiles, und als Exponenten kann man die Ziffer insofern bezeichnen, als sie das Verhältnis angibt, in welchem der Geschäftsanteil mit den übrigen Geschäftsanteilen an der Gesellschaft beteiligt ist. Das kommt in einem Bruch zum Ausdruck, in welchem den Zähler die Stammeinlage, den Nenner nun nicht das Stammkapital, sondern die Summe aller existierenden Geschäftsanteile nach ihrem Nennwert, die Summe aller Stammeinlagen darstellt. Sind drei Geschäftsanteile von je 20 000 M. vorhanden, so ist es bei Herabsetzung des Stammkapitals auf 30 000 M. ganz gleich, ob man die Beteiligung jedes Gesellschafters und seines Geschäftsanteiles mit $^{20}/_{60}$ bezeichnet oder mit $^{10}/_{30}$. Man kann es also bei dem Nennbetrag von 20 000 M. belassen, und man kann auch den Betrag auf 10 000 herabsetzen. Das letztere mag unter Umständen vorzuziehen sein, wo es der Klarheit und Übersichtlichkeit der Verhältnisse dient. Ersteres wird der Tatsache gerechter, daß die Ziffer zugleich den geleisteten Gesellschaftsbeitrag indiziert. Aus dem letzteren Grunde liegt es dann auch ganz anders, wenn die Herabsetzung des Stammkapitals geschieht, um eine allgemeine Zurückzahlung eines Teiles der Stammeinlage an alle Gesellschafter oder einen solchen allgemeinen Erlaß einer noch ausstehenden Rate auf die Stammeinlage zu ermöglichen. Hier muß die Stammeinlagenziffer entsprechend reduziert werden. Geschähe das nicht, dann wäre nicht erreicht, was man erreichen will. Es wäre dann wohl Geld an den Gesellschafter gezahlt. Daß es gerade Stammeinlage ist, was zurückgezahlt wird, kann gar nicht anders zum Ausdruck und zur Geltung kommen als in der Veränderung der Indexziffer. Also nicht, weil das Stammkapital herabgesetzt wird, müssen die Stammeinlagen auf den gleichen Fuß gebracht werden, sondern umgekehrt, weil die Stammeinlagen reduziert werden sollen, muß das Stammkapital herabgesetzt werden. Und so kommt es, daß nur in diesem Falle die Vorschrift des § 5 über den Mindestbetrag der Stammeinlage der Herabsetzung des Stammkapitals eine weitere Schranke bietet. Das schärft die gegenwärtige Bestimmung ein, und was sie sachlich sagt, ist im Grunde dieses: Auch unter Herabsetzung des Stammkapitals darf immer nur der das gesetzliche Mindestmaß der Stammeinlage übersteigende Betrag einer Stammeinlage zurückgezahlt oder erlassen werden. Nimmt man zu dieser insoweit nicht mißzuverstehenden Bestimmung des Gesetzes selbst die Worte der Begründung hinzu, dann gelangt man zu dem Ergebnis: Die Bestimmung des § 5 über den Mindestbetrag der Stammeinlage gilt uneingeschränkt auch bei der Herabsetzung des Stammkapitals. Im Falle der Herabsetzung zum Zweck der Beseitigung einer Unterbilanz bildet sie keine Schranke. Man braucht dann die Stammeinlagen nicht zu reduzieren, und man darf sie nicht reduzieren, wenn man damit bei einem oder dem anderen Geschäftsanteil unter das Mindestmaß hinunterkommt. In letzterer Beziehung behauptet Liebmann § 58³ das Gegenteil; ebenso Feine 616 mit der unhaltbaren Begründung, daß gesetzlich nicht vorgeschrieben sei, die Geschäftsanteile nach dem Betrag der Stammeinlage zu benennen, die Gesellschaft daher in der Wahl des Nennbetrages freie Hand habe (also bei einer Stammeinlage von 70 000 M. dem Geschäftsanteil den Nennbetrag von 40 000 M. verleihen könne?). Gegen Liebmann Scholz 578. Wohl aber kann die Herabsetzung des Stammkapitals zum Zweck der Rückzahlung oder des Erlasses von Stammkapital an dieser Schranke scheitern. — Nur vom letzteren Falle spricht das Gesetz. Es muß aber auch auf die Fälle angewendet werden, wo die Herabsetzung auf Rückzahlung von Nachschüssen und über-

haupt auf Verschaffung freier Mittel ausgeht. Andernfalls ließe sich die Vorschrift auf das leichteste umgehen.

Die ganze Bestimmung, die soviel Staub aufgewirbelt hat, hat nur den Zweck, der Umgehung des § 5 vorzubeugen. Es wäre ohne sie ausführbar, daß eine Gesellschaft, nachdem vor ihrer Eintragung in das Handelsregister 25% der Stammeinlage eingezahlt worden sind, nach ihrer Eintragung — ist nur das Stammkapital dazu hoch genug — unter dessen Herabsetzung auf 50 oder 75% der Stammeinlage verzichtet und damit auf kleine und kleinste Geschäftsanteile käme. Die Befürchtung, daß die Rechtsprechung gegenüber solchen Umgehungen hilflos sich erweisen könnte, war gewiß nicht unbegründet. Aber dafür hat der Gesetzgeber doch seltsame Entscheidungen in den Kauf genommen. Zum Zweck der Zurückzahlung von Stammeinlagen und, wie man weiter folgern muß, zum Zweck, freie Reserven zu schaffen, kann eine Gesellschaft m. b. H. ihr Stammkapital von 60 000 M. auf 20 000 M. herabsetzen, wenn drei Geschäftsanteile von je 20 000 M. bestehen; sie kann es nicht nur nicht auf 20 000 M., sondern überhaupt nicht herabsetzen, wenn 120 Geschäftsanteile von je 500 M. bestehen. Auch eine Millionengesellschaft kann es nicht, wenn auch nur ein Geschäftsanteil das Mindestmaß nicht überschreitet. Freilich kann die Gesellschaft ja auch zu einer ungleichmäßigen Zurückzahlung sich entschließen. Aber dazu müssen die Benachteiligten ihre Zustimmung erteilen.

§ 59

Auf die Anmeldungen zu dem Handelsregister eines Gerichts, in dessen Bezirke die Gesellschaft eine Zweigniederlassung besitzt, finden die Bestimmungen im § 57 Absatz 2, Absatz 3 Nr. 1 und im § 58 Absatz 1 Nr. 4 keine Anwendung[1]).

Österr. Gesetz § 60.

1. Nach § 13 HGB ist die in das Handelsregister der Hauptniederlassung eingetragene Erhöhung oder Herabsetzung des Stammkapitals zu dem Handelsregister jeder Zweigniederlassung anzumelden (nicht notwendig durch alle Geschäftsführer, § 78). Während die Anmeldung zum Register der Hauptniederlassung im freien Entschluß der Gesellschaft liegt, kann, wenn dort die Eintragung geschehen ist, hier die Anmeldung durch Ordnungsstrafen erzwungen werden. Die Eintragung erfolgt hier auf Grund des Nachweises, daß die Eintragung bei dem Register der Hauptniederlassung geschehen ist. Eine nochmalige Prüfung der Unterlagen der Anmeldung findet nicht statt. (S. aber auch § 12 Erl 1 d.) Daher ist überflüssig

a) bei Kapitalerhöhung: die Versicherung der Geschäftsführer, daß und wieviel auf die neuen Stammeinlagen eingezahlt worden ist (§ 57 Abs 2), und die Beibringung der betreffenden Übernahmeerklärungen (§ 57 Abs 3 Ziff 1);

b) bei Herabsetzung des Stammkapitals: die Beibringung der in § 58 Abs 1 Ziff 4 genannten Bekanntmachungen und die Versicherung der Geschäftsführer, daß die Gläubiger, welche der Herabsetzung nicht zugestimmt haben, befriedigt oder sichergestellt sind.

Mit anderen Worten, von den besonderen nach §§ 57 und 58 bei der Anmeldung einer Kapitalserhöhung oder -herabsetzung vorgeschriebenen Anlagen verbleibt nur die ersterenfalls vorgeschriebene Liste der neuen Gesellschafter (vgl. Erl 1 zu § 12).

Fünfter Abschnitt.

Auflösung und Nichtigkeit der Gesellschaft.

§ 60

Die Gesellschaft mit beschränkter Haftung wird aufgelöst[1]):

1. durch Ablauf der im Gesellschaftsvertrage bestimmten Zeit[2]);

2. durch Beschluß der Gesellschafter; derselbe bedarf, sofern im Gesellschaftsvertrage nicht ein anderes bestimmt ist, einer Mehrheit von drei Vierteilen der abgegebenen Stimmen[3]);

3. durch gerichtliches Urteil oder durch Entscheidung des Verwaltungsgerichts oder der Verwaltungsbehörde in den Fällen der §§ 61 und 62[4]);

4. durch die Eröffnung des Konkursverfahrens[5]); wird das Verfahren nach Abschluß eines Zwangsvergleichs aufgehoben oder auf Antrag des Gemeinschuldners eingestellt, so können die Gesellschafter die Fortsetzung der Gesellschaft beschließen[6]).

Im Gesellschaftsvertrage können weitere Auflösungsgründe festgesetzt werden[7]).

Österr. Gesetz § 84.

1. Die Gesellschaft wird aufgelöst, bedeutet nicht, daß in dem betreffenden Zeitpunkt die Gesellschaft aufhört zu bestehen, es bedeutet vielmehr nur, daß sie aufhört, ihren Zweck zu verfolgen, daß sie ihr Unternehmen und ihren auf dieses gerichteten Betrieb einstellt und statt dessen die Geschäfte abwickelt (welcher Satz aber nicht auch in der Umkehrung gilt; dadurch, daß die Gesellschaft den Betrieb einstellt, löst sie sich noch nicht auf). Die juristische Persönlichkeit und ihre Organisation dauert fort (vgl. RG 41, 95; 48, 311; 92, 83; in Recht 1910, 1162; 1912, 3423). Es gilt, ihre ausstehenden Forderungen einzuziehen, ihre Verbindlichkeiten zu erfüllen, und wenn auch die sich anschließende Auseinandersetzung der Gesellschafter sachlich eine innere Gesellschaftsangelegenheit ist, so findet juristisch doch auch sie zwischen der Gesellschaft — also der noch bestehenden — und den Gesellschaftern statt, bedarf übrigens auch zwecks Umsetzung des Gesellschaftsvermögens in Geld der rechtsgeschäftlichen Betätigung gegenüber Dritten. Selbst wenn nach formell beendeter Liquidation sich ergibt, daß Gesellschaftsvermögen noch vorhanden ist, ist auch das Rechtssubjekt, die Gesellschaft m. b. H., wieder zur Stelle. Wer z. B. als Bürge der Gesellschaft nach beendeter Liquidation oder beendetem Konkurs in Anspruch genommen wird, kann sich nicht darauf berufen, daß die Gesellschaft erloschen sei und der Hauptschuldner nicht existiere. Solange noch Vermögen vorhanden ist, verschwindet auch die juristische Person nicht (RG 41, 95; KGJ 31, 267; 41, 138; 45, 184). So, wenn sich ergibt, daß noch Schulden vorhanden sind und die Gesellschaft gegen ihren Geschäftsführer oder Liquidator Anspruch auf Ersatz hat, falls sie den Gläubiger befriedigt (JW 1921, 253[3], Anspruch auf Gerichtskosten; BayRpflZ 27, 66). S. auch Erl 3b zu §74. — Die Gesellschaft wird aufgelöst, aber sie erlischt nicht im Sinne des §1061 BGB; ein der Gesellschaft zustehender Nießbrauch, ein ihr als beschränkt persönliche Dienstbarkeit (§ 1090 BGB) bestelltes Abbaurecht geht durch Auflösung der Gesellschaft, namentlich dadurch, daß sie in Konkurs gerät, nicht unter (ZBlFG 13, 410). — Ein für oder gegen die Gesellschaft anhängiger Prozeß wird an und für sich dadurch nicht unterbrochen, daß sie aufgelöst wird (SächsArch 09, 456), und überhaupt nicht, wenn die Geschäftsführer als die Liquidatoren eintreten. — Der Abbruch der Kontinuität liegt nicht in den rechtlichen, sondern in den wirtschaftlichen Verhältnissen. Die Person bleibt, sie verschwindet erst mit dem letzten Vermögensstück (stark abweichend, aber ganz singulär RG 85, 397; vgl. hierzu unten Erl 5). Zutreffend ist darauf hingewiesen worden, daß man zu richtiger Vorstellung gelangt, wenn man die Ausdrücke auflösen, Auflösung gewissermaßen nicht statisch, sondern dynamisch versteht, was sprachlich ebensogut möglich ist, nicht im Sinne eines momentanen Ereignisses, sondern im Sinne eines nunmehr einsetzenden, fließenden, in der Zeit verlaufenden Geschehens. Die Gesellschaft wird aufgelöst heißt dann, man ist damit befaßt, sie aufzulösen, was nicht mit einem Schlage geschehen kann. Man darf nur den guten Gedanken nicht mit dem Versuch belasten, das als den Sprachgebrauch des Gesetzes nachzuweisen. Darauf kommt gar nichts an. Die Gesellschaft, bisher mit ihrer produktiven Tätigkeit befaßt, bricht diese ab und macht sich an ihre Liquidation. Der Sachverhalt liegt auf der Hand. Daran ändert diese oder jene Wendung im Gesetze nichts. — Auch steuerrechtlich verschwindet die Gesellschaft m. b. H. nicht, solange noch Vermögen, Forderungen oder auch nur Schulden vorhanden sind (RFH 3, 196; 5, 108). Während der Liquidation dauert die objektive und subjektive Steuerpflicht der Gesellschaft m. b. H. fort; dagegen ist für die Veranlagung der Gesellschaft zur Körperschaftssteuer in diesem Stadium kein Raum (§ 14 Körperschaftssteuer-Ges; RFH 10, 23; RFH in JW 1921, 1191).

2. a) Ist im Gesellschaftsvertrage eine Zeitdauer fest bestimmt, so tritt mit dem bestimmten Tage ohne weiteres auch die Auflösung der Gesellschaft ein. Doch muß der Zeitpunkt als solcher ausdrücklich bezeichnet sein. Es genügt nicht, daß aus dem sachlichen Zwecke des Unternehmens sich mehr oder weniger die Beschränkung auf eine bestimmte Dauer ergibt, sei es von vornherein, sei es im Laufe der Dinge. Die Wortfassung ist hier enger als in § 3 Abs 2.

b) Die Bestimmung eines Endtermins steht dem Beschlusse, die Gesellschaft vor dem Endtermin aufzulösen, nicht entgegen (vgl. auch Erl 3). Sie kann aber auch so gemeint sein, daß einzelnen oder allen Gesellschaftern ein Sonderrecht auf Einhaltung der Zeit zustehen soll. Dann bedarf der Beschluß ihrer Zustimmung, es sei denn, daß ein wichtiger Grund zur Auflösung besteht (§ 61; RG in HoldheimsMSchr 23 S. 53, 156).

c) Der einzelne Gesellschafter kann gegen die Gesellschaft Klage erheben, daß sie die Auflösung zum Handelsregister anmeldet (RG in HoldheimsMSchr 08, 253). Wird unter Nichtbeachtung des Endtermins die Gesellschaft, d. h. ihr Unternehmen, fortgesetzt, so findet im Verhältnis zu Dritten § 77 Abs 2 entsprechende Anwendung. Ist der Beschluß ungültig gewesen, so haben die Gesellschafter, welche widersprochen haben, Anspruch auf die Liquidationsquote, wie diese sich am Tage des Endtermins gestellt haben würde (RG 81, 69). Die Gesellschaft ist dann in der Lage, die Geschäftsanteile der so ausscheidenden Gesellschafter einzuziehen, und in der Auszahlung der „Liquidationsquote" dürfte Einziehung der Geschäftsanteile liegen.

d) Auch wenn die Gesellschaft auf bestimmte Zeit gegründet ist, steht nichts im Wege, daß die Gesellschafter die Verlängerung auf bestimmte oder unbestimmte Zeit beschließen. Darin läge aber nicht nur Statutenänderung, sondern auch ein Eingriff in das Sonderrecht jedes einzelnen Gesellschafters auf Liquidation und Auskehrung der Liquidationsquote. Eine andere Frage ist, ob ein solcher Beschluß auch noch gefaßt werden kann, nachdem der Endtermin eingetreten ist, oder allgemeiner, ob eine aufgelöste Gesellschaft den werbenden Geschäftsbetrieb wieder aufzunehmen beschließen kann. Die früher allgemein geteilte Auffassung, daß das begrifflich ausgeschlossen erscheine, ist im Anschluß an die Wendung der Rechtsprechung zunächst des Kammergerichts, sodann auch des Reichsgerichts (JFG 2, 263; 4, 206 Dresden; RG 118, 337) fast ebenso allgemein in das Gegenteil umgeschlagen. Es ist kein Grund, der Gesellschaft zu versagen, daß sie den eingestellten Betrieb wieder aufnimmt, vorausgesetzt, daß die Auflösung auf einer Bestimmung des Gesellschaftsvertrages oder auf freier Entschließung der Gesellschafter beruht, daß die Liquidation noch nicht durch Auskehrung des Vermögens an die Gesellschafter beendet ist, daß überhaupt Gesellschaftsvermögen an die Gesellschafter noch nicht verteilt oder, wenn verteilt, das Weggegebene wieder zur Stelle geschafft ist. RG in JR 1929, 1672; Scholz in ZHR 93, 73 ff.; Hachenburg § 60[3]; Feine 648; Brodmann ZBH 3, 135; einschränkend Neukamp § 65 Erl 3 b; Scholz 599 (nur so lange, als die Auflösung der Gesellschaft noch nicht in das Handelsregister eingetragen worden ist; anders in ZHR 161); ablehnend Liebmann § 60 Erl 4.

In allen diesen Fällen kann der Beschluß, die Gesellschaft fortzusetzen, nur mit Zustimmung aller gefaßt werden (vgl. § 45 Erl 2, § 53 Erl 4 g), RG 81, 69; 118, 337; OLG 8, 260; 33, 363; zu eng OLG 16, 122; 27, 387; 50, 115.

3. a) Der Beschluß, die Gesellschaft aufzulösen, kann nach dem Gesetz nur mit verstärkter Mehrheit gefaßt werden, ist aber nicht Statutenänderung und kann daher auch formlos nach § 48 Abs 2 zustande kommen (KGJ 45, 178; OLG 27, 389); z. B. auch im Wege des Vergleichs in einem zwischen allen Gesellschaftern schwebenden Prozeß (OLG 40, 199); durch Unterzeichnung der für das Registergericht bestimmten Anmeldung der Auflösung; durch Briefwechsel (RG in DJZ 1921, 367). — Anders, wenn im Gesellschaftsvertrage ein Endtermin vereinbart war und dieser nicht eingehalten werden soll. Dann gilt neben § 60 Ziff 2 § 53. In diesem Falle kommt es erst durch die Eintragung des Beschlusses in das Handelsregister zur Auflösung der Gesellschaft, während im allgemeinen die in § 65 vorgeschriebene Eintragung der Auflösung nur deklarative Bedeutung hat. Ist aber die Geltung von § 60 Ziff 2 ausdrücklich bestimmt, dann bedarf es auch keiner Statutenänderung (RG 101, 78). Sollte vorkommen, daß Gründer einer Gesellschaft vereinbaren, daß diese unauflöslich sein soll, so würde das durch Statutenänderung jederzeit sich beseitigen lassen. Liebmann § 60[2]. Nicht anders wäre die Bestimmung aufzufassen, daß Auflösung nur einstimmig soll beschlossen werden können. Die Frage ist bestritten (Hachenburg § 60[12]; Scholz 603), aber insofern praktisch von geringerer Bedeutung, als beim Vorliegen eines wichtigen Grundes auf Auflösung der Gesellschaft geklagt werden kann.

b) Die Voraussetzungen des Auflösungsbeschlusses können im Gesellschaftsvertrage nicht nur wie bei der Aktiengesellschaft (§ 292 Ziff 2 HGB) verschärft, sondern auch gemildert werden. Dagegen kann die Entschließung nicht einem anderen Organe der Gesellschaft oder gar einem Dritten in die Hand gelegt werden.

c) Es ist nicht nötig, das Gesetz so zu verstehen, als müßte mit dem Beschluß aufzulösen zugleich auch schon die Auflösung erfolgen. Vielmehr steht nichts im Wege, wird oft genug sich gar nicht vermeiden lassen, mit dem Beschluß der Auflösung zugleich auch einen Termin festzulegen, mit welchem die Liquidation beginnen soll. Nur darf der Termin nicht so fern hinausgeschoben werden, daß aus der Auflösung eine auf bestimmte Zeit festgelegte Fortsetzung der Gesellschaft im Sinn der Ziff 1 wird. Das wäre Statutenänderung und würde daher erst mit der Eintragung des Beschlusses in das Handelsregister wirksam. Die Grenze ist nicht mit Sicherheit zu bestimmen, aber die Verlegung der Auflösung auf den Schluß des laufenden Geschäftsjahres wird man unter keinen Umständen als Statutenänderung auffassen können. Vgl. Scholz 601; Feine 628. — Wie mit dem betagten Auflösungsbeschluß verhält es sich nach diesseitiger Auffassung mit dem bedingten, d. h. es muß sich um eine Bedingung handeln, welche sich in naher Zukunft entscheiden muß. Anders RG 65, 264; Hachenburg § 60[15]; Liebmann § 60[3]; Neukamp § 60[4a].

d) Ein Recht, die Gesellschaft zu kündigen, steht dem einzelnen Gesellschafter nach dem Gesetze nicht zu. Seine Bewegungsfreiheit liegt darin, daß er durch Veräußerung des Geschäftsanteils ausscheiden kann (RG 73, 432). Wohl aber kann einzelnen im Gesellschaftsvertrage das Recht der Kündigung als Sonderrecht bedungen werden (OLG 16, 122). Das kann auch indirekt geschehen, insofern es aus den sachlichen Abmachungen zu entnehmen ist (OLG 28, 363). Kündigt in solchem Falle der Gesellschafter, so steht den übrigen Gesellschaftern nicht das Recht zu, unter Abfindung des Kündigenden die Gesellschaft fortzusetzen. Ist im Gesellschaftsvertrage bedungen, daß die Gesellschafter im Falle einer Kündigung berechtigt und verpflichtet sein sollen, den Geschäftsanteil des Kündigenden zum Bilanzwerte zu übernehmen, so muß dieser das Recht hierauf vor Ablauf der Kündigungsfrist geltend machen (RG 95, 40). Ist die Stammeinlage noch nicht voll eingezahlt, so bleibt der Ausscheidende zur Zahlung verpflichtet, sofern nicht der Geschäftsanteil ordnungsmäßig eingezogen wird (RG 93, 326). Ob die Kündigung vor Ablauf der Kündigungsfrist ohne Zustimmung der Gesellschaft zurückgenommen werden kann, hängt von dem Inhalte der Vereinbarung ab. Im Zweifel ist es zu verneinen. Mit Zustimmung der Gesellschaft ist es zulässig, und zwar genügt, da die Kündigung nicht den einzelnen Gesellschaftern, sondern der Gesellschaft erklärt wird, daß diese mit einfacher Stimmenmehrheit die Zustimmung beschließt. Über die Kündigung einer Kartellgesellschaft s. § 3 Erl 8 c.

4. Zu Ziff 3 vgl. Erl zu §§ 61, 62.

5. a) Die Auflösung der Gesellschaft durch Eröffnung des Konkurses über ihr Vermögen hat an und für sich keine andere Bedeutung als jede andere Auflösung. Sie hat auch hier nicht die Beendigung der Existenz der Gesellschaft zur Folge, sondern nur die Beendigung des auf ihren Zweck gerichteten Betriebes. Die Verwertung und Aufteilung des Vermögens der Gesellschaft bedingt die Fortdauer ihrer juristischen Persönlichkeit mit ihrer ganzen Organisation, nur ist sie Gemeinschuldnerin geworden und hat die Macht verloren, ihr Vermögen, soweit es zur Konkursmasse gehört (§ 1 Abs 1 KO), zu verwalten und darüber zu verfügen (RG 77, 154; 98, 93; OLG 27, 380; ZBlFG 13, 410; vgl. auch RG 81, 335). Das Konkursverfahren hat den Zweck, die Gläubiger der Gesellschaft gemeinschaftlich zu befriedigen. Bleibt nach seiner Beendigung in irgendeiner Gestalt Gesellschaftsvermögen nach, so muß sich die Liquidation anschließen, die nicht mehr Sache des Konkursverwalters ist.

b) Die Organe der Gesellschaft behalten ihre bisherige Funktion, soweit diese nicht auf den Konkursverwalter übergeht oder durch seine Machtbefugnisse absorbiert wird. Es steht auch nichts im Wege, daß in den Personen, die die Organstellung einnehmen, eine Änderung eintritt, die dann auch gegebenenfalls in das Handelsregister einzutragen ist (LZ 1918, 180). (Die dadurch entstehenden Kosten sind nicht Massekosten, gehen überhaupt die Konkursmasse nichts an, KGJ 28 B 48.) — Den Geschäftsführern insbesondere liegt gegebenenfalls ob: die Beschwerde gegen den Konkurseröffnungsbeschluß (§ 109 KO), die Pflicht zur Auskunfterteilung (§ 100 KO), die Leistung des Offenbarungseides nach § 125 KO, die dem Gemeinschuldner zustehende selbständige Prüfung und nötigenfalls das Bestreiten angemeldeter Forderungen (§ 144 KO), die Prozeßführung hinsichtlich ihrer nach § 144 Abs 2 KO, Vorschlag eines Zwangsvergleichs (§ 173 KO), Prozeßführung gegen Gesellschafter über ihre Mitgliedschaft (vgl. JW 1896, 373), Anfechtung von Gesellschafterbeschlüssen (vgl. RG 76, 244), Einberufung der Gesellschafterversammlung, Anmeldung zum Handelsregister u. ä. (RG 68, 381; KGJ 48, 134). Bei Veräußerung von Teilen von Geschäftsanteilen hat nicht der Konkursverwalter, sondern der Geschäftsführer die Genehmigung zu erklären (BauersZ 18, 133). Ebenso die Entbindung des Rechtsanwalts der Gesellschaft von der Amtsverschwiegenheit (DJZ 04, 128). Der Streit darüber, ob die Gesellschaft ihre Firma zu Reklamezwecken gebrauchen darf, berührt die Konkursmasse nicht (JW 02, 95). Auch nicht eine Patentnichtigkeitsklage, wenn die Gesellschaft m. b. H. der Kläger ist (DJZ 06, 85; BlPMZ 10, 213; 11, 184; s. aber auch Liebmann § 64[17]). Den Offenbarungseid hat für die Gesellschaft, wenn während des Konkurses in der Person des Geschäftsführers ein Wechsel eintritt, der jeweilige Geschäftsführer zu leisten (OLG 6, 144; BadRpr 21, 37; anders Hachenburg § 63[12]; Scholz 628). Der Geschäftsführer kann sich dieser Verpflichtung aber nicht dadurch entziehen, daß er seine Stellung aufgibt (HansGZ Beibl 1910 Nr. 90). Darauf, wer im Handelsregister als Geschäftsführer eingetragen ist, kommt es nicht an (OLG 24, 157; BauersZ 21, 58).

c) In allen diesen Beziehungen ist es einflußlos, daß der Konkursverwalter nach § 22 KO das Dienstverhältnis des Geschäftsführers kündigt, der vielmehr seinen Verpflichtungen erst enthoben ist, wenn er seinerseits in der Lage ist, der Gesellschaft nach § 626 BGB seine Stellung aufzukündigen (KGJ 48, 134; vgl. auch OLG 27, 380). Das Verhältnis des Geschäftsführers zur Gesellschaft zu lösen ist überhaupt nicht Sache des Konkursverwalters (a. A. OLG 6, 500). — Dem Aufsichtsrat zu kündigen ist der Konkursverwalter nicht befugt, übrigens auch insofern nicht interessiert, als diesem für die Zeit nach Eröffnung des Konkurses Anspruch auf Vergütung nicht zusteht, so daß er gehalten ist, auch ohne Vergütung seines Amtes zu walten. So wenigstens die wohl mehr nur auf den gegebenen Fall zugeschnittene Entscheidung RG 81, 335. Im allgemeinen führt die Vorschrift des § 22 KO (nicht § 23 Abs 2, wie SeuffA 62, 221 will; RG in LZ 09, 689) dazu, daß die Vergütung für die Zeit von Eröffnung des Konkurses bis Ablauf der Frist nach Kündigung durch den Konkursverwalter (oder die Gesellschaft) Masseschuld ist, vorausgesetzt, daß ein solcher Anspruch überhaupt erwächst, was bei dem Aufsichtsrat, wenn er nur Tantieme bezieht, nicht der Fall ist. Der Anspruch aus früherer Zeit ist einfache Konkursforderung (vgl. auch OLG 6, 500). Das Vorzugsrecht nach § 61 Ziff 1 KO kommt weder dem Aufsichtsrat noch dem Geschäftsführer zu (bestr., s. § 6 Erl 5 c). Ebensowenig dem Liquidator (LZ 1912, 718[1]). — Kosten, welche im Bereich der der Gesellschaft verbleibenden Funktionen erwachsen, berühren nicht die Konkursmasse (KGJ 28 B 48).

d) Übrigens aber geht die Verwaltung des verwertbaren Vermögens der Gesellschaft in die

Hände des Konkursverwalters über, der in dieser Beziehung an Mitwirkung der Gesellschaftsorgane und an Beschlüsse der Gesellschafter nicht gebunden ist (vgl. RG 76, 248), namentlich kann er auch die Rückstände auf die Stammeinlagen sowie Nachschüsse, deren Einforderung vor Eröffnung des Konkurses wirksam beschlossen war, einziehen (RG 76, 436). — Gegenüber Anfechtung von Beschlüssen aus der Zeit vor Eröffnung des Konkurses ist der Konkursverwalter zur Vertretung der Gesellschaft nur insoweit berufen, und zwar er allein, als die Aufhebung des Beschlusses die Konkursmasse berührt; gegenüber der Anfechtung einer Entlastung kann er auch dann die Gesellschaft nicht vertreten (vgl. RG 76, 246). Dagegen kann die Klage auf Entlastung gerade nur gegen ihn gerichtet werden (RG das.). — In dem Prozeß, welchen der Konkursverwalter für die Masse führt, kann der Geschäftsführer als Zeuge vernommen werden (RG in LZ 1914, 775[19]). Auch nach Beendigung des Konkurses kann der Verwalter in die Lage kommen, die Masse im Prozeß zu vertreten (OLG 19, 231).

e) Kann der Konkursverwalter die Firma der Gesellschaft oder das Geschäft im ganzen mit der Firma veräußern? Es kann trotz des Konkurses die Firma sehr wohl noch von Wert sein, und es wäre übel, wenn aus formellen Gründen die Verwertung unausführbar wäre. Es ist davon auszugehen, daß die bestehende Gesellschaft ihre Firma veräußern und trotzdem weiterbestehen kann. Nur muß sie dann ihrerseits eine andere Firma annehmen. Ohne Firma kann sie nicht sein, auch die Liquidationsgesellschaft nicht. So RG 107, 31 (wo die Ausführungen desselben Senats in RG 85, 397 als unhaltbar aufgegeben werden). Da die Annahme einer anderen Firma Statutenänderung bedingt, hängt die Entscheidung davon ab, ob nach Auflösung der Gesellschaft (Liquidation oder Konkurs) Statutenänderungen noch zulässig sind. S. hierüber § 69 Erl 2 a. E. Der vorliegende Zusammenhang ist ein starkes Argument gegen die Verneinung der Frage. Scholz 603. — Der Konkursverwalter kann aber die Firma nur mit Genehmigung der Gesellschaft veräußern. Nach KG in JR 28, 240 kann in der Liquidation die Firma geändert werden, wenn ein begründeter Anlaß dazu gegeben ist; die Gesellschaft kann aber ohne das nicht beschließen, ihre Liquidation unter veränderter Firma durchzuführen. Wenn KGBl 1920, 81 der Schwierigkeit mit der Annahme begegnen will, daß sich die Firma des Erwerbers ausreichend unterscheide, wenn der Zusatz Gesellschaft m. b. H. fortgelassen wird, so kann dem nicht gefolgt werden. Der Zusatz hat eben nicht die genügende Unterscheidungskraft. Daran darf nicht gerüttelt werden, und wenn es überhaupt gelten soll, muß es auch hier gelten. Auch wäre in dem Falle damit nicht geholfen, wo der Erwerber eine Gesellschaft m. b. H. ist (vgl. auch OLG 14, 370 sowie Erl 3 zu § 68).

Vgl. auch §§ 63, 64 und Erl dazu.

6. a) Ist das Konkursverfahren durchgeführt, so schließt sich erforderlichenfalls die Liquidation an. Es kann Vermögen nachgeblieben sein, welches unter die Gesellschafter, nötigenfalls nach Umsetzung in Geld, zu verteilen ist, es können Ersatzansprüche der Gesellschaft gegen Geschäftsführer oder Gesellschafter geltend zu machen, schwebende Prozesse zu Ende zu führen sein (OLG 28, 365). Das alles ist entweder überhaupt nicht und jedenfalls nach Beendigung des Konkursverfahrens nicht mehr Sache des Konkursverwalters, sondern des — nötigenfalls zu ernennenden — Liquidators, vorausgesetzt, daß es sich nicht um einen Fall nach § 166 KO handelt, OLG 10, 101. Das gilt auch, wenn das Konkursverfahren nach Abschluß eines Zwangsvergleichs aufgehoben oder wenn es — unter Zustimmung aller Konkursgläubiger — auf Antrag der Gesellschaft eingestellt wird (§ 202 KO).

b) Durch die Novelle von 1898 ist in Übereinstimmung mit § 307 Abs 2 HGB bestimmt worden, daß in diesen beiden Fällen die Gesellschafter, statt zu liquidieren, die Fortsetzung der Gesellschaft beschließen können (vgl. § 144 HGB). Auch vom Standpunkt der Auffassung aus, daß die aufgelöste Gesellschaft den werbenden Geschäftsbetrieb wieder aufnehmen kann, besagt die Vorschrift nicht etwas Selbstverständliches. Denn jener Satz gilt nur, soweit die Auflösung auf dem Beschluß der Gesellschaft oder auf dem Statut beruht. S. oben Erl 2d. Es muß das nicht unmittelbar im Anschluß an die Einstellung des Konkursverfahrens, kann aber, wenn inzwischen ein Liquidator eingetreten ist und gehandelt hat, nur unbeschadet der Gültigkeit seiner Rechtsgeschäfte beschlossen werden. Es ist wohl anzunehmen, daß die Gesellschafter einen solchen Beschluß nur fassen, wenn Gesellschaftsvermögen noch vorhanden ist oder neue Mittel zu erwarten sind. Es geht aber zu weit, wenn RG in Recht 07, 3375 annimmt (ebenso Liebmann § 60[7]), daß in Ermangelung von Gesellschaftsvermögen der Beschluß nichtig ist. Woraus soll das folgen? Sind Schulden nicht auch Vermögen, und wenn nicht, wieviel Vermögen müßte es denn sein? Hachenburg § 63[22]; Scholz 631. Das Gesetz will in den beiden genannten Fällen der Gesellschaft die Möglichkeit eröffnen, die Konkurseröffnung als eine Episode zu behandeln, wie sie ja auch unter Umständen eine ganz vorübergehende Episode gewesen sein kann, um trotz ihrer das vielleicht aussichtsreiche Unternehmen in der bisherigen Weise fortzuführen. Das mußte bestimmt werden, wenn es überhaupt zulässig sein sollte. Mehr bestimmt das Gesetz aber auch nicht. Im übrigen unterliegt der Beschluß den geltenden allgemeinen Bestimmungen, und daraus ergibt sich, daß er ganz formlos gefaßt werden kann, daß aber die Streitfrage, ob er durch Stimmenmehrheit gefaßt werden kann, als welche Mehrheit dann nur die einfache in Frage kommen könnte, oder ob nur mit Zustimmung aller, in letzterem Sinne zu entscheiden ist. Es bedarf hierzu nicht der allgemeinen Erwägung, welche ohnehin kaum ausschlaggebend sein könnte, daß es keinem der einzelnen Gesellschafter zugemutet werden könne, unter präsumptiv so mißlichen Umständen sich an dem Unternehmen weiter zu beteiligen. Auch darauf kann es nicht ankommen, daß die Gesellschafter, wenn die Fortsetzung beschlossen wird, verpflichtet sind, alles, was sie etwa für Rechnung ihrer Liquidationsquote oder wie sonst aus dem Gesellschaftsvermögen bezogen haben, zurückzuzahlen. Ohne weiteres entscheidend und allein entscheidend ist, daß die Gesellschaft durch die Eröffnung des Konkurses aufgelöst worden ist. Damit hat die Mitgliedschaft, Sonderrecht jedes einzelnen Gesellschafters (vgl. oben Erl 2 d), das entsprechende Ende, genauer die entsprechende Umgestaltung erfahren (Anspruch auf die Liquidationsquote an Stelle der Beteiligung am Gesellschaftszweck), und über die Wiederaufnahme der Mitgliedschaft zu entscheiden steht niemandem zu als ihm allein. Hätte der Gesetzgeber es anders gemeint, so hätte er das sagen müssen. Sicherlich hätte er auch ein Wort der Begründung gefunden, warum, wenn einmal ein Mehrheitsbeschluß genügen soll, die Mehrheit nicht wenigstens eine qualifizierte soll sein müssen. RG 118, 340. Anders Hachenburg § 63[22]; Scholz 632, mit Gründen, welche obige Ausführungen nicht treffen, und insofern auch in Widerspruch mit sich selbst, als Hachenburg § 60[3] und offenbar auch Scholz 599 annehmen, daß eine aufgelöste Gesellschaft den werbenden Geschäftsbetrieb nur mit Zustimmung aller Gesellschafter wieder aufnehmen kann. In demselben Widerspruch bewegt sich Feine 649. A. A. auch Liebmann § 60[7]; wie hier Neukamp § 60[8b].

c) Mit dem Beschlusse, die Gesellschaft fortzusetzen, kann eine Erhöhung des Stammkapitals verbunden sein; unter Umständen kann die Fortsetzung davon abhängen, daß auf diese Weise neues Kapital hereinkommt. Dann können nicht nur, sondern müssen die betreffenden Übernahmeerklärungen der neuen Gesellschafter abgegeben werden, bevor die Fortsetzung beschlossen wird. A. A. RG in LZ 1912, 153[36] mit der mehr als bedenklichen Begründung, daß darin ein werbendes, liquidationswidriges Geschäft liege. Abgesehen davon, daß das liquidationswidrige Geschäft nicht nichtig ist (s. Erl 2 zu § 70), läßt sich nicht einsehen, weshalb nicht ein solches Geschäft zulässig sein soll, wenn es unter der — ausdrücklichen oder eingeschlossenen — Bedingung geschlossen wird, daß die Liquidation rückgängig gemacht wird. Die Entscheidung ist richtig, weil der Konkursverwalter geklagt hatte, den allerdings die Sache nichts anging.

d) Der Beschluß ist zur Eintragung in das Handelsregister anzumelden (§ 65), was durch Ordnungsstrafen erzwungen werden kann. Seine Wirksamkeit ist von der Eintragung nicht abhängig (vgl. auch JW 04, 44[14]).

7. a) Die Aufzählung der Auflösungsgründe in § 60 ist nicht erschöpfend. Das Gesetz will nicht in den Fällen vorgreifen, wo nach allgemeinem Recht die Gesellschaft als aufgelöst zu betrachten ist. Dahin gehört der Fall, daß die Gesellschaft ihren Sitz in das Ausland verlegt (vgl. hierzu RG 7, 68; OLG 16, 121). Eine Gesellschaft m. b. H kann ihren Sitz nur im Bereiche der Gesetzgebung haben, durch welche sie juristische Person ist, also existiert. S. § 12 Erl 3. Daher ist der Verlegungsbeschluß gleichbedeutend mit dem Beschluß, die bisherige Gesellschaft aufzulösen. Es müssen also nicht nur die Voraussetzungen der Statutenänderung, sondern muß es auch unter allen Umständen die in § 60 Ziff 2 vorgesehene Dreiviertelmehrheit gegeben sein. Die Gesellschaft kann beschließen, in der Gestalt zu liquidieren, daß das Vermögen nicht an die Gesellschafter verteilt, sondern auf die ausländische Gesellschaft übertragen wird, was aber, da der Anspruch auf die Liquidationsquote in Frage steht (vgl. Erl 2 zu § 45), nur mit Zustimmung aller geschehen kann. Die Gläubiger der Gesellschaft können den Verlegungsbeschluß nicht anfechten, wohl aber können sie beanspruchen, daß gemäß den Vorschriften über die Liquidation verfahren wird.

Etwas anderes ist es, daß die Gesellschaften m. b. H., welche durch die Gebietsveränderungen des sogenannten Friedensvertrages von Versailles an das Ausland gekommen sind, sich nicht infolgedessen aufgelöst haben, weil dadurch allein in den betroffenen Gebieten privatrechtlich der Rechtszustand sich nicht geändert hat. Es steht auch nichts im Wege, daß solche Gesellschaften ihren Sitz nach Deutschland zurückverlegen. Es kann aber nicht als richtig anerkannt werden (so Scholz 605 f.), daß Gesellschaften ihren Sitz im Inland nach jenen Gebieten verlegen können, ohne sich aufzulösen. Sie können im Ausland Zweigniederlassungen haben, wenn die dortige Gesetzgebung oder Verwaltung es zuläßt. Sie können aber nicht eine deutsche Gesellschaft m. b. H. bleiben, wenn sie ihren Sitz dorthin verlegen. Das würde selbst da gelten, wo die beiderseitigen Regelungen des Rechts der Gesellschaft m. b. H. völlig gleich wären, was sie aber in keinem Fall, wo die Gesetzgebung eingegriffen hat, sind.

b) Durch die tatsächliche Einstellung ihres Betriebes wird die Gesellschaft noch nicht aufgelöst (Recht 1914, 2132; KGJ 45, 178; RJA 13, 112; 14, 154; OLG 33, 7), auch nicht dadurch, daß sie den gesamten Betrieb verpachtet, wohl aber dadurch, daß sie jeden Geschäftsbetrieb endgültig aufgibt, vorausgesetzt, daß nicht noch Vermögen vorhanden ist, welches sie zusammenhält Vgl. JFG 4, 178, 1 auch § 74 Erl 5. Durch Veräußerung ihres gesamten Unternehmens wird die Gesellschaft dagegen selbst dann noch nicht ohne weiteres aufgelöst, wenn es unentgeltlich geschieht. Aber es liegt darin das Aufgeben, wenn nicht jedes Zweckes der Gesellschaft, so doch das des vereinbarten Zweckes. Es bedarf daher ein solcher Vertrag eines Beschlusses der Gesellschafter, welcher die Natur einer Statutenänderung hat, und der Dritte, welcher mit dem Geschäftsführer den Vertrag schließt, kann sich auf dessen Vertretungsmacht nicht berufen, wenn er weiß, daß der Geschäftsführer ohne den Willen oder gar gegen den Willen der Gesellschafter handelt. Vgl. Brodmann A.-R. § 235 Erl 3 und oben § 36 Erl 2 b. Anders die herrschende Lehre. — Zu dem Fall, daß das Geschäft mit der Firma veräußert wird, s. oben Erl 5 e.

c) Ist der Betrieb der Gesellschaft konzessionspflichtig, so hat die Entziehung der Konzession noch nicht die Auflösung der Gesellschaft zur Folge. Liegt ein Tatbestand nach § 62 vor, so findet die Auflösung durch gerichtliches Urteil statt.

d) Im Gesellschaftsvertrage können weitere Auflösungsgründe festgesetzt werden, z. B. Tod eines Gesellschafters, mangelnde Rentabilität des Unternehmens, was bedeutet, daß gegebenenfalls jeder Gesellschafter den Anspruch darauf hat, daß die Auflösung beschlossen wird. — Es muß das nicht unbedingt ausdrücklich gesagt sein. Es kann sich aus dem Inhalte der sachlichen Bestimmungen, namentlich auch aus der Bestimmung des Zweckes der Gesellschaft, mit hinreichender Deutlichkeit ergeben, daß unter bestimmten Voraussetzungen die Gesellschaft ein Ende nehmen soll. — Über Kündigung der Gesellschaft s. oben Erl 3 d. Scholz 607.

§ 61

Die Gesellschaft kann durch gerichtliches Urteil aufgelöst werden[1]), wenn die Erreichung des Gesellschaftszweckes unmöglich wird, oder wenn andere, in den Verhältnissen der Gesellschaft liegende, wichtige Gründe für die Auflösung vorhanden sind[2]).

Die Auflösungsklage ist gegen die Gesellschaft zu richten. Sie kann nur von Gesellschaftern erhoben werden, deren Geschäftsanteile zusammen mindestens dem zehnten Teile des Stammkapitals entsprechen[1]).

Für die Klage ist das Landgericht ausschließlich zuständig, in dessen Bezirk die Gesellschaft ihren Sitz hat[1]).

1. a) Die Gesellschaft nach bürgerlichem Recht kann von jedem Gesellschafter (nach Maßgabe der geltenden Vorschriften) gekündigt werden. Ebenso die offene Handelsgesellschaft. Dagegen ist bei der Aktiengesellschaft jede Kündigung durch die Aktionäre ausgeschlossen. Bei der Gesellschaft m. b. H. hat das Gesetz eine mittlere Linie gehalten. Es findet Kündigung durch Gesellschafter statt, aber einmal nur im Wege der Klage wegen Unmöglichkeit des Gesellschaftszweckes oder aus anderen wichtigen, in den Verhältnissen der Gesellschaft liegenden Gründen (vgl. § 133 HGB), und sodann ist dieses Recht zum sog. Minderheitsrecht abgeschwächt (vgl. Erl 1 a zu § 50, Hachenburg § 61 Einl). Nicht der einzelne Gesellschafter als solcher hat die Macht zu klagen. Die Klage kann nur erhoben werden, wenn der klagende Gesellschafter oder die mehreren gemeinschaftlich klagenden Gesellschafter mindestens den zehnten Teil des Stammkapitals an Geschäftsanteilen besitzen. Die Wendung zehnter Teil des Stammkapitals darf nicht streng wörtlich verstanden werden. Sie entspricht dem Regelfalle, wo das Stammkapital gleich ist der Summe der Stammeinlagen, und als Maßstab gemeint ist das Gewicht, mit welchem der oder die Kläger an der Gesellschaft beteiligt sind. Daher ist, wenn das Stammkapital und die Summe der Stammeinlagen ausnahmsweise nicht übereinstimmen, maßgeblich nicht das Stammkapital, sondern die Summe der Stammeinlagen. Denn nur so kommt man auf das richtige Verhältnis der Beteiligung. Das gilt nicht nur, wenn einzelne Geschäftsanteile fortgefallen sind, wenn das Stammkapital herabgesetzt worden ist ohne die entsprechende Herabsetzung der Stammeinlage (vgl. Erl 3 c zu § 58), sondern auch, wenn die Gesellschaft eigene Geschäftsanteile selbst besitzt. Insofern das der Fall ist, ruht jede eigenwillige Betätigung in Ausübung des gesellschaftlichen Rechts, und das Verhältnis der Beteiligung der übrigen Geschäftsanteile ist insofern nicht das zum Stammkapital, sondern das zur Summe der übrigen Stammeinlagen (vgl. Erl 2 b zu § 33). — Darauf, ob die Stammeinlagen eingezahlt worden sind, ob sie eingefordert und rückständig sind, kommt nichts an. — Ist in dem Gesellschaftsvertrag dem einzelnen Gesellschafter das Recht zur Kündigung bedungen, so wird dadurch nicht der Rechtsbehelf des § 61 gegenstandslos oder ausgeschaltet. Nicht nur selbstverständlich dann nicht, wenn das Kündigungsrecht nicht auf wichtige Gründe beschränkt ist. Auch wo nur aus wichtigem Grunde gekündigt werden kann und dann oft genug die Frage durch gerichtliche Entscheidung wird zum Austrag gebracht werden müssen, bleibt der Unterschied, daß die Kündigung sofort wirkt, während die Auflösung der Gesellschaft auf Grund der Klage erst mit dem rechtskräftigen Urteil eintritt. Anderseits kann das Kündigungsrecht so gestaltet werden, daß die Kündigung überhaupt nicht zur Auflösung der Gesellschaft führen muß.

b) Die Klage ist gegen die Gesellschaft zu richten, die von dem Geschäftsführer oder, wenn dieser zugleich Gesellschafter ist und selbst Kläger, von einer nach § 46 Ziff 8 zu bestellenden Persönlichkeit vertreten wird. Gegebenenfalls kann das Prozeßgericht durch einstweilige Verfügung der Gesellschaft einen Vertreter bestellen und dem Geschäftsführer insofern die Vertretungsmacht versagen (JW 1923, 87[11]; 1926, 2107). — Kläger sind die Gesellschafter, welche die Auflösung der Gesellschaft betreiben. Die übrigen Gesellschafter können als Nebenintervenienten den Klägern oder der Beklagten beitreten, können aber ersterenfalls ohne die Kläger den Prozeß nur durchführen, wenn sie ihrerseits den zehnten Teil des Stammkapitals vertreten (BadRp 17, 132[10]). Auf klägerischer Seite müssen während des ganzen Prozesses die 10% des Stammkapitals vertreten sein. Nimmt einer der hierfür unentbehrlichen Gesellschafter von der Klage Abstand, so ist diese hinfällig. Veräußert er seinen Geschäftsanteil, so ist das jedenfalls so lange ohne Bedeutung, als nicht der Erwerber der Gesellschaft angemeldet worden ist (§ 16). Aber auch dann hat es auf den Prozeß keinen Einfluß (§ 265 ZPO). A. A. (ohne Begründung) Hachenburg § 61[1]. Es handelt sich nicht um Veräußerung der im Streit befangenen Sache, allenfalls um Abtretung des geltend gemachten Anspruchs. Aber auch so ist die Klage abzuweisen, wenn der Erwerber des Geschäftsanteils erklärt, daß er der Auflösung widerspreche. Gerät einer der Kläger in Konkurs (oder befindet er sich in Konkurs), so gehört der Klaganspruch zur Konkursmasse und wird vom Konkursverwalter vertreten (RG 70, 64). — Auch wenn am Geschäftsanteil ein Pfandrecht oder Nießbrauch besteht, ist nur der Inhaber des Geschäftsanteils zur Klage berechtigt, der auch nicht an die Zustimmung der dinglich Berechtigten gebunden ist. Hachenburg § 61[1a], § 15 Erl 1[4] behauptet in letzterer Beziehung das Gegenteil unter Hinweis auf § 1276 BGB, dessen Abs 1 den Fall überhaupt nicht trifft, Abs 2 höchstens unter besondern Umständen. Wie hier Scholz 611.

c) Das Urteil wirkt nicht deklarativ, sondern konstitutiv, d. h. mit seiner Rechtskraft tritt, und zwar unmittelbar, die Auflösung ein. Vollstreckung auf Grund vorläufiger Vollstreckbarkeit in der Sache ist ausgeschlossen (KGJ 41, 144). — Nach der Auflösung der Gesellschaft tritt die Liquidation ein auf Grund des Zeitpunktes, in welchem das Urteil rechtskräftig geworden ist, nicht, wie nach § 140 HGB bei der offenen Handelsgesellschaft im Falle des § 133 HGB, nach Maßgabe des Zeitpunktes der Erhebung der Klage. Die Klage ist aber nicht als auf die Liquidationsquote gerichtet anzusehen. — Das Gericht kann einstweilige Verfügung zum Zwecke der Regelung des einstweiligen Zustandes nach § 940 ZPO treffen (OLG 24, 161).

d) Das rechtskräftige Urteil wirkt, wenn es der Klage stattgibt, gegenüber allen Gesellschaftern, bei Abweisung der Klage nur zwischen Gesellschaft und den klagenden Gesellschaftern sowie deren Rechtsnachfolgern. — Um den Gefahren, daß widersprechende Entscheidungen ergehen, vorzubeugen, ist bestimmt, daß das Landgericht (Kammer für Handelssachen), in dessen Bezirk die Gesellschaft ihren Sitz hat, ausschließlich zuständig ist. Damit ist zugleich gegeben, daß die Revision ohne Rücksicht auf den Wert des Streitgegenstandes zulässig ist. Zur Berechnung des Wertes des Streitgegenstandes vgl. RG bei Gruch 47, 1148.

e) Der Klage steht der Umstand nicht entgegen, daß es noch nicht zur Eintragung der Gesellschaft in das Handelsregister gekommen ist (PosMSchr 16, 12).

f) Der § 61 ist insofern zwingenden Rechts, als das Recht zu klagen zwar erleichtert, aber nicht weiter erschwert werden kann. Der Mindestteilbetrag kann im Statut geringer, aber nicht höher bestimmt werden. Es kann jedem einzelnen Gesellschafter das Recht zu klagen bedungen werden. Auch sind Bestimmungen darüber, was als wichtiger Grund gelten oder nicht gelten soll, für die richterliche Entscheidung nicht unbedingt bindend. Hachenburg § 61[11], Scholz 615.

g) Es erscheint ausgeschlossen, im Statut die nach § 61 zulässige Klage durch ein schiedsrichterliches Verfahren zu ersetzen, weil das, zwischen der Gesellschaft und einem oder einigen der Gesellschafter durchgeführt, nicht zu einer die übrigen Gesellschafter bindenden Rechtskraft der Entscheidung führen kann. Höchstens können die Gesellschafter — alle Gesellschafter — untereinander über die Frage, ob die Gesellschaft aufzulösen ist, einen Schiedsvertrag schließen und ein Schiedsgericht berufen, so daß die Unterliegenden verpflichtet sind, in die Auflösung einzuwilligen (§ 60 Ziff 2). Nur so verstanden, ließe sich eine statutarische Bestimmung dieses Inhalts aufrechterhalten. S. LZ 1925, 178ff. Wenn dort Dietz darauf hinweist, daß das Urteil des Schiedsgerichtes die Kraft des richterlichen Urteils besitze, dessen Rechtskraft sich ganz wohl unter Umständen auch über Dritte erstrecken könne, so ist das ja gerade das Argument. Es ist ausgeschlossen, daß durch einen Schiedsvertrag (einen Vergleich), welchen die Minorität mit der Gesellschaft schließt, dem Rechtsverhältnis der Majorität zur Gesellschaft präjudiziert wird. Und ebenso ausgeschlossen ist, daß die Gesellschaft über ihr eigenes Sein oder Nichtsein einen Vergleich schließt, überhaupt rechtsgeschäftlich bestimmt. Das können nur die Gesellschafter tun, und so kann denn auch eine im voraus getroffene Vereinbarung selbst dann nur als eine von den Gesellschaftern unter sich und nicht mit der Gesellschaft getroffene Vereinbarung gelten, wenn sie im Statut steht. Daß, worauf Hachenburg § 61[3] hinweist, die erhobene Klage durch Vergleich erledigt werden kann, ist ganz etwas anderes. Dazu bedarf es nicht einmal des „Anerkenntnisses der widerstrebenden Gesellschafter". Das beruht darauf, daß das Gesetz positiv der Gesellschaft die Rolle des Beklagten zuweist. Gegen Scholz 613 ist zu sagen, daß ein statutarisches Kündigungsrecht nicht in mehr oder ein weniger, sondern etwas anderes ist als die Auflösungsklage (s. oben Erl 1 a)). Dem im Statut bestimmten Kündigungsrecht müssen sich alle Gesellschafter fügen. Aber ein schiedsgerichtliches Verfahren kann immer nur unter den Gesellschaftern und auf ihre Kosten stattfinden.

2. Der Anspruch auf Auflösung der Gesellschaft ist der Minderheit gegeben, wenn ein wichtiger Grund dazu vorliegt, insbesondere, wenn die Erreichung des Gesellschaftszweckes unmöglich wird. Darüber, was als wichtiger Grund anzuerkennen ist, muß nach Lage des Falles kraft richterlicher, d. h. hier zugleich tatsächlicher und rechtlicher Beurteilung entschieden werden. Daher ist Nachprüfung in der Revisionsinstanz nicht ausgeschlossen. RG in JW 1927, 1684. — Unmöglich geworden ist die Erreichung des Gesellschaftszweckes auch dann, wenn sich herausstellt, daß sie von Anfang an unmöglich gewesen ist (RG in ZAktW 23, 10). Darunter ist nicht nur absolute Unmöglichkeit zu verstehen. Es muß dauernde Unmöglichkeit sein, aber es genügt, daß nach Lage der Sache jede Aussicht auf ersprießliche Fortführung des Unternehmens ausgeschlossen erscheint. JW 1927, 1684. — Es kann der Betrieb sich als dauernd nicht mehr lohnend genug herausstellen (JW 1927, 1684, 9), z. B. auch durch die Konkurrenz ausgeschiedener Gesellschafter (Recht 08, 2252). Ist die Gesellschaft zum Zwecke der Ausbeutung eines Patentes gegründet worden, so kann, aber es muß nicht, in der Versagung des Patentes (oder in seiner Vernichtung) ein Auflösungsgrund liegen (OLG 19, 371). Die Erfindung kann immerhin noch verwertbar sein. Anders, wenn eine Verwertung des Patentes oder der Erfindung ausgeschlossen erscheint (RG in LZ 08, 542). — Die Gesellschaft kann der Klage dadurch vorbeugen, daß sie unter Abänderung des Gesellschaftsvertrages den Zweck wechselt. Das kann auch noch nach Erhebung der Klage geschehen. A. A. Liebmann § 61[1] a. E. — Der Grund zur Auflösung muß in den Verhältnissen der Gesellschaft liegen. „Die individuelle Lage des einzelnen Gesellschafters, welche für diesen persönlich die Lösung des Gesellschaftsverhältnisses wünschenswert erscheinen lassen mag, kann jedenfalls nicht ausreichen" (Mot). Indessen nicht nur objektive Momente, sondern auch persönliche in den Verhältnissen und Beziehungen der einzelnen Gesellschafter zur Gesellschaft und zueinander können auf Gesellschaft und Gesellschaftsbetrieb mehr oder weniger erheblich einwirken und wichtigen Grund zur Auflösung ausmachen (JW 1915, 1365[11] — vertragswidrige Entnahmen aus der Gesellschaftskasse und Beschimpfung; ebenso RG in HoldheimsMSchr 23, 53; RG in LZ 1911, 787 — Vorwurf unredlicher Handlungsweise, und zwar, wenn er in besonders verletzender Form erhoben wird, auch dann, wenn er sachlich nicht unberechtigt ist). — Widerstreit zwischen den Interessen der Gesellschaft und der einzelnen Gesellschafter kann die Verhältnisse der Gesellschaft erheblich berühren (JW 1912, 360[31]; 1915, 195[7]); namentlich, wenn ein Gesellschafter sein Stimmrecht aus Eigeninteresse mißbraucht (JW 1915, 195[7]; OLG 22, 18; Recht 09, 1060; GmbHRundsch 29, 193); absichtliche Schädigung der Gesellschaft (RG in LZ 1911, 301); Gründung eines Konkurrenzgeschäfts (RG in Recht 09, 1405; vgl. auch JW 03, 249; 1915, 1365). Ob Konkurs eines Gesellschafters wichtiger Grund ist, hängt von den Umständen ab (RG 82, 288); jedenfalls nicht, wenn die Stammeinlage voll gezahlt ist (PosMSchr 16, 12). — Landesverrat und Verrat militärischer Geheimnisse RG 101, 55. — Die Tatsache, daß ein Gesellschafter feindlicher Ausländer ist, DJZ 1916, 350. — Nach RG in DJZ 1910, 202 kann ein wichtiger Grund zur Auflösung der Gesellschaft darin liegen, daß diese sich durch Vertrag mit einem Dritten übermäßig gefesselt hat. — Die Frage, ob der Gesellschafter wegen Zerwürfnisses des Verhältnisses zu dem oder den andern Gesellschaftern auch dann die Auflösung der Gesellschaft betreiben kann, wenn ihn selbst das Verschulden daran trifft, läßt sich nicht schlechthin mit ja oder nein beantworten. Der Grund der Auflösung liegt in diesen Fällen darin, daß die weitere Verfolgung der Zwecke der Gesellschaft in der gewollten Weise unmöglich geworden ist, und daran wird dadurch nichts gebessert, daß beide Gesellschafter oder auch nur einen von ihnen die Schuld am Zerwürfnis trifft. So lautet es in BayerZ 18, 259: Die Spannung zwischen den beiden Gesellschaftern hat einen solchen Grad erreicht, daß die Zusammenarbeit als völlig ausgeschlossen gelten muß; ob den Kläger die Schuld an dem unerträglichen Verhältnis trifft, ist unerheblich. In JW 1915, 1365 a. E. lautet es ganz allgemein: auf die Schuldfrage kommt es grundsätzlich nicht an. Diesen letzteren Satz hat dagegen RG in JR 27, 1548 ausdrücklich abgelehnt und — allerdings in einem Fall, wo dem Kläger der Vorwurf gemacht werden konnte, daß er das Zerwürfnis herbeigeführt habe, um die Auflösung der Gesellschaft zu erreichen — die Klage abgewiesen (vgl. auch RG in LZ 1911, 787; RG 92, 413; 98, 67). Daß in diesem Fall die Klage abgewiesen worden ist, kann nur befriedigen. Was aber nicht befriedigt, ist, daß der Zustand, wie er nun einmal besteht, unlöslich fortbestehen soll. Es drängt sich die Frage auf, ob nicht allgemein — namentlich wenn man gelten läßt, daß bei der Gesellschaft m. b. H. auch die Gesellschafter unter sich schuldrechtlich verbunden sind (s. Erl 2 a. E. zu § 1) — die entsprechende Anwendung der §§ 140, 142 HGB geboten ist. Marcus in HoldheimsMSchr 1912, 72; Hachenburg § 61 Einl, unter der Voraussetzung einer ausdrücklichen oder stillschweigenden Statutenbestimmung entsprechenden Inhalts, während Scholz 611 eine ausdrückliche Bestimmung verlangt. Ähnlich wie Hachenburg Feine 630 f. Will man den in

RG 101, 61 ausgeführten Bedenken Rechnung tragen, dann bleibt doch immer die Frage, ob es nicht als Schikane (BGB § 226) zu werten ist, wenn die Minorität auf der Auflösung besteht, trotzdem ihr Abnahme ihrer Geschäftsanteile gegen vollwertige Valuta angeboten wird. — Der Umstand, daß für die Gesellschaft eine bestimmte Dauer festgesetzt ist, steht der Auflösungsklage auch dann nicht entgegen, wenn in dieser Beziehung ein Sonderrecht anzuerkennen ist (RG in HoldheimsMSchr 23, 53).

Die Auflösung der Gesellschaft ist zum Handelsregister anzumelden (§ 65), ist aber in ihrer Wirksamkeit nicht abhängig von der Eintragung in das Handelsregister.

§ 62

Wenn eine Gesellschaft das Gemeinwohl dadurch gefährdet, daß die Gesellschafter gesetzwidrige Beschlüsse fassen oder gesetzwidrige Handlungen der Geschäftsführer wissentlich geschehen lassen, so kann sie aufgelöst werden, ohne daß deshalb ein Anspruch auf Entschädigung stattfindet[1]).

Das Verfahren und die Zuständigkeit der Behörden richtet sich nach den für streitige Verwaltungssachen landesgesetzlich geltenden Vorschriften. Wo ein Verwaltungsstreitverfahren nicht besteht, kann die Auflösung nur durch gerichtliches Erkenntnis auf Betreiben der höheren Verwaltungsbehörde erfolgen. Ausschließlich zuständig ist in diesem Falle das Landgericht, in dessen Bezirk die Gesellschaft ihren Sitz hat.

Österr. Gesetz § 86.

1. In § 62 wird bestimmt, unter welchen Voraussetzungen die in § 60 Ziff 3 erwähnte, von Amts wegen zu betreibende Auflösung einer Gesellschaft m. b. H. stattfinden kann und vor welchen Behörden das Verfahren stattfindet (vgl. § 81 GenG). Es ist eine Sondervorschrift, welche entsprechende Anwendung der §§ 43, 44 BGB ausschließt. In § 60 Ziff 3 ist neben der Entscheidung eines Verwaltungsgerichts auch die einer Verwaltungsbehörde erwähnt. Gemeint war damit ein Verfahren, wie es in §§ 20, 21 GewO vorgesehen ist (in Preußen Kreis- und Bezirksausschuß). Das ist im Reichstag abgelehnt worden, so daß das reine Verwaltungsverfahren ausgeschlossen und nur entweder ein Verwaltungsstreitverfahren oder in Ermangelung eines solchen das Verfahren vor den ordentlichen Gerichten zulässig ist. In letzterem Falle ist das Landgericht — ohne Rücksicht auf den Wert des Streitgegenstandes — ausschließlich zuständig, in dessen Bezirk der Sitz der Gesellschaft liegt. Die Zulässigkeit der Revision ist von dem Wert des Beschwerdegegenstandes nicht abhängig. — Voraussetzungen sind:

1. Gesetzwidrige Beschlüsse der Gesellschafter.

2. Gesetzwidrige Handlungen der Geschäftsführer, vorausgesetzt, daß die Gesellschafter sie wissentlich geschehen lassen. Wie im Falle 1 naturgemäß die Haltung der Mehrheit der Gesellschafter das Entscheidende ist, so wird man im Falle 2 von einem wissentlichen Geschehenlassen der Gesellschafter jedenfalls dann sprechen können, wenn die Mehrheit der Gesellschafter — nach Geschäftsanteilen berechnet — um die Handlungen der Geschäftsführer weiß und untätig ist. Aber nicht unbedingt und nicht in allen Fällen kann die Entscheidung von der ziffernmäßig genauen Berechnung abhängen. So kann es, wenn einzelne Gesellschafter der Geschäftsführung ganz fernstehen und sich um nichts gekümmert haben, nach Lage des Falles gerechtfertigt sein, sie nicht mitzuzählen, wie ja auch bei einem Gesellschafterbeschluß die Nichterschienenen nicht mitgezählt werden. Oder etwa der Einfluß eines Gesellschafters, trotzdem er nicht über die Mehrheit der Stammeinlagen verfügt, ist so überwiegend, daß sein Verhalten allein entscheidend ins Gewicht fallen kann. Oder anderseits, es lassen alle Gesellschafter die Dinge gehen, wie sie wollen, sie in den Händen des Geschäftsführers wissend, usw.

3. Es müssen Beschlüsse oder Handlungen sein, durch welche das Gemeinwohl gefährdet wird, worunter nicht sowohl das öffentliche Staatsinteresse als vielmehr auch das Privatinteresse des Publikums im allgemeinen zu verstehen ist. Unter dieser Voraussetzung ist es denkbar, daß auch schon ein einzelner Beschluß oder eine einzelne Handlung ausreicht.

Wegen der Zuständigkeit der Verwaltungsgerichte usw. s. Preußen §§ 7, 83 des Ges v. 30. 7. 83; Bayern Ges v. 22. 5. 92 (GesuVBl 119); Württemberg Vf v. 19. 5. 92 (RegBl 346); Sachsen VO v. 12. 10. 92 (GesuVBl 407).

§ 63

Über das Vermögen der Gesellschaft findet das Konkursverfahren außer dem Falle der Zahlungsunfähigkeit auch in dem Falle der Überschuldung statt[2])[3]).

Die auf das Konkursverfahren über das Vermögen einer Aktiengesellschaft bezüglichen Vorschriften im § 207 Absatz 2, § 208 der Konkursordnung finden auf die Gesellschaft mit beschränkter Haftung entsprechende Anwendung[1]).

Österr. Gesetz § 85.

1. a) Wie über das Vermögen einer jeden physischen und juristischen Person, so findet auch über das Vermögen der Gesellschaft m. b. H. das Konkursverfahren statt. Auf das Verfahren findet die Konkursordnung Anwendung. Die §§ 63 und 64 enthalten daneben geltende Sondervorschriften.

Der in Abs 2 für anwendbar erklärte § 208 KO handelt vom Konkurs der Aktiengesellschaft und lautet:

Zu dem Antrage auf Eröffnung des Verfahrens ist außer den Konkursgläubigern jedes Mitglied des Vorstandes und jeder Liquidator berechtigt.

Wird der Antrag nicht von allen Mitgliedern des Vorstandes oder allen Liquidatoren gestellt, so ist derselbe zuzulassen, wenn die Zahlungsunfähigkeit oder Überschuldung glaubhaft gemacht wird. Das Gericht hat die übrigen Mitglieder oder Liquidatoren nach Maßgabe des § 105 Abs 2, 3 zu hören.

b) Um das zu verstehen, muß man heranziehen, was in §§ 104, 105 KO bestimmt ist. Es ist zu unterscheiden, ob der Antrag auf Eröffnung des Verfahrens vom Gemeinschuldner ausgeht oder von einem seiner Gläubiger. Ersterenfalls hat das Gericht den Antrag ohne weiteres zuzulassen und kann ihn, wenn die vorgeschriebene Vermögensübersicht und Verzeichnis der Gläubiger und Schuldner beigefügt sind, nur wegen Mangels genügender Masse abweisen. Der Antrag eines Gläubigers dagegen ist nur zuzulassen, wenn seine Forderung und die Zahlungsunfähigkeit (Überschuldung) des Gemeinschuldners glaubhaft gemacht erscheinen. Stellen bei der Aktiengesellschaft der Vorstand, bei der Gesellschaft m. b. H. sämtliche Geschäftsführer den Antrag, so ist der Gemeinschuldner selbst der Antragsteller, und weiterer Glaubhaftmachung bedarf es nicht. Nach § 63 und nach § 208 KO, entsprechend angewandt, kann aber auch jeder einzelne Geschäftsführer von mehreren und jeder einzelne Liquidator den Antrag stellen, mag auch im übrigen Kollektivvertretung bestehen. Dann ist entsprechend zu verfahren, wie wenn ein Gläubiger den Antrag stellt, und zwar auch dann, wenn nicht Kollektivvertretung besteht. Ebenso, wenn von drei Geschäftsführern nur zwei den Antrag stellen, mögen diese auch Vertretungsmacht besitzen. Zahlungsunfähigkeit oder Überschuldung sind glaubhaft zu machen, und die übrigen Geschäftsführer oder Liquidatoren sind zu hören (es sei denn, daß sie sich im Ausland befinden oder ihr Aufenthalt unbekannt ist, § 105 Abs 3 KO), und wenn sie nicht ausnahmslos Zahlungsunfähigkeit oder Überschuldung der Gesellschaft einräumen, ist nach vorgängigen Ermittlungen über den Antrag zu entscheiden. Wird der Antrag abgelehnt, so steht ausschließlich dem Antragsteller das Rechtsmittel der sofortigen Beschwerde zu Gebote; wird dem Antrag stattgegeben, so steht die sofortige Beschwerde nur dem Gemeinschuldner zu, hier also den anderen Geschäftsführern oder Liquidatoren, soviel ihrer befugt sind, die Gesellschaft zu vertreten. Sind nur zwei Geschäftsführer vorhanden, so kann der widersprechende auch dann das Rechtsmittel einlegen, wenn Kollektivvertretung besteht (OLG 15, 243). Der stellvertretende Geschäftsführer kommt hierbei überall in Frage, wenn der Fall der Stellvertretung gegeben ist, also z. B. nicht, wenn nur ein Geschäftsführer existiert und dieser den Antrag gestellt hat. Den einzelnen Gesellschaftern, dem Aufsichtsrat und seinen Mitgliedern steht Beschwerde nicht zu.

c) Dagegen kann der einzelne Gesellschafter das Verfahren betreiben, wenn er zugleich als Drittgläubiger Konkursgläubiger ist. Streitig ist die Frage, ob der Gesellschafter wegen seines Anspruchs auf die Jahresdividende, auf Stammeinlage oder Nachschuß, wenn deren Rückzahlung beschlossen war, als Konkursgläubiger anzusehen ist und die Eröffnung des Verfahrens beantragen kann. Letzteres dürfte kaum jemals praktisch werden. Es muß aber verneint werden, wenn die Gesellschafter nicht Konkursgläubiger sind (§ 103 Abs 2 KO; s. hierzu Erl 1 c und d zu § 29). Dagegen unterliegt es wohl keinem Bedenken, daß auf den Antrag einzugehen ist, wenn ihn im Falle, daß Geschäftsführer (oder Liquidatoren) nicht vorhanden sind, alle Gesellschafter zusammen stellen.

d) Prokuristen und Handlungsbevollmächtigte sind zum Antrag nicht legitimiert.

2. a) Das Konkursverfahren findet statt im Falle der Zahlungsunfähigkeit oder der Zahlungseinstellung des Gemeinschuldners. Das ist nichts Besonderes. Wohl aber ist etwas Besonderes, daß das Verfahren auch schon stattfinden kann und stattfinden muß (§ 64), wenn die Gesellschaft überschuldet ist. Es sind zu unterscheiden Unterbilanz und Überschuldung. Erstere liegt vor, wenn das Stammkapital nicht mehr zum vollen Betrage vorhanden ist, wenn der Überschuß der Aktiva über die Passiva an Wert, das Reinvermögen (Eigenkapital) nicht mehr die Ziffer des Stammkapitals erreicht. — Dagegen liegt Überschuldung vor, wenn die Aktiva nicht einmal mehr die vorhandenen Schulden decken (s. im übrigen § 64 und Erl dazu).

b) Ein Konkursverfahren über das Gesellschaftsvermögen ist nur denkbar, wenn die Gesellschaft m. b. H. bereits in das Handelsregister eingetragen worden ist. Dagegen ist nicht Voraussetzung, daß die Gesellschaft noch besteht. Auch nach Auflösung der Gesellschaft und nachdem sie in Liquidation getreten ist, überhaupt solange noch Gesellschaftsvermögen vorhanden ist, kann Konkurs eröffnet werden. Der in Abs 2 angezogene, hier entsprechend anzuwendende § 207 Abs 2 KO lautet:

Nach Auflösung einer Aktiengesellschaft ist die Eröffnung des Verfahrens so lange zulässig, als die Verteilung des Vermögens nicht vollzogen ist.

Auch die Nichtigkeit der Gesellschaft m. b. H. steht einem Konkursverfahren über das Gesellschaftsvermögen nicht entgegen, gleichviel ob die Nichtigkeit bereits richterlich entschieden ist oder nicht (JW 04, 503[35]).

3. a) Die Gesellschaft wird durch die Eröffnung des Konkursverfahrens aufgelöst. Aber darum verschwindet sie nicht (vgl. Erl 1 zu § 60). Sie bleibt vielmehr als juristische Person und als der Gemeinschuldner mit ihrer gesamten Organisation bestehen. Über die Aufgaben des Geschäftsführers oder, falls die Gesellschaft bei Eröffnung des Konkurses bereits aufgelöst war, des Liquidators s. Erl 5 b zu § 60. Nach Eröffnung des Konkurses hat der Konkursverwalter das gesamte zur Konkursmasse gehörige Vermögen sofort in Besitz und Verwaltung zu nehmen und zu verwerten (§ 117 KO), wobei ihm unbenommen ist, das Unternehmen produktiv fortzuführen (JW 1899, 305[15]). Insofern bleibt für den Geschäftsführer oder Liquidator (einstweilen) nichts zu tun übrig. Ausstehende Stammeinlagen zieht der Konkursverwalter ein, ohne daß es dazu eines Gesellschafterbeschlusses bedarf. Entgegen der herrschenden Lehre muß angenommen werden, daß er hierbei an die Termine, welche etwa in einem voraufgegangenem Gesellschafterbeschluß oder auch im Statut festgesetzt sind, nicht gebunden ist (vgl. Erl 6 c zu § 19). Ebenso Nachschüsse, deren Einforderung bereits beschlossen war, als der Konkurs eröffnet wurde. — Ist er veranlaßt, gegen einen Gesellschafter mit Klage vorzugehen, so verbleibt es bei dem Gerichtsstand am Sitze der Gesellschaft (§§ 22, 17 ZPO; Recht 1912, 2067; RG 54, 207). — Sache des Konkursverwalters ist es auch, Ersatzansprüche, welche der Gesellschaft nach § 9 gegen die Gründer, nach § 43 gegen Geschäftsführer zustehen, geltend zu machen. Die hierauf bezüglichen Beschränkungen nach §§ 9 Abs 2, 43 Abs 3 Anm 2 dienen dem Schutz nicht der Gesellschaft, sondern ihrer Gläubiger, deren Interessen der Konkursverwalter wahrzunehmen, rechtlich zu vertreten hat. Daher ist er an diese Schranken nicht gebunden.

b) Es ist nicht ausgeschlossen, daß die Gesellschaft Vermögen besitzt, das nicht zur Konkursmasse gehört. Diese besteht in dem gesamten, einer Zwangsvollstreckung unterliegenden Vermögen, welches dem Gemeinschuldner zur Zeit der Eröffnung des Verfahrens gehört. Es wäre denkbar, daß sich im Vermögen einer Gesellschaft m. b. H. auch Dinge befinden, die nicht der Zwangsvollstreckung unterliegen. Vor allem aber kann sie nach Eröffnung des Konkurses Vermögen erwerben. Zwar nicht durch Geschäftsbetrieb. Denn der Betrieb der Gesellschaft hat ein Ende genommen, und was in dieser Beziehung noch geschehen muß und geschehen kann, liegt in der Hand des Konkursverwalters und geschieht für die Konkursmasse. Wohl aber z. B. durch Zuwendungen, insbesondere durch Zuschüsse der Gesellschafter. Streitig ist, ob Nachschüsse, deren Einforderung die Gesellschafter nach Eröffnung des Konkurses beschließen, zur Konkursmasse gehören. Nachschüsse können überhaupt nur eingefordert werden, wenn es im Statut für zulässig erklärt worden ist. Wenn das der Fall ist, hat gleichwohl der Konkursverwalter keinen Anspruch darauf, daß die Einforderung von Nachschüssen beschlossen wird. Die Gesellschaft hat hierin freie Hand. Daher verletzt es nicht die Rechte des Konkursverwalters und der Konkursgläubiger, wenn die Gesellschafter zwar die Einforderung von Nachschüssen beschließen, zugleich aber bestimmen, daß das einkommende Geld nicht in die Konkursmasse fließen soll. Es fragt sich aber, ob nach Eröffnung des Konkurses überhaupt noch mit einfacher und überhaupt mit Stimmenmehrheit die Einforderung eines Nachschusses beschlossen werden kann. Wenn das Statut die Zulässigkeit der Einforderung bestimmt, hat es damit Beiträge der Gesellschaft zum Gesellschaftszweck, zum Betrieb des Unternehmens im Auge, welches Gegenstand der Gesellschaft ist. Dieser Betrieb hat mit der Konkurseröffnung sein Ende gefunden, und Beiträge zu ihm wären gegenstandslos. Mit anderen Worten, es handelt sich gar nicht mehr um Nachschüsse im Sinne des Gesetzes, sondern um Zuschüsse, deren freilich die Gesellschaft unter Umständen dringend bedürfen mag (Scholz 626; vgl. ROHG 21, 337). Die Organisation bleibt bestehen, Aufsichtsrat und Geschäftsführer bleiben im Amt, und wenn auch nicht ersterer, so hat doch unter allen Umständen letzterer Anspruch auf eine Vergütung. Außerdem sind sachliche Unkosten unter Umständen unvermeidlich. Das alles geht die Konkursmasse nichts an (KGJ 28 B 48). Wie hier zu helfen sei, darüber läßt das Gesetz völlig im Stich. Die Gesellschafter oder der eine oder der andere unter ihnen mag freiwilligen Zuschuß zahlen. Der Gedanke, daß die Gesellschaft zu diesen Zwecken die Einforderung von Nachschüssen soll beschließen können, widerspricht, wie gesagt, dem Wesen des Nachschusses und versagt denn ja auch in den Fällen, wo im Statut die Zulässigkeit von Nachschüssen nicht bestimmt worden ist.

§ 64*)

Wird die Gesellschaft zahlungsunfähig, so haben die Geschäftsführer ohne schuldhaftes Zögern, spätestens aber zwei Wochen nach Eintritt der Zahlungsunfähigkeit, die Eröffnung des Konkursverfahrens oder die Eröffnung des gerichtlichen Vergleichsverfahrens zu beantragen [1]); entsprechendes gilt, wenn sich bei der Aufstellung der Jahresbilanz oder einer Zwischenbilanz ergibt [3]), daß das Vermögen nicht mehr die Schulden deckt [2]). Eine schuldhafte Verzögerung des Antrags liegt nicht vor, wenn die Geschäftsführer die Eröffnung des gerichtlichen Vergleichsverfahrens mit der Sorgfalt eines ordentlichen Geschäftsmanns betreiben.

Die Geschäftsführer sind der Gesellschaft zum Ersatze von Zahlungen verpflichtet, die nach Eintritt der Zahlungsunfähigkeit der Gesellschaft oder nach Feststellung ihrer Überschuldung geleistet werden [4]). Dies gilt nicht von Zahlungen, die auch nach diesem Zeitpunkt mit der Sorgfalt eines ordentlichen Geschäftsmanns vereinbar sind. Auf den Ersatzanspruch finden die Bestimmungen im § 43 Abs. 3 und 4 entsprechende Anwendung [5])[6]).

Österr. Gesetz § 85.

1. a) Anders als nach heutigem Recht im allgemeinen der Kaufmann ist die Gesellschaft m. b. H. — ebenso wie die Aktiengesellschaft (§ 240 Abs 2 HGB) — verpflichtet, die Eröffnung des Konkursverfahrens zu beantragen, wenn die gesetzlichen Voraussetzungen eingetreten sind. Die Geschäftsführer — nach Eintritt der Liquidation die Liquidatoren — sind bei Vermeidung öffentlicher Strafe (§ 84) gehalten, den Antrag zu stellen, und haften nach § 43 Abs 1 und 2 zivilrechtlich der Gesellschaft, wenn sie es nicht tun. Wenn sich aus der Jahresbilanz oder aus einer Zwischenbilanz ergibt, daß die Hälfte des Stammkapitals verloren ist, haben die Geschäftsführer unverzüglich eine Versammlung der Gesellschafter zu berufen. S. § 49 Abs 3; vgl. HGB § 240; GenG §§ 98, 99, 140. — Der § 64 gilt auch im Zustande der Liquidation und von den Liquidatoren (§ 71). Er gilt auch im Fall der Nichtigkeit der Gesellschaft gemäß § 75, gleichviel ob über die Nichtigkeit richterlich entschieden ist oder nicht, JW 1905, 184, 35.

b) Die Geschäftsführer sind persönlich verpflichtet, den Antrag zu stellen. Aber sie tun es in ihrer Eigenschaft als gesetzliche Vertreter der Gesellschaft, nicht gegen sie, sondern für sie. Daher ist Schuldner der entstehenden Kosten die Gesellschaft, nicht der Geschäftsführer (a. A. LZ 08, 879), an dem sich aber die Gesellschaft erholen kann, wenn er schuldhaft gehandelt hat. Damit steht nicht in Widerspruch, daß, wenn von mehreren Geschäftsführern nur einer den Antrag stellt, nach §§ 63 Abs 2, 208 Abs 2 KO die Zahlungsunfähigkeit oder Überschuldung glaubhaft zu machen ist und die übrigen Geschäftsführer vorgängig gehört werden müssen (§ 63 Erl 1 b). — Von dem Augenblick an, wo die Gesellschaft aus einem anderen Grunde aufgelöst ist, trifft die Verpflichtung aus § 64 nicht mehr den Geschäftsführer, sondern den Liquidator (RGSt 25, 86).

c) An die Einhaltung der Vorschrift knüpfen sich die verschiedensten Interessen der Gesellschafter, der Gläubiger, des Publikums, aber nicht durchweg eindeutig. Einerseits wird durch die Eröffnung des Konkurses größerem Übel und weiteren Schäden vorgebeugt. Anderseits wird aber auch ohne Rücksicht auf die Lage des Falles jede Möglichkeit abgeschnitten, das Verlorene durch geschickte Geschäftsführung, bei besserer Konjunktur usw. wieder einzubringen. Mit anderen Worten, es handelt sich um eine Vorschrift von rein rechtspolizeilicher Tendenz, nicht um ein Schutzgesetz im Sinne des § 823 Abs 2 BGB, aus dessen Verletzung jeder Geschädigte Schadensersatzansprüche wegen unerlaubter Handlung herleiten könnte (RG 73, 35). — Daher werden die Geschäftsführer ihrer Verpflichtung nicht dadurch enthoben, daß sie mit Einwilligung der Gesellschafter handeln, auch nicht dadurch, daß die Gläubiger der Gesellschaft sich mit Unterlassung des Antrages einverstanden erklären, noch weniger dadurch, daß nicht die Gläubiger, aber deren Bürgen einverstanden sind (RG 72, 288), nach JW 05, 551 nicht einmal dadurch, daß von anderer Seite, von einem Gläubiger Antrag auf Eröffnung des Konkurses gestellt worden ist, was nur zutreffend sein dürfte, wenn vom Geschäftsführer der Antrag hätte früher gestellt werden müssen; Scholz 656. — Der Geschäftsführer kann sich seiner Verpflichtung auch nicht dadurch entziehen, daß er die Stelle niederlegt. — Was insbesondere den Fall der Überschuldung angeht, so können Stundungen, auch ein allgemeines Moratorium an der Sachlage nichts ändern, wie ja auch die Schulden unverkürzt als Passiva auch dann in die Bilanz eingestellt werden müssen, wenn sie noch nicht fällig sind. Auch ist darin kein Ausweg zu finden, daß der Gesellschaft (auf Kredit) neue Betriebsmittel zur Verfügung gestellt werden. Dadurch mag Zahlungsunfähigkeit behoben sein, aber nicht die Überschuldung (RGSt 44, 50; vgl. Recht 1918, 925). — Der

*) In der Fassung des Ges v. 25. 3. 1930 (RGBl I 93).

Geschäftsführer darf auch Ansprüche, die ihm selbst gegen die Gesellschaft zustehen, nicht außer Ansatz lassen, es sei denn, daß er endgültig und wirksam auf sie verzichtet (RGSt 51, 21). — Für Erwägungen, ob die Fortführung des Unternehmens Aussicht auf Besserung der Vermögensverhältnisse bietet, ist im Falle der Überschuldung kein Raum.

d) Die Fassung der Vorschrift des § 64 ist durch das Ges v. 25. 3. 1930 wesentlich verändert. Nicht nur ist nunmehr positiv bestimmt, daß der Antrag auf Eröffnung des gerichtlichen Vergleichsverfahrens dem Antrag auf Konkurseröffnung gleichsteht, sondern vor allem ist gegenüber der verfehlten bisherigen Rechtsprechung (JW 1910, 120[30]; RG in Recht 1914, 565, 2193; in LZ 1917, 126[8]; RGSt 37, 26, 235; WürttZ 27, 221) zum Ausdruck gekommen, daß das „sobald" der früheren Fassung nichts anderes besagt als „ohne schuldhaftes Zögern". Eine gewisse Spanne Zeit zur Überlegung und zum Suchen nach einem Ausweg soll den Geschäftsführern zur Verfügung stehen. Nicht schlechthin soll die Frist zwei Wochen betragen, aber es müssen doch wohl besondere Umstände vorliegen, wenn ein innerhalb dieser Frist gestellter Antrag schon als verspätet gelten soll. — Auch der Antrag auf Eröffnung des gerichtlichen Vergleichsverfahrens muß innerhalb der zwei Wochen gestellt werden. Wenigstens wörtlich genommen kann man das Gesetz nur so verstehen. Dann ist aber mit dem Satz 2 des Abs 1 kaum etwas anderes gesagt, als was sich aus § 19 der Vergleichsordnung ergibt. S. unten Erl 6.

2. Für die Frage, ob Überschuldung vorliegt (vgl. Erl 2 a zu § 63), ist grundsätzlich maßgeblich zunächst einmal „die" Jahresbilanz, also eine nach den Vorschriften in § 42 aufgestellte Bilanz, und dasselbe muß dann auch von der etwa in Frage kommenden Zwischenbilanz gelten (vgl. § 42 und Erl dazu). Aber die Natur der Sache bringt es mit sich, daß diese Bilanz doch nicht nur mit anderen Augen angesehen werden, sondern geradezu auch manche Änderungen in den Ziffern erfahren muß. Abzulehnen ist die Ansicht Neukamps § 64 Erl 2 c, daß der Geschäftsführer streng nach der Jahresbilanz sich zu richten, der Konkursrichter aber nach der wahren Vermögenslage zu entscheiden habe. — Ganz abzusehen ist von den Passivposten Stammkapital, Nachschußkapital, und zwar auch dann, wenn auf Aktivseite noch Ansprüche der Gesellschaft auf ausstehende Stammeinlagen oder Nachschüsse zu Buche stehen (und nicht etwa wegen Wertlosigkeit hätten abgeschrieben werden müssen). Abzusehen ist auch von allen echten Reservekonten. Solange die Gesellschaft noch freie Reserven besitzt, liegt Überschuldung eben nicht vor. Dagegen sind Ansprüche der Gesellschafter auf beschlossene Dividende, zurückzuzahlende Nachschüsse, nach Herabsetzung des Stammkapitals zurückzuzahlende Stammeinlage wahre Passiva und müssen in der Bilanz als Kreditoren stehenbleiben. Daß sie erst nach Befriedigung der anderen Gläubiger gezahlt werden können, ändert nichts an der Finanzlage der Gesellschaft. Ebenso muß es auf Passivseite bei den Reserven verbleiben, in welcher nur die gebotenen Abschreibungen zum Ausdruck kommen. Dagegen können ungebotene Abschreibungen rückgängig gemacht werden; die vorhandenen Aktiva sind mit ihrem Wert einzusetzen (RGSt 46, 99). Bestritten ist die Anwendbarkeit des § 42 Ziff 1, die indessen zu bejahen ist. Es kann trotz gegenwärtigen geringeren Wertes der Anlagen beim Anschaffungspreis abzüglich der auf der Basis dieses Preises vorgenommenen Abschreibungen verbleiben, und es darf ein höherer Wert als der Anschaffungswert nicht eingestellt werden. Anders Feine 636 Anm. 47 mit unschlüssiger Begründung; der § 42 Ziff 1 gestattet ja gerade Höherbewertung. Im Falle RG 80, 106 handelt es sich um die Liquidationseröffnungsbilanz, und wenn dort für diese gefordert wird, daß in diese höchstens der Verkaufswert eingestellt werden darf, so ergibt sich das ohne weiteres aus der Aufgabe und dem Zweck der Liquidation, welche darauf gerichtet ist, die Vermögensstücke in Geld umzusetzen, und hierbei muß es denn auch bei Anwendung des § 64 verbleiben, wenn die Gesellschaft m. b. H. bereits in Liquidation getreten ist. Ist aber der geschäftliche Betrieb noch im Gange, so berechtigt nichts, von der Vorschrift des § 42 Ziff 1 abzusehen. — Ebenso kommen für die Bewertung der Warenvorräte dieselben Grundsätze wie bei der Jahresbilanz zur Anwendung (vgl. § 42 Erl 2 f). Wenn RGSt 64, 99 nicht beanstandet, daß Grundstücke der Gesellschaft statt mit dem Ankaufswert mit ihrem Verkehrswert eingestellt worden sind, so handelte es sich dort um eine Baugesellschaft, und das Grundstück war zum Weiterverkauf angeschafft worden. Ganz verschwinden müssen gewisse übliche Konten auf Aktivseite, welche keine greifbaren Werte darstellen, wie Kundschaft, Fasson, good will, Firma (vgl. § 5 Erl 4 f). — Eigene Geschäftsanteile der Gesellschaft (§ 33), welche in die Jahresbilanz mit dem Anschaffungspreis als Aktiven einzustellen sind, müssen bei der Frage nach der Überschuldung außer Ansatz bleiben (s. Erl 2 h zu § 33).

Alles Gesagte gilt in dieser Weise nur, solange die Gesellschaft noch nicht aufgelöst ist. Befindet sie sich im Stadium der Liquidation, so gelten die Grundsätze der Liquidationsbilanz, und zwar ganz unverändert (vgl. hierzu RG 80, 109 und Erl 1 a zu § 42).

3. a) Das Gesetz spricht in erster Linie von der Jahresbilanz, und es könnte an und für sich in Frage kommen, ob nicht überhaupt nur diese hier maßgeblich sein könnte. Denn das ist die rechtliche Bedeutung des Geschäftsjahres und seines in der Bilanz zur Darstellung kommenden Abschlusses, daß jetzt erst sich ergibt, ob mit Gewinn oder Verlust gearbeitet worden ist. Die Gewinne und Verluste, welche im Laufe des Jahres an den einzelnen Geschäften gemacht und erlitten werden, entscheiden noch nichts, weil sie sich untereinander und während des ganzen Jahres nacheinander gegenseitig verrechnen. Man kann daher streng genommen vor Abschluß des Jahres überhaupt nicht sagen, ob am Geschäftsvermögen Gewinn gemacht worden ist oder Verlust erlitten (vgl. Erl 1 b zu § 29). Hieran hält nun aber das Gesetz selbst nicht fest, indem es die Anmeldung zum Konkurs auch dann zur Pflicht macht, wenn eine Zwischenbilanz Überschuldung ergibt. Damit wird eine Voraussetzung aufgestellt, von der man nicht deutlich sieht, wie sie gemeint ist. Es kann nicht wohl die Meinung sein, daß die Pflicht des Geschäftsführers, Haftbarkeit und Strafbarkeit von dem ganz zufälligen Umstand abhängen sollen, ob es im Laufe des Jahres aus irgendeiner Veranlassung zur Aufstellung einer Zwischenbilanz kommt, zumal man ja auch, selbst wenn sich eine solche Veranlassung einstellt, es absichtlich und wohlweislich unterlassen kann (s. aber RGSt 50, 151, wo das — in Anwendung auf das GenG — allerdings angenommen wird). Vielmehr liegt gerade umgekehrt in der Vorschrift des § 64 ein Moment, das unter Umständen die Aufstellung einer Zwischenbilanz zur Pflicht macht, deren Verabsäumung den weiteren Verstoß gegen § 64 einschließt. Wenn z. B. bei ohnehin schwacher Lage der Gesellschaft erhebliche, unverhältnismäßig hohe Verluste eintreten, erscheinen die Geschäftsführer verpflichtet, eine Bilanz, wenn vielleicht auch vorerst, oder überhaupt nur eine Rohbilanz aufzumachen, und wenn sie es unterlassen, verfehlen sie sich gegen § 64, wenn Überschuldung eingetreten war (RG in Recht 1916, 605). Anders Scholz 637, der nur zivilrechtlich Haftung gelten läßt. Anders auch RG in LZ 1917, 126, 19; sehr schroff RG in Recht 1927, 1202, 1204, 355. Wie hier Feine 637 Anm. 54; wohl auch Hachenburg § 64[4].

b) Es ist, wenn eine Aufstellung des Vermögens vorliegt, gleichgültig, ob es sich um eine förmliche, allen Anforderungen kaufmännischer Gepflogenheit entsprechende Bilanz handelt, auch gleichgültig, ob sie von dem Geschäftsführer selbst herrührt oder von dritter Hand angefertigt worden ist. Entscheidend ist, ob sie inhaltlich geeignet ist, das Bedenken, ob Überschuldung vorliegen möchte, derart zu zerstreuen, daß die Aufstellung einer förmlichen Bilanz nicht erforderlich erscheint (RG 80, 108; RGSt 44, 50; RG in LZ 1913, 700[9] a. E.; GoltdA 54, 417; SeuffBl 72, 787). — Anderseits sind die Ziffern der Bilanz, das Ergebnis, welches sie so zahlenmäßig aufweist, nicht unbedingt entscheidend. Es handelt sich nicht um eine Formalvorschrift. Allenfalls läßt sich die Verpflichtung selbst zur Anmeldung des Konkurses als formale bezeichnen. Die Voraussetzungen sind materiell gemeint. Ist die Bilanz inhaltlich unrichtig, sind z. B. Aktiva fortgelassen oder Passiva eingestellt, die nicht existieren, und weiß der Geschäftsführer das, so hat er, wenn dadurch eine Unterbilanz in die Erscheinung tritt, gleichwohl nicht die Verpflichtung, die Konkurseröffnung zu beantragen, und umgekehrt, RG in JR 27, 1182; Scholz 637; Hachenburg § 64[5]. Anderseits kann er sich darauf zu seiner Entschuldigung nicht berufen, daß der Konkursverwalter Passiva, die in die Bilanz eingestellt waren, bestritten hat (RGSt 51, 21).

4. a) Der Ersatzanspruch steht ausschließlich der Gesellschaft zu, nicht den einzelnen Gesellschaftern, auch nicht Dritten, insbesondere nicht den Gläubigern. Diesen auch nicht aus dem Gesichtspunkt des § 823 Abs 2 BGB (s. Erl 1 c). Er wird, da er offenbar die Eröffnung des Konkurses voraussetzt, vom Konkursverwalter geltend gemacht, und er verschwindet, wenn das Konkursverfahren, ohne daß er geltend gemacht worden ist, ein Ende nimmt. Er ist nicht, wie allgemein, auch in RG 80, 110, angenommen wird, Schadensersatzanspruch. Das Gesetz sagt deutlich genug nicht Ersatz des Schadens, sondern Ersatz der Zahlungen (Brodmann A.-R. § 241 Erl 3 b). Es verleiht den Anspruch nicht den Gläubigern, sondern der Gesellschaft, der daraus kein Schaden erwächst, daß ihre Schuld bezahlt wird. Es wäre auch, namentlich wenn die Zahlung längere Zeit zurückliegt, ganz unausführbar, dem nachzugehen, welcher Schaden nun nicht der Gesellschaft, sondern — darauf läuft es immer hinaus — den Gläubigern entstanden ist. Die Zahlung muß ja nicht zu ihrem Nachteil ausschlagen. Vielleicht ist an den angeschafften Waren verdient worden. Gar nicht wird sich sagen lassen, was aus dem Gelde geworden wäre, wenn es nicht fortgegeben worden wäre. Richtig ist nur, daß der Ersatzanspruch nicht zu einer Bereicherung der Masse führen darf. Soweit nachweisbar der Gegenwert noch bei der Konkurseröffnung vorhanden war, kann Ersatz der Gelder nicht beansprucht werden (vgl. auch RG in BauersZ 28, 2: Die Gesellschaft kann Ersatz verlangen, ohne einen Schaden nachweisen zu müssen; aber der Geschäftsführer kann einwenden, daß der Ersatz ganz oder teilweise zu einer ungerechtfertigten Bereicherung führen würde). Grundlos ist daher auch die Annahme (Hachenburg § 64[7]; Scholz 639 f.), daß von der gezahlten Summe die Dividende in Abzug kommt, welcher der bezahlte Gläubiger erhalten hätte, wenn er noch (Konkurs-) Gläubiger wäre, was übrigens auch zu berechnen, wenn es genau geschehen soll, eine in sich widerspruchsvolle Aufgabe wäre. Die Höhe der Dividende hängt von der Größe der Masse ab, diese u. a. auch davon, wieviel der Geschäftsführer erstatten muß, was wiederum davon abhängen soll, wie hoch die Dividende ist. Wie hier Liebmann § 64[8].

b) Das hier Gesagte behält auch gegenüber der neuen Fassung des Gesetzes seine Bedeutung, die sich von der bisherigen Fassung durch den Zusatz unterscheidet: Dies gilt nicht von Zahlungen, die auch nach diesem Zeitpunkt mit der Sorgfalt eines ordentlichen Geschäftsmanns vereinbar sind. Der damit zum Ausdruck gebrachte Gedanke hat volle Berechtigung. Nach bisherigem Rechte konnte, wenn entgegen dem Gesetz der Geschäftsbetrieb längere oder gar lange Zeit fortgesetzt wird, die Ersatzpflicht in das Ungemessene steigen; es sollen überhaupt nicht Zahlungen geleistet werden und also auch solche nicht, für welche dem Gesellschaftsvermögen volles Äquivalent zufließt. So kann in Frage kommen, ob die Geschäftsführer, welche zum Zweck der Zahlung von Wechseln ein Darlehn aufgenommen haben und nun nicht mit dem Geld in der Hand den Konkursantrag stellen, sondern der übernommenen Verpflichtung gemäß die Wechsel bezahlen, den Betrag erstatten müssen. An solche und ähnliche Fälle ist wohl gedacht, doch muß bezweifelt werden, daß das gut zum Ausdruck gekommen ist. Die Sorgfalt eines ordentlichen Geschäftsmannes erfordert doch gerade, daß unbedingt nichts mehr gezahlt, daß vielmehr der Konkursantrag gestellt wird. Gemeint dürfte sein, daß Zahlungen ausgenommen sein sollen, von welchen die Geschäftsführer annehmen konnten, daß sie ohne Schädigung der Gesellschaft und ihrer (übrigen) Gläubiger erfolgen könnten.

c) Voraussetzung des Anspruchs ist, daß die Geschäftsführer ein Verschulden trifft, und zwar nach beiden Richtungen, sowohl was die Voraussetzungen des Konkursfalles angeht wie in bezug auf die Zahlung (grundsätzlich anerkannt in RG 72, 287; JW 1910, 120[30]). Nur handelt freilich derjenige Geschäftsführer, welcher die Zahlung vornimmt, immer schuldhaft, wenn er es in Kenntnis der Überschuldung tut. Die herrschende Lehre macht — von ihrem Standpunkt folgerichtig — die weitere Voraussetzung, daß eine Bilanz, welche Überschuldung aufwies, vorgelegen hat, als die Zahlung geschah, Scholz 638 f. — Mehrere Geschäftsführer haften solidarisch, der einzelne also nur, wenn er entweder selbst die Zahlung geleistet hat oder sie schuldhaft hat geschehen lassen. — Unter Umständen kann der Gesellschaft auch ein Anspruch gegen den Zahlungsempfänger zustehen nach §§ 30, 31, wenn z. B. Dividenden an Gesellschafter gezahlt worden sind, oder nach §§ 29ff. KO (Anfechtung). Die allgemein vertretene Ansicht, daß in solchem Falle die Geschäftsführer nur subsidiarisch haften, hat ihre Grundlage nur in der Annahme, daß der Anspruch gegen sie Anspruch auf Schadenersatz sei, und steht und fällt mit dieser oben abgelehnten Auffassung.

d) Abzulehnen ist die Annahme Neukamps § 64[4], daß der Geschäftsführer nicht nur für geschehene Zahlungen haftet, sondern auch sich der Gesellschaft schadensersatzpflichtig macht, wenn er unterläßt, den Antrag auf Konkurseröffnung zu stellen. Was kann denn der Gesellschaft noch Schlimmeres geschehen als die Konkurseröffnung?

5. Die Gesellschaft kann auf den Erstattungsanspruch gegen die Geschäftsführer nicht — ganz oder teilweise — mit Wirkung gegen ihre Gläubiger verzichten, im allgemeinen auch nicht in einem Vergleich (s. §§ 43 Abs. 3, 9 Abs 2). Für den Konkursverwalter gelten diese Schranken nicht. Auch darauf, daß die Gesellschaft selbst die Zahlung beschlossen hat, kann der Geschäftsführer sich nicht berufen, wenn die Erstattung zur Befriedigung der Gläubiger der Gesellschaft erforderlich ist, eine Voraussetzung, die im Falle des Konkurses der Gesellschaft immer gegeben sein wird (JW 1910, 120[30]). — Der Anspruch verjährt in fünf Jahren, vom Tage der Zahlung an gerechnet.

6. Dem Antrag auf Eröffnung des Konkursverfahrens steht der Antrag auf Eröffnung des gerichtlichen Vergleichsverfahrens gleich. Ges über den Vergleich zur Abwendung des Konkurses (Vergleichsordnung) v. 5. 7. 27 (RGBl I 139). Nach Auflösung der Gesellschaft kann der Antrag nicht mehr gestellt werden. Wird der Antrag abgelehnt oder der Vergleich verworfen oder das Verfahren eingestellt, so gilt der Antrag als auf Eröffnung des Konkursverfahrens gestellt. Es ist zu beachten, daß der Antrag einen bestimmten Vergleichsvorschlag enthalten muß und daß mit ihm beizubringen ist u. a. die schriftliche Erklärung der Mehrheit der Gläubiger, daß sie mit der Eröffnung des Verfahrens einverstanden sind, Dinge, die sich nicht im Handumdrehen beschaffen lassen (vgl. oben Erl 1 d). Es kann aber das Gericht gemäß § 19 zur Nachbringung des Erforderlichen eine Frist bis zu 4 Wochen bestimmen. — Durch Bek v. 8. 8. 1914 war § 64 „bis auf weiteres" insoweit außer Kraft gesetzt, als er über den Fall der Zahlungsunfähigkeit Bestimmung trifft; durch VO v. 28. 4. 20 und Ges v. 14. 12. 22 ist das auch auf den Fall der Überschuldung ausgedehnt worden, wenn diese auf Verbindlichkeiten in ausländischer oder in Goldwährung beruht (vgl. auch VO über Goldbilanzen v. 28. 12. 23 § 14). Diese letzteren Vorschriften waren durch die Wiederbefestigung der Währung gegenstandslos geworden. Nunmehr sind alle diese Ausnahmebestimmungen durch Art I des Ges v 25. 3. 1930 (RGBl I 93) ausdrücklich aufgehoben worden.

§ 65

Die Auflösung der Gesellschaft ist außer dem Falle des Konkursverfahrens zur Eintragung in das Handelsregister anzumelden[1]). Das gleiche gilt von einer Fortsetzung der Gesellschaft in den im § 60 Absatz 1 Nr. 4 bezeichneten Fällen[2]).

Die Auflösung ist von den Liquidatoren zu drei verschiedenen Malen durch die im § 30 Absatz 2 bezeichneten öffentlichen Blätter bekanntzumachen[3]). Durch die Bekannt-

machung und zugleich die Gläubiger der Gesellschaft aufzufordern, sich bei derselben zu melden[4]).

Österr. Gesetz §§ 88, 91.

1. a) Wird die Gesellschaft m. b. H. durch Eröffnung des Konkurses über das Vermögen aufgelöst (§ 60 Ziff 4), so wird diese Tatsache von Amts wegen in das Handelsregister eingetragen, ebenso die Einstellung und Aufhebung des Konkurses; eine öffentliche Bekanntmachung der Eintragung findet nicht statt. Auch können Dritte, wenn die Konkurseröffnung nicht eingetragen oder nicht bekanntgemacht worden ist, sich nicht darauf berufen, daß ihnen die Auflösung der Gesellschaft nicht bekannt gewesen sei. In allen anderen Fällen muß die Auflösung der Gesellschaft zur Eintragung in das Handelsregister angemeldet werden. Aber die Eintragung hat auch hier nur deklarative Bedeutung. Die Wirkung der Auflösung ist von ihr nicht abhängig. Anders nur, wenn die Auflösung unter Statutenänderung beschlossen wird, also wenn im Statut ein bestimmter Endtermin festgesetzt war und beschlossen wird, die Gesellschaft vorher aufzulösen. Das setzt die Wirksamkeit der Statutenänderung und diese setzt wieder die Eintragung in das Handelsregister voraus (§ 54 Abs 3; Erl 3 a zu § 60). Auch wenn die Auflösung gemäß §§ 60 Ziff 3, 61, 62 durch gerichtliches Urteil erfolgt, muß sie seitens der Gesellschaft zur Eintragung angemeldet werden, was erst geschehen kann, nachdem das Urteil die Rechtskraft beschritten hat (OLG 27, 390).

b) Bestritten ist, wer die Auflösung namens der Gesellschaft anzumelden hat, der Geschäftsführer oder der Liquidator. Die Frage ist müßig, wenn, was die Regel bildet, der Geschäftsführer als Liquidator weiterfungiert. Im übrigen erlischt mit der Auflösung der Gesellschaft nicht sofort auch die Vertretungsmacht des Geschäftsführers. Das Gesetz selbst spricht das — man kann sagen unmittelbar — aus, indem es in § 67 vorschreibt, daß die ersten Liquidatoren durch die Geschäftsführer zum Handelsregister anzumelden sind, was nicht geschehen kann, solange die Auflösung der Gesellschaft noch nicht zur Tatsache geworden ist. Auch aus der Fassung des gegenwärtigen Paragraphen geht es insofern hervor, als zwar die Bekanntmachung der Auflösung ausdrücklich den Liquidatoren zur Pflicht gemacht wird, nicht aber die Anmeldung zum Handelsregister. Solange die Eintragung des Geschäftsführers im Handelsregister offen ist, bleibt gutgläubigen Dritten gegenüber dieser zur Vertretung der Gesellschaft ermächtigt. Aber das ist nicht entscheidend. Vielmehr ist überhaupt der Geschäftsführer, solange ein Liquidator nicht eingetreten ist, zur Anmeldung der Auflösung, übrigens aber jedenfalls auch zur passiven Vertretung, zur wirksamen Entgegennahme von Willenserklärungen für die Gesellschaft befugt, wie er es denn auch ist, welcher dem Registerrichter gegenüber während dieser Zeit zur Anmeldung verpflichtet ist. Anders, aber mit unzulänglicher Begründung (s. Erl 1 b zu § 67), Scholz 643; auch Hachenburg § 65[1] verkennt, daß das gerade die Streitfrage ist, ob schon im Moment der Auflösung jede Vertretungsmacht des Geschäftsführers gänzlich verschwindet; mit der Behauptung, daß es so sei, ist es nicht getan. Wie hier Neukamp § 67[1]; Liebmann § 65[2]. Möglich ist immer, daß der Geschäftsführer gänzlich ausscheidet, ehe es zur Auflösung oder zu ihrer Anmeldung gekommen ist, und dann kann allerdings nur der Liquidator anmelden. Vgl. § 67 Erl 1 b.

c) Der Registerrichter hat die Anmeldung der Auflösung, wenn sie nicht erfolgt, durch Androhung von Ordnungsstrafen zu erzwingen (außer dem Falle, wo die Auflösung nur unter Statutenänderung erfolgen kann, was aber in Wahrheit keine Ausnahme ist, weil hier vor der im Belieben der Gesellschaft stehenden Eintragung der Statutenänderung eine Auflösung der Gesellschaft noch gar nicht eingetreten ist). Der Zwang richtet sich gegen den Geschäftsführer oder die Liquidatoren, je nachdem, wer zur betreffenden Zeit die Gesellschaft vertritt. Ist ein Vertreter nicht vorhanden, so kann nicht deshalb auf den früheren Geschäftsführer oder Liquidator zurückgegriffen werden, auch nicht auf die Gesellschafter, auch nicht auf den einzigen, der alle Geschäftsanteile besitzt. So KGJ 45, 178. Bei solcher Praxis der Gerichte fehlt gegenüber einem passiven Verhalten der Gesellschafter dem Registerrichter schlechthin jede Handhabe, die Eintragung der Auflösung der Gesellschaft durchzusetzen. Es ist nicht einzusehen, warum nicht beim Fehlen eines gesetzlichen Vertreters die mehreren Gesellschafter insgesamt und namentlich warum nicht, wo nur ein Gesellschafter existiert, dieser sollte die Auflösung anmelden können und dann auch anmelden müssen. — Gläubiger der Gesellschaft, welche mit Klage gegen sie vorgehen wollen, können auf Grund § 29 BGB die Bestellung eines gesetzlichen Vertreters betreiben. Da das Gericht zwar die geeignete Persönlichkeit zu bestimmen hat, den in das Auge Gefaßten aber nicht zwingen kann, die Stellung zu übernehmen, namentlich auch nicht den früheren Geschäftsführer oder Liquidator, der die Stelle niedergelegt hat, ist es Sache des betreibenden Gläubigers, eine Persönlichkeit beizubringen, welche zur Übernahme der Stelle bereit ist, und die erforderlichen Kosten bereitzustellen (KGJ 23, 105; RJA 8, 267). — Ein Gläubiger, der klagen will, kann außerdem auf Grund § 57 ZPO die Bestellung eines gesetzlichen Vertreters betreiben.

d) Die Anmeldung der Auflösung muß durch so viel Geschäftsführer oder Liquidatoren erfolgen, als zur Vertretung der Gesellschaft berechtigt sind. Nach § 12 HGB müssen diese die

Anmeldung entweder persönlich bei Gericht bewirken oder sie schriftlich in öffentlich beglaubigter Form (Beglaubigung der Unterschriften) einreichen. Ein weiteres ist nicht vorgeschrieben, namentlich also auch nicht ein urkundlicher Nachweis der eingetretenen Auflösung. Neukamp § 65²; anders Hachenburg § 65⁶; Liebmann § 65²; Scholz 643. Der Registerrichter ist aber nicht gehindert, den Nachweis zu verlangen und Ermittlungen anzustellen (§ 12 FGG), wenn er Grund zu Bedenken hat, namentlich, wenn die Anmeldung nicht von allen gesetzlichen Vertretern ausgeht oder wenn Momente dafür vorliegen, daß Streit besteht. — Dem einzelnen Gesellschafter steht Beschwerde gegen die Verfügung des Registerrichters nicht zu (OLG 24, 161). S. § 10 Erl 2 e und f. — Die Anmeldung der Auflösung muß in gleicher Weise beim Handelsregister jeder Zweigniederlassung erfolgen. — Die Eintragung wird öffentlich bekanntgemacht (§ 10 HGB).

2. Nach § 32 HGB ist die Eröffnung des Konkurses von Amts wegen in das Handelsregister einzutragen, und dasselbe gilt gegebenenfalls von der Einstellung oder Aufhebung des Konkursverfahrens. Diese Eintragungen lassen die Gesellschaft als aufgelöst erscheinen, und das muß richtiggestellt werden, wenn die Gesellschafter gemäß § 60 Abs 1 Ziff 4 die Fortsetzung der Gesellschaft beschließen. Das gilt in jedem Fall, wo die Auflösung der Gesellschaft in das Handelsregister eingetragen worden ist und in gültiger Weise die Fortsetzung beschlossen wird (s. § 60 Erl 2 d). — Auch von dieser Anmeldung gilt nichts Besonderes, namentlich muß sie nicht unbedingt von allen Geschäftsführern ausgehen. Der Registerrichter hat die Anmeldung nötigenfalls zu erzwingen. Die Eintragung als solche entscheidet nicht über Gültigkeit oder Ungültigkeit, Bestand oder Nichtbestand der Gesellschaft. War der Beschluß, die Gesellschaft fortzusetzen, nichtig, so besteht die Gesellschaft nicht, auch wenn der Beschluß zur Eintragung gekommen ist.

3. Ganz unabhängig von der Anmeldung zum Handelsregister und der an die Eintragung sich anschließenden amtlichen Bekanntmachung hat auch die Gesellschaft ihre Auflösung öffentlich bekanntzumachen und damit zugleich ihre Gläubiger aufzufordern, sich bei ihr zu melden. Die Bekanntmachung muß in jedem Gesellschaftsblatte (§ 30 Abs 2) zu drei verschiedenen Malen erfolgen. Mit der letzten dieser Bekanntmachungen beginnt der Lauf des in § 73 vorgeschriebenen Sperrjahres. Die Bekanntmachungen dürfen nicht vom Geschäftsführer, sondern müssen, wie § 65 ausdrücklich sagt (vgl. den Wortlaut des Abs 1), von dem Liquidator ausgehen, der der Gesellschaft gegenüber verpflichtet ist, damit nicht zu zögern. Es steht nichts im Wege, die Bekanntmachung schon vor der Eintragung der Auflösung in das Handelsregister und auch schon vor der Anmeldung zu veröffentlichen. — Besondere Aufforderung der bekannten Gläubiger ist hier (anders § 58 Ziff 1) nicht erforderlich. — Die Frage, welchen Einfluß es auf den Lauf des Sperrjahres (§ 73) hat, wenn in der Bekanntmachung die Aufforderung an die Gläubiger, sich zu melden, fehlt, ist in RFH 5, 106 gestreift, aber nicht zum Austrag gebracht (vgl. auch RJA 4, 210).

4. Ist schließlich nach Beendigung der Liquidation (oder des Konkurses) die Gesellschaft gänzlich verschwunden, so kommt auch das zwar nicht unmittelbar, aber mittelbar dadurch zur Eintragung in das Handelsregister, daß die Firma gelöscht wird. Nach § 31 Abs 2 HGB hat der Liquidator die Pflicht und kann durch das Ordnungsstrafverfahren dazu angehalten werden, das Erlöschen der Firma anzumelden (OLG 19, 376). Es setzt das voraus, daß eine Liquidation stattgefunden hat (BayerZ 23, 237), und solange noch ein Rechtsstreit für oder gegen die Gesellschaft anhängig ist, kann die Löschung der Firma nicht erfolgen (Recht 1914, 1173). — Stellt sich nach geschehener Löschung noch weiteres der Verteilung unterliegendes Vermögen der Gesellschaft heraus (vgl. § 302 Abs 4 HGB), so wird das Verfahren wieder aufgenommen, die Vertretungsmacht der Liquidatoren lebt wieder auf; einer Neubestellung bedarf es nicht (anders bei der Aktiengesellschaft: § 302 Abs 4 HGB; OLG 14, 369; 27, 392). S. hierzu Erl 4 zu § 74.

§ 66

In den Fällen der Auflösung[1]) außer dem Falle des Konkursverfahrens erfolgt die Liquidation durch die Geschäftsführer, wenn nicht dieselbe durch den Gesellschaftsvertrag oder durch Beschluß der Gesellschafter anderen Personen übertragen wird.

Auf Antrag von Gesellschaftern, deren Geschäftsanteile zusammen mindestens dem zehnten Teile des Stammkapitals entsprechen, kann aus wichtigen Gründen die Bestellung von Liquidatoren durch das Gericht (§ 7 Absatz 1) erfolgen[2]).

Die Abberufung von Liquidatoren[3]) kann durch das Gericht unter derselben Voraussetzung wie die Bestellung stattfinden. Liquidatoren, welche nicht vom Gericht ernannt sind, können auch durch Beschluß der Gesellschafter vor Ablauf des Zeitraums, für welchen sie bestellt sind, abberufen werden.

Österr. Gesetz § 89.

1. Die Auflösung der Gesellschaft hat ihre Liquidation zur Folge. Von ihr handeln die §§ 66 bis 74, und zwar §§ 66, 67 von der Bestellung und Abberufung der Liquidatoren, § 68 von der Form ihrer Willenserklärungen und ihrer Vertretung, § 69 von dem inneren Rechtsverhältnis der Liquidationsgesellschaft, §§ 70 bis 73 von Aufgabe, Rechten und Pflichten der Liquidatoren und der Verteilung der Liquidationsmasse, § 74 von dem Verbleib der Bücher und Schriften der erloschenen Gesellschaft.

2. a) Mit der Auflösung der Gesellschaft tritt ein Wechsel in ihrer gesetzlichen Vertretung ein. Aus dem Geschäftsführer wird der Liquidator. Das ist nicht nur ein Wechsel der Bezeichnung, auch nicht nur ein Wechsel im Ziel der Aufgabe, sondern — nach der herrschenden Lehre (s. Erl 2 zu § 70) — auch ein Wechsel im Umfange der Vertretungsmacht. Es muß nicht zugleich ein Wechsel in der Person sein. Nach dem Gesetz ist vielmehr die Regel, daß die Geschäftsführer ohne weiteres die Funktion der Liquidatoren übernehmen. Ob sie hierzu verpflichtet sind, hängt von dem Inhalte ihres Anstellungsvertrages ab, ist aber im Zweifel zu bejahen. Anders, aber wenn nicht überhaupt unrichtig, viel zu allgemein RJA 11, 109. Ob und inwiefern durch die Umwandlung der Anstellungsvertrag eine Änderung erfährt, kann nur nach den Umständen des einzelnen Falles ermessen werden (vgl. RG 24, 70). — Eine andere Bestimmung kann getroffen sein im Gesellschaftsvertrage. Eine andere Bestimmung können die Gesellschafter aus Anlaß der Auflösung beschließen, und zwar mit einfacher Majorität. Letzteres auch dann, wenn im Gesellschaftsvertrage etwas anderes bestimmt ist. Das ist zwar bestritten, liegt aber in dem Rechte der Gesellschafter, den Liquidator jederzeit abzuberufen, beschlossen. Es ergibt sich auch daraus, daß im Gesetz eine Beschränkung des Rechts, den Liquidator jederzeit abzuberufen, absichtlich nicht vorgesehen ist (Mot S. 87). A. A. Neukamp § 66[2]; s. auch Brodmann A.-R. § 295[2]. Endlich kann auch das Gericht angegangen werden, den oder die Liquidatoren zu bestellen. — Unzulässig und unwirksam ist es, im Gesellschaftsvertrage den Aufsichtsrat mit der Bestimmung der Liquidatoren zu betrauen (RJA 12, 224; vgl. auch KGJ 49, 122). Ebensowenig kann das Bestimmungsrecht einzelnen Gesellschaftern ausbedungen werden; noch weniger einem Dritten, RJA 4, 148. — Darüber, wieviel Liquidatoren sein sollen, kann im Gesellschaftsvertrage bestimmt werden, und was darin in dieser Beziehung über die Geschäftsführer bestimmt ist, muß im Zweifel auch von den Liquidatoren gelten. Aber auch so hat die Gesellschaft und gegebenenfalls das Gericht freie Hand, nach Zweckmäßigkeit darüber zu entscheiden. — Der Registerrichter ist nicht befugt, die Gesellschaft durch Ordnungsstrafen anzuhalten, Liquidatoren zu bestellen (RJA 13, 112).

b) Die Bestellung durch das Gericht kommt in zwei ganz verschiedenen Gestalten vor.

Der eine Fall ist, daß über die Persönlichkeit des Liquidators oder der Liquidatoren innerhalb der Gesellschaft Meinungsverschiedenheit auftritt. Dann hat zwar nicht jeder Gesellschafter als solcher, wohl aber der eine oder mehrere Gesellschafter zusammen, die über mindestens den zehnten Teil des Stammkapitals — richtiger der Summe der Stammeinlagen (vgl. Erl 1 a zu § 50) — verfügen, das Recht, das Gericht um Bestellung eines Liquidators oder eines anderen Liquidators anzugehen, wenn ein wichtiger Grund dazu vorliegt. Der Richter hat zu prüfen, ob ein wichtiger Grund anzuerkennen ist, und wenn er dazu gelangt, es zu bejahen, muß er, nicht kann er, dem Antrage stattgeben. — Das gilt sowohl, wenn überhaupt Liquidatoren nicht vorhanden sind, als auch, wenn an Stelle des vorhandenen die Bestellung eines anderen verlangt wird (Abs 3). Es gilt auch, wenn es sich nur um einen der mehreren Liquidatoren handelt. Das Minderheitsrecht kann im Gesellschaftsvertrage nicht eingeschränkt, d. h. die erforderliche Minderheit kann nicht erhöht werden, wohl aber kann sie herabgesetzt werden; Scholz 648; Feine 650; a. A. Hachenburg § 66[17]. Antragsberechtigt sind nur die Gesellschafter selbst, nicht der Pfandgläubiger, wenn ein Geschäftsanteil verpfändet ist (RJA 13, 232), auch nicht der Nießbraucher; vgl. § 47 Erl 1 c. — Dem Aufsichtsrat steht das Recht, die Bestellung von Liquidatoren zu beantragen (vgl. § 295 HGB), nicht zu.

Zuständig ist das Amtsgericht am Sitze der Gesellschaft (der Registerrichter; § 148 FGG). Dieser hat nach § 146 FGG den Gegner, das ist hier die Gesellschaft, und, wenn ein gesetzlicher Vertreter derselben nicht vorhanden ist, die übrigen Gesellschafter zu hören, soweit es tunlich ist. Gegen die Entscheidung des Gerichts, also auch gegen die Zurückweisung des Antrages, findet sofortige Beschwerde statt (RJA 16, 72). Auch wer nicht gehört worden ist, obwohl es hätte geschehen müssen, hat nicht einfache, sondern die an die Frist des § 22 gebundene sofortige Beschwerde zur Hand; anders Liebmann § 66[4]. Die Frist läuft auch gegen ihn erst von dem Zeitpunkte an, wo ihm die Verfügung des Gerichts bekanntgemacht, in der Regel also zugestellt worden ist (§ 16 FGG). War im Verfahren die Gesellschaft durch einen zur Vertretung legitimierten (persönlich unbeteiligten) Liquidator vertreten, so ist sie und nicht der einzelne Gesellschafter zur Einlegung der Beschwerde befugt (RJA 4, 147; 11, 30). Gläubigern der Gesellschaft steht vollends kein Beschwerderecht zu (HoldheimsMSchr 23, 247; s. auch RJA 16, 84). — Der vom Gericht zum Liquidator Bestimmte kann sich frei entschließen, ob er das Amt annehmen will. Eine Verpflichtung hierzu besteht nicht und kann auch nicht rechtsgeschäftlich im voraus bedungen werden (RJA 8, 267). Insbesondere sind auch die einzelnen Gesellschafter zur Übernahme der Stellung nicht verpflichtet. Das Gericht kann die Bestimmung von Bedingungen abhängig machen, kann namentlich wegen der dem Liquidator etwa erwachsenden Kosten, wegen der voraussichtlich erforderlichen Aufwendungen Zahlung eines Vorschusses fordern (RJA a. a. O.). Hat der Liquidator die Bestellung angenommen, so kann er sich wegen Unterlassung einer ihm vom Gesetz zur Pflicht gemachten Handlung (Bilanzaufstellung) nicht damit entschuldigen, daß für die Deckung der Kosten die Mittel nicht vorhanden sind (KGJ 30, 125).

c) Über die Frage, ob ein wichtiger Grund vorliegt, liegt die Entscheidung durchaus beim Registerrichter. Der Entscheidung anderer sachlicher Streitpunkte hat er sich zu enthalten; er ist nicht berufen, dem abtretenden Liquidator aufzugeben, daß er die Bücher der Gesellschaft an den neuen Liquidator ausliefert. — Es handelt sich um einen Akt der freiwilligen Gerichtsbarkeit, für welchen ein bestimmtes Verfahren vorgeschrieben ist. Daher kann andererseits der Prozeßrichter hier nicht durch eine einstweilige Verfügung einen Liquidator einsetzen oder abberufen (BlFG 8, 337; KGBl 11, 99; s. aber auch RG 102, 197. Es ist wohl nicht zu verkennen, daß es Prozeßlagen geben kann, wo durch eine einstweilige Verfügung in das Vertretungsverhältnis einzugreifen geboten und zulässig erscheint; ebenso Hachenburg § 66[15]; Scholz 651, s. auch Brodmann A.-R. § 295[4] g). — Ob ein wichtiger Grund, auf den Antrag der Minorität einzugehen, vorliegt, muß der Richter nach freiem Ermessen entscheiden und anerkennen, wenn sich für keine oder nur für eine solche Persönlichkeit eine Mehrheit findet, welche der Minderheit nicht zugemutet werden kann.

d) Der andere Fall des gerichtlichen Eingreifens ist der der §§ 29, 48 BGB. Wenn ein Liquidator nicht vorhanden ist, eine sofortige Bestellung auf anderem Wege nicht erreichbar und der Fall dringlich ist, hat auf Antrag eines Beteiligten das Amtsgericht die Bestellung vorzunehmen (RJA 3, 25; 8, 267; 14 S. 59, 149). Das Gericht kann auch einen der Gesellschafter zum Liquidator bestellen, ohne hierbei auf Gesellschaftsbeschlüsse Rücksicht zu nehmen (RJA 12, 39). Als Beteiligte kommen hier die einzelnen Gesellschafter, aber auch Dritte, namentlich Gläubiger der Gesellschaft, in Betracht. Das Verfahren richtet sich nach den allgemeinen Vorschriften §§ 11 ff. FGG. Gegen die Verfügung des Gerichts findet einfache Beschwerde statt, die hier auch den einzelnen Gesellschaftern zusteht (RJA 8, 210). — Die Maßregel ist immer nur als Notbehelf gedacht, und die Gesellschaft ist auch nach Bestellung eines solchen provisorischen Vertreters jederzeit in der Lage, die Stelle ordnungsmäßig zu besetzen. Die Rechtshandlungen des vom Gericht bestellten Liquidators sind rechtswirksam, auch wenn die Bestellung ungerechtfertigt war, es sei denn, daß sie von einem sachlich unzuständigen Gerichte vorgenommen wäre (§ 32 FGG.). Vgl. RG 102, 197.

e) Das Amt des Liquidators erlischt mit der Beendigung der Liquidation, lebt aber, falls der Liquidator noch vorhanden ist, wieder auf, wenn sich herausstellt, daß noch Vermögen vorhanden ist (OLG 14, 369; 27, 392; BauersZ 18, 65; anders § 302 HGB). Durch die Eröffnung des Konkurses über das Vermögen der aufgelösten Gesellschaft erlischt das Amt des Liquidators nur, wenn es — ausdrücklich oder stillschweigend — vereinbart worden ist (RG in LZ 1911, 308).

f) Juristische Personen und Minderjährige können ebensowenig zu Liquidatoren wie zu Geschäftsführern bestellt werden. S. § 6 Erl 1 b. A. A. JW 1925, 2017 (Karlsruhe); KG in Recht 1930, 327. Wenn Hachenburg § 66[18] doch einen Unterschied zwischen Liquidator und Geschäftsführer machen will (ebenso Scholz 467), weil der Aufgabenkreis des Liquidators beschränkter sei, so kann das weder als schlüssig anerkannt werden noch auch nur als in der Voraussetzung richtig. Höchstens im Umfang wird in der Regel der Aufgabenkreis des Liquidators beschränkter sein. Aber was hat das mit dem Wesen der gesetzlichen Vertretung zu tun? S. Brodmann A.-R. § 295[3].

3. a) Im allgemeinen können Liquidatoren ebenso wie Geschäftsführer durch formlosen (§ 48) Mehrheitsbeschluß der Gesellschafter jederzeit abberufen werden (GKJ 45, 178). Das ist zwingendes Recht. Auch die Beschränkung dieses Rechts auf den Fall, daß ein wichtiger Grund vorliegt (vgl. § 38 Abs 2), ist unzulässig und unwirksam, alles das unbeschadet etwaiger Ansprüche des Abberufenen aus dem mit der Gesellschaft geschlossenen Vertrage. Das gilt auch, wenn die Persönlichkeit im Gesellschaftsvertrage bestimmt worden ist. — Ist eine Mehrheit für die Abberufung nicht vorhanden, so kann die Minderheit unter denselben Voraussetzungen und in gleichem Verfahren wie die Bestellung eines Liquidators die Abberufung des Liquidators verlangen, wenn ein wichtiger Grund dafür vorliegt. Hier ist auch der Liquidator selbst zu hören und zur Einlegung der sofortigen Beschwerde berechtigt. Als wichtiger Grund finden sich anerkannt Unredlichkeit und Eigennutz (Recht 1913, 753), der Umstand, daß der Liquidator die gesamte Liquidation einem anderen, dem zugleich das ganze Vermögen der Gesellschaft veräußert war, übertragen hatte (KGJ 37, 164). Aber auch objektive Momente können entscheidend sein, Verschulden des Liquidators ist nicht unerläßlich (OLG 27, 389).

b) Einen vom Gericht auf Antrag der Minderheit eingesetzten Liquidator können die Gesellschafter nicht abberufen. Hier muß, wenn ein wichtiger Grund zur Abberufung vorliegt, wiederum das Gericht eingreifen auf Antrag sei es der Mehrheit, sei es wiederum einer Minderheit von mindestens einem Zehntel der Geschäftsanteile.

c) Nach BadRpr 21, 37 kann der Liquidator sein Amt jederzeit niederlegen, unbeschadet etwaiger Schadensersatzansprüche der Gesellschaft. Indessen dürfte wohl vom Liquidator auch in dieser Beziehung nichts anderes gelten als das in Erl 5 zu § 38 vom Geschäftsführer Gesagte; Scholz 651. Ist ein zweiter Liquidator nicht vorhanden, so kann die Niederlegung des Amtes wirksam dem Registerrichter erklärt werden, GmbHRundsch 17, 344.

§ 67

Die ersten Liquidatoren sind durch die Geschäftsführer, jede Änderung in den Personen der Liquidatoren sowie eine Beendigung ihrer Vertretungsbefugnis ist durch die Liquidatoren zur Eintragung in das Handelsregister anzumelden[1]).

Der Anmeldung ist eine Abschrift der Urkunden über die Bestellung der Liquidatoren oder über die Änderung in den Personen derselben beizufügen. Diese Vorschrift findet auf die Anmeldung zum Handelsregister einer Zweigniederlassung keine Anwendung[2]).

Die Eintragung der gerichtlichen Ernennung oder Abberufung von Liquidatoren geschieht von Amts wegen[3]).

Die Liquidatoren haben ihre Unterschrift zur Aufbewahrung bei dem Gerichte zu zeichnen[4]).

Österr. Gesetz § 89.

1. a) Das Handelsregister soll jederzeit ergeben, wer gesetzlicher Vertreter der Gesellschaft m. b. H. ist. Daher müssen ebenso wie die Geschäftsführer nach Auflösung der Gesellschaft die Liquidatoren zur Eintragung in das Register angemeldet werden. — Die Anmeldung ist in allen Fällen erforderlich, auch dann, wenn sich die Persönlichkeit aus dem Statut ergibt oder wenn die Geschäftsführer, wie es die Regel ist, als Liquidatoren eintreten. Es soll die gesetzliche Vertretung sich stets unmittelbar und ausdrücklich aus dem Handelsregister ergeben. — Die Eintragung wird öffentlich bekanntgemacht (§ 10 HGB). Sie hat aber nur deklaratorische Bedeutung. Die Vertretungsmacht des Liquidators besteht vor seiner Anmeldung zum Register und vor der Eintragung (RG in HoldheimsMSchr 13, 166; 25, 43). Aber solange die Eintragung noch aussteht, kann die Gesellschaft gutgläubigen Dritten gegenüber sich nicht darauf berufen, daß der Geschäftsführer (oder der frühere Liquidator) nicht mehr Vertretungsmacht besessen habe. Aber die Anmeldung liegt nicht nur im Interesse der Gesellschaft, sie ist hier vielmehr öffentlich-rechtlich zur Pflicht gemacht. Sie muß erfolgen und ist nötigenfalls vom Registerrichter durch Androhung von Ordnungsstrafen zu erzwingen. Die Anmeldung darf auch dann nicht unterbleiben, wenn das Gesellschaftsvermögen schon verteilt ist oder wenn nur ein Gesellschafter vorhanden war, der das ganze Gesellschaftsvermögen an sich genommen hat (OLG 9, 268). — Alle in § 67 vorgeschriebenen Anmeldungen haben nicht durch sämtliche, sondern nur durch die zur Vertretung der Gesellschaft erforderliche Anzahl von Vertretern zu erfolgen.

b) Wenn das Gesetz ausdrücklich vorschreibt, daß die ersten Liquidatoren durch den Geschäftsführer anzumelden sind (vgl. KGJ 29, 227), so erklärt es damit zugleich, daß trotz Auflösung der Gesellschaft die Vertretungsmacht der Geschäftsführer nicht schlechthin erlischt, vielmehr in gewissem Umfange, nämlich insoweit, als es die Aufrechterhaltung der Kontinuität der Verhältnisse erfordert, weiterbesteht (vgl. Erl 1 b zu § 65). Jedenfalls ist alles gültig, was die Geschäftsführer in Übereinstimmung mit dem Willen der Gesellschafter tun. Damit legt ferner das Gesetz den Geschäftsführern die Verpflichtung auf, die Anmeldung vorzunehmen, mag auch ihr Dienstverhältnis zur Gesellschaft durch die Auflösung ein Ende genommen haben. — Der Widerspruch von Hachenburg § 66[4] und Scholz 654, wonach nicht der Geschäftsführer, sondern der erste Liquidator selbst den ersten Liquidator anzumelden hätte, kämpft vergebens gegen den Wortlaut der Gesetze. Gerade dann, wenn der Gesetzgeber nur an den Fall gedacht haben sollte, daß der Geschäftsführer Liquidator wird, hätte er sich so, wie geschehen, nicht ausdrücken können. Man muß schon die Worte: „sind durch die Geschäftsführer" streichen, um auf den Sinn, welchen Hachenburg in das Gesetz legen will, zu kommen. M. a. W., die Gegensätzlichkeit zwischen der ersten Anmeldung durch die Geschäftsführer und den späteren Anmeldungen durch die Liquidatoren ist zu deutlich gewollt. Aber an etwas anderes hat der Gesetzgeber allerdings wohl nicht gedacht, an den Fall, daß im Zeitpunkt der Auflösung Geschäftsführer nicht vorhanden sind. So wörtlich darf man das Gesetz nicht nehmen, daß dann eigens erst ein Geschäftsführer eingesetzt werden müßte, nur um sich oder einen anderen als Liquidator anzumelden (so Liebmann § 67[16], dagegen nicht Neukamp § 67[1]), KGJ 14, 30. In solchem Falle können die Liquidatoren sich selbst anmelden, wie sie das ja auch tun müssen, wenn im Lauf der Liquidation ein Personenwechsel eingetreten ist (KGJ 14, 30).

c) Der Zeitpunkt, in welchem der abtretende Liquidator ausgeschieden ist, ist nicht in das Handelsregister einzutragen (RJA 12, 217). — Der Liquidator, welcher die Stellung gekündigt hat, kann seine Löschung beim Registerrichter nicht betreiben, auch nicht gegen die Gesellschafter auf Bestellung eines anderen Liquidators Klage erheben, sondern muß gemäß § 29 BGB vorgehen (SeuffA 71, 192).

d) Nicht nur ein Personenwechsel, sondern auch jede Änderung in der Form der Vertretung, wenn aus Kollektivvertretung Einzelvertretung geworden ist oder umgekehrt usw., muß zur Eintragung in das Register angemeldet werden (§ 68 Abs 2). Vgl. § 39 und Erl 1 c dazu.

2. Die Urkunden können in einfacher Abschrift beigebracht werden. Beglaubigung ist nicht vorgeschrieben. Wird eine Änderung in der Form der Vertretung angemeldet, so muß der Beschluß (in einfacher Abschrift) beigebracht werden, auf welchem sie beruht. Liegen die Urkunden, z. B. das Statut, dem Registerrichter bereits vor, so genügt der Hinweis auf sie (s. auch Erl 2 a zu § 39). — Bei der Anmeldung zum Handelsregister einer Zweigniederlassung genügt der Nachweis der Eintragung in das Register der Hauptniederlassung.

3. Der Abs 3 handelt nur von der in § 66 geregelten Ernennung und Abberufung von Liquidatoren. Im Falle des § 29 BGB dürfte die Anmeldung des bestellten Vertreters unerläßlich sein; a. A. Hachenburg § 66[12]; Scholz 655.

4. Nur der persönliche Namenszug ist beizubringen, nicht auch der Schriftzug der Firma. S. § 8 Abs 3; § 39 Abs 3. Liegt er dem Gerichte als solcher bereits vor, was der Fall ist, wenn die Geschäftsführer als Liquidatoren eintreten, so dürfte eine nochmalige Beibringung überflüssig sein. Die Unterschrift muß auch zum Handelsregister einer Zweigniederlassung eingereicht werden (§ 13 HGB).

§ 68

Die Liquidatoren haben in der bei ihrer Bestellung bestimmten Form ihre Willenserklärungen kundzugeben und für die Gesellschaft zu zeichnen. Ist nichts darüber bestimmt, so muß die Erklärung und Zeichnung durch sämtliche Liquidatoren erfolgen[1]**.**

Die Bestimmung ist mit der Bestellung der Liquidatoren zur Eintragung in das Handelsregister anzumelden[2]**.**

Die Zeichnungen geschehen in der Weise, daß die Liquidatoren der bisherigen, nunmehr als Liquidationsfirma zu bezeichnenden Firma ihre Namensunterschrift beifügen[3]**.**

Österr. Gesetz § 92.

1. a) Von der Form, in welcher die Liquidatoren die Gesellschaft vertreten, und von der Art und Weise, wie sie für diese (schriftlich) Willenserklärungen abzugeben haben, gilt im allgemeinen das vom Gesetz für den Geschäftsführer Bestimmte. Der Abs 1 des § 68 entspricht fast wörtlich dem § 35 Abs 2 Satz 1 u. 2. Sind mehrere Liquidatoren vorgesehen, so gilt, wenn nicht etwas anderes bestimmt ist, auch hier Kollektivvertretung (s. Erl 2 d zu § 35). Etwas anderes kann im Gesellschaftsvertrage bestimmt sein oder durch Beschluß der Gesellschafter (mit einfacher Mehrheit) oder endlich in den Fällen des § 66 Abs 2 und §§ 48, 29 BGB durch das Gericht bestimmt werden. Gericht sowohl wie Gesellschafter haben hierin auch gegenüber einer Bestimmung im Gesellschaftsvertrage freie Hand. Das ist bestritten, folgt aber notwendig daraus, daß die Liquidatoren, mögen sie auch im Gesellschaftsvertrage bestimmt sein, jederzeit durch Mehrheitsbeschluß der Gesellschafter abberufen werden und anschließend — ganz nach Belieben der Gesellschafter — durch mehrere oder auch nur durch einen anderen Liquidator ersetzt werden können. A. A. Liebmann § 68[4]; Neukamp § 68[2]. Die Minderheit ist auf den Schutz des § 66 Abs 2 angewiesen. — Vgl. im übrigen § 35 und Erl dazu. — Prokura kann nach Auflösung der Gesellschaft nicht mehr erteilt werden, und die bestehenden Prokuren erlöschen mit der Auflösung der Gesellschaft (RG 72, 122).

b) Daß zur passiven Vertretung der Gesellschaft, d. h. zur rechtswirksamen Entgegennahme der an die Gesellschaft zu richtenden und abgegebenen Willenserklärungen, der einzelne gesetzliche Vertreter auch dann legitimiert ist, wenn Kollektivvertretung besteht, beruht auf der Natur der Sache. Es ist im Recht anerkannt, daß, was auch nur einer der gesetzlichen Vertreter einer juristischen Person weiß, die juristische Person weiß. Es würde vom Geschäftsführer auch dann gelten, wenn es in § 35 Abs 2 Satz 3 nicht ausdrücklich bestimmt wäre. Daher kann man daraus, daß hier dieser Satz 3 fehlt, nicht schließen, daß bei Kollektivliquidatoren etwas anderes gilt. Es ist nichts als eine Unebenheit der Fassung, daß in § 68 zwar der Wortlaut des ersten Satzes des § 35 Abs 2 aufgenommen, der zweite Satz aber übergangen wird. A. A. Liebmann § 68[1]. Entsprechend genügt, wo es auf Wissen oder Wissenmüssen der Gesellschaft ankommt, Wissen oder Wissenmüssen auch nur eines Liquidators (vgl. § 166 BGB).

2. Die Bestimmung ist zur Eintragung in das Handelsregister anzumelden, damit jedermann aus ihm und der anschließenden Bekanntmachung (§ 10 HGB) sich ohne weiteres über die Rechtslage unterrichten kann. Es ist daher nicht richtig, daß es der Anmeldung nicht bedarf, wenn im Gesellschaftsvertrage die Form der Vertretungsmacht der Liquidatoren geregelt ist. So Liebmann § 68[3]; Scholz 658. Zum mindesten muß in der Anmeldung auf die Bestimmung des Gesellschaftsvertrages hingewiesen und diesem dann die entsprechende Eintragung entnommen werden. Nicht zu leugnen ist, daß, wenn bei mehreren Liquidatoren in der Registereintragung und deren Bekanntmachung nichts gesagt worden ist, Kollektivvertretung die bestimmte Form ist. Das Gesetz mutet jedermann zu, daß er weiß, was eine solche Eintragung bedeutet. Immerhin wird der Registerrichter guttun, es in die Registereintragung aufzunehmen. — Keiner Anmeldung der Bestimmung bedarf es, wenn das Gericht auf Grund § 66 Abs 2 den Liquidator bestellt, was gar nicht geschehen kann, ohne zugleich über die Form der Vertretung zu bestimmen. Die Eintragung in das Handelsregister erfolgt von Amts wegen (§ 67 Abs 3).

3. a) Als Liquidationsfirma wird die Firma verkehrsüblich durch den Zusatz „in Liquidation" oder abgekürzt: i. L. bezeichnet. Das ist keine Änderung der Firma, die vielmehr auch während der Liquidation in der bisherigen Weise den Schutz des Gesetzes, insbesondere der §§ 30, 37 HGB, genießt (vgl. RG 15, 105; 29, 67; in Recht 1924, 46). Daraus können nach zwei Richtungen Schwierigkeiten entstehen. Es kann sich die Gelegenheit bieten, das Unternehmen der Gesellschaft als Ganzes vorteilhaft zu verkaufen, aber nur mit der alten Firma oder zwar auch ohne die Firma, aber dann ungünstiger. Ohne Firma kann die Gesellschaft auch während der Liquidation nicht sein. Behalten und fortführen kann sie die bisherige nicht, wenn sie sie veräußert hat, und eine andere Firma soll sie nach der herrschenden Lehre nicht annehmen können, weil das nur unter Abänderung des Statuts geschehen kann und diese nach Auflösung der Gesellschaft nicht mehr möglich sei. S. hierzu Erl 5e zu § 60. — Die andere Schwierigkeit tritt auf, wenn nach vermeintlicher Beendigung der Liquidation die Firma von einem anderen Unternehmen berechtigterweise angenommen worden ist und sich herausstellt, daß noch Vermögen vorhanden ist und eine Nachliquidation erforderlich wird (vgl. Erl 4 zu § 65). Hier bleibt gar nichts anderes übrig, als den Zusatz in Liquidation als ausreichend unterscheidend gelten zu lassen. Zustimmend Scholz 659.

b) Der Abs 3 hat die Bedeutung einer Ordnungsvorschrift. Wird der kennzeichnende Zusatz: in Liquidation oder die Namensunterschrift fortgelassen, so ist die abgegebene Erklärung nicht deshalb schon wirkungslos, weil der § 68 Abs 3 verletzt ist. Es handelt sich auch nicht um eine Schutzvorschrift im Sinne von § 823 Abs 2 BGB. Aber jedenfalls ist die Fortlassung rechtswidrig, wenn sie auf Vorsatz oder Fahrlässigkeit beruht, und kann, wenn dadurch Schaden entsteht, Grundlage für eine Ersatzforderung sein.

§ 69

Bis zur Beendigung der Liquidation kommen ungeachtet der Auflösung der Gesellschaft[1]) in bezug auf die Rechtsverhältnisse derselben und der Gesellschafter die Vorschriften des zweiten und dritten Abschnitts zur Anwendung, soweit sich aus den Bestimmungen des gegenwärtigen Abschnitts und aus dem Wesen der Liquidation nicht ein anderes ergibt[2]).

Der Gerichtsstand, welchen die Gesellschaft zur Zeit ihrer Auflösung hatte, bleibt bis zur vollzogenen Verteilung des Vermögens bestehen[3]).

Österr. Gesetz § 92.

1. Auflösung einer Gesellschaft bedeutet nicht den jähen Abbruch aller gesellschaftlichen Rechtsverhältnisse, sondern nur die Einstellung der auf den Zweck der Gesellschaft gerichteten Tätigkeit. Das gilt von jeder Gesellschaft, und darin hat die Körperschaft nichts voraus vor der Gesellschaft nach bürgerlichem Recht oder vor der offenen Handelsgesellschaft usw. Man stellt den Betrieb ein und wickelt die schwebenden Geschäfte ab, möglichst vorteilhaft für das Endergebnis, was dann je nach Lage der Verhältnisse mehr oder weniger Zeit in Anspruch nimmt. Erst mit der Verteilung des reinen Vermögens auf die Gesellschafter löst sich das Band, das sie verbindet, und erst jetzt verschwindet dann, wenn die Form der Gesellschaft die Korporation ist, die juristische Person. Es ist kein Scheinleben, das sie in dieser Zeit führt, sondern eine ganz reale Existenz (vgl. RG 41, 95 und die dortigen Zitate; RG in Recht 1910, 1162). Es ist klar, daß vieles, was bis zum Augenblicke der Auflösung galt, nicht mehr anwendbar ist, weil es auf die veränderte Richtung und den veränderten Zweck der Tätigkeit der Gesellschaft nicht paßt, mit dem Wesen der Liquidation und den für diese geltenden Vorschriften unvereinbar geworden ist. Im übrigen gelten alle Rechtsvorschriften wie bisher, es sei denn, daß etwas anderes bestimmt ist. Das ist der rationell und allgemein durchschlagende Gesichtspunkt, der nicht nur gegenüber den Vorschriften des gegenwärtigen Gesetzes gilt, sondern überhaupt gegenüber der ganzen Rechtsordnung, die

hinter dem Gesetze steht und wie für jedermann so auch für die Gesellschaft m. b. H. maßgeblich ist. Wenn § 69 bestimmt, daß die Vorschriften des 2. und 3. Abschnittes des Gesetzes auf die Liquidation Anwendung finden, soweit sich aus den Bestimmungen des Abschnitts über die Liquidation und aus dem Wesen derselben nicht ein anderes ergibt, so war es einerseits ganz überflüssig, das zu sagen; es hätte sich von selbst verstanden, anderseits aber ist es so, wie es gesagt worden ist, unbestreitbar zu eng. Die herrschende Lehre schließt daraus, daß der 4. Abschnitt des Gesetzes nicht gilt, daß daher nach Auflösung der Gesellschaft eine Statutenänderung nicht mehr ausführbar ist. Vgl. RG 9, 268, grundsätzlich auch OLG 14, 370 (nur die in der Änderung der Firma liegende Statutenänderung wird für zulässig erklärt); ebenso Recht 07 S. 137, 244; KGJ 15, 35; ZBlFG 4 S. 271, 291 a; Recht 03 S. 531, 2745; unentschieden RG 85, 397; auch RG 50, 130 nicht unbedingt dafür; dagegen Hachenburg § 69[38]; Scholz 660; Feine 647. Das einzige Argument ist dieser Wortlaut des Gesetzes. Sachliche Gründe werden nicht vorgebracht, und so nahe auch bei dieser Ausdrucksweise des Gesetzes der Schluß, daß nur die Vorschriften des 2. und 3. Abschnitts gelten, alles übrige aber von der Geltung ausgeschlossen sein soll, auf den ersten Blick liegt, so ist er doch einerseits nicht unbedingt geboten, anderseits nachweislich unzulässig. Man kann mit ihm gar nicht Ernst machen. Es müßten dann auch der 1. und 6. Abschnitt von der Geltung ausgeschlossen sein. Aber der 6. Abschnitt handelt in den §§ 78, 82, 84 ausdrücklich auch von den Liquidatoren, also von der Liquidation, und was den 1. Abschnitt angeht, so ist es immerhin möglich, daß Rechtsverhältnisse der in § 3 Abs 2 bestimmten Art auch während der Liquidation fortdauern; es ist unbestritten, daß zu Liquidatoren sowohl Gesellschafter als auch andere Personen ernannt werden können, und das ergibt sich aus § 6 Abs 2; und will man etwa allen Ernstes behaupten, daß die Liquidatoren freie Hand haben, zum Nachteil der Gläubiger auf Ansprüche der Gesellschaft gegen die Geschäftsführer zu verzichten, welche bei der Anmeldung der Gesellschaft zum Handelsregister hinsichtlich der auf die Stammeinlage gemachten Leistungen unrichtige Angaben gemacht haben (§ 9 Abs 2)? Man kann also gar nicht verkennen, daß der Gesetzgeber sich zu eng ausgedrückt hat, als er positiv bestimmen wollte, daß Existenz und Fortdauer der inneren Organisation und des inneren Lebens der Gesellschaft durch ihre Auflösung nicht in Frage gestellt werden, und man muß daher nicht nur den 2. und 3., sondern auch den 4. Abschnitt und auch sonst das geltende Recht daraufhin ansehen, was von ihm mit dem Wesen der Liquidation und den Bestimmungen des Gesetzes über sie in Einklang steht und was nicht und daher entweder anwendbar ist oder nicht.

2. Hinsichtlich der einzelnen Bestimmungen des 2. und 3. Abschnitts ergibt sich das Folgende:

§§ 13 bis 18 gelten auch während der Liquidation (RG in LZ 1912, 666[48]; in JW 26, 1718). — Wer einen Geschäftsanteil erwirbt, kann das Rechtsgeschäft anfechten, wenn er nicht wußte, daß die Gesellschaft sich in Liquidation befand (Recht 09, 1443).

§§ 19 bis 25 gelten mit Anpassung an die Verhältnisse während der Liquidation. Die ausstehenden Raten der Stammeinlagen sind einzufordern, und zwar — wie entgegen der allgemein vertretenen Annahme behauptet werden muß — sofort, ohne Rücksicht auf die im Statut etwa festgesetzten späteren Termine (Erl 1 c zu § 19). Aber der Liquidator hat keine Veranlassung und daher auch nicht das Recht, mehr einzufordern, als erforderlich ist, die Liquidation durchzuführen. Es braucht kein Gesellschafter einzuzahlen, was er offensichtlich nur zahlt, um es als Liquidationsquote oder mit dieser zurückzuerhalten. Über die Behauptungs- und Beweislast s. Erl 6 c zu § 19.

§§ 26 bis 28. Die herrschende Lehre nimmt an, daß sie anwendbar sind, und das trifft jedenfalls auch zu, soweit die Einforderung von Nachschüssen vor Auflösung der Gesellschaft beschlossen worden ist. Im übrigen muß angenommen werden, daß nach Auflösung der Gesellschaft Nachschüsse, worunter man nur Beiträge der Gesellschafter zum Betriebsvermögen der Gesellschaft verstehen kann, nicht mehr eingefordert werden können (vgl. Erl 3 b zu § 63). Ist das Vermögen der aufgelösten Gesellschaft überschuldet (zahlungsunfähig) und wollen sich nicht einzelne oder alle Gesellschafter zu freiwilligen Zuschüssen verstehen, so muß der Antrag auf Eröffnung des Konkursverfahrens gestellt werden. Anders, wenn die Gesellschaft noch nicht aufgelöst ist und es gilt, den werbenden Betrieb aufrechtzuerhalten. Im Gesetz findet das hier Gesagte dadurch Ausdruck (Hachenburg § 69[7]), daß es sich aus dem Wesen der Liquidation ergibt (§ 69 Abs 1 a. E.); Scholz 661 gibt zu, daß das hier Gesagte gilt, wenn im Statut bestimmt ist, daß Nachschüsse nur zur Stärkung des Betriebsvermögens angefordert werden dürfen; es liegt aber umgekehrt, es gilt, es sei denn, daß im Statut erkennbar das Gegenteil vereinbart worden ist.

§ 29. Die Frage nach dem Rechte des Gesellschafters auf Gewinn während der Liquidation birgt manchen Zweifel in sich. Vorweg ist zu bemerken, daß diese Zweifel eine praktische Bedeutung innergesellschaftlich nur haben, wenn die Liquidationsquote nach einem anderen Maßstab zur Verteilung kommt als der Gewinn; denn das steht nach § 30 fest, daß unter keinen Umständen an die Gesellschafter auf Konto Gewinn etwas gezahlt werden kann, wenn nicht sämtliche Gläubiger befriedigt werden können. Ist aber reines Vermögen vorhanden und wird die Liquidationsquote im gleichen Verhältnis verteilt wie der Gewinn, dann ist es gleich, unter welcher Bezeichnung das Geld an die Gesellschafter gelangt. Außergesellschaftlich kann die Frage praktisch werden wegen der Beziehung des einzelnen Gesellschafters zu Dritten; so wenn er den Anspruch auf den Gewinn abgetreten hat, nicht aber den Anspruch auf das Kapital, oder wenn an dem Geschäftsanteil ein Nießbrauch besteht. — Während der Liquidation und aus ihr wird ein „Reingewinn" im Sinne des § 29 überhaupt nicht gemacht; es können höchstens nach Ablauf des Sperrjahres (§ 73) Abschlagszahlungen auf die Liquidationsquote in Frage kommen. Von einem Gewinne nach § 29 kann auch dann nicht die Rede sein, wenn im Laufe des Geschäftsjahres die Auflösung eintritt. Tatsächlich kann man dann freilich neben der Liquidationsbilanz eine Gewinnverteilungsbilanz aufstellen und berechnen, was in dem Bruchteil des Jahres gewonnen und verloren worden ist. Aber der Gesellschafter hat eben nur Anspruch auf den Jahresgewinn. Der Gewinn oder Verlust aus dem Bruchteil eines Jahres ist nicht der Bruchteil des Jahresergebnisses. Er ist etwas anderes als der Jahresgewinn oder -verlust (Erl 1 c zu § 29). Während aber ferner die Gesellschafter zweifellos Anspruch auf den Gewinn des abgelaufenen Geschäftsjahres haben, wenn bei Auflösung der Gesellschaft dieser bereits festgestellt war und die Verteilung beschlossen, ist die Rechtslage zweifelhaft, wenn die Auflösung der Gesellschaft nach Ablauf des Geschäftsjahres, aber vor Feststellung der Bilanz eintritt. Wenn man — wie füglich — davon ausgeht, daß die Gläubiger der Gesellschaft auch hier den Gesellschaftern unter allen Umständen vorgehen (vgl. Erl 1 b zu § 29), besteht kein Bedenken dagegen und spricht der Sachverhalt dafür, den Anspruch auf den Jahresgewinn als gegenüber dem Anspruch auf die Liquidationsquote selbständig auszuscheiden und anzuerkennen. Anders Hachenburg § 69[8], der recht hätte, wenn richtig wäre, daß „der wirklich vorhandene Gewinn den Gesellschaftern schließlich doch in der Liquidationsquote zugute kommt". Dann wäre der Streit gegenstandslos. Aber es kommt vor, daß der Gewinn anders verteilt wird als die Liquidationssumme und daß am Gewinn nicht nur die Gesellschafter beteiligt sind. Wie hier Scholz 677.

§§ 30 Abs 1, 31 sind nicht anwendbar; an ihre Stelle tritt das Zahlungsverbot des § 73. Allgemein wird das Gegenteil behauptet. Die herrschende Lehre erklärt unrichtigerweise die konkreten Ansprüche der Gesellschafter, also den Anspruch auf beschlossene Dividende, auf Rückzahlung eines Nachschusses u. ä. für Drittgläubigerrechte (§ 29 Erl 1 b) und bedarf des § 31 Abs 1, um zu rechtfertigen, daß diese Rechte gleichwohl hinter die wahren Drittgläubigerrechte zurückzutreten haben. In Wahrheit hat das Verbot des § 31 Abs 1 keinen Sinn in dem Verfahren, welches gerade darauf ausgeht, das Reinvermögen der Gesellschaft an die Gesellschafter auszukehren; hier treten die Schutzvorschriften des § 73 an die Stelle des § 30.

§ 30 Abs 2 ist nicht anwendbar. Rückzahlung von Nachschüssen nach Eintritt der Liquidation zu beschließen hätte gar keinen Sinn; nur als Abschlagszahlung könnte das in Frage kommen (s. oben), und das liegt, wenn es zulässig ist, in der Hand der Liquidatoren. Sind Nachschüsse ungleichmäßig eingezahlt, so muß das bei der Verteilung der Masse berücksichtigt werden. Man kann das Zurückzahlung des Nachschusses nennen, namentlich dann, wenn dabei für die anderen Gesellschafter nichts übrigbleibt; nur darf man sich dadurch nicht zu der Annahme verleiten lassen, daß es dazu eines Beschlusses der Gesellschafter (§ 46 Ziff 3) bedarf oder daß es sich überhaupt um einen Fall nach § 30 Abs 2 handle. Der Schutz des § 30 Abs 2 wird vollauf ersetzt durch § 73.

§ 32 ist anwendbar, soweit während der Liquidation eine Gewinnauszahlung zu erfolgen hat (s. oben zu § 29).

Eigen ist die Lage bei den Verboten des § 33 (Erwerb eigener Geschäftsanteile durch die Gesellschaft). Gegenüber der Ausführung Hachenburgs § 69[13]: eigene (einzelne ist offenbar Druckfehler) Geschäftsanteile können billig erworben und dadurch die Verteilungschancen für die übrigen Gläubiger (soll heißen Gesellschafter) verbessert werden, ist doch darauf hinzuweisen, daß in dem entgeltlichen Erwerb Zurückzahlung der Stammeinlage liegt (§ 33 Erl 3), die in der Liquidation in dieser Form unter keinen Umständen zulässig ist. Die Einschränkung in § 33 Abs 2 (Erwerb aus Überschüssen) ist Ausfluß des Verbots des § 30 Abs 1, das für die Liquidationsinstanz nicht gilt, wo es durch die Bestimmungen in § 73 ersetzt wird. Soll anderseits überhaupt der Erwerb gestattet sein, so hätte es keinen Sinn, das nicht auch von nicht voll eingezahlten Geschäftsanteilen gelten zu lassen (§ 33 Abs 1), jedenfalls dann nicht, wenn nach Lage der Dinge Einforderung der Stammeinlage nicht in Frage kommt. Auf jeden Fall dürfte der Geschäftsanteil nicht vor Ablauf des Sperrjahres bezahlt werden, und dann dürfte in einem „billigen" Ankauf eine Übervorteilung des Verkäufers liegen, mit welcher dieser sich kaum einverstanden erklären wird.

§ 34 anwendbar.

§ 35 gilt hier nicht (§ 70 Satz 1 a. E.).

§§ 36, 37, 41 Abs 1 sind anwendbar (s. § 71); wenn dort die Anwendbarkeit auf den ersten Absatz des § 41 beschränkt wird, so kann das nicht wohl etwas anderes heißen, als daß Abs 2—4 nicht anwendbar sein sollen, was auch sachlich verständlich ist. (Anders in Beziehung auf Abs 4, KGJ 45, 181.) Die Liquidatoren haben bei Beginn der Liquidation und demnächst in jedem

Jahre eine Bilanz aufzustellen. Jenes soll **sofort** und dieses muß ohne schuldhafte Verzögerung geschehen. Das wird regelmäßig nicht so langer Zeit bedürfen, wie wenn das Geschäft noch im Gange wäre; die Fristen des Abs 2 und 3 passen hier gar nicht, und Bekanntmachung der Liquidationsbilanzen (Abs 4) könnte nur in Frage kommen, wenn sie positiv vorgeschrieben wäre; aber gerade davon hat das Gesetz offensichtlich Abstand nehmen wollen (a. A. RJA 13, 33; Hachenburg § 69[21]; Neukamp S. 415; Liebmann § 71[2]; Scholz 678).

§§ 38, 39 unanwendbar.

§ 40 ist nicht anwendbar (s. Erl 1 zu § 71; a. A. KGJ 48, 134 und die herrschende Lehre).

§ 42 Bilanz, s. hierzu Erl 1 a zu § 42.

§ 43. Es gelten allgemein Abs 1, 2 und 4 (s. § 71). Abs 3 findet entsprechende Anwendung, wenn gegen die Bestimmungen über Einhaltung des Sperrjahres verstoßen wird (§ 73 Abs 3).

§ 44 wäre anwendbar, wenn es ständige Stellvertreter des Liquidators gäbe. Davon steht aber im Gesetz nichts, und die Übergehung des § 44 in § 71 spricht dagegen.

§ 45 gilt. **Anfechtung** von Gesellschafterbeschlüssen ist auch während der Liquidation zulässig, KGBl 25, 119.

§ 46 **Ziff 1.** Beschluß über Verteilung eines Reingewinns kommt nach der Auflösung höchstens ausnahmsweise einmal in Frage (s. oben bei § 29), aber dasselbe gilt auch von der Feststellung der Jahresbilanz. Die Jahresbilanz der Liquidatoren (§ 71 Abs 2) ist nicht dasselbe wie eine Jahresbilanz nach § 46 Ziff 1. Sie hat mehr die Bedeutung einer der Gesellschaft geschuldeten Rechnungslegung; es wäre nicht leicht zu sagen, was man unter einer Feststellung dieser Bilanzen durch die Gesellschafter zu verstehen hätte. — **Ziff 2** kann für die Gesellschaft nicht in Frage kommen (vgl. in Beziehung auf die Aktiengesellschaft RG 45, 153; ferner OLG 13, 25), **Ziff 3** ebenfalls nicht, wohl aber wiederum **Ziff 4** und aus **Ziff 5** die Entlastung in Beziehung auf die Liquidatoren (oder eines ausgeschiedenen Geschäftsführers). — **Ziff 6** gilt, ebenso in Beziehung auf Handlungsbevollmächtigte **Ziff 7**, nicht aber auch in Beziehung auf Prokuristen. Während der Liquidation können Prokuristen nicht bestellt werden (ROHG 13, 224), und mit der Auflösung der Gesellschaft erlischt die erteilte Prokura; auch **Ziff 8** ist anwendbar.

§§ 47 bis 49 Abs 1, 2 sind anwendbar, dagegen ist, wie aus § 71 deutlich hervorgeht und auch sachlich einleuchtend ist, § 49 Abs 3 nicht anwendbar.

§§ 50 bis 52 anwendbar.

Darüber, daß auch die Vorschriften **des 4. Abschnitts** anwendbar sind, soweit nicht das Wesen der Liquidation ein anderes ergibt, s. oben Erl 1. Daher sind **Abänderungen des Statuts** nicht ausgeschlossen (vgl. auch Erl 1 h zu § 53) und unter Umständen unvermeidlich oder unentbehrlich (s. Erl 5 e zu § 60). Ob eine **Erhöhung des Stammkapitals** mit dem Wesen der Liquidation sich vereinigen läßt, ist zweifelhaft. Dagegen RG 77, 153; RG in LZ 1912, 153[36]; 1914, 776[19]; in Recht 1912, 286; 1915, 2361; RJA 14, 152. So leicht wird sich niemand finden, der bereit ist, einer Gesellschaft beizutreten, die keinen anderen Zweck hat als abzuwickeln. Aber wenn sich jemand findet, liegt kein genügender Grund vor, es ihm zu verwehren; können doch auch durch Ankauf eines Geschäftsanteiles neue Gesellschafter eintreten (vgl. auch RG 50, 130, indessen ist bei der eingetragenen Genossenschaft die Rechtslage wesentlich abweichend). — Etwas anderes ist es, daß ein Kapitalerhöhungsbeschluß hinfällig wird, wenn vor Eintragung des Beschlusses in das Handelsregister die Gesellschaft durch Eröffnung des Konkurses über ihr Vermögen oder auf andere Weise aufgelöst wird (RG 77, 153). Ähnlich liegt es bei der **Herabsetzung des Stammkapitals**. Sie wäre nach Auflösung der Gesellschaft schlechthin gegenstandslos (BauersZ 20, 58). Es wäre denkbar, daß die Herabsetzung Einfluß hat auf die Liquidationsquote. Aber dann könnte sie auch nur mit Zustimmung der durch sie Benachteiligten beschlossen werden. Das läßt sich viel einfacher durch formlose Vereinbarung unter den Gesellschaftern erreichen.

3. Es verbleibt nach Auflösung der Gesellschaft bei ihrem **allgemeinen Gerichtsstand** beim Gericht des Ortes, wo sie ihren Sitz hat (§ 17 ZPO). Daran wird auch dadurch nichts geändert, daß die Gesellschaft nach Eintritt der Liquidation ihren Sitz verlegt, was sie freilich überhaupt nur tun kann, wenn nach Auflösung der Gesellschaft eine Statutenänderung noch zulässig ist (s. Erl 1 u. 2 a. E.). Einen Sitz im Inland und den entsprechenden Gerichtsstand muß jede Gesellschaft m. b. H. haben, den sie nicht dadurch verliert, daß sie ihr Geschäftslokal aufgibt, daß der Ort ihrer Verwaltung nicht festzustellen, der Liquidator nicht aufzufinden ist (Hachenburg § 69[40]); wegen Fälle dieser Art hätte es der Vorschrift des Abs 2 nicht bedurft. — Es steht nichts im Wege, daß das Prozeßgericht auf Grund § 203 ZPO die öffentliche Zustellung an eine aufgelöste Gesellschaft bewilligt (KGBl 24, 119). — Auch nach § 21 (**Zweigniederlassung**) kann nach Eintritt der Liquidation ein Gerichtsstand begründet sein und nicht nur in Beziehung auf bereits begründete Rechtsverhältnisse. Es ist nicht ausgeschlossen, daß auch zwecks Abwicklung des Geschäftes von der Zweigniederlassung aus ein Geschäftsbetrieb stattfindet.

§ 70

Die Liquidatoren haben die laufenden Geschäfte zu beendigen, die Verpflichtungen der aufgelösten Gesellschaft zu erfüllen, die Forderungen derselben einzuziehen und das Vermögen der Gesellschaft in Geld umzusetzen[1]); sie haben die Gesellschaft gerichtlich und außergerichtlich zu vertreten[2]). Zur Beendigung schwebender Geschäfte können die Liquidatoren auch neue Geschäfte eingehen.

Österr. Gesetz § 90.

1. Der § 70 umschreibt das Wesen und die Aufgaben der Liquidation, indem er die Pflichten bestimmt, welche dem Liquidator der Gesellschaft gegenüber obliegen. Er stimmt wörtlich überein mit § 88 GenG, sachlich auch mit § 149 HGB (vgl. auch § 298 das.). In allen vorkommenden Fällen ist Liquidation ihrem Wesen nach dasselbe. Sie ist ein Rechtsinstitut. Die Liquidatoren sind verpflichtet und befugt:

a) die laufenden Geschäfte zu beenden;
b) die Verpflichtungen der Gesellschaft zu erfüllen;
c) ihre Forderungen einzuziehen;
d) das Vermögen in Geld umzusetzen;
e) die Gesellschaft gerichtlich und außergerichtlich zu vertreten. Dazu kommt ein sechstes, was im Gesetz allerdings nicht ausdrücklich genannt wird: das Reinvermögen unter die Gesellschafter zu verteilen. Darüber, wie das zu verstehen ist, s. Erl 2 zu § 72.

Die Liquidatoren müssen das alles selbst tun. Sie können sich geeigneter Hilfskräfte bedienen und Vollmachten an Drite erteilen. Sie dürfen aber nicht einen anderen mit der Liquidation im ganzen betrauen. Eine darauf gerichtete Abmachung würde nichtig sein (RJA 10, 45). — Die oben unter a—d wiedergegebenen Vorschriften können in den Grundgedanken zusammengefaßt werden, daß den Liquidatoren jede fernere werbende Geschäftstätigkeit versagt ist, RG in LZ 1912, 153[36]. Sie sind aber dehnbar und können und wollen nicht nach strengem Wortlaut angewendet werden. Sie stellen mehr nur den leitenden Gesichtspunkt auf. Dem gibt auch das Gesetz selbst durch die weitere Vorschrift Ausdruck, daß zur Beendigung schwebender Geschäfte doch auch wieder neue Geschäfte eingegangen werden können.

a) Laufendes „Geschäft" bedeutet nicht so sehr Rechtsgeschäft als vielmehr geschäftliches Beginnen, geschäftliches Unternehmen, als solches selbst schon ein Begriff ohne feste Grenzen. Und ebenso ist jene Erweiterung zu verstehen, daß neue Geschäfte — zur Beendigung schwebender — eingegangen werden können. Ein angefangener Bau, eine in Angriff genommene, aber auch eine unaufschiebbare, zweckmäßigerweise sofort anzuordnende Reparatur müssen durchgeführt, vorgenommen werden können. Es kann ein Gesellschaftsvertrag mit Dritten bestehen, der sich nicht oder nicht ohne mehr oder weniger großen Schaden sofort kündigen läßt. Es kann geboten sein, ein laufendes Prämiengeschäft zu prolongieren. Ein zum Zweck der Aufteilung erworbenes Grundstück kann einstweilen verwaltet, bewirtschaftet werden müssen, was oft nicht ohne zahlreiche Geschäfte und Rechtsgeschäfte durchführbar ist. Es steht denn auch unter Umständen nichts im Wege, die Durchführung der Liquidation der Sachlage entsprechend länger hinauszuschieben, wie denn, abgesehen von ganz einfachen Fällen, zugleich eine Verwaltung des Gesellschaftsvermögens mit allen dadurch bedingten Geschäften eintreten muß; alles Dinge, die man doch nur sehr von ungefähr unter den Begriff der Beendigung laufender Geschäfte bringen kann (vgl. RG 72, 237). — Steuerrechtlich kann unter Umständen die Verwaltung als Fortsetzung des Betriebes anzusehen sein (OVGSt 4, 414).

b) und c) Die Erfüllung der Verpflichtungen der Gesellschaft und die Einziehung ihrer Forderungen erledigen sich leicht, dort, wenn die Gesellschaft das Geld hat, hier, wenn der Schuldner zahlungsfähig und zahlungswillig ist. Aber es können der Gesellschaft auch die flüssigen Mittel fehlen, und es kann kaufmännisch geboten sein, den Schuldner nicht zu drängen; es kann in Frage kommen, ob es sich empfiehlt, ihm durch Zuführung neuer Mittel über eine augenblickliche Schwierigkeit hinwegzuhelfen. So können neue Geschäfte, Aufnahme von Darlehen, Hingabe von Darlehen, Stundungen, auch Wechseltransaktionen, Prolongationen von Wechseln (vgl. ROHG 13, 223; 21, 307; RG 4, 64) u. ä. ganz noch im Rahmen der Liquidation liegen. Wenn der Liquidator eine Offerte annimmt, welche der Gesellschaft an die Hand gegeben war, so nimmt er sich nur eines im Gesellschaftsvermögen liegenden Wertes auf die natürlichste Art an (RG 44, 84). Eine Forderung der Gesellschaft muß nicht immer eingezogen werden; unter Umständen läßt sie sich ebensogut oder besser durch Veräußerung verwerten. Es kann sich auch als geboten oder gerechtfertigt erweisen, auf einen Anspruch zu verzichten. Kurz, es gibt gar kein Rechtsgeschäft, von dem man abstrakt behaupten könnte, daß es in einer Liquidation nicht mit Fug und Recht vorgenommen werden dürfe. Es ist wichtig, sich das klarzumachen (s. unten Erl 2).

Zu den ausstehenden Forderungen der Gesellschaft gehören auch ihre Ansprüche gegen die Gesellschafter, so gut die gesellschaftlichen (Stammeinlage, beschlossene Nachschüsse) wie die außergesellschaftlichen. Die Einforderung von Stammeinlagen geht uneingeschränkt durch etwaige Bestimmungen des Gesellschaftsvertrages in die Hände der Liquidatoren über, die aber nicht mehr einfordern dürfen, als zum Zweck der Liquidation erforderlich ist (RG 45, 153; RGBl 27, 28; wegen der Behauptungspflicht und Beweislast s. Erl 6 c zu § 19). An einen Beschluß der Gesellschafter (§ 46 Ziff 2) sind sie nicht gebunden (OLG 13, 25). Nachschüsse kann der Liquidator einfordern, wenn sie vor Auflösung der Gesellschaft beschlossen waren. Darüber, ob in der Liquidation noch Einforderung von Nachschüssen beschlossen werden kann, s. Erl 3 b zu § 63, § 69 Erl 2. Anderseits können beschlossene Nachschüsse dadurch gegenstandslos werden, daß die Gesellschaft sich auflöst (vgl. ROHG 21, 337). — Aufrechnung mit der Liquidationsquote ist schon wegen den Bestimmungen über das Sperrjahr ausgeschlossen. — Ob Leistungen der Gesellschafter nach § 3 Abs 2 bei Auflösung der Gesellschaft ein Ende nehmen, läßt sich nur nach Lage des einzelnen Falles entscheiden. Im Zweifel wird anzunehmen sein, daß sie nur für den dem verfassungsmäßigen Zweck der Gesellschaft dienenden Betrieb bestimmt sind. Jedenfalls kann auch sie der Liquidator nur insoweit in Anspruch nehmen, als er ihrer zur Durchführung der Liquidation, d. h. zur Zahlung der Schulden und der Kosten, bedarf (vgl. RG 72, 237). — Die bestehenden Rechtsverhältnisse erfahren durch die Auflösung der Gesellschaft an sich keine Änderung (vgl. RG 5, 7). Betagte Forderungen werden durch sie nicht fällig. Doch können die Umstände im einzelnen Falle nach Treu und Glauben etwas anderes bedingen (vgl. RG 5, 7; 9, 14). — Wohl aber muß behauptet werden, daß ausstehende Raten auf Stammeinlage sofort fällig werden, soweit der Liquidator des Geldes bedarf, um fällige Schulden zu bezahlen (vgl. Erl 1 c zu § 19). Läßt man das nicht gelten, dann müßte in solchem Falle die Eröffnung des Konkursverfahrens beantragt werden. — Nicht nur die Forderungen der Gesellschaft einzuziehen, sondern überhaupt die Rechte der Gesellschaft geltend zu machen ist Aufgabe der Liquidatoren. Es steht nichts im Wege, eine Patentanmeldung weiter zu betreiben, eine Patentnichtigkeitsklage fortzusetzen, mag die Gesellschaft Kläger oder Beklagter sein, Marken- und Zeichenrecht, den Schutz gegen unlauteren Wettbewerb, unter Umständen bis zur Beendigung der Liquidation in Anspruch zu nehmen (BauersZ 18, 92; vgl. RG 15, 102).

d) Was die **Verwertung** des Gesellschaftsvermögens zur Bezahlung der Schulden und gegebenenfalls zur Auszahlung der Liquidationsquote an die Gesellschafter angeht, so ist ein **Umsetzen in Geld** nicht immer das unbedingt Gebotene. Eine Verwertung durch Tausch kann zweckmäßig sein; vorhandene Rohstoffe noch aufzuarbeiten kann sich empfehlen, was dann wieder umschlägt in das Gebiet der Vermögensverwaltung. An die Stelle der Versilberung kann bei Verteilung unter den Gesellschaftern **Realteilung** eintreten aber nur, wenn alle Gesellschafter damit einverstanden sind oder die Verweigerung des Einverständnisses gegen Treu und Glauben verstößt. Wenn die beiden gleichberechtigten Gesellschafter zugleich die zur Alleinvertretung berechtigten Liquidatoren sind und das Gesellschaftsvermögen nur noch in dem Anspruch auf den Restkaufpreis für das gekaufte Gesellschaftsunternehmen besteht, so kann nicht der eine von ihnen die Hälfte der Forderung ohne weiteres einem Dritten übertragen, d. h. er ist der Gesellschaft gegenüber hierzu nicht berechtigt. Es bedarf erst der gleichviel wie formlosen Aufteilung, die nicht ohne Zustimmung des anderen erfolgen kann. Die Regel nomina sunt ipso jure divisa trifft nicht zu. Die Forderung gehört nicht zweien, sondern einem, der Gesellschaft. Den Erwerber berührt das nicht, weil ihm gegenüber der Liquidator die Gesellschaft zu vertreten die Macht hat (s. den in GmbHRundsch 1915, 388 berichteten Fall). — Die Liquidatoren haben pflichtgemäß zu prüfen, ob Einzelverkauf oder **Verkauf in Bausch und Bogen** vorzuziehen ist. Besser tun sie, die Gesellschaft zu befragen. Immer aber muß es sich um einen Verkauf, um schließliche Umsetzung in Geld handeln. Wegen Umsatzsteuer s. LZ 25, 370. — Wird das gesamte Unternehmen an eine Aktiengesellschaft gegen Beteiligung an ihrem Aktienkapital hingegeben, so kann das nur mit Einwilligung aller Gesellschafter geschehen, weil es in das Sonderrecht der Gesellschafter auf die Liquidationsquote eingreift. So treffend OLG 3, 67; Scholz 670; anders Hachenburg § 70[8], dem nicht zugegeben werden kann, daß die Entscheidung irgendwie im Gegensatz zu RG 44, 84 stünde (s. oben unter 6 b). Veräußert der Liquidator das ganze Unternehmen, so bildet nunmehr der Kaufpreis die Liquidationsmasse, aus welcher dann auch die Schulden der Gesellschaft bezahlt werden müssen. Daneben haftet der Käufer nach § 419 BGB für diese Schulden, gleichviel, was er in diesem Punkte mit dem Liquidator vereinbart hat (OLG 20, 164). Der Vertrag muß gemäß § 311 BGB gerichtlich oder notariell geschlossen werden (RG in HoldheimsMSchr 1911, 203). Das trifft aber den Fall nicht, daß der Liquidator in Ausführung der Liquidation dem Inhaber aller Geschäftsanteile das vorhandene Vermögen ausliefert, überhaupt nicht die Ausschüttung des Reinvermögens der Gesellschaft an die Gesellschafter (RG 92, 85). — Erwirbt der Käufer des Unternehmens zugleich die Firma, so haftet er nach § 25 HGB gegebenenfalls für die Schulden. Daß der Zusatz Gesellschaft m. b. H. fortfällt, ist ohne Bedeutung (vgl. RG 15, 110).

e) In allen diesen Fragen **steht**, ebenso wie der Geschäftsführer, so auch der **Liquidator nicht über, sondern unter der Gesellschaft**, welche der dominus nogotii ist und bleibt.

Er ist — wofern nicht gesetzlich Verbotenes verlangt wird oder seine Verantwortlichkeit Dritten gegenüber in Frage kommt — gehalten, ihren Beschlüssen nachzukommen, welche im allgemeinen mit einfacher Stimmenmehrheit gefaßt werden. Wenn auch die Entschließungen nicht ohne unter Umständen weitgehenden Einfluß auf das Liquidationsergebnis sind, so läßt sich doch bei den weiten Grenzen, die hier dem geschäftlichen Ermessen gesteckt sind, nicht sagen, daß damit in das Sonderrecht der Gesellschafter auf die Liquidationsquote eingegriffen wird. Anders nur bei außerordentlichen Maßregeln. Handelt es sich beispielsweise darum, zur Sanierung der Vermögensverhältnisse eines Schuldners durch weitere Opfer die Hand zu bieten, so dürfte nicht nur der Liquidator gehalten sein, die Gesellschafter zu befragen, sondern auch diese es nur unter Zustimmung aller beschließen können (vgl. hierzu auch unten Erl 2 a. E.). Anders Scholz 671, der lehrt, daß nur der oder die Benachteiligten zustimmen müssen. Aber in diesen Fällen pflegt sich erst in Zukunft zu zeigen, ob eine Benachteiligung auftritt oder nicht, und wenn es der Fall ist, trifft es alle Gesellschafter. Nicht die Benachteiligten, sondern die Beteiligten müssen zustimmen. So ist es auch nicht richtig, daß es zur Abfindung eines Gesellschafters durch Sachen statt in Geld der Zustimmung nur dieses Gesellschafters bedarf (S. 669); an der richtigen Bewertung sind auch die anderen Gesellschafter unmittelbar interessiert.

2. Die Liquidatoren haben die Gesellschaft gerichtlich und außergerichtlich zu vertreten. Was heißt das? Der § 35 sagt von den Geschäftsführern wörtlich übereinstimmend, die Gesellschaft wird durch den Geschäftsführer gerichtlich und außergerichtlich vertreten. Ist das dasselbe oder ist es das nicht? Mit seltener Einmütigkeit wird erwidert, es sei nicht dasselbe. Was der § 36 vorschreibt, daß die Gesellschaft durch die in ihrem Namen von den Geschäftsführern vorgenommenen Rechtsgeschäfte berechtigt und verpflichtet wird, gilt nach § 71 auch von den Liquidatoren. Jawohl, hören wir wieder, aber der § 36 im 5. Abschnitt sagt nicht dasselbe, was er im 3. Abschnitt sagt. Während die Vertretungsmacht der Geschäftsführer unbeschränkt und unbeschränkbar ist, soll die Vertretungsmacht der Liquidatoren auf das beschränkt sein, was nach § 70 ihnen zu tun erlaubt ist, auf das liquidationsmäßige, im Gegensatz zum liquidationswidrigen Rechtsgeschäft. Das ist eine völlig unbegründete und unhaltbare Doktrin, die sich bei näherem Zusehen als ein dogmengeschichtliches Kuriosum herausstellt. Eine gesetzliche Vertretung kann, was den Gegenstand angeht, auf welchen sie sich bezieht, beschränkt, besser vielleicht begrenzt sein. So vertritt der Konkursverwalter den Gemeinschuldner, aber nur im Umfang seines Vermögens, soweit es zur Konkursmasse gehört. Der Testamentsvollstrecker ist gesetzlicher Vertreter des Erben, aber nur, was die Erbmasse angeht. Aber innerhalb dieses Gebietes, auf welches sie sich erstreckt, liegt es im Wesen der gesetzlichen Vertretung, daß sie nicht beschränkt werden kann, es sei denn durch positive Vorschrift. Das tritt mit besonderer Schärfe gerade bei einer juristischen Person wie hier hervor. Wenn der Liquidator die Gesellschaft nur verpflichten (übrigens dann auch nur für sie Rechte erwerben) kann, wenn er ein liquidationsmäßiges, nicht aber, wenn er ein liquidationswidriges Rechtsgeschäft eingeht, so entbehrt die Gesellschaft in ihrer Rechtssphäre außerhalb des Liquidationsmäßigen jeder Möglichkeit einer Vertretung, also jeder Handlungsfähigkeit. „Sie ist fortan, da ein anderes Organ zu ihrer Vertretung nicht besteht, nicht mehr im vollen Sinne des Wortes eine juristische Person, nicht mehr in der Lage, auf dem Gebiete des Vermögensrechtes wie vorher handelnd aufzutreten." Das läßt man im allgemeinen freilich nicht gelten. Nur die wenigsten sind konsequent und behaupten, daß das liquidationswidrige Geschäft nichtig sei. Also wenn der Liquidator, falls ihm eine Ware günstig angeboten wird, für die er einen guten Abnehmer weiß, die Gelegenheit wahrnimmt, einen erwünschten Gewinn zu machen, so ist der Kauf nichtig, und der Verkäufer hat das Nachsehen, soweit die Gesellschaft nicht mehr bereichert ist. Daß das nicht geht, sehen die meisten ein. Aber man sieht den Zirkel nicht, in dem man sich bewegt. Man muß zugeben, daß das Rechtsgeschäft gültig ist oder wird, wenn die Gesellschaft es genehmigt. Indessen diese Genehmigung muß erklärt werden, und dafür ist niemand vorhanden als wiederum nur der Liquidator. Und hier versagt nun das Kriterium. Oder soll die Genehmigung selber wieder ein liquidationswidriges Rechtsgeschäft sein? Dann könnte der Liquidator sie wirksam nicht erklären. Man käme also doch auf Unwirksamkeit des Geschäfts hinaus. Hat er aber die Macht hierzu, dann erklärt er sie doch wirksam, auch wenn in Wahrheit die Gesellschaft sie nicht erteilt hat. Und was der Liquidator nachträglich tun kann, kann er auch gleichzeitig tun. Er kauft und erklärt, die Gesellschaft habe eingewilligt. Zu jenem fehlte ihm die Vertretungsmacht, zu diesem hätte er sie. Und in denselben Zirkel blickt man, wenn wegen eines Rechtsgeschäfts ein Prozeß anhebt, in welchem wiederum die Gesellschaft zu vertreten niemand vorhanden ist als der Liquidator, gleichviel, ob das Rechtsgeschäft liquidationsmäßig war oder liquidationswidrig (vgl. RG 15, 104 unter 2). — Dazu kommt folgendes. Man kann, wie gesagt, objektiv den Gegenstand begrenzen, auf welchen die gesetzliche Vertretung beschränkt sein soll, aber es gäbe kein Kriterium, das zur Bestimmung einer Schranke weniger geeignet ist als dieser Begriff des Liquidationswidrigen. Nach ROHG 9, 85 soll sich der Gläubiger der Gesellschaft gegenüber der Verjährungseinrede nicht darauf berufen können, daß die Verjährung durch Anerkenntnis des Liquidators unterbrochen sei, weil in einem solchen Anerkenntnis ein liquidationswidriges Rechtsgeschäft liegt! Darüber, wie unsicher die Unterscheidung selbst dann sein kann, wenn man den vollen Einblick in den ganzen Sachverhalt besitzt, s. oben Erl 1. Dieselbe Rechtsordnung, welche sich den Schutz des Dritten so angelegen sein läßt, daß sie beim Geschäftsführer jede Einschränkung der Vertretungsmacht verwehrt, schlüge mit der Auflösung der Gesellschaft in das Gegenteil um und gäbe das Publikum schutzlos Gefahren preis, gegen welche es eine Vorsicht gar nicht gibt. Warum? Ist denn in diesem Stadium die Gefahr dieser Vertretungsmacht soviel größer als vorher? Liegt es nicht, wenn überhaupt ein Unterschied bestehen soll, eher umgekehrt? Es ist gewiß ein übles Ding, wenn ein Liquidator eigenmächtig das ganze Vermögen der Gesellschaft, statt es in Geld umzusetzen, in eine neue Gesellschaft gegen Beteiligung an dieser einbringt. Aber abgesehen davon, daß hierbei auch der das Handelsregister führende Richter noch ein Wort mitzusprechen hat (KGJ 21, 256; OLG 3, 67), ist es doch nicht weniger schlimm, wenn der Geschäftsführer es tut (vgl. § 303 HGB). Man muß sich doch die Frage vorlegen, was der § 70 eigentlich will. Warum diese Beschränkung auf die Abwicklung der Geschäfte? Es ist sicher kein öffentlich-rechtliches, auch kein rechtspolizeiliches Gebot. Es dient auch nicht zum Schutze der Gläubiger. Ihr Interesse bei der Auflösung der Gesellschaft geht dahin, daß die Gesellschaft, die, wenn sie verschwindet, ohne Hinterlassung von Erben und Vermögen verschwindet, nicht zu früh verschwindet. Darin, nicht darin, daß sie zu spät verschwindet, liegt für sie die Gefahr, und der wird durch § 73 und noch andere Bestimmungen vorgebeugt, aber nicht durch § 70. Bei dieser Vorschrift handelt es sich nur um die Interessen der Gesellschaft und der Gesellschafter. Die Behauptung Scholz' 673, daß hierbei die Bedeutung des Gläubigeraufgebots verkannt werde, die sich durch Fortsetzung werbender Geschäfte immer mehr verflüchtigt, hätte näherer Begründung bedurft. Das Aufgebot gilt doch nur den Gläubigern aus der Zeit vor der Auflösung, nicht der späteren, welche um die Auflösung der Gesellschaft wissen oder als um sie wissend gelten (HGB § 15). Es mag ein Unfug sein, wenn eine Gesellschaft m. b. H. behauptet, daß sie liquidiere, wenn es nicht wahr ist, und unter irgendeiner Verwicklung der Dinge kann vielleicht einmal für Dritte daraus ein Schaden entstehen. Aber allgemein betrachtet tut sie damit niemandem Schaden als höchstens sich selbst. Von Dritten hat allein unter Umständen der Steuerfiskus ein Interesse daran, daß die Gesellschaft, die weitergeführt wird, sich nicht den Schein gibt, als liquidiere sie (RFH 10, 23; vgl. auch OVGSt 4, 414; 14, 68). Aber dem wird nicht durch eine Beschränkung der Vertretungsmacht des Liquidators vorgebeugt. Eher wäre, wenn man beides überhaupt in Zusammenhang bringen könnte, das Gegenteil der Fall. Überwiegend wird denn auch zugegeben, daß der Liquidator an die in § 70 gezogene Schranke nicht gebunden ist, wenn er mit Einwilligung der Gesellschafter handelt. Man sieht also deutlich, um was es sich beim § 70 (im ersten Halbsatz) handelt. Nicht um das Außenverhältnis, die Vertretungsmacht, sondern um das Innen-, das Auftragsverhältnis, und die Tatsache ist einfach die, daß das Licht, welches vor noch nicht allzulanger Zeit die Unterscheidung zwischen Innen- und Außenverhältnis in die Lehre von der Stellvertretung gebracht hat, in diesen verhältnismäßig stillen Winkel noch nicht gedrungen ist, wo vielmehr die alte Doktrin, welche Vollmacht und Instruktion nicht genügend zu scheiden wußte, in ihrer Unvollkommenheit und mit ihren Unklarheiten noch ein verspätetes Dasein fristet. Nur natürlich denn auch, daß alle jene Unklarheiten und Zweifel hier wiederkehren. Einig ist man sich nur in dem ersten verfehlten Ausgangspunkt. Streit besteht schon, wie bereits gesagt, darüber, ob das liquidationswidrige Geschäft nichtig ist oder von der Zustimmung der Gesellschaft abhängig. Überwiegend wird letzteres angenommen, und das dürfte auch der Standpunkt der Rechtsprechung sein. Die für das Gegenteil angerufenen Entscheidungen (ROHG 13, 223; 21, 307; RG 4, 44, 80) sprechen sich zu dieser Frage nicht aus. Streit besteht ferner über die Beweislast. Hier tritt zwischen ROHG 13, 223 und 21, 307 insofern eine gewisse Differenz auf, als ersteres Urteil annimmt, daß die Rechtmäßigkeit des Geschäfts zu vermuten sei, während letzteres jede Vermutung für oder wider ablehnt. Aber beide legen dem gegen die Gesellschaft klagenden Wechselgläubiger den Beweis auf, daß in der Hingabe des Wechsels durch den Liquidator ein Abwicklungsgeschäft, ein liquidationsmäßiges Geschäft gelegen habe, während RG 4, 61 keine Veranlassung hatte, sich über die Beweislast auszusprechen, weil es den festgestellten Tatsachen entnehmen konnte (oder weil es unterstellen mußte, ganz deutlich ist in diesem Punkte der Bericht nicht), daß ein liquidationsmäßiges Geschäft in Frage stand. — Im Schrifttum überwiegt die Meinung, daß die Beweislast denjenigen trifft, der die Ungültigkeit des Geschäftes geltend macht, in der Regel also die Gesellschaft. Dabei ist aber vor allem auch streitig, was Gegenstand des Beweises ist. Bei der Natur dieses unscharfen Gegensatzes: liquidationsmäßig, liquidationswidrig, fühlt man verständlicherweise, wie ungereimt es ist, daß von dem objektiven Sachverhalt alles abhängen soll, und man hilft sich mit einer ganz willkürlichen Umbiegung des eigenen Standpunktes. Jetzt heißt es, die Vertretungsmacht des Liquidators decke jedes Rechtsgeschäft, welches nicht offenbar (für den Geschäftsgegner erkennbar) aus dem Rahmen der Liquidation oder einer Liquidation herausfalle. Hachenburg § 70[16]. Die Vertretungsmacht ist also doch nicht auf das liquidationsmäßige Geschäft beschränkt. Aber damit hat der Streit noch kein Ende. Schon ROHG 13, 224 hat diesen Gedanken ausgesprochen und will dem Gegner der Gesellschaft den Beweis auferlegen, daß er trotz Wahrnehmung der ihm obliegenden Sorgfalt berechtigt gewesen sei anzunehmen, daß es sich um ein Abwicklungsgeschäft handle. Dem wird widersprochen. Das erkennbare liquidationswidrige Geschäft, so wird gesagt, bilde die Ausnahme, und so müsse die Gesellschaft beweisen sowohl, daß das Geschäft liquidationswidrig gewesen ist, als auch, daß der Gegner das anerkannt habe oder hätte erkennen müssen. Das ist, bei Licht besehen, schließlich gar nichts anderes, als was hier behauptet wird, nur daß eine kleine Nuance hineingekommen ist. Die Vertretungsmacht der Liquidatoren ist unbeschränkt, nur wenn der Liquidator seine Befugnisse gegenüber der Gesellschaft überschreitet und der Gegner das sehen mußte, kann die Gesellschaft das Rechtsgeschäft ablehnen.

Was Scholz 672 f. hiergegen ausführt, gibt doch keine Veranlassung, an dem Gesagten etwas zu ändern. Auch von ihm gilt, daß er mit Festhalten an der Lehre von der beschränkten Vertretungsmacht des Liquidators mit Worten das Gegenteil von dem behauptet, was er in der Einzeldurchführung lehrt. Seine Behauptung, daß obiges insofern auf einen Widerspruch hinauslaufe, als gesagt werde, das liquidationswidrige Geschäft sei ungültig, wenn der Dritte es als solches erkenne, kann sich nur auf die beiden letzten Sätze beziehen und ist ein Mißverständnis. Dort ist gerade gesagt, daß das nicht die Meinung sei, sich vielmehr ihr nur nähere, was deshalb so ist, weil wie von jeder Vertretungsmacht, so auch von dieser gilt, daß sich auf sie nicht berufen kann, wer in Kollusion mit dem Vertreter gehandelt hat. Das sind zwei verschiedene Dinge. Freilich geht schließlich doch der Streit um Worte. Denn was heißt: die Liquidationswidrigkeit des Geschäfts erkennen. Objektive Merkmale gibt es nicht, auch nicht subjektive, weil jedes Geschäft gültig ist, wenn die Gesellschafter zugestimmt haben und diese immer zugestimmt haben können. Es bleibt nur der Fall, der Dritte weiß, daß der Liquidator gegen den Willen der Gesellschafter handelt, und was fehlt denn da noch an der Kollusion? Trotzdem ist der Kampf um Klarheit der Begriffe nicht unwichtig. Wie hier Feine 650 ff.

Dagegen hat der § 70, genauer der erste Halbsatz und Satz 2, nach einer anderen Richtung weitergehende Bedeutung als nur die, gesetzliche Instruktion für den Liquidator zu sein. Er dient dem Interesse nicht nur der Gesellschaft, sondern auch der Gesellschafter, mit anderen Worten, gegen alles „Liquidationswidrige" ist der einzelne Gesellschafter nicht nur vor Eigenmacht usw. des Liquidators, sondern auch vor einem Mehrheitsbeschluß der Gesellschaft geschützt, oder, anders ausgedrückt, der § 70 steckt das Gebiet ab, innerhalb dessen die Gesellschaft gegenüber dem Sonderrecht des einzelnen auf die Liquidationsquote (vgl. Erl 2 zu § 45) freie Hand hat zu bestimmen, was geschehen oder nicht geschehen soll. Damit soll darüber nichts gesagt sein, in welchen Fällen der Liquidator die Gesellschaft fragen muß, gemeint ist vielmehr, daß, wo die Gesellschafter nach dieser Richtung gefragt werden und entscheiden sollen, das nicht die Mehrheit gegen eine Minderheit tun kann. So auch Feine 657.

§ 71*)

Ergibt sich die Zahlungsunfähigkeit der aufgelösten Gesellschaft, so haben die Liquidatoren die Eröffnung des Konkursverfahrens zu beantragen; dasselbe gilt, wenn sich bei der Aufstellung der Jahresbilanz oder einer Zwischenbilanz ergibt, daß das Vermögen nicht mehr die Schulden deckt[1]).

Sie haben sofort bei Beginn der Liquidation[2]) und demnächst in jedem Jahre eine Bilanz aufzustellen[3]).

Im übrigen haben die Liquidatoren die aus §§ 36, 37, § 41 Abs. 1, § 43 Abs. 1, 2 und 4, § 49 Abs. 1 und 2, § 64 Abs. 2 sich ergebenden Rechte und Pflichten der Geschäftsführer[1]).

Österr. Gesetz §§ 91, 92.

1. a) Der Liquidator tritt an die Stelle des Geschäftsführers und im allgemeinen läßt sich sagen, daß auch seine Stellung zur Gesellschaft der Stellung des Geschäftsführers zu derselben „entspricht". Aber das gilt nicht von dem, was in dieser Beziehung das Gesetz positiv in Beziehung auf den Geschäftsführer vorschreibt. Es darf nicht übersehen werden, daß das Gesetz in Beziehung auf die Rechtsverhältnisse der Gesellschaft und der Gesellschafter im Stadium der Liquidation summarisch die entsprechende Anwendung der betreffenden Partien des Gesetzes vorschreibt, in Beziehung auf die Rechte und Pflichten des Liquidators dagegen gerade das vermeidet und vielmehr aussondernd diejenigen Vorschriften einzeln bezeichnet, welche für den Geschäftsführer gegeben, auch für den Liquidator gelten sollen, lediglich eine Breviloquenz, die Anordnung nicht entsprechender, sondern unmittelbarer Anwendung (bestr.).

b) Zu §§ 36, 37, 41, 43, 49 s. Erl 2 zu § 69. — Auch nach Auflösung der Gesellschaft ist

---

*) In der Fassung des Ges v. 25. 3. 1930 (RGBl I 93).

über ihr Vermögen auf Antrag das Konkursverfahren zu eröffnen, wenn Zahlungsunfähigkeit, insbesondere Zahlungseinstellung oder Überschuldung vorliegt. Die Liquidatoren sind, ebenso wie bei bestehender Gesellschaft die Geschäftsführer, bei Vermeidung öffentlicher Strafe und zivilrechtlicher Haftung verpflichtet, eintretendenfalls Antrag auf Konkurseröffnung zu stellen. Es ist zwar bestritten, liegt aber in der Sachlage begründet und muß behauptet werden, daß für die Frage, ob Überschuldung vorliegt, nicht die Gewinnverteilungsbilanz, sondern gleichviel, ob die Frage erst im Laufe der Liquidation oder gleich nach ihrem Beginn auftritt, die Liquidationsbilanz maßgeblich ist. — Nach Auflösung der Gesellschaft kann der Antrag auf Eröffnung des gerichtlichen Vergleichsverfahrens nicht mehr gestellt werden, Vergleichsordnung § 88. Vgl. Erl 1 d zu § 64. — Strafvorschrift s. § 84.

2. Bei Beginn der Liquidation müssen die Liquidatoren sofort eine Bilanz aufstellen. Diese Liquidationsbilanz unterscheidet sich wesentlich von der Jahresschlußbilanz (s. hierüber Erl 1 b zu § 42; RG 80, 105). Insbesondere sind die Aktiva unabhängig davon zu bewerten, wie sie bisher zu Buch gestanden haben, Warenvorräte zum Verkaufswert, wenn sie marktgängig sind. Eine zur Zeit herrschende ungünstige Marktlage darf höchstens dann unberücksichtigt bleiben, wenn gerechtfertigt erscheint, sie als vorübergehende Depression anzusehen. Auf die lange Bank darf aus Gründen dieser Art die Auseinandersetzung nur geschoben werden, wenn die Gläubiger befriedigt werden und alle Gesellschafter zustimmen. — Die Liquidatoren müssen die Bilanz sofort, d. h. ohne schuldhaftes Verzögern, aufstellen (RGSt 27, 226; 45, 238), und zwar gleichviel, ob die Auflösung der Gesellschaft und die Bestellung des Liquidators bereits in das Handelsregister eingetragen worden ist oder nicht. Es ist hierfür gleichgültig, ob eine Jahresabschlußbilanz vorliegt oder wie lange Zeit die letzte zurückliegt (RGSt 45, 138). Die Liquidationsbilanz, die ohnehin nach anderen Grundsätzen aufzumachen ist, muß unter allen Umständen daneben aufgestellt werden, nur daß, wenn die Jahresbilanz neuesten Datums ist, deren Grundlagen für die Liquidationsbilanz verwertet werden können. Unter Umständen ist erforderlich, die Bilanz nach beiden Richtungen aufzustellen. So, wenn die Auflösung mit dem Schluß des Geschäftsjahres zusammenfällt (vgl. § 69 Erl 2 zu §§ 36 ff.) oder wenn Geschäftsführer usw. Anspruch auf Tantieme haben und aus diesem Grunde bei Auflösung der Gesellschaft im Laufe eines Geschäftsjahres der Gewinn des abgelaufenen Teiles des Jahres berechnet werden muß. Dem Tantiemeanspruch gegenüber halten Rechtsprechung und Rechtslehre an der Unteilbarkeit des Jahresgewinnes nicht fest, rechnen vielmehr auch bei vollen Geschäftsjahren gegebenenfalls pro rata temporis. Wie hier Scholz 677. — Die Aufstellung darf nicht deshalb unterbleiben, weil sie Kosten verursacht und die zur Bezahlung erforderlichen Mittel nicht vorhanden sind (KGJ 30, 125). — Die in § 41 Abs 2 und 3 bestimmten Fristen sind hier nicht maßgeblich. Vgl. § 69 Erl 2 zu §§ 36 ff. — Die Liquidationsbilanz ist den Gesellschaftern bekannt oder jedenfalls muß sie ihnen zugänglich gemacht werden. Sie unterliegt aber nicht der Feststellung durch die Gesellschafterversammlung. Hachenburg § 71[4]; Scholz 678; Liebmann § 71[2]; a. A. Neukamp S. 426. Dasselbe gilt von den späteren jährlichen Bilanzen; a. A. Hachenburg § 71[7]; Neukamp a. a. O.

3. Wie bei bestehender Gesellschaft alljährlich die Bilanz gezogen werden muß, so soll es auch während der Liquidation gegebenenfalls hierbei verbleiben. Aber es handelt sich bei dieser Bilanz nicht um die Feststellung eines Jahresgewinnes im Sinne des § 29, und die Jahresperiode hat hier nicht die materiellrechtliche Bedeutung des Geschäftsjahres (s. Erl 1 b zu § 29). Daher steht nichts im Wege, daß der Liquidator eine kürzere Periode wählt. Er kann, wenn die Gesellschafter nicht widersprechen, z. B. Semesterbilanzen aufstellen, und jedesmal nach Aufstellung einer solchen kann er mit der nächsten Bilanz vor dem Gesetz ein Jahr warten. Das sind ganz selbstverständliche Dinge, über welche gleichwohl ernsthaft gestritten wird. Man sieht, daß es nicht übertriebene Vorsicht war, daß § 299 HGB für die Aktiengesellschaft ausdrücklich hervorhebt, daß das bisherige Geschäftsjahr beibehalten werden könne. Aber nötig wäre es nicht gewesen. Bei der Aktiengesellschaft kommt hinzu, daß auch während der Liquidation die Bilanzen öffentlich bekanntgemacht werden müssen. Dort müssen die Aktionäre auf Einhaltung einer bestimmten Ordnung rechnen können. Wie hier Hachenburg § 71[5]; Scholz 678. — Ob die in § 41 Abs 4 für Bankgeschäfte in Form der Gesellschaft m. b. H. vorgeschriebene Veröffentlichung der Bilanzen auch während der Liquidation stattfinden muß, ist bestritten, richtiger Ansicht nach aber zu verneinen: § 69 Erl 2 zu §§ 36 ff. Ebenso Liebmann § 71[2]. Anders, aber nicht überzeugend, Hachenburg § 71[7]; Neukamp S. 415; Scholz 619; KGJ 45, 181. — Während der Liquidation brauchen Körperschaftssteuererklärungen nicht abgegeben zu werden. Es muß sich aber um eine wirkliche, ernstlich betriebene Liquidation handeln (RFH 10, 23).

§ 72

Das Vermögen der Gesellschaft[1]) wird unter die Gesellschafter nach Verhältnis ihrer Geschäftsanteile verteilt[2])[3]). Durch den Gesellschaftsvertrag kann ein anderes Verhältnis für die Verteilung bestimmt werden[4]).

Österr. Gesetz § 91 Abs 3.

1. a) Verteilt wird das Vermögen der Gesellschaft, das heißt hier das reine Vermögen, was nach Berichtigung oder Sicherstellung aller Gläubiger an Werten übrigbleibt. Es kommen also in erster Linie zum Zuge die Gläubiger der Gesellschaft, einschließlich der Gesellschafter, welchen Ansprüche gegen die Gesellschaft aus anderem Rechtsverhältnis zustehen als dem Gesellschaftsverhältnis, sodann die Gesellschafter wegen ihrer konkret erwachsenen Ansprüche aus dem Gesellschaftsverhältnis, z. B. wegen ihrer Ansprüche auf rückständige Dividenden (vgl. hierzu Erl 1 b, 3 zu § 29). Zweifelhaft ist die Behandlung von Ansprüchen auf Gewinn, welchen der Gesellschafter vereinbarungsgemäß hat stehenlassen und der ihm gutgeschrieben worden ist. (S. auch § 19 Erl 3 e.) Es kommt darauf an, was vereinbart worden ist. Im Zweifel ist nicht anzunehmen, daß es sich um ein Drittgläubigerrecht handelt (Urt v. 18. 12. 14 II 495/14; umgekehrt Liebmann § 72[5]). Darauf, ob die Vereinbarung im Gesellschaftsvertrage getroffen worden ist, kommt es nicht an (RG in Recht 1915, 662); auch darauf nicht, ob aus diesen Beträgen ein Reservefonds ausgeworfen worden ist. Die Regel ist also, daß diese Beträge vorweg zurückzuzahlen sind, aber erst nach Befriedigung der Gläubiger. Was nach Deckung dieser Schulden übrigbleibt, wird unter die Gesellschafter verteilt, und zwar — sofern nicht im Gesellschaftsvertrage etwas anderes vereinbart worden ist — nach dem Verhältnis der Geschäftsanteile, d. h. nach den Stammeinlagen. Scholz 680. Eigene Geschäftsanteile der Gesellschaft nehmen nicht teil (s. Erl 2 f zu § 33).

b) Maßgeblich ist der Nennbetrag des Geschäftsanteils. Auch bei Sacheinlage ist dieser, nicht der etwa abweichende Wert der eingebrachten Sache maßgeblich (JW 1913, 1040[11]). Sind einzelne Gesellschafter mit Stammeinlage in Rückstand, so wird nicht nach Verhältnis der eingezahlten Beträge verteilt; es bleibt dabei, daß wie überhaupt, so auch hier das Maß der Beteiligung sich nach der übernommenen Stammeinlage richtet, die, soweit sie nicht eingezahlt worden ist, doch geschuldet wird. In § 300 Abs 3 HGB ist das für die Aktiengesellschaft ausdrücklich bestimmt, es muß aber als das dem Wesen der Gesellschaft am besten entsprechende auch hier gelten. Das an der Einlage noch Fehlende muß eingezahlt werden, wenn es nicht durch Verrechnung mit der Liquidationsquote ausgeglichen werden kann. Dabei wird aber der auf Zahlung in Anspruch Genommene nicht darauf bestehen können, daß ziffernmäßig genau berechnet und nachgewiesen wird, wieviel von dem geschuldeten Betrage erforderlich ist, um die Liquidation durchzuführen. Zu dieser genauen Berechnung kann es erst kommen im Stadium der Verteilung des Vermögens unter die Gesellschafter. Nicht anders liegt es, wenn Nachschüsse ungleichmäßig eingezahlt, ungleichmäßig zurückgezahlt worden sind; auch das ist auszugleichen, ehe es zu Verteilung nach Verhältnis der Stammeinlagen kommt. S. Brodmann A.-R. § 300 Erl 4 a.

c) Wer Sachen eingebracht hat, kann nicht deshalb beanspruchen, daß ihm diese seine Einlage zugeteilt wird, es sei denn, daß es im Gesellschaftsvertrage vereinbart wäre (LZ 1911, 219[31]), und auch dann muß er, wenn die Sache mehr wert ist, als seine Liquidationsquote beträgt, im Zweifel das durch Zuzahlung ausgleichen. Anderseits trifft auch ein Verlust durch Wertverminderung in diesem Falle nicht den Einbringenden allein. Wenigstens muß grundsätzlich so entschieden werden, weil die Gesellschaft das Eigentum an der Sache erworben hat; abweichende Vereinbarung — ausdrücklich oder stillschweigend — ist nicht ausgeschlossen; in der Regel wird aber nicht hier der Zweifel liegen, sondern darin, ob die Sache der Gesellschaft überhaupt zu Eigentum hat übertragen werden sollen oder nur zum Gebrauch, in welchem Falle sie einfach dem Gesellschafter zurückzugeben ist; da sie dann nicht zum Vermögen der Gesellschaft gehört, haben auch die Gläubiger keinen Anspruch an sie.

d) Die Vorschrift, daß das Vermögen nach Verhältnis der Geschäftsanteile verteilt werden soll, ist nicht zwingend. Im Statut kann die Verteilung ganz abweichend geregelt werden, durch Statutenänderung dagegen nur mit Zustimmung, wenn nicht unbedingt aller, jedenfalls derjenigen Gesellschafter, deren Recht durch die Abänderung beeinträchtigt erscheint. Die Gesellschafter können auch außerhalb des Vertrags untereinander, auch formlos, besondere Verabredungen treffen (JW 1915, 335[11]). Es kann bedungen werden, daß der Verlust am Stammkapital die Gesellschafter nach Kopfteilen treffen soll. Leistet ein Gesellschafter dem anderen Gewähr für seine Stammeinlage, so ist das eine neben dem Statut herlaufende Vereinbarung, die gültig getroffen werden kann und keiner Form bedarf.

2. Das Vermögen der Gesellschaft wird unter die Gesellschafter verteilt. Die Fassung des Gesetzes gibt dem Zweifel Raum, ob auch das noch zu den Obliegenheiten der Liquidatoren gehört. Das Reichsgericht hat es bejaht (RG 59, 58), und ihm folgt die herrschende Lehre. Es sagt, der Zweifel sei durchaus unberechtigt. Es will den § 155 HGB analog anwenden, wo allerdings ausdrücklich von der offenen Handelsgesellschaft bestimmt wird, daß die Liquidatoren das Vermögen auch unter die Gesellschafter zu verteilen haben. So selbstverständlich ist das nun allerdings nicht. Wenn das Gericht sagt, daß sich wesentliche den Liquidatoren im Gesetz auferlegte Verpflichtungen auf die Art der Verteilung bezögen, so hätte es zugleich sagen sollen, welche Bestimmungen es dabei im Auge gehabt hat. Aus § 72 ergibt es sich nicht und auch nicht ohne weiteres aus § 73 Abs 3, der auf die Vorschriften in Abs 1 und 2 hinweist, wo zwar auch von der Verteilung die Rede ist, von der aber wiederum nicht gesagt ist, wer sie vorzunehmen hat, während allerdings den Liquidatoren dort Verpflichtungen auferlegt werden, aber anderer Art. Will man zur Analogie greifen, so käme doch zunächst das in Frage und müßte dem § 155 HGB vorgehen, was das BGB in Beziehung auf den Verein vorschreibt, und nach § 49 BGB ist gerade die Verteilung an die Mitglieder nicht Aufgabe der Liquidatoren, welche vielmehr das Vermögen den Anfallberechtigten, also das ganze ungeteilte Vermögen ihnen insgesamt auszuantworten haben. Insbesondere wer der Anwendung des Satz 3 in § 49 Abs 1 BGB das Wort redet, kann nicht wohl an dem ersten Satze desselben Absatzes vorbeigehen. Zuzugeben ist, daß § 300 HGB in Beziehung auf die Aktiengesellschaft sich ebenso indifferent ausdrückt wie hier § 72 und daß dort die Verteilung zweifellos Sache der Liquidatoren ist. Aber die Stellung der Liquidatoren einer Aktiengesellschaft ist auch eine ganz andere (vgl. RG 7, 107). Indessen sind das formelle Gründe. Schwerer wiegt der sachliche. Die herrschende Lehre verschiebt die rechtliche Stellung des Liquidators. Wie alles übrige würde er auch die Verteilung des Vermögens nur im Namen der Gesellschaft vornehmen können. Er steht nicht über der Gesellschaft, sondern unter ihr. Wo immer bei der Verteilung eine Meinungsverschiedenheit auftritt, würde nicht er, sondern ein Gesellschafterbeschluß zu entscheiden haben, der aber, weil es sich um das Sonderrecht auf die Liquidationsquote handelt, nur einstimmig oder wenigstens nur mit Zustimmung gerade des Gesellschafters zustande kommen könnte, der nicht zufrieden ist, also überhaupt nicht. Jedenfalls kann immer einmal ein Sonderrecht in Frage stehen (vgl. RG 3, 56; 62, 56, insbesondere S. 62). Soll gleichwohl oder vielleicht gerade deshalb der Liquidator entscheiden, so setzt man seinen Willen über den der Gesellschaft. Man steht hier gerade genau auf dem Punkte, wo die Gesellschaft auseinanderfällt in die einzelnen Gesellschafter. Der Anspruch auf die Liquidationsquote ist gegen die Gesellschaft gerichtet. Der Anspruch dagegen darauf, worin diese Quote bestehen soll, richtet sich gegen die Gesellschafter. Dieser Streit geht die Gesellschafter — alle oder einzelne von ihnen — an, nicht mehr die Gesellschaft. Und doch soll gegenüber dem klagenden Gesellschafter *sie* den Standpunkt, man weiß gar nicht wessen, vertreten. Denn es ist nicht ausgeschlossen, daß von den übrigen Gesellschaftern der eine oder der andere mit der Forderung des Klägers einverstanden ist. Jedenfalls aber soll *keiner* von ihnen Prozeßpartei sein, und doch soll das Urteil, für das Verhältnis des Klägers zur Beklagten ohne jede Bedeutung, für die übrigen Gesellschafter die Entscheidung bringen, auch wenn sie nicht hinzugezogen oder hinzugetreten sind. Es ist doch wohl unerlaubte Resignation, wenn *Hachenburg* § 72[7] meint, diese Unbilligkeit müsse hingenommen werden, weil sie aus der Gesellschaft fließe, nicht aus der Stellung des Liquidators. Auffälligerweise betont *Scholz* 683 gerade von dem Streit um die Quote, daß er von dem Liquidator geführt werden müsse, übrigens auch seinerseits zugebend, daß es auf diese Weise zu Klagen kommen könne, welche wertlos sind. Dem hier vertretenen Standpunkt entgegenkommend *Neukamp* § 72[2]. Man sieht, daß der Verfasser des § 155 HGB sehr wohl daran getan hat, daß er zwar die Verteilung dem Liquidator zuweist, aber zugleich bestimmt, daß ein Streit darüber unter den Gesellschaftern auszutragen ist. Mit anderen Worten, die *Verteilungstätigkeit* übernimmt der Liquidator nur als rein tatsächliche Besorgung des Geschäfts, irgendeine *sachliche Entscheidung* kommt ihm aber nicht zu. Das ist praktisch, und daher kann man sich mit der entsprechenden Anwendung des § 155 HGB wohl einverstanden erklären, aber doch immer nur einschließlich des 3. Absatzes, der ein notwendiges Korollar der ersten Absätze bildet, während RG a. a. O. entsprechende Anwendung gerade dieses Absatzes ablehnt. Es ist nicht an dem, daß — wie *Scholz* 681 behauptet — für diesen Standpunkt sich im Fall einer Verteilung von Grundstücken auf die Gesellschafter die Folgerung ergäbe, daß die Grunderwerbsteuer zweimal gezahlt werden müsse; in den Fällen unmittelbarer Anwendung des § 155 HGB ist es doch nicht so. Der Übergang des ungeteilten Gesellschaftsvermögens auf die Gesellschafter, richtiger das Zerfallen der Gesellschaft in ihre Mitglieder ist kein Rechtsgeschäft. Treffend RG 92, 85 f.

3. a) Nach § 70 haben die Liquidatoren das Vermögen der Gesellschaft in *Geld umzusetzen*. Das muß nicht ausnahmslos geschehen. Naturalteilung ist nicht ausgeschlossen (vgl. RG 62, 56; § 70 Erl 1 unter d). Es kann auch dem einen Gesellschafter eine Sache, dem anderen entsprechend Geld zugewiesen werden, aber nur mit Zustimmung der davon Betroffenen. — Sind *mehrere Liquidatoren* vorhanden, so hat die Vertretungsform — Einzelvertretung oder Kollektivvertretung — hier keine Bedeutung. Es handelt sich nicht um Vertretung der Gesellschaft nach außen, und auch wenn jeder Liquidator befugt ist, die Gesellschaft Dritten gegenüber allein zu vertreten, kann hier der eine in Widerspruch mit dem anderen oder auch nur ohne ihn nichts bestimmen (unrichtig GmbHRundsch 1913, 293). Und *entscheiden* können auch beide miteinander nicht. Ihre Bestimmung hat nach dem in Erl 2 Gesagten immer nur die Bedeutung eines Vorschlags, der hinfällig wird, wenn auch nur *ein* Gesellschafter widerspricht. Damit ist nicht gesagt, daß jeder Gesellschafter einen zweckmäßigen Vorschlag willkürlich verhindern kann. Sein Widerspruch kann sachlich unberechtigt, auch ein Verstoß gegen Treu und Glauben sein. Aber das müssen die Gesellschafter untereinander ausfechten.

b) Ob man in entsprechender Anwendung von § 155 HGB die Verteilung des Vermögens an die Gesellschafter in die Hand des Liquidators legt oder nicht (s. Erl 1), in jedem Fall ist bei der

Naturalteilung mit einer Übereignung auszukommen; namentlich brauchen Grundstücke nicht zunächst an die Gesamtheit der Gesellschafter und dann von dieser auf den einzelnen Gesellschafter, der nach dem Teilungsplan das Grundstück erhalten soll, aufgelassen zu werden; eine Auflassung genügt. Die Verteilung des Vermögens unter die Gesellschafter stellt auch dann, wenn nur ein Gesellschafter vorhanden ist, an welchen das Ganze überwiesen wird, keinen Fall nach § 419 BGB dar (RG 92, 85). — Ist der Liquidator zugleich Gesellschafter, so kann er, was ihm zukommt, sich selbst überweisen, mit anderen Worten: an sich nehmen; er erfüllt damit eine Verbindlichkeit der Gesellschaft (§ 181 BGB; GmbHRundsch 1915, 388). Vgl. aber auch Erl 1 unter d zu § 70.

4. Der Anspruch des Gesellschafters auf die Liquidationsquote unterliegt der ordentlichen Verjährung. Die Frist läuft von der Auflösung der Gesellschaft. Nach Scholz erst von dem nicht immer faßbaren Zeitpunkt an, wo allen Gläubigerschutzvorschriften (§ 73) Genüge geschehen ist. Aber der Anspruch entsteht (BGB § 198), wenn auch zunächst als betagter und der Berechnung bedürftiger, mit der Auflösung der Gesellschaft; anders noch als der Anspruch auf die Dividende, welcher von dem Verteilungsbeschluß der Gesellschafterversammlung abhängt; daher unzutreffend Hachenburg § 72[1]; Liebmann § 72[1]. Richtig ist aber, daß der Lauf der Verjährung bis Ende des Sperrjahres gehemmt ist (BGB § 202). — Die Frist kann im Gesellschaftsvertrage, auch durch Statutenänderung abgekürzt werden. In gleicher Weise kann auch eine Präklusivfrist bestimmt werden (vgl. RG 7, 32).

§ 73

Die Verteilung[1]) darf nicht vor Tilgung oder Sicherstellung der Schulden der Gesellschaft und nicht vor Ablauf eines Jahres seit dem Tage vorgenommen werden, an welchem die Aufforderung an die Gläubiger (§ 65 Absatz 2) in den öffentlichen Blättern zum dritten Male erfolgt ist[2]).

Meldet sich ein bekannter Gläubiger nicht, so ist der geschuldete Betrag, wenn die Berechtigung zur Hinterlegung vorhanden ist, für den Gläubiger zu hinterlegen. Ist die Berichtigung einer Verbindlichkeit zurzeit nicht ausführbar oder ist eine Verbindlichkeit streitig, so darf die Verteilung des Vermögens nur erfolgen, wenn dem Gläubiger Sicherheit geleistet ist.

Liquidatoren, welche diesen Vorschriften zuwiderhandeln, sind zum Ersatze der verteilten Beträge solidarisch verpflichtet[3]). Auf den Ersatzanspruch finden die Bestimmungen im § 43 Absatz 3 und 4 entsprechende Anwendung[4]).

Österr. Gesetz § 91.

1. a) Die Verteilung des Vermögens nach § 72 darf erst erfolgen:
1. wenn alle Schulden der Gesellschaft bezahlt (oder die Gläubiger sichergestellt) worden sind,
2. wenn seit der in § 65 Abs. 2 vorgeschriebenen öffentlichen Bekanntmachung der Auflösung der Gesellschaft ein Jahr (Sperrjahr) verstrichen ist.

Das Rechtsverhältnis der Gesellschaft zu ihren Gläubigern erleidet durch ihre Auflösung keine Veränderung. Die Schulden sind zu bezahlen, die Verpflichtungen zu erfüllen, wie sie fällig werden, bedingte Verpflichtungen bleiben bedingt, befristete befristet. Nach § 65 Abs 2 sind alle Gläubiger aufzufordern, sich zu melden. Diese Aufforderung geschieht durch öffentliche Bekanntmachung zugleich mit der Bekanntmachung der Auflösung. Besondere Aufforderung an die bekannten Gläubiger erfolgt nicht. Die öffentliche Aufforderung, sich zu melden, ändert auch daran nichts, daß die Gesellschaft verpflichtet bleibt, bei Fälligkeit der Schuld zu zahlen, auch wenn der Gläubiger sich nicht gemeldet hat. Meldet sich der Gläubiger, so wird die Schuld erfüllt, sobald sie fällig geworden ist. Erweist sich die Leistung bis zum Ablauf des Sperrjahres aus irgendeinem Grunde als unausführbar, so muß, ehe Gelder an die Gesellschafter abgeführt werden dürfen, dem Gläubiger Sicherheit geleistet werden. Hierher gehören auch bedingte Forderungen, wenn bei Ablauf des Sperrjahres die Bedingung noch in der Schwebe ist. Dasselbe gilt von streitigen Ansprüchen unbedingt, wenn wegen des Anspruchs ein Prozeß anhängig ist. Im übrigen muß der Liquidator nach pflichtmäßigem Ermessen verfahren. Er ist nicht unbedingt verpflichtet, jedem an ihn herantretenden Anspruche, mag er auch noch so unbegründet sein, durch Sicherstellung Genüge zu tun oder seinetwegen die Ausantwortung des Vermögens an die Gesellschafter noch länger aufzuschieben. Aber der Liquidator läuft Gefahr, nach Abs 3 auf Ersatz in Anspruch genommen zu werden, wenn ihn bei Beurteilung der Sachlage ein Verschulden trifft. Hachenburg § 73[6]; Scholz 690. — Der Liquidator kann natürlich nur diejenigen Gläubiger berücksichtigen, von denen er weiß. Ihm muß der Gläubiger „bekannt" sein. Dazu genügt nicht, daß jemand vor Jahren mit einem unbestimmten Schadensersatzanspruch an die Gesellschaft herangetreten ist

(RG 92, 79). Der Liquidator ist auch nicht verpflichtet, etwa die gesamten Schriftstücke der Gesellschaft, die Korrespondenz aus der vergangenen Zeit danach zu durchforschen, ob Ansprüche erhoben worden sind und bestehen, von denen die Bücher nichts ergeben.

b) Der Liquidator darf vor Erledigung aller dieser Dinge (und vor Ablauf eines Jahres) nichts an die Gesellschafter abführen. Das heißt, er ist nicht verpflichtet, die Gläubiger sicherzustellen, den geschuldeten Gegenstand zu hinterlegen, Sicherheit zu leisten. Die Gläubiger haben keinen Anspruch darauf, daß es geschieht. Sie haben nur den Anspruch darauf, daß, solange es nicht geschehen ist, keine Verteilung von Gesellschaftsvermögen an die Gesellschafter stattfindet. Diesen Anspruch können sie, wenn Anlaß dazu gegeben erscheint, durch Klage, auch durch Erwirkung einer einstweiligen Verfügung, geltend machen. ROHG 24, 251; 23, 150; auch wird man dem Gläubiger, wenn der Liquidator zur verbotenen Verteilung geschritten ist oder sich anschickt zu schreiten, eine Klage auf Sicherheitsleistung oder auf sofortige Erfüllung nicht versagen; vgl. RG 72, 21; GZ 22, 393. Zieht aber der Liquidator vor, mit Verteilung von Gesellschaftsvermögen zu warten, so braucht er weder vorzeitig zu erfüllen noch Sicherheit zu leisten.

c) Wie überhaupt das Rechtsverhältnis der Gesellschaft zu ihren Gläubigern durch die Auflösung im allgemeinen keine Veränderung erleidet, so gilt das auch von der Befugnis der Gesellschaft zur Hinterlegung des geschuldeten Gegenstandes (§§ 372 ff. BGB). Es muß der Gläubiger in Verzug der Annahme sein; der Liquidator muß bei Bringschulden die Leistung vergeblich angeboten, bei Holschulden zur Entgegennahme der Leistung aufgefordert haben. Ein anderer Fall ist, daß der Liquidator aus einem in der Person des Gläubigers liegenden Grunde oder wegen Ungewißheit über die Person des Gläubigers, d. h. darüber, wer von mehreren der richtige Gläubiger ist, nicht oder nicht mit Sicherheit erfüllen kann. Nach § 382 BGB kann der Schuldner, wenn Schuldgegenstand eine bewegliche Sache ist, welche sich zur Hinterlegung nicht eignet (oder wenn es sich um eine verderbliche Sache handelt oder ihre Aufbewahrung zu kostspielig ist), die Sache öffentlich versteigern lassen, um den Erlös zu hinterlegen.

d) Aus dem zu b und c Gesagten ergibt sich, daß die Vorschrift des Abs 2 Satz 1 mißglückt ist, daß mit ihr etwas anderes gemeint ist, als sie sagt. Die Wendung „es ist der geschuldete Betrag zu hinterlegen" bedeutet nicht, daß der Liquidator zur Hinterlegung verpflichtet ist. Auch diese Hinterlegung ist nur Voraussetzung dafür, daß Verteilung vom Vermögen an Gesellschafter zulässig ist. Nicht ein Sprach-, sondern ein sehr durchsichtiger Gedankenfehler liegt in dem Bedingungssatz: wenn die Berechtigung zur Hinterlegung vorhanden ist. Denn wenn das der Fall ist, dann gilt das Gesagte auch gegenüber den bekannten Gläubigern, welche sich gemeldet haben. Gemeint ist offenbar gerade umgekehrt — denn von denen, die sich nicht gemeldet haben, soll doch etwas Besonderes gesagt werden—, daß einem solchen gegenüber der Liquidator auch dann zur Hinterlegung berechtigt sein soll, wenn die allgemeinen Voraussetzungen dafür nicht vorliegen. M. a. W., meldet sich einer der Gläubiger nicht, so ist der Liquidator in der Lage, den geschuldeten Betrag ohne weiteres zu hinterlegen, mag es sich um eine Holschuld handeln oder um eine Bringschuld. Allenfalls ließe sich jenem Bedingungssatz die Bedeutung abgewinnen, daß das Bestimmte nicht gelten soll, wenn der Anspruch noch nicht fällig ist. Vgl. Brodmann A.-R. § 301 Erl 3 a. Anders die herrschende Ansicht, Hachenburg § 73[5]. — Endlich läßt das Gesetz auch insofern im Stich, als nichts darüber gesagt ist, ob der Liquidator bei der Hinterlegung auf das Recht zur Zurücknahme verzichten muß. Jedenfalls wird man es für den Fall annehmen, daß es sich um eine unbedingte und unbestrittene Forderung handelt. Scholz 689. A. A. Liebmann § 73[4].

Undeutlich ist endlich auch das Verhältnis zwischen Satz 1 und Satz 2 des Abs 2. Die Berichtigung einer Verbindlichkeit ist nicht schon deshalb nicht ausführbar, weil der Gläubiger in Annahmeverzug ist, mag er auch ausdrücklich die Annahme der Leistung verweigern. Auch in solchem Falle ist die Hinterlegung am Platz. Es muß vielmehr so liegen, daß aus objektiven Umständen zur Zeit die Leistung nicht beschafft werden kann. Anders faßt Scholz 689 das Verhältnis auf.

e) Sicherheit ist nach §§ 232 ff. BGB zu leisten. Danach gilt hier auch § 240 BGB: Wird die geleistete Sicherheit ohne Verschulden des Berechtigten unzureichend, so ist sie zu ergänzen oder anderweitige Sicherheit zu leisten. Forderungen, für welche der Gläubiger bereits ausreichende Sicherheit in Händen hat, bedürfen keiner weiteren Sicherstellung. Veräußert der Liquidator das Geschäft der Gesellschaft mit den Passiven, so liegt darin keine Sicherstellung des Gläubigers, daß der Erwerber für die Schulden haftet (RFH 5, 106).

f) Der Liquidator hat die Schulden so zu zahlen, wie sie fällig werden und die Gläubiger sich melden. Kann er übersehen, daß das vorhandene Vermögen nicht ausreicht, um alle Gläubiger zu befriedigen, wobei aber die Ansprüche von Gesellschaftern auf rückständige Dividenden, auf Rückstände auf Nachschüsse, deren Rückzahlung beschlossen war, usw. nicht mit in Ansatz kommen, so muß er die Eröffnung des Konkurses beantragen. Nach § 71 gilt auch vom Liquidator, was § 64 vom Geschäftsführer bestimmt. Er muß die Eröffnung des Konkurses beantragen, sobald sich Überschuldung der Gesellschaft herausstellt. Es dürfte nach Auflösung der Gesellschaft aber nichts im Wege stehen, daß der Liquidator selbst, wenn alle Gläubiger einverstanden sind, eine konkursartige Erledigung in die Hand nimmt. Vgl. Scholz 691.

g) Es ist sehr wahrscheinlich, daß der Gesetzgeber beim § 73 nur an die Gläubiger aus der Zeit vor der Auflösung der Gesellschaft gedacht hat. Aber es kann nicht ausbleiben, daß auch später noch Verbindlichkeiten, unter Umständen erhebliche entstehen (§ 70 Erl 1). Auch auf dies muß § 73 angewendet werden. Nach Scholz 686 wären diese Gläubiger durch das Verbot des § 30 Abs 1 geschützt. Indessen hat dieses Verbot im Stadium der Liquidation keine Stätte (s. § 69 Erl 2 zu § 30). Außerdem würde es nicht ausreichen. Es ist nicht ausgeschlossen, daß auch noch nach der Auflösung erhebliche Verbindlichkeiten entstehen. Könnte heute schon so viel an die Gesellschafter verteilt werden, daß ein Reinvermögen im Betrage des Stammkapitals verbleibt, dann könnte es dahin kommen, daß infolge dieser Verteilung spätere Verbindlichkeiten nicht mehr gedeckt sind M. a. W., auch von den späteren Gläubigern gilt, daß sie befriedigt oder sichergestellt sein müssen, ehe an die Verteilung von Gesellschaftsvermögen gegangen werden darf, wobei auch hier unter Verteilung auch die Befriedigung von Ansprüchen der Gesellschafter aus dem Gesellschafsverhältnis zu verstehen ist. S. § 29 Erl 1 b. Neukamp § 73 Erl 2 b.

2. a) Auch wenn alle Gläubiger ausnahmslos befriedigt sind und auch mit Sicherheit darauf gerechnet werden kann, daß weitere Gläubiger sich nicht melden, darf das Vermögen erst verteilt werden, nachdem das Sperrjahr abgelaufen ist. Der Lauf beginnt mit dem Tage der letzten der in § 65 Abs 2 vorgeschriebenen Bekanntmachungen. In Frage kommen nur die vorgeschriebenen Bekanntmachungen. Erfolgen mehr oder noch andere Bekanntmachungen, so haben diese für die Berechnung der Frist keine Bedeutung.

b) Die Sperrfrist ist an und für sich nicht Präklusivfrist. Gläubiger, die sich nach ihrem Ablauf melden, müssen berücksichtigt werden, ihr Anspruch besteht nach wie vor. Ist aber das Vermögen ohne Verstoß gegen die gesetzlichen Vorschriften an die Gesellschafter verteilt, so ist ihr Schuldner verschwunden, und aus diesem Grunde haben sie das Nachsehen. Hat dagegen der Liquidator mit der Verteilung des Vermögens den gesetzlichen Vorschriften zuwidergehandelt, so ist er der Gesellschaft zum Ersatz der verteilten Beträge verpflichtet, es besteht insofern unverteiltes Vermögen, an das der Gläubiger sich halten kann. Das ist herrschende Lehre. Dagegen hat RG 92, 82 in einer Ausführung, auf welcher allerdings die Entscheidung nicht beruht, angenommen, daß, auch wo ohne Verstoß das Vermögen an die Gesellschafter verteilt worden ist, der Gesellschaft, falls sich verspätet ein Gläubiger meldet, gegen die Gesellschafter Anspruch aus ungerechtfertigter Bereicherung zustehe. Das Gericht konnte in dem entschiedenen Falle hierauf ausschlaggebendes Gewicht nicht legen, weil der Kläger von vornherein den Mißgriff getan hatte, nicht die vermeintlich verschwundene Gesellschaft, sondern ihren einzigen ehemaligen Gesellschafter zu verklagen, an welchen das Vermögen nun nicht verteilt, sondern ausgeliefert worden war. Es hat die Klage abgewiesen, weil der Beklagte freilich ungerechtfertigt bereichert worden sei, aber nicht auf Kosten des Klägers, sondern auf Kosten der Gesellschaft. Dieser Grund interessiert hier nicht. Im übrigen ist zuzugeben, daß der Wortlaut des Gesetzes oder richtiger das absolute Schweigen des Gesetzes über diesen Punkt für die Auffassung des Reichsgerichts ins Feld geführt werden kann. Es muß auch zugegeben werden, daß der Gesellschafter in dieser Lage sich auf guten Glauben nicht berufen könnte. Der § 31 Abs 2 berechtigte ihn dazu schon darum nicht, weil es sich gerade darum handelt, einen Gläubiger der Gesellschaft zu befriedigen. Übrigens können aber §§ 30, 31 auf die Verteilung des Vermögens nach § 73 nicht Anwendung finden. S. oben unter 1 g. Aber alles das deutet gerade ziemlich zwingend darauf hin, daß das Gesetz doch dem Sperrjahre eine gewisse Präklusionskraft insofern hat beilegen wollen, als mit der allen Vorschriften entsprechend erfolgten Verteilung das Vermögen der Gesellschaft endgültig verschwunden sein soll, daß die Gesellschafter nicht 30 Jahre lang noch in der Gefahr schweben sollen, auf Erstattung des Empfangenen in Anspruch genommen zu werden, während sie bei unerlaubter Verteilung eine Verjährung von fünf Jahren zur Hand haben. Was bei Befolgung der gesetzlichen Vorschriften rechnungsmäßig für den Gesellschafter herauskommt, das soll er nach Absicht des Gesetzes haben, und er ist, wenn er es bekommt, nicht ungerechtfertigt bereichert. In RG 109, 292 ist das hier Gesagte mißverstanden; dort war nicht nach dem Gesetz verfahren, was hier vorausgesetzt ist. Wie hier RG 124, 211 und das dort angezogene Schrifttum.

c) Auszahlungen oder Übertragung von Vermögensgegenständen auf die Gesellschafter, welche gegen das Gesetz verstoßen, also welche vor Ablauf des Sperrjahres erfolgen oder zwar nach dessen Ablauf, aber vor Befriedigung oder Sicherstellung aller Gläubiger, sind nicht deshalb nichtig. Das Rechtsgeschäft ist gültig (RG 92, 70; Warn 1912, 270; OLG 24, 160; 27, 389; 43, 326 Anm 1 a). Das gilt auch von dem Falle, daß der Liquidator Grundstücke der Gesellschaft an Gesellschafter aufläßt. Eine andere Frage ist, ob der Grundbuchrichter Auflassungen vor Ablauf der Sperrfrist beanstanden kann und beanstanden muß. Ersteres wird, da es sich um ein vom Gesetz untersagtes Geschäft handelt, zu bejahen sein, letzteres unter der Voraussetzung, daß der Richter die Sachlage erkennen mußte.

d) Das Verbot trifft auch verschleierte Auszahlungen, z. B. den entgeltlichen Erwerb eigener Geschäftsanteile durch die Gesellschaft (a. A. Hachenburg § 69 Erl 8 Ziff 13), die Gewährung eines Darlehns gegen Verpfändung der Geschäftsanteile oder auch ohne eine solche Verpfändung, wenn die Absicht einer Umgehung vorliegt oder auch nur die Möglichkeit, daß der Anspruch auf Rückzahlung des Darlehns nicht befriedigt wird. — Abschlagszahlungen an die Gesellschafter sind während des Sperrjahres unbedingt unzulässig, nach dessen Ablauf zum mindesten bedenklich, solange noch mit unbefriedigten Gläubigern — alten wie neuen — zu rechnen ist. Es können im Laufe der Liquidation neue Gläubiger hinzukommen, oder vielmehr meist ist es gar nicht zu vermeiden, daß es geschieht, bei großen Verhältnissen leicht auch in großem Umfange. S. oben Erl 1 g.

3. a) Der Anspruch auf Ersatz der verteilten Beträge steht der Gesellschaft zu, nicht den benachteiligten Gläubigern (SächsArch 4, 238; offen gelassen in RG 92, 79). Die Gläubiger können nur auf dem Wege an ihn heran, daß sie ihn pfänden lassen oder die Gesellschaft ihnen ihren Anspruch abtritt. Im Konkurse der Gesellschaft macht ihn der Konkursverwalter geltend. Voraussetzung des Anspruchs ist, daß den Liquidator ein Verschulden trifft. Es handelt sich aber nicht um Schadensersatz, sondern um Summenersatz, was hier — im Gegensatz zu den Fällen nach § 43 Abs 3 — die herrschende Lehre zugibt oder jedenfalls nicht bestreitet. — Sind mehrere Liquidatoren vorhanden, so haften sie solidarisch. Immer aber ist auch hier Verschulden des einzelnen Voraussetzung der Haftung. Der Liquidator und vollends ein pfändender Gläubiger oder der Verwalter im Konkurse der Gesellschaft ist zur Geltendmachung des Anspruchs nicht auf einen Beschluß der Gesellschafter angewiesen. Wohl aber muß natürlich die Gesellschaft, wenn sie selbst (durch einen anderen Liquidator oder besonderen Vertreter) den Anspruch geltend machen will, das beschließen. — Daß die Gesellschaft auf den Anspruch gegen den Liquidator nicht verzichten kann, im allgemeinen auch nicht aus Anlaß eines Vergleichs, und daß der Liquidator sich zu seiner Rechtfertigung auf einen Beschluß der Gesellschafter nicht berufen kann, ist durch die Bezugnahme auf § 43 Abs 3 und folgeweise weiter auf § 9 Abs 2 ausdrücklich bestimmt. Denn der gegenwärtige Anspruch kommt, wenn es auch im Gesetz ausdrücklich nicht gesagt wird, überhaupt nur in Frage, wenn die Gesellschaft des Geldes bedarf, um ihre Gläubiger zu befriedigen.

b) Neben dem Liquidator haften die Gesellschafter, an welche unerlaubt gezahlt worden ist. Der Grund des Anspruchs gegen sie ist nicht deutlich. Die herrschende Lehre muß von ihrem Standpunkt aus (s. § 69 Erl 2 zu § 30) unterscheiden, ob in der Zahlung zugleich ein Verstoß gegen § 30 Abs 1 gelegen hat, unterscheiden also, ob sie erfolgt ist zu einer Zeit, wo noch ein Reinvermögen zusammen war, das den Betrag des Stammkapitals um den gezahlten Betrag überstieg oder nicht. Im letzteren Falle käme § 31 zur Anwendung in allen seinen Einzelheiten (Abs 2—5). Im anderen Fall hafteten die Gesellschafter aus ungerechtfertigter Bereicherung. Das Ungereimte dieser unterschiedlichen Behandlung leuchtet ein und ist ein weiterer Beweisgrund gegen die Geltung des § 30 Abs 1 in der Liquidation. Auf guten Glauben kann der Gesellschafter sich nicht berufen. Aber er haftet nur soweit, als er noch bereichert ist. In beiden Beziehungen muß die herrschende Lehre das Gegenteil in dem Fall gelten lassen, daß die Zahlung auf Kosten des Stammkapitals erfolgt ist. — Zweifelhaft ist, ob der Liquidator, welcher das Geld ersetzt hat, gegen den Empfänger Regreßanspruch hat. Ein echtes Gesamtschuldverhältnis liegt nicht vor, und überhaupt würde sich aus § 426 Abs 2 BGB ein solcher Anspruch nicht ergeben. Es mag an und für sich zutreffend sein, wenn Hachenburg § 73[19] und Scholz 694 f. annehmen, daß der Liquidator, welcher zahlen soll, auf Grund § 255 BGB gegen die Gesellschaft den Einwand hat, daß sie ihm ihren Anspruch gegen den Gesellschafter abtritt. Aber das anerkennen würde der Absicht gegenwärtiger Vorschrift schnurstracks zuwiderlaufen. Denn die überwiegende Regel wird immer sein, daß der Gläubiger aus abgetretenem oder gepfändetem Recht der Gesellschaft klagt, und er wäre nicht imstande, dem Beklagten den Anspruch der Gesellschaft zu übertragen, müßte also mit dem Anspruch abgewiesen werden. Übrigens läßt sich auch nicht allgemein behaupten, daß die Gewährung des Rückgriffs der Billigkeit entspräche. Der Gesellschafter kann gutgläubig gewesen sein, während der Schuldige immer der Liquidator ist.

c) Das Gesetz spricht nur ganz allgemein den Gedanken aus, daß der Liquidator die verteilten Beträge erstatten muß, wenn er mit der Auszahlung gegen das Gesetz verstößt. Wörtlich verstanden müßte also der Liquidator, wenn er beispielsweise vor Ablauf des Sperrjahres das Vermögen an die Gesellschafter ausliefert, verpflichtet sein, der Gesellschaft einen ihrem ganzen Vermögen gleichkommenden Betrag zu zahlen, der dann noch einmal unter den Gesellschaftern zur Verteilung käme, abzüglich nur etwa unbezahlt gebliebener Schulden. Das ist selbstverständlich nicht die Meinung. Der Anspruch soll nur gegeben sein für den Fall, daß und insoweit als Schulden der Gesellschaft unbezahlt geblieben sind. Man wird sogar noch einen Schritt weitergehen und annehmen müssen, daß der Erstattungsanspruch nur dann besteht, wenn es auf den Verstoß, welcher dem Liquidator zur Last fällt, zurückzuführen ist, daß der Gläubiger Zahlung nicht erhalten hat. Bei Verteilung des Vermögens vor Ablauf des Sperrjahres wird beispielsweise kein Anspruch gegen den Liquidator bestehen, wenn sich ergibt, daß der Gläubiger auch dann keine Zahlung erhalten hätte, wenn ganz dem Gesetz entsprechend erst nach Ablauf des Sperrjahres die Vermögensverteilung stattgefunden hätte. In letzterem abweichend Hachenburg § 73[12]; wie hier Scholz 693.

d) Darauf, ob der Liquidator als solcher in das Handelsregister eingetragen war, kommt nichts an, RG in Recht 1916, 318.

4. Die Anziehung des § 43 Abs 4 sagt, daß der Ersatzanspruch gegen den Liquidator in fünf Jahren verjährt. Der Lauf der Frist beginnt mit dem Tage der verbotswidrigen Verteilung, RG in SeuffA 73, 16; vgl. RG 83, 356; unentschieden RG in HoldheimsMSchr 25, 43. S. § 43 Erl 5. — Der Anspruch gegen den Empfänger des Geldes aus ungerechtfertigter Bereicherung verjährt in 30 Jahren. Auch hier sieht die herrschende Lehre sich genötigt zu unterscheiden, um in dem Falle, daß das Geld auf Kosten des Stammkapitals gezahlt ist, zu dem widersinnigen Ergebnis zu gelangen, daß der Anspruch schon in fünf Jahren verjährt, sonst in 30 Jahren. Nach Hachenburg § 73[15] müßte in diesem Fall auch gegen den Anspruch aus ungerechtfertigter Bereicherung die kurze Verjährungsfrist laufen (ausgenommen bösliche Handlungsweise?). Vgl. RG in HoldheimsMSchr 25, 43, wo auch unterstellt wird, daß die Geltung des § 30 Abs. 1 in der Liquidation fortdauert.

§ 74

Nach Beendigung der Liquidation[3]) sind die Bücher und Schriften der Gesellschaft für die Dauer von zehn Jahren einem der Gesellschafter oder einem Dritten in Verwahrung zu geben. Der Gesellschafter oder der Dritte wird in Ermangelung einer Bestimmung des Gesellschaftsvertrages oder eines Beschlusses der Gesellschafter durch das Gericht (§ 7 Absatz 1) bestimmt[1])[5]).

Die Gesellschafter und deren Rechtsnachfolger sind zur Einsicht der Bücher und Schriften berechtigt. Gläubiger der Gesellschaft können von dem Gericht (§ 7 Absatz 1) zur Einsicht ermächtigt werden[2])[4]).

Österr. Gesetz § 93.

1. a) Nach § 44 HGB ist der Kaufmann verpflichtet, seine Handelsbücher zehn Jahre lang seit dem Tage der letzten Eintragung, ebenso die Handelsbriefe, Inventuren und Bilanzen aufzubewahren. Das gilt nach § 6 HGB und § 13 Abs 3 auch von der Gesellschaft m. b. H., die aber nach Beendigung der Liquidation verschwindet. Deshalb tritt hier ergänzend die Vorschrift des gegenwärtigen Paragraphen ein. Es muß Bestimmung darüber getroffen werden, wie und wo die Papiere aufbewahrt werden sollen. Darüber soll der Liquidator nicht selbständig entscheiden. Ist es nicht im Gesellschaftsvertrage bereits vorgesehen, so müssen die Gesellschafter darüber beschließen, und wo ein solcher Beschluß, der mit einfacher Stimmenmehrheit gefaßt wird, nicht zu erzielen ist, muß der Registerrichter um eine Bestimmung angegangen werden. FGG §§ 148, 146. Die etwa dafür aufzuwendenden Kosten müssen aus der Liquidationsmasse genommen werden. Der Registerrichter darf seine Entscheidung nicht davon abhängig machen, daß der Antragsteller die Kosten übernimmt (KGJ 10, 39).

b) Darüber, wie die zehnjährige Frist zu berechnen ist, besteht Streit. Nach Hachenburg § 74[3] läuft die Frist vom Tage der Beendigung der Liquidation, nach Liebmann § 74[1] und Scholz 697 von der Niederlegung an, nach der hier in 1. Aufl. vertretenen Auffassung verschieden, je nach dem Alter der Bücher und Briefe. Die Ansicht von Liebmann und Scholz dürfte dem Wortlaut des Gesetzes am besten entsprechen und hat sachlich nichts gegen sich.

c) Die Vorschrift ist nur anwendbar, wenn nicht in anderer Weise gültig über die Bücher usw. verfügt wird, d. h. sie gilt nicht, wenn und insoweit als bei einer Veräußerung des ganzen Geschäfts auch zugleich die Handelsbücher auf den Erwerber des Geschäfts übertragen werden. Das ist nicht anders als nach § 44 HGB, wenn der Einzelkaufmann sein Geschäft auf einen Dritten überträgt (OLG 11, 400).

d) Es ist nicht Aufgabe des Registerrichters, die Einhaltung der Vorschrift zu überwachen (anders im Aktienrecht §§ 302, 319 HGB).

2. a) Die Gesellschafter und deren Rechtsnachfolger sind ohne weiteres berechtigt, die Bücher usw. an der Stelle, wo sie aufbewahrt werden, einzusehen. Abschriften können sie nicht verlangen, auch nicht, wenn sie sich zur Zahlung der Kosten bereit erklären. Dagegen steht nichts entgegen, daß sie sich Notizen machen oder daß sie einen Sachverständigen zuziehen oder einen Bevollmächtigten mit der Einsicht betrauen, wofern nicht gegen dessen Persönlichkeit Einwände erhoben werden können. Entsteht hierüber Streit, so entscheidet nicht der Register-, sondern der Prozeßrichter. Unter den Gesellschaftern sind hier diejenigen zu verstehen, welche es bei der Auflösung der Gesellschaft waren oder später geworden sind, nicht jeder, der einmal einen Geschäftsanteil besessen hat. Anders die herrschende Lehre, wonach nicht nur, wie das Gesetz bestimmt, die Rechtsnachfolger der letzten Gesellschafter, sondern auch ihre Rechtsvorgänger dieses voraussetzungslose Recht zur Büchereinsicht haben sollen. Alle Interessen, welche hier in Frage kommen können, erscheinen mehr als ausreichend gewahrt, wenn man die Rechtsvor-

gänger, welche bei Auflösung der Gesellschaft mit ihr in keiner Verbindung mehr waren, allenfalls den Gläubigern der Gesellschaft gleichstellt.

b) Etwas Singuläres ist es, daß auch den Gläubigern der Gesellschaft die Bücher usw. zur Einsicht zugänglich sein sollen. Daß ihre Forderung noch besteht, ist nicht Voraussetzung. Aber sie bedürfen zur Einsichtnahme der Ermächtigung des Registerrichters, was nichts anderes heiß, als daß der Registerrichter zu entscheiden hat, ob der Fall gegeben ist, ob insbesondere der Antragsteller glaubhaft gemacht hat, daß er Gläubiger der Gesellschaft ist oder gewesen ist. Der Registerrichter besitzt aber keine Machtbefugnisse gegenüber dem Aufbewahrer der Bücher. Wenn dieser die Einsicht verweigert, muß der Antragsteller auf Grund der erteilten Ermächtigung des Registerrichters auf Gestattung der Einsicht Klage erheben.

c) Das Verfahren vor dem Registerrichter richtet sich nach § 148 FGG. Hält man in Preußen die Artt 15, 17 des PrFGG für anwendbar, so würde dem Registerrichter die Befugnis zustehen, die Befolgung seiner Anordnung durch Ordnungsstrafen und schließlich sogar durch Anwendung von Gewalt zu erzwingen. So Hachenburg § 74[8]; Liebmann § 74[2]. Das ist aber abzulehnen (vgl. RJA 14, 57). Denn Art 15 und ebenso Art 17 setzen eine Verfügung des Richters voraus, deren Durchsetzung es gilt. Hier ist aber der Registerrichter eben nicht zu einer Verfügung sondern nur zu der Ermächtigung berufen. So auch Scholz 698. — Nach §§ 148, 146 FGG ist der Gegner des Antragstellers zu hören. Das ist in erster Linie der Aufbewahrer der Bücher, sodann die Gesellschaft, wenn sie wieder aufgelebt ist oder infolge des Auftretens des Antragstellers als Gläubiger wieder auflebt, andernfalls sind, wenn tunlich, die einzelnen Gesellschafter zu hören, letzteres dürfte wenigstens dann geboten sein, wenn es sich nur um wenige Persönlichkeiten handelt.

d) Die Vorschriften des Abs 2 gelten nur, wenn es zur Aufbewahrung der Bücher nach Abs 1 kommt. Gehen mit Veräußerung des Geschäfts die Bücher in andere Hände über, so sind die Interessenten auf den Anspruch auf Vorlegung nach § 810 BGB angewiesen (vgl. RG 43, 133).

3. a) Nach Beendigung der Liquidation muß der Liquidator nach allgemeinen Rechtsgrundsätzen, insbesondere nach §§ 666, 675 BGB, der Gesellschaft Schlußrechnung legen, wie er seinerseits Anspruch auf Entlastung hat. Der Gesellschaft, nicht den einzelnen Gesellschaftern, steht der Anspruch auf Rechnungslegung zu, die in der Regel von der letzten jährlichen Bilanz auszugehen hat. Ebenso beschließt über die Entlastung die Gesellschaft mit einfacher Stimmenmehrheit unter Ausschluß des Liquidators, wenn er zugleich Gesellschafter ist; der überstimmte Gesellschafter ist auf die Anfechtung des Gesellschaftsbeschlusses angewiesen; RG 34, 57; § 46 Erl 6 h.

b) Die Beendigung der Liquidation ist nicht zum Handelsregister anzumelden und wird dort nicht eingetragen. Aber mit ihr verschwindet die Gesellschaft m. b. H. Damit erlischt auch ihre Firma, und das hat der Liquidator anzumelden, HGB § 31 Abs 2 Satz 1. (Die Firma darf nicht gelöscht werden, wenn sie [mit dem Geschäft] auf einen anderen übertragen worden ist, OLG 9, 246.) Es herrscht Unsicherheit darüber, wann in diesem Sinn die Liquidation beendet ist. Jedenfalls müssen die Gläubiger befriedigt oder sichergestellt (§ 73) und das Vermögen an die Gesellschafter verteilt worden sein. Das ist nicht der Fall, solange noch ein Prozeß gegen die Gesellschaft anhängig ist; hat gleichwohl die Löschung der Firma und der Vertretungsmacht des Liquidators stattgefunden, so ist das nach § 142 FGG wieder rückgängig zu machen; Recht 1913, 928; KGJ 4, 123; LZ 1914, 755. Die Verteilung des Vermögens ist nicht beendet, solange noch Gesellschaftsvermögen vorhanden ist, GmbHRundsch 25, 503 (s. aber auch unten), solange noch ein Grundstück im Grundbuch auf ihren Namen eingetragen steht, in welchem Fall nur der bisherige Liquidator die Auflassung erklären kann, BayerZ 18, 65. Dagegen ist ohne Bedeutung der Umstand, daß sich möglicherweise noch unbekannte Gläubiger melden, unbekannt gebliebene Vermögensgegenstände sich vorfinden. Ohne Bedeutung ist aber auch, daß bekanntes Vermögen bestimmter Art vorhanden ist, dessen Verbleib noch in der Schwebe ist. So, wenn Schulden nicht haben gezahlt, sondern nur sichergestellt werden können. Wenn Geld hinterlegt worden ist, kann es auch dann, wenn der Liquidator auf Rücknahme verzichtet hat, gemäß § 382 BGB der Gesellschaft verbleiben; es kann nötig gewesen sein wegen der Kosten des Verfahrens, wegen Abgaben einen Betrag — oft nur schätzungsweise — zurückzubehalten, über den einstweilen nicht verfügt werden kann, und wenn sich niemand findet, der bereit ist, die Bücher und Papiere der Gesellschaft unentgeltlich aufzubewahren, dann müssen auf Jahre hinaus die dafür nötigen Gelder zurückgelegt bleiben. Nur mit entsprechendem Vorbehalt kann man daher sagen, daß die Liquidation beendet, die Persönlichkeit der Gesellschaft m. b. H. vergangen ist, wenn die Gläubiger befriedigt oder sichergestellt sind und das Vermögen verteilt ist. Insofern dürften derartige Restbeträge ja auch als verteilt oder verwendet gelten, als Gläubiger, welche sich nachträglich melden, auf sie insofern keinen Anspruch erheben können, als sie für den Zweck verwendet werden müssen, für welchen sie bestimmt worden sind.

c) Sehr zweifelhaft ist die Frage, ob auch dann die Beendigung der Liquidation erst mit Ablauf des Sperrjahres eintritt, wenn vorher schon die Gläubiger befriedigt sind und das Vermögen verteilt. Tatsächlich wird mit letzterem in den meisten Fällen die Liquidation ein Ende genommen haben. Aber wenn im übrigen die Verteilung des Vermögens allein nicht entscheidet, sondern für den Begriff der Beendigung der Liquidation und des daran hängenden Erlöschens der Persönlichkeit der Gesellschaft auch die Einhaltung der Gläubigerschutzvorschriften verlangt wird, dann wird man auch von der Kautel der Sperrfrist in dieser Beziehung nicht Abstand nehmen können. Anders KGJ 28, 51, wonach die Firma vor Ablauf des Sperrjahrs gelöscht werden kann, wenn anderweite Bedenken nicht bestehen. Auch steuerrechtlich verschwindet die Persönlichkeit der Gesellschaft nicht vor Ablauf des Jahres, RFH 5, 106; 10, 318; in JW 1921, 1119; 1923, 635.

d) Eine andere Frage ist, ob der Registerrichter bei der Anmeldung des Erlöschens der Firma zu prüfen hat, ob die Gläubigerschutzvorschriften eingehalten worden sind. Und da ist kein Grund, die Bestimmung wegen des Sperrjahres anders anzusehen als die übrigen Vorschriften. Der Unterschied besteht nur darin, daß in dem einen Fall die Verletzung deutlich in die Erscheinung zu treten pflegte, in den andern Fällen sich in demselben Maße der Wahrnehmung entzieht. Es muß von beiden Fällen gelten, daß der Registerrichter nicht gehalten ist, die Anmeldung darauf zu prüfen, ob die Vorschriften über die Ausführung der Liquidation befolgt, ob das Sperrjahr eingehalten ist. Aber er hat die Anmeldung zu beanstanden, wenn ihm Bedenken aufstoßen; RJA 4, 210 (es fehlte in der Bekanntmachung die Aufforderung an die Gläubiger, sich zu melden).

e) Nach § 67 Abs 1 muß auch das Erlöschen der Vertretungsmacht der Liquidatoren angemeldet werden. Indessen liegt das hinreichend deutlich bereits darin ausgedrückt, daß die Firma nicht mehr besteht, und jedenfalls bedarf es keiner besonderen Anmeldung neben jener des Erlöschens der Firma (OLG 19, 376). Es dürfte sich sogar empfehlen, dieses Erlöschens der Vertretungsmacht nicht besonders Erwähnung zu tun, wenn nicht der Liquidator ausdrücklich sein Amt niederlegt, weil niemals die Möglichkeit gänzlich ausgeschlossen ist, daß die Liquidation wiederauflebt (s. unten) und damit auch die Vertretungsmacht des Liquidators. Auch aus Anlaß dessen, daß ein Gläubiger nicht befriedigt, sondern nur sichergestellt ist, was der Verteilung des Gesellschaftsvermögens und der Beendigung der Liquidation nicht entgegensteht, und überhaupt aus den oben unter b hervorgehobenen Gründen kann ein rechtsgeschäftlicher Verkehr mit der ehemaligen Gesellschaft notwendig werden. Anders aber liegt es, wenn der Liquidator aus einem anderen Anlaß als der Beendigung der Liquidation durch Entlassung, durch gerechtfertigte ausdrückliche Niederlegung des Amtes ausscheidet oder ausgeschieden ist. Dann ist zum mindesten zu empfehlen, daß das besonders angemeldet wird. S. unten unter 4 a.

f) Ist der Liquidator ausgeschieden, hat er sein Amt niedergelegt (vgl. SeuffA 64 Nr. 51; es macht einen Unterschied, ob der Liquidator nur das Erlöschen der Firma anmeldet oder zugleich die Beendigung seiner Vertretungsmacht; letzteres hat er mit Urkunden zu belegen, § 67 Abs 2; RJA 16, 84), ist er verstorben, bevor das Erlöschen der Firma angemeldet worden ist, so muß die Gesellschaft nach § 66 Abs 1, oder aber nach § 66 Abs 2 oder auf Antrag nach §§ 48, 29 BGB der Registerrichter einen Liquidator bestellen. Es dürfte aber auch nichts im Wege stehen, daß in einem solchen Falle die Gesellschafter — wenn sie sich einig sind — insgesamt das Erlöschen der Firma anmelden. Das Gericht kann ja auch von Amts wegen die Firma löschen (§ 31 Abs 2 HGB), allerdings nach § 141 FGG nicht, ohne den Inhaber, hier also die Gesellschaft, zu benachrichtigen und ihm eine Frist zur Geltendmachung eines Widerspruchs zu gewähren. Aber auch hier dürfte beim Fehlen eines Liquidators genügen, daß durch Benachrichtigung aller Gesellschafter diesen Gelegenheit gegeben wird, nötigenfalls zur Wahrnehmung ihrer Rechte einen Vertreter zu bestellen. Scholz 699 f.

g) Bis zur Beendigung der Liquidation und auf alle Fälle bis zum Ablauf des Sperrjahres besteht die objektive und subjektive Steuerpflicht der Gesellschaft m. b. H., wenn auch für Veranlagung der Körperschaftssteuer kein Raum mehr ist (RFH in JW 1923, 635[21]).

4 a) Stellt sich nach Beendigung der Liquidation durch Auskehrung des Vermögens an Gläubiger und Gesellschafter heraus, daß noch Gesellschaftsvermögen vorhanden ist, so lebt die Liquidation wieder auf, § 60 Erl 1. Das gilt ganz allgemein wie von der Aktiengesellschaft und der Erwerbsgenossenschaft, so auch von der Gesellschaft m. b. H. (RG 3, 54; 15, 102; 41, 95; JR 25, 495; KGJ 31, 267; 41, 138; 45, 184; OLG 14, 369). Gesellschaftsvermögen bedeutet hier aktives Vermögen, verwertbare Sachen, Rechte, Ansprüche. Der Umstand, daß noch unbezahlte Schulden bestehen, bietet keinen Anlaß, die Liquidation wieder aufzunehmen. Fraglich kann erscheinen, ob Vermögen in diesem Sinne vorhanden ist, wenn ein Gläubiger hervortritt und der Gesellschaft für den Fall, daß dessen Anspruch besteht, ein Anspruch auf Ersatz gegen den Liquidator oder auf Rückzahlung von Geld gegen einen der Gesellschafter zusteht. Das ist von RJA 14, 59 verneint, dagegen von RJA 12, 218; 15, 57; 15, 212; JFG 4, 210; RG 109, 391 und von der herrschenden Lehre bejaht. Immerhin muß der Ersatzanspruch nicht nur bestehen, sondern er darf auch nicht gänzlich wertlos sein (RJA 12, 218; Hachenburg § 74[18]; a. A. Liebmann § 74[1a]; Scholz 702; Feine 668), es darf die Rechtsverfolgung der Gesellschaft nicht aussichtslos sein RJA 15, 214; unentschieden JW 06, 40; ganz abweichend, aber unrichtig, RJA 16, 94). — Mit der Liquidation lebt die Vertretungsmacht des früheren Liquidators wieder auf, RG 109, 392;

Neukamp § 74[3a]; a. A. Hachenburg § 74[19]; Scholz 702 meint, es stehe das in Widerspruch damit, daß mit der Beendigung der Liquidation die Vertretungsmacht des Liquidators ein Ende nehme (und daher nicht besonders angemeldet und in das Handelsregister eingetragen zu werden braucht). Der Widerspruch ist kein anderer, als daß nach Beendigung der Liquidation und trotz Verschwindens der Gesellschaft beides doch wieder auflebt. Der frühere Liquidator ist ohne weiteres berechtigt, die Vertretung der Gesellschaft in Liquidation wieder aufzunehmen. Er ist dazu aber auch verpflichtet, wofern ihm nicht aus besonderem Grunde das Recht zur Seite steht, sein Amt niederzulegen (SeuffA 64, 51; RJA 13, 42; 15, 58); doch kann das Gericht sich bei dessen Weigerung beruhigen und einen anderen Liquidator bestellen, JFG 4, 210. Anders bei der Aktiengesellschaft, HGB § 302 (RJA 11, 109). — Gleichgültig ist der Umstand, daß der Ersatzanspruch der Gesellschaft, auf Grund dessen die Wiedereröffnung der Liquidation zu erfolgen hat, sich gegen ihn richtet (RJA 15, 57). Es muß dann nach § 46 Ziff 8 zur Führung des Prozesses gegen ihn ein besonderer Vertreter bestellt werden. — Überhaupt tritt die Organisation der Gesellschaft wieder in Funktion (anders, aber ganz vereinzelt in Anschluß von RG 85, 397; RJA 16, 95; vgl. hierzu Erl 5b zu § 60). Ohne Zweifel gilt das von der Gesellschafterversammlung. Ob auch vom Aufsichtsrat, ist bestritten, dürfte aber anzunehmen sein. Warum sollte es nicht sein?

b) Kommt der frühere Liquidator nicht in Frage, so muß durch Beschluß der Gesellschafter oder auf Antrag eines Gesellschafters (RJA 15, 212) oder eines Gläubigers der Gesellschaft das **Gericht** auf Grund §§ 48, 29 BGB einen Liquidator bestellen (RJA 3, 25; 8, 212; 13, 42, 112; 15, 57; Recht 1916, 1908); aber immer nur vorausgesetzt, daß nicht ein Liquidator vorhanden ist (RJA 14, 149). Auf Antrag eines Gläubigers kann auch, falls Gefahr im Verzuge ist, das **Prozeßgericht** einen einstweiligen Vertreter bestellen (§ 57 ZPO).

c) Nach § 302 Abs 4 HGB hat bei Aktiengesellschaften, wenn sich nach Beendigung der Liquidation weiteres Vermögen herausstellt, auf Antrag eines Beteiligten das Gericht die bisherigen Liquidatoren erneut zu bestellen oder andere Liquidatoren zu berufen. Daraus folgert die herrschende Lehre, daß neben der damit gebotenen Eintragung des Liquidators in das Handelsregister **auch die Eintragung** erfolgen müsse, daß **die Liquidation wieder aufgenommen worden sei**; Hachenburg § 74[18]; Feine 668; wie hier Scholz 703; Neukamp § 74[3a]. Eine Bestimmung wie § 302 Abs 4 zit. besteht hier nicht, und die entsprechende Anwendung des § 302 auf die Gesellschaft m. b. H. hat die Praxis, sicherlich mit Recht, abgelehnt (RJA 13, 44; 14, 59). Meist handelt es sich bei diesen Dingen nur um eine einzelne bestimmte Angelegenheit, an der nur wenig Personen oder ein ganz bestimmter, übersehbarer Kreis von Personen beteiligt ist und die sich erledigt, ohne daß deshalb die Gesellschaft wieder irgendwie in den Verkehr hinauszutreten Veranlassung oder auch nur Gelegenheit hat. Ist der frühere Liquidator noch vorhanden und zu erreichen, so erledigt sich nach dem Gesagten die Sache, ohne daß irgend etwas geschieht, was zum Handelsregister anzumelden das Gesetz vorschriebe. Das ist **bestritten**. Es ist aber zu beachten, daß alle hier in Frage kommenden Eintragungen nur deklarative, nicht konstitutive Bedeutung haben (KGJ 31, 270; RJA 10, 255; 11, 109; 14, 61; OLG 14, 369). Der Gläubiger der Gesellschaft ist um nichts gebessert dadurch, daß die Wiedereröffnung der Liquidation eingetragen wird; GmbHRundsch 25, 503; 27, 551. Ist aber eine Eintragung nicht vorgeschrieben, so soll sie auch nicht erfolgen (KGJ 29, 213; 35, 152; RJA 12, 218). Es verdient hervorgehoben zu werden, daß es ganz unrichtig ist, wenn in der in RG 92, 78 berichteten Sache das Berufungsgericht die Klage gegen eine aufgelöste Gesellschaft m. b. H. davon abhängig macht, daß beim Registergericht die Wiedereröffnung der Liquidation beantragt wird. Die Wiedereröffnung ist von einer Verfügung des Registerrichters nicht abhängig und einer Klage gegen die aufgelöste Gesellschaft steht nichts entgegen, wofern man nur eines Vertreters derselben habhaft werden kann. Aus den Entscheidungen der freiwilligen Gerichtsbarkeit gewinnt man den Eindruck, daß jene verfehlte Auffassung nicht nur beim Publikum, sondern auch bei den Gerichten weit verbreitet ist. Anders liegt die Sache nur, wenn ein anderer Liquidator bestellt werden muß, was, wenn die Gesellschafter es nicht tun, auf Antrag des Gläubigers auf Grund §§ 48, 29 das Gericht vorzunehmen hat. Wenn das geschieht, muß es nach § 67 Abs 1 in das Handelsregister eingetragen werden. Ob daneben zugleich eingetragen werden muß, daß die Liquidation wieder aufgenommen worden sei, dürfte eine rein formale Frage sein. Jedenfalls kann die Wiedereintragung der Firma unter Umständen geradezu unzulässig sein. Es kann inzwischen ein anderer mit Fug und Recht die Firma angenommen haben oder eine ganz ähnliche und auf alle Fälle dürfte genügen, daß schon aus der Eintragung des neuen Liquidators die Rechtslage für jedermann deutlich genug hervorgeht.

d) Was die Frage angeht, ob noch **Vermögen** der Gesellschaft **vorhanden** ist, in der Regel also, ob der Gesellschaft, falls der Gläubiger mit seinem Anspruch durchdringt, ein Ersatzanspruch zusteht, so genügt nicht, daß der Antragsteller es behauptet. Es müssen die begründenden Tatsachen vorgebracht und nötigenfalls unter Anstellung von Ermittlungen nach § 12 FGG festgestellt werden (RJA 12, 218; 15, 212); es darf die Rechtsverfolgung nicht aussichtslos sein, sagt OLG 38, 139; s. auch oben unter a.

e) Wird die Wiedereröffnung der Liquidation in das Handelsregister eingetragen, so kann das nicht mit der Beschwerde angefochten werden (KGJ 41, 102; 45, 184; vgl. auch RJA 13, 42, 119). Die Eintragung ist keine Verfügung im Sinne des § 20 FGG. Hier ist nur das Verfahren nach § 142 gegeben (vgl. Erl 2 g zu § 10). Wird dagegen die Eintragung abgelehnt oder wird ein Liquidator abberufen oder bestellt, so sind das Verfügungen, gegen welche Beschwerde einlegen kann, wer durch sie in seinem Rechte beeinträchtigt wird (§ 20 FGG). Wenigstens von der Abberufung und Bestellung eines Liquidators gilt das, JFG 4, 210. Gegen die Ablehnung der Eintragung, daß die Liquidation wieder eröffnet sei, kann nach § 20 Abs 2 FGG nur Beschwerde einlegen, wer die Eintragung beantragt hat. In ihrem Recht beeinträchtigt sind nicht die Gesellschafter, vorausgesetzt, daß nicht ein Anspruch gegen sie auf Rückzahlung empfangener Gelder in Frage steht, auch nicht die Gläubiger der Gesellschaft, welche befriedigt sind (RJA 10, 255; 12, 218; 16, 95;), wohl aber unter allen Umständen der abberufene und der bestellte Liquidator (RJA 14, 59; anders, aber mit bedenklicher Begründung RJA 11, 109), ferner der antragstellende Gläubiger, RJA 14, 59; anders und richtiger KG in GmbHRundsch 27, 551. — Der Registerrichter darf seine Entscheidung nicht davon abhängig machen, daß der Antragsteller einen Kostenvorschuß zur Bildung einer Liquidationsmasse zahlt (RJA 15, 212). — Hatte ein Konkursverfahren über das Vermögen der Gesellschaft stattgefunden, so ist der Antrag des Gläubigers unbegründet, wenn die Ersatzforderung der Gesellschaft zu ihrer Konkursmasse gehört (OLG 40, 191).

5. Zum Zweck der Bereinigung des Handelsregisters kann von Amts wegen die Firma einer Gesellschaft m. b. H. gelöscht werden, wenn diese nachgewiesenermaßen kein Vermögen besitzt und entweder seit dem 1. Januar 1924 nicht mehr oder, falls sie später entstanden ist, von Anfang an Geschäfte nicht betrieben hat. Dasselbe hat von Gesellschaften gegolten, welche die Umstellung auf Goldbilanz nicht in den vorgeschriebenen Fristen vorgenommen oder angemeldet hatten. VO v. 21. 5. 1926 (RGBl I, 248). Vgl. Scholz 720. Über die zeitigen Schranken dieser Vorschriften hat sich KG in JFG 4, 178 mit guten Gründen hinweggesetzt: Kann der Registerrichter die Überzeugung von dem wirklichen Untergang des Rechtssubjekts (richtiger wohl von dem Fehlen jedes Vermögens und der Einstellung jeglicher Geschäftstätigkeit) erlangen, so ist die Liquidation vermeidbar, und er kann auf Grund und gemäß § 141 FGG die Firma löschen, was nicht hindert, daß bei Auftauchen von Vermögen auf Grund des § 142 FGG die Eintragung wieder gelöscht wird.

§ 75

Enthält der Gesellschaftsvertrag nicht die nach § 3 Absatz 1 wesentlichen Bestimmungen oder ist eine dieser Bestimmungen nichtig[1]), so kann jeder Gesellschafter, jeder Geschäftsführer und, wenn ein Aufsichtsrat bestellt ist, jedes Mitglied des Aufsichtsrats im Wege der Klage beantragen, daß die Gesellschaft für nichtig erklärt werde[2]).

Die Vorschriften der §§ 272, 273 des Handelsgesetzbuchs finden entsprechende Anwendung[3]).

Österr. Gesetz §§ 87, 43.

1. a) Die §§ 75 bis 77 handeln von bestimmten Fällen von Nichtigkeit des Gesellschaftsvertrages. Damit ist deutlich gesagt, daß sie auf Nichtigkeit aus anderen Gründen als den genannten nicht anwendbar sind. Sie sind durch EG z. HGB v. 10. 5. 97 dem Gesetz eingefügt und dem nachgebildet, was §§ 309 bis 311 HGB von der Aktiengesellschaft, die §§ 94 bis 97 GenG von der eingetragenen Genossenschaft bestimmen. Es läßt sich nicht behaupten, daß sie den Gedanken, der damit hat zum Gesetz erhoben werden sollen, glücklich zum Ausdruck bringen. Im Abs 1 des § 75 liegt zunächst zweierlei. Die hier erwähnten, nach § 3 Abs 1 wesentlichen Bestimmungen über Firma, Sitz, Gegenstand der Gesellschaft, Betrag des Stammkapitals und der Stammeinlage sind die Essentialien des Vertrages (Erl 2a zu § 3). Daß der Vertrag nichtig ist, wenn eine dieser Bestimmungen ganz fehlt oder zwar nicht fehlt, aber wegen seines Inhaltes nichtig ist, wird nicht hier bestimmt, sondern ergibt sich aus § 3. Hier wird vielmehr bestimmt, wie diese Nichtigkeit geltend gemacht werden muß. Solange über sie nicht durch richterliches Urteil entschieden ist, können sich Dritte auf sie nicht berufen (OLG 27, 394); die Gesellschafter usw. können sie geltend machen, aber nur auf dem hier vorgeschriebenen Wege der Klage (nur wenn sämtliche Gesellschafter sich über die Nichtigkeit einig sind, dürfte ein Prozeß überflüssig sein und nichts im Wege stehen, auf die erforderlichen Nachweise hin die Nichtigkeit in das Handelsregister einzutragen; § 77 Abs 1); es kann also nicht nur, es muß auch der Gesellschafter, wenn er die Nichtigkeit geltend machen will, diesen Weg der Klage beschreiten. Anders RG 114, 29 (Aktienrecht). Zweitens ergibt sich aus der Beschränkung der Vorschrift auf die Nichtigkeit der Essentialien, daß, wenn diese Punkte mangelfrei geregelt sind, die Nichtigkeit anderer Vertrags-

bestimmungen die Gültigkeit des Gesellschaftsvertrages überhaupt nicht in Frage stellt. Damit ist ausgeschaltet, was § 139 BGB bestimmt. Das hat von vornherein die Rechtsprechung der Vorschrift entnommen und wird allgemein anerkannt. Gleichviel, wie wichtig auch sachlich die Nebenbestimmung sein mag, der Gesellschaftsvertrag wird durch ihre Nichtigkeit auch dann nicht in Frage gestellt, wenn anzunehmen ist, daß ohne sie die Gesellschafter den Vertrag überhaupt nicht geschlossen haben würden. Es kann dann nur in Frage kommen, ob in der Nichtigkeit der Nebenbestimmung ein wichtiger Grund zur Auflösung der Gesellschaft nach § 61 liegt (RG 73, 431; JW 08, 310[22] mit bedenklicher Begründung; 1916, 745[10]).

b) Damit sind nicht alle Möglichkeiten denkbarer Nichtigkeit des Gesellschaftsvertrages erschöpft. Er kann aus allgemeinen Gründen mangelhaft sein:

1. weil er nicht in der vorgeschriebenen Form abgeschlossen worden ist,
2. weil auf seiten der Vertragschließenden oder einiger oder eines von ihnen Geschäftsunfähigkeit vorgelegen hat,
3. weil es nur scheinbar zur Willenseinigung gekommen ist (versteckter Dissens),
4. weil er gegen ein Verbotsgesetz oder gegen die guten Sitten verstößt.

Ziff 4 scheidet als besonderer Fall aus. Verbotswidrig im Sinne des § 134 oder unsittlich und deshalb nichtig ist ein Vertrag nur, wenn sein Inhalt es ist, Recht 27, 1670. Trifft der Vorwurf die Nebenbestimmung, so beschränkt sich die Nichtigkeit auf diese, andernfalls liegt der Fall des § 75 vor. Auch Ziff 3 hat praktisch keine Bedeutung. Die gerichtliche oder notarielle Beurkundung leistet Gewähr, daß die Vertragserklärungen aller Beteiligten in ihrer objektiven Bedeutung übereinstimmend feststehen, und hat einer der Gesellschafter sich in der Bedeutung seiner Erklärung geirrt, so ist er auf die Anfechtung nach § 119 BGB angewiesen, die versagt, sobald die Gesellschaft in das Handelsregister eingetragen worden ist (vgl. Erl 6 b zu § 2). Dagegen gehört der Fall der Ziff 2 nicht unter § 75. Es ist ausgeschlossen, daß zwei geschäftsunfähige Geisteskranke eine Gesellschaft m. b. H. von auch nur einiger Rechtsbeständigkeit (§ 77 Abs 2, 3) sollten ins Leben rufen können. Es ist allgemein anerkannt, daß die Übernahme einer Stammeinlage nichtig ist, wenn der Übernehmende geschäftsunfähig ist, schlechthin und von Anfang nichtig und gleichviel, ob die Gesellschaft in das Handelsregister eingetragen wird oder nicht. Was aber von einem Gesellschafter gilt, das muß auch von zweien gelten, und zwar auch dann, wenn sie die einzigen Gründer sind. Auch auf diesen Fall also können §§ 75 bis 77 nicht angewendet werden. Eine ganz andere Frage ist es, ob überhaupt die Gültigkeit des Gesellschaftsvertrages dadurch in Frage gestellt wird, daß nur der eine oder der andere Beteiligte geschäftsunfähig oder, um einen anderen Fall dieser Art zu nennen, durch einen Bevollmächtigten vertreten war, der keine Vollmacht besaß (OLG 4, 254), und aus diesen oder anderen Gründen seine Beteiligung sich als nichtig erweist. Die herrschende Lehre verneint es (so OLG 24, 254; Hachenburg § 75[3]; entgegengesetzt Scholz 80, 705). Aber das läßt sich nicht damit begründen, daß durch § 75 die Anwendbarkeit des § 139 BGB ausgeschlossen sei. Der Fall des § 139 ist offenbar nicht gegeben. Trotzdem wird vielfach — auch von besten Autoren — in gegenwärtigem Zusammenhang das, was § 139 von einem Teil des Vertrags bestimmt, auf einen Teil der Vertragschließenden angewendet. Die Beteiligung des einzelnen Gesellschafters am Gesellschaftsvertrag ist nicht ein Teilstück des ganzen Vertrages. Niemandem wird es einfallen, bei einer Gesellschaft nach bürgerlichem Recht auf einen solchen Fall den § 139 anzuwenden. Man steht hier auf einem Punkte, wo die Gegensätze, welche das Gesetz vereinigen will, hart aufeinanderstoßen, Körperschaft und Gesellschaft. Überwiegt im gegebenen Falle das erstere Moment, ist bei zehn Gesellschaftern mit gleichen Stammeinlagen die Beteiligung eines von ihnen nichtig, so ist das sachlich kein Grund, darum der Gesellschaft die Existenz mit neun Mitgliedern zu versagen. Aber ebenso entschieden spricht alles für das Gegenteil, wenn von zwei Gesellschaftern der eine, mit 90% des Stammkapitals beteiligte ausfällt, weil seine Willenserklärung nichtig ist. Es bleibt doch nichts anderes übrig, als von Fall zu Fall mit der Geschmeidigkeit zu entscheiden, die allein der Absicht des Gesetzes entspricht, das den allerverschiedensten Gestaltungen von Vereinigungen seine Gesellschaftsform, welche mitten inne steht zwischen Körperschaft und Gesellschaft, hat zur Verfügung stellen wollen. ROHG 20, 279; 7, 241. Im Ergebnis läuft das ziemlich auf dasselbe hinaus, was die Gegner mit der Anwendung des § 139 BGB zu erreichen glauben. S. auch § 5 Erl 3 a.

c) Zweifelhaft ist der Fall unter Ziff 1: Mangel der vorgeschriebenen Form. Abzulehnen ist die Ansicht, daß dieser Mangel durch die Eintragung der Gesellschaft in das Handelsregister geheilt wird. Woher sollte diese Wirkung kommen? (S. Erl 2 a zu § 10.) Daraus, daß die Gesellschaft nur entsteht, wenn sie in das Handelsregister eingetragen wird, folgt nicht, daß sie nur eingetragen zu werden braucht, um zu entstehen. Auch wäre nicht einzusehen, warum die heilende Wirkung, wenn sie überhaupt denkbar wäre, sich auf diesen Mangel oder überhaupt auf ganz bestimmte Mängel beschränkte. Das Reichsgericht hat das denn auch abgelehnt, hat Nichtigkeit der Gesellschaft trotz ihrer Eintragung anerkannt und angenommen, daß der Fall unter § 75 falle (RG 54, 418; in LZ 1911, 779[31]). Indessen letzteres mit einer Begründung, die nicht überzeugt. Nicht nur seien in solchem Falle, wird gesagt, die eine oder die andere der in § 3 Abs 1 genannten

Bestimmungen nichtig, sondern alle zusammen. Aber so ist es in § 75 offenbar nicht gemeint. Der § 3 Abs 1, auf welchen § 75 hinweist, handelt nicht von den allgemeinen Voraussetzungen des Vertragsschlusses, sondern von dem Inhalt der Vereinbarungen, und daher kann auch § 75 nur von diesem gelten. Es ist der Fall, daß eine der genannten Bestimmungen entweder ganz fehlt oder inhaltlich dem Gesetz nicht entspricht. Es hätte ja auch, wenn es anders gemeint gewesen wäre, nichts näher gelegen, als neben dem § 3 Abs 1 auch den § 2 in § 75 anzuziehen. Die Auffassung des Reichsgerichts empfiehlt sich nur, weil sie praktisch befriedigt. Will man auf diese Weise ohne das Gesetz und gegen das Gesetz marschieren, dann steht aber auch nichts im Wege, noch einen Schritt weiterzugehen, auch den § 76 entsprechend anzuwenden, den Gesellschaftern zu gestatten, den Mangel durch Nachholung der vorgeschriebenen Form zu heilen.

d) Die spätere Rechtsprechung des Reichsgerichts hat indessen nicht diesen Schritt getan, sondern ist einen ganz anderen Weg gegangen; RG 114, 77 und die dortigen Zitate. Danach hätte der § 75 die Bedeutung, daß er die gesamte Materie der Nichtigkeit der eingetragenen Gesellschaft erschöpfend — abschließend sagt das Urteil — regle, und es gäbe eine eigentliche Nichtigkeit einer Gesellschaft m. b. H. nach ihrer Eintragung in das Handelsregister überhaupt nicht. Entweder läge ein Fall nach § 75, also einer durch Klage herbeizuführenden Auflösung vor, oder zwar Nichtigkeit, die aber durch die Eintragung geheilt sei. Nur vom Mangel der vorgeschriebenen Form soll letzteres nicht gelten, gerade also von dem Mangel nicht, wo die Heilung durch die Eintragung oder wenigstens die Möglichkeit nachträglicher Heilung durch Beschluß der Gesellschafter am dringendsten zu wünschen wäre. Wie das Reichsgericht (abgesehen vielleicht in letzterem Punkt) Scholz 707 und 709, wo ausdrücklich gesagt wird, daß das auch in den Fällen der Geschäftsunfähigkeit, der vollmachtlosen Vertretung, der bedingten Beitrittserklärung gelten müsse und nicht einleuchte, daß in diesen Beziehungen allgemein das Gegenteil anerkannt werde. Freilich klingt es dann S. 710 a. E. wieder so, als solle anerkannt werden, daß der geschäftsunfähige Übernehmer eines Geschäftsanteiles nicht verpflichtet sei, die Einlage zu zahlen. Wie das Reichsgericht auch Hachenburg § 75³. Nach diesseitiger Auffassung hat diese neuere Rechtsprechung weder im positiven Gesetz noch in der Rechtsvernunft einen Boden.

e) Ganz bedeutungslos ist, wenn die Gesellschaft in das Handelsregister eingetragen worden ist, die Vereinbarung der Gesellschafter, daß die Gründung nur zum Schein vorgenommen werde. Das ist, wie jede Berufung auf Mentalreservation, eine perplexe und darum unbeachtliche Behauptung (Brodmann in EhrenbergsHH IV 2 S. 56); RGSt 43, 410; RG 2, 131; 5, 77; 28, 76; SeuffA 44, 203.

f) Einen Fall der Nichtigkeit der Gesellschaft bestimmt § 16 der VO über Goldbilanzen v. 28. 12. 23 (RGBl I S. 1253). Die erfolgte Umstellung der Bilanz auf Goldwährung ist binnen sechs Monaten zum Handelsregister anzumelden (§ 15). Geschieht das nicht, so hat der Richter unter Androhung, daß die Nichtigkeit der Gesellschaft eingetragen werde, eine Frist zu bestimmen, nach deren fruchtlosem Ablauf die Nichtigkeit eingetragen wird. S. VO v. 21. 5. 26 (RGBl I 248, 254) und § 74 Erl 5. Es handelt sich, wenn es auch ausdrücklich im Gesetz nicht gesagt ist, um einen weiteren Fall nach § 75.

2. a) Voraussetzung ist die Eintragung der Gesellschaft in das Handelsregister. Solange diese nicht erfolgt ist, besteht schon aus diesem Grunde die Gesellschaft m. b. H. nicht. Nichtigkeit und Anfechtbarkeit des Gesellschaftsvertrages richten sich bis zur Eintragung der Gesellschaft nach den allgemeinen Rechtsvorschriften. — Hat ein Gesellschafter gegenüber den anderen den Vertrag im Wege der Klage angefochten oder auf Feststellung der Nichtigkeit des Vertrages geklagt usw., so finden, wenn im Laufe des Prozesses die Gesellschaft zur Eintragung kommt, nunmehr §§ 75 ff. gleichwohl Anwendung. Der Kläger kann daher begehren, daß den Beklagten durch einstweilige Verfügung die Anmeldung der Gesellschaft zum Handelsregister untersagt wird, und dem muß sich dann auch der Geschäftsführer, wenn ein solcher bereits bestellt worden ist, fügen.

b) Die Bestimmung der Firma ist nicht deshalb nichtig, weil durch ihre Führung Rechte Dritter verletzt werden, wohl aber dann, wenn ihre Fassung den für diese geltenden Vorschriften widerspricht (ZBlFG 3, 629) oder wenn sie gegen die öffentliche Ordnung (Firmenwahrheit) verstößt (RJA 10, 13). In solchem Fall ist nicht die Firma gemäß § 142 FGG zu löschen, sondern gemäß § 144 das die Gesellschaft. — Die Bestimmung des Sitzes kann nichtig sein, weil der gewählte Ort im Ausland liegt, weil es zwei Orte des Namens gibt und nicht festzustellen ist, welcher von ihnen gemeint ist (vgl. im übrigen zu diesen Fällen § 76). — Was den Gegenstand des Unternehmens angeht, so gehört hierher nicht der Fall, daß das Unternehmen der behördlichen Konzesion bedarf und diese verweigert worden ist. Dagegen ist die Bestimmung nichtig, wenn der genannte Gegenstand nur vorgeschoben ist, um den wahren Zweck der Gesellschaft zu verhüllen (OLG 9, 371), oder wenn die getroffene Bestimmung überhaupt nicht der wahren Meinung der Parteien entspricht (GmbHRundsch 1914, 347); vor allem aber dann, wenn der Gegenstand des Unternehmens dieses schlechthin zu einem verbotenen macht; nach allgemeinen Grundsätzen auch dann, wenn die Bezeichnung des Gegenstandes zu unbestimmt lautet

(s. aber auch JW 1916, 745[10] und Erl 4b zu § 3). Es ist nicht ausgeschlossen, daß sich bereits aus der Firma der Gegenstand des Unternehmens deutlich genug ergibt (RG in HoldheimsMSchr 25, 90; s. zu diesem Fall auch § 76).

c) Die Vereinbarungen über Stammkapital und Stammeinlagen müssen in Einklang mit den Vorschriften in § 5 Abs 1 bis 3 stehen (darauf kommt selbstverständlich nichts an, ob bei der Anmeldung der Gesellschaft zum Handelsregister die vorgeschriebenen Einzahlungen auf Stammeinlagen erfolgt waren, ob die vorgeschriebenen Versicherungen der Anmeldenden unwahr gewesen sind, §§ 7 Abs 2, 8 Abs 2; RG 82, 289). Was die Bestimmung der Stammeinlagen angeht, so muß der Grund der Nichtigkeit ein allgemeiner sein (vgl. hierzu den Fall RG 83, 256); über den Fall, daß sich der Grund der Nichtigkeit auf die Beteiligung eines einzelnen Gesellschafters beschränkt, s. oben Erl 1 b. Die Gesellschaft muß nicht deshalb nichtig sein, weil das auf eine Stammeinlage einzubringende Patent nicht besteht (OLG 19, 371; vgl. auch RG 86, 211); anders, wenn wegen Unmöglichkeit der Sacheinlage die Erreichung des Gesellschaftszweckes unmöglich ist (RG in ZAktW 23, 10); dagegen bildet keinen Grund der Nichtigkeit der Gesellschaft die Nichtigkeit der Bestimmung über den Verkehr (Veräußerlichkeit usw.) mit Geschäftsanteilen (OLG 28, 359). Gerät einer der Gesellschafter vor der Eintragung in Konkurs, so ist das kein Grund, die eingetragene Gesellschaft für nichtig zu erklären (RG 82, 289 auf Grund der Vertragsauslegung, daß für die Vorgesellschaft die Rechtssätze von der entstandenen Gesellschaft Anwendung finden sollen). Die Vereinbarung, daß ein Teil der Geldeinlagen durch die bei der Gründung der Gesellschaft geleisteten Dienste abgegolten sein soll, macht nicht den ganzen Vertrag nichtig (RG in LZ 1914, 1369).

3. a) Nur Gesellschafter, Geschäftsführer und Mitglieder des Aufsichtsrates können die Nichtigkeit der Gesellschaft, von welcher § 75 handelt, zur Geltung bringen (OLG 27, 394), und zwar, wenn sie damit bei den übrigen Gesellschaftern auf Widerspruch stoßen (s. oben Erl 1 a), nur im Wege der Klage (über das daneben bestehende Recht des Registerrichters, auf Grund § 144 FGG die Gesellschaft von Amts wegen zu löschen, s. Erl 2a zu § 10), weder durch Einrede noch durch Widerklage. Es ergibt sich das aus den hier für anwendbar erklärten §§ 272, 273 HGB.

§ 272. Die Klage ist gegen die Gesellschaft zu richten. Die Gesellschaft wird durch den Vorstand, sofern dieser nicht selbst klagt, und durch den Aufsichtsrat vertreten.

Zuständig für die Klage ist ausschließlich das Landgericht, in dessen Bezirke die Gesellschaft ihren Sitz hat. Die mündliche Verhandlung erfolgt nicht vor dem Ablaufe der im § 271 Abs 2 bezeichneten Frist (was hier gegenstandslos ist, weil jene Frist hier nicht läuft). Mehrere Anfechtungsprozesse sind zur gleichzeitigen Verhandlung und Entscheidung zu verbinden.

Das Gericht kann auf Verlangen anordnen, daß der Gesellschaft wegen der ihr drohenden Nachteile von dem klagenden Aktionär Sicherheit zu leisten ist. Art und Höhe der Sicherheit bestimmt das Gericht nach freiem Ermessen. Die Vorschriften der Zivilprozeßordnung über die Festsetzung einer Frist zur Sicherheitsleistung und über die Folgen der Versäumung der Frist finden Anwendung (§§ 108, 109, 112, 113 ZPO).

Die Erhebung der Klage und der Termin zur mündlichen Verhandlung sind unverzüglich von dem Vorstand in den Gesellschaftsblättern bekanntzumachen.

§ 273. Soweit der Beschluß durch rechtskräftiges Urteil für nichtig erklärt ist, wirkt das Urteil auch für und gegen die Aktionäre, die nicht Partei sind. Das Urteil ist von dem Vorstand unverzüglich zum Handelsregister einzureichen. War der Beschluß in das Handelsregister eingetragen, so ist auch das Urteil einzutragen; die Eintragung des Urteils ist in gleicher Weise wie die des Beschlusses zu veröffentlichen.

Für einen durch unbegründete Anfechtung des Beschlusses der Gesellschaft entstehenden Schaden haften ihr die Kläger, welchen eine bösliche Handlungsweise zur Last fällt, als Gesamtschuldner.

b) Beklagter ist die Gesellschaft, welche, wenn ein Aufsichtsrat besteht, durch die Geschäftsführer und den Aufsichtsrat vertreten wird. Die Klagschrift muß in letzterem Fall sowohl einem der Geschäftsführer als auch dem Aufsichtsrat zugestellt werden. Die Zustellung an den Vorsitzenden des Aufsichtsrates genügt nicht, es muß die Klage allen Mitgliedern zugestellt werden; der Mangel kann aber dadurch geheilt werden, daß die übrigen Mitglieder die Prozeßführung des Vorsitzenden genehmigen (JW 01, 482[1]). Anders dürfte es liegen, wenn die Mitglieder dem Vorsitzenden Vollmacht erteilt haben, sie zu vertreten. — Klagt der einzige Geschäftsführer, so vertritt der Aufsichtsrat die Gesellschaft, und ist auch ein solcher nicht vorhanden, so muß nach § 46 Ziff 8 oder auch nach § 29 BGB oder endlich nach § 57 ZPO der Gesellschaft ein Vertreter bestellt werden. S. § 1 Erl 3; § 46 Erl 6 b.

c) Ausschließlich zuständig ist das Landgericht am Sitze der Gesellschaft ohne Rücksicht auf den Wert des Streitgegenstandes, so daß insofern auch die Revision in allen Fällen zulässig ist. Auch die Verbindung der mehreren etwa anhängig werdenden Prozesse ist vorgeschrieben, um zu vermeiden, daß widersprechende Urteile ergehen. Die Erhebung der Klage ist von den Geschäftsführern (mit Angabe des Verhandlungstermins) unverzüglich in den Gesellschaftsblättern (§ 10 Abs 3) bekanntzumachen. Die Vorstandsmitglieder sind nach § 319 HGB zu dieser Bekanntmachung durch Ordnungsstrafen anzuhalten. Eine entsprechende Bestimmung besteht hier nicht.

d) Die Geschäftsführer haben das Urteil, wenn durch dasselbe die Gesellschaft für nichtig erklärt wird, unverzüglich nach Eintritt der Rechtskraft zum Handelsregister einzureichen, wozu sie durch Ordnungsstrafen anzuhalten sind; es ist in das Register einzutragen, die Eintragung ist öffentlich bekanntzumachen. — Das Urteil wirkt auch gegenüber allen anderen Gesellschaftern, wenn der Klage stattgegeben wird (RG 85, 312). Wird sie abgewiesen, so wirkt seine Rechtskraft nur zwischen den Prozeßparteien, und der Kläger haftet der Gesellschaft für den ihr durch die unbegründete Anfechtung entstehenden Schaden, wenn ihm bösliche Handlungsweise zur Last fällt, mehrere Kläger unter der gleichen Voraussetzung als Gesamtschuldner. Die Verpflichtung, der Gesellschaft wegen der ihr drohenden Nachteile Sicherheit zu leisten, trifft nur die klagenden Gesellschafter, nicht auch Geschäftsführer oder Mitglieder des Aufsichtsrates, wenn sie klagen (vgl. RG 24, 430: JW 02, 907). Auch wenn die Sicherheit geleistet worden ist, tritt nur bei böslicher Handlungsweise die Verpflichtung zur Entschädigung ein. Böslichkeit dürfte nur dann, aber dann immer vorliegen, wenn der Kläger offenbar nicht in gutem Glauben an die Berechtigung seines Standpunktes die Klage erhoben hat. S. § 31 Erl 6.

e) An eine Frist ist die Erhebung der Klage nicht gebunden (übrigens auch im Aktienrecht nicht). Das Recht zu klagen ist nicht davon abhängig, daß der Kläger ein besonderes Interesse an der Vernichtung der Gesellschaft dartut (vgl. RG 77, 257).

f) Alles, was in §§ 75, 77 vom Gesellschaftsvertrag bestimmt wird, gilt entsprechend von Beschlüssen auf Erhöhung des Stammkapitals und deren Nichtigkeit (RG 85, 314).

§ 76

Ein Mangel, der die Bestimmungen über die Firma oder den Sitz der Gesellschaft oder den Gegenstand des Unternehmens betrifft, kann durch einstimmigen Beschluß der Gesellschafter geheilt werden[1]).

Österr. Gesetz §§ 87, 43.

1. a) Im allgemeinen kann der Nichtigkeit eines Vertrages nur dadurch abgeholfen werden, daß er von neuem mangelfrei geschlossen, daß er bestätigt wird (§ 141 BGB), was nur im schuldrechtlichen Verhältnis der Vertragsparteien untereinander rückwirkende Kraft hat. Das gilt auch von dem Gesellschaftsvertrag der Gesellschaft m. b. H. und von dieser selbst. Der § 76 läßt aber Ausnahmen in dem Fall zu, daß ein Mangel der Bestimmungen über Firma oder Sitz der Gesellschaft oder Gegenstand ihres Unternehmens der Grund der Nichtigkeit ist. Darüber, ob § 76 nicht entsprechend auf den Fall anzuwenden ist, daß der Vertrag nicht in der gesetzlich vorgeschriebenen Form abgeschlossen worden ist, s. Erl 1c zu § 75. — Der den Mangel bessernde Beschluß der Gesellschafter ist notwendig „Abänderung des Statutes" nach § 53; er muß gerichtlich oder notariell beurkundet, also auch in der Regel in einer Gesellschafterversammlung gefaßt werden. Aber — anders als im Aktienrecht, s. § 310 HGB — ist hier einstimmige Annahme des Beschlusses erforderlich, d. h. es müssen alle Gesellschafter vorschriftsmäßig zur Versammlung eingeladen worden sein und alle Erschienenen müssen sich für den Antrag erklären. Nach Hachenburg § 76[4], Liebmann § 76[1], Scholz 722 könnte der Beschluß nur „mit Zustimmung aller Gesellschafter" gefaßt werden. Aber gerade das sagt das Gesetz nicht. In dem Fall, daß alle Anwesenden zustimmen, wird niemand Bedenken tragen, auch dann zu sagen, daß der Beschluß einstimmig gefaßt sei, wenn einzelne Mitglieder gefehlt haben, und niemand wird das mißverstehen. Mindestens müßten für eine einschränkende Auslegung des Gesetzes Gründe vorgebracht werden. Rechtswirksam wird der Beschluß erst durch seine Eintragung in das Handelsregister (§ 54 Abs 3). Ist diese erfolgt, so gilt die Gesellschaft als von Anfang an zu Recht bestehend. Voraussetzung ist, daß sich der Beschluß durchaus auf die Nachbesserung des Mangels beschränkt und es im übrigen bei dem Gesellschaftsvertrage, wie er geschlossen war, verbleibt (Warn 8, 181). Jedenfalls gelten mit der Besserung des Mangels zugleich und unabhängig von ihr beschlossene Änderungen nicht wie die Heilung selbst ex tunc, sondern erst von dem Zeitpunkt an, wo sie beschlossen worden sind, ex nunc. Man kann — wie Scholz 723 — die Rückwirkung bestreiten, wie sie ja auch ausdrücklich nicht bestimmt ist. Aber wenn man zugleich annimmt, daß § 77 Abs 3 auch dann Anwendung findet, wenn es nicht zur Nichtigkeitsklage usw. kommt, dann dreht sich der Streit um Worte. Scholz' Beispiel von der Heilung einer nichtigen Firma erscheint verfehlt. Wenn einer durch den Gebrauch einer Firma unlauteren Wettbewerb treibt, wird die Sache nicht besser, eher schlimmer, wenn sich herausstellt, daß die richtige Firma anders lautet und lautete.

b) Diese Heilung des Mangels dürfte ausgeschlossen sein, nachdem auf Nichtigkeit der Gesellschaft rechtskräftig erkannt worden ist; richtiger wohl — so Hachenburg § 76[8]; Scholz 723 —, nachdem die Nichtigkeit der Gesellschaft in das Handelsregister eingetragen worden ist; auch ist mit Scholz gegen Hachenburg anzunehmen, daß der Beschluß die Eintragung der Nichtigkeit in das Handelsregister auch dann hindert, wenn er während des Prozesses gefaßt, in diesem aber nicht geltend gemacht worden ist. — Dasselbe gilt entsprechend, wenn der Registerrichter das Verfahren auf Eintragung der Nichtigkeit von Amts wegen nach § 144 FGG eingeleitet hat.

c) Daß die Gesellschafter verpflichtet wären, der Beseitigung des Mangels, die sich die verschiedenen Gesellschafter verschieden vorstellen und wünschen können und die nur entweder einstimmig oder gar nicht zustande kommen kann, zuzustimmen, läßt sich allgemein nicht behaupten, und wenn es im einzelnen Falle anzunehmen ist, so ist die Verpflichtung zuzustimmen noch nicht dasselbe wie Zustimmung, und die Abstimmung in der Gesellschafterversammlung ist keine Willenserklärung, keine Erklärung, auf welche sich § 894 ZPO anwenden ließe; s. § 47 Erl 3 b. Der einzelne Gesellschafter hat freie Hand, zuzustimmen oder nicht, mag er sich damit auch einer Vertragsverletzung schuldig machen. Eine Verbindlichkeit, wenn sie besteht, besteht nicht der Gesellschaft, sondern den anderen Gesellschaftern gegenüber.

§ 77

Ist die Nichtigkeit einer Gesellschaft in das Handelsregister eingetragen, so finden zum Zwecke der Abwickelung ihrer Verhältnisse die für den Fall der Auflösung geltenden Vorschriften entsprechende Anwendung.

Die Wirksamkeit der im Namen der Gesellschaft mit Dritten vorgenommenen Rechtsgeschäfte wird durch die Nichtigkeit nicht berührt[1]).

Die Gesellschafter haben die versprochenen Einzahlungen zu leisten, soweit es zur Erfüllung der eingegangenen Verbindlichkeiten erforderlich ist[2]).

Österr. Gesetz §§ 87, 43.

1. a) Der § 77 bestimmt eigenartig die rechtliche Natur der Nichtigkeit der Gesellschaft nach § 75. Wenn auf Grund der Nichtigkeitserklärung die Gesellschaft im Handelsregister nicht gelöscht, vielmehr ihre Nichtigkeit eingetragen wird, wenn — wie § 77 bestimmt — mit der Eintragung in das Handelsregister die nichtige Gesellschaft in das Stadium der Liquidation tritt, wenn einerseits durch die Nichtigkeit der Gesellschaft die Wirksamkeit ihrer mit Dritten eingegangenen Rechtsgeschäfte nicht berührt wird, wenn anderseits die Gesellschafter — in der Beschränkung, welche die Liquidation mit sich bringt — verpflichtet sind, die versprochenen Einzahlungen zu leisten, so zeigt eine kurze Überlegung, daß das alles gar nicht durchführbar ist, wenn man nicht annimmt, daß überhaupt der ganze tatsächlich durchgeführte Geschäftsbetrieb der Gesellschaft, so wie er jeweilig stattgefunden hat, auch rechtlich Bestand hat. Es ist ein Vermögen da, das Gegenstand einer Liquidation ist, es sind Dritte vorhanden, die von der Gesellschaft zu fordern haben, und solche, die ihr schulden, die Gesellschafter schulden der Gesellschaft die Einzahlungen auf die Stammeinlage und eingeforderte Nachschüsse. Was bezahlt ist, bleibt bezahlt, und was noch nicht bezahlt ist, ist und bleibt rückständig. Das alles, nach dem Stande der Dinge zur Zeit des Eintritts der Liquidation, läßt sich gar nicht anders feststellen und erfassen, als daß man den tatsächlichen Vorgängen — in Anerkennung zugleich ihrer Rechtsbeständigkeit — rückwärts nachgeht, wie sie sich vom Zeitpunkte der Entstehung der vermeintlichen Gesellschaft bis zur Eintragung ihrer Nichtigkeit abgespielt haben. Mag auch namentlich in Fällen, wo man die Nichtigkeit erst spät erkannt hat, das meiste von allem Geschehenen abgetan und bedeutungslos geworden sein, es bleibt eben abgetan, und es ist kein Anlaß und keine Möglichkeit, daran zu rütteln. Es besteht ununterbrochene Kontinuität und nirgends ist eine Stelle, von der man sagen könnte, daß an ihr sie abbräche. Alle Sachen, Maschinen, Vorräte, Waren gehören in die Liquidationsmasse, gleichviel, wie lange die Zeit zurückliegt, wo die Gesellschaft sie erworben hat; ihr Bankguthaben ist ein unbezweifelbares Aktivum und ist doch bedingt durch Gültigkeit restlos aller Posten hin bis zur ersten Buchung; die Gesellschafter sind schuldig, Nachschüsse einzuzahlen, deren Erhebung die Gesellschaft beschlossen hatte. Es tritt die nicht zu bezweifelnde Rechtspersönlichkeit der Liquidationsgesellschaft nicht erst mit dem Zeitpunkte ein, wo die Gesellschaft aufgelöst wird. Es hat seit der Begründung keinen Zeitpunkt gegeben, wo diese nichtige Gesellschaft nicht parteifähig, nicht rechtsfähig gewesen wäre (RG 59, 325). Es kann daher auch kein berechtigter Zweifel aufkommen, daß ihr inneres Gesellschaftsleben funktioniert hat, und zwar, wenn auch mit dem Todeskeim behaftet, doch vom positiven Gesetz für bis zum Ende gesund erklärt. Es ist nicht der geringste Grund, die Beschlüsse der Gesellschaft und überhaupt ihrer Organe, Übertragung, Einziehung, Kaduzierung von Geschäftsanteilen, Einforderung von Nachschüssen, Erhebung von

Ersatzansprüchen gegen den Geschäftsführer irgendwie zu beanstanden. Man kann das nicht tun, ohne in Frage zu stellen, was § 77 Abs 2 vorschreibt. Und nicht nur Einzahlungen auf die Stammeinlage, auch Verpflichtungen nach § 3 Abs 2, Anspruch der Gesellschafter auf den Jahresgewinn, auf die Liquidationsquote, nichts von alledem fällt aus: alles nach Maßgabe des nichtigen Gesellschaftsvertrages, einschließlich selbst derjenigen Bestimmungen, welche etwa der Grund der Nichtigkeit sind (RG 83, 264). — Selbstverständlich kann eine solche Gesellschaft auch in Konkurs geraten. In dieser Beziehung treffen den Geschäftsführer und Liquidator dieselben Verpflichtungen, wie wenn die Gesellschaft gültig bestünde (JW 05, 765[24]; RG in Recht 05, 23[9]). Nur den in § 60 Ziff 4 zugelassenen Beschluß, nach Beendigung des Konkurses die Gesellschaft fortzusetzen, können die Gesellschafter allerdings nicht fassen. Kurz, die ganze Nichtigkeit kommt überhaupt nicht nur zur Erkenntnis, sondern auch zu rechtlicher Geltung erst mit der Eintragung der Nichtigkeitserklärung in das Handelsregister oder vielmehr in Wahrheit auch dann noch nicht, richtiger dann erst recht nicht. Denn nun besteht, vom Gesetz legitimiert, die Gesellschaft, wenn auch nur als Liquidationsgesellschaft, zu Recht. Die Liquidatoren sind zu allem befugt, was zur Abwicklung der Verhältnisse geboten ist; das bringt zahlreiche Rechtsgeschäfte mit den Gesellschaftern und mit Dritten mit sich, die namens dieser Gesellschaft geschlossen werden und wirksam sind. Mit anderen Worten: diese Nichtigkeit ist gar keine Nichtigkeit, weder Nichtigkeit von Anfang an noch vor allem auch Nichtigkeit ex nunc, vom Augenblicke der Nichtigkeitserklärung oder der Eintragung dieser in das Handelsregister an. Von diesem letzteren Augenblicke an, wie gesagt, vollends nicht. Es handelt sich in der Tat um gar nichts anderes als um eine Auflösung der Gesellschaft aus dem Grunde einer der in § 75 angegebenen Mängel, welche an sich zur Nichtigkeit führen würden. S. § 10 Erl 2 b. — Es wird das ziemlich allgemein anerkannt; anders, aber nicht überzeugend, Feine 220 ff.

Der österreichische Gesetzgeber hat diesen Zusammenhang klar erkannt und hat einfach und deutlich ausgesprochen, daß an Stelle der Nichtigkeit die Auflösung der Gesellschaft tritt. Es findet nur ein Verfahren von Amts wegen statt, und der Gesellschaft wird unterschiedslos in allen Fällen in ihm die Gelegenheit geboten, die Nichtigkeit zu beheben (§§ 87, 43).

b) Es verdient hervorgehoben zu werden, daß diese „Heilung" durch die Eintragung der Gesellschaft sich nur auf die den Gesellschaftsvertrag im ganzen treffende Nichtigkeit erstreckt (Hachenburg § 75[5]; Scholz 707). Keineswegs werden dadurch zugleich alle Mängel gehoben, welche Einzelheiten der Vertragsbestimmungen innewohnen. Nimmt man an, daß der Gesellschaftsvertrag nichtig ist, weil die Übernahme einer Stammeinlage es ist, z. B. weil eine unmögliche Sacheinlage vereinbart worden ist, der Übernehmer geschäftsunfähig war (s. § 5 Erl 3 a), nur formlos beigetreten ist, so ändert die Eintragung der Gesellschaft an der letzteren Nichtigkeit nichts. Es wäre ja auch widersinnig, insofern eine Heilung nach § 77 anzunehmen, weil damit wiederum jeder Grund für die Nichtigkeit der Gesellschaft fortfiele, die dann nicht aufgelöst zu werden brauchte, sondern weiterbestehen könnte. So muß man aber ferner auch annehmen, daß, wenn bedingte Übernahme einer Stammeinlage den Grund der Nichtigkeit der Gesellschaft abgibt (§ 2 Erl 7), die Eintragung der Gesellschaft nichts daran ändert, daß die Stammeinlage nur unter einer Bedingung geschuldet wird. Anders RG 83, 256; es ist nicht ganz leicht, sich in den Gedankengang der Begründung hineinzufinden, die viel kürzer hätte ausfallen können; denn es stand (vermöge einer sehr weitherzigen Auslegung der Statuten) fest, daß die Bedingung, unter welcher die Stammeinlagen übernommen waren, in Erfüllung gegangen war, möglicherweise sogar schon — in dieser Beziehung läßt der Bericht im Stich —, ehe es zur Eintragung der Gesellschaft gekommen war; aber unverkennbar ist die Meinung, daß die Gesellschafter in solchem Fall auch dann einzahlen müssen, wenn die Bedingung ausgefallen ist oder noch aussteht, was dem entspreche, daß die Gesellschafter die Übernahme der Stammeinlage nicht mehr anfechten können, wenn die Gesellschaft eingetragen worden ist. Das sind doch zwei ganz verschiedene Dinge. Nicht so sicher wie das RG a. a. O., aber schließlich doch ihm zustimmend, Scholz 728; ferner Hachenburg § 77[7]. Ebenso ändert, wenn einer der Gesellschafter durch formlosen Vertrag beigetreten ist, die Eintragung der Gesellschaft nichts daran, daß diese Übernahme einer Stammeinlage nichtig ist. Nur wenn man den Fall, daß der Gesellschaftsvertrag überhaupt formlos geschlossen ist, in die Fälle nach § 75 einreiht (Erl 1 c und d zu § 75), wird man zum weiteren gedrängt, daß dann auch die Stammeinlagen geleistet werden müssen, und schließlich, daß auch der Gesellschafter, welcher eine Stammeinlage formlos übernommen hat, während im übrigen die Form gewahrt ist, durch Heilung Gesellschafter wird (Hachenburg § 77[7]).

c) Dieser Regelung gegenüber ist klar, daß Rechtsgeschäfte, welche die Gesellschaft bis zu ihrer Nichtigkeitserklärung abgeschlossen hat, auch dann wirksam sind, wenn der Dritte die Tatsachen kannte, auf welchen die Nichtigkeit beruht. Daß § 15 Abs 1 HGB hier keine Anwendung findet, bezweifelt niemand, Fälle der Kollusion aus allgemeinen Gründen immer ausgeschlossen. Streit besteht nur wegen der Zeit zwischen der Nichtigkeitserklärung und ihrer Eintragung in das Handelsregister. Hätte der Gesetzgeber die Wirkung an die Nichtigkeitserklärung geknüpft und nicht an ihre Eintragung in das Handelsregister, wäre also in diesem Punkte die Materie in Übereinstimmung mit der Auflösung der Gesellschaft geregelt worden, dann könnte allerdings § 15 Abs 1, jedoch nur in der Anwendung auf liquidationswidrige Geschäfte, in Frage kommen. Man kann aber das Gesetz nicht wohl anders verstehen, als daß erst mit der Eintragung der Nichtigkeitserklärung die Gesellschaft in das Liquidationsstadium eintritt, so daß auf die vor der Eintragung der Nichtigkeit getätigten Rechtsgeschäfte unterschiedslos — Fälle der Kollusion auch hier immer ausgenommen — § 77 Abs 2, 3 Anwendung findet, nur sind selbstverständlich die Geschäftsführer der Gesellschaft gegenüber verpflichtet, der Tatsache der Nichtigkeitserklärung allermaßen Rechnung zu tragen. A. A. Neukamp § 77², Liebmann § 77³. Übrigens stünde wohl nichts im Wege, daß die Gesellschaft sofort nach ihrer Nichtigkeitserklärung und vor deren Eintragung in das Handelsregister die Liquidation beschließt und einleitet.

2. Nicht nur haften die gegenwärtigen Gesellschafter, diejenigen, welche zur Zeit der Eintragung der Nichtigkeitserklärung Geschäftsanteile besaßen, oder ihre Rechtsnachfolger, sondern auch ihre Rechtsvorgänger, soweit nach den Bestimmungen des Gesetzes eine solche Haftung in Frage kommt; ebenso bleibt es bei der subsidiarischen Haftung nach § 24. — Daß die Gesellschafter Einzahlungen nur zu leisten haben, soweit es zur Erfüllung der eingegangenen Verbindlichkeiten erforderlich ist, ist nichts Besonderes. Das ist bei der Liquidation immer so. Der Rechtszustand ist kein anderer als bei gültiger Gesellschaft; das gilt auch von der Beweislast (vgl. Erl 6 c zu § 19). — Zur Erfüllung der eingegangenen Verbindlichkeiten ist die Einzahlung auch erforderlich, wenn sie zum Zwecke der gleichmäßigen, dem nichtigen Vertrage entsprechenden Verteilung der Liquidationsquote erforderlich ist.

Gegenüber der geschilderten Rechtslage ist es selbstverständlich, daß der Liquidator alle Rechte gegen die Gesellschafter geltend machen kann, auch wenn es noch nicht zur Eintragung der Nichtigkeit in das Handelsregister gekommen ist (RG 59, 325; 83, 259). — Alles Gesagte gilt entsprechend im Falle eines nichtigen Kapitalerhöhungsbeschlusses (RG 85, 314).

Sechster Abschnitt.

Schlußbestimmungen [1]).

§ 78

Die in diesem Gesetze vorgesehenen Anmeldungen zum Handelsregister sind durch die Geschäftsführer oder die Liquidatoren, die im § 7 Absatz 1, § 12 Absatz 1, § 57 Absatz 1, § 58 Absatz 1 Nr. 3, § 80 Absatz 5 vorgesehenen Anmeldungen sind durch sämtliche Geschäftsführer zu bewirken[2]).

Österr. Gesetz § 102.

1. Die Schlußbestimmungen enthalten in §§ 78, 79 allgemeine Vorschriften über Anmeldungen zum Handelsregister; in §§ 80, 81 wird die Umwandlung einer Aktiengesellschaft in eine Gesellschaft m. b. H. geregelt, §§ 82 bis 84 sind die Strafbestimmungen.

2. a) In diesem Gesetz vorgeschriebene Anmeldungen zum Handelsregister s. §§ 7, 39, 54, 57, 65, 68 Abs 2, 80 Abs 5; vgl. auch §§ 12, 40, 41 Abs 4, 59. — Im allgemeinen genügt, daß die Anmeldung durch so viel Geschäftsführer erfolgt, als zur Vertretung der Gesellschaft erforderlich ist (RJA 14, 177). Die Anmeldung einer neugegründeten Gesellschaft (§§ 7 Abs 1, 80 Abs 5), einer Zweigniederlassung (§ 12), einer Erhöhung sowie einer Herabsetzung des Stammkapitals (§§ 57 Abs 1, 58 Abs 1) muß durch sämtliche Geschäftsführer bewirkt werden, einschließlich etwa bestellter Vertreter von Geschäftsführern (§ 44; RG in LZ 1914, 398[17]).

b) Zum Verfahren s. §§ 12, 13 HGB, §§ 125 bis 139 FGG. — Die Verpflichtung zur Anmeldung trifft in allen Fällen jeden der Geschäftsführer, wie sich denn auch das Verfahren zur Erzwingung einer vorgeschriebenen Anmeldung (§ 14 HGB; §§ 132 ff. FGG) gegen alle zugleich richten kann. — Ein Prokurist ist als solcher weder allein noch als Kollektivvertreter in Verbindung mit einem Geschäftsführer zu Anmeldungen befugt. — Schuldner der entstehenden Kosten ist die Gesellschaft. Die Geschäftsführer (Liquidatoren) haften nicht wegen der Gerichtsgebühren, können sich aber nicht darauf berufen, daß zur Beitreibung der ihrerseits erforderlichen Aufwendungen Mittel der Gesellschaft nicht vorhanden sind, KGJ 34 B 9; 30, 125; RJA 6, 131; GmbHRundsch 1914, 348.

c) Im allgemeinen können die Anmeldungen auch durch einen Bevollmächtigten des Geschäftsführers statt seiner bewirkt werden, der sich durch beglaubigte und besondere Vollmacht legitimieren muß; Generalvollmacht genügt nicht (RJA 14, 177). Der Natur der Sache nach ist Stellvertretung ausgeschlossen, wo der Geschäftsführer zugleich die Richtigkeit gewisser Angaben versichern muß, für welche er persönlich aufzukommen hat (§§ 8 Abs 2, 57 Abs 2; KGJ 28, 235; 48, 130; vgl. § 7 Erl 3). Daher kann in diesen Fällen auch die Mitwirkung eines der Geschäftsführer nicht dadurch ersetzt werden, daß dieser rechtskräftig verurteilt worden ist, bei der Anmeldung mitzuwirken (§ 16 HGB). Ebenso ist bei der vorgeschriebenen Zeichnung der persönlichen Unterschrift (§§ 8 Abs 3, 39 Abs 3, 67 Abs 4) selbstverständlich Stellvertretung ausgeschlossen.

d) Die Eintragungen in das Handelsregister sind entweder ganz der Anmeldung entsprechend vorzunehmen oder abzulehnen. Es ist nicht Sache des Registerrichters, aus der Anmeldung herauszusuchen und einzutragen, was sich zur Eintragung eignet (RJA 9, 172).

§ 79

In Ansehung der in §§ 7, 54, § 57 Absatz 1, § 58 Absatz 1 Nr. 3, § 80 Absatz 5 bezeichneten Anmeldungen zum Handelsregister findet, soweit es sich um die Anmeldung zum Handelsregister des Sitzes der Gesellschaft handelt, eine Verhängung von Ordnungsstrafen nach § 14 des Handelsgesetzbuchs nicht statt[1]).

Österr. Gesetz § 102.

1. a) In § 14 HGB ist bestimmt, daß, wer verpflichtet ist, eine Anmeldung usw. zum Handelsregister vorzunehmen, hierzu von dem Registerrichter durch Ordnungsstrafen anzuhalten ist. In § 7 gegenwärtigen Gesetzes lautet es: Die Gesellschaft ist bei dem Gericht zur Eintragung in das Handelsregister anzumelden. Ebenso oder ähnlich in § 54 (Abänderung des Gesellschaftsvertrages), § 57 Abs 1 (Erhöhung des Stammkapitals), § 58 Abs 1 Ziff 3 (Herabsetzung des Stammkapitals), § 80 Abs 5 (Umwandlung einer Aktiengesellschaft in eine Gesellschaft m. b. H.). Der § 79 will dem Mißverständnis vorbeugen, als sei mit dieser Fassung eine Verpflichtung zur Anmeldung im Sinne des § 14 HGB ausgesprochen worden. In den aufgezählten Fällen handelt es sich um Eintragungen mit konstitutiver Wirkung. Nicht um eine Verpflichtung zur Eintragung, sondern um eine Voraussetzung der Rechtswirksamkeit des Einzutragenden handelt es sich. Die Entschließung darüber, ob die Rechtswirkung ins Leben gerufen werden soll, liegt ganz bei der Gesellschaft. Soll eine Gesellschaft m. b. H. entstehen, so muß sie zur Eintragung in das Handelsregister angemeldet werden. Ob sie angemeldet werden soll, haben die Gesellschafter zu bestimmen. Ein öffentliches Interesse besteht hieran nicht. Und ebenso in den übrigen Fällen. Anders aber wiederum, wenn die Eintragung in das Register der Hauptniederlassung erfolgt ist und Anmeldungen zum Register einer Zweigniederlassung in Frage stehen. Zu diesen Anmeldungen sind die Geschäftsführer „verpflichtet" (§ 13 HGB).

b) Fehlt bei einem der in § 78 genannten Fälle die Mitwirkung einer der Geschäftsführer (oder Liquidatoren), so ist die Eintragung auch dann zu beanstanden, wenn der oder die anmeldenden im übrigen die Vertretungsmacht besitzen. Es ist, wie wenn bei Anmeldungen anderer Art von mehreren Kollektivvertretern nur einer die Anmeldung vornimmt. Ein Ordnungsstrafverfahren gegen den Geschäftsführer, welcher die Mitwirkung ablehnt, erscheint auch in diesem Falle ausgeschlossen. A. A. Hachenburg § 79[1]; wie hier Scholz 737. — Ist die Eintragung trotzdem erfolgt, so kann sie nach § 142 FGG wieder gelöscht werden. Es handelt sich nicht um einen formalen Mangel der Anmeldung. Wenn einer der Geschäftsführer sich so ernstlich gegen die Anmeldung sträubt, so ist das ein Anzeichen, daß mit der Entschließung der Gesellschaft zur Anmeldung etwas nicht in Ordnung ist. Selbstverständlich soll auch hier der Registerrichter zur Löschung nur schreiten, wenn ein dringender Grund es geboten erscheinen läßt. Weigert sich der Geschäftsführer ohne Grund, so bleibt der Gesellschaft nichts, als ihn zu entlassen. Eine Verurteilung des Geschäftsführers zur Mitwirkung würde zu nichts führen (s. Erl zu § 78). Anders Hachenburg § 79 in Erl 1 und den dort angezogenen weiteren Stellen und Scholz 737, 132; aus dem Gedanken heraus, daß die Eintragung konstitutiv wirkt und § 144 FGG die Löschung in diesen Fällen versagt. Aber es ist vielmehr gerade die Frage, ob eine Eintragung auch dann konstitutiv wirken kann, wenn sie auf einer Anmeldung beruht, die von zur Vertretung der Gesellschaft nicht befugten Personen ausgeht. Zur Auslegung des § 144 FGG s. § 10 Erl 2 a.

§ 80

Wird eine Aktiengesellschaft zum Zweck der Umwandlung[1]) **in eine Gesellschaft mit beschränkter Haftung aufgelöst**[2])**, so kann die Liquidation derselben unterbleiben, wenn hinsichtlich der Errichtung der neuen Gesellschaft den nachstehenden Bestimmungen genügt wird.**

Das Stammkapital der neuen Gesellschaft darf nicht geringer sein als das Grundkapital der aufgelösten Gesellschaft.

Den Aktionären ist durch öffentliche Bekanntmachung oder in sonst geeigneter Weise Gelegenheit zu geben, mit dem auf ihre Aktien entfallenden Anteil an dem Vermögen der aufgelösten Gesellschaft sich bei der neuen Gesellschaft zu beteiligen. Die Aktien der sich beteiligenden Mitglieder müssen mindestens drei Vierteile des Grundkapitals der aufgelösten Gesellschaft darstellen.

Der auf jede Aktie entfallende Anteil an dem Vermögen der aufgelösten Gesellschaft wird auf Grund einer Bilanz[3]) berechnet, welche der Generalversammlung der Aktionäre zur Genehmigung vorzulegen ist[4]). Der Beschluß, durch welchen die Genehmigung erfolgt, bedarf einer Mehrheit von drei Vierteilen des in der Generalversammlung vertretenen Grundkapitals.

Die neue Gesellschaft[5]) muß spätestens binnen einem Monate nach Auflösung der Aktiengesellschaft zur Eintragung in das Handelsregister angemeldet werden[6]). Die Eintragung darf nur erfolgen, nachdem die Beobachtung der vorstehenden Bestimmungen nachgewiesen ist[7]).

Österr. Gesetz §§ 97 bis 100.

1. Die §§ 80, 81 handeln von der Umwandlung einer Aktiengesellschaft in eine Gesellschaft m. b. H. Man sah bei der Abfassung des Gesetzes vor, daß manche Aktiengesellschaft darauf ausgehen würde, sich die neue Gesellschaftsform als für ihre Verhältnisse geeigneter zu geben. Der Gedanke, die Vorschriften als Uebergangsbestimmungen zu gestalten und ihre Geltung auf die Dauer von fünf Jahren zu beschränken, fand keine Annahme. Es handelt sich um eine Sonderregelung, welche unbedenklich als dauernde Einrichtung beibehalten werden konnte, aber entsprechende Anwendung auf andere Umgestaltung der Gesellschaftsform, namentlich also auch auf die Umwandlung einer Gesellschaft m. b. H. in eine Aktiengesellschaft, nicht finden kann. — Das Wesentliche ist, daß die Aktiengesellschaft in dem Momente aufgelöst wird und verschwindet, wo die neu gegründete Gesellschaft m. b. H. ins Leben tritt und das gesamte Vermögen der Aktiengesellschaft überkommt, also nicht eine Umgestaltung der identischen Gesellschaft zu einer anderen Form, sondern die Schaffung einer neuen Gesellschaft an Stelle der alten. Der Übergang des Vermögens dieser auf jene ist Universalsukzession (RG 64, 10; JW 1910, 720; OLG 22, 24). So kommt es, daß hier die Aktiengesellschaft aufgelöst wird, ohne daß eine Liquidation stattfinden muß und auch nur stattfinden könnte und daß der geschäftliche Betrieb des Unternehmens unverändert fortgesetzt und ohne Störung in das neue Verhältnis hinübergeführt wird, woran praktisch vor allem das Interesse an der Sache hängt. Der Vorgang bietet zwei Seiten dar, hier die Auflösung der alten Gesellschaft, welche sich im wesentlichen nach den betreffenden Vorschriften des HGB vollzieht, dort die eigenartige Gründung der Gesellschaft m. b. H. nach den Vorschriften des gegenwärtigen Gesetzes. Dieses sofortige Verschwinden der Aktiengesellschaft bedingt Schutzvorschriften zugunsten sowohl der Mitglieder als auch der Gläubiger der Aktiengesellschaft. Kurz zusammengefaßt, ist bestimmt zum Schutze der Aktionäre:

1. die zur Feststellung des Wertes des Gesellschaftsvermögens aufzumachende Bilanz bedarf der Genehmigung der Aktionäre durch verstärkte (Dreiviertel-) Mehrheit;
2. jeder Aktionär hat das Recht, sich an der neuen Gesellschaft zu beteiligen, wofern er nicht vorzieht, sich den Wert der Aktie auszahlen zu lassen.

Zum Schutze der Gläubiger, denen damit allein nicht gedient ist, daß die neue Gesellschaft als Universalsukzessor für alle Verbindlichkeiten der Aktiengesellschaft haftet:

1. jeder Gläubiger kann verlangen, daß er unverzüglich befriedigt oder sichergestellt wird;
2. es müssen sich mindestens 75% aller Aktien, d. h. ihre Eigentümer, an der neuen Gesellschaft beteiligen und durch die Auszahlungen an diejenigen Aktionäre, welche sich nicht beteiligen, darf das Vermögen der Gesellschaft nicht um mehr als 25% geschmälert werden;
3. das Stammkapital der neuen Gesellschaft darf nicht geringer sein als das Grundkapital der aufgelösten Gesellschaft. Es ist zu beachten, daß das Gesetz bei dieser Bestimmung den Moment im Auge hat, wo die A.-Gesellschaft verschwinden, die Gesellschaft m. b. H. entstehen soll. „Grundkapital" einer sich auflösenden A.-Gesellschaft ist lediglich eine Ziffer. Stammkapital einer Gesellschaft m. b. H. dagegen im Zeitpunkt ihrer Entstehung ist nicht nur das, sondern bezeichnet in erster Linie das effektive Vermögen, mit welchem dotiert die Gesellschaft ins Leben tritt. Dieses Vermögen — sagt das Gesetz — muß mindestens so groß sein wie die Grundkapitalziffer der A.-Gesellschaft.

2. a) Der Auflösungsbeschluß der Aktiengesellschaft vollzieht sich als solcher nach den Bestimmungen des HGB, insbesondere § 292 Ziff 2, also in einer Generalversammlung der Aktionäre unter gerichtlicher oder notarieller Beurkundung. Er ist zum Handelsregister anzumelden (§ 293 HGB). Etwas Besonderes ist, daß in den Beschluß (und also auch in die angekündigte

Tagesordnung) der Zweck der Auflösung, Umwandlung in eine Gesellschaft m. b. H. aufgenommen sein muß. Die Rechtswirksamkeit des Beschlusses ist von seiner Eintragung in das Handelsregister nicht abhängig; es sei denn, daß in dem Auflösungsbeschlusse zugleich eine Statutenänderung liegt, was der Fall ist, wenn die Gesellschaft auf bestimmte Zeit gegründet war und die Auflösung vor deren Ablauf eintreten soll (§ 277 Abs 3 HGB). Es herrscht allgemeines Einverständnis, daß der Beschluß, die Gesellschaft auf so eigentümliche Art zu beenden, keine Abweichung vom Gesellschaftsvertrage einschließt. — Dagegen ist die Wirkung des Beschlusses betagt. Die Auflösung der Aktiengesellschaft tritt erst ein, wenn entweder die neue Gesellschaft durch deren Eintragung in das Handelsregister entsteht oder seit dem Tage des Beschlusses ein Monat verstrichen ist, ohne daß es zur Anmeldung der neuen Gesellschaft zum Handelsregister gekommen ist. Durch die Anmeldung der neuen Gesellschaft wird die Frist gewahrt, auch wenn der Registerrichter erst nach Erledigung von Beanstandungen zur Eintragung der Gesellschaft m. b. H. schreitet (a. A. Hachenburg § 80[39]). Nur muß es sich in Wahrheit um eine Anmeldung, d. h. um die Anmeldung eines nach Absicht aller Beteiligten fertigen Vertrages handeln.

b) Nicht schon mit der Anmeldung, sondern erst mit der Eintragung der Gesellschaft m. b. H. geht die Aktiengesellschaft unter. Bis dahin besteht sie nicht wie eine aufgelöste, sondern unverändert, mit nach außen völlig ungehemmten Funktionen aller Organe. Das ist bestritten. Aber das ist doch der ganze Zweck der Sache. Der Vorstand wäre übel beraten, wollte er eine in der Zeit zwischen Anmeldung und Eintragung sich bietende günstige Gelegenheit, ein vorteilhaftes Geschäft zu machen, unbenutzt vorübergehen lassen, bloß weil aus der Aktiengesellschaft eine Gesellschaft m. b. H. werden soll. Aber natürlich kommt alles auf die Umstände an. Der Gesellschaft gegenüber ist der Vorstand verpflichtet, der Sachlage Rechnung zu tragen. Seine Vertretungsmacht bleibt dieselbe uneingeschränkte wie bisher; a. A. Hachenburg § 80[10]; wie hier Scholz 743; Liebmann § 80 [2d].

c) Ist der Monat verstrichen, ohne daß die Gesellschaft m. b. H. angemeldet worden ist, oder ist sie angemeldet worden, aber kommt es nicht zur Eintragung in das Handelsregister, so tritt die Auflösung mit der Wirkung ein, daß nunmehr zur Liquidierung geschritten werden muß. Nach § 307 HGB kann die Generalversammlung in diesem Falle die Fortsetzung der A.-Gesellschaft beschließen, wie allgemein anerkannt wird, mit einfacher Stimmenmehrheit. An eine Frist ist dieser Beschluß nicht gebunden. Die naheliegende Frage, ob ein solcher Beschluß nicht auch schon im voraus gefaßt werden kann, mit anderen Worten, ob nicht Auflösung zum Zwecke der Umwandlung unter der Bedingung beschlossen werden kann, daß die Umwandlung gelingt, wird vielfach verneint, aber mit Gründen, die nicht überzeugen. Unrichtig ist nur, daß die zum Zwecke der Umwandlung beschlossene Auflösung ohne weiteres durch das Gelingen der Umwandlung bedingt sei. Das einzige schwächliche Bedenken, das Beachtung verdient, liegt in dem (seltenen) Falle vor, daß der Beschluß eine Statutenänderung einschließt und der Registerrichter die in diesem Falle konstitutive und insofern unentbehrliche Eintragung wegen der Bedingung, an welche die Auflösung geknüpft ist, ablehnt. Das träfe aber doch immer nur diesen Fall und auch in ihm ist man nicht hilflos. Man kann die Statutenänderung abgesondert und unbedingt beschließen. Auch in diesem Falle der Fusion nach § 305 HGB wird allgemein anerkannt, daß der Auflösungsbeschluß bedingt gefaßt werden kann. A. A. Hachenburg § 80[11]; nach Scholz 742 müßte die Bedingung der Auflösung als auflösende gefaßt, richtiger wohl, es müßte mit der Auflösung zugleich unter Bedingung die Wiedereröffnung des Betriebes beschlossen werden, weil sonst die einmonatige Frist des Abs 5 nicht in Lauf gesetzt würde; da liegt doch wohl die Auslegung des Gesetzes näher, daß in Abs 5 an den Tag des Auflösungsbeschlusses zu denken ist, eine Auslegung, die überhaupt geboten ist, weil man anderenfalls die Frist bis zu einem gewissen Grade dadurch illusorisch machen könnte, daß man betagte Auflösung beschließt (§ 60 Erl 3 c). Wie hier Liebmann § 80 [2c].

3. a) Zur Feststellung, welchen Wert das Vermögen der Aktiengesellschaft und dementsprechend jede Aktie hat, muß eine Bilanz aufgestellt und der Generalversammlung vorgelegt werden, welche in diesem Falle nur mit Dreiviertelmehrheit die Genehmigung beschließen kann. Bei der Aufstellung der Bilanz ist der Sachlage Rechnung zu tragen, daß das Unternehmen sozusagen veräußert werden soll. Sie ist weder Liquidationsbilanz noch Gewinnverteilungsbilanz. Der § 261 HGB ist hier nicht anwendbar. Die Aktiven, insbesondere die Anlagen usw., sind mit dem Werte einzustellen, welchen sie für das im Betriebe befindliche Unternehmen besitzen. Übermäßige Abschreibungen sind rückgängig zu machen. Dagegen dürften Warenvorräte nicht mit dem Verkaufswerte, sondern gemäß § 261 Ziff 2 anzusetzen sein. Auf Passivseite haben nicht nur selbstverständlich der Posten Grundkapital, sondern auch alle freien Reserven zu verschwinden.

b) Was den Zeitpunkt angeht, auf welchen die Bilanz aufgemacht werden muß, den Stichtag, so ist es ein Unding zu verlangen, daß es der Tag der Auflösung der Gesellschaft, d. h. ihres Verschwindens, sein muß; es muß auch nicht der Tag des Auflösungsbeschlusses sein, wie Liebmann § 80[4] annimmt. Notwendig muß der Zeitpunkt bereits der Vergangenheit angehören, wenn die Bilanz fertig wird, und es kann nur erwünscht sein, daß sie der Generalversammlung schon vorliegt, welche sich über die Umwandlung und Auflösung schlüssig machen soll. Nur darauf kann bestanden werden, daß der Stichtag nicht weiter zurückliegt, als angemessenerweise für die Aufstellung Zeit erforderlich ist (vgl. § 333 Abs 2 HGB; bedenklich RGSt 29, 222). Was den Übergang des Geschäfts in das Vermögen der Gesellschaft m. b. H. angeht, so ist es nichts Besonderes, daß ein Handelsgeschäft in eine Gesellschaft mit der Vereinbarung eingebracht wird, daß es von einem zurückliegenden Tage an als für Rechnung der Gesellschaft geführt gelten soll.

c) Das Gesetz bestimmt auch nichts darüber, wann die Bilanz der Generalversammlung vorzulegen ist. Daher ist dagegen nichts zu sagen, daß es nicht schon in der Generalversammlung geschieht, welche die Umwandlung beschließt. Aber es ist zu beachten, daß es sich um eine über das Gewöhnliche hinaus wichtige Bilanz handelt, welche zu prüfen den Aktionären ausreichend Gelegenheit gegeben werden muß. Der Aktionär muß sich auf sie verlassen, um sich wegen seiner Beteiligung an der neuen Gesellschaft entschließen zu können, und entschließen muß er sich binnen der Monatsfrist des Abs 5. Zuzugeben ist, daß § 263 Abs 2 HGB nicht geradezu anwendbar ist, wonach jedem Aktionär auf Verlangen spätestens zwei Wochen vor der Generalversammlung eine Abschrift der Bilanz usw. zu erteilen ist. Aber das bedeutet doch nur, daß es nicht genau zwei Wochen sein müssen, im übrigen muß das dort Bestimmte hier entsprechend gelten.

4. a) Die Zahlen der Bilanz bilden die Grundlage für das Statut der Gesellschaft m. b. H. Gründer der Gesellschaft sind im wesentlichen die Aktionäre, nicht notwendig alle Aktionäre und nicht notwendig nur Aktionäre. Aber das Gesetz verlangt, daß 75% aller Aktien oder richtiger deren Inhaber mit dem Werte dieser ihrer Aktien sich beteiligen. Der einzelne Aktionär hat die Wahl, ob er sich beteiligen oder statt dessen sich den Wert seiner Aktie auszahlen lassen will. Nach dem Entwurf sollte der Aktionär, welcher für die Umwandlung gestimmt hat, die Auszahlung nicht verlangen können. Das ist abgelehnt worden. Der Aktionär behält, bis es zum Abschlusse des Gesellschaftsvertrages kommt, freie Wahl, ob er sich beteiligen will oder nicht. Anders Hachenburg § 80[20], Scholz 746, wonach der Aktionär, welcher formlos sich zur Beteiligung verpflichtet hat, zum Schadensersatz verpflichtet sei, wenn er die Beteiligung ablehnt. Aber formlose Vorverträge über Beteiligung an einer Gesellschaft m. b. H. sind nicht bindend. Scholz 49. — Wer mehrere Aktien besitzt, kann sich unterschiedlich entscheiden. Nur die einzelne Aktie kann nicht geteilt werden. Nach RG 33, 91 geht der Besitzer mehrerer Aktien des Rechts, die Beschlüsse der Generalversammlung anzufechten, verlustig, wenn er sich auch nur mit einem Teile seiner Aktien an der Gesellschaft m. b. H. beteiligt.

b) Eingebracht wird das gesamte Geschäft oder Unternehmen der Aktiengesellschaft, als Vermögen belastet mit den Ansprüchen der Aktionäre, welche sich nicht beteiligen und Gläubiger der Gesellschaft m. b. H. werden, also der Bilanzwert des Geschäfts, gemindert um den Betrag dieser Ansprüche. Diese Differenz ist die Ziffer des Stammkapitals, sofern nicht zugleich neues Kapital hereinkommt, also die Mindestziffer. Über die Konstruktion des Vorganges der Einbringung läßt sich streiten. Abzulehnen ist die Ansicht, daß der einzelne Aktionär Geldeinlage in Höhe des Wertes seiner Aktien macht und die Gesellschaft mit dem Anspruch auf die Stammeinlage gegen den Anspruch des Aktionärs auf seine Liquidationsquote aufrechnet. Sie hängt mit der hier abgelehnten Auffassung zusammen, daß die Aktiengesellschaft bereits mit dem Auflösungsbeschlusse aufgelöst und damit zugleich dem Aktionär der konkrete Anspruch auf die Liquidationsquote, oder was hier an deren Stelle tritt, erworben wird. Es liegt ja auch im Sinne jenes Auflösungsbeschlusses vielmehr, daß, wie eine Liquidation nicht stattfindet, so auch so etwas wie Anspruch auf eine Liquidationsquote nicht entsteht. Einfacher und natürlicher ist die Annahme, daß das Geschäft, das Unternehmen eine unteilbare Sacheinlage ist, welche die einzelnen Aktionäre und Gesellschafter nach Verhältnis ihres Aktienbesitzes insgesamt gemeinschaftlich einbringen; so RG 64, 12 unter 3. Es steht ja auch nichts im Wege, daß zwei Miteigentümer eines Grundstücks auf getrennte Geschäftsanteile das Grundstück, ein jeder nach Verhältnis seines Rechts an ihm, einbringen (vgl. JW 1910, 770[35]). Nach Hachenburg § 80[29] und Scholz 751 fände Sacheinlage nicht statt. Aber was Scholz an die Stelle setzt, ist keine Theorie und kommt nicht hinaus über eine Beschreibung dessen, was tatsächlich geschieht. Nach Hachenburg ist Auflösung der einen und Gründung der anderen Gesellschaft nur eine äußere Form des Vorganges, der in Wahrheit nichts anderes sei als (nun doch wieder) Umwandlung. Auch das fördert nicht, weil nun einmal das Gesetz diese „Form" vorschreibt und es darauf ankommt, den Vorgang dieser Form richtig zu deuten. Daß Gesamtnachfolge stattfindet, ist eigenartig, hat aber mit dem Wesen des Rechtsgeschäfts nichts zu tun; man hätte es ebensogut bei der ursprünglich gewollten rechtsgeschäftlichen Übereignung belassen können und führte die Gesamtnachfolge nur ein, um die Sache billiger zu machen. Damit ist denn nur so viel gegeben, daß die Aktionäre nicht sowohl Vermögensgegenstände einlegen, als auch vielmehr ihr Recht an ihnen preisgeben. Dabei aber bleibt es, daß das durch Rechtsgeschäft geschieht, nämlich durch Abschluß des Gesellschaftsvertrages, ohne welchen es wie nicht zur Eintragung der Gesellschaft, so auch nicht zur Gesamtnachfolge kommen kann. Der Vorgang entspricht der Fusion zweier Aktiengesellschaften, und dort bezweifelt niemand, daß es sich um Kapitalerhöhung unter Sacheinlage der neuen Mitglieder handelt.

c) Bildet der Gesamtwert der Aktien, welche sich an der Gründung der Gesellschaft beteiligen, das Stammkapital (§ 5 Abs 3 Satz 3), so bestimmt doch weiter der Abs 2, daß das Stammkapital der neuen Gesellschaft nicht geringer sein darf als das Grundkapital der Aktiengesellschaft. Das hat nichts zu bedeuten, wenn der Bilanzwert des Geschäfts die Ziffer des Grundkapitals um so viel übersteigt, daß aus dem Überschuß diejenigen Aktien ausgezahlt werden können, welche sich nicht beteiligen. Ist das Geschäft einer Aktiengesellschaft mit 1 000 000 M. Grundkapital 3 000 000 M. wert und beteiligen sich 75% = 2 250 000 M. an der Gesellschaft m. b. H., so ist das Stammkapital diese letztere Summe, und auf die 25% Aktien, die sich nicht beteiligen, können die 750 000 M. unbedenklich ausgezahlt werden, die auf sie entfallen. Beträgt dagegen z. B. der Bilanzwert nur 1 200 000 M., so ist das Stammkapital gleichwohl auf 1 000 000 M. zu bestimmen, nicht auf 900 000, und der Fehlbetrag von 100 000 M., der etwa durch Auszahlung der 25% mit 300 000 M. entsteht, muß anderweit aufgebracht werden. Es müssen sich entweder alle oder einzelne Aktionäre entschließen, ihrer Sacheinlage auf ihren Geschäftsanteil eine Geldeinlage hinzuzufügen, oder es müssen neue Gesellschafter — mit Sach- oder Geldeinlagen — gewonnen werden. In höherem Maße noch ist das notwendig, wenn die Bilanz der Aktiengesellschaft schon Unterbilanz aufweist. Selbstverständlich kann das Vermögen der Aktiengesellschaft nur mit dem Bilanzwerte eingebracht werden. Wenn im allgemeinen die Gründer einer Gesellschaft m. b. H. in der Bewertung von Sacheinlagen freie Hand haben, so gilt das hier nicht (RJA 10, 7). S. unten unter e.

d) Bei Berechnung der Stammeinlagen ist § 5 zu beachten. Kommt auf einen Aktionär und seinen Aktienbesitz weniger als das Zulässige, so muß er sich zur entsprechenden Zuzahlung entschließen oder von der Beteiligung Abstand nehmen, woran unter Umständen das Ganze scheitern kann. Ebenso müssen die Stammeinlagen durch 100 teilbar sein. Bei krummen Zahlen muß nach unten oder oben abgerundet werden, unter Auszahlung oder Zuzahlung des gestrichenen oder hinzugesetzten Betrages, natürlich nicht bei jeder Aktie, sondern bei jedem Geschäftsanteil. Es handelt sich also um Beträge, die kaum jemals ins Gewicht fallen werden.

e) Das Gesagte ist nicht unbestritten. Vielmehr wird im allgemeinen angenommen, daß auch, wo die Aktiengesellschaft finanziell stark ist, beispielsweise im obigen ersten Falle, das Stammkapital nicht höher zu sein brauche als das Grundkapital der Aktiengesellschaft, dort also nicht höher als 1 000 000 M., während die überschießenden 1 250 000 M. als Nachschußkapital, freie Reserve oder wie sonst behandelt werden können. Aber das Gegenteil steht doch ganz deutlich im Gesetz. Sedes materiae ist nicht Abs 2: das Stammkapital darf nicht geringer sein, als das Grundkapital war, sondern Abs 3 Ziff 1: die Aktionäre können sich mit dem auf ihre Aktien entfallenden Anteil bei der neuen Gesellschaft beteiligen; der Betrag, mit welchem ein Gesellschafter sich bei der Gründung der Gesellschaft beteiligt, ist seine Stammeinlage (§ 3 Ziff 4), und die Summe aller Stammeinlagen ist das Stammkapital (§ 5 Abs 3 Ziff 2). Zum Überfluß bestätigen die Motive, daß es so gemeint ist: Die Beteiligung der Aktionäre bei der neuen Gesellschaft erfolgt in der Weise, daß sie den auf ihre Aktien entfallenden Anteil an dem Vermögen der Aktiengesellschaft als Stammeinlage in die neue Gesellschaft einbringen, jeder Aktionär muß berechtigt sein, sich auf diese Art bei der neuen Gesellschaft zu beteiligen (S. 90). — Von Nachschußkapital kann doch wohl keine Rede sein. Niemand hat Nachschuß gezahlt noch auch nur schon zahlen können, wo die Gesellschaft eben erst entsteht (RFH 1 S. 71, 77). Aber auch von freier Reserve nicht. Nur mit einem Schein des Rechts fragt man, warum die neue Gesellschaft nicht sollte das Unternehmen ebenso mit freien Reserven fortsetzen dürfen, wie die alte damit aufgehört hat. Was die in den Reserven liegende Sicherung der Gläubiger angeht, so ist es nicht dasselbe, ob Aktiengesellschaft oder Gesellschaft m. b. H. Bei jener darf an die Aktionäre nur a conto Gewinn, und es darf nur der Jahresgewinn ausgezahlt werden. Bei der Gesellschaft m. b. H. besteht diese Vorschrift nicht. Hier bildet den einzigen entsprechenden Schutz der § 30. Es ist kein Streit, daß die Umwandlung nicht so gestaltet werden darf, daß den sich beteiligenden Aktionären auf ihre Aktien etwas herausgezahlt wird. Demgegenüber wäre ein Statut doch wohl mehr als bedenklich, nach dem morgen anstandslos geschehen könnte, was heute auf keinen Fall erlaubt ist. Stellt man den Überschuß über das gesetzliche Minimum als freie Reserve ein, so hindert kein Gesetz die Gesellschaft, am nächsten Tag die Auszahlung an die Gesellschafter zu beschließen. Es könnte eine A.-Gesellschaft mit 1 Million Grundkapital, 100 000 M. gesetzlicher Reserve und 3 Millionen freier Reserven sich in eine Gesellschaft m. b. H. umwandeln, um tags darauf durchaus legal 3 100 000 M. an ihre Aktionäre — nunmehr Gesellschafter — auszuzahlen, ehe die in § 81 Abs 3 vorgeschriebene Aufforderung der Gläubiger auch nur schon ergangen wäre. Die Kautel der 75% des Reinvermögens der Gesellschaft kommt doch nicht aus einer Sorge um die Kapitalkraft des Unternehmens, und man kann die Gesetzlichkeit eines solchen Verfahrens auch dann nicht zugeben, wenn man im allgemeinen gelten läßt, daß die Geschäftsanteile bei der Gründung mit einem Agio ausgegeben werden können. S. oben unter c a. E. und § 3 Erl 7 d. Bei Scholz 749 klingt es fast so, als könnte ohne weiteres das überschießende Vermögen an die Aktionäre verteilt werden. Ebenso bei Hachenburg § 80 Erl 12 Abs 2; anders aber das. Erl 26. — Die Vorschrift ist nichts weniger als eine — wie Liebmann § 80 Erl 5 c sagt — rein formale. Darüber kann kein Streit bestehen, daß die 75% des Reinvermögens — mindestens — eingebracht werden müssen, es fragt sich nur, ob im vollen Betrage auch als Stammeinlage. Jedenfalls könnten nur offene und nicht stille Reserven in Frage kommen. Die Richtigkeit der vorgeschriebenen Bilanz dient auch zum Schutz der Gläubiger, und daher ist in diesem Fall Unterbewertung der Sacheinlage nicht zulässig. Anders Hachenburg § 80[26]. — Hinzu kommt, daß die Aktiengesellschaft verpflichtet ist, einen Reservefonds aufzusammeln, die Gesellschaft m. b. H. nicht. Auch vom Standpunkte der Gegner aus wird man zugeben müssen, daß dieser Reservefonds, soweit er obligatorisch ist, durch die Umwandlung nicht verschwinden oder zu freier Reserve umgewandelt werden darf. Und zu diesem Ergebnis kann man nur durch ein Verständnis der Gesetzesworte gelangen, das weiter und zu dem hier vertretenen Standpunkte führt. — Ist das Stammkapital als Betriebskapital für die Verhältnisse des Unternehmens zu groß, so bietet sich der Weg, es herabzusetzen. Dagegen kann das erstrebte Ziel nicht dadurch erreicht werden, daß die Aktiengesellschaft ihr Grundkapital herabsetzt. Das nach § 289 Abs 4 HGB einzuhaltende Sperrjahr würde verbieten, den sofortigen Übergang des Vermögens herbeizuführen; Scholz 750. Die Behauptung Hachenburgs § 80[27], daß in diesem Falle der Vorstand der Aktiengesellschaft an die Vorschrift des § 289 Abs 4 zit. nicht gebunden sei, ist ohne Grund.

5. a) Gründer der Gesellschaft m. b. H. sind die Aktionäre, welche sich mit ihrem Aktienbesitz, mit allen oder einem Teile ihrer Aktien, beteiligen wollen, sowie etwaige neue Mitglieder, welche Stammeinlagen übernehmen. Beteiligt sich ein Aktionär zugleich mit Geldeinlage, so kann er gleichwohl nur einen einheitlichen Geschäftsanteil übernehmen. — Selbstverständlich hört hier jede Herrschaft einer Majorität auf. Von dem Abschlusse des Gesellschaftsvertrages gelten die allgemeinen Bestimmungen. Der Vertrag kommt nur bei Willenseinigung aller zustande, also gar nicht, wenn durch Widerspruch auch nur eines Aktionärs die vorgeschriebenen 75% des Aktienbesitzes nicht mehr vorhanden sind. — Die Vorschriften der §§ 1 bis 12 finden Anwendung. Bis zur Eintragung der Gesellschaft m. b. H. liegt die Führung der Geschäfte in den Händen des Vorstandes der Aktiengesellschaft. Aber schon vorher müssen zugleich Geschäftsführer da sein, schon darum, weil nur durch sie die Gesellschaft m. b. H. angemeldet werden kann. Auch kann z. B. Einforderung und Einzahlung von Stammeinlage neuer Gesellschafter nötig sein.

b) Nur in letzterem Falle oder wenn Aktionäre sich zugleich durch Zuzahlung von Geld beteiligen, kann § 7 Abs 2 und insoweit dann auch § 8 Abs 2 in Anwendung kommen. Das Vermögen der Aktiengesellschaft ist Sacheinlage (s. oben Erl 4 b), die kraft Gesetzes gar nicht ausbleiben kann. Eine Versicherung der Geschäftsführer gemäß § 8 Abs 2 wäre hier gegenstandslos. Bedarf es bei einer Unterbilanz der Aktiengesellschaft oder überhaupt der Zuzahlung von Geld durch die Aktionäre, um das Stammkapital auf die vorgeschriebene (oder beabsichtigte) Höhe zu bringen, so handelt es sich bei dem betreffenden Aktionär um eine gemischte Einlage, und die im § 7 Abs 2 vorgeschriebene Leistung von 25% der Stammeinlage vor Eintragung der Gesellschaft in das Handelsregister gilt nur dieser Geldeinlage, wobei es dann gleichgültig ist, wieviel der auf die Aktien entfallende Teil der Einlage wert ist. Erreicht der Aktienbesitz eines Aktionärs nicht den gesetzlichen Mindestbetrag, so kann er sich das Recht zur Beteiligung durch Zuzahlung erhalten nur, wenn alle übrigen Gesellschafter damit einverstanden sind, sonst muß er ausscheiden. Ebenso verhält es sich, wenn der Wert des Aktienbesitzes nicht durch 100 teilbar ist (§ 5 Abs 3), mit den Spitzen. Wer mit Hachenburg der Ansicht ist, daß die Ziffer des Stammkapitals oberhalb der Mindestzahl bis zur Höhe des Reinvermögens frei bestimmt werden darf, kann ihm nicht darin widersprechen, daß die Gesellschafter einander verpflichtet sind, die Ziffer so zu bestimmen, daß keine Aktie auszufallen braucht (§ 80[30]; dagegen Scholz 750).

c) Auch hier kann jeder Aktionär sich nur mit einem Geschäftsanteil beteiligen, und auch dabei muß es hier bleiben, daß an jedem Geschäftsanteil immer nur ein Gesellschafter beteiligt sein kann.

6. a) Mit der Anmeldung der neuen Gesellschaft und ihrer Eintragung in das Handelsregister ist die Umwandlung vollendet, die Aktiengesellschaft erloschen, das Vermögen auf die Gesellschaft m. b. H. übergegangen. Es handelt sich um Universalsukzession (§ 81 Abs 1), so daß alle drei Vorgänge auf den einen bestimmten Zeitpunkt zusammenfallen können und zusammentreffen müssen. Die Anmeldung und ihre Unterlagen müssen ergeben und sind vom Registerrichter darauf zu prüfen, ob den Vorschriften des § 80 entsprochen ist. Insbesondere muß die Berechnung des Stammkapitals stimmen, RJA 10, 7. Die Bilanz der Aktiengesellschaft auf ihre Richtigkeit zu prüfen ist dagegen nicht Aufgabe des Richters. Wenn Hachenburg § 80 Erl 3 b — von seinem Standpunkt aus folgerichtig — sagt, eine Bilanz brauche überhaupt nicht aufgestellt und vorgelegt zu werden, wenn alle Gesellschafter damit einverstanden sind, so widerspricht dem Scholz 753 nur deshalb mit Recht, weil bei dieser Art einer Gesellschaftserrichtung Unterbewertung der Sacheinlage unzulässig ist, s. oben Erl. 4 b. Die Gläubiger interessiert der tatsächliche Betrag des Reinvermögens; bei gleichgroßem Reinvermögen sind sie nur noch um einen Grad mehr gesichert, wenn die Buchung Unterbilanz aufweist.

b) Die der Umwandlung der Aktiengesellschaft zugrunde liegenden Beschlüsse der Generalversammlung unterliegen wie jeder Generalversammlungsbeschluß der Anfechtung nach § 271 HGB, was zu schwierigen Verwicklungen zu führen scheint, wenn inzwischen die Gesellschaft ins Leben getreten ist. Da für die Anfechtung eine Präklusivfrist von einem Monat läuft und die Anmeldung der neuen Gesellschaft innerhalb eines Monats nach dem Auflösungsbeschlusse erfolgen muß, wird hinsichtlich dieses Beschlusses der Registerrichter wohl stets in der Lage sein zu übersehen, ob eine Anfechtung erfolgt ist, und auch was die Genehmigung der Bilanz angeht, die vornehmlich wohl Ziel einer Anfechtung sein wird, kann und muß sich der Registerrichter wenigstens davon überzeugen, ob in der Generalversammlung ein Widerspruch zu Protokoll genommen worden ist. Dann hat er zu erwägen, ob er nicht nach § 127 FGG die Verfügung aussetzen, vielleicht auch den Beteiligten eine Frist zur Erhebung der Klage bestimmen soll. Dabei sind aber diese Beschlüsse unentbehrliche Grundlage der Gesellschaft m. b. H. Durch ihre Vernichtung wird die Gesellschaft m. b. H. nichtig. Aber es ist Nichtigkeit nach § 75, und mit dieser kann der anfechtende Aktionär und überhaupt ein Dritter nichts anfangen. Sie kann nur aus der Gesellschaft heraus geltend gemacht werden, und wer sich an der Gesellschaft beteiligt hat, kann die Beschlüsse der Aktiengesellschaft nicht anfechten (RG 33, 91). Sie ist überhaupt keine Nichtigkeit, sondern nur Auflösbarkeit (vgl. Erl 1 a zu § 77). Es wird also der Bestand der neuen Gesellschaft durch jene Anfechtung allein noch nicht in Frage gestellt. Die Aktiengesellschaft mag formell noch bestehen. Aber die Einbringung ihres Vermögens in die Gesellschaft m. b. H. läßt sich nach § 77 Abs 3 nicht rückgängig machen. Die Aktiengesellschaft ist also absolut mittellos und nicht mehr lebensfähig. Beteiligte mögen Anspruch auf Schadensersatz gegen Vorstand, Aufsichtsrat, Gesellschaft m. b. H., Geschäftsführer zu begründen imstande sein. Man kann vielleicht gegenüber einer mit Grund angefochtenen Bilanz und einer aus der Bilanz sich ergebenden erheblichen Unterbewertung des Gesellschaftsvermögens dazu gelangen, den ausgeschiedenen Aktionären einen Schadensersatzanspruch und gegen die Gesellschaft m. b. H. einen Anspruch aus ungerechtfertigter Bereicherung zuzuerkennen. Das Bestehende können sie aber nicht aus der Welt schaffen. Die Frage ist sehr bestritten und hängt ganz von der richtigen Theorie des Vorganges ab. S. Scholz 755 und im Ergebnis ebenso Hachenburg § 80 Erl 45; wieder anders Neukamp 473; Liebmann § 80[8]. Ohne eine Verständigung über jene Theorie ist der Streit nicht zu schlichten. Hier ist vorausgesetzt (s. oben Erl 4 b), daß es sich um eine gemeinschaftliche Sacheinlage der beteiligten Aktionäre handelt, deren Rechte und Verbindlichkeiten nicht darum entfallen, weil man sie aus praktischem Gesichtspunkt durch Anordnung der Gesamtrechtsnachfolge der Notwendigkeit eines Übertragungsgeschäftes enthoben hat.

c) Die Anfechtungsklage ist bis zur Eintragung der Gesellschaft m. b. H. gegen die Aktiengesellschaft zu richten. Mit Entstehung der neuen Gesellschaft tritt diese in den Prozeß ein, und wird nach ihrer Entstehung die Klage erhoben, so ist sie die richtige Beklagte (§ 308 HGB).

7. a) Was die Zeitfolge der verschiedenen ineinandergreifenden Vorgänge betrifft, so ist im Gesetz nur die Bestimmung enthalten, daß zwischen dem Auflösungsbeschlusse der Aktiengesellschaft und der Anmeldung der Gesellschaft m. b. H. nicht mehr als ein Monat liegen darf. In der Natur der Sache liegt, daß der Wert des Vermögens der Aktiengesellschaft festgestellt sein muß, wenn die grundlegenden Bestimmungen im Statut der Gesellschaft m. b. H. über Stammkapital und Stammeinlagen getroffen werden sollen. Genügende Vorbereitung vorausgesetzt, kann Beschluß der Auflösung, Genehmigung der Bilanz, Abschluß des Gesellschaftsvertrages auf eine Versammlung aller Beteiligten zusammengedrängt werden.

b) Weitere allgemeine Bestimmung ist, daß allen Aktionären durch öffentliche Bekanntmachung oder auf andere geeignete Weise Gelegenheit gegeben wird, sich an der neuen Gesellschaft zu beteiligen. Das ist — offenbar absichtlich — sehr allgemein gefaßt. In der Regel wird öffentliche Bekanntmachung der gegebene Weg sein, die in den Gesellschaftsblättern der Aktiengesellschaft erfolgen muß, und hier dürfte schon genügen, daß aus der Einladung zur betreffenden Generalversammlung in der Tagesordnung mit hinreichender Deutlichkeit auf jenes Beteiligungsrecht hingewiesen, vor allem aber auch Ort und Stunde der Versammlung bekanntgemacht wird, wo und wann die neue Gesellschaft gegründet werden soll. Wo nur Namenaktien bestehen oder die Zahl der Aktionäre sich nur auf einen kleinen Kreis beschränkt, genügt persönliche, formlose Mitteilung. Es kann also auch so liegen, daß es Pflicht des Vorstandes ist, diesen Weg statt den der öffentlichen Bekanntmachung oder neben ihr zu wählen. Auch in der Bestimmung des Ortes und der Stunde, wo und wann die neue Gesellschaft gegründet werden soll, kann gegen die Vorschrift des Abs 3 Satz 1 verstoßen werden. — Die Beteiligung muß allen Aktionären gleichmäßig, wie das Gesetz es vorschreibt, offenstehen. Hindernisgründe, welche in den persönlichen Verhältnissen eines einzelnen Aktionärs liegen, kommen nicht in Betracht.

§ 81

In dem Falle des § 80 geht das Vermögen der aufgelösten Gesellschaft einschließlich ihrer Schulden mit der Eintragung der neuen Gesellschaft in das Handelsregister auf diese von Rechts wegen über[1]).

Jeder Aktionär, welcher bei der neuen Gesellschaft sich nicht beteiligt hat, kann von dieser die Auszahlung eines seinem Anteil an dem Vermögen der aufgelösten Gesellschaft entsprechenden Betrages verlangen[2]).

Unverzüglich nach der Eintragung der neuen Gesellschaft in das Handelsregister sind die Gläubiger der aufgelösten Gesellschaft nach Maßgabe der Bestimmungen des § 297 des Handelsgesetzbuchs durch die Geschäftsführer der neuen Gesellschaft aufzufordern, sich bei dieser zu melden. Die Gläubiger, welche sich melden und der Umwandlung nicht zustimmen, sind zu befriedigen oder sicherzustellen[3]). Die Geschäftsführer sind den Gläubigern der aufgelösten Gesellschaft persönlich und solidarisch für die Beobachtung dieser Vorschriften verantwortlich[4]).

Österr. Gesetz §§ 97 bis 100.

1. Durch Universalsukzession geht das Vermögen der Aktiengesellschaft auf die Gesellschaft m. b. H. über. Nach dem Entwurf sollte der Übergang durch rechtsgeschäftliche Übertragung erfolgen. Das ist geändert worden, nicht aus in der Sache selbst liegenden Gründen, auch nicht aus juristischer Konstruktionsabsicht, sondern weil man den Beteiligten die Kosten der rechtsgeschäftlichen Übertragung (d. h. des Verfügungsgeschäfts, RG 64, 12) ersparen wollte. Der Übergang des Vermögens tritt kraft Gesetzes ein. Grundstücke müssen umgeschrieben werden, aber ohne Auflassung. Pfandrechte, Bürgschaften bleiben bestehen. Ebenso Patente, Recht auf und am Warenzeichen. Orderpapiere brauchen nicht umgeschrieben zu werden, könnten es im übrigen auch gar nicht. Ein auf die Aktiengesellschaft gezogener Wechsel kann von der Gesellschaft m. b. H. akzeptiert werden. Aber die Reihenfolge der Indossamente (WO Art 36) wird unterbrochen, wenn einem auf die Aktiengesellschaft lautenden Indossament ein von der Gesellschaft m. b. H. ausgehendes folgt. Was den Besitz angeht, so kann § 857 BGB (Vererbung des Besitzes) keine Anwendung finden. Meist wird es sich um mittelbaren Besitz handeln, der — abgesehen von dem Fall einer Besitzentziehung durch den unmittelbaren Besitzer — auf die Gesellschaft m. b. H. ohne weiteres, und ohne daß der unmittelbare Besitzer sich der Vollendung der Umwandlung bewußt geworden sein müßte, übergeht. Was die Mitglieder des Vorstandes persönlich unmittelbar besitzen, müssen sie dem Geschäftsführer übergeben, können es aber auch einstweilen in Verwahrung behalten und verwandeln damit den unmittelbaren Besitz der Aktiengesellschaft zum mittelbaren der Gesellschaft m. b. H., Scholz 759; anders — aber wohl nur mit Worten — Hachenburg § 81[4]. — Ob ein konzessionspflichtiger Betrieb einer erneuten Konzession bedarf, läßt sich allgemein nicht sagen. Es wird zu verneinen sein, wenn die Konzession nicht der Person des Unternehmers, sondern der besonderen Art des Unternehmens gilt. — Die Firma muß nicht, aber kann mit übergehen; nur muß es nunmehr nicht Aktiengesellschaft (A.-G.) heißen, sondern Gesellschaft m. b. H. Zu einer anderen wird die Firma dadurch nicht.

2. Die Gläubiger der Aktiengesellschaft sind nach und durch Übergang des Vermögens auf die Gesellschaft m. b. H. deren Gläubiger geworden. Die Aktionäre, welche sich an der Gründung nicht beteiligt haben, erwerben den Anspruch auf Auszahlung überhaupt nicht gegen die Aktiengesellschaft, sondern gegen die Gesellschaft m. b. H., und zwar als Drittgläubiger, s. § 29[1b]. Gerät diese in Konkurs, so sind sie einfache Konkursgläubiger, aber im gleichen Rang mit den übrigen Gläubigern der Aktiengesellschaft. Einen Vorrang vor jenen haben diese nicht. Der geht ihnen durch die Umwandlung verloren. (Darum ihr Recht auf Sicherstellung gemäß Abs 3.) Dagegen bleiben selbstverständlich Aus- und Absonderungsrechte, Rechte auf vorzugsweise Befriedigung der Gläubiger der Aktiengesellschaft wie auch der Gläubiger der Gesellschaft m. b. H. bestehen. — Prozesse, welche für die Aktiengesellschaft oder gegen sie anhängig waren, werden für und gegen die neue Gesellschaft fortgeführt, und zwar ohne Unterbrechung des Verfahrens, wenn die Aktiengesellschaft durch einen Prozeßbevollmächtigten vertreten war. Der § 239 ZPO findet entsprechende Anwendung (RG 56, 33). Von Urteilen, welche auf den Namen der Aktiengesellschaft ergangen sind oder ergehen, wird für oder gegen die Gesellschaft m. b. H. vollstreckbare Ausfertigung nach § 727 ZPO erteilt.

3. a) Die Gläubiger der Aktiengesellschaft müssen unverzüglich nach der Eintragung der neuen Gesellschaft aufgefordert werden, sich zu melden. Der § 297 HGB bestimmt:

Die Liquidatoren (der Aktiengesellschaft) haben unter Hinweis auf die Auflösung der Gesellschaft die Gäubiger der Gesellschaft aufzufordern, ihre Ansprüche anzumelden. Die Aufforderung ist dreimal in den Gesellschaftsblättern zu veröffentlichen.

Hier erfolgt diese Aufforderung durch die Geschäftsführer der neuen Gesellschaft, nicht unbedingt durch alle Geschäftsführer; aber jeder von ihnen ist dafür verantwortlich, daß es geschieht. Die Gesellschaftsblätter müssen sich aus dem Statut der Aktiengesellschaft ergeben. Immer gehört dazu der Reichsanzeiger (§ 182 Abs 2 Ziff 2 Abs 3 HGB).

b) Die Aufforderung ist nicht Angebot der Leistung. Wer sich nicht meldet, kommt deshalb nicht im Annahmeverzug, während anderseits bei Bringschulden der Aktiengesellschaft, nunmehr der Gesellschaft m. b. H., Leistungsverzug nicht dadurch ausgeschlossen wird, daß der Gläubiger sich nicht meldet. Wer sich nicht meldet oder wer sich meldet, aber der Umwandlung zustimmt, setzt das Schuldverhältnis unverändert fort. Wer sich meldet, hat Anspruch, entweder sofort befriedigt oder sofort sichergestellt zu werden. Es ist zu beachten, daß die Wendung: die Gläubiger sind sicherzustellen, hier sprachlich einen anderen Sinn hat als in § 73 Abs 2 die Wendung: der Betrag ist für den Gläubiger zu hinterlegen. Hier bedeutet der Satz, daß der Gläubiger einen klagbaren Anspruch auf Sicherstellung hat (§ 73 Erl 1 d). Selbstverständlich muß sich der Gläubiger nicht mit Sicherstellung genügen lassen, wenn seine Forderung fällig ist. Die Sicherheit ist nicht nach freiem Ermessen, sondern gemäß § 232 BGB zu leisten. Nach § 73 Abs 2 ist in der Liquidation, wenn ein bekannter Gläubiger sich nicht meldet, der geschuldete Gegenstand unter bestimmten Voraussetzungen zu hinterlegen. Das gilt hier nicht, hätte hier auch keinen Sinn. — Eine Frist für die Meldung besteht nicht, kann auch nicht bestimmt werden, Liebmann § 81[3]. Wer sich, nachdem er die Aufforderung vernommen hat, nicht alsbald meldet, erklärt sich einverstanden. Wer später die Aufforderung oder die Umwandlung erfährt, verliert dadurch, wenn auch dann seine Forderung noch nicht fällig ist, nicht den Anspruch auf Sicherstellung. Die Gesellschaft wird nicht dadurch beschwert, daß sie jetzt erst eine Sicherstellung leisten muß, welche der Gläubiger schon längst hätte fordern können. A. A. Scholz 761 f. Auch die Bestimmung, daß bekannte Gläubiger durch besondere Mitteilung zur Meldung aufzufordern sind (§ 289 Abs 2 HGB, § 58 Abs 1 Ziff 1), ist hier nicht getroffen. — Die Forderung der Gläubiger muß bestehen. Ist sie bestritten, so handelt der Geschäftsführer nicht schon deshalb schuldhaft, weil er sich dagegen sträubt, Sicherheit zu leisten.

c) Der Abs 3 handelt nur von den Gläubigern der Aktiengesellschaft, nicht von den ausscheidenden Aktionären, welche überhaupt nicht Gläubiger der Aktiengesellschaft geworden sind. Sie sind von der Sachlage unter allen Umständen dadurch unterrichtet, daß ihnen Gelegenheit gegeben worden ist, sich an der neuen Gesellschaft zu beteiligen.

4. Nach § 43 Abs 2 haften die Geschäftsführer wegen Verletzung ihrer Obliegenheiten der Gesellschaft. Das gilt auch hier. Aber daneben sollen sie bei Verletzung der Bestimmungen in Abs 3 den Gläubigern der Aktiengesellschaft persönlich und solidarisch verantwortlich sein, solidarisch alle, welche ein Verschulden trifft. Das heißt nicht, wie Neukamp S. 468 f. behauptet, daß sie neben der Gesellschaft für deren Schuld aufkommen müssen, sondern daß sie ihnen den Schaden ersetzen müssen, wenn ihnen durch die gerügte Unterlassung ein Schaden entstanden ist. Sie schulden nichts, wenn der Gläubiger nachgewiesenermaßen auch bei Befolgung der Vorschriften in Abs 3 nichts erhalten hätte. — Daß hier nicht ebenso wie in § 43 die abgekürzte fünfjährige Verjährungsfrist bestimmt ist, beruht offenbar auf reinem Versehen. Nach Scholz 763 müsse sie gleichwohl in Anwendung kommen. Es wäre zu begrüßen, wenn trotz der starren Art, mit der unser Recht nur mit positiven Verjährungsfristen rechnet, die Rechtsprechung dem folgen würde.

§ 82

Mit Gefängnis bis zu einem Jahre und zugleich mit Geldstrafe bis zu fünftausend Mark[5]) werden bestraft:

1. **Geschäftsführer und Mitglieder einer Gesellschaft mit beschränkter Haftung, welche behufs Eintragung der Gesellschaft in das Handelsregister, sowie Geschäftsführer, welche behufs Eintragung einer Erhöhung des Stammkapitals in das Handelsregister dem Gericht (§ 7 Absatz 1) hinsichtlich der Einzahlungen auf die Stammeinlagen wissentlich falsche Angaben machen[1]);**
2. **Geschäftsführer einer Gesellschaft mit beschränkter Haftung, welche, um die Eintragung einer Herabsetzung des Stammkapitals in das Handelsregister zu erwirken, dem Gericht (§ 7 Absatz 1) hinsichtlich der Befriedigung oder Sicherstellung der Gläubiger wissentlich eine unwahre Versicherung abgeben[2]);**
3. **Geschäftsführer, Liquidatoren, sowie Mitglieder eines Aufsichtsrats oder ähnlichen Organs einer Gesellschaft mit beschränkter Haftung, welche in einer öffent-**

lichen Mitteilung die Vermögenslage der Gesellschaft wissentlich unwahr darstellen oder verschleiern[3]).

Zugleich kann auf Verlust der bürgerlichen Ehrenrechte erkannt werden[4]).

Sind mildernde Umstände vorhanden, so tritt ausschließlich die Geldstrafe ein.

Österr. Gesetz §§ 122 bis 124.

1. a) Den Schluß des Gesetzes bilden die Strafbestimmungen der §§ 82 bis 84. Während zivilrechtlich die Geschäftsführer und Liquidatoren wegen Verletzung ihrer Obliegenheiten — mit einer Ausnahme in § 81 Abs 3 — nur der Gesellschaft haften, sind in § 82 einzelne Verpflichtungen unter strafrechtlichen Schutz gestellt. Es haben die Geschäftsführer nach § 8 Abs 2 bei der Anmeldung der Gesellschaft zum Handelsregister die Versicherung abzugeben, daß und wieviel auf die Stammeinlagen eingezahlt worden ist und daß der Gegenstand der Leistungen auf die Stammeinlagen sich in ihrer freien Verfügung befindet. So ist die Bestimmung zu verstehen. Bei Herabsetzung des Stammkapitals haben die Geschäftsführer zu versichern, daß die Gläubiger, welche sich bei der Gesellschaft gemeldet und der Herabsetzung nicht zugestimmt haben, befriedigt oder sichergestellt sind. Der Registerrichter ist nicht in der Lage, diese Versicherungen auf ihre Richtigkeit zu prüfen; er soll und kann die Verantwortung dafür, daß sie auf Wahrheit beruhen, nicht übernehmen (RJA 12, 49). Er ist darauf angewiesen, im Vertrauen auf sie zur Eintragung der Gesellschaft oder der Minderung des Stammkapitals zu schreiten. Deshalb wird mit öffentlicher Strafe bedroht, wer als Geschäftsführer eine Versicherung dieser Art wissentlich unrichtig abgibt. Der Strafschutz gilt nicht den Gesellschaftern, sondern dem Publikum.

b) Täter und Mittäter des Delikts können nur Geschäftsführer sein, einschließlich der ständigen Stellvertreter von solchen (vgl. § 78 und Erl; GoltdArch 61, 349; RG in Recht 1915, 762; in LZ 1914, 398[17]), nicht andere Angestellte der Gesellschaft, auch nicht die Gesellschafter als solche, die gar nicht in die Lage kommen, in einer für die Eintragung der Gesellschaft in das Handelsregister irgendwie bedeutsamen Weise eine dieser Versicherungen abzugeben. Daß in § 82 Ziff 1 auch die Gesellschafter genannt sind, beruht auf einem Redaktionsversehen; nach dem Entwurf sollte die Anmeldung der Gesellschaft durch die Gesellschafter zu erfolgen haben; das wurde geändert, dabei aber versäumt, zugleich an gegenwärtiger Stelle den dadurch nötig gewordenen Strich zu machen. Die Frage, ob Gesellschafter, welche sich überflüssigerweise an der Anmeldung beteiligen und jene Versicherung abgeben, sich dadurch strafbar machen, hat RGSt 40, 191 und in Anwendung auf die schwurgerichtliche Fragestellung RG in Recht 1915, 2632 verneint. A. A. Liebmann § 82[2]. — Wohl aber können Gesellschafter und überhaupt Dritte sich der Beihilfe schuldig machen. — Anderseits hätten die Liquidatoren hier nicht übergangen werden dürfen, weil auch in dem Liquidationsstadium richtiger Ansicht nach (vgl. Erl 2 zu § 69) eine Kapitalserhöhung vorkommen kann. Trotz der sehr weitgehenden Analogie zwischen der Stellung des Liquidators und des Geschäftsführers wird man die strafrechtliche Bestimmung, in der sie nun einmal nicht genannt sind, auf sie nicht anwenden, zumal das Gesetz überhaupt vermieden hat, die entsprechende Anwendung der für die Geschäftsführer gegebenen Bestimmungen auf die Liquidatoren vorzuschreiben (s. § 71 Erl 1 a). A. A. Hachenburg § 82[6], Scholz 765.

c) Der Versuch ist nicht strafbar. Doch schließt der Umstand die Strafbarkeit nicht aus, daß der Registerrichter die Eintragung ablehnt, RGSt 43, 430. Vollendet ist das Vergehen, sobald die schriftliche Erklärung beim Gericht eingegangen ist (vgl. RGSt 37, 27); darauf, wann der Registerrichter von der Eingabe Kenntnis nimmt, kommt es nicht an (RGSt 43, 323; RG in DJZ 9, 995[60]). In diesem Zeitpunkt muß das als gezahlt angegebene Geld gezahlt sein (RG in LZ 1916, 617[21]), spätere Einzahlung hebt die Strafbarkeit nicht auf (RG in DJZ 09, 436), auch der Umstand nicht, daß der Geschäftsführer die Absicht hat und im Stande ist, das Geld seinerseits zu zahlen; ohne Bedeutung ist auch, daß es nicht zur Eintragung in das Handelsregister kommt (RGSt 43, 323, 430). — Dagegen ist nicht nötig, daß das Geld zur Zeit der Anmeldung unter allen Umständen noch vorhanden sein muß. A. A. Scholz 766. Es kann nötig geworden sein, zu erlaubten Zwecken davon zu gebrauchen. Vgl. aber auch RG 24, 291, wo indessen die richtige Entscheidung unrichtig begründet wird. Es handelte sich um eine handgreifliche Scheinzahlung, ein durchaus klarer Begriff, der nicht deshalb abgelehnt werden darf, weil der Beweis nicht immer leicht ist (vgl. Erl 4 b zu § 8).

d) Die Angaben müssen behufs Eintragung der Gesellschaft in das Handelsregister gemacht sein (vgl. RGSt 30, 318). — Hinsichtlich jeder Anmeldung der Gesellschaft oder des Beschlusses liegt immer nur eine einheitliche Handlung vor, auch wenn mehrere Unwahrheiten und diese nicht zu gleicher Zeit erklärt worden sind. — Die Angaben müssen wissentlich falsch sein. Irrtum in Tatsachen schließt die Strafbarkeit aus, nicht aber der Irrtum darüber, was es zu bedeuten hat, daß „die Leistungen auf die Stammeinlagen bewirkt sind und der Gegenstand der Leistungen sich in der freien Verfügung der Geschäftsführer befindet" (RGSt 32, 85; 36, 185; RG in GoltdArch 48, 304; 60, 84; 61, 347; in LZ 1914, 950[16]; in SächsArch 7, 441[44]; vgl. auch RGSt 43, 184; 51, 24; ferner RGZ 41, 120). Über die vom Gesetz vorgeschriebenen Einzahlungen auf Stammeinlage und über die von den Geschäftsführern hierüber abzugebenden Versicherungen s. Erl 4 zu § 7 und Erl 4 zu § 8.

e) Nach § 8 Abs 2, § 58 Abs 4 muß der Geschäftsführer seine Angaben „versichern". Darin liegt die Erklärung, daß der Erklärende sich über die Tatsachen aus eigener Kunde unterrichtet hat, so daß strafbar ist, wer ohne die nach Lage der Sache mögliche und erforderliche Prüfung nur fremde Mitteilung weitergibt; wer in dieser Weise eine aufgestellte, dabei unrichtige Behauptung versichert, handelt wissentlich im Sinne des Gesetzes; der Wortlaut: „welche falsche Angaben machen" erklärt sich daraus, daß die Vorschrift dem § 313 Abs 1 HGB nachgebildet ist. Mit dieser Einschränkung kann man sagen, daß dolus eventualis nicht genügt. Scholz 766. Anderseits bedarf es nicht unbedingt des Ausdrucks versichern oder Versicherung, RJA 12, 49. — Die Verpflichtung zur Wahrheit beschränkt sich nicht auf das, was zur Eintragung in das Handelsregister unerläßlich ist, erstreckt sich vielmehr auf alles, was hinsichtlich der Einzahlungen auf Stammeinlage erklärt wird (JW 1911, 251; RGSt 43, 323); nach RGSt 49, 340; RG in LZ 1914, 950[16] sollen auch unrichtige Angaben über den Wert der Sacheinlagen den Tatbestand ausmachen können. Gegen diese Rechtsprechung erklären sich wohl mit Recht Hachenburg § 82[8]; Scholz 767 f. — Nur auf den Inhalt des Gesellschaftsvertrages kommt es an; was die Gesellschafter daneben untereinander vereinbaren, berührt Dritte nicht und kommt hier nicht in Betracht (RGSt 40, 285).

f) Die Worte: „hinsichtlich der Einzahlungen auf die Stammeinlagen" sind zu eng. Wenigstens muß, wer mit der herrschenden Lehre annimmt, daß die in § 8 Abs 2 vorgeschriebene Versicherung sich auch auf die Sacheinlagen erstreckt, auch in dieser Beziehung die Verpflichtung zur Wahrheit und weiter die Strafbarkeit wissentlicher Unwahrheit annehmen. Es ist deutlich genug, daß die in § 8 Abs 2 vorgesehene Versicherung gemeint ist. So denn auch in ständiger Rechtsprechung RGSt 38, 128; 43, 250, 430; 48, 153; RG in Recht 1914, 303; JW 05, 765[24]. S. dagegen Erl 4 a zu § 8. Zur Frage, was darunter zu verstehen ist, daß die Sacheinlage sich in der freien Verfügung des Geschäftsführers befindet, s. Erl 4 a zu § 8. Nach RG in LZ 1914, 950[16] kann auch die Beschwerung des eingebrachten Grundstücks mit einer Hypothek zur Folge haben, daß das Grundstück sich nicht in der freien Verfügung des Geschäftsführers befindet. — Die Zahlungen auf die Geldeinlagen müssen nach dem Gesetz mindestens 25% betragen; ist mehr eingezahlt worden, so muß nach RG 43, 323 auch das wahrheitsgemäß angegeben werden. Dagegen Hachenburg § 82[3]; Scholz 768. Auf keinen Fall dürfen Mehreinzahlungen auf eine Stammeinlage auf Fehlbeträge an einer anderen verrechnet werden (RGSt 33, 352; in LZ 1914, 950[1]); bei gemischter Stammeinlage muß die Sache eingebracht sein, wie es § 8 Abs 2 meint, und vom Gelde die 25% gezahlt (RGSt 33, 252; 48, 153).

g) Auf die Übernahme der einzelnen Stammeinlagen erstreckt sich die vorgeschriebene „Versicherung" der Geschäftsführer nicht, wenigstens nicht unmittelbar. Der Entwurf hatte auch unwahre Angaben über die Übernahme der Stammeinlagen unter Strafe stellen wollen. Das ist — ohne Begründung — gestrichen worden. Es müssen alle Stammeinlagen übernommen sein, wie angegeben, die Übernehmenden brauchen aber nicht genannt zu werden; die Namen ergeben sich aus der nach § 8 Ziff 3 beizufügenden Liste, und auf diese bezieht sich die Versicherung nicht.

h) Der Fall, daß der Geschäftsführer eine, wie ihm bekannt, unwahre Versicherung durch einen Bevollmächtigten abgeben läßt, kann kaum praktisch werden, weil nach richtiger Ansicht hier die Geschäftsführer und ständigen Vertreter die Erklärung persönlich abgeben müssen (s. oben). Läßt der Registerrichter die Erklärung gelten, so ist der Bevollmächtigte in keinem Falle strafbar, weil er nicht Geschäftsführer ist, und daher kann auch der Geschäftsführer nicht wegen Anstiftung bestraft werden, wohl aber als der (mittelbare) Täter, wenn der Bevollmächtigte gutgläubig ist.

i) Die unwahre Versicherung steht der Entstehung der Gesellschaft nicht entgegen, wenn es zur Eintragung in das Handelsregister kommt. Die Eintragung ist denn auch nicht bestimmt und nicht dienlich, die Einzahlungen auf Stammeinlage zu beweisen. Daher liegt in der unwahren Versicherung nicht etwa intellektuelle Urkundenfälschung, StGB § 271 (RG in DJZ 04, 603).

2. Sind im Falle der Ziff 2 bestrittene Verbindlichkeiten weder bezahlt noch sichergestellt worden (vgl. Erl. 3 a zu § 58), so muß auch das angegeben werden. — In der Strafvorschrift unter Ziff 2 kommt die besondere Bedeutung der Ziffer des Stammkapitals als Schutz der Gläubiger zur Geltung. Eine entsprechende Strafvorschrift besteht im Recht der Aktiengesellschaft nicht.

3. a) Öffentliche Mitteilung muß es sein. Dahin gehört an und für sich nicht die Mitteilung im Kreise der Gesellschafter (anders § 314 HGB). Öffentlich ist die Mitteilung, wenn sie an unbestimmt Viele gerichtet ist. — Zirkularschreiben an eine große Anzahl von Empfängern können auch dann noch als öffentliche Mitteilungen angesprochen werden, wenn der Beschuldigte alle Persönlichkeiten bezeichnen kann, an welche das Schreiben gerichtet worden ist. — Die Möglichkeit, daß eine für den Kreis der Gesellschafter oder überhaupt für einen engen Kreis bestimmte Mitteilung durch Dritte wahrgenommen, eine solche Druckschrift durch Dritte eingesehen werden kann oder wahrgenommen und eingesehen wird, genügt nicht (GmbHRundsch 1914, 241). Daher gehören namentlich auch in der Gesellschafterversammlung gemachte Mitteilungen nicht hierher (vgl. RG 35, 332). — Die Veröffentlichung der Bilanz gemäß § 41 Abs 4 ist eine öffentliche Mitteilung.

b) In der Regel wird es sich in solchen Fällen um Beschönigung der Vermögenslage der Gesellschaft handeln. Denkbar ist auch der entgegengesetzte Fall einer zu ungünstigen Darstellung usw. der Vermögenslage der Gesellschaft, und die herrschende Lehre nimmt an, daß auch hierauf die Strafbestimmung des § 82 Anwendung finden könne; Hachenburg § 82[21], hier die 1. Aufl. Zutreffend weist Scholz darauf hin, daß das kaum im Sinne der Vorschrift liegt, welche nur die Öffentlichkeit schützen will und diese offenbar Schutzes nur gegen Beschönigungen bedarf, daß ferner die herrschende Auffassung mit der Zulässigkeit stiller (und verdeckter) Reserven in der Bilanz nicht vereinbar ist. — Verschleierung ist eine Darstellung, welche, ohne geradezu Unwahrheiten zu enthalten, durch ihre Unklarheit ein unrichtiges Bild erwecken soll und zu erwecken geeignet ist (RG in Recht 1910, 2145). Dabei ist ein Verständnis zugrunde zu legen, wie es im Durchschnitt beim Publikum zu erwarten ist.

c) Die Absicht, jemand zu schädigen, gehört nicht zum Tatbestand des Deliktes. — Der Täter muß in seiner Eigenschaft als Geschäftsführer, Liquidator usw. gehandelt haben. Das braucht aber nicht und vollends nicht ausdrücklich erklärt worden zu sein (vgl. § 314 Abs 1 Ziff 1 HGB).

4. Vgl. §§ 33 bis 36 StGB. — Im allgemeinen unterstehen die Geschäftsführer usw. selbstverständlich den allgemeinen Strafgesetzen. So namentlich auch, was das Vergehen der Untreue betrifft (§ 266 StGB; vgl. § 312 HGB). — Nach einer Bemerkung in RGSt 42, 283 soll der Geschäftsführer sich auch dann eines Diebstahls, einer Unterschlagung, einer Untreue zum Nachteil der Gesellschaft schuldig machen können, wenn er der einzige Gesellschafter ist. Das heißt doch wohl der zivilistischen Konstruktion im Strafrecht eine ihr dort nicht zukommende Bedeutung beimessen.

5. Jetzt ist das Maß der Geldstrafe 3—10 000 M. S. Geldstrafengesetz v. 30. 4. 1923 (RGBl I 254); dazu Gesetz über Vermögensstrafen und Bußen v. 13. 10. 1923 (RGBl I 943) und VO v. 23. 11. 1923 (RGBl I 1117).

§ 83

Die Strafvorschriften der §§ 239 bis 241 der Konkursordnung finden gegen die Geschäftsführer einer Gesellschaft mit beschränkter Haftung, welche ihre Zahlungen eingestellt hat oder über deren Vermögen das Konkursverfahren eröffnet worden ist, Anwendung, wenn sie in dieser Eigenschaft die mit Strafe bedrohten Handlungen begangen haben[1]).

Österr. Gesetz § 125 Abs 2.

1. a) Die angezogenen Bestimmungen der KO. lauten:

§ 239. Schuldner, welche ihre Zahlungen eingestellt haben, oder über deren Vermögen das Konkursverfahren eröffnet worden ist, werden wegen betrüglichen Bankerutts mit Zuchthaus bestraft, wenn sie in der Absicht, ihre Gläubiger zu benachteiligen,

1. Vermögensstücke verheimlicht oder beiseite geschafft haben,
2. Schulden oder Rechtsgeschäfte anerkannt oder aufgestellt haben, welche ganz oder teilweise erdichtet sind,
3. Handelsbücher zu führen unterlassen haben, deren Führung ihnen gesetzlich oblag, oder
4. ihre Handelsbücher vernichtet oder verheimlicht oder so geführt oder verändert haben, daß dieselben keine Übersicht des Vermögenszustandes gewähren.

Sind mildernde Umstände vorhanden, so tritt Gefängnisstrafe nicht unter drei Monaten ein.

§ 240. Schuldner, welche ihre Zahlungen eingestellt haben, oder über deren Vermögen das Konkursverfahren eröffnet worden ist, werden wegen einfachen Bankerutts mit Gefängnis bestraft, wenn sie

1. durch Aufwand, Spiel oder Wette oder durch Differenzhandel mit Waren oder Börsenpapieren übermäßige Summen verbraucht haben oder schuldig geworden sind;
2. in der Absicht, die Eröffnung des Konkursverfahrens hinauszuschieben, Waren oder Wertpapiere auf Kredit entnommen und diese Gegenstände erheblich unter dem Werte in einer den Anforderungen einer ordnungsmäßigen Wirtschaft widersprechenden Weise veräußert oder sonst weggegeben haben;
3. Handelsbücher zu führen unterlassen haben, deren Führung ihnen gesetzlich oblag, oder dieselben verheimlicht, vernichtet oder so unordentlich geführt haben, daß sie keine Übersicht ihres Vermögenszustandes gewähren, oder

4. es gegen die Bestimmung des Handelsgesetzbuchs unterlassen haben, die Bilanz ihres Vermögens in der vorgeschriebenen Zeit zu ziehen.

Neben der Gefängnisstrafe kann in den Fällen der Nr. 1, 2 auf Verlust der bürgerlichen Ehrenrechte erkannt werden.

Sind mildernde Umstände vorhanden, so kann auf Geldstrafe bis zu sechstausend (jetzt 10 000, s. § 82 Erl 5) Mark erkannt werden.

§ 241. Schuldner, welche ihre Zahlungen eingestellt haben, oder über deren Vermögen das Konkursverfahren eröffnet worden ist, werden mit Gefängnis bis zu zwei Jahren bestraft, wenn sie, obwohl sie ihre Zahlungsunfähigkeit kannten, einem Gläubiger in der Absicht, ihn vor den übrigen Gläubigern zu begünstigen, eine Sicherung oder Befriedigung gewährt haben, welche derselbe nicht oder nicht in der Art oder nicht zu der Zeit zu beanspruchen hatte.

Sind mildernde Umstände vorhanden, so kann auf Geldstrafe bis zu sechstausend (jetzt 10 000, s. § 82 Erl 5) Mark erkannt werden.

b) Es sind die Tatbestände des betrüglichen Bankrotts, des einfachen Bankrotts, der Gläubigerbegünstigung. Sie setzen, so wie das Gesetz gefaßt ist, voraus, daß der Täter der Schuldner ist, über dessen Vermögen das Konkursverfahren eröffnet worden ist oder bevorstand. Sie passen nicht auf den Fall, daß Schuldner eine Gesellschaft m. b. H. ist. Diese kann als solche nicht strafrechtlich belangt werden, und der Täter, den der Vorwurf trifft, der Geschäftsführer, ist nicht der Schuldner, der in Konkurs geraten ist. Daher die Anpassung auf diesen Fall in § 83. Die Liquidatoren konnten hier unerwähnt bleiben, weil in § 244 KO die §§ 239 bis 241 auf die Liquidatoren einer Handelsgesellschaft, also auch einer Gesellschaft m. b. H. (§ 13 Abs 3), bereits ausgedehnt werden (RGSt 41, 309).

c) Unerheblich ist, daß der Konkurs zu Unrecht eröffnet worden ist oder daß kein Gläubiger Schaden erlitten hat, wofern nur der Eröffnungsbeschluß rechtskräftig geworden ist (JW 1912, 1071). — Strafbar sind die Geschäftsführer für das, was sie in dieser ihrer Eigenschaft tun. Unerheblich ist, ob der Anstellungsvertrag gültig ist oder nicht, ob überhaupt ein Anstellungsvertrag vorliegt. Entscheidend ist die tatsächliche Wahrnehmung der Stelle (vgl. RGSt 16, 269). — Die den Tatbestand bildenden Handlungen können zum Teil auch in der Zeit vor der Eintragung der Gesellschaft in das Handelsregister liegen (RGSt 34, 412). Nicht Voraussetzung ist, daß der Beschuldigte im Zeitpunkt der Konkurseröffnung oder Zahlungseinstellung noch Geschäftsführer war (RGSt 39, 217; RG in LZ 1913, 83[7]; 1915, 231[14]; JW 1912, 1071[15b]). — Die Vorschriften sind auch anwendbar, wenn alle Geschäftsanteile sich in einer Hand befinden und der Gesellschafter zugleich Geschäftsführer ist (RGSt 42, 283).

d) Anwendbar ist auch § 240 Ziff 1 (Aufwand, Spiel, Wette, Differenzhandel). Zum Tatbestand gehört, daß der Geschäftsführer den Aufwand in seiner Eigenschaft als solcher getrieben hat. Persönlicher Aufwand des Geschäftsführers aus eigenem Vermögen berührt die Gesellschaft nicht, und persönlicher Aufwand aus Mitteln der Gesellschaft begründet vielmehr den Tatbestand der Untreue, Unterschlagung, des Diebstahls (RGSt 42, 278). — Auch übermäßiger Aufwand für Reklame, Gehälter, Tantiemen kann den Tatbestand ausmachen (RG das.).

e) Für die Buchführung sind die mehreren Geschäftsführer nebeneinander verantwortlich. Die Geschäftsverteilung unter ihnen enthebt den einzelnen nicht der Verpflichtung, auf Einhaltung der gesetzlichen Vorschriften durch den anderen sein Augenmerk zu richten (JW 08, 604; vgl. RGSt 13, 236); es kann aber nicht nebeneinander, d. h. für denselben Zeitraum, der eine wegen unordentlicher Buchführung, der andere wegen Unterlassung der Buchführung zur Verantwortung gezogen werden (RGSt 49, 277). Unordentliche Buchführung kann auch darin liegen, daß die Bücher nicht in gehöriger Weise auf dem laufenden gehalten werden. — Der zur Zeit der Konkurseröffnung bereits ausgeschiedene Geschäftsführer kann wegen der unter seiner Geschäftsführung vorgekommenen Unordnung herangezogen werden (RGSt 39, 217; 45, 238), es muß aber zur Zeit der Konkurseröffnung Unordnung in den Büchern bestehen, welche den Vermögenszustand unübersichtlich macht (RGSt 29, 222; 39, 317; in LZ 1915, 231[14]). Unerheblich ist, daß nachträglich ein Bücherrevisor imstande gewesen ist, die Bücher in Ordnung zu bringen (RGSt 39, 219; vgl. auch JW 1912, 1071[15]). — Das nach dem Bauforderungsgesetz v. 1. 6. 09 zu führende Baubuch gehört nicht zu den gesetzlich vorgeschriebenen Handelsbüchern; überhaupt ist der Geschäftsführer nicht der Unternehmer des Baues, und die Strafvorschrift des § 6 das. trifft ihn nicht (RGSt 49, 247).

f) Zu den Bilanzen, welche in vorgeschriebener Zeit gezogen werden müssen (§ 41), gehört auch die Eröffnungsbilanz. Sie muß nicht im Augenblick schon abgeschlossen vorliegen, wo die Geschäftstätigkeit beginnt (RGSt 27, 227, Verzögerung von einigen Wochen nach dem ersten Warenankauf; vgl. auch RGSt 28, 428; zu streng RG 45, 238). Auch wo die Gesellschaft ein im Gange befindliches Geschäft übernimmt und fortführt, muß eine förmliche Eröffnungsbilanz aufgestellt werden. RGSt 29, 222.

§ 84*)

Mit Gefängnis bis zu drei Monaten und zugleich mit Geldstrafe[3]) werden bestraft:

1. die Geschäftsführer einer Gesellschaft mit beschränkter Haftung, wenn entgegen der Vorschrift des § 64 Abs. 1 der Antrag auf Eröffnung des Konkursverfahrens oder des gerichtlichen Vergleichsverfahrens unterlassen ist;

2. die Liquidatoren einer Gesellschaft mit beschränkter Haftung, wenn entgegen der Vorschrift des § 71 Abs. 1 der Antrag auf Eröffnung des Konkursverfahrens unterlassen ist[1]).

Sind mildernde Umstände vorhanden, so tritt ausschließlich die Geldstrafe[3]) ein.

Straflos bleibt derjenige, bezüglich dessen festgestellt wird, daß der Antrag auf Eröffnung des Konkursverfahrens oder des gerichtlichen Vergleichsverfahrens ohne sein Verschulden unterblieben ist[2]).

1. a) Über die Verpflichtung des Geschäftsführers und Liquidators, die Eröffnung des Konkurses über das Vermögen der Gesellschaft zu beantragen, s. § 64 und Erl dazu. Die passive Wendung des Gesetzes: Die Geschäftsführer werden bestraft, wenn der Antrag unterlassen worden ist, ist nicht so zu verstehen, daß die Strafe eintritt, wenn es nicht zum Antrag gekommen ist, gleichviel, ob den Geschäftsführer ein Verschulden trifft. Aber jeder Geschäftsführer, auch derjenige z. B., welcher nur mit der technischen Betriebsleitung betraut ist und der Buchführung nach der tatsächlichen Verteilung der Geschäfte fernsteht, ist für seine Unterlassung verantwortlich (Urt v. 14. 10. 12 VI 49/12). Im § 84 wird der ganze Inhalt des § 64 und des § 71 in das Strafgesetz aufgenommen. Ein Irrtum aus Unkenntnis der Vorschrift des § 64 ist ein Irrtum über die Strafbarkeit und entschuldigt nicht (RGSt 51, 24). — Nach Auflösung der Gesellschaft trifft die Verpflichtung nur den Liquidator, nicht den Geschäftsführer (RGSt 25, 86).

b) Es kommt bei der Frage, ob der Geschäftsführer gegen § 64 verstoßen hat, nicht rein formal darauf an, ob die Bilanz mit dem die Überschuldung darstellenden Passivsaldo abschließt oder nicht, sondern auf den Sachverhalt selbst, darauf, wie die Bilanz buchtechnisch richtig hätte lauten müssen. Auf eine Bilanz, die offenbare Unrichtigkeiten enthält, z. B. unrichtige Forderungen, kann sich der Geschäftsführer zu seiner Entschuldigung nicht berufen (RGSt 44, 49). Dagegen kann er sich damit entschuldigen, daß der Passivsaldo auf Schätzung von Aktiven zurückzuführen ist, welche nach den für diese Bilanz maßgeblichen Grundsätzen hätte höher ausfallen dürfen (RGSt 46, 101). Etwas anderes ist es, wenn spätere Erfahrung lehrt, daß einzelne Posten unrichtig gewesen sind, wenn beispielsweise sich herausstellt, daß eine eingestelllte Schuld der Gesellschaft in Wahrheit nicht bestanden hat (RGSt 51, 21).

c) Die Unterlassung des Geschäftsführers wird dadurch nicht entschuldigt, daß von anderer Seite der Antrag auf Eröffnung des Konkurses gestellt und daraufhin das Verfahren eröffnet wird (RG in GoltdArch 52, 255; JW 05, 551). War aber der Antrag von dritter Seite bereits gestellt, als sich für die Geschäftsführer herausstellte, daß gemäß § 65 verfahren werden müsse, so brauchen sie nicht auch ihrerseits den Antrag zu stellen, wofern nur das Verfahren eröffnet worden ist.

d) Der Antrag muß ohne Verzug gestellt werden und darf namentlich nicht aufgeschoben werden, um in Verhandlungen zum Zweck einer Sanierung einzutreten oder mit solchen Verhandlungen fortzufahren. Überhaupt können Moratorien eine Überschuldung nicht beseitigen. Auch die Zustimmung der Gläubiger rechtfertigt nicht eine Unterlassung oder einen Aufschub des Antrages. S. hierzu § 64 Erl 1 c und d.

e) Wird der Antrag auf Konkurseröffnung gestellt, alsbald aber wieder zurückgenommen, so ist es, als wenn überhaupt noch kein Antrag gestellt worden wäre, und die Verpflichtung aus § 64 besteht nach wie vor (RGSt 44, 52). — Wiederholte Bestrafung ist möglich, wenn der Geschäftsführer auch nach eingetretener Verurteilung den Antrag auf Konkurseröffnung nicht stellt (RGSt 47, 154). — Mit dem Vergehen gegen § 84 können andere Konkursverbrechen oder Konkursvergehen zusammentreffen, aber nicht in Tateinheit (RG das.).

S. auch Ges betr. die Pflichten der Kaufleute bei Aufbewahrung fremder Wertpapiere (Bankdepotgesetz) v. 5. 7. 96 § 12.

2. Durch die Vorschrift in Abs 3 wird nicht eigentlich dem Angeklagten eine Beweislast auferlegt. Aber doch liegt es so, daß wegen Mangels eines Verschuldens Freisprechung nur eintritt, wenn das Gericht in der Lage ist, positiv festzustellen, daß Verschulden nicht vorliegt. Einer ausdrücklichen Hervorhebung, daß das nicht der Fall ist, bedarf es in der Urteilsbegründung nicht, wenn nicht besondere Momente für Schuldlosigkeit geltend gemacht waren (RG in GoltdArch

---

*) In der Fassung des Ges v. 25. 3. 1930 (RGBl I 93).

60, 91). Dagegen Scholz 777 (s. auch Hachenburg § 84³; Liebmann § 84²). Aber mit dem zweiten Satz ist nichts von dem zurückgenommen, was in dem ersten Satz gesagt ist; es ist selbstverständlich, daß die Schuldfrage bejaht — mit Zweidrittelmehrheit bejaht — werden muß. Das RG sagt nur, daß, wo der objektive Tatbestand festgestellt ist und Momente der Schuldlosigkeit überhaupt nicht hervorgetreten sind, die Wendung, es könne Nichtverschulden nicht festgestellt werden, eine leere Floskel wäre und überflüssig sei. Der Sinn der Vorschrift geht doch dahin, daß hervorgetretene Momente der Entschuldigung positiv festgestellt sein müssen, um zur Straflosigkeit zu führen.

3. Das Maß der Geldstrafe beträgt 3—10 000 M. S. § 82 Erl 5.

Anhang.

Das österreichische Gesetz über Gesellschaften mit beschränkter Haftung.

Vom 6. März 1906.

Gegenüberstellung der einander entsprechenden Paragraphen des österreichischen und deutschen Gesetzes.

Österr.	Deutschl.	Österr.	Deutschl.	Österr.	Deutschl.	Österr.	Deutschl.
1	1	21	35	51	54	79	17
2	7, 11	22	41	52, 53	55—57	80	18
3	—	23	42	54—58	58	81	33
4	3, 2	24	—	59, 60	12, 59	82	29
5	4	25	43	61	13	83	31, 32
6	5	26	—	62	—	84	60
7 Abs 3	42 Ziff 2	27	44	63	19, 5 Abs 4	85	63, 64
8	3 Abs 2;	28	35 Abs 2;	64	—	86	62
	15 Abs 5		46 Ziff 7	65	20	87	75
9	8	29	52	66	21	88	65
10	7 Abs 2;	30—33	—	67	22	89—95	66—74
	8 Abs 2; 9	34	45, 48	68	23	96	—
11	10	35	46	69	21 Abs 3	97, 100	80, 81
12	10	36	49	70	24	101	—
13, 14	—	37	50	71	25	102	78, 79
15	6	38	51	72, 73	26, 28	103	—
16	38	39	47	74	30 Abs 2	121	—
17	39	40—42	—	75	14, 5 Abs 2	122—124	82
18	35	43, 44	75	76	15	125—127	—
19	36	45—48	—	77	—		
20	37	49, 50	53	78	16		

Register.

(Die Zahlen verweisen auf die Seiten.)

Nachweis wichtiger Gesetzesausgaben

ohne Erläuterungen, größerer und kleinerer Kommentare, Lehrbücher, Sammelwerke, Entscheidungssammlungen, Zeitschriften

Verlag Walter de Gruyter & Co., Berlin W 10 und Leipzig

Juni 1931

Inhaltsverzeichnis

I. Allgemeines, Sammelwerke.

Handwörterbuch der Rechtswissenschaft (HdR). Unter Mitberatung von Reichsgerichtspräsident Dr. Dr. E. Bumke, Reichsgerichtsrat Dr. L. Busch, Oberreichsanwalt Prof. Dr. Dr. L. Ebermayer, Geh.-Rat Professor Dr. Dr. Fr. Endemann, Geh. Justizrat Professor Dr. Dr. E. Heymann, Senatspräsident am Reichsgericht Dr. O. Strecker, Präsident des Bayerischen Obersten Landesgerichts Staatsrat Dr. K. v. Unzner †, herausgegeben von Dr. jur. **Fritz Stier-Somlo,** o. Professor an der Universität Köln, und Dr. jur. **Alexander Elster,** Berlin. 6 Bände. Lexikon-Oktav. 1926/29.

In Halbleder geb. RM. 304.—

Ein Ergänzungsband, der das Handwörterbuch bis auf den letzten Stand von Wissenschaft und Praxis fortführt, befindet sich im Druck.

„Es zeigt sich doch jetzt immer mehr, daß Ihr Handwörterbuch ein ganz großer Wurf war. Wie ich höre, wird es auch in der Praxis in steigendem Maße benutzt."
Professor Dr. Nipperdey, Köln.

Die Reichsgerichtspraxis im deutschen Rechtsleben. Festgabe der juristischen Fakultäten zum 50jährigen Bestehen des Reichsgerichts (1. Oktober 1929), unter Mitwirkung der Professoren Gerhard Anschütz, Heidelberg, Ernst Heymann, Berlin, Theodor Kipp, Berlin, Wilhelm Kisch, München, Alfred Schultze, Leipzig, Heinrich Siber, Leipzig, herausgegeben von Otto Schreiber, weiland Professor in Königsberg i. Pr. Groß-Oktav. 1929.

Geh. RM. 110.—, in Halbfranz geb. RM. 134.—

I. Band: Öffentliches Recht. II. Band: Zivil- und Handelsrecht. III. Band: Zivil- und Handelsrecht (Fortsetzung). IV. Band: Handels- und Wirtschaftsrecht. V. Band: Strafrecht und Strafprozeß. VI. Band: Zivilprozeßrecht.

Die Bände werden einzeln abgegeben.

Mit dieser umfangreichen Festgabe wird eine große, systematisch geordnete Reihe hervorragender Monographien veröffentlicht, die durchweg besonders wichtige und schwierige Fragen aus allen Teilen des Rechts behandeln.

Fünfzig Jahre Reichsgericht am 1. Oktober 1929. Von Dr. **Adolf Lobe,** Senatspräsident am Reichsgericht i. R., M. d. R. unter Mitarbeit von Mitgliedern und Beamten des Reichsgerichts, der Reichsanwaltschaft und der Rechtsanwaltschaft am Reichsgericht. Mit 14 Porträts und 15 Abbildungen. Lexikon-Oktav. VI, 436 Seiten. 1929.

RM. 20.—, in Halbfranz RM. 24.—

Von den beiden Festschriften „Lobe, Fünfzig Jahre Reichsgericht" und der Festgabe der juristischen Fakultäten gibt die vorliegende ein Bild der organisatorischen Gestaltung des Reichsgerichts und seiner Einrichtungen, in deren Schutz sich seine Aufgaben und seine Arbeit gestalten. Ausführlicher Prospekt mit Inhaltsverzeichnis kostenlos.

Bürgerliches Rechtslexikon. (Nach dem Bürgerlichen Gesetzbuch, dem Handelsgesetzbuch und sonstigen Reichs- und Landesgesetzen.) Von **E. Christiani,** weil. Amtsgerichtsrat. Vierte, durchgearbeitete und verbesserte Auflage von Dr. **Alexander Elster,** Rechtsanwalt Dr. **Hugo Hoormann,** Amtsgerichtsrat **Georg Krause,** Lexikon-Oktav. IV, 474 Seiten. 1930 . . Geb. RM. 15.—

Christianis „Bürgerliches Rechtslexikon" erscheint nach seinen großen Erfolgen vor dem Kriege nunmehr in vierter Auflage. Die besondere Art der Stichwortaufteilung und die verständliche Darstellung haben es in alle Kreise gelangen lassen, die stets eine Gelegenheit zu zuverlässiger Rechtsbelehrung haben müssen.

Hedemann, J. W., **Einführung in die Rechtswissenschaft.** Zweite, erweiterte und umgestaltete Auflage. Oktav XXII, 566 Seiten. 1927. (Lehrbücher und Grundrisse der Rechtswissenschaft Bd. IX.)
RM. 14.—, geb. RM. 16.—

„. . . Das Buch Hedemanns, welches die Aufgabe einer Einführung am reichsten und umfassendsten auffaßt und löst . . ." Juristische Wochenschrift.

Sternberg, Theodor, **Einführung in die Rechtswissenschaft.**

I. Teil: Methoden- und Quellenlehre. Zweite, neugestaltete Auflage. Verbesserter Neudruck. 190 Seiten. 1927. (Sammlung Göschen Bd. 169.)
Geb. RM. 1.80

II. Teil: Das Rechtssystem Erste Hälfte: Grundbegriffe und Privatrecht. Zweite, vermehrte Auflage. 133 Seiten. 1922. (Sammlung Göschen Bd. 170.) . . . . Geb. RM. 1.80

Eine in ihrer Knappheit ganz ausgezeichnete Darstellung der juristischen Begriffe und Probleme.

Schröder, Richard, und **Künßberg,** F., **Lehrbuch der deutschen Rechtsgeschichte.** Sechste, verbesserte Auflage. Groß-Oktav. Mit einer Abbildung im Text, fünf Tafeln und einem Bildnis. 1124 Seiten. 1922.
RM. 26.—, in Halbleder geb. RM. 30.—

Dieses bekannte Lehrbuch hat sich seit langen Jahren bestens bewährt.

Fehr, Hans, **Deutsche Rechtsgeschichte.** Zweite, verbesserte und ergänzte Auflage. Oktav. 416 Seiten. 1925. (Lehrbücher und Grundrisse der Rechtswissenschaft Bd. X.) . . . . . . RM. 13.—, geb. RM. 14.50

Das Buch gibt eine plastische Darstellung der deutschen Rechtsgeschichte, die eine Anhäufung von Stoff ausdrücklich vermeidet, vielmehr das Schwergewicht auf eine mehr ideengeschichtliche Behandlung des Gegenstandes legt.

Schröder, Richard, und **Glitsch,** Heinrich, **Deutsche Rechtsgeschichte.** Zweite Auflage. Neudruck.

I. Bis zum Ende des Mittelalters. 160 Seiten. 1929. (Sammlung Göschen Bd. 621.) . . . . Geb. RM. 1.80

II. Die Neuzeit. 90 Seiten. 1929. (Sammlung Göschen Bd. 664.)
Geb. RM. 1.80

Eine gemeinverständliche kurze Darstellung der deutschen Rechtsgeschichte.

Giese, Friedrich, **Preußische Rechtsgeschichte.** Übersicht über die Rechtsentwicklung der preußischen Monarchie und ihrer Landesteile. Ein Lehrbuch für Studierende. Groß-Oktav. 256 Seiten. 1920.
RM. 5.—, geb. RM. 6.50

„Das Buch ist nicht ein, sondern das (bisher fehlende) Lehrbuch der preußischen Rechtsgeschichte." Dr. Karl Strupp im „Verwaltungsarchiv".

von Mayr, Robert, **Römische Rechtsgeschichte.** I. Buch. Die Zeit des Volksrechtes. 1. Hälfte: Das öffentliche Recht. 150 Seiten. 1912. (Sammlung Göschen Bd. 577.) . . . . Geb. RM. 1.80
2. Hälfte: Das Privatrecht. 117 Seiten. 1912. (Sammlung Göschen Bd. 578.) . . . . Geb. RM. 1.80
II. Buch: Die Zeit des Amts- und Verkehrsrechtes. 1. Hälfte: Das öffentliche Recht. 158 Seiten. 1912. (Sammlung Göschen Bd. 645.) Geb. RM. 1.80
2. Hälfte: Das Privatrecht I. 122 Seiten. 1913. (Sammlung Göschen Bd. 646.) . . . . Geb. RM. 1.80
Das Privatrecht II. 150 Seiten. 1913. (Sammlung Göschen Bd. 647.) Geb. RM. 1.80
III. Buch. Die Zeit des Reichs- und Volksrechtes. 111 Seiten. 1913. (Sammlung Göschen Bd. 648.) . . . . Geb. RM. 1.80
IV. Buch. Die Zeit der Orientalisierung des römischen Rechtes. 155 Seiten 1913. (Sammlung Göschen Bd. 697.) . . . . Geb. RM. 1.80

Schott, Richard, **Hilfsbüchlein für die Vorlesungen über Institutionen, Geschichte und Zivilprozeß des römischen Rechts.** Oktav. 42 Seiten. 1931. RM. 1.60

Das „Hilfsbüchlein“ ist aus dem vorwiegend für die romanistischen Vorlesungen und Übungen der Breslauer Universität benutzten „Hilfsbüchlein für den römischen Zivilprozeß“ von Schott, Fischer und Bruck hervorgegangen, das bereits in mehreren Auflagen erschien. Es enthält in seiner neuen Form Urkunden aus dem römischen Recht, die einen lebendigen Eindruck von der Entwicklung der Gesetzestechnik und der Abwicklung von Rechtsgeschäften vermitteln sollen. Trotz der aus Preisrücksichten gebotenen Beschränkung in der Auswahl wurde auf eine recht vielseitige Beispielgebung geachtet. Das Heft ist von besonderem Wert als Material für die durch die Studienreform eingeführten Besprechungsstunden.

Endemann, Friedrich, **Grundriß des römischen Privatrechts.** Oktav. X, 256 und 30 Seiten. 1925. (Lehrbücher und Grundrisse der Rechtswissenschaft Bd. XII.) . . . . RM. 9.—, geb. RM. 10.50

Darstellungen des BGB. aus der Feder erster Juristen der Wissenschaft und Praxis.

Stammler, Rudolf, **Aufgaben aus dem römischen Recht.** Der „Institutionenübungen für Anfänger“ vierte Auflage. Oktav. IV, 92 Seiten. Mit Figuren im Text. 1919 . . . . Geb. RM. 5.—

Zum selbständigen Einarbeiten in das System des römischen Privatrechts.

Stammler, Rudolf, **Lehrbuch der Rechtsphilosophie.** Dritte, vermehrte Auflage. Groß-Oktav. XVI, 396 Seiten. 1928. RM. 13.—, geb. RM. 15.—

„. . . Ein Werk aus einem Gusse, ein herbes Werk von größter wissenschaftlicher Strenge, eine Schule, durch die jeder gehen muß, der mit den rechtsphilosophischen Problemen der Gegenwart ringt.“ Schweizerische Juristenzeitung.

Stammler, Rudolf, **Rechts- und Staatstheorien der Neuzeit.** Leitsätze zu Vorlesungen. Zweite, vermehrte und verbesserte Auflage. Oktav. IV, 116 Seiten. 1925 . . . . RM. 3.50, geb. RM. 4.50

Ein unentbehrlicher Führer durch die Rechts- und Staatstheorien der Neuzeit.

Stammler, Rudolf, **Wirtschaft und Recht** nach der materialistischen Geschichtsauffassung. Eine sozialphilosophische Untersuchung. Fünfte, durch einen Nachtrag ergänzte Auflage. Oktav. VIII, 704 Seiten. 1924. RM. 14.—, geb. RM. 16.—

„Das Werk Stammlers darf den Ruhm in Anspruch nehmen, unter allen Büchern, die in der letzten Zeit auf dem hier in Betracht kommenden Gebiet erschienen sind, die stärkste Wirkung hervorgebracht zu haben."
Historische Zeitschrift.

Friedrichs, Karl, Der Allgemeine Teil des Rechts. Eine Darstellung der gemeinsamen Lehren des öffentlichen und des privaten Rechts. Groß-Oktav. X, 306 Seiten. 1927. . . . . RM. 12.—, geb. RM. 13.50

„Eine solche Arbeit fehlte bisher in der juristischen Literatur. Friedrichs ist wie kein anderer berufen, eine grundlegende Arbeit über dieses Gebiet zu schreiben." *Mitteilungen des Preuß. Richtervereins.*

Maas, Georg, und Magnus, Julius, Abkürzungsverzeichnis der Rechtssprache. Abkürzungen der Bezeichnungen von Rechtsquellen, Behörden, Entscheidungen usw. des deutschen und österreichischen Rechts. Oktav. IV, 140 Seiten. 1929. . . . . RM. 4.—

„Bis jetzt fehlte eine Zusammenstellung, die in zuverlässiger Weise die gebräuchlichsten Abkürzungen wiedergab. Diese Lücke füllt das neue Buch in glücklicher Weise aus." *Der junge Rechtsgelehrte.*

II. Bürgerliches Recht

1. Bürgerliches Gesetzbuch

Lehmann, Heinrich, Allgemeiner Teil des Bürgerlichen Gesetzbuches. Dritte, vermehrte und verbesserte Auflage (9. bis 12. Tausend). Oktav. XIV, 439 Seiten. 1928. (Lehrbücher und Grundrisse der Rechtswissenschaft Bd. I.) RM. 12.—, geb. RM. 13.50

„Es liegt ein großer pädagogischer Wert in diesem Buch. Es wird sich unter den Studenten rasch großer Beliebtheit erfreuen." *Das Recht.*

Leonhard, R., Der Allgemeine Teil des Bürgerlichen Gesetzbuches in seinem Einflusse auf die Fortentwicklung der Rechtswissenschaft. Groß-Oktav. XVI, 537 Seiten. 1900. (Recht des Bürgerlichen Gesetzbuches in Einzeldarstellungen Nr. X.) . . . . RM. 10.—

Die Sammlung „Recht des Bürgerlichen Gesetzbuches" umfaßt systematische Darstellungen des BGB. aus der Feder erster Juristen der Wissenschaft und Praxis.

Oertmann, Paul, Allgemeiner Teil des Bürgerlichen Gesetzbuches.

I. Einleitung. Lehre von den Personen und von den Sachen. Dritte, verbesserte Auflage. 136 Seiten. 1926 (Sammlung Göschen Bd. 177.) Geb. RM. 1.80

II. Erwerb und Verlust, Geltenmachung und Schutz der Rechte. Dritte, verbesserte Auflage. 147 Seiten. 1928. (Sammlung Göschen Bd. 448.) Geb. RM. 1.80

Nach der die Vorgeschichte des BGB. und einzelne für seine Bedeutung und Anwendung wichtige Hauptfragen behandelnden Einleitung bespricht der Verfasser die Lehre von den Personen und von den Sachen. Er verarbeitet den Inhalt der einzelnen Gesetzesparagraphen wissenschaftlich und erörtert dabei auch mehrfach Fragen, die im BGB. selbst nicht geregelt, höchstens gestreift werden.

Plancks Kommentar zum Bürgerlichen Gesetzbuch nebst Einführungsgesetz. Bisher herausgegeben von E. Strohal. Bearbeitet von E. Brodmann, L. Busch, J. Ebbecke, F. Flad, M. Greiff, K. Gunkel, P. Knoke, M. Landois, A. Lobe, Fr. Oegg, H. Siber, O. Strecker, K. von Unzner. Vierte, völlig neubearbeitete Auflage. Lexikon-Oktav. Bisher sind erschienen:

I. Band: Allgemeiner Teil. 606 Seiten. 1913. RM. 15.—, geb. RM. 17.—

II. Band, 1. Hälfte: Recht der Schuldverhältnisse. (Allgemeiner Teil.) 640 Seiten. 1914 . . . . RM. 15.—, geb. RM. 17.—

II. Band, 2. Hälfte: Recht der Schuldverhältnisse. (Besonderer Teil.) 1296 Seiten. 1928 . . . . RM. 49.—, geb. RM. 52.—

III. Band: Sachenrecht. 1464 Seiten. 1920. RM. 30.—, geb. RM. 33.—

IV. Band: Familienrecht. 1. Hälfte §§ 1297—1588. 701 Seiten. 1928. RM. 26.—, geb. RM. 28.—

V. Band: Erbrecht. Vierte, völlig neubearbeitete Auflage. Groß-Oktav. XII, 1136 Seiten. 1930 . . . . RM. 51.—, geb. RM. 54.—

„Für jeden Praktiker, der tiefer in den Rechtsstoff eindringen muß, um die zur Entscheidung stehende Frage zu prüfen, ist Plancks Kommentar immer ein zuverlässiger Ratgeber und seine Erläuterung und Meinung von hohem Wert und Gewicht, stets sorgfältiger Beachtung wert."

Zentralblatt für freiwillige Gerichtsbarkeit.

Das Bürgerliche Gesetzbuch mit besonderer Berücksichtigung der Rechtsprechung des Reichsgerichts. Erläutert von Dr. Busch, Erler, Dr. Lobe, Michaelis, Oegg, Sayn, Schliewen und Seyffarth, Reichsgerichtsräten und Senatspräsidenten am Reichsgericht. Siebente, unveränderte Auflage. 5 Bände §§ 1—2385. Lexikon-Oktav. 3182 Seiten. 1928.

In Halbleder geb. RM. 150.—

I. Band: Allgemeiner Teil. Recht der Schuldverhältnisse I. (Allgemeiner Teil.) — II. Band: Recht der Schuldverhältnisse II. (Einzelne Schuldverhältnisse.) — III. Band: Sachenrecht. — IV. Band: Familienrecht. — V. Band: Erbrecht. Alphabetisches Sachverzeichnis.

(Das Werk wird nur komplett abgegeben.)

„Eine neue Auflage dieses für die Praxis wertvollsten Kommentars ist ein Ereignis für die Juristenwelt."

Blätter für die Rechtspflege im Bezirk des Kammergerichts.

Achilles-Greiff, Bürgerliches Gesetzbuch nebst Einführungsgesetz. Mit Einleitung, Anmerkungen und Sachregister. Nach dem Tode des ersten Herausgebers Dr. A. Achilles in Verbindung mit J. Altstötter, Oberamtsrichter in Sonthofen, O. Meyer, Oberlandsgerichtspräsident in Celle, Dr. J. Kieckebusch, Land- und Amtsgerichtsrat in Kassel, Dr. O. Strecker, Senatspräsident am Reichsgericht i. R. in Leipzig, herausgegeben von Dr. M. Greiff, Wirkl. Geh. Oberjustizrat, Oberlandesgerichtspräsident i. R. in Berlin. Dreizehnte, vermehrte und verbesserte Auflage. Mit Erläuterungen der Verordnung über das Erbbaurecht, des Gesetzes über die religiöse Kindererziehung und des Gesetzes für Jugendwohlfahrt. Groß-Oktav. XXIII, 1304 Seiten. 1930. (Guttentagsche Sammlung Deutscher Reichsgesetze Bd. 38/39.)

Geb. RM. 24.—, in Halbleder geb. RM. 26.—

„Das ausgezeichnete Buch, das einer weiteren Empfehlung kaum bedarf, wird seine führende Stellung unter den Handausgaben ohne Zweifel behaupten."

Juristische Rundschau.

Bürgerliches Gesetzbuch nebst Einführungsgesetz. Vom 18. August 1896 mit Berücksichtigung der bis zum 1. Januar 1928 ergangenen Abänderungen. Textausgabe mit ausführlichem Sachregister. Sechzehnte Auflage (61. bis 66. Tausend). Taschenformat. 758 Seiten. 1928. (Guttentagsche Sammlung von Textausgaben ohne Anmerkungen mit Sachregister.) Geb. RM. 2.80

Die vorliegende Ausgabe zeichnet sich durch Vollständigkeit und besondere Ausführlichkeit des Sachregisters aus.

Schulz, F. H., Bürgerliches Gesetzbuch. Taschenformat. XI, 682 Seiten. 1930. Geb. RM. 8.— (Lehrausgaben Deutscher Gesetze Bd. I.)

Dieser Band bringt auch die Bezeichnung der entsprechenden römisch-rechtlichen bzw. gemeinrechtlichen Institute und verwirklicht damit einen Gedanken, der eigentlich wohl schon vor dreißig Jahren hätte ausgeführt werden sollen.

Lindemann, Otto, Ausführungsgesetz zum Bürgerlichen Gesetzbuche vom 20. September 1899 nebst einem Anhang: Verordnung zur Ausführung des Bürgerlichen Gesetzbuchs vom 16. November 1899. Nach dem Tode des früheren Herausgebers Kammergerichtsrat Dr. P. Siméon, erläutert von Geh. Oberjustizrat Otto Lindemann, Ministerialdirektor im Pr. Justizministerium. Vierte Auflage. Taschenformat. 208 Seiten 1930. (Guttentagsche Sammlung Preußischer Gesetze Bd. 23.) . . . Geb. RM. 5.—

Die neue Auflage kommt im richtigen Augenblick, um dem fühlbaren Mangel an neuen Bearbeitungen der Ausführungsgesetze zum Bürgerlichen Gesetzbuch abzuhelfen. Sie ist völlig neu bearbeitet und nach den Ergebnissen von Gesetzgebung und Rechtsprechung bis in die jüngste Zeit ergänzt.

Juristischer Anschauungsstoff. Herausgegeben von Helmut Rühl, o. Prof. d. Rechte a. d. Handelshochschule Mannheim.
Heft 1:
Rühl, H., Bürgerliches Recht und Arbeitsrecht. Groß-Oktav. VIII, 148 Seiten. 1931. . . . . RM. 4.—

In der Sammlung „Juristischer Anschauungsstoff" werden für den Gebrauch im akademischen Unterricht Urkunden aus der Rechtspraxis zusammengestellt. So bringt das erste Heft 140 typische Beispiele für fast jedes Rechtsinstitut des BGB. und des Arbeitsrechts (Registereintragungen, Geschäftsbedingungen, Tarifverträge, Satzungen usf.). Die Anordnung folgt dem Gang des Gesetzes. Die gewählten Beispiele sind für die Praxis kennzeichnend. Sie gewähren einen Einblick in das lebendige Recht und zeigen die Abwandlung des Gesetzes durch die Wirtschaft.

Schück, Richard, Zivilrechtspraktikum. Zum Selbststudium und zum Lehrgebrauch. Vierte, vermehrte Auflage. Herausgegeben von Gustav Schreiber. Groß-Oktav. 160 Seiten. 1930 . . . . . Geb. RM. 6.—

Das „Schücksche Zivilrechtspraktikum" bringt in einem billigen Band über 600 Fälle aus allen fünf Büchern des BGB. und dem Einführungsgesetz. Es hat sich seit seinem Erscheinen durch seine praktische Auswahl überall durchgesetzt und durch drei hohe Auflagen hindurch bewährt. Die vorliegende vierte Auflage weist eine Anzahl Ergänzungen auf, die aber durch die besondere Art ihrer Einordnung den Gebrauch mehrerer Auflagen nebeneinander nicht stören.

von der Mosel, Heinrich, Lösungen zu dem von Kammergerichtsrat Dr. Richard Schück herausgegebenen Zivilrechtspraktikum. Nach dem Bürgerlichen Gesetzbuch bearbeitet für Studierende und Referendare. Vierte Auflage. Groß-Oktav. 148 Seiten. 1924 . . . . . Geb. RM. 5.50

Die Lösungen behandeln fast alle in dem Praktikum enthaltenen Fälle.

v. Schwerin, Cl., Frhr., Grundzüge des deutschen Privatrechts. Zweite Auflage. Oktav. XII, 342 Seiten. 1928. (Lehrbücher und Grundrisse der Rechtswissenschaft Bd. XIII.) . . RM. 9.50, geb. RM. 11.—

„Was dem Studenten not tut, ist ein kurzgefaßtes Handbuch. ... Ein ausgezeichnetes Hilfsmittel dieser Art ist das vorliegende Buch.“
Zeitschrift für Rechtspflege in Bayern.

Wegner, Arthur, Jugendrecht. Ein Lehrbuch zur Einführung. Oktav. IV, 219 Seiten. 1929 . . . . RM. 6.—, geb. RM. 7.50

„Ein gleichartiges und gleichwertiges Werk über das Jugendgericht gibt es noch nicht.“ *Breslauer Zeitung.*

Schuldverhältnisse insbesondere

Hedemann, Justus Wilh., Schuldrecht des Bürgerlichen Gesetzbuches. Zweite, vermehrte u. verbesserte Auflage. Oktav. Etwa 34 Bogen. 1931. (Lehrbücher und Grundrisse der Rechtswissenschaft Bd. II.) RM. 14.50, geb. RM. 16.—

„Die Schrift bietet die beste mir bekannte Einführung in das schwierige Recht der Schuldverhältnisse.“ *Staats- und Selbstverwaltung.*

Oertmann, Paul, Schuldrecht. (BGB. II.)
I. Allgemeine Lehren. Dritte, verbesserte Auflage. 142 Seiten. 1927. (Sammlung Göschen Bd. 323.) . . . . Geb. RM. 1.80
II. Die einzelnen Schuldverhältnisse. Dritte, verbesserte Auflage. 159 Seiten. 1929. (Sammlung Göschen Bd. 324.) . . . . . Geb. RM. 1.80

„In knapper Form und gemeinverständlicher Ausdrucksweise ist ein vorzüglicher Überblick über den Stoff gegeben.“
Leipziger Zeitschrift für deutsches Recht.

Meyer, Georg, Das Recht der Beschlagnahme von Lohn, Gehalt und Diensteinkommen. Auf Grund des Reichsgesetzes vom 21. Juni 1869, der Verordnung über Lohnpfändung vom 25. Juni 1919 nebst Abänderungen und der Zivilprozeßordnung dargestellt. Siebente, vermehrte Auflage. Taschenformat. 174 Seiten. 1930. (Guttentagsche Sammlung Deutscher Reichsgesetze Bd. 55.) . . . . Geb. RM. 4.50

Meyers Werk über das Lohnbeschlagnahmerecht ist in seiner nunmehr vorliegenden siebenten Auflage durch alles das ergänzt worden, was die Entwicklung der letzten Zeit gebracht hat, so z. B. vor allem die Rechtsprechung des Reichsarbeitsgerichts. Darüber hinaus aber sind dementsprechend mehrere Kapitel umgearbeitet oder überhaupt neugeschrieben worden. Die Frage des Steuervorrechts bei Lohnbeschlagnahmen ist ausführlich behandelt.

Seligsohn, Franz, Kommentar zum Haftpflichtgesetz. Zweite Auflage. Groß-Oktav. 360 Seiten. 1930 . . . . RM. 12.—, geb. RM. 13.50

„Das reiche Material hat der Verfasser mit logischer Schärfe und in knapper Form bearbeitet und damit ein mustergültiges Werk geschaffen, das für die meist veralteten Kommentare zum Reichshaftpflichtgesetz einen wertvollen Ersatz bietet.“
Blätter für Rechtspflege im Bezirk des Kammergerichts.

Krieg, O., Mietrecht und Wohnungsmangelgesetzgebung im Reiche, in Preußen und in Berlin, einschließlich Hauszinssteuer, Kostenwesen und Rechtsentscheidungen des Kammergerichts und des Obersten Landesgerichts. Zusammengestellt und mit ausführlichem Schlagwortregister versehen. Vierte Auflage. Taschenformat. XII, 594 Seiten. 1928. (Guttentagsche Sammlung Deutscher Reichsgesetze Bd. 156.) . . . . Geb. RM. 10.—

„Eine solche Ausgabe zu besitzen, ist wertvoll. Diese Ausgabe verdient schon wegen ihrer Vollständigkeit besondere Beachtung. Ein vortreffliches Sachregister ist beigegeben.“ *Juristische Wochenschrift.*

Stölzle, Hans, Viehkauf nach Bürgerlichem Gesetzbuch und ausländischem Recht. Verordnung, betreffend die Hauptmängel und Gewährfristen beim Viehhandel. Von Eugen Fröhner. Sechste, vermehrte und wesentlich verbesserte Auflage. Taschenformat. 699 Seiten. 1926. (Guttentagsche Sammlung Deutscher Reichsgesetze Bd. 50.) . . . . Geb. RM. 15.—

„Das Buch ist Juristen wie Laien als lichtvoller Ratgeber in allen Fragen nur auf das wärmste zu empfehlen." Deutsche Juristen-Zeitung.

Hoffmann, F., Abzahlungsgeschäfte. Vierte Auflage, besorgt von K.-A. Crisolli. Taschenformat. Im Druck. (Guttentagsche Sammlung Deutscher Reichsgesetze Bd. 34.)

„Jeder, der mit Abzahlungsgeschäften zu tun hat, kann sich bestens aus dem Büchlein informieren. Der Kommentar ermöglicht es auch dem Laien, sich mit allen einschlägigen Fragen vertraut zu machen." Berliner Intelligenz-Blatt.

Göppert, H., Gesetz, betreffend die gemeinsamen Rechte der Besitzer von Schuldverschreibungen. Zweite Auflage, bearbeitet von E. Trendelenburg. Taschenformat. 156 Seiten. 1915. (Guttentagsche Sammlung Deutscher Reichsgesetze Bd. 52.) . . . . Geb. RM. 1.50

Beiträge zum ausländischen und internationalen Privatrecht, herausgegeben vom Institut für ausländisches und internationales Privatrecht.

Heft 1:

Nußbaum, Arthur, Vertraglicher Schutz gegen Schwankungen des Geldwertes. Goldklauseln und andere Abreden zur Minderung des Valutarisikos. Groß-Oktav. 95 Seiten. 1928 . . . . RM. 5.—

Das vorliegende Werk befaßt sich mit dem Gesamtproblem des Valutarisikos, das für die weitesten, namentlich international orientierten Wirtschaftskreise auch nach der Inflation Gegenstand dauernder Überlegung und Sorge geblieben ist.

Heft 2:

Wolff, John, Die Haftung des Verkäufers einer fremden beweglichen Sache in den Vereinigten Staaten von Amerika in Vergleichung mit dem deutschen bürgerlichen Recht. Groß-Oktav. 84 Seiten. 1930. . . . . RM. 4.—

Mit dieser Arbeit bietet das „Institut für ausländisches und internationales Privatrecht" eine Darstellung der Rechtsmängelhaftung, und zwar gezeigt am einfachsten und zugleich wichtigsten Beispiele des Rechtsmangels: dem fehlenden Eigentum.

Heft 3:

Friedmann, Wolfgang, Die Bereicherungshaftung im anglo-amerikanischen Rechtskreis in Vergleichung mit dem deutschen bürgerlichen Recht. Groß-Oktav. 148 Seiten. 1930 . . . . RM. 7.—

Die Problematik des Bereicherungsrechts beruht auf der eigenartigen Funktion des Bereicherungsanspruches, der wegen seines stark ethischen Gehaltes stets droht, das Rechtssystem durch übermäßige Ausdehnung zu durchbrechen.

Dieser grundsätzlichen Bedeutung wegen hat das Institut für ausländisches und internationales Privatrecht dieses Problem in seine Arbeit einbezogen und schickt diese systematische Darstellung anderen Arbeiten aus dem gleichen Problemkreis voraus.

Heft 4:
Raiser, Ludwig, Die Wirkungen der Wechselerklärungen im internationalen Privatrecht. Groß-Oktav. 124 Seiten. 1931 . . . . . . RM. 9.—

Die Arbeit behandelt das internationale Privatrecht der Wechselverpflichtungen und des Wechselumlaufs. Durch eingehende Untersuchung der deutschen und ausländischen, vor allem auch der englischen und amerikanischen Rechtsprechung auf diesem Gebiet wird der Grund gelegt zu Lösungen, die gegenüber den deduktiv gewonnenen Leitsätzen des internationalen Obligationenrechts die besonderen Bedürfnisse des Wechselverkehrs zur Geltung zu bringen suchen. Dabei ist der Kritik der Ergebnisse der Genfer Wechselkonferenz von 1930 besondere Sorgfalt gewidmet.

Sachenrecht insbesondere

Hedemann, Justus Wilh., Sachenrecht des Bürgerlichen Gesetzbuches. Oktav. XXXII, 507 Seiten. 1924. (Lehrbücher und Grundrisse der Rechtswissenschaft Bd. III.) . . . . RM. 12.—, geb. RM. 13.50

„Ein trotz seiner Kürze ausgezeichnetes und inhaltreiches Lehrbuch, nicht nur für den Studierenden, sondern auch für ältere Juristen. Die Arbeit ist wissenschaftlich tiefgründig und doch gemeinverständlich geschrieben."
Zeitschrift des Deutschen Notarvereins.

Kretzschmar, F., Sachenrecht.
I. Allgemeine Lehren. Besitz und Eigentum. Zweite, verbesserte Auflage. 142 Seiten. 1922. (Sammlung Göschen Bd. 480.) Geb. RM. 1.80
II. Begrenzte Rechte. 144 Seiten. 1923. (Sammlung Göschen Bd. 481.) Geb. RM. 1.80

Diese Bändchen bieten die Grundzüge des Sachenrechts in gedrängter und klarer Form.

Lenzen, Georg, Das Deutsche Pfandleihrecht. Kommentar zum preußischen Pfandleihgesetz unter Berücksichtigung der außerpreußischen Gesetze. Oktav. XXVI, 266 Seiten. 1929 . . . . Geb. RM. 20.—

„Diese zusammenfassende Darstellung ist die erste ihrer Art und sehr verdienstlich. Das Buch regt zu allerhand Fragen an." *Juristische Wochenschrift.*

Günther, Hermann, Erbbaurecht. Taschenformat. 167 Seiten. 1919. (Guttentagsche Sammlung Deutscher Reichsgesetze Bd. 135.) . . Geb. RM. 2.—

„Günther ist ausführlich, ohne weitschweifig zu sein; ausgezeichnete Vorbemerkungen geben eine vorzügliche Übersicht und wahren den Zusammenhang. Überall ist der bisherige Rechtszustand, der ja für absehbare Zeit seine Bedeutung behält, mit in das Bereich der Betrachtungen gezogen. Der Praxis wird das Werk von hervorragendem Nutzen sein." *Beiträge zur Erläuterung des deutschen Rechts.*

Arnheim, Hugo, Grundbuchordnung. Kommentar zur Grundbuchordnung für das Deutsche Reich nebst den für Preußen erlassenen Ausführungsbestimmungen. Zweite, völlig neubearbeitete Auflage. Lexikon-Oktav. 959 Seiten. 1913 . . . . RM. 15.—

„Der Band weist außerordentliche Gründlichkeit, Klarheit und Übersichtlichkeit auf. Man kann wohl sagen, daß kaum eine Frage auftauchen wird, die nicht wenigstens berührt wäre; die bisher zutage getretenen Fragen aber sind sämtlich in der eingehendsten Weise erörtert."
Zentralblatt für freiwillige Gerichtsbarkeit.

Fischer, Otto, und Fischer, Norbert, Grundbuchordnung für das Deutsche Reich nebst den preußischen Ausführungsbestimmungen. Neunte, durchgearbeitete und ergänzte Auflage. Taschenformat. 322 Seiten. 1927. (Guttentagsche Sammlung Deutscher Reichsgesetze Bd. 42.) . . . . . Geb. RM. 5.—

„Eine der vortrefflichen alteingeführten Handausgaben der Guttentagschen Sammlung, bei der schon die Auflagenziffer für die Brauchbarkeit in der Praxis spricht. Nach wie vor ist das Buch ein vortrefflicher Wegweiser und Berater."
Juristische Wochenschrift.

Kicks, Gerhard, **Die Grundbuchpraxis.** Ein Handbuch für den täglichen Gebrauch in Grundbuchsachen. Achte Auflage. Groß-Oktav. XII, 412 Seiten. 1929 . . . . RM. 12.—, geb. RM. 14.—

„Das Buch hat einen Anspruch darauf, in der Praxis geradezu verschlungen zu werden. Es ist aus der täglichen Praxis heraus für die Praxis lebensfrisch und unterhaltend geschrieben.“ Mitteilg. a. d. Württemb. Notariats-Praxis.

Friedlaender, Martin, **Hypothekenbeschaffung für Wohn- und Geschäftshäuser.** Handbuch für die Praxis der Grundstückswirtschaft. Groß-Oktav. VIII, 151 Seiten. 1929 . . . . RM. 6.—, geb. RM. 7.50

„Das Buch gibt einen außerordentlich praktischen Überblick über alle Fragen der Hypothekenbeschaffung. Die anschauliche Art der Zergliederung und die gründliche Darlegung des Statuts sichern dem Buch eine weite Verbreitung.“ Deutsche Sparkassen-Zeitung.

Familienrecht, Erbrecht

Lehmann, Heinrich, **Familienrecht** des Bürgerlichen Gesetzbuches einschließlich Jugendfürsorgerecht. Oktav. XII, 352 Seiten. 1926. (Lehrbücher und Grundrisse der Rechtswissenschaft Bd. IV.) . . RM. 11.—, geb. RM. 12.50

„Die Schilderung Lehmanns ist überall anregend und fesselnd. Das Werk kann allen Rechtsstudenten und Referendaren zur Anschaffung dringend empfohlen werden.“ Der junge Rechtsgelehrte.

Titze, Heinrich, **Familienrecht.** (BGB. IV.) 169 Seiten. Neudruck. 1924. (Sammlung Göschen Bd. 305.) . . . . Geb. RM. 1.80

Endemann, Fr., **Erbrecht.** Oktav. XII, 166 Seiten. 1923. (Lehrbücher und Grundrisse der Rechtswissenschaft Bd. V.) . . RM. 3.—, geb. RM. 4.50

„Dieser Leitfaden behandelt den spröden Stoff des schwierigen Erbrechts in meisterhafter, fesselnder Darstellung.“ Zeitschrift des Bundes Deutscher Justizamtmänner.

v. Blume, Wilh., **Erbrecht.** (BGB. V.)
I. Einleitung. Die Grundlagen des Erbrechts. 75 Seiten. 1913. (Sammlung Göschen Bd. 659.) . . . . Geb. RM. 1.80
II. Die Nachlaßbeteiligten. Mit 23 Figuren. 131 Seiten. 1913. (Sammlung Göschen Bd. 660.) . . . . Geb. RM. 1.80

Plancks Kommentar zum Bürgerlichen Gesetzbuch nebst Einführungsgesetz. V. Band: Erbrecht. Vierte, völlig neubearbeitete Auflage. Groß-Oktav. XII, 1136 Seiten. 1930 . . . . RM. 51.—, geb. RM. 54.— (Siehe auch Seite 5.)

Riesenfeld, E., **Die Erbenhaftung nach dem Bürgerlichen Gesetzbuch.** Groß-Oktav. 2 Bände. 1916 . . . . RM. 15.—, geb. RM. 18.—

I. Band: Die Grundsätze der Haftung. XII, 461 Seiten.

II. Band: Das Inventar und die Mittel der Haftungsbeschränkung. VIII, 455 Seiten.

„Ein hervorragendes Werk, das in allen Teilen die vollständige Beherrschung des schwierigen Stoffes erkennen läßt und sich dabei durch klare und gemeinverständliche Darstellung auszeichnet.“ Sächsisches Archiv für Rechtspflege.

Aufwertung

Michaelis, Richard, **Das Aufwertungsrecht** nach den Aufwertungsgesetzen und nach allgemeinem bürgerlichen Rechte. Kommentar zu den Gesetzen vom 16. Juli 1925 über die Aufwertung von Hypotheken und anderen Ansprüchen und über die Ablösung öffentlicher Anleihen sowie systematische Darstellung des Aufwertungsrechts außerhalb dieser Gesetze. Zweite, gänzlich umgearbeitete Auflage des Kommentars zur Dritten Steuernotverordnung vom 14. Februar 1924 (Aufwertung). Mit einer Fristentabelle von H. Hoormann. Groß-Oktav. X, 516 Seiten. 1926. Mit Nachtrag 1927. (de Gruytersche Sammlung Deutscher Gesetze. Handkommentare.) Geb. RM. 16.—

„Es handelt sich um ein ganz erstklassiges Werk, das sich für jeden Aufwertungsinteressenten als unentbehrlich erweisen wird."
Deutsche Allgemeine Zeitung.

Michaelis, Richard, Die beiden **Aufwertungsnovellen** vom 18. Juli 1930. (Hypotheken-Fälligkeits- und Verzinsungsgesetz; Grundbuchbereinigungsgesetz.) Taschenformat. VI, 202 Seiten. 1930. (Guttentagsche Sammlung Deutscher Reichsgesetze Bd. 178.) . . . . Geb. RM. 4.—

Reichsgerichtsrat Michaelis, der im „Kommentar über das Bürgerliche Gesetzbuch von Reichsgerichtsräten" den Abschnitt „Aufwertung" bearbeitet hat, erläutert in der gleichen autoritativen Art auch die neuen Gesetze, die die Aufwertungsgesetzgebung ändern und abschließen. Die Erläuterung der zuverlässig abgedruckten Gesetzestexte ist übersichtlich und in der Sprache leicht verständlich, wie überhaupt in ihrer ganzen Anlage, nicht zuletzt aber wegen ihres niedrigen Preises, auf die Praxis zugeschnitten.

Berliner, Ludwig, und **Pfaffenberger,** Ernst, **Aufwertung von Versicherungsansprüchen** mit Durchführungsbestimmungen.
I. Teil. Oktav. 235 Seiten. 1925. (Guttentagsche Sammlung Deutscher Reichsgesetze Bd. 164.) . . . . Geb. RM. 6.50
II. Teil: Sach- und Transportversicherung; Unfall- und Haftpflichtversicherung. Oktav. 112 Seiten. 1926. Mit Nachtrag. (Guttentagsche Sammlung Deutscher Reichsgesetze Bd. 164a.) . . . . Geb. RM. 3.50

„Eine ganz ausgezeichnete, wohldurchdachte Darstellung und Erläuterung des gesamten Versicherungswesens, eine unentbehrliche Ergänzung zu jedem Gesamtkommentar über das Aufwertungsgesetz." *Zentralblatt für Handelsrecht.*

2. Handelsrecht

v. Gierke, Jul., **Handelsrecht und Schiffahrtsrecht.** Dritte, ergänzte Auflage. Groß-Oktav. XIV, 744 Seiten. 1929. (Lehrbücher und Grundrisse der Rechtswissenschaft Bd. VI.) . . . . . . RM. 21.—, geb. RM. 22.50

„. . . ein außerordentlich hochstehendes, immer den neuesten Stand der Lehre und der Rechtsprechung widerspiegelndes Lehrbuch des Handelsrechts im weitesten Sinn." *Der junge Rechtsgelehrte.*

Lehmann, K., und **Hoeniger,** H., **Lehrbuch des Handelsrechts.** Dritte Auflage. Erster Halbband, enthaltend die Lehre vom Handelsstand und von den Handelsgesellschaften. Groß-Oktav. 432 Seiten. 1921. . . . RM. 10.—

Ein großangelegtes Lehrbuch des Handels- und Schiffahrtsrechts.

Lehmann, K., und **Hoeniger,** H., **Deutsches Handelsrecht.**
I. Einleitung. Der Kaufmann und seine Hilfspersonen. Offene Handelsgesellschaft, Kommandit- und stille Gesellschaft. 117 Seiten. 1921. (Sammlung Göschen Bd. 457.) . . . . Geb. RM. 1.80

II. Aktiengesellschaften, Gesellschaften mit beschränkter Haftung, eingetragene Genossenschaften. Handelsgeschäft, 126 Seiten. 1924. (Sammlung Göschen Bd. 458.) . . . . Geb. RM. 1.80

Eine gemeinverständliche Darstellung in gedrängter Form.

Hein, Joh., Die Zusammenhänge zwischen Steuerrecht und Handelsrecht und ihre Entwicklung, untersucht an dem Gewinn und an der Bewertung. Eine bilanzrechtliche und bilanzkritische Darstellung mit praktischen Beispielen. Groß-Oktav. X, 280 Seiten. 1928 . . . . RM. 10., geb. RM. 12.—

„Das Buch führt in klarer Gestaltung in die Probleme des Bilanzrechts ein. Eine übersichtliche Gliederung ermöglicht eine schnelle und doch gründliche Einführung. Darüber hinaus stellt das Buch eine wesentliche Förderung für die dringend notwendige wissenschaftliche Behandlung des Steuerbilanzrechts und seiner Zusammenhänge mit den verwandten Rechtsmaterien dar."

Zeitschrift für Handelsrecht.

Staubs Kommentar zum Handelsgesetzbuch. Zwölfte und dreizehnte Auflage. Bearbeitet von Heinrich Koenige, Albert Pinner, Felix Bondi. Vier Bände und ein Registerband. Groß-Oktav. 4000 Seiten. 1927 . . . . Zusammen RM. 157.—, in Halbleder RM. 183.60

„Der Staubsche Kommentar ist das klassische Hilfswerk zum Deutschen Handelsgesetzbuch und für die Beurteilung der zahlreichen schwierigen Fragen dieses Gesetzes maßgebend geworden; es stellt ein unentbehrliches Mittel zur Erfassung und zur Anwendung des Gesetzes dar." Frankfurter Zeitung.

v. Gierke, Jul., Handelsgesetzbuch nebst Wechselordnung und Scheckgesetz. Mit systematischen Paragraphenüberschriften und ausführlichem Sachregister. Oktav. VIII, 295 Seiten. 1931. (Lehrausgaben Deutscher Gesetze Bd. IV.) Geb. RM. 5.—

Wie die früher erschienenen Bände der „Lehrausgaben Deutscher Gesetze", ist auch Professor von Gierkes „Handelsgesetzbuch" eine besonders gestaltete Textausgabe. Die Bearbeitung durch einen hervorragenden Rechtslehrer und zweckentsprechende Satzgestaltung geben auch dem neuen Band die Sonderstellung als „Lehrausgabe", die für den Studenten geschaffen wurde, um ihm die Einarbeitung in den Rechtsstoff zu erleichtern.

Nicht nur dem Lernenden, auch dem Kaufmann, der ohne ermüdende Durcharbeitung des ganzen Gesetzwerkes seine wesentlichen Bestimmungen schnell und sicher kennenlernen und von Fall zu Fall nachlesen will, wird die Lehrausgabe willkommen sein.

Mosse, Albert, und Heymann, Ernst, Handelsgesetzbuch (ohne Seerecht). Mit den ergänzenden Vorschriften des Bürgerlichen Gesetzbuchs und einem Anhang, enthaltend das Einführungsgesetz, das Depotgesetz, die Bestimmungen über Börsentermin- und Differenzgeschäfte u. a. Nebst Erläuterungen. Im Anschluß an die Textausgabe von F. Litthauer. Siebzehnte Auflage. Unter Mitwirkung von Karl-August Crisolli. Oktav. VIII, 693 Seiten. 1926. (Guttentagsche Sammlung Deutscher Reichsgesetze Bd. 4.) Geb. RM. 14.—

„Die Litthauer-Mossesche Ausgabe des Handelsgesetzbuches hat bei allen Praktikern seit langem den wohlbegründeten Ruf größter Zuverlässigkeit und übersichtlicher Anordnung, die mit möglichster Knappheit des Ausdrucks gepaart sind. Das Buch ist ein zuverlässiger Führer durch das immer schwieriger werdende Gebiet des Handelsrechts." Vossische Zeitung.

Handelsgesetzbuch nebst Einführungsgesetz vom 10. Mai 1897, unter Berücksichtigung der bis 15. Juni 1930 ergangenen Novellen. Textausgabe mit Sachregister. Zwölfte Auflage. 370 Seiten. 1930. (Guttentagsche Sammlung von Textausgaben ohne Anmerkungen mit Sachregister.)

Geb. RM. 3.50

Die handliche Ausgabe enthält den genauen Gesetzestext mit einem das Zurechtfinden sehr erleichternden Sachregister.

Baum, G., Das vertragliche Wettbewerbsverbot (Konkurrenzklausel). Nebst Kommentar zum Gesetze vom 10. Juni 1914. Taschenformat. XII, 231 Seiten. 1914. (Guttentagsche Sammlung Deutscher Reichsgesetze Bd. 115.)

Geb. RM. 3.—

Gesellschaften

Brodmann, Erich, Aktienrecht. Kommentar. Groß-Oktav. XII, 580 Seiten. 1928. (Gewerbe- und Industrie-Kommentar Bd. IV.)

RM. 28.—, geb. RM. 30.—

„Mit unvergleichlichem Geschick hat der Verfasser Großartiges geleistet — Brodmann ist Trumpf!" *Zeitschrift für Aktiengesellschaften.*

Brodmann, Erich, Die Sanierung unseres Aktienwesens. Groß-Oktav. 46 Seiten. 1931 . . . . RM. 3.—

Entwurf eines Gesetzes über Aktiengesellschaften und Kommanditgesellschaften auf Aktien sowie Entwurf eines Einführungsgesetzes nebst erläuternden Bemerkungen. Veröffentlicht durch das **Reichsjustizministerium.** Lexikon-Oktav. 132 Seiten. 1930 . . . . RM. 3.—

Hachenburg, Max, Kommentar zum Gesetz, betr. die Gesellschaften mit beschränkter Haftung. (Früher **Staub-Hachenburg.**) Fünfte Auflage unter Mitarbeit von Fritz Bing und Walter Schmidt. 2 Bände.

RM. 43.—, geb. RM. 47.—

I. Band: §§ 1—34. Groß-Oktav. VI, 527 Seiten. 1926.
II. Band: §§ 35—84. Groß-Oktav. II, 452 Seiten. 1927.

„Was Hachenburg in seinen Neubearbeitungen aus diesem Buche gemacht hat, ist erstaunlich. Sein reiches juristisches Wissen, sein überlegener und kritischer Verstand, seine vorzügliche Gestaltungskraft und seine nur wenigen Juristen eigene vielseitige Auslegungskunst haben etwas Großes, Unvergleichliches geschaffen. Man findet selten ein literarisches Werk, in welchem Rechtsgelehrsamkeit und praktisches Können vereint einem Spezialgesetz so zugute kamen wie hier."

Zeitschrift für Aktiengesellschaften.

Brodmann, Erich, Gesetz, betr. die Gesellschaften mit beschränkter Haftung. Kommentar. 2. Auflage. Groß-Oktav. VIII, 304 Seiten. 1930. (Gewerbe- und Industrie-Kommentar Bd. I.) . . . . RM. 16.—, geb. RM. 18.—

„Übersichtliche, klare Anordnung der Erläuterungen, tiefes Eindringen in die Einzelheiten des Gesetzes unter steter Berücksichtigung des Wirtschaftslebens, erschöpfende Wiedergabe der Rechtsprechung, namentlich des Reichsgerichts, sind die besonderen Vorzüge des Werkes, das damit ein unentbehrliches Rüstzeug werden wird."

Badische Rechtspraxis.

Parisius, Ludolf, und Crüger, Hans, Das Reichsgesetz, betr. die Gesellschaften mit beschränkter Haftung. Textausgabe mit Anmerkungen und Sachregister. Achtzehnte Auflage, bearbeitet von Adolf Crecelius und Fritz Citron. Taschenformat. 244 Seiten. 1929. (Guttentagsche Sammlung Deutscher Reichsgesetze Bd. 32.) . . . . . . Geb. RM. 3.50

„Die äußerst sachkundig erläuterte Ausgabe wird von den interessierten Kreisen freudig begrüßt werden. Wir können das Bändchen der bekannten Sammlung bestens empfehlen." *Badische Wirtschafts-Zeitung.*

Starke, Arthur, Offene Handelsgesellschaften, Kommanditgesellschaften und stille Gesellschaften von der Errichtung bis zur Auflösung. Nebst Vertrags- und Anmeldeformularen und mit Berücksichtigung des Steuerrechts. Oktav. XIV, 167 Seiten. 1928 . . . . RM. 5.—

Eine systematische Darstellung für Studium und Praxis.

Wechselordnung und Scheckrecht

Staubs Kommentar zur Wechselordnung. Fortgesetzt von J. Stranz und M. Stranz. Zwölfte Auflage, bearbeitet von M. Stranz und Martin Stranz. Groß-Oktav. 432 Seiten. 1929. RM. 16.—, geb. RM. 18.—

„Staub-Stranz ist der Kommentar zur Wechselordnung. Auch die jüngste Auflage des Kommentars gibt einen echten Staub-Stranz. Weiterer Kommentar dazu ist überflüssig.“ Juristische Wochenschrift.

Stranz, J., und Stranz, M., Wechselordnung in der Fassung der Bekanntmachung vom 3. Juni 1908. Kommentar. Dreizehnte, der Neubearbeitung sechste Auflage. Taschenformat. 419 Seiten. 1930. (Guttentagsche Sammlung Deutscher Reichsgesetze Bd. 5.) . . . Geb. RM. 7.—

Diese Ausgabe enthält nicht etwa nur Hinweise und kurze Erläuterungen, sondern ist ihrer ganzen Anlage nach ein verkürzter Kommentar; außer der Wechselordnung bringt sie auch die bekannten Nebengesetze: sie umfaßt also das gesamte Wechselrecht.

Wechselordnung in der Fassung der Bekanntmachung vom 3. Juni 1908 (RGBl. S. 326ff.). Mit einem Anhang, enthaltend den Wechselprozeß und Nebengesetze. Textausgabe mit Einleitung und Sachregister. Taschenformat. 102 Seiten. 1928. (Guttentagsche Sammlung von Textausgaben ohne Anmerkungen.) . . . . Geb. RM. 1.50

Vorteilhafte Anordnung, ein zuverlässiges Sachregister, das das Gesetz erschließt, Handlichkeit und sauberer Druck zeichnen auch die neue Auflage der Wechselordnung aus, deren Einleitung den letzten Stand dieser Materie erfaßt und deren Anhang „Nebengesetze“ bis auf die letzte Zeit ergänzt ist.

Michaelis, Richard, Scheckgesetz mit allen einschlägigen Nebengesetzen, den ausländischen Gesetzen und dem Deutschen Postscheckgesetz mit Postscheckordnung. Kommentar. Groß-Oktav. VII, 339 Seiten. 1927. (Gewerbe- und Industrie-Kommentar Bd. II.) . . . . RM. 16.—, geb. RM. 18.—

„Wenn irgendein Buch, so entspricht dieses einem Bedürfnis.“ Berliner Tageblatt.

Der Eigentumsvorbehalt in Wirtschaft und Recht. Herausgegeben von der Industrie- und Handelskammer zu Berlin. Oktav. 280 Seiten. 1931. RM. 4.—, geb. RM. 5.—

Die Industrie- und Handelskammer zu Berlin bringt in diesem Buche zum Thema „Kreditsicherung durch Eigentumsvorbehalt“ eine geschlossene Reihe von Kapiteln erster Autoritäten bei, in denen diese zum Eigentumsvorbehalt von allen Gesichtspunkten (z. B. seiner Bedeutung in der Industrie, im Großhandel, im Einzelhandel, im Bankverkehr, im internationalen Verkehr, im Konkursverfahren, im Steuerrecht, im Strafrecht, seiner zweckmäßigsten Formulierung usw.) ausführlich Stellung nehmen. Seiner Zweckbestimmung nach ist dieses Buch gleicherweise nach der praktischen wie nach der wissenschaftlichen Seite hin orientiert.

Schiffahrtsrecht

Schaps, Georg, **Das deutsche Seerecht.** Kommentar zum vierten Buche des Handelsgesetzbuches (als Ergänzung zu Staub's Kommentar) nebst Erläuterungen zu den seerechtlichen Nebengesetzen. Zweite, vollständig umgearbeitete Auflage herausgegeben von Max Mittelstein † und Julius Sebba.
I. Band. (Handelsgesetzbuch: Viertes Buch.) Groß-Oktav. VIII, 1041 Seiten. 1921 . . . . RM. 25.—, geb. RM. 28.—
II. Band. (Seerechtliche Nebengesetze mit Nachtrag zur Ergänzung des I. Bandes nach dem Stand von 1929.) Bearbeitet von J. Sebba. XVI, 1108 Seiten. 1929 . . . . RM. 52.—, geb. RM. 55.—

„Die alte, auf der Staubschen Kommentierungsmethode beruhende Auflage erfreute sich mit Recht schon großen Ansehens. In diesen bewährten Bahnen leistet die zweite Auflage an Vollständigkeit, Übersichtlichkeit und Genauigkeit das Höchste, was Wissenschaft und Praxis nur wünschen können." Juristische Wochenschrift.

Brandis, Otto, **Das deutsche Seerecht** (mit Ausschluß des Seeversicherungsrechts.) I. Allgem. Lehren: Personen und Sachen des Seerechts. 130 Seiten. 1908. II. Die einzelnen seerechtlichen Schuldverhältnisse: Verträge des Seerechts und außervertragliche Haftung. 156 Seiten. 1908. (Sammlung Göschen Bd. 386/87.) . . . . Geb. je RM. 1.80

Sieveking, Gustav, **Das deutsche Seeversicherungsrecht.** Kommentar zum zehnten Abschnitt des vierten Buches des Handelsgesetzbuches. Lexikon-Oktav. 218 Seiten. 1912 . . . . RM. 5.—, geb. RM. 6.80

„Der Kommentar ruht auf einer vortrefflichen Grundlage und zeigt sich auch in seinem Inhalte dieser Grundlage durchaus würdig. Er ersetzt ein Lehrbuch und kann daher auch zur Einführung in das Seeversicherungsrecht empfohlen werden." Leipziger Zeitschrift für deutsches Recht.

Allgemeine Deutsche Seeversicherungs-Bedingungen. Im Jahre 1919 herausgegeben von den deutschen Seeversicherern nach Beratung mit deutschen Handelskammern und Fachverbänden unter Vorsitz der Handelskammer Hamburg. 21.—23. Tausend. 56 Seiten. 1931 . . . . . RM. 2.—

General Rules of Marine. Insurance 1919 adopted by the German Underwriters. Authorised Translation by Dr. Alfred Sieveking, larger in Hamburg. 64 Seiten. 1920 . . . . RM. 3.—

Materialien zu den Allgemeinen Deutschen Seeversicherungs-Bedingungen. Im Auftrag der vereinigten Handelskammern herausgegeben von Prof. Dr. E. Bruck. Groß-Oktav. 2 Bände. 678 Seiten. 1920 . . RM. 10.—

v. Liebig, Eugen, **Die Transportversicherung.** Teil I: Die Seeversicherung. Systematische Darstellung des Seeversicherungswesens. Groß-Oktav. VIII, 226 Seiten. 1914 . . . . RM. 5.—

Bene, F., **Der Begriff des Versicherungsfalles in der Seeversicherung.** (Hamburger Rechtsstudien, herausgegeben von Mitgliedern der Rechts- und Staatswissenschaftlichen Fakultät der Hamburgischen Universität, Heft 1.) Groß-Oktav. 75 Seiten. 1928 . . . . RM. 4.50

Ellan, H. H., **Die Bedeutung des Interesses für die Veräußerung der versicherten Sache.** (Hamburger Rechtsstudien, herausgegeben von Mitgliedern der Rechts- und Staatswissenschaftlichen Fakultät der Hamburgischen Universität, Heft 2.) Oktav. 58 Seiten. 1928 . . . . RM. 4.—

Makower, H., Gesetze, betreffend die privatrechtlichen Verhältnisse der Binnenschiffahrt und der Flößerei. Nach den Materialien erläutert. Sechste, vermehrte Auflage, bearbeitet von E. Loewe. Taschenformat. 458 Seiten. 1923. (Guttentagsche Sammlung Deutscher Reichsgesetze Bd. 36.)
Geb. RM. 4.—

„Das vorzüglich bearbeitete Buch dürfte mit seinen klaren und verständlichen Erläuterungen für jeden, der in irgendeiner Weise mit der Binnenschiffahrt und der Flößerei zu tun hat, ein nie versagender Ratgeber sein." Schiffbau.

Sebba, Jul., Seewasserstraßenordnung. (Polizeiverordnung zur Regelung des Verkehrs auf den deutschen Seewasserstraßen vom 31. März 1927.) Mit Nachtrag, enthaltend die Änderungen vom 31. März 1928 und vom 20. März 1930. Taschenformat. 493 Seiten. 1928. (Guttentagsche Sammlung Deutscher Reichsgesetze Nr. 171.) . . . . Geb. RM. 8.50

Die vorliegende Ausgabe ist für die an dem neuen Gesetz interessierten beiden Fachgruppen, die der Nautiker und der Juristen, von gleich großer Bedeutung. Diese Verbindung zweier Kenntnisgebiete gibt dem vorliegenden Kommentar seine besondere Note und seinen großen Wert.

Genossenschaften

Parisius, Ludolf, Crüger, Hans, Crecelius, Adolf, und Citron, Fritz, Reichsgesetz, betreffend die Erwerbs- und Wirtschaftsgenossenschaften. Kommentar zum praktischen Gebrauch für Juristen und Genossenschaften. Elfte, neubearbeitete Auflage. Groß-Oktav. XV, 598 Seiten. 1928.
RM. 28.—, geb. RM. 30.—

„Crüger beherrscht wie kein anderer Theorie und Praxis des Genossenschaftswesens, auch nach der wissenschaftlichen Seite hin." Juristische Wochenschrift.

Parisius, Ludolf, und Crüger, Hans, Das Reichsgesetz, betreffend die Erwerbs- und Wirtschaftsgenossenschaften. Textausgabe mit Anmerkungen und Sachregister. Zwanzigste, neubearbeitete und erweiterte Auflage von Hans Crüger, Adolf Crecelius und Fritz Citron. Taschenformat. 297 Seiten 1930. (Guttentagsche Sammlung Deutscher Reichsgesetze Bd. 29.) . . . . Geb. RM. 4.—

„In knapper und klarer Form werden alle die gesetzlichen Bestimmungen abgehandelt und alles zum Verständnis unbedingt Erforderliche in den Anmerkungen beigebracht. Das Werk kann nur empfohlen werden."
Ministerialblatt f. d. Preuß. innere Verwaltung.

Verschiedenes

Schreiber, Otto, Handelsrechtliche Nebengesetze. Taschenformat. VIII, 1002 Seiten. 1926. (Guttentagsche Sammlung Deutscher Reichsgesetze Bd. 162.)
Geb. RM. 14.—

„Die Sammlung ist ein unentbehrliches Hilfsmittel für den Praktiker. Die Zusammenstellung ist sehr zuverlässig; auch das Sachregister von Kleffel verdient volle Anerkennung." Zentralblatt für Handelsrecht.

Staffel, W., Verordnung gegen Mißbrauch wirtschaftlicher Machtstellungen vom 2. November 1923. Kommentar. Oktav. 108 Seiten. 1927. (Guttentagsche Sammlung Deutscher Reichsgesetze Bd. 167.) . . Geb. RM. 3.50

„Die für das Wirtschaftsrecht so wichtige Kartellverordnung findet hier eine eingehende Kommentierung. Die Erläuterungen werden daher um so unentbehrlicher für die wirtschaftliche Praxis auf diesem Gebiete sein."
Industrie- und Handelszeitung.

Lusensky, F., Gesetz über die Handelskammern. Taschenformat. (Guttentagsche Sammlung Preußischer Gesetze Bd. 21.) Neue Auflage in Vorbereitung.

„Das Buch ist ein vortrefflicher Berater aller derer, die in der Handelskammerorganisation sind, oder zu ihr in Beziehung stehen. Es kann warm empfohlen werden." Zeitschrift für Polizei- und Verwaltungsbeamte.

Göppert-Seydel, Hypothekenbankgesetz vom 13. Juli 1899 (mit den Änderungen durch die Gesetze vom 14. Juli 1923, vom 26. Januar 1926 und 21. Dezember 1927). Textausgabe mit Einleitung, Anmerkungen und Sachregister. Dritte Auflage, bearbeitet von Dr. **Martin Friedlaender.** Taschenformat. VIII, 202 Seiten. 1929. (Guttentagsche Sammlung Deutscher Reichsgesetze Nr. 51.) . . . . RM. 5.—

Die vorliegende Auflage des bekannten „Göppert-Seydel" ist den veränderten Verhältnissen entsprechend vollkommen umgearbeitet worden; sie berücksichtigt sowohl die nach dem Kriege erfolgten Änderungen und Ergänzungen des Gesetzes und des Aufwertungsrechtes wie auch die Judikatur und das Schrifttum bis auf die letzte Zeit. Damit kommen die Vorzüge des „Göppert-Seydel" der Praxis und Wissenschaft wieder in ihrem ganzen Umfange zugute.

Behlert, Heinz, Der Konnossement-Teilschein. Groß-Oktav. 79 Seiten. 1930. (Hamburger Rechtsstudien Heft 5.) . . . . RM. 5.—

Die Schrift löst die Frage, ob ein Konnossement-Teilschein dem Konnossement gleichzusetzen ist, unter Zugrundelegung der Hamburger Verhältnisse und unter Berücksichtigung der Rechtsprechung, der Lehre und des ausländischen Rechtes.

Lion, Robert, Reine Konnossemente gegen Revers. Groß-Oktav. 78 Seiten. 1930. (Hamburger Rechtsstudien Heft 7.) . . . . RM. 5.—

Die Abhandlung beginnt mit einer ausführlichen Darstellung der Entwicklung, Anwendung und Funktion des Konnossementsreverses. Es folgt eine Untersuchung der rechtlichen Probleme, die sich bemüht, die wirtschaftlichen Interessen aller Beteiligten gegeneinander abzuwägen; eine eingehende Übersicht über die Rechtsprechung ist mit ihr verbunden. Den Abschluß bildet eine Darstellung und Würdigung der zahlreichen Reformvorschläge. Wirtschaft und Recht des Auslandes sind in weitestgehendem Umfange berücksichtigt.

Bank und Börse

Koch, R., und **Schacht, Hjalmar, Die Reichsgesetzgebung über das Münz- und Notenbankwesen.** Textausgabe mit Anmerkungen und Sachregister. Siebente, völlig neubearbeitete Auflage. Taschenformat. XVIII, 617 Seiten. 1925. (Guttentagsche Sammlung Deutscher Reichsgesetze Bd. 26.) Geb. RM. 14.—

„Dieser Kommentar zeichnet sich durch Vollständigkeit und Reichhaltigkeit aus und bietet außerdem in der Einleitung einen vortrefflichen Überblick über die Entwicklung des deutschen Noten- und Geldwesens während der letzten Jahrzehnte." Monatsschrift für Handelsrecht und Bankwesen.

Nußbaum, Arthur, Bank- und Börsenrecht. Eine Sammlung von Gesetzen und Geschäftsbedingungen. Taschenformat. XII, 622 Seiten. 1927. (Guttentagsche Sammlung Deutscher Reichsgesetze Bd. 169.) . Geb. RM. 11.—

Die vorliegende Sammlung der verstreuten bank- und börsenrechtlichen Vorschriften fehlte bisher in der kaufmännischen und juristischen Bankpraxis ebenso wie im handelsrechtlichen und betriebswirtschaftlichen Unterricht. Ihr Erscheinen wurde daher vielseitig begrüßt. Die Sammlung berücksichtigt auch die dem freien Verkehr entstammenden Rechtsbildungen.

Kommentar zum Börsengesetz. Im Auftrage des Centralverbandes des Deutschen Bank- und Bankiergewerbes (E. V.) bearbeitet von H. Rehm, H. Trumpler, Heinrich Dove, Ernst Neukamp, R. Schmidt-Ernsthausen, James Breit. Mit einem Varwort von J. Rießer. Lexikon-Oktav. VIII, 464 Seiten. 1909. . . . . . RM. 12,—, geb. RM. 13.50

„Einen so guten Kommentar zum Börsengesetz hat es noch nie gegeben. Wer sich darein vertieft, wird reiche Belehrung daraus schöpfen über das Börsenwesen im allgemeinen und über seine Rechtsübung und Rechtssprechung im besonderen.“ Sächsisches Archiv für Rechtspflege.

Hemptenmacher, Th., Börsengesetz. Dritte Auflage von O. Meyer. Taschenformat. XXIII, 373 Seiten. 1915. (Guttentagsche Sammlung Deutscher Reichsgesetze Bd. 41.) . . . . Geb. RM. 3.50

„Das Bändchen bringt neben einem kurzen Überblick und einem vorteilhaft erweiterten Anhang das Börsengesetz nebst Ausführungsbestimmungen. Alles in allem schließt sich auch dieses Bändchen wieder den übrigen Textausgaben der wegen ihrer unbedingten und erschöpfenden Sachlichkeit bekannten Guttentagschen Sammlung Deutscher Reichsgesetze würdig an.“ Bayrische Handelszeitung.

Lusensky, F., Gesetz, betreffend die Pflichten der Kaufleute bei Aufbewahrung fremder Wertpapiere (Depotgesetz). Neue Auflage in Bearbeitung. (Guttentagsche Sammlung Deutscher Reichsgesetze Bd. 40.)

„Die beste Bearbeitung des sogenannten Depotgesetzes.“ Zeitschrift für Aktiengesellschaften.

Frohner, G., Aktiensonderdepot und Legitimationsübertragung. (Hamburger Rechtsstudien, herausgegeben von Mitgliedern der Rechts- und Staatswissenschaftlichen Fakultät der Hamburgischen Universität, Heft 3.) Groß-Oktav. VII, 114 Seiten. 1929 . . . . RM. 7.—

Schwerin, Frh. Cl. von, Recht der Wertpapiere (einschließlich Wechsel- und Scheckverkehr). Oktav. X, 231 Seiten. 1924. (Lehrbücher und Grundrisse der Rechtswissenschaft Bd. 7.) . . . . . . RM. 7.—, geb. RM. 8.50

„Das Buch löst seine Aufgabe, den Studierenden eine Einführung in die Materie des Wertpapierrechts zu geben, ausgezeichnet, vor allem deshalb, weil es eine gute theoretische Fundierung mit einer dem Lehrzweck entsprechenden Darstellung des praktischen Rechts und der Rechtstatsachen verbindet.“ Deutsche Juristenzeitung.

Zeitgemäße Bankrechtsfragen, Festgabe der Rechtsabteilung der Disconto-Gesellschaft zum 70. Geburtstage des Herrn Dr. jur. Arthur Salomonsohn. Quart. 126 Seiten. 1929 . . . . . RM. 8.—, geb. RM. 10.—

„Der Band enthält 8 vorzügliche Aufsätze. Die Verfasser befassen sich mit Problemen, die in der Rechtsabteilung einer Großbank oft zur Debatte stehen und deren endgültige Klärung ein praktisches Bedürfnis ist.“ Wirtschaftl. Nachrichten.

Verhandlungen des VII. allgemeinen deutschen Bankiertages. Köln, 9.—11. September 1928, auf Grund stenographischer Berichte. Groß-Oktav. 436 Seiten. 1928 . . . . RM. 10.—

Bank-Archiv. Zeitschrift für Bank- und Börsenwesen. Unter Mitwirkung von hervorragenden Fachmännern herausgegeben von Geh. Justizrat Prof. Dr. Rießer, Berlin. Schriftleitung: Rechtsanwalt Otto Bernstein, geschäftsführendes Mitglied des Zentralverbandes des Deutschen Bank- und Bankiergewerbes. Quart. Jährlich 24 Nummern. XXX. Jahrgang. 1930/31 . . . . Pro Halbjahr RM. 12.—

III. Grenzgebiete des Bürgerlichen Rechts

1. Privat- und Sozialversicherung

Koenige, Heinrich, und **Petersen**, A., **Gesetz über die privaten Versicherungsunternehmungen** vom 12. Mai 1901. Textausgabe mit Anmerkungen und Sachregister. Dritte, umgearbeitete Auflage. Taschenformat. 856 Seiten. 1927. (Guttentagsche Sammlung Deutscher Reichsgesetze Bd. 62.)

Geb. RM. 20.—

Ein Nachtrag, der alle Änderungen und Neuerungen sowie den jetzt geltenden Wortlaut des Gesetzes enthält, erscheint in Kürze.

„Für Theorie und Praxis der Privatversicherung wird das Werk zu einem unentbehrlichen Hilfsmittel." Deutsche Versicherten-Zeitung.

Bruck, E., **Reichsgesetz über den Versicherungsvertrag** nebst dem zugehörigen Einführungsgesetz vom 30. Mai 1908. Sechste, vollkommen neubearbeitete Auflage. Taschenformat. 708 Seiten. 1929. (Guttentagsche Sammlung Deutscher Reichsgesetze Bd. 83.) . . . . Geb. RM. 14.—

„Die Vorzüge, welche die früheren Auflagen schon zeigten, die Fülle des Gebotenen, die Beherrschung des Stoffes, die anschauliche und doch knappe Sprache, und dies alles in dem engen Rahmen einer Textausgabe, kleinen Handausgabe mit Anmerkungen, sind auch dieser vierten Auflage in hohem Maße eigen." Mitteilungen für die öffentlichen Feuerversicherungs-Anstalten.

Moldenhauer, Paul, **Das Versicherungswesen.**

I. Allgemeine Versicherungslehre. Vierte Auflage. 152 Seiten. 1925. (Sammlung Göschen Bd. 262.) . . . . Geb. RM. 1.80

II. Die einzelnen Versicherungszweige. Zweite Auflage. 130 Seiten. 1923. (Sammlung Göschen Bd. 636.) . . . . Geb. RM. 1.80

„Das Buch ist für jeden, der sich mit dem Versicherungswesen und seinen Zweigen vertraut machen will, ein trefflicher Führer." Versicherungspost.

Veröffentlichungen des Reichs-Aufsichtsamts für Privatversicherung. Groß-Oktav. 29. Jahrgang. . . . . . Pro Band RM. 40.— bis RM. 50.—

Versicherungsstatistik für 1902 über die unter Reichsaufsicht stehenden Unternehmungen. Herausgegeben vom Reichsaufsichtsamt für Privatversicherung. Lexikon-Oktav. LXXVII, 384 Seiten. 1905 . . . . . . RM. 10.—
— für 1903 bis 1917 . . . . Je Jahrgang RM. 10.—
— für 1928 bis 1929 . . . . RM. 24.—

v. **Liebig**, Eugen, **Das deutsche Feuerversicherungswesen.** Groß-Oktav. 211 Seiten. 1911 . . . . RM. 5.—

„In einer außerordentlich klaren Darstellung gibt der Verfasser einen geschichtlichen Überblick von den Gilden an bis zum gegenwärtigen Stand der Feuerversicherung in Deutschland. Das Buch ist in so flüssiger, schöner Sprache geschrieben, daß auch der Anfänger und selbst der Laie durch die fesselnde Darstellung leicht einen tiefen Einblick in das Wesen der Feuerversicherung gewinnen wird." Archiv für Versicherungswirtschaft.

Weygand, J., **Die Grundzüge der Kundenversicherung.** (Generalversicherung der Speditions- und Lagergüter.) Mit einer Einleitung über das Interesse als Element der Sachversicherung. Groß-Oktav 162 Seiten. 1914. RM. 4.—

„Das interessante Werk bietet namentlich für Juristen wertvolle Hinweise zur Rechtsbehandlung der Kundenversicherungsfrage." Archiv für Gewerbepolitik und Volkswirtschaft.

Berliner, Ludwig, und **Pfaffenberger**, Ernst, **Aufwertung von Versicherungsansprüchen** mit Durchführungsbestimmungen.

I. Teil. Oktav. 235 Seiten. 1926. Mit Nachtrag. (Guttentagsche Sammlung Deutscher Reichsgesetze Bd. 164.) . . . . Geb. RM. 6.50

II. Teil: Sach- und Transportversicherung; Unfall- und Haftpflichtversicherung. Oktav. 112 Seiten. 1926. (Guttentagsche Sammlung Deutscher Reichsgesetze Bd. 164 a.) . . . . Geb. RM. 3.50

„Ein bedeutsamer Kommentar, durch den die gesetzlichen Bestimmungen von der juristischen und versicherungstechnischen Seite aus eingehend erläutert werden. In seinem straffen, systematischen Aufbau, der Geschlossenheit der Darstellung muß man das Buch als ein Standardwerk für das gesamte versicherungsrechtliche Aufwertungsgebiet bezeichnen. Ein unentbehrlicher Ratgeber in allen interessierten Kreisen.“

Versicherungs-Post, Berlin.

Tsirintanis, Alexander, Die Order-Polize. Groß-Oktav. 95 Seiten. 1930 (Hamburger Rechtsstudien Heft 6.) . . . . RM. 6.—

Der Verfasser behandelt die Frage, inwieweit das Versicherungsrecht, um den heutigen Verkehrsbedürfnissen zu entsprechen, die Orderklausel und das Indossament verwerten kann. Nach einer Darstellung und kritischen Würdigung der Ergebnisse aus der Anorderstellung des Versicherungsscheins in anderen Ländern, insbesondere in Frankreich, versucht der Verfasser die rechtlichen und wirtschaftlichen Folgen aus der Ausstellung von Order-Polizen darzulegen. In einem besonderen Teil wird die Order-Polize mit anderen, auf denselben wirtschaftlichen Erfolg gerichteten Rechtsinstituten, namentlich der Versicherung für Rechnung wen es angeht, verglichen und die vorhandenen Unterschiede gestreift.

Embden, Helmuth, Versicherung für Rechnung wen es angeht. Groß-Oktav. VIII, 39 Seiten. 1930. (Hamburger Rechtsstudien Heft 8.) RM. 3.—

Im ersten Teil wird der versicherungsrechtliche Interessenbegriff im streng individualistischen Sinne präzisiert. Im Hauptteil versucht dann der Verfasser, die universelle Vertragsform der Versicherung für Rechnung wen es angeht in Einklang mit einer so engen Auffassung des Interessenbegriffs zu bringen.

Lippmann, Karl, Die Reichsversicherungsordnung in der Fassung der Bekanntmachung vom 15. Dezember 1924 und des Gesetzes über das Reichsschiedsamt vom 22. Januar 1925 nebst dem Einführungsgesetze, den wichtigsten Ausführungsvorschriften, den ergänzenden Gesetzen und Verordnungen sowie den Verordnungen über das Verfahren. Oktav. XV, 589 Seiten. 1925. (Guttentagsche Sammlung Deutscher Reichsgesetze Bd. 161.) Geb. RM. 11.—

Ergänzungsband, enthaltend den vollständigen Wortlaut der neuen Fassung des Unfallversicherungsgesetzes sowie die Ergänzungen der übrigen Bücher der RVO. Oktav. 224 Seiten. 1926. (Guttentagsche Sammlung Deutscher Reichsgesetze Bd. 161 a.) . . . . Geb. RM. 4.—

Zweiter Ergänzungsband, enthaltend weitere Änderungen und Ergänzungen durch die in der Zeit von Anfang 1926 bis Mitte 1928 erlassenen Gesetze und Verordnungen. Zweite, vermehrte Ausgabe, Stand vom 1. Juli 1928. Oktav. 71 Seiten. 1928. (Guttentagsche Sammlung Deutscher Reichsgesetze Bd. 161 b.) . . . . RM. —.80

Dritter Ergänzungsband, enthaltend weitere Änderungen und Ergänzungen durch die bis Mitte 1929 erlassenen Gesetze und Verordnungen. Oktav. 81 Seiten. 1929. (Guttentagsche Sammlung Deutscher Reichsgesetze Bd. 161 c.) . . . . RM. 1.—

„Das Buch dürfte sich in der Bibliothek eines jeden finden, der sich mit der Reichsversicherungsordnung befaßt. Es gehört zu den praktisch wertvollsten.“

Deutsche Allgemeine Zeitung.

Reuß, Max, und Hense, Fritz. Das Reichsknappschaftsgesetz vom 1. Juli 1926 nebst Einführungsgesetz. 2. Aufl. Taschenformat. XVI, 640 Seiten. 1926.

(Guttentagsche Sammlung Deutscher Reichsgesetze Bd. 155.) Mit Nachtrag 1931. Geb. RM. 12.—

„Die Herausgabe des Gesetzes bedarf keiner besonderen Empfehlung. Das Buch kann allen, die auf dem Gebiete des Knappschaftswesens tätig sind, aufs wärmste empfohlen werden.“ Zeitschrift für Bergrecht.

Angestelltenversicherungsgesetz vom 28. Mai 1924. Zweite Auflage. Taschenformat. 143 Seiten. 1927. Mit Nachtrag. (Guttentagsche Sammlung Deutscher Reichsgesetze. Textausgaben ohne Anmerkungen.) . . Geb. RM. 2.50

Manes, Alfred, Sozialversicherung. 7., ergänzte Aufl. 1928. Kl.-Oktav. 139 Seiten. (Sammlung Göschen Bd. 267.) . . . . Geb. RM. 1.80

„Es gibt keine andere Darstellung der geltenden Sozialversicherung, die in solch erfreulicher Kürze und Sachlichkeit durch die annähernd 2400 Paragraphen führt.“ Hanseatische Rechts- und Gerichts-Zeitschrift.

Schmeißer, Herbert, Das Gesetz über Arbeitsvermittlung und Arbeitslosenversicherung in der Fassung der Notverordnung vom 1. Dezember 1930. 2 Bände. Taschenformat.
Band I. XVI, 639 Seiten. 1931 . . . . Geb. RM. 15.—
Band II erscheint voraussichtlich im Herbst 1931.
(Guttentagsche Sammlung Deutscher Reichsgesetze Bd. 165.)

Der auf diesem Gebiet besonders sachkundige Verfasser bringt mit diesem Werk einen Kommentar zum gesamten Arbeitsvermittlungs- und Arbeitslosenrecht, das im Laufe der Jahre umfangreichen Änderungen unterworfen war und so unübersichtlich geworden ist, daß eine straffe, übersichtliche und allgemeinverständliche Kommentierung für den Fach- und Nichtfachmann immer dringlicher wird. Der Verfasser berücksichtigt das gesamte einschlägige Material: Rechtsprechung der Arbeitsgerichte, der Spruchbehörden, der Arbeitslosenversicherung und der Beschluß- und Spruchbehörden der RVO. Die grundsätzlichen Entscheidungen des Spruchsenats für die Arbeitslosenversicherung sind bis Ende Januar 1931 verarbeitet, ferner die Begründung zu den Gesetzentwürfen und die Verhandlungen der gesetzgebenden Körperschaften. — Auch die vielen Ausführungsbestimmungen sind erläutert.

2. Arbeitsrecht

Depène, Hans, Das Arbeitsgerichtsgesetz. Taschenformat. (Guttentagsche Sammlung Deutscher Reichsgesetze Bd. 168.) 2. Auflage in Bearbeitung.

Arbeitsrechtliche Spruchsammlung. Beiträge zum Deutschen Handwerksblatt. Pro Quartal RM. 0.90

Günther, Adolf, und Schneider, Richard, Arbeiterschutz und Arbeitsrecht. Zweite Auflage. Taschenformat.
I. Teil: **Arbeitszeitschutz.** Das Arbeitszeitnotgesetz und die übrige arbeitszeitrechtliche Gesetzgebung des Reichs seit dem 9. November 1918. 386 Seiten. 1927 . . . . Geb. RM. 7.50

„Der Kommentar umfaßt die gesamte arbeitszeitrechtliche Gesetzgebung von der Staatsumwälzung bis zur Gegenwart. Er ist ein Führer durch das weite und unübersichtliche Gebiet der arbeitszeitrechtlichen Gesetzgebung. Ein ausführliches Sachregister soll die praktische Benutzung erleichtern.“ Die Wirtschaftsgenossenschaft.

II. Teil: Gesetz über die **Beschäftigung Schwerbeschädigter** nebst den einschlägigen gesetzlichen Bestimmungen. 404 Seiten. 1928. (Guttentagsche Sammlung Deutscher Reichsgesetze Bd. 138a/138c.) . . Geb. RM. 8.—

„Das Buch stellt nicht nur beim Studium des Gesetzes ein wertvolles Hilfsmittel dar, sondern ist auch für den Handgebrauch des Arbeitsrechtspraktikers unentbehrlich.“ Berliner Wohlfahrtsblatt.

IV. Teil: **Betriebsstillegungsverordnung.** 240 Seiten. 1929. (Guttentagsche Sammlung Deutscher Reichsgesetze. Bd. 138d.) . . . . Geb. RM. 6.50

Warneyer, Otto, **Betriebsrätegesetz** vom 4. Februar 1920 nebst der Wahlordnung zum Betriebsrätegesetz, dem Aufsichtsratsgesetz samt Wahlordnung und den Ausführungsverordnungen des Reichs und der Länder. Auf der Grundlage der Güntherschen Textausgabe mit Anmerkungen erläutert unter besonderer Berücksichtigung der Rechtsprechung des Reichsgerichts und des Reichsarbeitsgerichts. Zweite Auflage. Taschenformat. 235 Seiten. 1931. (Guttentagsche Sammlung Deutscher Reichsgesetze Bd. 138b.) . . . . Geb. RM. 5.—

Warneyers Ruf als Kommentator gewährleistet völlige Durchdringung des Stoffes und Herbeibringung eines besonders ausgewählten positiven Materials. Diese Handausgabe ist ihrer Anlage nach ein verkürzter Kommentar, der die Entwicklung des Gesetzes, der Rechtsprechung — vor allem des Reichsarbeitsgerichts! — und der einschlägigen Literatur bis Ende 1930 berücksichtigt. Die übersichtliche Anordnung sowie die Prägnanz und Leichtigkeit der Sprache ermöglichen allen Interessenten bequemste Auswertung.

Tilly, Dr. Helmuth Tczerclas von, **Internationales Arbeitsrecht.** Unter besonderer Berücksichtigung der Internationalen Arbeitsorganisation. 120 Seiten. 1924. (Sammlung Göschen Bd. 882.) . . . . Geb. RM. 1.80

Es ist das erste Werk, das in klarer, kurzer und allen leicht verständlicher Weise das gesamte grundlegende Tatsachenmaterial — und zwar nur dieses — auf dem umfassenden Gebiete des internationalen Arbeiterschutzes von dessen ersten Anfängen bis in die neueste Zeit bietet.

3. Gewerberecht

Hiller, Fr., und **Luppe,** H., **Gewerbeordnung für das Deutsche Reich nebst Kinderschutzgesetz und Hausarbeitsgesetz** sowie den für das Reich und Preußen erlassenen Ausführungsbestimmungen. Einundzwanzigste, veränderte Auflage. (143. bis 148. Tausend.) Taschenformat. 931 Seiten. 1928. Mit Nachtrag vom 11. 2. 1929. (Guttentagsche Sammlung Deutscher Reichsgesetze Bd. 6.) . . . . Geb. RM. 11.—

„Ein Wort der Empfehlung für dieses Buch zu sagen, erübrigt sich. Hervorgehoben sei, daß diese Auflage alle Vorzüge der früheren Auflagen in sich schließt. Die zahlreichen neuen Gesetze sind erschöpfend berücksichtigt.“
Zeitschrift des Deutschen Notarvereins.

Brassert, H., **Allgemeines Berggesetz** für die preußischen Staaten mit Kommentar. Zweite Auflage, bearbeitet von Hans Gottschalk. Groß-Oktav. XXIX, 1291 Seiten. 1914. . . . . . RM. 27.—, geb. RM. 30.—

Sonnenfeld, Hugo, **Die reichsrechtlichen Bestimmungen, betreffend den Handel mit Drogen und Giften.** Dritte, veränderte Auflage. Taschenformat. 435 Seiten. 1926. (Guttentagsche Sammlung Deutscher Reichsgesetze Bd. 64.). . . . . Geb. RM. 12.—

„Die Arbeit gehört einem Spezialgebiet an, mit dem nicht jeder Jurist zu tun hat. Wird er einmal genötigt, sich auf dieses Gebiet zu begeben, so ist er um so dankbarer für eine Arbeit, die sofort den Eindruck größter Sachkunde und vollständiger Materialsammlung macht, und deren Führung man sich unbedenklich anvertrauen kann.“ *Vossische Zeitung.*

Friedrichs, Karl, **Gaststättengesetz** vom 28. April 1930 mit den Durchführungs- und Ausführungsverordnungen des Reichs und Preußens. Taschenformat. VIII, 144 Seiten. 1930. (Guttentagsche Sammlung Deutscher Reichsgesetze, Textausgabe mit Erläuterungen und Sachregister, Band 176.) Geb. RM. 3.50

Der Verlag legt hiermit auch das Gaststättengesetz in seiner neuen Fassung mit ausführlichen Erläuterungen von Justizrat Dr. Karl Friedrichs vor, der als Kommentator von Verwaltungsgesetzen einen besonderen Namen hat. Der Verfasser hat zur vollständigen und zuverlässigen Erläuterung alles herangezogen, was aus der bisherigen Rechtsprechung und den einschlägigen Reichstagsdrucksachen verwertbar ist; die Durch- und Ausführungsverordnungen für das Reich und Preußen sind wörtlich abgedruckt und, soweit notwendig, erläutert.

Lebbin, Georg, **Nahrungsmittelgesetze** mit Erläuterungen. Zweite, stark vermehrte Auflage in zwei Bänden.

I. Band: Das Lebensmittelgesetz vom 5. Juli 1927 mit Nebengesetzen (Margarine, Fleisch, Milch, Süßstoff, Essigsäure usw.). Erläutert von G. Lebbin und R. Gießner. Taschenformat. XVI, 419 Seiten. 1928. Geb. RM. 8.50

II. Band: Getränkegesetze und Getränkesteuergesetze (Wein, Bier, Branntwein, Mineralwasser). Unter Mitarbeit von Rechtsanwalt Dr. Kniebe. Taschenformat. XII, 400 Seiten. 1926. (Guttentagsche Sammlung Deutscher Reichsgesetze Bd. 54 b.) . . . . Geb. RM. 10.—

„Das Werk ist für unsere Leser und überhaupt die ganze Fachwelt der Getränkeindustrie unentbehrlich, muß doch jedermann mit den einschlägigen Gesetzesbestimmungen sich soweit wie irgend möglich vertraut machen, wenn er nicht in Nachteile geraten will. Die Anschaffung des Buches kann bestens empfohlen werden.“ Branntweinmonopol.

Voß, Werner, **Die reichs- und landesrechtlichen Bestimmungen auf dem Gebiete des Gesundheitswesens.** Taschenformat 608 Seiten. 1929. (Guttentagsche Sammlung Deutscher Reichsgesetze Bd. 172.) . . . Geb. RM. 11.—

„Das Buch wird seiner Aufgabe, fast den gesamten Gesetzesstoff in einem einzigen kleinen Bande in die Hand zu geben, gewiß gerecht und wird sich schnell als unentbehrliches Hilfsmittel für jeden erweisen, der öfter mit dem Gesundheitswesen zu tun hat.“ Reichsverwaltungsblatt.

4. Geistig-gewerblicher Rechtsschutz

Elster, Alexander, **Urheber- und Erfinder-, Warenzeichen- und Wettbewerbsrecht.** (Gewerblicher Rechtsschutz.) Zweite, stark erweiterte und völlig umgearbeitete Auflage. Mit Abdruck der Gesetzestexte. Oktav. XII, 611 Seiten 1928. (Lehrbücher und Grundrisse der Rechtswissenschaft Bd. VIII.) RM. 18.—, geb. RM. 19.50

„Seit Kohler und Osterrieth endlich wieder das langentbehrte Lehrbuch. Hier unternimmt ein wahrhaft selbständiger und ideenreicher Kopf den Versuch, eine wirkliche Synthese zu schaffen.“ Juristische Rundschau.

Neuberg, J., **Der internationale gewerbliche Rechtsschutz.** 2. Auflage. 128 Seiten. 1923. (Sammlung Göschen Bd. 271.) . . . . Geb. RM. 1.80

Daude, Paul, **Die Reichsgesetze über das Urheberrecht an Werken der Literatur und der Tonkunst und das Verlagsrecht** vom 19. Juni 1901 in der Fassung des Gesetzes vom 22. Mai 1910 zur Ausführung der revidierten Berner Übereinkunft. Oktav. VIII, 293 Seiten. 1910. . . RM. 6.—

„Der Zusammenhang der erläuterten Gesetze mit dem Strafgesetzbuch, dem Bürgerlichen Gesetzbuch und anderen Gesetzen ist in leichtverständlicher Weise praktisch dargestellt. Es wird vorzügliche Dienste leisten.“ Deutsche Literatur-Zeitung.

Lindemann, O., **Gesetz, betr. das Urheberrecht** an Werken der Literatur und der Tonkunst. Vierte Auflage. Taschenformat. 171 Seiten. 1921. (Guttentagsche Sammlung Deutscher Reichsgesetze Bd. 60.) . Geb. RM. 1.80

„Die Arbeit ist nicht bloß eine Gesetzesausgabe, sondern ein wertvoller Kommentar des Gesetzes. Das Werk sei jedermann auf das beste empfohlen.“ Juristische Wochenschrift.

Fuld, Ludwig, Gesetz, betr. das Urheberrecht an Werken der bildenden Künste und der Photographie. Zweite Auflage. Taschenformat. 192 Seiten. 1925. (Guttentagsche Sammlung Deutscher Reichsgesetze Bd. 81.)

Geb. RM. 6.—

„Der zwar kleine, aber inhaltreiche und daher sehr beliebte Kommentar von Fuld erscheint in zweiter, völlig neubearbeiteter Auflage. Überall ist dem Stande der heutigen Rechtsprechung und wissenschaftlichen Auffassungen Rechnung getragen. In einem Anhang sind die einschlägigen internationalen Übereinkommen abgedruckt. Alle Interessenten werden mit Freuden die neue Auflage begrüßen." Danziger Juristische Monatsschrift.

Reininger, G., Der Schutz des Urheberrechts im deutschen Rundfunk. Oktav. 88 Seiten. 1929 . . . . RM. 4.—

„Eine interessante, zeitgemäße, namentlich auch für geistige Neuschöpfer wichtige Studie." Badische Rechtspraxis.

Andritzky, Christoph, Die Rechtsstellung des Drehbuchautors. Oktav. XI, 80 Seiten. 1931 . . . . RM. 3.50

Andritzky äußert sich zu den Streitfragen um die Urheberschaft am Film. Er trennt scharf zwischen künstlerischer Leistung und künstlerisch-urheberischer Schöpfung und kommt zu der These: Der Filmurheber ist der Urheber des kurbelfertigen Drehbuches. — Die Verhältnisse beim Tonfilm sind, soweit dies möglich erschien, berücksichtigt.

Heinitz, Ernst, und Marwitz, Bruno, Das Reichsgesetz über das Verlagsrecht. Textausgabe mit Einleitung, Anmerkungen und Sachregister. Dritte Auflage. Taschenformat. 136 Seiten. 1922. (Guttentagsche Sammlung Deutscher Reichsgesetze Bd. 61.) . . . . Geb. RM. 1.60

„Dieser kurze Kommentar ist durch seine knappen, das Wichtige klar vortragenden Darlegungen dazu berufen, eine Lücke auszufüllen, die sich für den Praktiker des Verlagsrechts seit Jahren ergab. Man darf deshalb das Erscheinen dieser neuen Auflage aus der Feder des Spezialisten des Verlagsrechts mit größter Freude begrüßen." Börsenblatt für den Deutschen Buchhandel.

Elster, A., Das deutsche Urheber- und Verlagsrecht. 128 Seiten. 1923. (Sammlung Göschen Bd. 863.) . . . . Geb. RM. 1.80

„Erstaunlich ist, wie Elster diese beiden so viel umstrittenen Gesetze auf so engem Raum in vortrefflicher Weise zur Darstellung gebracht hat." Deutscher Journalistenspiegel.

Heymann, E., Die zeitliche Begrenzung des Urheberrechts. Oktav. 74 Seiten. 1927. (Sitzungsberichte der Preußischen Akademie der Wissenschaften zu Berlin.) . . . . RM. 5.—

Pietzcker, Eduard, Patentgesetz und Gebrauchsmusterschutzgesetz. Kommentar unter Berücksichtigung der vorgeschlagenen und weiter beantragten Abänderungen des Patentgesetzes. Erster Halbband: §§ 1—12 PatG. Groß-Oktav. 427 Seiten. 1929. (Gewerbe- und Industrie-Kommentar Bd. V, 1.)

RM. 26.—, geb. RM. 28.—

„Die überall zutage tretende geistige Leistung macht Pietzckers Kommentar für jeden, der sich mit diesem Rechtsgebiet zu beschäftigen hat, zum unentbehrlichen Rüstzeug." Markenschutz und Wettbewerb.

Seligsohn, Arnold, Patentgesetz und Gesetz, betr. den Schutz von Gebrauchsmustern. Siebente Auflage. Oktav. 1930. In Bearbeitung.

„Die Vorzüge des Buches sind bekannt. Klare, leichtfaßliche Sprache, wissenschaftliche Vertiefung, dabei starke Betonung der Praxis, lückenlose Behandlung aller Probleme sind die Vorzüge, die den Seligsohnschen Kommentar zum unentbehrlichen Rüstzeug jedes im gewerblichen Rechtsschutz Tätigen gemacht haben." Mitteilungen vom Verband Deutscher Patentanwälte.

Lutter, R., Patentgesetz. Nebst Ausführungsbestimmungen, völkerrechtlichen Verträgen und Patentanwaltsgesetz, unter eingehender Berücksichtigung der Rechtsprechung des Reichsgerichts und der Praxis des Reichspatentamts. Neunte Auflage. Taschenformat. XV, 467 Seiten. 1928. (Guttentagsche Sammlung Deutscher Reichsgesetze Bd. 22.) . . . Geb. RM. 10.—

„Der jetzige Verfasser hat einen völlig neuen Kommentar geschaffen, der in seiner Knappheit und Sparsamkeit dem ursprünglichen Zweck gerecht wird, aber an wissenschaftlicher Durcharbeitung und Gründlichkeit die vorangegangenen Auflagen weit überragt." Gewerblicher Rechtsschutz und Urheberrecht

Elster, A., Das deutsche Erfinderrecht. (Patent- und Musterschutzrecht.) 118 Seiten. 1924. (Sammlung Göschen Bd. 891.) . . . . . Geb. RM. 1.80

„Die Aufgabe, einen Überblick über das deutsche Erfinderrecht zu geben, ist im Rahmen der kurzen Erörterungen mit viel Geschick gelöst. Deshalb wird das Büchlein auch bei allen Gruppen der am Patentrecht interessierten Personen seine Freunde finden." Gewerblicher Rechtsschutz und Urheberrecht.

Seligsohn, Jul., Geheimnis und Erfindungsbesitz. Groß-Oktav. 147 Seiten. 1921 . . . . RM. 3.—

Pinner-Elster, Gesetz gegen den unlauteren Wettbewerb. Achte, sehr vermehrte und umgestaltete Auflage. Taschenformat. 254 Seiten. 1927. (Guttentagsche Sammlung Deutscher Reichsgesetze Bd. 37.) . Geb. RM. 5.—

„Das Buch ist mehr als eine bloße ‚Textausgabe mit Anmerkungen', nämlich ein richtiger Kommentar, und wird in der Praxis ausgezeichnete Dienste tun." Senatspräsident am Reichsgericht Dr. Lobe, Leipzig, i. d. Jurist. Wochenschrift.

Wassermann, Martin, Der unlautere Wettbewerb nach deutschem Recht. I. Generalklausel, Reklameauswüchse, Ausverkaufswesen, Angestelltenbestechung. 160 Seiten. 1911. II. Kreditschädigung, Firmen- und Namenmißbrauch, Verrat von Geheimnissen, Ausländerschutz. 151 Seiten. 1911. (Sammlung Göschen Bd. 339 u. 535.) . . . . Geb. je RM. 1.80

Wolff, F., und Crisolli, K.-A., Das Recht der Reklame. Lexikon-Oktav. 424 Seiten. 1929 . . . . RM. 20.—, geb. RM. 22.—

„. . . Mit großer Umsicht ist ein umfänglicher Stoff gesammelt und in gründlicher Arbeit juristisch durchdrungen und dargestellt. Das Buch ist wohl in erster Reihe für Juristen bestimmt, aber auch für wirtschaftliche Kreise und Reklamefachleute wertvoll und jedenfalls für die Beschäftigung mit diesem Sondergebiet ein zuverlässiges Hilfsmittel." Flad i. d. „Juristischen Rundschau".

Hagens, Alfred, Warenzeichenrecht. Kommentar. Groß-Oktav. VIII, 408 Seiten. 1927. (Gewerbe- und Industrie-Kommentar Bd. III.) RM. 22.—, geb. RM. 24.—

„Eine ausführliche Darstellung, die zeigt, daß der Verfasser das gesamte Fachschrifttum und die reichhaltige Rechtsprechung restlos beherrscht. Ich habe gefunden, daß nicht ein einziger Fall von Bedeutung fehlt." Markenschutz und Wettbewerb.

Seligsohn, Arnold, Gesetz zum Schutz der Warenbezeichnungen. Dritte Auflage, bearbeitet in Gemeinschaft mit Martin Seligsohn in Berlin. Groß-Oktav. IV, 416 Seiten. 1925. . . . . . RM. 15.—, geb. RM. 16.50

„Der Kommentar zeigt alle Vorzüge des in der Wissenschaft und Praxis des gewerblichen Rechtsschutzes gleich ausgezeichneten Juristen: volle theoretische und praktische Beherrschung des Stoffes, klare Darstellungsgabe, sorgsame Behandlung und treffsicheres Urteil." Badische Rechtspraxis

Freund, G. S., Magnus, Julius, und Jüngel, Friedrich, Das deutsche Warenzeichenrecht. Sechste, neubearbeitete Auflage. Teil I: Die internationalen Verträge. VI, 247 Seiten. Mit 4 Tafeln. 1924. (Guttentagsche Sammlung Deutscher Reichsgesetze Bd. 87a.) . . . . Geb. RM. 9.—

„Das ganze Werk mit seiner Fülle von Gesetzen, Verordnungen, Verträgen, Bekanntmachungen bildet eine Quellensammlung für das internationale deutsche Zeichenrecht, ohne die man fortan nicht mehr auskommen kann."
Gewerblicher Rechtsschutz und Urheberrecht.

Born, A., Reichspreßgesetz vom 7. Mai 1874 nebst den einschlägigen Bestimmungen der Reichsverfassung, des Reichsstrafgesetzbuches, der Gewerbeordnung usw. Mit Kommentar und Sachregister. Dritte Auflage. Taschenformat. 176 Seiten. 1924. (Guttentagsche Sammlung Deutscher Reichsgesetze Bd. 53.) . . . . Geb. RM. 4.—

„Das Werk bringt eine sehr reichhaltige Kommentierung des Stoffes, die um so wertvoller ist, als den Entscheidungen der Wortlaut der Urteilsbegründungen beigefügt ist. Sämtliche einschlägigen Bestimmungen der das Pressewesen berührenden Gesetze sind aufgeführt, eingehend besprochen und in Beziehung zueinander gebracht worden. Als Nachschlagewerk in Zweifelsfällen wird das Buch von großem Nutzen sein."
Ministerialblatt für die preußische innere Verwaltung.

IV. Zivilprozeß

Fischer, Otto, Lehrbuch des deutschen Zivilprozeß- und Konkursrechts. Groß-Oktav. XII, 488 Seiten. 1918 . . . . . . RM. 8.—, geb. RM. 10.—

Kisch, Wilh., Deutsches Zivilprozeßrecht.

I. Band. Vierte, verbesserte Auflage. 115 Seiten. 1929. (Sammlung Göschen Bd. 428.) . . . . Geb. RM. 1.80

II. Band. Vierte, verbesserte Auflage. 168 Seiten. 1929. (Sammlung Göschen Bd. 429.) . . . . Geb. RM. 1.80

III. Band. Vierte, verbesserte Auflage. 148 Seiten. 1929 (Sammlung Göschen Bd. 430.) . . . . Geb. RM. 1.80

Diese Auflage wird jedem, der sich auf gemeinverständliche Weise über unser geltendes Zivilgerichtswesen unterrichten will, gute Dienste leisten, und kann namentlich den Studierenden des Rechts als Einführung bestens empfohlen werden.

Sydow, R., Busch, L., und Krantz, W., Zivilprozeßordnung und Gerichtsverfassungsgesetz nebst Anhang, enthaltend Entlastungsgesetze und die Notverordnung vom 1. Dezember 1930. Handkommentar unter besonderer Berücksichtigung der Entscheidungen oberster Gerichte. Begonnen von Dr. R. Sydow. Fortgeführt von Dr. L. Busch, Reichsgerichtsrat i. R., demnächst mit Dr. W. Krantz, Landgerichtsdirektor. Neubearbeitete, zwanzigste Auflage. Zwei Bände. Groß-Oktav. VIII, VIII und 1540 Seiten. 1930. (de Gruyter'sche Sammlung Deutscher Gesetze, Handkommentare.) . . . . Geb. RM. 33.—

„Auch innerlich ist der ausgezeichnete Handkommentar von Sydow-Busch-Krantz verändert. Es sind viele veraltete Entscheidungen ausgemerzt und dafür die Erläuterungen durch eingehendere Darlegungen zweckmäßig erweitert worden. An der Grundlage des Buches wurde nichts geändert, die Druckanordnung ist noch übersichtlicher als bisher. So wird das Buch seine alten Freunde behalten und ohne Zweifel viele neue hinzuerwerben."
Leipziger Zeitschrift für deutsches Recht.

Rosenberg, L., Zivilprozeßgesetzgebung. Taschenformat. 580 Seiten. 1930. Geb. RM. 8.—
(Lehrausgaben Deutscher Gesetze Bd. II.)

„Diese neuartige Ausgabe der ZPO. der ‚Lehrausgaben Deutscher Gesetze' ist ein Beispiel für die besondere Nützlichkeit einer solchen Ausgabe. Die Besonderheiten dieser handlichen und erschöpfenden Ausgabe der Zivilprozeßgesetzgebung bestehen in der sachlichen Ordnung des umfassenden Stoffes, in der Hervorhebung von besonders Wesentlichem durch Sperrdruck und vor allem aber darin, daß den einzelnen Paragraphen in systematischer Weise Überschriften vorausgeschickt sind, die die hier besonders wichtige Aufgabe erfüllen, den Aufbau des Gesetzes und den Zusammenhang der einzelnen Vorschriften klar erkennen zu lassen." Juristische Wochenschrift.

Zivilprozeßordnung mit Gerichtsverfassungsgesetz und Einführungsgesetzen in der Fassung der Bekanntmachung vom 13. Mai 1924 mit den bis 1. April 1929 ergangenen Abänderungen. Textausgabe mit Sachregister. Taschenformat. 440 Seiten. 1929. (Guttentagsche Sammlung von Textausgaben ohne Anmerkungen.) . . . . Geb. RM. 3.50

Die handliche Ausgabe enthält den genannten Gesetzestext mit einem das Zurechtfinden sehr erleichternden Sachregister.

Sydow, R., Busch, L., und Krantz, W., Gerichtsverfassungsgesetz mit Einführungsgesetz. Unter besonderer Berücksichtigung der Entscheidungen des Reichsgerichts. Zehnte Auflage. Taschenformat. 347 Seiten. 1925. (Guttentagsche Sammlung Deutscher Reichsgesetze Bd. 14.) Geb. RM. 6.—

„Das Buch bedarf keiner Empfehlung, es empfiehlt sich selbst durch die Fülle dessen, was es bietet. Gesetzgebung und Rechtsprechung sind bis in die neueste Zeit berücksichtigt." Leipziger Zeitschrift für Deutsches Recht.

Rausnitz, Julius, Gebührenordnung für Notare vom 28. Oktober 1922 (GS. 404) nebst den einschlägigen Vorschriften des Preußischen Gerichtskostengesetzes vom 28. Oktober 1922 (GS. 363), beide in der Fassung der Gesetze vom 12. April 1923 (GS. 107), 18. Dezember 1923 (GS. 556) und der Verordnung vom 28. Juni 1924 (GS. 573). Sechste, umgearbeitete Auflage. Oktav. 158 Seiten. 1925. (Guttentagsche Sammlung Preußischer Gesetze Bd. 4.) . . . . Geb. RM. 7.—

„Der in seiner äußeren Form sehr handlich und gut ausgestaltete Kommentar kann nur auf das wärmste empfohlen werden. Er wird sehr bald ein unentbehrlicher, weil nie versagender Ratgeber werden, der die Berufsarbeit sehr erleichtern wird." Juristische Wochenschrift.

Sydow, R., Busch, L., und Krieg, O., Die Deutsche Gebührenordnung für Rechtsanwälte, das Gesetz, betreffend die Erstattung von Rechtsanwaltsgebühren in Armensachen, und die Preußische Landesgebührenordnung mit Erläuterungen. Auf der Grundlage der Sydow-Busch'schen Textausgabe mit Anmerkungen in dreizehnter Auflage unter Mitaufnahme des Gesetzes über die Erstattung in Armensachen neubearbeitet. Taschenformat 496 Seiten. 1929. (Guttentagsche Sammlung Deutscher Reichsgesetze Bd. 17.) Geb. RM. 9.—

„Die Erläuterung der Gebührenordnung bietet besonders Wertvolles. Sie steht schon lange unter den Anmerkungsausgaben mit an erster Stelle. Und das mit Recht." Zeitschrift des Bundes Deutscher Justizamtmänner.

Sydow, R., Busch, L., und Krieg, O., Deutsches Gerichtskostengesetz nebst Gebührenordnung für Gerichtsvollzieher und für Zeugen und Sachverständige in den neuesten Fassungen. Auf der Grundlage der Sydow-Busch'schen Textausgabe mit Anmerkungen neubearbeitet in elfter Auflage. Taschenformat. XI, 433 Seiten. 1928. (Guttentagsche Sammlung Deutscher Reichsgesetze Bd. 15.) . . . . Geb. RM. 7.50

„Die neue Auflage bietet unter gründlicher Berücksichtigung der gesamten einschlägigen Rechtsprechung eine zeitgemäße, übersichtliche und erschöpfende Erläuterung des Gesetzes. Für den täglichen Gebrauch in der Praxis erscheint diese Textausgabe mit Anmerkungen als unentbehrlich.“
Dr. Natter in der „Württembergischen Zeitschrift für Rechtspflege“.

Lindemann, Otto, **Preußisches Gerichtskostengesetz** (neueste Fassung). Nach dem Tode des früheren Herausgebers P. Siméon erläutert. Achte, völlig umgearbeitete Auflage. Taschenformat. 439 Seiten. 1928. (Guttentagsche Sammlung Preußischer Gesetze Bd. 17.) . . . . Geb. RM. 8.—

„Die achte Auflage dieser bekannten Ausgabe des Preußischen Gerichtskostengesetzes ist entsprechend den bedeutsamen Änderungen der letzten Jahre völlig umgearbeitet. Die gesamte Rechtsprechung wurde eingehend berücksichtigt, so daß hier eine Erläuterung vorliegt, die Zuverlässigkeit und Vollständigkeit in sich verbindet.“ Mitteilungen des Preußischen Richtervereins.

Freiwillige Gerichtsbarkeit

Jastrow, Hermann, und **Günther**, Hermann, **Die Gesetze des Reiches und Preußens über die freiwillige Gerichtsbarkeit.** Textausgabe mit Einleitung, Anmerkungen und Sachregister. Siebente, vermehrte Auflage. Taschenformat. 548 Seiten. 1928. (Guttentagsche Sammlung Deutscher Reichsgesetze Bd. 46.) . . . . Geb. RM. 9.—

„Die Anmerkungen unterrichten in zuverlässiger Weise über die wichtigste Rechtsprechung des Reichsgerichts und der deutschen Oberlandesgerichte auf dem Gebiete der freiwilligen Gerichtsbarkeit. Ein ausführliches Sachregister erhöht die Brauchbarkeit des bewährten Buches, das auch in der neuen Auflage seinen Zweck auf das beste erfüllen wird.“ Juristische Wochenschrift.

Die Gesetze des Reiches und Preußens über die freiwillige Gerichtsbarkeit. Textausgabe mit Sachregister. Taschenformat. 168 Seiten. 1930. (Guttentagsche Sammlung von Textausgaben ohne Anmerkungen mit Sachregister.) RM. 3.—

Das Buch enthält in der bekannten Art der Guttentagschen Gesetzesausgaben außer dem „Gesetz über die Angelegenheiten der freiwilligen Gerichtsbarkeit“ alle in dieses Gebiet fallenden sonstigen Gesetze, Ausführungsbestimmungen, Abkommen, Verordnungen usw. in absolut zuverlässigem Abdruck und ein das Zurechtfinden sehr erleichterndes Sachregister.

Szkolny, Felix, und **Kober**, Leopold, **Das Notariatsrecht**, unter besonderer Berücksichtigung des materiellen Rechts und des Steuer- und Stempelrechts erläutert. Oktav. 236 Seiten. 1926. (Guttentagsche Sammlung Deutscher Reichsgesetze Bd. 163.) . . . . Geb. RM. 8.50

„Die Darlegung des materiellen Rechts, soweit es in der täglichen Anwendung den Notar hauptsächlich beschäftigt. Es wird die Beurkundung einzelner Rechtsgeschäfte und anderer Rechtsvorgänge behandelt. Die Ausführungen verwerten die neueste Lehre und Rechtsprechung eingehend, die Darstellung ist leicht faßlich und klar, einzelne Muster vervollkommnen das anschauliche Bild.“
Zeitschrift des Deutschen Notarvereins.

Szkolny, Felix, **Die Belehrungspflicht des Notars.** Oktav. 52 Seiten. 1927. RM. 2.—

„Ein trotz seines geringen Umfanges sehr nützliches Buch, für das wir dem Verfasser Dank wissen müssen.“ Zeitschrift des Deutschen Notarvereins.

Konkursordnung und Zwangsvollstreckung

Jaeger, Ernst, **Kommentar zur Konkursordnung** und den Einführungsgesetzen. Mit einem Anhang, enthaltend das Anfechtungsgesetz, die Vergleichsordnung, Auszüge aus den Kostengesetzen, Ausführungsgesetze und Geschäftsordnungen. Sechste und siebente, neubearbeitete Auflage. Groß-Oktav. Der Umfang des Gesamtwerkes umfaßt etwa 100 Bogen. Die Ausgabe erfolgt in Lieferungen. . . . . Gesamtpreis etwa RM. 80.—

Erster Band: §§ 1—46. XXVIII, 828 Seiten. 1928—1931. RM. 49.—, geb. RM. 54.—

Zweiter Band: Wird im Laufe des Jahres 1932 abgeschlossen vorliegen. (Der Kauf des ersten Bandes verpflichtet zum Bezug des zweiten Bandes.)

„. . . Kurz gesagt: das Buch ist das unübertreffliche Standardwerk, der Kommentar zur Konkursordnung.“ *Deutsche Richterzeitung.*

„Das Jaegersche Werk ist ohne Zweifel der beste von den mehreren guten Kommentaren zur Konkursordnung, die wir besitzen.“ *Zeitschrift für Deutschen Zivilprozeß.*

Sydow, R., **Busch**, L., und **Krieg**, O., **Konkursordnung** und Anfechtungsgesetz mit Erläuterungen. Auf der Grundlage der Sydow-Busch'schen Textausgabe mit Anmerkungen in fünfzehnter Auflage unter Mitaufnahme der Vergleichsordnung neubearbeitet. Taschenformat. 816 Seiten. 1929. (Guttentagsche Sammlung Deutscher Reichsgesetze Bd. 13.) Geb. RM. 12.—

„Die Erläuterungsbücher von Sydow-Busch sind als Kommentare mittleren Umfanges seit vielen Jahren in der Juristenwelt rühmlichst bekannt.“ *Juristische Rundschau.*

Fischer, R., und **Schäfer**, L., **Die Gesetzgebung, betr. die Zwangsvollstreckung in das unbewegliche Vermögen** im Reiche und in Preußen. Bearbeitet von J. Krech und O. Fischer. Zweite Auflage. Lexikon-Oktav. XVI, 728 Seiten. 1910 . . . . RM. 15.—, geb. RM. 18.—

„Unter den zahlreichen Bearbeitungen des Zwangsvollstreckungsgesetzes ist der Kommentar von Fischer und Schäfer wohl der wissenschaftlich bedeutendste. Überall sind die Erläuterungen systematisch, manchmal geradezu lehrbuchartig aufgebaut, die leitenden Gedanken treten trotz der Fülle der behandelten Einzelfragen klar und deutlich hervor.“ *Zeitschrift für Rechtspflege in Bayern.*

Krech, J., und **Fischer**, O., **Die Gesetzgebung, betr. die Zwangsvollstreckung in das unbewegliche Vermögen im Reiche** und in Preußen. Textausgabe mit Einleitung, Anmerkungen und Sachregister. Zehnte Auflage, bearbeitet von O. Fischer. Taschenformat. 266 Seiten. 1929. (Guttentagsche Sammlung Deutscher Reichsgesetze Bd. 43.) . . . . Geb. RM. 5.—

„Einer besonderen Empfehlung dieser handlichen Ausgabe, deren Hauptteil das Gesetz über die Zwangsversteigerung und Zwangsverwaltung bildet, bedarf es nicht. Gesetzgebung, Rechtsprechung und Rechtslehre sind bis zur Gegenwart berücksichtigt.“ *Sächsisches Archiv für Rechtspflege.*

Kretzschmar, F., **Die Zwangsversteigerung und die Zwangsverwaltung.** 110 Seiten. 1911. (Sammlung Göschen Bd. 523.) . . . . . Geb. RM. 1.80

Huyle, W., **Offenbarungseid und Haft im Zivilprozeß.** Taschenformat. 1930. (Guttentagsche Sammlung Deutscher Reichsgesetze Bd. 177.) . RM. 4.—

Dieser Band bietet eine ganz auf die Praxis zugeschnittene Erläuterung der das Offenbarungseidsverfahren betreffenden Paragraphen der ZPO. und gibt in einem allgemeinen Teil zuverlässig Auskunft über die sich auf diesem Gebiete ergebenden Streit- und Zweifelsfragen. Die Rechtsprechung der höheren Gerichte und die Literatur ist berücksichtigt worden.

V. Strafrecht und Strafprozeß

Strafgesetzbuch

Ebermayer, Ludwig, **Lobe**, Adolf und **Rosenberg**, Werner, **Das Reichsstrafgesetzbuch**, Leipziger Kommentar mit besonderer Berücksichtigung der Rechtsprechung des Reichsgerichts. Vierte, vermehrte und verbesserte Auflage. Lexikon-Oktav. X, 1282 Seiten. 1929.
RM. 56.—, in Halbleder geb. RM. 63.—

„Zusammenfassend wird man sagen müssen, daß der Kommentar nun wohl endgültig an die Spitze der großen Kommentare zum StGB. getreten ist.“ Zeitschrift für Rechtspflege in Bayern.

Kohlrausch, Eduard, **Strafgesetzbuch für das Deutsche Reich mit Nebengesetzen.** Textausgabe mit Anmerkungen und Sachregister. Früher von Dr. Fr. v. Liszt u. Dr. E. Delaquis. Neunundzwanzigste Auflage. Taschenformat. X, 562, 48 Seiten. 1930. (Guttentagsche Sammlung Deutscher Reichsgesetze Bd. 2.) . . . . Geb. RM. 8.—

Entwurf eines Allgemeinen Deutschen Strafgesetzbuchs nach den Beschlüssen des Deutschen Reichstagsausschusses und den Deutschen und Österreichischen Strafrechtskonferenzen. Ergänzung zu Kohlrausch, Strafgesetzbuch. 29. Auflage. Zweite Ausgabe. Taschenformat. 162 Seiten. 1930. RM. 1.60

Liszt, Fr. v., **Lehrbuch des deutschen Strafrechts.** Fünfundzwanzigste, vollkommen durchgearbeitete und zum Teil umgestaltete Auflage, besorgt von Dr. E. Schmidt, Professor an der Universität Breslau. Groß-Oktav. XXXIV, 976 Seiten. 1927 . . . . . . RM. 27.50, geb. RM. 30.—

„Das Lisztsche Lehrbuch wird auch in dieser neuen Bearbeitung seinen ersten Platz und seinen Weltruf sich bewahren.“ Zeitschrift des Deutschen Notarvereins.

Gerland, H. B., **Das deutsche Reichsstrafrecht.** Oktav. 600 Seiten. 1922. (Lehrbücher und Grundrisse der Rechtswissenschaft Bd. XVI.)
RM. 10.—, geb. RM. 11.50

„Durch knappe, geradezu klassische Kürze zeigende Darstellung gelang es Gerland, auf engem Raume eine ungeheure Fülle des Stoffes zu bieten und auf jede Frage Antwort zu geben.“ Juristische Wochenschrift.

Gerland, H., **Der Entwurf 1925.** Allgemeiner Teil. Kritische Bemerkungen. Oktav. 96 Seiten. 1925 . . . . RM. 5.—

„Eine außerordentlich interessante Abhandlung. Die Schrift stellt ein fast unentbehrliches Hilfsmittel für jeden dar, der sich mit den einschlägigen Fragen zu beschäftigen hat.“ Mitteilungen des Preußischen Richtervereins.

Aschrott, P. F., u. **Kohlrausch**, Ed., **Reform des Strafrechts.** Kritische Besprechung des Amtlichen Entwurfs eines Allgemeinen Deutschen Strafgesetzbuchs. Auf Veranlassung der Deutschen Landesgruppe der Internationalen Kriminalistischen Vereinigung unter Mitwirkung erster Fachgenossen herausgegeben. Gr.-Oktav. V, 415 S. 1926. . . . . RM. 18.—

„Die gestellte Aufgabe ist glänzend gelöst. Kaum ein Punkt ist übersehen worden, der die Kritik herausfordert. — Niemand, der an der endgültigen Gestaltung unseres Strafrechts Anteil nimmt, darf an dieser Sammelkritik achtlos vorübergehen.“ Geh. Hofrat Prof. Dr. v. Lilienthal in der „Deutschen Juristen-Zeitung“.

Sammlung außerdeutscher Strafgesetzbücher in deutscher Übersetzung. Herausgegeben von den Schriftleitungen der Zeitschrift für die ges. Strafrechtswissenschaft u. d. Mitteilungen der Internationalen Kriminalistischen Vereinigung. Nr. 1—43. 1881—1914 . . . . Preise auf Anfrage.

Nr. 44:

Japanische Strafgesetze. I. Schwurgerichtsordnung vom 18. April 1923 und strafrechtliche Nebengesetze. Übersetzt von Hyoichiro Kusano, Reichsgerichtsrat in Tokio, Tadao Sugiura, Oberlandesgerichtsrat in Sapporo, und Dr. jur. Fritz Bartelt in Berlin.
II. Strafvollzugsgesetz vom 28. März 1908 nebst Ausführungsverordnung vom 16. Juni 1908. Übersetzt von Dr. jur. Toshita Tokiwa, Gerichtsassessor in Tokio, und Dr. jur. Werner Gentz, Justizrat beim Strafvollzugsamt in Kiel. Groß-Oktav. 55 Seiten. 1927 . . . . . RM. 3.—

Nr. 45:

Die Auslieferungsgesetze Norwegens, Schwedens und Finnlands. Mit einer systematischen Darstellung der Grundzüge des nordischen Auslieferungsrechts im Hinblick auf den Erlaß eines deutschen Auslieferungsgesetzes. Von Dr. jur. Ernst Wolgast, Privatdozent in Königsberg i. Pr. Groß-Oktav. VIII, 487 Seiten. 1928 . . . . RM. 20.—

Nr. 46:

Das Türkische Strafgesetzbuch vom 1. März 1926. Gesetz Nr. 765. (Türkisches Gesetzblatt Nr. 320 vom 13. März 1926.) Das Ausführungsgesetz zum Türkischen Strafgesetzbuch vom 26. April 1926. Deutsche Übersetzung von Dr. K. Ziemke. Groß-Oktav. 138 S. 1927 . . . . . . RM. 5.—

Nr. 47:

Entwurf eines griechischen Strafgesetzbuches. Übersetzt und eingeleitet von Demetrius G. Venturas, Rechtsanwalt in Korfu, Griechenland. Groß-Oktav. 123 Seiten. 1928 . . . . RM. 7.—

Nr. 48:

Italienischer Vorentwurf zu einem neuen Strafgesetzbuch. (Progetto di un nuove codice penale.) In deutscher Übersetzung von Dr. K. Bunge, Landgerichtsrat in Berlin. Groß-Oktav. XXXII, 244 Seiten. 1928. RM. 10.—

Nr. 49:

Strafgesetzbuch (Ugolownyj Kodex) **der Russischen Sozialistischen Föderativen Sowjet-Republik** (R.S.F.S.R.) vom 22. November 1926, übersetzt von Dr. Wilhelm Gallas, Gerichtsassessor in Berlin. Groß-Oktav. 68 Seiten. 1930 . . . . RM. 4.—

Lindemann, Otto, Sammlung der wichtigsten preußischen Strafgesetze. Zweite Auflage. Taschenformat. 372 Seiten. 1912. (Guttentagsche Sammlung Preußischer Gesetze Bd. 34.) . . . . Geb. RM. 3.50

„Die durch mehrere wichtige Gesetze erweiterte zweite Auflage dieses unentbehrlichen Ergänzungsbandes zu den in Einzelausgaben erschienenen Preußischen Gesetzen ist durch die Wiedergabe der noch geltenden vereinzelten alten Strafvorschriften nebst trefflich unterrichtenden Vorbemerkungen und Erläuterungen besonders wertvoll. Nur mittels einer solchen ausgezeichneten Sammlung ist es möglich, auch die zerstreuten Gebiete des Strafrechts völlig zu beherrschen." *Deutsche Juristen-Zeitung.*

Fraustädter, Werner, **Deutsches Auslieferungsgesetz** vom 23. Dezember 1929 und andere neuere Vorschriften der Rechtshilfe in Strafsachen einschließlich der Auslieferung. Textausgabe mit Einleitung, Erläuterungen und Sachregister. Taschenformat. 143 Seiten. 1930. (Guttentagsche Sammlung Deutscher Reichsgesetze Bd. 86.) . . . . Geb. RM. 4.—

Das Auslieferungsgesetz hat durch die Neufassung vom 23. 12. 1929 eine starke Umgestaltung erfahren, die zur Herausgabe der vorliegenden Neubearbeitung geführt hat. Diese enthält eine ausführliche Erläuterung der neuen Bestimmungen sowie einen Abdruck der wichtigsten Verträge und Vorschriften und ermöglicht einen vollständigen Überblick über den gegenwärtigen Stand des deutschen Auslieferungsrechtes.

Lindemann, Otto, **Polizeiverordnungen in Preußen.** Zweite Auflage. Taschenformat. 189 Seiten. 1912. (Guttentagsche Sammlung Preußischer Gesetze Bd. 36.) . . . . Geb. RM. 2.50

Abhandlungen des Kriminalistischen Instituts an der Universität Berlin. Herausgegeben von Dr. **Franz von Liszt,** o. Professor der Rechte. Sonderverzeichnis kostenlos. Vierte Folge, I. Band.

Heft 1:

Dannenberg, Herbert, **Liberalismus und Strafrecht im 19. Jahrhundert** unter Zugrundelegung der Lehren Karl Georg von Waechters. Oktav. IV, 66 Seiten. 1925 . . . . RM. 3.—

Heft 2:

Tarnowski, Hans, **Die systematische Bedeutung der adäquaten Kausalitätstheorie für den Aufbau des Verbrechensbegriffs.** Oktav. X, 340 Seiten. 1927 . . . . RM. 18.—

Heft 3:

Ehrlich, Lore, **Der Verrat von Betriebsgeheimnissen nach englischem und nordamerikanischem Recht.** Oktav. VIII, 75 Seiten. 1930 . . RM. 4.—

Heft 4:

Kuttner, Stephan, **Die juristische Natur der falschen Beweisaussage.** Ein Beitrag zur Geschichte und Systematik der Eidesdelikte, zugleich zur Frage einer Beschränkung der Strafbarkeit auf erhebliche falsche Aussagen. Oktav. VI, 76 Seiten. 1931 . . . . RM. 6.—

Vierte Folge, II. Band.

Heft 1:

Gallas, Wilhelm, **Kriminalpolitik und Strafrechtssystematik** unter besonderer Berücksichtigung des sowjetrussischen Rechts. Oktav. VIII, 88 Seiten. 1931 . . . . RM. 5.—

Heindl, Robert, **System und Praxis der Daktyloskopie** und der sonstigen technischen Methoden der Kriminalpolizei. Dritte, neubearbeitete und vermehrte Auflage. 900 Abbildungen im Text und 21 Bildertafeln. 780 Seiten. Groß-Oktav. 1927 . . . . RM. 36.—, geb. RM. 40.—

„Ein Werk, mit dem wohl für geraume Zeit die Literatur dieses Gebiets ihren krönenden Abschluß gefunden haben dürfte. — Es darf erwartet werden, daß jeder Richter, Rechtsanwalt und Verteidiger sich dieses vorzüglichen Werkes bedient.“
Deutsche Juristenzeitung.

Kleine kriminalistische Bücherei.

Band 1:

Schneidert, Hans, **Die strafrechtlichen Aufgaben der Polizei.** Für den Polizeiunterricht und Polizeipraxis. Taschenformat. 182 Seiten. 1921. RM. 2.—

Band 2:

Philipp, Lothar, **Beobachtungs- und Ermittlungspraxis im Polizei- und Detektivdienst.** Taschenformat. 180 Seiten. 1923 . . . . . RM. 2.—

„Alles in allem: ein Buch, für den Fachmann lesenswert, für den Anfänger ein guter Leitfaden, für den Laien interessant."
Zeitschrift für gerichtliche Schriftvergleichung.

Band 3:

Manteuffel, H. v., **Falschspieler,** Formen und Technik des Spielbetruges, nebst einem Anhange: Der Spielprofessor und sein angeblich sicheres System beim Spiele gegen eine öffentliche Roulettebank. Taschenformat. 90 Seiten. 1923 . . . . RM. 2.—

„Gerade heutzutage, wo die Spielleidenschaft so weite Kreise zieht, ist es von besonderem Reiz, diese klare, flüssige und lehrreiche Darstellung zu verfolgen."

Band 4:

Schneidert, Hans, **Kriminalistische Spurensicherung.** Sammlung dienstlicher Anweisungen und sachverständiger Ratschläge für den Dienstgebrauch und für Polizeischulen. Zweite, vermehrte und verbesserte Auflage. Taschenformat. 96 Seiten. Mit 2 Abbildungen. 1925 . . . . Geb. RM. 3.—

„Alle Einzelheiten werden hervorgehoben und als möglicherweise wichtige Beweismomente in einem vielarmigen System zusammengefaßt. In der Durchführung seiner Aufgabe hat der Verfasser tatsächlich alles berücksichtigt, was für das Beweisverfahren von Bedeutung ist und sein könnte."
Archiv für Kriminologie.

Band 5:

Rehfeld, P., **Gerichtsärztliche Tatbestandsfeststellungen** im Dienste der Polizei. Ein Leitfaden für Polizei- und Kriminalbeamte. Taschenformat. 133 Seiten. 1927 . . . . Geb. RM. 3.50

„Die Bearbeitung gibt eine geschlossene, einheitliche Behandlung des Stoffgebietes durch einen Arzt, wie sie anderweitig in der kriminalistischen Literatur nicht vorhanden ist."
Deutsches Polizeiarchiv.

Strafprozeßordnung

Kohlrausch, Eduard, **Strafprozeßordnung** und Gerichtsverfassungsgesetz. Textausgabe mit Einleitung, Anmerkungen und Nebengesetzen. In Verbindung mit Dr. Hermann Mannheim, Landgerichtsrat und Professor in Berlin, bearbeitet von Dr. Eduard Kohlrausch, Professor der Rechte in Berlin. Zweiundzwanzigste Auflage (101. bis 104. Tausend). Taschenformat. XI, 510 Seiten. 1930. (Guttentagsche Sammlung Deutscher Reichsgesetze Bd. 12.) . . . . RM. 7.50

„Das Buch ist nicht nur für den Praktiker, der sich rasch unterrichten will, sondern auch für den Studierenden, zumal wenn ihm die wirtschaftlichen Verhältnisse die Anschaffung umfangreicher Kommentare nicht ermöglichen, von größtem Wert."
Oberreichsanwalt Dr. Ebermayer in der „Juristischen Wochenschrift".

Feisenberger, Albert, **Strafprozeßordnung und Gerichtsverfassungsgesetz.** Handkommentar. Groß-Oktav. IX, 517 Seiten. 1926. Mit Nachtrag. 1927. (de Gruyterſche Sammlung Deutscher Gesetze. Handkommentare.)
Geb. RM. 17.—

„Eine glänzende Arbeit, die bald in der Hand jedes Strafrichters und Rechtsanwalts sein wird. Geradezu vorbildlich ist der Handkommentar für den Umfang der Heranziehung der Rechtsprechung. Alles Wesentliche ist berücksichtigt."
Danziger Juristische Monatsschrift.

Beling, E., **Deutsches Reichsstrafprozeßrecht** mit Einschluß des Strafgerichtsverfassungsrechts. Oktav. XIV, 568 Seiten. 1928. (Lehrbücher und Grundrisse der Rechtswissenschaft Bd. XVII.) . RM. 15.—, geb. RM. 16.50

Die Eigenart des vorliegenden Lehrbuches des Reichsstrafprozeßrechts ist, daß es dem Verständnis der Gesetzestexte vorarbeiten und zu ihnen hinführen will. Gerade das, was nicht im Gesetz steht, ist die Hauptsache; die Gesetzesparagraphen sind Ziel, nicht Ausgangspunkt. Insbesondere aber stellt der Verfasser die Regelungsinhalte des geltenden Rechts in die heutige rechtspolitische Gedankenwelt hinein und gibt ein auch äußerlich scharf hervortretendes System, das den Lernenden befähigt, die Fülle der Einzelheiten unter allgemeinen Ordnungsgesichtspunkten zusammenzusetzen.

Rosenfeld, E. H., **Deutsches Strafprozeßrecht.** 2 Bände. 128 und 148 Seiten. 1926. (Sammlung Göschen Bd. 938/939.) . . . . . Geb. je RM. 1.80

„Eine wissenschaftlich hochstehende, auf einem knappen Raum zusammengedrängte, klar und originell geschriebene Einführung in den deutschen Strafprozeß." *Schweizer. Zeitschrift für Strafrecht.*

Löwe, F., und **Rosenberg,** Werner, **Die Strafprozeßordnung für das Deutsche Reich** vom 22. März 1924 nebst dem Gerichtsverfassungsgesetz. Kommentar. Achtzehnte, neubearbeitete Auflage. Lexikon-Oktav. 1332 Seiten. 1929.
RM. 44.—, in Halbleder geb. RM. 50.—

„Der Löwesche Kommentar hat sich in Wissenschaft und Rechtsprechung eine so hervorragende Stellung erworben, daß er zum unentbehrlichen Ratgeber für Theoretiker und Praktiker geworden ist. Der Kommentar steht nach wie vor an erster Stelle und ist ein Meisterwerk in der Kunst einer klaren, übersichtlichen und erschöpfenden Darstellung dieses außerordentlich spröden Stoffes."
Zeitschrift des deutschen Notarvereins.

Feisenberger, Albert, **Strafprozeßordnung und Gerichtsverfassungsgesetz,** in alter und neuer Fassung synoptisch gegenübergestellt. Mit ausführlichem Sachregister. Taschenformat. 205 Seiten. 1924. Mit Nachtrag. 1927. (Guttentagsche Sammlung Deutscher Reichsgesetze Bd. 158.)
Geb. RM. 4.50

„Die Ausgabe ist für die Praxis auf längere Zeit unentbehrlich. Die synoptische Darstellung erleichtert die Arbeit und schützt vor Gedächtnisfehlern."

Aschrott, P. F., **Die Reform des Strafprozesses.** Kritische Besprechungen der von der Kommission für die Reform des Strafprozesses gemachten Vorschläge. Auf Veranlassung der Internationalen Kriminalistischen Vereinigung, Gruppe Deutsches Reich. Groß-Oktav. XII, 120 und 784 Seiten. 1906 . . . . RM. 12.—

Beiträge zur Reform des Strafprozesses. Herausgegeben von Dr. Franz **Adickes,** Dr. P. F. **Aschrott,** Dr. K. **von Lilienthal,** Dr. Fr. **von Liszt.** 2 Bände. Groß-Oktav.
I. Band, Heft 1—6. 1908 . . . . RM. 9.70
II. Band, Heft 1—5. 1909 . . . . RM. 15.10

Frede, L., u. Grünhut, M., Reform des Strafvollzuges. Kritische Beiträge zu dem Amtlichen Entwurf eines Strafvollzugsgesetzes. Oktav. VII, 264 Seiten. 1927 . . . . RM. 10.—

Die in dem vorliegenden Buch zusammengefaßten Beiträge üben nicht nur eine Einzelkritik an den Bestimmungen des Entwurfs, sondern dienen zugleich unter dem Gesichtspunkt der gegenwärtigen gesetzgeberischen Aufgabe der wissenschaftlichen Grundlegung des ganzen Strafvollzugsproblems.

VI. Öffentliches Recht

1. Staats- und Völkerrecht

Fischbach, O. G., Allgemeine Staatslehre. Zweite Auflage. 136 Seiten. 1928. (Sammlung Göschen Bd. 358.) . . . . Geb. RM. 1.80

„Das Buch darf einer breiten Öffentlichkeit als ausgezeichnete Einführung, den Fachgenossen aber, jung und alt, als Musterbeispiel wissenschaftlichen Bemühens um die denkbar beste Leistung anempfohlen werden, wie man ihm heute nicht allzuhäufig mehr begegnet." Reichsverwaltungsblatt.

Fischbach, O. G., Allgemeines Staatsrecht.
I. Teil. 139 Seiten. 1923. (Sammlung Göschen Bd. 415.) Geb. RM. 1.80
II. Teil. 151 Seiten. 1923. (Sammlung Göschen Bd. 416.) Geb. RM. 1.80

Diese Bearbeitung bringt nicht bloß einen leicht faßlichen gemeinverständlichen Überblick über alle Zweige des Staatsrechtes, sondern auch in den einzelnen Partien viele gründliche wissenschaftliche Erörterungen der einschlagenden Probleme und kritischen Beleuchtung der verschiedenen Rechtsansichten.

Stier-Somlo, Fritz, Deutsches Reichs- und Landesstaatsrecht I. Oktav. XVI, 726 Seiten. 1924. (Lehrbücher und Grundrisse der Rechtswissenschaft Bd. XVIII.) . . . . RM. 16.50, geb. RM. 18.—

„. . . Von den zurzeit vorhandenen größeren Lehrbüchern des Reichsstaatsrechts das geeignetste." Juristische Wochenschrift.

Stier-Somlo, Fritz, Reichsstaatsrecht. I. Grundbegriffe des Staatsrechts. Verfassungsgeschichte vom Ende des 18. Jahrhunderts bis zur Reichsverfassung vom 11. August 1919. 108 Seiten. 1927. (Sammlung Göschen Bd. 967.) Geb. RM. 1.80
II. Das geltende Reichsstaatsrecht. 114 Seiten. 1927. (Sammlung Göschen Bd. 968.) . . . . Geb. RM. 1.80

Stier-Somlo, Fritz, Preußisches Staatsrecht. Zweite Auflage. 136 Seiten. 1927. (Sammlung Göschen Bd. 298.) . . . . Geb. RM. 1.80

„Die drei schmalen Bändchen werden nicht allein als wünschenswertes Orientierungsmittel für den Laien und den angehenden Juristen zu begrüßen sein, sondern auch dem im praktischen Berufsleben stehenden Juristen Anregung und Belehrung bieten." Juristische Wochenschrift.

Die Verfassung des Deutschen Reichs vom 11. August 1919 **mit den wichtigsten Nebengesetzen.** Textausgabe mit Einleitung und Sachregister. Dritte Auflage. Taschenformat. 104 Seiten. 1931. (Guttentagsche Sammlung von Textausgaben ohne Anmerkungen mit Sachregister.) . . RM. 1.—

Die handliche Ausgabe enthält den genauen Gesetzestext mit einem das Zurechtfinden sehr erleichternden Sachregister. Soweit der Text nach der Veröffentlichung vom 14. August 1919 Änderungen oder Ergänzungen erfahren hat, ist dies berücksichtigt worden. Die Ausgabe entspricht dem letzten Stand. Anschließend an den Text der Reichsverfassung sind einige besonders wichtige Nebengesetze abgedruckt.

Arndt, Adolf, Die Verfassung des Deutschen Reiches. Dritte Auflage. Taschenformat. 1927. (Guttentagsche Sammlung Deutscher Reichsgesetze Bd. 137.) . . . . RM. 8.—

„Für alle, die sich auf dem schwierigen Gebiet der Reichsverfassung orientieren wollen, liegt hier ein vorzügliches Nachschlagewerk von gediegener Wissenschaftlichkeit vor.“ Staats- und Selbstverwaltung.

Stier-Somlo, Fritz, Kommentar zur Verfassung des Freistaates Preußen. Groß-Oktav. 319 Seiten. 1921 . . . . Geb. RM. 3.—

„Die Darstellung ist flüssig und knapp und ist als treffliche Orientierung über das neue Verfassungswerk, eine Orientierung, die ihre notwendige Ergänzung in dem vorzüglichen Kommentar Stier-Somlos findet, sehr zu empfehlen.“ Zeitschrift für öffentliches Recht.

Arndt, Adolf, Die Verfassung des Freistaats Preußen vom 30. November 1920. Mit Einleitung, vollständigem Kommentar, Landeswahlgesetz und Sachregister. Taschenformat. 158 Seiten. 1921. (Guttentagsche Sammlung Preußischer Gesetze Bd. 1.) . . . . Geb. RM. 2.—

„Die Einleitung ist eine vortreffliche staatsrechtliche Abhandlung, die unter Berücksichtigung und Verwertung der einschlägigen Literatur in die Entstehungsgeschichte und in die Bedeutung der Verfassungsurkunde einführt. Der Kommentar wird denjenigen, die sich mit den einzelnen Bestimmungen der Verfassung vertraut machen wollen, ein willkommener Ratgeber sein.“ Zeitschrift für Polizei- und Verwaltungsbeamte.

Veröffentlichungen der Vereinigung deutscher Staatsrechtslehrer.

Heft 1: Der deutsche Föderalismus. Oktav. 1924 . . . . RM. 5.—

Heft 2: Der Schutz des öffentlichen Rechts. Oktav. 1925 . . RM. 12.—

Heft 3: Die Gleichheit vor dem Gesetz. Der Einfluß des Steuerrechts auf die Begriffsbildung des öffentlichen Rechts. Oktav. 1927 . . RM. 7.—

Heft 4: Das Recht der freien Meinungsäußerung. — Der Begriff des Gesetzes in der Reichsverfassung. Oktav. 1928 . . . . . . RM. 10.—

Heft 5: Wesen und Entwicklung der Staatsgerichtsbarkeit. — Überprüfung von Verwaltungsakten durch die ordentlichen Gerichte. Oktav. 1929. RM. 12.—

Heft 6: Bundesstaatliche und gliedstaatliche Rechtsordnung. Verwaltungsrecht der öffentlichen Anstalt. Berichte von Fritz Fleiner, Josef Lukas, Lutz Richter und Arnold Köttgen. Verhandlungen der Tagung der deutschen Staatsrechtslehrer zu Frankfurt a. M. am 25. und 26. April 1929. Mit einem Auszug aus der Aussprache. Oktav. IV, 166 Seiten. 1929. RM. 9.—

Sehling, Emil, Kirchenrecht. Zweite Auflage.

I. Teil. Einleitung. Quellen, Verfassung und Verwaltung der katholischen Kirche. Anhang: Die griechisch-orthodoxe Kirche. 119 Seiten. 1922. (Sammlung Göschen Bd. 377.) . . . . Geb. RM. 1.80

II. Teil: Das evangelische Kirchenrecht. Die Stellung des Staates zur Kirche und das Verhältnis der Religionsgesellschaften zueinander. 87 Seiten. 1927. (Sammlung Göschen Bd. 954.) . . . . Geb. RM. 1.80

Edler v. Hoffmann, H., Deutsches Kolonialrecht. 150 Seiten. 1907. (Sammlung Göschen Bd. 318.) . . . . Geb. RM. 1.80

Delius, H., Die Beamtenhaftpflichtgesetze des Reiches und der Länder. Vierte, vermehrte und vollkommen neubearbeitete Auflage. Taschenformat. 384 Seiten. 1929. (Guttentagsche Sammlung Deutscher Reichsgesetze Bd. 94.) Geb. RM. 10.—

„Mit der Neubearbeitung der Deliusschen Beamtenhaftpflichtgesetze, welche den neuesten Stand der Rechtsprechung und Gesetzgebung lückenlos wiedergibt, wird einem dringenden Bedürfnis abgeholfen. Das Buch wird überall mit Freuden begrüßt werden und jedem Ratsuchenden ein zuverlässiger Führer sein." Juristische Wochenschrift.

Wörterbuch des Völkerrechts und der Diplomatie. Begonnen von Professor Dr. Julius **Hatschek** †. Fortgesetzt und herausgegeben von Dr. Karl **Strupp**, Professor an der Universität Frankfurt a. M., Associé de l'institut de droit international, membre de l'Académie Diplomatique Internationale. Lexikon-Oktav.

Band I: Aachen—Lynchfall. VI, 860 Seiten. 1924.
RM. 35.—, in Halbleder geb. RM. 40.—

Band II: Maas—Utschiali. 779 Seiten. 1925.
RM. 35.—, in Halbleder geb. RM. 40.—

Band III (Schluß): Vasallenstaaten—Zwangsverschickung. Ferner Anhang: Abessinien—Weltgerichtshof; Sachverzeichnis und Mitarbeiterregister. II, 1316 Seiten. 1929 . . . RM. 62.—, in Halbleder geb. RM. 67.—

„Der Vorsprung, den entsprechende Werke in französischem Sprachgewande bisher hatten, ist nunmehr in Deutschland eingeholt. Die Form der alphabetischen Zergliederung des Stoffes ermöglicht eine breitere Behandlung der Einzelfälle, die im internationalen Rechtsleben nicht selten von größerer Bedeutung als vorzeitig aufgestellte Abstraktionen sind." Zeitschrift für Völkerrecht.

Anzilotti, D., Lehrbuch des Völkerrechts. Übersetzt und herausgegeben vom Institut für ausländisches öffentliches Recht und Völkerrecht, Berlin. I. Band. Groß-Oktav. 444 Seiten. 1929 . RM. 19.—, geb. RM. 20.—

Mit der Herausgabe der Übersetzung dieses Lehrbuches des berühmten Völkerrechtlers ist das Institut für ausländisches öffentliches Recht und Völkerrecht einem in Deutschland außerordentlich fühlbaren Bedürfnis entgegengekommen. Das Buch ist nicht schlechthin eine Übersetzung der italienischen Originalausausgabe, sondern berücksichtigt auch die gesamte Rechtsprechung und Literatur der letzten Zeit und stellt somit das zurzeit modernste Lehrbuch des Völkerrechts überhaupt dar.

Niemeyer, Theodor, Völkerrecht. 168 Seiten. 1925. (Sammlung Göschen Bd. 865.) . . . . Geb. RM. 1.80

Dieses Bändchen gibt in gedrängter Form eine vollständige Übersicht über das Völkerrecht.

Beiträge zum ausländischen öffentlichen Recht und Völkerrecht. Herausgegeben im Auftrage des Instituts für ausländisches öffentliches Recht und Völkerrecht in Berlin in Gemeinschaft mit Friedrich Glum, Ludwig Kaas, Rudolf Smend, Heinrich Triepel von Viktor **Bruns**. Groß-Oktav.

Eine Sammlung einschlägiger wissenschaftlicher Abhandlungen, Materialsammlungen, Übersetzungen besonders wertvoller ausländischer Werke u. a.

Heft 1:

Triepel, H., Staatsrecht und Politik. Rede beim Antritt des Rektorats der Friedrich-Wilhelms-Universität zu Berlin am 15. Oktober 1926. 40 Seiten. 1927 . . . . RM. 2.—

Heft 2:
Schmitt, Carl, **Volksentscheid und Volksbegehren.** Ein Beitrag zur Auslegung der Weimarer Verfassung und zur Lehre von der unmittelbaren Demokratie. 54 Seiten. 1927 . . . . RM. 2.60

Heft 3:
Heck, K., Der Aufbau des britischen Reiches. (Der Verhandlungsbericht der Reichskonferenz von 1926.) 152 Seiten. 1927 . . . . . . RM. 6.—

Heft 4:
Heller, H., Die Souveränität. Ein Beitrag zur Theorie des Staats- und Völkerrechts. 177 Seiten. 1927 . . . . RM. 8.50

Heft 5:
Grentrup, Theodor, **Die Missionsfreiheit** nach den Bestimmungen des geltenden Völkerrechts. 112 Seiten. 1928 . . . . RM. 5.50

Heft 6:
Robinson, Jakob, **Das Minoritätenproblem** und seine Literatur. Kritische Einführung in die Quellen und die Literatur der europäischen Nationalitätenfrage der Nachkriegszeit, unter besonderer Berücksichtigung des völkerrechtlichen Minderheitenschutzes.
Allgemeiner Teil. 265 Seiten. 1928 . . . . RM. 9.—

Heft 7:
Bilfinger, Karl, **Der Reichssparkommissar.** 68 Seiten. 1928 . RM. 3.60

Heft 8:
Bumiller, J. M., **Die völkerrechtliche Stellung der fremden Truppen im Saargebiet.** 156 Seiten. 1928 . . . . RM. 9.—

Heft 9:
Das Recht des Ausnahmezustands im Auslande (Frankreich, Belgien, Niederlande, Italien, England, Irland). 296 Seiten. 1928 . RM. 14.—

Heft 10:
Gerland, B., Die Beziehungen zwischen dem Parlament und den Gerichten in England. Eine rechtsvergleichende Studie. 137 Seiten. 1928.
RM. 8.—

Heft 11:
Leibholz, Gerhard, **Zu den Problemen des fascistischen Verfassungsrechts.** Akademische Antrittsvorlesung. 112 Seiten. 1928 . . . . RM. 5.—

Heft 12:
Glum, Friedrich, **Der deutsche und der französische Reichswirtschaftsrat.** Ein Beitrag zu dem Problem der Repräsentation der Wirtschaft im Staat. 188 Seiten. 1929 . . . . RM. 9.—

Heft 13:
Leibholz, Gerhard, **Das Wesen der Repräsentation** unter besonderer Berücksichtigung des Repräsentativsystems. Ein Beitrag zur allgemeinen Staats- und Verfassungslehre. Groß-Oktav. 214 Seiten. 1929 . . . RM. 14.—

Heft 14:
Schenk, Graf **v. Stauffenberg,** B., **Die Rechtsstellung der russischen Handelsvertretungen.** Oktav. 95 Seiten. 1930 . . . . RM. 6.—

Heft 15:

Mornik, Stanislaus, **Polens Kampf gegen seine nichtpolnischen Volksgruppen.** Oktav. 155 Seiten. 1931 . . . . RM. 9.—

Heft 16:

Menzel, Kurt, **Das deutsche Vorkriegsvermögen in Rußland und der deutsche Entschädigungsvorbehalt.** Eine Übersicht, zugleich über die Entschädigungsbemühungen der anderen Staaten. Oktav. IV, 236 Seiten. 1931. RM. 9.—

Kraus, H., **Internationale Schiedssprechung.** Eine Sammlung der für das Deutsche Reich verbindlichen Verträge und Vertragsbestimmungen, die sich auf internationale Gerichtsbarkeit, Schiedsgerichtsbarkeit, sowie Vergleichsverfahren beziehen, nebst den dazugehörigen deutschen Regierungsdenkschriften. Taschenformat. XXXVI, 348 Seiten. 1929. (Guttentagsche Sammlung Deutscher Reichsgesetze Bd. 174.) . . . Geb. RM. 10.—

„Die vorliegende Dokumentensammlung füllt eine Lücke aus, da es bisher schwer war, alle schiedsrichterlichen Verpflichtungen des Deutschen Reiches auf einmal einzusehen." Friedenswarte.

Strupp, Karl, **Das Werk von Locarno.** Eine völkerrechtlich-politische Studie. Oktav. 180 Seiten. 1926 . . . . RM. 10.—

„Die lückenlose Mitteilung aller für das Verständnis und die Auslegung wichtiger Urkunden macht das aktuelle Buch zu einem außerordentlich wertvollen Mittel der Erkenntnis des Inhalts und der Tragweite dieser grundlegenden Staatsverträge." D. A. Z.

Sering, Max, **Deutschland unter dem Dawes-Plan.** Entstehung, Rechtsgrundlagen, wirtschaftliche Wirkungen der Reparationslasten. Oktav. VIII, 237 Seiten. 1928 . . . . RM. 10.—

„Nicht nur dem Juristen und Volkswirtschaftler, sondern auch dem Laien verständlich, gibt das Werk einem jeden wertvollen Einblick in Deutschlands wirtschaftspolitische Abhängigkeit, die sich bis in die kleinsten Betriebe hineinzieht, die jedes einzelne Glied des deutschen Volkes betrifft." Prakt. Rundschau.

2. Verwaltungsrecht

Reichsrecht

Bühler, O., **Verwaltungsgesetze des Reiches und Preußens.** Taschenformat. XI, 682 Seiten. 1930 . . . . Geb. RM. 11.—
(Lehrausgaben Deutscher Gesetze Bd. III.)

Außer den preußischen Verwaltungsgesetzen bringt der vorliegende Band als erster auch die immer wichtiger werdenden Verwaltungsgesetze des Reichs. Durch Weglassung aller für den Unterricht überflüssigen Gesetze, Weglassung auch unwichtigerer Bestimmungen in den oft sehr weitschweifigen Verwaltungsgesetzen (wobei aber der Inhalt weggelassener Bestimmungen jeweils kurz angedeutet ist) ist es ermöglicht worden, auch hier einen Band erstehen zu lassen, der nicht schon durch seinen Umfang abschreckt.

Fischbach, O. G., **Das Reichsbeamtengesetz vom 31. März 1873 in der Fassung der Bekanntmachung vom 18. Mai 1907 mit allen Abänderungen und Ergänzungen.** Taschenformat. 311 Seiten. 1930. (Guttentagsche Sammlung Deutscher Reichsgesetze Bd. 82.) . . . . . . Geb. RM. 6.—

Die vorliegende Erläuterung des Beamtengesetzes durch den bekannten Staatsrechtlehrer kommt einem besonderen Bedürfnis der Praxis entgegen, die z. Zt. eine den neuesten Fortschritten der Wissenschaft und Rechtsprechung entsprechende Handausgabe sehr entbehrt. Bemerkenswert ist, daß auch verwandte Gesetze und Verordnungen der einheitlichen Erläuterung unterzogen wurden, so daß dieses Buch für die Praxis ein der Sache wie der Erläuterungsart wichtiges Hilfsmittel darstellt.

Blume, E., und Weirauch, W., Die Eisenbahn-Verkehrsordnung vom 16. Mai 1928 mit Allgemeinen Ausführungsbestimmungen sowie dem Internationalen Übereinkommen über den Eisenbahnfrachtverkehr vom 30. Mai 1925 und dem Internationalen Übereinkommen über den Eisenbahn-Personen- und Gepäckverkehr vom 12. Juni 1925. **Textausgabe mit Anmerkungen. Vierte Auflage.** Taschenformat. X, 482 Seiten. 1928. (Guttentagsche Sammlung Deutscher Reichsgesetze Bd. 91.) . . . . Geb. RM. 9.—

„Ein treffliches Hilfsbuch für alle, die sich mit dem Eisenbahnverkehrsrecht theoretisch und praktisch zu beschäftigen haben. Der Kommentar wird besonders auch den Gerichten und den Anwälten gute Dienste leisten, da die Ausführungsbestimmungen zur Eisenbahnverkehrsordnung, die vollständig abgedruckt werden, sonst nur in den Tarifen veröffentlicht werden, die in den Kreisen der Juristen weniger bekannt sind. Allen, die es angeht, kann daher die Anschaffung der neuen Auflage dringend empfohlen werden.“ Juristische Wochenschrift.

Fischer, D., und Staedler, E., Die deutsche Post- und Telegraphengesetzgebung. Teil I: **Postrecht** (mit Ausschluß des internationalen Rechts). Siebente Auflage. 47*, 586 Seiten. 1929. (Guttentagsche Sammlung Deutscher Reichsgesetze Bd. 7.) . . . . Geb. RM. 15.—

„Die Texte sind mit großer Sorgfalt und mit dem Streben nach einschlägiger Vollständigkeit zusammengestellt. Eine Verbesserung gegenüber den früheren Auflagen bedeutet der der Sammlung neu vorangestellte systematische Abriß des geltenden Postrechts.“ Württembergische Industrie.

Teil II: **Telegraphen- und Fernsprechrecht** (mit Ausschluß des internationalen Rechts). Taschenformat. 495 Seiten. 1930. (Guttentagsche Sammlung Deutscher Reichsgesetze Band 7a.) . . . . RM. 13.—

Wie im ersten Teil, so werden auch hier die Erläuterungen unter die folgenden Gesichtspunkte gestellt: 1. Die wechselseitige juristische und tatsächliche Berührung zwischen den sehr zersplitterten Rechtsquellen. 2. Die rechtsgeschichtlichen Zusammenhänge, die zur kritischen Beurteilung des Gegenstandes unerläßlich sind. 3. Die öffentlich-rechtliche Eigenschaft des gesamten Rechtsstoffes. Rechtsprechung und Literatur sind bis in die letzte Zeit berücksichtigt.

Sebba, Julius, Seewasserstraßenordnung. (Polizeiverordnung zur Regelung des Verkehrs auf den deutschen Seewasserstraßen vom 31. März 1927.) Taschenformat. 493 Seiten. 1928. (Guttentagsche Sammlung Deutscher Reichsgesetze Bd. 171.) . . . . Geb. RM. 8.50

„. . . Es bedarf hierbei wohl nicht der besonderen Hervorhebung, daß die Kommentierungsmethode des rühmlichst bekannten Neu-Herausgebers von Schaps, Seerecht, auch in dem vorliegenden Werke eine knappe und doch gründliche geworden ist.“ Verkehrsrechtliche Praxis.

Busse, Rudolf, Luftrecht einschließlich Luftverkehrsgesetz und Pariser Luftverkehrsabkommen. Taschenformat. XVIII, 448 Seiten. 1928. (Guttentagsche Sammlung Deutscher Reichsgesetze Bd. 170.) . . Geb. RM. 10.—

Das vorliegende Buch sucht in einem nationalen und internationalen Teil einen klaren Überblick über das gesamte Luftrecht zu geben; der neueste Stand der Rechtsprechung ist hierbei berücksichtigt. Den erläuterten Gesetzesabkommenstexten ist eine systematische Einführung in das gesamte Luftrecht mit seinen vielseitigen Rechtsdisziplinen vorausgeschickt.

Volkmann, Kurt, Die Straßenverkehrsordnungen nebst den einschlägigen Nebenbestimmungen. Taschenformat. 312 Seiten. 1929. (Guttentagsche Sammlung Deutscher Reichsgesetze Bd. 175.) . . . . . Geb. RM. 7.—

„Das übersichtliche Werkchen, das uns eine schnelle Information über auftauchende Rechtsfragen auf diesem besonderen Verkehrsgebiete verschafft, kann Polizeibeamten, Gerichten, Anwälten, Fuhrwerksbesitzern, Kraftfahrern und Radfahrern zur Anschaffung empfohlen werden.“ Verkehrsrechtl. Rundschau.

Holzapfel, W., **Die Siedlungsgesetzgebung** im Reich und in Preußen. 347 Seiten. 1920. (Guttentagsche Sammlung Deutscher Reichsgesetze Bd. 140.) Geb. RM. 3.—

„Die zur Ausführung jener Gesetze bestimmten Behörden und auch die literarische Forschung werden dem Verfasser für seine mühevolle Arbeit Anerkennung zollen." Archiv für öffentliches Recht.

Behrend, Ernst, und **Stranz-Hurwitz,** Helene, **Sammlung von Wohlfahrtsgesetzen** des Deutschen Reichs und Preußens nebst den allgemeinen Wohlfahrtsgesetzen von Sachsen, Thüringen, Hamburg, Mecklenburg-Schwerin und -Strelitz, Oldenburg, Lippe und Lübeck.
Teil I: Taschenformat. 560 Seiten. 1923 . . . . Geb. RM. 5.—
Teil II: Nebst Ausführungsgesetzen sämtlicher Länder zum Reichsjugendwohlfahrtsgesetz. Taschenformat. XVI, 551 Seiten. 1925. (Guttentagsche Sammlung Deutscher Reichsgesetze Bd. 152 und 152a.) Geb. RM. 9.—
Teil I und II zus. RM. 12.—

„Die kurzen, alles Wesentliche zusammenfassenden Einleitungen zu den einzelnen Gesetzen sind mit außerordentlicher Sachkunde und Klarheit geschrieben; sie genügen zusammen mit den Literaturangaben völlig für den Praktiker, um die Gesetzestexte richtig handhaben zu können. Das Werk ist für alle in der Wohlfahrtspflege Arbeitenden unentbehrlich und sehr praktisch." Nachrichtendienst des Deutschen Vereins für öffentliche Fürsorge.

Wegner, Arthur, **Jugendrecht.** Ein Lehrbuch zur Einführung. Oktav. IX, 219 Seiten. 1929 . . . . RM. 6.—, geb. RM. 7.50

„Ein gleichartiges und gleichwertiges Werk über das Jugendrecht gibt es noch nicht." Breslauer Zeitung.

Drewes, Paul, und **Sandré,** Emil, **Das Reichsgesetz für Jugendwohlfahrt** vom 9. Juli 1922 und **Jugendgerichtsgesetz** vom 16. Februar 1923 nebst Nebengesetzen. Zweite Auflage. Taschenformat. XVI, 496 Seiten. 1928. (Guttentagsche Sammlung Deutscher Reichsgesetze Bd. 154.) Geb. RM. 11.—

„Eine sehr handliche Gesetzesausgabe. Sie bietet in ausführlichen geschichtlichen und rechtlichen Vorbemerkungen und Einleitungen wertvolles Material zur Einführung in den Willen und Geist beider Gesetze und gibt in knappen, aber ausreichenden Erläuterungsbemerkungen zu den einzelnen Bestimmungen dem Praktiker die erforderlichen Unterlagen zur richtigen Anwendung. Das Werk dürfte sich in der Praxis beliebt machen." Blätter für öffentliche Fürsorge.

Sandré, Emil, **Verordnung über die Fürsorgepflicht.** Vom 14. Februar 1924. Mit Einschluß der für die Durchführung dieser Verordnung in Frage kommenden reichs- und landesgesetzlichen Bestimmungen. Taschenformat. 342 Seiten. 1925. (Guttentagsche Sammlung Deutscher Reichsgesetze Bd. 160.) Geb. RM. 6.—

„Die Zusammenstellung der bis in die jüngste Zeit ergangenen gesetzlichen Bestimmungen, die in Beziehung zur Fürsorgepflichtverordnung stehen, gibt der Sandréschen Arbeit ihre besondere Bedeutung. Die Anmerkungen sind zahlreich und zeichnen sich durch einen feinen, klaren Stil aus. Das Buch ist übersichtlich geordnet und leicht zu handhaben." Schleswig-Holsteinische Wohlfahrtsblätter.

Szczesny, Viktor, **Das Lichtspielgesetz** vom 12. Mai 1920 mit der Ausführungsverordnung. Einleitung, Gebührenordnung und Sachregister. Taschenformat. 106 Seiten. 1920. (Guttentagsche Sammlung Deutscher Reichsgesetze Bd. 147.) . . . . Geb. RM. 1.50

„Das neue Lichtspielgesetz hat hier eine ausführliche Kommentierung gefunden. Das Buch kann bei der gründlichen Behandlung des Stoffes als ein geeignetes Hilfsmittel für die Praxis bezeichnet werden." Preußische Gemeinde-Zeitung.

Wündisch, Ernst, Das Gesetz über Schußwaffen und Munition vom 12. April 1928 (RGBl. I S. 143) nebst der Ausführungsverordnung der Reichsregierung vom 13. Juli 1928 (RGBl. I S. 198) und dem Preußischen Erlaß zur Durchführung des Gesetzes vom 7. September 1928 (MBliV. S. 925). Taschenformat. 139 Seiten. 1928. (Guttentagsche Sammlung Deutscher Reichsgesetze Bd. 173.) . . . . Geb. RM. 5.—

Durch das neue Gesetz über Schußwaffen und Munition vom 12. April 1928 sind auf diesem für die Öffentlichkeit so wichtigen Gebiet neue Rechtsverhältnisse geschaffen worden, für die die Praxis exakte Erläuterungen wünscht. Eine solche Erläuterung stellt das vorliegende Buch dar, das, von einem auf diesem Gebiet besonders erfahrenen Sachkenner bearbeitet, eine absolut zuverlässige Darstellung der neuen Bestimmungen enthält. Außer dem Gesetzestext sind die für die Praxis wichtigen Ausführungsbestimmungen des Reiches und Preußens abgedruckt. Auf Übersichtlichkeit, Leichtverständlichkeit und Vollständigkeit der Erläuterungen, die die Hauptvorzüge der Guttentagschen Sammlung sind, wurde auch bei diesem Gesetze Wert gelegt.

Fraustädter, W., und **Kreutzberger, M., Das deutsche Ausländerrecht.** Die Bestimmungen des Reichsrechts und preußischen Landesrechts. Textausgabe mit Erläuterungen und Sachregister. Taschenformat. 396 Seiten. 1927. (Guttentagsche Sammlung Deutscher Reichsgesetze Bd. 166.) Geb. RM. 9.—

„Eine höchst begrüßenswerte Veranstaltung, aus dem Bedürfnis der Praxis hervorgegangen und mit vollendetem Sachverständnis unternommen. Sowohl die Vollständigkeit der mannigfach verstreuten gesetzlichen Bestimmungen als deren Anordnung, Registrierung und Erläuterung durch Ausführungsbestimmungen, Gerichtsentscheidungen, Verwaltungspraxis ist vortrefflich.“
Niemeyers Zeitschrift für internationales Recht.

Voß, Werner, Die reichs- und landesrechtlichen Bestimmungen auf dem Gebiete des Gesundheitswesens. Zusammengestellt und mit Anmerkungen versehen. Taschenformat. 608 Seiten. 1929. (Guttentagsche Sammlung Deutscher Reichsgesetze Bd. 172.) . . . . Geb. RM. 11.—

„Der Band enthält eine Sammlung der Gesetze, Verordnungen und Bestimmungen auf dem Gebiete des Gesundheitswesens, wie sie in dieser Vollständigkeit sonst nicht besteht. Dadurch erst ist ein zuverlässiger und rascher Überblick über die einschlägigen weit verstreuten Bestimmungen gewährleistet.“
Württ. Zeitschr. f. Rechtspflege.

Hippel, W. von, Reichsviehseuchengesetz vom 25. Juni 1909 nebst Ausführungsvorschriften und dem preußischen Ausführungsgesetz. Zweite Auflage. Taschenformat. 486 Seiten. 1913. (Guttentagsche Sammlung Deutscher Reichsgesetze Bd. 103.) . . . . Geb. RM. 4.—

Boxberger, L. von, Vogelschutzgesetz vom 30. Mai 1908 nebst den das Flugwild betreffenden Bestimmungen der Preußischen Jagdordnung. Taschenformat. 57 Seiten. 1909. (Guttentagsche Sammlung Deutscher Reichsgesetze Bd. 89.) . . . . Geb. RM. 1.—

Landesrecht

Bitter, von, Handwörterbuch der Preußischen Verwaltung. Dritte, vollständig umgearbeitete Auflage. Unter Mitwirkung zahlreicher hoher Reichs- und preußischer Staatsbeamten herausgegeben von Dr. Bill Drews, Staatsminister a. D., Präsident des Pr. Oberverwaltungsgerichts, und Dr. Franz Hoffmann, Wirklicher Geheimer Oberregierungsrat, Berlin. Lexikon-Oktav. 1928 . . . . RM. 120.—, in Halbleder geb. RM. 132.—

Erster Band, 1. Halbband: Abbaugerechtigkeiten—Fleisch- und Viehagenten. 552 Seiten.
2. Halbband: Fleischvergiftung—Kyffhäuserbund. Seite 553 bis 1134 und IX Seiten.
Zweiter Band: Lackfabriken—Zwischenkredit. VII, 1220 Seiten. (Im Verlage der Firmen: Walter de Gruyter & Co., Berlin; Carl Heymanns Verlag, Berlin; Roßberg'sche Verlagsbuchhandlung, Leipzig.)

Das zentrale Werk der Praxis des Verwaltungsrechts.

Reichelt, H., Verwaltungsgesetzbuch für Preußen. Systematische Zusammenstellung der wichtigsten Verwaltungsgesetze und Verordnungen für Praxis und Unterrichtszwecke. Lexikon-Oktav. VII, 1302 Seiten. 1914. Geb. RM. 7.60

„Das Buch ist sehr wertvoll, dem Praktiker unentbehrlich und leistet demjenigen, der sich auf eine Prüfung vorbereitet, vorzügliche Dienste. Allen Verwaltungsbehörden wird das Buch warm empfohlen."
Preußische Verwaltungs- und Finanz-Zeitung.

Friedrichs, K., Die Gesetzgebung über die allgemeine Landesverwaltung und Zuständigkeit der Verwaltungs- und Verwaltungsgerichtsbehörden. Dritte, durchgesehene Auflage. Taschenformat. XXIII, 295 Seiten. 1927. (Guttentagsche Sammlung Preußischer Gesetze Bd. 42.) . . . Geb. RM. 5.—

„Der Wert dieser Arbeit liegt darin, daß er eine erschöpfende und klare Übersicht über das tatsächlich geltende Verwaltungsrecht bringt. Das Werk ist ein vorzügliches und nie versagendes Hilfsmittel." Gesetz und Recht.

Pfafferoth, Carl, Preußische Beamtengesetzgebung. Fünfte Auflage. XIV, 280 Seiten. 1916. (Guttentagsche Sammlung Preußischer Gesetze Bd. 2.) Geb. RM. 2.40

Dultzig, Eugen von, Das preußische Disziplinargesetz für die nichtrichterlichen Beamten. Taschenformat. XIV, 364 Seiten. 1914. (Guttentagsche Sammlung Preußischer Gesetze Bd. 51.) . . . . Geb. RM. 4.20

„Der Verfasser kennt das Disziplinarrecht aus eigener Tätigkeit und aus langer Erfahrung. Diese hat er zu einem praktischen Nachschlagebuch für alle praktischen Fragen des Disziplinarrechts ausgestaltet. Bei tunlichster Kürze sind doch recht erschöpfende, klare und anschauliche Erläuterungen entstanden, die das Verständnis und die Anwendung des Disziplinarrechts in zweckmäßiger Weise erleichtern. Das Büchlein verdient volle Beachtung."
Zeitschrift für Polizei- und Verwaltungsbeamte.

Hagemann, Rudolf, Hinterlegungsordnung vom 21. April 1913. Taschenformat. 175 Seiten. 1914. (Guttentagsche Sammlung Preußischer Gesetze Bd. 53.) . . . . Geb. RM. 2.20

„Das in der vorteilhaft bekannten Guttentagschen Sammlung erschienene Buch darf als ein Hilfsmittel zu dem nicht immer ganz einfachen Verständnis der neuen Hinterlegungsvorschriften bestens empfohlen werden; es ist klar, übersichtlich und ausführlich." Zentralblatt für freiwillige Gerichtsbarkeit.

Aschrott, P. F., Gesetz über die Fürsorgeerziehung Minderjähriger. Vom 2. Juli 1900. Nebst Ausführungsanweisungen. Dritte Auflage. Taschenformat. 374 Seiten. 1917. (Guttentagsche Sammlung Preußischer Gesetze Bd. 28.) . . . . Geb. RM. 2.80

„Das Buch gewährt nicht nur einen klaren Einblick in die gegenwärtige Gestaltung der Fürsorgeerziehung in Preußen, sondern es gibt auch über die Zweifelsfragen, welche bei der Auslegung des technisch ziemlich unvollkommenen Fürsorgeerziehungsgesetzes in besonders reicher Fülle auftauchen, durchweg eine erschöpfende und zutreffende Auskunft." Das Recht.

Marcks, A., Gesetz, betr. die Unterhaltung der öffentlichen Volksschulen. Taschenformat. 194 Seiten. 1906. (Guttentagsche Sammlung Preußischer Gesetze Bd. 39.) . . . . Geb. RM. 1.80

„Das handliche Büchlein wird, von sachkundiger Seite herrührend und praktisch angelegt, Verwaltungsbeamten, Schulvorständen, Lehrern beim Gebrauch gute Dienste leisten." Schulblatt der Provinz Brandenburg.

Ledermann, W., und Brühl, L., Die Städteordnung für die sechs östlichen Provinzen Preußens. Zweite Auflage. Taschenformat. 593 Seiten. 1913. (Guttentagsche Sammlung Preußischer Gesetze Bd. 32.) . Geb. RM. 6.—

„Der Kommentar, eine hervorragende Arbeit, ist von der Kritik und der Praxis so einmütig günstig aufgenommen worden, daß er auch in seiner zweiten durch Gesetzgebung, Literatur und Rechtsprechung der letzten zehn Jahre bereicherten Ausgabe keiner weiteren Empfehlung bedarf." Kommunale Praxis.

Wölbling, P., Bildung der neuen Stadtgemeinde Berlin. Zweite Auflage. Taschenformat. 114 Seiten. 1920. (Guttentagsche Sammlung Preußischer Gesetze Bd. 59.) . . . . Geb. RM. 1.40

„Die Ebenmäßigkeit mit den Kommentaren anderer Gesetze der Guttentagschen Sammlung erringt der Verfasser durch seine strenge Sachlichkeit. Damit muß seinem Werk die Beachtung bei der Durchführung des Gesetzes und bleibender Wert gesichert erscheinen." Soziale Praxis.

Caro, H., Gesetz, betr. Austritt aus der Landeskirche, vom 14. Mai 1873. Taschenformat. 190 Seiten. 1911. (Guttentagsche Sammlung Preußischer Gesetze Bd. 46.) . . . . Geb. RM. 2.40

„Ein sehr praktisches Buch, das in den Anmerkungen zum Wortlaut des Gesetzes eine reiche Fülle von Material bietet für alle möglichen Fragen, die mit Aus- und Übertritt zusammenhängen. Das genau gearbeitete Inhaltsverzeichnis ermöglicht bei gelegentlicher Benutzung ein leichtes Auffinden des Nötigen." Deutsch-Protestantische Bücherschau.

Meyer, O., Gesetz betr. die Anlegung und Veränderung von Straßen und Plätzen in Städten und ländlichen Ortschaften. Taschenformat. 211 Seiten. 1913. (Guttentagsche Sammlung Preußischer Gesetze Bd. 50.) . RM. 3.—

Strauß-Torney, Hugo von, und **Saß,** Carl, früher **Friedrichs, R., Gesetz, betr. Anlegung und Veränderung von Straßen und Plätzen** in Städten und ländlichen Ortschaften. (Straßen- und Baufluchtengesetz.) Kommentar. Sechste Auflage. Groß-Oktav. 211 Seiten. 1920 . . RM. 8.—, geb. RM. 9.50

„Das Werk zeigt eine Reichhaltigkeit und Vollständigkeit, die sonst wenigen Kommentaren eigen ist, und übertrifft hierin noch weit die früheren Auflagen. Besonders erwähnenswert ist die geschickte Anordnung der Erläuterungen und das praktische Inhaltsverzeichnis." Wochenschrift des Architektenvereins zu Berlin.

Heine, H., Die preußischen Baupolizeigesetze nebst den sonstigen einschlägigen Reichs- und Landesgesetzen. Taschenformat. 404 Seiten. 1928. (Guttentagsche Sammlung Preußischer Gesetze Bd. 64.) . . . . Geb. RM. 8.—

Diesem Band ist die Aufgabe gestellt, die in erster Linie in Betracht kommenden Gesetze und sonstigen Vorschriften und die im Zusammenhang hiermit entstehenden Rechtsfragen in übersichtlicher Weise zusammenzufassen und zu erörtern. Die Rechtsprechung des Oberverwaltungsgerichts und anderer Gerichte ist hierbei berücksichtigt worden.

Goldschmidt, O., Gesetze gegen die Verunstaltung landschaftlich hervorragender Gegenden mit Ausführungsanweisungen. Taschenformat. 152 Seiten. 1912. (Guttentagsche Sammlung Preußischer Gesetze Bd. 49.) Geb. RM. 2.40

„Der Kommentar bietet eine sachgemäße, sorgfältige und erschöpfende Erläuterung der einzelnen gesetzlichen Bestimmungen. Er wird als ein durch Vollständigkeit und Zuverlässigkeit ausgezeichnetes Hilfsmittel jedem Freunde des Heimatschutzes ein willkommener Ratgeber sein." Jahrbuch des Heimatschutzes.

Wulff, G., und **Herold, F.**, **Wassergesetz** vom 7. April 1913. Mit Einleitung, Erläuterungen und Sachregister. Zweite, umgearbeitete Auflage von G. Wulff. Taschenformat. XVI, 665 Seiten. 1928. (Guttentagsche Sammlung Preußischer Gesetze Bd. 52.) . . . . Geb. RM. 12.—

„Gründlichkeit und treffsichere Kürze bilden einen besonderen Vorzug des Werkes." Ministerialblatt f. d. preuß. innere Verwaltung.

Holtgreven, A., und **Wolff, Th.**, **Das Wildschadengesetz** vom 11. Juli 1891. Kommentar. Vierte, vermehrte und verbesserte Auflage. Oktav. VIII, 216 Seiten. 1902 . . . . RM. 4.—

„Dieses Werkchen will einerseits die juristisch zweifelhaften Punkte des Wildschadengesetzes wissenschaftlich erörtern und klarstellen und andererseits allen denjenigen, welche bei der Handhabung dieses Gesetzes in irgendeiner Weise, sei es als Private, Beamte, Grundbesitzer oder als Jagdberechtigte, beteiligt sind, ein praktischer Berater sein." Allgemeine Forst- und Jagdzeitung.

Born, A., **Das preußische Fischereigesetz** vom 11. Mai 1916 in der geltenden Fassung. Taschenformat. 428 Seiten. 1928. (Guttentagsche Sammlung Preußischer Gesetze Nr. 62.) . . . . Geb. RM. 7.50

Die Ausgabe bietet eine bis jetzt fehlende neue Darstellung des Fischereigesetzes, in der vor allem die neue Rechtsprechung eingehend verwertet ist. Außer dem Fischereigesetz, das eine ausführliche Erläuterung gefunden hat, sind die wichtigen Ausführungsverordnungen und im Anhang die einschlägigen Bestimmungen anderer für die Anwendung des Fischereigesetzes in Frage kommenden Gesetze berücksichtigt.

Born, A., **Die preußischen Jagdgesetze** in ihrer geltenden Fassung. Mit Erläuterungen versehen. Taschenformat. 433 Seiten. 1928. (Guttentagsche Sammlung Preußischer Gesetze Nr. 63.) . . . . Geb. RM. 8.—

„Das Buch kann zur Belehrung und Handgebrauch den Gerichten, Landratsämtern, Gemeinden und Forstbehörden sowie allen jagdlich interessierten Personen warm empfohlen werden." Leipziger Ztsch. f. dtsch. Recht.

Kunze, F., **Das Jagdscheingesetz.** Zweite Auflage. Taschenformat. 157 Seiten. 1899. (Guttentagsche Sammlung Preußischer Gesetze Bd. 19.) Geb. RM. 2.—

„Die eingehenden Anmerkungen und die im Titel hervorgehobenen Beigaben machen den kleinen Kommentar zu einem vortrefflichen, in der Praxis schwer entbehrlichen Hilfsmittel zur Auslegung des Gesetzes."
Zeitschrift für die gesamte Strafrechtswissenschaft.

Holzapfel, W., **Umlegungsordnung.** Taschenformat. 144 Seiten. 1921. (Guttentagsche Sammlung Preußischer Gesetze Bd. 60.) . . . . . RM. 1.80

„Holzapfel, der hervorragende Kenner der Auseinandersetzungsgesetze, erläutert die Vorschriften der Umlegungsordnung in seiner scharfsinnigen Art in durchaus erschöpfender Weise und gibt in diesen Erläuterungen ein außerordentlich anschauliches Bild von der Umlegung der Grundstücke. Das Buch ist auch für Laien leicht und gut verständlich und kann jedem, der für die Umlegung Interesse hat, zur Benutzung angelegentlich empfohlen werden."
Preußisches Verwaltungsblatt.

Holzapfel, W., **Gesetz über Landeskulturbehörden.** Taschenformat. 176 Seiten. 1919. (Guttentagsche Sammlung Preußischer Gesetze Bd. 57.) Geb. RM. 2.—

„Der Titel gibt den Inhalt des Werkchens vollständig an, hinzuzufügen ist aber, daß die Erläuterung, die umfangreich und eingehend ist und der praktischen Handhabung des Gesetzes Schritt für Schritt folgt, aus der Feder eines Mannes herrührt, der durch seine sachliche Qualifikation als gründlicher Kenner der Materie für eine zuverlässige Führung die größte Gewähr bietet. Dankenswert ist die Gründlichkeit der im bescheidenen Rahmen geleisteten Arbeit."
Verwaltungs-Archiv.

Kollenscher, M., Rechtsverhältnisse der Juden in Preußen. Taschenformat. VIII, 199 Seiten. 1910. (Guttentagsche Sammlung Preußischer Gesetze Bd. 45.) . . . . RM. 2.40

„Eine zusammenfassende, erschöpfende Darstellung der in den verschiedenen Quellen zerstreuten zahlreichen Judengesetze und Verordnungen. Jede Synagogengemeinde und jeder, der sich mit jüdischen Angelegenheiten beschäftigt, müßten dieses Buch besitzen." Jüdische Rundschau.

3. Steuerrecht

Nieberl, A., Reichsabgabenordnung vom 13. Dezember 1919 nebst Einführungsverordnung vom 18. Dezember 1919 und Übergangsverordnung vom 11. Oktober 1921. Textausgabe mit Anmerkungen und ausführlichem Sachregister. Zweite, neubearbeitete Auflage. Taschenformat. 1927. (Guttentagsche Sammlung Deutscher Reichsgesetze Bd. 143.)
Mit folgendem Nachtrag geb. RM. 12.—

„Die Darstellung ist leicht verständlich und klar. Das Sachregister ist gründlich bearbeitet. Jedenfalls wird das Buch, das einen mit der praktischen Handhabung der RAbgO. vertrauten Verfasser erkennen läßt, nicht nur den Steuerbeamten, sondern auch dem rechtsuchenden Publikum und seinen Beratern ein willkommener guter Führer auf diesem Gebiet sein." Juristische Wochenschrift.

Nieberl, A., Die Änderungen der Reichsabgabenordnung durch die Verordnung vom 1. Dezember 1930. Taschenformat. 127 Seiten. 1931.
RM. 2.—

Hollaender, Adolf, Einkommensteuergesetz und Körperschaftsteuergesetz nebst den zugehörigen Aus- und Durchführungsbestimmungen, Verordnungen und Erlassen. Taschenformat. XXXIX, 697 Seiten. 1926. Mit Nachtrag 1928. (Guttentagsche Sammlung Deutscher Reichsgesetze Bd. 151.) Geb. RM. 24.—

„Das auf die Bedürfnisse der Praxis abgestellte und ihnen gerecht werdende Buch wird jedem gute Dienste leisten, der sich handelnd oder leitend auf dem äußerst unsicheren, ohne Hilfsmittel überhaupt nicht begehbaren Boden der heutigen Einkommensteuer zurechtfinden muß." Juristische Rundschau.

Pick, Reichsbewertungsgesetz. Textausgabe mit Anmerkungen. In Bearbeitung.

Schachian, Herbert, Erbschaftsteuergesetz, Fassung vom 22. August 1925, mit Anmerkungen. Fünfte Auflage. Oktav. 1931. Etwa RM. 2.50

„Eine vollständige Darstellung des Erbschaftssteuerrechts und der zugrunde liegenden bürgerlich-rechtlichen Vorschriften des Erbrechts. Als wissenschaftliche und praktische Leistung steht der klar und scharf geschriebene Kommentar in vorderster Reihe unter seinen Rivalen; er ist als Wegweiser besonders zu empfehlen." Juristische Wochenschrift.

Hoffmann, U., Die preußischen Erbschaftsteuergesetze. Taschenformat. 561 Seiten. 1905. (Guttentagsche Sammlung Preußischer Gesetze Bd. 20.)
RM. 3.—

Lindemann, Otto, Umsatzsteuergesetz (neueste Fassung) mit Ausführungsbestimmungen. Vierte, vermehrte und verbesserte Auflage. Taschenformat. 518 Seiten. 1926. (Guttentagsche Sammlung Deutscher Reichsgesetze Bd. 132.) . . . . Geb. RM. 10.—

„Es handelt sich um einen ausführlichen, gediegenen und klar abgefaßten Kommentar, der den weiteren Vorzug besitzt, auf dem laufenden zu sein. Das Werk kann allen Interessenten nur warm empfohlen werden." Industrie- und Handelszeitung.

Lindemann, Otto, **Grunderwerbsteuergesetz** (neueste Fassung) mit den Ausführungsbestimmungen. Zweite, völlig umgearbeitete Auflage. Taschenformat. 186 Seiten. 1926. Mit Nachtrag 1927. (Guttentagsche Sammlung Deutscher Reichsgesetze Bd. 139.) . . . . Geb. RM. 4.—

„Das Buch wird manchem in den mannigfachen Streitfragen des in der Praxis sehr einschneidenden Gesetzes ein willkommener Ratgeber sein. Die Erläuterungen zeichnen sich durch Klarheit und Gemeinverständlichkeit im besten Sinne aus." Württembergische Industrie.

Hagelberg, E., und **Krämer,** L., **Grunderwerbsteuergesetz** vom 12. September 1919 (RGBl. S. 1617) in der Fassung des Gesetzes vom 11. März 1927 (RGBl. I S. 72) nebst Einleitung, Sachregister und Ausführungsbestimmungen und der einschlägigen Vorschriften des Finanzausgleichs-Steuermilderungsgesetzes und Steuerstrafrechts. Für die Praxis erläutert. Zweite, völlig umgearbeitete und erweiterte Auflage. Groß-Oktav. 355 Seiten. 1928 . . . . Geb. RM. 15.—

„Die verhältnismäßige Kürze ihrer Erläuterungen bei großer Vollständigkeit ist zu rühmen. Das Buch ist nicht nur für den Juristen, sondern auch für den gebildeten Laien, namentlich Grundstücksmakler und Hausbesitzer, von großem, praktischem Wert." Zeitschrift d. Deutsch. Notarvereins.

Hagelberg, E., und **Krämer,** L., **Wertzuwachssteuerrecht.** Kommentar. Groß-Oktav. 256 Seiten. 1929 . . . . RM. 12.—, geb. RM. 13.50

Die Verfasser kommentieren die neue Wertzuwachssteuerordnung für Berlin und die preußische Mustersteuerordnung. Ihr Buch ist ein Leitfaden für die Steuerpflichtigen und ihre Rechtsberater und die mit der Wertzuwachssteuer befaßten Behörden. Es stellt die rechtliche und wirtschaftliche Bedeutung der Bestimmungen klar. Die Rechtsprechung des Preußischen Oberverwaltungsgerichts wurde erschöpfend berücksichtigt. Auch Spezialfragen wie die Aufwertung und das Schwarzkaufwesen wurden behandelt.

Hoepker, Heinrich, **Die Industriebelastungsgesetze** vom 30. August 1924 nebst den Durchführungsbestimmungen zum Gesetz über die Industriebelastung. Taschenformat. XV, 200 Seiten. 1925. Mit Nachträgen. (Guttentagsche Sammlung Deutscher Reichsgesetze Bd. 159.) . . . . . Geb. RM. 4.—

„Die Anmerkungen sind erschöpfend und führen den Leser mit Geschick in die schwierige und neue Materie ein. Rechtsanwälte sowie Kaufleute, für welche die Industriebelastung in Frage kommt, werden das mit einem guten Sachregister ausgestattete Werk mit gleichem Nutzen gebrauchen!" Industrie- und Handels-Zeitung.

von Lympius, W., von Elbe, K., Das Kommunalabgabengesetz und das Kreis- und Provinzialabgabengesetz. Dargestellt in der Rechtsprechung des Oberverwaltungsgerichts. Groß-Oktav. X, 440 Seiten. 1930.
RM. 22.50, geb. RM. 24.—

„Man muß es als einen besonders glücklichen Gedanken bezeichnen, wenn die Verfasser die gesamte Rechtsprechung des OVG., ja auch die nichtveröffentlichten Entscheidungen auszugsweise in einer Form wiedergegeben haben, die in hohem Grade die Arbeit der Praxis wie auch der Wissenschaft erleichtert. Wenn dieses Werk in hervorragendem Maße geglückt ist, so ist es wohl in erster Linie darauf zurückzuführen, daß beide Verfasser als Mitglieder des OVG. zu den Berufensten in der Abfassung einer solchen Arbeit gehören." Reichsverwaltungsblatt.

Eiffler, Kurt, **Staatliche Verwaltungsgebühren.** Gesetz über staatliche Verwaltungsgebühren vom 29. September 1923 nebst Gebührenordnungen und Ausführungsbestimmungen. Taschenformat. 192 Seiten. Mit Nachtrag. 1925. (Guttentagsche Sammlung Preußischer Gesetze Bd. 61.)
Geb. RM. 6.—

„Das Buch ist für alle preußischen staatlichen und kommunalen Behörden unentbehrlich." Deutsches Beamtenarchiv.

Loeck, P., und Eißler, K., Preußisches Stempelsteuergesetz mit den gesamten Ausführungsbestimmungen. Unter besonderer Berücksichtigung der Entscheidungen der Verwaltungsbehörden und der Gerichte herausgegeben. Zehnte, neubearbeitete Auflage. Taschenformat. 476 Seiten. 1928. (Guttentagsche Sammlung Preußischer Gesetze Bd. 18.) Geb. RM. 13.—

„Die zahlreichen Auflagen zeugen für die Güte und praktische Brauchbarkeit des Buches, das durch den von Eißler hinzugefügten Anhang auf den gegenwärtigen Rechtsstand gebracht ist.“ Finanz-Ministerialblatt.

Lebbin, Georg, Nahrungsmittelgesetze mit Erläuterungen. Zweite, stark vermehrte Auflage in zwei Bänden.
Zweiter Band: **Getränkegesetze und Getränkesteuergesetze** (Wein, Bier, Branntwein, Mineralwasser). Unter Mitarbeit von Rechtsanwalt Dr. Kniebe. Taschenformat. XII, 400 Seiten. 1926. (Guttentagsche Sammlung Deutscher Reichsgesetze Bd. 54b.) . . . . Geb. RM. 10.—

„Die wichtigsten Gesetze sind eingehend kommentiert und so vollständig ergänzt, daß die Sammlung als unentbehrliches Hilfsmittel, wie es in dieser Art bislang noch fehlte, für den Sachbearbeiter bei Behörden und Verbänden sowohl als auch für den Kaufmann der Branche zu begrüßen ist.“ Württembergische Wirtschafts-Zeitschrift.

Wündisch, Friedrich, Das Tabaksteuergesetz vom 12. September 1919 nebst den Ausführungsbestimmungen vom 26. Februar 1920. Taschenformat. 286 Seiten. 1920. Mit Nachtrag 1925. (Guttentagsche Sammlung Deutscher Reichsgesetze Bd. 146.) . . . . Geb. RM. 4.—

„Endlich ein Kommentar zum Tabaksteuergesetz! Die Ausgabe kommt den Wünschen der Praxis nach einer erschöpfenden Darstellung des neuen Gesetzes in umfassender Weise entgegen. Das Buch bildet eine ausgezeichnete Informationsquelle für alle Fragen, die in der Praxis vorkommen.“ Deutsche Tabak-Zeitung.

VII. Entscheidungs-Sammlungen und Zeitschriften

Entscheidungen des Reichsarbeitsgerichts. Herausgegeben von den Mitgliedern des Reichsarbeitsgerichts. Oktav.
Band I. 1928. Band II. 1928/29. Band III. 1929. Band IV. 1929/30. Band V und VI. 1930. Band VII. 1931. Je RM. 6.50, geb. RM. 8.—

Entscheidungen des Reichsgerichts. Herausgegeben von den Mitgliedern des Gerichtshofes u. d. Reichsanwaltschaft. Oktav. (2 Sammlungen.)

1. **Entscheidungen in Zivilsachen.** (Werden in Heften im Umfange von etwa 5 bis 6 Bogen sowie in vollständigen Bänden, geheftet und gebunden, ausgegeben. Jährlich 4 Bände.) 1.—131. Band.
Je RM. 6.50, geb. RM. 8.—

Generalregister zum hundertelften bis hundertzwanzigsten Bande der von den Mitgliedern des Gerichtshofes und der Reichsanwaltschaft herausgegebenen **Entscheidungen des Reichsgerichts in Zivilsachen.** Bearbeitet von Hans **Triebel.** Oktav. XXIII, 509 Seiten. 1929.
RM. 15.—, in Halbleder RM. 18.—

Durch die umfassenden Register über je 10 Bände der amtlichen Sammlung von Reichsgerichtsentscheidungen wird das in dieser enthaltene umfängliche reiche Material der praktischen Benutzung erst voll erschlossen. Die Register verarbei-

ten das Material in 1. einem systematischen Register (mit einer dazugehörigen alphabetischen Übersicht), 2. einem alphabetischen Register, 3. einem Quellenregister, 4. einer chronologischen Übersicht, 5. einer Zusammenstellung der Entscheidungen nach Oberlandesgerichtsbezirken. Damit ist der höchste Grad von Sicherheit und Schnelligkeit für die Benutzung der Entscheidungssammlung erreicht.

2. **Entscheidungen in Strafsachen.** (Werden in Heften im Umfange von 5 bis 6 Bogen sowie in vollständigen Bänden, geheftet und gebunden, ausgegeben, jährlich 1 Band.) 1.—65. Band. Je RM. 6.50, geb. RM. 8.—

Schiedsgericht für Oberschlesien. Trybunal Rozjemczy dla Górnego Slaska. Amtliche Sammlung von Entscheidungen des Schiedsgerichts für Oberschlesien, veröffentlicht gemäß der Bestimmung des Art. 592 des Genfer Abkommens vom 15. Mai 1922. Zbiór urzedowy orzeczeń Trybunala Rozjemczego dla Górnego Slaska ogloszony wedle postanowienia art. 592 Konwencji Gnewskiej z dnia 15 maja 1922 r. Oktav. Band I. Tom. I. Nr. 1/4. 129 Seiten. 1929 . . . . Pro Band RM. 12.—

Diese amtliche Sammlung veröffentlicht Entscheidungen des Schiedsgerichts für Oberschlesien, soweit sie von grundsätzlicher Bedeutung sind, in deutscher und polnischer Sprache. Die veröffentlichten Entscheidungen sind insofern für alle Gerichte und Verwaltungsbehörden von besonderer Bedeutung, als sie für sie bindend sind und jede Abweichung dem Schiedsgericht zur Entscheidung vorzulegen ist.

Zeitschrift für die gesamte Strafrechtswissenschaft. Gegründet von Fr. von **Liszt** und A. **Dochow.** Unter ständiger Mitarbeiterschaft hervorragender Fachmänner herausgegeben von Prof. Dr. **K. von Lilienthal,** Prof. Dr. Ed. **Kohlrausch** und Prof. Dr. **W. Gleispach.** Der Jahrgang besteht aus 8—9 Heften. Quart.

Bd. 1—43. 1881—1922. Je RM. 15.—. Bd. 44. 1922. RM. 25.—. Bd. 45. 1924. RM. 21.—. Bd. 46—49. 1925—1929. Je RM. 30.—. Bd. 50. 1929/30. RM. 36.—.

Juristische Rundschau. Herausgegeben von **Otto Lindemann,** Ministerialdirektor, Geh. Oberjustizrat, Berlin, Dr. Friedrich **Flad,** Senatspräsident beim Reichsgericht, Leipzig, Fritz **Hartung,** Reichsgerichtsrat, Leipzig, und

Höchstrichterliche Rechtsprechung. Herausgegeben von Eugen **Friedrichs,** Senatspräsident, Breslau, Dr. Albert **Feisenberger,** Reichsanwalt, Leipzig. — Erscheint am 1. und 15. jeden Monats.

Jahrgang 1931. . . . Vierteljährlich RM. 7.50, Einzelheft RM. 1.50
Beilage „Höchstrichterliche Rechtsprechung" einzeln vierteljährlich RM. 5.—

Zeitschrift für ausländisches öffentliches Recht und Völkerrecht. Im Auftrage des Instituts für ausländisches öffentliches Recht und Völkerrecht herausgegeben von Dr. Viktor **Bruns,** Professor an der Universität Berlin, Leiter des Instituts. Lexikon-Oktav.

Band I, Teil 1: Abhandlungen. XXVIII, 657 Seiten. 1929. RM. 43.—
Band I, Teil 2: Urkunden. XVI, 858 Seiten. 1929 . . . RM. 54.—
Band II, Teil 1/2: Abhandlungen und Urkunden. 368 Seiten. 1930. RM. 45.—

Der neuen Zeitschrift für ausländisches öffentliches Recht und Völkerrecht ist es als Aufgabe gesetzt, die wichtigsten, die Wissenschaft und die Praxis beschäftigenden Probleme des Völkerrechts und des außerstaatlichen öffentlichen Rechts zu behandeln. Sie wird zu all diesen Fragen eingehend Stellung nehmen und über alle wichtigen Gebiete im In- und Ausland eingehend berichten. Der 1. Jahrgang der Zeitschrift wird in zwei Bänden herausgegeben; künftig erfolgt das Erscheinen vierteljährlich.

Zeitschrift für ausländisches und internationales Privatrecht. Herausgegeben in Gemeinschaft mit Ernst **Heymann,** Heinrich **Titze,** Martin **Wolff,** ordentliche Professoren an der Universität Berlin, wissenschaftliche Berater des Instituts, Max **Pagenstecher,** o. Professor an der Universität Hamburg, Franz **Schlegelberger,** Ministerialdirektor im Reichsjustizministerium, Honorarprofessor an der Universität Berlin, von Ernst **Rabel,** o. Professor an der Universität Berlin, Direktor des Instituts. Jährlich 6 Hefte im Umfang von etwa 65 Bogen. Preis des vierten Jahrganges RM. 54.—
Sonderhefte: **Die deutsche Rechtsprechung auf dem Gebiete des internationalen Privatrechts in den Jahren 1926 und 1927.** 1928. RM. 8.—
do. **im Jahre 1928.** 1930 . . . . RM. 11.—
do. **im Jahre 1929.** 1931 . . . . RM. 12.50

Zeitschrift für Bergrecht. Bis zu seinem Tode herausgegeben von dem Wirkl. Geh. Rat, Berghauptmann a. D. Dr. jur. H. Brassert. Redigiert und herausgegeben von den rechtskundigen Ministerialräten der Bergabteilung des Preußischen Ministeriums für Handel und Gewerbe. Jährlich ein Band von mehreren Heften. Die Hefte erscheinen in zwangloser Folge. 1928/29. RM. 20.—, Jahrgang 70. 1929. RM. 20.—, Jahrgang 71. 1930. RM. 20.—

Zeitschrift für Bergrecht. Register für Jahrgang 37—40 . . . RM. 14.—

Zeitschrift für das gesamte Luftrecht (ZLR.). Herausgegeben von weiland Dr. jur. Otto **Schreiber.** Erscheint in Bänden zu je vier Heften.
Band I. 1926/28 . . . . RM. 50.—, geb. RM. 55.—
Band II, Heft 1 . . . . RM. 10.—

Bank-Archiv. Zeitschrift für Bank- und Börsenwesen. Unter Mitwirkung von hervorragenden Fachmännern herausgegeben von Geh. Justizrat Prof. Dr. **Rießer,** Berlin. Schriftleitung: Rechtsanwalt Otto **Bernstein,** geschäftsführendes Mitglied des Centralverbandes des Deutschen Bank- und Bankiergewerbes. Quart. Jährlich 24 Nummern. XXX. Jahrgang. 1930/31. Pro Halbjahr RM. 12.—

Veröffentlichungen des Reichs-Aufsichtsamts für Privatversicherung. Groß-Oktav. 29. Jahrgang. Heft 1—3 . . . . RM. 17.50
Jahrgang 1—28 . . . . Preise auf Anfrage.

FSC
www.fsc.org
MIX
Papier | Fördert gute Waldnutzung
FSC® C083411

Kolibri 360 GmbH
Ferdinand-Jühlke-Straße 7
99095 Erfurt, Deutschland
produktsicherheit@kolibri360.de